Mussnig/Bleyer/Giermaier/Rausch

Controlling für Führungskräfte

Controlling für Führungskräfte

Analysieren – Bewerten – Entscheiden

Werner Mussnig
Geschäftsführer, selbständiger Unternehmensberater und Trainer

Magdalena Bleyer
Selbständige Unternehmensberaterin und Trainerin

Gerhard Giermaier
Unternehmensberater und eingetragener Mediator sowie Trainer am Wirtschaftsinstitut Salzburg und Vortragender bei MBA-Lehrgängen

Alexandra Rausch
Assistenzprofessorin an der Alpen-Adria-Universität in der Abteilung Controlling und Strategische Unternehmensführung des Instituts für Unternehmensführung

3., überarbeitete Auflage

Zitiervorschlag: *Mussnig/Bleyer/Giermaier/Rausch*, Controlling für Führungskräfte³ (2014) Seite

---

Bibliografische Information der Deutschen Nationalbibliothek

Die Deutsche Nationalbibliothek verzeichnet diese Publikation in der Deutschen Nationalbibliografie; detaillierte bibliografische Daten sind im Internet über http://dnb.d-nb.de abrufbar.

Das Werk ist urheberrechtlich geschützt. Alle Rechte, insbesondere die Rechte der Verbreitung, der Vervielfältigung, der Übersetzung, des Nachdrucks und der Wiedergabe auf fotomechanischem oder ähnlichem Wege, durch Fotokopie, Mikrofilm oder andere elektronische Verfahren sowie der Speicherung in Datenverarbeitungsanlagen, bleiben, auch bei nur auszugsweiser Verwertung, dem Verlag vorbehalten.

Es wird darauf verwiesen, dass alle Angaben in diesem Fachbuch trotz sorgfältiger Bearbeitung ohne Gewähr erfolgen und eine Haftung der Autoren oder des Verlages ausgeschlossen ist.

ISBN 978-3-7143-0268-4 (Print)
ISBN 978-3-7094-0538-3 (E-Book-PDF)
ISBN 978-3-7094-0539-0 (E-Book-ePub)

© LINDE VERLAG Ges.m.b.H., Wien 2014
1210 Wien, Scheydgasse 24, Tel.: 01/24 630
www.lindeverlag.at

Druck: Hans Jentzsch u Co. Ges.m.b.H.
1210 Wien, Scheydgasse 31

Vorwort

In den vergangenen Jahrzehnten ist eine unüberschaubare Zahl an Controllingbüchern veröffentlicht worden. Dabei handelt es sich meist um Bücher, deren Fokus sich auf die Zielgruppe der Controller richtet. Das vorliegende Werk definiert seine Zielgruppe hingegen im Bereich des mittleren und oberen Managements mit Ergebnisverantwortung. Die Publikation richtet sich an Führungskräfte, die keine klassische Controllingausbildung absolviert haben, aber aufgrund von Karriereschritten zunehmend mit Kosten- und Finanzinformationen konfrontiert werden. Das Ziel ist es, diesen Managern einen tiefergehenden und zugleich praxisrelevanten Einblick in die Materie zu ermöglichen. In diesem Sinne ist das Buch nicht von Controllern für Controller, sondern von Controllern für Führungskräfte geschrieben worden, wenngleich auch Controller viele Anregungen in dem Buch finden mögen.

Das Buch basiert wesentlich auf der Entwicklungsarbeit, die im Rahmen des Lehrgangs universitären Charakters „Akademische/r Business Manager/in" des Wirtschaftsförderungsinstitutes Österreich geleistet wurde. Der Aufbau dieses Lehrgangs, der seit 2001 über sechzigmal im gesamten Bundesgebiet abgehalten wurde, dient als Struktur des vorliegenden Werkes. In diesem Sinne ist dieses Buch ganz wesentlich den Teilnehmern und Absolventen dieses Lehrgangs gewidmet, die trotz ihrer hohen Arbeitsbelastung berufsbegleitend über zwei Jahre diesen Lehrgang besuchen bzw besucht haben. Das Werk versteht sich aber auch als Danksagung an das Trainer- und Kerntrainerteam des Lehrgangs. Ohne das hohe Engagement dieses Teams wäre der Erfolg nicht möglich gewesen. Das Buch wird mittlerweile in einer Reihe weiterer Lehrgänge (zB Weiterbildung für Bankdirektoren, Unternehmensberater, Controller, Manager des privatwirtschaftlichen und des öffentlichen Sektors) eingesetzt.

Das Buch soll anwendungsorientiert aktuelles Controllingwissen vermitteln, das für Empfänger von Controllinginformationen praxisbezogen verwertbar ist. Führungskräfte erhalten fast täglich Informationen, die aus den Daten der Kostenrechnung, der Finanzbuchhaltung und des Controllings aufzubereiten sind. Sie müssen die Informationen interpretieren und deren Aussagekraft beurteilen können. So können bspw Techniker und Ingenieure mit diesen Informationen technologische Lösungen und Prozesse wirtschaftlicher gestalten. Verkaufsmanager sind angehalten, Kundenstrukturen und Serviceprozesse zu optimieren, und sind daher auf die entsprechenden entscheidungsrelevanten Informationen angewiesen. Zudem ist das Buch für den Einsatz in der Lehre an Universitäten und Fachhochschulen gedacht. Studierende erhalten einen systematischen und anwendungsorientierten Überblick über den Stand verschiedener Konzepte und Methoden des Controllings und deren Umsetzung in der Praxis. Für alle genannten Zielgruppen möchte das Buch aber weniger Detailwissen, sondern vielmehr Verständnis für betriebswirtschaftliche Zusammenhänge vermitteln.

Vorwort

Das Werk versteht sich als Lehrbuch. Um die Lesbarkeit des Textes gewährleisten zu können, wurde bewusst auf Zitierung und Fußnoten verzichtet. Für ein Lehrbuch durchaus üblich, wurde die verwendete Literatur am Ende der jeweiligen Kapitel aufgelistet. Zum besseren Verständnis der Inhalte wurden 503 Abbildungen zur Verdeutlichung der Zusammenhänge, praxisorientierte Fallstudien sowie viele Beispiele mit 19 Tabellen integriert.

Das Buch erläutert in modularer Form entscheidungsorientiertes Managementwissen. Das dem Buch zugrunde liegende durchgängige Lehrkonzept ist modular gestaltet. Ausgehend vom notwendigen Basiswissen des externen und internen Rechnungswesens wird der Leser über sieben Abschnitte immer tiefergehend in die verschiedenen Aspekte des operativen Controllings eingeführt. Dabei wird das gesamte Basiswissen des Rechnungswesens ohne umfangreiche theoretische Herleitungen in straffer Form dargelegt. Um den Umfang nicht zu groß werden zu lassen, werden bestimmte Detailprobleme ausgeklammert und lediglich über Verweise auf weiterführende Literatur behandelt. Das Buch gliedert sich in sieben Abschnitte, die unterschiedliche Schwerpunkte legen und das Thema aus verschiedenen Perspektiven beleuchten:

- Abschnitt A: Grundlagen des Controllings
- Abschnitt B: Externes Rechnungswesen
- Abschnitt C: Finanzanalyse
- Abschnitt D: Finanzplanung und Finanzmanagement
- Abschnitt E: Internes Rechnungswesen
- Abschnitt F: Kostenanalyse
- Abschnitt G: Kostenplanung und Kostenmanagement

Jedes Kapitel beginnt mit den entsprechenden Lehrzielen, gefolgt vom jeweiligen Grundlagenwissen. Das erworbene Wissen wird anhand einer Fallstudie erläutert und die Ergebnisse werden entscheidungsorientiert interpretiert. Besondere Bedeutung kommt dem Kapitel der praktischen Relevanz zu, wobei gezeigt wird, mit welchen Konsequenzen man beim Nichtbeachten der Informationen rechnen muss. Für einen schnellen Überblick sorgt am Ende des Kapitels „Wissen kompakt". Die Kapitel schließen jeweils mit Kontrollfragen sowie einer Literaturübersicht über die verwendeten und weiterführenden Quellen. Das Lehrkonzept eignet sich daher auch zum autodidaktischen Aneignen der Inhalte.

Mein Dank gilt den beiden Mitautoren, Frau *Dr. Magdalena Bleyer* und Herrn *Mag. Gerhard Giermaier*, deren methodisch fundierte und praxisrelevante Ausführungen die Veröffentlichung zum Nutzen eines jeden Lesers aus Wirtschaftspraxis und Hochschule werden lassen. Mein besonderer Dank gilt Frau *Ass.-Prof. MMag. Dr. Alexandra Rausch*. Frau *Dr. Rausch* hat die 3. Auflage des Buches nicht nur mit ihrer Kompetenz erweitert, sondern auch die 2. Auflage in akribischer Art und Weise dort korrigiert, wo dies noch notwendig war. Ich danke den vielen Führungskräften, mit denen ich arbeiten und diskutieren konnte und von denen ich lernen durfte. Mein Dank gilt auch den Teilnehmern meiner Managementseminare sowie den Studierenden meiner Lehrveranstaltungen, die mich immer wieder neu herausfordern, meine Positionen zu überprüfen, kritische Fragen zu durchdenken, präziser und prägnanter zu werden. Ganz besonders danken möchte ich Herrn *Dr. Oskar Mennel* als Geschäftsführer des Linde Verlages und Frau *Mag. Theresa Weiglhofer* als Programm-Managerin, ohne deren Engagement, Flexibilität und Kreativität das vorliegende Werk nicht hätte umgesetzt werden können.

Klagenfurt, im Juli 2014 *Werner Mussnig*

Inhaltsverzeichnis

Vorwort V
Abbildungsverzeichnis XV
Tabellenverzeichnis.. XXIX

Abschnitt A – Grundlagen des Controllings

1. Managemententscheidungen auf Basis von Informationen 1
   1.1. Unternehmensziele als Maßstab des Unternehmenserfolges 1
   1.2. Managementaufgaben und Unternehmenserfolg........................... 13
   1.3. Managemententscheidungen und Unternehmenserfolg 17
2. Das Rechnungswesen als Entscheidungsgrundlage des Managements .. 21
   2.1. Aufgaben des betrieblichen Rechnungswesens 21
   2.2. Systematisierung des betrieblichen Rechnungswesens.................. 23
3. Informationssysteme des Rechnungswesens und deren Rechengrößen .. 31
   3.1. Ziel und Zweck der einzelnen Informationssysteme des Rechnungswesens.. 32
      3.1.1. Kurzfristige Finanzrechnung und Investitionsrechnung 32
      3.1.2. Kurzfristige Finanzplanung 34
      3.1.3. Finanzbuchhaltung 35
      3.1.4. Kosten- und Leistungsrechnung 36
   3.2. Rechengrößen der Informationssysteme des Rechnungswesens ... 36
      3.2.1. Erklärung der einzelnen Rechengrößen............................... 36
      3.2.2. Abgrenzung der einzelnen Rechengrößen........................... 41

Abschnitt B – Externes Rechnungswesen

1. Das externe Rechnungswesen.. 53
2. Die Buchführungspflicht.. 58
   2.1. Unternehmensrechtliche Buchführungspflicht 58
   2.2. Steuerrechtliche Buchführungspflicht 60
   2.3. Maßgeblichkeit der UGB-Bilanz für die Steuerbilanz................... 60
3. Der Aufbau des Jahresabschlusses... 64
   3.1. Bilanz – Aufbau und Inhalt 64
      3.1.1. Gliederung der Bilanz.. 64
      3.1.2. Das Anlagevermögen 68
      3.1.3. Das Umlaufvermögen 71
      3.1.4. Das Fremdkapital... 75
      3.1.5. Das Eigenkapital.. 77
   3.2. Die Gewinn- und Verlustrechnung – Aufbau und Inhalt 82
      3.2.1. Gliederung der Gewinn- und Verlustrechnung 82
      3.2.2. Aufwand 87
      3.2.3. Erträge 89
      3.2.4. Die Erklärung der Bestandsveränderungen in den Bilanzen – die Stromgrößen der Flussrechnung................................... 89

3.2.5. Die Abschreibung	92
4. Der Buchungskreislauf	105
4.1. Die Eröffnung der Bestandskonten	106
4.2. Aufwands- und Ertragskonten	109
4.3. Die Ordnung der Konten – der Einheitskontenrahmen	110
4.4. Kennzeichen der doppelten Buchführung	118
4.4.1. Doppelte Verbuchung	118
4.4.2. Doppelte Erfassung jedes Geschäftsfalls	124
4.4.3. Doppelte Erfolgsermittlung	125
4.5. Informationsinstrumente der laufenden Buchführung	127
4.5.1. Die Kontoblätter	128
4.5.2. Die Saldenliste	129
5. Grundsätze ordnungsgemäßer Buchführung und Bilanzierung	136
6. Bilanzierungsentscheidungen	139
6.1. Bewertung und ausgewählte Aspekte der Bilanzierung	139
6.2. Grundzüge der Bewertung	144
6.2.1. Anschaffungskosten	145
6.2.2. Herstellungskosten	146
6.2.3. Inventur, Bestandsveränderung und aktivierte Eigenleistungen	149
6.3. Bilanzierung des Anlagevermögens	155
6.4. Bilanzierung des Umlaufvermögens	159
6.5. Bilanzierung der Rechnungsabgrenzungsposten	160
6.6. Bilanzierung des Eigenkapitals und der Rücklagen	162
6.7. Bilanzierung der Rückstellungen	164
6.8. Bilanzierung der Verbindlichkeiten	166
6.9. Die Gewinn- und Verlustrechnung	167

Abschnitt C – Finanzanalyse

1. Grundlagen der Finanzierung	171
1.1. Unterscheidungskriterien für Finanzierungsquellen	171
1.1.1. Unterscheidung der Finanzierung nach dem Anlass	172
1.1.2. Unterscheidung nach der Herkunft des Kapitals	173
1.1.3. Unterscheidung nach der Rechtsstellung der Kapitalgeber	177
1.2. Überlegungen zur Wahl der Finanzierungsquelle	179
2. Finanzierungsgrundsätze	184
2.1. Strukturelle Liquidität	185
2.2. Laufende Liquidität	188
2.3. Weitere Finanzierungsregeln	190
3. Analyse der strukturellen Liquidität (Finanzstruktur)	192
3.1. Substanzanalyse	192
3.2. Prozent-Bilanz, Prozent-Gewinn- und Verlustrechnung	195
3.3. Beständedifferenzbilanz und einfache Bewegungsbilanz	199
4. Bestandsorientierte Kennzahlenanalyse	207
4.1. Vertikale Bilanzkennzahlen	208
4.1.1. Kapitalstrukturkennzahlen	208
4.1.2. Vermögensstrukturkennzahlen	210

4.2. Horizontale Bilanzkennzahlen/Liquiditätsanalyse 212
    4.2.1. Langfristige Deckungsgrade 213
    4.2.2. Kurzfristige Deckungsgrade (Liquiditätsgrade) 213
    4.2.3. Umschlagshäufigkeiten 216
4.3. Kennzahlensysteme (Du-Pont-Schema) 224
5. Analyse der laufenden Liquidität (Finanzstatus) 229
    5.1. Liquiditäts-/Finanzstatus 230
    5.2. Vorgangsweise bei der Erhebung des Finanzstatus 231
6. Analyse der laufenden Liquidität (Cashflow) 235
    6.1. Cashflow – Grundkonzeption 235
    6.2. Cashflow-Arten 240
        6.2.1. Begriffe 240
        6.2.2. ÖVFA-Cashflow (Kapitalflussrechnung) 242
    6.3. Cashflow-Management 249
    6.4. Kritik am Cashflow 253
7. Quick-Test – Schnelle Unternehmensanalyse mit vier Kennzahlen ... 257
    7.1. Quick-Test – Grundkonzeption 257
    7.2. Analysebereiche 257
    7.3. Kennzahlen 259
    7.4. Beurteilung 260

Abschnitt D – Finanzplanung und Finanzmanagement

1. Der Kontext des Liquiditäts- und Finanzmanagements 265
    1.1. Notwendigkeit der Zahlungsfähigkeit 265
    1.2. Konsequenzen der Zahlungsunfähigkeit 268
    1.3. Ursachen von Zahlungsengpässen 269
    1.4. Konsequenzen von Zahlungsengpässen 272
    1.5. Maßnahmen bei Zahlungsengpässen 274
2. Planung der Zahlungsfähigkeit: Direkte Finanzplanung 277
    2.1. Notwendigkeit der direkten Finanzplanung 277
    2.2. Rechengrößen und Struktur des Finanzstatus 282
    2.3. Rechengrößen und Struktur des direkten Finanz- bzw Liquiditätsplans.... 286
3. Integration der Finanzplanung in den Budgetierungsprozess 294
    3.1. Notwendigkeit der Integration der Finanzplanung in den Budgetierungsprozess 294
    3.2. Ablauf des integrierten Budgetierungsprozesses 295
    3.3. Struktur des integrierten Budgets 299
        3.3.1. Ist-Bilanz und Ist-Gewinn- und Verlustrechnung 299
        3.3.2. Das Leistungsbudget 299
        3.3.3. Das Finanzbudget (indirekter Finanzplan) 303
        3.3.4. Die Planbilanz 306
        3.3.5. Die verbesserte Bewegungsbilanz 306
    3.4. Aussagekraft des integrierten Budgets 317
4. Reflexion von Budgetsystemen in der Unternehmenspraxis 322
    4.1. Sich selbst ausrichtende relative Ziele statt fix festgeschriebener (Budget-)Ziele 322

4.2. Outputorientierte Leistungsgrößen statt inputorientierter Finanzgrößen ... 324
4.3. Globalbudgets für alle Leistungsebenen statt Detailbudgets für
Unternehmensbereiche 325
5. Cash-Management (Treasuring) 327
5.1. Cashflow-Management 327
5.2. Working-Capital-Management 329
5.2.1. Working Capital – Grundkonzeption 329
5.2.2. Working Capital – Steuerungsbereiche 334
5.2.3. Nutzung gewährter Zahlungskonditionen 335
5.2.4. Management des Lagers und der Durchlaufzeiten 336
5.2.5. Gestaltung eigener Zahlungskonditionen 337
5.2.6. Zusammenfassende Sichtweise 339

Abschnitt E – Internes Rechnungswesen

1. Die Kostenrechnung als Informationssystem des Rechnungswesens und
Entscheidungsgrundlage des Managements 345
    1.1. Zweck und Aufgaben der Kostenrechnung 345
    1.2. Prinzipien der Kostenrechnung 347
2. Aufbau und Ablauf von Kostenrechnungssystemen 351
    2.1. Struktureller Aufbau von Kostenrechnungssystemen 351
    2.2. Prozessualer Ablauf von Kostenrechnungssystemen 352
3. Die Kostenartenrechnung 357
    3.1. Aufgaben und Ablauf der Kostenartenrechnung 357
    3.2. Systematisierung der Kostenarten 364
    3.3. Ermittlung kalkulatorischer Kostenarten 376
4. Die Kostenstellenrechnung 391
    4.1. Aufgaben und Ablauf der Kostenstellenrechnung 391
    4.2. Systematisierung der Kostenstellen 397
    4.3. Ermittlung der Zuschlags- bzw Verrechnungssätze 404
5. Die Kostenträgerrechnung 412
    5.1. Aufgaben und Ablauf der Kostenträgerrechnung 412
    5.2. Systematisierung der Kalkulationsverfahren 416
    5.3. Ermittlung der Selbstkosten eines Kostenträgers 421
6. Typologien von Kostenrechnungssystemen 428
    6.1. Systematisierung nach dem Zeitbezug 429
    6.2. Systematisierung nach dem Umfang der Kostenverrechnung 429
    6.3. Systeme der Kostenrechnung 433
        6.3.1. Vollkostenrechnung 433
        6.3.2. Teilkostenrechnung 438
        6.3.3. Stufenweise Fixkostendeckungsrechnung 445

Abschnitt F – Kostenanalyse

1. Kosteninformationen im Rahmen der Kostenanalyse 457
    1.1. Die Kostenrechnung als Grundlage der Kostenanalyse 457
    1.2. Ursachen von Kostenabweichungen 459
    1.3. Analyse von Kostenabweichungen 461

1.4. Bewertung von Kostenabweichungen	462
2. Betriebliche Entscheidungen auf Basis von Kostenanalysen	466
2.1. Informationen über die Mindestauslastung	466
2.1.1. Konzeptionelle Grundlagen	466
2.1.2. Beurteilung der Ertragslage	478
2.1.3. Beurteilung der Risikosituation	483
2.1.4. Beurteilung von Abweichungen	487
2.2. Informationen über Preisgrenzen	498
2.2.1. Konzeptionelle Grundlagen	498
2.2.2. Bestimmungsfaktoren des Preises	501
2.2.3. Bestimmungsfaktoren der Preispolitik	506
2.2.4. Bestimmungsfaktoren einer dynamischen Preispolitik	510
2.3. Informationen über Verfahrensoptimierungen (Trade-off)	518
2.3.1. Konzeptionelle Grundlagen	518
2.3.2. Analyse und Beurteilung der zu optimierenden Verfahrenskosten	520
2.3.3. Analyse und Beurteilung des zu optimierenden Verfahrenserfolges	523
2.4. Informationen zur Leistungstiefe	529
2.4.1. Konzeptionelle Grundlagen	529
2.4.2. Analyse und Beurteilung kurzfristiger Make-or-Buy-Entscheidungen	532
2.4.3. Analyse und Beurteilung langfristiger Make-or-Buy-Entscheidungen	533
2.5. Informationen über die Annahme von Zusatzaufträgen	547
2.5.1. Konzeptionelle Grundlagen	547
2.5.2. Statische Beurteilung von Zusatzaufträgen	552
2.5.3. Dynamische Beurteilung von Zusatzaufträgen	560

Abschnitt G – Kostenplanung und Kostenmanagement

1. Planung als zentrale Aufgabe des Managements	573
1.1. Begriffsklärung zur Planung	573
1.2. Funktionen der Planung	576
1.3. Gestaltung der Planung	577
2. Kostenmanagement	585
2.1. Begriffserklärung zum Kostenmanagement	585
2.2. Funktionen des Kostenmanagements	586
2.3. Gestaltung des Kostenmanagements	589
3. Konzepte im Rahmen der Kostenplanung und des Kostenmanagements	605
3.1. Operative Abweichungsanalysen	605
3.1.1. Konzeptionelle Grundlagen	605
3.1.2. Voraussetzungen und Aussagekraft	612
3.1.3. Methodische Vorgehensweise	613
3.2. Strategische Abweichungsanalysen	621
3.2.1. Konzeptionelle Grundlagen	621
3.2.2. Voraussetzungen und Aussagekraft	628
3.2.3. Methodische Vorgehensweise	630
3.3. Gewinnfaktorenanalyse	638

3.3.1. Konzeptionelle Grundlagen 638
3.3.2. Voraussetzungen und Aussagekraft 641
3.3.3. Methodische Vorgehensweise 642
3.4. Sortimentsprofilanalyse 654
3.4.1. Konzeptionelle Grundlagen 654
3.4.2. Voraussetzungen und Aussagekraft 659
3.4.3. Methodische Vorgehensweise 662

Stichwortverzeichnis 673

Abbildungsverzeichnis

Abbildung 1: Steuerungs- und Finanzierungskreislauf, dargestellt anhand der betrieblichen Zielebenen 4
Abbildung 2: Grundsätzliche Struktur des Zielsystems von Unternehmen 5
Abbildung 3: Betriebliche Zielebenen und der typische Verlauf von Unternehmenskrisen 8
Abbildung 4: Aufgabenspektrum des Managements 15
Abbildung 5: Übersicht über mögliche Entscheidungsgrundlagen 18
Abbildung 6: Real- und finanzwirtschaftliche Prozesse eines Unternehmens 22
Abbildung 7: Untergliederung des Rechnungswesens nach externen und internen Empfängern 23
Abbildung 8: Informationsinstrumente des internen und externen Rechnungswesens 26
Abbildung 9: Aufgaben des Rechnungswesens nach Zeitbezug und Adressatenkreis 27
Abbildung 10: Der Zusammenhang zwischen dem betrieblichen Rechnungswesen und den Zielebenen 28
Abbildung 11: Unterschiedlicher Zeithorizont der betrieblichen Informationssysteme 29
Abbildung 12: Betriebliche Steuerungsebenen und deren Merkmale 32
Abbildung 13: Bilanzielle Konsequenzen von Ein- und Auszahlungen 37
Abbildung 14: Bilanzielle Konsequenzen von Einnahmen und Ausgaben 38
Abbildung 15: Bilanzielle Konsequenzen von Aufwendungen und Erträgen 39
Abbildung 16: Wesensmerkmale von Leistungen und Kosten 41
Abbildung 17: Abgrenzung zwischen Aufwand und Kosten 47
Abbildung 18: Abgrenzung zwischen Auszahlung, Ausgaben, Aufwand und Kosten 47
Abbildung 19: Abgrenzungsbeispiel zwischen Auszahlung, Ausgaben, Aufwand und Kosten 48
Abbildung 20: Rechtsgrundlagen 55
Abbildung 21: Funktionen des externen Rechnungswesens 55
Abbildung 22: Externes Rechnungswesen – Stärken und Schwächen 56
Abbildung 23: Buchführungspflicht nach UGB 58
Abbildung 24: Buchführungspflicht und Schwellenwert (1) 59
Abbildung 25: Buchführungspflicht und Schwellenwert (2) 60
Abbildung 26: Verhältnis UGB-Bilanz zu Steuerbilanz 61
Abbildung 27: Mehr-Weniger-Rechnung 61
Abbildung 28: Jahresabschluss – Bestandteile 64
Abbildung 29: Bilanz 66
Abbildung 30: Bilanz – Grundstruktur 67
Abbildung 31: Mittelverwendung und Mittelaufbringung 67
Abbildung 32: Bilanz – Anlagevermögen 68
Abbildung 33: Anlagevermögen – Gliederung 69
Abbildung 34: Anlagenspiegel 70
Abbildung 35: Bilanz – Umlaufvermögen 71

Abbildungsverzeichnis

Abbildung 36: Umlaufvermögen – Gliederung	71
Abbildung 37: Forderungen versus Verbindlichkeiten	73
Abbildung 38: Bilanz – Fremdkapital	75
Abbildung 39: Fremdkapital – Gliederung	76
Abbildung 40: Bilanz – Eigenkapital	77
Abbildung 41: Eigenkapitalanteil	79
Abbildung 42: Gewinn- und Verlustrechnung schematisch in T-Kontenform	83
Abbildung 43: Gewinn- und Verlustrechnung mit Ausweis eines Verlustes	84
Abbildung 44: Funktionen der Gewinn- und Verlustrechnung	85
Abbildung 45: Beispiel für eine Gewinn- und Verlustrechnung	85
Abbildung 46: Flussrechnung – Bestandsveränderungen	90
Abbildung 47: Flussrechnung – Einzahlungen und Auszahlungen	91
Abbildung 48: Flussrechnung – Einnahmen und Ausgaben	92
Abbildung 49: Anlagevermögen – Abnutzung	93
Abbildung 50: Wirkung der Abschreibung	94
Abbildung 51: Buchwertentwicklung während der Nutzungsdauer	94
Abbildung 52: Halbjahresabschreibung	96
Abbildung 53: Abschreibung kumuliert	96
Abbildung 54: Abschreibungsmethoden	97
Abbildung 55: Abschreibungsmethoden – Wirkung	97
Abbildung 56: Lineare und leistungsabhängige Abschreibung	98
Abbildung 57: Abschreibung – Funktionen	99
Abbildung 58: Gewinn- und Verlustrechnung	99
Abbildung 59: Refinanzierung durch Abschreibung	100
Abbildung 60: Abschreibung – Innenfinanzierungskraft	101
Abbildung 61: GuV – Verlust	101
Abbildung 62: GuV – Null-Ergebnis	102
Abbildung 63: Konteneröffnung	106
Abbildung 64: Buchungskreislauf	107
Abbildung 65: Kontenanlage GuV	109
Abbildung 66: Kontenklassen – Bilanz	113
Abbildung 67: Kontenklassen – GuV	113
Abbildung 68: Kontierung	114
Abbildung 69: Eröffnungsbilanz	115
Abbildung 70: Kontenblatt	116
Abbildung 71: Buchungsbeispiel – Lösung	117
Abbildung 72: Kennzeichen der doppelten Buchführung	118
Abbildung 73: Erfolgswirksame und erfolgsneutrale Geschäftsfälle	119
Abbildung 74: Erfolgsneutrale Buchungsfälle	119
Abbildung 75: Bilanzverlängerung	120
Abbildung 76: Bilanzverkürzung	121
Abbildung 77: Aktivtausch	122
Abbildung 78: Passivtausch	123
Abbildung 79: Kontoblatt	124
Abbildung 80: Journal	124
Abbildung 81: Doppelte Erfolgsermittlung	125
Abbildung 82: Betriebsvermögensvergleich	125

Abbildungsverzeichnis

Abbildung 83: Betriebsvermögensvergleich – Lösung	126
Abbildung 84: Betriebsvermögensvergleich – Lösung im Detail	126
Abbildung 85: Saldenliste – Entstehung	130
Abbildung 86: Saldenliste	130
Abbildung 87: Vermögen und Schulden	132
Abbildung 88: Gewinn- und Verlustrechnung	132
Abbildung 89: Bilanz	133
Abbildung 90: Betriebsvermögensvergleich	133
Abbildung 91: Grundsätze ordnungsgemäßer Bilanzierung	136
Abbildung 92: Bilanzierungsentscheidungen	139
Abbildung 93: Ausnahmen vom Grundsatz der Vollständigkeit	140
Abbildung 94: Immaterielle Vermögensgegenstände – Aktivierungsverbot	142
Abbildung 95: Immaterielle Vermögensgegenstände – entgeltlicher Erwerb	142
Abbildung 96: Aktivierungswahlrechte	143
Abbildung 97: Bilanz	144
Abbildung 98: Bewertung	145
Abbildung 99: Anschaffungskosten	146
Abbildung 100: Herstellungskosten – unternehmens- und steuerrechtlicher Mindest- und Höchstansatz	147
Abbildung 101: Herstellungskosten – Mindestansatz	148
Abbildung 102: Herstellungskosten – Bewertungsspielraum	149
Abbildung 103: Inventur – Methoden	150
Abbildung 104: Inventur – Aufgaben	151
Abbildung 105: Inventur – Buchung	151
Abbildung 106: Inventur – Einsatzermittlung	152
Abbildung 107: Inventur – Vorratserhöhung	153
Abbildung 108: Inventur – Bestandserhöhung durch Herstellung	154
Abbildung 109: Inventur – Bestandsveränderungen und aktivierte Eigenleistungen	155
Abbildung 110: Anlagevermögen	156
Abbildung 111: Anlagevermögen – Nutzung	158
Abbildung 112: Umlaufvermögen	159
Abbildung 113: Eigenkapital	162
Abbildung 114: Eigenkapital – Funktionen	163
Abbildung 115: Eigenkapital – Rücklagen	164
Abbildung 116: Rückstellungen	164
Abbildung 117: Rückstellungen – Arten	165
Abbildung 118: Verbindlichkeiten	167
Abbildung 119: Gewinn- und Verlustrechnung	167
Abbildung 120: Leistungserstellungsprozess im Unternehmen	171
Abbildung 121: Innenfinanzierungsarten – Überblick	173
Abbildung 122: Finanzierung aus Abschreibungswerten	175
Abbildung 123: Außenfinanzierungsarten – Überblick	176
Abbildung 124: Finanzierungsformen und ihre Überschneidungen	179
Abbildung 125: Fristenkongruenz (1)	185
Abbildung 126: Fristenkongruenz (2)	186

Abbildungsverzeichnis

Abbildung 127: Langfristiger und kurzfristiger Betrachtungshorizont in der Bilanz 187
Abbildung 128: „One-to-five"-Rule (Bilanzbild) 188
Abbildung 129: „Acid Test" (Bilanzbild) 189
Abbildung 130: „Two-one"-Rule (Bilanzbild) 189
Abbildung 131: Strukturelle vs laufende Liquidität 192
Abbildung 132: Demo-Bilanz 196
Abbildung 133: Demo-Anlagespiegel (Werte in 1.000 €) 197
Abbildung 134: Demo-Gewinn- und Verlustrechnung 197
Abbildung 135: Schematische Darstellung der Beständedifferenzbilanz 199
Abbildung 136: Schematische Darstellung der einfachen Bewegungsbilanz (1) 200
Abbildung 137: Schematische Darstellung der einfachen Bewegungsbilanz (2) 200
Abbildung 138: Entwicklung der Beständedifferenzbilanz – Demobeispiel 201
Abbildung 139: Beständedifferenzbilanz – Demobeispiel 202
Abbildung 140: Einfache Bewegungsbilanz (1) – Demobeispiel 203
Abbildung 141: Einfache Bewegungsbilanz (2) – Demobeispiel 204
Abbildung 142: Horizontale und vertikale Kennzahlen 208
Abbildung 143: Kapitalstrukturkennzahlen 208
Abbildung 144: Vermögensstrukturkennzahlen 211
Abbildung 145: Horizontale Bilanzkennzahlen 212
Abbildung 146: Demo-Bilanz 218
Abbildung 147: Demo-Anlagenspiegel (Werte in 1.000 €) 219
Abbildung 148: Zusatzangabe Verbindlichkeitenspiegel (Demo-Bilanz) 220
Abbildung 149: Zusatzangabe Umlaufvermögen (Demo-Bilanz) 220
Abbildung 150: Lösungen Kapitalstrukturkennzahlen (Demobeispiel) 220
Abbildung 151: Lösungen Vermögensstrukturkennzahlen (Demobeispiel) 221
Abbildung 152: Lösungen langfristige Deckungsgrade (Demobeispiel) 222
Abbildung 153: Lösungen Liquiditätsgrade (Demobeispiel) 222
Abbildung 154: Lösungen Umschlagshäufigkeiten und Laufzeiten (Demobeispiel) 223
Abbildung 155: Berechnung ROI 225
Abbildung 156: Berechnung ROI (Umsatzrentabilität) 225
Abbildung 157: Berechnung ROI (Kapitalumschlag) 226
Abbildung 158: Du-Pont-Schema 226
Abbildung 159: Strukturelle vs laufende Liquiditätssicherung 230
Abbildung 160: Zahlungskraft eines Unternehmens (in € 1.000,–) 232
Abbildung 161: Auszahlungen des Unternehmens (in € 1.000,–) 232
Abbildung 162: Berechnung des Cashflows vs Berechnung des Gewinns/Verlustes 236
Abbildung 163: Indirekte Ermittlung des Cashflows 236
Abbildung 164: Darstellung der indirekten Ermittlung des Cashflows 238
Abbildung 165: Einfaches Beispiel zur indirekten Cashflow-Ermittlung 238
Abbildung 166: Indirekte Cashflow-Ermittlung (inkl erfolgsneutraler Bestandsänderungen) 240
Abbildung 167: Cashflow aus dem Ergebnis 241
Abbildung 168: Cashflow aus dem Ergebnis ausgehend vom Bilanzgewinn/-verlust 241

Abbildung 169: ÖVFA-Cashflow (CF aus dem Ergebnis, CF aus der operativen Tätigkeit) 243
Abbildung 170: Cashflow aus der Investitionstätigkeit 244
Abbildung 171: Cashflow aus der Finanzierungstätigkeit 245
Abbildung 172: ÖVFA-Cashflow – Zusammenspiel der Cashflow-Bereiche 246
Abbildung 173: Cashflow-Schema 246
Abbildung 174: Demobeispiel Cashflow-Berechnung nach ÖVFA 247
Abbildung 175: Veränderungen des Anlagevermögens 248
Abbildung 176: Berechnung der Effektivverschuldung 251
Abbildung 177: Lösung Cashflow-Kennzahlen (Demobeispiel) 253
Abbildung 178: Analysebereiche – Überblick 258
Abbildung 179: Analysebereiche des Quick-Tests – Überblick 258
Abbildung 180: Kennzahlen im Quick-Test 259
Abbildung 181: Quick-Test – Beurteilungsskala (1) 260
Abbildung 182: Quick-Test – Beurteilungsskala (2) 260
Abbildung 183: Quick-Test – Demobeispiel 261
Abbildung 184: Ursachen von Liquiditätsengpässen 269
Abbildung 185: Verlauf des Cashflows 279
Abbildung 186: Beispielhafte Liquiditätsentwicklung eines mittelständischen Unternehmens 281
Abbildung 187: Lösung Fallbeispiel Finanzstatus 284
Abbildung 188: Struktur des direkten Finanzplans 287
Abbildung 189: Angaben für den direkten Finanzplan 289
Abbildung 190: Lösung zum direkten Finanzplan 290
Abbildung 191: Vom Ziel zum Budget 294
Abbildung 192: Verbindungen zwischen den Planungsinstrumenten 296
Abbildung 193: Betriebsbudgets & Managementbudgets 297
Abbildung 194: Struktur des integrierten Budgets (Phase 1) 299
Abbildung 195: Struktur des integrierten Budgets (Phase 2) 300
Abbildung 196: Verdichtungsprozess bei der Erstellung des Leistungsbudgets 301
Abbildung 197: Leistungsbudget auf Basis der Finanzbuchhaltungsdaten 302
Abbildung 198: Leistungsbudget auf Basis der Kostenrechnungsdaten mit Betriebsüberleitung 303
Abbildung 199: Struktur des integrierten Budgets (Phase 3) 304
Abbildung 200: Finanzbudget (indirekter Finanzplan) 305
Abbildung 201: Finanzmittelbedarf/-überschuss nach dem ÖVFA-Cashflow-Statement 305
Abbildung 202: Struktur des integrierten Budgets (Phase 4) 306
Abbildung 203: Kategorisierung der Mittelzu- und -abflüsse als Mittelherkunft und -verwendung 307
Abbildung 204: Verbesserte Bewegungsbilanz 309
Abbildung 205: Integriertes Budget 311
Abbildung 206: Fallbeispiel – Ist-Bilanz 312
Abbildung 207: Fallbeispiel – Angaben zum Leistungsbudget 312
Abbildung 208: Fallbeispiel – Lösung Leistungsbudget 313
Abbildung 209: Fallbeispiel – Lösung Finanzplan 313
Abbildung 210: Fallbeispiel – Lösung Verbindlichkeiten langfristig 315

Abbildungsverzeichnis

Abbildung 211: Fallbeispiel – Lösung Bilanzgewinn 315
Abbildung 212: Fallbeispiel – Lösung Anlagevermögen 316
Abbildung 213: Fallbeispiel – Lösung Planbilanz 316
Abbildung 214: Fallbeispiel – Lösung verbesserte Bewegungsbilanz 316
Abbildung 215: Auswirkungen einer Umsatzerhöhung 319
Abbildung 216: Relative statt fixer Ziele (1) 323
Abbildung 217: Relative statt fixer Ziele (2) 323
Abbildung 218: Cash-Management anhand des Cashflows 328
Abbildung 219: Working Capital 329
Abbildung 220: Positives Working Capital 330
Abbildung 221: Negatives Working Capital 330
Abbildung 222: Demo-Bilanz 332
Abbildung 223: Zusatzangabe Verbindlichkeitenspiegel (Demo-Bilanz) 333
Abbildung 224: Lösung Working Capital (Demobeispiel) 333
Abbildung 225: Cash-Conversion-Cycle 334
Abbildung 226: Lagerdauer – Außenstandsdauer 340
Abbildung 227: Kreditorendauer 340
Abbildung 228: Nettobelastung als Saldo aus Kreditorendauer und Lager- und Außenstandsdauer 341
Abbildung 229: Struktureller Aufbau eines geschlossenen Kostenrechnungssystems 352
Abbildung 230: Prozessualer Ablauf eines Kostenrechnungssystems 353
Abbildung 231: Abgrenzung zwischen Einzel- und Gemeinkosten 354
Abbildung 232: Prinzipien der Kostenerfassung und -verrechnung 355
Abbildung 233: Aufgaben und Ablauf der Kostenartenrechnung 358
Abbildung 234: Angaben zum Fallbeispiel zur Abgrenzung der betrieblichen Rechengrößen 360
Abbildung 235: Angaben zu den neutralen Aufwendungen 361
Abbildung 236: Angaben zur Umwertung und zur Berechnung kalkulatorischer Positionen 361
Abbildung 237: Lösung zum Fallbeispiel zur Kostenartenrechnung 362
Abbildung 238: Systematisierung der Kostenarten nach dem eingesetzten Produktionsfaktor 365
Abbildung 239: Systematisierung der Kostenarten nach den betrieblichen Funktionen 365
Abbildung 240: Systematisierung der Kostenarten nach der Art der Zurechenbarkeit auf den Kostenträger 366
Abbildung 241: Systematisierung der Kostenarten nach deren Verhalten bei Beschäftigungsänderungen 367
Abbildung 242: Verlauf der Summe der variablen Kosten in Abhängigkeit von der Beschäftigung 368
Abbildung 243: Realer Verlauf der Summe der variablen Kosten und entscheidungsrelevanter Kostenbereich 369
Abbildung 244: Verlauf der Summe der fixen Kosten in Abhängigkeit von der Beschäftigung 370
Abbildung 245: Verlauf der Summe der sprungfixen Kosten in Abhängigkeit von der Beschäftigung 370

Abbildung 246: Beziehung zwischen Einzel- und Gemeinkosten sowie fixen und variablen Kosten ... 371
Abbildung 247: Überblick über die kalkulatorischen Kosten ... 376
Abbildung 248: Verteilung der Investitionsausgaben auf die Dauer der Nutzung in Form von Abschreibungen ... 377
Abbildung 249: Zusammenhang zwischen Wertverlust und kumulierter Abschreibung ... 378
Abbildung 250: Verrechnungsprinzip der Abschreibung in der Kostenrechnung .. 379
Abbildung 251: Finanzierungslücke im Rahmen der buchhalterischen Abschreibung ... 381
Abbildung 252: Vorgehensweise im Rahmen der Ermittlung von kalkulatorischen Zinsen ... 383
Abbildung 253: Ermittlung von kalkulatorischen Zinsen je Wirtschaftsgut ... 383
Abbildung 254: Ermittlung von kalkulatorischen Zinsen für abnutzbare Wirtschaftsgüter mit Restwerten ... 384
Abbildung 255: Überblick über die betrieblichen Risiken und deren Vorsorgemöglichkeiten ... 385
Abbildung 256: Angaben zur Fallstudie hinsichtlich der kalkulatorischen Wagnisse ... 386
Abbildung 257: Lösung zur Fallstudie zur Berechnung kalkulatorischer Positionen ... 387
Abbildung 258: Finanzierungslücke im Rahmen der Abschreibung vom Anschaffungswert ... 388
Abbildung 259: Schließen der Finanzierungslücke in der betrieblichen Praxis ... 389
Abbildung 260: Kosten je Unternehmensbereich (Kostenstelle) ... 392
Abbildung 261: Spezifischer Fertigungsdurchlauf je Produkt ... 392
Abbildung 262: Unterschiedliche Herstellkosten bei den Produkten A und B ... 393
Abbildung 263: Die Kostenstellenrechnung als Bindeglied zwischen der Kostenarten- und der Kostenträgerrechnung ... 394
Abbildung 264: Betriebsabrechnungsbogen ... 394
Abbildung 265: Angaben zur Verteilung der Gemeinkosten auf die Kostenstellen ... 395
Abbildung 266: Schlüssel für die Verteilung der Gemeinkosten auf die Kostenstellen ... 396
Abbildung 267: Stellung der Haupt- und Hilfskostenstellen ... 398
Abbildung 268: Ablauf der Kostenstellenrechnung mit Abrechnung von Hilfskostenstellen ... 399
Abbildung 269: Primäre und sekundäre Gemeinkosten in der Kostenstellenrechnung ... 400
Abbildung 270: Verrechnungsprinzipien der Kostenrechnung ... 401
Abbildung 271: Systematisierung von Bezugsgrößen ... 405
Abbildung 272: Prinzip der Verrechnungs- und Zuschlagssätze ... 406
Abbildung 273: Bezugsgrößen für das Fallbeispiel ... 408
Abbildung 274: Umlageschlüssel für das Fallbeispiel ... 408
Abbildung 275: Verteilung der Gemeinkosten auf die Kostenstellen des Fallbeispiels ... 408
Abbildung 276: Abrechnung der Kostenstellen des Fallbeispiels ... 409

Abbildungsverzeichnis

Abbildung 277: Der Verrechnungszusammenhang zwischen der Kostenstellen- und der Kostenträgerrechnung 413
Abbildung 278: Darstellung des Tragfähigkeitsprinzips 414
Abbildung 279: Systematisierung der Kostenträgerrechnung 416
Abbildung 280: Darstellung des Gesamtzusammenhangs zwischen den verschiedenen Teilen eines Kostenrechnungssystems 417
Abbildung 281: Mögliche Verrechnungsverläufe von Kosten 418
Abbildung 282: Überblick über die verschiedenen Kalkulationsverfahren 419
Abbildung 283: Fertigungstypen und resultierende Kalkulationsverfahren 420
Abbildung 284: Verrechnungsprinzip von Zuschlagssätzen 422
Abbildung 285: Verrechnungsprinzip von Verrechnungssätzen 423
Abbildung 286: Struktur einer differenzierten Zuschlagskalkulation 424
Abbildung 287: Struktur der Betriebs- und Absatzkalkulation 424
Abbildung 288: Kalkulationsangaben zur Fallstudie 425
Abbildung 289: Kalkulation des Standardproduktes der Fallstudie 426
Abbildung 290: Kalkulation des Verteilerproduktes der Fallstudie 426
Abbildung 291: Systematisierung von Kostenrechnungssystemen 428
Abbildung 292: Verrechnungsprinzip der Voll- und der Teilkostenrechnung auf die Verrechnungsobjekte 430
Abbildung 293: Verrechnungsprinzip der Voll- und der Teilkostenrechnung auf die Subsysteme der Kostenrechnung 431
Abbildung 294: Verrechnungsprinzip der Vollkostenrechnung 433
Abbildung 295: Verlauf der vollen Kosten in der Voll- und in der Teilkostenrechnung 434
Abbildung 296: Kostendifferenzen bei einer Beschäftigungsabweichung zwischen der Voll- und der Teilkostenrechnung 435
Abbildung 297: Fehlerhafte Einschätzung der Kosten bei Beschäftigungsänderungen durch die Vollkostenrechnung 435
Abbildung 298: Die Steuerungsgröße Deckungsbeitrag im Teilkostenrechnungssystem 439
Abbildung 299: Verrechnungsprinzip der Teilkostenrechnung 439
Abbildung 300: Verrechnungsprinzipien der Voll- und der Teilkostenrechnung ... 440
Abbildung 301: Angabe der variablen Kosten pro Kostenart 442
Abbildung 302: Abrechnung der Kostenstellen des Fallbeispiels auf Teilkostenbasis 443
Abbildung 303: Kalkulation der Produkte der Fallstudie 443
Abbildung 304: Darstellung des Deckungsbeitrages 2 in der Struktur der stufenweisen Fixkostendeckungsrechnung 447
Abbildung 305: Darstellung des Deckungsbeitrages 3 in der Struktur der stufenweisen Fixkostendeckungsrechnung 448
Abbildung 306: Darstellung des Deckungsbeitrages 4 in der Struktur der stufenweisen Fixkostendeckungsrechnung 449
Abbildung 307: Pyramidaler Aufbau der stufenweisen Fixkostendeckungsrechnung 450
Abbildung 308: Informationspyramiden im Rahmen der stufenweisen Fixkostendeckungsrechnung 450
Abbildung 309: Überblick über die Produkt- und Profit-Center-Struktur 451

Abbildung 310: Fragestellungen aufgrund der Auswertungen einer stufenweisen Fixkostendeckungsrechnung ... 452
Abbildung 311: Darstellung der Erlös- und Kostenstruktur des Fallbeispiels ... 454
Abbildung 312: Darstellung der Ergebnisse der stufenweisen Fixkostendeckungsrechnung des Fallbeispiels ... 454
Abbildung 313: Von der Informationsbeschaffung zur Informationsauswertung ... 458
Abbildung 314: Unzulässiger Vergleich zwischen Plan- und Ist-Kosten ... 459
Abbildung 315: Korrekter Vergleich zwischen Soll- und Ist-Kosten ... 460
Abbildung 316: Problemanalyse zu Kostenabweichungen ... 461
Abbildung 317: Beispielhafte Kostenstruktur eines Unternehmens ... 462
Abbildung 318: Addition der variablen und fixen Kosten zu den gesamten Kosten ... 467
Abbildung 319: Gegenüberstellen der Erlöse und der gesamten Kosten ... 467
Abbildung 320: Darstellung des Break-even-Points ... 468
Abbildung 321: Elimination der Erlöse und der variablen Kosten ... 469
Abbildung 322: Darstellung des Break-even-Points durch Gegenüberstellung der fixen Kosten und des Deckungsbeitrages ... 469
Abbildung 323: Darstellung der Berechnung des Break-even-Points ... 470
Abbildung 324: Verschiebung der fixen Kosten auf die Nulllinie ... 471
Abbildung 325: Alternative Darstellung des Break-even-Points ... 471
Abbildung 326: Verhältnis von Umsatz- und Deckungsbeitragsanteilen ... 473
Abbildung 327: Problematik der Break-even-Berechnung bei Mehrproduktunternehmen ... 473
Abbildung 328: Darstellung des gewichteten Deckungsbeitrages im Rahmen der Break-even-Analyse ... 474
Abbildung 329: Darstellung der Berechnung des Break-even-Umsatzes ... 475
Abbildung 330: Kosten- und Erlösstruktur des Beispiels ... 476
Abbildung 331: Umsatz und Deckungsbeitrag pro Produkt ... 476
Abbildung 332: Umsatz und Umsatzanteil der Produkte ... 477
Abbildung 333: Berechnung des Mindestumsatzes und der Mindestmenge je Produkt ... 477
Abbildung 334: Veränderungen des gewichteten DBU und die entsprechenden Auswirkungen in der Break-even-Analyse ... 477
Abbildung 335: Zusammenhang zwischen der Kapazitätsgrenze und dem Break-even-Umsatz ... 478
Abbildung 336: Konsequenzen von sprungfixen Kosten auf den Break-even-Umsatz ... 479
Abbildung 337: Anwendung der Break-even-Analyse für ein Hotel ... 480
Abbildung 338: Anwendung der Break-even-Analyse für ein Hotel bei engem Erfolgskorridor ... 481
Abbildung 339: Anwendung der Break-even-Analyse für das Baunebengewerbe ... 482
Abbildung 340: Darstellung des Target Points in der Break-even-Analyse ... 483
Abbildung 341: Darstellung des absoluten Sicherheitsabstandes ... 484
Abbildung 342: Darstellung der Berechnung des relativen Sicherheitsabstandes ... 484
Abbildung 343: Darstellung des Cash Points im Rahmen der Break-even-Analyse ... 486

Abbildungsverzeichnis

Abbildung 344: Darstellung des Deficit Points im Rahmen der Break-even-Analyse 487
Abbildung 345: Darstellung von möglichen Abweichungen und deren Konsequenzen im Rahmen der Break-even-Analyse 488
Abbildung 346: Konsequenzen einer Steigerung der fixen Kosten auf den Break-even-Point 488
Abbildung 347: Konsequenzen einer Steigerung der variablen Kosten auf den Break-even-Point 489
Abbildung 348: Konsequenzen einer Senkung des Verkaufspreises auf den Break-even-Point 490
Abbildung 349: Konsequenzen simultaner Abweichungen auf den Break-even-Point 490
Abbildung 350: Maßnahmen und deren Konsequenzen auf den Break-even 491
Abbildung 351: Ausgangsdaten für die Fallstudie zur Break-even-Analyse 492
Abbildung 352: Systematische Darstellung der Entscheidungssituationen bei Preisgrenzen 499
Abbildung 353: Einflussfaktoren der Preisfestlegung 500
Abbildung 354: Optionale Preispositionierungen 501
Abbildung 355: Bestimmungsfaktoren der Preisfestlegung 502
Abbildung 356: Positionierungsfeld potenzieller Preise 503
Abbildung 357: Kostenstruktur und mögliche preispolitische Maßnahmen 505
Abbildung 358: Bewertung von Zusatzaufträgen bei Kapazitätsengpässen 507
Abbildung 359: Bewertung von Zusatzaufträgen mittels Opportunitätskosten ... 508
Abbildung 360: Zusammenhang zwischen Beschäftigungslage, Entscheidungshorizont und Preisuntergrenzen 508
Abbildung 361: Berücksichtigung von Preisgrenzen bei einem mittelfristigen Entscheidungshorizont 509
Abbildung 362: Taktische und strategische Preispolitik 510
Abbildung 363: Zeitlicher kalkulatorischer Ausgleich 511
Abbildung 364: Produktbezogener kalkulatorischer Ausgleich 512
Abbildung 365: Berechnung der langfristigen Preisuntergrenze 514
Abbildung 366: Berechnung der kurzfristigen Preisuntergrenze 515
Abbildung 367: Berechnung der Preisuntergrenze bei Opportunitätskosten 516
Abbildung 368: Kostenmäßiger Vergleich zweier Investitionsalternativen 520
Abbildung 369: Vergleich der Kostenstruktur zweier Investitionsalternativen ... 521
Abbildung 370: Vorteilhaftigkeit zweier Investitionsalternativen 521
Abbildung 371: Trade-off zweier Investitionsalternativen 522
Abbildung 372: Ergebnisvergleich zweier Investitionsalternativen 523
Abbildung 373: Trade-off-Analyse zweier Investitionsalternativen 527
Abbildung 374: Entscheidungssituation bei Make-or-Buy-Entscheidungen 531
Abbildung 375: Entscheidungsoptionen bei kurzfristigen Make-or-Buy-Entscheidungen 532
Abbildung 376: Make-or-Buy-Entscheidungen und Kapazitätsveränderungen ... 534
Abbildung 377: Entscheidungsoptionen bei langfristigen Make-or-Buy-Entscheidungen 534
Abbildung 378: Trade-off im Rahmen von Make-or-Buy-Entscheidungen 536

Abbildung 379: Mehrere Trade-offs im Rahmen von Make-or-Buy-Entscheidungen ... 537
Abbildung 380: Kostenmäßige Konsequenzen von Outsourcing-Entscheidungen ... 538
Abbildung 381: Ausgangsdaten für das Fallbeispiel zu Make-or-Buy-Entscheidungen ... 539
Abbildung 382: Berechnung des zusätzlichen Deckungsbeitrages bei Fremdfertigung ... 540
Abbildung 383: Ergebnis bei Fremdfertigung ... 540
Abbildung 384: Ergebnis bei Eigenfertigung ... 540
Abbildung 385: Darstellung der Ergebnissituation in der Ausgangslage ... 541
Abbildung 386: Konsequenzen für das Ergebnis bei Fremdfertigung ... 541
Abbildung 387: Konsequenzen für das Ergebnis bei Eigenfertigung ... 542
Abbildung 388: Konsequenzen für das Ergebnis bei freien Kapazitäten und Eigenfertigung ... 543
Abbildung 389: Vergleich der Konsequenzen für das Ergebnis des Unternehmens ... 544
Abbildung 390: Kostenniveau und -struktur unterschiedlicher Unternehmen ... 544
Abbildung 391: Gewichtung der einzelnen Planparameter ... 545
Abbildung 392: Ergebnis des Make-or-Buy-Vergleichs ... 545
Abbildung 393: Veränderung der Gewichtung der einzelnen Planparameter ... 546
Abbildung 394: Verändertes Ergebnis des Make-or-Buy-Vergleichs durch Änderung der Parametergewichtung ... 546
Abbildung 395: Fixkostenprogression und -degression ... 548
Abbildung 396: Addition variabler und fixer Kosten je Stück ... 549
Abbildung 397: Prinzip des „Sich-aus-dem-Markt-hinaus-Kalkulierens" auf Basis der Vollkostenrechnung ... 550
Abbildung 398: Preispolitischer Handlungsspielraum der Teilkostenrechnung ... 551
Abbildung 399: Ertragssituation bei einem Zusatzauftrag und gedeckten fixen Kosten ... 552
Abbildung 400: Durchschlagen des Preises des Zusatzauftrages auf die Preise des Grundgeschäftes ... 553
Abbildung 401: Ertragssituation bei einem Zusatzauftrag und noch nicht gedeckten fixen Kosten ... 553
Abbildung 402: Projektion des Deckungsbeitrages auf die Kapazitätsgrenze mit Verlustprojektion ... 554
Abbildung 403: Projektion des Deckungsbeitrages auf die Kapazitätsgrenze mit Gewinnprojektion ... 555
Abbildung 404: Ausgangsdaten für die Berechnung zur Bewertung des Zusatzauftrages ... 555
Abbildung 405: Ermittlung des Ergebnisses in der Ausgangssituation ... 556
Abbildung 406: Ermittlung des Ergebnisses nach Annahme des Zusatzauftrages ... 556
Abbildung 407: Ermittlung des Ergebnisses nach Annahme des Zusatzauftrages und Darstellung der Fixkostendegression ... 557
Abbildung 408: Ermittlung des Ergebnisses in der Ausgangssituation bei geringerer Auslastung und Darstellung der Fixkostenprogression ... 557
Abbildung 409: Ermittlung des Ergebnisses in der Ausgangssituation bei geringer Auslastung ... 558

Abbildungsverzeichnis

Abbildung 410: Ermittlung des Ergebnisses nach Annahme des Zusatzauftrages bei geringerer Auslastung 559
Abbildung 411: Ermittlung des Ergebnisses nach Annahme des Zusatzauftrages mit Darstellung der Fixkostendegression 559
Abbildung 412: Darstellung der Ausgangssituation ohne Zusatzauftrag 560
Abbildung 413: Darstellung der Ergebnislage nach Annahme des Zusatzauftrages 561
Abbildung 414: Darstellung der Ergebnislage nach Annahme des Zusatzauftrages und teilweises Durchschlagen des Preises des Zusatzauftrages auf die Preise des Grundgeschäftes 561
Abbildung 415: Darstellung der Ergebnislage nach Annahme des Zusatzauftrages und Durchschlagen des Preises des Zusatzauftrages auf die Preise des Grundgeschäftes 562
Abbildung 416: Verluste nicht „trotz", sondern „wegen" des Umsatzwachstums . 562
Abbildung 417: Ausgangsdaten für die Bewertung eines Zusatzauftrages 564
Abbildung 418: Erzielter Deckungsbeitrag ohne Annahme des Zusatzauftrages ... 564
Abbildung 419: Erzielter Deckungsbeitrag mit Annahme des Zusatzauftrages 565
Abbildung 420: Darstellung der Ergebnisse der Aufträge in der Ausgangssituation 565
Abbildung 421: Bewertung der Ergebnissituation in der Ausgangssituation 566
Abbildung 422: Bewertung der Ergebnissituation nach Annahme des Zusatzauftrages 567
Abbildung 423: Darstellung des DBU je Auftrag 567
Abbildung 424: Bewertung der Ergebnissituation und Darstellung des DBU der bisherigen Aufträge 568
Abbildung 425: Bewertung der Ergebnissituation bei einer Preiserosion 569
Abbildung 426: Ergebniswirkungen der unterschiedlichen Entscheidungen 569
Abbildung 427: Exploration als Planungsmethode 574
Abbildung 428: Prognose als Planungsmethode 575
Abbildung 429: Zielplanung als Planungsmethode 575
Abbildung 430: Konzept der rollierenden Planung 579
Abbildung 431: Zielabweichung des Vorjahres 580
Abbildung 432: Korrektur der Prognosewerte aufgrund der Planabweichung des Vorjahres 580
Abbildung 433: Typologien von Planungsverläufen 581
Abbildung 434: Muster einer Hockey-Stick-Prognose 582
Abbildung 435: Interventionsebenen des Kostenmanagements 587
Abbildung 436: Ansatzpunkte des Kostenmanagements 589
Abbildung 437: Kostenstruktur einer Kostenstelle 590
Abbildung 438: Struktur der Fehlzeiten 592
Abbildung 439: Ansatzpunkte des Kostenmanagements in der Wertschöpfungskette 597
Abbildung 440: Kostenanfall versus Kostenbeeinflussbarkeit 599
Abbildung 441: Kostenfestlegung versus Kostenverursachung 600
Abbildung 442: Ansatzpunkte des Kostenmanagements in der Wertschöpfungskette und im Produktlebenszyklus 601
Abbildung 443: Kostenremanenz bei variablen und sprungfixen Kosten 602
Abbildung 444: Zusammenhang zwischen MbO und MbE 606

Abbildung 445: Vergleich zwischen Feedback- und Feedforward-Analysen 607
Abbildung 446: Prinzip des Soll-Ist-Vergleichs und des Soll-Wird-Vergleichs 610
Abbildung 447: Informationswert quartalsmäßig durchgeführter
Soll-Wird-Analysen 611
Abbildung 448: Fragestellungen im Rahmen einer Abweichungsanalyse............. 613
Abbildung 449: Struktur der Ergebnisermittlung... 614
Abbildung 450: Berechnungsprinzip im Rahmen des Soll-Wird-Vergleichs 615
Abbildung 451: Berechnung der Ausgangsdaten für das erste Halbjahr 617
Abbildung 452: Berechnung der Plandaten für das erste Halbjahr........................ 617
Abbildung 453: Berechnung der Soll-Ist-Abweichungen...................................... 618
Abbildung 454: Berechnung der Plan-Werte für das gesamte Jahr 618
Abbildung 455: Berechnung der Soll-Wird-Abweichung 619
Abbildung 456: Informationen und Interventionen aufgrund von
Planabweichungen 620
Abbildung 457: Darstellung des operativen und des strategischen GAP.............. 622
Abbildung 458: Der Zusammenhang zwischen Rückzugs-, Kern- und neuem
Geschäft 623
Abbildung 459: Konsequenzen der Umsatzerosion durch den
Produktlebenszyklus auf das Ergebnis.. 624
Abbildung 460: Notwendigkeit der Forschung und Entwicklung für zukünftige
Umsätze.. 624
Abbildung 461: F&E-Aufwendungen als Vorsteuergröße zukünftiger Umsätze ... 625
Abbildung 462: Zusammenhang zwischen der Altersstruktur- und der
Lebenszyklusanalyse.. 626
Abbildung 463: Mögliche Muster im Rahmen der Altersstrukturanalyse 627
Abbildung 464: Strategische Unternehmenskrise durch ein überaltertes
Produktsortiment.. 629
Abbildung 465: Existenzielle Unternehmenskrise durch ein überaltertes
Produktsortiment.. 629
Abbildung 466: Vorgehensweise im Rahmen der GAP-Analyse 631
Abbildung 467: Ausgangsdaten der Fallstudie zur GAP-Analyse 632
Abbildung 468: Leistungsdaten der Geschäftsfelder zur Berechnung des GAP 632
Abbildung 469: Darstellung der Umsätze pro Jahr.. 633
Abbildung 470: Berechnung des GAP 634
Abbildung 471: Lebenszyklen unterschiedlicher Produkte 635
Abbildung 472: Kumulierte Umsatzentwicklung mehrerer Produkte.................... 635
Abbildung 473: Synchronisation von Produktlebenszyklen 636
Abbildung 474: Beispiele für Gewinnfaktoren 639
Abbildung 475: Struktur der Gewinnfaktorenanalyse 641
Abbildung 476: Basisinformationen einer Gewinnfaktorenanalyse für ein
Restaurant 642
Abbildung 477: Beispiel einer Grundrechnung der Gewinnfaktorenanalyse für
ein Restaurant... 643
Abbildung 478: Veränderung der Planparameter in der Grundrechnung der
Gewinnfaktorenanalyse.. 644
Abbildung 479: Ergebnisrelevante Veränderungen des Planparameters
„Anzahl der Gäste" 645

Abbildungsverzeichnis

Abbildung 480: Berechnung der Gewinnfaktoren in der Grundrechnung der Gewinnfaktorenanalyse 645
Abbildung 481: Grundrechnung, beispielhaft dargestellt für einen Restaurantbetrieb 646
Abbildung 482: Vorgehensweise im Rahmen der Gewinnfaktorenanalyse 647
Abbildung 483: Positives Ausweisen des Basisergebnisses 648
Abbildung 484: GuV-Daten der Fallstudie als Ausgangsbasis der Gewinnfaktorenanalyse 649
Abbildung 485: Grundrechnung des Fallbeispiels 650
Abbildung 486: Auswertungsrechnung A des Fallbeispiels 651
Abbildung 487: Auswertungsrechnung B des Fallbeispiels 651
Abbildung 488: Auswertungsrechnung C des Fallbeispiels 652
Abbildung 489: Beispielhafte Darstellung einer Sortimentsprofilanalyse 655
Abbildung 490: Handlungsoptionen im Rahmen der Sortimentsprofilanalyse 656
Abbildung 491: Fehler im Rahmen der Auswahl der Messwerte 658
Abbildung 492: Variante einer Sortimentsprofilanalyse 660
Abbildung 493: Eine Sortimentsprofilanalyse für die Abteilungen eines Krankenhauses 661
Abbildung 494: Eine Sortimentsprofilanalyse mit vier Informationsdimensionen .. 662
Abbildung 495: Berücksichtigung von statistischen Ausreißern in der Sortimentsprofilanalyse 663
Abbildung 496: Zusammenhang zwischen der Lorenzkurve und der Sortimentsprofilanalyse 664
Abbildung 497: Korrektur der Durchschnittswerte in der Sortimentsprofilanalyse aufgrund der Erkenntnisse der Lorenzkurve 665
Abbildung 498: Darstellung der Analyseebene 1 in der Sortimentsprofilanalyse .. 666
Abbildung 499: Darstellung der Analyseebene 2 in der Sortimentsprofilanalyse .. 667
Abbildung 500: Darstellung der Analyseebene 3 in der Sortimentsprofilanalyse .. 668
Abbildung 501: Darstellung der Analyseebene 4 in der Sortimentsprofilanalyse .. 669
Abbildung 502: Zusammenhang zwischen der Sortimentsprofilanalyse und der Positionierungskurve nach Porter 670
Abbildung 503: Alternative Entwicklungspfade in der dargestellten Branche 671

Tabellenverzeichnis

Tabelle 1: Angaben zum Fallbeispiel zur Abgrenzung der betrieblichen Zielgrößen	9
Tabelle 2: Lösung des Fallbeispiels „Abgrenzung betrieblicher Zielgrößen"	9
Tabelle 3: Aufgaben des internen und externen Rechnungswesens	24
Tabelle 4: Beispiele zur Abgrenzung der betrieblichen Rechengrößen	43
Tabelle 5: Fallbeispiel zur Abgrenzung der betrieblichen Rechengrößen	48
Tabelle 6: Aktivseitige Bilanzpositionen	193
Tabelle 7: Passivseitige Bilanzpositionen	194
Tabelle 8: Indikatoren für Liquiditätsprobleme	272
Tabelle 9: Merkmale von Kostenrechnungssystemen	348
Tabelle 10: Erfassungstabelle für Kostenarten	360
Tabelle 11: Darstellung der Kostenarten im Rahmen der Fallstudie	371
Tabelle 12: Kostenstellenstruktur von Betrieben verschiedener Branchen	402
Tabelle 13: Bezugsgrößen in unterschiedlichen Branchen	410
Tabelle 14: Wahl des Kostenrechnungssystems aufgrund der zentralen Problemstellungen einer Branche	431
Tabelle 15: Break-even-Analyse auf Basis von Daten der Gewinn- und Verlustrechnung	496
Tabelle 16: Make-or-Buy-Entscheidungen in verschiedenen Unternehmensbereichen	530
Tabelle 17: Vergleich zwischen den Analysearten	607
Tabelle 18: Umschlags- und Ertragskennzahlen für die Renner-Penner-Analyse	658
Tabelle 19: Ebenen der Sortimentsprofilanalyse	665

Abschnitt A – Grundlagen des Controllings

1. Managemententscheidungen auf Basis von Informationen

1.1. Unternehmensziele als Maßstab des Unternehmenserfolges

> **Lernziel**
>
> **In diesem Kapitel lernen Sie**
> - welche Unternehmensziele es gibt und wie diese strukturiert werden
> - wie die einzelnen Unternehmensziele zusammenhängen
> - warum ein erfolgreiches Unternehmen immer mehrere Ziele verfolgen muss
> - was passiert, wenn das Zielsystem nicht ausbalanciert ist
> - wie die jeweilige Situation eines Unternehmens eingeschätzt werden kann

„Wann ist ein Unternehmen erfolgreich?" Auf diese Frage lässt sich wohl kaum eine allgemein gültige Antwort finden. Grundsätzlich kann man aber davon ausgehen, dass ein Unternehmen Erfolg hat, wenn es seine Ziele erreicht. Wenn ein Unternehmen seine Ziele dauerhaft im Sinne von „immer wieder" erreicht, so wird man wohl ein solches Unternehmen als erfolgreich bezeichnen.

Hinsichtlich des Zusammenhangs zwischen den Unternehmenszielen und dem Erfolg eines Unternehmens gilt es nun Folgendes zu beachten: Um den langfristigen Erfolg eines Unternehmens sicherzustellen, darf sich das Management nicht nur auf ein einziges Ziel konzentrieren, sondern muss gleichzeitig mehrere Ziele im Auge behalten. Wird gegen diesen Grundsatz der Zielbalance verstoßen, kann ein Unternehmen auf Dauer (dh langfristig) nicht erfolgreich sein. Dies soll anhand eines Beispiels erläutert werden:

> **Beispiel**
>
> Wenn sich ein Unternehmen nur auf das Ziel Kostensenkung konzentriert, so werden sich die daraus resultierenden massiven Kosteneinsparungsmaßnahmen auf Dauer zu Lasten zukünftiger Gewinnchancen auswirken. Als Vergleich kann der menschliche Körper dienen: Führt man dem Organismus über einen bestimmten Zeitraum keine Nahrung zu, um das Gewicht zu reduzieren, wird der Körper mit der Zeit nicht in der Lage sein, die erwartete Leistung zu erbringen.

Aus diesem Beispiel wird ersichtlich, dass man zwar kurzfristig Ziele maximieren kann, dafür aber zukünftig in der Regel einen entsprechend hohen Preis bezahlt. Es ist demnach möglich, aber nicht unbedingt ratsam, die aktuellen Gewinne zu Lasten der zukünftigen Gewinne zu erhöhen. Die Maximierung des aktuellen Gewinns kann nicht nur die zukünftigen Gewinne gefährden, sondern auch die Liquiditätslage des Unternehmens belasten.

Beispiel

Wenn ein Unternehmen für seine Rahmenbedingungen bzw Voraussetzungen zu schnell wächst, sind die dafür notwendigen Investitionszahlungen meist höher als die eventuell zusätzlich erwirtschafteten Gewinne, wodurch bestehende Liquiditätsreserven aufgelöst oder zusätzliche Kredite in Anspruch genommen werden müssen. Starkes Wachstum kann somit zwar zur Erhöhung des Gewinns führen, bedeutet aber gleichzeitig fast immer eine Reduktion der finanziellen Mittel.

Wie die Beispiele zeigen, gibt es mehrere betriebliche Zielebenen, die in einem mittelbaren oder unmittelbaren Zusammenhang stehen. Grundsätzlich kann man drei unterschiedliche Zielebenen identifizieren, nämlich eine kurzfristige, eine mittelfristige und eine langfristige Ebene.

Kurzfristig muss jedes Unternehmen darauf achten, dass seine Zahlungsfähigkeit jederzeit erhalten bleibt. Diese Zielebene stellt jene der **Liquidität** dar. Der Zeithorizont des Liquiditätsziels ist deswegen kurzfristig, da die Zahlungsfähigkeit eines Unternehmens zu jedem Zeitpunkt (dh täglich) gegeben sein muss.

Wird das Ziel der Zahlungsfähigkeit verfehlt und kann das Unternehmen daher seinen Zahlungsverpflichtungen nicht mehr nachkommen, so wird das Unternehmen illiquid. Informationen über drohende Liquiditätslücken deuten meist auf eine existenzielle Bedrohung des Unternehmens hin. Der Handlungsbedarf ist daher akut.

Beispiel

Ein Unternehmer sucht aufgrund eines Liquiditätsengpasses bei seinem Kreditinstitut um einen zusätzlichen Kredit an. Die Hausbank lehnt den Kreditantrag mit der Begründung ab, dass das Risiko des Kreditausfalls für die Bank zu hoch sei. Da der bisherige Kreditrahmen voll ausgeschöpft ist, muss der Unternehmer aus dem Kassenbestand allen Zahlungsverpflichtungen nachkommen. Nach einigen Wochen kann die Sozialversicherung für die Arbeitnehmer nicht mehr bezahlt werden. Nach Ablauf der Zahlungsfrist und einer nochmaligen Aufforderung der Sozialversicherung, die Versicherungsbeiträge der Mitarbeiter zu bezahlen, ist das Unternehmen noch immer nicht in der Lage, der Zahlungsverpflichtung nachzukommen. Die Sozialversicherung reicht daher einen Konkursantrag beim Bezirksgericht ein. Der Fortbestand des Unternehmens ist akut gefährdet.

1. Managemententscheidungen auf Basis von Informationen

Mittelfristig sollte ein Unternehmen versuchen, seine Gewinne zu optimieren. Diese Zielebene nennt man die Ebene des **Erfolgs**. Einen positiven Erfolg nennt man Gewinn, einen negativen Erfolg Verlust. Ein einmaliger Verlust stellt in aller Regel keine Existenzgefährdung für ein Unternehmen dar. Werden hingegen über mehrere Jahre Verluste erwirtschaftet, so verliert das Unternehmen zunehmen an Liquiditätsreserven und droht illiquid zu werden. Der Gewinn ist die zentrale Steuerungsgröße des Wirtschaftssystems schlechthin.

Informationen über nachhaltige Unternehmensverluste sind daher auch als Warnung für die Entwicklung eines Unternehmens (zB Entwicklung der Börsenkurse) und damit seiner zukünftigen Liquiditätslage zu interpretieren. Gibt es Probleme auf der Erfolgsebene, so ist die Bedrohung für ein Unternehmen latent. Das bedeutet, dass ein Unternehmen mit negativem Erfolg in der Regel noch weiterbestehen kann, solange es liquide Mittel zur Verfügung hat, aber wenn sich die Erfolgsprobleme mit der Zeit auf die Liquiditätsebene durchschlagen, ist es existenzgefährdet.

Beispiel

Am Ende des Jahres werden die Aufwendungen und Erträge im Rahmen der Gewinn- und Verlustrechnung eines Unternehmens gegenübergestellt. Der Saldo weist für das Unternehmen einen Verlust auf, da die Aufwendungen höher als die Erträge ausgefallen sind. Dieser Verlust muss nun mit eigenen Mitteln gedeckt werden. Diese Mittel nennt man Eigenkapital. Verluste des Unternehmens sind immer das Risiko des Unternehmers bzw der Unternehmerin. Externe Kapitalgeber tragen nur das Risiko des jeweiligen Kredits aber nicht das unternehmerische Risiko. Daher müssen Verluste immer mit eigenen Mitteln beglichen werden. Dementsprechend nennt man das Eigenkapital auch Risikokapital. Ein einmaliger Verlust gefährdet nun in der Regel nicht die Existenz des Unternehmens. Sollten jedoch zukünftige Verluste zunehmend das Eigenkapital aufzehren, so steigt das Insolvenzrisiko. Sollten die Verluste mit den Jahren das gesamte Eigenkapital aufzehren, so kann das Unternehmen kein Risiko mehr eingehen, da weitere Verluste zur Illiquidität führen würden.

Langfristig ist es das Ziel eines jeden Unternehmens, Voraussetzungen für zukünftige Gewinne zu schaffen. In diesem Zusammenhang spricht man von **Erfolgspotenzialen**. Erfolgspotenziale sind Bündel von Fähigkeiten und Fertigkeiten, die einem Unternehmen Vorteile gegenüber dem Wettbewerb bringen, wenn sie denn auch genutzt und wirksam eingesetzt werden. Das bedeutet, Erfolgspotenziale sind kein Garant für Erfolg, aber sie bilden zumindest die Basis und schaffen Möglichkeiten, um in Zukunft Erfolg zu haben.

Beispiele für Erfolgspotenziale sind ein hohes Qualifikationsniveau der Mitarbeiter, ein hervorragendes Image bei den Zielgruppen, ein hohes Qualitätsniveau aller betrieblichen Prozesse etc. Werden die Erfolgspotenziale nicht systematisch aufgebaut und gepflegt, zeigen sich nach einiger Zeit die Konsequenzen auf der Ebene des Erfolgs. Qualifikationsprobleme der Mitarbeiter, Imageschäden auf den Märkten und fehlerhafte Prozesse werden zunehmend die Erfolgslage des Unternehmens verschlechtern.

Die Information über eine mögliche Gefährdung der Erfolgspotenziale ist eine Frühwarnung, da der Verlust von Erfolgspotenzialen nicht kurzfristig erfolgt und es in der Regel noch Handlungsspielraum gibt, um dem möglichen Verlust entgegenzuwirken. Somit droht eine daraus resultierende Gefährdung des Erfolgs nicht unmittelbar, sondern zeitverzögert. Die Bedrohung für ein Unternehmen ist daher potenziell.

> **Beispiel**
>
> Ein Unternehmen hat aufgrund der hohen Qualität seiner Produkte ein hervorragendes Image bei seinem Kunden. Um die Gewinnerwartungen der Kapitalgeber wiederum zu erfüllen, werden in einer Managementsitzung sehr ehrgeizige Kosteneinsparungsziele definiert. Aufgrund dessen werden die Mitarbeiter nicht mehr wie bisher hinsichtlich neuer Qualitätssicherungsmethoden geschult. Gleichzeitig wird begonnen, bei der Instandhaltung der Maschinen einzusparen, so dass es immer wieder zu Abweichungen von definierten Toleranzwerten kommt. Zudem steigen die Qualitätsanforderungen der Kunden, so dass mit der Zeit die Lücke zwischen den Anforderungen der Kunden und dem Leistungsvermögen des Unternehmens offensichtlich wird. Eine Zeit lang ist es dem Außendienst noch möglich, aufgrund des guten Images die Qualitätsprobleme zu überspielen. Dennoch steigt die Reklamationsrate der Kunden an und nach und nach verliert das Unternehmen sein gutes Image. In weiterer Folge kommt es aber aufgrund der mangelnden Qualität (Reklamationskosten, Nacharbeiten, Ausschuss, Gewährleistungen, Kundenverluste etc) zu Folgekosten, die zunehmend das Ergebnis verschlechtern, so dass das Unternehmen Verluste verzeichnen muss.

Das Zusammenspiel zwischen den einzelnen betrieblichen Zielebenen lässt sich somit folgendermaßen darstellen:

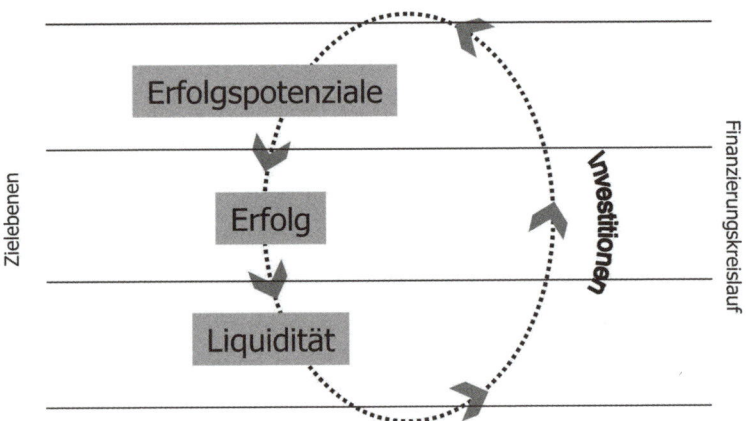

Abbildung 1: Steuerungs- und Finanzierungskreislauf, dargestellt anhand der betrieblichen Zielebenen

Das dargestellte Zielsystem folgt nachstehender Logik: Es müssen zunächst **Erfolgspotenziale** (zB technisches Know-how, hohe Servicequalität, schnelle Produktentwicklung, effiziente Vertriebsstrukturen, flexible Fertigungsstrukturen, innovatives

1. Managemententscheidungen auf Basis von Informationen

Produktdesign etc) aufgebaut werden. Solche internen Erfolgspotenziale stellen beispielsweise Kompetenzen oder Ressourcen dar. Diese führen zu externen Erfolgspotenzialen, die einen Wert für den Kunden besitzen. Externe Erfolgspotenziale manifestieren sich in Form langfristiger Wettbewerbsvorteile, die wiederum die Erzielung von **Gewinnen** ermöglichen. Erfolgspotenziale sind somit Voraussetzungen für das Erzielen von Gewinnen (Erfolg). Gewinne führen wiederum zum Aufbau von **Liquiditätsreserven**.

Wesentlich dabei ist, dass der gesamte Kreislauf in einer Balance gehalten wird. Daher kann es auf Dauer nicht das Ziel eines Unternehmens sein, möglichst hohe Liquiditätsreserven anzuhäufen. Die finanziellen Mittel sollten wiederum dem Steuerungskreislauf zugeführt werden. Geschieht dies nicht, so drohen die Erfolgspotenziale mit der Zeit verloren zu gehen. Um langfristig die Wettbewerbsfähigkeit des Unternehmens zu sichern, sind daher die liquiden Mittel für den Aufbau von Erfolgspotenzialen heranzuziehen. Durch die Investition der erwirtschafteten liquiden Mittel in den Aufbau der Erfolgspotenziale schließt sich der dargestellte Kreislauf.

Durch den sachlich zwingenden Zusammenhang kann keiner der genannten Zielebenen inhaltlich der Vorrang gegeben werden. Aus zeitlicher Perspektive muss allerdings der Liquidität Priorität eingeräumt werden, weil mangelnde Liquidität kurzfristig zu einer existenziellen Bedrohung für jedes Unternehmen wird. Ist hingegen die Liquidität des Unternehmens sichergestellt, sollte man nicht diese maximieren, sondern vielmehr den Aufbau der Erfolgspotenziale forcieren, um zukünftig möglichst optimale Gewinne zu erzielen.

Die folgende Grafik verdeutlicht das Zusammenspiel zwischen den einzelnen Steuerungsebenen Erfolgspotenziale – Erfolg – Liquidität.

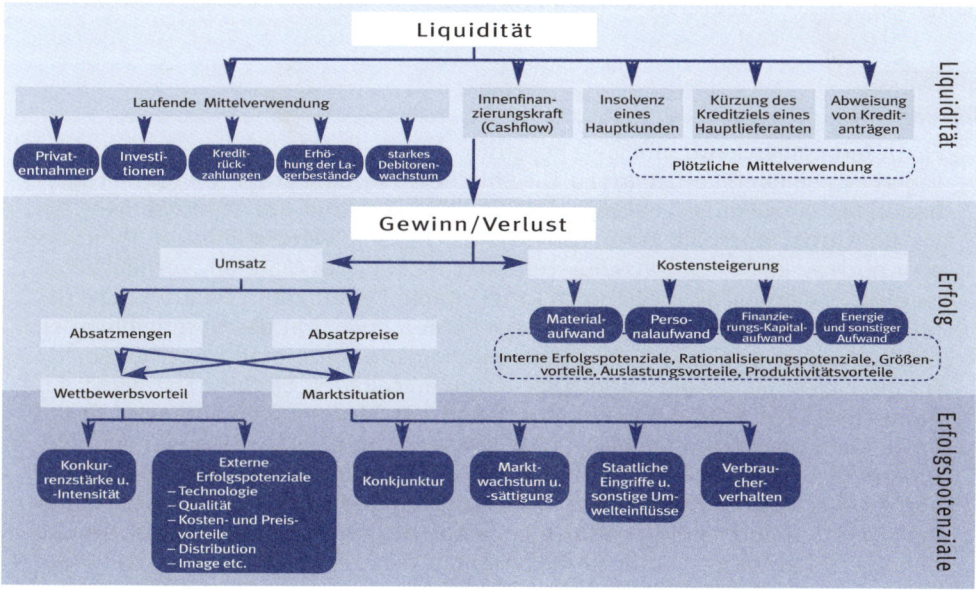

Abbildung 2: Grundsätzliche Struktur des Zielsystems von Unternehmen

Die Grafik zeigt im Detail, aus welchen Einflussfaktoren sich die Zielebenen zusammensetzen. Anhand der Abbildung werden das Wechselspiel und die isolierte Wirkung einzelner Einflussfaktoren sichtbar.

Auf die Erfolgspotenziale wirken externe Einflussfaktoren wie das Verbraucherverhalten, die Marktsättigung oder Konjunkturparameter. Diese externen Einflussfaktoren bestimmen die *Marktsituation* des Unternehmens. Interne Einflussfaktoren wie etwa das geleistete Qualitätsniveau, das Image des Unternehmens etc bestimmen die *Wettbewerbsvorteile*. Die Marktsituation und die Wettbewerbsvorteile beeinflussen wiederum die Absatzmengen und -preise, die auf der Ebene des Erfolgs in Form des realisierten Umsatzes wesentliche Einflussfaktoren sind. Neben diesen Umsatzgrößen stellen die *Kostengrößen* entscheidende Parameter der Erfolgsebene dar. Der Umsatz abzüglich der Kosten ergibt in weiterer Folge den Gewinn bzw den Verlust.

Die Verbindung zwischen der Liquiditätsebene und der Ebene des Erfolges wird über den *Cashflow* hergestellt. Der Cashflow als Überschuss der Zahlungseingänge über die Zahlungsausgänge stellt eine zentrale betriebswirtschaftliche Kennzahl dar. Ausgangspunkt für die Berechnung des Cashflows ist der Gewinn bzw der Verlust. Je mehr Gewinne ein Unternehmen erwirtschaftet, desto höher wird tendenziell auch sein Cashflow sein. Der Cashflow gibt auch Auskunft darüber, woher die Finanzmittel, die einem Unternehmen zur Verfügung stehen, stammen und wofür sie verwendet werden. Dabei unterscheidet man zwischen der *laufenden Mittelherkunft und -verwendung* aus dem operativen Tagesgeschäft und punktuellen, dh unvermuteten und daher schwer vorhersehbaren, Liquiditätszu- und -abflüssen (*plötzliche Mittelherkunft und -verwendung*). Anhand zweier Beispiele sollen die Zusammenhänge der Zielebenen erklärt werden.

Beispiel

Ein Unternehmen kauft sehr viele Rohstoffe ein. Es wird also Lager aufgebaut, der Lagerbestand nimmt erheblich zu. Die Entscheidung, eine große Menge an Lagerbeständen einzukaufen, belastet den Liquiditätsbestand des Unternehmens. Da die Rohstoffe innerhalb einer Zahlungsfrist bezahlt werden müssen, ihrerseits aber noch zu keinen Umsatzerlösen führen, muss dieses Material „vorfinanziert" werden. In diesem Fall wird also im Lager „Kapital gebunden". Dadurch, dass das Material mit liquiden Mitteln finanziert werden muss, hat das Unternehmen einen höheren Kapitalbedarf. Die Entscheidung den Lagerbestand zu erhöhen, hat für die Zielebene „Erfolg" jedoch keinen unmittelbaren Einfluss. Erst wenn das Rohmaterial der Produktion zugeführt und anschließend verkauft wird, fallen Kosten und Umsätze an. In diesem Fall kommt es zu erfolgswirksamen Veränderungen, dh Auswirkungen auf den Gewinn oder Verlust. Es gibt durch den Lageraufbau aber auch eine mittelbare Auswirkung auf die Erfolgsebene. Wird der höhere Lagerbestand nämlich beispielsweise durch zusätzliche Kredite finanziert, so muss das Unternehmen dafür Zinsen bezahlen. Diese Zinsen wirken sich dann wiederum sofort auf den Erfolg aus (Zinsaufwand).

1. Managemententscheidungen auf Basis von Informationen

> **Beispiel**
>
> Ein Unternehmen erzielt seit Jahren Gewinne, die Liquiditätssituation ist durch die laufenden Gewinne zufrieden stellend. Die erwirtschafteten Geldmittel werden kontinuierlich in die Erfolgspotenziale investiert. Die Investitionen betreffen vor allem den Ausbau des modernen Maschinenparks. Diese Investitionen sind deshalb notwendig, weil ein Hauptkunde, der rund 50 % des Umsatzes des betrachteten Unternehmens ausmacht, eine hohe Wachstumsrate aufweist und das betrachtete Unternehmen zur Deckung des Bedarfs des Kunden ebenfalls „mitwachsen" muss. Das Wachstum des Hauptkunden erfolgt in erster Linie über ein aggressives Wettbewerbsverhalten, insbesondere durch sehr niedrige Absatzpreise. Die Strategie des Kunden, Konkurrenten aus dem Markt zu verdrängen, hat sich allerdings als nicht umsetzbar herausgestellt. Seine Konkurrenten haben in den vergangenen Jahren vor allem Produktinnovationen forciert und konnten sich in verschiedenen Marktnischen gut positionieren. Seit ca drei Jahren kommt der Hauptkunde durch Konkurrenten aus dem fernen Osten zunehmend selbst unter Preisdruck. Diesen Preisdruck bekommen seine Konkurrenten in den Marktnischen nicht so sehr zu spüren. Aufgrund der Niedrigstpreise seiner asiatischen Konkurrenten erleidet das Unternehmen einen Umsatzeinbruch, schreibt Verluste und kann seinen Zahlungsverpflichtungen nur mehr schleppend nachkommen. Dieser Umsatzeinbruch des Hauptkunden schlägt direkt auf das betrachtete Unternehmen durch. Durch die geringeren Umsätze kommt es ebenfalls zu Verlusten, zudem droht durch eventuelle Forderungsausfälle eine existenzielle Krise auf der Ebene der Liquidität.

Das Verfehlen von Unternehmenszielen kann man als Unternehmenskrise bezeichnen. Nun zeigt die Erfahrung, dass die meisten Unternehmenskrisen ihren Ursprung auf der Ebene der Erfolgspotenziale haben. Zunächst verliert ein Unternehmen in der Regel seine Wettbewerbsvorteile. Diese „strategische Krise" spiegelt sich zunächst noch nicht in der Bilanz des Unternehmens wider. Man spricht in diesem Fall daher von einer „latenten Krise". Gehen die Erfolgspotenziale über eine längere Zeit verloren, so wird sich die „strategische Krise" in den Zahlen des Unternehmens bemerkbar machen. Entweder verringert sich der Umsatz oder die Kosten steigen oder beides geschieht gleichzeitig. Jedenfalls weist nun das Unternehmen in der Bilanz Verluste aus. Die Krise ist nun nicht mehr „latent", sondern „akut", wenn auch noch beherrschbar. In diesem Fall spricht man von einer akuten, aber noch beherrschbaren Krise. Macht ein Unternehmen auf Dauer Verluste, werden sich permanent die Liquiditätsreserven verringern. Kommt es neben dem laufenden Finanzmittelentzug noch zu unmittelbar auftretenden Finanzmittelabgängen, so befindet sich das Unternehmen in einer Liquiditätskrise. Diese ist de facto in der Unternehmenspraxis nicht mehr beherrschbar, da keine Erfolgspotenziale vorhanden sind, aber auch die Erfolge und letztendlich die Liquidität fehlen, um etwaige Erfolgspotenziale wieder aufzubauen. Der Kreis schließt sich somit im negativen Sinne.

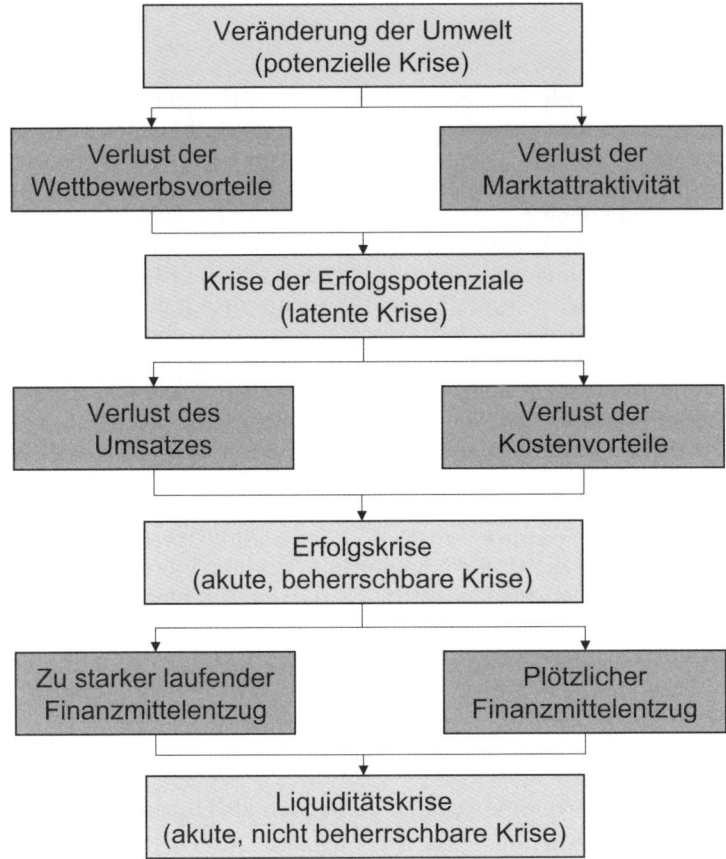

Abbildung 3: Betriebliche Zielebenen und der typische Verlauf von Unternehmenskrisen

Obwohl es empirisch erwiesen ist, dass die meisten Unternehmenskrisen auf der strategischen Ebene ihren Ursprung haben, zeigen sich Unternehmer und Unternehmerinnen dennoch immer wieder bei Liquiditätskrisen überrascht von den Entwicklungen, obwohl diese durchaus voraussehbar waren. Zudem begründet das Management existenzielle Krisen (Insolvenzfälle) meist monokausal. Das bedeutet, es wird meistens nur ein einziger Grund angegeben, warum das Unternehmen in die Krise geschlittert ist. Aus der komplexen Struktur der betrieblichen Zielebenen wird hingegen ersichtlich, dass Unternehmenskrisen meist auf viele Ursachen zurückzuführen sind.

Fallbeispiel

Ausgangsdaten

Sie sollen die Situation von verschiedenen Unternehmen bewerten. Dazu werden unterschiedliche Ausgangssituationen auf den einzelnen Zielebenen ausgewiesen. Wenn ein Unternehmen auf einer Zielebene ein „+" ausweist, bedeutet dies, dass das Unternehmen hinsichtlich dieses Ziels eine positive Situation aufweist. Wenn ein

1. Managemententscheidungen auf Basis von Informationen

Unternehmen auf einer Zielebene ein „–" ausweist, bedeutet dies, dass das Unternehmen hinsichtlich dieses Ziels eine negative Situation aufweist.

Unternehmen	Liquidität	Erfolg	Erfolgspotenziale
Unternehmen A	+	+	+
Unternehmen B	+	+	–
Unternehmen C	–	+	–
Unternehmen D	+	–	–
Unternehmen E	–	–	–
Unternehmen F	+	–	+
Unternehmen G	–	–	+
Unternehmen H	–	+	+

Tabelle 1: Angaben zum Fallbeispiel zur Abgrenzung der betrieblichen Zielgrößen

Aufgabenlösung

Unternehmen	Liq.	Erf.	Erf.-pot.	Beschreibung der Unternehmenssituation
Unternehmen A	+	+	+	Das Unternehmen ist ausbalanciert und weist die ideale Situation auf.
Unternehmen B	+	+	–	Das Unternehmen befindet sich in einer beginnenden Krise.
Unternehmen C	–	+	–	Das Unternehmen wird „geschönt", tatsächlich verzeichnet es einen erheblichen Substanzverlust.
Unternehmen D	+	–	–	Das Unternehmen befindet sich in einer massiven ev sanierbaren Krise
Unternehmen E	–	–	–	Das Unternehmen befindet sich in einer massiven Krise, die ohne Gelder von außen nicht sanierbar ist.
Unternehmen F	+	–	+	Das Unternehmen befindet sich in einer temporären Unternehmenskrise.
Unternehmen G	–	–	+	Das Unternehmen befindet sich entweder in einer Sanierungsphase oder in der Gründungsphase.
Unternehmen H	–	+	+	Das Unternehmen befindet sich in einer erfolgreichen Sanierungsphase oder in einer späten Phase der Unternehmensgründung oder das Unternehmen wird „ausgecasht", da starker Liquiditätsabfluss oder starke Wachstumsphase.

Tabelle 2: Lösung des Fallbeispiels „Abgrenzung betrieblicher Zielgrößen"

Interpretation der Ergebnisse

Die Situation des **Unternehmens A** stellt einen idealtypischen Zustand dar. Alle Zielebenen weisen eine positive Entwicklung auf. Der Finanzierungskreislauf ist offensichtlich hergestellt. Das Zielsystem ist in einer Balance.

Die Situation des **Unternehmens B** stellt einen typischen Fall für eine sich abzeichnende Krise dar. Es werden noch Gewinne erwirtschaftet und es sind auch liquide Reserven vorhanden, allerdings sind die Erfolgspotenziale bereits verloren gegangen. Die Situation könnte als strategische Krise bezeichnet werden. Beispielsweise könnte dies dann der Fall sein, wenn eine Unternehmergeneration die Übergabe des Unternehmens sehr lange verzögert, ohne selbst noch wesentliche Entscheidungen treffen zu wollen.

Das **Unternehmen C** weist ein besonders kritisches Muster hinsichtlich der Erfolgsebenen aus. Das Muster ist insofern unlogisch, da fehlende Erfolgspotenziale eigentlich zu Verlusten führen müssten, während auf der Erfolgsebene Gewinne ausgewiesen werden. Demgegenüber müssten die Gewinne zu einer positiven Liquidität führen, jedoch besteht offensichtlich ein Liquiditätsdefizit. Wenn ein Unternehmen de facto nur Defizite aufweist und dennoch einen Gewinn vorweisen kann, so besteht der Verdacht, dass dieses Unternehmen für eine Übernahme („Hochzeit" im Sinne eines Mergers) vorbereitet wird. Während die Finanzmittel aus dem Unternehmen genommen werden (Liquidität „–"), erfolgt kein Aufbau von Erfolgspotenzialen. Bei einem solchen Muster darf am längerfristigen Engagement der Eigentümer gezweifelt werden. Auf Dauer ist dieses Muster nicht zu halten. In den nächsten Perioden werden sich zwangsweise wieder Verluste einstellen.

Das **Unternehmen D** befindet sich offensichtlich in einer massiven Krise. Zunächst dürften die Erfolgspotenziale verloren gegangen sein. In weiterer Folge musste das Unternehmen Verluste in Kauf nehmen. Die Verluste haben aber noch nicht die Liquiditätsreserven des Unternehmens „verbraucht". Eine Sanierung ist dann möglich, wenn die finanziellen Mittel möglichst schnell in den Aufbau von Erfolgspotenzialen investiert werden. Sollte dies gelingen, so kann die Erfolgslage des Unternehmens zukünftig verbessert werden. Allerdings ist davon auszugehen, dass sich durch die Investitionen die Liquiditätslage des Unternehmens zwischenzeitlich verschlechtert.

Das **Unternehmen E** befindet sich in einer akuten nicht mehr beherrschbaren Krise. Die notwendigen Investitionen können aufgrund der aktuellen Liquiditätsdefizite nicht mehr durchgeführt werden. Eine Sanierung ist nur noch durch das Zuführen externer Finanzmittel möglich. Da ein Kreditinstitut in diesem Fall wohl kaum bereit sein wird, Kredite zu vergeben, können die finanziellen Mittel nur von Seiten der Eigentümer eingebracht werden. Diese werden sich jedoch sehr genau überlegen, ob sie in dieser Situation tatsächlich „private" Mittel in das Unternehmen investieren.

Das **Unternehmen F** befindet sich in einer temporären Krise. Dieses Muster stellt das Gegenteil zum Unternehmen C dar. Während das Muster des Unternehmens C besonders kritisch zu beurteilen ist, dürfte in aller Regel das Unternehmen F keine existenzielle Krise durchlaufen. Liquide Mittel sind vorhanden, ebenso kann das Unternehmen auf Erfolgspotenziale zurückgreifen. Einzig und allein die Gewinne stellen sich in der aktuellen Situation nicht ein. Da jedoch Erfolgspotenziale vorhanden sind, sollten Gewinne nur eine Frage der Zeit sein. Unternehmen mit einem solchen Muster leiden unter einem temporären Konkurrenzdruck oder haben einen aktuellen Managementfehler „durchzutauchen". Ein mangelndes Kostenmanagement könnte ebenfalls Ursache für dieses Muster sein.

Das **Unternehmen G** verfügt ausschließlich über Erfolgspotenziale. Derzeit schreibt das Unternehmen aber Verluste und weist ein Liquiditätsdefizit auf. Ein typischer Vertreter solcher Unternehmen sind neu gegründete Unternehmen. Es gibt zwar eine gute Idee (zB ein Patent), aber die Gewinne lassen noch auf sich warten, da beispielsweise erst der Markt aufgebaut werden muss. Da Jungunternehmer viele Investitionen durchführen müssen, aber noch keine oder nur geringe Umsätze erzielen können, kommt es häufig zu Liquiditätsengpässen. Ein weiterer Erklärungsansatz wäre jener, dass das Unternehmen gerade eine Sanierungsphase durchläuft. In einer früheren Phase war das Unternehmen in der Situation des Unternehmens D. Allerdings ist das Unternehmen schon in der Sanierungsphase einen Schritt weiter. Die liquiden Mittel, die in der Phase D noch vorhanden waren, wurden in neue Erfolgspotenziale investiert. Dadurch verschlechterte sich zwar die Liquiditätslage, dafür wurden aber Voraussetzungen für zukünftige Gewinne geschaffen (Erfolgspotenziale).

Das **Unternehmen H** weist durchwegs positive Zielwerte auf, lediglich die liquide Situation ist angespannt. Solche Unternehmen könnten sich in der vorhergehenden Periode in der Phase des Unternehmens G befunden haben. Zum einen könnte es sich dabei um einen erfolgreichen Jungunternehmer handeln, bei dem sich erste Gewinne einstellen. Durch das starke Wachstum und die bisherigen Verluste ist die Liquiditätssituation zwar noch nicht zufrieden stellend, es ist aber davon auszugehen, dass sich diese zukünftig ebenfalls verbessert, womit das Unternehmen vergleichbar mit dem Unternehmen A wäre. Zum anderen könnte es sich bei diesem Muster um ein erfolgreich saniertes Unternehmen handeln. Nachdem die Erfolgspotenziale wiederhergestellt wurden, stellen sich nach den Verlustjahren erste Gewinne ein. Lediglich die Verluste der Vergangenheit drücken noch auf die Finanzsituation des Unternehmens. Die schwierige Liquiditätssituation sollte sich jedoch in den kommenden Perioden ebenfalls auflösen.

Dem Muster könnte aber durchaus auch eine kritisch zu bewertende Situation zugrunde liegen. Ein Erklärungsansatz, warum keine liquiden Reserven vorhanden sind, könnte darin liegen, dass die erwirtschafteten Mittel dem Unternehmen entzogen werden. Dies könnte durch erhebliche Privatentnahmen bzw Dividendenauszahlungen geschehen. In diesem Fall werden die Finanzmittel dem Finanzierungskreislauf entzogen. Ein sehr starkes Wachstum des Unternehmens könnte einen zweiten Erklärungsansatz begründen. Erfolgspotenziale sind vorhanden, sodass genügend Nachfrage nach den Produkten bzw Dienstleistungen besteht. Das Unternehmen erwirtschaftet auch Gewinne, diese reichen jedoch nicht aus, um das starke Wachstum zu finanzieren. Daher hat das Unternehmen trotz etwaiger Gewinne mit einem laufenden Liquiditätsengpass zu kämpfen. Der Erklärungsansatz für das Unternehmen H könnte also auch jener sein, dass die liquiden Mittel entweder dem

Unternehmen „entzogen" werden oder dass die Liquiditätskraft des Unternehmens „überstreckt" wird.

Die Interpretation des jeweiligen Unternehmens sollte helfen, zumindest eine erste grobe Einschätzung der Unternehmenssituation vorzunehmen. Das Modell hilft auch dabei, unlogische Muster zu identifizieren, dh konkrete Fragen zu stellen bzw Situationen zu hinterfragen.

Praktische Relevanz

In der Unternehmenspraxis stellt man immer wieder fest, dass Manager die verschiedenen Zielebenen nicht differenzieren können. Auch im Rahmen von Businessplänen werden immer wieder die Ebenen verwechselt. Werden nun die einzelnen Planungsgrößen nicht der richtigen Zielebene (bzw dem passenden Planungsinstrument) zugeführt, werden diese doppelt berücksichtigt (mehrfaches Ansetzen von Größen sowohl in der Finanzrechnung als auch in der Erfolgsrechnung) oder man vergisst gänzlich auf eine Planungsgröße. Eine solche Vorgehensweise führt zwangsläufig zu falschen Planergebnissen. Zudem erkennen externe Geldgeber (zB Banken) sehr schnell an solchen Fehlern die Managementqualität eines Kreditantragstellers. So ein klassischer Verwechslungsfall tritt beispielsweise durch das Verwenden des Begriffs „Investitionskosten" auf. Der Begriff „Kosten" suggeriert, dass Investitionen die Erfolgsebene beeinflussen. Investitionen werden aber, wie aus obiger Grafik ersichtlich ist, der Ebene der Liquidität und nicht jener des Erfolges zugerechnet. Dementsprechend stellen sie keine Kosten, sondern Ausgaben dar. Investitionen sind daher immer Teil eines Finanzplans, jedoch niemals Bestandteil einer Erfolgsrechnung. Mit dieser Falschzuordnung gehen möglicherweise weitere Fehlentscheidungen einher. Werden beispielsweise Investitionen gegen Jahresende durchgeführt, um vermeintlich das Ergebnis und damit die Steuerlast zu reduzieren, so hat dies kaum Auswirkungen auf das Ergebnis bzw, präziser gesagt, nur in Form der Halbjahresabschreibung. Weist eine Investition eine Nutzungsdauer von zehn Jahren auf, so reduziert nur 1/20 der Investitionssumme das Ergebnis. Durch solche „Notinvestitionen" wird jedoch häufig die strategische Richtung unreflektiert vorgegeben. Dies kann in weiterer Folge zu einer existenziellen Unternehmenskrise führen.

Wissen kompakt

Erfolgspotenziale sind jene Voraussetzungen, die geschaffen werden sollten, um zukünftig Gewinne erzielen zu können. Erfolgspotenziale sind somit eine Vorsteuergröße des Erfolgs.

Finanzmittel sind die liquiden Mittel eines Unternehmens. Zu den Finanzmitteln zählen die Kassa- und Bankbestände, Schecks und alle Arten von Wertpapieren, sofern diese dem Umlaufvermögen zugezählt werden.

Gewinn ist der Überschuss der Umsätze über die Aufwendungen, dh ein positiver Erfolg. Der Gewinn ist eine zentrale Kennzahl von Unternehmen.

Liquidität ist die Fähigkeit, den Zahlungsverpflichtungen jederzeit nachkommen zu können.

Liquiditätsreserven sind die über die vergangenen Jahre erzielten Überschüsse der betrieblichen Einzahlungen über die betrieblichen Auszahlungen zuzüglich etwaiger Eigenmittel.

Kontrollfragen

- Welche Konsequenzen hat die Tilgung eines Kredits (Kreditrückzahlung) auf die einzelnen Zielebenen des Unternehmens? Diskutieren Sie dabei alle unmittelbaren und mittelbaren Effekte hinsichtlich des Zielsystems des Unternehmens!
- Wie würden Sie die Situation eines Unternehmens einschätzen, das trotz ausgewiesener Gewinne in der Gewinn- und Verlustrechnung eine angespannte Liquiditätssituation aufweist? Welche zusätzlichen Informationen benötigen Sie, um die Lage des Unternehmens einzuschätzen?
- Warum stellt das starke Wachstum eines Kunden uU eine Gefahrenquelle für ein Unternehmen als Lieferant dar. Was droht auf welcher Zielebene, wenn dieser Kunde in eine existenzielle Krise gerät?
- Auf welche Aspekte müssen Sie bei der Erstellung eines Businessplans, der die Grundlage eines Kreditantrages sein sollte, besonders achten? Woran erkennt der potenzielle Kreditgeber das grundlegende betriebswirtschaftliche Wissen eines Antragstellers?

Verwendete und weiterführende Literatur

- *Gälweiler, A./Schwaninger, M.:* Strategische Unternehmensführung, 3. Auflage, Frankfurt am Main 2005.
- *Horváth, P.:* Controlling, 11. Auflage, München 2009.
- *Kropfberger, D./Winterheller, M.:* Controlling, 4., korrigierte Auflage, Wien 2007.
- *Thommen, J.-P.:* Managementorientierte Betriebswirtschaftslehre, 8. Auflage, Zürich 2008.

1.2. Managementaufgaben und Unternehmenserfolg

Lernziel

In diesem Kapitel lernen Sie
- welche Aufgaben das Management zu erfüllen hat
- wie die einzelnen Aufgaben des Managements zusammenhängen
- warum sich die einzelnen Aufgaben des Managements gegenseitig bedingen

„Welche Aufgaben hat ein Manager/eine Managerin zu erfüllen?" Auf diese Frage fallen einem sehr viele, unterschiedliche Antworten ein. Das Aufgabenspektrum kann sich von „organisieren", „kommunizieren", „motivieren" bis hin zu „Anweisungen geben" erstrecken. Aus systematischer Perspektive lassen sich die wesentlichen Aufgaben des Managements mit den Funktionen der Planung, der Steuerung und der Kontrolle beschreiben.

Unter **Planung** versteht man die gedankliche Vorwegnahme zielgerichteten Handelns durch Abwägen verschiedener Handlungsmöglichkeiten. In einem zunehmend komplexer und dynamischer werdenden Umfeld sind Entscheidungen stets mit einem erheblichen Risiko verbunden und erfordern daher, dass mögliche Entscheidungsalternativen mit entsprechenden Informationen hinterlegt werden. Zwar ist eine gut aufbereitete Entscheidungsgrundlage keine Garantie gegen Fehlentscheidungen, aber eine fundierte Informationsbasis ermöglicht es, die Anzahl der Fehlentscheidungen zu reduzieren. In einer Zeit des immer rascheren Wandels, des immer härteren globalen Wettbewerbs und der sinkenden Toleranz gegenüber Ineffizienz und Ineffektivität seitens der Kunden ist das systematische Erfassen und Verarbeiten von Informationen auf jeder Ebene der Organisation und jeden Tag absolut notwendig.

In der Praxis wird häufig geglaubt, dass die in der Planung festgehaltenen Prognosewerte genau eintreten müssen. Der Planende kann die Zukunft aber nicht voraussagen, daher geht es bei der Planung vielmehr darum, die Ziele für das Unternehmen zu definieren. Diese Ziele sollen die Führungskräfte und Mitarbeiter des Unternehmens motivieren und ihnen Orientierung geben. Nachdem von Führungskräften und Mitarbeitern Maßnahmen gesetzt und umgesetzt wurden, wird überprüft, ob die Ziele auch erreicht wurden. Zielabweichungen können Gegensteuerungsmaßnahmen notwendig machen, aber auch Lernerfahrungen für zukünftige Perioden ermöglichen. Ein Sprichwort lautet: „Mittels Planung ersetzt man den Zufall durch den Irrtum." Das mag stimmen, aber man sollte dann auch Folgendes bedenken: „Anhand des Zufalls kann man nichts lernen, anhand des Irrtums sehr wohl!"

Unter **Steuerung** versteht man das Treffen von Entscheidungen und das Anordnen dieser Entscheidungen. Unter dieser Perspektive kann Management auch als das Entscheiden über stets knappe Ressourcen in Unternehmen verstanden werden. Das Management (Linienmanagement) sieht sich tagtäglich mit einer Reihe von Optimierungsentscheidungen konfrontiert. Dabei sollte man stets so entscheiden, dass mit den vorhandenen knappen Mitteln die Unternehmensziele möglichst optimal erreicht werden. Unternehmensführung bedeutet aber auch das Treffen von Entscheidungen unter Unsicherheit. Die Qualität solcher Entscheidungen, dh die Wahrscheinlichkeit, dass die gewünschten Ergebnisse tatsächlich eintreffen, ist unter anderem wesentlich von der Menge und der Qualität der dem Entscheidungsträger zur Verfügung stehenden Informationen abhängig. Dem Treffen von Entscheidungen folgt sodann deren Durchsetzung, die als Anordnung zu verstehen ist. Während im Entscheidungsprozess der Willensbildungsprozess im Vordergrund steht, bezieht sich das Anordnen auf den Willensdurchsetzungsprozess.

Unter **Kontrolle** versteht man die Überwachung der Unternehmensziele, die Durchführung von Ergebniskontrollen und den damit zusammenhängenden Auf-

1. Managemententscheidungen auf Basis von Informationen

gaben wie Abweichungsfeststellung und Abweichungsanalyse. Im Rahmen des Managementprozesses wird anhand der Kontrolle demnach festgestellt, ob und inwieweit in der Ausführungsphase das zuvor geplante, angestrebte *Ziel* tatsächlich *erreicht* wird. Die Kontrolle übernimmt in diesem Sinne im Rahmen des Managementprozesses eine Feed back-Funktion, die sowohl die Notwendigkeit als auch die Richtung von Gegensteuerungsmaßnahmen aufzeigt und deren Intensität bestimmt.

In der folgenden Grafik werden die Managementfunktionen anhand ihres Zusammenhangs grafisch dargestellt.

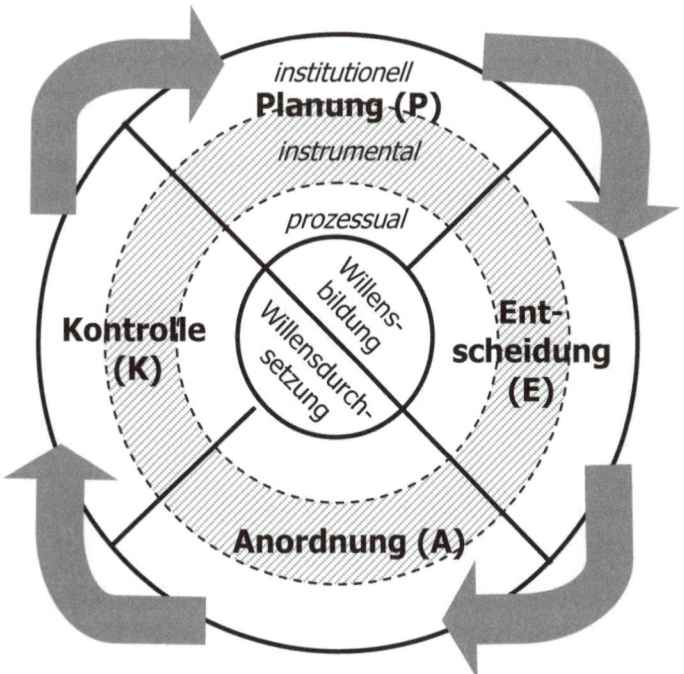

Abbildung 4: Aufgabenspektrum des Managements

Sämtliche Funktionen innerhalb des Managementprozesses bedingen und ergänzen sich gegenseitig. Dies soll anhand der Planung und Kontrolle kurz erläutert werden. Planung setzt Vorgaben, deren Erreichung durch die Kontrolle überprüft wird. Kontrolle bedarf daher notwendigerweise der Planung; ohne Vorgabe lässt sich die Qualität der Ist-Werte nicht sinnvoll beurteilen. Umgekehrt ist auch Planung ohne Kontrolle nicht zweckmäßig, da ansonsten die Planung ohne Konsequenzen wäre und nur Selbstzweck darstellen würde.

Praktische Relevanz

Die praktische Relevanz dieses Kapitels liegt darin begründet, dass sich jemand, der im Management tätig ist, meist erst bewusst werden muss, welche Aufgaben zu erfüllen sind. Macht jemand Karriere und verlässt die Ebene der operativen (ev manuellen) Tätigkeit, so hat er bzw sie als Manager(in) ganz andere Aufgaben zu lösen, als in dem bisherigen Betätigungsfeld. Häufig verstehen sich Manager als „die besseren Arbeiter" und springen überall dort ein, wo Not am Mann ist. An diesen Zielen wird aber das Management in aller Regel nicht gemessen. Der Erfolg eines Managements bemisst sich an der Erreichung der Unternehmensziele.

Management bedeutet zunächst, sich Gedanken zu machen, wo ein Unternehmen, ein Geschäftsbereich, eine Abteilung überhaupt hinsteuern soll. Ferner geht es darum, aufgrund dieses Zielfindungsprozesses Entscheidungen zu treffen und durchzusetzen. Erfolgreiches Management heißt aber auch, aus Fehlern zu lernen. Dies setzt die Ziel- und Umsetzungskontrolle voraus.

Wissen kompakt

Kontrolle umfasst die Überwachung der Unternehmensziele, die Durchführung von Ergebniskontrollen und die damit zusammenhängenden Aufgaben wie Abweichungsfeststellung und Abweichungsanalyse.

Managementprozesse bestehen aus der Planung, der Steuerung und der Kontrolle.

Planung ist die gedankliche Vorwegnahme zielgerichteten Handels durch Abwägen verschiedener Handlungsmöglichkeiten.

Steuerung ist das Treffen von Entscheidungen und das Anordnen dieser Entscheidungen.

Kontrollfragen

- Warum würde eine Planung ohne einen entsprechenden Kontrollprozess keinen Sinn ergeben?
- Warum nimmt die Notwendigkeit der Planung in einem dynamischen und komplexen Umfeld laufend zu?
- Woran wird letzten Endes der Erfolg eines Managers/einer Managerin gemessen?
- Welche Aufgaben des Managements zählt man zur Willensbildung und welche Aufgaben zur Willensdurchsetzung?

Verwendete und weiterführende Literatur

- *Haberstock, L./Breithecker, V.:* Kostenrechnung 1, 13., neu bearbeitete Auflage, Berlin 2008.
- *Hahn, D./Hungenberg, H.:* Planungs- und Kontrollrechnung, 6. Auflage, Wiesbaden 2001.
- *Horváth, P.:* Controlling, 11. Auflage, München 2009.
- *Lechner, K./Egger, A./Schauer, R.:* Einführung in die Allgemeine Betriebswirtschaftslehre, 26. Auflage, Wien 2013.
- *Staehle, W. H./Conrad, P./Sydow, J.:* Management – Eine verhaltenswissenschaftliche Perspektive, 9. Auflage, München 2014.

- *Thommen, J.-P.:* Managementorientierte Betriebswirtschaftslehre, 8. Auflage, Zürich 2008.
- *Wöhe, G./Döring, U.:* Einführung in die Allgemeine Betriebswirtschaftslehre, 25. Auflage, München 2013.

1.3. Managemententscheidungen und Unternehmenserfolg

Lernziel

In diesem Kapitel lernen Sie
- welchen Stellenwert Informationen für den betrieblichen Entscheidungsprozess haben
- auf welche Quellen sich Entscheidungen beziehen können
- warum Informationen alleine für „optimale" Entscheidungen nicht ausreichen
- warum in der Unternehmenspraxis häufig die notwendigen Informationen fehlen

„Wie kann man ein Unternehmen besonders erfolgreich steuern?" Auch diese Frage lässt sich nicht einfach beantworten. Grundsätzlich kann man wohl davon ausgehen, dass ein erfolgreiches Management eine wesentliche Voraussetzung für ein erfolgreiches Unternehmen darstellt. Ein Management ist offensichtlich dann erfolgreich, wenn es die Unternehmensziele erreicht. Als eine wesentliche Voraussetzung, um diese Ziele erreichen zu können, müssen wohl die „richtigen" (im Sinne von „optimalen") Entscheidungen getroffen und umgesetzt werden. Es stellt sich nun die Frage, wie Entscheidungen optimiert werden können.

Entscheidungen basieren stets auf entsprechenden Informationen, auf welchen Quellen diese auch immer beruhen. Die Güte der Entscheidungen könnte somit ganz wesentlich von der Güte der zugrunde liegenden Informationen abhängen. Je mehr (im Sinne von „vollständig") und stimmiger (im Sinne von „richtig") die zugrunde liegenden Informationen sind, desto adäquater (im Sinne von „besser") müssten die getroffenen Entscheidungen sein. So einfach ist der Zusammenhang in der Unternehmenspraxis aber offensichtlich nicht.

Informationen sind sicher eine *wichtige*, aber nicht die *einzige* Basis für unternehmerische Entscheidungen. Informationen reichen letztlich für situationsabhängig optimale Entscheidungen nicht aus. Dazu bedarf es weiterer wesentlicher Faktoren. Ansonsten wäre es möglich, in einem Computer die verfügbaren Informationen einzugeben und eine „maschinell erstellte" optimale Entscheidung zu erhalten. Komplexe Managemententscheidungen können jedoch nicht von Computern getroffen und umgesetzt werden. Dazu bedarf es noch immer handelnder Personen.

Abschnitt A – Grundlagen des Controllings

Beispiel

Selbstverständlich ist es dem Management bewusst, dass für Entscheidungen alleinig Computerauswertungen nicht ausreichen. Interessanterweise vergessen ManagerInnen offensichtlich häufig diese Erkenntnis. Wie wäre es ansonsten möglich, dass neue Konzepte „blauäugig" eingesetzt werden, von denen man annimmt, dass sie der finale Schlüssel zur Lösung bestimmter Probleme sind? Der Erfolg von neuen Managementkonzepten hängt immer noch von der aktuellen Unternehmenssituation und von der Durchsetzungskraft des Managements ab. Selbst das beste Konzept wird scheitern, wenn die entsprechenden Voraussetzungen nicht gegeben sind. Es stellt sich dann nur die Frage, warum ganze „Modewellen" an Managementkonzepten über die Kontinente laufen und ganze Heerscharen von Manager(inne)n zumindest eine Zeit lang blind auf diese Konzepte setzen – bis zur nächsten Welle.

Für optimale Entscheidungen braucht es die Abstimmung einer Reihe unterschiedlicher Faktoren. Die folgende Grafik veranschaulicht mögliche Grundlagen für Managemententscheidungen.

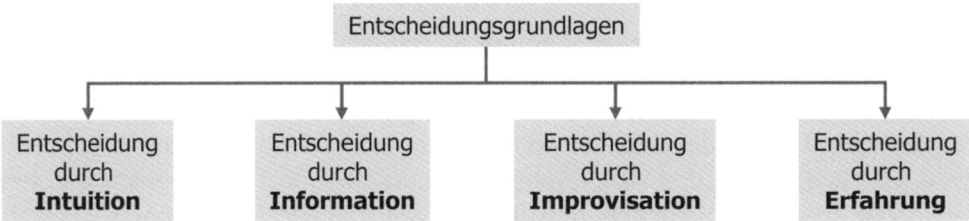

Abbildung 5: Übersicht über mögliche Entscheidungsgrundlagen

Für ein zeitgemäßes Management bedarf es sicherlich geeigneter Informationssysteme. Diese müssen jedoch durch Intuition, Improvisationsgeschick und Erfahrung ergänzt werden, um ein Unternehmen erfolgreich steuern zu können.

Die **Intuition** (von lat: *intueri* = betrachten, erwägen) ist die Begabung, Einsichten in Sachverhalte, Sichtweisen, Gesetzmäßigkeiten oder Richtigkeit von Entscheidungen durch spontan und auf unbewusstem Wege sich einstellende Eingebungen zu erlangen.

Als **Improvisation** kann man alle Entscheidungen bezeichnen, die aus gegebenen Augenblickssituationen nach Eintritt eines Ereignisses getroffen werden, an deren Ergebnisse sich der Entscheidende anzupassen hat.

Erfahrung ist eine allgemeine Bezeichnung für Kenntnisse und Verhaltensweisen, die man durch Wahrnehmung und Lernen erwirbt oder erworben hat. Eine Erfahrung ist ein Erlebnis, das in unserem Gedächtnis haften bleibt. Manchmal ändert sich das spätere Verhalten durch eine Erfahrung.

Einem Absolventen eines betriebswirtschaftlichen Studiums fehlt beispielsweise meist die Erfahrung, möglicherweise auch die Intuition oder das Improvisationsgeschick. Daher wäre ein weitreichender Verantwortungsbereich für junge Akademiker mit einem erheblichen unternehmerischen Risiko verbunden.

Praktische Relevanz

In der Unternehmenspraxis zeigt sich häufig, dass die notwendigen Informationen für Entscheidungen fehlen, die falschen Informationen für Entscheidungen herangezogen werden oder Entscheidungen auf Basis nicht aktueller Informationen getroffen werden. Viele, vor allem kleine und mittelständische, Unternehmen verfügen nicht über die entsprechenden Informationssysteme, weshalb das Sammeln und Aufbereiten von Informationen mit zum Teil erheblichem organisatorischen Aufwand verbunden ist. Häufig ist das notwendige Verständnis für und das notwendige Wissen über die damit verbundenen Informationsprozesse nicht vorhanden.

Die Anschaffung von Hard- und Software ist jedenfalls nicht ausreichend, um effektive Informationssysteme bereitzustellen. Entsprechende intelligente organisatorische Lösungen, die situationsgerechte Anpassung der Informationsstrukturen und das entsprechende Wissen, die Informationen adäquat zu interpretieren, stellen nur einige der darüber hinaus gehenden Voraussetzungen dar. Wird in die Informationsstruktur zunächst einmal ohne entsprechendes Konzept investiert, erhält das Management zwar eine Fülle an Daten, ohne jedoch das Gefühl zu haben, entscheidungsorientierte Informationen in Händen zu halten.

Viele Berichte arten in Zahlenfriedhöfen aus und kaum jemand nimmt die Zahlen ernst. Die Informationen werden oft nur herangezogen, um sich rechtfertigen zu können bzw um die Vorwürfe gegenüber anderen zu untermauern. In solchen Fällen sollte man lieber auf ein solches Informationssystem verzichten. Jedes Informationssystem muss in der Kultur einer Unternehmung verankert sein. Die Mitarbeiter sollten sich bewusst sein, dass zB kosteneffizient produziert und vertrieben werden muss. Nicht zuletzt für die Sicherung des eigenen Arbeitsplatzes und uU für das Erreichen von Zielen und Provisionen. In diesem Sinne müssen die Informationen von Mitarbeitern aktiv nachgefragt werden, das System muss in diesem Sinne „leben".

Wissen kompakt

Erfahrung ist eine allgemeine Bezeichnung für Kenntnisse und Verhaltensweisen, die man durch Wahrnehmung und Lernen erwirbt oder erworben hat. Eine Erfahrung ist ein Erlebnis, das in unserem Gedächtnis haften bleibt.

Improvisation meint alle Entscheidungen, die aus gegebenen Augenblickssituationen nach Eintritt eines Ereignisses getroffen werden, an deren Ergebnisse sich der Entscheidende anzupassen hat.

Informationen sind zweckorientierte Daten, die das potenzielle oder tatsächlich vorhandene nutzbare Wissen erweitern. Zudem werden die Daten in einen bestimmten Kontext gestellt.

Intuition ist die Begabung, Einsichten in Sachverhalte, Sichtweisen, Gesetzmäßigkeiten oder die Richtigkeit von Entscheidungen durch spontan und auf unbewusstem Wege sich einstellende Eingebungen zu erlangen.

Kontrollfragen

- Mit welchen Konsequenzen muss man rechnen, wenn man unternehmerische Entscheidungen ausschließlich aus einer technischen Perspektive betrachtet? Warum können Investitionen in Hard- und Software das zugrunde liegende Problem nicht lösen?
- Warum reichen Informationen für Managemententscheidungen alleine nicht aus und welcher Faktoren bedarf es für wirksame Entscheidungen darüber hinaus?
- Warum fehlt in klein- und mittelständischen Unternehmen häufig die notwendige Informationsbasis, um effektive Entscheidungen treffen zu können?
- Wodurch unterscheiden sich Intuition und Improvisation?

Verwendete und weiterführende Literatur

- *Heinen, E.:* Einführung in die Betriebswirtschaftslehre, 9. Auflage, Wiesbaden 1992.
- *Thommen, J.-P.:* Managementorientierte Betriebswirtschaftslehre, 8. Auflage, Zürich 2008.

2. Das Rechnungswesen als Entscheidungsgrundlage des Managements

Lernziel

In diesem Kapitel lernen Sie
- was man unter dem betrieblichen Rechnungswesen versteht und welche Aufgaben es zu erfüllen hat
- wie die Unternehmensziele und das betriebliche Rechnungswesen zusammenhängen
- welche Instrumente im Rahmen des betrieblichen Rechnungswesens eingesetzt werden
- welchen Unterschied es zwischen internem und externem Rechnungswesen gibt

2.1. Aufgaben des betrieblichen Rechnungswesens

Der grundsätzliche Zweck von Unternehmen ist es, Produkte herzustellen und/oder Dienstleistungen bereitzustellen und diese zu vertreiben. Dieser Prozess wird als betrieblicher Leistungsprozess bezeichnet. Er erfordert den Einsatz von Produktionsfaktoren. Produktionsfaktoren sind alle im Produktions- bzw Bereitstellungsprozess eingesetzten Güter (zB Materialien, Dienstleistungen, Energien etc). Diese Einsatzgüter bezeichnet man als Inputs.

Den Kern unternehmerischer Tätigkeit stellt die Produktion dar. Mit Produktion ist die Umwandlung von Inputs in Outputs unter Zuhilfenahme bestimmter Techniken zu verstehen. Der Input wird auf bestimmten Märkten wie dem Beschaffungsmarkt, dem Arbeitsmarkt, dem Kapitalmarkt etc beschafft und durch den Produktionsprozess in Output verwandelt. Der Output wird wiederum auf dem Absatzmarkt vertrieben. Das Ziel eines jeden Unternehmens ist es, durch diesen Umwandlungsprozess einen Mehrwert zu schaffen und Gewinne zu erzielen. Das bedeutet, dass Unternehmen auf der Beschaffungs- und Absatzseite alle Marktchancen nutzen und auf der Produktionsseite dem Prinzip der Wirtschaftlichkeit folgen.

In diesem Sinne gibt es zwei wesentliche Wirkungskreise in jedem Unternehmen. Auf der einen Seite sind dies die **realwirtschaftlichen Prozesse**, bei denen es darum geht, Ressourcen (Inputs) zu beschaffen, mittels der Produktion – oder allgemeiner der Leistungserstellung – in Waren und/oder Dienstleistungen (Outputs) zu transformieren und diese letztendlich zu vertreiben. Bei realwirtschaftlichen Prozessen handelt es sich also um physische Prozesse (zB: ein Lkw transportiert Rohware vom Lieferanten zum Betrieb, eine Fertigungsmaschine fräst ein Profil in eine Platte etc). Auf der anderen Seite muss das Unternehmen den Beschaffungs-, Produktions- und Absatzprozess finanzieren. Dazu sind entsprechende Geldmittel notwendig, die wiederum am Absatzmarkt erwirtschaftet werden. Die daraus resultierenden Tätigkeiten nennt man **finanzwirtschaftliche Prozesse**. Es geht dabei nicht um physische, sondern um materielle Prozesse (zB Überweisung eines Betrages vom Firmenkonto auf das Konto des Lieferanten, Ausstellen eines Wechsels auf einen Begünstigten etc). Diese Prozesse sollen in der folgenden Grafik dargestellt werden.

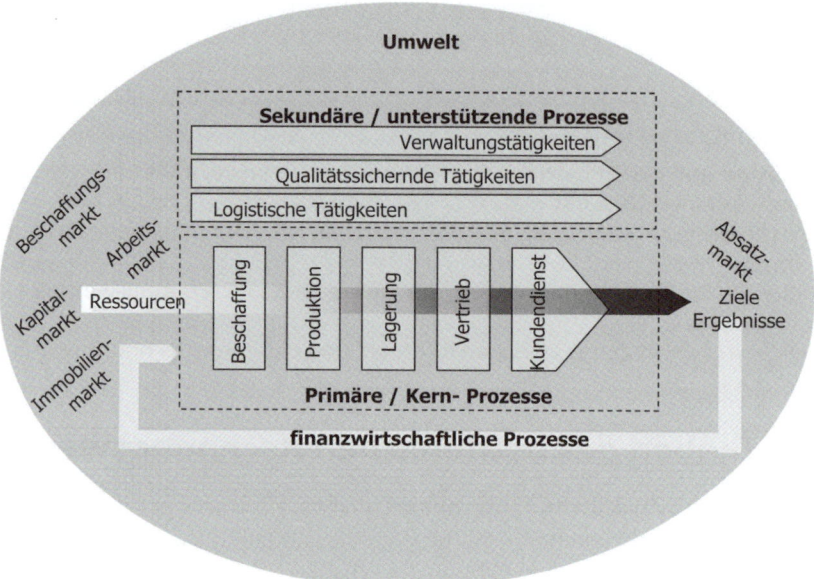

Abbildung 6: Real- und finanzwirtschaftliche Prozesse eines Unternehmens

Die wirtschaftliche und auf eine bestimmte Zielsetzung (in der Regel Erzielen von Gewinnen) ausgerichtete Führung der Unternehmen ist nur möglich, wenn ein *Führungs- und Überwachungssystem* zur Verfügung steht. Diese Aufgabe übernimmt traditionellerweise das **betriebliche Rechnungswesen.** Das Rechnungswesen ist auch als Unternehmensrechnung bekannt. Es bezeichnet die systematische, regelmäßige und/oder fallweise durchgeführte Erfassung, Aufbereitung, Auswertung und Übermittlung der das Betriebsgeschehen betreffenden quantitativen Daten (Mengengrößen zB in Stückzahlen, kg oder km sowie Wertgrößen zB in €) mit dem Ziel, sie intern für Planungs-, Steuerungs- und Kontrollzwecke und extern zur Information und Beeinflussung Außenstehender (zB Kapitalgeber) zu verwenden. Das Rechnungswesen ist also ein Instrument zur zahlenmäßigen Erfassung betrieblicher Zustände (zB Lagerbestand) und Abläufe (zB Fertigungsprozess). Das Rechnungswesen dokumentiert die realwirtschaftlichen Prozesse in Form monetärer Aufzeichnungen.

Von der Aufgabenerfüllung her kann das betriebliche Rechnungswesen als spezielle Dienstleistungsabteilung einer Unternehmung aufgefasst werden. Während in der Fertigungsabteilung eines Industriebetriebes Sachgüter erzeugt werden, besteht die Aufgabe des Rechnungswesens darin, Informationen zu produzieren, die einerseits intern die Unternehmensleitung bei ihrer Führungsaufgabe unterstützen und andererseits an Interessengruppen außerhalb des Unternehmens weitergeleitet werden. Die Grundlage hierfür bilden Belege (zB Zahlungsbelege, Urlaubscheine, Lieferscheine), die die Geschäftsvorfälle dokumentieren.

2.2. Systematisierung des betrieblichen Rechnungswesens

Das betriebliche Rechnungswesen lässt sich auf viele Arten untergliedern. Im Folgenden sollen zwei unterschiedliche Systematisierungsweisen dargestellt werden. In einer ersten, sehr häufig gewählten Sichtweise wird das Rechnungswesen als Informationsinstrument über das Unternehmen verstanden, das sich nach dem beabsichtigten Empfängerkreis und der zeitlichen Blickrichtung unterteilen lässt. Bei einer Untergliederung auf Basis des Empfängerkreises unterscheidet man zwischen dem internen und externen Rechnungswesen. In einer zweiten Sichtweise wird das Rechnungswesen gemäß den wirtschaftlichen Zielebenen, nämlich der Liquiditäts-, der Erfolgs- und der Erfolgspotenzialebene, untergliedert.

Das **interne Rechnungswesen** hat das Ziel, die für das Betriebsgeschehen relevanten quantitativen Daten abzubilden und für interne Planungs-, Steuerungs- und Kontrollzwecke zu verwenden. Sind also die Ergebnisse des Rechnungswesens nur für Personen gedacht, die im Unternehmen tätig sind, so wird es als internes Rechnungswesen bezeichnet. Die Adressaten des internen Rechnungswesens sind demnach in erster Linie die Geschäftsleitung und Mitarbeiter des Unternehmens selbst.

Das **externe Rechnungswesen** hat hingegen das Ziel, die quantitativen Betriebsdaten zu dokumentieren und extern zur Information und zur Beeinflussung Außenstehender einzusetzen. Dienen demnach die Informationen primär solchen Personen, die nicht im Unternehmen tätig sind, bezeichnet man es als externes Rechnungswesen. Das betriebliche Rechnungswesen lässt sich daher nach dem Adressatenkreis, wie in nachstehender Abbildung gezeigt, systematisieren.

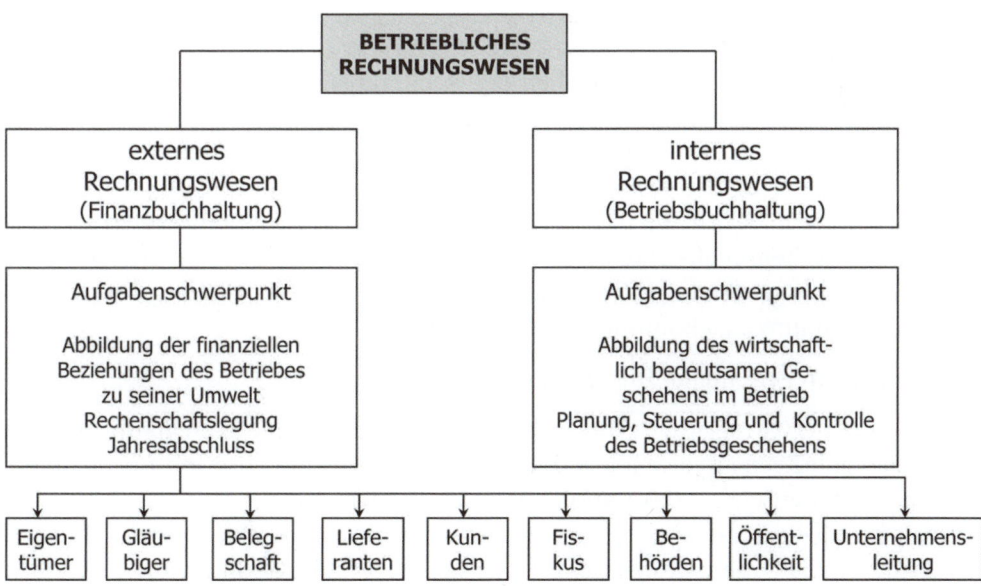

Abbildung 7: Untergliederung des Rechnungswesens nach externen und internen Empfängern

Entsprechend der Gliederung des Rechnungswesens nach externen und internen Empfängern lassen sich die Hauptaufgaben des Rechnungswesens folgendermaßen systematisieren:

Nach außen gerichtete Aufgaben	Dokumentation und Rechnungslegung	Systematische Ordnung aller Geschäftsfälle aufgrund von Belegen, um die Vermögens-, Schulden- und Erfolgslage des Unternehmens darstellen zu können
	Steuerbemessungsgrundlage	Grundlage für die Bemessung der Einkommens- bzw Kapitalertragssteuer und zahlreicher anderer Betriebssteuern
Nach innen gerichtete Aufgaben	Erfolgsrechnung	Zyklisch zur Verfügung gestellte Informationen, wie erfolgreich das Unternehmen geführt wird
	Wirtschaftlichkeitskontrolle	Überwachung der Wirtschaftlichkeit, Produktivität und Rentabilität der betrieblichen Prozesse
	Steuerung	Bereitstellung von anlassbezogenen Informationen für Managemententscheidungen

Tabelle 3: Aufgaben des internen und externen Rechnungswesens

Im Zusammenhang mit den Aufgaben des Rechnungswesens muss noch auf eine Problematik hingewiesen werden: In der Unternehmenspraxis zeigt sich, dass all jenen Personenkreisen, die nicht zur Unternehmensleitung zählen, kaum mehr Informationen zur Verfügung gestellt werden, als gesetzlich gefordert oder vertraglich vereinbart wurde. Der Grund liegt darin, dass das externe Rechnungswesen als Instrument der Rechenschaftslegung einer völlig anderen Zielsetzung unterliegt als das interne Rechnungswesen, dessen Aufgabe es ist, die wirtschaftliche Lage des Unternehmens nach innen zu kommunizieren.

Die nach außen gerichteten Informationen werden entweder

- bei einer hervorragenden Unternehmenslage moderater dargestellt, um zu hohe Steuerzahlungen an das Finanzamt oder zu hohe Gewinnausschüttungen an die Unternehmenseigner (zB Aktionäre) zu vermeiden, oder
- bei einer schlechten oder existenzbedrohenden Unternehmenslage besser dargestellt, um die Unternehmenseigner oder Gläubiger (zB Kreditinstitute, Lieferanten etc) nicht zu beunruhigen und somit durch Reaktionen die Finanzsituation weiter zu verschlechtern.

2. Das Rechnungswesen als Entscheidungsgrundlage

Beispiel

In der Wirtschaftsgeschichte gibt es immer wieder eine Reihe von Beispielen, die aufzeigen, dass Informationen über die wirtschaftliche Lage eines Unternehmens gegenüber externen Adressanten bewusst manipuliert werden. Selbst renommierte Wirtschaftsprüfungskanzleien haben einigen dieser Unternehmen kurz vor Bekanntwerden des jeweiligen Skandals noch gute Prüfungsergebnisse zugesprochen. Dies war beispielsweise. bei den Skandalen von Enron und Parmalat der Fall. Es zeigt sich, dass bewusste Manipulationen auch von externen Wirtschaftsprüfern sehr schwer und wenn, dann meist erst sehr spät erkannt werden.

Das interne Rechnungswesen unterliegt völlig anderen Zielsetzungen als das externe Rechnungswesen. Zunächst gilt es festzuhalten, dass es für das interne Rechnungswesen (zB die Kostenrechnung) keine Vorschriften gibt. Es handelt sich um freiwillige, für das Management bestimmte Informationen. Die wichtigste Aufgabe dieser internen Steuerungsinstrumente besteht nun darin, das möglichst genau abzubilden, was im Unternehmen abläuft. Ziel des internen Rechnungswesens ist also **die möglichst realitätsnahe Abbildung der Prozesse und Strukturen des Unternehmens**. Da Unternehmen individuell im Sinne von einzigartig sind, sollte jedes interne Informationsinstrument daher auch möglichst individuell aufgebaut sein.

Im Gegensatz dazu sind die Informationsinstrumente des externen Rechnungswesens gesetzlich vorgeschrieben und reglementiert oder vertraglich vereinbart. Daher kann man ziemlich eindeutig jene Rechenwerke identifizieren, die dem externen Rechnungswesen zugerechnet werden. Alle anderen betriebswirtschaftlichen Rechenwerke sind demnach als Teile des internen Rechnungswesens anzusehen.

Ordnet man nun die einzelnen Informationsinstrumente dem betrieblichen Rechnungswesen zu, so zeigt sich folgendes Bild:

Abschnitt A – Grundlagen des Controllings

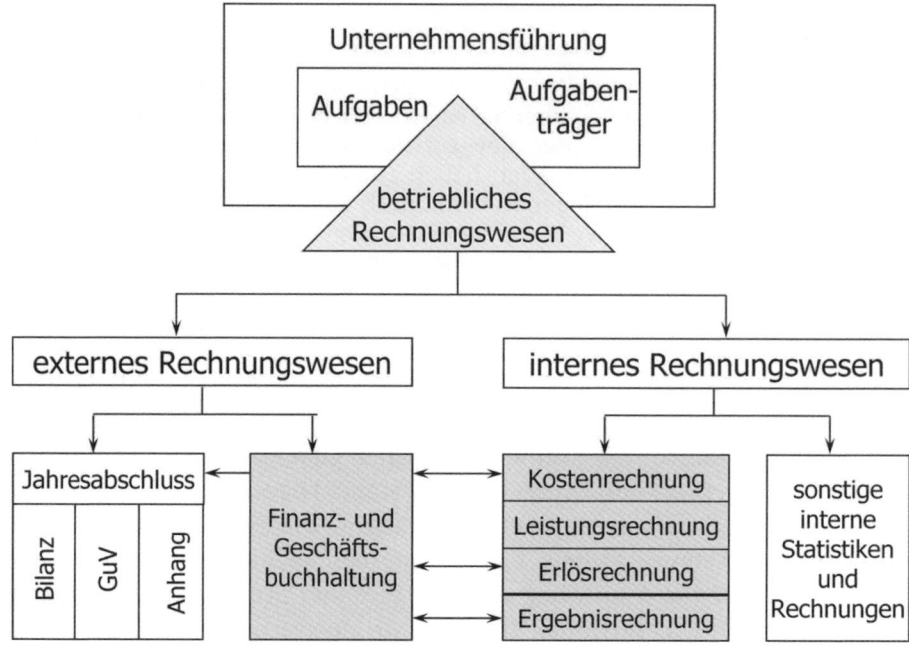

Abbildung 8: Informationsinstrumente des internen und externen Rechnungswesens

Das externe Rechnungswesen besteht im Wesentlichen aus der Finanz- und Geschäftsbuchhaltung. Im Rahmen der Finanz- und Geschäftsbuchhaltung wird jährlich ein Jahresabschluss erstellt. Der Jahresabschluss besteht aus einer Bilanz und einer Gewinn- und Verlustrechnung bzw bei Kapitalgesellschaften zusätzlich noch aus einem Anhang, in dem sich üblicherweise Erläuterungen, das Anlagenverzeichnis und eventuell Kennzahlen befinden.

Das externe Rechnungswesen bildet primär die finanziellen Vorgänge ab, die sich zwischen der Unternehmung und ihrer Umwelt abspielen. Zur Umwelt zählen vor allem die Partner auf den verschiedenen Beschaffungs- und Absatzmärkten, die Kapitalgeber und der Staat. Die Finanzbuchhaltung dient in erster Linie der vergangenheitsorientierten Dokumentation und Rechenschaftslegung. Man denke hier zum Beispiel an einen Jahresabschluss: er wird immer am Ende des Geschäftsjahres erstellt und gibt Aufschluss darüber, was im vergangenen Jahr im Unternehmen passiert ist.

Rechenschaft wird mit dem Jahresabschluss gegenüber den so genannten externen Stakeholdern und Shareholdern abgelegt. Das sind hauptsächlich Informationsempfänger, die nicht im Unternehmen tätig sind und in der Regel keine sonstigen Einblicksmöglichkeiten in das Unternehmen haben. Das externe Rechnungswesen unterliegt umfangreichen gesetzlichen Vorschriften des Handels- und Steuerrechts. Der Jahresabschluss ist ab einer bestimmten Unternehmens- bzw Umsatzgröße öffentlich einsehbar.

Das **interne Rechnungswesen** besteht aus der Kosten- und Leistungsrechnung, der Erlösrechnung und der Ergebnisrechnung sowie weiteren internen Statistiken und Rechnungen. Die Informationen aus dem internen Rechnungswesen müssen üblicherweise außerhalb des Unternehmens nicht bekannt gegeben werden. Für das interne Rechnungswesen gibt es keine zwingenden gesetzlichen Vorschriften. Die einzige Ausnahme stellt in diesem Zusammenhang die Erstellung von Angeboten für öffentliche Aufträge dar.

Das interne Rechnungswesen bildet primär die wirtschaftlich bedeutsamen Vorgänge ab, die innerhalb des Unternehmens ablaufen und die ganz bzw stark von den Personen im Unternehmen beeinflusst werden können. Die Hauptaufgabe des internen Rechnungswesens besteht darin, den Verzehr von Produktionsfaktoren und die damit verbundene Entstehung von Leistungen (Produkten) mengen- und wertmäßig zu erfassen und die Wirtschaftlichkeit der Leistungserstellung zu überwachen.

Ergänzt man die Systematisierungsgrundlage nach dem Zeitbezug der Informationen, so lassen sich die verschiedenen Informationsinstrumente des Rechnungswesens noch folgendermaßen unterteilen:

Arten des RW	Zeitbezug des Rechnungswesens		Adressaten des RW
	Vergangenheit	**Zukunft**	
Externes Rechnungswesen	Rechnungslegung z.B.: Steuererklärung Jahresabschluss (Bilanz und GuV)	Kreditanträge z.B.: Business Plan Kredittilgungsplan	**Unternehmensexterne Adressaten**
Internes Rechnungswesen	Abweichungsrechnung z.B.: Nachkalkulation Soll/Ist-Vergleich Betriebsstatistik	Planrechnung z.B.: Leistungs- u. Finanzbudget Investitionsrechnung Plankostenrechnung	**Unternehmensinterne Adressaten**

Abbildung 9: Aufgaben des Rechnungswesens nach Zeitbezug und Adressatenkreis

Vergangenheitsorientierte Informationssysteme des externen Rechnungswesens stellen demnach beispielsweise der Jahresabschluss und die daraus resultierende Steuererklärung dar. Informationsrechnungen des externen Rechnungswesens mit Zukunftsbezug stellen beispielsweise Kreditanträge dar, da sie an einen externen Adressatenkreis gerichtet sind (Banken), aber weniger der Rechenschaftslegung dienen, sondern vielmehr eine Absichtserklärung mit einer gewissen Verbindlichkeit darstellen. Während beispielsweise Abweichungsrechnungen als Instrumente des internen Rechnungswesens vergangenheitsorientiert sind, stellen Planrechnungen Instrumente des internen Rechnungswesens mit Zukunftsbezug dar. Für Steuerungszwecke sind vor allem letztere Instrumente von besonderer Bedeutung.

Für einen weiteren Systematisierungsvorschlag werden nochmals die Unternehmensziele aufgegriffen, die sich dem zeitlichen Horizont nach in die *Liquidität*, den

Erfolg und die *Erfolgspotenziale* gliedern lassen. Ordnet man die betrieblichen Informationssysteme den einzelnen Unternehmenszielen zu, so lässt sich folgende Systematik darstellen:

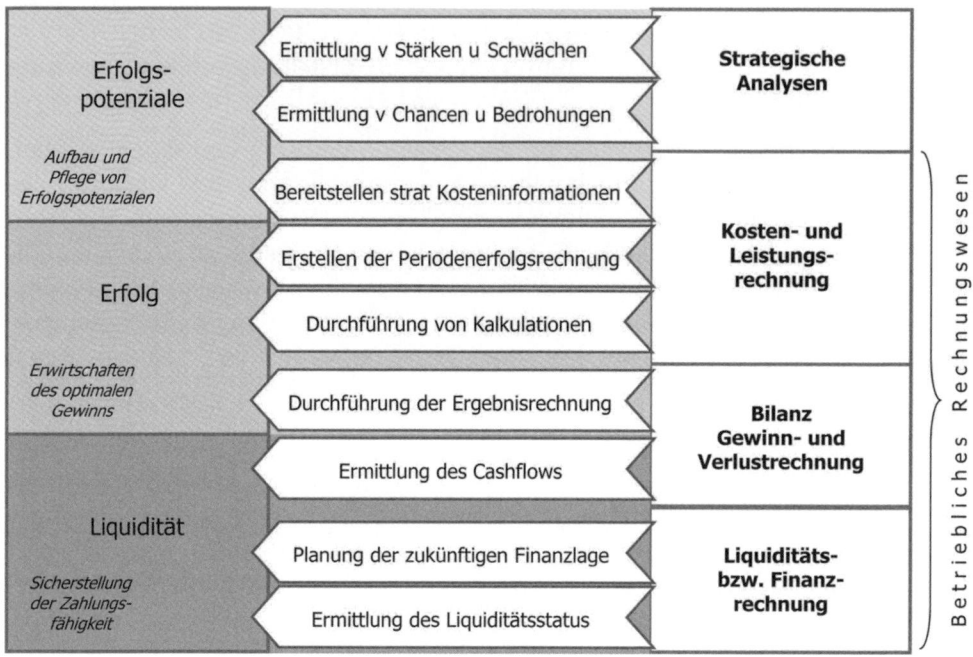

Abbildung 10: Der Zusammenhang zwischen dem betrieblichen Rechnungswesen und den Zielebenen

Wie aus der Grafik ersichtlich wird, liegt der Schwerpunkt des Rechnungswesens in der Bereitstellung von Informationen für die Zielebenen der Liquidität und des Erfolges. Dies lässt sich damit erklären, dass traditionell die monetär messbaren Ziele Liquidität und Erfolg im Mittelpunkt des Interesses der Unternehmenssteuerung durch das Management gestanden sind. Infolge der zunehmenden Dynamik des Umweltgeschehens gewinnt jedoch die Zielebene der Erfolgspotenziale vermehrt an Bedeutung. Dementsprechend bemüht man sich auch von Seiten des Rechnungswesens, der Unternehmensleitung Informationen für strategische Entscheidungen zur Verfügung zu stellen.

Vor diesem Hintergrund entwickeln sich viele Rechnungswesenabteilungen stetig zu Controllingabteilungen. Unter Controlling versteht man die Unterstützung des Managements im Rahmen der zielorientierten Unternehmensführung. Je mehr sich das Rechnungswesen um Zukunftsfragen bemüht, desto eher bekommt es den Charakter einer Controllingleistung.

Der folgende inhaltliche Schwerpunkt wird sich dennoch auf die kurz- bis mittelfristigen Ziel- und Steuerungsebenen Liquidität und Erfolg konzentrieren. Es werden jedoch im Rahmen der Ausführungen zur Erfolgssteuerung auch die Schnittstellen

2. Das Rechnungswesen als Entscheidungsgrundlage

zu strategischen Entscheidungen offensichtlich werden. Die strategischen, also langfristigen und erfolgsrelevanten, Entscheidungen sind dem Fachbereich des strategischen Controllings zuzurechnen. Das strategische Controlling hat einen Planungshorizont von mehreren Jahren.

Aus der folgenden Grafik wird demgegenüber ersichtlich, dass der zeitliche Fokus der Finanzbuchhaltung primär in die Vergangenheit gerichtet ist. Der Horizont der Kostenrechnung ist zumeist auf ein Jahr gerichtet, wobei die Kostenrechnung ihren Fokus sowohl in die Vergangenheit (IST-Kostenrechnung) als auch in die Zukunft (PLAN-Kostenrechnung) richten kann. Insbesondere, wenn die Kostenrechnung einen Zukunftsbezug aufweist, stellt sie ein zentrales Instrument des operativen Controllings dar. Die spezifischen betrieblichen Informationssysteme mit deren jeweiligen Zeithorizonten werden in der folgenden Grafik zusammenfassend veranschaulicht:

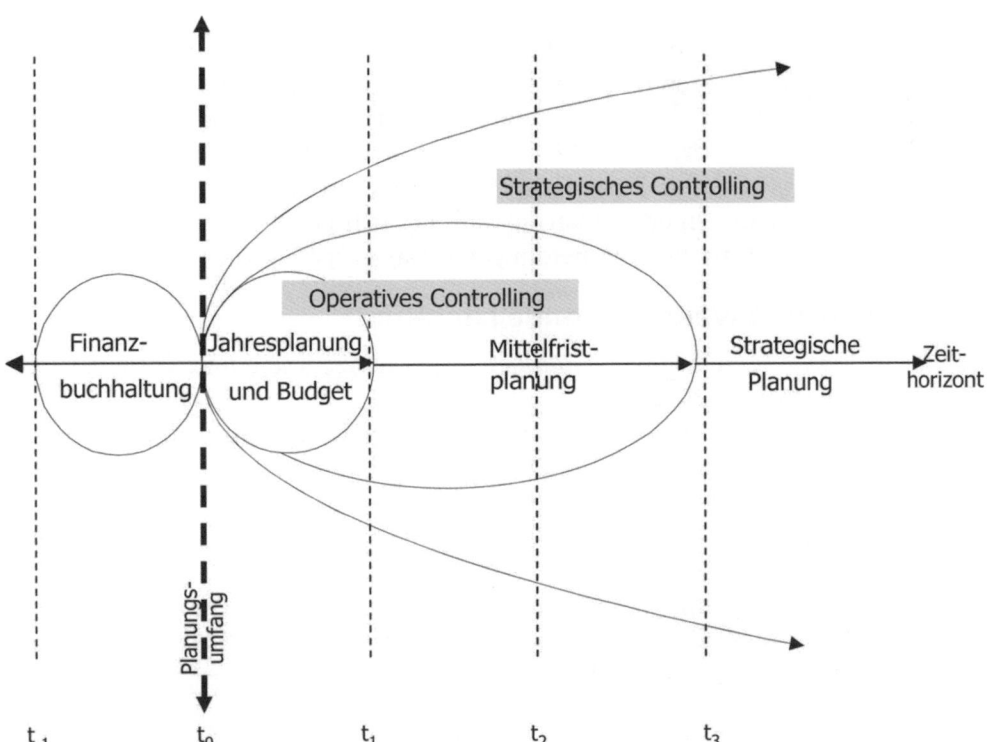

Abbildung 11: Unterschiedlicher Zeithorizont der betrieblichen Informationssysteme

Wissen kompakt

Betriebliches Rechnungswesen ist die systematische, regelmäßige und/oder fallweise durchgeführte Erfassung, Aufbereitung, Auswertung und Übermittlung der das Betriebsgeschehen betreffenden quantitativen Daten mit dem Ziel, sie intern für Planungs-, Steuerungs- und Kontrollzwecke und extern zur Information und Beeinflussung Außenstehender zu verwenden.

| Abschnitt A – Grundlagen des Controllings

Controlling wird als die Unterstützung des Managements im Rahmen der erfolgsorientierten Steuerung des Unternehmens mittels Informationen verstanden.

Das **externe Rechnungswesen** hat das Ziel, die quantitativen Betriebsdaten zu dokumentieren und extern zur Information und zur Beeinflussung Außenstehender einzusetzen.

Das **interne Rechnungswesen** hat das Ziel, die für das Betriebsgeschehen relevanten quantitativen Daten abzubilden und für interne Planungs-, Steuerungs- und Kontrollzwecke zu verwenden.

Kontrollfragen

- Wer sind die Adressaten des externen Rechnungswesens und welchen Informationsbedarf haben diese?
- Warum wird uU im externen Rechnungswesen die Ertragslage eines Unternehmens verzerrt? Nennen Sie Beispiele eines Unternehmens Ihres Landes, dem in den vergangenen Jahren Bilanzmanipulationen vorgeworfen wurden.
- Inwiefern besteht ein Zusammenhang zwischen dem betrieblichen Rechnungswesen und den unterschiedlichen Unternehmenszielen? Welches Instrument des Rechnungswesens zielt primär auf welche Zielebene ab?
- Gibt es Informationen eines Instrumentes des betrieblichen Rechnungswesens, die auch für strategische Entscheidungen herangezogen werden können?

Verwendete und weiterführende Literatur

- *Coenenberg, A. G./Fischer, T./Günther, T.:* Kostenrechnung und Kostenanalyse, 8. Auflage, Stuttgart 2012.
- *Hummel, S./Männel, W.:* Kostenrechnung 1 – Grundlagen, Aufbau und Anwendung, 4. Auflage, Wiesbaden 1990.
- *Kilger, W.:* Einführung in die Kostenrechnung, 3. Auflage, Wiesbaden 1992.
- *Möller, H. P./Zimmermann, J./Hüfner, B.:* Erlös- und Kostenrechnung, München 2005.
- *Moews, D.:* Kosten- und Leistungsrechnung, 7. Auflage, München 2002.
- *Olfert, K.:* Kostenrechnung – Kompendium der praktischen Betriebswirtschaft, 17. Auflage, Ludwigshafen 2013.

3. Informationssysteme des Rechnungswesens und deren Rechengrößen

> **Lernziel**
>
> **In diesem Kapitel lernen Sie**
> - welche betrieblichen Informationssysteme des Rechnungswesens es gibt
> - welche Aufgaben die unterschiedlichen Informationssysteme zu erfüllen haben
> - mit welchen Rechengrößen die einzelnen Informationssysteme arbeiten
> - warum es aus praktischer Perspektive wichtig ist, die einzelnen Rechengrößen zu erkennen und abzugrenzen

Das Rechnungswesen besteht aus der Buchhaltung, der Kostenrechnung sowie diversen Planungsrechnungen und Statistiken. Jedes dieser Informationssysteme erfüllt einen bestimmten Informationszweck und dient der Beantwortung ganz bestimmter Fragen. Während die Buchhaltung Aufschluss darüber gibt, wie viel an Steuern zu bezahlen ist oder wie kreditwürdig das Unternehmen ist, versucht die Kostenrechnung, betriebswirtschaftlich relevante Fragen, wie etwa: „Wie viel kostet uns die Herstellung eines Produktes?", zu beantworten. Darüber hinaus gibt es noch eine Reihe von Planungsrechnungen wie beispielsweise die Finanzplanung. Aber auch die Investitionsrechnungen werden i. w. S. zu diesen Planrechnungen gezählt. Da jedes dieser Informationssysteme in der Lage ist, ganz bestimmte Fragen zu beantworten, ist es absolut notwendig, in den einzelnen Rechnungen unterschiedliche Rechengrößen zu verwenden. Die Zusammenhänge zwischen den einzelnen Zielebenen sowie die dafür notwendigen Informationssysteme soll die folgende Grafik nochmals veranschaulichen. Da jedes der Informationssysteme unterschiedliche Ziele unterstützt, ist es notwendig, auch unterschiedliche Orientierungsgrößen im Sinne von Rechengrößen zu verwenden. Diese Orientierungsgrößen sind in der folgenden Grafik hervorgehoben und werden schwerpunktmäßig im folgenden Kapitel behandelt.

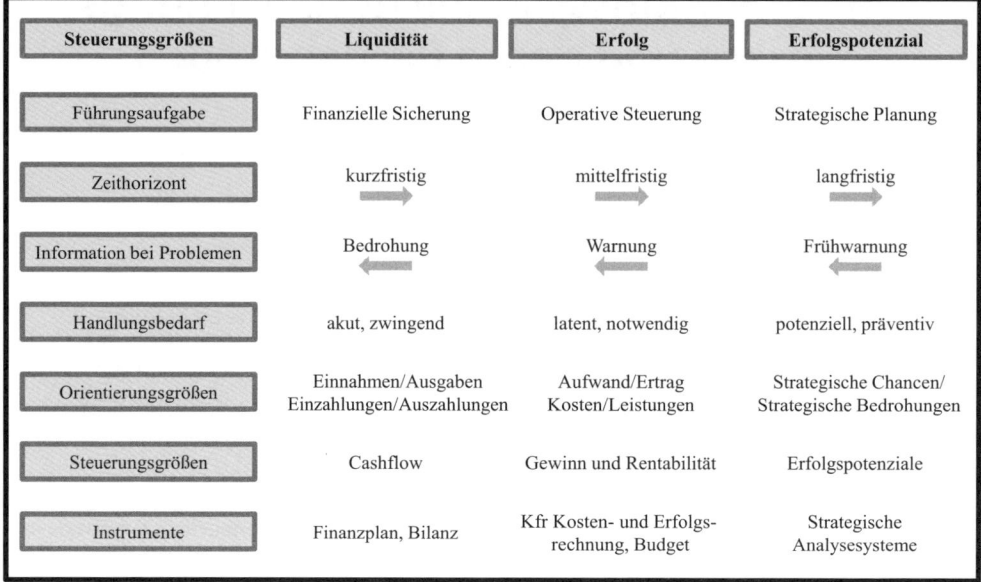

Abbildung 12: Betriebliche Steuerungsebenen und deren Merkmale

Im Folgenden werden die wichtigsten Informationssysteme kurz beschrieben und deren Rechnungsgrößen erläutert. Die Abgrenzung der Rechengrößen ist deshalb so wesentlich, da man ansonsten die falschen Größen für bestimmte Fragestellungen einsetzt und somit falsche Aussagen, Interpretationen und schlussendlich Entscheidungen erhält.

3.1. Ziel und Zweck der einzelnen Informationssysteme des Rechnungswesens

3.1.1. Kurzfristige Finanzrechnung und Investitionsrechnung

Der Zeithorizont der kurzfristigen Finanzrechnung ist ein anderer als jener der Investitionsrechnung. Während die Finanzrechnung einen kurzfristigen Zeithorizont hat, bezieht die Investitionsrechnung ihre Aussagen stets auf einen mehrjährigen Horizont. Finanz- und Investitionsrechnung sind zwar zwei unterschiedliche Informationssysteme, werden hier aber in einem gemeinsamen Kapitel behandelt, weil sie für ihre jeweilige Aufgabenstellung dieselben Rechengrößen heranziehen. Trotz unterschiedlicher Aufgabenstellungen werden sowohl in der kurzfristigen Finanzplanung als auch in der Investitionsrechnung **Ein- und Auszahlungen** als Rechengrößen verwendet.

Aufgabe der **kurzfristigen Finanzrechnung** ist es, Informationen über die Zahlungsfähigkeit des Unternehmens zur Verfügung zu stellen. Da ein Unternehmen jederzeit zahlungsfähig sein muss, ist der Zeithorizont der Finanzrechnung kurzfristig bis sehr kurzfristig. Dabei gilt grundsätzlich: Je angespannter die Liquiditätslage des Unternehmens ist, desto kurzfristiger muss die Rechnung ausgerichtet sein. Die sehr kurzfristige Finanzrechnung ist meist so konzipiert, dass sie in der Lage ist, täglich die eingegangenen Zahlungen und die nach außen gegangenen Zahlungen zu erfassen. Werden bereits erfolgte Ein- und Auszahlungen (also Ist-Zahlungen) erfasst, so spricht man von der Ermittlung des Finanz- bzw Liquiditätsstatus. Im Rahmen der Ermittlung des Finanzstatus werden alle liquiden Mittel des Unternehmens erfasst, also Kassabestände, Bankbestände und Wertpapiere des Umlaufvermögens, die quasi täglich verkauft werden können. Für die Anwendung in der Liquiditätsplanung kann der Finanz- oder Liquiditätsstatus dadurch erweitert werden, dass nicht nur die Ist-Zahlungen berücksichtigt werden, sondern auch die nächsten Tage bzw Wochen einbezogen werden. In dieser kurzfristigen Finanzrechnung in Form des Finanz- bzw Liquiditätsstatus werden die in den nächsten Tagen bzw Wochen erwarteten Ein- und Auszahlungen geplant, um etwaige Liquiditätsengpässe erkennen zu können. Gleichzeitig wird mit Hilfe der die unmittelbare Zukunft betreffenden kurzfristigen Finanzrechnung eruiert, welche finanziellen Mittel aktuell dem Unternehmen für verschiedene Aktivitäten zu Verfügung stehen. Die Finanzmittel werden dann so „geschichtet", wie sie für das Unternehmen am effizientesten zur Deckung der bevorstehenden Auszahlungen herangezogen werden sollen. Dabei werden auch Kreditlinien, die möglicherweise ausgenutzt werden können, ins Auge gefasst. Da es beim Finanzstatus unter anderem darum geht, über die Verwendung der Finanzmittel zu entscheiden, spricht man in diesem Zusammenhang auch von Finanzdisposition oder Cash-Management.

Im Rahmen der **Investitionsrechnung** wird versucht, die zur Verfügung stehenden Finanzmittel möglichst optimal für die Finanzierung von Sachgütern einzusetzen. Aufgabe der Investitionsrechnung ist es daher, „Fehlinvestitionen" zu vermeiden und somit optimale Investitionsentscheidungen zu unterstützen. Investitionsrechnungen können also als Methoden verstanden werden, mit deren Hilfe die Vorteilhaftigkeit von Investitionsmaßnahmen hinsichtlich der Unternehmensziele geprüft werden soll. Der Hauptzweck der Investitionsrechnung ist es, die zur Verfügung stehenden Finanzmittel möglichst optimal für die Finanzierung von Sachgütern einzusetzen. Ziel dabei ist es, „Fehlinvestitionen" zu vermeiden und somit optimale Investitionsentscheidungen zu unterstützen. Investitionsrechnungen können also als Methoden verstanden werden, mit deren Hilfe die Vorteilhaftigkeit von Investitionsmaßnahmen hinsichtlich der Unternehmensziele geprüft wird. Die Investitionsrechnung hat die Aufgabe, die wirtschaftlichen Vorteile unterschiedlicher Investitionsvorhaben anhand von Liquiditäts- und Erfolgskriterien zu messen und die optimale Kombination einzelner Investitionsvorhaben (zB Investitionen eines ganzen Maschinenparks) zu bestimmen. Zudem gilt es mit Hilfe der Investitionsrechnung ein Finanzierungsproblem zu lösen, da die finanziellen Mittel meistes knapp sind. Die Investitionsrechnung hat demnach folgende Aufgaben:

- Durchführen von **Verfahrensvergleichen** alternativ in Frage kommender Investitionsprojekte
- Ermittlung der **optimalen Kombination** von gegenseitig voneinander abhängigen Investitionen
- Ermittlung des **Kapitalbedarfs** für die einzelnen Investitionsprojekte

Während die kurzfristige Finanzrechnung ausschließlich auf die Zielebene der Liquidität abzielt, liefert die Investitionsrechnung Informationen sowohl für die Zielebene der Liquidität als auch für die der Erfolgspotenziale. Der notwendige Kapitalbedarf für eine Investition stellt eine wichtige Liquiditätsinformation dar. Investitionen sind aber zugleich auch notwendige Voraussetzung für den Aufbau von Erfolgspotenzialen (vgl Finanzierungskreislauf im Rahmen der Zielebenen). Insofern ist der Blickwinkel der Investitionsrechnung zugleich ein kurz- und langfristiger. Für beide Rechnungen, dh sowohl für die kurzfristige Finanzrechnung als auch für die Investitionsrechnung, werden jedenfalls dieselben Rechengrößen, nämlich Ein- und Auszahlungen, verwendet.

Die Besonderheit der Investitionsrechnung gegenüber der kurzfristigen Finanzrechnung besteht darin, dass die Investitionsrechnung aufgrund ihres längerfristigen Betrachtungszeitraums Zahlungen miteinander vergleicht, die zu unterschiedlichen Zeitpunkten anfallen. Wenn ein Unternehmen beispielsweise eine Produktionsmaschine anschafft, die sie planmäßig über 20 Jahre einsetzen wird, dann erfasst die kurzfristige Finanzrechnung lediglich den Anschaffungsvorgang und die damit verbundenen Auszahlungen, während die Investitionsrechnung den gesamten Zeitraum der Nutzung ins Kalkül zieht. Die Investitionsrechnung erfasst also neben den Auszahlungen im Rahmen der Anschaffung auch die Einzahlungen und die weiteren Auszahlungen, die im Laufe der gesamten Nutzungsdauer des Wirtschaftsgutes anfallen. Eine bloße Addition oder Subtraktion der Zahlungen macht allerdings wenig Sinn, weil gleich hohe Zahlungen als unterschiedlich wertvoll betrachtet werden, wenn sie zu unterschiedlichen Zeitpunkten anfallen. Man nennt dies die Zeitpräferenz des Geldes. Wenn Sie beispielsweise vor die Wahl gestellt werden, ob Sie sofort € 10.000,– erhalten möchten oder erst in 20 Jahren, würden Sie sich wahrscheinlich so wie die meisten Menschen dafür entscheiden, den Betrag sofort ausgehändigt zu bekommen. Es hat einen höheren Wert, über den Betrag sofort verfügen zu können, als 20 Jahre auf den Betrag zu warten. Man könnte den Betrag ja außerdem auch veranlagen und in den 20 Jahren Zinserträge erwirtschaften. Somit würden die € 10.000,– in 20 Jahren einem höheren Betrag entsprechen. Die Investitionsrechnung versucht genau diesen Effekt durch Aufzinsen und Abzinsen der Rechengrößen (Zahlungen) zu berücksichtigen.

3.1.2. Kurzfristige Finanzplanung

Die kurzfristige Finanzplanung hat im Gegensatz zum Finanz-/Liquiditätsstatus (kurzfristige Finanzrechnung) einen Planungshorizont von mehreren Wochen bis zu mehreren Monaten. Es wird also nicht der aktuelle Finanzstatus ermittelt, sondern vielmehr die Frage beantwortet, ob das Unternehmen auch zukünftig zahlungsfähig sein wird. Während man in der kurzfristigen Finanzrechnung mit bereits erfolgen Zahlungen (Ein- und Auszahlungen) oder mit Zahlungen innerhalb der nächsten Tage (geplante Ein- und Auszahlungen mit sehr kurzfristigem Planungshorizont) rechnet, bringt man in der kurzfristigen Finanzplanung Zahlungsvorgänge, die in den nächsten Monaten erwartet werden, zum Ansatz. Der gesamte Zeithorizont erstreckt sich bis maximal zu einem Jahr, ist aber in der Regel zumindest auf Quartals- oder Monatsebene untergliedert. Wurde also beispielsweise eine Ware verkauft und ein Kaufvertrag abgeschlossen, aber die Ware noch nicht bezahlt, so rechnet man mit der Einnahme des Geldes. Solche erwarteten Zahlungsvorgänge nennt man „**Ausgaben**" bzw „**Einnahmen**".

Die kurzfristige Finanzplanung hat die Aufgabe, zukünftig die Zahlungsfähigkeit des Unternehmens zu sichern. Da die Liquidität eines Unternehmens jederzeit gegeben sein muss, muss die kurzfristige Finanzplanung nicht taggenau die Finanzlage eines Unternehmens darstellen, sondern vielmehr den zukünftigen Finanzierungsbedarf des Unternehmens ausweisen. Dementsprechend wird die kurzfristige Finanzplanung auch „Finanzierungsrechnung" genannt. Sie ist ein Ermittlungsverfahren zur Aufdeckung etwaiger zukünftiger Finanzierungslücken und zur Abschätzung, ab wann das Unternehmen in der Lage ist, bestimmte Investitionen durchzuführen. Mit der mittelfristigen Finanzplanung wird also der zukünftige Kapitalbedarf ermittelt.

3.1.3. Finanzbuchhaltung

Ziel und Zweck der Finanzbuchhaltung ist einerseits die Ermittlung der Steuerschuld (Steuerbilanz) eines Unternehmens und andererseits die Feststellung der Vermögensverhältnisse (UGB-Bilanz). Dazu ist es notwendig, sämtliche Geschäftsvorfälle aufzuzeichnen, die zu einer Veränderung der Vermögens- und Kapitallage des Unternehmens führen. Die Finanzbuchhaltung hat demnach die Aufgabe, alle mit der Umwelt getätigten Geschäfte nach bestimmten Regeln (gesetzliche Richtlinien wie Bundesabgabenordnung, Einkommensteuergesetz, Unternehmensgesetzbuch etc) unter ihrem finanziellen Aspekt systematisch aufzuzeichnen.

Diese Grundsätze beziehen sich auf die Zielsetzung der Steuergerechtigkeit. Das bedeutet, dass alle Unternehmen nach denselben Grundsätzen steuerlich belastet werden sollen. So gesehen werden aus verständlichen Gründen alle Unternehmen gleich „gerecht" behandelt. Den Kern der Finanzbuchhaltung stellt der Jahresabschluss dar. Dieser hat die Aufgabe, einen Überblick über den Vermögens- und Kapitalbestand zu einem bestimmten Stichtag zu geben.

Die Adressaten der Finanzbuchhaltung sind neben der Steuerbehörde in erster Linie Kapitalgeber (zB Aktionäre, Banken, Lieferanten), dh unternehmensexterne Personengruppen. Die Finanzbuchhaltung stellt daher einen Teil des externen Rechnungswesens dar. Für Unternehmen ist es verpflichtend, eine Finanzbuchhaltung zu führen und dabei nach den Grundsätzen ordnungsgemäßer Buchführung vorzugehen.

Der Zweck der Finanzbuchhaltung kann demnach folgendermaßen zusammengefasst werden:

- Ermittlung des Unternehmenserfolges einer Abrechnungsperiode (Jahr) aus Gründen der Steuergerechtigkeit
- Ermittlung des Erfolges einer Abrechnungsperiode (Jahr) für die Information externer Kapitelgeber

Für die Bestimmung des Unternehmenserfolges als Basis für die Berechnung der Ertragssteuern und als Basis für die Anlagestrategien von Kapitalgebern wird mit den Rechengrößen **Aufwendungen** und **Erträgen** gerechnet.

3.1.4. Kosten- und Leistungsrechnung

Die zentrale Aufgabe der Kosten- und Leistungsrechnung ist es, der Unternehmensführung entscheidungsorientierte Informationen zur Verfügung zu stellen. In Zeiten stagnierender Nachfrage und verfallender Margen in vielen Marktsegmenten wird es für alle Unternehmen **existenziell** wichtig, möglichst präzise Entscheidungen treffen zu können. Es ist von entscheidender Bedeutung zu wissen, zu welchem Preis man noch anbieten und zu welchen Höchstpreisen man Materialien einkaufen darf, welche Produktivität man in der Fertigungshalle erreichen muss, um wettbewerbsfähig zu bleiben, wie viel man den Mitarbeitern in der Lage ist zu zahlen, um marktfähige Preise zu erzielen, und wie viele Stücke man von einem Produkt absetzen muss, um Gewinne zu erzielen.

Diese und viele andere Fragen müssen im Tagesgeschäft laufend, möglichst genau und schnell beantwortet werden. Verzichtet man auf die Erstellung der notwendigen Informationen und trifft die Entscheidungen intuitiv, so entsteht die Gefahr von **Fehlentscheidungen**. Die Kostenrechnung stellt daher ein unverzichtbares Steuerungsinstrument für die Unternehmensführung dar. In der Regel richtet die Kostenrechnung ihre Informationen ausschließlich an unternehmensinterne Adressanten, weshalb die Kostenrechnung auch dem internen Rechnungswesen zugerechnet wird. Werden nicht nur die Kosten betrachtet, sondern auch die in einem Unternehmen erstellten Leistungen, spricht man von der Kosten- und Leistungsrechnung. Gemäß ihrem Namen arbeitet die Kosten- und Leistungsrechnung mit **Kosten** und **Leistungen**. Als Abrechnungseinheit der Kostenrechnung wird meistens ein Monat herangezogen. Der maximale Horizont beträgt in der Regel ein (Wirtschafts-)Jahr.

3.2. Rechengrößen der Informationssysteme des Rechnungswesens

3.2.1. Erklärung der einzelnen Rechengrößen

Der Schwerpunkt dieses Kapitels liegt auf den spezifischen Rechengrößen der jeweiligen Informationssysteme.

Auszahlungen und Einzahlungen

Durch eine Auszahlung überträgt ein Unternehmen Geld oder Zahlungsmittel an andere Wirtschaftseinheiten. Es kommt also zu einer Verminderung des Bar- oder Buchgeldbestandes, dh der liquiden Mittel. Als Abgang liquider Mittel werden Bargeldzahlungen, das Ausstellen von Schecks und Wechseln sowie der Transfer von Buchgeld (Sichtguthaben, täglich fällige Guthaben) bezeichnet. Auszahlungen umfassen somit alle Abnahmen des Bestandes an liquiden Mitteln eines Unternehmens.

Analog zum Auszahlungsbegriff werden Einzahlungen als effektiver Zufluss von Geld oder Zahlungsmitteln definiert. Sie bewirken eine Erhöhung der liquiden Mittel. Einzahlungen umfassen alle Erhöhungen des Bestandes an liquiden Mitteln eines Unternehmens.

Beispiel

Ein Unternehmen kauft eine maschinelle Anlage und bezahlt den Lieferanten mit Geld aus dem Kassenbestand. Bei diesem Geschäftsvorgang handelt es sich um eine Auszahlung.

Anhand des Bilanzschemas zeigt sich, dass die Einzahlungen und Auszahlungen ausschließlich den Bestand der liquiden Mittel verändern. Es kommt zu keiner Veränderung weiterer Bilanzpositionen wie etwa der Forderungen und Verbindlichkeiten, des Sachvermögens (Anlage- und Umlaufvermögens) und des Eigenkapitals.

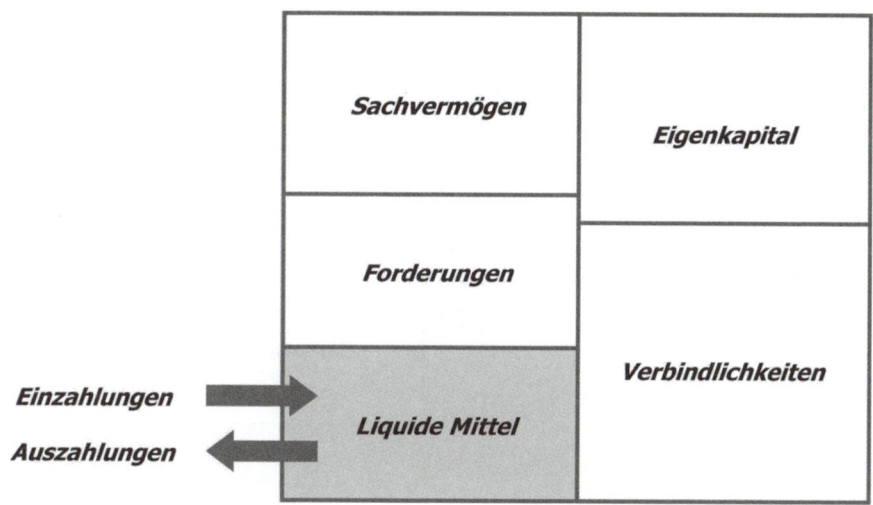

Abbildung 13: Bilanzielle Konsequenzen von Ein- und Auszahlungen

Ausgaben und Einnahmen

Einnahmen und Ausgaben beziehen sich nicht nur auf den Zahlungsmittelbestand eines Unternehmens, sondern auch auf das Geldvermögen. Das Geldvermögen umfasst neben dem Zahlungsmittelbestand auch die Forderungen und Verbindlichkeiten. Einnahmen und Ausgaben bilden somit nicht nur den Fluss der liquiden Mittel ab, sondern auch Kreditvorgänge.

Als „Ausgaben" wird der Wert aller eingekauften Güter und Dienstleistungen bezeichnet. Zur Ausgabe kommt es zum Zeitpunkt der Entstehung der Zahlungsverpflichtung bzw der Willenserklärung. Das bedeutet, zu dem Zeitpunkt, zu dem aufgrund des Erwerbs von Gütern oder Dienstleistungen eine Schuld entsteht, ist eine Ausgabe zu verbuchen. Für die Berücksichtigung in der Abrechnungsperiode ist es unerheblich, wann die damit verbundenen Auszahlungen tatsächlich geleistet wurden oder werden.

Beispiel

Ein Unternehmen kauft eine maschinelle Anlage und vereinbart bei Kaufabschluss eine Zahlungsfrist von 60 Tagen. Zum Zeitpunkt des Abschlusses des Kaufvertrages entsteht somit eine Schuld aufgrund des Erwerbes dieser Maschine. Bei diesem Geschäftsvorgang handelt es sich daher zunächst um eine Ausgabe. Erfolgt die Bezahlung der Maschine nach Ablauf der Zahlungsfrist, so handelt es sich bei diesem Geschäftsvorgang in weiterer Folge um eine Auszahlung.

Einnahmen stellen den Wert aller verkauften Güter und Dienstleistungen dar. Es handelt sich hierbei um den gesamten Mittelzufluss während einer Abrechnungsperiode. Zur Einnahme kommt es entweder zum Zeitpunkt der Einzahlung oder zum Zeitpunkt der Entstehung einer Forderung. Für die Zurechnung zur Abrechnungsperiode ist es wiederum unwesentlich, wann die damit verbundenen Einzahlungen tatsächlich geleistet wurden oder werden.

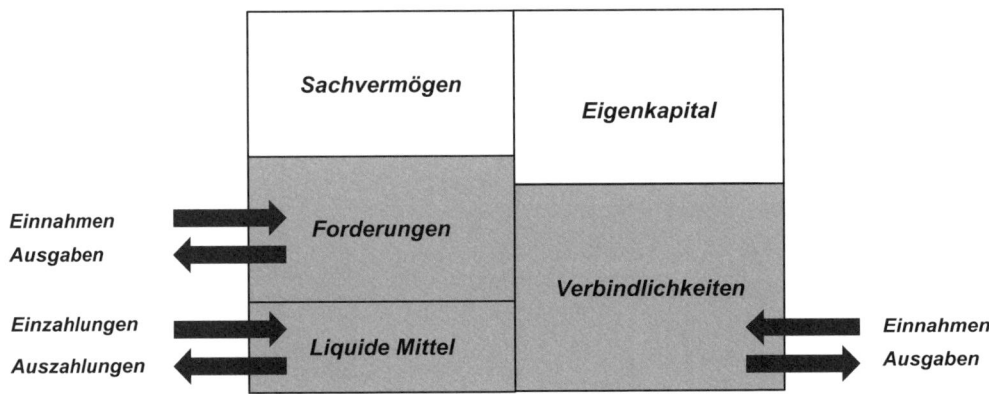

Abbildung 14: Bilanzielle Konsequenzen von Einnahmen und Ausgaben

Anhand des Bilanzschemas zeigt sich, dass sich die Einnahmen und Ausgaben auf den Bestand der liquiden Mittel und zusätzlich auf den Bestand an Forderungen und Verbindlichkeiten auswirken. Es kommt jedoch zu keiner Veränderung des Sachvermögens (Anlage- und Umlaufvermögens) und des Eigenkapitals.

Aufwand und Ertrag

Der Aufwand umfasst den *erfolgswirksamen* Verbrauch an Gütern und Dienstleistungen. Erfolgswirksam bedeutet, dass durch den Aufwand der Gewinn gemindert bzw der Verlust erhöht wird. Wesentlich dabei ist, dass es sich um einen *periodisierten* Verbrauch von Gütern und Dienstleistungen handelt. Periodisiert bedeutet, dass versucht wird, den Verbrauch der Periode zuzurechnen, in der die damit verbundene Leistung angefallen ist.

Insofern kann man den Aufwand als jenen bewerteten Güterverbrauch (Wertverzehr) verstehen, der mit Ausgaben verbunden ist. Aufwand kann man daher als „erfolgswirksame Ausgabe" bezeichnen. Der Unterschied der Aufwendungen zu den Ausgaben liegt darin, dass nicht nur die Veränderungen der liquiden Mittel und der Forderungen und Verbindlichkeiten erfasst werden, sondern auch die Veränderungen des Sachvermögens.

Das Pendant zu den Aufwendungen sind die Erträge. Unter einem Ertrag versteht man demzufolge die erfolgswirksame Güterentstehung einer Periode. Erträge erhöhen den Gewinn bzw verringern den Verlust. Wie bei den Aufwendungen sind die Erträge der Periode zuzurechnen, in der die Leistung erbracht wurde, selbst wenn die Einzahlung aus diesen Erträgen nicht sofort, sondern erst später erfolgt. Erträge sind somit zeitlich abgegrenzte (periodisierte) Einnahmen.

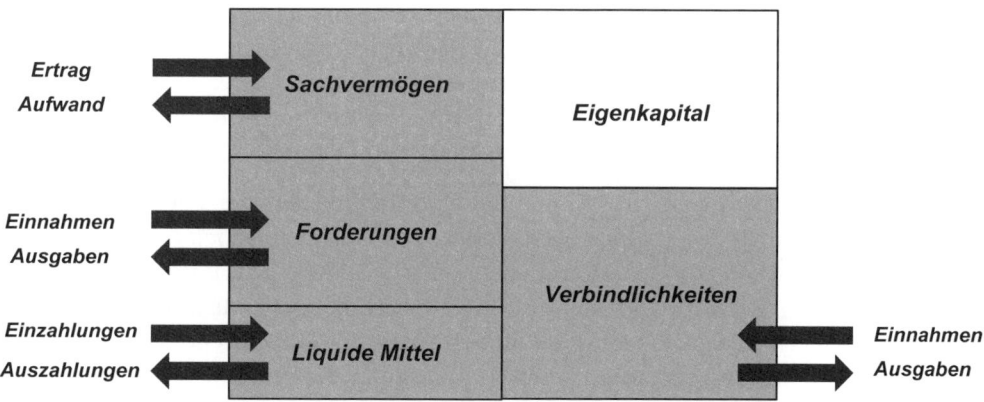

Abbildung 15: Bilanzielle Konsequenzen von Aufwendungen und Erträgen

Aus der obigen Grafik wird ersichtlich, dass Aufwendungen und Erträge Auswirkungen auf das Eigenkapital haben. Beeinflussen Aufwand und Erträge alle anderen Bilanzpositionen, so stellt das Eigenkapital eine Saldogröße der Veränderungen dar.

Nimmt das Eigenkapital zu, so spricht man von einem Gewinn, nimmt es ab, spricht man von einem Verlust. Da Aufwendungen und Erträge sich somit in der Veränderung des Eigenkapitals abbilden, sind diese Größen erfolgswirksam.

Kosten und Leistungen

Grundsätzlich werden Kosten als der *„Werteinsatz zur Leistungserstellung"* bzw als *„bewerteter sachzielbezogener Güterverbrauch"* definiert. Was darunter zu verstehen ist, soll anhand der grundsätzlichen Merkmale von Kosten erklärt werden. Damit man von Kosten sprechen kann,

- muss ein mengenmäßiger Güter- und Dienstleistungsverbrauch vorliegen,
- der in einem direkten Zusammenhang mit den erstellten Leistungen steht und
- in Geldeinheiten bewertet wird.

Was versteht man nun unter den einzelnen Begriffen?

Vorliegen eines mengenmäßigen Güter- bzw Dienstleistungsverbrauchs

Der Verbrauchsvorgang ist durch einen Wertverlust der betreffenden Wirtschaftsgüter gekennzeichnet. Als Verbrauch ist nicht nur der Substanzverlust der Einsatzfaktoren (zB der Materialverbrauch, der Verbrauch von Arbeitsstunden, der Verbrauch von kWh) zu verstehen, sondern auch der durch den Gebrauch von Sachgütern eintretende allmähliche Wertverzehr (zB Abnutzung von Maschinen). Um den Verbrauch in weiterer Folge bewerten zu können, muss dieser daher mengenmäßig gemessen werden (zB der Verbrauch von Material in Stück oder kg, der Verbrauch von Arbeitsleistung in Stunden oder der Verbrauch von Energie in kWh, Abnutzung des Pkw mit jedem gefahrenen Kilometer).

Direkter Zusammenhang mit der erstellten Leistung

Zu den Kosten rechnet man nur denjenigen Güterverbrauch, der in einem Zusammenhang mit der Leistungserstellung steht. Der Leistungszusammenhang ist dann gegeben, wenn der Verbrauch der eingesetzten Ressourcen dem eigentlichen Unternehmenszweck dient. Dieser Unternehmenszweck hängt nun unmittelbar mit den zu produzierenden sowie abzusetzenden Gütern und Dienstleistungen zusammen.

In diesem Zusammenhang spricht man auch von der Sachzielbezogenheit des Güterverbrauchs. Unter der Sachzielbezogenheit des Güterverbrauchs versteht man, dass der Einsatz der Ressourcen dem Sachziel des Unternehmens entsprechen sollte. Unter dem Sachziel einer Unternehmung lässt sich das geplante Produktionsprogramm (bzw Leistungsprogramm) als die Art, Menge und zeitliche Verteilung der von der Unternehmung geplanten Ausbringungsgüter verstehen. Das Sachziel kann daher wiederum als der Unternehmenszweck beschrieben werden.

Bewertung in Geldeinheiten

Durch die Eingrenzung auf den leistungsbezogenen Güterverbrauch ist die Mengenkomponente der Kosten festgelegt. Da Kosten jedoch eine Wertgröße darstellen, dh in Geldeinheiten ausgedrückt sind, müssen die Verbrauchsmengen mit Preisen bewertet werden. Der Preis ist demnach ein spezifischer, auf eine Mengeneinheit bezogener Geldbetrag. Er repräsentiert den der Mengeneinheit zugeordneten Wert.

Die Kosten ergeben sich als Produkt aus verbrauchter Gütermenge und Güterpreis pro Mengeneinheit. Durch die Bewertung werden die Verbrauchsmengen addierbar und in ihrem Wert vergleichbar gemacht.

Leistungen sind das Ergebnis der betrieblichen Leistungserstellung. Leistungen lassen sich als bewertete, sachzielbezogene Güterentstehung definieren. Sie stellen daher die betriebszweckbezogenen Erträge dar. Der Begriff „Erlöse" wird sowohl in der Unternehmenspraxis als auch in den weiteren Ausführungen als Synonym für den Begriff Leistungen herangezogen. Zwischen den Leistungen und den Kosten besteht der in der folgenden Abbildung dargestellte Zusammenhang:

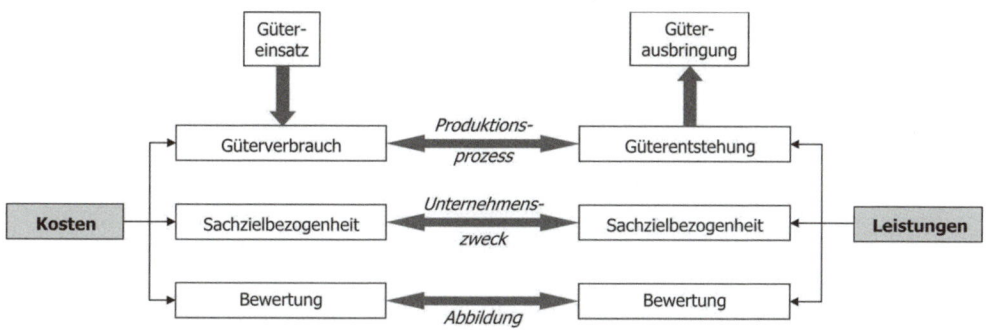

Abbildung 16: Wesensmerkmale von Leistungen und Kosten

3.2.2. Abgrenzung der einzelnen Rechengrößen

Die Abgrenzung der einzelnen Rechengrößen ist von entscheidender Bedeutung, da sie unterschiedlichen Informationssystemen zuzuordnen sind. Die verschiedenen Informationssysteme dienen wiederum gänzlich unterschiedlichen Zielsetzungen, wie der Erhaltung der Zahlungsfähigkeit oder der Erzielung des optimalen Gewinns. Dementsprechend müssen die adäquaten Rechengrößen für die jeweiligen Fragestellungen herangezogen werden. Andersfalls sind Fehlaussagen und in weiterer Folge Fehlentscheidungen eine mögliche Folge. Die Abgrenzung zwischen den Begriffen hilft, die einzelnen Geschäftsvorgänge (quantifiziert als Rechengrößen) präzise zu identifizieren und dem jeweiligen Rechenzweck zuzuordnen.

Wie aus dem vorherigen Kapitel („Erklärung der einzelnen Rechengrößen") ersichtlich wird, stellen Auszahlungen üblicherweise gleichzeitig Ausgaben dar, weil Ausgaben sowohl die Veränderung der liquiden Mittel (Zahlungen) als auch die Veränderung der Forderungen und Verbindlichkeiten (Zahlungsversprechen) mit einschließen. Ausgaben stellen in der Regel auch Aufwendungen dar, weil die Aufwendungen nicht nur die Veränderungen der liquiden Mittel, der Forderungen und Verbindlichkeiten, sondern darüber hinaus auch noch die Veränderungen der Sachanlagen berücksichtigen. So gesehen ist der Begriff der Aufwendungen der umfangreichste dieser drei Begriffe, während die Auszahlung den am engsten gefassten Begriff darstellt.

Diese Überlegung stimmt allerdings nur aus einer dynamischen Perspektive. Unter einer dynamischen Perspektive versteht man einen Blickwinkel, der auf mehrere Abrechnungsperioden gleichzeitig gerichtet ist. Mit anderen Worten: Eine Auszahlung ist oder wird immer auch eine Ausgabe, da

- die Ausgabe bereits erfolgt ist, bevor es zu einer Auszahlung gekommen ist, oder
- die Auszahlung gleichzeitig mit der Ausgabe passiert oder
- die Auszahlung erfolgt, es aber erst später zu einer Ausgabe kommt.

Dies soll anhand eines Beispiels erklärt werden:

Beispiel

Ein Unternehmen kauft ein Kraftfahrzeug und bezahlt dieses sofort. In diesem Fall liegen eine Auszahlung (in Form einer Barzahlung) und zugleich eine Ausgabe (in Form einer Willenserklärung aufgrund des Kaufvertrages) vor. Auszahlung und Ausgabe erfolgen zeitgleich.

Kauft das Unternehmen das Kraftfahrzeug und bezahlt es einige Monate später, so kommt es zur Auszahlung und zur Ausgabe zu unterschiedlichen Zeitpunkten. Während die Ausgabe zum Zeitpunkt des Abschlusses des Kaufvertrages erfolgt, wird die Auszahlung in Form der Barzahlung erst einige Monate später durchgeführt. Über den gesamten Kaufprozess gesehen, kommt es ebenso zu einer Ausgabe wie zu einer Auszahlung. Aus dynamischer Perspektive folgt der Ausgabe einige Zeit später eine Auszahlung. Zum Zeitpunkt des Kaufabschlusses kommt es vorerst nur zu einer Ausgabe. Statisch gesehen liegt zunächst also nur eine Ausgabe vor.

Aus statischer Perspektive (zeitpunktmäßige Betrachtung) gibt es sowohl Ausgaben, die vorerst noch keine Auszahlung darstellen (Willenserklärung und Zahlungsvorgang fallen zeitlich auseinander), als auch Ausgaben, die zugleich Auszahlungen darstellen (Willenserklärung und Zahlungsvorgang fallen zeitlich zusammen). Wenn das Eingehen der Verpflichtung (Willenserklärung) und der Zahlungsvorgang zeitlich auseinander fallen, so entstehen Forderungen bzw Verbindlichkeiten. Ausgaben sind somit Veränderungen der liquiden Mittel oder Veränderungen in den Forderungs- bzw Verbindlichkeitsbeständen, aber nicht beides gleichzeitig.

Nach der gleichen Logik gibt es Aufwendungen, die der Höhe nach den Ausgaben entsprechen, und Aufwendungen, die der Höhe nach nicht den Ausgaben entsprechen. Wenn der Kaufakt (Willenserklärung bzw Schuldentstehung) und der Güterverzehr gleichzeitig stattfinden, dann sind Ausgaben und Aufwand üblicherweise gleich hoch.

So wie Aufwand erfassen Kosten ebenfalls den Güterverzehr, nämlich den betrieblichen, bewerteten Güterverzehr. Damit Aufwendungen auch als Kosten angesetzt werden können, müssen drei Kriterien erfüllt sein:

3. Informationssysteme des Rechnungswesens

1) Der Güterverzehr muss in jedem Fall betrieblich sein, dh etwaiger Güterverzehr für „private Zwecke" muss abgegrenzt werden.
2) Der Güterverzehr muss in der betrachteten Abrechnungsperiode stattfinden.
3) Der Güterverzehr muss ordentlich im Sinne von „gewöhnlich" sein.

Beispiel

Der Geschäftsführer eines Unternehmens bekommt für seine Tätigkeit einen Firmenwagen zur Verfügung gestellt. Er tankt Treibstoff im Wert von € 60,– in den Wagen, zahlt die Rechnung bei der Tankstelle bar und übergibt die Rechnung der Buchhaltung. Eine Auszahlung und eine Ausgabe im betriebswirtschaftlichen Sinn entstehen beim Tankvorgang. Der Aufwand (Güterverzehr) würde genau genommen erst entstehen, wenn der Geschäftsführer mit dem Wagen fährt und Treibstoff verbraucht. In der Finanzbuchhaltung wird der Treibstoff allerdings der Einfachheit halber in der Regel mit dem Beleg als Treibstoff- oder Kfz-Aufwand verbucht. In der Kostenrechnung wird der Treibstoffverbrauch häufig pro gefahrenem Kilometer (Kilometersatz) erfasst und je nach Kilometerleistung den entsprechenden Abrechnungsperioden zugerechnet. Das bedeutet, Kosten entstehen tatsächlich in der Periode, in der der Geschäftsführer mit dem Wagen fährt (periodenrein). Angenommen, der Geschäftsführer nutzt den Wagen vereinbarungsgemäß und wie aus dem Fahrtenbuch ersichtlich im Ausmaß von 10 % auch für private Zwecke, dann würden in der Kostenrechnung nur 90 % der Treibstoffkosten als Kosten der jeweiligen Periode angesetzt werden (betrieblich). Nun sei abschließend noch angenommen, dass der Tank des Fahrzeugs beschädigt ist und durch ein Loch im Boden Treibstoff ausläuft. Dieser Treibstoff ist am Ende des Tages auch verbraucht, aber nicht für den betriebsüblichen, gewöhnlichen Zweck (außerordentlich) und dürfte daher nicht als Kosten angesetzt werden. Stattdessen könnten in der Kostenrechnung Wagniskosten angesetzt werden.

Um die Abgrenzung der einzelnen Rechengrößen praktisch nachvollziehen zu können, werden im Folgenden einige Beispiele gegeben. Aus systematischer Perspektive sind neun unterschiedliche Fälle denkbar.

Begriff	Beispiel und Erklärung
Auszahlung, aber keine Ausgabe	Die **Tilgung eines endfälligen Kredits** ist eine Auszahlung, während die Ausgabe mit dem Eingehen der Schuld (Kreditvertrag) bereits zuvor passiert ist.
Auszahlung zugleich Ausgabe	Der **Barkauf einer Maschine** ist eine Auszahlung und zugleich eine Ausgabe, da zum Zeitpunkt der Zahlung auch der Kaufvertrag unterschrieben wird.
Ausgabe, aber nicht Auszahlung	Der **Zieleinkauf von Rohstoffen** stellt zunächst nur eine Ausgabe dar. Mit der Bestellung und Entgegennahme der Ware geht man eine Willenserklärung ein. Die Bezahlung erfolgt später.

Ausgabe, aber nicht Aufwand	Der **Kauf von Rohstoffen**, die erst in einer **späteren** Periode **verbraucht** werden, stellt durch die Willenserklärung eine Ausgabe dar. Die Ware wird aber erst durch das Eingehen in den Produktionsprozess zum Aufwand. Vorerst erhöht die Waren den Bestand, aber nicht den Wareneinsatz.
Ausgabe zugleich Aufwand	Werden hingegen **Rohstoffe eingekauft**, die **sofort** (in derselben Periode) dem **Produktionsprozess zugeführt** werden, so stellt dieser Vorgang sowohl eine Ausgabe als auch einen Aufwand dar.
Aufwand, aber nicht Ausgabe	Die **Abschreibung einer in einer Vorperiode** (Vorjahr) **angeschafften Maschine** stellt einen Aufwand dar, die Ausgabe ist hingegen schon in den Jahren davor erfolgt.
Aufwand, aber nicht Kosten	Die **Spende für einen karikativen Zweck** stellt (sofern absetzbar) einen Aufwand dar. Aufgrund des Fehlens des Sachzielbezugs (Notwendigkeit des Aufwandes für die betriebliche Leistungserstellung) stellt dieser Geschäftsprozess jedoch keine Kosten dar.
Aufwand zugleich Kosten	Die **betrieblich eingesetzte Energie** stellt sowohl einen Aufwand als auch Kosten dar.
Kosten, aber nicht Aufwand	Die **Zinsen für das Eigenkapital** können nicht von der Steuerbelastung in Abzug gebracht werden und stellen daher keinen Aufwand dar. Die Zinsen für das Eigenkapital sind hingegen als Kosten zu betrachten, da man das Eigenkapital auch anders einsetzen könnte und damit Renditen (Zinsen) erwirtschaften könnte.

Tabelle 4: Beispiele zur Abgrenzung der betrieblichen Rechengrößen

Für die Abgrenzung der Rechengrößen der Finanzbuchhaltung und der Kostenrechnung müssen die Aufwendungen in Kosten übergeleitet werden. Den Ausgangspunkt für die Ermittlung der Kosten stellt größtenteils die Finanzbuchhaltung mit dem Aufwandsgrößen dar.

Zunächst müssen all jene Aufwendungen selektiert werden, die keine Kosten darstellen. Als Selektionsfilter gelten wiederum die Merkmale „betrieblich", „ordentlich" und „periodenrein". Demnach werden folgende Aufwendungen nicht als Kosten übernommen:

Betriebsfremde Aufwendungen sind Aufwendungen, die dem Sachziel des Unternehmens nicht entsprechen. Es fehlt die Sachzielbezogenheit des Güterverbrauchs. Dazu zählen beispielsweise freiwillige Sozialaufwendungen, karikative Aufwendungen und Aufwendungen aus Spekulationsgeschäften (zB Aufwand aus Wertpapierhandel, sofern dieser nicht zum Unternehmenszweck zählt). Da solche Aufwendungen nicht dem unmittelbaren Unternehmenszweck dienen, werden sie aus der Rechnung herausgenommen. Sie würden beispielsweise die Berechnung von Preisuntergrenzen verzerren, da die tatsächliche Preisuntergrenze niedriger liegen würde.

Außerordentliche Aufwendungen entstehen aus einem Güterverbrauch, der im Rahmen der üblichen betrieblichen Tätigkeit nicht zu erwarten ist. Dies sind beispielsweise Schäden (Brand, Wasser etc) im Bestand (Gebäude, Lager etc) oder Forderungsausfälle. Würde man die außerordentlichen Aufwendungen in der Kostenrechnung berücksichtigen, so würde dies zu sehr stark schwankenden Kostenwerten führen. Dies würde wiederum sehr stark schwankende Preisinformationen mit sich bringen. Um die Preise stabil zu halten, werden für stark schwankende Positionen „Durchschnittswerte" aus den vergangenen Jahren („Erfahrungswerte") angesetzt. Solche Werte nennt man kalkulatorische Kostenpositionen.

Periodenfremde Aufwendungen sind Aufwendungen, die einer anderen (vorhergehenden oder nachfolgenden) als der Abrechnungsperiode zuzurechnen sind. Nur die Leistungserstellung der betrachteten Periode verursacht Kosten. Periodenfremde Aufwendungen werden daher zeitlich „abgegrenzt". Ein Beispiel dafür wäre die Gewerbesteuernachzahlung für eine vergangene Periode. Allerdings berücksichtigt bereits die Finanzbuchhaltung eine Reihe von zeitlichen Abgrenzungen. Dies sind Konten wie Rückstellungen für zukünftige Zahlungen, die dem Grunde nach bereits in der aktuellen Periode verursacht wurden sowie aktive und passive Rechnungsabgrenzungen (eigene oder fremde Vorauszahlungen). Dennoch muss in der Kostenrechnung Abgrenzungsarbeit geleistet werden. Der Grund liegt primär darin, dass sich der zeitliche Horizont der Finanzbuchhaltung auf ein Jahr bezieht, während die Kostenrechnung in der Regel monatlich abgerechnet wird. Unterjährige Abgrenzungen in der Kostenrechnung betreffen insbesondere das 13. und 14. Monatsgehalt. Diese Sonderzahlungen müssen auf die einzelnen Monate verteilt werden, ansonsten würden beispielsweise der Juni und Dezember über Gebühr belastet werden. Dies würde in diesen Monaten nicht nur negative Abweichungen, sondern auch höhere Kalkulationswerte ergeben.

Alle jene Aufwandspositionen, die keine Kosten darstellen, werden als „neutraler" Aufwand bezeichnet. Dem neutralen Aufwand gegenüber stehen die so genannten „kalkulatorischen" Kosten. Unter kalkulatorischen Kosten versteht man Kostenpositionen, denen entweder überhaupt kein Aufwand (so genannte Zusatzkosten) oder Aufwand in einer anderen Höhe (so genannte Anderskosten) gegenübersteht. Anderskosten werden in diesem Sinne als „wertverschieden" und Zusatzkosten als „wesensverschieden" bezeichnet.

Während der betriebsfremde und periodenfremde Aufwand gänzlich aus der Rechnung herausgenommen wird, weil er entweder nicht dem Sachziel oder der Periode entspricht, wird der außerordentliche Aufwand zwar zunächst „abgegrenzt" („neutralisiert"), in weiterer Folge aber wieder berücksichtigt. Allerdings wird diese Aufwandsposition anders bewertet, daher der Begriff der „Anderskosten". Es wird beispielsweise nicht der gesamte Betrag eines Schadensfalls in Ansatz gebracht, sondern ein „normalisierter" (im Sinne von durchschnittlicher) Wert. Man bringt einen kalkulatorischen Wert in Form von Anderskosten zum Ansatz.

Zusatzkosten stellen hingegen einen Güterverbrauch dar, der nur in der Kostenrechnung erfasst wird. Als Zusatzkosten gelten:

- **Kalkulatorischer Unternehmerlohn:** Ein Einzelunternehmer oder ein Eigentümer in einer Personengesellschaft wird für eine etwaige Mitarbeit im Unternehmen über die Privatentnahme bzw Gewinnausschüttung entlohnt. In der Gewinn- und Verlustrechnung gibt es für diese Mitarbeit keine entsprechende Aufwandsposition. In der Kostenrechnung kann quasi ein fiktives Entgelt für die Mitarbeit des Einzelunternehmers oder Eigentümers einer Personengesellschaft angesetzt werden. In einer Kapitalgesellschaft würde der Geschäftsführer für seine Tätigkeit hingegen ein Gehalt erhalten, das im Personalaufwand ersichtlich ist.
- **Kalkulatorische Miete:** Werden private Gebäudeflächen für betriebliche Zwecke genutzt, so kann der Unternehmer oder Eigentümer dafür keine Mietzahlungen verlangen („Selbstkontrahierungsverbot"). Da er die Gebäudeflächen aber auch nicht anderweitig nutzen kann, entgehen ihm Miteinnahmen. Die entgangenen Miteinnahmen (sog Opportunitätskosten) der betrieblichen genutzten privaten Gebäudeflächen können als kalkulatorische Miete angesetzt werden.
- **Kalkulatorische Eigenkapitalzinsen:** In der Finanzbuchhaltung werden nur Zinsen auf das Fremdkapital berücksichtigt. Eigenkapitalgeber, die ihr Kapital einem Unternehmen zur Verfügung stellen, erwarten aber auch eine Rendite auf das eingesetzte Kapital. Schließlich könnten sie es ja anderweitig, meist risikoärmer, anlegen und Zinserträge (sog Opportunitätskosten) erwirtschaften. Entschädigt werden Eigenkapitalgeber in der Regel über Privatentnahmen und Gewinnausschüttungen. Es gibt aber keine Aufwandsposition, in der die Rendite auf das Eigenkapital berücksichtigt ist. Zinsen für das im Unternehmen eingesetzte Eigenkapital können in der Kostenrechnung als kalkulatorische Eigenkapitalzinsen angesetzt werden.

In der folgenden Grafik soll die Abgrenzung der beiden Rechenkreise nochmals zusammenfassend dargestellt werden.

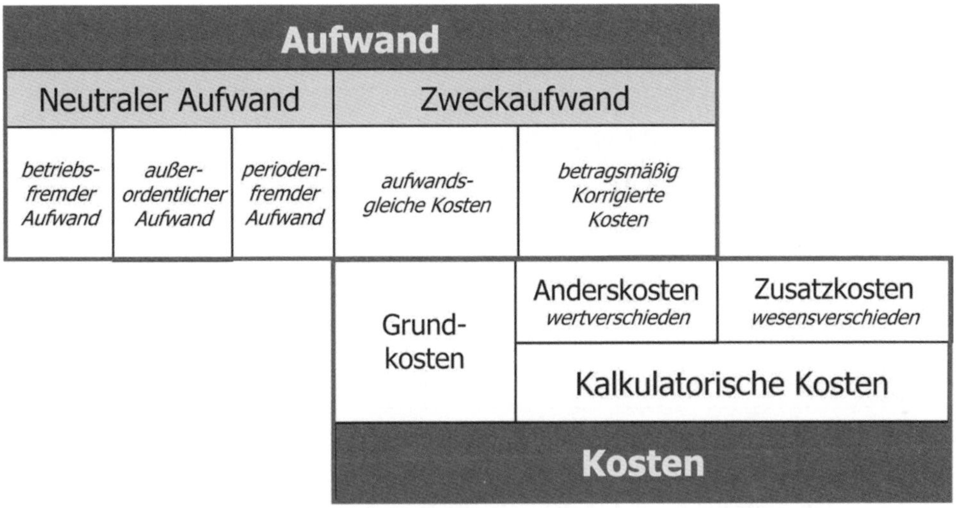

3. Informationssysteme des Rechnungswesens

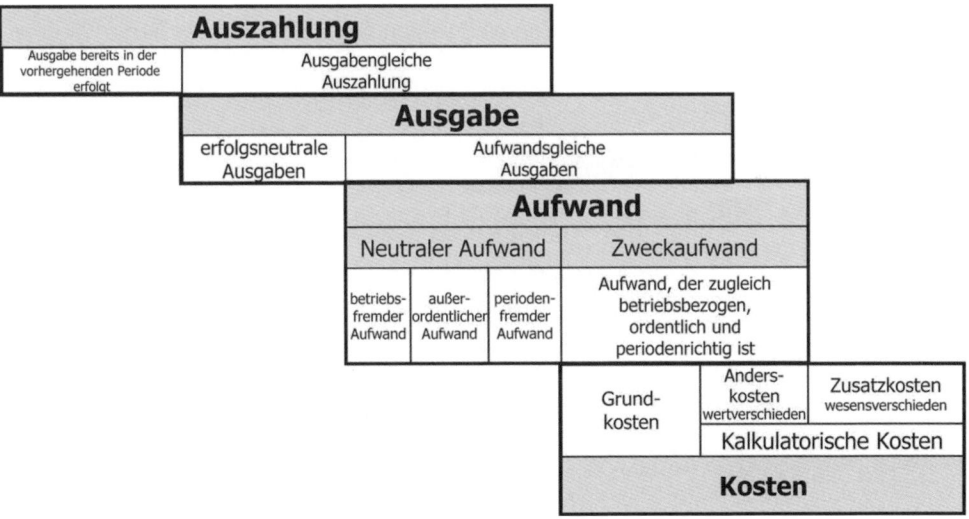

Abbildung 17: Abgrenzung zwischen Aufwand und Kosten

Erweitert man die obige Grafik um die Auszahlungen und Ausgaben, so ergibt sich folgendes Bild:

Abbildung 18: Abgrenzung zwischen Auszahlung, Ausgaben, Aufwand und Kosten

Fallbeispiel

Ausgangsdaten

Ordnen Sie folgende Geschäftsfälle den einzelnen Rechengrößen des betrieblichen Rechnungswesens zu.

Abschnitt A – Grundlagen des Controllings

1)	Sie begleichen eine Lieferantenverbindlichkeit in bar.
2)	Sie kaufen Rohstoffe bar ein, wobei die Rohstoffe auf Lager gelegt werden.
3)	Sie kaufen Rohstoffe mit einer Zahlungsfrist von 90 Tagen ein. Die Rohstoffe werden wiederum auf Lager gelegt.
4)	Sie kaufen eine Maschine auf Ziel ein. Die Maschine muss vor der Inbetriebnahme installiert werden und wird daher erst nächstes Jahr in den Produktionsprozess integriert.
5)	Sie kaufen Rohstoffe ein, die noch in derselben Periode in den Produktionsprozess eingehen.
6)	Sie entnehmen Rohstoffe für die Fertigung aus dem Lager.
7)	Durch einen Sturm wurde das Betriebsgebäude beschädigt. Es wurde für diesen Schaden keine Versicherung abgeschlossen.
8)	Es fallen Energiekosten für die betrieblich genutzten Maschinen an.
9)	Es werden Zinsen für das Eigenkapital der Eigentümer angesetzt.

Tabelle 5: Fallbeispiel zur Abgrenzung der betrieblichen Rechengrößen

Aufgabenlösung

Die verschiedenen Geschäftsfälle lassen sich folgendermaßen den Rechengrößen zuordnen:

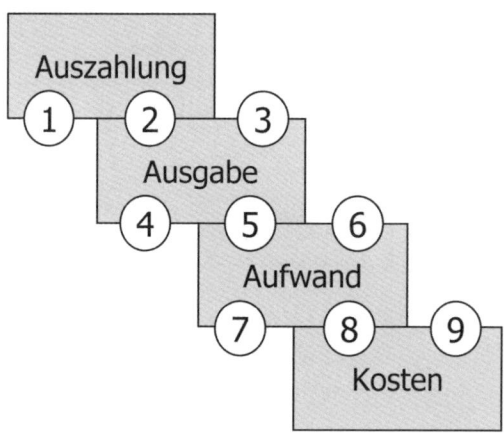

Abbildung 19: Abgrenzungsbeispiel zwischen Auszahlung, Ausgaben, Aufwand und Kosten

Im Rahmen der Interpretation der Grafik muss berücksichtigt werden, dass mit der Zahl jeweils nur die Abgrenzung zur nächsten Rechengröße aufgezeigt wird. Für die Zahl 5 bedeutet dies, dass der zugrunde liegende Geschäftsfall sowohl eine Ausgabe als auch einen Aufwand darstellt. Dies schließt nicht aus, dass es sich dabei auch um eine Auszahlung (im Falle einer Barzahlung) oder um Kosten (im Falle einer betrieblichen, ordentlichen und periodenbezogenen Verwendung der Rohstoffe) handelt. Eine grafische Darstellung der Geschäftsfälle über alle vier Ebenen der Rechengrößen wäre nicht transparent gewesen.

Interpretation der Ergebnisse

1) In diesem Fall handelt es sich um eine Auszahlung, da der Betrag in bar bezahlt wird. Zu einer Ausgabe ist es bereits zu einem früheren Zeitpunkt gekommen, nämlich zum Zeitpunkt der Entstehung der Verbindlichkeit (Lieferverbindlichkeit).
2) Der Geschäftsfall stellt sowohl eine Auszahlung als auch eine Ausgabe dar, da die Willenserklärung zeitgleich mit der Durchführung der Bezahlung abgegeben wird.
3) Bei einem Rohstoffeinkauf auf Ziel (wobei die Ware nicht sofort verarbeitet wird) handelt es sich um eine Ausgabe. Die Auszahlung wird erst zukünftig (zB am Ende der Zahlungsfrist) erfolgen.
4) Bei diesem Geschäftsprozess handelt es sich um eine Ausgabe, die vorerst noch keinen Aufwand darstellt. Die Ausgabe erfolgt mit der Unterschrift des Kaufvertrages. Ein Aufwand wird aber erst entstehen, wenn die Maschine in den Fertigungsprozess integriert wird, also damit Produkte erzeugt werden. Der Aufwand würde dann in Form der Abschreibung berechnet.
5) Rohstoffe, die gekauft und in derselben Periode noch in den Produktionsprozess eingehen, stellen zum einen Ausgaben und zum anderen Aufwand dar. Ausgaben sind darauf zurückzuführen, dass mit dem Kauf eine Verpflichtung eingegangen wird und eine Schuld bzw Verbindlichkeit entsteht. Die Verbuchung eines Aufwands ist darin begründet, dass der Rohstoff „verbraucht" wird. Dieser Verbrauch ist erfolgswirksam, da mit den Rohstoffen verkaufbare Produkte erzeugt und damit auch Umsätze erzielt werden.
6) Die Entnahme von Rohstoffen aus dem Lager stellt einen Verbrauch von Material und daher einen Aufwand dar. Die Ausgabe für die Rohstoffe ist jedoch bereits in einer vorherigen Periode erfolgt, nämlich als die Rohstoffe eingekauft wurden. Daher stellt die Entnahme lediglich einen Aufwand dar.
7) Der Schadensfall stellt einen Aufwand dar. In der Finanzbuchhaltung wird dieser Aufwand als ein außerordentlicher Aufwand ausgewiesen. Eine Ausgabe liegt nicht vor, da keine Willenserklärung (Schuld) eingegangen wurde. Es wurde zudem auch nicht das Geldvermögen verringert. Erst die Ersatzinvestition würde eine Ausgabe darstellen. Da es sich um einen außerordentlichen Aufwand handelt, stellt dieser keine Kosten dar.
8) Die Energiekosten stellen sowohl Aufwand als auch Kosten dar. Es handelt sich um einen ordentlichen, erfolgswirksamen Verbrauch, der zudem für die betriebliche Leistungserstellung in der Abrechnungsperiode anfällt. Es handelt sich daher weder um einen betriebsfremden, periodenfremden oder außerordentlichen Aufwand.
9) Die Zinsen des Eigenkapitals stellen ausschließlich Kosten dar. In der Finanzbuchhaltung fehlt das Merkmal „erfolgswirksam", da Zinsen auf das Eigenkapital nicht in der Gewinn- und Verlustrechnung angesetzt werden dürfen.

Praktische Relevanz

Diese zunächst theoretisch anmutenden Themen sind von nicht zu unterschätzender praktischer Relevanz, da in der Praxis mitunter falsche Rechengrößen in den jeweiligen Rechnungen bzw Planungen eingebaut werden (zB Abschreibungen in Finanzierungsplänen oder Tilgungen in Erfolgsrechnungen). Dadurch kommt man zu völlig falschen Ergebnissen und damit wiederum zu suboptimalen oder gar existenzgefährdenden Entscheidungen.

Wenn man nicht in der Lage ist, die einzelnen Rechengrößen zu differenzieren, fehlt einem eine wesentliche Basis für das betriebswirtschaftliche Verständnis. Leider muss man immer wieder feststellen, dass in der betrieblichen Praxis die Rechengrößen häufig verwechselt werden. In diesem Zusammenhang sollte man bedenken, dass es sich bei diesen Ausführungen nicht um eine akademische Diskussion handelt. Wenn man die Rechengrößen den einzelnen Informationssystemen nicht zuordnen kann, ist es beispielsweise auch unmöglich, viele betriebswirtschaftliche Kennzahlen zu verstehen oder gar zu interpretieren. Zentrale Kennzahlen der Betriebswirtschaft bauen auf dem Grundlagenwissen über die einzelnen Rechengrößen auf (zB Cashflow).

Wissen kompakt

Auszahlungen sind Abgänge liquider Mittel eines Unternehmens. Durch eine Auszahlung überträgt ein Unternehmen Bargeld, Buchgeld, Schecks oder Wertpapiere des Umlaufvermögens an andere Wirtschaftseinheiten.

Ausgaben beziehen sich auf das Geldvermögen und nicht nur auf den Zahlungsmittelbestand eines Unternehmens. Das Geldvermögen umfasst neben dem Zahlungsmittelbestand auch die Forderungen und Verbindlichkeiten. Einnahmen und Ausgaben bilden somit nicht nur den Fluss der liquiden Mittel ab, sondern auch Kreditvorgänge.

Aufwand umfasst den erfolgswirksamen Verbrauch an Gütern und Dienstleistungen. „Erfolgswirksam" bedeutet, dass durch den Aufwand der Gewinn gemindert bzw der Verlust erhöht wird. Insofern kann man den Aufwand als jeden bewerteten Güterverbrauch (Wertverzehr) verstehen.

Kosten stellen den in „Geldeinheiten bewerteten Einsatz zur betrieblichen Leistungserstellung" dar. Kosten werden daher auch als „bewerteter, sachzielbezogener Güterverbrauch" definiert.

Finanzbuchhaltung: Ziel und Zweck der Finanzbuchhaltung ist einerseits die Ermittlung der Steuerschuld eines Unternehmens und andererseits die Feststellung der Vermögensverhältnisse. Dazu ist es notwendig, sämtliche Geschäftsvorfälle aufzuzeichnen, die zu einer Veränderung der Vermögens- und Kapitallage des Unternehmens führen.

Investitionsrechnung: Mittels Investitionsrechnung versucht man, die zur Verfügung stehenden Finanzmittel möglichst optimal für die Finanzierung von Sachgütern einzusetzen.

Kurzfristige Finanzrechnung: Aufgabe der kurzfristigen Finanzrechnung ist es, Informationen über die Zahlungsfähigkeit des Unternehmens zur Verfügung zu stellen.

Kurzfristige Finanzplanung: Die kurzfristige Finanzplanung versucht die Frage zu beantworten, ob das Unternehmen auch zukünftig zahlungsfähig sein wird.

Kosten- und Leistungsrechnung: Die Kosten- und Leistungsrechnung stellt Modelle dar, die nach festgelegten Regeln unter spezifischen Zielvorstellungen abgegrenzte Kosten und Erlöse entscheidungsabhängigen Bezugsgrößen zuordnen.

Kontrollfragen

- Mit welchen Rechengrößen arbeitet die Investitionsrechnung? Warum wird mit diesen Rechengrößen gearbeitet?
- Welche Eigenschaften eines Geschäftsfalls müssen vorliegen, um in diesem Zusammenhang von der Verursachung von Kosten sprechen zu können?
- Gibt es den Fall, dass Auszahlungen zugleich Ausgaben sind? Nennen Sie dafür ein Beispiel für einen Tischlereibetrieb!
- Was versteht man unter einem Zweckaufwand und was bedeuten die Begriffe „Zusatzkosten" und „Anderskosten"?

Verwendete und weiterführende Literatur

- *Coenenberg, A. G./Fischer, T./Günther, T.:* Kostenrechnung und Kostenanalyse, 8. Auflage, Stuttgart 2012.
- *Däumler, K.-D./Grabe, J.:* Kostenrechnung 1 – Grundlagen, 11., vollständig überarbeitete Auflage, Berlin 2013.
- *Deimel, K./Isemann, R./Müller, St.:* Kosten- und Erlösrechnung, 1. Auflage, München 2006.
- *Kloock, J./Sieben, G./Schildbach, T./Homburg, C.:* Kosten- und Leistungsrechnung, 10. Auflage, Düsseldorf 2008.
- *Schmalenbach, E.:* Kostenrechnung und Preispolitik, Wiesbaden 1982.
- *Schweitzer, M./Küpper, H.-U.:* Systeme der Kosten- und Leistungsrechnung, 10., überarbeitete und erweiterte Auflage, München 2011.
- *Wedell, H.:* Grundlagen des Rechnungswesens, Band 2: Kosten- und Leistungsrechnung, 9. Auflage, Berlin 2004.
- *Zimmermann, G.:* Grundzüge der Kostenrechnung, 8. Auflage, München 2001.

Abschnitt B – Externes Rechnungswesen

1. Das externe Rechnungswesen

> **Lernziel**
>
> **In diesem Kapitel lernen Sie**
> - welche Aufgaben das externe Rechnungswesen wahrnimmt
> - wer die Adressaten des externen Rechnungswesens sind
> - in welchen Rechtsmaterien das externe Rechnungswesen geregelt ist

Das externe Rechnungswesen ist ein Teilgebiet des betrieblichen Rechnungswesens. Die Aufgabe des betrieblichen Rechnungswesens besteht darin, alle im Unternehmen auftretenden Geld- und Leistungsströme mengen- und wertmäßig zu erfassen. Aufgrund dieser Dokumentations- und Kontrollfunktion ist das betriebliche Rechnungswesen das zentrale Informationsinstrument im Unternehmen.

Obwohl sich das externe Rechnungswesen vom internen Rechnungswesen (interne Betriebsbuchhaltung und zugehörige Sonderrechnungen, zum Beispiel Kostenrechnung, Planungsrechnung, betriebliche Statistik) in einer Reihe von Punkten unterscheidet, sind es zwei Kriterien, die ausschlaggebend sind, das Rechnungswesen in diese beiden Bereiche einzuteilen – nämlich der Kreis der Adressaten und die gesetzliche Normierung.

Das externe Rechnungswesen bezieht sich primär auf unternehmensexterne Informationsempfänger. Da die wahrgenommenen Dokumentations- und Informationsaufgaben des Rechnungswesens in diesem Fall vorrangig externen Personen dienen, bezeichnet man diesen Teilbereich des Rechnungswesens als externes Rechnungswesen.

Zu den unternehmensexternen Adressaten zählen insbesondere:

- **Eigentümer bzw Eigenkapitalgeber:** Die Eigentümer eines Unternehmens haben Eigenkapital in das Unternehmen investiert. Sie haben daher die Aufgabe, sich regelmäßig über die Rentabilität ihres Investments zu informieren. Zu diesem Zweck nützen sie die Aufzeichnungen der Finanzbuchhaltung (externes Rechnungswesen). Selbstverständlich sind nicht für alle Anteilseigner an einem Unternehmen die Einsichtsrechte in die Bücher von gleicher Qualität.

> **Beispiel**
>
> Der geschäftsführende Gesellschafter einer GmbH hat die Möglichkeit, die Daten täglich abzufragen, hingegen muss sich der Aktionär einer AG häufig mit der Publikation der Jahresabschlüsse und der Veröffentlichung von Quartalsberichten begnügen.

- **Gläubiger:** Gläubiger stellen dem Unternehmen in irgendeiner Form Fremdkapital zur Verfügung. Zu den Gläubigern zählen beispielsweise Banken, Kreditinstitute und Lieferanten. Gläubiger erwarten sich für ihren Einsatz nicht nur Zinsen für das zur Verfügung gestellte Fremdkapital, sondern häufig auch vertraglich vereinbarte Informationen aus dem kreditierten Unternehmen. Mit diesen Informationen versuchen die Gläubiger ihre Erfolgsaussichten und ihr Risiko einzuschätzen. Zur Gruppe der Gläubiger gehören unter anderem auch die Lieferanten des Unternehmens. Es ist eher selten, dass Lieferanten in den Besitz von nicht publizierten Unterlagen gelangen, die aus der Finanzbuchhaltung des Kunden stammen. Jedoch verlangen Lieferanten zur Absicherung ihres Engagements eventuell eine Bankgarantie seitens des Kunden. Diese Bankgarantie wird wiederum jedoch nur dann ausgestellt werden, wenn die Bank durch Einsicht in die Finanzbuchhaltung ihres Kunden ausreichendes Vertrauen gewonnen hat.
- **Staat und Behörden:** Der Staat nimmt über die Erhebung der Steuern Teil am Verkehr und Erfolg der Unternehmen. Dieses Anliegen hat sich am Grundsatz der Steuergerechtigkeit zu orientieren. Zur Bemessung der Steuerlast und zur Kontrolle der Richtigkeit der Steuerbemessung benötigt der Staat Instrumente, die ihm die nötigen Informationen liefern. Diese Informationen werden in der Regel dem Jahresabschluss und der Finanzbuchhaltung entnommen. Spezifisch am Beispiel Staat und am Anspruch der Steuergerechtigkeit ist zu erkennen, dass es sich dabei um ein Informationsinstrument handeln muss, das standardisiert und weitestgehend objektiviert ist, sodass alle Rechtsunterworfenen eine gleiche Behandlung im Sinne des Gesetzes erfahren können.

Diese beispielhaft angeführten externen Informationsempfänger verfolgen also unterschiedliche, schutzwürdige Interessen. Die Wahrung dieser Interessen bedarf eines standardisierten und objektivierten Regelwerkes, welches Eingang in die Gesetzgebung gefunden hat. Die wesentlichen Rechtsgrundlagen für die Buchführung und Bilanzierung sind in Abbildung 20 zusammengefasst.

Im Entstehungsprozess eines standardisierten und objektivierten, gesetzlich geregelten, externen Rechnungslegungswerkes spiegeln sich die Interessen der verschiedenen Interessensgruppen wider. Daraus ergeben sich auch die Funktionen, die das externe Rechnungswesen erfüllen soll, wie beispielsweise die Dokumentation der Vermögens- und Ertragslage, die Information externer Adressaten und die Schaffung einer gesicherten Grundlage für eine künftige Planung sowohl für interne als auch externe Interessenträger.

1. Das externe Rechnungswesen

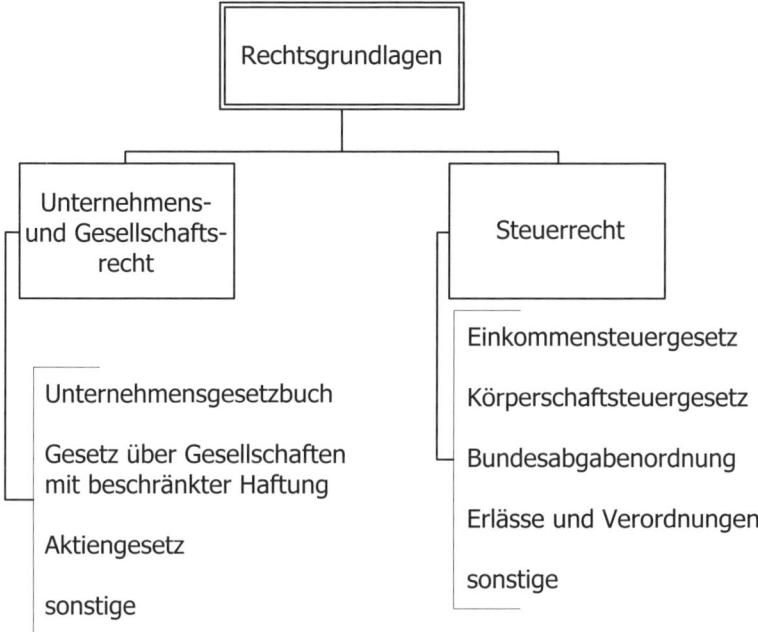

Abbildung 20: Rechtsgrundlagen

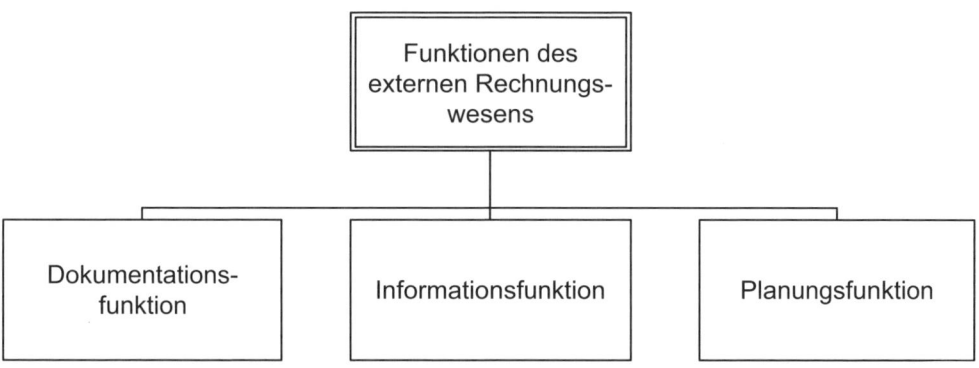

Abbildung 21: Funktionen des externen Rechnungswesens

Diesen Aufgaben soll nach der Intention des Gesetzgebers durch das Unternehmen entsprochen werden, indem es eine doppelte Buchhaltung führt und einen Jahresabschluss erstellt, der aus Bilanz und Gewinn- und Verlustrechnung besteht.

Dieser Jahresabschluss hat den Grundsätzen ordnungsgemäßer Buchführung zu entsprechen und er hat ein möglichst getreues Bild der Vermögens- und Ertragslage zu vermitteln.

Die Rechengrößen, die in diesen Jahresabschluss einfließen, sind pagatorisch, da sie an Zahlungsvorgänge anknüpfen. Als Ergebnis der laufenden Buchhaltung sind die gewonnen Informationen grundsätzlich eher vergangenheitsorientiert und haben nur einen begrenzten Informationsgehalt in Bezug auf die künftige Unternehmensentwicklung.

Für Personen aus dem Bereich des Controllings ist es daher wichtig, sich mit der Frage auseinander zu setzen, inwieweit die Informationen des externen Rechnungswesens für unternehmensinterne Steuerungszwecke eingesetzt werden können. In nachstehender Abbildung sind die Stärken des externen Rechnungswesens seinen Schwächen gegenübergestellt.

Externes Rechnungswesen	
Stärken	Schwächen
• standardisiertes, akzeptiertes und transparentes Regelwerk • weitgehend objektive Unternehmensinformation • Kontrolle durch externe Rechnungsprüfer • Vergleichbarkeit der Daten zwischen Unternehmen	• Abweichung des im externen Rechnungswesen ermittelten Werts und Erfolgs vom Unternehmenswert • Spielräume für Bilanzpolitik • vergangenheitsorientiert und kaum Informationswert für die Entwicklung des Unternehmens in Zukunft • keine Berücksichtigung „weicher" Erfolgsfaktoren

Abbildung 22: Externes Rechnungswesen – Stärken und Schwächen

Das externe Rechnungswesen hat unzweifelhaft eine besondere Bedeutung als Informationsinstrument für die Unternehmensführung. Den Stärken des externen Rechnungswesens stehen Schwächen gegenüber, die auch das Informationsbedürfnis der Unternehmensführung betreffen, so insbesondere der Mangel der Berücksichtigung „weicher" Erfolgsfaktoren. Durch neuere Bestrebungen im Bereich des Controllings, die Unternehmensberichterstattung zu ergänzen, versucht man diesen Defiziten zu begegnen.

Wissen kompakt

Funktionen des externen Rechnungswesens sind die Dokumentationsfunktion, die Informationsfunktion und eingeschränkt die Planungsfunktion.

Instrumente des externen Rechnungswesens sind insbesondere die laufende Buchführung und der Jahresabschluss bestehend aus Bilanz und Gewinn- und Verlustrechnung.

Adressaten des externen Rechnungswesens sind unternehmensexterne Personen, insbesondere die Eigentümer des Unternehmens, Gläubiger, der Fiskus und die Öffentlichkeit.

Rechtliche Grundlagen finden sich im Unternehmensgesetzbuch, im Gesellschaftsrecht und im Steuerrecht.

Kontrollfragen

- Nennen Sie Adressaten des externen Rechnungswesens und diskutieren Sie deren Interessen am externen Rechnungswesen.
- Kann das externe Rechnungswesen einen Beitrag für die Unternehmensführung und das Controlling liefern?

Verwendete und weiterführende Literatur

- *Lechner, K./Egger, A./Schauer, R.*: Einführung in die Allgemeine Betriebswirtschaftslehre, 26. Auflage, Wien 2013.
- *Weber, J.*: Einführung in das Controlling, 14. Auflage, Stuttgart 2014.
- *Wöhe, G./Döring, U.*: Einführung in die Allgemeine Betriebswirtschaftslehre, 25. Auflage, München 2013.

2. Die Buchführungspflicht

> **Lernziel**
>
> **In diesem Kapitel lernen Sie**
> - nach welchen Rechtsmaterien Buchführungspflicht eintreten kann
> - wer zur doppelten Buchführung verpflichtet ist
> - welches Verhältnis zwischen Unternehmensbilanz und Steuerbilanz besteht
> - was eine steuerliche Mehr-Weniger-Rechnung ist

2.1. Unternehmensrechtliche Buchführungspflicht

Die Verpflichtung zur Führung von Büchern (doppelte Buchhaltung) regeln im Wesentlichen das Unternehmensrecht und das Steuerrecht. Die Frage, nach welchen Rechtsvorschriften ein international tätiges Unternehmen seine Rechnungslegung vornehmen soll, ist von weitreichender Bedeutung, und es bestehen seit Jahren Bestrebungen zur Vereinheitlichung. Im Rahmen dieser allgemeinen Einführung in das externe Rechnungswesen können diese Aspekte jedoch vernachlässigt werden. Insoweit im Folgenden Rechtsquellen zitiert werden, beziehen sich diese auf österreichisches Recht.

Am 1. Januar 2007 trat das Handelsrechtsänderungsgesetz in Kraft. Durch dieses Gesetz kam es zu einer umfassenden Novellierung der Rechnungslegungspflicht, die bis zu diesem Zeitpunkt im früheren Handelsgesetzbuch (HGB) geregelt war. Diese Novellierung fand im nunmehrigen Unternehmensgesetzbuch (UGB) ihre Verankerung.

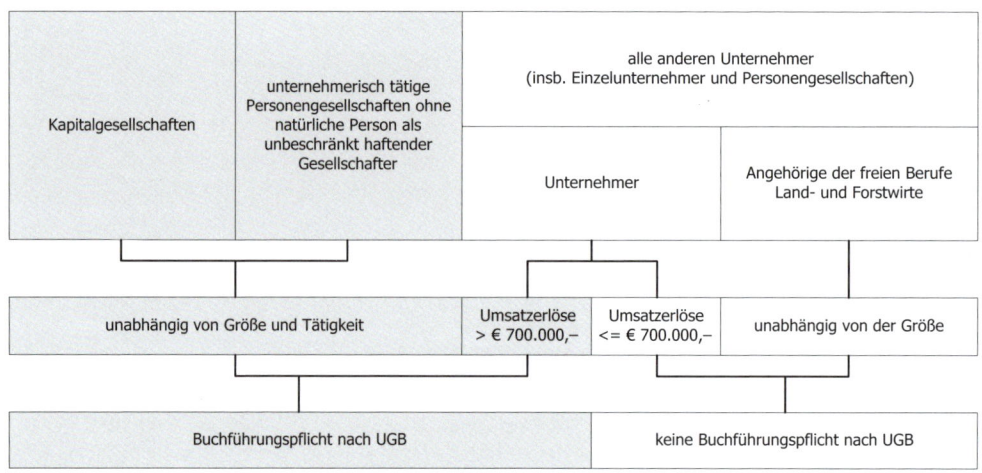

Abbildung 23: Buchführungspflicht nach UGB

2. Die Buchführungspflicht

Das UGB kennt zwei Arten von rechnungspflichtigen Unternehmen. Es normiert die Rechnungslegungspflicht einerseits für Unternehmen spezieller Rechtsformen und andererseits für Unternehmen, die eine gewisse Umsatzschwelle überschreiten.

Unabhängig von der Größe werden prinzipiell durch das UGB nunmehr alle Unternehmen erfasst und es ist insofern von einer Erweiterung der Anwendung des Gesetzes im Vergleich zum früheren Kaufmannsbegriff des HGB auszugehen.

Kapitalgesellschaften (zB GmbH und AG) unterliegen unabhängig von ihrer Größe und ihrer Tätigkeit der Rechnungslegungspflicht (doppelte Buchführung) nach UGB. Ebenfalls unabhängig von ihrer Größe unterliegen auch die so genannten verdeckten Kapitalgesellschaften der Buchführungspflicht nach UGB. Bei diesen Gesellschaften handelt es sich um Personengesellschaften, bei denen kein unbeschränkt haftender Gesellschafter eine natürliche Person ist – zB die GmbH & Co KG. Diese Personengesellschaften werden jedoch nur insoweit buchführungspflichtig, als sie eine unternehmerische Tätigkeit ausüben. Eine solche unternehmerische Tätigkeit kann fehlen, wenn die Personengesellschaft auf nichtunternehmerische Zwecke gerichtet ist, wie die reine Vermögensverwaltung oder die reine Verfolgung ideeller Zwecke.

Bei diesen beiden angeführten Unternehmensgruppen, nämlich den Kapitalgesellschaften und den unternehmerisch tätigen Personengesellschaften, bei denen keine natürliche Person unbeschränkt haftet, tritt die Rechnungslegungspflicht also unabhängig eines Größenmerkmals (Umsatzschwelle) ein.

Die Rechnungslegungspflicht nach UGB zielt jedoch nicht darauf ab, sämtliche Kleinunternehmen der unternehmensrechtlichen Buchführungspflicht zu unterwerfen. So normiert das UGB für alle Unternehmer die Rechnungslegungspflicht, soweit sie betriebsbezogen mehr als € 700.000,– Umsatzerlöse im Jahr erwirtschaften und einer unternehmerischen Tätigkeit nachgehen. Das UGB normiert allerdings auch Ausnahmen von der Rechnungslegungspflicht. So werden von dieser Rechnungslegungspflicht ausdrücklich Angehörige der freien Berufe, Land- und Forstwirte sowie Unternehmer, deren Einkünfte im Sinne des § 2 Abs 4 Z 2 EStG 1988 im Überschuss der Einnahmen über die Werbungskosten liegen, ausgenommen. Zuletzt genannte Unternehmer sind solche, die nur Einkünfte aus Vermietung und Verpachtung bzw Kapitalvermögen beziehen. Bei Unternehmen, bei denen die Umsatzschwelle die Buchführungspflicht auslöst, tritt diese Rechnungslegungspflicht nicht bereits beim erstmaligen Überschreiten des Schwellenwertes von € 700.000,– ein, sondern erst in Form einer zeitlichen Staffelung. Die Rechnungslegungspflicht entsteht erst ab dem zweitfolgenden Geschäftsjahr, wenn der Schwellenwert in zwei aufeinanderfolgenden Geschäftsjahren überschritten wird.

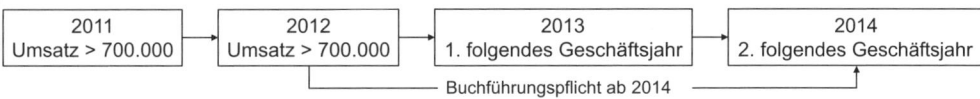

Abbildung 24: Buchführungspflicht und Schwellenwert (1)

Die Rechnungslegungspflicht entsteht jedoch bereits ab dem folgenden Geschäftsjahr, wenn die Umsatzerlöse nur eines Geschäftsjahres mehr als € 1.000.000,– betragen.

Abbildung 25: Buchführungspflicht und Schwellenwert (2)

2.2. Steuerrechtliche Buchführungspflicht

Das Steuerrecht in seiner geltenden Fassung geht im Hinblick auf die Buchführungspflicht zur Erstellung einer Steuerbilanz zu einem wesentlichen Teil konform mit den Regelungen des UGB. Somit ist die Buchführungspflicht des Unternehmensrechts eng mit der steuerrechtlichen Gewinnermittlung verbunden.

So bestimmt zum Beispiel § 5 Einkommensteuergesetz (EStG) die Gewinnermittlung für Unternehmen, die Einkünfte aus Gewerbebetrieb erzielen, durch Betriebsvermögensvergleich. Für diese Gewinnermittlung gemäß § 5 EStG sind die unternehmensrechtlichen Grundsätze ordnungsgemäßer Buchführung maßgebend, soweit das EStG keine abweichenden Regelungen vorsieht.

Weitere spezielle Regelungen zur Buchführungspflicht nach Steuerrecht finden sich insbesondere in der Bundesabgabenordnung und im Einkommensteuergesetz. Wer nach Unternehmensrecht oder anderen gesetzlichen Vorschriften zur Führung und Aufbewahrung von Büchern oder Aufzeichnungen verpflichtet ist, hat diese Verpflichtung auch im Interesse der Abgabenbehörden zu erfüllen.

2.3. Maßgeblichkeit der UGB-Bilanz für die Steuerbilanz

Das Verhältnis des Unternehmensrechts zum Steuerrecht ist im Wesentlichen in § 5 EStG geregelt. Danach sind für die Gewinnermittlung der Steuerpflichtigen, die nach § 189 UGB der Rechnungslegungspflicht unterliegen und die Einkünfte aus Gewerbebetrieb erzielen, die unternehmensrechtlichen Grundsätze ordnungsgemäßer Buchführung maßgeblich, außer zwingende Normen des EStG sehen abweichende Regelungen vor. Damit bestimmt das Einkommensteuerrecht, dass die unternehmensrechtlichen Vorschriften der Buchführung für die steuerliche Gewinnermittlung maßgeblich sind, es sei denn, dass unternehmensrechtliche Vorschriften zwingenden Vorschriften des Steuerrechts widersprechen.

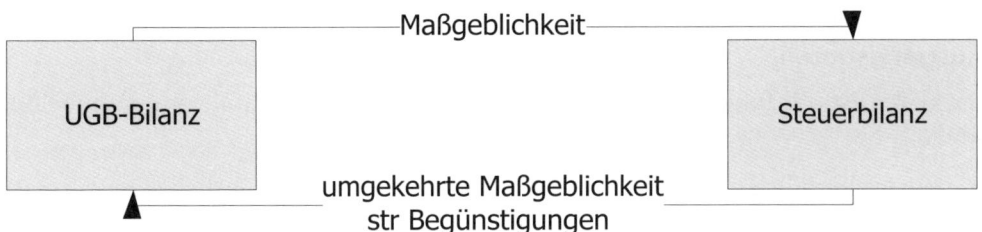

Abbildung 26: Verhältnis UGB-Bilanz zu Steuerbilanz

Von einer umgekehrten Maßgeblichkeit spricht man, wenn bereits in der UGB-Bilanz die Bewertung nach steuerlichen Gesichtspunkten erfolgt, um die gewünschte steuerliche Bewertung sicherzustellen.

Praktische Relevanz

In der Praxis wird gerne von Steuerbilanz und UGB-Bilanz (früher Handelsbilanz) gesprochen und es ist die Vorstellung weit verbreitet, dass tatsächlich zwei Bilanzen erstellt werden müssten. Dies würde natürlich den Arbeits- und Organisationsaufwand im Rechnungswesen über Gebühr erhöhen und ad absurdum führen, bedenkt man, dass doch nach beiden Rechtsmaterien die gleichen Belege zur Erstellung der Jahresabschlüsse verarbeitet werden müssten.

Aus diesem Grund wird vom unternehmensrechtlichen Ergebnis in das steuerrechtliche Ergebnis, als Bemessungsgrundlage für die Ertragssteuern, übergeleitet. Es bleibt also sozusagen in „Papierform" nur bei einer Bilanz, nämlich der UGB-Bilanz. Diese UGB-Bilanz wird durch die Überleitung (meist nur ein Blatt) ergänzt, womit sie zugleich zur Steuerbilanz wird.

Dieses ergänzende Blatt beinhaltet die so genannte steuerrechtliche Mehr-Weniger-Rechnung (str MWR). Inhalt dieser Rechnung ist die Überleitung des unternehmensrechtlichen Ergebnisses in das steuerrechtlich zulässige Ergebnis durch Zu- und Abschläge. Dort, wo Ansätze in unternehmensrechtlichen Aufwands- oder Ertragspositionen nicht im Einklang mit zwingenden Vorschriften des Steuerrechtes stehen, sind diese Korrekturen durchzuführen.

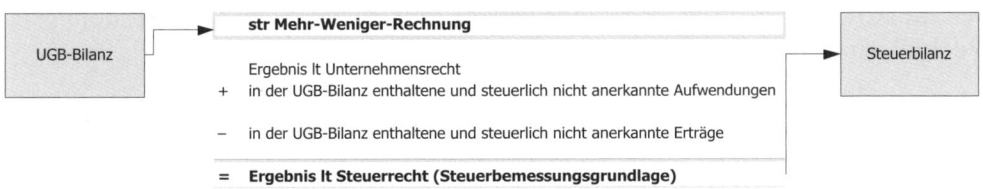

Abbildung 27: Mehr-Weniger-Rechnung

Fallbeispiel

Ausgangsdaten

Zu klären ist, ob folgende Unternehmen zur doppelten Buchführung verpflichtet sind:

- Ein freiberuflich tätiger Arzt erzielt mit seiner Ordination jährlich einen Umsatz von € 720.000,–.
- Ein kleiner Händler betreibt seit Jahren sein Unternehmen in Form einer GmbH & Co KG. Er möchte das Unternehmen allmählich auslaufen lassen. Seine Umsätze liegen nur mehr bei ca € 350.000,– pro Jahr. Er sagt, er möchte ab 2012 nicht mehr bilanzieren.
- Eine gegründete GmbH wird im laufenden Jahr mit einem Verlust abschließen.

Aufgabenlösung

- Die freiberufliche Tätigkeit des Arztes begründet unabhängig von der Umsatzhöhe weder nach dem Unternehmensrecht noch nach dem Steuerrecht eine Buchführungspflicht.
- Nach Unternehmensrecht gehört die GmbH & Co KG zu den „verdeckten Kapitalgesellschaften" und begründet durch diese Rechtsform Buchführungspflicht nach UGB.
- Der Verlust aus dem Geschäftsjahr der GmbH ist irrelevant. Aufgrund der Rechtsform (Kapitalgesellschaft) sind nach Unternehmensrecht Bücher zu führen.

Ob Bücher geführt werden, ist für das Management von kleinen Unternehmen, die die Umsatzschwelle nicht übersteigen, nicht nur eine Frage der Rechtsform oder der Unternehmensgröße. Eine doppelte Buchhaltung kann nämlich auch freiwillig geführt werden.

Sieht man von einzelnen Berufsgruppen ab, so müssen eigentlich nur Kleinstbetriebe keine doppelte Buchhaltung führen. Die Führung der doppelten Buchhaltung ist geringfügig aufwendiger als die erleichterten Aufzeichnungen in der Einnahmen-Ausgaben-Rechnung. Dieser Mehraufwand, den die doppelte Buchhaltung verursacht, führt in den meisten Fällen zu höheren Kosten für die Buchführung. Aus diesen Kostengründen steht das Management von Kleinstbetrieben der doppelten Buchführung häufig reserviert gegenüber.

Man sollte allerdings nicht vergessen, dass gerade das externe Rechnungswesen seine Informationen an unternehmensexterne Personen richtet. Diese Personen wollen seitens der Unternehmen mit ausreichenden Informationen versorgt werden und erwarten sich ein Rechenwerk, das einer tauglichen Analyse unterzogen werden kann. Reine Einnahmen-Ausgaben-Rechnungen von Kleinstunternehmen erfüllen diese Erwartungshaltung in der Regel nicht, da kein hinreichender Einblick in die Vermögens- und Ertragslage der Unternehmen gewährt wird.

Wissen kompakt

Buchführungspflicht nach Unternehmensrecht besteht für Kapitalgesellschaften und so genannte „verdeckte Kapitalgesellschaften" unabhängig von ihrer Größe und Tätigkeit. Gewerbliche Unternehmen sind buchführungspflichtig, wenn die Umsatzerlöse pro Wirtschaftsjahr € 700.000,– übersteigen.

„Verdeckte Kapitalgesellschaften" sind unternehmerisch tätige Personengesellschaften ohne natürliche Person als unbeschränkt haftender Gesellschafter (zB GmbH & Co KG).

Buchführungspflicht nach Steuerrecht tritt für Unternehmen ein, die bereits nach Unternehmensrecht oder anderen gesetzlichen Vorschriften zur Führung von Büchern verpflichtet sind. Weiter entsteht die Buchführungspflicht für Unternehmen, deren Umsätze € 700.000,– übersteigen oder die freiwillig Bücher führen.

Steuerliche Mehr-Weniger-Rechnungen enthalten die Korrekturen, die notwendig sind, um das unternehmensrechtliche Ergebnis in das steuerrechtliche Ergebnis überzuleiten.

Kontrollfragen

- Ein gewerblich tätiges Unternehmen überschreitet im laufenden Jahr erstmals den Schwellenwert. Tritt die Buchführungspflicht sofort ein?
- Der Fiskus fordert zur Bemessung der Abgaben eine eigene Steuerbilanz. Werden von einem Unternehmen, das zugleich buchführungspflichtig ist nach UGB, tatsächlich zwei Bilanzen erstellt?

Verwendete und weiterführende Literatur

- *Denk C./Feldbauer-Durstmüller, B./Mitter, C./Wolfsgruber, H.*: Externe Unternehmensrechnung – Handbuch für Studium und Bilanzierungspraxis, 4. Auflage, Wien 2010.
- *Hirschler, K.* (Hrsg): Bilanzrecht, Kommentar, Einzelabschluss; 1. Auflage, Wien 2010.

3. Der Aufbau des Jahresabschlusses

3.1. Bilanz – Aufbau und Inhalt

Lernziel

In diesem Kapitel lernen Sie
- wie die Bilanz aufgebaut ist
- was man unter Vermögen und Kapital versteht
- wie Vermögen und Kapital gegliedert sind
- wie das Eigenkapital eines Unternehmens interpretiert wird

3.1.1. Gliederung der Bilanz

Die laufende Buchhaltung einer Periode mündet am Ende des Geschäftsjahres im Jahresabschluss, bestehend aus Bilanz, Gewinn- und Verlustrechnung und rechtsformabhängig eventuell zusätzlich aus einem Anhang und Lagebericht.

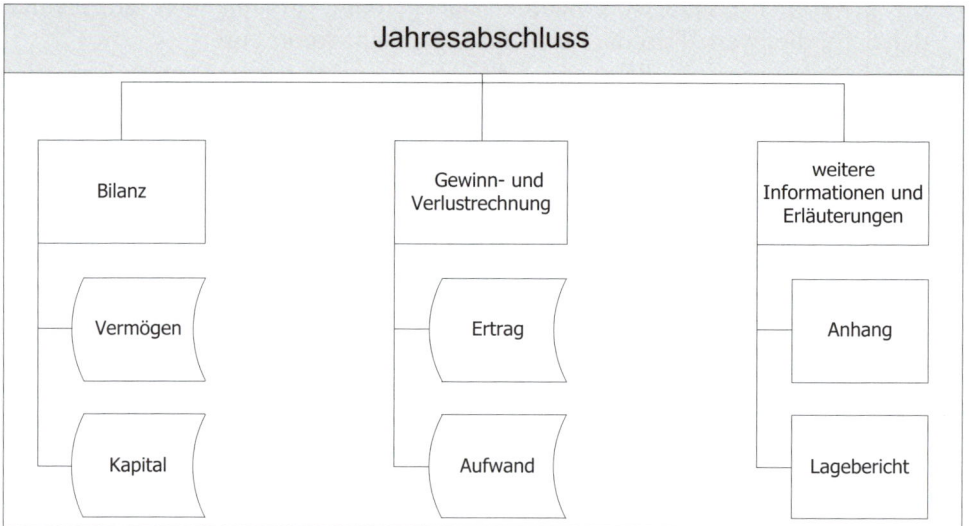

Abbildung 28: Jahresabschluss – Bestandteile

Beispiel

Die Managerin ist seit kurzer Zeit selbständig zeichnungsberechtigte Geschäftsführerin in der GmbH X. Dieses Unternehmen ist ein langjähriges Familienunternehmen. Ihr Vater ist ebenso Geschäftsführer dieser GmbH. Anlässlich einer bevorstehenden Besprechung mit Investoren soll sie nunmehr eine Bilanzbesprechung vorbereiten, die in zwei Wochen stattfinden wird.

3. Der Aufbau des Jahresabschlusses

Bisher hat sie noch wenig Erfahrung mit dem Rechnungswesen. Sie möchte aber diese Aufgabe zur Zufriedenheit aller erledigen und holt sich daher den Jahresabschluss und Literatur über das Rechnungswesen.

Sie schlägt den Jahresabschluss auf und findet vorerst ein Blatt mit der Aufschrift „Bilanz".

Sie beginnt sich einzuarbeiten.

(Die Bilanz finden Sie auf der nächsten Seite.)

Der Prozess der Erstellung des Jahresabschlusses aus der Buchhaltung, dh die Tätigkeit der Erstellung des Jahresabschlusses, wird in der Regel als Bilanzierung bezeichnet.

Die Bilanz wird herkömmlich in Form eines T-Kontos dargestellt. Ein T-Konto ist ein zweiseitiges Rechenfeld, das sich durch Summengleichheit auszeichnet. Die Bilanz unten weist eine Bilanzsumme in Höhe von € 83.044.000,– aus.

Das T-Konto als solches erinnert in seiner Form an ein „T" und ist historisch betrachtet einfach darauf zurückzuführen, dass man früher in Heften bzw Büchern seine Aufzeichnungen handschriftlich zu führen pflegte und nach Aufschlagen eines derartigen Buches auf der linken Seite die Aktiva aufgezeichnet fand und auf der rechten Seite die Passiva. Das T-Konto zeichnet sich durch Summengleichheit aus. Bei näherer Betrachtung der in Abbildung 29 dargestellten Bilanz (ohne bereits die einzelnen Positionen zu beachten) lässt sich eine vereinfachte Struktur im Aufbau der Bilanz ableiten (siehe Abbildung 30).

Bilanz der X-GmbH zum 31.12.201X (in TEUR)

Aktiva				Passiva			
A.	**Anlagevermögen**			**A.**	**Eigenkapital**		
I.	**Immaterielles Vermögen**			**I.**	**Stammkapital**	18.000	
					– noch nicht eingeforderte ausstehende Einlagen	–1.000	17.000
1.	Gewerbliche Schutzrechte	3.106		**II.**	**gebundene Kapitalrücklagen**		1.000
2.	Firmenwert	236		**III.**	**Gewinnrücklagen**		
3.	Geleistete Anzahlungen	108	3.450	1.	gesetzliche Rücklagen		0
				2.	andere freie Rücklagen		8.000
II.	**Sachanlagen**						
1.	Grundstücke u Bauten	13.739					
2.	Unbebaute Grundstücke	2.908		**IV.**	**Bilanzgewinn**		
3.	Technische Anlagen	24.296		1.	Gewinnvortrag	250	
4.	Betriebs- u Geschäftsausstattung	2.550		2.	Bilanzgewinn/-verlust des laufenden Jahres	1.899	2.149
5.	Geringwertige Wirtschaftsgüter	0					28.149
6.	Geleistete Anzahlungen	741	44.234	**B.**	**Unversteuerte Rücklagen**		
III.	**Finanzanlagen**			1.	Bewertungsreserve auf Grund von Sonderabschreibungen	0	
1.	Anteile an verbundenen Unternehmen	40		2.	Sonstige unversteuerte Rücklagen	0	0
2.	Beteiligungen	100					
3.	Wertpapiere des AV	2.837	2.977				
			50.661	**C.**	**Rückstellungen**		
B.	**Umlaufvermögen**			1.	Rückstellungen für Abfertigungen	6.097	
I.	**Vorräte**			2.	Rückstellungen für Pensionen	6.075	
1.	Roh-, Hilfs- u Betriebsstoffe	8.122		3.	Steuerrückstellungen	177	
2.	Unfertige Erzeugnisse	914		4.	Sonstige Rückstellungen	3.551	15.900
3.	Fertige Erzeugnisse u Waren	4.159	13.195				
II.	**Forderungen**			**D.**	**Verbindlichkeiten**		
1.	Forderungen aus Lieferungen u Leistungen	16.523		1.	Verbindlichkeiten gg Kreditinstituten	25.714	
2.	Forderungen gegenüber verbundenen Unternehmen	295		2.	Verbindlichkeiten aus Lieferungen und Leistungen	7.362	
3.	Sonstige Forderungen	852	17.670	3.	Verbindlichkeiten gg Unternehmen, mit denen ein Beteiligungsverhältnis besteht	0	
				4.	Sonstige Verbindlichkeiten	5.919	38.995
III.	**Kassenbestand, Guthaben bei Banken**	1.298	1.298				
			32.163				
C.	**Rechnungsabgrenzungsposten**		220	**E.**	**Rechnungsabgrenzungsposten**		0
Bilanzsumme			**83.044**	**Bilanzsumme**			**83.044**

Abbildung 29: Bilanz

Die Bilanz ist eine Gegenüberstellung des Vermögens und des Kapitals eines Unternehmens. Die Darstellung der Bilanz in T-Kontenform dient dabei der besseren Vergleichbarkeit des Vermögens und des Kapitals.

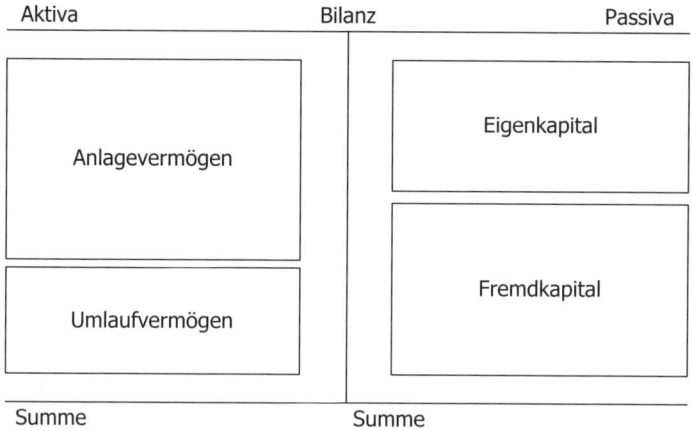

Abbildung 30: Bilanz – Grundstruktur

Die Aktivseite der Bilanz weist die Vermögenswerte aus, die eine Unternehmung zu einem bestimmten Stichtag hat; dh ein Vermögen, sei es materieller oder immaterieller Natur, das zu diesem Stichtag vorhanden ist. Das Vermögen der Bilanz wird unterteilt in das so genannte Anlagevermögen und das Umlaufvermögen.

Die Differenz zwischen Vermögen und Schulden (Fremdkapital) wird als Eigenkapital bezeichnet. Während die Vermögensseite aufzeigt, worin ein Unternehmen investiert hat und wofür die Mittel verwendet wurden, zeigt die Kapitalseite, wie die Mittel aufgebracht wurden und wem diese Aufbringung zuzurechnen ist – den Fremdkapitalgebern oder den Eigenkapitalgebern.

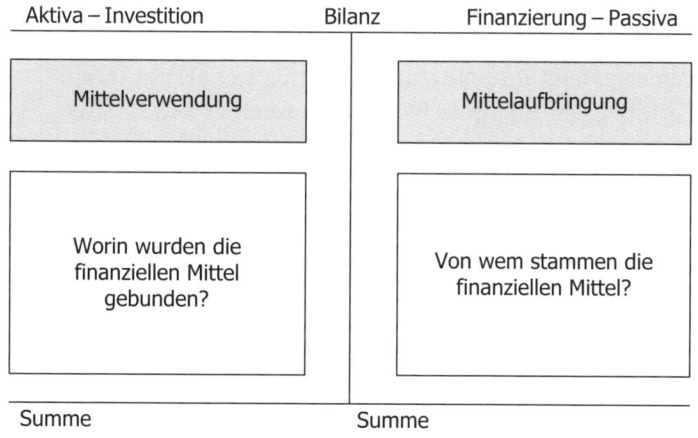

Abbildung 31: Mittelverwendung und Mittelaufbringung

3.1.2. Das Anlagevermögen

Das UGB normiert, dass als Anlagevermögen jene Gegenstände auszuweisen sind, die bestimmt sind, dauernd dem Geschäftsbetrieb zu dienen.

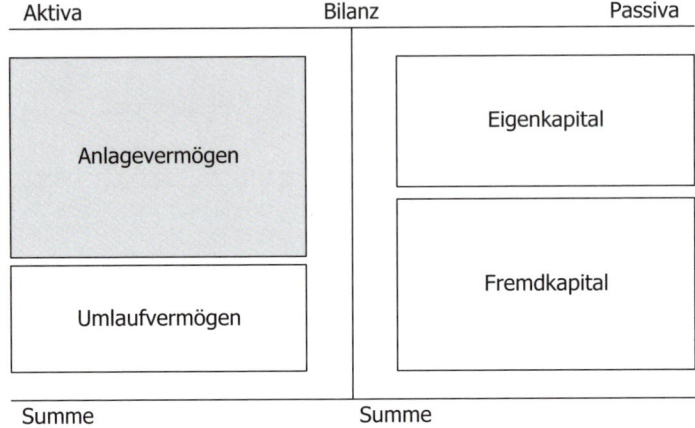

Abbildung 32: Bilanz – Anlagevermögen

Kern der Zuweisung von Gegenständen zum Anlagevermögen ist also eine Zweckwidmung, nämlich die Widmung eines Gegenstandes seitens des Unternehmens, dass dieser dem Geschäftsbetrieb dauernd dienen soll.

Gegenstände, die also nur kurzfristig dem Unternehmen dienen sollen und demzufolge dazu bestimmt sind, schnell umgeschlagen und umgesetzt zu werden, oder die vielleicht nur aus spekulativen Gründen gehalten werden, können nicht Gegenstand des Anlagevermögens sein. Sie zählen zum Umlaufvermögen.

Wenn diese Zweckwidmung der dauernden Nutzung zu bejahen ist, stellt sich noch die Frage des zeitlichen Aspektes bei kurzlebigen Wirtschaftsgütern. Entscheidend ist, für welchen Zeitraum die Wirtschaftsgüter im Anlagevermögen aktiviert werden. In der Praxis werden bei Vorliegen der Widmung Wirtschaftsgüter im Anlagevermögen aktiviert, wenn ihre Nutzungsdauer länger als ein Jahr ist bzw wenn ihre Nutzungsdauer über den Bilanzstichtag hinausreicht.

> **Beispiel**
>
> Maschinen, Fuhrpark, EDV-Anlagen, die Einrichtung der Geschäftsräumlichkeiten etc werden in aller Regel Gegenstände des Anlagevermögens sein, wenn diese Gegenstände seitens des Unternehmens dazu bestimmt sind, dass sie längerfristig dem Unternehmen dienen, vielleicht so lange, bis eine Ersatzinvestition vorgenommen werden muss.
>
> Ist im Gegensatz ein Pkw bei einem Pkw-Händler dazu bestimmt, schnellstmöglich in den Umsatzprozess einzugehen und wiederveräußert zu werden, so kann dieser Pkw nicht Anlagevermögen darstellen, da er nicht dazu bestimmt ist, dem Ge-

schäftsbetrieb dauernd zu dienen. Der Pkw wird in diesem Unternehmen als Handelsware gelten und dem Umlaufvermögen zugeordnet sein.

Damit ist Anlagevermögen der in Geld bewertete Bestand des Vermögens zum Bilanzstichtag, welches seitens des Unternehmens dazu bestimmt ist, dem Unternehmen dauernd bzw längerfristig zu dienen.

Beispiel

Der Ausweis im Anlagevermögen der Bilanz der X-GmbH per 31.1.201X „Betriebs- und Geschäftsausstattung € 2.550.000,–" bedeutet, dass das Unternehmen einen in Geld bewerteten Bestand an Vermögen für Betriebs- und Geschäftsausstattung per 31.1.201X in Höhe von € 2.550.000,– hat. Dieser Bestand, der auch durch Zählen, Messen und Wiegen festgestellt werden kann (Inventur), gilt genau für diesen Stichtag. Einen Tag früher bzw später kann sich der Bestand, und damit auch dieser Wert, bereits durch neu eingetretene Geschäftsfälle geändert haben.

Ohne sich in dieser Einleitung bereits mit den Mindestgliederungsvorschriften einer Bilanz gem. § 224 UGB detaillierter auseinanderzusetzen, dürfte doch bereits jetzt erkennbar sein, dass die Gliederung in eine Gesamtposition „Anlagevermögen" keinesfalls den verfolgten Informationszielen potentieller Adressaten der Bilanz gerecht werden kann. Eine Sammelposition Anlagevermögen hätte nur eine sehr eingeschränkte Aussagekraft im Hinblick auf ein Unternehmen.

Um diese Informationswirkung für den interessierten Leser einer Bilanz zu erhöhen, wird das Anlagevermögen in vertikaler Richtung dreiteilig gegliedert.

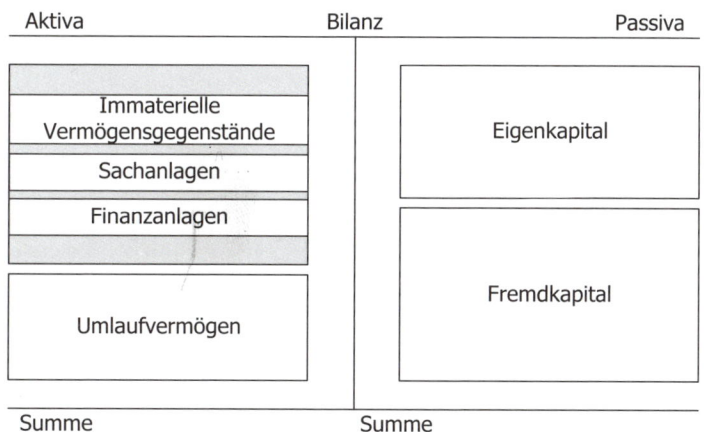

Abbildung 33: Anlagevermögen – Gliederung

Immaterielles Vermögen stellt nicht körperliches Anlagevermögen dar. Inhalt dieser immateriellen Vermögensgegenstände können zum Beispiel ein derivativer Firmenwert sein, Konzessionen, gewerbliche Schutzrechte und ähnliche Rechte.

Die körperlichen Vermögensgegenstände des Anlagevermögens werden zusammengefasst unter den Sachanlagen. Zu den Sachanlagen zählen zum Beispiel die Grundstücke eines Unternehmens, Anlagen und maschinelle Anlagen, Betriebs- und Geschäftsausstattung, der Fuhrpark etc.

Die Finanzanlagen stellen neuerlich eine Zusammenfassung immaterieller Vermögensgegenstände des Anlagevermögens dar. Finanzanlagen sind zum Beispiel Beteiligungen, Wertpapiere und Ähnliches.

Die Zweiteilung der immateriellen Vermögensgegenstände auf die Position der immateriellen Vermögensgegenstände einerseits und die Position der Finanzanlagen andererseits erhöht die Informationswirkung über den Gehalt des Anlagevermögens eines Unternehmens. So sind unter der Position der immateriellen Vermögensgegenstände diejenigen Gegenstände ausgewiesen, die im Unternehmen selbst eingesetzt werden wie zum Beispiel gewerbliche Schutzrechte. Hingegen werden unter der Position Finanzanlagen Investitionen ausgewiesen, die Vermögenswerte an anderen Unternehmen repräsentieren, wodurch das dafür investierte Kapital nicht im bilanzierten Unternehmen selbst unmittelbar Einsatz findet. Eine besondere Bedeutung des gesonderten Ausweises der Finanzanlagen ist ua darin zu erkennen, dass bei Finanzanlagen die unmittelbare Verfügungsmacht über eigenes Vermögen häufig längerfristig aufgegeben wird.

Beispiel

Die X-GmbH hat sich aus wirtschaftlichen Interessen mit einem Betrag in Höhe von € 100.000,– an der Y-GmbH beteiligt. Das investierte Kapital in Höhe von € 100.000,– steht nunmehr der X-GmbH nicht mehr im Rahmen des eigenen Geschäftsbetriebes zur unmittelbaren Leistungserstellung zur Verfügung.

Für Kapitalgesellschaften ist das Anlagevermögen zusätzlich gesondert in einem Anlagenspiegel darzustellen.

Jahr	Anlagevermögensposten	Anschaffungs- oder Herstellungskosten per 1.1.	Zugänge	Abgänge	Umbuchungen	Anschaffungs- oder Herstellungskosten per 31.12.	Kumulierte Abschreibung	Buchwert 31.12.	Buchwert 1.1.	Abschreibungen des Geschäftsjahres	Zuschreibungen des Geschäftsjahres
2011	Maschinen	1.000.000	0	0	0	1.000.000	400.000	600.000	800.000	200.000	0

Abbildung 34: Anlagenspiegel

Das UGB normiert in diesem Zusammenhang, dass in der Bilanz oder im Anhang die Entwicklung der einzelnen Posten des Anlagevermögens und des Postens „Aufwendungen für das Ingangsetzen und Erweitern eines Betriebes" darzustellen sind, womit seitens des UGB ein Anlagenspiegel gefordert wird.

In der Praxis wird in der Regel auch für nicht buchführungspflichtige Unternehmen ein Anlagenspiegel für das Anlagevermögen erstellt, auch wenn diese Anlagenspiegel nicht immer den strengen strukturellen Bestimmungen des UGB entsprechen.

3.1.3. Das Umlaufvermögen

Umlaufvermögen ist in Abgrenzung zum Anlagevermögen der Bestand an Vermögensgegenständen, die dazu bestimmt sind, dem Unternehmen nicht dauernd zu dienen, sondern nur kurzfristig. Vermögensgegenstände des Umlaufvermögens gehen schnell in den Leistungsprozess ein und werden schnell umgeschlagen, indem sie beispielsweise wiederveräußert oder verbraucht werden.

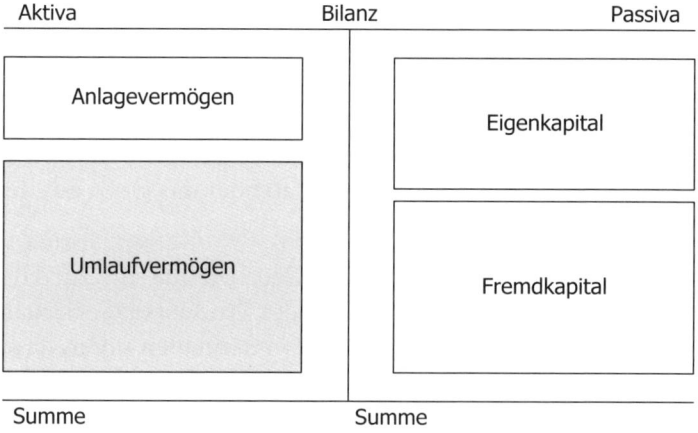

Abbildung 35: Bilanz – Umlaufvermögen

Vertikal wird das Umlaufvermögen in Vorräte, Forderungen und sonstige Vermögensgegenstände, Wertpapiere und Anteile sowie Kassenbestand, Schecks und Guthaben bei Kreditinstituten gegliedert.

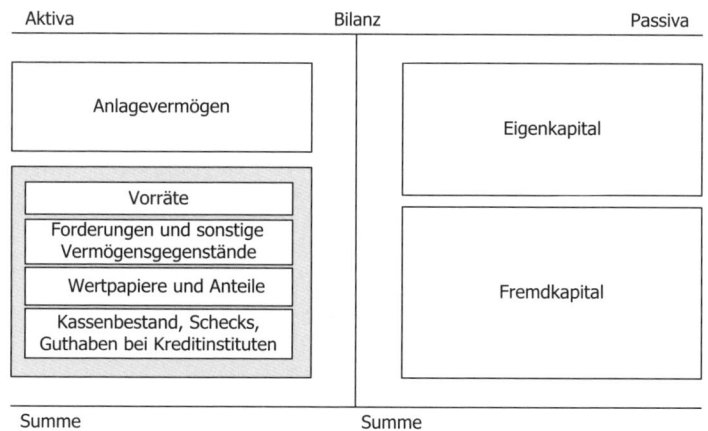

Abbildung 36: Umlaufvermögen – Gliederung

Die Gruppe der Vorräte enthält als Einzelpositionen insbesondere die Roh-, Hilfs- und Betriebsstoffe sowie fertige und unfertige Erzeugnisse.

Die **Vorräte** sind Vermögensgüter, die auf Lager liegen. Vorräte können mengen- und wertmäßig durch eine Bestandsaufnahme zum Stichtag festgestellt werden und repräsentieren als Bestand einen bestimmten Vermögenswert, über den das Unternehmen verfügen kann.

Die Vermögensgegenstände des Vorratsbereiches sind im Leistungsprozess des Unternehmens für die Bearbeitung, die Verarbeitung oder den Verkauf bestimmt. Da die Lagerhaltung eines Unternehmens zum Teil wesentliche Kosten verursacht, wird das Unternehmen aufgrund ökonomischer Überlegungen darauf achten, die Verarbeitung bzw den Umschlag schnellstmöglich zu realisieren.

Unter Rohstoffen versteht man Materialen, die durch Be- und Verarbeitung als wesentlicher Bestandteil in den Fertigungsprozess eingehen, sodass ein Produkt neuer Marktgängigkeit entsteht. Rohstoffe sind Bestandteil des Zwischen- oder Endprodukts und bestimmen dessen Charakter wesentlich. Beispiele für Rohstoffe sind der Stoff, den ein Schneider für ein Kleid verarbeitet, oder das Holz, aus dem ein Tischler einen Stuhl herstellt.

Im Gegensatz zu Rohstoffen sind Hilfsstoffe Gegenstände, die zur Herstellung des Erzeugnisses benötigt werden, den Charakter des Produkts jedoch nicht wesentlich prägen. Hilfsstoffe gehen in der Hauptsache gewissermaßen unter, da sie von untergeordneter Bedeutung sind. Beispiele für Hilfsstoffe sind der Zwirn, der für das Nähen des Kleides verwendet wird, oder die Nägel, mit denen die einzelnen Holzteile zu einem Stuhl montiert werden.

Betriebsstoffe gehen im Gegensatz zu Roh- und Hilfsstoffen nicht als Bestandteile in das Produkt ein, sondern werden im Herstellungsprozess der Produkte verbraucht. Beispiele für Betriebsstoffe sind der Strom der Fertigungsmaschinen, die Treibstoffe der Maschinen und der maschinellen Anlagen, Schmieröle, Kühlflüssigkeiten etc.

Forderungen und sonstige Vermögensgegenstände umfassen Forderungen aus Lieferungen und Leistungen, sonstige Forderungen sowie Vermögensgegenstände und Forderungen, die gesondert auszuweisen sind aufgrund speziell ausgeprägter Beteiligungsverhältnisse an anderen Unternehmen. Forderungen bereiten in den frühen Phasen der Auseinandersetzung mit dem externen Rechnungswesen erfahrungsgemäß immer wieder Probleme im Hinblick auf die Abgrenzung zu den Verbindlichkeiten und im Hinblick auf die Qualifikation als Vermögen. Es treten in diesem Zusammenhang plötzlich Fragen auf wie zum Beispiel: Was ist eine Forderung überhaupt? Sind Forderungen und Verbindlichkeiten identisch? Wie kommt man dazu, eine Forderung als Vermögen anzusehen?

Forderungen liegt ein Rechtsgeschäft (meist ein Vertrag) zugrunde, auf Grund dessen eine Person (der Gläubiger) berechtigt ist, von einer anderen Person (dem Verpflichteten) eine Leistung zu verlangen. Eine Forderung ist daher der bestehende Anspruch auf Leistung eines Dritten. Dieser Anspruch kann durch Vertrag oder durch Entscheidung einer Behörde bzw eines Gerichtes oder durch Gesetz etc entstehen.

> **Beispiel**
>
> Ein Händler hat bei Verkauf der Ware dann eine Forderung gegen den Käufer auf spätere Bezahlung der Ware, wenn die Ware nicht sofort bezahlt wird,.
>
> Das Finanzamt erlässt aufgrund einer Betriebsprüfung einen neuen Körperschaftsteuerbescheid mit Inhalt einer Körperschaftsteuergutschrift. Ab diesem Zeitpunkt hat das Unternehmen einen Anspruch (Forderung) auf Rückzahlung dieses Guthabens.
>
> In einem Schadenersatzprozess bekommt der Geschädigte in einem Urteil eines Gerichtes einen Schadenersatz zuerkannt. Der Geschädigte hat nunmehr eine Forderung gegenüber dem Schädiger in Höhe des zugesprochenen Schadenersatzes.

Verbindlichkeiten sind das Gegenstück zu Forderungen. Ob man von einer Forderung oder einer Verbindlichkeit spricht, ist die Frage der eigenen Rechtsposition. Ist man der Begünstigte aus einem Rechtsgeschäft und hat Anspruch darauf, dass ein Dritter leistet, so spricht man von einer Forderung. Der Inhalt einer Leistungsverpflichtung wird als Forderung bezeichnet, wenn das Geschäft aus Sicht desjenigen betrachtet wird, der Anspruch auf eine Leistung hat. Der Gläubiger hat das durchsetzbare Recht, etwas zu fordern. Ist man im Gegensatz dazu der Verpflichtete, der eine Leistung an einen Dritten zu erbringen hat, so spricht man von einer Verbindlichkeit (Schuld). Der Inhalt einer Leistungsverpflichtung wird als Verbindlichkeit (Schuld) bezeichnet, wenn das Geschäft aus Sicht des zur Leistung Verpflichteten betrachtet wird. Der Schuldner muss leisten, er hat etwas hinzugeben. Nachfolgende Grafik soll diese unterschiedlichen Aspekte veranschaulichen.

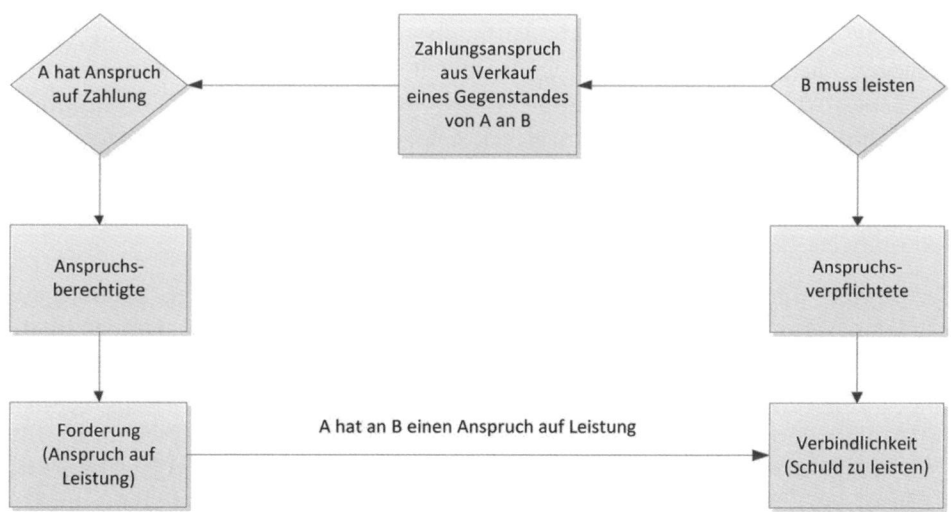

Abbildung 37: Forderungen versus Verbindlichkeiten

Beispiel

Wenn zB ein Kfz-Elektrikunternehmen ein Navigationssystem an einen Kunden verkauft und in dessen Pkw einbaut, liegt diesem Rechtsgeschäft ein Vertrag zugrunde – nämlich Ware und Leistung gegen Entgelt. In diesem Beispiel hat das Kfz-Elektrikunternehmen seine Verpflichtung bereits erfüllt, nämlich das Navigationssystem verkauft und eingebaut. Das Kfz-Elektrikunternehmen hat nunmehr aus dem Rechtsgeschäft einen Anspruch (Forderung) auf Leistung des Entgeltes seitens des Kfz-Besitzers, worüber das Kfz-Elektrikunternehmen mit einer Rechnung abrechnet.

Durch das Entstehen einer Forderung hat ein Unternehmen einen Vermögenszuwachs im Bereich des Umlaufvermögens, weil der Anspruch auf Bezahlung des Entgeltes aus einem Geschäft einen wirtschaftlichen und finanziellen Wert darstellt, der bezogen auf die abgrenzbare Leistung selbständig bewertbar und verwertbar ist. Aufgrund dieser Eigenschaften könnte eine Forderung zum Beispiel auch an eine Bank abgetreten werden.

Je nach Gegenstand des zugrunde liegenden Geschäftsfalls lassen sich unterschiedliche Arten von Forderungen unterscheiden. Bei Forderungen aus Lieferungen und Leistungen handelt es sich um Forderungen, die mit den Umsatzerlösen aus der operativen Tätigkeit des Unternehmens korrespondieren. Das bedeutet, ihre Entstehung resultiert im Wesentlichen aus dem Unternehmensgegenstand. Bei einem Installateur sind Forderungen aus Lieferung und Leistung beispielsweise Forderungen aus den Installationsleistungen, bei einem Kfz-Reparaturunternehmen sind es die Forderungen aus den Serviceleistungen und bei einem Stromkraftwerk sind es die Forderungen aus den Energielieferungen an die Abnehmer.

Die sonstigen Forderungen und Vermögensgegenstände stellen eine subsidiäre Position dar. Diese Position dient als Auffangbecken für Forderungen und Vermögensgegenstände des Umlaufvermögens, soweit diese nicht in einer anderen Position auszuweisen sind. In diese Gruppe fallen Forderungen, die nicht im unmittelbaren Zusammenhang mit den Umsatzerlösen aus dem Unternehmensgegenstand stehen wie zB Forderungen aus dem Verkauf von Anlagevermögen, aus Rückerstattungsansprüchen gegenüber dem Finanzamt, aus Schadenersatzansprüchen, aus Kautionen etc.

Wertpapiere und Anteile findet man nicht nur im Anlagevermögen, sondern auch im Umlaufvermögen. Dem Inhalt nach besteht grundsätzlich kein Unterschied in den Begriffen der Wertpapiere und Anteile des Anlagevermögens zu denen des Umlaufvermögens. Der Unterschied besteht vielmehr in der Zweckwidmung dieser Wertpapiere und Anteile seitens des Unternehmens. Ob die Wertpapiere und Anteile im Anlagevermögen oder im Umlaufvermögen auszuweisen sind, orientiert sich an dem Kriterium der Dauerhaftigkeit. Wertpapiere und Anteile sind dann im Umlaufvermögen auszuweisen, wenn sie aus spekulativen Gründen im Unternehmen gehalten werden und dazu bestimmt sind, innerhalb eines kurzen Zeitraums liquidiert, dh wieder verkauft, zu werden.

> **Beispiel**
>
> Ein Unternehmen beabsichtigt, kurzfristig auf Grund der Kursentwicklung in eine rentable Anlageform zu investieren und erwirbt zu diesem Zweck Wertpapiere.

Kassenbestand, Schecks und Guthaben bei Kreditinstituten machen den Bestand der flüssigen (liquiden) Mittel zum Bilanzstichtag aus. Zum Kassenbestand des Unternehmens zählt der zum Bilanzstichtag vorrätige Bestand an in- und ausländischen gesetzlichen Zahlungsmitteln. Für den Ausweis des Scheckbestandes wird gefordert, dass das Unternehmen über diese auf eigene Rechnung verfügen können muss. Die Guthaben bei Kreditinstituten zählen zu dieser Gruppe, wenn eine jederzeitige Dispositionsfähigkeit über diese Guthaben gewährt ist. Diese jederzeitige Dispositionsfähigkeit kann grundsätzlich bei Guthaben aus Kontokorrentverbindungen angenommen werden, sowie bei Guthaben, über die trotz grundsätzlicher Bindung jederzeit verfügt werden kann.

3.1.4. Das Fremdkapital

Das Fremdkapital repräsentiert die am Bilanzstichtag bestehenden Schulden des Unternehmens gegenüber dritten, nicht am Unternehmen beteiligten Personen. Diese Schulden beinhalten Leistungsverpflichtungen des Unternehmens gegenüber Dritten, dh der Inhalt ihrer Leistungsverpflichtung kann nicht nur Geldleistungen zum Gegenstand haben, sondern auch Sachleistungen.

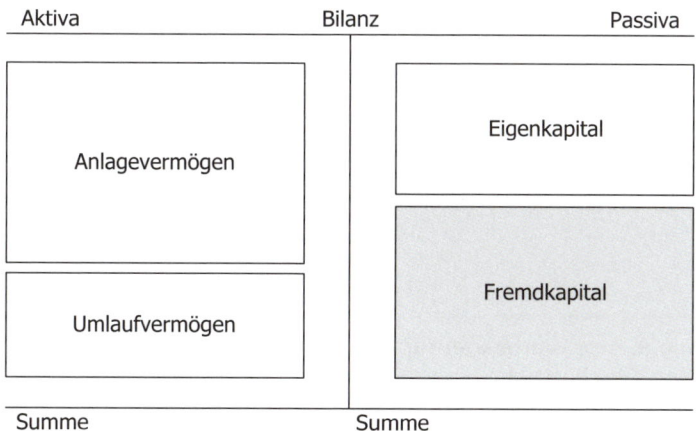

Abbildung 38: Bilanz – Fremdkapital

Beispiel

Fremdkapital besteht zum Beispiel nicht nur in Form einer Rückzahlungsverpflichtung aus einem Darlehen gegenüber der Bank, sondern liegt auch dann vor, wenn das Unternehmen von seinem Kunden eine Anzahlung für eine später zu erbringende Leistung erhalten hat. Da das Unternehmen den Geldbetrag bereits erhalten hat, hat es später eine Leistungsverpflichtung in dieser Höhe an den Kunden, wobei Inhalt dieser Leistungsverpflichtung eben nicht ein Geldbetrag, sondern die Erbringung einer Sachleistung, zB die Lieferung der angezahlten Ware, ist.

Im Bereich des Fremdkapitals eines Unternehmens wird in der Bilanz differenziert zwischen Rückstellungen und Verbindlichkeiten. Das Kriterium der Differenzierung zwischen diesen beiden Gruppen liegt in der Wahrscheinlichkeit des Eintrittes der Leistungsverpflichtung.

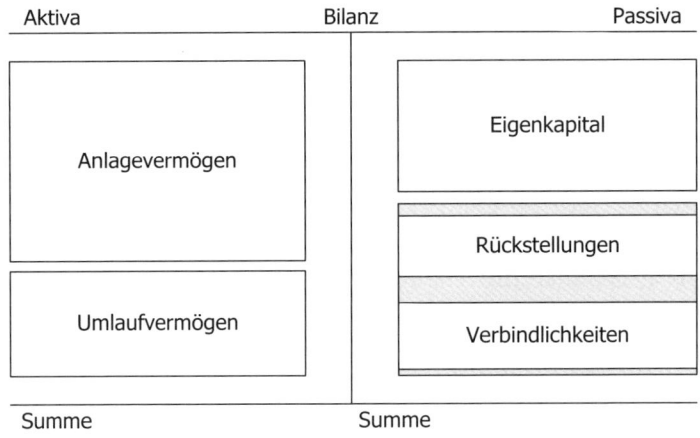

Abbildung 39: Fremdkapital – Gliederung

Rückstellungen sind drohende Leistungsverpflichtungen gegenüber dritten, nicht am Unternehmen beteiligten Personen, die dem Grunde nach, der Höhe nach und/oder dem Zeitpunkt nach noch ungewiss sind, bei denen das Unternehmen jedoch mit dem Eintritt dieser Leistungsverpflichtung ernsthaft rechnet.

Beispiel

Die Sunshine & Price Werbeagentur GmbH ist der Überzeugung, für den Kunden im laufenden Geschäftsjahr eine ausgezeichnete Leistung im Bereich der Werbung erbracht zu haben. Der Kunde sieht das leider anders und ist nicht gewillt die Honorarnote zu begleichen. Trotz mehrmaliger Kontaktaufnahme konnte keine Einigung erzielt werden und es entsteht aufgrund dieser Differenzen leider ein Rechtsstreit. Beide Parteien sind rechtsfreundlich vertreten und man stellt sich auf einen lang andauernden Gutachterstreit ein. Beide Parteien haben natürlich in ihrer Argumentation „recht" und sind überzeugt zu obsiegen.

Im Rahmen der Bilanzerstellung der Sunshine & Price Werbeagentur GmbH kommt dieser Sachverhalt zur Sprache, insbesondere im Hinblick auf das Prozesskostenrisiko. Die Gemüter haben sich allmählich beruhigt und man gesteht sich ein, dass man ernsthaft damit rechnen muss, den Prozess zu verlieren. In diesem Fall wären seitens der Sunshine & Price Werbeagentur GmbH die Prozesskosten zu tragen.

Die Ursache dieser Auseinandersetzung liegt zeitlich in dieser Periode, ob man nunmehr im Prozess tatsächlich gewinnt oder unterliegt, entscheidet das Gericht. Dh, die Leistungsverpflichtung in Form der Prozesskosten ist dem Grunde nach unsicher. Außerdem sind die tatsächlichen Kosten des Rechtsstreites noch nicht genau verifizierbar und daher ist die Leistungsverpflichtung auch der Höhe nach unsicher. Schlussendlich ist ebenfalls noch nicht abzuschätzen, wann das Urteil ergeht. Somit ist die Leistungsverpflichtung auch vom Zeitpunkt her unsicher.

Die Sunshine & Price Werbeagentur GmbH entschließt sich daher, eine Rückstellung für Prozesskosten zu bilden.

Im Gegensatz zu Rückstellungen ist bei den **Verbindlichkeiten** die Unsicherheit nicht mehr vorhanden. Verbindlichkeiten sind Leistungsverpflichtungen des Unternehmens gegenüber Dritten. Hier besteht keine Unsicherheit mehr, denn das Unternehmen ist bereits zur Leistung verpflichtet. Diese Leistung kann seitens des Gläubigers durchgesetzt werden, ist quantifizierbar und belastet das Unternehmen wirtschaftlich. Typische Verbindlichkeiten sind Verbindlichkeiten gegenüber Bank, Lieferanten, dem Finanzamt, der Gebietskrankenkasse, Mitarbeitern etc.

3.1.5. Das Eigenkapital

Aus der Bilanzgleichung ergibt sich, dass das Eigenkapital rechnerisch als Differenz zwischen Vermögen und Schulden ermittelt wird.

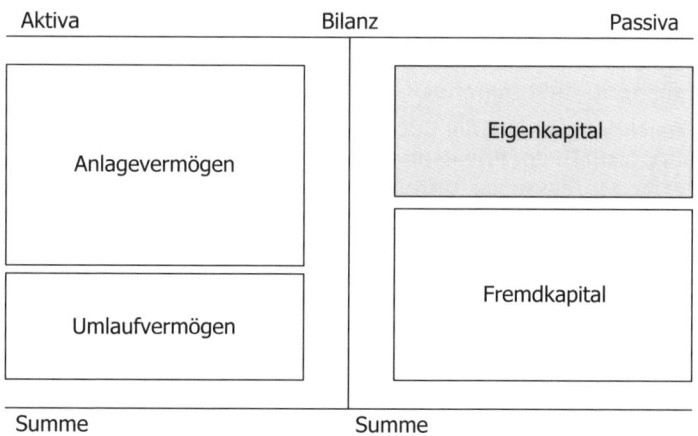

Abbildung 40: Bilanz – Eigenkapital

Das Eigenkapital unterliegt laufenden Änderungen. Der Erfolg bzw Misserfolg aus der laufenden Geschäftstätigkeit beeinflusst einerseits die Höhe des Eigenkapitals und andererseits auch die Einlagen und Entnahmen der Unternehmer.

Da der Gewinn eines Unternehmens das Eigenkapital erhöht, kann das Eigenkapital im Unternehmen selbst entstehen und stellt daher keineswegs rein die Einlagen der Anteilseigner dar, wie häufig irrtümlich angenommen wird. Andererseits repräsentiert das Eigenkapital auch alle Mittel, die seitens der Anteilseigner dem Unternehmen zur Verfügung gestellt werden, und kann daher seine Ursache sehr wohl in den Einlagen der Anteilseigner haben.

Da die Aktivseite der Bilanz aufzeigt, wofür die finanziellen Mittel verwendet wurden, und die Passivseite der Bilanz, von wem die Mittel für diese Investitionen stammen, bedeutet dies, dass das Eigenkapital im Vermögen des Unternehmens gebunden ist.

Unterhält man sich mit Personen, die nicht dem Fachbereich des Rechnungswesens angehören und kommt das Gespräch auf das Eigenkapital, dann kann man meist schnell erkennen, dass der Inhalt der Position Eigenkapital häufig fehlinterpretiert wird.

Beispiel

Als Basis soll folgende kleine und vereinfachte Bilanz dienen.

Aktiva		Bilanz	Passiva
Anlagevermögen	400.000	Eigenkapital	200.000
Umlaufvermögen	600.000	Fremdkapital	800.000
Summe	1.000.000	Summe	1.000.000

Die Unternehmerin des dargestellten Unternehmens möchte ihr Unternehmen veräußern und stellt sich die Frage, welchen Erfolg aus der Veräußerung sie wohl erzielen wird. Aus Vereinfachungsgründen wird unterstellt, dass die in der Bilanz ausgewiesenen Werte bei der Veräußerung tatsächlich realisiert und künftige Erfolgserwartungen des Unternehmens vernachlässigt werden können.

Die Unternehmerin stellt folgende Überlegungen an:
- Die Aufzeichnungen und die Buchführung werden in der Unternehmenssphäre geführt, nicht in der Privatsphäre der Unternehmerin.
- Daher ist in der Bilanz das Unternehmen dargestellt und nicht die Unternehmerin.
- Die Unternehmerin ist verfügungsberechtigt über das Objekt Unternehmen.
- Wird das Unternehmen veräußert und angenommen, dass der Erwerber die Schulden nicht mit übernimmt, so wird für das Vermögen ein Erlös von € 1.000.000,– erzielt.
- Mit diesem Erlös von € 1.000.000,– müssen die betrieblichen Schulden in Höhe von € 800.000,– getilgt werden.
- Nach Abwicklung dieser Geschäfte verbleibt auf dem Bankkonto des Unternehmens ein Überschuss von € 200.000,–.
- Dieser Überschuss steht der Unternehmerin zu. Sie ist über den Betrag von € 200.000,– verfügungsberechtigt.
- Trotz obigen Bildes der Bilanz, jedoch ohne Veräußerung des Unternehmens, ist dieser Betrag in Höhe von € 200.000,– in Geld nicht verfügbar! Erst durch die Veräußerung würde das gebundene Kapital freigesetzt werden.

3. Der Aufbau des Jahresabschlusses

- Bei bestehendem Betrieb, dh ohne Veräußerung des Unternehmens, bedeutet das Eigenkapital eine Schuld des Unternehmens gegenüber der Unternehmerin. Das Eigenkapital ist der eigene Anteil der Unternehmerin an ihrem Unternehmen.

Aus der Überlegung heraus, dass bei einem hohen Eigenkapitalanteil am Gesamtkapital das Vermögen eines Unternehmens wesentlich höher sein muss als das Fremdkapital (da das Eigenkapital aus diesen Größen ja die Differenz ist), wird im Hinblick auf die Beurteilung der finanziellen Stabilität eines Unternehmens der Eigenkapitalquote ein besonderes Gewicht beigemessen. Ein Unternehmen mit hohem Eigenkapitalanteil wird als finanziell stabiler – und damit risikoärmer – erachtet als ein Unternehmen mit verhältnismäßig geringem Eigenkapitalanteil. Dies spielt im Speziellen in der Beurteilung von Unternehmen seitens der finanzierenden Banken und im Rating von Unternehmen nach Basel III eine grundlegende Rolle. In Krisenzeiten können Unternehmen unter Ertragsdruck kommen, was häufig zur Verminderung der Eigenkapitalausstattung führt. Insbesondere ertragsschwache Unternehmen mit niedrigem Eigenkapital können dann in einem Dilemma stecken, da daraus Liquiditäts- und Finanzierungsengpässe resultieren können.

Nachfolgende einfache Bilanzdarstellungen dienen der Veranschaulichung dieser Überlegungen:

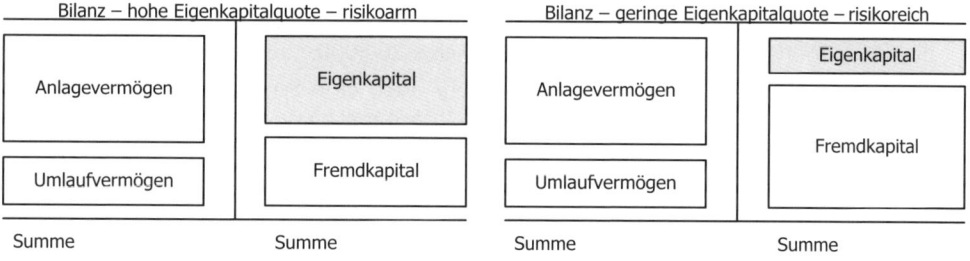

Abbildung 41: Eigenkapitalanteil

Die Bilanz links zeigt ein relativ hohes Vermögen im Verhältnis zum Fremdkapital, den Schulden gegenüber dritten, nicht am Unternehmen beteiligten Personen. Es bleibt daher ein verhältnismäßig hohes Eigenkapital übrig, das für das Sicherheitsdenken von potenziellen Investoren als Risikovorsorge dienen kann. Das Vermögen des Unternehmens ist eben wesentlich höher als der derzeitige Schuldenstand. Bei ausreichender Ertragslage wird daher das Investment als risikoarm empfunden.

Die Bilanz rechts zeigt allerdings ein Unternehmen mit verhältnismäßig geringem Eigenkapital. Die Schulden dieses Unternehmens sind bereits nahezu so hoch wie der Bestand an Vermögen. Sollte es in einer Krisenzeit zur Liquidation des Unternehmens, dh zur Versilberung des Unternehmens kommen, erscheint nicht mehr gesichert, ob nach Versilberung des Vermögens und Bedienung der Schulden noch finanzielle Mittel übrig bleiben. Auch bei ausreichender Rentabilität dieses Unternehmens wird seitens der Investoren durch die niedrige Eigenkapitalausstattung dieses Unternehmens ein Investment als riskant erachtet werden.

Diese Überlegungen stehen auch im Einklang mit der Funktion des Eigenkapitals zur Haftung für die Unternehmensschulden. Erleidet das Unternehmen in Geschäftsperioden Verluste, so gehen diese vorerst zu Lasten des Eigenkapitals, bevor sie zu Lasten der Gläubiger gehen.

Beispiel

Zur Vertiefung der bisherigen Überlegungen zum Thema Eigenkapital versuchen Sie bitte, das Eigenkapital der folgenden Bilanz zu interpretieren. Zur Vereinfachung unterstellen Sie, dass das Unternehmen zu den Vermögenswerten in der Bilanz veräußert werden kann. Von der Würdigung insolvenzrechtlicher Folgen ist abzusehen.

Aktiva		Bilanz	Passiva
Anlagevermögen	400.000	Eigenkapital	–200.000
Umlaufvermögen	600.000	Fremdkapital	1.200.000
Summe	1.000.000	Summe	1.000.000

Das Eigenkapital ist mit € –200.000,– negativ.

Die Bilanz zeigt zumindest eine buchmäßige Überschuldung des Unternehmens.

Die Veräußerung des Vermögens würde nur finanzielle Mittel in Höhe von € 1 Mio bringen, die Schulden betragen allerdings € 1,2 Mio. Folglich kann aus dem Erlös des Vermögens ein Teil der Schulden, nämlich € 200.000,–, nicht bedient werden.

Dieses negative Eigenkapital stellt nunmehr auch eine Schuld dar, nämlich die Schuld des Unternehmers gegenüber dem Unternehmen.

Rechtsformabhängig haben die Unternehmer mit ihrem Privatvermögen für die Bedienung der verbleibenden betrieblichen Schulden einzustehen (dh zu haften).

Fallbeispiel

Ausgangsdaten

Die Geschäftsführung der N-GmbH beabsichtigt im folgenden Jahr eine neue Halle zu bauen. Die Gesellschaft hat in den vergangenen Jahren erheblich in die Entwicklung neuer Produkte investiert. Zur Finanzierung der Halle wird weiteres Fremdkapital benötigt. In Vorbereitung der Finanzierungsgespräche wurden bereits die Bilanzen der vergangenen Jahre dem Kreditinstitut übergeben. Die Bilanz des letzten Jahres zeigt ein Vermögen von € 400.000,– und ein Fremdkapital in Höhe von € 395.000,–. Das „unvorbereitete Bankgespräch" wird seitens der Bank frühzeitig beendet, indem die Bank signalisiert, dass man sich außerstande sehe, das Investitionsvorhaben zu finanzieren.

Erörtern Sie mögliche Aspekte, die die Bank bewegten, von ihrem Engagement Abstand zu nehmen. Welche Rolle spielen dabei die Informationen aus den Quellen des externen Rechnungswesens?

3. Der Aufbau des Jahresabschlusses

Aufgabenlösung

Ein möglicher Lösungsansatz kann sein:

- Mit den Dokumenten des externen Rechnungswesens wird Rechenschaft über die Vergangenheit abgelegt.
- Der Inhalt der Jahresabschlüsse der Vorjahre ist im Sachverhalt nicht gegeben.
- Aus dem Jahresabschluss des letzten Jahres kann ein Eigenkapital in Höhe von € 5.000,- ermittelt werden bei einer Bilanzsumme in Höhe von € 400.000,-. Das ist ein äußerst geringer Eigenkapitalanteil.
- Das Eigenkapital zeigt die Mittelaufbringung seitens der Anteilseigner.
- Das Eigenkapital dient der Risikovorsorge, da das Vermögen um diesen Anteil größer ist als die Schulden. Finanzielle Nachteile im Unternehmen gehen vorrangig zu Lasten des Eigenkapitals. Somit wertet die Bank das Engagement in einen Betrieb mit diesem geringen Eigenkapitalanteil als riskant.
- In der Beurteilung der Unternehmen durch Banken ruht das Hauptgewicht der Beurteilung derzeit auf den Dokumenten des externen Rechnungswesens, aus denen man unter anderem auf das künftige Risiko einer Ausfallswahrscheinlichkeit schließen möchte.
- Diese Dokumente sind vergangenheitsorientiert und nicht geeignet, Erfolgspotentiale der Zukunft aufzuzeigen.

Wissen kompakt

Die **Bilanz** ist die stichtagsbezogene Gegenüberstellung des Vermögens und des Kapitals eines Unternehmens.

Das **Anlagevermögen** ist die Summe der Vermögensgegenstände, die dazu bestimmt sind, dem Unternehmen dauernd zu dienen.

Das **Umlaufvermögen** ist die Summe der Vermögensgegenstände, die dazu bestimmt sind, dem Unternehmen nicht dauernd zu dienen.

Das **Fremdkapital** stellt Schulden des Unternehmens gegenüber Dritten dar. Das Fremdkapital repräsentiert damit auch die Mittel, die durch Dritte dem Unternehmen zur Verfügung gestellt werden.

Rückstellungen sind drohende Leistungsverpflichtungen gegenüber Dritten, die dem Grunde, der Höhe und dem Zeitpunkt der Entstehung nach noch ungewiss sind, mit deren Eintritt aber das Unternehmen ernsthaft rechnet.

Das **Eigenkapital** repräsentiert die Schuld des Unternehmens gegenüber den Unternehmern. Das Eigenkapital ist die Summe der Mittel, die dem Unternehmen seitens der Anteilseigner zur Verfügung gestellt werden.

Kontrollfragen

- Welchen Inhalt haben die aktive und passive Seite der Bilanz? Was bedeuten in diesem Zusammenhang Mittelverwendung und Mittelaufbringung?

- Worin unterscheiden sich Anlagevermögen und Umlaufvermögen? Welche Sachverhaltsmerkmale müssten eintreten, dass ein Vermögensgegenstand vom Umlaufvermögen ins Anlagevermögen wechselt oder umgekehrt?
- Worin unterscheiden sich Verbindlichkeiten von Rückstellungen? Diskutieren Sie Argumente, warum die Rückstellungen dem Fremdkapital zuzuordnen sind.
- Wie wird das Eigenkapital ermittelt und was ist der Inhalt des Eigenkapitals? Diskutieren Sie Argumente, um das Eigenkapital als Risikovorsorge zu bezeichnen.

Verwendete und weiterführende Literatur

- *Bertl R./Deutsch E./Hirschler K.:* Buchhaltungs- und Bilanzierungshandbuch, 8. Auflage, Wien 2013.
- *Denk C./Feldbauer-Durstmüller, B./Mitter C./Wolfsgruber, H.:* Externe Unternehmensrechnung – Handbuch für Studium und Bilanzierungspraxis, 4. Auflage, Wien 2010.
- *Egger A./Samer H./Bertl R.:* Der Jahresabschluss nach dem Unternehmensgesetzbuch, Bd 1, 14. Auflage, Wien 2013.

3.2. Die Gewinn- und Verlustrechnung – Aufbau und Inhalt

Lernziel

In diesem Kapitel lernen Sie
- welche Funktionen die Gewinn- und Verlustrechnung hat
- was man unter Erträgen und Aufwendungen versteht
- was Gewinn oder Verlust bedeutet
- was die Abschreibung ist
- welche Funktionen die Abschreibung hat

3.2.1. Gliederung der Gewinn- und Verlustrechnung

In Zusammenhang mit den bisherigen Ausführungen zur grundsätzlichen Struktur und zum Aufbau der Bilanz ist zu erkennen, dass die Bilanz alleine noch keine Aussage darüber zulässt, ob ein Unternehmen in der Periode erfolgreich gewirtschaftet hat oder nicht. Die Beantwortung dieser Frage aus einer Bilanz scheitert alleine schon daran, dass

- die Bilanz nur zeitpunktbezogen ist (stichtagsbezogen)
- in der Bilanz nur der Wert des Bestandes des Vermögens bzw Kapitals zu diesem Bilanzstichtag ausgewiesen ist.

Man könnte nun auf die Idee kommen, dass man eine zweite Rechnung erstellt, nämlich eine, die alle Einzahlungen und Auszahlungen eines Unternehmens einer

Periode erfasst, und damit zumindest den Versuch macht, den Erfolg eines Unternehmens einer Periode zu bestimmen. Der Vorteil einer solchen Methode würde darin liegen, dass die Einzahlungen und Auszahlungen im Zahlungszeitpunkt genau erfasst werden könnten und somit diese Erfassung weitestgehend von subjektiven Einflüssen der Bewertung und Erfassung frei bleiben würde.

Dem steht jedoch ein gravierender Nachteil zur Erfolgsermittlung eines Unternehmens gegenüber. Die Zahlungszeitpunkte weichen häufig nicht unerheblich vom Zeitraum der tatsächlichen Leistungserbringung ab, sei es, dass zu spät gezahlt wird oder im Voraus, sei es, dass durch Interessen der Parteien im Rahmen der vertraglichen Gestaltung die Zahlungen fernab von der Leistungserbringung vereinbart werden.

So würde man durch diese Methode Gefahr laufen, das Erfolgsbild eines Unternehmens wesentlich durch den eventuell zufällig gewählten Zahlungszeitpunkt zu verzerren, und der in dieser Methode ausgewiesene Erfolg könnte in einem krassen Missverhältnis zu den tatsächlichen wirtschaftlichen Verhältnissen des Unternehmens stehen.

Aus diesem Grund folgt die Rechnungslegung dem Prinzip der Periodenabgrenzung und stellt in der grundsätzlichen Struktur der Erfolgsermittlung im Rahmen der Gewinn- und Verlustrechnung keine Einzahlungen und Auszahlungen gegenüber, sondern Erträge und Aufwendungen. Nachstehende Abbildung zeigt die Gegenüberstellung in T-Kontenform:

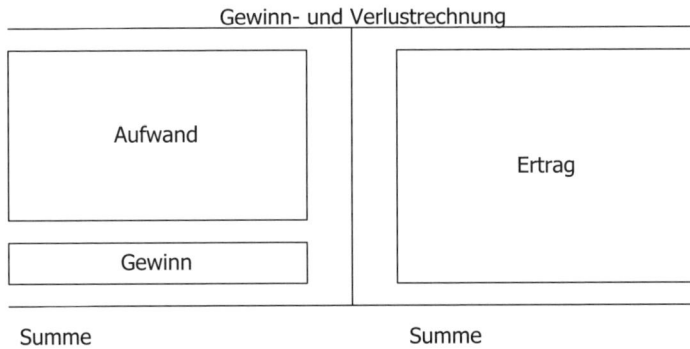

Abbildung 42: Gewinn- und Verlustrechnung schematisch in T-Kontenform

In den beiden Feldern des T-Kontos werden die Erträge den Aufwendungen einer Periode gegenübergestellt. Damit ist die Gewinn- und Verlustrechnung zeitraumbezogen. Zieht man die Differenz zwischen dem größeren und kleineren Block, so bleibt die Differenz – der sogenannte Saldo – übrig. Der Saldo zwischen den beiden Blöcken zu obiger Grafik ist ein Gewinn, da um diese Differenz die Erträge größer sind als die Aufwendungen. Im Gegensatz erleidet das Unternehmen einen Verlust, wenn die Aufwendungen in Summe größer sind als die Erträge, wie folgendes Schaubild zeigt:

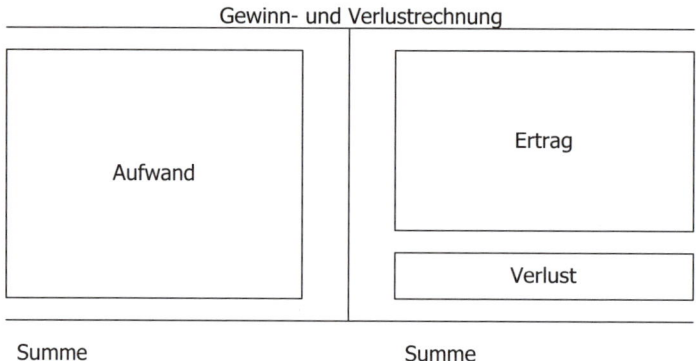

Abbildung 43: Gewinn- und Verlustrechnung mit Ausweis eines Verlustes

In früheren Jahren war die Darstellung der Gewinn- und Verlustrechnung in Form eines T-Kontos im Jahresabschluss die vorherrschende Form. Diese Form hat zwar den Vorteil, dass sie sehr einfach ist, da ausnahmslos die Erträge den Aufwendungen gegenübergestellt werden. Die einzelnen Komponenten des Erfolges lässt sie aber nur schwer erkennen, da keine aussagekräftigen Zwischensummen bzw Zusammenfassungen von Konten gebildet werden. Aus diesem Grund ist seit Inkrafttreten der Rechnungslegungsreform die T-Kontenform nicht mehr die typische Darstellungsform der GuV im Jahresabschluss, sondern die Darstellung in der Staffelform (Abbildung 45). Die Pflicht zur Darstellung der GuV in Staffelform ist rechtsformabhängig, zwischenzeitlich ist diese Form jedoch in der Praxis aufgrund der Bestrebungen der Vereinheitlichung des Rechnungswesens die vorherrschende Form. Die reine Gegenüberstellung der Erträge und Aufwendungen zur Ermittlung des Erfolges würde dem gesetzlichen Auftrag in der Generalnorm des § 195 UGB nicht entsprechen. Die Generalnorm fordert nämlich, dass der Jahresabschluss klar und übersichtlich aufzustellen ist und dass er dem Unternehmer ein möglichst getreues Bild der Vermögens- und Ertragslage des Unternehmens vermitteln soll.

Ein möglichst getreues Bild der Ertragslage eines Unternehmens ist erst erreicht, wenn auch die Quellen des Erfolges erkennbar werden, die Bestandteile des Einsatzes und der Vermögenszuwächse aufgezeigt werden, sodass Rückschlüsse auf und Interpretationen im Hinblick auf die Struktur des Erfolges ermöglicht werden. Zu diesem Zweck enthält das UGB über die Generalnorm hinausgehende Gliederungsvorschriften, sodass die Gewinn- und Verlustrechnung auch der Darstellung der Ertragslage gerecht werden kann.

Beispiel

Die Geschäftsführerin vertieft sich weiter in ihre Aufgabe der Vorbereitung der Bilanzbesprechung. Sie hat sich bisher intensiv in die Bilanz eingelesen und blättert jetzt im Jahresabschluss weiter – und trifft als nächstes auf ein Blatt, das den Titel trägt: Gewinn- und Verlustrechnung (siehe Abbildung 45).

3. Der Aufbau des Jahresabschlusses

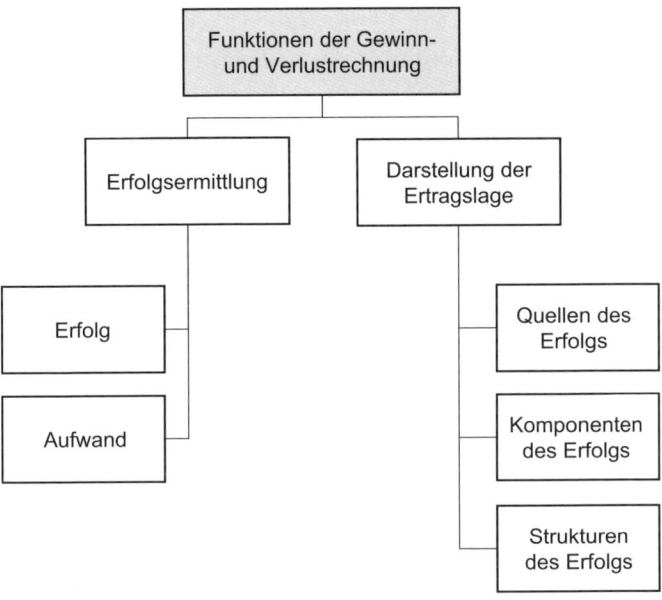

Abbildung 44: Funktionen der Gewinn- und Verlustrechnung

Gewinn- und Verlustverrechnung	Betrag
1. Umsatzerlöse	116.785
2. Bestandsveränderungen	−992
3. andere aktivierte Eigenleistungen	545
	116.338
4. **Erträge aus dem Abgang von Anlagen**	
a) Erträge aus dem Abgang von Anlagevermögen (außer Finanzanlagen)	651
b) Erträge aus der Auflösung von Rückstellungen	394
c) übrige	1.306
	2.351
5. **Aufwendungen für Material und sonstige bezogene Leistungen**	
a) Materialaufwand	−48.923
b) Aufwendungen für sonstige bezogene Leistungen	−9.760
	−58.683
6. **Personalaufwand**	
a) Löhne	−8.823
b) Gehälter	−11.000
c) Aufwendungen für Abfertigungen	−935
d) Aufwendungen für Altersversorgung	−454
e) Aufwendungen für gesetzlich vorgeschriebene Sozialabgaben und Pflichtbeiträge	−6.058
f) sonstige Sozialaufwendungen	−700
	−27.970

7.	**Abschreibungen**	
	a) auf immaterielle Gegenstände des Anlagevermögens und des Sachanlagevermögens	−8.159
	b) auf Gegenstände des Umlaufvermögens, soweit diese die übliche Abschreibung übersteigen	0
		−8.159
8.	**sonstige betriebliche Aufwendungen**	
	a) Steuern, soweit sie nicht unter Z 2 fallen	−162
	b) übrige	−19.633
		−19.795
9.	**Zwischensumme Z 1 bis 8 (Betriebserfolg)**	**4.082**
10.	Erträge aus Beteiligungen, davon aus verbundenen Unternehmen	0
11.	Erträge aus Wertpapieren	210
12.	sonstige Zinsen und ähnliche Erträge	61
13.	Erträge aus dem Abgang von und der Zuschreibung zu Finanzanlagen und Wertpapieren des Umlaufvermögens	0
14.	Aufwendungen aus Finanzanlagen und aus Wertpapieren des Umlaufvermögens	0
15.	Zinsen und ähnliche Aufwendungen	−1.772
16.	**Zwischensumme Z 10 bis 15 (Finanzerfolg)**	**−1.501**
17.	**Ergebnis der gewöhnlichen Geschäftstätigkeit**	**2.581**
18.	außerordentliche Aufwendungen	−49
19.	außerordentliche Erträge	0
20.	**außerordentliches Ergebnis**	**−49**
21.	Steuern vom Einkommen und Ertrag	−633
22.	**Jahresüberschuss/-fehlbetrag**	**1.899**
23.	Auflösung unversteuerter Rücklagen	0
24.	Auflösung von Kapitalrücklagen	0
25.	Auflösung von Gewinnrücklagen	0
26.	Zuweisung zu unversteuerten Rücklagen	0
27.	Zuweisung zu Gewinnrücklagen	0
28.	Gewinnvortrag	250
29.	**Bilanzgewinn**	**2.149**

Abbildung 45: Beispiel für eine Gewinn- und Verlustrechnung

Die Zusammenfassung korrespondierender Aufwands- und Ertragspositionen und die Bildung von Zwischensummen liefert zusätzliche Information für den interessierten Leser und vereinfacht den Einblick in die Komponenten und die Struktur des Erfolges eines Unternehmens.

So zeigen die betrieblichen Leistungen den Vermögens- bzw Wertzuwachs des Unternehmens in einer Periode auf, der in einem Naheverhältnis zur betrieblichen Leistungserstellung steht.

Die Zwischensumme Betriebserfolg (auch Betriebsergebnis genannt) zeigt das Ergebnis der betrieblichen Leistungen abzüglich des Aufwands (Verbrauchs) der Periode im Rahmen der Leistungserstellung, jedoch vor Berücksichtigung des Finanzergebnisses, des außerordentlichen Ergebnisses und der Steuerbelastung. Dieses Ergebnis stellt daher den eigentlichen Erfolg aus der operativen Tätigkeit der Leistungserstellung dar, vor Berücksichtigung der Interessen des Investments, außerordentlicher Geschäftsfälle und der Belastung durch den Fiskus.

Das häufig zitierte Ergebnis der gewöhnlichen Geschäftstätigkeit (EGT) ermittelt sich aus der Summe von Betriebserfolg +/– Finanzerfolg. Dieses Ergebnis bezieht also den Finanzerfolg mit ein, der sich im Wesentlichen aus Zins- und Beteiligungserträgen sowie Zins- und Beteiligungsaufwendungen ergibt. Somit berücksichtigt das EGT auch die Erträge aus Veranlagungen des Unternehmens sowie insbesondere die Aufwendungen für die Finanzierung und Mittelaufbringung des Unternehmens.

Der Jahresüberschuss bzw Jahresfehlbetrag wird umgangssprachlich meist mit dem Jahresgewinn bzw Jahresverlust gleichgesetzt. Dieser Jahresüberschuss bzw Jahresfehlbetrag berücksichtigt zusätzlich noch den Verbrauch bzw Zuwachs aus einem außerordentlichen Ergebnis sowie bei Kapitalgesellschaften die Belastung mit Steuern auf Einkommen und Ertrag.

Das außerordentliche Ergebnis beinhaltet als Differenz von außerordentlichen Erträgen und Aufwendungen die Ergebnisse aus den Geschehnissen von Teilbetriebsverkäufen, Sanierungsergebnisse und Umgründungsergebnisse, Aufwendungen für Betriebsstilllegungen und Ähnliches. Der Inhalt der Erfassung der Geschäftsfälle unter dieser Rubrik erfordert, dass diese Geschäftsfälle außerhalb der gewöhnlichen Geschäftstätigkeit anfallen und in ihrer Art ungewöhnlich und damit selten sind.

3.2.2. Aufwand

Im Sprachgebrauch hat sich eingebürgert, dass man von Materialaufwand, Personalaufwand, Mietaufwand, Zinsaufwand etc spricht.

Doch alleine die Frage „In dieser GuV steht ein Mietaufwand in Höhe von € 60.000,–, was bedeutet das?" löst meist zahlreiche Spekulationen aus. Wurden für Miete € 60.000,– in dieser Periode bezahlt? Oder was bedeutet Aufwand sonst?

Aufwand ist ein in Geld bewerteter Verbrauch von Vermögensgegenständen oder Werten, der derjenigen Periode zugeordnet wird, zu der er wirtschaftlich gehört.

Aus der GuV ist mit wenigen Ausnahmen nicht ersichtlich, ob ein Aufwand bereits bezahlt wurde oder nicht.

Beispiel

Anhand nachfolgender demonstrativer Beispiele zu Aufwandspositionen soll jeweils geprüft werden, was Inhalt und Aussagekraft des Aufwands ist.

Mietaufwand € 60.000,–

Vermieter und Mieter vereinbaren die entgeltliche Überlassung der Räumlichkeiten zur Nutzung. Auf Seiten des Mieters wird also ein Nutzungsrecht verbraucht. Ein Mietaufwand in Höhe von € 60.000,– bedeutet daher, dass in der betrachteten Periode ein Verbrauch im Wert von € 60.000,– für die Nutzung von Räumlichkeiten angefallen ist. Ob dieser Verbrauch bereits bezahlt ist, zeigt die GuV nicht.

Materialaufwand € 128.000,–

Zur Leistungserstellung wurden in der betrachteten Periode Materialien im Wert von € 128.000,– verbraucht. Ob die Materialien bezahlt wurden, ist aus der GuV nicht erkennbar.

Personalaufwand € 256.000,–

Die Dienstnehmer stellen dem Unternehmen ihre Zeit und Arbeitsleistung gegen Entgelt zur Verfügung.

Im Rahmen des Unternehmens wird daher diese Arbeitsleistung im Wert von € 256.000,– verbraucht.

Zinsaufwand € 12.000,–

Zinsen sind Entgelt für die Zurverfügungstellung und Nutzung fremden Kapitals. Verbraucht wird daher ein Nutzungsrecht am fremden Kapital. Zinsaufwand in Höhe von € 12.000,– bedeutet, dass man einen Verbrauch für die Nutzung am fremden Kapital in Höhe von € 12.000,– in der betrachteten Periode hat.

Handelswarenlieferung auf Lieferschein im Wert von € 80.000,–; Bezahlung bereits durch Vorauszahlung in der letzten Periode

Hier ist kein Aufwand zu verbuchen. Dass die Rechnung fehlt, spielt keine Rolle, ebenso wenig, dass die Waren bereits in der letzten Periode bezahlt wurden. Da kein Verbrauch vorliegt, handelt es sich nicht um Aufwand. Die Waren können noch durch Zählen, Messen und Wiegen festgestellt werden, sie stellen also noch einen Bestand an Vermögen dar und sind daher im Umlaufvermögen auszuweisen.

Die Miete für die Räumlichkeiten für November 2014 wird im Februar 2015 bezahlt

Der Verbrauch des Nutzungsrechtes an den Räumlichkeiten tritt im November 2014 ein und ist daher in dieser Periode Aufwand und damit gewinnmindernd. Im Februar 2015 wird nur bezahlt, es tritt jedoch kein Verbrauch ein. Im Februar ist daher kein Aufwand zu verbuchen. Es vermindern sich nur die Schulden gegenüber dem Vermieter (Fremdkapital).

3.2.3. Erträge

Erträge stellen einen in Geld bewerteten Vermögenszuwachs dar. Die Erträge erhöhen den Gewinn oder vermindern den Verlust und führen entweder sofort bei ihrer Entstehung oder zu einem anderen Zeitpunkt (dh früher oder später) zu einer Einzahlung in das Unternehmen.

> **Beispiel**
>
> Ein Textilunternehmen verkauft an eine Kundin Textilien im Wert von € 450,–.
> Variante 1: Die Kundin zahlt die Waren sofort.
> Variante 2: Die Kundin lässt sich die Waren auf Rechnung geben und möchte erst in einem Monat zahlen.
>
> **Variante 1 – Barzahlung**
>
> Der Gegenwert für die Lieferung der Ware in Höhe von € 450,– stellt einen Umsatz (Ertrag) dar. Durch diesen Absatz der Ware am Markt und sofortige Bezahlung seitens der Kundin von € 450,– wird das Bargeldvermögen des Unternehmens mehr (Kassa – Umlaufvermögen).
>
> Der Ertrag hat sich daher als Vermögenszuwachs ausgewirkt.
>
> **Variante 2 – Zahlung auf Ziel**
>
> Der Gegenwert für die Lieferung der Ware in Höhe von € 450,– stellt einen Umsatz (Ertrag) dar.
>
> Durch diesen Absatz der Ware am Markt und die nicht sofortige Bezahlung seitens der Kundin hat das Unternehmen nunmehr einen Anspruch auf Zahlung von € 450,–. Dieser Anspruch auf Zahlung erhöht die Forderungen aus Lieferungen und Leistungen seitens des Unternehmens um € 450,–.
>
> Der Ertrag hat sich daher als Vermögenszuwachs ausgewirkt.

3.2.4. Die Erklärung der Bestandsveränderungen in den Bilanzen – die Stromgrößen der Flussrechnung

Aufeinander folgende Bilanzen als Bestandsrechnungen sind nicht in der Lage zu zeigen, warum sich Bestände verändern. Sie zeigen im Vergleich in ihrer Stichtagsbezogenheit nur, dass sich Bestände verändert haben.

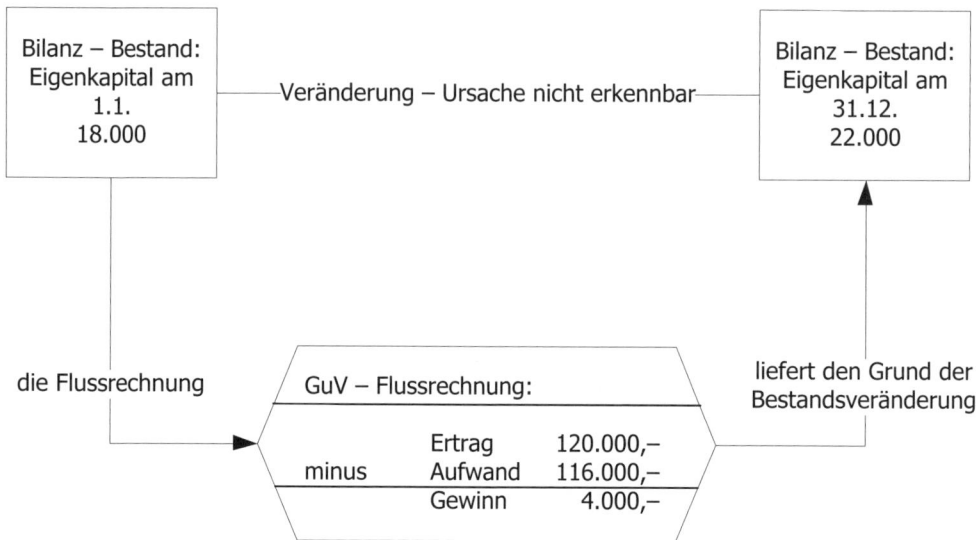

Abbildung 46: Flussrechnung – Bestandsveränderungen

Die Gewinn- und Verlustrechnung erläutert, wodurch sich die Bestände und damit das Eigenkapital als Saldo erhöhen. Das Eigenkapital erhöht sich, wenn das Unternehmen aus der Leistungserstellung höhere Erträge erzielt hat, als Aufwendungen angefallen sind. Die aus diesem Zu- und Abfluss resultierende Differenz, nämlich der Gewinn, ist in dem Beispiel der Abbildung die Ursache für die Erhöhung des Eigenkapitals.

Als Ausfluss der gemeinsamen Aufgabe des Rechnungswesens, die Geld- und Leistungsströme in einem Unternehmen zu erfassen, und zugleich aufgrund des Erfordernisses, einen hinreichenden Einblick in die Ertragslage des Unternehmens zu vermitteln, ist neben der Bestandsrechnung der Bilanz somit auch eine Flussrechnung erforderlich. Diese Flussrechnung wird in Form der Gewinn- und Verlustrechnung zur Verfügung gestellt. Die Gewinn- und Verlustrechnung erklärt, wodurch sich Bestände in der Bilanz verändert haben. Die dabei verwendeten Größen sind Erträge und Aufwendungen.

Das Rechnungswesen kennt allerdings als Flussrechnung nicht nur die Gewinn- und Verlustrechnung mit ihren Stromgrößen Aufwand und Ertrag, sondern auch weitere Stromgrößen, die unterschiedlichen Informationszwecken dienen und sich auf weitere Teilbereiche des Rechnungswesens beziehen. Als solche Stromgrößen seien nochmals die bereits in Abschnitt A, Kapitel 3.2.1 erwähnten Rechengrößen des externen Rechnungswesens genannt, nämlich die Ein- und Auszahlungen sowie die Einnahmen und Ausgaben.

Bezieht sich ein Geschäftsfall auf die Veränderung der liquiden Mittel in einem Unternehmen, so spricht man von den korrespondierenden Flussgrößen, die diese Änderung herbeiführen und erläutern, von **Einzahlungen und Auszahlungen**.

3. Der Aufbau des Jahresabschlusses

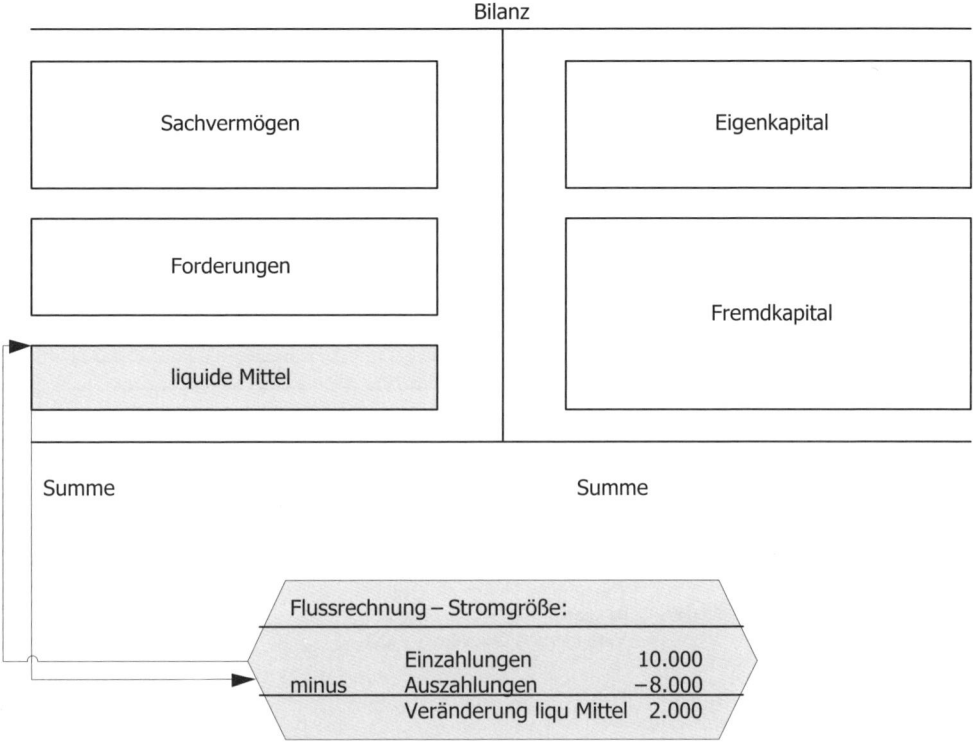

Abbildung 47: Flussrechnung – Einzahlungen und Auszahlungen

Das Begriffspaar der Stromgrößen der **Einnahmen und Ausgaben** hat einen besonderen Informationscharakter im Bereich der Kapitalflussrechnungen, die ihr Augenmerk insbesondere auf die Wahrung der Liquidität richten, das heißt auf die Fähigkeit des Unternehmens, jederzeit seinen Zahlungsverpflichtungen nachkommen zu können.

Als Fonds bezeichnet man in diesem Zusammenhang Zusammenfassungen von Bestandskonten und als Finanzmittelfonds die Zusammenfassungen von Bestandskonten mit einer speziellen Aussagekraft im Hinblick auf die finanzielle Gebarung eines Unternehmens. Des Saldo aus Ein- und Auszahlungen wird als Fonds der liquiden Mittel bezeichnet. Der Fonds des Geldvermögens setzt sich auf der Aktivseite aus den Positionen der Forderungen und liquiden Mittel zusammen abzüglich der Verbindlichkeiten der Passivseite. Bei Betrachtung dieses Geldvermögens wird die Frage gestellt, wie hoch die liquiden Mittel zuzüglich der Forderungen im Verhältnis zu den bereits bestehenden Verpflichtungen gegenüber Dritten sind. Unter diesem Aspekt sind Einnahmen bzw Ausgaben alle Geschäftsfälle, die den Nettofonds des Geldvermögens verändern. Einnahmen erhöhen den Fonds und Ausgaben vermindern den Fonds.

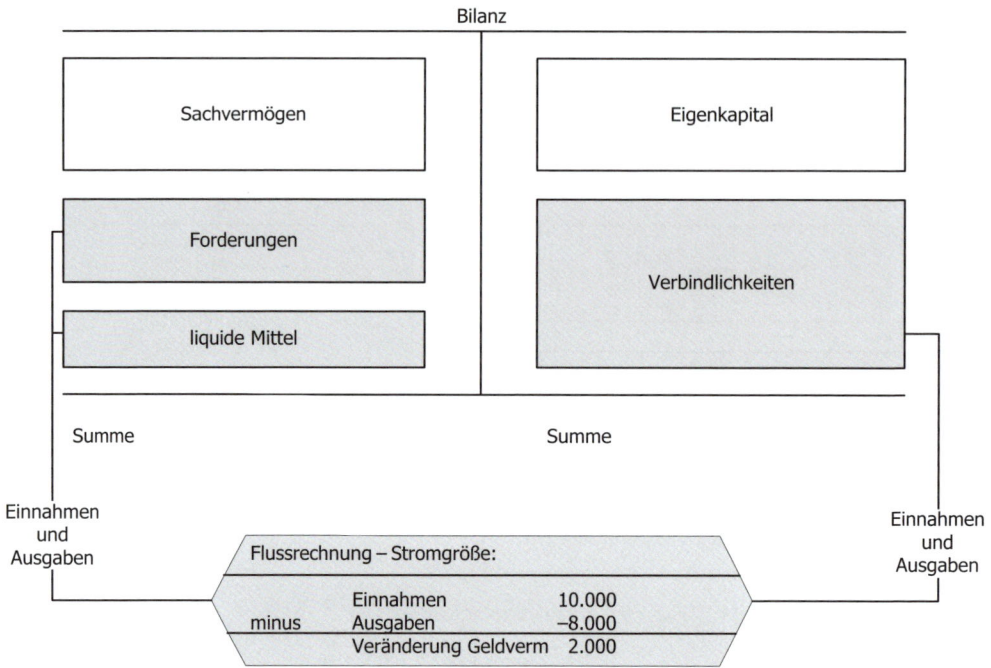

Abbildung 48: Flussrechnung – Einnahmen und Ausgaben

3.2.5. Die Abschreibung

Im Anlagevermögen eines Unternehmens sind die Vermögensgegenstände ausgewiesen, die dazu bestimmt sind, dem Unternehmen dauernd zu dienen. Bei einem wesentlichen Teil dieser Vermögensgegenstände ist deren Nutzenpotential jedoch zeitlich begrenzt, da diese Gegenstände einer Abnutzung unterliegen. Daher können die Gegenstände des Anlagevermögens eingeteilt werden in abnutzbares und nicht abnutzbares Anlagevermögen.

Bei den Gegenständen des abnutzbaren Anlagevermögens reduziert sich im Zeitverlauf das Nutzenpotential durch Gebrauch (zB Einsatz von Fertigungsmaschinen), infolge einer Ausbeutung (zB Abbau von Bodenschätzen) oder auch nur durch den Zeitablauf (zB bei befristeten Rechten, die einer allmählichen Entwertung unterliegen).

Die Anschaffung eines abnutzbaren Vermögensgegenstandes wie beispielsweise einer Maschine berührt in keiner Weise den Gewinn- bzw Verlust des Unternehmens. Durch den Anschaffungsvorgang steigt das Anlagevermögen einerseits und, wenn dieser Vermögensgegenstand sofort bezahlt wird, sinkt der Bestand der liquiden Mittel (zB Bank, Kassa). Sollte erst später bezahlt werden, so steigen korrespondierend die Verbindlichkeiten (Fremdkapital). Der Geschäftsfall der Anschaffung hat also keine erfolgswirksame Auswirkung.

3. Der Aufbau des Jahresabschlusses

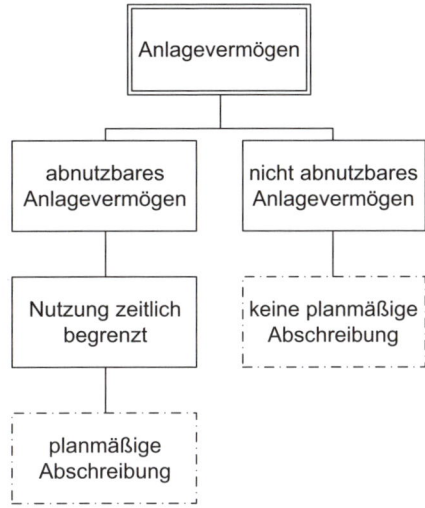

Abbildung 49: Anlagevermögen – Abnutzung

Nach Ablauf der Nutzungsdauer eines abnutzbaren Anlagengegenstandes stellt sich meist das Erfordernis einer Ersatzinvestition ein. Ab Inbetriebnahme des Anlagegutes wird es zeitlich befristet zur Produkt- bzw Leistungserstellung im Unternehmen eingesetzt, bis das Nutzenpotenzial erschöpft/verbraucht ist. Dieser Verbrauch stellt im externen Rechnungswesen einen Aufwand dar, der als Abschreibung bezeichnet wird.

Die Dauer der Abschreibung resultiert aus dem zeitlich befristeten Nutzenpotenzial eines Anlagegutes. Der Aufwand aus der Abschreibung findet nicht nur in einer Periode statt (einem Wirtschaftsjahr), sondern verteilt über die Jahre der betriebsgewöhnlichen Nutzungsdauer des Anlagegutes. Damit kommt der Abschreibung die Funktion der periodenreinen Aufwandsverteilung zu.

Im Laufe dieser Nutzungsdauer wirkt sich der Verzehr des Nutzenpotenzials des Anlagegutes korrespondierend zum Aufwand auch wertmindernd auf das Anlagegut aus. Der Einsatz und Verschleiß, die wirtschaftliche und technische Überholung, bedingen die Wertminderung des Anlagegutes in der Bilanz, das im Zeitpunkt der Anschaffung mit den Anschaffungskosten angesetzt wurde. Folgerichtig muss sich auch dieser in der Bilanz ausgewiesene Bestandswert pro Periode vermindern (Wertverlust).

Die planmäßige Abschreibung ist also der periodenmäßige und rechnerische Wertverlust bzw Verbrauch eines abnutzbaren Anlagegutes. Im UGB wird von planmäßiger Abschreibung gesprochen und im Steuerrecht von Absetzung für Abnutzung (AfA).

Bei der Ermittlung der jährlichen Abschreibung eines Anlagegutes werden die historischen Anschaffungskosten des Anlagegutes auf die betriebsgewöhnliche Nutzungsdauer dieses Wirtschaftsgutes verteilt.

Beispiel

Eine Maschine wird um € 800.000,– angekauft. Die betriebsgewöhnliche Nutzungsdauer beträgt fünf Jahre. Die Abschreibung beträgt daher pro Jahr € 160.000,– (= € 800.000/5 Jahre).:

Der so ermittelte Abschreibungsbetrag vermindert über den Zeitraum der betriebsgewöhnlichen Nutzungsdauer jährlich den Buchwert des Anlagegutes. Zugleich bewirkt die Abschreibung als Aufwand eine Ergebnisminderung. Im Bereich der Ertragsteuern, die als Bemessungsgrundlage den Gewinn eines Unternehmens heranziehen, führt die Abschreibung dadurch zusätzlich zu einer Steuerminderung pro Periode.

Periode	Anlagevermögen – erfolgsneutraler Zugang	Abschreibung – erfolgswirksamer Aufwand	Buchwert der Anlage (Bilanzwert)
1	800.000	160.000	640.000
2		160.000	480.000
3		160.000	320.000
4		160.000	160.000
5		160.000	0

Abbildung 50: Wirkung der Abschreibung

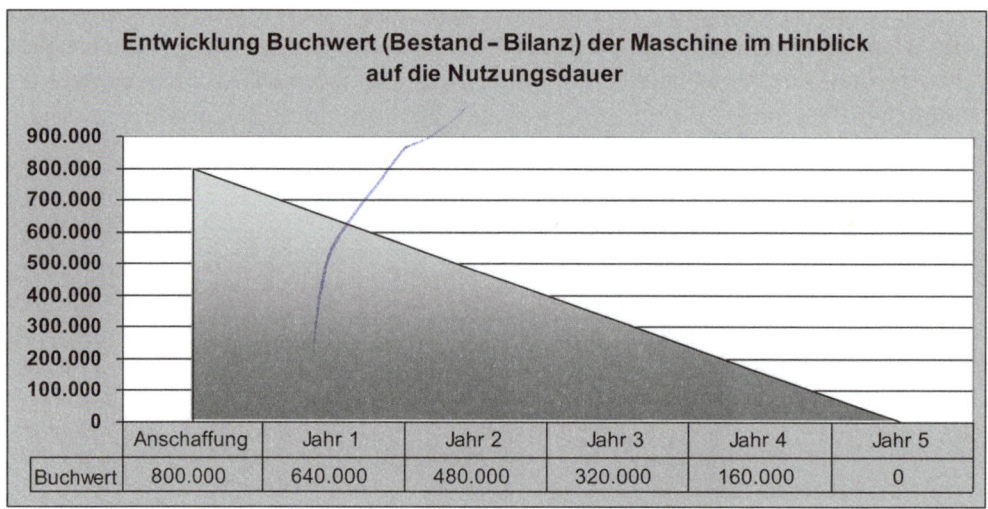

Abbildung 51: Buchwertentwicklung während der Nutzungsdauer

Die Abschreibungsdauer bemisst sich nach der betriebsgewöhnlichen Nutzungsdauer. Niemand kann die tatsächliche Nutzungsdauer im Vorhinein mit Sicherheit bestimmen. Daher ist diese Nutzungsdauer zu schätzen. Diese Einschätzung der be-

3. Der Aufbau des Jahresabschlusses

triebsgewöhnlichen Nutzungsdauer des Anlagegutes sollte sich an der Dauer der wirtschaftlichen und technischen Nutzbarkeit orientieren und damit nach Steuerrecht frei sein von subjektiven Erwägungen der Einschätzung. Eine Berichtigung der Nutzungsdauer wird erforderlich, wenn von vornherein von einer falschen Nutzungsdauer ausgegangen wurde. Diese Abweichung muss allerdings erheblich sein (mindestens 20 %).

Der Beginn der Abschreibung ist nicht der Zeitpunkt der Anschaffung, sondern der Zeitpunkt der Inbetriebnahme des Anlagegutes, was auch der Systematik des Rechnungswesens entspricht, da ab diesem Zeitpunkt erst ein Verbrauch und daraus resultierend eine Wertminderung eintreten kann.

Beispiel

Eine Maschine wird bereits im November 20X0 geliefert und erst im Februar des Jahres 20X1 in Betrieb genommen. Die Abschreibung beginnt erst im Jahr 20X1.

Beispiel

Eine Werbeagentur erstellt ihren Jahresabschluss per 31. Dezember eines Jahres. Im Oktober des laufenden Jahres 2014 hat das Unternehmen einen neuen Präsentationsraum erstmalig um € 12.000,– eingerichtet und schätzt die betriebsgewöhnliche Nutzungsdauer auf zehn Jahre. Die jährliche Abschreibung wäre damit € 1.200,–. Das Unternehmen weist vor Berücksichtigung der Abschreibung einen erfreulichen Gewinn aus. Zur Steuerminimierung möchte das Unternehmen die höchstmögliche Abschreibung gewinnmindernd als Aufwand geltend machen. Im Unternehmen ist nunmehr die Frage aufgetaucht, für welchen zeitlichen Rahmen die Abschreibung geltend gemacht werden darf. Die Anlagegüter wurden erst im Oktober angeschafft und in Gebrauch genommen.

Das Einkommensteuerrecht bestimmt, dass bei Anlagegütern, die mehr als sechs Monate in einem Jahr genützt werden, die gesamte Abschreibung zum Ansatz gelangt. Wird im Gegensatz das Anlagegut weniger als sechs Monate innerhalb eines Geschäftsjahres genützt, so verkürzt sich die Jahresabschreibung auf die Hälfte. Nach UGB käme es zum Ansatz einer zeitanteiligen Abschreibung. In der Praxis wird jedoch auch in der unternehmensrechtlichen Buchführung aus Effizienzgründen meistens die steuerrechtliche Regelung zugrunde gelegt.

Beispiel

In Fortführung des vorherigen Beispiels würde daher über den Zeitverlauf die Höhe der Abschreibung folgendes Bild haben (Halbjahresabschreibung):

Anschaffungskosten	12.000
Nutzungsdauer in Jahren	10

Betriebs- und Geschäftsausstattung: Einrichtung	Abschreibung
Jahr 2014	600
Jahr 2015	1.200
Jahr 2016	1.200
Jahr 2017	1.200
Jahr 2018	1.200
Jahr 2019	1.200
Jahr 2020	1.200
Jahr 2021	1.200
Jahr 2022	1.200
Jahr 2023	1.200
Jahr 2024	600
Gesamtbetrag Abschreibung = Anschaffungskosten	**12.000**

Abbildung 52: Halbjahresabschreibung

Die Halbjahresabschreibung bewirkt, dass im Jahr der Inbetriebnahme der Anlagegüter nur 50 % der Abschreibung gewinnmindernd geltend gemacht werden können. Der Ausgleich findet in der letzten Periode der geschätzten Nutzung ihren Niederschlag, in der neuerlich 50 % der Jahresabschreibung zum Ansatz gelangen.

Gesamt betrachtet wird über die gesamte Nutzungsdauer das Anlagegut zu 100 % abgeschrieben. Das bedeutet, dass sich das Anlagegut in Höhe der Anschaffungskosten verteilt über die Perioden zur Gänze gewinnmindernd ausgewirkt hat.

Abbildung 53: Abschreibung kumuliert

Aus der Überlegung heraus, dass die Abschreibung den Wertverzehr des Anlagevermögens repräsentiert, stellt sich die Frage, ob sich dieser Verzehr im Rahmen der

Leistungserstellung des Unternehmens tatsächlich linear, dh jedes Jahr gleichmäßig, verhält.

Diesen Umstand berücksichtigen die unterschiedlichen Abschreibungsmethoden, wobei das Unternehmensrecht dem Unternehmen die Wahl belässt, eine Methode auszuwählen, soweit diese im Einklang mit den Grundsätzen ordnungsgemäßer Bilanzierung steht. Anders das Steuerrecht, das sich in der Auswahl der zulässigen Abschreibungsmethoden äußerst restriktiv zeigt und nur die lineare Abschreibung und die Substanzwertabschreibung zulässt.

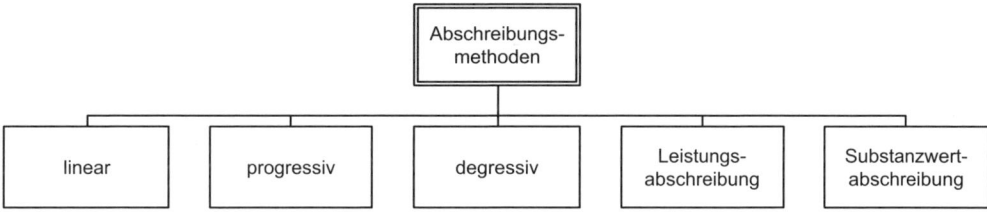

Abbildung 54: Abschreibungsmethoden

Bei der linearen Abschreibungsmethode werden die Anschaffungs- und Herstellungskosten eines abnutzbaren Anlagegutes gleichmäßig auf die Nutzungsdauer verteilt, was zugleich bedeutet, dass auch der Aufwand gleichmäßig auf die einzelnen Perioden der Nutzung verteilt wird.

Die degressive Abschreibung eignet sich, wenn das Anlagegut zu Beginn der Nutzungsdauer einen hohen Wertverlust erleidet, welcher in der Folge sinkt.

Bei der progressiven Abschreibung verliert das Anlagegut in den frühen Phasen der Nutzung wenig an Wert. Der Wertverlust steigert sich gegen Ende der Nutzungsdauer. Diese Wirkung kann bei Anlagegütern eintreten, bei denen der Grad ihrer Nutzung im Zeitverlauf gesteigert werden kann.

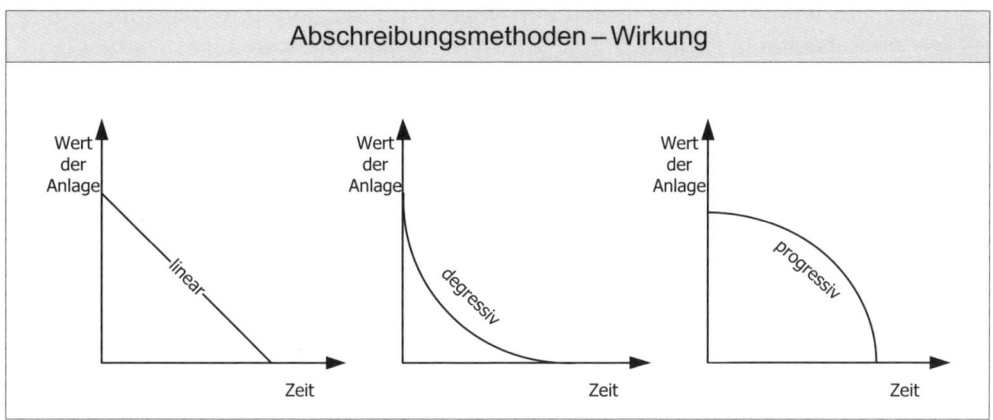

Abbildung 55: Abschreibungsmethoden – Wirkung

Beispiel

Ein Transport- und Speditionsunternehmen setzt seit nunmehr acht Jahren einen Lkw ein, der mit Ende dieses Jahres das Ende seiner Nutzungsdauer erreicht. Ursprünglich wurde die betriebsgewöhnliche Nutzungsdauer mit acht Jahren eingeschätzt und die mögliche Gesamtkilometerleistung mit 640.000 km. Die Intensität des Einsatzes des Lkw zeigt in den einzelnen Perioden starke Abweichungen.

Anschaffungskosten	160.000	km – Leistung	640.000
Nutzungsdauer	8		

Periode	Abschreibung linear	km – Leistung	Abschreibung Leistung	Abschreibung Differenz
Jahr 1	20.000	50.000	12.500	7.500
Jahr 2	20.000	80.000	20.000	0
Jahr 3	20.000	80.000	20.000	0
Jahr 4	20.000	40.000	10.000	10.000
Jahr 5	20.000	180.000	45.000	–25.000
Jahr 6	20.000	100.000	25.000	–5.000
Jahr 7	20.000	70.000	17.500	2.500
Jahr 8	20.000	40.000	10.000	10.000
Summe	**160.000**	**640.000**	**160.000**	**0**

Abbildung 56: Lineare und leistungsabhängige Abschreibung

Bei der linearen Abschreibung tritt eine gleich bleibende Entwertung des Lkw und eine gleichmäßige Verteilung des Aufwands über die acht Perioden ein.

Zur Ermittlung der leistungsabhängigen Abschreibung dient folgende Formel:

$$\text{Abschreibung} = \frac{\text{Anschaffungskosten} * \text{Leistung der Periode (in km)}}{\text{Gesamtleistung (in km)}}$$

Tatsächlich wurde der Lkw in den einzelnen Perioden stark unterschiedlich zur Leistungserstellung eingesetzt. Die leistungsbezogene Abschreibung würde diesem Umstand Rechnung tragen und eher bewirken, dass in den einzelnen Perioden den Erlösen aus dem Einsatz des Lkw auch die tatsächlich verursachten Aufwendungen in Form der Abschreibung gegenüberstehen.

Im Hinblick auf die restriktive Haltung des Steuerrechts in Bezug auf die Auswahl einer Abschreibungsmethode ist die lineare Abschreibung mit Abstand die am meisten angewendete Abschreibungsmethode.

Neben den bisher besprochen Funktionen der Abschreibung, nämlich der Bewertung des abnutzbaren Anlagevermögens und der periodenreinen Aufwandsverteilung, ist aus betriebswirtschaftlicher Sicht die Refinanzierungsfunktion der Abschreibung von besonderer Bedeutung.

3. Der Aufbau des Jahresabschlusses

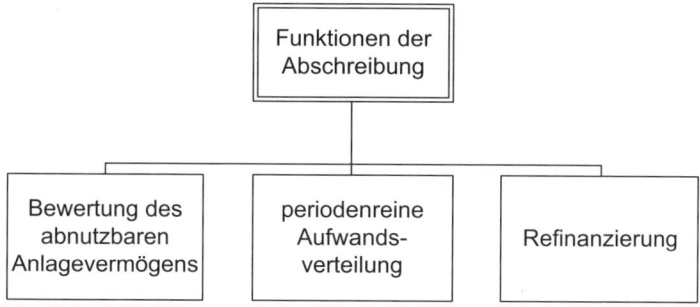

Abbildung 57: Abschreibung – Funktionen

Beispiel

Angaben:

Die Unternehmerin betreibt ein sehr erfolgreiches Handelsgeschäft. Modellhaft wird unterstellt, dass sie nur Bargeschäfte tätigt. Dies gilt für alle Geschäftsfälle.

1) Sie beabsichtigt, ihren Geschäftserfolg zu überprüfen und lässt sich die GuV bringen, die vereinfacht folgendes Bild zeigt.

Position	in Tsd
Umsatz	10.000
Aufwand	−9.700
Zwischensumme	**300**
Abschreibung	−200
Gewinn	**100**

Abbildung 58: Gewinn- und Verlustrechnung

2) In einem zweiten Schritt beabsichtigt sie, ihre liquiden Mittel zu überprüfen. Sie zählt ihr Geld. Da sie Barumsätze von € 10.000,– hatte und Baraufwendungen von € 9.700,–, ermittelt sie liquide Mittel in Höhe von € 300,–.

3) Zwischen dem Gewinn der GuV in Höhe von € 100,– und den liquiden Mitteln in Höhe von € 300,– stellt sie eine Differenz von € 200,– fest, welche gerade der Höhe der Abschreibung entspricht. Sie stellt für sich fest, dass sie um die Abschreibung in Höhe von € 200,– mehr Geld besitzt, als sie Gewinn laut GuV erzielt hat. Die Unternehmerin formuliert für sich: „Die Abschreibung ist in Geld zugeflossen. Die Abschreibung wurde verdient."

4) Die ausgewiesene Abschreibung in der GuV resultiert aus der Anschaffung von Geräten im Wert von € 1.000,– anlässlich der Gründung des Unternehmens vor wenigen Jahren. Diese Geräte wurden ursprünglich mit einer betriebsgewöhnlichen Nutzungsdauer von fünf Jahren eingeschätzt. Die Abschreibung in Höhe von € 200,– errechnet sich daher aus € 1.000/5 Jahre.
Zum Zeitpunkt der Anschaffung der Geräte wurde zur Finanzierung ein Darlehen in ebendieser Höhe aufgenommen mit einer Laufzeit von fünf Jahren. Bei einer gleichmäßigen Tilgung des Darlehens über die Laufzeit ergibt sich eine Tilgungsrate in Höhe von € 200,– pro Jahr.

5) Die Zinsen dieses Darlehens sind Aufwand und bereits in der GuV erfasst.

6) Die Unternehmerin entwirft eine Tabelle und zieht daraus folgende Schlüsse:

Periode	Abschreibung	Ansparung	Rückzahlung	Differenz
1	200	200	−200	0
2	200	200	−200	0
3	200	200	−200	0
4	200	200	−200	0
5	200	200	−200	0
Summe	1.000	1.000	−1.000	0

Abbildung 59: Refinanzierung durch Abschreibung

Zusammenfassung:
a) Der Wertverlust des Anlagevermögens ist in Form der Abschreibung in der GuV gewinnmindernd berücksichtigt, führt aber in dieser Periode zu keiner Auszahlung.
b) In diesem modellhaften Beispiel sind alle Umsätze einzahlungswirksam und alle Aufwendungen, mit Ausnahme der Abschreibung, auszahlungswirksam. Da die Abschreibung im Gewinn dieses Beispiels ihre Deckung findet, wurde diese in Geld durch den Leistungsprozess verdient.
c) Damit wurde über die Abschreibung ein Teil des Kapitals, das im Anlagevermögen gebunden ist, wieder freigesetzt. Dieses freigesetzte Kapital dient der Refinanzierung des Anlagevermögens bzw im gegenständlichen Beispiel der Tilgung des Fremdkapitals.

Die Abschreibung hat eine kapitalfreisetzende Wirkung und dient der Refinanzierung des Anlagevermögens. Diese Refinanzierungswirkung kann nur erreicht werden, wenn die Abschreibung im Gewinn Deckung findet, dh wenn die Abschreibung verdient wird. Durch den Einsatz des Anlagevermögens nimmt dieses Vermögen dauernd am Leistungsprozess teil. Es wirkt mittelbar oder unmittelbar bei der Erstellung von Produkten bzw Leistungen, die am Markt abgesetzt werden, mit. Der Erfolg des Unternehmens, sichtbar im Ergebnis der GuV, kann sich letztlich nur einstellen, wenn die Gegenleistungen des Marktes für den Absatz (dh die Umsätze) höher sind als die Aufwendungen.

Obwohl Erträge und Aufwendungen im Zeitpunkt ihres Eintritts keine unmittelbaren Einzahlungen und Auszahlungen darstellen, müssen doch alle Erträge und Aufwendungen einmal bezahlt werden, wenn auch vielleicht erst in einer späteren Periode. Die Differenz zwischen den einnahmewirksamen Erträgen und ausgabewirksamen Aufwendungen zeigt die Innenfinanzierungskraft eines Unternehmens. Die Innenfinanzierungskraft meint die Kraft des Unternehmens, liquide Mittel durch die betriebliche Tätigkeit zu erwirtschaften.

3. Der Aufbau des Jahresabschlusses

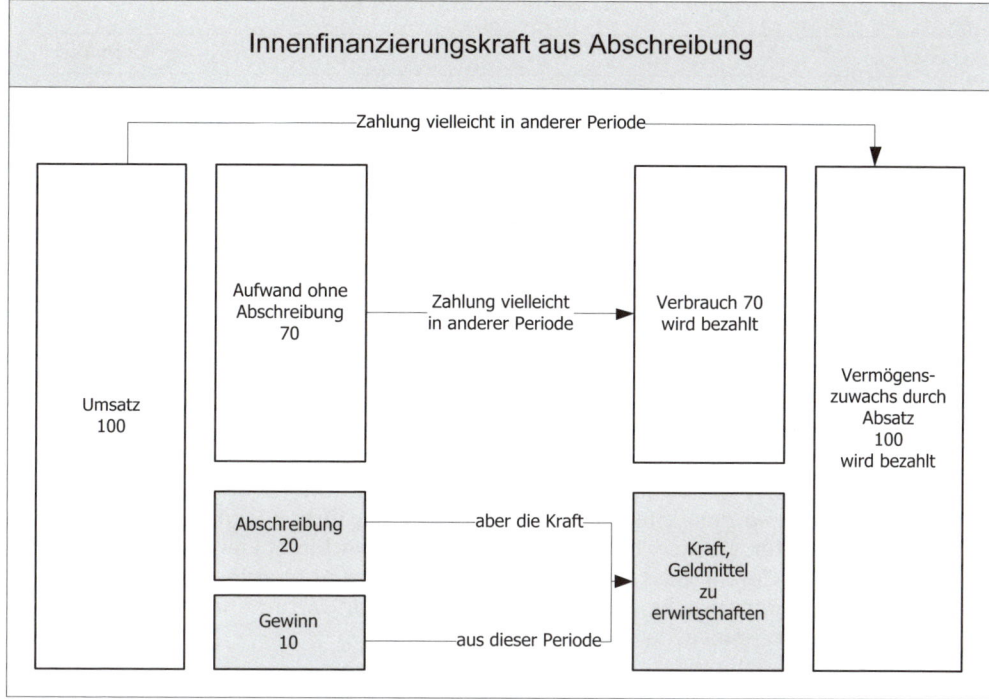

Abbildung 60: Abschreibung – Innenfinanzierungskraft

Abschließend soll noch einmal kurz die Frage aufgeworfen werden, was sich hinter dem Satz „Die Abschreibung muss verdient sein" verbirgt?

Beispiel

Frage: Funktioniert die Refinanzierung?
Variante 1: Angenommen, eine GuV zeigt folgendes Bild:

GuV	in Tsd
Umsatz	9.500
Aufwand	−9.700
Zwischensumme	**−200**
Abschreibung	−200
Verlust	**−400**

Abbildung 61: GuV – Verlust

In diesem Fall kann die Abschreibung dem Refinanzierungserfordernis nicht gerecht werden. Die einnahmewirksamen Umsätze sind geringer als die ausgabewirksamen Aufwendungen. „Es bleibt nichts zum Ansparen"!

Variante 2: Angenommen, eine GuV zeigt folgendes Bild:

GuV	in Tsd
Umsatz	9.900
Aufwand	–9.700
Zwischensumme	**200**
Abschreibung	–200
Gewinn/Verlust	**0**

Abbildung 62: GuV – Null-Ergebnis

Hier scheint es so, als würde die Refinanzierung funktionieren. Die einnahmewirksamen Umsätze sind gerade um den Betrag der Abschreibung höher als die ausgabewirksamen Aufwendungen. Bei den meisten Rechtsformen müssen jedoch die Lebensbedürfnisse der Unternehmer vom Erfolg aus ihrer Tätigkeit, sprich vom Gewinn, bestritten werden. In diesem Unternehmen verbleibt kein Gewinn. Es besteht daher die Gefahr, dass die Unternehmer von „der Abschreibung leben". Dies ist häufig eine der Ursachen für die Überalterung von Unternehmen, weil keine Mittel mehr zum Reinvestieren übrig bleiben.

Fallbeispiel

Ausgangsdaten

- Drei Personen diskutieren über den Erfolg des Unternehmens, in dem sie tätig sind. Es werden laufend widersprechende Aussagen über den Erfolg getätigt. Nach einiger Zeit stellen die drei Personen fest, dass sie von unterschiedlichen Erfolgsgrößen gesprochen haben, nämlich vom Betriebserfolg (BE), vom Ergebnis der gewöhnlichen Geschäftstätigkeit (EGT) und vom Jahresüberschuss (JÜ). Erläutern Sie die Positionen der drei Gesprächspartner.
- Ein Einzelunternehmen erzielt einen Jahresgewinn von € 0,–. Das Unternehmen hat hohe Abschreibungen. Welche Auswirkung kann dieses Ergebnis auf die Funktion der Abschreibung haben? Erklären Sie mögliche Auswirkungen.

Aufgabenlösung

- Der Betriebserfolg (BE) ist das Ergebnis der Erträge abzüglich der normalen Aufwendungen für die Leistungserstellung, jedoch vor Berücksichtigung des Finanzergebnisses, der Steuern und des außerordentlichen Ergebnisses. Es ist das Ergebnis der eigentlichen Betriebstätigkeit.
- Das Ergebnis der gewöhnlichen Geschäftstätigkeit (EGT) ist die Summe aus Betriebserfolg und Finanzerfolg und repräsentiert den wirtschaftlichen Erfolg vor der Belastung mit Ertragssteuern.
- Der Jahresüberschuss ist die Summe aus dem EGT, dem außerordentlichen Ergebnis und der Steuerbelastung.

- Der Jahresgewinn von € 0,– des Einzelunternehmers kann nicht ausreichen, um seine Lebensbedürfnisse zu decken. Daher muss der Unternehmer die Lebensbedürfnisse anderweitig abdecken. Im Hinblick auf die Funktionen der Abschreibung besteht das Risiko, dass in diesem Fall die Refinanzierungswirkung der Abschreibung nicht ausreichend zum Tragen kommt. Der Unternehmer könnte versuchen, von den durch die Abschreibung freigesetzten Mitteln seinen Lebensunterhalt zu begleichen.

Praktische Relevanz

Die Bilanz und die Gewinn- und Verlustrechnung sind die zentralen Instrumente des externen Rechnungswesens.

Fundierte Kenntnisse über den Aufbau und Inhalt dieser Rechnungen sind für das Management unabdingbar. Häufig ist leider festzustellen, dass Umsätze mit Einzahlungen verwechselt werden und Aufwendungen mit Auszahlungen. Diese unbewusste begriffliche Unschärfe erschwert speziell die Auseinandersetzung und das gegenseitige Verständnis zwischen dem Management und unternehmensexternen Verhandlungspartnern. Unabhängig davon, ob Kreditanträge, Förderansuchen oder sonstige finanzielle Auseinandersetzungen mit unternehmensexternen Personen anstehen – es wird stets auf die Bücher zugegriffen.

Wissen kompakt

Die **Gewinn- und Verlustrechnung** ist zeitraumbezogen und ermittelt den Erfolg einer Periode, indem die Erträge den Aufwendungen gegenübergestellt werden. Sie erläutert auch die Veränderung der Vermögens- und Wertbestände der Bilanz.

Erträge sind ein Vermögenszuwachs aus der Güterentstehung einer Periode. Erträge erhöhen den Gewinn bzw vermindern den Verlust und führen entweder sofort oder später zu Einzahlungen in das Unternehmen.

Aufwendungen sind ein in Geld bewerteter Ver- oder Gebrauch von Vermögensgegenständen, der derjenigen Periode zugeordnet wird, zu der er wirtschaftlich gehört. Aufwendungen mindern den Gewinn bzw erhöhen den Verlust.

Abschreibungen sind der periodenmäßige Wertverzehr (Aufwand) von Vermögensgegenständen des abnutzbaren Anlagevermögens.

Kontrollfragen

- Wie unterscheiden sich Betriebserfolg, Ergebnis der gewöhnlichen Geschäftstätigkeit und Jahresüberschuss voneinander?
- Sind Erträge und Aufwendungen zahlungswirksam?
- Was erklärt die Gewinn- und Verlustrechnung, was die Bestandsrechnung nicht erläutern kann?
- „Die Abschreibung muss verdient sein!" Was bedeutet dieser Satz? Was verstehen Sie unter der Refinanzierungswirkung der Abschreibung?

Verwendete und weiterführende Literatur

- *Bertl, R./Deutsch, E./Hirschler, K.:* Buchhaltungs- und Bilanzierungshandbuch, 8. Auflage, Wien 2013.
- *Denk C./Feldbauer-Durstmüller, B./Mitter, C./Wolfsgruber, H.:* Externe Unternehmensrechnung – Handbuch für Studium und Bilanzierungspraxis, 4. Auflage, Wien 2010.
- *Egger, A./Samer, H./Bertl, R.:* Der Jahresabschluss nach dem Unternehmensgesetzbuch, Bd 1, 14. Auflage, Wien 2013.

4. Der Buchungskreislauf

> **Lernziel**
>
> **In diesem Kapitel lernen Sie**
> - wie die Technik der Buchführung gestaltet ist
> - wie die Konten der Buchführung organisiert sind
> - wie sich Bestands- und Erfolgskonten in der laufenden Buchhaltung ergänzen
> - was die Kennzeichen der doppelten Buchhaltung sind
> - welche erfolgsneutralen Buchungsfälle es gibt
> - welche Informationsinstrumente die laufende Buchhaltung bietet

Die Bilanz ist eine Momentaufnahme von Vermögen und Kapital. Die in ihr ausgewiesenen Vermögens- und Kapitalwerte sind stichtagsbezogen und gelten daher eigentlich nur für den Moment der Bilanzerstellung.

Bereits der Eintritt eines weiteren Geschäftsfalls am selben oder nächsten Tag, der den Bestand an Vermögen oder Kapital beeinflusst, würde die Notwendigkeit der Erstellung einer neuen Bilanz auslösen. Dh, nach jedem weiteren Geschäftsfall müsste eine neuerliche Bilanz erstellt werden.

Dass diese Vorgangsweise mehr als ineffizient wäre, liegt auf der Hand. Daher springt hier das System der doppelten Buchhaltung ein, das sich insbesondere durch folgende Kriterien auszeichnet:

- periodenreine Erfolgsermittlung
- doppelte Erfolgsermittlung
- zweifache Aufzeichnung jedes Geschäftsfalls
  - Journal (chronologische Erfassung)
  - Konten (systematische Erfassung)
- keine Buchung ohne Gegenbuchung

Der Prozess der Buchhaltung während des Geschäftsjahres sieht ua folgende Einzelschritte vor (Kreislauf der Buchhaltung):

1. Zerlegung der Bilanz in einzelne Konten:
   Die Schlussbilanz des Vorjahres bildet zugleich die Eröffnungsbilanz des Folgejahres (Bilanzkontinuität). Das Vermögen und das Kapital werden in einzelne Bestandskonten zerlegt, auf welchen während des laufenden Jahres gebucht wird.
2. Eröffnung der Aufwands- und Ertragskonten nach Bedarf aufgrund der anfallenden Geschäftsfälle
3. Verbuchung der einzelnen Geschäftsfälle des Jahres auf den Konten

4. Abschluss der Aufwands- und Ertragskonten gegen ein Interimskonto namens „Gewinn- und Verlustrechnung"
5. Abschluss des Kontos „Gewinn- und Verlustrechnung" gegen das Konto „Eigenkapital"
6. Abschluss der Bestandskonten gegen das Konto „Schlussbilanz"

Abbildung 64 auf der folgenden Seite verdeutlicht diesen Ablauf.

4.1. Die Eröffnung der Bestandskonten

Zu Beginn des Wirtschaftsjahres wird die Bilanz des Vorjahres, die zugleich die Eröffnungsbilanz des neuen Geschäftsjahres darstellt, zerlegt in ihre einzelnen Komponenten, in ihre einzelnen Konten, auf denen in der Folge die einzelnen Geschäftsfälle des Jahres verbucht werden.

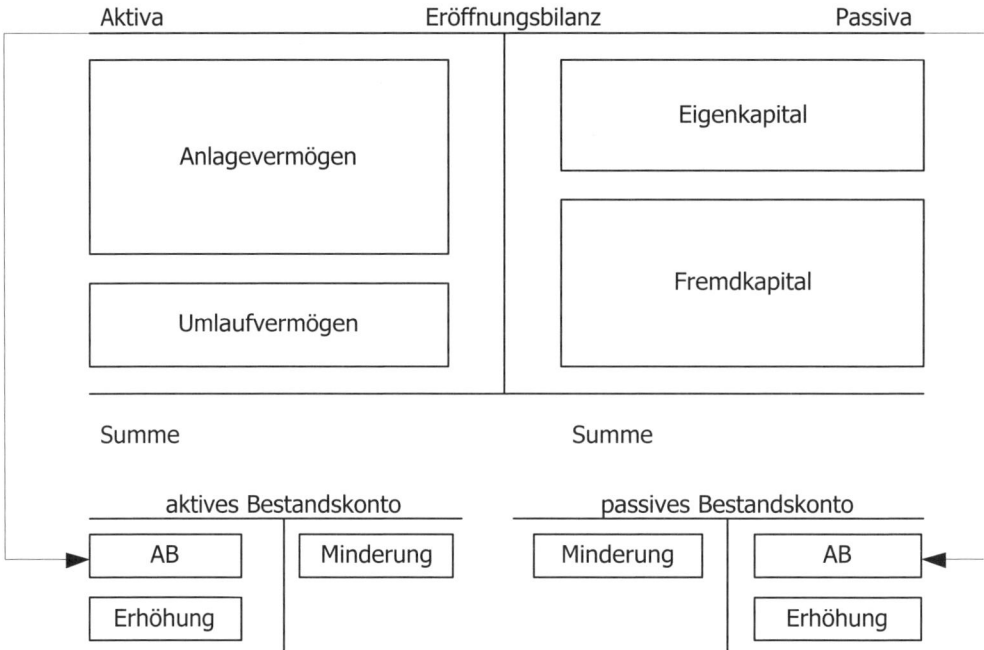

Abbildung 63: Konteneröffnung

Ist die Herkunft der Konten von der Vermögensseite der Bilanz, also von der Aktivseite, so werden diese eröffneten Konten als aktive Bestandskonten bezeichnet.

Aktive Bestandskonten weisen auf der Soll-Seite eines Kontos (also auf der linken Seite des Kontos) den Anfangsbestand aus.

Erhöht sich der Bestand des Vermögens, so wird dieser bei einem aktiven Bestandskonto links gebucht. Vermindert sich der Bestand, so wird dieser Betrag rechts gebucht.

4. Der Buchungskreislauf

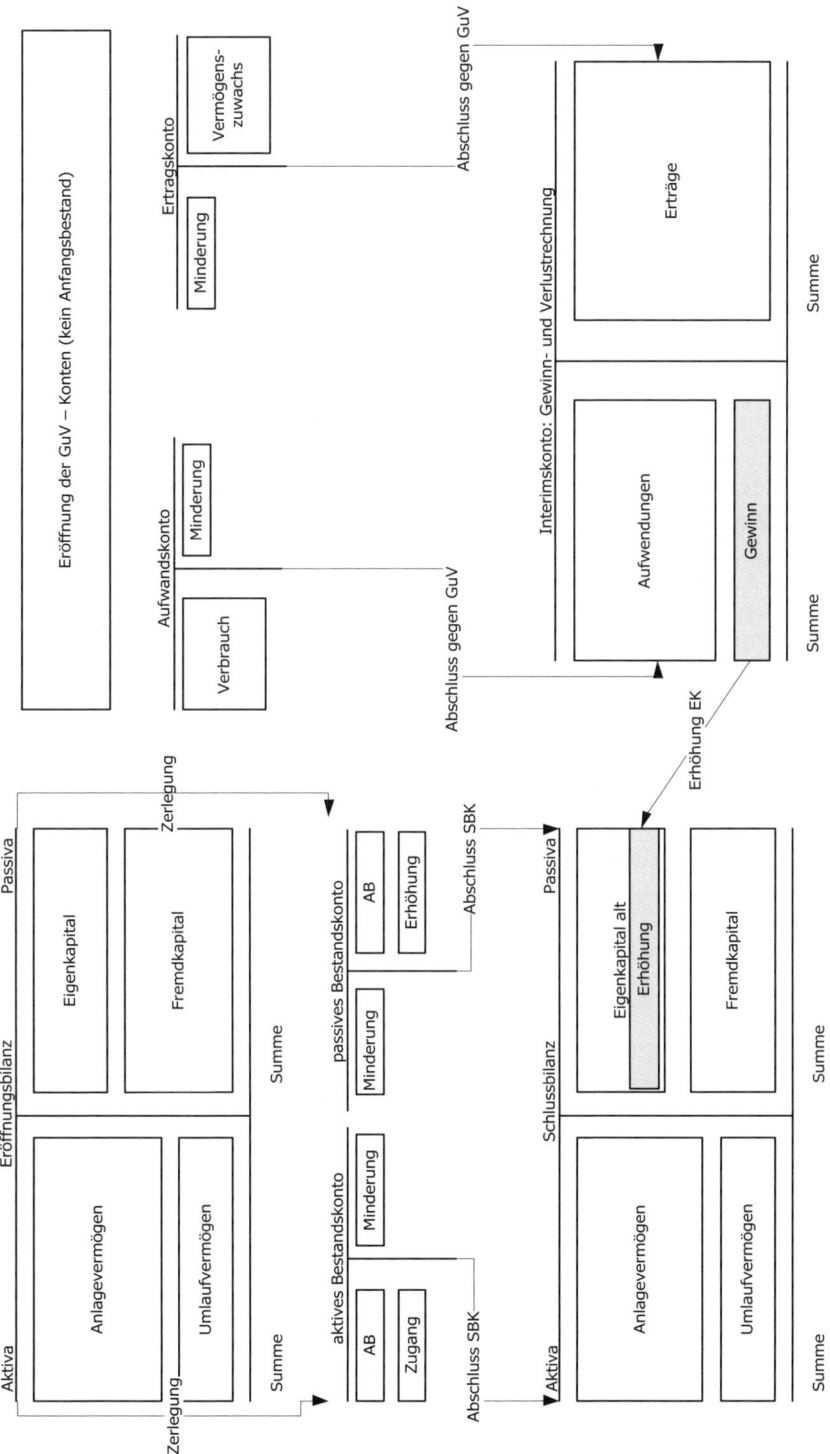

Abbildung 64: Buchungskreislauf

Abschnitt B – Externes Rechnungswesen

> **Beispiel**
>
> Die Eröffnungsbilanz weist im Umlaufvermögen einen Kassenbestand in Höhe von € 2.000,– aus.
>
> Bei Zerlegung dieser Bilanz in einzelne Konten wird ein aktives Bestandskonto namens „Kassa" eröffnet und der Anfangsbestand in Höhe von € 2.000,– links im Soll erfasst.
>
> Zahlt nunmehr ein Kunde für eine Lieferung und Leistung des Unternehmens in bar € 800,–, so führt dies zu einer Erhöhung des Bargeldbestandes in dieser Höhe und wird links im Soll erfasst.
>
> Entnimmt in der Folge der Unternehmer zu privaten Zwecken der Kassa € 200,–, so vermindert dieser Geschäftsfall den Bargeldbestand des Unternehmens und wird auf diesem Konto rechts im Haben erfasst.

Ist die Herkunft der Konten von der Kapitalseite der Bilanz, also von der Passivseite, so werden diese Konten als passive Bestandskonten bezeichnet. Die Verbuchung auf den passiven Bestandskonten verhält sich spiegelbildlich zur Verbuchung auf den aktiven Bestandskonten.

Passive Bestandskonten weisen auf der Haben-Seite eines Kontos (also auf der rechten Seite des Kontos) den Anfangsbestand aus.

Erhöht sich der Bestand des Kapitals (Eigen- oder Fremdkapital), so wird dieser bei einem passiven Bestandskonto rechts gebucht. Vermindert sich der Bestand des Kapitals, so wird dieser Betrag links gebucht.

> **Beispiel**
>
> Das Unternehmen weist in der Eröffnungsbilanz Verbindlichkeiten aus Lieferungen und Leistungen in Höhe von € 172.000,– aus.
>
> Im Rahmen der Zerlegung wird für diese Verbindlichkeiten aus Lieferungen und Leistungen ein eigenes Konto mit der Bezeichnung „Verbindlichkeiten aus Lieferungen und Leistungen" angelegt.
>
> Inhalt des Kontos „Verbindlichkeiten aus Lieferungen und Leistungen" ist eine Schuld des Unternehmens, in diesem Fall gegenüber dritten, nicht am Unternehmen beteiligten Personen.
>
> Da dieses Konto seine Herkunft von der Passivseite der Bilanz ableitet, wird es als passives Bestandskonto bezeichnet.
>
> Der Anfangsbestand an Schulden aus Lieferungen und Leistungen gegenüber Lieferanten wird daher rechts im Haben ausgewiesen.
>
> Geht das Unternehmen aufgrund bezogener Leistungen seitens der Lieferanten eine neue Verbindlichkeit in Höhe von € 5.000,– ein, so handelt es sich hierbei um eine Erhöhung der Schuld und wird rechts im Haben erfasst.
>
> Tilgt im Gegensatz das Unternehmen Schulden gegenüber den Lieferanten in Höhe von € 10.000,–, so handelt es sich hierbei um eine Verminderung des Bestandes an Schulden und wird auf dem Konto links im Soll erfasst.

4.2. Aufwands- und Ertragskonten

Aufwands- und Ertragskonten bestehen zu Beginn des Wirtschaftsjahres noch nicht.

Der Inhalt der Aufwandskonten ist der in Geld bewertete Verbrauch der Periode, jener der Ertragskonten der in Geld bewertete Wert- bzw Vermögenszuwachs der Periode. Die Funktion dieser Konten ist zu erläutern, warum sich die Bestände der Bilanz verändert haben, und darzustellen, wie sich der Erfolg des Unternehmens zusammensetzt.

Am 1.1. eines Jahres um 0:00 Uhr kann es beispielsweise schon gedanklich noch keinen Verbrauch bzw Vermögenszuwachs in diesem neuen Geschäftsjahr geben. Der Saldo wäre also € 0,–.

Am 1.1. eines Jahres um 0:00 Uhr können sich die Bestände eines Unternehmens in dieser Periode noch nicht verändert haben. Es gibt also noch keinen Erklärungsbedarf.

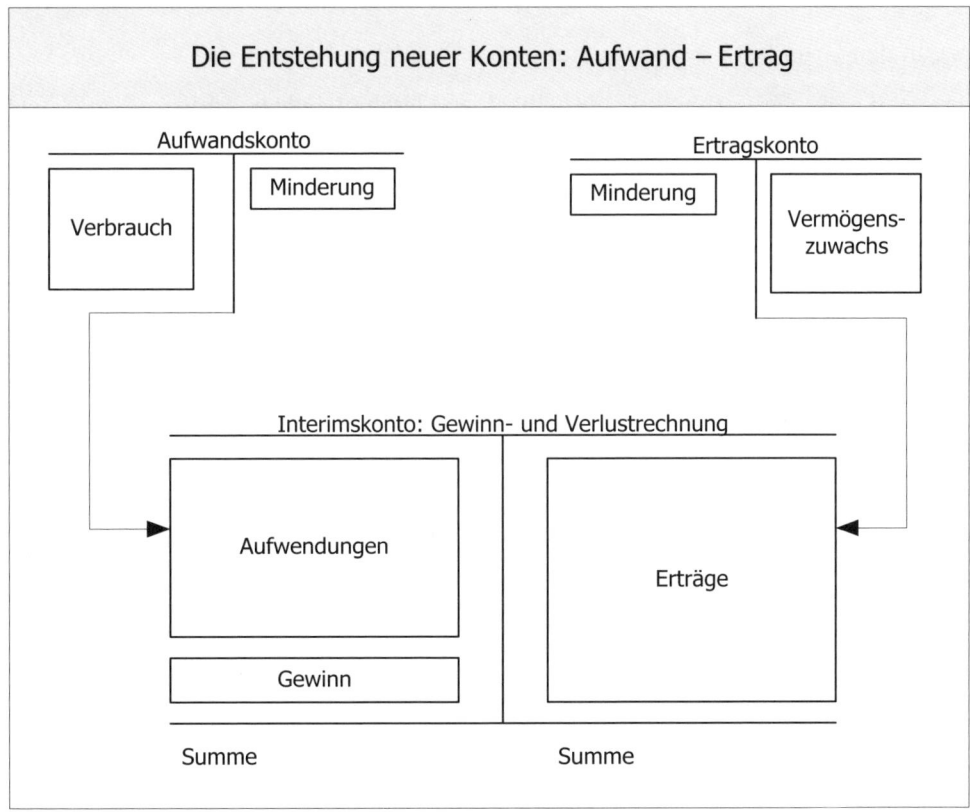

Abbildung 65: Kontenanlage GuV

Mit anderen Worten: Aufwands- und Ertragskonten können nicht aufgrund des Vorganges einer Zerlegung gewonnen werden, sondern deren Neuanlage wird bedingt durch den Inhalt und die Art der anfallenden Geschäftsfälle der neuen Geschäftsperiode. Die Aufwands- und Ertragskonten werden daher zu Beginn einer Geschäftsperiode neu angelegt bzw eröffnet und fließen am Ende der Periode in das Zwischenkonto GuV ein.

Der in Geld bewertete Verbrauch wird auf den Aufwandskonten links im Soll gebucht. Eine eventuelle Minderung des Verbrauches wird rechts im Haben gebucht.

Auf den Ertragskonten wird der in Geld bewertete Vermögens- bzw Wertzuwachs rechts im Haben gebucht, dh also wiederum spiegelbildlich zu den Aufwandskonten. Ertragsminderungen werden links im Soll gebucht.

Am Ende des Geschäftsjahres werden diese Aufwands- und Ertragskonten gegen das Zwischenkonto „Gewinn- und Verlustrechnung" abgeschlossen.

4.3. Die Ordnung der Konten – der Einheitskontenrahmen

Es gibt den Grundsatz: Keine Buchung ohne Beleg!

Das heißt, dass die Verbuchung der einzelnen Geschäftsfälle nur auf Basis von Belegen, die Zeugnis über den Geschäftsfall ablegen, durchgeführt wird.

Insbesondere zu Zwecken der Nachvollziehbarkeit und Überprüfbarkeit, der Vollständigkeit und Richtigkeit der Buchhaltung besteht das Erfordernis, zwischen dem Belegwesen und den Unterlagen der Buchhaltung (zB Kontoblätter, Journal etc) eine Verbindung herzustellen. Diese Verbindung wird neben der Führung vereinzelter Nebenbücher durch die so genannte Kontierung bewerkstelligt.

Unter Kontierung versteht man den meist auch heute noch handschriftlichen Vermerk auf dem Beleg (grundsätzlich neben den zu verbuchenden Werten), welches Konto der Buchhaltung durch den gegenständlichen Geschäftsfall des Beleges im Soll und welches Gegenkonto im Haben angesprochen wird.

Müsste nun auf diesen Belegen in der Praxis immer der gesamte Text einer Kontobezeichnung auf einem Beleg vermerkt werden, würde dies einerseits einen immensen (und sinnlosen) Arbeitsaufwand bedeuten und andererseits die systematische und kontrollierte Auseinandersetzung mit der Buchhaltung wesentlich erschweren bzw nahezu unmöglich machen, da aus einer rein textlichen Bezeichnung eines Kontos eventuell nicht erkennbar ist, ob dieses Konto zum Anlagevermögen, Umlaufvermögen, Fremdkapital, Aufwand etc gehört.

In der praktischen Buchhaltung werden daher die einzelnen Konten mit Kontonummern versehen und diese Kontonummern werden bei der Verbuchung der einzelnen Belege auf diesen vermerkt. Die Zuordnung von Kontonummern wird nicht willkürlich vorgenommen, sondern folgt einem System, dem Einheitskontenrahmen.

Der österreichische Einheitskontenrahmen, der nicht verpflichtend ist, sondern eine Empfehlung darstellt, sieht für die Ordnung in der Zuordnung der Konten die Zusammenfassung der einzelnen Konten in zehn Kontenklassen mit darin enthaltenen Kontengruppen vor. In der folgenden Darstellung werden nur die Klassen mit den Gruppen wiedergegeben. Die erste Zahl einer Kontonummer gibt die Klasse wieder, der das Konto angehört, die folgende Zahl die Gruppe, eine darauf folgende Zahl würde eine Untergruppe angeben etc.

Kontenklasse 0	Anlagevermögen und Aufwendungen für das Ingangsetzen und Erweitern eines Betriebes
00	Aufwendungen für das Ingangsetzen und Erweitern eines Betriebes
01	Immaterielle Vermögensgegenstände
02, 03	Grundstücke, grundstücksgleiche Rechte und Bauten, einschließlich der Bauten auf fremdem Grund
04, 05	Technische Anlagen und Maschinen
06	Andere Anlagen, Betriebs-, und Geschäftsausstattung
07	Geleistete Anzahlungen und Anlagen im Bau
08, 09	Finanzanlagen
Kontenklasse 1	Vorräte
Kontenklasse 2	Sonstiges Umlaufvermögen, Rechnungsabgrenzungsposten
20, 21	Forderungen aus Lieferungen und Leistungen
22	Forderungen gegenüber verbundenen Unternehmen und Unternehmen, mit denen ein Beteiligungsverhältnis besteht
23, 24	Sonstige Forderungen und Vermögensgegenstände
25	Forderungen aus der Abgabenverrechnung
26	Wertpapiere und Anteile
27, 28	Kassenbestand, Schecks, Guthaben bei Kreditinstituten
29	Rechnungsabgrenzungsposten
Kontenklasse 3	Rückstellungen, Verbindlichkeiten und Rechnungsabgrenzungsposten
31	Anleihen, Verbindlichkeiten gegenüber Kreditinstituten und Finanzinstituten
32	Erhaltene Anzahlungen auf Bestellungen
33	Verbindlichkeiten aus Lieferungen und Leistungen, Verbindlichkeiten aus der Annahme gezogener und der Ausstellung eigener Wechsel

34	Verbindlichkeiten gegenüber verbundenen Unternehmen, gegenüber Unternehmen, mit denen ein Beteiligungsverhältnis besteht, und gegenüber Gesellschaftern
35	Verbindlichkeiten aus Steuern
36	Verbindlichkeiten im Rahmen der sozialen Sicherheit
37, 38	Übrige sonstige Verbindlichkeiten
39	Rechnungsabgrenzungsposten
Kontenklasse 4	Betriebliche Erträge
40, 44	Umsatzerlöse und Erlösschmälerungen
45	Bestandsveränderungen und aktivierte Eigenleistungen
46, 49	Sonstige betriebliche Erträge
Kontenklasse 5	Materialaufwand und sonstige bezogene Herstellungsleistungen
Kontenklasse 6	Personalaufwand
Kontenklasse 7	Abschreibungen und sonstige betriebliche Aufwendungen
70	Abschreibungen
71	Sonstige Steuern
72	Instandhaltung und Reinigung durch Dritte, Entsorgung, Beleuchtung
73	Transport-, Reise- und Fahrtaufwand, Nachrichtenaufwand
74	Miet-, Pacht-, Leasing- und Lizenzaufwand
75	Aufwendungen für beigestelltes Personal, Provisionen an Dritte, Aufsichtsratsvergütungen
76	Büro-, Werbe- und Repräsentationsaufwand
77, 78	Versicherungen, übrige Aufwendungen
79	Konten für das Umsatzkostenverfahren
Kontenklasse 8	Finanzerträge und Finanzaufwendungen, ao Erträge und ao Aufwendungen, Steuern vom Einkommen und vom Ertrag, Rücklagenbewegungen
80, 83	Finanzerträge und Finanzaufwendungen
84	Außerordentliche Erträge und außerordentliche Aufwendungen
85	Steuern vom Einkommen und vom Ertrag
86, 89	Rücklagenbewegungen, Ergebnisüberrechnung
Kontenklasse 9	Eigenkapital, unversteuerte Rücklagen, Einlagen Stiller Gesellschafter, Abschluss- und Evidenzkonten

Bezieht man den dargestellten Kontorahmen auf die Bilanz und GuV, ergibt sich folgendes Bild der Zuordnung der einzelnen Klassen zu diesen Rechnungen:

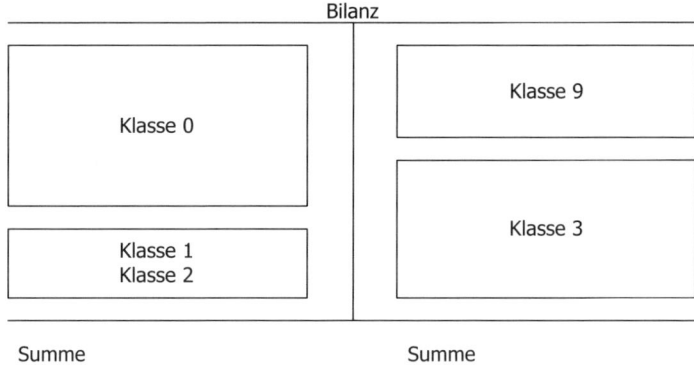

Abbildung 66: Kontenklassen – Bilanz

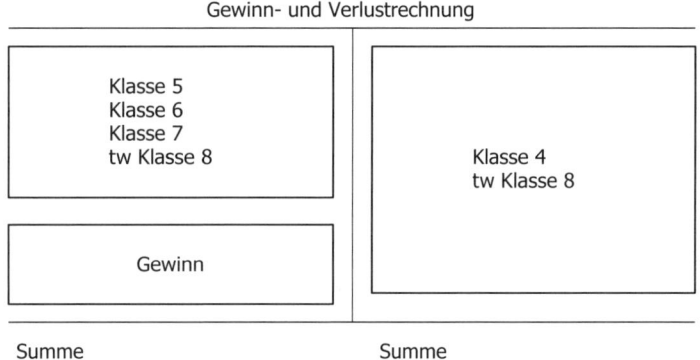

Abbildung 67: Kontenklassen – GuV

Das Wissen um die Zuordnung der einzelnen Konten zu den einzelnen Bereichen spielt va beim Lesen und Interpretieren von Saldenlisten eine wesentliche Rolle.

Abbildung 68 zeigt zur Illustration die erwähnte Kontierung eines Belegs. Der Darstellung liegt der Auszug einer erhaltenen Rechnung über die Verrechnung einer monatlichen Lizenzgebühr für die Nutzung einer Software zugrunde.

Die Kontierung zeigt den so genannten Buchungssatz, dh in welcher Weise und in welcher Höhe die einzelnen Beträge auf den Konten verbucht werden.

Verbalisiert würde der Buchungssatz laut Kontierung lauten: 748 und 250 an 330. Was bedeutet das nun?

1. Die Nummern der Kontierung stehen genau neben den zu buchenden Beträgen und beziehen sich dadurch auf diese Beträge.
2. Der Nettobetrag in Höhe von € 1.500,– wird auf dem Konto mit der Nummer 748 im Soll verbucht, da die Kontonummer links des Querstriches steht.

Beim Konto mit der Nummer 748 handelt es sich dabei um das Konto „Lizenzaufwand".

3. Der Betrag € 300,– wird auf dem Konto mit der Nummer 250 im Soll verbucht und gehört daher in die Klasse der Forderungen im Umlaufvermögen. Beim Konto mit der Nummer 250 handelt es sich um das Konto „Forderungen aus der Abgabenverrechnung", was mit dem wirtschaftlichen Gehalt übereinstimmt, da die Vorsteuer aus dem Geschäft in Abzug gebracht werden darf und vom Finanzamt refundiert wird.
4. Der Betrag von € 1.800,– wird auf dem Konto mit der Nummer 330 auf der rechten Seite im Haben verbucht, da die Kontonummer rechts des Querstriches steht. Bei dem Konto mit der Nummer 330 handelt es sich um das Konto „Verbindlichkeiten aus Lieferungen und Leistungen". Da die Rechnung nicht sofort bezahlt wird, werden die Verbindlichkeiten aus Lieferungen und Leistungen erhöht.

Bezeichnung	Betrag	Kontierung
Lizenzgebühr Software für Monat August	1.500	
Netto gesamt	1.500	748
USt 20%	300	250
Brutto gesamt	1.800	330

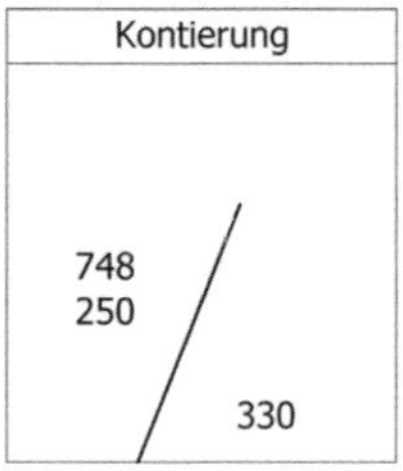

Abbildung 68: Kontierung

Fallbeispiel

Ausgangsdaten

Anhand eines einfachen Buchführungsbeispiels sollen Sie den Buchhaltungskreislauf nachvollziehen, erkennen, wie sich Salden entwickeln, und die Zusammenhänge zwischen Bilanz und GuV erfahren. Die Problematik der Bemessung und Verbuchung von Steuern wird vernachlässigt.

Der Unternehmer betreibt als Einzelunternehmer ein Ingenieurbüro und zu Periodenbeginn sieht seine Eröffnungsbilanz wie in Abbildung 69 aus. Ausgehend von dieser Eröffnungsbilanz eröffnen Sie bitte die einzelnen Konten und führen Sie die Verbuchung der folgenden Geschäftsfälle durch.

- Barzahlung einer vom Unternehmer gelegten Honorarrechnung in Höhe von € 120,–.
- Überweisung der Büromiete von € 20,–.
- Barzahlung des Einkaufes von Büromaterial im Wert von € 5,–.
- Überweisung der erhaltenen Telefonrechnung von € 15,–.
- Privatentnahme aus Kassa in der Höhe von € 25,–.
- Überweisung Miete für eine Vitrine von € 2,–.

- Das Anlagenvermögen unterliegt noch einer Nutzungsdauer von fünf Jahren.
- Erstellen Sie die Abschlussbilanz und ermitteln Sie den Erfolg des Unternehmens.

Aktiva	Eröffnungsbilanzkonto		Passiva
Anlagevermögen	100	Eigenkapital	100
Bank	250		
Kassa	50	Darlehen	300
Summe	400	Summe	400

Abbildung 69: Eröffnungsbilanz

- Lassen Sie sich bei der Ermittlung des Buchungssatzes eines Geschäftsfalls von folgenden Fragen leiten:
    - Welcher Bestand wird durch diesen Geschäftsfall verändert (Bestandsbuchung)?
    - Warum wird dieser Bestand verändert (GuV-Buchung)?

Sie können für Ihren Lösungsversuch die auf der folgenden Seite abgebildeten Konten verwenden.

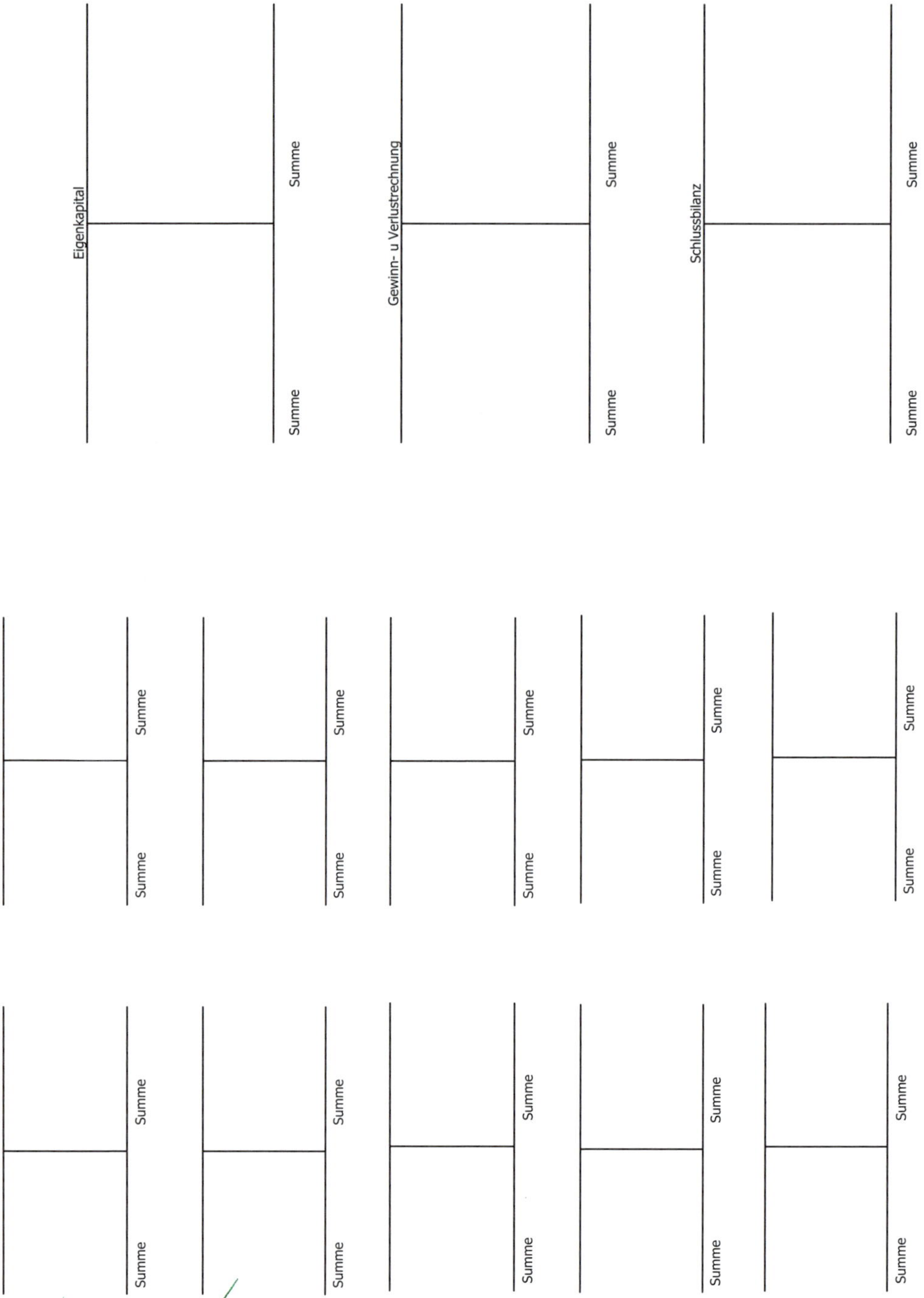

Abschnitt B – Externes Rechnungswesen

Abbildung 70: Kontenblatt

4. Der Buchungskreislauf

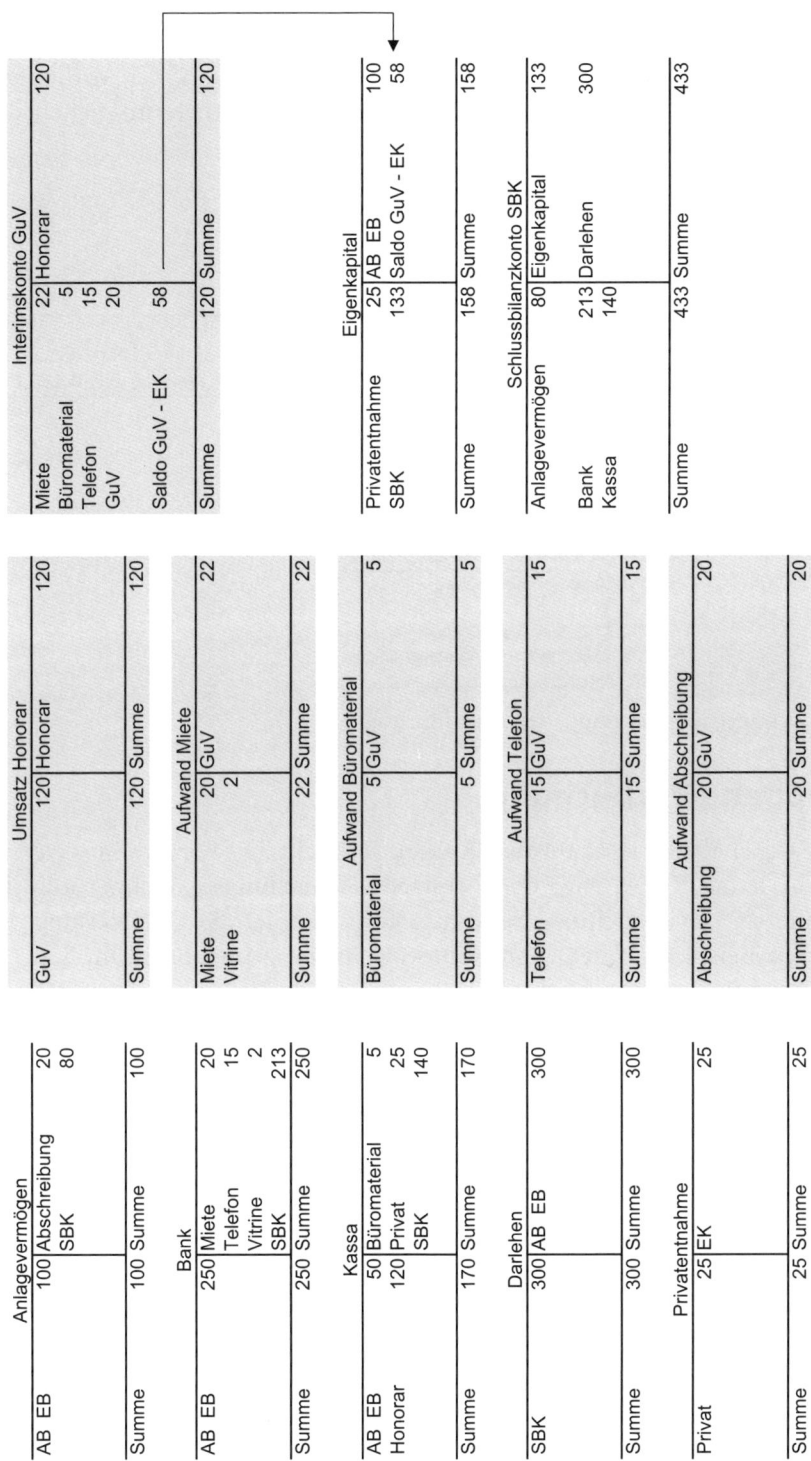

Abbildung 71: Buchungsbeispiel – Lösung

4.4. Kennzeichen der doppelten Buchführung

Wenn man sich mit dem sehr vereinfachten Buchungsbeispiel auf den vorherigen Seiten auseinander setzt, wird es einfach sein, die wesentlichen Kennzeichen der doppelten Buchführung abzuleiten und zu verstehen:

- doppelte Verbuchung, dh Buchung und Gegenbuchung
- doppelte Erfassung jedes Geschäftsfalls
- doppelte Erfolgsermittlung

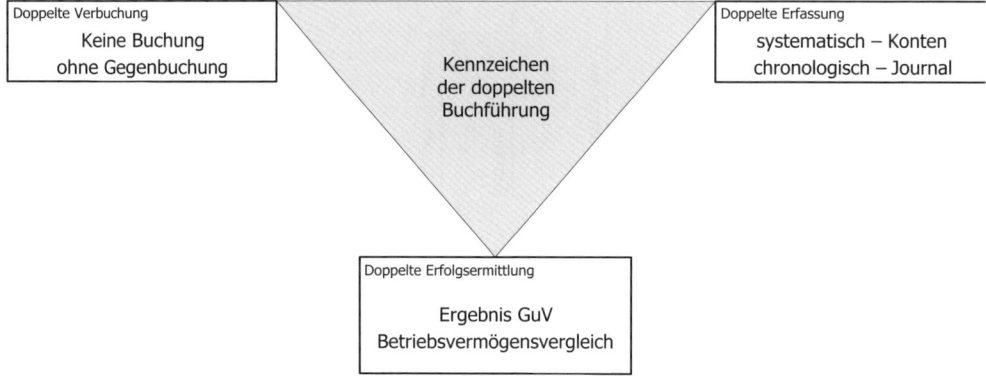

Abbildung 72: Kennzeichen der doppelten Buchführung

4.4.1. Doppelte Verbuchung

Jeder einzelne Geschäftsfall wird auf zwei Konten verbucht. Die vorgenommene Buchung auf dem ersten Konto wird dann einfach als Buchung bezeichnet und die zweite Buchung als Gegenbuchung. So wurde zum Beispiel die Überweisung der Miete im obigen Beispiel auf dem Bankkonto im Haben gebucht und im Soll des Aufwandskontos Miete gegengebucht.

Wenn man die einzelnen Buchungen des Beispiels nochmals durchläuft, lassen sich zwei unterschiedliche Arten von Gegenbuchungen feststellen:

Jede GuV-Buchung (Aufwands- oder Ertragskonto angesprochen) hat als Gegenbuchung eine Bestandsbuchung, dh die Gegenbuchung ist auf einem Vermögens- oder Kapitalkonto.

Betrachten wir die Buchungen aus dem Blickwinkel der ersten Buchung auf einem Bestandskonto, so wurden zwar die meisten Buchungen auf einem GuV-Konto gegengebucht, aber nicht alle: Es gab den Buchungssatz „Privatentnahme an Kassa", dh diese Buchung war nicht erfolgswirksam, sie hat die GuV-Konten nicht berührt und daher auch zu keiner Erhöhung bzw Verminderung des Erfolges der laufenden Periode geführt.

Die Frage, wie es dazu kommt, dass jede GuV-Buchung als Gegenbuchung eine Bestandsbuchung nach sich zieht, ist leicht zu erklären und systemimmanent. Da die

GuV die Aufgabe hat zu erklären, ob sich die Bestände der Bilanz durch einen Verbrauch oder Vermögenszuwachs verändert haben, kann die Gegenbuchung nur auf einem Bestandskonto stattfinden.

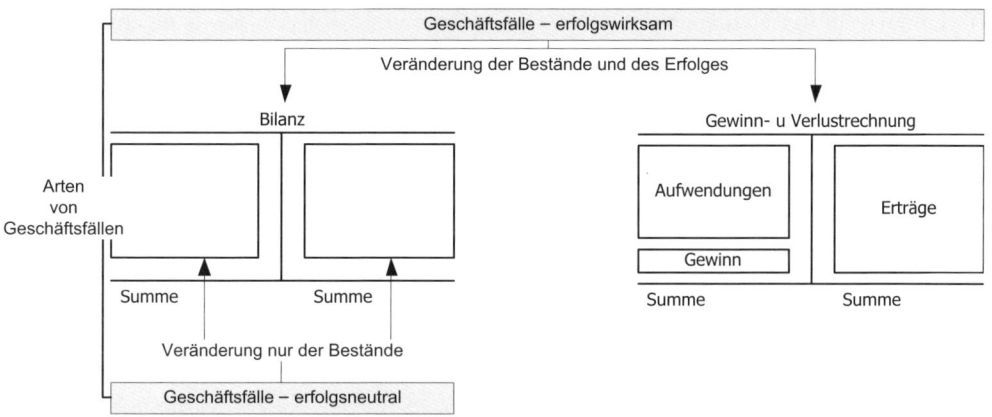

Abbildung 73: Erfolgswirksame und erfolgsneutrale Geschäftsfälle

Im obigen Beispiel ist aber auch erkennbar, dass es zumindest eine Buchung gibt, die das Ergebnis des Unternehmens nicht verändert, die also erfolgsneutral ist. Daher kann festgehalten werden:

- Jede GuV-Buchung hat zwingend als Gegenbuchung eine Bestandsbuchung.
- Nicht jede Bestandsbuchung hat zwingend als Gegenbuchung eine GuV-Buchung.

Es stellt sich die Frage, ob es weitere Bestandsbuchungen gibt, die erfolgsneutral sind und ob sich diese eventuell kategorisieren lassen.

Erfolgsneutrale Buchungsfälle sind Geschäftsfälle, die sich im Zeitpunkt der Verbuchung nicht auf den Erfolg des Unternehmens auswirken. Die mögliche Zahl dieser Geschäftsfälle lässt sich nicht eingrenzen. Es ist diesen Geschäftsfällen gemeinsam, dass sie im Zeitpunkt ihres Anfallens weder einen Aufwand noch einen Ertrag darstellen. Wenn sich diese Geschäftsfälle schon nicht zahlenmäßig eingrenzen lassen, so lassen sich diese Geschäftsfälle doch kategorisieren.

Herkömmlich werden diese erfolgsneutralen Geschäftsfälle eingeteilt in:

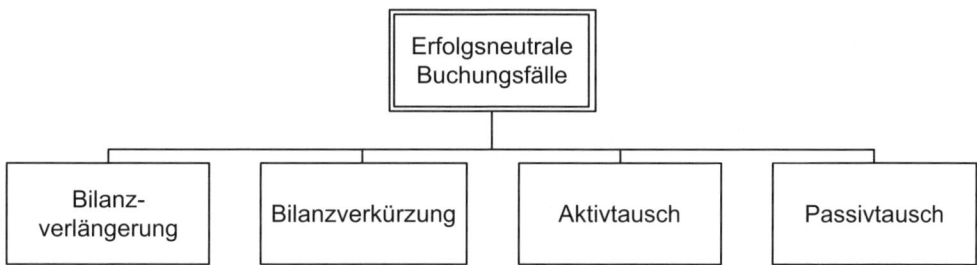

Abbildung 74: Erfolgsneutrale Buchungsfälle

Bilanzverlängerung bedeutet, dass die Bilanz „länger" wird, dh die Bilanzsumme erhöht sich. Da aufgrund der Bilanzgleichung weiterhin natürlich Summengleichheit bestehen muss, hat sich diese Veränderung durch den erfolgsneutralen Geschäftsfall auf die Aktiv- und Passivseite der Bilanz gleichermaßen auszuwirken.

Unter Bilanzverlängerung fasst man also erfolgsneutrale Geschäftsfälle zusammen, die gleichermaßen das Vermögen und das Kapital eines Unternehmens erhöhen.

Aktiva		Bilanz		Passiva
Anlagevermögen	400	Eigenkapital		200
		Kapitalerhöhung	200	
Vermögenserhöhung	200	Fremdkapital		800
Umlaufvermögen	600			
Bilanzsumme alt	1.000	Bilanzsumme alt		1.000
Verlängerung	200	Verlängerung		200
Bilanzsumme neu	**1.200**	Bilanzsumme neu		**1.200**

Abbildung 75: Bilanzverlängerung

Beispiel

Kauf von Vorräten um € 200,– auf Ziel:

Durch den Kauf von Vorräten wird das Umlaufvermögen um € 200,– höher. Zugleich steigt das Fremdkapital um € 200,–, da die Verbindlichkeiten aus Lieferungen und Leistungen um diesen Betrag erhöht werden. Es gibt keine Auswirkung auf den Erfolg des Unternehmens und keine Berührung mit der GuV.

Kauf eines betrieblichen Pkw um € 200,– durch Aufnahme eines Darlehens:

Der Pkw stellt Anlagevermögen dar und dieses Vermögen steigt durch den Kauf des Pkw um den Wert von € 200,–. Da diese Anschaffung durch die Aufnahme eines Darlehens finanziert wird, erhöht sich auch das Fremdkapital um € 200,–. Der Geschäftsfall hat keine Auswirkung auf den Erfolg des Unternehmens.

Bilanzverkürzung bedeutet, dass die Bilanz „kürzer" wird, dh die Bilanzsumme vermindert sich. Da aufgrund der Bilanzgleichung weiterhin Summengleichheit bestehen muss, hat sich diese Veränderung durch den erfolgsneutralen Geschäftsfall auf die Aktiv- und Passivseite der Bilanz gleichermaßen auszuwirken.

Unter Bilanzverkürzung fasst man also erfolgsneutrale Geschäftsfälle zusammen, die gleichermaßen das Vermögen und das Kapital eines Unternehmens vermindern.

4. Der Buchungskreislauf

Aktiva		Bilanz	Passiva
Anlagevermögen	400	Eigenkapital	200
		Kapitalverminderung	−200
Vermögensverminderung	−200	Fremdkapital	800
Umlaufvermögen	600		
Bilanzsumme alt	1.000	Bilanzsumme alt	1.000
Verkürzung	−200	Verkürzung	−200
Bilanzsumme neu	**800**	Bilanzsumme neu	**800**

Abbildung 76: Bilanzverkürzung

Beispiel

Privatentnahme aus der Kassa um € 200,–:

Die Kassa ist ein Konto des Umlaufvermögens und dieses sinkt aus diesem Geschäftsfall um € 200,–. Zugleich vermindert sich das Eigenkapital um € 200,–. Warum? Das Eigenkapital repräsentiert die „Schuld des Unternehmens gegenüber dem Unternehmer". Da der Unternehmer nunmehr dem Unternehmen Geldmittel entnommen hat, wurde die Schuld des Unternehmens gegenüber dem Unternehmer in diesem Ausmaß getilgt.

Darlehensrückzahlung aus Bankguthaben um € 200,–:

Das Bankguthaben als Umlaufvermögen vermindert sich um € 200,–, zugleich sinkt das Fremdkapital in der Position Darlehen um € 200,–.

Aktivtausch bedeutet, dass die Bilanzsumme unverändert bleibt. Der erfolgsneutrale Geschäftsfall wirkt sich auf der Aktivseite sowohl erhöhend als auch vermindernd aus, sodass sich diese gegenseitigen Wirkungen aufheben und es zu keiner Veränderung der Bilanzsumme kommt.

Unter Aktivtausch fasst man also erfolgsneutrale Geschäftsfälle zusammen, die gleichermaßen das Vermögen eines Unternehmens erhöhen und vermindern.

Aktiva		Bilanz	Passiva	
Anlagevermögen		400	Eigenkapital	200
Vermögenserhöhung	200			
Vermögensverminderung	–200			
			Fremdkapital	800
Umlaufvermögen		600		
Bilanzsumme alt		1.000	Bilanzsumme alt	1.000
Verlängerung	nur Tausch!	200		
Verkürzung		–200		
Bilanzsumme neu		**1.000**	Bilanzsumme neu	**1.000**

Abbildung 77: Aktivtausch

Beispiel

Rücklieferung von Betriebsstoffen durch Barzahlung von € 200,–:

Das Unternehmen hat ursprünglich Betriebsstoffe von einem Lieferanten bezogen und bezahlt. Dieser Geschäftsfall wurde auch bereits verbucht. Nunmehr wird das ursprüngliche Geschäft rückabgewickelt.

Damit sinken grundsätzlich einmal die Vorräte im Umlaufvermögen um € 200,–, weil dieser Bestand abnimmt. Da der Lieferant Zug um Zug auch sofort das Geld in bar zurückgibt, steigt die Kassa im Umlaufvermögen um € 200,–.

Kauf von Wertpapieren des Anlagevermögens durch Banküberweisung aus Guthaben um € 200,–:

Das Anlagevermögen in der Position Wertpapiere steigt durch diesen Geschäftsfall um € 200,– und das Bankguthaben im Umlaufvermögen nimmt um € 200,– ab.

Passivtausch bedeutet, dass die Bilanzsumme unverändert bleibt. Der erfolgsneutrale Geschäftsfall wirkt sich auf der Passivseite sowohl erhöhend, als auch vermindernd aus, sodass sich diese gegenseitigen Wirkungen aufheben und es zu keiner Veränderung der Bilanzsumme kommt.

4. Der Buchungskreislauf

Unter Passivtausch fasst man also erfolgsneutrale Geschäftsfälle zusammen, die gleichermaßen das Kapital eines Unternehmens erhöhen und vermindern.

Aktiva		Bilanz		Passiva
Anlagevermögen	400	Eigenkapital		200
		Kapitalerhöhung	200	
		Kapitalverminderung	−200	
		Fremdkapital		800
Umlaufvermögen	600			
Bilanzsumme alt	1.000	Bilanzsumme alt		1.000
		Erhöhung	nur Tausch!	200
		Verkürzung		−200
Bilanzsumme neu	**1.000**	Bilanzsumme neu		**1.000**

Abbildung 78: Passivtausch

Beispiel

Umschuldungsmaßnahmen in Höhe von € 200,–:

Umschuldungsmaßnahmen sind häufig dann angebracht, wenn das Unternehmen zu viele kurzfristige Verbindlichkeiten ausweist. Diese Art von Maßnahmen zielt darauf ab, eine fristenkongruente Finanzierung herzustellen. In diesem Fall würde seitens des Unternehmens ein neues langfristiges Darlehen in Höhe von € 200,– aufgenommen werden. Dadurch erhöht sich das Fremdkapital. Zug um Zug würden durch diese neuen liquiden Mittel kurzfristige Verbindlichkeiten abgebaut werden, wodurch das Fremdkapital wiederum in Höhe von € 200,– vermindert wird.

Zur Schuldentilgung legt ein Anteilseigner aus privaten Mitteln € 200,– in das Unternehmen ein:

Durch die Schuldentilgung vermindert sich einmal der Bestand des Fremdkapitals gegenüber dritten, nicht am Unternehmen beteiligten Personen um € 200,–. Im Gegensatz zu Fremdkapitalgebern ist der Anteilseigner am Unternehmen beteiligt und hat das Kapital dem Unternehmen aus seiner Privatsphäre zur Verfügung gestellt. Damit steigt die Schuld des Unternehmens gegenüber dem Unternehmer. Es steigt also das Eigenkapital um € 200,–.

4.4.2. Doppelte Erfassung jedes Geschäftsfalls

Ein weiteres Kennzeichen der doppelten Buchhaltung ist die zweifache Erfassung eines jeden Geschäftsfalls:

- einerseits systematisch im Hauptbuch – in den Konten
- andererseits chronologisch – im Journal

Beispiel

Auf den Konten werden die Geschäftsfälle systematisch zusammengefasst nach dem Inhalt der zugrunde liegenden Geschäftsfälle dargestellt. So sind auf dem folgenden Konto die Erlöse aus Warenverkäufen zusammengestellt und dokumentiert.

2014	Warenerlöse 20 %				KtoNr	4020
Datum	Beleg	GegKto	Text	USt	Soll	Haben
			Kontostand alt		0,00	58.000,00
02.02.14	100	20100	Auer	20 %		12.500,00
03.02.14	101	20300	Konrad	20 %		22.500,00
17.02.14	103	20200	Berger	20 %		2.916,57
22.02.14	104	20400	Dachs	20 %		18.750,00
22.02.14	105	20200	Berger GS	20 %	2.916,57	
			Kontostand neu		2.916,57	114.666,57
			Saldo neu			–111.750,00

Abbildung 79: Kontoblatt

Hingegen dokumentiert das Journal den zeitlichen Anfall aller Geschäftsfälle.

Journal

Datum	Beleg	Kto	GegKto	Text	USt	Soll	Haben	VSt	MwSt
07.01.14	25	7390	2700	Porto		47,00			
07.01.14	26	7230	2700	Steiner Lampen	20 %	1.945,00		389,00	
10.01.14	27	20100	3210	Auer			15.000,00		
14.01.14	28	7060	2700	Ikea	20 %	2.916,67		583,33	

Abbildung 80: Journal

4.4.3. Doppelte Erfolgsermittlung

Kennzeichnend für die doppelte Buchführung ist die Möglichkeit der doppelten Erfolgsermittlung. Der Erfolg wird einerseits in der Gewinn- und Verlustrechnung ermittelt, indem die Erträge den Aufwendungen gegenübergestellt werden. Da die Gewinn- und Verlustrechnung als zeitraumbezogene Flussrechnung jedoch auch die Funktion hat, die Veränderung der Bestände auf den Bestandskonten der Bilanz zu erläutern, muss der Erfolg andererseits auch über die Veränderung der Bestände der Bilanz, dh durch einen Betriebsvermögensvergleich, ermittelbar sein.

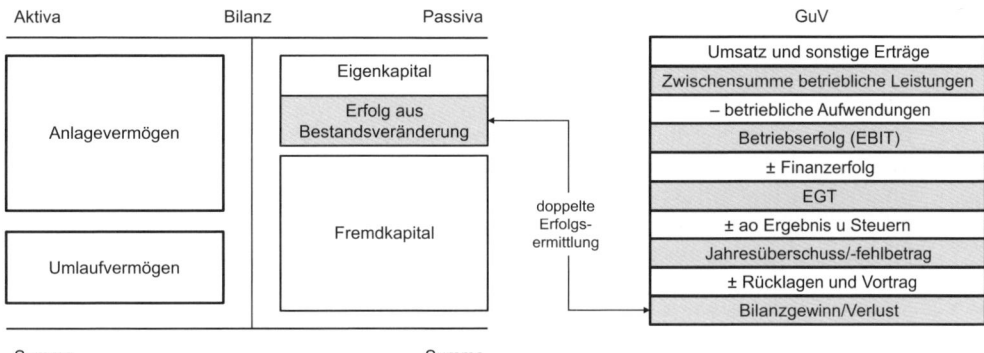

Abbildung 81: Doppelte Erfolgsermittlung

Beim Betriebsvermögensvergleich ergibt sich der Erfolg wie folgt:

	Betriebsvermögensvergleich
	Eigenkapital am Ende der Periode
–	Eigenkapital am Anfang der Periode
	Zwischensumme
+	Privatentnahmen
–	Privateinlagen
=	**Gewinn oder Verlust**

Abbildung 82: Betriebsvermögensvergleich

Beispiel

In Fortführung des Fallbeispiels aus den Abbildungen 69–71 soll nunmehr der Erfolg anhand der Methode des Betriebsvermögensvergleiches ermittelt werden.

Betriebsvermögensvergleich	
Eigenkapital am Ende der Periode	133
− Eigenkapital am Anfang der Periode	−100
Zwischensumme	33
+ Privatentnahmen (Neutralisierung)	25
− Privateinlagen	0
Gewinn/Verlust	**58**

Abbildung 83: Betriebsvermögensvergleich – Lösung

Dass der Erfolg aus der Veränderung des Eigenkapitals abzuleiten ist, lässt sich folgendermaßen erklären:
a) Das Eigenkapital ist die Differenz aus Vermögen und Schulden.
b) Verändern sich das Vermögen oder die Schulden erfolgswirksam, so hat dies unmittelbaren Einfluss auf die Höhe des Eigenkapitals als Differenzgröße.
c) Erfolgsneutrale Geschäftsfälle (Aktivtausch, Passivtausch, Bilanzverlängerung, Bilanzverkürzung) verändern das Eigenkapital nicht, da das Verhältnis zwischen Vermögen und Schulden durch erfolgsneutrale Geschäftsfälle nicht verändert werden kann.
d) Der alleinige erfolgsneutrale Eingriff zur Veränderung des Eigenkapitals stellen die Einlagen bzw Entnahmen der Unternehmer dar. Einlagen bzw Entnahmen der Unternehmer werden im Betriebsvermögensvergleich (vgl oben) neutralisiert.

Eigentlich ist der dargestellte Betriebsvermögensvergleich auf Basis der Eigenkapitalanteile eines Unternehmens zu Beginn und zu Ende einer Periode inhaltlich ein verkürzter Vergleich der Veränderung der einzelnen Bestände zu diesen Zeitpunkten.

In Fortführung des Fallbeispiels aus dem Kapitel „Der Buchungskreislauf" soll nunmehr der Erfolg neuerlich anhand der Methode des Betriebsvermögensvergleiches auf Basis der einzelnen Bestände ermittelt werden.

Betriebsvermögensvergleich aus Bestandsveränderung	AB	EB	Differenz
Anlagevermögen	100	80	−20
Bank	250	213	−37
Kassa	50	140	90
Darlehen	−300	−300	0
Zwischensumme	**100**	**133**	**33**
Privatentnahme (als Unterkonto des Eigenkapitals – Neutralisierung)			25
Privateinlage (als Unterkonto des Eigenkapitals – Neutralisierung)			0
Gewinn/Verlust			**58**

Abbildung 84: Betriebsvermögensvergleich – Lösung im Detail

4.5. Informationsinstrumente der laufenden Buchführung

> **Lernziel**
>
> **In diesem Kapitel lernen Sie**
> - welche „aktuellen" Instrumente die Buchhaltung zur Verfügung stellt

Die Buchhaltung eines Unternehmens ist ein Instrument, das mit dem gesetzlichen Auftrag versehen ist, fortlaufend zu dokumentieren und dadurch Informationen zu liefern. Diese Informationsquelle dient dem Management dazu, die bisherigen Entwicklungen zu analysieren und zu bewerten. Damit wird die Buchhaltung auch zu einer wertvollen Informationsquelle für künftige Entscheidungen. So ist es unverzichtbar, dass die Informationen aus der Buchhaltung auch in kostenrechnerische Entscheidungen einfließen wie etwa in die Budgetierung, in die Planung etc.

Mitglieder der Unternehmensführung setzen sich seltener mit der Darstellung eines einzelnen Geschäftsfalls auseinander. Ihr Interesse gilt vielmehr den Analysen, Entwicklungen und Trends.

> **Beispiel**
>
> Es ist für Personen des Managements meist von nachrangigem Interesse, ob der Auftrag für eine Reparatur an einer Maschine für die eingebaute Kurbelwelle genau einen Aufwand in Höhe von € 2.423,80 verursachte. Ihr Interesse gilt vielmehr der Frage, ob der Aufwand für bezogene Teile im 2. Quartal gegenüber dem 1. Quartal gestiegen ist, ob die Maßnahmen, die ergriffen wurden, im Hinblick auf die Steigerung der Rentabilität erfolgreich waren, oder welche Veränderung in der Belastung des Finanzergebnisses eintreten müsste, damit das angestrebte Ergebnis der gewöhnlichen Geschäftstätigkeit endlich erreicht wird.

Es stellt sich daher die Frage, ob es zur Erfüllung dieser Aufgaben erforderlich ist, dass das Management die Verbuchung der einzelnen Geschäftsfälle nachvollzieht, um den gewünschten Informationsstand zu erlangen, oder ob es nicht auch einen kürzeren und vorteilhafteren Weg gibt.

Dieser erforderliche Überblick sollte sich auf das Wesentliche konzentrieren und anhand von transparenten Auswertungen, Analysen und Berichten zur Verfügung stehen. In der überwiegenden Mehrzahl der Unternehmen mangelt es allerdings an einem transparenten Berichtswesen. Das bringt für das Management die Notwendigkeit mit sich, sich die gewünschten Informationen wiederum aus der laufenden Buchführung zu beschaffen.

Instrumente, die die Buchhaltung und Bilanzierung in diesem Zusammenhang zur Verfügung stellen, sind insbesondere:

- Jahresabschluss, bestehend aus Bilanz und GuV
- Saldenlisten
- Kontoblätter
- Journal

Die Mehrzahl der Angehörigen des Managements, welchem Fachbereich sie auch angehören, wird zugestehen, dass sie von Zeit zu Zeit zur Bewältigung ihrer Aufgaben mit zumindest einem Teil dieser Instrumente konfrontiert wird.

4.5.1. Die Kontoblätter

Die heute – im Zeitalter der Informationstechnologie – gebräuchlichen Kontoformen erinnern nur mehr wenig an die Darstellungsform eines typischen T-Kontos. In ihrem Aufbau haben sie allerdings noch erkennbare Parallelen.

Die wesentlichen Bestandteile eines heute gebräuchlichen Kontos der Buchhaltung sind im Kontoblatt „Warenerlöse 20 %" in Abbildung 79 ersichtlich.

Kontonummer: Die Kontonummer gibt die Zuordnung des Kontos zu den einzelnen Rechnungskreisen wie Bilanz (Vermögen und Kapital) oder GuV (Ertrag oder Aufwand) an.
In der Praxis ist die Kontonummer meist dem Einheitskontenrahmen entnommen (hier also ein Ertragskonto – Klasse 4).
Bei der Kontierung der einzelnen Belege wird diese Kontonummer verwendet und auf den Belegen vermerkt. Dadurch wird der Konnex zwischen dem Belegwesen und der Buchhaltung hergestellt.

Kontobezeichnung: Jedes Konto wird korrespondierend zur Kontonummer zusätzlich in Worten bezeichnet.

Datum: Das Buchungsdatum ist in der Praxis meist übereinstimmend mit dem Belegdatum. Es gibt an, wann der Geschäftsfall verbucht wurde.

Belegnummer: Die verbuchten Belege werden laufend nummeriert. Dazu wird die laufende Nummer auf den Belegen vermerkt. Das Belegwesen bedarf aufgrund der möglichen großen Mengen an Belegen der Organisation. Zu diesem Zweck werden die Belege in so genannte Belegkreise eingeteilt, wie insbesondere:
AR: Ausgangsrechnungen
ER: Eingangsrechnungen
Ba: Bankbelege
Ka: Kassabelege
GS: Gutschriften
BA: Buchungsanweisungen

Gegenkonto:	Die eingetragene Kontonummer gibt das Gegenkonto an, auf dem die Gegenbuchung vollzogen wurde.
Text:	Auf dem Kontoblatt befindet sich eine Spalte für das Eintragen eines Buchungstextes. Welche Buchungstexte tatsächlich verwendet werden, ist meist von der buchführenden Person abhängig. In größeren Buchhaltungen empfiehlt sich zur besseren Transparenz die Anlage von Textbausteinen für wiederkehrende Buchungsfälle.
USt:	In der Spalte „USt" wird der Umsatzsteuer-Code eingetragen. Im Zeitalter der EDV-Buchhaltung wird die Umsatzsteuer von der Software eigenständig durch Eingabe des USt-Codes berechnet.
Soll und Haben:	Auf jedem Kontoblatt gibt es zwei Spalten für den Eintrag der Werte der Soll- oder Haben-Buchungen.
Saldo neu:	Der Saldo zeigt die Differenz zwischen Soll und Haben und geht später in die Saldenliste ein. Das Vorzeichen ist vom Inhalt des Saldos abhängig. Ist die Haben-Seite größer, so tragen die Salden ein negatives Vorzeichen. Ist die Soll-Seite größer, tragen die Salden ein positives Vorzeichen.

Da die Kontoblätter die einzelnen Geschäftsfälle nach ihrem Inhalt systematisch zusammengefasst darstellen, wird man bei der Informationsbeschaffung immer auf die Kontoblätter zurückgreifen, wenn sich die Frage nach der Zusammensetzung eines Saldos eines Kontos stellt.

Beispiel

Der Controller vertieft sich gerade in die Durchführung der Abweichungsanalyse für das letzte Quartal. Im Bereich der bezogenen Fremdleistungen fällt ihm aufgrund der Salden eine erhebliche Abweichung gegenüber den Planwerten dieser Periode auf, ohne dass er für die Abweichung weitere Informationen hat. Um diese Abweichung einer näheren Analyse zu unterziehen, wird er die Zusammensetzung des Saldos überprüfen müssen. Zu diesem Zweck wird er vorrangig das Kontoblatt zu Rate ziehen, sodass er an die Information gelangt, durch welche Geschäftsfälle dieser Saldo verursacht ist.

4.5.2. Die Saldenliste

Die Saldenliste ist die Darstellung der Salden der einzelnen Konten in Listenform. Bei Erstellung der Saldenliste werden die einzelnen Salden der Bestands- und Erfolgskonten in diese Saldenliste übernommen. Diese Darstellung ermöglicht in komprimierter Form einen aktuellen Überblick über die Vermögens- und Kapitalsituation sowie über den Erfolg des Unternehmens.

Materialaufwand	KtoNr	5000		Warenerlöse 20 %	KtoNr	4020
Text	Soll	Haben		Text	Soll	Haben
Kontostand alt	26.000,00	0,00		Kontostand alt	0,00	58.000,00
Schotter	1.800,00			Auer		72.000,00
Gips	4.200,00			Konrad		65.000,00
Kontostand neu	32.000,00	0,00		Kontostand neu	0,00	195.000,00
Saldo neu		32.000,00		Saldo neu		−195.000,00

Personalaufwand	KtoNr	6000		Instandhaltung	KtoNr	7200
Text	Soll	Haben		Text	Soll	Haben
Kontostand alt	84.000,00	0,00		Kontostand alt	1.400,00	0,00
Huber	3.600,00			Elektrik	540,00	
Meier	2.800,00			Fassade	780,00	
Kontostand neu	90.400,00	0,00		Kontostand neu	2.720,00	0,00
Saldo neu		90.400,00		Saldo neu		2.720,00

Saldenliste

KtoNr und Text	Saldo
4020 Umsatzerlöse	−195.000,00
5000 Materialaufwand	32.000,00
6000 Personalaufwand	90.400,00
7200 Instandhaltung	2.720,00
Summe	−69.880,00

Abbildung 85: Saldenliste – Entstehung

In den meisten Unternehmen ist diese Saldenliste die „aktuellste Informationsquelle" aus dem externen Rechnungswesen, die das gesamte Unternehmen betrifft. Aufgrund der engen zeitlichen Beziehung zur Gegenwart ist die Saldenliste das wichtigste Instrument des externen Rechnungswesens zur Beurteilung des Ist-Zustandes eines Unternehmens. Die Jahresabschlüsse, die häufig erst ein halbes Jahr bis ein Jahr nach Ablauf des Wirtschaftsjahres, das sie betreffen, erstellt werden, können diesen Anforderungen nicht mehr gerecht werden.

KtoNr	Text	Saldo
0580	Betriebsausstattung sonstige	100.000,00
0620	Büromaschinen, EDV – Anlagen	36.000,00
0630	Fahrzeuge	52.000,00
1000	Vorrat	56.000,00
2000	Forderungen Lieferung und Leistung	54.000,00
3120	Bank	−156.000,00

3500	Verrechnungskonto Finanzamt	−25.000,00
4120	Umsatzerlöse	−745.000,00
5000	Einsatz	335.250,00
5700	Fremdleistungen	5.000,00
6000	Personalaufwand	172.000,00
6500	Gesetzlicher Sozialaufwand	51.600,00
7000	Abschreibung	10.000,00
7180	Gebühren und Stempelmarken	500,00
7200	Reinigung durch Dritte	1.000,00
7220	Instandhaltung Betriebs- und Geschäftsausstattung	4.500,00
7320	Pkw – Betriebsaufwand	75.000,00
7340	Reisespesen	12.000,00
7380	Telefon, Telex und Telefax	12.150,00
7400	Miet- und Pachtaufwand	12.000,00
7600	Büromaterial	5.000,00
8280	Zinsen für Bankkredite, Darlehen	12.000,00
9800	Eigenkapital	−80.000,00
	Summe	**0,00**

Abbildung 86: Saldenliste

Saldenlisten, die sowohl eine Spalte für Soll-Salden als auch eine Spalte für Haben-Salden haben, weisen alle Salden mit positivem Vorzeichen aus.

Wenn Saldenlisten für die Salden jedoch nur eine Spalte zur Verfügung haben (so wie die Saldenliste in Abbildung 86), dann werden Soll-Salden mit positivem Vorzeichen dargestellt bzw Haben-Salden mit negativem Vorzeichen, und zwar entsprechend den Salden der zugrunde liegenden Konten.

Fallbeispiel

Ausgangsdaten

Die Daten der Saldenliste in Abbildung 86 dienen als Basisdaten für die folgenden Aufgaben. Lesen Sie vorerst aufmerksam die Saldenliste, bevor Sie mit den Aufgabenstellungen beginnen.

a) Ermitteln Sie folgende Positionen:
   – Anlagevermögen
   – Vorrat
   – Forderungen
   – Fremdkapital

b) Ermitteln Sie den Erfolg oder Misserfolg des Unternehmens nach folgender Gliederung:
   - Betriebliche Erträge
   - Materialaufwand und sonstige bezogene Herstellungsleistungen
   - Personalaufwand
   - Abschreibung und sonstige betriebliche Aufwendungen
   - Finanzaufwand
c) Ermitteln Sie das Eigenkapital des Unternehmens.
d) Erstellen Sie eine Schlussbilanz in einfacher T-Kontenform.
e) Führen Sie den Betriebsvermögensvergleich durch.

Aufgabenlösung

Da für die Lösung jeweils eine Gliederung gefordert ist und andererseits in der Saldenliste Kontonummern laut Einheitskontenrahmen verwendet wurden, wird es sinnvoll sein, vorerst den geforderten Gliederungspunkten Kontenklassen bzw. Kontengruppen zuzuordnen.

a) Ermittlung der Vermögens- und Schuldpositionen

Klasse	Position	Saldo
0	Anlagevermögen	188.000,00
1	Vorrat	56.000,00
2	Forderungen	54.000,00
3	Fremdkapital	−181.000,00
Saldo = Eigenkapital		**117.000,00**

Abbildung 87: Vermögen und Schulden

Aus der Differenz zwischen Vermögen und Schulden kann bereits das Eigenkapital zum Zeitpunkt der Saldenliste ermittelt werden.

b) Ergebnisermittlung lt Salden der GuV

Klasse	Position	Saldo
4	Betriebliche Erträge	745.000,00
5	Materialaufwand und sonstige bezogene Herstellungsleistungen	−340.250,00
6	Personalaufwand	−223.600,00
7	Abschreibung und sonstige betriebliche Aufwendungen	−132.150,00
8	Finanzaufwand	−12.000,00
Gewinn		**37.000,00**

Abbildung 88: Gewinn- und Verlustrechnung

Die Vorgangsweise ist wiederum, die Salden entsprechend der Kontenklassen zu gliedern. Zu beachten ist allerdings, dass Erträge auf den Ertragskonten im Haben stehen und daher in der Saldenliste mit negativem Vorzeichen versehen sind. Dieses negative Vorzeichen eignet sich natürlich nicht für die Darstellung in der GuV in Staffelform. Daher ist ein Vorzeichenwechsel bei den Positionen durchzuführen, um ein transparentes Bild zu erhalten.

c) Ermittlung des Eigenkapitals

Wie bereits unter a) angesprochen, ergibt sich das Eigenkapital als Differenz zwischen Vermögen und Schulden des Unternehmens. Das Eigenkapital nach Berücksichtigung aller Geschäftsfälle würde somit € 117.000,– betragen.

In der Saldenliste ist jedoch ein Eigenkapital in Höhe von € 80.000,– ausgewiesen. Das in der Saldenliste ausgewiesene Eigenkapital in Höhe von € 80.000,– ist nicht das Eigenkapital zum Stichtag der Erstellung der Saldenliste, sondern das Eigenkapital anlässlich der Eröffnung der Konten, also das Eigenkapital aus der Eröffnungsbilanz. In der Praxis werden nämlich während des Jahres auf dem Konto Eigenkapital keine Buchungen vorgenommen. Die Gewinn- und Verlustrechnung ist daher zum Zeitpunkt der Erstellung der Saldenliste noch nicht gegen Eigenkapital abgeschlossen. Dieser Vorgang wird erst bei der Jahresabschlusserstellung ausgeführt.

d) Erstellung Bilanz

Aktiva			Bilanz		Passiva
Anlagevermögen	188.000	188.000	Eigenkapital		117.000
Vorrat	56.000				
Forderungen	54.000	110.000	Fremdkapital	181.000	181.000
Summe		298.000	Summe		298.000

Abbildung 89: Bilanz

Die bereits in den vorigen Punkten der Lösung ermittelten Werte werden hier in Form der Gegenüberstellung von Vermögen und Kapital dargestellt.

e) Betriebsvermögensvergleich

Betriebsvermögensvergleich		
	Eigenkapital am Ende der Periode	117.000
–	Eigenkapital am Anfang der Periode	–80.000
	Zwischensumme	37.000
+	Privatentnahmen	0
–	Privateinlagen	0
	Gewinn	**37.000**

Abbildung 90: Betriebsvermögensvergleich

Der Vergleich des Ergebnisses aus der GuV in Höhe von € 37.000,– mit dem Ergebnis lt Betriebsvermögensvergleich in Höhe von € 37.000,– zeigt, dass beide Erfolgsermittlungen zum selben Ergebnis führen (doppelte Erfolgsermittlung). Dieser Vergleich dient auch der Kontrolle, ob das System der doppelten Buchführung geschlossen ist.

Praktische Relevanz

Ein Teil des Managements schwört auf die Saldenlisten – mit gutem Grund.

Wenn Saldenlisten auch vergangenheitsorientiert sind, so dokumentieren sie doch die jüngsten Geschehnisse im Unternehmen. Das Erfordernis der Aktualität der Informationen als Grundlage für künftige Entscheidungen macht die Saldenliste nahezu unersetzbar.

Die Daten aus dem Jahresabschluss sind meist zu alt. Der Jahresabschluss wird in der Praxis im Schnitt ein halbes Jahr bis zu einem Jahr nach Abschluss des Wirtschaftsjahres erstellt, zu dem er wirtschaftlich gehört.

Über diese zeitlichen Komponenten wissen auch unternehmensexterne Personen Bescheid. So fordern Banken von Unternehmen in der Krise regelmäßig die Saldenliste an.

Auch unternehmensintern bietet die Saldenliste für die Geschäftsführung die aktuellsten Ist-Daten zur Würdigung der momentanen bzw der jüngsten Entwicklung des Unternehmens.

Wissen kompakt

Kontierung ist der Vermerk auf dem Beleg, auf welchen Konten der Geschäftsfall verbucht wird.

Der **Einheitskontenrahmen** teilt die Konten in Kontenklassen ein. Der Einheitskontenrahmen stellt eine Empfehlung an die Unternehmen dar und dient der Organisation der Konten der Buchhaltung.

Die **Kennzeichen der doppelten Buchhaltung** sind: keine Buchung ohne Gegenbuchung, doppelte Erfassung jedes Geschäftsfalles und doppelte Erfolgsermittlung.

Erfolgsneutrale Buchungsfälle sind solche Buchungsfälle, die sich nicht auf den Erfolg des Unternehmens auswirken. Zu erfolgsneutralen Buchungsfällen zählen Bilanzverlängerung, Bilanzverkürzung, Aktivtausch und Passivtausch.

Betriebsvermögensvergleich: Beim Betriebsvermögensvergleich wird der Erfolg aus dem Vergleich des Eigenkapitals am Ende der Periode mit dem Eigenkapital am Anfang der Periode ermittelt. Privateinlagen und Privatentnahmen sind zu neutralisieren.

Kontrollfragen

- Welche Arbeitsschritte müssen zu Beginn einer Buchungsperiode gesetzt werden, um sicherzustellen, dass an die Schlussbilanzwerte des Vorjahres angeknüpft wird?
- Wirken sich alle Geschäftsfälle erfolgswirksam aus? Wenn nicht, nennen Sie mögliche Fälle erfolgsneutraler Buchungen.
- Welchen Aufbau und Inhalt hat ein Konto der Buchhaltung?
- Welchen Aufbau und Inhalt hat eine Saldenliste?
- Was versteht man unter dem Betriebsvermögensvergleich und wie wird dieser durchgeführt?

Verwendete und weiterführende Literatur

- *Bertl, R./Deutsch, E./Hirschler, K.:* Buchhaltungs- und Bilanzierungshandbuch, 8. Auflage, Wien 2013.
- *Lechner, K./Egger, A./ Schauer, R.:* Einführung in die Allgemeine Betriebswirtschaftslehre, 26. Auflage, Wien 2013.
- *Wöhe, G./Döring, U.:* Einführung in die Allgemeine Betriebswirtschaftslehre, 25. Auflage, München 2013.

5. Grundsätze ordnungsgemäßer Buchführung und Bilanzierung

Lernziel

In diesem Kapitel lernen Sie
- welche Grundsätze bei der Buchführung und Bilanzierung zu beachten sind

Die Grundsätze ordnungsgemäßer Buchführung und Bilanzierung haben ihre Wurzeln zum Teil in langjähriger unternehmerischer Übung, in der Rechtsprechung sowie in weiteren Quellen. In wesentlichen Teilen wurden sie kodifiziert und haben damit Eingang in die einschlägigen Gesetze gefunden, so insbesondere ins Unternehmensrecht und Steuerrecht.

Die Grundsätze ordnungsgemäßer Buchführung und Bilanzierung sind Gegenstand der Rechtsordnung und stellen allgemein anerkannte Auslegungs- und Interpretationsregeln der Buchführungs- und Rechnungslegungsvorschriften dar. Sie sind dort anzuwenden, wo die Gesetze einer ergänzenden Auslegung bedürfen.

Durch die Änderung und fortwährende Entwicklung des Marktes unterliegen diese Grundsätze einer fortlaufenden dynamischen Entwicklung, in der sich die Wertvorstellungen der Interessenträger widerspiegeln.

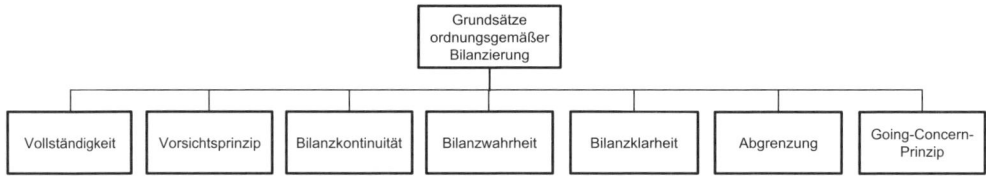

Abbildung 91: Grundsätze ordnungsgemäßer Bilanzierung

Der **Grundsatz der Vollständigkeit** fordert, dass alle buchungspflichtigen Geschäftsfälle zu erfassen sind, so wie in der Bilanz die Vermögensgegenstände, Schulden und Rechnungsabgrenzungsposten und in der GuV die Erträge und Aufwendungen vollständig auszuweisen sind.

Im **Grundsatz des Vorsichtsprinzips** kommt der im Unternehmensrecht dominierende Grundsatz zum Ausdruck, nach dem sich der Unternehmer zum Schutz der Gläubiger und der Anteilseigner im Zweifel eher ärmer als reicher darzustellen hat. In seiner Konkretisierung tritt dieser Grundsatz im Realisationsprinzip und im Imparitätsprinzip sowie auch im Höchstwertprinzip und im Niederstwertprinzip zu Tage. Noch nicht realisierte Gewinn dürfen entsprechend dem Realisationsprinzip nicht ausgewiesen werden. Im Gegensatz dazu müssen noch nicht realisierte Verluste, die bereits am Bilanzstichtag erkennbar, absehbar und einschätzbar sind, bereits im Abschluss des laufenden Jahres ausgewiesen werden, selbst wenn sie erst nach dem Bilanzstichtag eintreten. Das imparitätische Realisationsprinzip bewirkt, dass die Vermögensgegenstände eines Unternehmens grundsätzlich zum niedrigeren Wert ausgewiesen werden müssen (Niederstwertprinzip) und dass Schulden aus dem Vorsichtsgedanken heraus mit dem höheren Wert auszuweisen sind.

Der **Grundsatz der Bilanzkontinuität** untergliedert sich in die Erfordernisse der Bilanzidentität und der formellen und materiellen Bilanzkontinuität. Die Bilanzidentität besagt, dass die Schlussbilanz des Vorjahres mit der Eröffnungsbilanz des Folgejahres übereinstimmt. Soweit nicht wesentliche wirtschaftliche Gründe für eine Änderung sprechen, sind bei diesem Vorgang die Form und Gliederung der früheren Bilanz (formelle Bilanzkontinuität), die Wertzusammenhänge und die Bewertungsmethoden (materielle Bilanzkontinuität) beizubehalten.

Der **Grundsatz der Bilanzwahrheit** fordert, dass im Rahmen der Gesetze die Geschäftsfälle wahrheitsgemäß erfasst und bewertet werden. Dieser Grundsatz scheint gerade im Hinblick auf Geschäftsfälle problematisch, in denen gewisse Bewertungsspielräume verbleiben, so insbesondere bei Geschäftsfällen, in denen das Unternehmen auf Schätzwerte und Erfahrung zurückgreifen muss. Aus diesen und ähnlichen Gründen wird daher in der neueren Literatur gefordert, dass der Grundsatz der Bilanzwahrheit den Anforderungen der Richtigkeit und Willkürfreiheit gerecht wird. Unter Richtigkeit versteht man, dass der Jahresabschluss auf eine Buchhaltung zurückzuführen ist, die den Buchführungsvorschriften entspricht, und unter Willkürfreiheit versteht man, dass Werte zum Ansatz gelangen, die objektiv nachvollziehbar sind und der inneren Überzeugung des Bilanzierenden entsprechen.

Der **Grundsatz der Bilanzklarheit** bezieht sich insbesondere auf die Form der Darstellung des Jahresabschlusses und steht in engem Zusammenhang mit dem Gebot der Einzelbewertung. Der Jahresabschluss soll in klarer und übersichtlicher Form erstellt sein, sodass Vermögen und Kapital systematisch und transparent aufgezeigt werden. Um diese Transparenz zu unterstützen, besteht ein Saldierungsverbot. Das bedeutet, dass Aktivposten und Passivposten bzw Aufwands- und Ertragspositionen nicht gegenseitig aufgerechnet werden dürfen. Von diesem Grundsatz darf nur in Ausnahmefällen abgewichen werden.

Der **Grundsatz der Abgrenzung** hat eine sachliche und eine zeitliche Ausprägung. Im Hinblick auf die sachliche Ausprägung grenzt er an das imparitätische Realisationsprinzip an und besagt, dass noch nicht realisierte Gewinne noch nicht ausgewiesen werden dürfen und dass noch nicht realisierte, aber bereits erkennbare Verluste bereits der Periode, in der sie erkennbar werden, zuzurechnen sind. In der zeitlichen Ausprägung besagt der Grundsatz der Abgrenzung, dass die Aufwendungen und Erträge periodenbezogen abzugrenzen sind. Das bedeutet, dass Aufwendungen und Erträge in der Periode anzusetzen sind, zu der sie wirtschaftlich gehören.

Der **Grundsatz der Unternehmensfortführung** besagt, dass der Bewertung des Vermögens und der Schulden im Jahresabschluss die Prämisse zugrunde gelegt wird, dass das Unternehmen über den Bilanzstichtag hinaus fortgeführt wird (Fortführungs- oder Going-concern-Prinzip).

Praktische Relevanz

Die Grundsätze ordnungsgemäßer Buchführung und Bilanzierung stehen in einem laufenden Spannungsverhältnis zu den Unternehmensinteressen.

Einerseits versuchen finanzierungssuchende Unternehmen sich in der Krise als möglichst reich darzustellen. Damit beabsichtigen sie, dass ein potentieller Investor sein Engagement im Unternehmen als weniger risikoreich betrachtet.

Andererseits streben erfolgreiche und rentable Unternehmen danach, ihre Gewinne weitestgehend zu mindern, da von den Gewinnen die Ertragssteuern bemessen werden.

Kontrollfragen

- Was sind Grundsätze ordnungsgemäßer Buchhaltung und Bilanzierung (GoB)?
- Welche GoB kennen Sie?
- Was besagt das imparitätische Realisationsprinzip?

Verwendete und weiterführende Literatur

- *Bertl, R./Deutsch, E./Hirschler, K.:* Buchhaltungs- und Bilanzierungshandbuch, 8. Auflage, Wien 2013.
- *Denk, C./Feldbauer-Durstmüller, B./Mitter, C./Wolfsgruber, H.:* Externe Unternehmensrechnung – Handbuch für Studium und Bilanzierung, 4. Auflage, Wien 2010.
- *Egger, A./Samer, H./Bertl, R.:* Der Jahresabschluss nach dem Unternehmensgesetzbuch; Bd 1, 14. Auflage, Wien 2013.
- *Hirschler, K.* (Hrsg): Bilanzrecht, Kommentar, Einzelabschluss, 1. Auflage, Wien 2010.

6. Bilanzierungsentscheidungen

6.1. Bewertung und ausgewählte Aspekte der Bilanzierung

Lernziel

In diesem Kapitel lernen Sie
- was beim Prozess des Bilanzierens zu entscheiden ist
- was die Grundsätze der Bilanzierung der Höhe nach aussagen
- wie sich die Anschaffungs- und Herstellungskosten zusammensetzen
- welche Gliederungsvorschriften es für Vermögen und Kapital sowie Gewinn- und Verlustrechnung gibt

Das Ergebnis der laufenden Buchhaltung fließt am Ende der Wirtschaftsperiode im Rahmen der Bilanzierung in den Jahresabschluss ein. Der Jahresabschluss hat ein möglichst getreues Bild der Vermögens- und Ertragslage darzustellen. Es ist der Grundsatz der Vollständigkeit zu beachten.

Aus diesem Aspekt hat sich der Bilanzierende bei Erstellung des Jahresabschlusses im Hinblick auf die Bilanzierung der einzelnen Vermögens- und Schuldpositionen drei Fragen zu stellen:

- Die Frage nach dem Grund: Ist der Vermögensgegenstand bzw die Schuld in die Bilanz aufzunehmen?
- Die Frage nach dem Wertansatz: Wenn der Vermögensgegenstand bzw die Schuld in die Bilanz aufzunehmen ist, in welcher Höhe ist die Position in der Bilanz auszuweisen?
- Die Frage nach dem Ort: Wo in der Bilanz ist die Position auszuweisen?

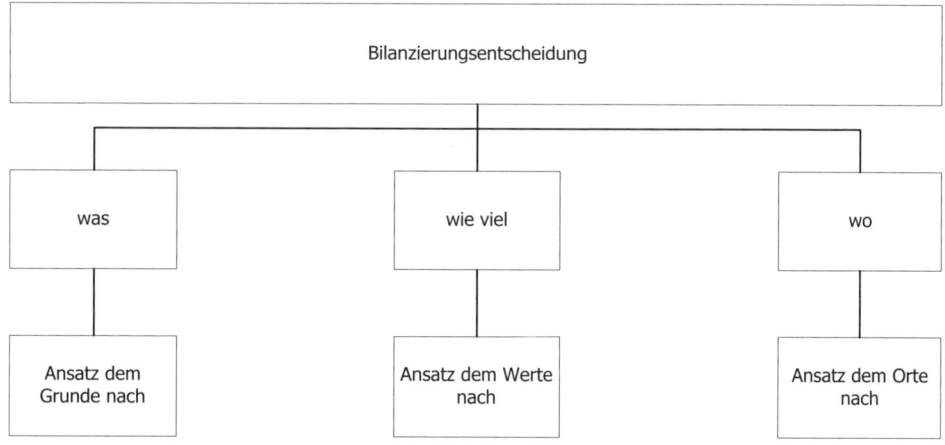

Abbildung 92: Bilanzierungsentscheidungen

Bei der Frage der Bilanzierung dem Grunde nach, also was zu bilanzieren ist, fordert der Grundsatz der Vollständigkeit, dass der Jahresabschluss sämtliche Vermögensgegenstände, Rückstellungen, Verbindlichkeiten, Rechnungsabgrenzungsposten, Aufwendungen und Erträge zu enthalten hat, soweit gesetzlich nichts anderes bestimmt ist.

Gesetzliche Ausnahmen stellen die Aktivierungsverbote und die Aktivierungswahlrechte dar.

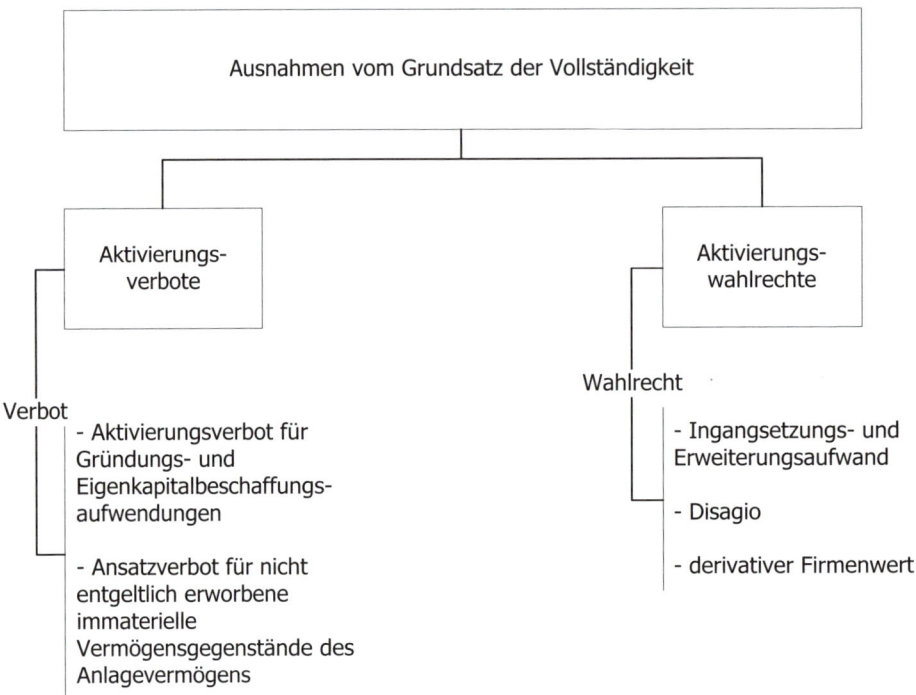

Abbildung 93: Ausnahmen vom Grundsatz der Vollständigkeit

Bei den Aktivierungsverboten dürfen in die Bilanz Aktivposten nicht aufgenommen werden. Das bedeutet, dass die diesen Aktivierungsverboten zugrunde liegenden Geschäftsfälle in der Bilanz nicht als Vermögen ausgewiesen werden dürfen.

Das Aktivierungsverbot für Gründungs- und Eigenkapitalbeschaffungsaufwendungen ist eigentlich kein neues Aktivierungsverbot, sondern hat eher nur eine klarstellende Wirkung, denn bei Gründungs- und Eigenkapitalbeschaffungsaufwendungen wird kein selbständig bewertbarer Vermögensgegenstand geschaffen.

Beispiel

Das Aktivierungsverbot gilt beispielsweise für Beratungshonorare, Vertragserrichtungskosten, Gerichts- und Notariatsgebühren und Kosten der Bekanntmachung.

Ein anderer Gedanke liegt dem Ansatzverbot für nicht entgeltlich erworbene immaterielle Vermögensgegenstände des Anlagevermögens zugrunde. Dieses Aktivierungsverbot entspricht dem Grundsatz der Vorsicht, da sich der Wert dieser Vermögensgegenstände nur sehr schwer einschätzen lässt und die Bewertung daher mit einem hohen Risiko behaftet ist.

> **Beispiel**
>
> Das Aktivierungsverbot gilt beispielsweise für nicht entgeltlich erworbene Konzessionen, gewerbliche Schutzrechte und ähnliche Rechte und Vorteile wie Knowhow und Kundenstock.

Erstellte das Unternehmen selbst immaterielle Vermögensgegenstände des Anlagevermögens, so werden die Aufwendungen unmittelbar in der GuV erfasst.

Fallbeispiel

Ausgangsdaten

Fall 1: Die A-GmbH ist seit einigen Jahren am Markt mit ihren selbst gefertigten Produkten tätig. In dieser Fertigung werden Fertigungsmaschinen in Serie eingesetzt. Für die Optimierung dieser Fertigung hat man sich vor drei Jahren entschieden, eine eigene Software im Rahmen des Unternehmens zu entwickeln. In diese Entwicklung wurden hohe Aufwendungen für Personal investiert. Mit der Software steht man unmittelbar vor dem Durchbruch, wenn dieses Engagement dem Unternehmen in den letzten Jahren leider auch erhebliche Verluste beschert hat. Im Hinblick auf neuerliche Finanzierungsverhandlungen mit der Bank überlegt die Geschäftsführung der A-GmbH, dass diese Entwicklung doch einen Wert repräsentieren müsste. Die Geschäftsführung möchte daher im Rahmen der Bilanzierung die Ergebnisse verbessern und das Vermögen des Unternehmens höher ausweisen. Das würde die Beurteilung der A-GmbH durch die Bank erheblich verbessern.

Fall 2: Es gilt grundsätzlich derselbe Sachverhalt wie unter Fall 1. In dieser Variante hat sich die A-GmbH jedoch nicht dazu entschlossen, die Software selbst zu entwickeln, sondern beauftragt die Software GmbH & Co KG mit der Entwicklung. Im ursprünglichen Vertrag zwischen den beiden Unternehmen über die Entwicklung wurde insbesondere vereinbart, dass die Bezahlung und Abnahme seitens der A-GmbH nur dann erfolgt, wenn die entwickelte Software voll den Anforderungen der A-GmbH entspricht.

Aufgabenlösung

Lösung Fall 1: Die A-GmbH hat sich mit der Entwicklung der Software ein nicht entgeltlich erworbenes immaterielles Vermögen geschaffen, das dem Aktivierungsverbot unterliegt. Die Aktivierung dieser Software ist daher nicht zulässig. Die getätigten Aufwendungen gehen erfolgsmindernd in die GuV ein, das Vermögen der A-GmbH verändert sich jedoch nicht.

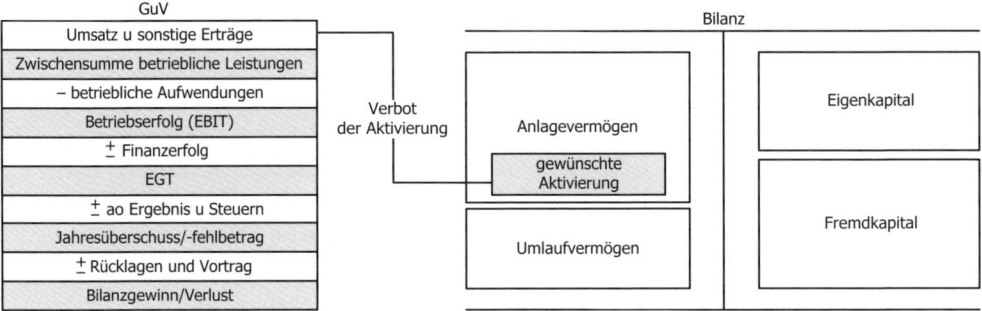

Abbildung 94: Immaterielle Vermögensgegenstände – Aktivierungsverbot

Lösung Fall 2: Im Fall 2 stellt die Anschaffung einen entgeltlichen Erwerb immaterieller Vermögensgegenstände dar mit der Wirkung, dass kein Aktivierungsverbot besteht. Durch die Anschaffung tritt vorerst ein erfolgsneutraler Vorgang ein. Die Software wird in der Bilanz unter immateriellem Anlagevermögen aktiviert und in der Folge über die Nutzungsdauer abgeschrieben.

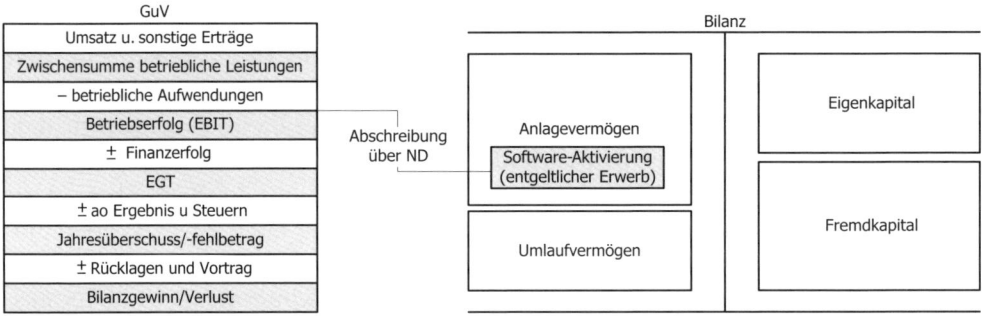

Abbildung 95: Immaterielle Vermögensgegenstände – entgeltlicher Erwerb

Steuerrechtlich besteht für unkörperliche Wirtschaftsgüter des Anlagevermögens ebenfalls ein Aktivierungsverbot.

Bei Aktivierungswahlrechten hat der Bilanzierende das Recht zu wählen, ob er einen Vermögensposten ansetzen will oder nicht. Durch den Ansatz eines Vermögenspostens wird das Vermögen des laufenden Jahres erhöht. Durch die auf die Aktivierung folgende Abschreibung dieses neu ausgewiesenen Vermögens wird in der Folge das Ergebnis über die Perioden der Nutzung dieses Vermögens gemindert.

Zu den Aktivierungswahlrechten zählen insbesondere die Aufwendungen für das Ingangsetzen und Erweitern eines Betriebes, das Disagio, die Aktivierung für aktive latente Steuern, der abgeleitete Firmenwert sowie die Aktivierung der geringwertigen Vermögensgegenstände des Anlagevermögens (GWG).

6. Bilanzierungsentscheidungen

> *Handschriftliche Notiz:* latente Steuern = verborgene Steuerlasten oder -vorteile, die sich aufgrund von Unterschieden im Ansatz oder in der Bewertung von Vermögensgegenständen oder Schulden zwischen Steuerbilanz u. UGB ergeben haben

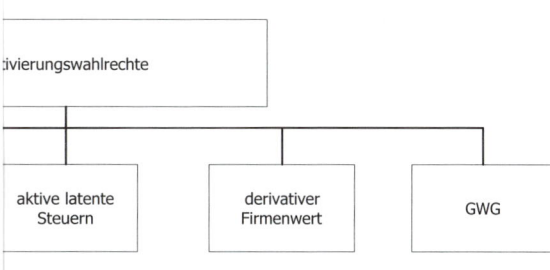

[...]ssen vor allem den Aufbau der Unternehmen[...]eitung von Mitarbeitern, die organisatorische [...]ertriebskanäle sowie die Einführungswerbung [...]eistungen.

[...]nn ausgegangen werden bei zeitlich abgrenzba[...]aften Erweiterungen des Betriebes, die eine Dis[...]Unternehmens darstellen und daher ein entspre[...]ünden.

[...]spielsweise für Aufwendungen für den Aufbau [...]eschaffung von Arbeitskräften, den Auf- und [...]tion, für Aufwendungen für Inbetriebnahmen von Fertigungsanlagen und für Marktanalysen.

Das Aktivierungswahlrecht des Disagio (Damnum) betrifft den Unterschiedsbetrag zwischen dem Rückzahlungsbetrag einer Verbindlichkeit zum Zeitpunkt ihrer Begründung und dem Ausgabebetrag. Weiter besteht ein Aktivierungswahlrecht im Hinblick auf latente Steuern. Aktiviert werden darf auch der abgeleitete und entgeltlich erworbene Geschäfts- oder Firmenwert eines Unternehmens, nicht jedoch ein eigener – originär – geschaffener Firmenwert.

Als Geschäfts- oder Firmenwert darf dabei der Unterschiedsbetrag angesetzt werden, um den die Gegenleistung für die Übernahme eines Betriebes die Werte der einzelnen Vermögensgegenstände abzüglich der Schulden im Zeitpunkt der Übernahme übersteigt.

Beispiel

Ein Handelsgeschäft wurde bisher in Form eines Einzelunternehmens betrieben und wird nunmehr an die XY-GmbH verkauft. Zum Zeitpunkt der Übergabe des Handelsgeschäftes stellen sich deren Vermögen und Schulden wie folgt dar:

Aktiva		Bilanz	Passiva
Anlagevermögen	400	Eigenkapital	200
		Fremdkapital	800
Umlaufvermögen	600		
Summe	1.000	Summe	1.000

Abbildung 97: Bilanz

Zwischen der bisherigen Inhaberin des Handelsgeschäftes und der XY-GmbH wurde ein Kaufpreis in Höhe von € 250,– vereinbart. Für die XY-GmbH stellt sich nunmehr die Frage, ob ein derivativer (abgeleiteter) und entgeltlich erworbener Firmenwert für das neu erworbene Unternehmen aktiviert werden kann.

Lösung:

Ja, das Unternehmen kann einen Firmenwert in Höhe von € 50,– aktivieren. Dieser Wert ermittelt sich als Unterschiedsbetrag zwischen dem Kaufpreis abzüglich des Wertes des übernommen Vermögens (€ 1.000,–) vermindert um die Schulden (€ 800,–), also abzüglich € 200,–.

Als weiteres Aktivierungswahlrecht steht unter gewissen Voraussetzungen einem Unternehmen die Möglichkeit der Aktivierung der geringwertigen Wirtschaftsgüter (GWG) zur Verfügung.

6.2. Grundzüge der Bewertung

Die Bewertung der einzelnen Vermögensgegenstände spiegelt sich unmittelbar in der Höhe des ausgewiesenen Vermögens eines Unternehmens wider und beeinflusst korrespondierend den ausgewiesenen Erfolg eines Unternehmens in der Gewinn- und Verlustrechnung.

Bewerten heißt in diesem Zusammenhang, dass den einzelnen Vermögensgegenständen und den Schuldpositionen des Unternehmens ein Geldbetrag zugeordnet wird, welcher in seiner Höhe den Wert des Vermögensgegenstandes oder der Schuld repräsentieren soll.

Das Problem, das sich bei der Bewertung stellt, ist die Tatsache, dass Gegenstände für unterschiedliche Subjekte von unterschiedlichem Nutzen sein können. Daher besteht das Risiko, dass diese unterschiedlichen Subjekte diese Vermögensgegenstände auch mit unterschiedlichen Werten auszeichnen würden. Um diesem Bewertungsspielraum zu begegnen, treffen die Grundsätze ordnungsgemäßer Bilanzierung und die einzelnen gesetzlichen Bestimmungen der Bewertung einschränkende Regelungen.

Grundsätzlich sind sowohl das Anlagevermögen als auch das Umlaufvermögen mit den Anschaffungskosten oder Herstellungskosten zu bewerten.

Die Anschaffungskosten sind immer dann als Maßstab der Bewertung heranzuziehen, wenn der Vermögensgegenstand von einem Dritten erworben wird, dh wenn die wirtschaftliche Verfügungsmacht über den Gegenstand von einem Dritten auf den Erwerber übergeht und der Vermögensgegenstand nach der Verkehrsauffassung unverändert und funktionsgleich bleibt (dh ein Gegenstand gleicher Verkehrsgängigkeit).

Anders verhält es sich beim Wertmaßstab der Herstellungskosten. In diesem Fall wird nicht ein Gegenstand als solcher von einem Dritten erworben, sondern es wird im Unternehmen durch Be- und Verarbeitung im Leistungsprozess ein Vermögensgegenstand neuer Verkehrsgängigkeit geschaffen.

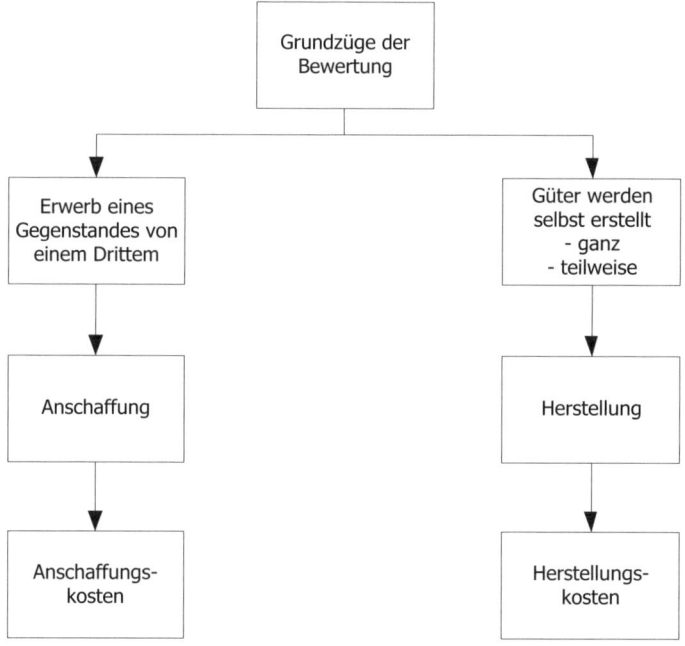

Abbildung 98: Bewertung

6.2.1. Anschaffungskosten

Die Anschaffungskosten sind keine Kosten im Sinne der Kostenrechnung, sondern Aufwendungen zum Erwerb des Vermögensgegenstandes, also pagatorische Werte.

Zu diesen Anschaffungskosten zählen alle Aufwendungen, die geleistet werden, um einen Vermögensgegenstand zu erwerben und ihn in einen betriebsbereiten Zustand zu versetzen, soweit sie dem Vermögensgegenstand einzeln zugeordnet werden können. Zu diesen Anschaffungskosten gehören auch die Nebenkosten sowie die nachträglichen Anschaffungskosten. Anschaffungspreisminderungen sind abzusetzen.

> **Beispiel**
>
> Anschaffung einer Maschine
>
> | | | |
> |---|---|---:|
> | | Anschaffungspreis | 60.000 |
> | + | Anschaffungsnebenkosten | 2.400 |
> | + | nachträgliche Anschaffungskosten | 1.800 |
> | – | Anschaffungspreisminderungen | 0 |
> | | **Anschaffungskosten** | **64.200** |
>
> Abbildung 99: Anschaffungskosten

Der Anschaffungspreis ist zumeist der Rechnungsbetrag des erworbenen Vermögensgegenstandes, also der Kaufpreis. Soweit der Erwerber ein vorsteuerabzugsberechtigter Unternehmer ist, ist der Kaufpreis exklusive Umsatzsteuer anzusetzen, da die Umsatzsteuer in diesem Fall nur ein Durchläufer und damit erfolgsneutral ist.

Aufwendungen, die anfallen, um den Gegenstand zu erwerben und in Betrieb zu setzen und die dem Gegenstand einzeln zugerechnet werden können, stellen Anschaffungsnebenkosten dar.

> **Beispiel**
>
> Anschaffungsnebenkosten können zB sein:
>
> Aufwendungen zur Vorbereitung der Anschaffung wie Vertragserrichtungskosten, Transportkosten zum Bezug des Vermögensgegenstandes, Montagekosten etc.

Zu den nachträglichen Anschaffungskosten zählen Aufwendungen, die in einem zeitlichen Nahverhältnis zur Anschaffung des Vermögensgegenstandes stehen wie zB die nachträgliche Anschaffung und der Einbau eines Zusatzgerätes.

Rabatte, Skonti und nachträglich gewährte Preisnachlässe sind im Wesentlichen Inhalt der Anschaffungspreisminderungen.

6.2.2. Herstellungskosten

Bei der Herstellung wird durch Be- und Verarbeitung im Leistungsprozess des Unternehmens ein Vermögensgegenstand neuer Verkehrsgängigkeit geschaffen.

> **Beispiel**
>
> Ein Tischlereibetrieb kauft den Rohstoff Holz ein und stellt Möbel zur Nutzung im eigenen Tischlereibetrieb her. Ein Bauunternehmen setzt die eingekauften Roh-, Hilfs- und Betriebsstoffe sowie das eigene Personal zur Erstellung einer neuen Produktionshalle ein.

6. Bilanzierungsentscheidungen

Zu den Herstellungskosten zählen Aufwendungen, die für die Herstellung eines Vermögensgegenstandes, seine Erweiterung oder für eine über seinen ursprünglichen Zustand hinausgehende wesentliche Verbesserung entstehen. Bei der Berechnung der Herstellungskosten dürfen auch angemessene Teile der Materialgemeinkosten und der Fertigungsgemeinkosten eingerechnet werden. Sind die Gemeinkosten durch offenbare Unterbeschäftigung überhöht, so dürfen nur die einer durchschnittlichen Beschäftigung entsprechenden Teile dieser Kosten eingerechnet werden. Aufwendungen für Sozialeinrichtungen des Betriebes, für freiwillige Sozialleistungen, für betriebliche Altersversorgung und Abfertigungen dürfen eingerechnet werden. Kosten der allgemeinen Verwaltung und des Vertriebes dürfen nicht in die Herstellungskosten einbezogen werden.

Bei genauerer Betrachtung dieser Regelung zur Ermittlung der Herstellungskosten nach Unternehmensrecht ist erkennbar, dass die Ermittlung der Herstellungskosten sowohl Komponenten der Aktivierungspflicht sowie von Aktivierungswahlrechten und von Aktivierungsverboten beinhaltet.

Zugleich muss sich der Ansatz nach Unternehmensrecht nicht mit dem Ansatz nach Steuerrecht decken. In nachstehender Abbildung sind die Muss-Bestimmungen (Aktivierungspflicht), Kann-Bestimmungen (Aktivierungswahlrecht) und Aktivierungsverbote nach dem Unternehmensrecht (UGB) und nach dem Steuerrecht (StR) einander gegenübergestellt.

Position	UGB	StR
+ Materialeinzelkosten	muss	muss
+ Fertigungseinzelkosten	muss	muss
+ Sondereinzelkosten der Fertigung	muss	muss
= unternehmensrechtlicher Mindestansatz		
+ Materialgemeinkosten	kann	muss
+ Fertigungsgemeinkosten	kann	muss
= steuerrechtlicher Mindestansatz		
+ Fremdkapitalzinsen	kann	kann
+ Sozialaufwendungen	kann	kann
= unternehmens- und steuerrechtlicher Höchstansatz		
+ Verwaltungsgemeinkosten	Verbot	Verbot
+ Vertriebsgemeinkosten	Verbot	Verbot
= **Herstellungskosten**		

Abbildung 100: Herstellungskosten – unternehmens- und steuerrechtlicher Mindest- und Höchstansatz

Vergleicht man die oben angeführte unternehmensrechtliche Normierung der Herstellungskosten mit der korrespondierenden steuerrechtlichen Regelung, so zeigt sich, dass im Bereich der Material- und Fertigungsgemeinkosten im Steuerrecht eine Aktivierungspflicht besteht. Somit ist der steuerrechtliche Mindestansatz der Herstellungskosten eines Vermögensgegenstandes immer höher als der korrespondierende unternehmensrechtliche Mindestansatz.

Das Verbot der Aktivierung von Verwaltungs- und Vertriebsgemeinkosten kennt eine Ausnahme: Unter gewissen Bedingungen dürfen bei langfristigen Fertigungsaufträgen angemessene Teile der Verwaltungs- und Vertriebsgemeinkosten aktiviert werden.

Beispiel

Angabe:

Für die eigene Herstellung eines überdachten Vorplatzes setzt die Car-GmbH Materialeinzelkosten in Höhe von € 1.500,– ein und Fertigungseinzelkosten in Höhe von € 2.400,–. Die Controlling-Abteilung liefert die Gemeinkostenzuschlagssätze in Form einer Tabelle. Dieser Tabelle ist zu entnehmen, dass der Fertigungsgemeinkostenzuschlagssatz 50 % beträgt und die Materialgemeinkosten sich auf 25 % belaufen.

Zu ermitteln ist der unternehmensrechtliche und steuerrechtliche Mindestansatz der Herstellungskosten.

Lösung:

Position	Satz	UGB	StR
+ Materialeinzelkosten		1.500	1.500
+ Fertigungseinzelkosten		2.400	2.400
+ Sondereinzelkosten der Fertigung		0	0
= unternehmensrechtlicher **Mindestansatz**		3.900	3.900
+ Materialgemeinkosten	25 %	0	375
+ Fertigungsgemeinkosten	50 %	0	1.200
= steuerrechtlicher **Mindestansatz**		3.900	5.475

Abbildung 101: Herstellungskosten – Mindestansatz

In dieser Lösung zeigen sich deutlich die unterschiedlichen Schutzzwecke der beiden Rechtsmaterien:

Im UGB dominieren das Vorsichtsprinzip und die daraus resultierende niedrigere Vermögensbewertung.

Steuerrechtlich liegt der Schutzzweck vorrangig auf der Steuergerechtigkeit und mittelbar auf der Leistungsfähigkeit, wodurch die Material- und Fertigungsgemeinkosten den Wert des hergestellten Vermögensgegenstandes erhöhen. Die Folge sind ein höherer Vermögensausweis und ein höherer Gewinn.

6. Bilanzierungsentscheidungen

Da der Bilanzierende in einzelnen Komponenten sowohl unternehmensrechtlich als auch steuerrechtlich bei Ermittlung der Herstellungskosten ein Bilanzierungswahlrecht („kann") hat, zeigt sich in diesen Wahlrechten transparent ein Bewertungsspielraum im Rahmen des Ausweises selbst erstellter Vermögensgegenstände.

Beispiel

Es gilt der gleiche Sachverhalt wie im vorangehenden Beispiel. Ergänzt wird, dass die anteiligen Fremdkapitalzinsen für die Herstellung dieses Vermögensgegenstandes € 25,– betragen und die anteiligen Sozialaufwendungen € 100,–.

Zu ermitteln ist der unternehmensrechtliche Mindest- und Höchstansatz in der Bewertung der Herstellung dieses Vermögensgegenstandes.

Lösung:

	Position	Satz	UGB Mindestansatz	UGB Höchstansatz
+	Materialeinzelkosten		1.500	1.500
+	Fertigungseinzelkosten		2.400	2.400
+	Sondereinzelkosten der Fertigung		0	0
=	**unternehmensrechtlicher Mindestansatz**		**3.900**	**3.900**
+	Materialgemeinkosten	25 %	0	375
+	Fertigungsgemeinkosten	50 %	0	1.200
=	**steuerrechtlicher Mindestansatz**		**3.900**	**5.475**
+	Fremdkapitalzinsen		0	25
+	Sozialaufwendungen		0	100
=	**unternehmensrechtlicher und steuerrechtlicher Höchstansatz**		**3.900**	**5.600**
+	Verwaltungsgemeinkosten		0	0
+	Vertriebsgemeinkosten		0	0
	Herstellungskosten		**3.900**	**5.600**
	Bewertungsspielraum		**1.700**	

Abbildung 102: Herstellungskosten – Bewertungsspielraum

6.2.3. Inventur, Bestandsveränderung und aktivierte Eigenleistungen

Der Unternehmer hat zu Beginn seines Unternehmens die diesem gewidmeten Vermögensgegenstände und Schulden genau zu verzeichnen und deren Wert anzugeben (Inventar). Des Weiteren wird er dazu verpflichtet, ein solches Inventar für den Schluss eines jeden Geschäftsjahres aufzustellen. Diese art-, mengen- und wertmäßige Bestandsaufnahme aller Vermögensgegenstände und Schulden zu einem bestimmten Stichtag nennt man Inventur.

Es gibt mehrere Methoden, denen sich das Unternehmen bei Erstellung des Inventars bedienen kann.

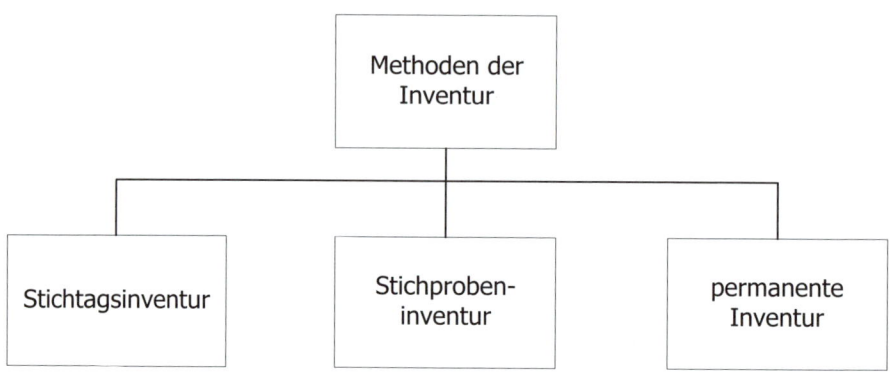

Abbildung 103: Inventur – Methoden

Die **Inventur** ist grundsätzlich zum Bilanzstichtag zu erstellen, woraus sich auch die Bezeichnung Stichtagsinventur ableitet. In den seltensten Fällen wird jedoch in einem Unternehmen tatsächlich zum Bilanzstichtag (zB 31.12.20XX) die Inventur durch Zählen, Messen und Wiegen durchgeführt werden können. Daher ist es innerhalb eines kurzen Zeitrahmens zulässig, die Inventur vor oder nach dem Bilanzstichtag durchzuführen, soweit durch ein geeignetes Verfahren der Fortschreibung und Rückrechnung sichergestellt ist, dass die Bestände zum Bilanzstichtag ermittelt werden können.

Bei der Inventur darf der Bestand von Vermögensgegenständen nach Art, Menge und Wert auch mit Hilfe anerkannter mathematisch-statistischer Methoden aufgrund von Stichproben ermittelt werden. Der Aussagewert des auf diese Weise erstellten Inventars muss den Aussagewert eines aufgrund einer körperlichen Bestandsaufnahme aufgestellten Inventars gleichkommen.

Werden die Vermögensgegenstände gruppenweise und verteilt auf die Laufzeit des Geschäftsjahres mittels einer Lagerbuchhaltung aufgezeichnet, die alle Zu- und Abgänge erfasst, so spricht man von einer permanenten (laufenden) Inventur.

Welche Methode auch zur Erstellung des Inventars angewendet wird, die Inventur erfüllt mehrere Aufgaben. Sie dient der Ermittlung der Vermögensgegenstände, ihrer Bewertung und der Feststellung, ob ein Unternehmen auf Lager produziert hat oder vom Lager abgesetzt hat. Aus dieser Überlegung heraus dient das Inventar in Zusammenhang mit der Buchhaltung auch der Ermittlung des Verbrauches der betrachteten Periode. Basiert das Inventar auf einer Lagerbuchhaltung, so lässt sich über den Vergleich des ermittelten Soll-Endbestandes des Vorratsbereiches laut Lagerbuchhaltung im Vergleich mit dem Ist-Endbestand laut Inventar die Inventurdifferenz feststellen, die ihre Ursachen in Schwund, Diebstahl, Verderb etc haben kann. Nicht zuletzt fördert die Inventur in der Auseinandersetzung mit der Lagerware auch zum Teil Organisations- und Dispositionsdefizite zu Tage wie zB das Halten von Ladenhütern.

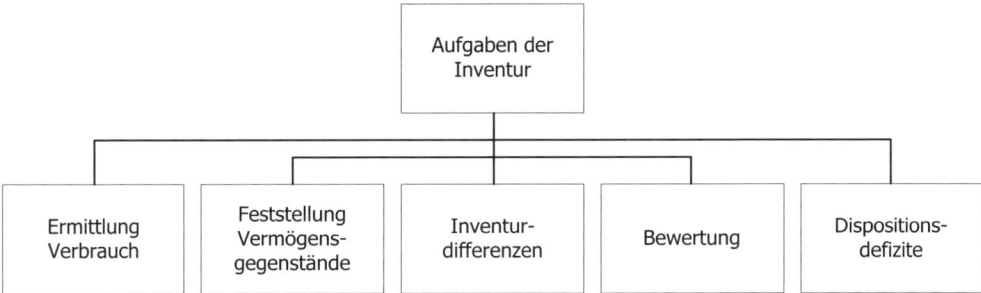

Abbildung 104: Inventur – Aufgaben

Wenn auch das nach Unternehmensrecht buchführungspflichtige Unternehmen verpflichtet ist, sämtliche Vermögensgegenstände und Schulden in dieses Inventar aufzunehmen, so zeigt sich die Wirkung der Inventur in der Praxis am deutlichsten im Vorratsbereich des Umlaufvermögens und in den aktivierten Eigenleistungen betreffend das Anlagevermögen.

Das Ergebnis der Inventur muss im Bereich des Umlaufvermögens mit den Vorratskonten nach Abschlussbuchungen übereinstimmen.

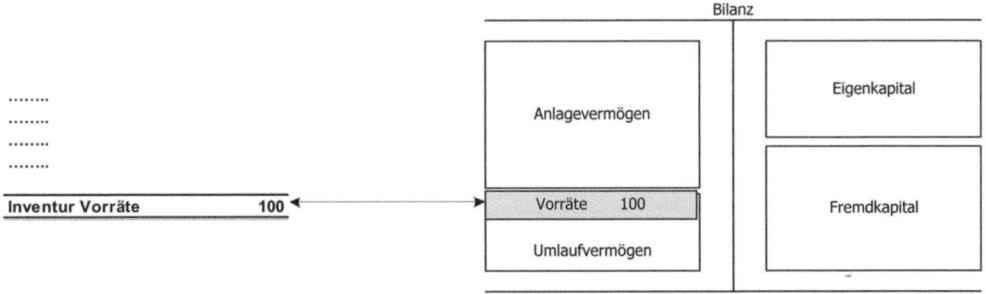

Abbildung 105: Inventur – Buchung

Die Inventur stellt im Prozess der Jahresabschlusserstellung eine unentbehrliche Vorstufe dar, da ihre Ergebnisse unmittelbar in die Bilanz und Gewinn- und Verlustrechnung einfließen.

Praktische Relevanz

Während des Wirtschaftsjahres werden in der Praxis bei der überwiegenden Mehrzahl der Unternehmen die laufenden Zukäufe von Produkten und Leistungen sofort in der GuV im Aufwand verbucht (Wareneinsatz, Materialeinsatz, sonstige Aufwendungen). Das Instrument einer permanenten Inventur ist in diesen Unternehmen nicht implementiert.

In eben dieser Weise gehen diese Unternehmen auch vor bei der Herstellung von Gütern für den Absatz (Umlaufvermögen, Vorräte) bzw bei der Herstellung von Gegenständen, die sie in Zukunft selbst als Anlagevermögen dauernd nützen möchten.

Durch diese Praxis bleiben die Vermögenssalden (auf den Vorratskonten und auf den Anlagenkonten, betreffend Anlagen, die selbst erstellt werden) während des Jahres unverändert. Die Saldenliste weist in diesen Positionen nicht die optimalen Salden aus. Zugleich gilt für die korrespondierenden Aufwandskonten, dass deren Werte nicht stimmen, denn auch auf diesen sind nicht die Werte ausgewiesen, die in der Periode tatsächlich verbraucht wurden, sondern die Zukäufe an Lieferungen und Leistungen. Für die Abstimmung dieser Salden wäre eine unterjährige Inventur bzw eine permanente Inventur erforderlich. Soweit der Lagerbestand dieser Unternehmen nicht vermindert wird, ist daher der Aufwand in diesen Buchhaltungen in der Regel zu hoch und das Vermögen zu niedrig ausgewiesen.

Erst durch die Inventur werden der tatsächliche Bestand des Vermögens und der korrespondierende Einsatz ermittelt. Kann aufgrund der Aufzeichnungen einer Lagerbuchhaltung ein Soll-Endbestand des Vermögens ermittelt werden, so ist das Unternehmen in der Lage, durch die Gegenüberstellung mit dem Ist-Endbestand lt Inventur auch einen eventuellen Schwund festzustellen. Fehlt die Möglichkeit der Ermittlung eines Soll-Endbestandes, so kann der Verbrauch nur inklusive eines eventuellen Schwundes ermittelt werden, was bei einzelnen Branchen bzw Unternehmen zu erheblichen Abweichungen in der Bewertung führen kann (zB Textilbranche – Diebstahl).

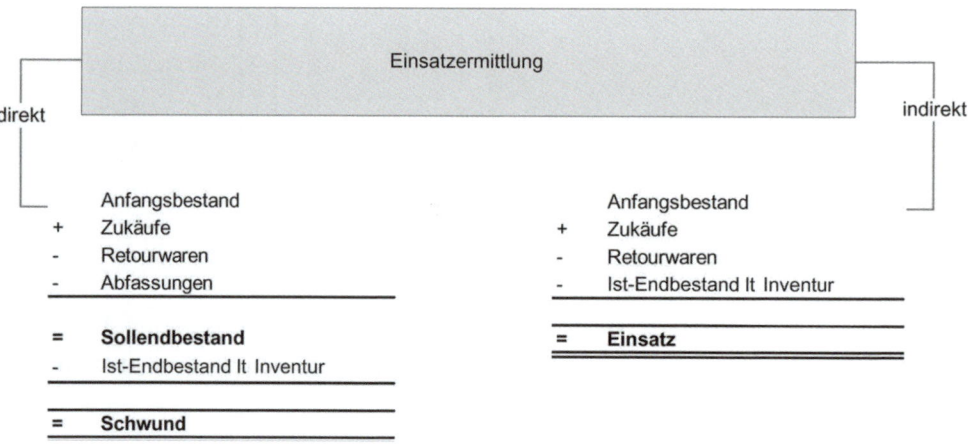

Abbildung 106: Inventur – Einsatzermittlung

Als Bewertungsmaßstab dienen für die durch die Inventur festgestellten Vermögensgegenstände grundsätzlich die Anschaffungskosten bzw Herstellungskosten.

In der Folge steht der Bilanzierende des Unternehmens vor der Aufgabe, dass die Ansätze des Inventars mit den Ansätzen in der Bilanz übereinstimmen müssen. Der Bilanzierende hat also erst die Inventur zu verbuchen.

Hat das Unternehmen zB in der Periode mehr Waren eingekauft als es letztendlich am Markt abgesetzt hat, so ist der Vorratsbereich des Lagers tatsächlich angestiegen, was allerdings noch nicht im Vorratsbereich verbucht ist. Entsprechend ist der Aufwand im Bereich des Wareneinsatzes zu hoch, da nicht nur der Verbrauch auf diesem Konto verbucht wurde, sondern überhaupt alle Einkäufe auf dem Wareneinsatzkonto erfasst wurden.

Grundsätzlich könnte die Verbuchung der Inventur und damit die Anpassung der Bilanzwerte an die Bestände direkt verbucht werden, so wie dies in früheren Zeiten in Unternehmen gerne gehandhabt wurde.

(1) Warenvorräte	(5) Wareneinsatz

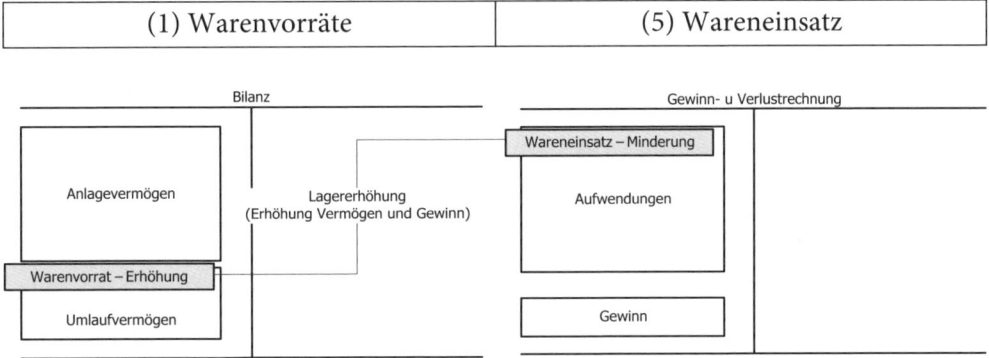

Abbildung 107: Inventur – Vorratserhöhung

Ergibt sich aufgrund der Inventur eine Lagerbestandsverminderung, so würde gerade umgekehrt gebucht werden, sodass sich der bisherige Bestandswert der Warenvorräte vermindert und der Verbrauch für Wareneinsatz erhöht wird, da ja offensichtlich Waren vom Lager genommen wurden und zusätzlich zu den Einkäufen umgesetzt wurden.

(5) Wareneinsatz	(1) Warenvorräte

Diese direkte Methode der Verbuchung der Inventur, die heute nicht mehr üblich ist, leidet an der Praktikabilität bei Unternehmen, die Produkte für den Absatz bzw Gegenstände des Anlagevermögens selbst herstellen. In diesen Herstellungsprozess fließen unterschiedlichste Aufwendungen ein, die auch auf unterschiedlichen Konten verbucht sind. Bei Anwendung der direkten Methode der Verbuchung des Inventurergebnisses hätte der Bilanzierende die Aufgabe, die Bestandsveränderung im Vermögen auf einer Vielzahl von korrespondierenden Aufwandskonten gegenzubuchen. Das wäre ein wahrlich kompliziertes und umständliches Unterfangen, das insbesondere an mangelnder Transparenz für externe Analysten leidet.

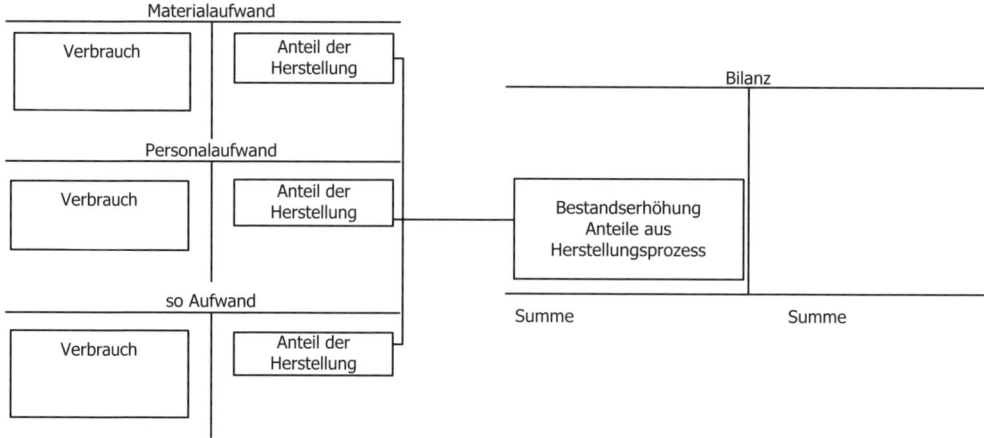

Abbildung 108: Inventur – Bestandserhöhung durch Herstellung

Die Grundüberlegung für eine optimalere Methode der Verbuchung ist aber einfach abzuleiten. Hat das Unternehmen auf Lager produziert oder selbst Anlagen erstellt, so wurde faktisch das Vermögen des Unternehmens erhöht, da selbständig bewertbare Vermögensgegenstände mit neuer Verkehrsgängigkeit geschaffen wurden. Die in diese Produkte eingeflossenen Aufwendungen wurden im Rahmen des Unternehmens zwar verbraucht, haben aber zur Herstellung neuer Produkte beigetragen, die noch nicht abgesetzt wurden. Bisher wurden sie ja auf Lager gelegt. Das Unternehmen hat daher bei Verbuchung des Inventurergebnisses darauf zu achten, dass der Vermögensausweis entsprechend erhöht wird bzw der bisher „zu hoch verbuchte Aufwand" neutralisiert wird. Die Folge daraus ist, dass auch der Gewinn um diesen Vermögenszuwachs steigt, dh der Erfolg der Periode muss um den Vermögenszuwachs korrigiert werden.

Hat das Unternehmen umgekehrt das Lager abgebaut, so wurden mehr Produkte abgesetzt als in dieser Periode produziert wurden. Bei Verbuchung der Inventur ist daher dafür Sorge zu tragen, dass die Minderung des Vermögens (Lagerabbau) berücksichtigt wird. Korrespondierend zu dieser Vermögensminderung muss daher das Unternehmen in dieser Periode für den Absatz der Produkte mehr verbraucht haben als die Zukäufe im Aufwand dieser Periode in Summe ergeben. Auch die zusätzlich vom Lager genommenen Vermögensgegenstände dieser Periode wurden durch den Absatz verbraucht. Das Ergebnis daraus ist, dass der Erfolg der Periode um diesen zusätzlichen Verbrauch gemindert werden muss.

Zusammenfassend kann man also festhalten, dass zur Berücksichtigung des Inventurergebnisses (zB Vorrat) auf Seiten der Bilanz nur eine Buchung (Bestandskonto) notwendig ist. Folgt man dem Gedanken, dass auch im Bereich der Gewinn- und Verlustrechnung nur die Korrektur des Ergebnisses erforderlich ist und nicht die Korrektur der einzelnen Aufwandsarten, so wird auch auf Seiten der Gewinn- und Verlustrechnung nur eine Buchung notwendig.

6. Bilanzierungsentscheidungen

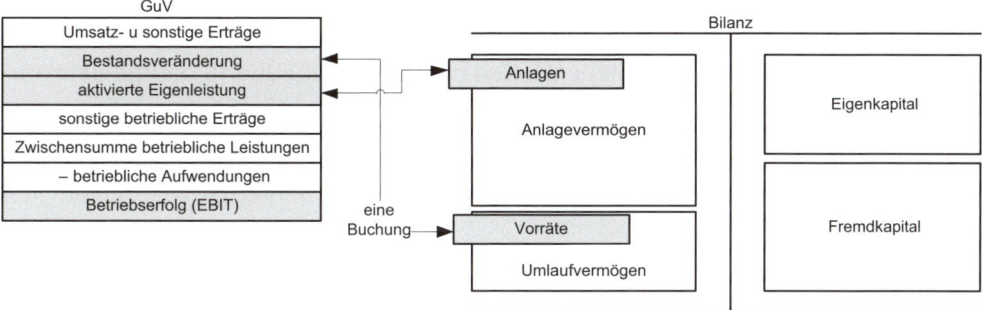

Abbildung 109: Inventur – Bestandsveränderungen und aktivierte Eigenleistungen

Zur Verwirklichung dieser gestrafften „Erfolgskorrektur" kennt die Gewinn- und Verlustrechnung die Positionen Bestandsveränderung und aktivierte Eigenleistung.

Unter der Position **Bestandsveränderung** sind die mengen- und wertmäßigen Veränderungen des Bestandes an fertigen und unfertigen Erzeugnissen auszuweisen.

Die aktivierte Eigenleistung hat hingegen die Aufgabe der Neutralisierung der Aufwendungen, die sich bei der Erweiterung, Herstellung bzw wesentlichen Verbesserung von selbsterstellten Anlagengegenständen ergeben. Durch die Schaffung neuen Anlagevermögens führt diese Position zu einem Vermögenszuwachs und wirkt sich auf das Ergebnis der Gewinn- und Verlustrechnung gewinnerhöhend aus.

Beispiel

Buchungen bei Lagererhöhung in Höhe von € 100,– und aktivierten Eigenleistungen in Höhe von € 200,–.

(1) Vorrat	100	(4) Bestandsveränderung	100
(0) Anlagenposition	200	(4) Aktivierte Eigenleistung	200

6.3. Bilanzierung des Anlagevermögens

Als Anlagevermögen sind die Gegenstände auszuweisen, die bestimmt sind, dauernd dem Geschäftsbetrieb zu dienen. Wesentliches Kriterium in der Unterscheidung zum Umlaufvermögen ist also hier die Zweckwidmung der Vermögensgegenstände seitens des Unternehmens, dem Geschäftsbetrieb dauernd zu dienen.

Mit dem Unterscheidungskriterium der Dauerhaftigkeit soll zwischen den Gegenständen des Umlaufvermögens und des Anlagevermögens eine Trennung vollzogen werden, die sich daran orientiert, ob die Gegenstände in Form eines schnellen Umschlages unmittelbar in den Umsatz eingehen (Umlaufvermögen) und damit zu einem Zufluss von Geld führen oder dauernd für die Leistungserstellung verwendet bzw gebraucht werden.

Zum Anlagevermögen werden daher im Speziellen jene Vermögensgegenstände materieller und immaterieller Natur gezählt, die zur Fortführung des Betriebes bestimmt sind, diesem dauernd dienen sollen und deren Veräußerung ohne Ersatzinvestition die Kontinuität des Betriebsgeschehens beeinträchtigen würde.

Unter Berücksichtigung dieser Zweckwidmungen wird in der Praxis Anlagevermögen angenommen, wenn diese Vermögensgüter eine Betriebszugehörigkeit von mehr als einem Jahr aufweisen.

Das UGB schreibt nur Kapitalgesellschaften eine Mindestgliederung des Anlagevermögens vor. Im Hinblick auf die übrigen buchführungspflichtigen Unternehmer ist nur aus der Generalnorm abzuleiten, dass der Jahresabschluss klar und übersichtlich aufzustellen ist, sodass er dem Unternehmer ein möglichst getreues Bild der Vermögens- und Ertragslage des Unternehmens vermittelt.

Die Praxis orientiert sich im Hinblick auf die Erstellung von Jahresabschlüssen jedoch grundsätzlich an dieser Mindestgliederung für Kapitalgesellschaften und wendet diese Gliederungserfordernisse auch auf die übrigen buchführenden Unternehmen an.

A. Anlagevermögen:
I. Immaterielle Vermögensgegenstände:
   1. Konzessionen, gewerbliche Schutzrechte und ähnliche Rechte und Vorteile sowie daraus abgeleitete Lizenzen
   2. Geschäfts(Firmen)wert
   3. Geleistete Anzahlungen
II. Sachanlagen:
   1. Grundstücke, grundstückähnliche Rechte und Bauten, einschließlich der Bauten auf fremdem Grund
   2. Technische Anlagen und Maschinen
   3. Andere Anlagen, Betriebs- und Geschäftsausstattung
   4. Geleistete Anzahlungen und Anlagen im Bau
III. Finanzanlagen:
   1. Anteile an verbundenen Unternehmen
   2. Ausleihungen an verbundene Unternehmen
   3. Beteiligungen
   4. Ausleihungen an Unternehmen, mit denen ein Beteiligungsverhältnis besteht
   5. Wertpapiere (Wertrechte) des Anlagevermögens
   6. Sonstige Ausleihungen

Abbildung 110: Anlagevermögen

Bei der Bilanzierung des Anlagevermögens bilden die Anschaffungs- oder Herstellungskosten die Grundlage der Bewertung. Nach Anschaffung bzw Herstellung des Anlagegutes ist zu klären, ob dieses abnutzbar oder nicht abnutzbar ist.

Abnutzbares Anlagevermögen wird durch den Einsatz und die Nutzung über die Nutzungsdauer im Betriebsgeschehen aufgezehrt und steht daher dem Unternehmen nur zeitlich befristet zur Verfügung. Diese zeitlich begrenzte Nutzungsmöglichkeit kann ihre Ursache im reinen Zeitablauf oder im Verbrauch durch Einsatz und Abbau von Anlagevermögen haben.

> **Beispiel**
>
> Die Möglichkeit zur Nutzung von Anlagevermögen wird zum Beispiel bei der Inanspruchnahme von zeitlich befristeten Lizenzen rein durch den Zeitablauf begrenzt. Der laufende Abbau der Rohstoffe (zum Beispiel Kohle in einem Kohlenbergwerk) begrenzt zeitlich das Nutzenpotential dieses Rohstofffeldes. Die eingesetzten Fördergeräte in diesem Substanzbetrieb finden ihre zeitliche Begrenzung durch die Nutzung und den Einsatz dieser Maschinen zur Förderung.

Im Gegensatz dazu unterliegt das nicht abnutzbare Anlagevermögen keiner zeitlichen Befristung der Nutzung.

> **Beispiel**
>
> Unbebaute Grundstücke werden nicht durch eine Nutzung verbraucht. Immaterielle Vermögensgegenstände, die keiner zeitlichen Befristung unterliegen, werden ebenso wenig abgenützt wie eventuell Kunstgegenstände, die im Zeitverlauf vielleicht sogar im Wert steigen, oder wie Anlagen im Bau, deren Nutzung mangels Inbetriebnahme noch nicht eingesetzt hat.

Nur das abnutzbare Anlagevermögen unterliegt der planmäßigen Abschreibung.

Die Anschaffungs- oder Herstellungskosten sind bei den Gegenständen des Anlagevermögens, deren Nutzung zeitlich begrenzt ist, um planmäßige Abschreibungen zu vermindern. Der Plan muss die Anschaffungs- oder Herstellungskosten auf die Geschäftsjahre verteilen, in denen der Vermögensgegenstand voraussichtlich wirtschaftlich genutzt werden kann.

Bei voraussichtlich dauernder Wertminderung dieses abnutzbaren Anlagevermögens sind diese Gegenstände ohne Rücksicht darauf, ob ihre Nutzung zeitlich begrenzt ist, außerplanmäßig auf den niedrigeren Wert abzuschreiben, der ihnen am Abschlussstichtag unter Bedachtnahme auf die Nutzungsmöglichkeit im Unternehmen beizulegen ist.

> **Beispiel**
>
> Dieser beizulegende Wert ist im UGB selbst nicht definiert. Angenommen der fortgeschriebene Wert einer Fertigungsmaschine (Anschaffungskosten abzüglich der jährlichen planmäßigen Abschreibungen) ergibt einen Wert in Höhe von

€ 100.000,–. Aufgrund von Informationen, die dem Unternehmen vorliegen, liegt der Einzelveräußerungswert dieser Maschine jedoch nur mehr bei € 80.000,–. In diesem Fall würde das Unternehmen einen zu hohen Vermögenswert unter der Position Maschinen ausweisen. Die Differenz in Höhe von € 20.000,– ist außerplanmäßig abzuschreiben mit der Folge, dass sich das Vermögen vermindert und dadurch auch der Erfolg der Periode.

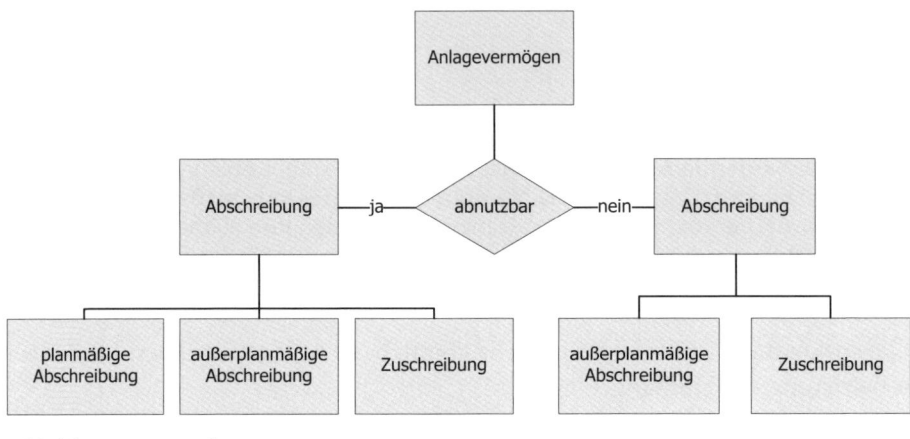

Abbildung 111: Anlagevermögen – Nutzung

Fällt in der Zukunft der Grund für die vorgenommene außerplanmäßige Abschreibung beim abnutzbaren Anlagevermögen wieder weg, so besteht unternehmensrechtlich ein Gebot zur Wertaufholung. Dh, diese Beträge sind wieder zuzuschreiben. Durch die Zuschreibung dürfen jedoch die ursprünglichen Anschaffungs- und Herstellungskosten gekürzt um die planmäßigen Abschreibungen (so genannte fortgeschriebene Anschaffungs- und Herstellungskosten) nicht überschritten werden.

Das nicht abnutzbare Anlagevermögen unterliegt keiner planmäßigen Abschreibung. Bei voraussichtlich dauernder Wertminderung dieses nicht abnutzbaren Anlagevermögens gelten obige Ausführungen zur außerplanmäßigen Abschreibung bzw Zuschreibung grundsätzlich sinngemäß. Im Bereich der Finanzanlagen besteht zusätzlich die Möglichkeit einer außerplanmäßigen Abschreibung auch bei nur vorübergehender Wertminderung.

Damit unterliegt das abnutzbare und nicht abnutzbare Anlagevermögen in der Bewertung dem so genannten gemilderten Niederstwertprinzip. Das bedeutet, kurzfristige Wertschwankungen dieses Vermögens sind in der Bewertung grundsätzlich unerheblich, da das Anlagevermögen dem Betrieb ja dauernd dienen soll. Erst bei Eintritt einer dauernden Wertminderung ist auf den niedrigeren beizulegenden Wert durch eine außerplanmäßige Abschreibung abzuwerten.

6.4. Bilanzierung des Umlaufvermögens

Als Umlaufvermögen sind die Gegenstände auszuweisen, die nicht bestimmt sind, dauernd dem Geschäftsbetrieb zu dienen. Dient nach dieser Zweckbestimmung ein Gegenstand weniger als ein Jahr dem Geschäftsbetrieb, so ordnet die Praxis diesen Gegenstand grundsätzlich dem Umlaufvermögen zu.

Für Kapitalgesellschaften sieht das Unternehmensrecht folgende Mindestgliederung für das Umlaufvermögen vor:

B. Umlaufvermögen:
I. Vorräte:
    1. Roh-, Hilfs- und Betriebsstoffe
    2. Unfertige Erzeugnisse
    3. Fertige Erzeugnisse und Waren
    4. Noch nicht abrechenbare Leistungen
    5. Geleistete Anzahlungen
II. Forderungen und sonstige Vermögensgegenstände:
    1. Forderungen aus Lieferungen und Leistungen
    2. Forderungen gegenüber verbundenen Unternehmen
    3. Forderungen gegenüber Unternehmen, mit denen ein Beteiligungsverhältnis besteht
    4. Sonstige Forderungen und Vermögensgegenstände
III. Wertpapiere und Anteile:
    1. Anteile an verbundenen Unternehmen
    2. Sonstige Wertpapiere und Anteile
IV. Kassenbestand, Schecks, Guthaben bei Kreditinstituten

Abbildung 112: Umlaufvermögen

Als Basis für die Bewertung des Umlaufvermögens gelten auch hier die Anschaffungs- und Herstellungskosten.

Da das Umlaufvermögen dem Unternehmen nicht dauernd, sondern nur kurzfristig (weniger als ein Jahr) dienen und schnellstmöglich umgeschlagen werden soll, besteht das Erfordernis einer planmäßigen Abschreibung nicht.

Im Bereich des Umlaufvermögens gilt allerdings das strenge Niederstwertprinzip. Ist der beizulegende Wert bzw Marktpreis oder Börsenkurs am Bilanzstichtag niedriger als die Anschaffungs- oder Herstellungskosten der Gegenstände des Umlaufvermögens, so muss zwingend auf den niedrigeren beizulegenden Wert abgeschrieben werden.

Außerdem können außerplanmäßige Abschreibungen auf das Umlaufvermögen vorgenommen werden, wenn nach vernünftiger unternehmerischer Beurteilung in der nächsten Zukunft weitere Wertminderungen erwartet werden. Diese mögliche Berücksichtigung naher zukünftiger Wertminderungen wird auch als „erweitertes Niederstwertprinzip" bezeichnet.

Im Bereich des Umlaufvermögens gilt ebenfalls das Wertaufholungsgebot. Danach müssen Zuschreibungen vorgenommen werden, wenn der Grund für die außerplanmäßige Abschreibung weggefallen ist. Durch die Zuschreibung dürfen jedoch die ursprünglichen Anschaffungs- oder Herstellungskosten keinesfalls überschritten werden.

Aufgrund der Maßgeblichkeit der Unternehmensbilanz für die Steuerbilanz folgt das Steuerrecht grundsätzlich diesen Ansätzen.

6.5. Bilanzierung der Rechnungsabgrenzungsposten

Das Unternehmensrecht normiert, dass Aufwendungen und Erträge eines Geschäftsjahres unabhängig vom Zeitpunkt der entsprechenden Zahlungen im Jahresabschluss zu berücksichtigen sind.

Damit wird den Prinzipien der Periodenabgrenzung und der periodenreinen Erfolgsermittlung gefolgt. Es dürfen nur diejenigen Aufwendungen und Erträge in der Gewinn- und Verlustrechnung erfolgswirksam erfasst werden, die als Verbrauch bzw Vermögenszuwachs auch wirtschaftlich zu diesem Jahr gehören, unabhängig vom Zeitpunkt der Zahlung.

Nunmehr kann es allerdings vorkommen, dass einem Lieferanten im Jahr 20X0 bereits eine Vorauszahlung geleistet wird für einen künftigen eigenen Aufwand oder dass ein Kunde eine Vorauszahlung im Jahr 20X0 leistet für einen eigenen Ertrag in der Folgeperiode 20X1.

Beispiel

Die Autofahrerclubs senden üblicherweise im Zeitraum Oktober bis November des Jahres 20X0 ihre Erlagscheine für die Überweisung des Mitgliedsbeitrags für das Folgejahr an die Mitglieder des Autofahrerclubs aus. Zahlt der Kfz-Besitzer seinen Beitrag noch im Jahr 20X0, so tritt der Aufwand (sprich Verbrauch) der Leistungen des Autofahrerclubs dennoch nicht im Jahr 20X0 ein, sondern erst im Jahr 20X1. Nach dem Prinzip der periodenreinen Erfolgsermittlung darf sich diese Auszahlung im Jahr 20X0 noch nicht ergebniswirksam auswirken, sondern erst im Jahr 20X1.

Ein Vermieter von Büroflächen erhält im Dezember 20X0 laut Vereinbarung eine Zahlung seitens des Mieters für die Miete in Höhe von € 12.000,– für den Zeitraum Januar bis Juni des Jahres 20X1. Das Vermögen des Vermieters hat sich bereits erhöht (Anstieg der liquiden Mittel), jedoch hat der Vermieter die korrespondierende Leistung im Jahr 20X0 noch nicht erbracht. Der Ertrag als Vermögenszuwachs durch Absatz ist noch nicht realisiert und darf als solcher auch in der Periode 20X0 nicht ausgewiesen werden, sondern tritt eben erst in der Periode 20X1 durch die Nutzungsüberlassung der Büroflächen von Januar bis Juni 20X1 ein. Nach dem Prinzip der periodenreinen Erfolgsermittlung darf sich diese Einzahlung im Jahr 20X0 noch nicht ergebniswirksam auf Seiten des Vermieters auswirken.

6. Bilanzierungsentscheidungen

Um diese erfolgsverzerrende Wirkung eigener und fremder Vorauszahlungen zu vermeiden, sind für derartige Geschäftsfälle aktive und passive Rechnungsabgrenzungsposten zu bilden. Unter den aktiven Rechnungsabgrenzungsposten (ARA) sind die eigenen Vorauszahlungen und unter den passiven Rechnungsabgrenzungsposten (PRA) die fremden Vorauszahlungen auszuweisen (transitorische Rechnungsabgrenzungen).

Demnach ist eine aktive Rechnungsabgrenzung zu bilden, wenn Aufwendungen erst in der Folgeperiode erfolgswirksam werden, aber bereits im Abschlussjahr zu Auszahlungen führen.

Beispiel

Bezahlung des Mitgliedsbeitrags an den Autofahrerclub in Höhe von € 100,– im Jahr 20X0 für das Jahr 20X1.

Im Jahr 20X0 wird folgende Buchung vorgenommen:

(2) Aktive Rechnungsabgrenzung	100	(2) Zahlungsmittelkonto	100

Im Folgejahr 20X1 wird die Zahlung aus 20X0 zum Aufwand:

(7) Aufwandskonto	100	(2) Aktive Rechnungsabgrenzung	100

Passive Rechnungsabgrenzungen sind zu bilden, wenn im Abschlussjahr bereits die Einzahlungen erhalten wurden, welche sich jedoch erst im Folgejahr als Ertrag auswirken.

Beispiel

Erhalt der Mietvorauszahlung in Höhe von € 12.000,– vom Mieter in 20X0 für das Jahr 20X1.

Im Jahr 20X0 wird folgende Buchung vorgenommen:

(2) Zahlungsmittelkonto	12.000	(3) Passive Rechnungsabgrenzung	12.000

Im Folgejahr 20X1 wird die Zahlung aus 20X0 zum Ertrag:

(3) Passive Rechnungsabgrenzung	12.000	(4) Ertrag	12.000

Werden andererseits laufende Erträge bzw Aufwendungen eines Unternehmens des Jahres 20X0 jeweils erst im Jahr 20X1 bezahlt, so sind keine Rechnungsabgrenzungsposten im Jahresabschluss zu bilden. Die Gegenbuchung zum laufenden Ertrag stellt eine sonstige Forderung dar bzw die Gegenbuchung zum Aufwand eine sonstige Verbindlichkeit. Obwohl in diesen Fällen keine Rechnungsabgrenzungsposten gebildet werden, spricht man doch von Rechnungsabgrenzungen, nämlich von antizipativen Rechnungsabgrenzungen.

6.6. Bilanzierung des Eigenkapitals und der Rücklagen

Das Eigenkapital als die Differenz zwischen Vermögen und Schulden eines Unternehmens repräsentiert die Schuld des Unternehmens gegenüber den Anteilseignern bzw gegenüber dem Unternehmer zu einem Stichtag. Damit zeigt das Eigenkapital auch den Anteil der Eigentümer am Unternehmen auf und macht den Kapitalanteil sichtbar, der in der Verfügungsmacht der Eigentümer steht. Das Eigenkapital ist somit der eigene Wertanteil der Anteilseigner am Unternehmen.

Für Kapitalgesellschaften wird folgende Gliederung gefordert:

A. Eigenkapital:
 I. Nennkapital (Grund-, Stammkapital)
 II. Kapitalrücklagen:
  1. Gebundene
  2. Nicht gebundene
 III. Gewinnrücklagen
  1. Gesetzliche Rücklagen
  2. Satzungsmäßige Rücklagen
  3. Andere Rücklagen (freie Rücklagen)
 IV. Bilanzgewinn (Bilanzverlust), davon Gewinnvortrag/Verlustvortrag
B. Unversteuerte Rücklagen:
 1. Bewertungsreserven auf Grund von Sonderabschreibung
 2. Sonstige unversteuerte Rücklagen

Abbildung 113: Eigenkapital

Das zu bilanzierende Eigenkapital kann sich durch Außenfinanzierung oder durch Innenfinanzierung verändern.

Von Außenfinanzierung wird gesprochen, wenn dem Unternehmen von außen seitens der Anteilseigner Kapital zugeführt wird, so zum Beispiel wenn ein Unternehmer aus privaten Mitteln in das Unternehmen Kapital einzahlt.

Da der Erfolg eines Unternehmens aus der Gewinn- und Verlustrechnung gegen Eigenkapital abgeschlossen wird, erhöht dieser Erfolg das Eigenkapital. In diesem Fall liegt das Ergebnis einer Innenfinanzierung vor, da das Eigenkapital durch Vermögenszuwachs aus dem Geschäftsbetrieb des Unternehmens (sozusagen von innen) angewachsen ist.

Das Eigenkapital und die zugehörigen Rücklagen erfüllen eine Reihe betriebswirtschaftlich bedeutsamer Aufgaben und Funktionen für den Bestand, die Sicherung und die Fortführung eines Unternehmens.

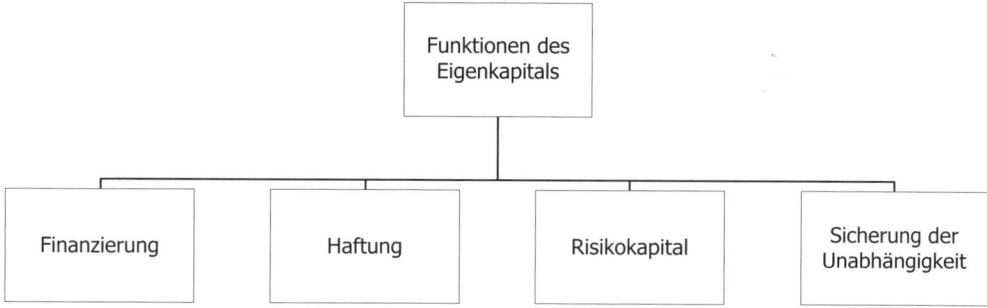

Abbildung 114: Eigenkapital – Funktionen

Die Passivseite zeigt, wie die Mittel des Unternehmens aufgebracht (finanziert) werden, und unterscheidet in diesem Zusammenhang zwischen Eigenkapital, das seitens der Anteilseigner zur Verfügung gestellt, und Fremdkapital, das von Dritten zur Verfügung gestellt wird.

Aus Sicht der Gläubiger eines Unternehmens haftet das Eigenkapital auch in Krisenzeiten des Unternehmens für die Sicherung der Bedienung des Fremdkapitals, denn ein hohes Eigenkapital bedeutet, dass das Vermögen des Unternehmens wesentlich höher ist als das Fremdkapital. Somit wird das Eigenkapital als Risikokapital und Vorsorgekapital betrachtet. Diese Vorsorgefunktion wird dem Eigenkapital auch zugedacht in Zusammenhang mit dem Risiko der Verlustrealisierung. Verluste vermindern das Eigenkapital, sie zehren das Eigenkapital auf. Erzielt ein Unternehmen einerseits einen Verlust, aber weist es andererseits einen ausreichenden Eigenkapitalanteil aus, so wird von Analysten angenommen, dass diese erlittenen Verluste leichter aus eigener Kraft durch das Unternehmen kompensiert werden können.

Zeichnet sich das Unternehmen durch einen ausreichenden und zufriedenstellenden Eigenkapitalanteil aus, fördert dieser Zustand auch die Unabhängigkeit des Unternehmens, da die Unternehmensführung leichter in der Lage ist, Mitspracherechte Dritter hintanzuhalten.

Die im Jahresabschluss ausgewiesenen Rücklagen zählen zum Eigenkapital. Sie stellen somit eine Mittelaufbringung seitens der Anteilseigner dar, sei es durch Außen- oder Innenfinanzierung, und bewirken damit eine Stärkung des Eigenkapitals.

Im Bereich der versteuerten Rücklagen wird unterschieden zwischen Kapitalrücklagen und Gewinnrücklagen.

Kapitalrücklagen sind Maßnahmen der Außenfinanzierung, dh es handelt sich dabei um bestimmte Beträge, die dem Unternehmen seitens der Anteilseigner zur Verfügung gestellt werden.

Die Gewinnrücklagen stellen eine Disposition über die erzielten Erfolge des Unternehmens dar und resultieren aus einbehaltenen – nicht ausgeschütteten – Gewinnen. Damit entstehen Gewinnrücklagen aus der Innenfinanzierungskraft des Unternehmens.

Die unversteuerten Rücklagen haben eine besondere Stellung, worauf bereits ihr gesonderter Ausweis hinweist. Diese Rücklagen werden auf Grund bestehender steuerlicher Begünstigungen gewinnmindernd gebildet.

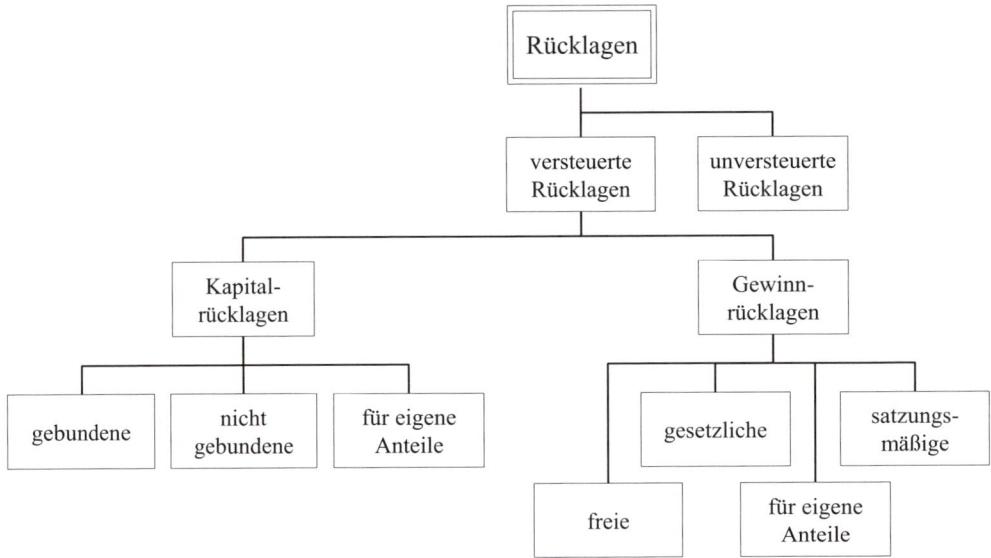

Abbildung 115: Eigenkapital – Rücklagen

6.7. Bilanzierung der Rückstellungen

Rückstellungen sind drohende Verbindlichkeiten gegenüber dritten, nicht am Unternehmen beteiligten Personen, die dem Grunde nach, der Höhe nach und/oder dem Zeitpunkt nach noch ungewiss sind, bei denen das Unternehmen jedoch mit dem Eintritt dieser Leistungsverpflichtung ernsthaft rechnet.

Die Vorschriften für Kapitalgesellschaften ergeben folgende Mindestgliederung:

C. Rückstellungen:
1. Rückstellungen für Abfertigungen
2. Rückstellungen für Pensionen
3. Steuerrückstellungen
4. Sonstige Rückstellungen

Abbildung 116: Rückstellungen

Im Hinblick auf die Abgrenzung zu den Verbindlichkeiten ist auf das Merkmal der Unsicherheit abzustellen. Während Verbindlichkeiten der Höhe und dem Grunde nach sicher sind, ist bei Rückstellungen mindestens eines der beiden Merkmale unsicher.

Die Rückstellungen haben eine Innenfinanzierungswirkung ähnlich der Abschreibung und vermindern die Steuerlast im Jahr der Bildung, da die Bildung der Rückstellung ergebnismindernd über die Gewinn- und Verlustrechnung vorgenommen wird.

(5–8) Aufwand Dotierung Rückstellung	1.000	(3) Rückstellung	1.000

Tritt später die Leistungsverpflichtung aus der Rückstellung tatsächlich ein, wird gebucht:

(3) Rückstellung	1.000	(2) Zahlungsmittelkonto	1.000

Fällt hingegen der Grund für die Bildung der Rückstellung in einem späteren Geschäftsjahr weg, so ist die Rückstellung wieder gewinnerhöhend aufzulösen:

(3) Rückstellung	1.000	(4) Erträge aus der Auflösung von Rückstellungen	1.000

Die Rückstellungen können eingeteilt werden in Rückstellungen für ungewisse Verbindlichkeiten, Rückstellungen für drohende Verluste aus schwebenden Geschäften und so genannte Aufwandsrückstellungen.

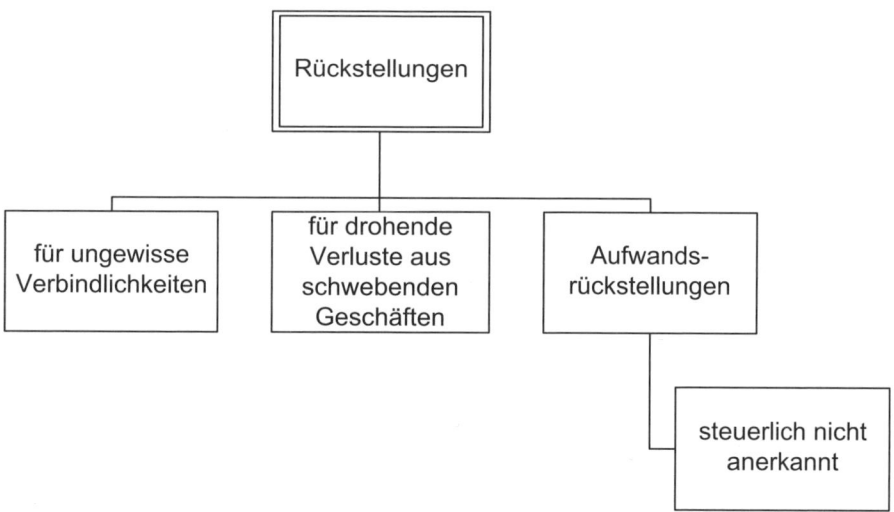

Abbildung 117: Rückstellungen – Arten

Die Rückstellungen für ungewisse Verbindlichkeiten stellen eine drohende Leistungsverpflichtung gegenüber einem Dritten dar. Diese Leistungsverpflichtung ist jedoch im Zeitpunkt der Bildung der Höhe oder dem Grunde nach noch unsicher.

Bei den Rückstellungen für drohende Verluste aus schwebenden Geschäften hat der Unternehmer eine längerfristige Verpflichtung, dass er eine Leistung gegenüber einem Dritten zu bestimmten Konditionen erbringt. Wenn der Unternehmer nunmehr erkennt, dass diese längerfristige Verpflichtung nur mit Verlusten erbracht werden kann und er sich dieser Verpflichtung nicht entziehen kann, hat er diese Rückstellung für die drohenden Verluste zu bilden.

Die Aufwandsrückstellungen (zB für derzeit unterlassene Großreparaturen oder Renovierungen) werden steuerlich nicht anerkannt. Diesen Rückstellungen fehlt die Verpflichtung gegenüber einem Dritten.

> **Beispiel**
>
> Durch den Einsatz maschineller Anlagen wird die Statik der Lagerhalle des Unternehmers erheblich in Anspruch genommen. Der Unternehmer rechnet daher damit, dass er für die Instandhaltung in vier Jahren mit Großreparaturen an der Halle konfrontiert sein wird. Er möchte nunmehr jährlich eine Rückstellung in einer gewissen Höhe für diese drohende Großreparatur bilden.
>
> Bei dieser Rückstellung handelt es sich um eine Aufwandsrückstellung. Da dieser Rückstellung jedoch die drohende Verpflichtung gegenüber einem Dritten fehlt, ist sie steuerlich nicht anerkannt.
>
> Die Unternehmerin A und der Unternehmer B sind nach Auftragsausführung in einen Konflikt über die Qualität der erbrachten Leistung geraten. Leider ist nunmehr ein Rechtsstreit bei Gericht anhängig.
>
> Beide bilden in ihren Büchern Prozesskostenrückstellungen. Die Ursache des Konfliktes liegt im laufenden Geschäftsjahr, daher ist der Aufwand dieser Periode zuzurechnen. Beide müssen auch ernsthaft damit rechnen, dass sie den Rechtsstreit verlieren könnten. Folglich würde die unterliegende Partei die Prozesskosten zu tragen haben. Damit liegen drohende Verbindlichkeiten gegenüber Dritten (Gericht, Rechtsanwaltskosten etc) vor, die dem Grunde nach noch unsicher sind (unbekannt, wer den Rechtsstreit gewinnt) und auch unsicher im Hinblick auf die endgültige Höhe der Leistungsverpflichtung. Die Voraussetzungen für Rückstellungen für ungewisse Verbindlichkeiten sind also gegeben.

6.8. Bilanzierung der Verbindlichkeiten

Bei den Verbindlichkeiten fällt der Unsicherheitsfaktor weg. Verbindlichkeiten sind Leistungsverpflichtungen des Unternehmens gegenüber Dritten, wobei das Unternehmen zur Leistung gegenüber Dritten bereits verpflichtet ist. Die Leistung kann seitens des Gläubigers durchgesetzt werden, ist quantifizierbar und belastet das Unternehmen wirtschaftlich. Der Inhalt der Leistungsverpflichtung kann in einer Geld- oder Sachleistung bestehen.

Das Gliederungsschema für Verbindlichkeiten hat folgendes Bild:

D. Verbindlichkeiten:
1. Anleihen, davon konvertibel
2. Verbindlichkeiten gegenüber Kreditinstituten
3. Erhaltene Anzahlungen auf Bestellungen
4. Verbindlichkeiten aus Lieferungen und Leistungen
5. Verbindlichkeiten aus der Annahme gezogener Wechsel und der Ausstellung eigener Wechsel
6. Verbindlichkeiten gegenüber verbundenen Unternehmen
7. Verbindlichkeiten gegenüber Unternehmen, mit denen ein Beteiligungsverhältnis besteht
8. Sonstige Verbindlichkeiten,
davon aus Steuern,
davon im Rahmen der sozialen Sicherheit

Abbildung 118: Verbindlichkeiten

Im Rahmen der Bewertung von Verbindlichkeiten gilt das strenge Höchstwertprinzip.

Demnach ist eine Verbindlichkeit mit ihrem Anschaffungswert zu bewerten. Der Anschaffungswert entspricht idR dem ursprünglichen Rückzahlungsbetrag. Werterhöhungen der Verbindlichkeit müssen berücksichtigt werden, wenn der Rückzahlungsbetrag zum Bilanzstichtag höher ist als der Anschaffungswert, also gestiegen ist. Wertverminderungen dürfen nur so weit berücksichtigt werden, als dadurch der Anschaffungswert (unter Berücksichtigung bereits geleisteter Tilgungen) nicht unterschritten wird.

Für die steuerliche Bewertung gilt der Grundsatz der Maßgeblichkeit der Unternehmensbilanz für die Steuerbilanz.

6.9. Die Gewinn- und Verlustrechnung

Nachfolgend ist die Mindestgliederung für Kapitalgesellschaften der Gewinn- und Verlustrechnung nach dem Gesamtkostenverfahren dargestellt.

Gesonderte Bewertungsprobleme ergeben sich im Rahmen der Gewinn- und Verlustrechnung nicht, da die Bewertung eine Frage der Bilanzierung des Vermögens bzw Kapitals ist.

Gesamtkostenverfahren

1. Umsatzerlöse
2. Veränderungen des Bestandes an fertigen und unfertigen Erzeugnissen sowie an noch nicht abrechenbaren Leistungen
3. Andere aktivierte Eigenleistungen

4. Sonstige betriebliche Erträge:
   a) Erträge aus dem Abgang vom und der Zuschreibung zum Anlagevermögen mit Ausnahme der Finanzanlagen
   b) Erträge aus der Auflösung von Rückstellungen
   c) übrige
5. Anwendungen für Material und sonstige bezogene Herstellungsleistungen:
   a) Materialaufwand
   b) Aufwendungen für bezogene Leistungen
6. Personalaufwand:
   a) Löhne
   b) Gehälter
   c) Aufwendungen für Abfertigungen und Leistungen an betriebliche Mitarbeitervorsorgekassen
   d) Aufwendungen für Altersversorgung
   e) Aufwendungen für gesetzlich vorgeschriebene Sozialabgaben sowie vom Entgelt abhängige Abgaben und Pflichtbeiträge
   f) Sonstige Sozialaufwendungen
7. Abschreibungen:
   a) auf immaterielle Gegenstände des Anlagevermögens und Sachanlagen sowie auf aktivierte Aufwendungen für das Ingangsetzen und Erweitern eines Betriebes
   b) auf Gegenstände des Umlaufvermögens, soweit diese die im Unternehmen üblichen Abschreibungen überschreiten
8. Sonstige betriebliche Aufwendungen:
   a) Steuern, soweit sie nicht unter Z 21 fallen
   b) übrige
9. **Zwischensumme aus Z 1 bis 8**
10. Erträge aus Beteiligungen, davon aus verbundenen Unternehmen
11. Erträge aus anderen Wertpapieren und Ausleihungen des Finanzanlagevermögens, davon aus verbundenen Unternehmen
12. Sonstige Zinsen und ähnliche Erträge, davon aus verbundenen Unternehmen
13. Erträge aus dem Abgang von und der Zuschreibung zu Finanzanlagen und Wertpapieren des Umlaufvermögens
14. Aufwendungen aus Finanzanlagen und aus Wertpapieren des Umlaufvermögens, davon sind gesondert auszuweisen:
    a) Abschreibungen
    b) Aufwendungen aus verbundenen Unternehmen
15. Zinsen und ähnliche Aufwendungen, davon betreffend verbundene Unternehmen
16. **Zwischensumme aus Z 10 bis 15**
17. **Ergebnis der gewöhnlichen Geschäftstätigkeit**
18. Außerordentliche Erträge
19. Außerordentliche Anwendungen
20. **Außerordentliches Ergebnis**
21. Steuern vom Einkommen und vom Ertrag
22. **Jahresüberschuss/Jahresfehlbetrag**
23. Auflösung unversteuerter Rücklagen
24. Auflösung von Kapitalrücklagen
25. Auflösung von Gewinnrücklagen
26. Zuweisung zu unversteuerten Rücklagen

27. Zuweisung zu Gewinnrücklagen.
28. Gewinnvortrag/Verlustvortrag aus dem Vorjahr
29. **Bilanzgewinn/Bilanzverlust**

Abbildung 119: Gewinn- und Verlustrechnung

Praktische Relevanz

Die im Unternehmensrecht und im Steuerrecht normierte Bewertung des Vermögens und des Kapitals wirkt sich unmittelbar auf den Erfolg eines Unternehmens aus. Auf Grund der Schutzwürdigkeit der verschiedenen Interessenslagen, wie zum Beispiel Gläubigerschutz oder Steuergerechtigkeit, hat der Gesetzgeber in der Bewertung enge Grenzen zu ziehen.

Trotzdem können in Unternehmen stille Reserven entstehen. Stille Reserven stellen eine nicht erkennbare Differenz zwischen Buchwert und Marktwert dar. Sie entstehen durch Unterbewertung von Vermögenspositionen bzw Überbewertung von Fremdkapitalpositionen. Die Ursachen für die Entstehung der stillen Reserven liegen, obwohl sich die Bilanzierenden im Rahmen der gesetzlichen Bewertungsbestimmungen bewegen, im verbleibenden Ermessensspielraum, in Schätzungen bzw im Erfordernis der Reservenbildung.

Stille Reserven ändern nichts an der Realität eines Unternehmens, sondern sie verschleiern eventuell zum Teil dessen tatsächliche wirtschaftliche Lage.

Für das Management eines Unternehmens ist es im Hinblick auf die einzelnen Vermögens- bzw Kapitalpositionen von wesentlicher Bedeutung, sich nicht nur mit den Buchwerten, sondern auch mit den Marktwerten auseinanderzusetzen. Die Kenntnis der stillen Reserven kann unter anderem die Realisierung eines Finanzierungsvorhabens maßgeblich erleichtern, da stille Reserven die Funktion einer Sicherheit übernehmen können.

Wissen kompakt

Aktivierungsverbote untersagen bei bestimmten Geschäftsfällen die Bildung von Aktivposten in der Bilanz. Aktivierungsverbote gelten beispielsweise für Gründungs- und Eigenkapitalbeschaffungsaufwendungen oder für nicht entgeltlich erworbene immaterielle Wirtschaftsgüter des Anlagevermögens.

Aktivierungswahlrechte gewähren dem Bilanzierenden die Wahl, ob er einen Aktivposten in der Bilanz ansetzen will oder nicht.

Geschäfts- oder Firmenwerte sind der Unterschiedsbetrag zwischen der Gegenleistung für die Übernahme eines Betriebes und dem Wert der einzelnen Vermögensgegenstände abzüglich der Schulden im Zeitpunkt der Übernahme.

Bewerten bedeutet die Zuordnung eines Geldbetrages zu den einzelnen Vermögensgegenständen und den Schuldpositionen des Unternehmens.

Anschaffungskosten sind keine Kosten im Sinne der Kostenrechnung, sondern Aufwendungen zum Erwerb des Vermögensgegenstandes. Anschaffungskosten sind pagatorische Werte.

Herstellungskosten sind Aufwendungen, die für die Herstellung eines Vermögensgegenstandes, für seine Erweiterung oder für eine über seinen ursprünglichen Zustand hinausgehende wesentliche Verbesserung entstehen.

Inventuren sind art-, mengen- und wertmäßige Bestandsaufnahmen aller Vermögensgegenstände und Schulden zu einem Stichtag.

Rechnungsabgrenzungsposten sind Positionen der periodenreinen Erfolgsermittlung und dienen der Abgrenzung eigener und fremder Vorauszahlungen.

Rücklagen sind Eigenkapital. Sie können durch Einlagen seitens der Anteilseigner oder aus der Verwendung nicht ausgeschütteter Gewinne des Unternehmens entstehen.

Kontrollfragen

- Welche Fragen versuchen Sie zu klären, wenn Bilanzierungsentscheidungen anstehen?
- In welchen Positionen der Bilanz kommt das strenge Niederstwertprinzip zur Anwendung? Mit welchen Grundsätzen ordnungsgemäßer Bilanzierung steht dieses Prinzip in Verbindung?
- Mit welchen Basiswerten werden Vermögensbestandteile bewertet?
- Was verstehen Sie unter einer Inventur und welche Arten der Inventur kennen Sie?
- Wozu dienen Rechnungsabgrenzungsposten und wie funktionieren diese?
- Was sind Rückstellungen und was sind Rücklagen?
- Wie werden in den Büchern Wertverluste des Anlagevermögens berücksichtigt, die nicht auf die normale zeitliche Nutzung zurückzuführen sind?

Verwendete und weiterführende Literatur

- *Bertl, R./Deutsch, E./Hirschler, K.:* Buchhaltungs- und Bilanzierungshandbuch, 8. Auflage, Wien 2013.
- *Denk, C./Feldbauer-Durstmüller, B./Mitter, C./Wolfsgruber, H.:* Externe Unternehmensrechnung – Handbuch für Studium und Bilanzierungspraxis, 4. Auflage, Wien 2010.
- *Egger, A./Samer, H./Bertl, R.:* Der Jahresabschluss nach dem Unternehmensgesetzbuch, Bd 1, 14. Auflage, Wien 2013.
- *Wöhe, G./Döring, U.:* Einführung in die Allgemeine Betriebswirtschaftslehre, 25. Auflage, München 2013.

Abschnitt C – Finanzanalyse

1. Grundlagen der Finanzierung

> **Lernziel**
>
> **In diesem Kapitel lernen Sie**
> - welche unterschiedlichen Finanzierungsquellen einem Unternehmen zur Verfügung stehen
> - wie und nach welchen Kriterien sich diese Finanzierungsquellen unterscheiden lassen
> - welche Vor- und Nachteile die unterschiedlichen Finanzierungsquellen haben
> - welche Aufgaben das Finanzmanagement vor diesem Hintergrund (Formen der Finanzierung) übernehmen muss

1.1. Unterscheidungskriterien für Finanzierungsquellen

Den Begriff „Finanzierung" verbindet man allgemein mit Überlegungen im Zusammenhang mit der Aufbringung von finanziellen Mitteln, dh mit der Beschaffung von Kapital.

Der Leistungserstellungsprozess eines Unternehmens (die Beschaffung von Ressourcen, die Leistungserstellung selbst sowie deren Absatz) erfordert, dass ausreichend finanzielle Mittel zur Verfügung stehen. Geldmittel aus der unternehmerischen Tätigkeit fließen in der Regel nicht immer zeitlich parallel zu den auftretenden (Finanzierungs-)Notwendigkeiten an das Unternehmen zurück. Darüber hinaus entstehen aus den Zielen des Unternehmens (zB Erweiterung des Geschäftsbetriebes, Produktion eines neuen Produktes) weitere Finanzierungserfordernisse, die es abzudecken gilt.

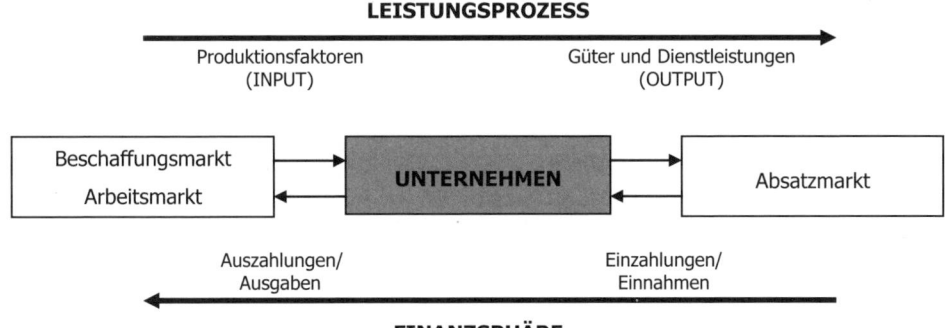

Abbildung 120: Leistungserstellungsprozess im Unternehmen

Die Organisation der finanziellen Mittel für den Leistungserstellungsprozess ist Aufgabe des Finanzmanagements. Fragen der **Kapitalbeschaffung (Finanzierung, Mittelherkunft)** betreffen ein Unternehmen in jeder Phase seines Bestehens und in jeder Phase des Leistungserstellungsprozesses.

1.1.1. Unterscheidung der Finanzierung nach dem Anlass

In jeder „Lebensphase" eines Unternehmens werden finanzielle Mittel benötigt. Eine mögliche Einteilung der Finanzierungsquellen richtet sich daher nach dem **Anlass der Finanzierung**, also der Frage nach den Gründen (Ursachen, Anlass), warum ein Unternehmen finanzielle Mittel benötigt.

Beispiel

> Ein Jungunternehmer hat eine herausragende Idee, die er verwirklichen möchte, für deren Realisierung jedoch ein Startkapital notwendig ist.

Im Fall des Jungunternehmers aus dem Beispiel spricht man von einer **Gründungsfinanzierung** oder Errichtungsfinanzierung. Besonders in den Anfängen eines Unternehmens wird Geld- und Sachkapital benötigt. Der „junge" Unternehmer muss sich mit der Frage auseinander setzen, wie diese Mittel beschafft werden können.

Finanzierungsnotwendigkeiten entstehen aber auch in anderen Phasen einer Unternehmung. Es ist eine laufende Finanzierung des Unternehmens notwendig, wenn es beispielsweise darum geht, saisonale Schwankungen auszugleichen (also „wirtschaftliche Durststrecken" zu überbrücken). Möchte das Unternehmen die finanziellen Mittel, die es aus dem Umsatzprozess lukriert hat, wieder investieren, so ist dies ebenso eine Frage der Finanzierung, beispielsweise ob liquide Mittel für die Rückzahlung von Schulden verwendet werden, ob damit besser Betriebsmittel gekauft werden, ein neuer Mitarbeiter eingestellt oder eine neue Maschine angeschafft wird.

Deutlich wird, dass Fragen der Finanzierung nicht unabhängig von den Zielen des Unternehmens diskutiert und entschieden werden können.

Beispiel

> Nach fünfjährigem Bestehen und starken Umsatzsteigerungen ist der Ausbau von Betriebsräumlichkeiten in einer Unternehmung geplant. Zur Strategie passend, ist ein kontinuierliches Wachstum (Erweiterung) des Unternehmens und seiner Geschäftstätigkeit geplant. Für diesen Ausbau (Zukauf neuer Grundstücke und Räumlichkeiten, Aufnahme neuer Mitarbeiter, Investitionsmaßnahmen im Bereich der Kunden-Akquisition, Intensivierung der Marktbetreuung) sind finanzielle Mittel nötig.

Die so genannte **Erweiterungsfinanzierung** bezeichnet demnach jene Formen der Finanzierung, die den Aus- und Umbau bzw die Erweiterung eines Betriebes zum Anlass haben.

> **Beispiel**
>
> Die Umsatzzahlen eines Unternehmens sind seit Jahren massiv rückläufig. Die technologische Ausstattung ist veraltet („rückgestaute" Investitionen). Es ist offensichtlich, dass in die Infrastruktur des Unternehmens viel investiert werden muss, um weiterhin am Markt bestehen zu können. Nichtsdestotrotz hat das Unternehmen reale (und gute!) Überlebenschancen, wenn die „versäumten" Investitionen nachgeholt werden und damit der Anschluss an die Konkurrenten erreicht werden kann. Für diese Investitionen sind jedoch finanzielle Mittel nötig. Die Beschaffung der finanziellen Mittel ist Aufgabe des Finanzmanagements.

Eine Phase, in dem ein Unternehmen Geldmittel aus Anlass seiner Sanierung benötigt, wird **Sanierungsfinanzierung** genannt.

1.1.2. Unterscheidung nach der Herkunft des Kapitals

Nach der **Herkunft des Kapitals** unterscheidet man zwischen der **Innen- und Außenfinanzierung**.

Innenfinanzierung bedeutet, dass die Finanzmittel aus dem Unternehmen selbst generiert werden. Innenfinanzierung umfasst die finanziellen Mittel, die das Unternehmen sozusagen aus „eigener Kraft" erwirtschaften kann. Überblicksartig zeigt die folgende Grafik die wesentlichsten Formen der Innenfinanzierung, die in weiterer Folge kurz erläutert werden.

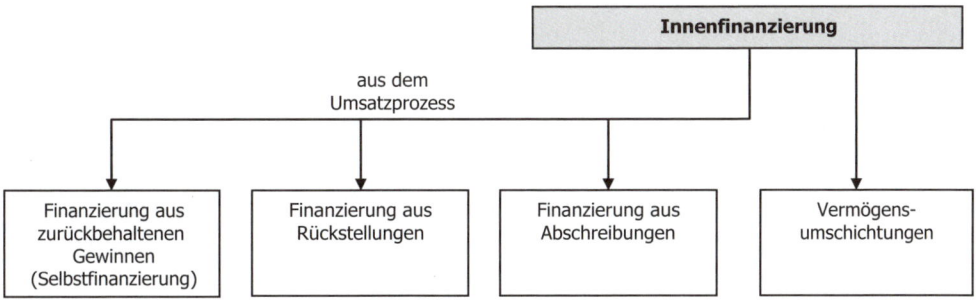

Abbildung 121: Innenfinanzierungsarten – Überblick

Innenfinanzierung kann somit aus dem Umsatzprozess erfolgen. Erzielt das Unternehmen beispielsweise Gewinne, die im Unternehmen behalten werden, wird dadurch ein Finanzierungseffekt erreicht. Man nennt diese Form der Finanzierung auch Überschussfinanzierung oder Cashflow-Finanzierung. Sie umfasst:

a) Finanzierung aus zurückbehaltenen Gewinnen (Selbstfinanzierung, Gewinnthesaurierung)

Im Rahmen der Finanzierung aus zurückbehaltenen Gewinnen werden die erzielten Gewinne des Unternehmens, die in der Bilanz ausgewiesen oder als stille Reserven vorhanden sind, nicht an die Eigenkapitalgeber ausgeschüttet. Sie bleiben im Unternehmen und stärken damit das „finanzielle Unternehmensgerüst". Im Vergleich zu anderen Finanzierungsquellen bietet diese Form der Finanzierung den Vorteil, dass sie gleichzeitig die Kreditwürdigkeit des Unternehmens verbessert.

b) Finanzierung aus Rückstellungsgegenwerten

Die gebildeten Rückstellungen (insbesondere die langfristigen Rückstellungen) können für Maßnahmen der Finanzierung verwendet werden. So stehen die Abfertigungs- und Pensionsrückstellungen dem Unternehmen langfristig als Fremdkapital zur Verfügung. Bei der Bildung von Rückstellung werden Aufwendungen verbucht, die den Gewinn reduzieren. Tatsächlich stehen diesen buchhalterischen Aufwendungen aber keine Auszahlungen gegenüber; vorausgesetzt, es wird keine Abfertigung- oder Pensionsauszahlung fällig. Nach der Bildung bleibt der Betrag als Fremdkapital ausgewiesen in der Bilanz des Unternehmens „stehen". Dies kann der Einfachheit halber wie ein längerfristiger Kredit verstanden werden, der dem Unternehmen von den eigenen Mitarbeitern zur Verfügung gestellt wird. Fällig gestellt wird der „Kredit" dann, wenn der Mitarbeiter das Unternehmen verlässt (zB pensioniert wird).

c) Finanzierung aus Abschreibungswerten

Abschreibungen sind der „buchhalterische Gegenwert" für die Wertminderung von Anlagevermögenswerten einer Unternehmung. Sie dienen dazu, die Wertminderung des Vermögens als buchhalterischen Aufwand zu erfassen, der bei der Produktkalkulation mitberechnet wird. Dadurch soll es für die Unternehmung möglich werden, das alte Anlagegut nach Ablauf der Nutzungsdauer durch ein „Neues" zu ersetzen. Die erzielten Umsätze und die für die Kalkulation bereits berücksichtige Abschreibung sollten dieses neue Anlagegut finanziert haben. Dies wiederum soll sicherstellen, dass die betriebliche Substanz des Unternehmens erhalten bleibt. Der Finanzierungseffekt, der sich dabei ergibt, lässt sich so beschreiben: Den (einkalkulierten) Abschreibungen stehen die über Umsätze tatsächlich realisierten Geldwerte gegenüber. Die Abschreibungen führen jedoch während der Abschreibungsdauer des Sachanlagevermögensgegenstandes nicht zu einer tatsächlichen Auszahlung, also zu keinem reellen Geldabfluss im Unternehmen. Das heißt, sie müssen weder während noch nach der Nutzungsdauer an jemanden tatsächlich bezahlt werden. Sie dienen lediglich dazu, die Möglichkeit zu schaffen, die Substanz des Unternehmens durch entsprechende Kalkulation aufrechtzuerhalten.

Nach Ablauf der (technischen, wirtschaftlichen) Nutzungsdauer von Wirtschaftsgütern müssen bzw sollten diese ersetzt werden, wenn der Betrieb im bisherigen Umfang aufrechterhalten werden soll. Da nicht alle Wirtschaftsgüter zum gleichen Zeit-

1. Grundlagen der Finanzierung

punkt ersetzt (reinvestiert) werden müssen, fließt dem Unternehmen in jeder Periode eine Summe an „verdienten" Abschreibungsgegenwerten zu. Der Finanzierungseffekt entsteht wiederum dadurch (ähnlich wie bei der Bildung von Rückstellungen), dass ein Aufwand – hier in Form der Absetzung für Abnutzung – verbucht wird, dem periodengleich im Normalfall keine Auszahlung gegenübersteht.

Der Finanzierungseffekt wird anhand eines rechnerischen Beispiels dargestellt:

Beispiel

Ein Unternehmen beschafft alle vier Jahre eine Maschine im Wert von € 2.000,–. Die Maschinen werden jeweils über eine Nutzungsdauer von vier Jahren linear (dh gleich bleibend über die Laufzeit) abgeschrieben. Die Abschreibungen werden durch die Erzielung der entsprechenden Umsatzerlöse über den Markt „verdient".

Anschaffungskosten pro Maschine:	€ 2.000,–
Nutzungsdauer:	4 Jahre
Abschreibung pro Periode pro Maschine:	€ 500,–

Jahre	01	02	03	04	05	06	07	08	09	10
1. Maschine	500	500	500	500						
2. Maschine					500	500	500	500		
3. Maschine									500	500
Rückfluss an liquiden Mitteln (kumuliert)	500	1.000	1.500	2.000	500	1.000	1.500	2.000	500	1.000
zu investieren (Neuanschaffungen)					2.000				2.000	
Mittel, die zur Verfügung stehen					2.000				2.000	

Abbildung 122: Finanzierung aus Abschreibungswerten

Ab Ende des vierten Jahres entspricht der Abschreibungsgegenwert genau dem Anschaffungswert der neuen Maschine. Das heißt, € 2.000,– wurden als Abschreibungsgegenwert in den Produktpreis miteinkalkuliert; genau diesen Betrag kostet auch die Anschaffung der neuen Maschine. Die Abschreibungsgegenwerte der Periode 01–04 sind jedoch für die Reinvestition (noch) nicht notwendig. Daraus ergibt sich während der Perioden ein Finanzierungseffekt, den man als „Finanzierung aus Abschreibungen" bezeichnet.

Aus Sicht des Finanzmanagements macht es wenig Sinn, diese Abschreibungsgegenwerte zu sammeln und darauf zu warten, dass das entsprechende Wirtschaftsgut zu ersetzen ist. Also sozusagen einen Erneuerungsfonds zu bilden, der bis zum Zeitpunkt einer Wiederbeschaffung des alten Wirtschaftsgutes nicht angetastet werden darf. Es reicht aus, sicherzustellen, dass zu jeder Periode die neu anzuschaffenden Wirtschaftsgüter aus allen in dieser Periode verdienten Abschreibungsgegenwerten finanziert werden können, die finanziellen Mittel also vorhanden sind, um ein benötigtes (zu ersetzendes) Wirtschaftsgut zu beschaffen.

Voraussetzung für diese Form der Finanzierung ist, dass die Abschreibung auch tatsächlich über die Umsatzerlöse erzielt wird, also dass auch entsprechende Umsätze erzielt werden und die Abschreibung in den Preis miteinkalkuliert wurde. Erfolgt beispielsweise kein Umsatz, sondern wird – rein hypothetisch – alles auf Lager produziert, erhöht sich zwar der Bestand an Fertigfabrikaten (wenn bei der Herstellkostenbewertung die Abschreibung miteinkalkuliert wurde), es fließen dem Unternehmen jedoch keine finanziellen Mittel zu. Die Abschreibungsgegenwerte wurden ja (noch) nicht über den Markt „verdient".

Eine andere Möglichkeit der **Innenfinanzierung** stellt die **Umschichtung von Vermögen** dar. Hier erfolgt der Finanzierungseffekt zwar auch aus dem Unternehmen selbst, nicht jedoch aus dem Leistungserstellungsprozess des Unternehmens. Dies kann beispielsweise durch den Verkauf von Anlage- oder Umlaufvermögen erfolgen. Damit ändert sich die Vermögensstruktur des Unternehmens: Aus vormals gebundenen Vermögenswerten werden liquide Mittel mit dem entsprechenden Finanzierungseffekt. Dabei handelt es sich zwar um eine Form der Kapitalbeschaffung, das Vermögen, das dem Betrieb zur Verfügung steht, wird jedoch insgesamt nicht mehr. Es wird lediglich umgeschichtet, und zwar von den gebundenen zu den freien Mitteln im Unternehmen.

> **Beispiel**
>
> Ein Unternehmen hat eine Maschine im Sachanlagevermögen. Die Maschine wird verkauft und eine ähnliche Maschine wird geleast. Aus dem Verkauf der Maschine erhält das Unternehmen finanzielle Mittel. Die Umschichtung des Vermögens erfolgt vom Anlagevermögen in Höhe des Wertes der Maschine in das Umlaufvermögen, da sich der Kassenbestand bzw das Bankkonto durch den Verkauf der Maschine erhöht.

Im Gegensatz zur Innenfinanzierung spricht man von **Außenfinanzierung**, wenn dem Unternehmen von außen Kapital zugeführt wird. Dh die finanziellen Mittel stammen nicht aus dem betrieblichen Umsatzprozess, sondern aus Kapitaleinlagen oder Kreditgewährungen.

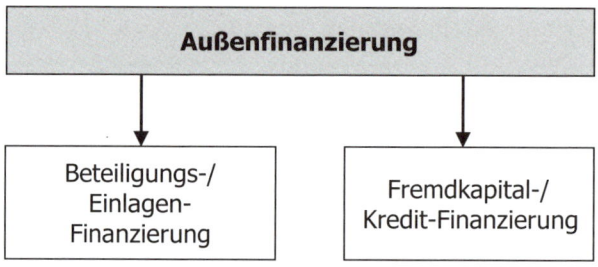

Abbildung 123: Außenfinanzierungsarten – Überblick

1. Grundlagen der Finanzierung

Außenfinanzierung kann beispielsweise als **Beteiligungs- (oder Einlagen-)Finanzierung** erfolgen, indem finanzielle Mittel in Form von Geld- oder Sacheinlagen oder Rechten dem Unternehmen von außen zur Verfügung gestellt werden.

> **Beispiel**
>
> Ein Einzelunternehmer kann seinem Unternehmen durch das Zuführen von Eigenkapital finanzielle Mittel „zuschießen". Durch das zusätzliche Aufnehmen neuer Gesellschafter (Erhöhung des Stammkapitals, Aufnahme neuer Anteilseigner) kann beispielsweise eine GmbH einen Finanzierungseffekt erzielen.

Auch die **Fremdkapitalfinanzierung** ist eine Form der **Außenfinanzierung**. Hier wird dem Unternehmen Kapital in Form von Krediten zur Verfügung gestellt. Fremdkapitalfinanzierungen sind wiederum nach verschiedenen Kriterien gliederbar. So lassen sich nach der Laufzeit beispielsweise kurz-, mittel- und langfristige Kreditfinanzierungen unterscheiden. Zu den Formen der kurz- und mittelfristigen Kreditfinanzierung zählen etwa Lieferantenkredite, Kundenanzahlungen und Kontokorrentkredite. Sie dienen vor allem als Liquiditätspuffer, also zur Überbrückung kurzfristiger Finanzierungslücken. Eine langfristige Form der Kreditfinanzierung ist beispielsweise das Darlehen.

Die Nutzung von Fremdkapital ist in jedem Fall in der Liquiditätsrechnung zu berücksichtigen, da damit „echte" (liquiditätswirksame) Auszahlungen in Höhe der Rückzahlung des Krediites und der Zahlungen für die Zinsen (also in Summe der Tilgungszahlung des Kredites) verbunden sind.

1.1.3. Unterscheidung nach der Rechtsstellung der Kapitalgeber

Finanzierungsarten lassen sich auch nach der **Rechtsstellung des Kapitalgebers** unterscheiden. So versteht man unter **Eigenfinanzierung (Finanzierung mittels Aufnahme von Eigenkapital)** die Zuführung von finanziellen Mitteln durch die Eigentümer bzw durch die Gesellschafter eines Unternehmens. Das Eigenkapital ist jenes Kapital, das dem Unternehmen dauerhaft zur Verfügung gestellt wird und zur Haftung von Verbindlichkeiten des Unternehmens dient.

Die Finanzierung mit Eigenkapital kann

- durch die schon angesprochene Beteiligungsfinanzierung (Zuführung von Eigenkapital von außen in Form von Geldeinlagen, Sacheinlagen oder Rechten),
- durch das Zurückbehalten von Gewinnen (Selbstfinanzierung),
- aus Abschreibungsgegenwerten,
- aus sonstigen Kapitalfreisetzungen (Maßnahmen der Rationalisierung sowie Verkauf von Vermögensteilen, die nicht Erzeugnisse oder Waren des Unternehmens darstellen)
  erfolgen.

Abschnitt C – Finanzanalyse

Die Finanzierung mit Eigenkapital ist je nach Rechtsform eines Unternehmens geringfügig verschieden. So sind die Bezeichnung des Kapitals rechtsformabhängig (Eigenkapital, Grundkapital, Stammkapital) und auch die gesetzlichen Vorschriften (Haftungsfunktion, Mindesthöhe etc) je nach Rechtsform unterschiedlich.

Dem Eigenkapital kommt eine Haftungsfunktion zu. Dh das Eigenkapital dient als eine Art Sicherheit für die Gläubiger des Unternehmens. Eigenkapital ist aber auch ein Sicherheitsfaktor für die Unternehmenseigner selbst. Es ist ein Zeichen für die Sicherung der Zahlungsfähigkeit und gewährleistet eine Form der Unabhängigkeit und Handlungsfreiheit für das Unternehmen. Im Gegensatz zu Fremdkapital, das unabhängig vom Geschäftserfolg verzinst wird, ist Eigenkapital liquiditätsschonend. Die Verzinsung von Eigenkapital erfolgt erfolgsorientiert (zB mittels Gewinnbeteiligung). Eigenkapitalgeber profitieren idR auch von Steigerungen des Unternehmenswertes, da sie Anteilseigner sind und damit an der Zunahme der stillen Reserven der Unternehmung beteiligt sind.

Unter **Fremdfinanzierung (Finanzierung mittels Aufnahme von Fremdkapital)** versteht man die Zuführung finanzieller Mittel von außen, etwa in Form von Krediten. Die Finanzierung mit Fremdkapital kann

- durch die schon angesprochene Fremdkapitalfinanzierung (Zuführung von Fremdkapital in ein bestehendes Unternehmen von außen in Form von Geld oder Sachgütern) und
- aus Rückstellungswerten (insbesondere Rückstellungen von längerfristiger Natur, also im Wesentlichen die Abfertigungs- und Pensionsrückstellungen)

erfolgen.

Eine *Sonderform der Fremdfinanzierung* ist das *Leasing*. Beim Leasing werden Leasinggüter vom Leasinggeber an einen Leasingnehmer gegen Entgelt und für eine bestimmte Zeitdauer überlassen. Gegenstand der Leasingvereinbarung können dabei bewegliche Güter (Mobilien-Leasing), aber auch unbewegliche Güter (Immobilien-Leasing) sein. Im Gegensatz zum Operate-Leasing, das während der Laufzeit kündbar ist, ist das Finanzierungsleasing während der Grundmietzeit unkündbar. Das Leasing stellt für Unternehmen meist eine Investitionsalternative zum Kreditkauf dar. Ob eine Kreditfinanzierung oder die Finanzierung mittels Leasing günstiger für das Unternehmen ist, hängt wiederum von verschiedensten Kriterien ab wie zB Geldabfluss, wirtschaftlicher Situation des Unternehmens und steuerlichen Auswirkungen und muss im Einzelfall geprüft werden.

Die verschieden Arten der Finanzierung (**Außen-/Innenfinanzierung, Eigen-/Fremdfinanzierung**) und ihre „Überschneidungen" werden durch die folgende Grafik nochmals zusammenfassend darstellt:

1. Grundlagen der Finanzierung

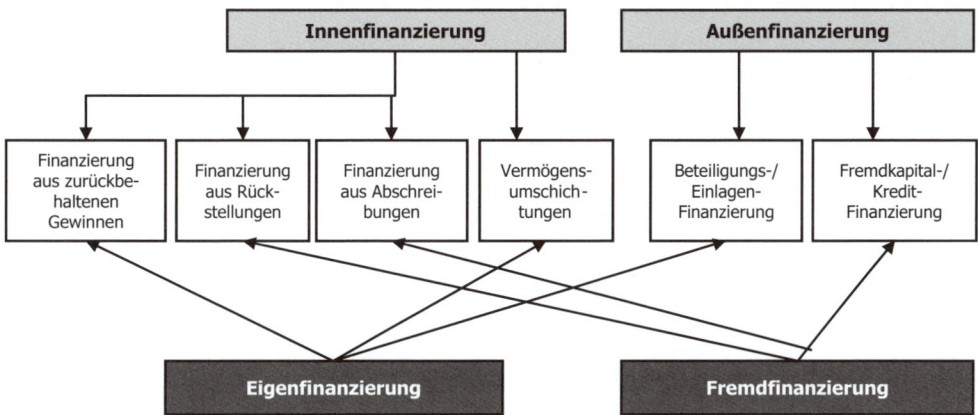

Abbildung 124: Finanzierungsformen und ihre Überschneidungen

Beim Gewinn bzw bei der Finanzierung aus zurückbehaltenen Gewinnen (Gewinnthesaurierung) handelt es sich beispielsweise um eine Form der Finanzierung, die als **Innenfinanzierung** und als **Eigenfinanzierung** deklariert wird.

Die Finanzierung mittels Abfertigungsrückstellungen wird als **Innenfinanzierung** beschrieben, weil die Mittel über die Einrechnung der nicht auszahlungswirksamen Rückstellungsbeträge aus dem Umsatzprozess kommen. Gleichzeitig handelt es sich dabei auch um eine **Fremdfinanzierung**, da die finanziellen Mittel wie ein „Kredit der Mitarbeiter" an das Unternehmen betrachtet werden und damit **Fremdkapital** darstellen.

Kredite stellen typischerweise **Außen- und Fremdfinanzierung** dar. Die Einlagefinanzierung (zB Erhöhung der Gesellschafteranteile durch Einlage) stellt **Außenfinanzierung** dar. Die finanziellen Mittel werden dem Unternehmen „von außen" zugeführt. Ebenso handelt es sich jedoch auch um eine Eigenfinanzierung, weil das zugeführte Kapital Eigenkapital darstellt.

1.2. Überlegungen zur Wahl der Finanzierungsquelle

Das Finanzmanagement ist gefordert, auf alle Fragen die Finanzierungsquellen und -arten betreffend Antwort zu geben. Es geht beispielsweise darum, welche Finanzierungsarten bzw -quellen dem Unternehmen überhaupt zur Verfügung stehen, wie hoch die mit der jeweiligen Finanzierungsart verknüpften Finanzierungskosten sind, welche Finanzierungsalternativen das Unternehmen hat und welche am besten zu den Zielen der Unternehmung passen.

Gerade die Finanzierungskosten entscheiden häufig darüber, welche Finanzierungsquellen herangezogen werden. Formen der Innenfinanzierung sind für das Unternehmen günstiger als Formen der Außenfinanzierung, da durch Innenfinanzierung keine (direkten) Kapitalbeschaffungskosten anfallen. Die Verzinsung des eingesetzten Kapitals soll ja über die realisierten Gewinne (Rentabilität des eingesetzten Kapitals) erfolgen. Nimmt das Unternehmen jedoch Fremdkapital auf, so sind die Kosten für dieses Kapital als Zinsen steuerlich abzugsfähig. Dh Zinsen sind aufwandswirksam, reduzieren den Gewinn und damit die Steuerbemessungsgrundlage, wodurch die zu entrichtende Steuer sinkt. Je höher die Steuerklasse, desto größer ist die Wirkung der Abzugsfähigkeit des Zinsaufwands.

Eigenkapitalzinsen sind hingegen steuerlich nicht abzugsfähig. Die Eigenkapitalgeber erhalten ihre Verzinsung über die Ausbezahlung eines Anteils am Gewinn des Unternehmens. Eine separate (fixe) Verzinsung des Eigenkapitals und eine entsprechende steuerliche Berücksichtigung als Aufwandsposition gibt es nicht.

Neben Überlegungen zu den Finanzierungskosten sind selbstverständlich auch andere Entscheidungskriterien heranzuziehen. Eigenkapital steht dem Unternehmen im Regelfall zeitlich unbegrenzt zur Verfügung. Im Gegensatz dazu ist das Fremdkapital mit einer bestimmten Laufzeit fixiert. Eigenkapital wird daher immer auch als „langfristigstes" Kapital bezeichnet. Es dient als Haftungskapital und als eine Art Sicherheitspolster für das Unternehmen. Es schafft Freiräume in Zeiten, in denen beispielsweise die wirtschaftliche Situation des Unternehmens angespannt ist. Fremdkapitalzinsen müssen grundsätzlich immer bezahlt werden, und zwar unabhängig von der wirtschaftlichen Situation des Unternehmens. Die Verzinsung des Eigenkapitals erfolgt jedoch über die Beteiligung am Gewinn bzw auch am Wertzuwachs – also an den stillen Reserven – des Unternehmens.

In Krisenzeiten dient das Eigenkapital als Vorsorge, da bei schlechter Konjunktur weder Tilgung noch Zinsen anfallen. Eigenkapital sichert darüber hinaus eine bestimmte Unabhängigkeit des Unternehmens, da durch eine hohe Fremdfinanzierung die Kreditgeber Einfluss auf das Unternehmen haben können. Dem ist entgegenzuhalten, dass aber auch zusätzlich aufgenommene Gesellschafter (Eigenkapitalzuwachs) in der Regel ein Mitspracherecht im Unternehmen erwerben.

Welche Finanzierungsquellen generell zur Verfügung stehen, ist stark von der Rechtsform des Unternehmens abhängig. So beruht die Kreditwürdigkeit eines Einzelunternehmens wesentlich auf der betrieblichen Ertragskraft (wirtschaftliche Kreditwürdigkeit) bzw auf der Einschätzung der Persönlichkeit des Unternehmers durch die Kreditgeber (persönliche Kreditwürdigkeit). Gleiches gilt für Personengesellschaften, wobei bei der Kommanditgesellschaft die Möglichkeit besteht, neue finanzielle Mittel durch die Aufnahme von Kommanditisten zu lukrieren (Eigen-/Außenfinanzierung). Erweitert sich der Gesellschafterkreis bei der Personengesellschaft, erhöht dies wiederum die Kreditwürdigkeit des Unternehmens, weil ja mehr Gesellschafter für das Unternehmen haften. Die Kreditwürdigkeit der Personengesellschaft ist wiederum stark von der Gesellschafterstruktur, die im Hintergrund des Unternehmens steht, abhängig. Eine Gesellschaft mit beschränkter Haftung kann ebenso neue Gesellschafter aufnehmen und dadurch das Stammkapital erhöhen. Eine Aktiengesellschaft hat über den Kapitalmarkt die größte Möglichkeit, eine breite Kapitalbasis zu schaffen.

In vielen Fällen ist es für die Unternehmensleitung sinnvoll, zuerst alle internen Finanzierungsquellen auszuschöpfen und dann erst alternative Quellen der Außenfinanzierung in Betracht zu ziehen. Vor allem in Zeiten der Unternehmensgründung kann man leider meist nicht auf von „innen" erwirtschaftete Mittel zurückgreifen, da dies ja einen erfolgreichen Umsatzprozess voraussetzt. Gleiches gilt für Unternehmen, die expandieren wollen. Auch sie schaffen es häufig nicht, die notwendigen finanziellen Mittel aus Innenfinanzierungsquellen zu decken. Sie müssen sich entscheiden, in welcher Form sie die Außenfinanzierung mit Eigen- und Fremdkapital realisieren bzw in welcher Form diese Quellen miteinander verknüpft werden sollen.

Praktische Relevanz

Für das Management eines Unternehmens sind Fragen der Finanzierung wesentlich. So sind häufig Fragen der Finanzierung entscheidend für das Fortbestehen eines Unternehmens. Nicht selten bedeutet ein finanzieller Engpass, die Ablehnung einer Finanzierung, das Fälligstellen eines Kredites oder die unerwartete (bzw nicht in den Liquiditätsreserven einkalkulierte) Steuer- oder Sozialversicherungsnachzahlung den Tod eines Unternehmens.

Dazu kommt, dass die Finanzierungsstrategie zu den (anderen) unterschiedlichen Zielen des Unternehmens (Rentabilität, Liquidität, Sicherheit) sowie dessen strategischer Ausrichtung passen muss. In der Praxis stehen meist nur eingeschränkte Finanzierungsalternativen zur Verfügung oder aber es werden bestimmte Finanzierungsquellen als inakzeptabel, als nicht zu den Unternehmenszielen passend eingestuft oder schlichtweg gar nicht wahrgenommen. Einschränkende (finanzierungsbestimmende) Faktoren sind beispielsweise die Rechtsform, die wirtschaftliche Lage des Unternehmens, die Risikobereitschaft des Unternehmers, die grundsätzlichen Ziele des Unternehmens und seine strategische Ausrichtung.

Häufig bieten sich gerade dann, wenn Unternehmen finanzielle Mittel benötigen, keine Finanzierungsquellen an. Schwierig sind jene Situationen, in denen man eben keine Sicherheiten vorweisen kann, die Unternehmensergebnisse zu wünschen übriglassen oder man Neues, Unsicheres wagt. Gut beraten ist der, der sich rechtzeitig nach Alternativen umsieht, mutig auch neue Wege (alternative Finanzierungsstrategien) beschreitet und nicht alles „auf eine Karte" setzt.

Die Kosten einer Finanzierung werden häufig als wichtigstes Kriterium für die Wahl einer Finanzierungsform herangezogen. Natürlich gibt es auch qualitative Kriterien, die zu beachten sind. So bedeutet die zusätzliche Aufnahme von Eigenkapital (zB durch die Aufnahme neuer Gesellschafter und einer Kapitalerweiterung) im Vergleich zur Aufnahme von Fremdkapital (zB durch die Aufnahme eines langfristigen Bankkredites), dass das Unternehmen in weiteren betrieblichen Entscheidungen „freier" ist. Der Fremdkapitalgeber verlangt seine Zinsen unabhängig von der Geschäftsentwicklung des Unternehmens. Eigenkapitalgeber hingegen erwarten eine Verzinsung durch das Erzielen eines Gewinnes sowie einen Wertzuwachs der Beteiligung im Unternehmen.

Wissen kompakt

Anlässe der Finanzierung sind sehr vielfältig und können je nach „Lebensphase" des Unternehmens unterschieden werden. Bei der Gründungsfinanzierung in der Startphase wird besonders Geld- und Sachkapital benötigt. Die Erweiterungsfinanzierung betrifft den Aus- und Umbau bzw die Erweiterung eines Betriebes. Werden Geldmittel aus Anlass einer Sanierung benötigt, spricht man von einer Sanierungsfinanzierung.

Außenfinanzierung bedeutet, dass dem Unternehmen von „außen" finanzielle Mittel zugeführt werden. Das Fremdkapital kann beispielsweise durch Bankkredite, das Eigenkapital durch die Aufnahme neuer Gesellschafter erhöht werden.

Eigenkapital ist jenes Kapital, das den Gläubigern als Haftungskapital zur Verfügung steht. Eigenkapitalgeber erhalten ihre Verzinsung in der Regel durch die Ausschüttung des vereinbarten Anteils am Gewinn. Sie sind am Wertzuwachs des Unternehmens beteiligt.

Fremdkapital unterscheidet sich vom Eigenkapital durch die Rechtsstellung der Kapitalgeber. Der Fremdkapitalgeber hat Anrecht auf die vereinbarte Verzinsung, ist jedoch am Wertzuwachs des Unternehmens nicht beteiligt.

Finanzierung aus Abschreibungen bedeutet, dass die Wertminderung von Vermögenswerten in die Kalkulation der Güter und Dienstleistungen miteinfließt und durch deren Verkauf dem Unternehmen als liquide Mittel zur Verfügung steht. Daraus ergibt sich ein Finanzierungseffekt.

Finanzierung aus Rückstellungen bezeichnet die Möglichkeit, dass durch die Bildung von insbesondere langfristigen Pensions- und Abfertigungsrückstellungen zusätzliches, dem Unternehmen zur Verfügung stehendes Fremdkapital aufgebaut wird. Die Bildung von Rückstellungen benötigt keine liquiden Mittel und erhöht den Fremdkapitalanteil (buchhalterisch) in der Bilanz. Dh es erfolgt eine Aufwandsbuchung, der keine korrespondierende Auszahlung gegenübersteht.

Innenfinanzierung bezeichnet jene Finanzierungsquellen, die das Unternehmen aus sich selbst (von „innen") lukrieren kann. Dazu zählt beispielsweise die Einbehaltung von erzielten Gewinnen (Gewinnthesaurierung) oder aber frei gewordenen finanzielle Mittel auf Grund von Vermögensumschichtungen (zB Verkauf von Anlagevermögen).

Kontrollfragen

- Nach welchen Kriterien können die verschiedenen Finanzierungsquellen eines Unternehmens unterschieden werden?
- Beschreiben Sie die Wesensmerkmale der Innenfinanzierung? Nennen Sie Beispiele und erläutern Sie dabei den Finanzierungseffekt?

- Welche Formen der Außenfinanzierung stehen einem Unternehmen zur Verfügung?
- Von welchen Kriterien könnten Ihrer Meinung nach die Außenfinanzierungsmöglichkeiten eines Unternehmens abhängen?
- Was versteht man unter Eigenfinanzierung? Nennen Sie Beispiele.
- Wozu dient das Eigenkapital und welche Rolle hat es im Unternehmen?
- Welche Fremdfinanzierungsmöglichkeiten kennen Sie?
- Nennen Sie zwei Beispiele für Finanzierungsquellen und ordnen Sie diese den Kategorien Eigen-, Fremd-, Innen- und Außenfinanzierung zu.

Weiterführende Literatur

- *Dettmer, H./Hausmann, T.:* Finanzmanagement, Band I, 2., verbesserte Auflage, München 1998.
- *Grünberger, H.:* Praxis der Bilanzierung, 11., überarbeitete Auflage, Wien 2007.
- *Lechner, K./Egger, A./Schauer, R.:* Einführung in die Allgemeine Betriebswirtschaftslehre, 26., überarbeitete Auflage, Wien 2013.
- *Perridon, L./Steiner, M./Rathgeber, A.:* Finanzwirtschaft der Unternehmung, 16., überarbeitete und erweiterte Auflage, München 2012.

2. Finanzierungsgrundsätze

Lernziel

In diesem Kapitel lernen Sie
- welche betriebswirtschaftlich sinnvollen Vermögens-, Kapital- und Finanzierungsrelationen es gibt
- was die Nichteinhaltung dieser Regeln für betriebswirtschaftliche Konsequenzen haben kann

Wie in den weiteren Kapiteln noch detaillierter dargestellt wird, können bestimmte Finanzierungs- und Kapitalstrukturrelationen als Indikator für die Beurteilung der strukturellen bzw. laufenden Liquidität eines Unternehmens herangezogen werden. Unter **laufender** (oder dispositiver) **Liquidität** wird die Fähigkeit eines Unternehmens verstanden, seinen laufenden Zahlungsverpflichtungen jederzeit nachzukommen. Unter **struktureller Liquidität** versteht man die Sicherung eines Gleichgewichtes der Kapital-/Vermögensstruktur des Unternehmens. Die strukturelle Liquidität hat damit einen mittel- bis langfristigen Charakter.

Um festzustellen, ob die strukturelle und die laufende Liquidität gesichert sind, gibt es bestimmte Regeln (bzw Relationen), deren Einhaltung überprüft werden kann. Diese „Finanzierungsregeln" werden häufig auch **Grundsätze der Finanzierung** genannt.

Die Einhaltung der Finanzierungsregeln soll die finanzielle Basis des Unternehmens sichern, die

- die geplanten Investitionen,
- die Finanzierung des Umlaufvermögens,
- die Vorfinanzierung des Aufwands,
- die Abdeckung der Kreditraten,
- die Abdeckung der Anlaufverluste,
- die Abdeckung der Privatentnahmen

abdecken soll.

Finanzierungsregeln beschäftigen sich nicht (nur) mit der Höhe, sondern besonders mit der Zusammensetzung des Kapitalbedarfs. Der Kapitalbedarf in Summe ist wiederum stark durch die vom Betriebszweck her technisch bestimmte Zusammensetzung des Vermögens beeinflusst. Die wichtigsten dieser Grundsätze werden in weiterer Folge erläutert.

2. Finanzierungsgrundsätze

2.1. Strukturelle Liquidität

Der **Grundsatz der Fristenkongruenz (goldene Bankregel)** besagt, dass Kapitalbindungsdauer und Kapitalüberlassungsdauer übereinstimmen sollen. Das bedeutet, dass das Kapital zeitlich nicht länger in Vermögenswerten gebunden sein soll als die Nutzungsdauer des jeweiligen Vermögenswertes. Kapital, das langfristig in Form einer Investition bzw eines Vermögenswertes gebunden ist, sollte also auch langfristig zur Verfügung stehen.

Es ist daher sinnvoll, bereits bei der Planung einer Investition darauf zu achten, dass die finanziellen Mittel für diese Investition aus einer Quelle stammen, die dem Unternehmen zumindest gleich lange zur Verfügung steht wie die Nutzungsdauer des anzuschaffenden Vermögensgegenstandes. Daraus folgt, dass die Nutzungsdauer einer Investition der Laufzeit des dafür in Anspruch genommenen Kredits entsprechen soll. Dahinter steckt die Annahme, dass mit der Nutzung des Vermögensgegenstandes Einzahlungen aus Umsätzen erzielt werden. Bis zum Ende der Nutzung des Vermögensgegenstandes sollte dieser genug Einzahlungen zurückgespielt (remonetarisiert) haben, dass die für die Finanzierung der Anschaffung aufgewendeten Mittel inklusive Zinsen zurückgezahlt werden können.

Beispiel

Es wird eine Anlage mit einer Nutzungsdauer von fünf Jahren angeschafft. Die Investition wird mit einem Darlehen finanziert, dessen Laufzeit drei Jahre beträgt. Drei Jahre nach Inbetriebnahme der Anlage muss das Darlehen getilgt werden. Die Anlage hat aber unter Umständen bis zu diesem Zeitpunkt die Mittel zur Tilgung des Darlehens noch nicht erwirtschaftet. In der folgenden Grafik wird dieses Beispiel visualisiert:

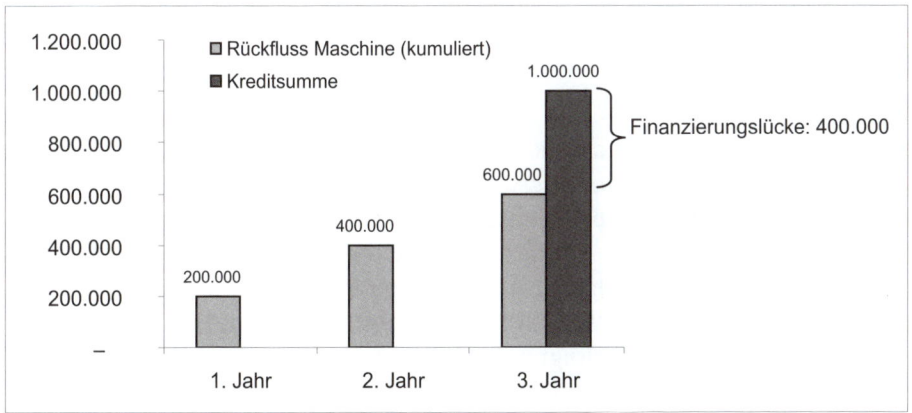

Abbildung 125: Fristenkongruenz (1)

Die Rückflüsse der Anlage betragen pro Jahr € 200.000,–. Nach den drei Jahren der Nutzung beträgt die Summe der Rückflüsse € 600.000,–, es entsteht eine Finanzierungslücke von € 400.000,–. Das Unternehmen muss daher eine neue Finanzierungsquelle suchen, mit der das Darlehen getilgt werden kann. Gelingt dies nicht, so gerät das Unternehmen in finanzielle Bedrängnis. Stimmt die Laufzeit des Darlehens hingegen mit der Nutzungsdauer der Maschine überein, so entsteht dieses Problem erst gar nicht, da die Maschine nach Ende der Laufzeit über die Abschreibungen und die kalkulatorischen Zinsen sämtliche Mittel zur Tilgung des Darlehens erwirtschaftet hat (siehe folgende Grafik).

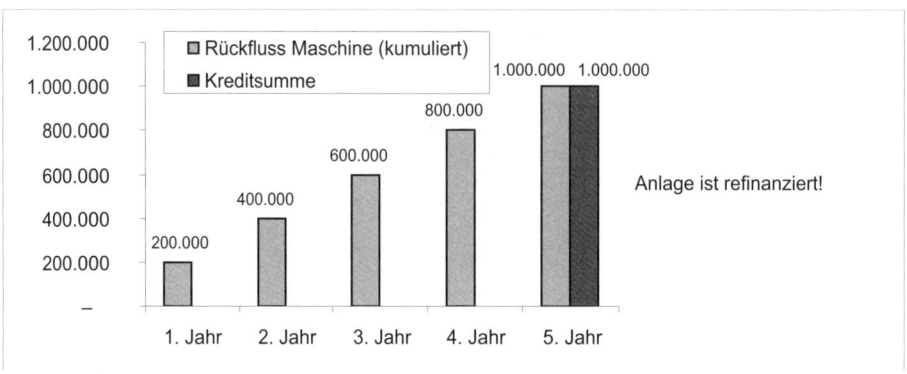

Abbildung 126: Fristenkongruenz (2)

Das Nichteinhalten des Grundsatzes der Fristenkongruenz bedeutet, dass die Finanzierung zu kurzfristig ist im Vergleich zur Nutzungsdauer der zu finanzierenden Investition. Eine Verletzung der Fristenkongruenz kann zu Liquiditätsengpässen und schließlich zur existenziellen Krise des Unternehmens führen.

Theoretisch müsste man zur Überprüfung des Grundsatzes der Fristenkongruenz den mühevollen Weg gehen, jedem Vermögensgegenstand die zu seiner Finanzierung benötigten Mittel gegenüberzustellen. Da es im Nachhinein schwierig wäre, jedem Vermögensgegenstand die „zugehörigen" finanziellen Mittel zuzuordnen, ist der Grundsatz der Fristenkongruenz bereits in der Planung zu berücksichtigen. Seine Einhaltung kann dennoch überprüft werden, indem man sich die Gliederung des Jahresabschlusses zunutze macht.

In einer Bilanz werden nämlich die Aktiva nach ihrer Bindungsdauer getrennt ausgewiesen. Aktiva mit einer Bindungsdauer unter einem Jahr werden unter das Umlaufvermögen, solche mit einer Bindungsdauer von mehr als einem Jahr unter das Anlagevermögen subsumiert. Auf der Passiv-Seite erfolgt die Untergliederung nach der Rechtsstellung der Kapitalgeber in Eigenkapital und Fremdkapital. Zudem wird – so wie bei den Aktiva – nach der Fristigkeit unterschieden. Die Untergliederung des Kapitals nach Fristigkeit erfolgt meist in einem Anhang. Der Anhang ist eine Art „Beilage" zur Bilanz, in der beispielsweise die Restlaufzeiten von Verbindlichkeiten gestaffelt ausgewiesen werden.

Folgende Grafik zeigt diesen Zusammenhang:

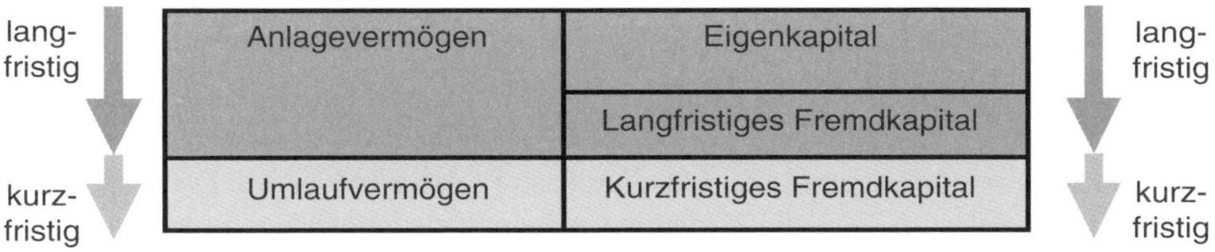

2. Finanzierungsgrundsätze

lang-fristig ↓	Anlagevermögen	Eigenkapital	lang-fristig ↓
		Langfristiges Fremdkapital	
kurz-fristig ↓	Umlaufvermögen	Kurzfristiges Fremdkapital	kurz-fristig ↓

Abbildung 127: Langfristiger und kurzfristiger Betrachtungshorizont in der Bilanz

Gemäß der **goldenen Finanzierungsregel bzw. goldenen Bankregel** sollte langfristig gebundenes Vermögen sollte auch durch langfristig zur Verfügung stehendes Kapital finanziert werden, während kurzfristig gebundenes Vermögen durchaus mit kurzfristig zur Verfügung stehendem Kapital finanziert werden kann. Die Einhaltung dieses Grundsatzes dient der strukturellen Liquidität. Sie ist damit ein Maß für die Sicherstellung einer langfristigen („gesunden") Finanzierung eines Unternehmens.

Konkreter besagt die **goldene Bilanzregel**, dass es sinnvoll ist, Anlagevermögen durch langfristig zur Verfügung stehendes Kapital zu finanzieren. Das Kapital, das dem Unternehmen „am langfristigsten" zur Verfügung steht, ist das Eigenkapital. Da das Eigenkapital in der Regel nicht ausreicht, das gesamte Anlagevermögen zu finanzieren, werden auch jene Teile des Fremdkapitals bei der Überprüfung der Regel hinzugezogen, die langfristig sind.

Goldene Bilanzregel (im engeren Sinne):

$$\frac{\text{Eigenkapital + langfristiges Fremdkapital}}{\text{Anlagevermögen}} \geq 1$$

Die goldene Bilanzregel fordert, dass das Anlagevermögen mit langfristigem Kapital (dh mit Eigenkapital und langfristigem Fremdkapital) zu finanzieren ist. Im Umkehrschluss kann das Umlaufvermögen entsprechend durch kurzfristige Verbindlichkeiten abgedeckt werden. Die Überprüfung der Einhaltung dieser Regel wird mit der Berechnung der Deckungsgrade A, B und C ermittelt. Die Deckungsgrade sind vertikale Bilanzkennzahlen und werden im nachfolgenden Kapitel genauer betrachtet.

Dem Anlagevermögen wird automatisch die „Langfristigkeit" unterstellt, wohingegen man beim Umlaufvermögen von kurzfristig zur Verfügung stehenden Vermögenswerten ausgeht. Eine ähnliche Systematik wird bei der Passivseite angenommen. Im langfristigen Fremdkapital ausgewiesene Positionen werden als solche gewertet. Diese Sichtweise ist zwar grundsätzlich richtig, vernachlässigt jedoch ua folgende Aspekte:

- Ein langfristiger Kredit kann in der nächsten Periode endfällig gestellt werden. Er müsste folglich „kurzfristig", nämlich in der nächsten Periode, zurückgezahlt werden.

- Im Anlagevermögen ausgewiesene Vermögensgegenstände können sich im letzten Jahr ihrer Nutzungsdauer befinden.
- Vermögensgegenstände des Anlagevermögens können eine kurze Liquidationsdauer besitzen. Beispielsweise können börsengängige Wertpapiere oder Grundstücke in sehr guten Lagen rasch, also „kurzfristig", verkauft werden. Demgegenüber können wiederum Teile des Umlaufvermögens eine langfristige Bindung von finanziellen Mitteln bedeuten. Wenn Vorräte beispielsweise als sogenannte eiserne Bestände gehalten werden, dann stehen diese eisernen Bestände längerfristig zur Verfügung. Der Vorratsbestand darf nie unter einen bestimmten Wert sinken.

Die goldene Bilanzregel (im weiteren Sinne) berücksichtigt diesen Umstand und rechnet zu den Anlagevermögenswerten auch jene Teile des Umlaufvermögens hinzu, die langfristig gebunden sind.

Goldene Bilanzregel (im weiteren Sinne):

$$\frac{\text{Eigenkapital + langfristiges Fremdkapital}}{\text{Anlagevermögen + langfristig gebundene Teile des Umlaufvermögens}} \geq 1$$

Für den externen Analytiker ist es jedoch meist schwierig, die langfristig gebundenen Teile des Umlaufvermögens zu erfassen, da sie im Jahresabschluss nicht gesondert erkennbar sind.

2.2. Laufende Liquidität

Alle folgenden beschriebenen Finanzierungsregeln dienen der Sicherung der laufenden Liquidität. Die **„One-to-five"**-Rule besagt, dass die Zahlungsmittel mindestens ein Fünftel, also 20 %, des kurzfristigen Fremdkapitals betragen sollten. Dies soll die Ausgangslage für die Sicherstellung der laufenden Liquidität verbessern. Die One-to-five-Regel wird mit der Ermittlung der Liquidität 1. Grades (siehe folgendes Kapitel) überprüft. Die Aussagekraft dieser Regel ist nur begrenzt nutzbar und sehr stark von der Branche abhängig.

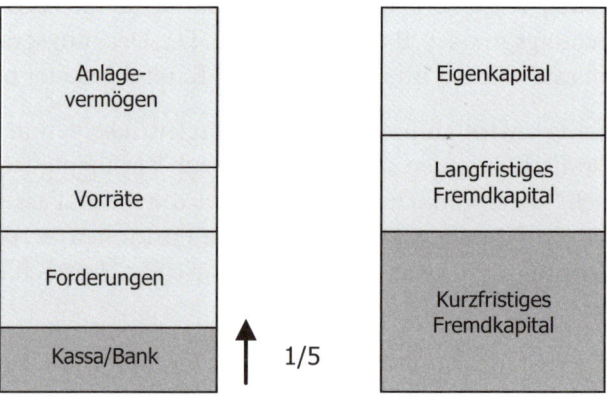

Abbildung 128: „One-to-five"-Rule (Bilanzbild)

Mit dem so genannten „**Acid Test**" wird überprüft, ob der Wert des monetären Umlaufvermögens mindestens gleich hoch ist wie der Wert des kurzfristigen Fremdkapitals. Für diese Überprüfung wird die Liquidität 2. Grades herangezogen, die mindestens 100 % betragen soll. Übersteigt das kurzfristige Fremdkapital das monetäre Umlaufvermögen, könnte es alsbald Liquiditätsengpässe geben. Zum monetären Umlaufvermögen zählen liquide Mittel (zB Kassa, Bank) sowie geldnahe Teile des Umlaufvermögens (zB Forderungen).

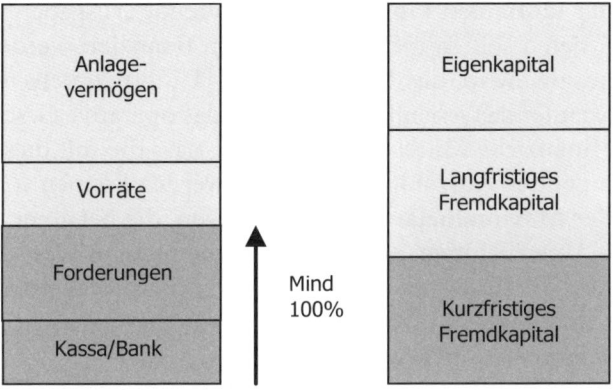

Abbildung 129: „Acid Test" (Bilanzbild)

Zur Sicherung der laufenden Liquidität sollte letztendlich das gesamte Umlaufvermögen mindestens doppelt so hoch sein wie das kurzfristige Fremdkapital. Diese Regel ist auch als **„Two-one-Rule"**, **„Banker's Rule"** oder **„Current Ratio"** bekannt. Der 2:1-Regel folgend, sollte die Liquidität 3. Grades mindestens 200 % betragen.

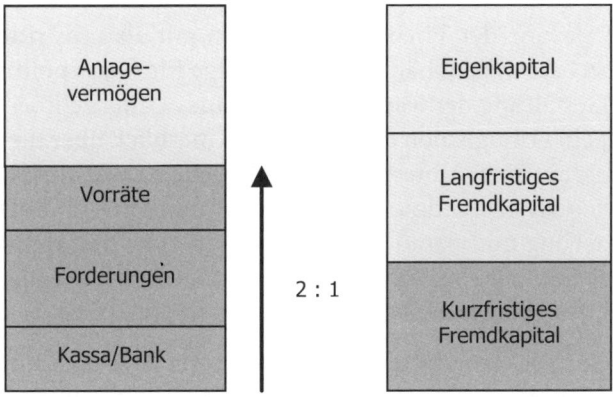

Abbildung 130: „Two-one"-Rule (Bilanzbild)

2.3. Weitere Finanzierungsregeln

- **Grundsatz der Risikofinanzierung:** Eigenkapital stellt Risikokapital dar und dient zur Abdeckung von Anlaufverlusten. Das Eigenkapital darf jedenfalls nicht durch Privatentnahmen verzehrt werden. Das bedeutet auch, dass der Eigenkapitalanteil des Unternehmens umso höher sein müsste, je risikoreicher die Investitionen sind. Damit kann das Risiko von auftretenden Zahlungsschwierigkeiten eher gesteuert werden.
- **Grundsatz der laufenden Finanzierung:** Laufende Ausgaben wie zB Gehälter, Zinsen und Mieten sollten nicht mit Krediten finanziert werden. Verletzt man diesen Grundsatz, wird die Flexibilität des Unternehmens erheblich eingeschränkt. Die laufende Geschäftstätigkeit, dh das operative Geschäft, soll zumindest so viele finanzielle Mittel hervorbringen, dass die mit dieser Tätigkeit verbundenen, laufenden Auszahlungen getätigt werden können.
- **Grundsatz der Maximalbelastung:** Belastungen, die bei einer vorzeitigen Veräußerung des Unternehmens entstehen, dürften nicht größer sein als das Eigenkapital. Dieser Grundsatz versucht das Risiko der unternehmerischen Tätigkeit in ein übersichtliches Maß zu bringen.
- **Grundsatz des positiven Working Capitals:** Negatives Working Capital erzeugt ein permanentes Liquiditätsdefizit in der Unternehmensfinanzierung. Das Working Capital berechnet sich aus dem Umlaufvermögen abzüglich des kurzfristigen Fremdkapitals. Ein positives Working Capital bedeutet, dass Teile des Umlaufvermögens langfristig finanziert sind und dass das Unternehmen einen größeren Handlungsspielraum hat. Es kann auf unerwartete Ereignisse besser und mit mehr Flexibilität reagieren (detailliertere Ausführungen zum Working Capital folgen in den nächsten Kapiteln).

Praktische Relevanz

Die praktische Relevanz der Finanzierungsregeln gilt als umstritten. Nichtsdestotrotz werden diese Faustregeln häufig als Grundlage für finanzpolitische Überlegungen und für die Gestaltung der Kapitalstruktur eines Unternehmens herangezogen. Finanzierungsregeln ermöglichen einen raschen Überblick über die strukturelle und die laufende Liquidität eines Unternehmens und geben Aufschluss darüber, welchen Bereichen man sich vertieft widmen sollte. Vor allem der Grundsatz der fristenkongruenten Finanzierung und damit das Entsprechen von Bindungsdauer und Überlassungsdauer des Kapitals sind für die Finanzierungsentscheidungen und die strukturelle Liquidität des Unternehmens in der Praxis sehr relevant.

Allgemein verhelfen die Grundsätze der Finanzierung dazu, sich ein Bild von der Finanzierung eines Unternehmens zu machen. Dabei sind die Verhältniszahlen in jedem Fall aussagekräftiger, wenn man sie im Zeitverlauf und auch im Branchendurchschnitt betrachtet.

Wissen kompakt

„One-to-five"-Regel: Die Zahlungsmittel sollen mindestens 20 % des kurzfristigen Fremdkapitals betragen.

„Acid Test": Der Wert des monetären Umlaufvermögens soll mindestens so hoch sein wie der Wert des kurzfristigen Fremdkapitals.

Banker's Rule (auch „Two-One"-Regel oder Current Ratio genannt): Das Umlaufvermögen soll mindestens doppelt so hoch sein wie das kurzfristige Fremdkapital.

Goldene Bilanzregel: Anlagevermögen soll durch langfristig zur Verfügung stehendes Kapital finanziert werden.

Goldene Finanzierungsregel (goldene Bankregel): Kapitalüberlassungs- und Kapitalbindungsdauer sollen übereinstimmen (Grundsatz der Fristenkongruenz). Demnach darf die Kapitalüberlassungsdauer nicht kürzer sein als die Kapitalbindungsdauer.

Kontrollfragen

- Was besagt der Grundsatz der Fristenkongruenz? Beschreiben Sie die Wirkung einer Nichteinhaltung anhand eines Beispiels!
- Wie lässt sich die Einhaltung der goldenen Bilanzregel im engeren und weiteren Sinn überprüfen? Warum gibt es diese Unterscheidung in engeren und weiteren Sinn?
- Erläutern Sie die „One-to-five"-Rule und die „Two-one"-Rule? Was wären die möglichen Konsequenzen einer Nichteinhaltung dieser Regeln für ein Unternehmen?
- Erläutern Sie weitere Finanzierungsregeln, die Ihnen bekannt sind!

Weiterführende Literatur

- *Dettmer, H./Hausmann, T.:* Finanzmanagement, Band I, 2., verbesserte Auflage, München 1998.
- *Perridon, L./Steiner, M./Rathgeber, A.:* Finanzwirtschaft der Unternehmung, 16., überarbeitete und erweiterte Auflage, München 2012.
- *Wöhe, G./Döring, U.:* Einführung in die allgemeine Betriebswirtschaftslehre, 25., überarbeitete und aktualisierte Auflage, München 2013.

3. Analyse der strukturellen Liquidität (Finanzstruktur)

> **Lernziel**
>
> **In diesem Kapitel lernen Sie**
> - wie aufbauend auf den Grundsätzen der Finanzierung mit den Begriffen der strukturellen und der laufenden Liquidität umzugehen ist
> - welche Instrumente es zur Analyse der strukturellen Liquidität gibt
> - was die Substanzanalyse ist
> - welche Ursachen hinter der Veränderung einzelner Bilanzpositionen stehen können und welche Wirkungen diese Veränderungen haben können
> - was eine Prozent-Bilanz und Prozent-GuV sind und welche Aussagen aus diesen abgeleitet werden können
> - wie man eine Beständedifferenzbilanz als ersten Schritt in Richtung einfache Bewegungsbilanz entwickelt und welche Aussagen aus einer Beständedifferenzbilanz über die dynamische Mittelherkunft- und -verwendung abgeleitet werden können

3.1. Substanzanalyse

Einerseits ist es das Ziel des Finanzmanagements, durch eine ausgewogene Zusammensetzung der Bilanzpositionen ein langfristiges, finanzielles Gleichgewicht und damit die **strukturelle Liquidität** des Unternehmens sicherzustellen. Andererseits geht es auch darum, den laufenden Zahlungsverpflichtungen nachzukommen und die **laufende Liquidität** zu sichern.

Folgende Grafik zeigt den Zusammenhang zwischen den Größen:

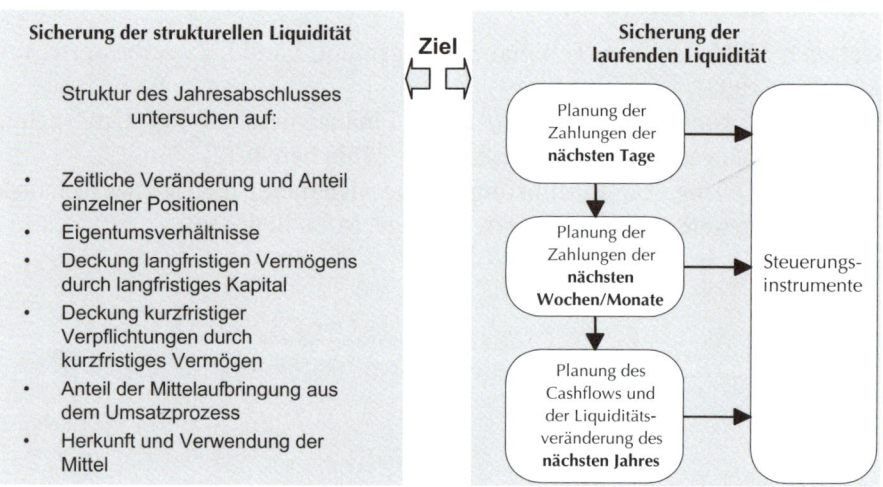

Abbildung 131: Strukturelle vs laufende Liquidität

3. Analyse der strukturellen Liquidität (Finanzstruktur)

Um die Einhaltung der strukturellen Liquidität zu kontrollieren, betrachtet das Finanzmanagement die **Bilanz**. Bei der Substanzanalyse betrachtet man die **einzelnen Positionen der Bilanz** und untersucht deren **Zustandekommen, die Zusammensetzung und ihre Entwicklung**. Daraus lassen sich wertvolle Schlüsse über die wirtschaftliche Entwicklung eines Unternehmens ziehen.

Veränderungen der einzelnen Bilanzpositionen im Zeitverlauf können verschiedene Ursachen haben:

Aktivseitig:		Ursachen
Sachanlagen	↑	Investitionen; Betriebserweiterung; Ersatzinvestitionen; Überrationalisierung
	↓	Verkauf von Anlagen; Abschreibung; Bruch; Kapazitätsabbau; Aufgabe einer Produktion
Forderungen gegenüber verbundenen Unternehmen	↑	Neue Unternehmensbeteiligungen; Gutschriften von nicht ausbezahlten Gewinnen; Auflösung stiller Rücklagen
	↓	Abstoßung; außerordentliche Abschreibung nach Entwertung; Bildung stiller Rücklagen; Lösung von Konzernbeziehungen
Vorräte an Material und Halbfabrikaten	↑	Erhöhte Produktion und deshalb erhöhter Einkauf; Einkauf zu höheren Preisen als bisher; Vorratskäufe; Engpass in Produktion oder Absatz; Fehler beim Einkauf; schlechte Lagerwirtschaft
Vorräte an Material und Halbfabrikaten	↓	Gesteigerte Produktion/Absatz bei gleichem Einkaufsvolumen; ungenügender Einkauf; Entwertung der Vorräte; gute Lagerwirtschaft
Vorräte an Fertigfabrikaten	↑	Produktion auf Vorrat; ungenügender Absatz; höhere Herstellkosten der Produkte; Absatzschwierigkeiten
	↓	Absatz stieg rascher als Produktion; Wertverfall der Lagerbestände; zu geringe Produktion; Mangel an Material/Personal; Abverkauf
Lieferforderungen	↑	Umsatzerhöhung; schlechter Zahlungseingang; zu lange Außenstandsdauern der Kunden
	↓	Guter Zahlungseingang; Umsatzrückgang; Abschreibung uneinbringlicher oder zweifelhafter Forderungen
Kassa	↑	Guter Zahlungseingang; zögernder Einkauf
	↓	Verstärkter Einkauf; hohe Beschäftigung; fehlende Bareingänge; Rückzahlung von Schulden

Tabelle 6: Aktivseitige Bilanzpositionen

Passivseitig:		Ursachen
Eigenkapital	↑	Eigenkapitalaufstockung; erhöhte Rücklagen; einbehaltene Gewinne
	↓	Verluste; zu hohe Privatentnahmen/Dividenden
Rückstellungen	↑	Drohende Ausfälle/Prozesse/Schadenersatzforderungen; hohe Abfertigungsansprüche
	↓	Eintritt von erwarteten Ausfällen/Prozessen/Schadenersatzforderungen; Auflösung wegen nicht mehr zu erwartenden Eintritts
Langfristige Verbindlichkeiten	↑	Ersatz von kurzfristigen durch langfristige Schulden; Finanzierung von Investitionen
	↓	Rückzahlung aus liquiden Mitteln; Umwandlung in Eigenkapital; Ersatz durch kurzfristige Schulden (zB aufgrund von Problemen bei der Tilgung)
Kurzfristige Bankverbindlichkeiten	↑	Verringerte Liquidität; Rückzahlung gekündigter langfristiger Kredite
	↓	Verbesserte Liquidität
Lieferverbindlichkeiten	↑	Erhöhter Einkauf; längere Zahlungsziele; schlechtes Zahlungsverhalten (eventuell wegen Liquiditätsengpass)
	↓	Geringere Einkäufe; besseres Zahlungsverhalten; kürzere Zahlungsziele; mehr Bareinkauf

Tabelle 7: Passivseitige Bilanzpositionen

Diese exemplarische Darstellung einzelner Bilanzpositionen dient einerseits zur Analyse der Unternehmenspolitik der vergangenen Periode. Andererseits lassen gewisse Entwicklungen Rückschlüsse auf Gefahren für die Zukunft und die zukünftige Unternehmenspolitik zu. Eine Erhöhung der Sachanlagen kann beispielsweise zu Überkapazitäten führen, die in Zukunft nicht ausgelastet werden können. Im Gegensatz kann ein (übermäßiger) Abbau von Sachanlagen bedeuten, dass Investitionen unterlassen werden und es zu „rückgestauten" Investitionen kommt. Der Aufbau von Forderungen gegenüber verbundenen Unternehmen kann eine vermehrte Kontrolle durch andere Unternehmen bedeuten. Ein abnehmender Bestand an Vorräten (Materialien und Halbfertigerzeugnissen) kann dazu führen, dass bei einem Materialengpass die Produktion unterbrochen werden muss oder die Nachfrage nicht mehr bedient werden kann.

Beispiel

Ein Unternehmen verzeichnet über Jahre hinweg ständig einen Rückgang an Sachanlagen. Dies könnte auf einen Kapazitätsabbau hindeuten. Möglicherweise will das Management die Substanz des Unternehmens „aushöhlen", indem es notwendige Ersatzinvestitionen unterlässt. Unter Umständen strebt das Unternehmen eine Fusion an und will den ROI (Return on Investment) „schönen". Der ROI steigt zwar bedingt durch den Kapitalumschlag, die Erfolgspotentiale des Unternehmens könnten aber unter Umständen gefährdet sein (siehe das einleitende Kapitel dieses Buches).

Beispiel

Betrachtet man den Lagerbestand eines Unternehmens, lassen sich wiederum bei genauer Analyse Rückschlüsse auf die Unternehmenspolitik ziehen. Erfolgte im Vorjahr eine Erhöhung des Lagerbestandes und konnte im Folgejahr keine Umsatzsteigerung festgestellt werden, so bedeutet dies in jedem Fall Unstimmigkeiten und es besteht Handlungsbedarf.

3.2. Prozent-Bilanz, Prozent-Gewinn- und Verlustrechnung

Eine einfache Auswertung der Bilanz und Gewinn- und Verlustrechnung anhand der relativen Bedeutung einzelner Jahresabschlussposten ist oft aussagekräftiger und einfacher als die Berechnung von komplexen Investitions- und Finanzierungskennzahlen. Dabei werden die einzelnen Positionen in Relation zu bestimmten „Fixwerten" gesetzt und folglich als Prozentsatz ausgedrückt. In der Bilanz ist dieser „Fixwert" die Bilanzsumme, in der Gewinn- und Verlustrechnung die Betriebsleistung. Bei der Erstellung einer Prozent-Bilanz entspricht die Bilanzsumme 100 % und die einzelnen Bilanzposten werden auf die Bilanzsumme bezogen:

$$\%\text{-Wert} = \frac{\text{Betrag des Aktivpostens}}{\text{Bilanzsumme}} \times 100\%$$

bzw

$$\%\text{-Wert} = \frac{\text{Betrag des Passivpostens}}{\text{Bilanzsumme}} \times 100\%$$

Die Überlegungen, den Jahresabschluss zusätzlich in Prozentsätzen darzustellen, lassen sich auch mit der Gewinn- und Verlustrechnung verwirklichen. Hier empfiehlt es sich, die Betriebsleistung mit 100 % als Bezugspunkt anzunehmen, weil die Höhe der meisten Aufwandsposten von der produzierten Leistung abhängt. Ob diese Leistung abgesetzt wird, auf Lager wandert oder als Eigenleistung aktiviert wird, hat auf den Faktoreneinsatz kaum Einfluss. Die Berechnung basiert auf folgender Formel:

$$\%\text{-Wert} = \frac{\text{GuV-Posten}}{\text{Betriebsleistung}} \times 100\%$$

wobei gilt:

Abschnitt C – Finanzanalyse

    Umsatzerlöse
± Bestandsveränderungen
\+ Aktivierte Eigenleistungen
\+ sonstige betriebliche Erträge
= Betriebsleistung

Unter Betriebsleistung werden die „Betrieblichen Erträge" (die Nummer 1 bis 4 des gesetzlichen Gliederungsschemas gemäß § 231 Abs 2 UGB) verstanden.

Aufgrund der Saldierung der einzelnen Positionen der Bilanz- und Gewinn- und Verlustrechnung lassen sich in der prozentuellen Analyse die Ursachen für die Entwicklungen der einzelnen Positionen leider nicht feststellen. Dafür sind detailliertere Analysen notwendig.

Beispiel

Wenn der Wareneinsatz stärker ansteigt als der Umsatz, so kann dies auf einen Schwund oder auf Mehrverbrauch zurückzuführen sein. Denkbar wäre auch eine Veränderung in der Auftragsstruktur sowie in der Sortimentsstruktur. Dies ist jedoch aus der bisherigen Analyse nicht ersichtlich.

Anhand der folgenden Beispiel-Bilanz und Beispiel-Gewinn-und-Verlustrechnung wird veranschaulicht, wie diese einfache Form der Analyse aufbereitet werden kann. *Gleichzeitig dient dieses Beispiel auch als Angabe für alle weiteren Berechnungen. Anhand dieser Demo-Bilanz und Demo-Gewinn- und Verlustrechnung werden in weiterer Folge auch alle andere Berechnungen und Kennzahlen beispielhaft errechnet.*

Fallbeispiel
Ausgangsdaten (Demobeispiel)

AKTIVA	Vorjahr		Aktuelles Jahr	
	absolut	in %	absolut	in %
Anlagevermögen	39.476.000	64 %	41.608.000	62 %
Immaterielle Vermögensgegenstände	173.000	0 %	165.000	0 %
Sachanlagen	38.974.000	63 %	39.614.000	59 %
Finanzanlagen	329.000	1 %	1.829.000	3 %
Umlaufvermögen	22.023.000	36 %	25.076.000	38 %
Vorräte	15.511.000	25 %	14.923.000	22 %
Forderungen LL	3.557.000	6 %	5.703.000	9 %
Sonstige Forderungen	300.000	1 %	619.000	1 %
Wertpapiere des UV	3.000	0 %	0	0 %
Kassa/Bank/Schecks	2.500.000	4 %	3.700.000	6 %
ARA	152.000	0 %	131.000	0 %
Bilanzsumme	**61.499.000**	**100 %**	**66.684.000**	**100 %**

3. Analyse der strukturellen Liquidität (Finanzstruktur)

PASSIVA	Vorjahr		Aktuelles Jahr	
	absolut	in %	absolut	in %
Eigenkapital	**14.431.000**	**23 %**	**18.013.000**	**27 %**
Stammkapital	260.000	0 %	260.000	0 %
Kommanditkapital	425.000	1 %	425.000	1 %
Gewinnrücklage	500.000	1 %	500.000	1 %
Kapitalrücklage	150.000	0 %	150.000	0 %
Bilanzgewinn/-verlust	1.796.000	3 %	3.978.000	6 %
Unversteuerte Rücklagen	11.300.000	18 %	12.700.000	19 %
Fremdkapital	**47.068.000**	**77 %**	**48.671.000**	**73 %**
Rückstellungen für Abfertigungen	1.767.000	3 %	2.176.000	3 %
Steuerrückstellung	11.000	0 %	15.000	0 %
Sonstige Rückstellungen	40.000	0 %	317.000	0 %
Bankverbindlichkeiten lgfr	33.801.000	55 %	35.651.000	53 %
Verbindlichkeiten LL	6.468.000	11 %	6.090.000	9 %
Erhaltene Anzahlungen	450.000	1 %	500.000	1 %
Wechselverbindlichkeiten	2.050.000	3 %	1.666.000	3 %
Verb gg verb Unternehmen lgfr	620.000	1 %	620.000	1 %
Sonstige Verbindlichkeiten	1.259.000	2 %	1.142.000	2 %
PRA	602.000	1 %	494.000	1 %
Bilanzsumme	**61.499.000**	**100 %**	**66.684.000**	**100 %**

Abbildung 132: Demo-Bilanz

Stand aktuelles Jahr	1.1.	31.12.	Zugänge	Abgänge	AfA
immaterielle Vermögensgegenstände	173	165	18	0	26
Sachanlagen	38.974	39.614	8.395	700	7.055
Finanzanlagen	329	1.829	1.500	0	0
Summe	39.476	41.608	9.913	700	7.081

Abbildung 133: Demo-Anlagespiegel (Werte in 1.000 €)

Gewinn- und Verlustrechnung	Vorjahr	in %	akt. Jahr	in %
Umsatzerlöse	50.970.000	93 %	55.955.000	93 %
Bestandsveränderungen	2.767.000	5 %	–368.000	–1 %
Sonst betriebliche Erträge	841.000	2 %	4.543.000	8 %
Betriebsleistung	**54.578.000**	**100 %**	**60.130.000**	**100 %**
Materialaufwand und sonst Aufw	–22.525.000	–41 %	–22.699.000	–38 %
Personalaufwand	–13.355.000	–24 %	–15.526.000	–26 %
Abschreibungen	–5.134.000	–9 %	–7.081.000	–12 %
Sonstige betriebl Aufwendungen	–6.838.000	–13 %	–7.505.000	–12 %
Betriebsergebnis	**6.726.000**	**12 %**	**7.319.000**	**12 %**

Zins-/Wertpapiererträge	33.000	0 %	19.000	0 %
AfA auf FAV und Wertpapiere des UV	–3.000	0 %	0	0 %
Zinsaufwand und ähnliche Aufwendungen	–2.386.000	–4 %	–3.468.000	–6 %
EGT	**4.370.000**	**8 %**	**3.870.000**	**6 %**
außerordentliche Erträge	0	0 %	0	0 %
außerordentliche Aufwendungen	0	0 %	0	0 %
Ergebnis vor Steuern	**4.370.000**	**8 %**	**3.870.000**	**6 %**
Steuern von Einkommen und Ertrag	–206.000	0 %	–288.000	0 %
Jahresüberschuss	**4.164.000**	**8 %**	**3.582.000**	**6 %**
Dotierung/Zuweisung unverst RL	–2.400.000	–4 %	–1.400.000	–2 %
Dotierung/Zuweisung Gewinn-RL	–500.000	–1 %	0	0 %
Gewinn/Verlustvortrag	532.000	1 %	1.796.000	3 %
Bilanzgewinn/Verlust	**1.796.000**	**3 %**	**3.978.000**	**7 %**

Abbildung 134: Demo-Gewinn- und Verlustrechnung

Lösungsweg

Für die Berechnung der **Prozent-Bilanz** wird jeweils die Bilanzsumme als 100 % angenommen und für die Berechnung der Gewinn- und Verlustrechnung entspricht die Betriebsleistung 100 %. In weiterer Folge wird jede Aktiv- und Passivposition in ihrem absoluten Betrag in Relation zur Bilanzsumme gesetzt bzw jede Ertrags- und Aufwandsposition in ihrem absoluten Betrag in Relation zur Betriebsleistung. Auf diese – einfache – Art sind gewisse Finanzierungs- und Investitionskennzahlen der Bilanz sofort ersichtlich.

Interpretation

Der Ausweis in Prozentsätzen ermöglicht einen raschen Überblick über die einzelnen Bilanzpositionen und deren Verhältnis zueinander sowie die GuV-Positionen. So sind etwa in der Demo-Bilanz die Werte für die Anlagenintensität von 64 % auf 62 % gesunken. Die Anlagenintensität gibt an, wie viel der Vermögenswerte (Aktivseite der Bilanz) in langfristigem Vermögen (Anlagevermögen) gebunden ist (siehe dazu Kapitel 4.1.2 Vermögensstrukturkennzahlen). Ebenso ist der Anstieg der Eigenkapitalausstattung von 23 % auf 27 % sofort ersichtlich. Die Eigenkapitalquote sagt aus, wie viel des gesamten Kapitals als Eigenkapital vorhanden ist.

Betrachtet man die Gewinn- und Verlustrechnung, kann der Ressourceneinsatz rasch in Relation zur Betriebsleistung beurteilt werden. So werden beispielsweise 41 % der Betriebsleistung für den Materialaufwand herangezogen. Immerhin 28 % der Aufwendungen im Verhältnis zur Betriebsleistung fließen in den Personalbereich. Die Veränderung dieser Relationen im Zeitablauf bzw im Vergleich zu anderen Unternehmen ähnlicher Branchen kann einen wesentlichen Beitrag für die Unternehmenssteuerung und wertvolle Ansatzpunkte für das Management liefern.

3. Analyse der strukturellen Liquidität (Finanzstruktur)

Die Angabe der Prozentwerte für einen einzigen Jahresabschluss kann maximal bei zwischenbetrieblichen Vergleichen aussagekräftige Anhaltspunkte liefern. Wegen der Unterschiede in den Fertigungsstrukturen, der Betriebsgröße und dergleichen ist aber selbst dann Vorsicht geboten. Aussagekräftiger ist deshalb die Analyse der zeitlichen Entwicklung der Werte. Im Demo-Jahresabschluss geschieht dies durch die Angabe der Relationen für das aktuelle Jahr und das Vorjahr.

3.3. Beständedifferenzbilanz und einfache Bewegungsbilanz

Die Bilanz als ein Teil des Jahresabschlusses eines Unternehmens ist zeitpunktbezogen und daher statisch. Dh sie bezieht sich auf die Vermögens- und Schuldenwerte eines Unternehmens zu einem bestimmten Stichtag, nämlich dem Bilanzstichtag. Eine dynamische Betrachtung ist möglich, wenn man die Veränderungen der einzelnen Positionen von einem Bilanzstichtag zum nächsten betrachtet. Diese Betrachtung ist auch der Ausgangspunkt für die Entwicklung einer **einfachen Bewegungsbilanz**.

Der Grundgedanke der **einfachen Bewegungsbilanz** ist, dass sämtliche Mittel, die im Unternehmen gebunden bzw verwendet worden sind, auch irgendwie finanziert werden müssen. Das bedeutet, dass die Summe der Mittelverwendung (Aktivseite der Bilanz) einer Periode exakt der Summe der Mittelherkunft (Passivseite der Bilanz) einer Periode entsprechen muss.

Erster Schritt: Beständedifferenzbilanz

Ausgangspunkt für die Darstellung der **Bewegungsbilanz** ist die **Beständedifferenzbilanz**. In dieser einfachsten Form werden zwei Bilanzen miteinander verglichen. Es wird zu den einzelnen Bilanzpositionen nur die absolute Änderung angegeben. Damit ergibt sich aus den Veränderungen der Bilanzpositionen die Veränderung des Gesamtvermögens und des Gesamtkapitals in einer Periode. Die Soll-Haben-Gleichheit bleibt zwingend bestehen.

Eine Beständedifferenzbilanz hat daher im Allgemeinen folgendes Aussehen:

Aktiva	Passiva
+/– Δ des jeweiligen Aktivums	+/– Δ des jeweiligen Passivums
Nettoveränderung Aktiva	Nettoveränderung Passiva

Abbildung 135: Schematische Darstellung der Beständedifferenzbilanz

Die einzelnen Positionen der Bilanz werden nur saldiert dargestellt. Wenn sich zum Beispiel die Sachanlagenposition „Maschinen" verändert, dann könnte diese Veränderung einerseits auf Zugänge durch Investitionen oder Zuschreibungen oder andererseits auf Abgänge durch Abschreibungen oder Veräußerungen zurückzuführen sein. Aus diesem Grund ist die Aussagefähigkeit der Beständedifferenzbilanz eher gering.

Zweiter Schritt: Einfache Bewegungsbilanz durch Umschichtung

Durch Umschichtung von Positionen mit negativem Vorzeichen auf die gegenüberliegende Bilanzseite bei gleichzeitigem Vorzeichenwechsel gelangt man zur **einfachen Bewegungsbilanz**. Die Soll-/Haben-Gleichheit bleibt wiederum notwendigerweise bestehen.

Aktiva ↑ bzw Passiva ↓	Aktiva ↓ bzw Passiva ↑
Zunahme der Aktiva ↑	Abnahme der Aktiva ↓
Abnahme der Passiva ↓	Zunahme der Passiva ↑

Abbildung 136: Schematische Darstellung der einfachen Bewegungsbilanz (1)

Der entscheidende Schritt besteht in der Interpretation der Veränderungsbilanz. Aktivazunahmen bzw Passivaabnahmen stellen Mittelverwendung dar, Aktivaabnahmen bzw Passivazunahmen werden als Mittelaufbringung interpretiert.

Beispiel

Der Kauf einer Maschine (Erhöhung Sachanlagevermögen, Aktivazunahme) bedeutet für das Unternehmen, dass finanzielle Mittel in dieser Form gebunden bzw für diesen Kauf verwendet wurden (Mittelverwendung). Wurden Lieferantenverbindlichkeiten bezahlt (Reduktion des Fremdkapitals, Passivaabnahme), bedeutet dies ebenfalls eine Mittelverwendung, jedoch diesmal nicht, um zu investieren, sondern um seinen Verbindlichkeiten nachzukommen. Werden die Lagerbestände von einem Jahr auf das Folgejahr reduziert (Reduktion der Vorräte, Aktivaabnahme), heißt das, dass das Unternehmen Mittel freigesetzt hat. Weniger Vermögenswerte sind im Unternehmen gebunden und stehen daher für andere Dinge wieder zur Verfügung (Mittelaufbringung). Mittel können aber auch aufgebracht werden, indem zusätzlich Verbindlichkeiten aufgenommen werden (Passivazunahme auf der Fremdkapitalseite) oder aber das Eigenkapital zB durch die Thesaurierung von Gewinnen aufgestockt wird (Passivazunahme).

Damit wird die Mittelaufbringung explizit in Zusammenhang mit der Mittelverwendung gebracht.[1]

Mittelverwendung	Mittelaufbringung
↑ Aktiva (Investitionen)	↓ Aktiva (Desinvestitionen)
↓ Passiva (Definanzierung)	↑ Passiva (Finanzierung)

Abbildung 137: Schematische Darstellung der einfachen Bewegungsbilanz (2)

---

[1] Hinweis auf die Kapitalflussrechnung: Die einzelnen Veränderungen werden aber noch immer saldiert ausgewiesen. In der einfachen Bewegungsbilanz wird nur die Nettoveränderung dargestellt. Wenn bei einem Konto die Soll-Buchungen die Haben-Buchungen überwiegen, wird die saldierte Veränderung als Mittelverwendung ausgewiesen. Umgekehrt führt ein Überwiegen der Haben-Buchungen zu einem Ausweis als Mittelaufbringung.

3. Analyse der strukturellen Liquidität (Finanzstruktur)

Es stellt sich die Frage, wie bzw wofür Mittel im Unternehmen überhaupt verwendet werden können. Mögliche Verwendungszwecke von finanziellen Mitteln im Unternehmen sind:

- die Erhöhung der Aktiva wie zB für den Kauf von Anlagen, Lageraufbau und Forderungsaufbau,
- der Abbau von Passiva wie zB für die Rückzahlung von Darlehen und die Verringerung der Lieferverbindlichkeiten.

Nachdem die Mittelverwendung durch irgendeine Finanzierungsquelle finanziert werden muss, stellt sich des Weiteren die Frage, woher die verwendeten Mittel kommen können. Quellen der Mittelaufbringung sind:

- die Zunahme der Passiva wie zB durch Eigenkapitalzufuhr, das Einbehalten des Gewinns und die Aufnahme von Fremdkapital,
- die Abnahme der Aktiva wie zB durch den Abgang von Buchwerten bei der Veräußerung von Anlagen und den Abbau von Lieferforderungen oder Lagerbeständen.

Fallbeispiel (Fortsetzung)

Ausgangsdaten (Demobeispiel)

Der **erste Schritt** in Richtung **Beständedifferenzbilanz** ist die Darstellung der Veränderungen der jeweiligen Bilanzpositionen:

AKTIVA	Vorjahr	Aktuelles Jahr	Veränderung
Anlagevermögen	39.476.000	41.608.000	2.132.000
Immaterielle Vermögensgegenstände	173.000	165.000	–8.000
Sachanlagen	38.974.000	39.614.000	640.000
Finanzanlagen	329.000	1.829.000	1.500.000
Umlaufvermögen	22.023.000	25.076.000	3.053.000
Vorräte	15.511.000	14.923.000	–588.000
Forderungen LL	3.557.000	5.703.000	2.146.000
Sonstige Forderungen	300.000	619.000	319.000
Wertpapiere des UV	3.000	0	–3.000
Kassa/Bank/Schecks	2.500.000	3.700.000	1.200.000
ARA	152.000	131.000	–21.000
Bilanzsumme	61.499.000	66.684.000	5.185.000
PASSIVA	Vorjahr	Aktuelles Jahr	Veränderung
Eigenkapital	14.431.000	18.013.000	3.582.000
Stammkapital	260.000	260.000	0
Kommanditkapital	425.000	425.000	0
Gewinnrücklage	500.000	500.000	0
Kapitalrücklage	150.000	150.000	0
Bilanzgewinn/-verlust	1.796.000	3.978.000	2.182.000
Unversteuerte Rücklagen	11.300.000	12.700.000	1.400.000
Fremdkapital	47.068.000	48.671.000	1.603.000

Rückstellungen für Abfertigungen	1.767.000	2.176.000	409.000
Steuerrückstellung	11.000	15.000	4.000
Sonstige Rückstellungen	40.000	317.000	277.000
Bankverbindlichkeiten lgfr	33.801.000	35.651.000	1.850.000
Verbindlichkeiten LL	6.468.000	6.090.000	–378.000
Erhaltene Anzahlungen	450.000	500.000	50.000
Wechselverbindlichkeiten	2.050.000	1.666.000	–384.000
Verb gg verb Unternehmen lgfr	620.000	620.000	0
Sonstige Verbindlichkeiten	1.259.000	1.142.000	–117.000
PRA	602.000	494.000	–108.000
Bilanzsumme	**61.499.000**	**66.684.000**	**5.185.000**

Abbildung 138: Entwicklung der Beständedifferenzbilanz – Demobeispiel

Die **Beständedifferenzbilanz** selbst ist eine Darstellung der Veränderungswerte der einzelnen Bilanzpositionen.

AKTIVA	Veränderung	PASSIVA	Veränderung
Anlagevermögen	**2.132.000**	**Eigenkapital**	**3.582.000**
Immaterielle Vermögensgegenstände	–8.000	Stammkapital	0
Sachanlagen	640.000	Kommanditkapital	0
Finanzanlagen	1.500.000	Gewinnrücklage	0
		Kapitalrücklage	0
Umlaufvermögen	**3.053.000**	Bilanzgewinn/-verlust	2.182.000
Vorräte	–588.000	Unversteuerte Rücklagen	1.400.000
Forderungen LL	2.146.000	**Fremdkapital**	**1.603.000**
Sonstige Forderungen	319.000	Rückstellungen für Abfertigungen	409.000
Wertpapiere des UV	–3.000	Steuerrückstellung	4.000
Kassa/Bank/Schecks	1.200.000	Sonstige Rückstellungen	277.000
ARA	**–21.000**	Bankverbindlichkeiten lgfr	1.850.000
		Verbindlichkeiten LL	–378.000
		Erhaltene Anzahlungen	50.000
		Wechselverbindlichkeiten	–384.000
		Verb gg verb Unternehmen lgfr	0
		Sonstige Verbindlichkeiten	–117.000
		PRA	–108.000
Bilanzsumme	**5.185.000**	**Bilanzsumme**	**5.185.000**

Abbildung 139: Beständedifferenzbilanz – Demobeispiel

Der **zweite Schritt** ist die Zuordnung der Veränderungen dahingehend, ob sie Mittelverwendung oder Mittelherkunft (Mittelaufbringung) darstellen. Eine Zunahme der Aktiva und eine Abnahme der Passiva stellen für das Unternehmen Mittelverwendung dar, die Abnahme an Aktiva und die Zunahme an Passiva sind jedoch Mittelherkunft.

3. Analyse der strukturellen Liquidität (Finanzstruktur)

Ein Abbau von immateriellem Vermögen von € 8.000,– bedeutet für das Unternehmen, dass diese ursprünglich gebundenen Mittel freigesetzt werden und damit für die Finanzierung anderer Vorgänge zur Verfügung stehen. Damit ordnet man diese Aktivaabnahme der rechten Seite, also der Mittelherkunft der Bewegungsbilanz, zu.

Der Aufbau von Sachanlagen in Höhe von € 640.000,– stellt eine Mittelverwendung dar. Der Ausweis auf der linken Seite ist damit korrekt. Ein Abbau von Vorräten in Höhe von € 588.000,– und somit das Sinken des Umlaufvermögens stellen wiederum eine Mittelfreisetzung und damit eine Mittelherkunft) dar. In der Bewegungsbilanz muss diese Veränderung richtigerweise auf der rechten Seite (Mittelherkunft dargestellt werden.

Die Reduktion von Fremdkapital (zB Abbau von Verbindlichkeiten aus Lieferungen um € 378.000,–) bedeutet, dass das Unternehmen Fremdkapital getilgt hat. Es hat also finanzielle Mittel dafür verwendet, seine Verbindlichkeiten zu bezahlen. Damit ist die Reduktion der Verbindlichkeiten eine Mittelverwendung und steht auf der linken Seite der Bewegungsbilanz.

Wurde hingegen Fremdkapital aufgebaut (zB Zunahme der Rückstellungen um € 277.000,–, so hat sich das Unternehmen finanzielle Mittel beschafft, die es wiederum für andere Vorgänge im Unternehmen einsetzen kann.

So wird jede einzelne Position auf ihre Mittelverwendung oder Mittelherkunft überprüft und zugeordnet.

Mittelverwendung	Veränderung	Mittelherkunft	Veränderung
Anlagevermögen		**Anlagevermögen**	
Sachanlagen	640.000	Immaterielle Vermögensgegenstände	8.000
Finanzanlagen	1.500.000	**Umlaufvermögen**	
Umlaufvermögen		Vorräte	588.000
Forderungen LL	2.146.000	Wertpapiere des UV	3.000
Sonstige Forderungen	319.000	ARA	21.000
Kassa/Bank/Schecks	1.200.000	**Eigenkapital**	
Fremdkapital		Bilanzgewinn/-verlust	2.182.000
Verbindlichkeiten LL	378.000	Unversteuerte Rücklagen	1.400.000
Wechselverbindlichkeiten	384.000	**Fremdkapital**	0
Sonstige Verbindlichkeiten	117.000	Rückstellungen für Abfertigungen	409.000
PRA	108.000	Steuerrückstellung	4.000
		Sonstige Rückstellungen	277.000
		Bankverbindlichkeiten lgfr	1.850.000
		Erhaltene Anzahlungen	50.000
Summe Mittelverwendung	**6.792.000**	**Summe Mittelherkunft**	**6.792.000**

Abbildung 140: Einfache Bewegungsbilanz (1) – Demobeispiel

Abschnitt C – Finanzanalyse

Der nächste (und wichtige) Interpretationsschritt besteht darin, die Mittelverwendungsbeträge hinsichtlich Investition und Definanzierung zu trennen bzw auf der Mittelherkunftsseite die gleiche Gliederung in Desinvestition und Finanzierung vorzunehmen.

Mittelverwendung	Veränder.	Mittelherkunft	Veränder.
Investition		**Desinvestition**	
Sachanlagen	640.000	Immaterielle Vermögensgegenstände	8.000
Finanzanlagen	1.500.000	Vorräte	588.000
Forderungen LL	2.146.000	Wertpapiere des UV	3.000
Sonstige Forderungen	319.000	ARA	21.000
Kassa/Bank/Schecks	1.200.000	**Finanzierung**	
Definanzierung		Bilanzgewinn/-verlust	2.182.000
Verbindlichkeiten LL	378.000	Unversteuerte Rücklagen	1.400.000
Wechselverbindlichkeiten	384.000	Rückstellungen für Abfertigungen	409.000
Sonstige Verbindlichkeiten	117.000	Steuerrückstellung	4.000
PRA	108.000	Sonstige Rückstellungen	277.000
		Bankverbindlichkeiten lgfr	1.850.000
		Erhaltene Anzahlungen	50.000
Summe der Mittelverwendung	**6.792.000**	**Summe der Mittelherkunft**	**6.792.000**

Abbildung 141: Einfache Bewegungsbilanz (2) – Demobeispiel

Hier wird überprüft und entsprechend zugeordnet, ob die Mittelverwendung eine Investition ins Anlage- oder Umlaufvermögen (zB Zunahme Sachanlagen € 640.000,–) oder eine Definanzierung (zB Abbau von Verbindlichkeiten aus Lieferungen und Leistungen über € 378.000,–) darstellt. Gleichermaßen wird bei der Mittelherkunft überprüft und entsprechend zugeordnet, ob die Veränderungen eine Desinvestition (zB Abbau von immateriellen Vermögensgegenständen) oder eine Finanzierung (zB Aufnahme von langfristigem Fremdkapital durch Bankkredite) sind.

Interpretation

Die Darstellung als einfache Bewegungsbilanz lässt aus der eigentlich statischen (zeitpunktbezogenen) Bilanz ein dynamisches Rechenwerk werden. Es wird auf diese Weise möglich, den Geschäftsverlauf der letzten Periode zu interpretieren. Deutlich wird, in welchen Bereichen das Unternehmen investiert hat. Es wurden beispielsweise verhältnismäßig viele Mittel dafür verwendet, um Forderungen aufzubauen. Es wurde auch der Kassabestand erheblich gesteigert. Mittel wurden darüber hinaus dafür verwendet, Verbindlichkeiten (Wechsel und Verbindlichkeiten aus Lieferungen und Leistungen) zurückzubezahlen (Definanzierung). Die Finanzierung dieser Investitions- und Definanzierungstätigkeiten erfolgte beim Beispielunternehmen zu einem großen Teil aus der laufenden Geschäftstätigkeit (Bilanzgewinn), aber auch durch die Aufnahme von Bankverbindlichkeiten. Ein Teil der Mittelherkunft wurde des Weiteren durch den Abbau von Vorräten (Freisetzung der Mittelbindung) erreicht.

Praktische Relevanz

Die Prozent-Bilanz und die Prozent-Gewinn- und Verlustrechnung ermöglichen dem Betrachter, sich rasch einen Überblick über das Unternehmen zu verschaffen. Von besonderem Interesse sind dabei jene Positionen, die

- einen hohen prozentuellen Anteil an der Bilanzsumme bzw an der Betriebsleistung einnehmen,
- sich massiv im Jahresablauf verändert haben,
- hinsichtlich ihrer prozentuellen Analyse massive Abweichungen ergeben.

Die Bewegungsbilanz ist eine einfache Möglichkeit, aus einem eigentlich statischen, zeitpunktbezogenen Instrument (nämlich zweier Bilanzen zu den Stichtagen) dynamische, strömgrößenbezogene Informationen zu entwickeln. Die Zurechnung der Veränderungen zu Mittelverwendung und Mittelherkunft lässt mehr Interpretation zu, als dies die Darstellung in (einfacher) Bilanzform ermöglicht.

Wissen kompakt

Beständedifferenzbilanz nennt man die vergleichende Darstellung zweier Bilanzen, anhand derer die absoluten Änderungen der Bilanzpositionen angegeben werden.

Bewegungsbilanz nennt man die Beschreibung eines dynamischen Rechenwerkes, das die Veränderungen der einzelnen Bilanzpositionen nach Mittelverwendung (Investition und Definanzierung) und Mittelherkunft (Desinvestition und Finanzierung) gliedert. Eine Bewegungsbilanz lässt Rückschlüsse auf die Geschäftstätigkeit und die Bewirtschaftung der finanziellen Ressourcen zu.

Prozent-Bilanz ist die Bezeichnung für eine Analysemöglichkeit, bei der die einzelnen Bilanzpositionen relativ zur Bilanzsumme dargestellt werden. Eine Prozent-Bilanz ist einfach zu erstellen und oft aussagekräftiger als komplexe Kennzahlen.

Prozent-Gewinn- und Verlustrechnung (Prozent-GuV) ist die Bezeichnung für eine Analysemöglichkeit, bei der die Erträge und Aufwendungen der Gewinn- und Verlustrechnung in Relation zur Betriebsleistung gesetzt werden.

Kontrollfragen

- Welche Instrumente zur Analyse der strukturellen Liquidität kennen Sie?
- Beschreiben Sie kurz die Vorgangsweise und die Möglichkeiten einer Substanzanalyse!
- Welche Vorteile haben eine Prozent-Bilanz und eine Prozent-Gewinn- und Verlustrechnung gegenüber herkömmlichen Bilanzen und Gewinn- und Verlustrechnungen sowie gegenüber Kennzahlen?

- Wie kann die Aussagekraft einer Bilanz verbessert werden? Welche Methoden gibt es und wie können diese alternativen Darstellungsformen interpretiert werden?

Weiterführende Literatur

- *Dettmer, H./Hausmann, T.:* Finanzmanagement, Band I, 2., verbesserte Auflage, München 1998.
- *Perridon, L./Steiner, M./Rathgeber, A.:* Finanzwirtschaft der Unternehmung, 16., überarbeitete und erweiterte Auflage, München 2012.
- *Wöhe, G./Döring, U.:* Einführung in die allgemeine Betriebswirtschaftslehre, 25., überarbeitete und aktualisierte Auflage, München 2013.

4. Bestandsorientierte Kennzahlenanalyse

Lernziel

In diesem Kapitel lernen Sie
- wie bestandsgrößenorientierte Kennzahlen berechnet und die Ergebnisse interpretiert werden können
- wie Kennzahlen, die die Vermögens- und Kapitalstruktur betreffen (horizontale und vertikale Kennzahlen) berechnet werden
- wie Umschlagshäufigkeiten errechnet und die Ergebnisse interpretiert werden
- wie ein Kennzahlensystem, nämlich das Du-Pont-Schema, anzuwenden ist und die wechselseitigen Abhängigkeiten in diesem Steuerungssystem zu verstehen sind

Die Ermittlung von Kennzahlen hat einerseits den Sinn, den Verantwortlichen einen raschen Überblick über die wichtigsten Daten des Unternehmens zu geben. Andererseits können auch Gefahrenherde und Schwachstellen des Unternehmens erkennbar gemacht werden. Das Unternehmen soll so rechtzeitig in der Lage sein, bei Akutwerden von Risiken und Gefahren entsprechende Maßnahmen zu setzen. Kennzahlen stellen daher eine Art von Informationsaggregation dar. Sie ermöglichen die Aufbereitung von Informationen über komplexe Sachverhalte in sehr komprimierter Form.

Kennzahlen müssen einen bestimmten Informationsgehalt haben und sie müssen quantifizier- und messbar sein.

Man unterscheidet zwei Arten von Kennzahlen:

a) **Absolutzahlen** sind Basis- oder Grundzahlen des Betriebes oder seiner Umwelt.
b) **Relativzahlen** entstehen durch relativierende Verknüpfung elementarer Grundzahlen. Sie stellen eine Beziehung mehrerer Absolutzahlen zueinander dar. Dadurch kann die Aussagekraft der einzelnen Absolutzahlen erhöht werden. Bei den Relativzahlen wird wiederum differenziert zwischen Gliederungs-, Beziehungs- und Indexzahlen.

Interesse an den Kennzahlen eines Unternehmens haben vor allem Banken, Lieferanten, Konkurrenzunternehmen, Kunden, Anteilseigner und potentielle Anleger. Sie können aus bestimmten Kennzahlen wertvolle Informationen ziehen. So lässt sich aus entsprechenden Kennzahlen darstellen, ob ein Unternehmen rentabel ist, aus wirtschaftlichen Gründen fortgeführt werden kann und soll, Gefahr läuft, in Schwierigkeiten zu geraten, oder gar insolvenzgefährdet ist.

Intern ausgerichtete Kennzahlensysteme werden vorwiegend für Führungszwecke eingesetzt. Sie sollen in verschiedenen Entscheidungsphasen Informationen liefern und dadurch unternehmensinterne Entscheidungen unterstützen.

Abschnitt C – Finanzanalyse

Für die Einteilung von Kennzahlen gibt es mehrere Möglichkeiten. Eine sehr übersichtliche Gliederung ist jene **der horizontalen und vertikalen Kennzahlen**. Vertikale Kennzahlen beziehen sich jeweils nur auf eine Seite der Bilanz (**Kapital-** oder **Vermögensseite**), horizontale Kennzahlen setzen die **Kapital-** und die **Vermögensseite** zueinander in Beziehung.

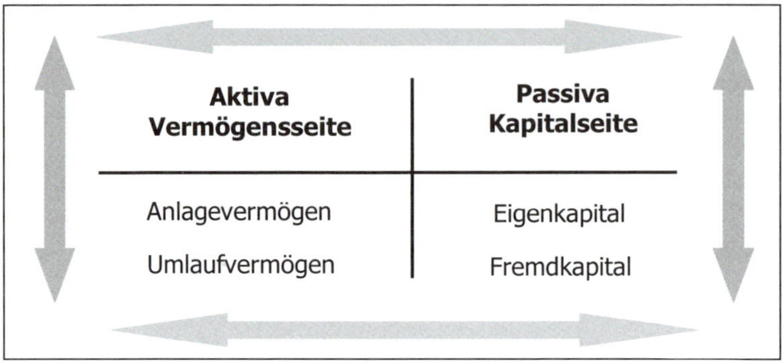

Aktiva Vermögensseite	Passiva Kapitalseite
Anlagevermögen	Eigenkapital
Umlaufvermögen	Fremdkapital

Abbildung 142: Horizontale und vertikale Kennzahlen

4.1. Vertikale Bilanzkennzahlen

4.1.1. Kapitalstrukturkennzahlen

Die Kapitalstrukturkennzahlen beschreiben die Zusammensetzung der Passiva (Eigen- und Fremdkapital), ohne einen Bezug zu den Aktiva herzustellen. Sie geben Information über die Finanzierung des Unternehmens (**Finanzierungsanalyse**).

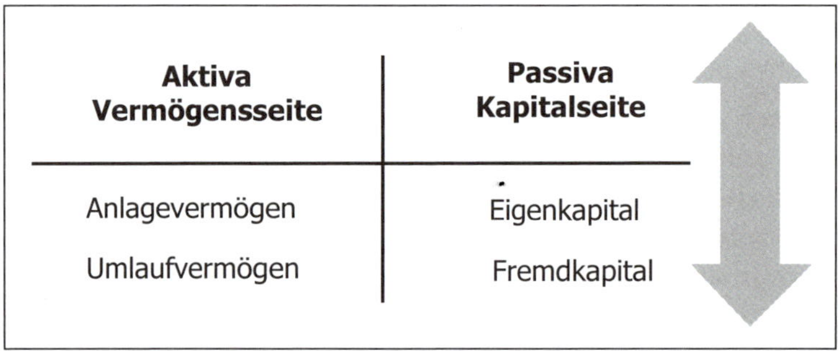

Aktiva Vermögensseite	Passiva Kapitalseite
Anlagevermögen	Eigenkapital
Umlaufvermögen	Fremdkapital

Abbildung 143: Kapitalstrukturkennzahlen

Die **Eigenkapitalquote** (= Eigenkapitalausstattung) beschreibt die prozentmäßige Ausstattung des Unternehmens mit Eigenkapital. Der **Verschuldungskoeffizient** bezeichnet das Verhältnis von Fremdkapital zu Eigenkapital.

$$\text{Eigenkapitalausstattung (Eigenkapitalquote)} = \frac{\text{Eigenkapital}}{\text{Gesamtkapital}} \times 100$$

$$\text{Verschuldungskoeffizient} = \frac{\text{Fremdkapital}}{\text{Eigenkapital}} \times 100$$

Stark sicherheitsorientierte Unternehmen versuchen, den Anteil der Gläubiger am Gesamtkapital nicht höher werden zu lassen als jenen der Eigentümer. Dies entspricht einem **Verschuldungskoeffizienten** von maximal 100 % bzw einer Eigenkapitalquote von mindestens 50 %. Diese sehr stark auf einem Besicherungskalkül basierende Forderung kann jedoch in der Praxis schon lange nicht mehr realisiert werden. So wurde die Forderung nach einem 1:1-Verhältnis (Eigenkapital zu Fremdkapital) zu einem 1:2-Verhältnis abgeschwächt. Von einer guten Finanzstruktur spricht man nun bereits bei einer Eigenkapitalquote von ca 30 %. Werte von 20 % und darunter sind jedoch bei der Eigenkapitalausstattung auch keine Seltenheit.

Ein hoher Eigenkapitalanteil bedeutet für das Unternehmen, dass es relativ unabhängig von Fremdkapitalgebern ist und genügend Reserven für das Tragen von Risiko vorhanden sind. Dementsprechend erleichtert eine hohe Eigenkapitalquote die Aufnahme von Krediten. Je höher allerdings der Anteil der Eigenkapitalgeber an der Finanzierung ist, desto mehr tragen die Eigentümer das Risiko der unternehmerischen Tätigkeit.

Eine hohe Eigenkapitalquote steht oft im Gegensatz zum Streben nach Gewinnmaximierung. Solange nämlich die Kosten für die Kreditaufnahmen (= Zinsen) niedriger sind als die aus den zusätzlichen Mitteln erwirtschafteten Erträge (= Rentabilität), führt die Kreditaufnahme zu einem höheren Unternehmensgewinn. Dieser Effekt ist in der Betriebswirtschaftslehre als **Leverage-Effekt** bekannt.

Beispiel

Betragen die Zinsen für ein Darlehen beispielsweise 4 % und erwirtschaftet das Unternehmen eine Rentabilität (= Kapitalrentabilität: Gewinn/Kapital) von beispielsweise 10 %, so bleibt dem Unternehmen bei Aufnahme von zusätzlichen Krediten (Unternehmenswachstum) immer noch eine Nettorentabilität von 6 %. Solange das Unternehmen eine höhere Rentabilität als das aktuelle Zinsniveau erzielt, zahlt sich aus finanzieller Perspektive ein Wachstum mit zusätzlichem Fremdkapital aus.

Der so genannte Leverage-Effekt besagt also, dass die Aufnahme von Fremdkapital (anstatt von Eigenkapital) aus finanzwirtschaftlicher Perspektive betrachtet attraktiv sein kann.

Zudem ist in Österreich und in vielen anderen Ländern die Finanzierung durch Fremdkapital steuerlich gegenüber jener durch Eigenkapital „begünstigt", da die Fremdkapitalzinsen als Aufwandsposition anerkannt werden. Sie reduzieren den Gewinn und damit die Steuerbelastung für das Unternehmen.

Der optimale Anteil des Fremdkapitals am Gesamtkapital lässt sich nur schwer beziffern. In jedem Fall hängt seine Höhe von folgenden Faktoren ab:

- Leistungswirtschaftliches Risiko: Je höher das Risiko und die damit verbundene Varianz der Erträge, desto höher sollte die Eigenkapitalquote des jeweiligen Unternehmens sein. Fremdkapital erfordert im Allgemeinen immer feste, erfolgsunabhängige Zins- und Kapitalrückzahlungen. Dies kann bei schwacher erfolgswirtschaftlicher Lage zu Liquiditätsschwierigkeiten und schließlich zur Insolvenz führen.
- Vorteile aus dem Leverage-Effekt
- Steuersatz: Je höher die Steuerbelastung, desto stärker wirkt der Effekt, dass Fremdkapitalzinsen gewinnmindernd abzugsfähig sind.
- Volatilität des zukünftigen Erfolgs: Je volatiler der zukünftige Erfolg ist, desto größer ist das Gesamtrisiko einer Investitions- oder Finanzierungsmöglichkeit.
- Risikoaversion des Unternehmers/des Managements
- Kosten von Eigen- und Fremdkapital

Darüber hinaus ist die Fristigkeit des Kapitals für eine Analyse der Kapitalstruktur interessant. Die entsprechenden Fristen sind in der Regel im Anhang des Jahresabschlusses ersichtlich (Fristigkeitenspiegel der Verbindlichkeiten). Kurzfristige Verbindlichkeiten haben eine Restlaufzeit von maximal einem Jahr. Zu den kurzfristigen Verbindlichkeiten gehören im Regelfall Verbindlichkeiten aus Lieferungen und Leistungen, Wechselverbindlichkeiten, erhaltene Anzahlungen und Rückstellungen für Steuern. Sonstige Verbindlichkeiten sind detaillierter zu betrachten. Sie können kurz- oder langfristig sein. Zu den mittelfristigen Verbindlichkeiten werden jene gezählt, die eine Restlaufzeit von ein bis fünf Jahren aufweisen. Die langfristigen Verbindlichkeiten weisen eine Laufzeit von mehr als fünf Jahren auf. Zu den langfristigen Verbindlichkeiten zählen insbesondere die Rückstellungen für Pensionen und langfristige Bankverbindlichkeiten.

Unter der Kenntnis der Fristigkeiten lassen sich Verhältniszahlen ausrechnen, die beispielsweise Aussagen über die laufende und/oder strukturelle Liquidität eines Unternehmens und die Beurteilung des Risikos des Kapitalentzuges zulassen (zB Verhältnis der kurzfristigen Verbindlichkeiten zum gesamten Kapital; Verhältnis der langfristigen Verbindlichkeiten zum gesamten Kapital). Je höher etwa der Anteil des langfristigen Kapitals ist, umso geringer ist das Risiko des Kapitalentzugs.

4.1.2. Vermögensstrukturkennzahlen

Im Rahmen der Kapitalstrukturkennzahlen und damit einer Finanzierungsanalyse liegt die Konzentration auf der Passivseite der Bilanz. Die **Investitionsanalyse** hingegen betrachtet die Aktivseite (Vermögensstruktur) der Bilanz und zeigt somit die **Mittelverwendung**(-bindung) im Unternehmen. Querverbindungen zwischen Aktiva und Passiva bleiben unberücksichtigt.

4. Bestandsorientierte Kennzahlenanalyse

Aktiva Vermögensseite	Passiva Kapitalseite
Anlagevermögen	Eigenkapital
Umlaufvermögen	Fremdkapital

Abbildung 144: Vermögensstrukturkennzahlen

Aus der Kennzahl **Anlagenintensität** lassen sich bedingt Schlüsse auf den Mechanisierungsgrad und die Konjunkturempfindlichkeit des Unternehmens ziehen. Beide steigen gewöhnlich mit zunehmender Anlagenintensität. Die Branchenzugehörigkeit bestimmt idR maßgeblich den Grad der Anlagenintensität. Handels- und Dienstleistungsbetriebe haben im All[...] ein vergleichsweise hohes Umlaufve[...] sind häufig sehr „sachanlagevermöge[...] werden, führt dies zu einer Verzerrun[...]

Je niedriger die Anlagenintensität ist, [...] an unterschiedliche Beschäftigungsgr[...]

$$\text{Anlagenintensität} = \frac{\text{Anlagevermögen}}{\text{Gesamtvermögen}}$$

Eine geringe Anlagenintensität kann [...] trieben – von Nachteil sein. Wurde [...] sinkt der Bestand an Anlagevermögen [...] auch die Anlagenintensität. Die Anla[...] der Technik (aufgestaute Ersatzinves[...] künftige Ertragseinbußen können nur [...] dert werden.

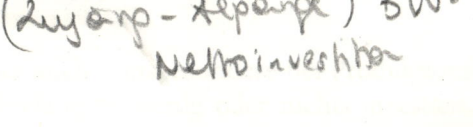

Die **Investitionsquote** ist ein Maßstab für den Umfang der Investitionstätigkeit des Unternehmens.

$$\text{Investitionsquote} = \frac{\text{Nettoinvestitionen in Sachanlagevermögen}}{\text{Buchwert der Sachanlagen am Jahresanfang}} \times 100$$

Die Kennzahl zeigt, in welchem Ausmaß Anlagenzugänge durch die laufende Abschreibung finanziert werden. Bei Werten über 100 % wurde nur ein Teil der Abschreibungen reinvestiert. Liegt der Wert hingegen unter 100 %, so wurde mehr investiert, als dem Unternehmen durch Abnutzung entzogen wurde (Unternehmenswachstum).

Die **Abschreibungsquote** zeigt, zu welchem Prozentsatz das Sachanlagevermögen im laufenden Jahr im Schnitt abgeschrieben wird, und kann so auf einen eventuell anstehenden Investitionsbedarf hinweisen.

$$\text{Abschreibungsquote} = \frac{\text{AfA Sachanlagevermögen}}{\text{Endbestand Sachanlagevermögen}} \times 100$$

4.2. Horizontale Bilanzkennzahlen/Liquiditätsanalyse

Horizontale Kennzahlen stellen Querverbindungen zwischen der Kapital- und der Vermögensseite der Bilanz her. Sie dienen der Liquiditätsanalyse und stellen damit das Bindeglied zwischen der Finanzierungsanalyse (vertikale Bilanzkennzahlen der Kapitalstruktur) und der Investitionsanalyse (vertikale Bilanzkennzahlen der Vermögensstruktur) dar.

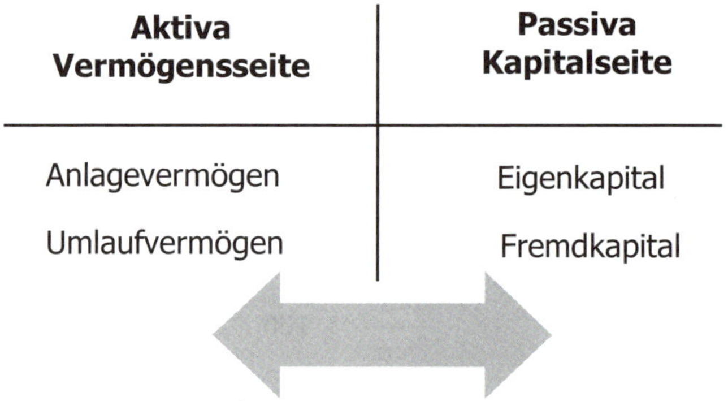

Aktiva Vermögensseite	Passiva Kapitalseite
Anlagevermögen	Eigenkapital
Umlaufvermögen	Fremdkapital

Abbildung 145: Horizontale Bilanzkennzahlen

Im Rahmen der Liquiditätsanalyse wird untersucht, ob die Vermögensrückflüsse einerseits hoch genug sind und andererseits rechtzeitig erfolgen, um fremde Finanzmittel zeitgerecht in voller Höhe zurückzahlen zu können. Verschiedene Kapital- und Investitionsstrukturregeln treffen normative Aussagen über Relationen, die eingehalten werden müssen.

Im Rahmen der kennzahlengestützten Liquiditätsanalyse interessieren vor allem die **kurzfristigen** Deckungsgrade (Liquiditätsgrade) und die **langfristigen Deckungsgrade**. Sie geben Hinweise auf die Einhaltung der kurzfristigen (laufenden) Liquidität bzw der langfristigen (strukturellen) Liquidität in der Betrachtungsperiode.

Die Einhaltung der goldenen Bilanzregel (siehe Grundsätze der Finanzierung) und damit die langfristige bzw strukturelle Liquidität des Unternehmens werden durch die Berechnung der so genannten Deckungsgrade überprüft.

4.2.1. Langfristige Deckungsgrade

In der ältesten und engsten Fassung wird vertreten, dass das gesamte Anlagevermögen durch Eigenkapital gedeckt (finanziert) sein sollte (Deckungsgrad A). Dies entspricht einem Deckungsgrad A von mindestens 100 %.

$$\text{Deckungsgrad A} = \frac{\text{Eigenkapital}}{\text{Anlagevermögen}} \times 100$$

Der Deckungsgrad A vernachlässigt, dass nach dem Grundsatz der Fristenkongruenz zumindest die Bindungszeit (Laufzeit, Fristigkeit) der Finanzierung mit der Bindung des Anlagevermögens im Unternehmen übereinstimmen sollte. Demnach wäre es auch möglich, Anlagevermögen mit langfristigem Fremdkapital zu finanzieren. Der Grundsatz der Fristenkongruenz wäre noch immer eingehalten. Berücksichtigt man jene Teile des Fremdkapitals, die langfristig zur Verfügung stehen, erhält man den Deckungsgrad B:

$$\text{Deckungsgrad B} = \frac{\text{Eigenkapital + langfristiges Fremdkapital}}{\text{Anlagevermögen}} \times 100$$

Ein Deckungsgrad B von 100 % muss aber noch nicht bedeuten, dass der goldenen Bilanzregel entsprochen wird (siehe Kapitel Finanzierungsgrundsätze). Neben dem Anlagevermögen gibt es nämlich auch noch Teile des Umlaufvermögens, die langfristig gebunden sein können und deshalb auch langfristig zu finanzieren sind. Langfristige Vermögenswerte des Umlaufvermögens sind etwa Mindestbestände an Vorräten (so genannte „eiserne Bestände").

Im Deckungsgrad C wird diesem Umstand Rechnung getragen.

$$\text{Deckungsgrad C} = \frac{\text{Eigenkapital + langfristiges Fremdkapital}}{\text{Anlagevermögen + langfristiges Umlaufvermögen}} \times 100$$

Welche Teile des Umlaufvermögens jedoch langfristig gebunden sind, lässt sich – abgesehen vom Ausweis langfristiger Forderungen im Anhang – aus dem Jahresabschluss nicht ersehen. Die Analyse ist für den externen Betrachter schwierig, weil sich diese Kennzahl in vielen Fällen nicht berechnen lässt.

Deshalb ist unter den genannten drei Kennzahlen der Deckungsgrad B der gebräuchlichste. Liegt der Deckungsgrad B bei 100 % oder darüber, so gilt die goldene Bilanzregel langfristig als erfüllt.

4.2.2. Kurzfristige Deckungsgrade (Liquiditätsgrade)

Die laufende Liquidität wird mit den **Liquiditätsgraden (kurzfristigen Deckungsgraden)** beurteilt. Die Liquiditätsgrade geben darüber Auskunft, ob den kurzfristig zu erfolgenden Auszahlungen kurzfristig verfügbare Mittel gegenüberstehen. Sie sind daher Ausdruck der Zahlungsfähigkeit in naher Zukunft.

Abschnitt C – Finanzanalyse

Die **„One-to-Five"-Rule** (siehe Kapitel Finanzierungsgrundsätze) findet in der Kennzahl Liquidität 1. Grades ihren Ausdruck. Sie stellt die greifbaren Zahlungsmittel dem kurzfristigen Fremdkapital gegenüber. Bei der **Liquidität 1. Grades** gilt die Liquidität als gesichert, wenn die liquiden Mittel mindestens 20 % des kurzfristigen Fremdkapitals betragen.

$$\text{Liquidität 1. Grades} = \frac{\text{Zahlungsmittelbestand}}{\text{kurzfristiges Fremdkapital}} \times 100$$

Der Zahlungsmittelbestand setzt sich dabei zusammen aus:

- Kassa/Bank/Schecks
- Guthaben bei Kreditinstituten
- Wertpapiere des Umlaufvermögens, soweit sie leicht verflüssigbar sind.

Zum kurzfristigen Fremdkapital zählen Positionen, die eine Laufzeit von weniger als einem Jahr haben:

- Verbindlichkeiten aus Lieferungen und Leistungen
- Wechselverbindlichkeiten
- Verbindlichkeiten gegen Kreditinstitute/Banken
- Kurzfristige Rückstellungen (Steuerrückstellungen, Prozessrückstellungen, nicht jedoch Abfertigungs- oder Pensionsrückstellungen)
- Verbindlichkeiten gegenüber verbundenen Unternehmen (sofern kurzfristig)
- Sonstige kurzfristige Verbindlichkeiten

Der Aussagewert der Liquidität 1. Grades ist jedoch als gering einzustufen. Während zum Zahlungsmittelbestand nur unmittelbar (innerhalb von drei Monaten) verflüssigbare Vermögensgegenstände zählen, wird kurzfristiges Fremdkapital erst innerhalb der nächsten zwölf Monate fällig. Zudem ist der Zahlungsmittelbestand starken Schwankungen unterworfen, leicht manipulierbar und stichtagsbezogen.

Die **Liquidität 2. Grades** berücksichtigt, dass kurzfristige Forderungen in Kürze zu Einzahlungen führen, die ebenso wie die Zahlungsmittel für das Begleichen kurzfristiger Verbindlichkeiten zur Verfügung stehen. Somit entspricht die Liquidität 2. Grades dem **Acid Test** (siehe Kapitel Finanzierungsgrundsätze).

$$\text{Liquidität 2. Grades} = \frac{\text{monetäres Umlaufvermögen}}{\text{kurzfristiges Fremdkapital}} \times 100$$

Bei der Liquidität 2. Grades sollte der Quotient aus dem monetären Umlaufvermögen und dem kurzfristigem Fremdkapital demnach mindestens 100 % betragen. Die Kennzahl Liquidität 2. Grades ist in der Praxis weit verbreitet und kann als eine relativ aussagekräftige Kennzahl interpretiert werden.

Zum monetären Umlaufvermögen zählen geldnahe Teile des Umlaufvermögens. Sofern die Positionen flüssig oder kurzfristig verflüssigbar sind, gehören dazu:

- Kassa/Bank/Schecks
- Guthaben bei Kreditinstituten
- Wertpapiere des Umlagevermögens, soweit sie leicht verflüssigbar sind
- Forderungen aus Lieferungen und Leistungen
- Wechselforderungen
- Forderungen an verbundene Unternehmen
- Forderungen aus kurzfristigen Krediten
- Ausleihungen, soweit kurzfristig
- Ausstehende Einlagen auf das Grundkapital, sofern eingefordert

Wie bereits bekannt, enthält die Position „kurzfristige Verbindlichkeiten" Fremdkapitalteile mit einer Fristigkeit von bis zu einem Jahr. Als logische Weiterentwicklung der Liquiditätsgrade bezieht die **Liquidität 3. Grades** deshalb im Zähler sämtliche Vermögensgegenstände mit entsprechender Bindungsdauer – also einem Jahr – mit ein.[2]

$$\text{Liquidität 3. Grades} = \frac{\text{Umlaufvermögen}}{\text{kurzfristige Verbindlichkeiten}} \times 100$$

Die Liquidität 3. Grades entspricht der **„Two-one"-Rule** (siehe Kapitel Finanzierungsgrundsätze). Somit werden Werte über 200 % gefordert.

Nachdem auch jene Teile des Umlaufvermögens miteinbezogen werden, die nicht einfach verflüssigbar sind (zB Vorräte), liefert diese Kennzahl nur bedingt Aussagen über die kurzfristige Zahlungsfähigkeit.

Kritisch angemerkt werden muss, dass die Erwartungen, die in die Aussagekraft der Liquiditätsgrade gelegt werden, sich teilweise nicht erfüllen. Dies zum einen, weil die Liquidität nur zu einem einzigen Zeitpunkt gemessen wird und unmittelbar vor oder nach diesem Zeitpunkt völlig anders aussehen kann. Zum anderen, weil die Liquiditätsgrade zu eng mit der Bilanz verknüpft sind.

Ob das Unternehmen liquide ist, lässt sich aus einzelnen aktiven und passiven Bilanzpositionen nicht ohne weiteres entnehmen, da

- die genauen Fälligkeiten der einbezogenen Bilanzpositionen nicht bekannt sind (zB ein langfristiges endfälliges Darlehen kann nächsten Monat fällig werden),
- die Verbindlichkeiten nicht alle zu leistenden Ausgaben enthalten,
- die einbezogenen Bilanzpositionen der Bewertung bzw Bewertungsspielräumen (zB Bewertung von Lagerbeständen und Forderungen) unterliegen.

---

2   Da im Nenner nun auch gegebene Anzahlungen und aktive Rechnungsabgrenzungen enthalten sind, umfassen die kurzfristigen Verbindlichkeiten zusätzlich die Positionen erhaltene Anzahlungen und passive Rechnungsabgrenzungen.

4.2.3. Umschlagshäufigkeiten

Eine **Umschlagshäufigkeit** bringt zum Ausdruck, wie oft sich eine Bestandsgröße (zB Lager, Forderungen, Verbindlichkeiten) im Zeitraum umgeschlagen hat bzw wie oft sich der Bestand in einem Zeitraum erneuert. Gut verständlich sind Umschlagshäufigkeiten, indem man deren tatsächliche „Auswirkung" zeigt, dh diese in Tage/Monate „umrechnet" (zB Lagerdauer, Kreditoren- und Debitorenlaufzeit), also die tatsächliche Umschlagsdauer errechnet. Die **Umschlagsdauer** ist demnach der Zeitraum, in dem sich ein bestimmter Bestand (zB Lager, Forderungen, Verbindlichkeiten) einmal erneuert.

Die Umschlagshäufigkeiten stellen Maßzahlen für die Anpassungsfähigkeit des Unternehmens dar. Je höher die Umschlagshäufigkeiten in einem Unternehmen sind, desto kürzer ist die mögliche Reaktionszeit auf Veränderungen der Umwelt. Je kürzer die Umschlagsdauer, desto geringer sind die Vermögensbestände (weniger Mittelbindung) und desto kürzer ist demnach die Kapitalbindung. Umschlagshäufigkeiten sind wichtige Kennzahlen, da sie die Vermögens- und Kapitalstruktur eines Unternehmens wesentlich beeinflussen.

Höhere Umschlagshäufigkeit bedeutet kürzere Umschlagsdauer!
Niedrigere Umschlagshäufigkeit bedeutet höhere Umschlagsdauer!

Beispiel

Eine Umschlagshäufigkeit von 6 bedeutet, dass sich die entsprechende Bestandsposition insgesamt sechs Mal in der Berechnungsperiode (im Regelfall ein Jahr) vollständig erneuert. Daraus ergibt sich eine Umschlagsdauer von 365 Tagen/6 = ca 61 Tage. Alle 61 Tage erneuert sich also die entsprechende Bestandsgröße.

Je nach Bedarf kann man die Umschlagsdauer auch in Monaten ausdrücken: 12 Monate/6 = ca alle zwei Monate wird der Bestand (der jeweiligen untersuchten Größe) zur Gänze erneuert.

So lässt sich beispielsweise die **Umschlagshäufigkeit des Lagers** errechnen. Im ersten Schritt wird die **Kennzahl „Lagerumschlag"** errechnet. Diese gibt an, wie oft der Vorrat in einer Periode aufgebraucht und erneuert wird. Ein hoher Lagerumschlag bedeutet, dass dies innerhalb einer Periode relativ oft passiert. Ein hoher Lagerumschlag verkürzt die Lagerdauer, was wiederum für die wirtschaftliche Situation eines Unternehmens tendenziell positiv ist.

$$\text{Lagerumschlag} = \frac{\text{Materialeinsatz}}{\text{durchschnittlicher Bestand an Vorräten}}$$

Im nächsten Schritt wird die **Kennzahl „Lagerdauer"** ermittelt. Die so berechnete Lagerdauer gibt nun an, wie lange (in Tagen oder in Monaten) die Waren – oder allgemeiner die Vorräte – im Durchschnitt auf Lager liegen.

$$\text{Lagerdauer} = \frac{365 \text{ Tage (12 Monate)}}{\text{Lagerumschlag}}$$

4. Bestandsorientierte Kennzahlenanalyse

Je kürzer die Lagerdauer ist, desto weniger Kapital ist in Vorräten gebunden. Entsprechend gering sind der Liquiditätsbedarf, die Lagerkosten sowie das Risiko der Entmodung und des Verderbs des Vorrates. Das Unternehmen kann sich leichter an Beschäftigungsschwankungen anpassen, allerdings kann bei Rohstoffen mit starken Preisschwankungen oder starken saisonalen Schwankungen des mengenmäßigen Angebots eine intensivere Lagerhaltung sinnvoll sein. Ein Zeitvergleich über mehrere Perioden hinweg ist jedenfalls empfehlenswert.

Die **Kreditorenlaufzeit (Außenstandsdauer der Verbindlichkeiten)** wird – wie die Lagerdauer – in zwei Schritten ermittelt.

$$\text{Kreditorenumschlag} = \frac{\text{Materialeinsatz (bzw Materialeinkauf)} \times 1{,}2 \text{ (brutto)}}{\text{durchschnittlicher Bestand an Verbindlichkeiten aus Lieferungen und Leistungen}}$$

$$\text{Kreditorenlaufzeit} = \frac{365 \text{ Tage (12 Monate)}}{\text{Kreditorenumschlag}}$$

Die Kreditorenlaufzeit gibt an, wie lange das durchschnittliche Zahlungsziel ist, das von den Lieferanten gewährt bzw vom Unternehmen in Anspruch genommen wird. In der Kennzahl findet daher auch die eigene Zahlungswilligkeit bzw Zahlungspolitik ihren Ausdruck.

Lange Kreditorenlaufzeiten spr[echen dafür, dass Lieferantenkredite ge]nutzt werden, dh die Lieferante[n als Kreditgeber fungieren. Aller]dings wird eine solche Vorgehe[nsweise oft mit dem Verzicht auf Skon]toausnützung bezahlt. Aus der Fi[nanzierungssicht kann der Lieferantenkr]edit durchaus interessant sein, aus [Kostensicht ist er jedoch meist teuer auf]grund der extrem hohen Effekti[vzinssätze bei Skontoverlust.]

Bei der Berechnung der Kennz[ahl ist darauf zu achten, dass die Re]chnungsgrundlagen sachlich über[einstimmen, dh dass nur der Materialeinkauf] in Verbindung stehende Verbi[ndlichkeiten berücksichtigt werden. Zu]dem sind sowohl Materialeinsatz/-e[inkauf und Verbindlichkeiten entweder be]ide netto oder beide brutto anzuset[zen.]

Die **Debitorenlaufzeit (Auße[nstandsdauer der Forderungen)** gibt an, wie la]nge der Zeitraum vom Verkauf bis z[ur Bezahlung durch den Kunden im Durchsch]nitt ist.

Handschriftliche Notiz: Forderungen nach Alter darstellen

$$\text{Debitorenumschlag} = \frac{\text{Umsatz brutto}}{\text{durchschnittlicher Bestand an Forderungen aus Lieferungen und Leistungen}}$$

$$\text{Debitorenlaufzeit} = \frac{365 \text{ Tage (12 Monate)}}{\text{Debitorenumschlag}}$$

Eine niedrige Debitorenlaufzeit bedeutet, dass die Forderungen nach kurzer Zeit bezahlt werden. Auf den Umsatz folgt also sehr schnell der Zahlungseingang. Umgekehrt kommt es bei einer Verlängerung zu einer zunehmenden Kapitalbindung. Diese kann auf sinkende Erlöse und/oder steigende Bestände an Forderungen zurückgeführt werden. Bei einer niedrigen Debitorenlaufzeit ist das Unternehmen damit nicht gezwungen, seine Umsätze über lange Zeit vorzufinanzieren, was sowohl in Bezug auf seine Liquidität als auch für seinen Gewinn Vorteile hat (Zinsen!).

Eine zusätzliche Informationsquelle ist die Darstellung der Forderungen des Unternehmens nach dem Alter. Diese Darstellung lässt interessante Rückschlüsse auf die Einbringlichkeit und den Umfang der durch die Debitoren verursachten Finanzierungskosten zu. So ist die Qualität des eigenen Mahnwesens oder die Zahlungsfreudigkeit der Kunden auf diese Weise gut darstellbar.

Die Debitorenlaufzeit ist das Gegenstück zur Kreditorenlaufzeit. Es ist deshalb wieder auf die bereits behandelte sachliche Übereinstimmung der Berechnungsgrundlagen zu achten.

Für die Bilanz und Erfolgsanalyse werden in der Regel Durchschnittsbestände verwendet – für die Planung wird von Stichtagsbeständen ausgegangen.

Fallbeispiel (Fortsetzung aus Abschnitt C, Kapitel 3.2 Prozent-Bilanz und Prozent-GuV)

Ausgangsdaten (Demobeispiel)

AKTIVA	Vorjahr		Aktuelles Jahr	
	absolut	in %	absolut	in %
Anlagevermögen	39.476.000	64 %	41.608.000	62 %
Immaterielle Vermögensgegenstände	173.000	0 %	165.000	0 %
Sachanlagen	38.974.000	63 %	39.614.000	59 %
Finanzanlagen	329.000	1 %	1.829.000	3 %
Umlaufvermögen	21.871.000	36 %	24.945.000	38 %
Vorräte	15.511.000	25 %	14.923.000	22 %
Forderungen LL	3.557.000	6 %	5.703.000	9 %
Sonstige Forderungen	300.000	1 %	619.000	1 %
Wertpapiere des UV	3.000	0 %	0	0 %
Kassa/Bank/Schecks	2.500.000	4 %	3.700.000	6 %
ARA	152.000	0 %	131.000	0 %
Bilanzsumme	61.499.000	100 %	66.684.000	100 %

4. Bestandsorientierte Kennzahlenanalyse

PASSIVA	Vorjahr		Aktuelles Jahr	
	absolut	in %	absolut	in %
Eigenkapital	**14.431.000**	**23 %**	**18.013.000**	**27 %**
Stammkapital	260.000	0 %	260.000	0 %
Kommanditkapital	425.000	1 %	425.000	1 %
Gewinnrücklage	500.000	1 %	500.000	1 %
Kapitalrücklage	150.000	0 %	150.000	0 %
Bilanzgewinn/-verlust	1.796.000	3 %	3.978.000	6 %
Unversteuerte Rücklagen	11.300.000	18 %	12.700.000	19 %
Fremdkapital	**46.466.000**	**77 %**	**48.177.000**	**73 %**
Rückstellungen für Abfertigungen	1.767.000	3 %	2.176.000	3 %
Steuerrückstellung	11.000	0 %	15.000	0 %
Sonstige Rückstellungen	40.000	0 %	317.000	0 %
Bankverbindlichkeiten lgfr	33.801.000	55 %	35.651.000	53 %
Verbindlichkeiten LL	6.468.000	11 %	6.090.000	9 %
Erhaltene Anzahlungen	450.000	1 %	500.000	1 %
Wechselverbindlichkeiten	2.050.000	3 %	1.666.000	3 %
Verb gg verb Unternehmen lgfr	620.000	1 %	620.000	1 %
Sonstige Verbindlichkeiten	1.259.000	2 %	1.142.000	2 %
PRA	**602.000**	**1 %**	**494.000**	**1 %**
Bilanzsumme	**61.499.000**	**100 %**	**66.684.000**	**100 %**

Abbildung 146: Demo-Bilanz

Anlagenspiegel

Stand aktuelles Jahr	1.1.	31.12.	Zugänge	Abgänge	AfA
Immaterielle Vermögensgegenstände	173	165	18	0	26
Sachanlagen	38.974	39.614	8.395	700	7.055
Finanzanlagen	329	1.829	1.500	0	0
Summe	39.476	41.608	9.913	700	7.081

Abbildung 147: Demo-Anlagenspiegel (Werte in 1.000 €)

Zusatzangabe

Kurzfristiges Fremdkapital:	Vorjahr	Aktuelles Jahr
Steuerrückstellung	11.000	15.000
Sonstige Rückstellungen	40.000	317.000
Verbindlichkeiten LL	6.468.000	6.090.000
Erhaltene Anzahlungen	450.000	500.000
Wechselverbindlichkeiten	2.050.000	1.666.000
Sonstige Verbindlichkeiten	876.000	764.000
SUMME	9.895.000	9.352.000
Langfristiges Fremdkapital:	**Vorjahr**	**Aktuelles Jahr**
Rückstellungen für Abfertigungen	1.767.000	2.176.000
Bankverbindlichkeiten lgfr	33.801.000	35.651.000
Verb gg verb Unternehmen lgfr	620.000	620.000
Sonstige Verbindlichkeiten	383.000	378.000
SUMME	36.571.000	38.825.000

Abbildung 148: Zusatzangabe Verbindlichkeitenspiegel (Demo-Bilanz)

Zusatzangabe zu den eisernen Beständen des Umlaufvermögens:

AKTIVA	Vorjahr	Aktuelles Jahr
Umlaufvermögen		
Vorräte	15.511.000	14.923.000
darin enthalten eiserne Reserven	6.000.000	6.000.000

Abbildung 149: Zusatzangabe Umlaufvermögen (Demo-Bilanz)

Lösungsweg (vertikale Kapitalstrukturkennzahlen)

Der erste Schritt ist die Berechnung der Summe des Eigenkapitals und der Summe des Fremdkapitals. Rücklagen gehören zum Eigenkapital, Rückstellungen hingegen sind Fremdkapital.

	Vorjahr	Aktuelles Jahr
Eigenkapitalquote (Eigenkapital/Gesamtkapital) × 100	23 %	27 %
Verschuldungskoeffizient (Fremdkapital/Eigenkapital) × 100	326 %	270 %
Fremdkapitalquote (Fremdkapital/Gesamtkapital) × 100	77 %	73 %

Abbildung 150: Lösungen Kapitalstrukturkennzahlen (Demobeispiel)

Interpretation

Eine Eigenkapitalquote von 27 % ist grundsätzlich ein guter Wert. Wie bereits angeführt, ist dies jedoch branchenabhängig. In jedem Fall empfiehlt es sich, die Kennzahlen im Zeitverlauf zu verfolgen und den Entwicklungen Bedeutung zukommen zu lassen. Im konkreten Beispiel ist eine leichte Steigerung der Eigenkapitalquote zu verzeichnen, was ohne Kenntnis der Strategie des Unternehmens grundlegend als positiv zu bewerten ist.

Lösungsweg (vertikale Vermögensstrukturkennzahlen)

Die Nettoinvestitionen in das Sachanlagevermögen sind aus dem Anlagespiegel direkt ablesbar (Zugänge: € 8.395.000,–). Die laufenden Abschreibungen für das aktuelle Jahr sind ebenfalls im Anlagespiegel ersichtlich, aber auch in der Gewinn- und Verlustrechnung (Demo-Gewinn- und Verlustrechnung in diesem Abschnitt, Kapitel 3.2). Für das Vorjahr ist die Investitionsquote nicht berechenbar, da für das Vorjahr kein Anlageverzeichnis zur Verfügung steht. Der Endbestand des Sachanlagevermögens des Vorjahres entspricht dem Anfangsbestand des aktuellen Jahres und ist somit aus dem Anlagespiegel ersichtlich.

	Vorjahr	Aktuelles Jahr
Anlagenintensität (Anlagevermögen/Gesamtvermögen) × 100	64 %	62 %
Investitionsquote (Nettoinvestitionen in das Sachanlagevermögen/ laufende Abschreibung auf das Sachanlagevermögen) × 100	–	119 %
Abschreibungsquote (Abschreibungen auf das Sachanlagevermögen/Endbestand des Sachanlagevermögens) × 100	13 %	18 %

Abbildung 151: Lösungen Vermögensstrukturkennzahlen (Demobeispiel)

Interpretation

Die **Anlageintensität** ist stark von der Branche abhängig. Darüber hinaus beeinflusst selbstverständlich auch die grundsätzliche Strategie des Unternehmens diese Kennzahl. Eine hohe Anlageintensität bedeutet eine hohe Mittelbindung und einen geringen finanziellen Spielraum für das Unternehmen. Eine Investitionsquote von rd 119 % lässt auf die Investitionsintensität des Unternehmens schließen. Die Zugänge an Sachanlagevermögen sind höher als die Abgänge (Abschreibungen). Es wurde mehr investiert, als dem Unternehmen durch Abschreibungen (an Wertverzehr) entzogen wurde. Das Unternehmen kann Anlagenzugänge verzeichnen, dh es wächst.

Lösungsweg (langfristige Deckungsgrade)

Kennzahl	Vorjahr	Aktuelles Jahr
Deckungsgrad A	37 %	43 %
Deckungsgrad B	129 %	137 %
Deckungsgrad C	112 %	119 %

Abbildung 152: Lösungen langfristige Deckungsgrade (Demobeispiel)

Interpretation

Das Unternehmen schafft es nicht, sein gesamtes Anlagevermögen mit Eigenkapital zu finanzieren, obwohl im Vergleich zum Vorjahr eine positive Entwicklung zu verzeichnen ist. Berücksichtigt man hingegen bei der Berechnung das langfristige Fremdkapital (Deckungsgrad B), so ist erkennbar, dass das Unternehmen hier über 100 % erreicht. Dh das gesamte Anlagevermögen ist langfristig finanziert. Die goldene Finanzierungsregel ist eingehalten. Der Deckungsgrad C lässt sich nur berechnen, wenn separate Angaben zu den gebundenen Teilen des Umlaufvermögens vorliegen.

Lösungsweg (kurzfristige Deckungsgrade)

Das kurzfristige Fremdkapital, insbesondere die kurzfristigen Verbindlichkeiten, sind aus dem Fristigkeitenspiegel erkennbar. Zum Zahlungsmittelbestand werden neben den liquiden Mitteln und Schecks die kurzfristig verfügbaren Wertpapiere gezählt.

Für den umfassendsten Liquiditätsgrad (Liquidität 3. Grades) werden auch die Positionen aktive und passive Rechnungsabgrenzungen in die Berechnung miteinbezogen.

Kurzfristige Deckungsgrade (Liquiditätsgrade)	Vorjahr	Aktuelles Jahr
Liquidität 1. Grades (Zahlungsmittelbestand/kurzfristiges Fremdkapital) × 100	25 %	40 %
Liquidität 2. Grades (monetäres Umlaufvermögen/kurzfristiges Fremdkapital) × 100	64 %	107 %
Liquidität 3. Grades (Umlaufvermögen/kurzfristiges Fremdkapital) × 100	210 %	255 %

Abbildung 153: Lösungen Liquiditätsgrade (Demobeispiel)

Interpretation

Die Liquidität 1. Grades liegt in beiden Jahren über 20 % und gilt daher als gesichert. Die Liquidität 2. Grades hat im vorangegangenen Jahr 100 % nicht erreicht, das aktuelle Jahr weist hingegen wieder einen Wert von 107 % aus. Dies ist ein Indiz dafür, dass die kurzfristige Liquidität des Unternehmens gesichert ist.

Die Liquidität 3. Grades liegt in beiden Jahren über 200 % und kann damit als sehr gut bezeichnet werden. Gemeinsam betrachtet wird deutlich, dass das Unternehmen liquiditätsmäßig (zumindest im Nachhinein betrachtet) gute Zahlen aufweist.

Lösungsweg (Umschlagshäufigkeiten)

Für die Berechnung der Umschlagshäufigkeiten sind der Durchschnittsbestand an Forderungen, Verbindlichkeiten und der durchschnittliche Lagerbestand relevant. Berechnet wird ein durchschnittlicher Bestand als arithmetisches Mittel aus Anfangs- und Endbestand: (Anfangsbestand + Endbestand)/2.

Der Materialeinsatz bzw -verbrauch sowie der Umsatz sind in der Gewinn- und Verlustrechnung ersichtlich. Für die Vorräte, Forderungen und Verbindlichkeiten benötigt man die Werte aus der Bilanz.

Umschlagshäufigkeiten (aktuelles Jahr)	Aktuelles Jahr
Lagerumschlag (Materialeinsatz/durchschnittlicher Bestand an Vorräten)	1,49
Lagerdauer (365/Lagerumschlag)	245 Tage
Kreditorenumschlag (Materialeinkauf bzw -einsatz × 1,2)/durchschnittlicher Bestand an Verbindlichkeiten LL)	4,34
Kreditorenlaufzeit (365/Kreditorenumschlag)	84 Tage
Debitorenumschlag (Umsatz brutto/durchschnittlicher Bestand an Forderungen LL)	14,5
Debitorenlaufzeit (365/Debitorenumschlag)	25 Tage

Abbildung 154: Lösungen Umschlagshäufigkeiten und Laufzeiten (Demobeispiel)

Interpretation

Ein Lagerumschlag von ca 1,5 bedeutet, dass sich das Lager innerhalb einer Rechnungsperiode 1,5-mal zur Gänze erneuert. In Tagen ausgedrückt wird deutlich, dass sich das Lager erst alle 245 Tage (also ca alle acht Monate) vollständig erneuert. Dies wirkt extrem hoch und bedeutet für das Unternehmen eine lange Mittelbindung und viele Risiken. Ohne die Branche jedoch zu kennen ist es schwierig, eine qualifizierte (beurteilende) Aussage zu tätigen.

Die Kreditorenlaufzeit von 84 Tagen zeigt, dass das Unternehmen im Durchschnitt diese Tagesanzahl benötigt, um seine gesamten Verbindlichkeiten aus Lieferungen und Leistungen zu bezahlen. Der hohe Wert weist darauf hin, dass das Unternehmen eventuell mögliche Skonti nicht in Anspruch nimmt und die Zahlungsmoral tendenziell nicht sehr hoch ist. Aber auch hier ist wiederum die Branche entscheidend.

Die Debitorenlaufzeit von 25 Tagen besagt, dass die Schuldner des Unternehmens den Forderungen des Unternehmens sehr rasch nachkommen. Alle 25 Tage sind die Forderungen aus Lieferungen und Leistungen des Unternehmens zur Gänze bezahlt (erneuert). Das ist ein hervorragender Wert, der darauf hinweist, dass das Unternehmen ein sehr effizientes Working-Capital-Management betreibt (zB rasche Rechnungsausstellung, Anreizsysteme für die rasche Bezahlung der Forderungen).

Auch der Vergleich zwischen Kreditoren- und Debitorenlaufzeit kann oftmals interessante Schlüsse geben. Im konkreten Fall bedeutet dies, dass das Unternehmen seinen Verbindlichkeiten viel schleppender nachkommt als seine Schuldner. Forderungen werden viel früher bezahlt als die Verbindlichkeiten. Dadurch hat das Unternehmen einen Finanzierungsspielraum. Die Differenz beträgt 59 Tage. Dh das Unternehmen hat fast zwei Monate Kapital zur Verfügung, das in irgendeiner Form für das Unternehmen arbeiten kann. Die Kosten für dieses Kapital (zB Verzicht auf Skonti) sind diesem Vorteil entgegenzuhalten und abzuwägen.

4.3. Kennzahlensysteme (Du-Pont-Schema)

Kennzahlen können isoliert oder vernetzt betrachtet werden. Die Kombination solcher Kennzahlen bzw eine Art von „Beziehungssystem" zwischen abhängigen Kennzahlen wird als **Kennzahlensystem** bezeichnet. Genauer gesagt versteht man darunter eine Zusammenstellung mehrerer Kennzahlen, die in einer sachlich sinnvollen Beziehung zueinander stehen, einander ergänzen oder erklären. Systeme entstehen also durch die Vernetzung mehrerer logisch verknüpfter Kennzahlen. Sie haben den Vorteil, dass die mit einer Kennzahl getroffenen Aussagen im Zusammenhang gesehen werden können. Aufgrund der vielen in einem Unternehmen anfallenden Daten sollen die Kennzahlen in übersichtlicher Weise als Grundlage für Entscheidungen herangezogen werden.

Eines der bekanntesten und auf die Steuerung eines Unternehmens ausgerichteten Kennzahlensysteme ist das Du-Pont-Schema (oder **Du-Pont-Kennzahlsystem**). Es wurde bereits 1919 von dem amerikanischen Chemie-Konzern Du Pont de Nemours and Co entwickelt und wird dort noch heute verwendet. Die Spitze des Kennzahlensystems stellt der Return on Investment (ROI) dar. Der ROI ist die Gesamtkapitalrentabilität, dh die Rentabilität des eingesetzten Kapitals. Indem der der ROI in

4. Bestandsorientierte Kennzahlenanalyse

den Mittelpunkt der Betrachtung gerückt wird, wird nicht die Gewinnmaximierung als oberstes Ziel angesehen, sondern die Maximierung des Ergebnisses je eingesetzter Kapitaleinheit. Das Schema ist ein in sich geschlossenes Modell von sich gegenseitig bedingenden Zielgrößen. Abhängigkeiten und Wechselwirkungen werden so einfach und schnell sichtbar und damit analysierbar gemacht. Das Darstellen der Wechselwirkungen ist im Vergleich zu einer isolierten Kennzahlenbetrachtung sinnvoller. Es erhöht die Aussagekraft und erleichtert die Steuerung, weil der Einfluss einer Größe auf eine andere Variable deutlich gemacht wird.

Die Berechnung erfolgt durch die Aufspaltung des ROI in Umsatzrentabilität (Umsatz-Gewinn-Rate) und in den Umschlag des investierten Kapitals. Die in die Umsatzrentabilität und den Kapitalumschlag eingehenden Größen werden immer weiter aufgespalten, so dass ein strukturierter Aufbau (Baumstruktur) von voneinander abhängigen Kennzahlen entsteht. Es wird ausgehend vom ROI immer eine Ebene tiefer gegangen, um die Werttreiber (Stellrädchen) zu identifizieren, die sich auf die Gesamtkapitalrentabilität auswirken. Diese Aufspaltung lässt sich fast unbegrenzt weitertreiben. Durch die Zerlegung der übergeordneten Zielgröße werden die verschiedenen Einflussfaktoren auf den Unternehmenserfolg übersichtlich dargestellt.

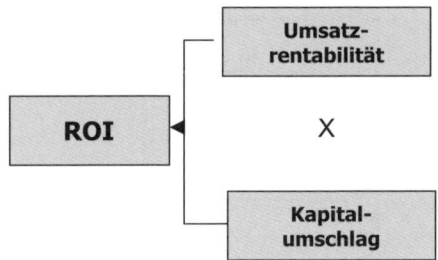

Abbildung 155: Berechnung ROI

In der nächsten Stufe wird die Umsatzrentabilität berechnet und weiterführend jeweils die Variablen, die die darauffolgende Stufe tangieren:

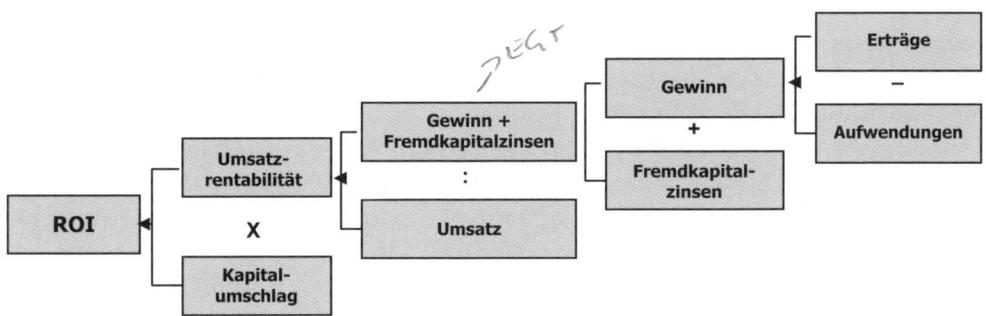

Abbildung 156: Berechnung ROI (Umsatzrentabilität)

Die gleiche Systematik wird auf der Seite des Kapitalumschlages fortgesetzt (zweite/untere Hälfte des Berechnungsschemas):

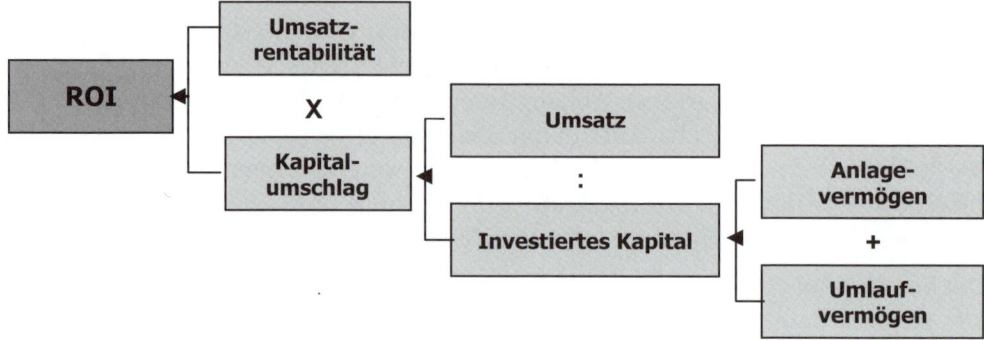

Abbildung 157: Berechnung ROI (Kapitalumschlag)

Zusammengefasst ergibt sich das Du-Pont-Schema wie folgt:

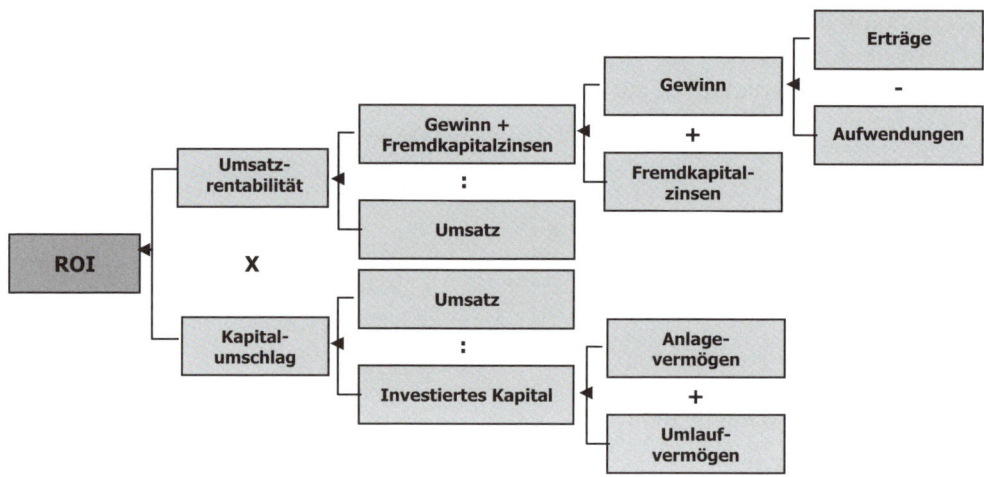

Abbildung 158: Du-Pont-Schema

Das ROI-Schema von Du Pont ist ein hierarchisches Kennzahlensystem, dessen differenzierteste Stufe mögliche Handlungsalternativen aufzeigt. Durch die zusammenhängende Struktur der Kennzahlen wird deutlich, dass jede einzelne Maßnahme Auswirkungen auf andere Entscheidungsbereiche hat. Wenn beispielsweise die Umschlagshäufigkeit der Lieferforderungen erhöht wird und die dadurch freigesetzten Mittel zur Kreditrückzahlung verwendet werden, bedeutet dies eine Senkung der Zinsen und eine Verbesserung der Kapitalstruktur. Eine Erhöhung des Umsatzes bei gleich bleibendem Zahlungsziel bedeutet zunächst steigenden Kapitaleinsatz und damit uU vorübergehende Liquiditätsengpässe.

Das Du-Pont-System eignet sich sehr gut zur Planung des Unternehmenserfolges. Sollte die geplante Gesamtkapitalrentabilität nicht erreicht werden, kann anhand des Schemas eine detaillierte Abweichungsanalyse vollzogen werden. Das Kennzahlensystem kann sowohl auf den Daten der Finanzbuchhaltung als auch auf der Deckungsbeitragsrechnung aufgebaut sein. Eine differenzierte Analyse wird jedenfalls durch eine Aufspaltung in fixe und variable Kosten möglich. Baut das System auf den Finanzbuchhaltungsdaten auf, so können durch den Abgleich mit einer Bewegungsbilanz (strukturkongruent) wertvolle Erkenntnisse gewonnen werden.

Praktische Relevanz

In der Praxis wird vielfach eine Summe an Kennzahlen präsentiert, deren Fülle die wesentlichen Informationen in den Hintergrund rücken lässt. Gleichzeitig stehen die Kennzahlen häufig isoliert im Raum. Die so generierbaren Informationen sind zur Unternehmenssteuerung nur begrenzt hilfreich. Vergleichswerte bzw bestimmte Maßstäbe erhöhen die Aussagekraft von Kennzahlen. So ist ein Zeitvergleich (Ist-Ist-Vergleich; Soll-Ist-Vergleich; Soll-Wird-Vergleich) und/oder ein Branchen-Vergleich sinnvoll.

Die wesentlichsten Kennzahlen für die Praxis sind:

- Eigenkapitalquote
- Deckungsgrad B
- Liquidität 2. Grades
- Umschlagshäufigkeiten (vor allem Relationen zueinander, zB Kreditorenumschlag im Verhältnis zum Debitorenumschlag)

Bewusst wurden hier keine allgemeinen Richtwerte (bis auf den Bereich der Finanzierungsregeln, wobei diese auch beschränkte Gültigkeit haben) angegeben. Davor wird auch explizit gewarnt. Sinnvoll sind Branchendurchschnitte, vergleichbare Kennzahlen der wichtigsten Mitbewerber, Zeitabläufe etc. In einigen Literaturquellen werden oftmals Zahlen präsentiert, die aber je nach Branche sehr unterschiedlich sind und deshalb keine Verallgemeinerung zulassen.

Schließlich sind die Qualität und der Informationsgehalt einer Kennzahl nur so gut, wie die Basisinformation, auf die sie sich beziehen („*junk in, junk out*"). Mangelt es an dieser Basis, könnten falsche Schlüsse gezogen werden.

Wissen kompakt

Anlagenintensität beschreibt das Verhältnis von Anlagevermögen zum Gesamtvermögen.

Eigenkapitalquote beschreibt das Verhältnis vom Eigenkapital zum Gesamtkapital.

Deckungsgrade sind Kennzahlen, die zwischen der Vermögens- und der Kapitalseite Relationen herstellen. Bei der Kontrolle der langfristigen Deckungsgrade geht es um die strukturelle Liquidität eines Unternehmens. Die kurzfristigen Deckungsgrade (Liquiditätsgrade) konzentrieren sich hingegen auf die laufende (kurzfristige) Liquidität des Unternehmens.

Du-Pont-Schema ist ein hierarchisches Kennzahlensystem, das verschiedene Auswirkungen bzw Steuerungsparameter und deren Wechselwirkung darstellt. Ausgangspunkt des Systems sind der Return on Investment und dessen Berechnung durch die Multiplikation von Umsatzrentabilität und Kapitalumschlag.

Horizontale Bilanzkennzahlen stellen zwischen der Vermögens- und Kapitalseite der Bilanz eine Relation her. Zu den horizontalen Bilanzkennzahlen zählen zB die kurzfristigen und langfristigen Deckungsgrade.

Investitionsquote ist ein Maßstab für den Umfang der Investitionstätigkeit des Unternehmens.

Liquiditätsgrade untersuchen das Verhältnis von kurzfristigen Vermögenswerten zu kurzfristigem Fremdkapital.

Umschlagshäufigkeiten bringen zum Ausdruck, wie oft sich eine Bestandsgröße in einem Zeitraum erneuert. Umschlagshäufigkeiten lassen sich beispielsweise für das Lager, für Forderungen oder für Verbindlichkeiten berechnen.

Verschuldungskoeffizient bezeichnet das Verhältnis zwischen Fremdkapital und Eigenkapital.

Vertikale Bilanzkennzahlen sind Kennzahlen, die entweder die Kapitalseite der Bilanz oder die Vermögensseite der Bilanz näher betrachten. Zu den vertikalen Bilanzkennzahlen zählen zB die Eigenkapitalquote oder die Anlagenintensität.

Kontrollfragen

- Beschreiben Sie vertikale Kennzahlen (Vermögens- und Kapitalstrukturkennzahlen) und interpretieren Sie diese!
- Beschreiben Sie horizontale Kennzahlen (langfristige und kurzfristige Deckungsgrade) und interpretieren Sie diese!
- Stellen Sie einen Zusammenhang zwischen den Grundsätzen der Finanzierung und den Deckungsgraden her!
- Welche Umschlagshäufigkeiten kennen Sie, wie werden sie berechnet und interpretiert?

Anmerkung: Sie sollten in der Lage sein, diese Fragen auch (und insbesondere) anhand der praktischen Durchführung zu beantworten!

Weiterführende Literatur

- *Dettmer, H./Hausmann, T.:* Finanzmanagement, Band I, 2., verbesserte Auflage, München 1998.
- *Grünberger, H.:* Praxis der Bilanzierung, 12., überarbeitete Auflage, Wien 2011.
- *Meffle, G./Heyd, R./Weber, P.:* Das Rechnungswesen der Unternehmung als Entscheidungskriterium, Band 1, 6., überarbeitete und ergänzte Auflage, München 2008.
- *Siegwart, H./Reinecke, S./Sander, S.:* Kennzahlen für die Unternehmungsführung, 7., vollständig überarbeitete und ergänzte Auflage, Bern, Wien ua 2009.
- *Wagenhofer, A.:* Bilanzierung & Bilanzanalyse – Eine Einführung, 11. überarbeitete und aktualisierte Auflage, Wien 2013.

5. Analyse der laufenden Liquidität (Finanzstatus)

> **Lernziel**
>
> **In diesem Kapitel lernen Sie**
> - wie ein Liquiditäts-/Finanzstatus für ein Unternehmen erstellt wird
> - wie die laufende Zahlungsfähigkeit eines Unternehmens überprüft werden kann

Ziel des Finanzmanagements ist einerseits, eine ausgewogene Zusammensetzung des Jahresabschlusses sicherzustellen, die ein nachhaltiges finanzielles Gleichgewicht erst ermöglicht (siehe vorhergehende Kapitel). Andererseits muss auch gewährleistet werden, dass das Unternehmen den laufenden Zahlungsverpflichtungen nachkommen kann. Die **Sicherung der laufenden Liquidität** erfordert die Planung der Zahlungen der nächsten Tage. Das Instrument dazu ist der Liquiditäts- bzw Finanzstatus.

Die betriebliche Leistungserstellung löst Zahlungsströme aus, deren Höhe und Zeitpunkt des Anfallens den Kapitalbedarf des Unternehmens bestimmen. Der Kapitalbedarf wird sich im Laufe des Bestehens eines Unternehmens kontinuierlich verändern und ist ein Teil der unternehmerischen Gesamtplanung. Er ist abhängig von der Branche, der Betriebsgröße, der strategischen Ausrichtung, des Beschäftigungsstandes, der Kosten- und Absatzentwicklung etc.

Das Finanzbudget ist wiederum vom (langfristig ermittelten) Kapitalbedarf abhängig und bestimmt schließlich die Disposition jener finanziellen Mittel, die kurzfristig zur Verfügung stehen müssen, damit die Planung auch realisiert werden kann (Liquiditätsplanung). Diese kurzfristige Planung soll gewährleisten, dass das Unternehmen seinen laufenden Zahlungsverpflichtungen nachkommen kann (Sicherung der laufenden Liquidität).

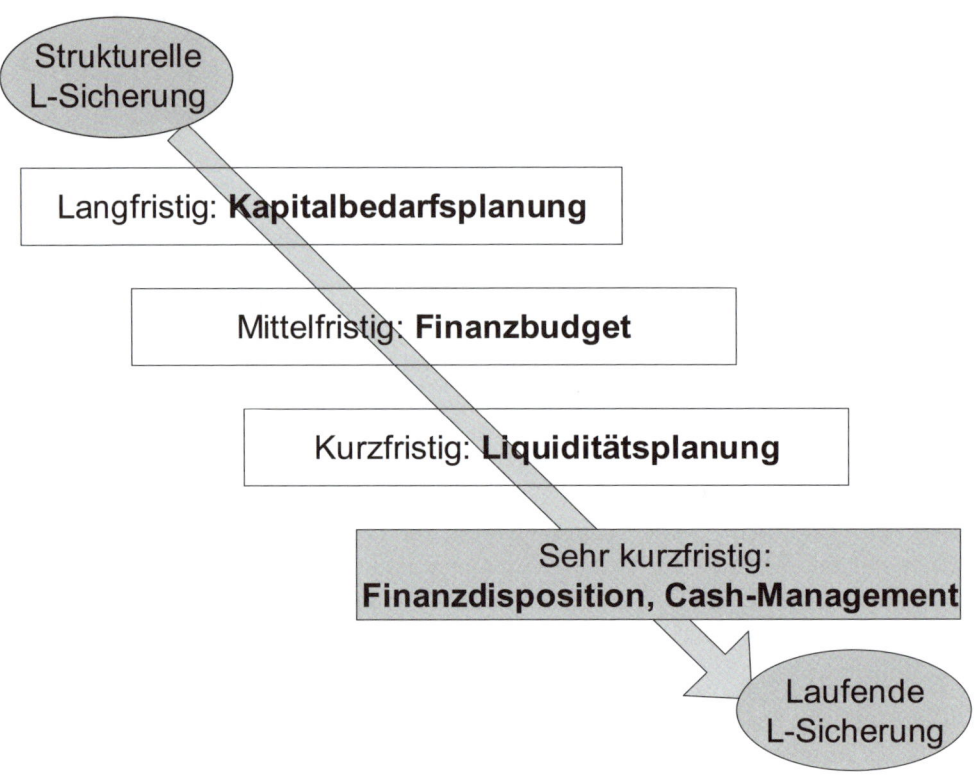

Abbildung 159: Strukturelle vs laufende Liquiditätssicherung

5.1. Liquiditäts-/Finanzstatus

Beim **Liquiditätsstatus** (oder auch **Finanzstatus**, Finanzdisposition, Cash-Management) handelt es sich um eine äußerst kurzfristige Form der Finanzrechnung. Es wird für Zeiträume von weniger als einem Monat – mitunter sogar für den folgenden Tag – festgestellt, ob die Zahlungskraft (gegenwärtige Zahlungsfähigkeit) des Unternehmens ausreicht, um bevorstehende Auszahlungen zu decken. Damit ist der Finanzstatus gewissermaßen das Instrument des Controllers für die Steuerung der tagtäglichen Zahlungen.

Diese Planung soll es ermöglichen,

- den (kurzfristigen) Bedarf an finanziellen Mitteln vorherzusagen und damit die **gegenwärtige Zahlungsfähigkeit** unter Berücksichtigung der Rahmenkredite (Kreditlinien) zu **sichern**,
- überflüssige finanzielle Mittel wirtschaftlich zu veranlagen,
- die Unternehmensbereiche, die Ausgaben und Einnahmen verursachen, zu überwachen,
- die **Zahlungsströme** entsprechend zu **lenken**, damit durch entsprechende Disposition benötigte Finanzressourcen kostengünstiger beschafft werden können.

Zunächst sollen zur Zahlung jene Zahlungsmittel herangezogen werden, deren Beanspruchung mit den geringsten Kosten belastet sind. Dies sind in erster Linie die Mittel in der Kasse, etwaige Guthaben auf Konten bzw Sparbüchern und eventuell Schecks. Ein Überziehen des Kontos (Kontokorrentkredit) oder das Ziehen eines Wechsels sind hingegen mit relativ hohen Belastungen verbunden, so dass diese Zahlungsmittel erst bei Ausschöpfung der vorhin genannten Möglichkeiten in Anspruch genommen werden sollen. Extrem teuer ist schließlich die Inanspruchnahme eines Zahlungszieles beim Lieferanten unter Verzicht auf den Skonto.

Die Planung und entsprechende Lenkung der Zahlungsströme soll verhindern, dass fällige Zahlungen verzögert, eingeräumte Kreditlinien überschritten oder Skonti nicht in Anspruch genommen werden. Gleichzeitig soll diese Planung sicherstellen, dass bei Gefahr des Verlustes der gegenwärtigen Zahlungsfähigkeit Sofortmaßnahmen zur Sicherung der Zahlungsfähigkeit eingeleitet werden. Dies kann zB durch Aushandeln einer neuen, höheren Kreditlinie erfolgen, durch die Ausschöpfung von Lieferantenkrediten, das Zurückhalten von anstehenden Investitionen etc.

Die Finanzplanung kann (und soll – unternehmensabhängig) taggenau erfolgen, eine etwas weitergefasste Sicht der kurzfristigen Finanzplanung hat einen Horizont von einer Woche oder einem Monat.

5.2. Vorgangsweise bei der Erhebung des Finanzstatus

Für die Überwachung der Liquidität werden die (sofort) verfügbaren finanziellen Mittel sowie die zu bestimmten Terminen zu erwartenden Einnahmen (zB Forderungen, die bezahlt werden) herangezogen. Diese werden den zu einem bestimmten Zeitpunkt in den nächsten Tagen fälligen Zahlungsverpflichtungen gegenübergestellt. Die Erstellung eines Finanzstatus ist vom Zeithorizont her betrachtet die kurzfristigste Liquiditätsrechnung. Als die zur Verfügung stehenden finanziellen Mittel werden deshalb auch nur jene Bereiche gezählt, die tatsächlich sofort verfügbar sind. Zahlungsforderungen, also in nächster Zeit zu erwartende Eingänge, werden daher dabei nicht berücksichtigt.

Die Zahlungskraft eines Unternehmens setzt sich somit aus seinem Guthaben (Kassenbestand, Schecks, Besitzwechseln, kurzfristig verfügbaren Bankguthaben) und verfügbaren Krediten zusammen. Verfügbar sind jene Teile von Krediten, die durch eine Bank eingeräumt, also maximal zugelassen sind, aber noch nicht beansprucht wurden (zB freier Kontenrahmen).

Fallbeispiel

Ausgangsdaten

Im Folgenden wird die Zahlungskraft eines Unternehmens dargestellt, wobei der tatsächliche Bestand an liquiden Mitteln und der mögliche (ausschöpfbare) Rahmen die Zahlungskraft ergeben, die dem Unternehmen kurzfristigst zur Verfügung steht.

Das Unternehmen besitzt € 10.000,– in der Kasse. Das Sparbuch des Unternehmens weist einen Stand von € 20.000,– auf. Auf einem Bankkonto (Bank I) ist kein Guthaben vermerkt, jedoch ist auf dem Konto ein Rahmen von € 50.000,– vereinbart, wovon € 38.000,– bereits in der vorangegangenen Periode ausgeschöpft wurden. Am Konto bei der Bank II liegen € 9.000,–. Ein Rahmen von € 40.000,– ist vereinbart, der noch zur Gänze unberührt ist. An Schecks sind € 4.000,– verfügbar.

Lösungsweg

Zeichnet man diese Geldmittel in tabellarischer Form auf, ergibt sich ein Bild der kurzfristig zur Verfügung stehenden finanziellen Mittel und damit der Zahlungskraft des Unternehmens.

Zahlungskraft	Guthaben	+ Kreditlinie	– davon beansprucht	= Zahlungskraft
Kassa	10		–	10
Sparbuch	20		–	20
Konto Bank I	0	50	38	12
Konto Bank II	9	40	–	49
Schecks	4	–	–	4
Summe Zahlungskraft				**95**

Abbildung 160: Zahlungskraft eines Unternehmens (in € 1.000,–)

Zur Ermittlung der finanziellen Situation des Unternehmens (Liquiditätsstatus) werden der Zahlungskraft die bevorstehenden Auszahlungen gegenübergestellt:

Auszahlungen	
Personal	30
Zahlungen Lieferanten	20
Zahlungen Steuer	15
Kredittilgungen	5
Zinsen	10
sonstige Auszahlungen	2
Summe fälliger Zahlungen	**82**

Abbildung 161: Auszahlungen des Unternehmens (in € 1.000,–)

Interpretation

Die Summe der zur Verfügung stehenden Mittel (Zahlungskraft) in Höhe von € 95.000,– abzüglich der zu leistenden Auszahlungen in Höhe von € 82.000,– ergibt einen Finanzmittelüberschuss in Höhe von € 13.000,–.

Welche Auszahlungen bevorstehen, hängt einerseits vom Fälligkeitsdatum der Verbindlichkeiten bzw dem Zeitpunkt der Barzahlung und andererseits von der Zahlungsabsicht des Unternehmens ab. So kann sich ein Unternehmen einerseits entscheiden, durch frühzeitige Zahlung in den Genuss des Skontoabzugs zu kommen. Andererseits wird ein Unternehmen bei mangelhafter Lieferung oder vorübergehend schlechter Zahlungskraft vielleicht bewusst die fällige Rechnung des Lieferanten nicht sofort begleichen.

Neben den regelmäßigen Auszahlungen (Löhne und Gehälter, Sozialabgaben, Umsatzsteuervorauszahlung, Sozialabgaben, Kredittilgungen, Mieten, Strom, Pacht etc) müssen auch Sonderfaktoren (Steuernachzahlungen, 13. oder 14. Monatsgehalt, Dividendenzahlungen, Maschinenreparaturen etc) berücksichtigt werden.

Praktische Relevanz

Gerade in Klein- und Mittelbetrieben mangelt es häufig an einer guten Liquiditätsplanung. Die Steuerung der Zahlungen und damit der Zahlungsfähigkeit erfolgt oft alleine aufgrund des Blickes auf das „Bankkonto" und des „Inetwa-Abschätzens", welche Einnahmen noch schlagend werden. Der Erhalt der Zahlungsfähigkeit ist jedoch eine Grundvoraussetzung für den Fortbestand eines Unternehmens. Schafft es das Unternehmen nicht mehr, seinen laufenden Zahlungsverpflichtungen nachzukommen, droht die Insolvenz. Häufig sind daher unerwartete Zahlungen, die zwar zu erwarten gewesen wären, jedoch nicht geplant wurden (zB Zahlungen im Bereich der Sozialversicherungen, Steuernachzahlungen etc), das Todesurteil für ein Unternehmen. In der Folge zeigen gewisse Reaktionen, dass das Unternehmen in Zahlungsschwierigkeiten geraten ist. Solche Reaktionen sind etwa die Überziehung des Kontokorrentrahmens, die Ausweitung des Rahmens, nur mehr schleppende oder selektive Zahlungen zB von Rechnungen von Lieferanten, die für den Produktionsprozess wichtiger sind als andere.

Wird bei der Liquiditätsplanung jedoch mit vielen „Sicherheitspolstern" kalkuliert und damit Überliquidität aufgebaut, verfügt das Unternehmen über mehr liquide Mittel, als es tatsächlich in der Berechnungsperiode benötigt. Obwohl diese liquiden „Polster" aus Sicherheitsüberlegungen wünschenswert sind, sind sie aus Rentabilitätsaspekten eher kritisch zu bewerten. Eine Aussage über die „ideale Reserve" und damit die optimale Liquidität lässt sich allerdings so allgemein nicht treffen. Sie hängt von einer Reihe unternehmens- und situationsbedingter Faktoren ab.

Es ist sinnvoll, die Auszahlungen dahingehend zu kennzeichnen, dass ersichtlich ist, welche dieser Zahlungen uU aus rechtlichen oder wirtschaftlichen Gründen aufschiebbar, welche aber auf keinen Fall verschiebbar sind. Ebenso sind nur jene zukünftigen Einzahlungen in die Ermittlung der Zahlungskraft aufzunehmen, die mit Sicherheit zur Verfügung stehen. Ist diese Sicherheit nicht gewährleistet, so sind die Zahlungen auch entsprechend zu kennzeichnen.

Abschnitt C – Finanzanalyse

Wissen kompakt

Laufende Liquidität bezieht sich auf die Fähigkeit des Unternehmens, seinen laufenden Zahlungsverpflichtungen nachkommen zu können.

Liquiditätsstatus (Finanzstatus) dient der Ermittlung der täglichen Zahlungsfähigkeit des Unternehmens.

Optimale Liquidität ist jener Zustand im Unternehmen, bei dem die Ziele der Rentabilität und Sicherheit im Sinne der Unternehmenspolitik ideal aufeinander abgestimmt sind.

Kontrollfragen

- Welche Auskunft gibt der Finanzstatus eines Unternehmens und wofür wird der Finanzstatus benötigt?
- Skizzieren bzw beschreiben Sie die Vorgangsweise bei der Erhebung der laufenden Liquidität in Form eines Finanzstatus?

Weiterführende Literatur

- *Egger, A./Winterheller, M.:* Kurzfristige Unternehmensplanung, 14. Auflage, Wien 2007.
- *Olfert, K.:* Finanzierung, 16., verbesserte und aktualisierte Auflage, Ludwigshafen (Rhein) 2013.
- *Perridon, L./Steiner, M./Rathgeber, A.:* Finanzwirtschaft der Unternehmung, 16., überarbeitete und erweiterte Auflage, München 2012.
- *Röhrenbacher, H.:* Finanzierung und Investition (mit Excel und HP): Finanzplanung mit Cashflow-Statements, 3. überarbeitete Auflage, Wien 2008.
- *Siegwart, H.:* Der Cashflow als finanz- und ertragswirtschaftliche Lenkungsgröße, 3., überarbeitete und erweiterte Auflage, Stuttgart 1994.
- *Ziegenbein, K.:* Controlling, 10., vollständig überarbeitete Auflage, Leipzig 2012.

6. Analyse der laufenden Liquidität (Cashflow)

Lernziel

In diesem Kapitel lernen Sie
- welchen Unterschied es zwischen den Begriffen „Gewinn" und „Cashflow" gibt und was die Begriffe „Auszahlungen", „Ausgaben" und „(auszahlungswirksame) Aufwendungen" bedeuten
- wie der Cashflow ermittelt werden kann und dabei insbesondere die Methode des ÖVFA-Cashflows
- welche unterschiedlichen Cashflow-Arten und Cashflow-Kennzahlen es gibt und wie man sie interpretiert

6.1. Cashflow – Grundkonzeption

Während die bisher behandelten Analysen statischer Natur und damit zeitpunktbezogen sind, lässt der **Cashflow** eine dynamische Betrachtung der Finanzsituation zu. Die Analyse ist zeitraumbezogen. Der Cashflow wird damit als stromgrößenorientierte Kennzahl verstanden, die nicht auf einen bestimmten Zeitpunkt, sondern auf die strukturellen und betragsmäßigen Veränderungen der zur Verfügung stehenden finanziellen Mittel während eines Zeitraums abzielt.

Der Cashflow gibt im Allgemeinen den Überschuss bzw das Defizit der Einnahmen über die Ausgaben einer Periode an (Finanzmittelüberschuss/-fehlbetrag). Man betrachtet also die Mittelzuflüsse einer Periode und zieht davon die Mittelabflüsse dieser Periode ab.

Als **Maßstab für die Innenfinanzierungskraft** eines Unternehmens zeigt der Cashflow, wie viel Finanzmittelüberschuss (also tatsächliche finanzielle Mittel) das Unternehmen durch seine Geschäftstätigkeit erwirtschaftet. Je höher der erwirtschaftete Cashflow, desto höher sind die finanzielle Flexibilität und die finanzielle Unabhängigkeit von außenstehenden Geldgebern. Den jeweiligen Bedürfnissen der Unternehmen entsprechend gibt es eine Reihe unterschiedlicher Cashflow-Begriffe. Die Unterschiede beziehen sich dabei auf die Zurechnung von verschiedenen Positionen zu den Mittelzu- bzw -abflüssen.

Für das Verständnis ist es wichtig, zwischen dem **Gewinn** bzw **Verlust** als Maßgröße für den Erfolg (erfolgswirtschaftliche Maßzahl) und dem **Cashflow** als Maßgröße für die Liquidität (finanzwirtschaftliche Maßzahl) zu unterscheiden. Die Berechnung des Erfolgs und des Cashflows erfolgt auf Basis unterschiedlicher Rechengrößen. Daraus resultiert auch ein unterschiedliches Ergebnis. Die für die Ermittlung des Erfolgs verwendeten Rechnungsgrößen Erträge und Aufwendungen erfassen auch

Positionen, die nicht tatsächlich zahlungswirksam werden wie zB die Absetzung für Abnutzung (Abschreibung). Bei der Cashflow-Berechnung werden nur tatsächlich zahlungswirksame Größen, also Einzahlungen und Auszahlungen, erfasst.

Berechnung des Cashflows:	Berechnung des Gewinns/Verlustes:
Einzahlungen	Erträge
− Auszahlungen	− Aufwendungen
Cashflow	**Gewinn/Verlust**

Abbildung 162: Berechnung des Cashflows vs Berechnung des Gewinns/Verlustes

Will man indirekt vom buchhalterisch ermittelten Gewinn bzw Verlust auf den Cashflow „rückrechnen", so muss man jene Positionen korrigieren, die nicht zahlungswirksam sind, mit denen also kein tatsächlicher Zahlungsvorgang verbunden ist.

Berechnung des Gewinns/Verlustes:
Erträge
− Aufwendungen
Gewinn/Verlust (Erfolg)
+ nicht zahlungswirksamer Aufwand
− nicht zahlungswirksamer Ertrag
Cashflow

Abbildung 163: Indirekte Ermittlung des Cashflows

Da bei der Erfolgsvermittlung sowohl zahlungswirksame als auch zahlungsunwirksame Aufwendungen von den Erträgen abgezogen werden, müssen die nicht zahlungswirksamen Aufwendungen für die Ermittlung des Cashflows wieder hinzugezählt, dh korrigiert, werden. Auch auf der Ertragsseite folgt man derselben Rechenlogik. Wurden in der Erfolgsrechnung Erträge berücksichtigt, die nicht zahlungswirksam sind, dann müssen diese Erträge für die Ermittlung des Cashflows wieder abgezogen, dh korrigiert, werden.

Der so ermittelte Cashflow ist hypothetisch, weil der „Cash" dem Unternehmen zu einem bestimmten Zeitpunkt zur Verfügung gestanden wäre, wenn damit nicht wieder zB Investitionen getätigt oder Kredite rückgezahlt worden wären (siehe dazu aber Kapitel 6.2.2. Kapitalflussrechnung).

Die **zahlungsunwirksamen Aufwendungen** werden auch unbare Aufwendungen genannt, weil sie nicht „bar" abfließen. Zu diesen Aufwendungen zählen beispielsweise:

- Abschreibungen
- Dotierung (Bildung) von Rückstellungen

6. Analyse der laufenden Liquidität (Cashflow)

Alle diese Positionen werden als Aufwand angesetzt und mindern damit den Gewinn, stellen jedoch keine Auszahlung dar. Da bei der jeweiligen Aufwandsposition kein Geld „fließt", erhöht sich der Liquiditätsspielraum des Unternehmens durch diesen Aufwand und es kommt zu einer Erhöhung des Cashflows.

Ebenso gibt es auf der Seite der Erträge solche, die zwar buchhalterisch erfolgswirksam (dh gewinnerhöhend bzw verlustmindernd) sind, jedoch für das Unternehmen keinen tatsächlichen Mittelzufluss bedeuten. Solche **zahlungsunwirksamen Erträge** werden auch unbare Erträge genannt. Zu diesen Erträgen zählen beispielsweise:

- Zuschreibungen
- Auflösung einer Rückstellung

Beispiel

Die Anschaffung einer Maschine beträgt € 80.000,–, ihre Nutzungsdauer beläuft sich auf acht Jahre. Die Auszahlung in Höhe von € 80.000,– erfolgt bei der Anschaffung der Anlage. Dieser Anschaffungsvorgang an sich ist nicht erfolgswirksam, dh es erfolgen nur eine Erhöhung des Sachanlagevermögens und eine Verminderung des Kassabestands/Bankguthabens, falls bar gezahlt wird. Erfolgswirksam ist dann im Zuge der Nutzung der Maschine lediglich der Teil, der als Abschreibung jährlich berücksichtigt wird.

Die Abschreibung der Maschine (Anschaffungswert/Nutzungsdauer) von € 10.000,– pro Jahr wird zwar als Aufwand verbucht, tatsächlich jedoch ist sie nicht zahlungswirksam. Dh die Abschreibung stellt einen Aufwand, aber keine Auszahlung dar. Für die Ermittlung des Gewinns wird die Abschreibung als aufwandswirksame, aber nicht zahlungswirksame Position berücksichtigt. Im Rahmen der Cashflow-Ermittlung werden die Abschreibungen aber wieder hinzugezählt, da sie nicht zahlungswirksam sind. Zahlungswirksam werden die kumulierten Abschreibungen ggf erst am Ende der Nutzungsdauer, wenn nämlich eine Ersatzinvestition getätigt wird.

Durch diese Darstellungen sollte klar werden, dass sich der Cashflow wesentlich vom Gewinn (Verlust) eines Unternehmens unterscheidet, da nicht alle Erträge einnahmewirksam und nicht alle Aufwendungen ausgabewirksam sind. Zudem wird der Gewinn stark durch die Nutzung von Bewertungsspielräumen beeinflusst.

Im Folgenden werden die unterschiedlichen Arten der Ermittlung des Cashflows dargestellt. Einerseits kann er

- **direkt** durch die Gegenüberstellung von Ein- und Auszahlungen,
- andererseits **indirekt** über Korrektur des Erfolges aus der Gewinn- und Verlustrechnung

ermittelt werden.

Die indirekte Form der Ermittlung ist die in der Praxis häufigste. Der Grund liegt darin, dass die Gewinn- und Verlustrechnung aufgrund des Steuerrechts ohnedies schon erstellt werden muss und sich daher der Cashflow mit überschaubarem Aufwand berechnen lässt. Eine direkte Ermittlung des Cashflows durch die Gegenüberstellung von Ein-und Auszahlungen würde hingegen eines zusätzlichen Planungs- und Kontrollsystems bedürfen. Außerdem ist es für den externen Analysten mitunter zumeist schwierig, wenn nicht unmöglich, aus den vorhandenen Daten des Jahresabschlusses die auszahlungswirksamen Aufwendungen und die einzahlungswirksamen Erträge herauszufiltern. Bei der indirekten Ermittlung des Cashflows kann man sich diesbezüglich durch die Betrachtung der Bilanz behelfen (siehe Kapitel 6.2.2). Beide Ermittlungsarten führen jedoch zum gleichen Ergebnis.

Folgende Grafik zeigt nochmals, wie die Liquiditäts- mit der Erfolgsperspektive verknüpft wird. Das Bindeglied stellt der Cashflow dar.

Erfolgsperspektive	Berechnung	Liquiditätsperspektive
(Ertrag)	Umsatz	(zahlungswirksam)
(Aufwand)	– Personalkosten	(zahlungswirksam)
(Aufwand)	– Abschreibungen	(nicht zahlungswirksam)
	Erfolg	
	+ Abschreibungen	**(nicht zahlungswirksam)**
	Cashflow	

Abbildung 164: Darstellung der indirekten Ermittlung des Cashflows

Beispiel

Ein Unternehmen weist folgende Daten des Jahresabschlusses auf:

Umsatz	(zahlungswirksam)	55.000
– Materialaufwendungen	(zahlungswirksam)	–16.800
– Personalaufwendungen	(zahlungswirksam)	–26.000
– Abschreibungen	(nicht zahlungswirksam)	–12.000
Gewinn		200
+ Abschreibungen	nicht zahlungswirksame Aufwendungen	12.000
Cashflow		12.200

Abbildung 165: Einfaches Beispiel zur indirekten Cashflow-Ermittlung

Der Umsatz, welcher zahlungswirksam ist und gleichzeitig einen Ertrag darstellt, wird um die Aufwände vermindert. Hierbei gilt es zu beachten, dass alle Aufwände abgezogen werden, also auch jene Aufwände, die keine Zahlungswirksamkeit aufweisen (wie zB die Abschreibung). Abschreibungen führen nicht wirklich zu einem Abfluss an liquiden Mitteln, hingegen muss das Unternehmen die Aufwendungen für Material oder Personal sehr wohl „tatsächlich bezahlen". Für die Berechnung des Cashflows ist diese Unterscheidung wesentlich. In der nächsten Stufe wird da-

6. Analyse der laufenden Liquidität (Cashflow)

her die Erfolgsebene (Gewinn/Verlust) als Ausgangsbasis herangezogen und um jene Positionen korrigiert, die nicht zahlungswirksam waren.

Nicht zahlungswirksame Aufwendungen, die bei der Gewinnberechnung abgezogen wurden, werden bei der Cashflow-Ermittlung wieder hinzugerechnet. Nicht zahlungswirksame Erträge, die bei der Gewinnberechnung zu den Erträgen gerechnet wurden, werden bei der Cashflow-Ermittlung wieder abgezogen.

Ergebnis ist schließlich der Cashflow als „tatsächliche Geldgröße". Im voran genannten Beispiel wären dies die € 12.200,–, die von einem Gewinn von € 200,– Geldeinheiten eigentlich zahlungswirksam sind. Dieser Cashflow steht am Ende der Periode jedoch nicht mehr (zur Gänze) zur Verfügung, da die finanziellen Mittel bereits wieder im betrieblichen Leistungsprozess verwendet wurden (zB für den Aufbau von Lagervorräten, für die Bindung von finanziellen Mitteln, für die Anschaffung von neuen Maschinen, für die Tilgung von Krediten).

Bisher wurden – ausgehend vom Gewinn/Verlust – jene Aufwendungen bzw Erträge berücksichtigt, die keine Auszahlungen bzw Einzahlung bewirken. So werden alle Betriebsaus- und -einzahlungen aus dem Umsatzprozess einer Rechnungsperiode erfasst. Was jedoch vernachlässigt wird, sind erfolgsneutrale Bestandsänderungen, also Änderungen, die nicht in der Gewinn- und Verlustrechnung erfasst werden.

Beispiel

Ein Unternehmen kauft Rohstoffe ein, die in der betreffenden Periode auch zur Gänze bezahlt werden, jedoch noch nicht im Leistungserstellungsprozess verbraucht werden, also auf das Lager für Rohstoffe gelegt werden. Der Abfluss an finanziellen Mitteln für die Rohstoffe wird nicht in der Gewinn- und Verlustrechnung berücksichtigt, da er durch die Erhöhung des Bestandes kompensiert wird.

Beispiel

Der Umsatz, den ein Unternehmen generiert, wird nicht in vollem Ausmaß sofort in Form von finanziellen Mitteln (also Bargeld) zur Verfügung stehen. So werden auch Forderungen als Gegenwert wahrscheinlich sein. Bei der indirekten Cashflow-Berechnung wird von der Gewinn- und Verlustrechnung ausgegangen. Es wird also so „gerechnet", als ob der Umsatz schon zur Gänze in Barmitteln zur Verfügung stehen würde.

Genau genommen müsste daher folgende Berechnungsvariante für den Cashflow herangezogen werden:

Berechnung des Gewinns/Verlustes:
Erträge
– Aufwendungen
Gewinn/Verlust (Erfolg)
+ nicht zahlungswirksamer Aufwand
– nicht zahlungswirksamer Ertrag
Cashflow (bisher)
+ einzahlungswirksame, erfolgsneutrale Bestandsänderungen
– auszahlungswirksame, erfolgsneutrale Bestandsänderungen
Cashflow

Abbildung 166: Indirekte Cashflow-Ermittlung (inkl erfolgsneutraler Bestandsänderungen)

Durch die Vernachlässigung der erfolgsneutralen, aber zahlungswirksamen Bestandsveränderungen erhält man daher grobe Annäherungen, deren Genauigkeit in der Praxis vielfach jedoch zu genügen scheint.

Für unterschiedliche Adressatenkreise können entsprechend ihren Bedürfnissen unterschiedliche Informationen aus dem Cashflow abgeleitet werden:

- Aktionäre erhalten Aufschluss über die mittelfristige Liquiditätssituation. Darüber hinaus ist der Cashflow jene Größe, die nicht durch bilanzpolitische Maßnahmen (zB durch ausgenützten Bewertungsspielräume) „manipuliert" wurde. Er zeigt die finanzwirtschaftliche Ertragskraft des Unternehmens.
- Kreditgeber und Lieferanten wollen das Ausfallsrisiko ihrer Forderungen reduzieren und sind deshalb daran interessiert, dass der Cashflow des Unternehmens ausreicht, um seine Verbindlichkeiten zu begleichen.
- Die Kunden interessiert vor allem, ob das Unternehmen auch in Zukunft noch liquide ist und daher auch mittelfristig als verlässliche Bezugsquelle in Frage kommt.
- Auch Arbeitnehmer sind an der Liquiditätssituation des Unternehmens und damit am Cashflow interessiert, da Illiquidität ihre Arbeitsplätze bedrohen würde.

Da der Cashflow für gewöhnlich für das abgelaufene Jahr ermittelt wird, ist er zum Zeitpunkt der Ermittlung teilweise für Investitionen, Privatentnahmen, Tilgungen etc verbraucht worden. Er steht damit nicht mehr in der berechneten Höhe zur Verfügung. Daher entspricht der bisher berechnete Cashflow auch nicht der Erhöhung des Kassenstandes oder des Bankkontos.

6.2. Cashflow-Arten

6.2.1. Begriffe

Die Anzahl der Cashflow-Berechnungen ist ebenso vielfältig wie die Interessenten, denen diese Analyse dienen soll. Grundsätzlich stellt die Cashflow-Rechnung eine ergänzende Informationskomponente zum Jahresabschluss dar, die eine Abschät-

6. Analyse der laufenden Liquidität (Cashflow)

zung des Liquiditäts- und damit des Verfügbarkeitsrisikos der in näherer und fernerer Zukunft von Eignern und Gläubigern erwarteten Zahlungen ermöglichen soll. Je nach Zielsetzung und Auswertungsbedarf werden die unterschiedlichsten Schemata verwendet, die in ihrer Summe häufig zur Verwirrung beitragen.

Häufig werden die Begriffe „**Cashflow aus dem Ergebnis**" und „**Cashflow aus der operativen Tätigkeit**" verwendet.

Der **Cashflow aus dem Ergebnis** bezieht sich auf die langfristigen Bereiche des Unternehmens. Er sagt aus, wie viel das „finanzbuchhalterische" Ergebnis für das Unternehmen an liquiden Mitteln bedeutet hätte. Da jedoch diese Cashflow-Berechnung jeweils im Nachhinein dargestellt wird, bezieht sich diese Größe auf liquide Mittel, die zum Berechnungszeitpunkt schon wieder in den verschiedensten Formen für das Unternehmen verwendet wurden (zB für Investitionen, für die Bezahlung von Schulden etc).

	Gewinn/Verlust
+/−	Abschreibungen/Zuschreibungen auf das Anlagevermögen
+/−	Dotierung/Auflösung langfristiger Rückstellungen
=	Cashflow aus dem Ergebnis

Abbildung 167: Cashflow aus dem Ergebnis

Zu beachten bei der in der obigen Abbildung dargestellten Ermittlung des Cashflows ist, dass vom Gewinn bzw Verlust im Sinne des Jahresüberschusses bzw Jahresfehlbetrags ausgegangen wird. Wird vom Bilanzgewinn bzw Bilanzverlust ausgegangen, dann müssten auch noch etwaige Rücklagendotierung und -auflösungen sowie Gewinn- und Verlustvorträge korrigiert werden. Rücklagendotierungen und Verlustvorträge müssten bei der Ermittlung des Cashflows wieder hinzugezählt und Rücklagenauflösungen sowie Gewinnvorträge müssten abgezogen werden.

	Bilanzgewinn/-verlust
+/−	Dotierung/Auflösung von Rücklagen
−/+	Gewinnvortrag/Verlustvortrag
+/−	Abschreibungen/Zuschreibungen auf das Anlagevermögen
+/−	Dotierung/Auflösung langfristiger Rückstellungen
=	Cashflow aus dem Ergebnis

Abbildung 168: Cashflow aus dem Ergebnis ausgehend vom Bilanzgewinn/-verlust

Da die Positionen, die zwischen Jahresüberschuss/-fehlbetrag und Bilanzgewinn/-verlust lediglich unbare Positionen darstellen, ist es aber meist einfacher, gleich vom Jahresüberschuss/-fehlbetrag auszugehen.

Der **operative Cashflow** zeigt den Mittelzu- und -abfluss aus der laufenden Geschäftstätigkeit. Für die Berechnung werden entsprechend diesem Verständnis alle betrieblichen Ein- und Auszahlungen herangezogen, die während der Periode aus der betrieblichen Leistungserstellung resultieren. Die Summe an Betriebseinzahlungen abzüglich der Summe an Betriebsauszahlungen einer Periode ergibt demnach den operativen Cashflow.

Der Cashflow, der im Falle der indirekten Ermittlung im Nachhinein auf Basis des Gewinns/Verlustes für eine Periode ermittelt wird, steht zum Zeitpunkt der Berechnung nicht mehr in voller Höhe zur Verfügung. Er wurde bereits verwendet, um beispielsweise

- Ersatz- oder Wachstumsinvestitionen zu tätigen,
- Schulden zu tilgen,
- Gewinne an Kapitalgeber auszuschütten bzw Dividenden und Privatentnahmen von Gesellschaftern zu finanzieren,
- liquide Mittel zur Liquiditätsstärkung oder andere Umlaufvermögenswerte (zB Erhöhung der Bestände an Vorräten) aufzubauen.

Überblicksartig und der Vollständigkeit halber wird an dieser Stelle noch ein weiterer Cashflow-Begriff erwähnt, für dessen genauere Definition und Interpretation auf die weiterführende Literatur verwiesen wird.

Der **Free Cashflow** bezeichnet jene freien Finanzmittel, die dem Unternehmen nach Abzug aller betrieblich erforderlichen Investitionen in das Umlauf- und Anlagevermögen entziehbar „wären", ohne dass zukünftige Ertragspotentiale des Unternehmens gefährdet sind. Er hat im Rahmen der fremdkapitalfinanzierten Unternehmensübernahmen (sog Leveraged Buy Outs) in den USA der 80er Jahre eine große Bedeutung erlangt, indem hier der Unternehmenswert als Abzinsungsbetrag aller zukünftigen maximal entziehbaren und damit fremdfinanzierbaren Cashflows umgedeutet wurde. Der Free Cashflow ist sehr subjektiv, da die betriebsnotwendigen Investitionen stark von der Strategie des Managements bzw der Eigentümer abhängen.

6.2.2. ÖVFA-Cashflow (Kapitalflussrechnung)

Auf eine Berechnungsvariante des Cashflows soll an dieser Stelle besonders eingegangen werden. Die Österreichische Vereinigung für Finanzanalyse und Anlageberatung (ÖVFA) hat ein einheitliches Schema für die Cashflow-Berechnung entworfen, das von der überwiegenden Mehrheit der Unternehmen in Österreich angewendet wird. Diese Cashflow-Berechnung geht über die Berechnung einer „absoluten" Kennzahl hinaus, denn die Methode ermöglicht es, die finanziellen Rückflüsse aus den einzelnen Teilbereichen des Unternehmens darzustellen und auch gleichzeitig Rückschlüsse auf die Verwendung dieser Mittel zuzulassen. Treffender wäre daher in diesem Zusammenhang von einer Art Kapitalflussrechnung (bzw Geldflussrechnung) zu sprechen.

Die Intention des ÖVFA-Cashflow-Statements ist es vor allem, internationalen Investoren wesentliche Auskünfte über ein Unternehmen, die in der Form in derzeitigen Jahresabschlüsse mühsamer erkennbar sind, aufzubereiten.[3]

---

[3] Internationale Investoren bevorzugen aus Gründen der Vergleichbarkeit Cashflow-Statements, die nach dem International Accounting Standard (IAS) No 7, nach dem US-amerikanischen Financial Accounting Standard Board (FASB) No 95 oder nach den Generally Accepted Accounting Principles (US-GAAP) aufgebaut sind. Das Cashflow-Statement nach ÖVFA entspricht daher weitgehend dem FASB No 95 bzw dem IAS No 7, wobei jedoch die Wahlrechte des IAS No 7 nicht übernommen wurden.

6. Analyse der laufenden Liquidität (Cashflow)

Damit verbundene Zielsetzungen sind die Einschätzung

- der Fähigkeit des Unternehmens, in Zukunft positive Netto-Cashflows zu erwirtschaften;
- der Fähigkeit des Unternehmens, seinen Verpflichtungen gegenüber Eigen- und Fremdkapitalgebern nachzukommen (Dividendenzahlung, Kredittilgung);
- der Gründe für das Abweichen zwischen Jahresüberschuss (erfolgswirtschaftliche Realisation) und Cashflow (finanzwirtschaftliche Realisation);
- der Auswirkungen der Investitionen und der Finanztransaktionen auf die finanzielle Lage des Unternehmens.

Um diesen Zielsetzungen bestmöglich zu entsprechen, wird der Cashflow in drei Komponenten ermittelt:

- der operative Cashflow (Operating activities)
- der Cashflow aus Investitionstätigkeiten (Investing activities)
- der Cashflow aus Finanzierungstätigkeiten (Financing activities)

Cashflow aus dem operativen Bereich (ÖVFA-Cashflow)

Der Cashflow aus dem operativen Bereich ist auch unter der Bezeichnung ÖVFA-Cashflow bekannt. Die ÖVFA empfiehlt die Anwendung der indirekten Ermittlungsmethode. Ausgegangen wird üblicherweise vom Jahresüberschuss/-fehlbetrag. Das bedeutet, eine Korrektur der Rücklagenbewegungen und etwaiger Gewinn-/Verlustvorträge ist nicht erforderlich.

	Jahresüberschuss/-fehlbetrag
+/−	Abschreibungen/Zuschreibungen auf das Anlagevermögen
+/−	Dotierung/Auflösung langfristiger Rückstellungen
−/+	Gewinne/Verluste aus dem Verkauf von Anlagevermögen
−	Auflösung nicht rückzahlbarer Investitionszuschüsse
+/−	sonstige zahlungsunwirksame Aufwendungen/Erträge
=	**Cashflow aus dem Ergebnis**
−↑	(+↓) von Vorräten, geleisteten Anzahlungen, ARA
+↑	(−↓) von erhaltenen Anzahlungen, PRA
−↑	(+↓) von Forderungen aus Lieferungen und Leistungen, Konzernforderungen aus Lieferung und Leistung, sonstigen Forderungen
+↑	(−↓) von Verbindlichkeiten aus Lieferung und Leistung, Schuldwechsel, Konzernverbindlichkeiten aus Lieferung und Leistung, sonstigen Verbindlichkeiten
+↑	(−↓) kurzfristiger Rückstellungen
=	**ÖVFA-Cashflow (Cashflow aus dem operativen Bereich)**

Abbildung 169: ÖVFA-Cashflow (CF aus dem Ergebnis, CF aus der operativen Tätigkeit)

Aussagekraft

Der operative Cashflow informiert darüber, ob aus dem laufenden Umsatzgeschäft genügend Einzahlungen generiert werden konnten, um die Auszahlungen des laufenden Geschäfts decken zu können. Gleichzeitig gibt er darüber Auskunft, mit welchem Betrag (vorausgesetzt der Cashflow ist positiv) das operative Geschäft zur Deckung von Investitionsauszahlungen und Auszahlungen im Finanzbereich oder zu einer Aufstockung des Finanzmittelfonds beitragen konnte. Ein negativer operativer Cashflow gibt an, wie viel Zahlungsmittel aus anderen Quellen (Abbau der liquiden Mittel, Desinvestition oder zusätzliche Kapitalaufnahme) bereitgestellt werden mussten, um die Unterdeckung der laufenden Operationen mit liquiden Mitteln auszugleichen.

Eine Besonderheit des ÖVFA-Cashflow-Schemas ist die Behandlung der Gewinne bzw Verluste aus Anlagenabgängen. Wie aus obiger Abbildung ersichtlich ist, werden bei der Berechnung des Cashflows aus dem Ergebnis Gewinne aus dem Abgang von Anlagevermögen abgezogen, während Verluste aus dem Abgang von Anlagen hinzugezählt werden. Der Grund dafür ist nicht etwa, dass diese Gewinne keine Einzahlungen und die Verluste keine Auszahlungen darstellen, sondern dass sie nicht dem operativen Bereich, sondern dem Investitionsbereich zuzurechnen sind. Wir werden die Gewinne und Verluste aus Anlagenabgang daher im Cashflow aus Investitionstätigkeit wiederfinden (siehe unten).

Cashflow aus Investitionstätigkeit

Der Cashflow aus Investitionstätigkeit umfasst die gesamten liquiditätsbindenden und liquiditätsfreisetzenden Vorgänge im Anlagebereich. Neben den Auszahlungen für Investitionen werden auch die Einzahlungen aus Anlageverkäufen erfasst:

− Investitionen in das Anlagevermögen (Geldabfluss für Investitionen einschließlich aktivierter Eigenleistungen)
+ Abgänge aus dem Anlagevermögen (Geldfluss aus dem Verkauf = Restbuchwert + Gewinn bzw − Verlust)
Cashflow aus Investitionsaktivitäten

Abbildung 170: Cashflow aus der Investitionstätigkeit

Aussagekraft

Für Investitionen in das Anlagevermögen werden liquide Mittel benötigt, dh Investitionen ins Anlagevermögen stellen eine Mittelverwendung dar. Wird Anlagevermögen abgebaut, so werden Mittel freigesetzt, die entweder für erneute Investitionen (zB Ersatzinvestitionen) oder andere betriebliche Tätigkeiten verwendet werden können. Die Mittelaufbringung aus dem Abgang aus dem Anlagevermögen setzt sich aus zwei Komponenten zusammen, nämlich dem Restbuchwert und dem Gewinn bzw Verlust aus dem Anlagenabgang. Das Hinzuzählen des Restbuchwertes ist ähnlich zu begründen wie das Hinzuzählen der Abschreibung bei der Ermittlung des Cashflows aus dem Ergebnis. Wird ein Anlagegut ausgebucht, so erfolgt die Buchung des aktiven Bestandskontos gegen ein Aufwandskonto. Dieser Aufwand aus dem Anlagenabgang ist aber ebenso unbar wie die Abschreibung und muss daher korrigiert werden. Bei der Korrektur des Gewinns bzw Verlustes aus dem Anlagenabgang ist die Argumentation eine andere. Der Gewinn kann dem Unternehmen beispielsweise durchaus als Ertrag einzahlungswirksam zugeflossen sein und müsste deshalb nicht korrigiert werden (Ertrag = Einzahlung). Wir erinnern uns aber daran, dass wir nach dem ÖVFA-Schema bei der Ermittlung des Cashflows aus dem Ergebnis den Gewinn aus Anlagenabgang abgezogen und einen Verlust hinzugezählt haben. Im Investitions-Cashflow passiert genau das Gegensätzliche. Das bedeutet nun, dass der Gewinn bzw Verlust aus Anlagenabgang lediglich aus dem operativen Bereich in den Investitionsbereich verschoben wurde.

Der Cashflow aus Investitionen sagt aus, ob mehr investiert als desinvestiert wurde. Der übliche Fall ist, dass die Investitionen höher sind als die Desinvestitionen. Damit ist der Investitions-Cashflow meist negativ. Dies verstärkt sich, je mehr das Unternehmen im Wachsen begriffen ist. An der Berechnung des Investitions-Cashflows lässt sich erkennen, wie die Finanzierung von Neuinvestitionen erfolgt ist (zB aus externen Kapitalquellen oder aus einem etwaigen positiven operativen Cashflow).

Wenn der Investitions-Cashflow hingegen hoch positiv ist, kann das auf ein Schrumpfen des Unternehmens hindeuten. Das gilt im Besonderen dann, wenn dieser Trend im Vergleich über mehrere Jahre bestätigt wird. Betrachtet man den operativen Cashflow gemeinsam mit dem Investitions-Cashflow, so kann ein negativer operativer Cashflow gemeinsam mit einem positiven Investitions-Cashflow ein Indikator dafür sein, dass Vermögenswerte verkauft werden müssen, um Finanzmittel (zB zur Tilgung von Schulden) zu beschaffen. Dies kann auf zukünftige Liquiditätsengpässe hindeuten. Für das langfristige Bestehen des Unternehmens kann dies sehr kritisch sein.

Cashflow aus Finanzierungstätigkeit

Zu den Finanzierungsaktivitäten zählt die Zufuhr bzw Entnahme von Eigen- und Fremdkapital zu Finanzierungszwecken. Die Fremdkapitalzinsen werden allerdings dem operativen Bereich zugerechnet, da sie als eine Art „Miete" für das aufgenommene Kapital zu verstehen sind und somit der unmittelbaren betrieblichen Leistungserstellung dienen.

+	Einzahlungen aus Kapitalerhöhungen (inkl Agio)
+	Einzahlungen aus Gesellschafterzuschüssen
–	Ausschüttung an Gesellschafter (Dividenden udgl)
+/–	Einzahlungen aus/Rückzahlungen von kurzfristigen Krediten
+/–	Einzahlungen aus/Rückzahlungen von Anleihen, Darlehen und lgfr Krediten
+	Einzahlungen aus nicht rückzahlbaren Investitionszuschüssen
–/+	Aufbau/Abbau von Konzernforderungen (soweit nicht aus LL)
+/–	Aufbau/Abbau von Konzernverbindlichkeiten (soweit nicht aus LL)
=	**Cashflow aus Finanzierungsaktivitäten**

Abbildung 171: Cashflow aus der Finanzierungstätigkeit

Aussagekraft

Der Cashflow aus der Finanzierungstätigkeit enthält alle Zahlungen aus Transaktionen mit Aktionären (zB Einzahlungen bei Erhöhungen des Eigenkapitals, Dividendenauszahlungen) und den Gläubigern (zB Aufnahme von Fremdkapital, Tilgung von Fremdkapital). Nicht hinzugezählt wird der Bereich der Veränderungen im Bereich der Verbindlichkeiten aus Lieferungen und Leistungen, weil diese bereits bei der Berechnung des operativen Cashflows Berücksichtigung finden. Der Cashflow aus dem Finanzbereich gibt an, wie viel kurzfristige und langfristige Mittel zusätzlich aufgenommen oder an die Kapitalgeber (Eigner, Gläubiger) zurückgezahlt wurden und wie viel netto in die beiden anderen Bereiche geflossen ist oder ihnen insgesamt entzogen wurde.

Der Zusammenhang zwischen den drei Cashflow-Bereichen soll in der nachfolgenden Grafik nochmals dargestellt werden:

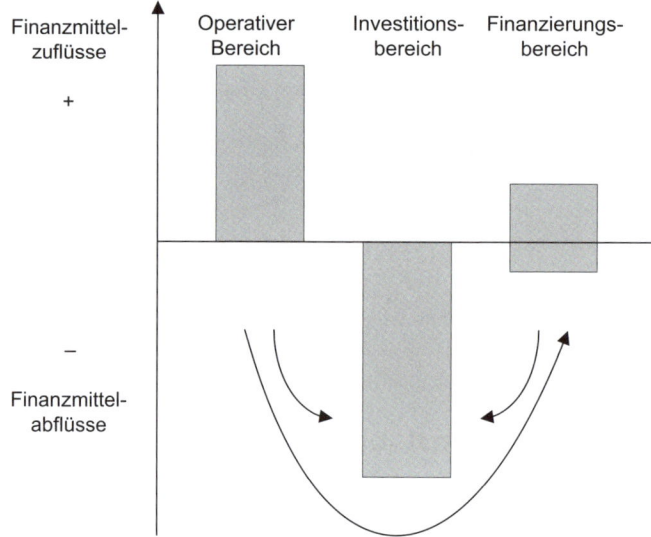

Abbildung 172: ÖVFA-Cashflow – Zusammenspiel der Cashflow-Bereiche

Damit lassen sich die Liquiditätswirkungen des operativen Geschäfts, der Investitionstätigkeit und der Finanzierungstätigkeit getrennt beurteilen. Eine Cashflow-Rechnung nach ÖVFA orientiert sich an folgendem Grundschema:

+/–	Cashflow aus dem operativen Bereich (Operating activities)
+/–	Cashflow aus Investitionsaktivitäten (Investing activities)
+/–	Cashflow aus Finanzierungsaktivitäten (Financing activities)
=	**Veränderung (Zu- oder Abnahme) der liquiden Mittel**
+/–	Wechselkursbedingte Wertänderungen der liquiden Mittel
+	Liquide Mittel zu Beginn des Geschäftsjahres
=	**Endbestand der liquiden Mittel**

Abbildung 173: Cashflow-Schema

Fallbeispiel
Ausgangsdaten
Die Ausgangsbasis sind die Zahlen der Demo-Bilanz und der Demo-Gewinn- und Verlustrechnung.

Aufgabenlösung

ÖVFA-Cashflow-Statement:	
Jahresüberschuss	3.582.000
+ Abschreibung	7.081.000
+ Dotierung Abfertigungsrückstellung	409.000
Cashflow aus dem Ergebnis	**11.072.000**
+ Abbau Vorräte	588.000
– Aufbau Forderungen	–2.146.000
– Aufbau sonstige Forderung	–319.000
+ Abbau ARA	21.000
+ Aufbau Steuerrückstellung	4.000
+ Aufbau sonstige Rückstellungen	277.000
– Abbau Verbindlichkeiten LL	–378.000
– Abbau Wechselverbindlichkeiten	–384.000
– Abbau sonstige Verbindlichkeiten (kurzfristig)	–112.000
– Abbau PRA	–108.000
+ Aufbau erhaltene Anzahlungen	50.000
Cashflow aus dem operativen Bereich (ÖVFA-CF)	**8.565.000**
– Aufbau Sachanlagen (Investitionen)	–9.913.000
+ Abbau Sachanlagen (Desinvestionen)	700.000
Cashflow aus Investitionsaktivitäten	**–9.213.000**
+ Aufbau Bankverbindlichkeiten (langfristig)	1.850.000
– Abbau sonstige Verbindlichkeiten (langfristig)	–5.000
Cashflow aus Finanzierungsaktivitäten	**1.845.000**
Cashflow aus dem operativen Bereich (ÖVFA-CF)	8.565.000
Cashflow aus Investitionsaktivitäten	–9.213.000
Cashflow aus Finanzierungsaktivitäten	1.845.000
Cashflow	**1.197.000**
Kontrolle Veränderungen der liquiden Mittel	1.197.000
	0

Abbildung 174: Demobeispiel Cashflow-Berechnung nach ÖVFA

Abschnitt C – Finanzanalyse

Für die Berechnung des Cashflows aus dem Ergebnis werden die Abschreibungen (und eventuelle Zuschreibungen) sowie die langfristigen Rückstellungen (Dotierung, Auflösung) berücksichtigt. Im vorliegenden Beispiel wurde die Abfertigungsrückstellung insgesamt um € 409.000,– (dies entspricht dem Veränderungswert in der Bilanz vom Vorjahr zum aktuellen Jahr) erhöht. Das bedeutet, dass insgesamt € 409.000,– als Aufwandsposition berücksichtigt wurden und der Gewinn dadurch vermindert wurde, jedoch keine liquiden Mittel abgeflossen sind. Für den Cashflow bedeutet eine Rückstellungsdotierung daher Erhöhung.

Für die Berechnung des Cashflows aus dem operativen Bereich werden die Veränderungswerte der Bilanz (Vergleich des Vorjahres mit dem aktuellen Jahr) als Basis herangezogen, und zwar nur jene Bereiche, die kurzfristig sind; dh Positionen des so genannten Working Capitals bestehend aus dem Umlaufvermögen und dem kurzfristigen Fremdkapital. Die Berücksichtigung der Veränderungen des Bereiches Anlagevermögen erfolgt beim Cashflow aus dem Bereich der Investitionstätigkeit. Die Veränderungen im Bereich des Eigen- und Fremdkapitals, die aufgrund von Finanzierungsmaßnahmen zustande kommen, erfolgt beim Bereich des Cashflows aus der Finanzierungstätigkeit.

Für den operativen Cashflow wird jeweils überprüft, ob die Veränderung der Bilanzposition eine positive oder eine negative Auswirkung auf die finanziellen Mittel des Unternehmens hat. Beispielsweise bedeutet der Abbau von Vorräten eine Freisetzung von finanziellen Mitteln und ist damit positiv für den Cashflow. Der Abbau von Verbindlichkeiten aus Lieferungen und Leistungen bedeutet hingegen, dass finanzielle Mittel dafür verwendet wurden, die Lieferverbindlichkeiten zu begleichen. Bei der Berechnung des Cashflows findet dies mit einem negativen Vorzeichen Berücksichtigung.

Auf diese Weise wird jede Veränderung der Bilanz auf die „finanzielle Wirkung" hin (und damit positiv oder negativ für die Berechnung des Cashflows) untersucht.

Für den Cashflow aus den Investitionstätigkeiten konzentriert man sich auf das Anlagevermögen. Die Detailinformationen, wie viel in einer Periode an Zugängen und wie viel Abgänge das Unternehmen zu verzeichnen hatte, sind im Anlagespiegel (Anlageverzeichnis) als Beilage zum Jahresabschluss ersichtlich. Würde man die Veränderungen des Anlagevermögens vom Vorjahr zum aktuellen Jahr als Basis nehmen, würde dies nicht mit der Summe an Investitionen übereinstimmen, da sich die Veränderung aus dem Anlagevermögen aus mehreren verschiedenen Veränderungen zusammensetzt:

Anlagevermögen zu Beginn der Periode
− Abschreibungen der Periode
+ Zuschreibungen der Periode
+ Investitionen (Zugänge) der Periode
− Desinvestitionen (Abgänge) der Periode
Anlagevermögen am Ende der Periode

Abbildung 175: Veränderungen des Anlagevermögens

Für die Berechnung des Cashflows aus der Finanzierungstätigkeit untersucht man die kurzfristigen und langfristigen Bereiche des Eigen- und Fremdkapitals, die mit Finanzierungsmaßnahmen in Zusammenhang stehen und noch nicht im operativen Cashflow Berücksichtigung fanden. Ein Aufbau an langfristigen Verbindlichkeiten (zB Aufnahme eines langfristigen Darlehens) und an kurzfristigen Verbindlichkeiten (zB Belastung des Bankkontokorrents) bedeutet einen Zufluss an finanziellen Mitteln, ist also positiv für die Cashflow-Ermittlung. Die Tilgung von langfristigen Darlehen oder des Bankkontokorrents hingegen lässt finanzielle Mittel aus dem Unternehmen abfließen und ist daher negativ für den Cashflow. Ähnlich ist ein Zuschuss von Gesellschaftern (Eigenkapitaleinlage) positiv für den Cashflow, während eine Dividendenzahlung (Eigenkapitalabgang) negativ für den Cashflow ist.

Schließlich werden alle Teilbereiche (Cashflow aus dem operativen Bereich, Cashflow aus der Investitionstätigkeit, Cashflow aus der Finanzierungstätigkeit) addiert. Es muss sich die Veränderung der liquiden Mittel ergeben, denn dies ist schließlich jener finanzielle Überschuss, der nach all den betrieblichen Tätigkeiten noch in der Kasse verblieben ist.

Interpretation der Ergebnisse

Das betrachtete Beispiel zeigt ein Unternehmen, dass aus eigener Kraft (Cashflow aus dem Ergebnis und Cashflow aus der operativen Tätigkeit) einen positiven Cashflow von € 8.565.000,– erwirtschaftet hat.

Der negative Cashflow aus der Investitionstätigkeit (€ –9.213.000,–) konnte nicht zur Gänze aus dem operativen Ergebnis finanziert werden. Der positive Cashflow aus der Finanzierungstätigkeit (€ 1.845.000,–) zeigt, dass das Unternehmen weitere Finanzmittel aufgenommen hat (langfristige Bankverbindlichkeiten), um seinen Zahlungsverpflichtungen vor allem für den Bereich der Investitionen ins Anlagevermögen nachzukommen. Insgesamt erzielte das Unternehmen im Betrachtungszeitraum einen positiven Cashflow von € 1.197.000,– und kann seine liquiden Mittel (Kassa/Bank sowie die Wertpapiere des Umlaufvermögens) um diesen Betrag aufbauen.

6.3. Cashflow-Management

Der Cashflow ist eine Absolutkennzahl, ausgedrückt in Geldeinheiten. Die Aussagekraft einer solchen Kennzahl erhöht sich, wenn

- sie im **Zeitvergleich** betrachtet wird:
  Hier wird der Cashflow verschiedener Jahre mittels eines zeitlichen Querschnittvergleichs analysiert (zB Cashflow 2011, Cashflow 2012, Cashflow 2013, Cashflow 2014).
- sie als Basis für den **Vergleich mit anderen Betriebe** derselben Branche dient:
  Der Vergleich des Cashflows von zwei Unternehmen derselben Branche lässt interessante Aufschlüsse zu. Es sollte darauf geachtet werden, dass es sich dabei

um Betriebe mit ähnlicher Betriebsgröße, Finanzierungsform und Gesellschaftsform handelt. Bei unterschiedlichen Ausgangsvoraussetzungen sollte man daher den Cashflow-Vergleich auf Basis von Cashflow-Kennzahlen verwenden.

- sie zu anderen Zahlen in Bezug gesetzt und dadurch relativiert wird (**Cashflow-Kennzahlen**):
Cashflow-Kennzahlen setzen den Cashflow in Bezug zu anderen Unternehmensgrößen wie zB zum Umsatz oder zum Investitionsvolumen. Dadurch wird es möglich, die Cashflow-Kennzahl zweier Unternehmen zu vergleichen, die unterschiedliche Größen bzw Strukturen aufweisen. Bei Cashflow-Kennzahlen ist darauf zu achten, dass diese keinen Sinn ergeben, wenn der Cashflow negativ ist.

Als Beispiele sollen an dieser Stelle einige Cashflow-Kennzahlen dargestellt werden, die zur Erhöhung der Aussagekraft des Cashflows dienen können:

Kennzahl	Berechnung
Cashflow-Umsatz-Rate	Cashflow aus dem Ergebnis/Umsatz

Interpretation

Die Cashflow-Umsatz-Rate gibt an, wie viel Prozent des Umsatzes als finanzwirtschaftlicher Ertrag liquiditätswirksam in das Unternehmen rückgeflossen sind. Diese Kennzahl wird häufig auch als Finanzkraft des Unternehmens bezeichnet, da durch sie ersichtlich wird, wie viel Prozent des Umsatzes für Zahlungsverpflichtungen (zB für die Rückzahlung von Verbindlichkeiten) zur Verfügung stehen. Je höher der Prozentsatz ist, umso höher ist der finanzielle Überschuss aus einer Periode. Eine laufend hohe Cashflow-Umsatz-Rate stärkt die Liquiditätssituation eines Unternehmens. Die Höhe der **Mindest-Cashflow-Umsatz-Rate** wird durch die Branchenzugehörigkeit (Kapitalintensität) bestimmt und ist daher nur im Branchenvergleich aussagekräftig.

Anmerkung zur Berechnung

Da der Cashflow auf der Basis von Nettoerträgen ermittelt wird, ist auch im Nenner der Nettoumsatz abzüglich der Erlösschmälerungen anzusetzen.

Kennzahl	Berechnung
Dynamischer Verschuldungsgrad (Schuldentilgungsdauer)	Effektivverschuldung/Cashflow aus dem Ergebnis

Interpretation

Die Schuldentilgungsdauer (dynamischer Verschuldungsgrad) bezeichnet die Zeitspanne in Jahren, die das Unternehmen benötigen würde, um das gesamte, ausgabewirksame Fremdkapital aus den selbst erwirtschafteten Mitteln zurückzuzahlen. Verlängert sich die Schuldentilgungsdauer, bedeutet dies eine Verschlechterung der Liquiditätssituation. Als sehr gut wird eine Schuldentilgungsdauer von drei bis fünf

Jahren angesehen. Durchschnittlich sind fünf bis sieben Jahre anzustreben. In dem Fall entspricht die Entschuldungsdauer in etwa der durchschnittlichen Anlagennutzungsdauer. Ab einer Schuldentilgungsdauer von acht Jahren gilt ein Unternehmen als krisengefährdet. Die Angabe von solchen Richtwerten ist jedoch schwierig, da sie je nach Branche unterschiedlich und entsprechend zu hinterfragen sind.

Die Schuldentilgungsdauer wird auch häufig von Banken verwendet, um das Ausmaß der Verschuldung eines Unternehmens auf einen bestimmten Wert dieser Kennzahl zu begrenzen.

Anmerkung zur Berechnung

Das Fremdkapital ist nur insoweit anzusetzen, als es mit zukünftigen Auszahlungen verbunden ist (Effektivverschuldung). Dabei werden vom Fremdkapital die flüssigen Mittel (Kassa, Bank) sowie die Wertpapiere des Umlaufvermögens abgezogen, da diese liquiden Mittel jederzeit, also auch sofort, zur Abdeckung der Schulden verwendet werden können.

	Verbindlichkeiten
+	Kfr Rückstellungen
+	PRA
−	Kassa/Bankguthaben
−	Wertpapiere des Umlaufvermögens
+	Latente Steuern
+	Lgfr Rückstellungen
−	Wertpapiere zur Deckung dieser Rückstellungen
=	**Effektivverschuldung**

Abbildung 176: Berechnung der Effektivverschuldung

Bei einem negativen Cashflow ergibt es keinen Sinn, die Schuldentilgungsdauer zu berechnen. Generell wird bei der Berechnung der Schuldentilgungsdauer unterstellt, dass gleichzeitig keine Investitionen getätigt, keine Privatentnahmen durchgeführt und keine neuen Kredite aufgenommen werden. Zusätzlich geht man davon aus, dass der Cashflow in den nächsten Jahren gleich hoch bleibt.

Kennzahl	Berechnung
Investitionsdeckungsgrad (Selbstfinanzierungsgrad)	Cashflow aus dem Ergebnis/Investitionsauszahlungen

Interpretation

Die Investitionsdeckung gibt an, in welchem Ausmaß die Investitionen durch selbst erwirtschaftete Mittel finanziert werden konnten. Beträgt die Kennzahl über 100 %, waren zur Finanzierung der Investitionen keine Mittelzuflüsse aus dem Außenfinanzierungsbereich notwendig. In diesem Fall konnten die Innenfinanzierungsüberschüsse für weitere Ausgaben im Außenfinanzierungsbereich eingesetzt werden. Je höher die Kennzahl, umso weniger finanzielle Mittel müssen für die Finanzierung von Investitionen von außen (außerhalb des Unternehmens) aufgenommen werden.

Anmerkung zur Berechnung

Die Investitionsauszahlungen stellen die Zugänge zum Anlagevermögen während einer Periode dar. Sie sind die Differenz zwischen dem Cashflow aus Investitionstätigkeit und den Desinvestitionen.

Kennzahl	**Berechnung**
Privatentnahmedeckungsrate bzw	Cashflow aus dem Ergebnis/Privatentnahmen bzw
Dividendendeckungsrate	Cashflow aus dem Ergebnis/Gewinnausschüttungen

Interpretation

Je nach Gesellschaftsform wird mit unterschiedlichen Ansätzen gerechnet. Bei Einzelunternehmen und Personengesellschaften werden die Privatentnahmen in Ansatz gebracht. Bei Kapitalgesellschaften werden die Gewinnausschüttungen im Verhältnis zum Cashflow gesetzt.

Die Kennzahl gibt an, ob ein Unternehmen in der Lage war, aus dem Cashflow die Dividenden bzw Privatentnahmen zu finanzieren. Liegt der Kennzahlenwert unter 100 %, bedeutet dies, dass dem Unternehmen mehr Finanzmittel von außen entzogen wurden, als aus dem laufenden Geschäft (dh von innen) zugeflossen sind.

Finanziert kann das durch den Abzug liquider Mittel oder sogar durch die Aufnahme von Fremdkapital werden. Musste Fremdkapital aufgenommen werden, um die Dividenden bzw die Privatentnahmen abzudecken, ist dies für die Substanz des Unternehmens alarmierend. Es musste in diesem Fall nämlich Fremdkapital aufgenommen werden, welches nie für produktive Zwecke eingesetzt werden konnte. Dieses zusätzliche Fremdkapital belastet jedoch durch die Zinszahlungen die Produktivität und durch die Zins- und Tilgungszahlungen zusätzlich die Liquiditätssituation in den folgenden Perioden.

Fallbeispiel (Fortsetzung)

Ausgangsdaten

Die Basisdaten beziehen sich wiederum auf das Demobeispiel.

Aufgabenlösung

Cashflow-Umsatz-Rate	19,8 %
Dynamischer Verschuldungsgrad (in Jahren):	**4,1**
Verbindlichkeiten	45.669.000
Rückstellung (kurz- u. langfristige)	2.508.000
PRA	494.000
Kassa/Bankguthaben	–3.700.000
Effektivverschuldung:	44.971.000
Investitionsdeckungsrate	**111,7 %**

Abbildung 177: Lösung Cashflow-Kennzahlen (Demobeispiel)

Interpretation der Ergebnisse

Eine Cashflow-Umsatz-Rate von ca 20 % sagt aus, dass das Unternehmen vom seinem gesamten Umsatz 20 % als finanzielle Rückflüsse (finanzielle Mittel) erwirtschaftet hat. Dieser Wert ist unter Berücksichtigung der jeweiligen Branche und im Zeitverlauf zu beurteilen.

Mit dem dynamischen Verschuldungsgrad (Schuldentilgungsdauer) wird ausgedrückt, dass das Unternehmen ca vier Jahre benötigen würde, um seine Schulden zur Gänze alleine aus der Innenfinanzierungskraft zu begleichen. Unterstellt wird dabei (rein rechnerisch), dass der so erwirtschaftete Cashflow über die vier Jahre hinweg konstant bleibt und dass das Unternehmen ihn zur Gänze dazu verwendet, seine Schulden zu begleichen. Es können also während dieser Periode keine Investitionen und auch keine Privatentnahmen oder Gewinnausschüttungen getätigt werden.

Mit einer Investitionsdeckungsrate von 111,7 % zeigt das Unternehmen, dass es seine Investitionen jedenfalls selbst, also aus dem betrieblichen Leistungsprozess des Unternehmens, finanzieren kann und keine Mittelzufuhr von außen erforderlich ist.

6.4. Kritik am Cashflow

Mittels des Cashflows alleine sind nur ganz bestimmte Erkenntnisse über Liquiditätszusammenhänge erklärbar. Zu kritisieren ist der Cashflow in folgenden Punkten:

- Der Cashflow baut auf veraltetem Zahlenmaterial auf. Er wird auf Basis des Jahresabschlusses ermittelt.
- Der Cashflow ist nie exakt ermittelbar, da eine entsprechende Gestaltung des Rechnungswesens fehlt. Das betriebliche Rechnungswesen basiert auf erfolgs-

wirtschaftlichen Rechengrößen. Die Zahlungswirksamkeit von Geschäftsfällen im Nachhinein untersuchen zu wollen, ist schwierig.
- Beim Cashflow handelt es sich um eine Absolutzahl, welche für aussagekräftige Analysen erst in Relation zu anderen Rechengrößen gesetzt oder im Zeitvergleich analysiert werden muss.
- Der Cashflow kann nicht für ein strategisches Geschäftsfeld ermittelt werden, sondern nur für die Gesamtunternehmung. Um ein Unternehmen steuern zu können, benötigt man jedoch ein differenziertes Bild der Unternehmung.

Aus diesen Gründen ist der Cashflow nur bedingt für Unternehmenssteuerung geeignet.

Praktische Relevanz

Tendenziell wurde im kontinentaleuropäischen Raum der Cashflow als Maßzahl für die Innenfinanzierungskraft des Unternehmens eher wenig beachtet. Gerade bei Finanzierungsüberlegungen ist es jedoch interessant, wie hoch der Bargeldüberschuss ist, den ein Unternehmen aus dem Leistungsprozess (Erfolgsrechnung, Gewinn- und Verlustrechnung) einer Rechnungsperiode erwirtschaften kann. In der Praxis haben sich sehr einfache Formen der Cashflow-Berechnung durchgesetzt: Häufig wird (stark vereinfacht) der Cashflow aus dem Gewinn/Verlust zuzüglich der Abschreibung (nicht auszahlungswirksamer Aufwand) ermittelt (Praktikermethode der Cashflow-Ermittlung).

Der Cashflow ist – für sich betrachtet – kein verlässlicher Maßstab für die Ertragskraft eines Unternehmens. So können Unternehmen mit gleicher Innenfinanzierungskraft, je nachdem, ob sie eher personal- oder eher anlagenintensiv wirtschaften (bzw entsprechenden Branchen angehören), ganz unterschiedliche Cashflows aufweisen. Bei anlagenintensiven Unternehmen ist der Cashflow aufgrund der hohen Abschreibungen tendenziell höher als bei personalintensiven. Hohe Personalaufwendungen sind unmittelbar zahlungswirksam. Trotzdem ist der Cashflow eine ganz wesentliche Steuerungsgröße für das Management einer Unternehmung. Als finanzwirtschaftliche Maßzahl der Sicherung und Beurteilung der Liquidität ermöglicht er die finanzielle Planung für das Unternehmen.

Bezüglich der Cashflow-Kennzahlen ist für die Kreditwürdigkeitsprüfung in der Praxis vor allem der effektive Verschuldungsgrad von Relevanz. Für die Steuerung innerhalb des Unternehmens ist auch die Cashflow-Umsatz-Rate (Finanzkraft) des Unternehmens wichtig, da sie eine einfache Abschätzung über die aus dem Umsatz generierten Zahlungsmittel, die zum Begleichen von Zahlungsverpflichtungen zur Verfügung stehen, ermöglicht.

Wissen kompakt

Cashflow bezeichnet den Zahlungsüberschuss oder -fehlbetrag einer Periode. Er ist positiv, wenn die Einnahmen der Periode höher sind als die Ausgaben der Periode.

Der operative Cashflow ist ein bedeutender Maßstab für die Innenfinanzierungskraft eines Unternehmens.

Die **Cashflow-Umsatz-Rate** gibt an, wie viel Prozent dem Unternehmen an liquiden Mitteln aus dem Gesamtumsatz verbleiben (Berechnung: Cashflow aus dem Ergebnis/Umsatz).

Die **Dividenden-/Privatentnahmedeckungsrate** zeigt an, wie viel Prozent der Gewinnausschüttungen oder Privatentnahmen durch den Cashflow gedeckt werden können bzw wie viel Prozent der erwirtschafteten Mittel als Ausschüttungen oder Entnahmen aus dem Unternehmen hinausfließen (Berechnung: Cashflow aus dem Ergebnis/Gewinnausschüttungen).

Der **dynamische Verschuldungsgrad (Schuldentilgungsdauer)** sagt aus, wie viele Jahre das Unternehmen (fiktiv) benötigen würde, um seine gesamten Schulden alleine aus der Innenfinanzierungskraft zu tilgen. Bei dieser Überlegung wird unterstellt, dass keine Investitionen oder Privatentnahmen bzw Gewinnausschüttungen getätigt werden (Berechnung: Effektivverschuldung/Cashflow aus dem Ergebnis).

Die **Investitionsdeckungsrate (Selbstfinanzierungsgrad)** ist ein Maß dafür, inwiefern ein Unternehmen seine Investitionen aus dem betrieblichen Leistungserstellungsprozess (Innenfinanzierung) finanzieren kann (Berechnung: Cashflow aus dem Ergebnis/Investitionsauszahlungen).

Zahlungsunwirksame Aufwendungen (unbare Aufwendungen) sind Aufwendungen, die keinen Zahlungsabfluss für das Unternehmen bedeuten (zB Abschreibungen, Dotierung von Rückstellungen).

Zahlungsunwirksame Erträge (unbare Erträge) sind Erträge, die keinen Zahlungszufluss für das Unternehmen darstellen (zB Zuschreibung, Auflösung einer Rückstellung, die nicht mehr benötigt wird).

Kontrollfragen

- Beschreiben Sie den Unterschied zwischen den Begriffen „Gewinn" und „Cashflow" und beschreiben Sie in diesem Zusammenhang, welche Funktion der Cashflow als Steuerungsgröße für ein Unternehmen hat.
- Skizzieren Sie überblicksartig, wie vom Gewinn (als Ausgangspunkt der Berechnung) der Cashflow ermittelt werden kann.
- Der ÖVFA-Cashflow wird über mehrere Schritte berechnet. Erläutern Sie die in diesem Zusammenhang verwendeten unterschiedlichen Cashflow-Begriffe und ihren Aussagewert.
- Nennen Sie Möglichkeiten, wie man die Aussagekraft des Cashflows als absolute Zahl erhöhen kann!
- Erläutern Sie die Berechnung (und Interpretation) von Ihnen bekannten Cashflow-Kennzahlen!

Weiterführende Literatur

- *Egger, A./Winterheller, M.:* Kurzfristige Unternehmensplanung, 14. Auflage, Wien 2007.
- *Perridon, L./Steiner, M./Rathgeber, A.:* Finanzwirtschaft der Unternehmung, 16., überarbeitete und erweiterte Auflage, München 2012.
- *Röhrenbacher, H.:* Finanzierung und Investition (mit Excel und HP): Finanzplanung mit Cashflow-Statements, 3. überarbeitete Auflage, Wien 2008.
- *Siegwart, H./Reinecke, S./Sander, S.:* Kennzahlen für die Unternehmungsführung, 7., vollständig überarbeitete und ergänzte Auflage, Bern, Wien ua 2009.
- *Ziegenbein, K.:* Controlling, 10., überarbeitete und aktualisierte Auflage, Ludwigshafen am Rhein 2012.

7. Quick-Test – Schnelle Unternehmensanalyse mit vier Kennzahlen

> **Lernziel**
>
> **In diesem Kapitel lernen Sie**
> - welchen Kennzahlentest man schnell und ohne großen Aufwand durchführen kann
> - wie anhand von vier Kennzahlen Aussagen über die finanzielle Stabilität und die Ertragskraft einer Unternehmung getroffen werden können
> - wie die berechneten Kennzahlen zu interpretieren und anhand einer Skala zu beurteilen sind

7.1. Quick-Test – Grundkonzeption

Wie der Name bereits vermuten lässt, ist der Quick-Test ein Schnelltest. Anhand von vier Kennzahlen kann sehr rasch und einfach eine grundsätzliche Aussage über die finanzielle Stabilität und die Ertragskraft einer Unternehmung getroffen werden. Die Ergebnisse dieses Kennzahlenchecks korrelieren immer mit jenen einer erweiterten Kennzahlenanalyse, bei der zwischen 20 und 30 oder sogar mehr Kennzahlen verwendet werden. Der Grund für die richtige Grundaussage des Quick-Tests liegt darin, dass die vier Kennzahlen alle relevanten Analysebereiche – mit Ausnahme der Investitionen – abdecken.

Die Vorteile des Quick-Test lassen sich wie folgt zusammenfassen:

- Einfache und schnelle Anwendung – auch ohne Insiderwissen
- Schneller Überblick über die Lage eines Unternehmens
- Klares Beurteilungsschema anhand eines Notensystems

Durch die Verwendung historischer Daten aus den Jahresabschlüssen weist der Quick-Test (wie alle Kennzahlenanalysen) aber auch Nachteile auf:

- Verwendung von Stichtagswerten
- Zusatzinformationen für größere Aussagekraft notwendig

Zunächst wird geklärt, welche Analysebereiche mit dem Quick-Test betrachtet werden. Im nächsten Schritt werden schließlich die dafür verwendeten Kennzahlen erläutert.

7.2. Analysebereiche

Die Jahresabschlüsse von Unternehmen können auf verschiedene Arten analysiert werden. Es hat sich jedoch bewährt, eine Untergliederung in Analysebereiche vorzunehmen, mit Hilfe derer Aussagen über die finanzielle Stabilität bzw die Ertragskraft vorgenommen werden können:

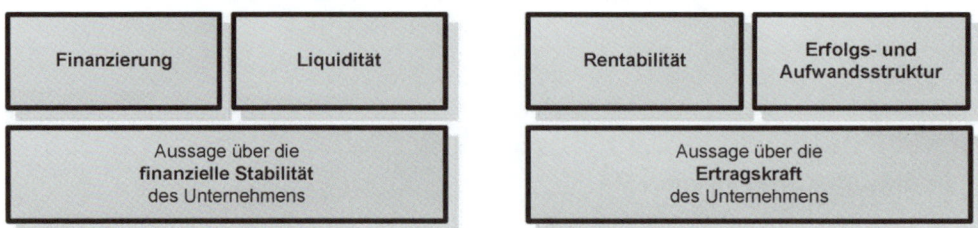

Abbildung 178: Analysebereiche – Überblick

Bei der erweiterten Kennzahlenanalyse ist es sinnvoll (vor allem bei anlagenintensiven Unternehmen), den Analysebereich um den Punkt Investitionen zu erweitern. Im Rahmen des Quick-Tests werden jedoch nur die vier zuvor vorgestellten Bereiche analysiert.

Die nachstehende Grafik gibt einen Überblick über die möglichen Analysebereiche und zeigt, wo die Kennzahlen des Quick-Tests angesiedelt sind.

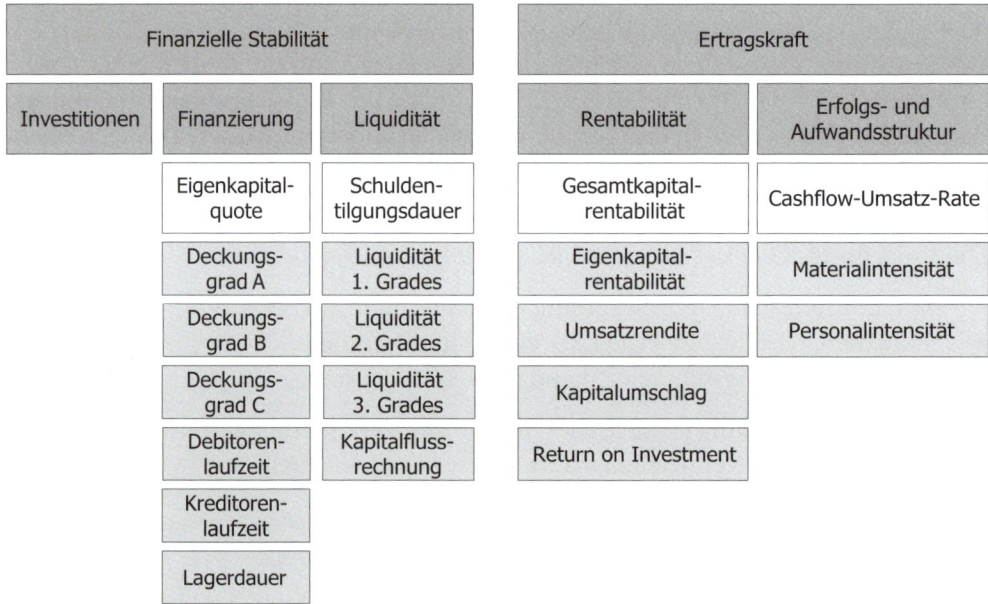

Abbildung 179: Analysebereiche des Quick-Tests – Überblick

Bei der Analyse eines Unternehmens hat es sich bewährt, zuerst den Quick-Test durchzuführen und erst dann auf eine erweiterte Kennzahlenanalyse zurückzugreifen.

7.3. Kennzahlen

Im Rahmen des Quick-Tests gelangen die folgenden vier Kennzahlen zur Anwendung:

- Die **Eigenkapitalquote** gibt den Anteil des Eigenkapitals am Gesamtkapital an.
- Die **Schuldentilgungsdauer in Jahren** zeigt, wie viele Jahre derselbe positive Cashflow erwirtschaftet werden muss, um sämtliche Schulden zu tilgen.
- Die **Gesamtkapitalrentabilität** gibt an, wie hoch die Verzinsung des eingesetzten Kapitals ist.
- Die **Cashflow-Umsatz-Rate** gibt an, wie viel Prozent des Umsatzes als finanzieller Rückfluss (finanzielle Mittel) im Unternehmen verbleiben.

Die Ergebnisse werden herangezogen, um eine Grundaussage zur Situation des Unternehmens treffen zu können.

	Finanzielle Stabilität		Ertragskraft	
Aussage über	Finanzierung	Liquidität	Rentabilität	Erfolg
Kennzahl	Eigenkapitalquote	Schuldentilgungsdauer in Jahren	Gesamtkapitalrentabilität	Cashflow-Umsatz-Rate
Berechnung	Eigenkapital/ Gesamtkapital	(Fremdkapital – flüssige Mittel)/ Cashflow aus dem Ergebnis	(Gewinn + Zinsen)/ Gesamtkapital	Cashflow/Umsatz

Abbildung 180: Kennzahlen im Quick-Test

Für eine solide Grundaussage ist es wichtig, Kennzahlen heranzuziehen, die nicht störanfällig sind und viele (zusammengefasste) Informationen des Jahresabschlusses enthalten. So hat aus jedem der gezeigten Analysebereiche (Finanzierung, Liquidität, Rentabilität, Erfolg) eine Kennzahl Eingang in den Kennzahlencheck gefunden.

Die nachfolgenden Erläuterungen zeigen, warum gerade diese vier Kennzahlen geeignet sind, eine aussagekräftige Beurteilung zu erzielen:

Eigenkapitalquote und Schuldentilgungsdauer geben einen Hinweis darauf, ob das Unternehmen absolut (gemessen am Gesamtkapital) bzw relativ (gemessen am Cashflow) zu viele Schulden hat. Gleichzeitig sind diese zwei Kennzahlen wesentliche Indikatoren für eine drohende Insolvenz des Unternehmens (Kennzahlen des Unternehmensreorganisationsgesetzes – URG).

Genauso wenig störanfällig ist die **Gesamtkapitalrentabilität**. Sie ist robuster als etwa die Eigenkapitalrentabilität. Beträgt die Eigenkapitalrentabilität beispielsweise 60 %, so ist das nicht immer positiv zu beurteilen, vor allem dann nicht, wenn der Eigenkapitalanteil sehr niedrig ist. Das Ergebnis führt so zu wenig aussagekräftigen bis hin zu irreführenden Aussagen. Die Verwendung der Gesamtkapitalrentabilität liefert hier stabilere Werte. Das Gesamtkapital schwankt weniger und der Leverage-Effekt (Hebelwirkung) kann nicht auftreten.

Die **Cashflow-Umsatz-Rate** (Cashflow in Prozent des Umsatzes) ist weniger störanfällig als beispielsweise die Umsatzrendite (Gewinn in Prozent des Umsatzes). Der Grund dafür liegt in der Elimination der Abschreibung (unbarer Aufwand) bei der Berechnung des Cashflows. Der Wert der Abschreibungen hängt unter anderem von steuer- und/oder finanztaktischen Maßnahmen ab, was sich wiederum auf die Aussagekraft des Gewinns auswirken kann.

7.4. Beurteilung

Der Quick-Test verfügt über eine nach dem Schulnotensystem aufgebaute treffsichere Beurteilungsskala:

Kennzahl	Beurteilungsskala				
	Sehr gut (1)	Gut (2)	Mittel (3)	Schlecht (4)	Insolvent (5)
Eigenkapitalquote	> 30 %	> 20 %	> 10 %	< 10 %	< 0 %
Schuldentilgungsdauer in Jahren	< 3 Jahre	< 5 Jahre	< 12 Jahre	> 12 Jahre	> 30 Jahre
Gesamtkapitalrentabilität	> 15 %	> 12 %	> 8 %	< 8 %	< 0 %
Cashflow-Umsatz-Rate	> 10 %	> 8 %	> 5 %	< 5 %	< 0 %

Abbildung 181: Quick-Test – Beurteilungsskala (1)

Die Beurteilung selbst wird zunächst getrennt nach den Aussagebereichen „finanzielle Stabilität" und „Ertragskraft" dargestellt. Dann erfolgt eine gesamthafte Beurteilung.

Kennzahl	Beurteilungsskala				
	Sehr gut (1)	Gut (2)	Mittel (3)	Schlecht (4)	Insolvent (5)
Eigenkapitalquote	> 30 %	> 20 %	> 10 %	< 10 %	< 0 %
Schuldentilgungsdauer in Jahren	< 3 Jahre	< 5 Jahre	< 12 Jahre	> 12 Jahre	> 30 Jahre
Zwischennote 1: Finanzielle Stabilität	Arithmetischer Notendurchschnitt aus der Note der Eigenkapitalquote und aus der Note der Schuldentilgungsdauer				
Gesamtkapitalrentabilität	> 15 %	> 12 %	> 8 %	< 8 %	< 0 %
Cashflow-Umsatz-Rate	> 10 %	> 8 %	> 5 %	< 5 %	< 0 %
Zwischennote 2: Ertragskraft	Arithmetischer Notendurchschnitt aus der Note der Gesamtkapitalrentabilität und aus der Note der Cashflow-Umsatz-Rate				
Gesamtnote	Arithmetischer Notendurchschnitt aus den Zwischennoten 1 und 2 (alle vier Kennzahlen)				

Abbildung 182: Quick-Test – Beurteilungsskala (2)

7. Quick-Test – Unternehmensanalyse mit vier Kennzahlen

Fallbeispiel (Fortsetzung)

Auf Basis der Daten des Demobeispiels aus den Kapiteln 3.2, 4.2.3 und 6.2.2 in diesem Abschnitt ergibt sich anhand des Quick-Tests folgende Beurteilung:

	Analysebereiche			
	Finanzielle Stabilität		**Ertragskraft**	
Aussage	Finanzierung	Liquidität	Rentabilität	Erfolg
Kennzahl	Eigenkapitalquote	Schuldentilgungs-dauer in Jahren	Gesamtkapital-rentabilität	Cashflow-Umsatz-Rate
Formel	$\frac{\text{Eigenkapital}}{\text{Gesamtkapital}}$	$\frac{\text{FK} - \text{liquide Mittel}}{\text{Cashflow a d Erg}}$	$\frac{\text{Gewinn} + \text{Zinsen}}{\text{Gesamtkapital}}$	$\frac{\text{Cashflow}}{\text{Umsatz}}$
Berechnung	$\frac{18.013.000}{66.684.000}$	$\frac{44.971.000}{11.072.000}$	$\frac{7.338.000}{66.684.000}$	$\frac{11.072.000}{55.950.000}$
Ergebnis	27,0 %	4,1 Jahre	11,0 %	19,8 %
Beurteilung	2	2	3	1
Finanzielle Stabilität	2			
Ertragskraft			2	
Gesamt	2			

Abbildung 183: Quick-Test – Demobeispiel

Lösungsweg

Aus der Bilanz werden folgende Informationen genommen:

- Eigenkapital
- Gesamtkapital
- Liquide Mittel
- Fremdkapital

Die GuV liefert folgende Informationen:

- Umsatz
- Fremdkapitalzinsen
- Ergebnis der gewöhnlichen Geschäftstätigkeit (EGT)

Die Kapitalflussrechnung gibt Aufschluss über:

- Cashflow aus dem Ergebnis

Die Daten werden entsprechend in die Formeln eingesetzt und anhand der Beurteilungsskala ausgewertet.

Interpretation

Beim Demobeispiel ist die Unternehmenssituation mit „Gut" zu beurteilen. Bezogen auf die einzelnen Analysebereiche ergibt sich folgendes Bild: Das Unternehmen hat weder absolut (Eigenkapitalquote) noch relativ (Schuldentilgungsdauer) zu viele Schulden. Sowohl Eigenkapitalquote als auch Schuldentilgungsdauer sind mit „Gut" zu bewerten. Der Eigenkapitalanteil ist mit 27 % dem sehr guten Bereich sehr nahe.

Damit ist der gesamte Analysebereich der finanziellen Stabilität mit „Gut" zu bewerten.

Die Ertragskraft des Unternehmens stellt sich insgesamt auch „Gut" dar. Die Rentabilität ist – wenn auch nur knapp am „Gut" vorbei – mit „Befriedigend" zu bewerten. Sehr positiv zeigt sich die Cashflow-Umsatz-Rate des Demobeispiels. 19,8 % des Umsatzes verbleiben als finanzielle Mittel im Unternehmen, was nach Schulnoten ein eindeutiges „Sehr gut" ist.

Der Mittelwert aus allen vier Kennzahlen ergibt ein „Gut". Eine erweiterte Kennzahlenanalyse untermauert dieses Ergebnis und liefert noch weitere Zusatzinformationen über die Situation des Unternehmens. Mehrere Kennzahlen haben den Vorteil, dass Ursachen oder Fehlerquellen für besonders günstige bzw ungünstige Entwicklungen rascher erkannt werden können.

Praktische Relevanz

Der Quick-Test ist ein in der Praxis sehr oft angewendetes Kennzahlensystem. Häufig dient er auch als Einstieg in eine weitere (vertiefende) Kennzahlenanalyse. Schnell und einfach durchgeführt, liefert er auf Grund der Beurteilungsskala klare Ergebnisse und ist auch für den externen Interessierten leicht durchführbar.

Meist werden die gewonnenen Erkenntnisse in einem zweiten Schritt durch eine erweiterte Analyse in den unterschiedlichen Bereichen vertieft. Vor allem jene Bereiche, die auffällig sind, starke Abweichungen vom Branchendurchschnitt oder im Vergleich zu den Vorjahren aufweisen, sollten genauer betrachtet werden. So können die Ursachen für günstige oder ungünstige Entwicklungen innerhalb des Unternehmens rascher erkannt werden.

Wissen kompakt

Die **Cashflow-Umsatz-Rate** weist aus, wie hoch der aus der Leistung (Umsatz, Betriebserlös) erzielte Zahlungsrückfluss (Cashflow) ist. Dh sie gibt an, welcher Anteil der erzielten Leistungserlöse dem Unternehmen in „Cash" für Investitionen, Kreditrückzahlungen etc zur Verfügung steht.

Die **Eigenkapitalquote** zeigt die Höhe des Eigenkapitals im Verhältnis zum Gesamtkapital. Sie ist eine Basiskennzahl, die häufig als eine der ersten Kennzahlen berechnet wird.

Die **Gesamtkapitalrentabilität** stellt dar, wie hoch die Verzinsung des gesamten eingesetzten Kapitals – also des Eigen- und Fremdkapitals – ist.

Die **Schuldentilgungsdauer** gibt an, wie lange das Unternehmen theoretisch benötigen würde, um die Schulden mit dem erwirtschafteten Cashflow zurückzuzahlen. Theoretisch deshalb, da das Unternehmen mit hoher Wahrscheinlichkeit nicht mehr in der Lage wäre, Cashflows in der gleichen Höhe zu erwirtschaften, sobald man den gesamten jährlichen Cashflow immer dazu verwenden würde, die Schulden zu tilgen und für nichts anderes. Die Schuldentilgungsdauer wird in Jahren angegeben.

Der **Quick-Test** ist ein Schnelltest bestehend aus vier Kennzahlen, der eine eindeutige Beurteilung der Unternehmenssituation ermöglicht.

Weiterführende Literatur

- *Kralicek, P.*: Bilanzen lesen – eine Einführung, 3. Auflage, Heidelberg, 2007.
- *Kralicek, P./Kralicek, G./Böhmdorfer, F.*: Kennzahlen für Geschäftsführer, 5., vollständig aktualisierte und erweiterte Auflage, München 2008.
- *Stiefl, J.*: Finanzmanagement: unter besonderer Berücksichtigung von kleinen und mittelständischen Unternehmen, 2. Auflage, München 2008.

Abschnitt D – Finanzplanung und Finanzmanagement

1. Der Kontext des Liquiditäts- und Finanzmanagements

> **Lernziel**
>
> **In diesem Kapitel lernen Sie**
> - was man unter den Begriffen „Zahlungsunfähigkeit" und „Überschuldung" versteht
> - wo die (wesentlichen) Gründe für die Zahlungsunfähigkeit einer Unternehmung liegen
> - wie man (drohende) Zahlungsunfähigkeit erkennen kann
> - welche Maßnahmen man (kurzfristig) setzen kann, um die drohende Zahlungsunfähigkeit abzuwenden

1.1. Notwendigkeit der Zahlungsfähigkeit

Das Erhalten der Zahlungsfähigkeit ist eine unabdingbare Grundvoraussetzung für das wirtschaftliche Überleben einer Unternehmung. Während ein Unternehmen zumindest vorübergehend auch mit Verlusten operieren kann, führt Illiquidität im Sinne von Zahlungsunfähigkeit zur Eröffnung eines Insolvenzverfahrens (Sanierungsverfahren mit Eigenverwaltung, Sanierungsverfahren ohne Eigenverwaltung, Konkursverfahren).

Zahlungsfähigkeit ist gegeben, wenn ein Unternehmen seinen Zahlungsverpflichtungen zum fälligen Zeitpunkt nachkommen kann; wenn die Zahlungskraft also ausreicht, die gestellten (fälligen) Verbindlichkeiten zu begleichen. Der Zahlungsmittelbestand ist dabei nur ein Teil des disponierbaren Geldes. Darüber hinaus gibt es auch „geldnahe" Vermögensgegenstände, die sich früher oder später „verflüssigen", also in liquide Mittel umwandeln lassen. Zu diesen geldnahen Vermögensgegenständen zählen zB Forderungen.

Zahlungsunfähigkeit ist dann anzunehmen, wenn der Schuldner seine Zahlungen einstellt. Das Unternehmen ist also aus Mangel an Zahlungsmitteln nicht mehr in der Lage, seine zu erfüllenden Geldschulden zu begleichen. Zahlungsunfähigkeit kann sogar gegeben sein, wenn der Schuldner die Forderungen einzelner (ausgewählter) Gläubiger ganz oder teilweise befriedigt hat oder noch befriedigen kann. Ist ein Unternehmen zahlungsunfähig, dh illiquide, wird ein Insolvenzverfahren eröffnet. Bei juristischen Personen (GmbH und AG) sowie Handelsgesellschaften, bei denen keine natürliche Person persönlich haftender Gesellschafter ist, und bei Verlassenschaften gibt es neben der Zahlungsunfähigkeit einen zweiten Grund für die Eröffnung eines Insolvenzverfahrens, nämlich die **Überschuldung**. Überschuldung ist dann anzunehmen, wenn das Fremdkapital das Vermögen übersteigt. Bei der Insolvenz wegen Überschuldung wird das Mindesteigenkapital unterschritten, so dass ein negatives Eigenkapital ausgewiesen wird. Bei juristischen Personen (GmbH und AG) ist das dann der Fall, wenn die kumulierten Verlustvorträge größer als das Stamm- bzw Grundkapital sind. Zumeist tritt der Tatbestand der Überschuldung zeitlich gesehen vor der Zahlungsunfähigkeit ein. Dh das Unternehmen ist zwar noch zahlungsfähig aber bereits überschuldet. So gesehen ist der Tatbestand der „Überschuldung" insofern ein „schärferer" Maßstab als die Zahlungsunfähigkeit, da ein Unternehmen meist zuerst eine Überschuldung ausweist, bevor es illiquide wird. Beispielsweise gibt es branchenabhängig zum Teil viele Personengesellschaften (zB im Tourismus), die zwar ein negatives Eigenkapital aufweisen, aber noch immer zahlungsfähig sind und daher nicht insolvent werden.

Der Grund, warum für juristische Personen im Vergleich zu Personengesellschaften ein „härterer" Maßstab der Zahlungsunfähigkeit (nämlich bereits bei Überschuldung) angelegt wird, liegt vor allem im Bereich der Haftung: Bei juristischen Personen ist die Haftung auf das Betriebsvermögen beschränkt, während bei Personengesellschaften die Gesellschafter auch mit dem Privatvermögen haften. Die Gläubiger einer juristischen Person können im Falle einer Insolvenz nur auf das Betriebsvermögen zurückgreifen, daher muss der Gesetzgeber dafür sorgen, dass die entsprechende „Masse" noch vorhanden ist bzw noch im ausreichenden Maße vorhanden ist, um die anfallenden bzw bereits angefallenen Verbindlichkeiten zu decken. Wartet man hingegen bei einer juristischen Person bis zur Zahlungsunfähigkeit, erhalten die Gläubiger in aller Regel nichts mehr. Würde man also – theoretisch – bei Überschuldung einer Kapitalgesellschaft alle Verbindlichkeiten gleichzeitig fällig stellen, wäre eine volle Zurückzahlung aller Kredite nicht mehr möglich. Zahlungsunfähigkeit wäre die Konsequenz.

Im Falle der Überschuldung muss der Geschäftsführer einer GmbH oder einer AG von sich aus ein Insolvenzverfahren einleiten. Unterlässt oder verzögert die Geschäftsführung die Einleitung des Insolvenzverfahrens, so begeht sie einen strafrechtlichen Tatbestand und die Beschränkung der Haftung auf das Betriebsvermögen wird aufgehoben, dh es kann dann auch auf das Privatvermögen der Geschäftsführer zur Befriedigung der Gläubigerforderungen zurückgegriffen werden.

Im einheitlichen Insolvenzverfahren, das seit 1. Juli 2010 in Kraft ist, sind folgende drei Verfahrenstypen vorgesehen:

1. Sanierungsverfahren mit Eigenverwaltung
2. Sanierungsverfahren ohne Eigenverwaltung
3. Konkursverfahren

1. Der Kontext des Liquiditäts- und Finanzmanagements

Das **Sanierungsverfahren mit Eigenverwaltung** entspricht in wesentlichen Bereichen dem ehemaligen gerichtlichen Ausgleich. Es weist folgende Eckpunkte auf:

- Eröffnung durch Schuldner (Insolvenzantrag)
- Sanierungsplan
- Mindestquote für den Ausgleich der Gläubigerforderungen: 30 %
- Überwachung der Geschäfte durch einen Sanierungsverwalter

Der Insolvenzantrag muss gemeinsam mit einem Sanierungsplan beim zuständigen Gericht durch den Schuldner eingebracht werden. Neben dem Sanierungsplan sind dem Gericht detaillierte Unterlagen (aktueller Status, Vermögensverzeichnis, Finanzplan etc) vorzulegen. Den Gläubigern muss eine Quote von mindestens 30 % angeboten werden. Der Sanierungsplan muss von den Gläubigern mit einfacher Kopfmehrheit gekoppelt mit der einfachen Kapitalmehrheit angenommen werden. Die vom Schuldner angebotene Quote (mind 30 %) muss ab Annahme des Sanierungsplans innerhalb von zwei Jahren eingebracht werden. Beim Sanierungsverfahren mit Eigenverwaltung führt der Unternehmer weiterhin die Geschäfte, wird dabei jedoch von einem gerichtlich bestellten Sanierungsverwalter überwacht.

Das **Sanierungsverfahren ohne Eigenverwaltung** weist folgende Merkmale auf:

- Eröffnung durch Schuldner (Insolvenzantrag)
- Sanierungsplan
- Mindestquote für den Ausgleich der Gläubigerforderungen: 20 %
- Weiterführung des Unternehmens durch einen Insolvenzverwalter

Die Unterschiede zum Sanierungsverfahren mit Eigenverwaltung lassen sich auf zwei Punkte reduzieren. Dies ist einerseits die reduzierte Mindestquote von 20 %, die den Gläubigern angeboten werden muss. Andererseits liegt die Geschäftsführung nicht mehr in den Händen des Unternehmers, sondern in denen eines gerichtlich bestellten Insolvenzverwalters. Die Annahme des Sanierungsplans und das Einbringen der angebotenen Quote funktionieren analog zum Sanierungsverfahren mit Eigenverantwortung.

Scheitert ein Sanierungsverfahren oder liegt bei Insolvenzeröffnung kein Sanierungsplan vor, wird das Insolvenzverfahren als **Konkursverfahren** eröffnet. Sämtliche Geschäfte werden ab diesem Zeitpunkt von einem gerichtlich bestellten Insolvenzverwalter geführt. Das Konkursverfahren kann entweder mit der **Liquidation** des insolventen Unternehmens enden oder es mündet in ein **Sanierungsverfahren**. Bei Liquidation wird das gesamte Vermögen verwertet und gemäß den in der Insolvenzordnung festgelegten Regeln an die Gläubiger verteilt (gemäß der Quote). Ein Konkursverfahren endet mit einem Sanierungsverfahren, wenn der Schuldner im Laufe des Verfahrens einen Sanierungsplan vorlegt, in dem er den Gläubigern eine Quote von mindestens 20 % anbietet..

Da ein Unternehmen wegen Illiquidität oder wegen Überschuldung insolvent werden kann, ergeben sich eine zulässige Liquiditäts- und Eigenkapitalzone, innerhalb derer das Unternehmen operiert. In diesem Zusammenhang wird auch die Bedeutung der Finanzplanung erkennbar. Führt die Planung zu einem voraussichtlichen Unterschreiten der Grenzwerte, so kann bzw muss das Unternehmen darauf reagieren. Die Pläne sind dann derart zu überarbeiten, dass das Unternehmen überlebensfähig bleibt.

1.2. Konsequenzen der Zahlungsunfähigkeit

Viele Unternehmer versuchen, den Umstand der Zahlungsunfähigkeit zu verschleiern. Einerseits geschieht dies unwissentlich, da man den Umstand der Zahlungsunfähigkeit selbst nicht wahrhaben möchte, andererseits ist dem Unternehmen wohl bewusst, dass täglich Einzahlungen zufließen, die aber nicht ausreichend sind, um die Zahlungsverpflichtungen zur Gänze zu erfüllen. Wenn alle möglichen Verhandlungsspielräume (Stundungen, Verlängerung der Zahlungsfristen, Teilzahlungen etc) ausgeschöpft sind und trotz entsprechender mehrmaliger Mahnungen und Rechtsanwaltsandrohungen nicht mehr gezahlt werden kann, tritt die Zahlungsunfähigkeit ein, die das insolvenzgefährdete Unternehmen tunlichst versucht, mit verschiedenen Maßnahmen zu verschleiern. Es ist anzunehmen, dass ein Unternehmen Liquiditätsprobleme hat, wenn es eine oder mehrere der folgenden Verhaltensmuster bzw an den Tag legt:

- Einschränkung der Informationsbereitschaft
- Änderung der Bilanzbewertungsverfahren
- Verzögerung der Erstellung des Jahresabschlusses
- Teilzahlungen von bestehenden Verbindlichkeiten unter optimistischer Darstellung der Zukunftsaussichten
- Ausweitung der Lieferantenkredite
- Haftungsbeschränkungen durch Änderung der Rechtsform
- Unberechtigte Mängelrügen bei Lieferanten
- Privateinlagen zur Verbesserung der Vermögenslage
- Doppelabtretungen (Sicherheitsbetrug)

Auf Seiten des gefährdeten Unternehmens ist diese wissentliche oder unwissentliche Verschleierungs- oder Verzögerungstaktik höchst gefährlich.

Insolvenzgefährdende Liquiditätsprobleme sind von temporären Liquiditätsengpässen zu unterscheiden. Im Gegensatz zur Zahlungsunfähigkeit stellt der Liquiditätsengpass ein kurzzeitiges, aber nicht dauerhaftes Liquiditätsproblem dar, das mit entsprechenden liquiditätsfreisetzenden und -generierenden Maßnahmen durchaus noch gelöst werden kann, bevor die Insolvenz droht. Häufig sind jedoch Liquiditätsengpässe die Vorstufe zur Zahlungsunfähigkeit. **Liquiditätserhaltung** ist damit also eine **Daueraufgabe des Finanzmanagements** und eine absolut notwendige Nebenbedingung für die Sicherung der Unternehmensexistenz.

1. Der Kontext des Liquiditäts- und Finanzmanagements

1.3. Ursachen von Zahlungsengpässen

Da Liquiditätsprobleme bzw Engpässe bei zu tätigenden Zahlungen häufig die Vorboten der Zahlungsunfähigkeit sind, ist das Erkennen der Gründe für solche Zahlungsschwierigkeiten für die Unternehmensführung besonders interessant. Im Wesentlichen resultieren Liquiditätsprobleme und Zahlungsengpässe aus drei Gründen:

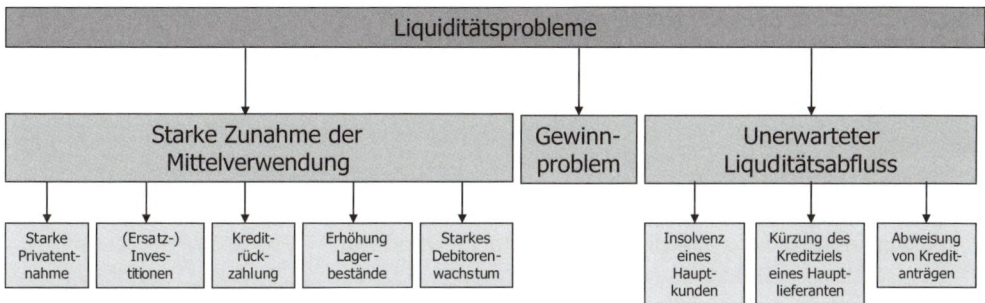

Abbildung 184: Ursachen von Liquiditätsengpässen

Starke Zunahme der Mittelverwendung

Steigt die Mittelverwendung, handelt es sich dabei um Zahlungsabgänge, die in der Gewinn- und Verlustrechnung nicht zu finden sind. Bei diesen so genannten erfolgsneutralen Sachverhalten erfolgt zwar eine Mittelverwendung (Mittelbindung), dh finanzielle Mittel werden im Unternehmen „verwendet" (gebunden), der Gewinn oder Verlust des Unternehmens wird hingegen nicht berührt. Diese erfolgsneutralen Sachverhalte finden sich nur in der Bilanz des Unternehmens wieder.

Zu Zahlungsabgängen kommt es sowohl durch Zunahme des Anlage- und Umlaufvermögens als auch durch die Reduktion des Eigen- und Fremdkapitals. Kredittilgungen führen genauso zu einer Verwendung von liquiden Mitteln wie Privatentnahmen oder Dividendenausschüttungen.

> **Beispiel**
>
> Der Bestand an Lagervorräten steigt von einer Periode auf die nächste stark an. Die entsprechenden Buchungen sind „erfolgsneutral". Das bedeutet, es handelt sich nicht um Aufwandsbuchungen und die Erhöhung des Lagerbestandes findet keinen Niederschlag in der Gewinn- und Verlustrechnung des Unternehmens. Dennoch stellt diese Erhöhung für das Unternehmen eine Mittelverwendung (-bindung) dar. Liquide Mittel werden dem Unternehmen entzogen und liegen nun in Form von Vorräten in den Lagerräumlichkeiten des Unternehmens.

> **Beispiel**
>
> Es wird eine neue Maschine gekauft, wodurch sich das Sachanlagevermögen des Unternehmens erhöht. Mit dem Kauf der Maschine ist eine Auszahlung in Höhe des Wertes der Investition verbunden. Aufwandswirksam, also gewinnmindernd, ist jedoch nicht der volle Anschaffungs- bzw Auszahlungsbetrag der Investition, sondern nur die Abschreibung. Trotzdem stellt der gesamte Betrag der Investitionsauszahlung eine Mittelverwendung dar und senkt damit die zur Verfügung stehenden liquiden Mittel.

> **Beispiel**
>
> Steigen die Forderungen des Unternehmens an, bedeutet dies zwar mittelfristig (je nach Zahlungsziel) den Zufluss zusätzlicher liquider Mittel, kurzfristig ist der Forderungszuwachs allerdings eine Mittelverwendung.

> **Beispiel**
>
> Werden Kredite getilgt, so bedeutet dies einen Abfluss an liquiden Mitteln. Die Kreditrückzahlung an sich ist jedoch erfolgsneutral. Das Fremdkapital sinkt und parallel dazu sinkt auch der Bestand an liquiden Mitteln. Wirtschaftlich „ärmer" wird das Unternehmen lediglich um den Anteil, den die Fremdkapitalzinsen an der Kreditrückzahlung einnehmen. Die Fremdkapitalzinsen sind erfolgswirksam; dh sie stellen eine Aufwandsposition dar und finden in der Gewinn- und Verlustrechnung ihren Niederschlag.

Gewinnproblem

Wenn ein Unternehmen auf Dauer Verluste ausweist, wird dies früher oder später zu Liquiditätsproblemen führen. Berechnet man der Einfachheit halber den Cashflow mit Hilfe der Praktikerformel (Jahresüberschuss zuzüglich Abschreibungen = Cashflow) und ist dieser Cashflow auf Dauer negativ, werden sich mit der Zeit Liquiditätsprobleme einstellen.

Unerwarteter Liquiditätsabfluss

Unerwartete Liquiditätsminderungen können zu einem so genannten „Herzinfarkttod" eines Unternehmens führen. Der Name kommt nicht von ungefähr: Die Gründe dieses „Infarktes" sind oft unmittelbar, unerwartet und werden zudem meist im erheblichen Ausmaß schlagend.

> **Beispiel**
>
> Ein Unternehmen hat einen Hauptkunden, der dem Unternehmen nahezu die Hälfte seiner Auslastung sichert. Dieser Hauptkunde wird völlig unerwartet insol-

1. Der Kontext des Liquiditäts- und Finanzmanagements

vent. Mit der Insolvenz des Kunden haften beim Unternehmer Forderungen aus, die (in hohem Maße) uneinbringlich werden. Für das „abhängige" Unternehmen kann das den wirtschaftlichen Tod bedeuten.

Beispiel

Für dringende Ersatzinvestitionen sind Kreditanträge bei der Hausbank des Unternehmens gestellt worden. Ein leichter Umsatzrückgang und eine Konjunkturkrise haben die Bank jedoch veranlasst, den Antrag für das Unternehmen völlig unerwartet abzulehnen. Für die dringend notwendigen Investitionen finden sich so rasch keine alternativen Finanzierungsmöglichkeiten.

Zwischen den einzelnen Größen gibt es auch eine Reihe von Zusammenhängen. Dies soll anhand eines Beispiels kurz erläutert werden.

Beispiel

Ein Unternehmen hat die Entscheidung getroffen, eine alte Produktionsanlage durch eine neue Anlage mit einem sowohl quantitativ als auch qualitativ höheren Leistungsvermögen (Volumen als auch Fertigungsoptionen) zu ersetzen.

Erfahrungswerte haben gezeigt, dass eine Investition ins Anlagevermögen zugleich auch eine Erhöhung bestimmter Positionen im Umlaufvermögen bewirkt. So wird die neue Anlage neben den zusätzlichen Umsätzen wiederum zu einem höheren Forderungsbestand führen. Zugleich werden sowohl das Rohmateriallager (Vorhalten einer höheren „eisernen Reserve" aufgrund des Fassungsvermögens der Maschine) als auch das Halb- und Fertigerzeugnislager aufgrund des breiteren Sortiments steigen.

Durch das deutlich höhere Leistungsvermögen der neuen Maschine kann das Unternehmen diese in den ersten Jahren meist nicht voll auslasten. Dies bedingt, dass das Unternehmen mit einer Fixkostenprogression (dh jede produzierte Einheit wird mit einem höheren Anteil an fixen Kosten belastet) zu kämpfen hat und unter Umständen schlechtere Ergebnisse ausweist. Das bedeutet, dass es nicht nur zu einer starken Zunahme der Mittelverwendung, sondern auch zur Abnahme des Cashflows kommt. Wenn nun der Cashflow auf Dauer negativ werden sollte, kann dies bewirken, dass die Bank den nächsten Kreditantrag aufgrund der angespannten Liquiditätssituation nicht mehr zustimmt. Es kommt zu einer unerwarteten Liquiditätsminderung.

Das Beispiel macht die Verkettung der Gründe für Liquiditätsengpässe deutlich. Es wird auch erkennbar, wie wichtig die liquiditätsmäßige Planung im Unternehmen ist. So lassen sich zumindest Überraschungen, die planbar gewesen wären, vermeiden. Damit hat das Unternehmen freie Ressourcen für jene unerwarteten Ereignisse, die *eben nicht* planbar sind.

1.4. Konsequenzen von Zahlungsengpässen

Quasi jedes Unternehmen hat im Rahmen seiner Geschichte den einen oder anderen Zahlungsengpass durchlebt. Ein Zahlungsengpass muss durchaus nicht mit einer Unternehmenskrise einhergehen. Oft sind solche Zahlungsengpässe lediglich Ausdruck einer aufgrund der Unternehmensentwicklung nicht mehr passenden Finanzierungsstruktur. In diesem Fall können solche Zahlungsengpässe durch Gespräche mit den Finanziers (zumeist die Hausbank) insofern behoben werden, als die Struktur und der Umfang der Finanzmittel neu definiert und vereinbart werden.

Treten solche Zahlungsengpässe allerdings häufiger auf, so sind sie zumeist Vorboten einer zukünftigen Zahlungsunfähigkeit. Für eine Bank sind Zahlungsengpässe, die auf längere Sicht zu Zahlungsunfähigkeit führen können, häufig bei der Beobachtung des Kontokorrentkontos erkennbar. Das Kontokorrentkonto ist dadurch gekennzeichnet, dass es Schwankungen von der positiven Seite (Haben) bis zur negativen Seite (Soll) aufweisen kann. Kontokorrentkredite (Ausnützung des Kreditrahmens) sind für den Unternehmer meist einfach beziehbar und schnell verfügbar. Wird der Rahmen, welcher ein Limit darstellt, überzogen, ist die Soll-Verzinsung zumeist wesentlich teurer als ein Darlehen. Aus Perspektive der Bank gestalten sich die Eskalationsstufen kontokorrentbezogener Liquiditätsindikatoren folgendermaßen:

Stufe 1:	Kreditrahmen des Kontokorrentkontos (= Girokonto) wird zeitweise überzogen
Stufe 2:	Kreditrahmen wird auf Dauer überzogen
Stufe 3:	Kreditrahmen wird erhöht und relativ schnell wieder überzogen (bei gleichzeitig stagnierendem Umsatz)
Stufe 4:	Erhöhter Kreditrahmen wird auf Dauer überzogen
Stufe 5:	Kontoumschlag (Zahlungsfrequenz) geht zurück (aufgrund von Vorabkassa der Lieferanten, stagnierende Auftragszahl etc)

Tabelle 8: Indikatoren für Liquiditätsprobleme

Begleitet werden die angeführten Eskalationsstufen häufig von Zinsstundungen und/oder dem Aussetzen von Tilgungszahlungen. Solche Signale hinterlassen auch außerhalb der Bank ihre Spuren, wie beispielsweise beim Kreditschutzverband. Bei solchen Organisationen können Lieferanten, Kreditgeber etc Informationen über die Bonität potenzieller Geschäftspartner einholen.

Zahlungsengpässe führen jedoch nicht nur auf der Steuerungsebene der Liquidität zu erheblichen Problemen, sondern haben auch Auswirkungen auf die Ebene des Erfolges und der Erfolgspotenziale.

Aufgrund der EU-weiten Richtlinien von Basel III kommt es auf der Ebene des Erfolges durch die schlechtere Bonität des Unternehmens relativ rasch zu einer Erhöhung des Zinsniveaus. Die aushaftenden Kredite sind mit einem nicht unerheblichen Risiko belastet. Für die Banken bedeutet dies, dass sie die Finanzmittel mit einem relativ hohen Zinssatz versehen. Das hohe Zinsniveau drückt jedoch wieder auf das Unternehmensergebnis.

Ebenso ergebniswirksam werden die nicht ausgenützten Skonti. Aufgrund der angespannten Liquiditätssituation ist man nicht mehr in der Lage, den Skontoabzug geltend zu machen. Die in den Zahlungskonditionen (zB Skonti) enthaltenen Zinssätze sind jedoch erfahrungsgemäß sehr hoch. Daher belasten auch wiederum die Zinsen der nicht genutzten Handelskredite (Zahlungsziel = Kreditdauer) das Unternehmensergebnis.

Hinsichtlich der Ebene des Erfolges sei noch auf einen Aspekt in Zusammenhang mit dem **Leverage-Effekt** hingewiesen. Der Leverage-Effekt bezeichnet eine „Hebelwirkung" im Unternehmen, nämlich wenn durch den Einsatz von Fremdkapital eine Erhöhung der Rentabilität des Eigenkapitals erzielt werden kann. Für die Wirkung dieses Effektes ist Voraussetzung, dass die Rentabilität des im Unternehmen eingesetzten Gesamtkapitals höher ist als die Kosten für das Fremdkapital. Wenn ein Unternehmen sein Unternehmenswachstum wesentlich aus einem positiven Leverage-Effekt finanziert, so können Finanzierungsengpässe durch zu schnelles Wachstum zu einem „Dominoeffekt" führen. Die angespannte Finanzlage kann durch Basel III zu einer Neubewertung des Unternehmens durch die Bank führen. Die Bank kommt zu dem Ergebnis, dass höhere Fremdkapitalzinsen verlangt werden müssen. Aufgrund dessen „kippt" der Leverage-Effekt und wird negativ. Das Unternehmen ist unter Umständen gezwungen, die Wachstumsstrategie aufrechtzuerhalten, da ansonsten erhebliche Verluste beim Scheitern der Strategie drohen, obwohl der Leverage-Effekt negativ ist. Dies kann dazu führen, dass das Unternehmen zwar die strategischen Überlegungen umsetzen kann, sich allerdings in einer finanziellen Situation wiederfindet, in der man letztendlich ein klassischer „Übernahmekandidat" ist. Ein einfaches Rechenbeispiel soll den Leverage-Effekt deutlich machen:

Beispiel

Das Gesamtkapital eines Unternehmens beträgt € 1.000,– und besteht zu 100 % aus Eigenkapital. Der Gewinn beläuft sich auf € 100,–. Daraus ergibt sich eine Eigenkapitalrentabilität in Höhe von 10 % (= Gewinn/Eigenkapital × 100 = € 100/ € 1.000 × 100). Ersetzt man Eigenkapital durch Fremdkapital – und zwar in der Form, dass nur mehr 80 % des Gesamtkapitals Eigenkapital sind und die restlichen 20 % Fremdkapital – und nimmt man an, dass die Fremdkapitalzinsen 6 % betragen, dann ergibt sich nur mehr ein Gewinn in Höhe von € 88,– (= ursprünglicher Gewinn – Fremdkapitalzinsen = € 100 – € 200 × 20 %). Die Eigenkapitalrentabilität erhöht sich jedoch von 10 % auf 11 % (= [Gewinn – Fremdkapitalzinsen]/Eigenkapital × 100 = [€ 100 – € 12]/€ 800 × 100).

Die Auswirkung fehlender Finanzmittel hinsichtlich der Ebene der Erfolgspotenziale wurde bereits im Rahmen der Ebene des Erfolges angesprochen. Es stellt sich immer die Frage, inwieweit ein Unternehmen bei permanenten finanziellen Engpässen strategisch handlungsfähig ist bzw bleibt. Meist sind strategische Überlegungen nicht mehr finanzierbar. Zudem richtet sich die Aufmerksamkeit des Managements ohnedies zunehmend auf die finanziellen Engpässe, so dass strategische Themen in den Hintergrund gedrängt werden. Das Problem liegt nur darin, dass permanente finanzielle Engpässe ihren Ursprung meist im strategischen Bereich haben. Daher bedeutet Unternehmenssanierung niemals nur, die Finanzmittel neu aufzustellen, sondern zugleich immer auch die strategische Neuausrichtung des Unternehmens. Ansonsten sieht man sich in relativ kurzer Zeit mit den nächsten Liquiditätsengpässen konfrontiert.

1.5. Maßnahmen bei Zahlungsengpässen

Sollten aufgrund der Finanzplanung Liquiditätsengpässe zu erwarten sein, kann das Unternehmen folgendermaßen liquiditätsverbessernd eingreifen:

1) Investitionen überdenken
   - Neuinvestitionen stoppen
   - Ersatzinvestitionen verzögern
   - Leasen oder mieten statt kaufen
2) Limits für Roh-, Hilfs- und Betriebsstoffe setzen und Lagerstände niedrig halten
   - Lagerbestände abbauen (zB Ladenhüter und nicht gebrauchte Rohstoffe verkaufen)
   - Halbfertig- und Fertigbestände monatlich prüfen oder abbauen
   - Einkaufslimit für Handelswaren in Relation zu den Umsätzen setzen
3) Straffe interne Organisation
   - Rechnungen sofort schreiben und mit den Waren versenden (am zweiten Arbeitstag des Monats müssen alle Rechnungen des Vormonats fakturiert sein!)
   - Umsätze monatlich mit Planzahlen kontrollieren und Umsatzmeldung erstellen
   - Mahnwesen straffen (alle zwei Wochen mahnen – nach der dritten Mahnung Eintreibung forcieren)
   - Vom Factoring (Forderungsverkauf) Gebrauch machen
4) Lieferantenkredit beanspruchen (bei Skontogewährung allerdings nur im äußersten Notfall, da der Verzicht teuer ist!)
5) Eigene Anzahlungen vermeiden oder verzögern
6) Darlehens- und Kredittilgungen aussetzen oder verzögern
7) Steuerstundungen beim Finanzamt beantragen
8) Sonstige Maßnahmen
   - Dividendenzahlungen aussetzen oder kürzen
   - Deckungsbeiträge überprüfen

- Overheadkosten durchforsten
- Personalkosten überprüfen (freiwillige Zulagen etc)
- Rationalisierungsmaßnahmen in Angriff nehmen

Praktische Relevanz

Die Zahlungsunfähigkeit zu erkennen, ist für den Unternehmer häufig eine schmerzliche Erfahrung, ein Umstand, den man eigentlich nicht wahrhaben möchte. Umso wichtiger ist es, dass das Finanzmanagement entsprechend aufbereitete Informationen liefert. Das Erkennen von Warnsignalen, insbesondere von länger andauernden Liquiditätsengpässen (Verschleppen von Zahlungszielen, Ausnützen von Kreditrahmen in Kombination mit deren Erweiterung etc), sollte den Unternehmer auf die Gefahr einer möglichen Zahlungsunfähigkeit aufmerksam machen.

Unabhängig davon, ob Liquiditätsprobleme nicht erkannt werden wollen oder ob sie nicht erkannt werden können, bedrohen sie dennoch massiv den Fortbestand des Unternehmens. Daher hilft jegliche Form der Finanzplanung, sich mit diesen Fragestellungen auseinanderzusetzen, um die Situation rechtzeitig und realistisch einschätzen zu können.

Faktum ist, dass die Zahlungsunfähigkeit eine akute Krise und damit eine massive Bedrohung für den Fortbestand des Unternehmens darstellt. Eine akute Krise benötigt Sofortmaßnahmen und erfordert entsprechende rasch wirksame Schritte. Nichtsdestotrotz werden gerade bei (dauernden) Liquiditätsengpässen und (drohender) Zahlungsunfähigkeit eine Diskussion über die strategische Ausrichtung des Unternehmens (Erfolgspotentiale) zu führen und entsprechende Schritte einzuleiten sein.

Wissen kompakt

Das **Finanzmanagement** hat die primäre Aufgabe, die Liquidität einer Unternehmung durch die optimale Steuerung der Einnahmen und Ausgaben (bzw Einzahlungen und Auszahlungen) zu erhalten und dauerhaft zu sichern.

Ein **Liquiditätsengpass** ist eine Situation, in der das Unternehmen Schwierigkeiten hat, seinen Zahlungsverpflichtungen nachzukommen. Hauptursachen dafür sind eine starke Zunahme der Mittelverwendung, ein Rückgang der Gewinne sowie unerwartete Liquiditätsabflüsse (zB Insolvenz eines Hauptkunden oder Abweisung von Kreditanträgen durch die Banken).

Zahlungsunfähigkeit liegt vor, wenn ein Unternehmer seine Zahlungen einstellt bzw Forderungen nur mehr teilweise bezahlen kann. Tritt dieser Umstand ein, wird ein Insolvenzverfahren eröffnet. Bei juristischen Personen (GmbH und AG) wird dieses Verfahren auch bei Überschuldung eingeleitet.

Überschuldung liegt vor, wenn das Fremdkapital eines Unternehmens dessen Vermögen übersteigt. Meist liegt die Überschuldung zeitlich gesehen vor der Zahlungsunfähigkeit. Das Unternehmen ist zwar noch zahlungsfähig, aber bereits überschuldet.

Ein **Insolvenzverfahren** bezeichnet ein Gerichtsverfahren, das eröffnet wird, wenn ein Unternehmen zahlungsunfähig oder, insbesondere im Fall von Kapitalgesellschaften, überschuldet ist. Wird bei der Insolvenzeröffnung durch den Schuldner ein Sanierungsplan vorgelegt und dieser von den Schuldnern angenommen (Sanierungsverfahren mit oder ohne Eigenverwaltung), erfolgt eine Weiterführung des Unternehmens durch den Unternehmer oder Insolvenzverwalter. Wird ein Konkursverfahren eröffnet, wird das Vermögen versilbert und anteilsmäßig an die Konkursgläubiger (gemäß der Quote) ausbezahlt.

Kontrollfragen

- Nach welchen Kriterien ist ein optimales Finanzmanagement zu betreiben?
- Beschreiben Sie die Wesensmerkmale und Gründe einer drohenden Zahlungsunfähigkeit!
- Was versteht man unter einem Liquiditätsengpass? Nennen Sie Beispiele!
- Von welchen Kriterien könnte Ihrer Meinung nach die hohe Konkursrate von neu gegründeten Unternehmen abhängen?
- Wie könnte ein Liquiditätsengpass vermieden werden?
- Wie könnte ein bestehender Liquiditätsengpass behoben werden? Nennen Sie konkrete Lösungsvorschläge aus Sicht eines Finanzmanagers!

Weiterführende Literatur

- *Dettmer, H./Hausmann, T.:* Finanzmanagement, Band I, 2., verbesserte Auflage, München 1998.
- *Egger, A./Winterheller, M.:* Kurzfristige Unternehmensplanung, 14. Auflage, Wien 2007.
- *Grünberger, H.:* Praxis der Bilanzierung, 12., überarbeitete Auflage, Wien 2011.
- *Kropfberger, D./Winterheller, M.:* Controlling, 4., korrigierte Auflage, Wien 2007.
- *Lechner, K./Egger, A./Schauer, R.:* Einführung in die Allgemeine Betriebswirtschaftslehre, 26., überarbeitete Auflage, Wien 2013.
- *Meffle, G./Heyd, R./Weber, P.:* Das Rechnungswesen der Unternehmung als Entscheidungskriterium, Band 1, 6., überarbeitete und ergänzte Auflage, München 2008.
- *Olfert, K.:* Finanzierung, 16., verbesserte und aktualisierte Auflage, Ludwigshafen (Rhein) 2013.
- *Perridon, L./Steiner, M./Rathgeber, A.:* Finanzwirtschaft der Unternehmung, 16., überarbeitete und erweiterte Auflage, München 2012.
- *Wöhe, G./Döring, U.:* Einführung in die allgemeine Betriebswirtschaftslehre, 25., überarbeitete und aktualisierte Auflage, München 2013.
- *Ziegenbein, K.:* Controlling, 10., überarbeitete und aktualisierte Auflage, Ludwigshafen am Rhein 2012.

2. Planung der Zahlungsfähigkeit: Direkte Finanzplanung

Lernziel

In diesem Kapitel lernen Sie
- was man unter dem Begriff der Finanzplanung versteht
- wie wichtig ein Finanzplan für ein Unternehmen ist und wie er zu interpretieren ist
- wie man Ausgaben von Auszahlungen sowie Einnahmen von Einzahlungen abgrenzt und einen Liquiditätsplan erstellt

2.1. Notwendigkeit der direkten Finanzplanung

In der Unternehmenspraxis findet man derzeit noch relativ selten kleine und mittelständische Unternehmen, die eine Finanzplanung durchführen. Sofern eine Finanzplanung regelmäßig realisiert wird, geschieht dies meist in Form einer **indirekten Finanzplanung** (auf Basis des Cashflows).

Wie im Kapitel 6.2.2 in Abschnitt C im Detail erläutert wurde, wird bei der indirekten Ermittlung des Cashflows so vorgegangen, dass aus der Ist-Gewinn- und Verlustrechnung des Unternehmens eine Cashflow-Rechnung (und damit der Finanzierungsbedarf) ermittelt wird. Das bedeutet, der Cashflow wird nicht direkt über die Ein- und Auszahlungen ermittelt, sondern indirekt über die Rechengrößen Aufwand und Ertrag. Die Gewinn- und Verlustrechnung wird im Regelfall für die vergangene Periode erstellt. So wird auch im Nachhinein der Ist-Cashflow ermittelt: Ausgangspunkt ist die Ist-Gewinn- und Verlustrechnung mit dem Jahresergebnis. In weiterer Folge werden Korrekturen durchgeführt, um zu den tatsächlichen zahlungswirksamen Größen zu kommen. Die Aufwendungen und Erträge werden um jene Positionen erhöht bzw gekürzt, die nicht zahlungswirksam sind (waren). Die zahlungsunwirksamen Aufwendungen werden wieder hinzugerechnet (zB Abschreibungen, Dotierung einer langfristigen Rückstellung), während zahlungsunwirksame Erträge abgezogen werden (zB Zuschreibung, Auflösung einer Rückstellung, die nicht verwendet wurde). Schließlich interessieren für die Berechnung des Cashflows und damit die finanzwirtschaftliche Steuerung und Finanzplanung insbesondere die tatsächlichen Ein- und Auszahlungen des Unternehmens.

Der Aufwand zur Ermittlung des Ist-Cashflows hält sich dabei in Grenzen, da die Gewinn- und Verlustrechnung aufgrund steuerrechtlicher Vorschriften ohnedies erstellt werden muss. Man erhält demnach ohne großen Aufwand eine zusätzliche Steuerungsinformation. Der geplante Cashflow kann dann ebenso rasch ermittelt werden, wenn eine Plan Gewinn- und Verlustrechnung zur Verfügung steht. Dem geringen Aufwand zur Ermittlung des Cashflows durch Korrektur der Plan-Gewinn- und Verlustrechnung steht allerdings ein wesentlicher Nachteil gegenüber. Die Gewinn- und Verlustrechnung wird in der Regel einmal jährlich erstellt (bzw bei mittelständischen Betrieben vierteljährlich), so dass der Cashflow für das Jahr 01 unter Umständen erst im Juni 02 zur Verfügung steht. Das zugrunde liegende Problem könnte man folgendermaßen formulieren: Man versucht die kurzfristige Steuerungsgröße Liquidität mittels eines mittelfristigen Instruments, nämlich der Gewinn- und Verlustrechnung zur Erfolgsermittlung, zu steuern. Da fehlende Liquidität kurzfristig zur Insolvenz eines Unternehmens führen kann, stellt die Gewinn- und Verlustrechnung als Basis der Liquiditätsberechnung insbesondere bei gefährdeten Unternehmen kein passendes Instrument dar.

Nun könnte man dem entgegenhalten, dass zwar die Berechnung des Ist-Cashflows stets auf bereits überholtem Zahlenmaterial aufbaut, dem Plan-Cashflow aber aufgrund seiner Zukunftsperspektive durchaus eine steuernde Funktion zukommt. Dass dieses Argument aber insbesondere bei Unternehmen mit dünner Kapitaldecke trügerisch sein kann, soll folgende Überlegung erläutern: Durch den meist jährlichen Planungshorizont solcher Cashflow-Planungen bleiben die Zeiträume zwischen den Planungszeitpunkten außerhalb des Betrachtungsfeldes des Managements. Die klassische Cashflow-Planung wird eben für einige wenige Zeitpunkte (meist durch die Gewinn- und Verlustrechnung rechtlich festgelegt) durchgeführt. Es handelt sich also um eine Momentaufnahme und bei quartalsmäßiger Betrachtung um eine Multi-Momentaufnahme.

Nun ist es durchaus denkbar, dass am Beginn und am Ende der Planungsperiode ein positiver Cashflow ausgewiesen wird, das Unternehmen aber dennoch während dieser Zahlungsperiode in erhebliche Zahlungsschwierigkeiten (bis zur Zahlungsunfähigkeit) geraten kann. Dies gilt insbesondere für kleine und mittelständige Unternehmen mit geringen finanziellen Reserven und einem relativ stark ausgeprägten saisonalem Zyklus. Während in der Hochsaison Cash erwirtschaftet wird, erfolgt während der saisonal schwachen Monate aufgrund der zahlungswirksamen fixen Kosten ein kontinuierlicher finanzieller Abfluss. Dieser wird aber dann nicht ersichtlich, wenn in diesem Zeitraum keine Gewinn- und Verlustrechnung erstellt wird. Während also beispielsweise ein Unternehmen traditionell schwache Sommermonate haben kann, wird ein Jahresabschluss erst mit 31.12. erstellt, sofern das Wirtschaftsjahr dem Kalenderjahr angepasst ist.

In der folgenden Abbildung sollen die Überlegungen anhand des Verlaufs des Cashflows dargestellt werden. Zum einen wird dazu der spezifische Cashflow des jeweiligen Monats dargestellt. Zum anderen soll aber auch der kumulierte Cashflow (also im März der Cashflow von Jänner, Feber und März) skizziert werden. Geht man davon aus, dass das Unternehmen keine Finanzreserven hat, so wird es dann kritisch, sobald der kumulierte Cashflow in den negativen Bereich „rutscht".

2. Planung der Zahlungsfähigkeit: Direkte Finanzplanung

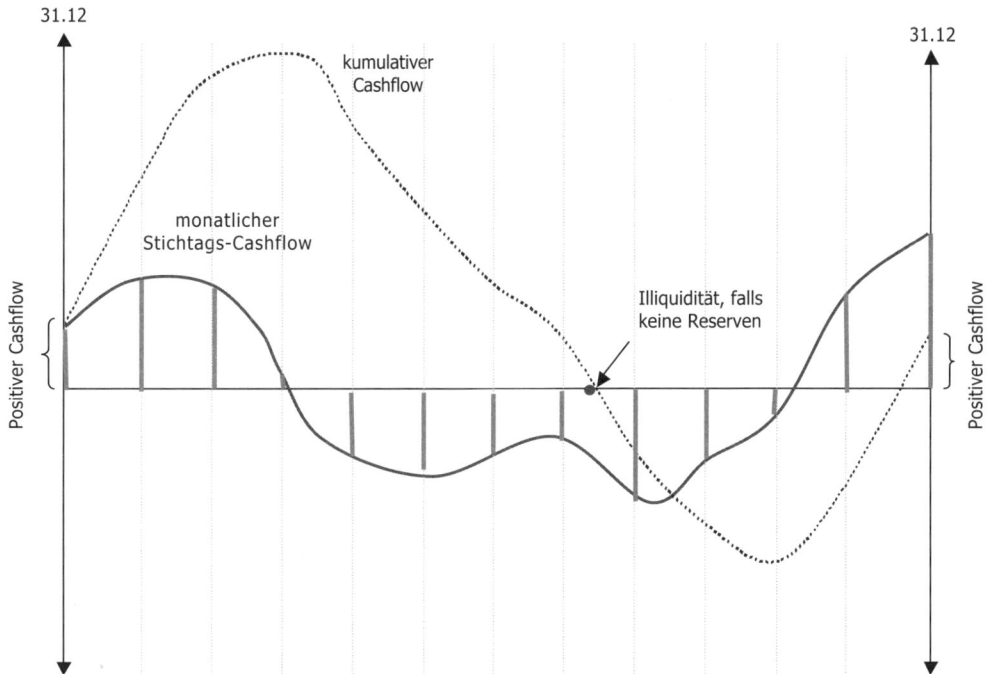

Abbildung 185: Verlauf des Cashflows

Aufgrund der obigen Grafik wird ersichtlich, dass die Finanzplanung bei Unternehmen in bestimmten Situationen kurzfristiger erfolgen sollte. Bei einer jährlichen Cashflow-Planung wäre nicht erkennbar, dass das Unternehmen im August zahlungsunfähig wäre, falls keine Liquiditätsreserven aus vorangegangenen Perioden vorhanden sind. In der Planung wäre im Dezember zwar richtigerweise (aber leicht fehlzuinterpretieren) ein positiver Cashflow ausgewiesen. Das Unternehmen würde bei fehlenden finanziellen Reserven aus den Vorjahren den positiven kumulierten Cashflow am Ende des Jahres jedoch nicht mehr „erleben".

Verfügt ein Unternehmen über entsprechende finanzielle Reserven, kann ein temporäres finanzielles Defizit einzelner Perioden durch die finanziellen Überschüsse vorangegangener Perioden ohne Probleme ausgeglichen werden. **Für Unternehmen mit stabiler Liquiditätslage reicht daher eine Cashflow-Planung (indirekte Finanzplanung) aus**, da damit ausreichend sichergestellt werden kann, dass die Liquidität nicht unter ein bestimmtes Niveau sinken wird. Da das Ziel eine Mindestliquidität und nicht das Maximieren der Finanzreserven ist, stellt in diesem Fall der Cashflow ein passendes Instrument zur Absicherung der finanziellen Mittel dar.

Problematisch werden aber temporäre Finanzlücken für Unternehmen ohne entsprechende Reserven. Wenn die Liquiditätssituation einen kritischen Faktor darstellt, reicht eine jährliche Cashflow-Planung nicht mehr aus. In diesen Fällen ist es unabdingbar, die Liquidität in kürzeren Intervallen sicher zu stellen. Sehr kurze Abrechnungs- und Planungszyklen können nur über eine direkte Finanzplanung sichergestellt werden.

Bei der **direkten Finanzplanung** wird nicht von den Aufwendungen und Erträgen der Gewinn- und Verlustrechnung ausgegangen, sondern es werden die unmittelbar zahlungswirksamen Ein- und Auszahlungen eines Unternehmens direkt erfasst. Der Saldo aus Ein- und Auszahlungen ergibt den Zahlungsmittelüberschuss oder -fehlbetrag.

Als Periode kann dabei ein Quartal, ein Monat, eine Woche oder unter Umständen sogar ein Tag gewählt werden. Man wird ein umso kürzeres Intervall wählen, je kritischer sich die Liquiditätslage eines Unternehmens darstellt. Befindet sich beispielsweise ein Unternehmen in der Insolvenzphase, soll es danach aber weitergeführt werden, kann es durchaus Sinn machen, während der kritischsten Phase eine tägliche Ein- und Auszahlungsplanung durchzuführen.

Da nicht auf die Daten der Finanzbuchhaltung (Aufwendungen und Erträge) zurückgegriffen werden kann, muss für die benötigten Daten ein eigenes Informationsinstrument aufgebaut werden. Daher gestaltet sich die direkte Finanzplanung als deutlich aufwendiger als die indirekte Planung mittels des Cashflows. Demgegenüber steht der Vorteil des viel höheren Präzisionsgrades aufgrund der kürzeren zeitlichen Intervalle.

Es stellt sich daher die Frage, in welchen Unternehmensfällen eine direkte Finanzplanung eingesetzt werden soll. Grundsätzlich soll die direkte Finanzplanung immer dann eingesetzt werden, wenn das Unternehmen

- **über geringe finanzielle Reserven verfügt,**
- **mit einem atypisch hohen finanziellen Abfluss rechnen muss und/oder**
- **von sehr unregelmäßigen Zahlungseingängen ausgehen muss.**

Für folgende Phasen sind diese beschriebenen Begleitumstände typisch:

- Ein Unternehmen investiert intensiv in die eigene Infrastruktur (zB massiver Ausbau der maschinellen Ausstattung). Man spricht in diesem Zusammenhang von einem **starken internen Wachstum**.
- Ein Unternehmen ist massiv daran interessiert, „größer" zu werden, und zwar durch **externes Wachstum**, zB indem es sich mit anderen Unternehmen zusammenschließt oder diese aufkauft (Merger & Akquisition).
- Das Unternehmen befindet sich in einer **Krise** (zB in der Insolvenzphase).
- Das **Unternehmen** ist **sehr jung** und kann noch auf wenig liquide Mittel zurückgreifen.
- Das Unternehmen unterliegt einem starkem **saisonalem Zyklus** und besitzt geringe Liquiditätsreserven (zB Familienbetriebe im Tourismus).
- Ein Unternehmen ist vorwiegend im **Projektgeschäft** tätig, wobei es häufig Großprojekte mit langer Laufzeit abwickelt.

2. Planung der Zahlungsfähigkeit: Direkte Finanzplanung

Der Einsatz der Instrumente der Finanzplanung und -steuerung ist also stark von der jeweiligen Ausgangssituation abhängig. Gerade für kleine und mittelständische Unternehmen, die meist nur über geringe oder keine Finanzreserven verfügen, kann demnach eine reine Cashflow-Planung (indirekte Finanzplanung) problematisch sein. Es sind aber gerade diese Unternehmen, die zumeist (wenn überhaupt) nur eine Cashflow-Planung durchführen (lassen).

Beispiel

Ein mittelständisches Unternehmen muss jedes Quartal Zahlungsdefizite hinnehmen. Ausgehend von den aktuellen Finanzreserven werden quartalsmäßig die Zahlungsüberschüsse bzw -defizite eingeplant.

Der Finanzmittelstatus (Ist-Wird-Darstellung) ist eine Hochrechnung aufgrund der Abweichungen des aktuellen Quartals. Der Finanzstatus in der Grafik zeigt die geplante Liquiditätsentwicklung ohne entsprechende Gegenmaßnahmen auf. In der Darstellung wurde zudem eine Mindestreserve von € 1.500.000,– eingeplant.

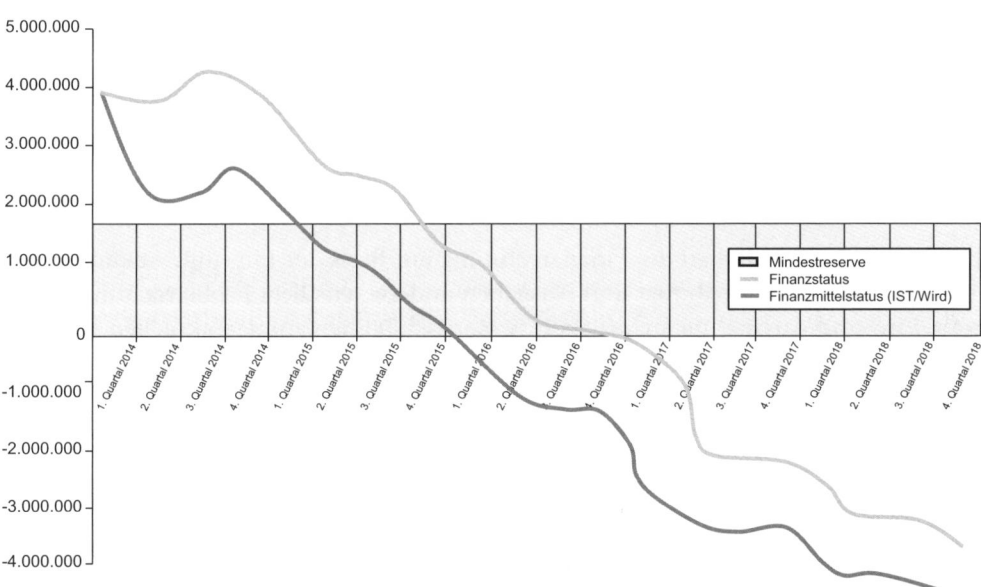

Abbildung 186: Beispielhafte Liquiditätsentwicklung eines mittelständischen Unternehmens

Der Finanzmittelstatus zeigt, wie sich die Liquiditätssituation des Unternehmens (ohne Gegenmaßnahmen) entwickeln wird, wenn sich die Trends (Quartalsdefizite) fortsetzen. Spätestens im Mai 2015 (Mitte erstes und zweites Quartal 2015) wird die Liquidität nicht mehr ausreichen, um die geplante Mindestreserve zu halten. Dies ist um nahezu neun Monate später, als es der Finanzstatus „prognostizieren" würde.

Ausgehend von der dargestellten Liquiditätssituation und der voraussichtlichen Liquiditätsentwicklung gilt es, entsprechende Managemententscheidungen zu treffen, um den Liquiditätsabfluss möglichst rasch zu stoppen und notwendige Liquiditätsreserven aufzubauen. Die Grafik gibt eine klare Orientierung, bis wann die Gegenmaßnahmen greifen müssen, um nicht in den Gefahrenbereich der Illiquidität zu kommen.

2.2. Rechengrößen und Struktur des Finanzstatus

Die Rechengrößen der direkten Finanzplanung stellen die Begriffspaare **Einzahlungen/Auszahlungen** bzw **Einnahmen/Ausgaben** dar. Wie schon bekannt, werden diese Größen in der Finanzrechnung gegenübergestellt. Wiederholend sei erwähnt, dass Ein- und Auszahlungen eine Veränderung der Bestandsgrößen „liquide Mittel" oder „Zahlungsmittelbestand" bewirken. Eine Einzahlung ist jeder Vorgang, bei dem der Zahlungsmittelbestand zunimmt. Eine Auszahlung ist jeder Vorgang, bei dem der Zahlungsmittelbestand abnimmt. Es geht hierbei um den „Ist"-Liquiditätsstatus.

Einnahmen und Ausgaben betreffen die Bestandsgröße „Geldvermögen". Eine Einnahme (zB Forderung, Verkauf von Waren auf Ziel) ist jeder Geschäftsfall, der das Geldvermögen erhöht. Eine Ausgabe (zB Kauf von Waren auf Ziel, Verbindlichkeit) ist jeder Geschäftsfall, der das Geldvermögen reduziert. Hierbei geht es um die Positionen „liquide Mittel", „Forderungen" und „Verbindlichkeiten". Man spricht von einem Liquiditätsbestand mit einem Horizont von zumeist drei Monaten. Dieser Zeithorizont ist jedoch maßgeblich von der Umschlagszahl der Forderungen und Verbindlichkeiten abhängig (Umschlagshäufigkeit der Kreditoren, Umschlagshäufigkeit der Debitoren).

Der Unterschied zwischen der Finanzrechnung auf Basis der Ein- und Auszahlungen einerseits und der Einnahmen und Ausgaben andererseits liegt im Betrachtungshorizont. Ein- und Auszahlungen beziehen sich ausschließlich auf den aktuellen Betrachtungszeitpunkt (jetzt oder geplanter Zeitpunkt). In den Einnahmen und Ausgaben sind hingegen schon Zahlungserwartungen der nächsten Monate integriert.

Beispiel

Die Ein- und Auszahlungsrechnung berücksichtigt einen Kundenumsatz nur dann, wenn er bereits bezahlt wurde. Was in den nächsten Tagen oder Wochen an Kundenforderungen (also bereits getätigte aber noch nicht bezahlte Umsätze) eingezahlt wird, wird in der Einzahlungs-Auszahlungs-Rechnung nicht abgebildet. Die Einnahmen-Ausgaben-Rechnung berücksichtigt darüber hinaus Forderungen und Verbindlichkeiten, also auch Positionen, die zum Zeitpunkt zwar noch keine Aus- oder Einzahlung darstellen, doch in absehbarer Zeit zahlungswirksam werden.

Wurde somit ein Kundenumsatz getätigt, aber noch nicht bezahlt, so wird dies in der Einnahmen-Ausgaben-Rechnung als Forderung sehr wohl berücksichtigt.

Die Ein- und Auszahlungsplanung erfolgt üblicherweise in Form des Finanz- bzw Liquiditätsstatus (siehe dazu auch Abschnitt A, Kapitel 3.1.1). Für die Ermittlung des Finanzstatus werden alle liquiden Mittel des Unternehmens erfasst, also Kassabestände, Bankbestände und Wertpapiere des Umlaufvermögens, die quasi täglich verkauft werden können. Sie bilden den Ausgangspunkt. Ergänzt man den Zahlungsmittelbestand noch um den offenen Kreditrahmen, so erhält man die operative Finanzkraft eines Unternehmens. Der offene Kreditrahmen stellt die dispositiven finanziellen Mittel des Unternehmens dar, also jene liquiden Mittel, welche das Unternehmen sehr kurzfristig für die Bezahlung seiner Verbindlichkeiten in Anspruch nehmen könnte. Sodann werden die in den nächsten Tagen bzw Wochen erwarteten Ein- und Auszahlungen einander gegenübergestellt, um etwaige Liquiditätsengpässe erkennen zu können. Ist bekannt, ob die Ein- oder die Auszahlungen überwiegen werden, kann darüber nachgedacht werden, wie die überschüssigen liquiden Mittel verwendet werden könnten oder aber, im Falle eines Defizits, wie die Auszahlungsüberschüsse gedeckt werden können. Die zur Verfügung stehenden Finanzmittel werden dann so „geschichtet", wie sie für das Unternehmen am effizientesten zur Deckung der bevorstehenden Auszahlungen herangezogen werden sollen. Dabei werden auch Kreditlinien, die möglicherweise ausgenutzt werden können, ins Auge gefasst.

Fallbeispiel

Ausgangsdaten

Ein Unternehmen will für die Kalenderwochen (KW) 11–13 den Finanzstatus erstellen (alle Geldwerte in 1.000 €). Folgende Geschäftsfälle werden erwartet:

- Es werden Löhne in der Höhe von 2.000 und Gehälter in der Höhe von 1.600 überwiesen (Annahme: KW 12 und 13 dieselben Beträge).
- In KW 9 wurden Waren um 10.000 brutto angeschafft. Davon wird die Hälfte in KW 11 fällig, der Rest in KW 13.
- In KW 10 wurden Waren um 4.000 brutto bestellt und geliefert. Die Ware wurde mittels Scheck bezahlt. Mit der Einreichung des Schecks rechnet man nicht vor KW 12.
- In KW 11 werden Waren um 16.000 brutto bestellt. Davon sind 4.000 bar zu bezahlen, 6.000 nach 3 Wochen und 6.000 nach 4 Wochen. Die Hälfte der in KW 11 bestellten Waren wird sofort geliefert, der Rest in KW 12.
- Die Rechnung für eine in KW 8 gekaufte Anlage (2.600 netto) ist in KW 11 unter Abzug von 3 % Skonto zu bezahlen.
- Die Miete in Höhe von 1.600 (netto) wird ebenfalls fällig (Annahme: KW 12 und 13 dieselben Beträge).
- Die im März zu deckende Finanzamt-Zahllast beträgt 40. Die Zahlung erfolgt in KW 11.
- Des Weiteren ist in KW 11 eine Rechnung für einen Rechtsanwalt in Höhe von 120 brutto zu begleichen. An sonstigen Auszahlungen werden 3.200 brutto veranschlagt.

Die Situation der liquiden Mittel stellt sich wie folgt dar:

- Die erste Hälfte der Rechnung eines Warenverkaufes aus KW 10 in Höhe von 2.500 wird in KW 11 überwiesen. Die zweite Hälfte folgt in KW 13.
- Eine Einzahlung einer Versicherungsentschädigung anlässlich eines Schadensfalles über netto 1.400 soll in KW 11 eingehen.
- Die Steuergutschrift vom Finanzamt über 2.200 wird in KW 12 refundiert.
- In der Kassa werden sich mit Beginn der KW 11 etwa 400 befinden. Der Kassastand soll zwischen 100 und 200 betragen.
- Am Konto 34–233.123 bei der Bank I befinden sich 6.000 (1 % Zinsen pa). Der Überziehungsrahmen beläuft sich auf 1.000 bei einem Überziehungszinssatz von 10 %.
- Ein Kredit bei der Bank II (Nr 123–2321.2) in Höhe von 8.000 wird in der KW 11 freigegeben und kann jederzeit zur Gänze in Anspruch genommen werden. Eine Teilinanspruchnahme ist nicht möglich. Der Zinssatz beträgt 6 %.
- Konto Nr 100–11.217 bei der Bank III wird zurzeit mit 2.000 überzogen (9 % Zinsen). Der maximale Überziehungsrahmen beträgt 3.000. Der Kredit sollte möglichst getilgt werden. Der Kredit kann nur in Schritten von € 1.000,– in Anspruch genommen werden. Die Zinsen sind monatlich zu begleichen, und zwar am Anfang eines jeden Monats und somit in KW 11.
- Ein jederzeit verfügbares Sparbuch bei der Bank III (1,5 % Zinsen) weist einen Endbestand von 5.000 auf.

Lösungsweg

Finanzstatus	KW 11	KW 12	KW 13
Zahlungsmittelbestand am Beginn der Periode	11.400,00	438,60	178,60
A. Ordentliche betriebliche Zahlungen			
Einzahlungen aus Umsätzen	2.500,00		2.500,00
Einzahlungen aus Steuern		2.200,00	
Auszahlungen für Personal	3.600,00	3.600,00	3.600,00
Auszahlungen für Zinsen	15,00		
Auszahlungen für Materialeinkäufe	5.000,00 4.000,00		5.000,00
Auszahlungen für Steuern	40,00		
Auszahlungen für Mieten	1.760,00	1.760,00	1.760,00
Kredittilgung (Bank III)	2.000,00		
Sonstige Auszahlungen	3.320,00		
B. Außerordentliche Zahlungen			
Sonstige Einzahlungen (Schadensfall)	1.400,00		
Auszahlungen für Investitionen	3.026,40		
Finanzmittelbedarf am Ende der KW	**– 18.861,40**	**– 3.160,00**	**– 7.860,00**

2. Planung der Zahlungsfähigkeit: Direkte Finanzplanung

Finanzmittelreserven:			
Kassa	400,00	438,60	178,60
Sparbuch (Haben: 1,5 %)	5.000,00	–	–
Konto Bank I (Soll: 10 %, Haben: 1 %)	7.000,00	1.000,00	1.000,00
Kredit Bank II (Soll: 6 %)	8.000,00		
Konto Bank III (Soll: 9 %)	3.000,00	3.000,00	100,00
Summe Finanzmittelreserven	23.400,00	4.438,60	–
Finanzierung des Saldos:			
Kassa	300,00	260,00	178,60
Sparbuchbehebung	5.000,00		
Konto Bank I	6.000,00		1.000,00
Kredit Bank II	8.000,00		
Konto Bank III		2.900,00	100,00
Zahlungsmittelbestand am Ende der KW:	438,60	178,60	– 6.581,40

Abbildung 187: Lösung Fallbeispiel Finanzstatus

Interpretation

Der Zahlungsmittelbestand am Beginn der Periode setzt sich zusammen aus dem Kassabestand in Höhe von € 400,–, dem Guthaben bei Bank I in Höhe von € 6.000,– und den Ersparnissen auf dem Sparbuch in Höhe von € 5.000,–. Zuerst ist nun abzugrenzen, welche ordentlichen und außerordentlichen Ein- und Auszahlungen (inkl Umsatzsteuer bzw Vorsteuer) in KW 11 stattfinden. Gleichzeitig werden aber auch Restzahlungen in den darauf folgenden KW eingetragen. Die Zinsen in KW 11 ergeben sich aufgrund des überzogenen Kontos bei der Bank III. Bei einem Jahreszinssatz von 9 % wären das € 180,– pro Jahr und € 15,– pro Monat. Aufgrund der teuren Überziehung des Kontos bei der Bank III wird dieses Konto ausgeglichen, was einen zusätzlichen Liquiditätsabgang darstellt. Der Finanzmittelbedarf der KW 11 ergibt sich durch die Differenz aller Einzahlungen und Auszahlungen und beträgt € 18.861,40.

Betrachtet man nun die gesamte Finanzmittelreserve (Barbestand, Kontoguthaben, zugesicherte Darlehen sowie Überziehungsrahmen), ergibt sich nach Ausgleich des Kontos bei Bank III ein Betrag von € 23.400,–, der zur Deckung des Finanzmittelbedarfes verwendet werden kann. Würde das Konto bei Bank III in KW 11 nicht ausgeglichen werden, stünde hier nur mehr ein offener Rahmen in Höhe von € 1.000,– zur Verfügung. Für die Finanzierung dieses Saldos stehen nun mehrere Varianten zur Verfügung, die in Abhängigkeit von den jeweiligen Kosten (Verzinsung) auszuwählen sind und in der „günstigsten" Reihenfolge verwendet werden sollten. Zuerst werden der Kassabestand, das Guthaben bei Banken und die Ersparnisse auf dem Sparbuch verwendet. Für das Guthaben würde das Unternehmen nur 1 % pro Jahr Zinsen bekommen und für die Ersparnisse auf dem Sparbuch ebenfalls nur 1,5 %. Das Überziehen der Konten ist weit teurer, daher werden zuerst die Guthaben verbraucht. Da der Kredit bei Bank II der günstigste ist (6 % Zinsen), wird dieser in Anspruch genommen – und zwar zur Gänze, weil eine Teilinanspruchnahme nicht möglich ist. Nach Deckung der noch fälligen Auszahlungen mit diesen Finanzmittelreserven bleiben noch € 438,60 übrig, die zB in die Kassa gelegt werden könnten und damit den Zahlungsmittelbestand am Beginn von KW 12 darstellen.

In den nachfolgenden KW ist ebenso vorzugehen, wobei immer darauf geachtet werden muss, dass sich die Finanzmittelreserve ändert und stets aktualisiert werden muss, um die Übersichtlichkeit zu wahren. In KW 12 werden nach Saldierung der Ein- und Auszahlungen noch € 3.160,– an Finanzmitteln benötigt. Da alle Guthaben bis auf die € 438,60 in der Kassa bereits verbraucht sind, muss der Kredit bei Bank III wieder in Anspruch genommen werden. Dieser ist mit 9 % Zinsen zwar teurer, aber immer noch günstiger als eine Überziehung des Kontos bei Bank I (10 %). Da der Kassabestand zwischen € 100,– und € 200,– betragen soll, könnten zB € 260,– von der Kassa genommen und der Rest in Höhe von € 2.900,– als Kredit in Anspruch genommen werden. In der Kassa würden dann noch € 178,60 verbleiben, die gleichzeitig der Anfangsbestand für KW 2013 sind.

In KW 13 ist die finanzielle Situation des Unternehmens bereits alarmierend. Nach Saldierung der Ein- und Auszahlungen würde das Unternehmen noch € 7.860,– benötigen. Die Finanzmittelreserven betragen aber nur mehr € 1.278,60 – und selbst wenn alle Reserven aufgebraucht werden würden, könnte das Unternehmen € 6.581,40 nicht mehr decken. Es wäre wegen Zahlungsunfähigkeit von der Insolvenz bedroht.

Eine „richtige" Lösung gibt es für derartige Beispiele nicht. Entscheidungskriterium für die Finanzierungsvariante (bzw Tilgungsvariante) werden im vorliegenden Beispiel – mangels anderer Angaben – die entstehenden Kosten sein. Es ist darauf Rücksicht zu nehmen, dass zB zuerst teure Überziehungen getilgt und günstige Kredite in Anspruch genommen werden.

Wie sich daher der Zahlungsmittelbestand für das Ende der Periode entwickelt, ist von der jeweiligen Verzinsungsart abhängig und muss individuell beurteilt werden. So sind zB hohe Barreserven in der Kassa nicht sinnvoll, da sie unverzinst sind. Dafür sind sie aber sofort liquidierbar. Weitere wesentliche Faktoren für die optimale Steuerung des Zahlungsmittelbestandes sind ein funktionierendes Mahnwesen und Neuverhandlungen mit Banken oder aber auch mit Lieferanten (Zahlungskonditionen).

2.3. Rechengrößen und Struktur des direkten Finanz- bzw Liquiditätsplans

Der direkte Finanzplan (Liquiditätsplan) ist etwas weiter in die Zukunft gerichtet als der Finanzstatus. Dementsprechend sind die zu berücksichtigenden Rechengrößen nicht Ein- und Auszahlungen, sondern Einnahmen und Ausgaben, die die Bestandsgröße „Geldvermögen" betreffen. Somit sind bei der Erstellung eines direkten Finanzplans auch Zielgeschäfte (Forderungen, Verbindlichkeiten) relevant.

Beispiel

Das Unternehmen stellt eine Rechnung an einen Kunden in Höhe von € 10.000,–. Rechnungsdatum ist der 1.2.2014, Zahlungsziel sind 30 Tage. Der Kunde bezahlt schließlich am 5.3.2014. Die Einnahme entsteht für das Unternehmen bereits zu dem Zeitpunkt, an dem die Rechnung fakturiert wird, dh am 1.2.2014, obwohl damit noch kein reeller „Geldeingang" verbunden ist. Die Einzahlung entsteht jedoch erst, wenn der Kunde der Zahlung tatsächlich nachgekommen ist, dh also am 5.3.2014.

Der Aufbau eines direkten Finanzplans ist dem des Finanzstatus sehr ähnlich. Die folgende Grafik zeigt eine beispielhafte Struktur eines direkten Finanzplans, bei dem sich der Planungshorizont auf drei Monate erstreckt. Der Planungshorizont kann aber auch – je nach Bedarf des betrachtenden Unternehmens – Quartale oder Kalenderwochen umfassen. Den Ausgangspunkt stellt wie beim Finanzstatus der kumulierte Zahlungsmittelbestand am Beginn der Periode dar, welcher der Summe der liquiden Mittel entspricht (Summe der Finanzmittelreserven). In der jeweiligen Planungsperiode werden die geplanten ordentlichen und außerordentlichen Einnahmen und Ausgaben einander gegenübergestellt, um den Finanzmittelüberschuss oder Finanzmittelfehlbetrag des jeweiligen Monats zu ermitteln. Dieser Betrag wird mit dem Zahlungsmittelbestand am Beginn des Monats saldiert. Daraus ergibt sich der Zahlungsmittelbestand am Ende des Monats, der zugleich wiederum den Zahlungsmittelbestand am Beginn des nächsten Monats darstellt.

Liquiditätsplan			1. Monat	2. Monat	3. Monat
Zahlungsmittelbestand am Beginn der Periode					
A.	Ordentliche betriebliche Zahlungen				
I.	Einzahlungen				
	a.	Umsatz			
	b.	Mieten			
	c.	Sonstige			
II.	Auszahlungen				
	a.	Personal			
	b.	Zinsen			
	c.	Material			
	d.	Energie			
	e.	Steuern			
	f.	Sonstige			

B.	Außerordentliche Zahlungen			
I.	Einzahlungen			
	a. Zinsen			
	b. Sonstige			
II.	Auszahlungen			
	a. Investitionen			
	b. Gewinnausschüttungen			
	c. Sonstige			
Zahlungsmittelbestand am Ende der Periode				
(Summe der Finanzmittelreserven)				

Abbildung 188: Struktur des direkten Finanzplans

Liquiditätspläne (kurzfristige Finanzpläne) bilden die Brücke zwischen dem sehr kurzfristigen Liquiditätsstatus und dem mittelfristigen Finanzplan (in der Regel indirekter Finanzplan im Rahmen des Budgets).

Der wesentliche Nutzen der kurzfristigen Finanzplanung liegt darin, dass ein Unternehmen etwaige sich abzeichnende Finanzierungsengpässe frühzeitig erkennen kann. Solche Finanzpläne sind dann zweckmäßig, wenn sie einen Frühwarncharakter aufweisen. Verhandlungen mit der Hausbank lassen sich viel leichter führen, wenn zukünftige Liquiditätsengpässe antizipiert werden. Wenn die Liquiditätsengpässe bereits eingetreten sind, belasten solche Situationen immer das Verhältnis zwischen dem Unternehmen und der Bank.

Kommt es voraussichtlich (laut Plan) zu Unterdeckungen, so ist es Aufgabe des Finanzmanagers, festzustellen, ob diese durch vorhandene finanzielle Reserven gedeckt werden können. Ist dies nicht möglich, so muss in das operative Geschäft eingegriffen werden (zB kürzere Zahlungsziele gewähren, Vorräte in kleineren Mengen und erst dann nachkaufen, wenn die eisernen Reserven unterschritten werden etc). Wesentlich dabei ist, ob es sich um eine zeitweilige (temporäre) Unterdeckung oder um ein langfristiges (strukturelles) Problem handelt. Bei kurzfristigen Zahlungsengpässen wird die Hausbank zur Finanzierung durchaus bereit sein. Zeichnet sich jedoch eine langfristige Liquiditätsdurststrecke ab, so wird ein entsprechendes Krisenmanagement von Seiten des Unternehmens notwendig werden.

Bei finanziellen Überdeckungen ist hingegen an Möglichkeiten zu denken, wie diese Überschüsse betrieblich genutzt werden können. Beispielsweise können mit den Überschüssen Wertpapiere gekauft werden. Es ist aber auch denkbar, die Finanzmittel für ein stärkeres Wachstum ins eigene Unternehmen zu investieren.

2. Planung der Zahlungsfähigkeit: Direkte Finanzplanung

Fallbeispiel

Ausgangsdaten

Herr Moser ist Miteigentümer eines großen Möbelhauses. In letzter Zeit haben sich die Kundenanfragen hinsichtlich Maßanfertigungen und kleinerer Reparaturen an alten Möbelstücken gehäuft. Deshalb überlegt Herr Moser, seine vor einigen Jahren stillgelegte Tischlerei als MOSER KG wieder zu eröffnen. Er möchte für die wieder einzurichtende Tischlerei einen kurzfristigen Liquiditätsplan erstellen, aufgrund dessen er sich dann liquiditätsverbessernde Maßnahmen überlegen wird. Folgende Daten hat er bereits erhoben:

	Jänner	Februar	März
Geplante Verkäufe:			
Barverkäufe (inkl 20 %)	€ 24.600	€ 12.300	€ 36.900
Zielverkäufe (inkl 20 %) ein Monat Ziel	€ 7.380	€ 8.400	€ 24.600
Zielverkäufe (inkl 20%) zwei Monate Ziel	€ 19.680		
Geplanter Materialeinkauf:			
Barkauf Holz (inkl 20 %)	€ 12.000	12.000	–
Zielkauf Holz (inkl 20 %, zwei Monate Ziel)	€ 36.000	–	–
Barkauf Kleinmaterial (inkl 20 %)	€ 6.000	–	–
Geplante Auszahlungen für Betriebsaufwand:			
Barkauf Büromaterial (inkl 20 %)	€ 1.200	€ 600	–
Miete (exkl 10 %)	€ 500	€ 500	€ 500
Gehalt Schreiner Walter	€ 1.500	€ 1.500	€ 1.500
Lehrlingsentschädigung	€ 250	€ 250	€ 250
Strom, Betriebskosten (bar, inkl 20 %)	€ 120	€ 120	€ 120
Geplante Investitionen:			
Kauf Kreissäge bar (inkl 20 %)	€ 3.600		
Kauf Fräsmaschine bar (inkl 20 %)			€ 24.000

Abbildung 189: Angaben für den direkten Finanzplan

Ein eventuell entstehender Finanzmittelbedarf soll über das Kontokorrentkonto ausgeglichen werden. Der Überziehungsrahmen beläuft sich auf € 20.000,–. Der Kreditrahmen wurde noch nicht beansprucht. Der aktuelle Kontostand weist ein Guthaben in Höhe von € 10.000,– auf. Zurzeit sind keine Verbindlichkeiten bzw Forderungen offen. Etwaige Zahlungsmittelüberschüsse sind auf das Kontokorrentkonto einzuzahlen. Der Kassabestand beträgt Anfang Jänner € 1.000,– und soll im Februar und März jeweils € 500,– betragen. Der Einfachheit halber ist vom System der Soll-Besteuerung auszugehen.

Lösungsweg

Liquiditätsplan	Jänner	Februar	März
Zahlungsmittelbestand (Barbestand)	€ 1.000	€ 500	€ 500
A. Ordentliche Zahlungen			
I. Einzahlungen			
a) Umsatz (Verkäufe)	€ 24.600	€ 12.300	€ 36.900
		€ 7.380	€ 8.400
			€ 19.680
b) Sonstige Einzahlungen	–	–	–
Summe Einzahlungen	€ 24.600	€ 19.680	€ 64.980
II. Auszahlungen			
a) Material (Wareneinsatz)	€ 12.000	€ 12.000	€ 36.000
Kleinmaterial	€ 6.000	–	–
b) Personalkosten			
Gehälter	€ 1.500	€ 1.500	€ 1.500
Lehrlingsentschädigungen	€ 250	€ 250	€ 250
c) Zinsaufwand	–	–	–
d) Miete	€ 550	€ 550	€ 550
e) Sonstige Auszahlungen (Büro)	€ 1.200	€ 600	–
f) Strom, Betriebskosten	€ 120	€ 120	€ 120
Summe Auszahlungen	€ 21.620	€ 15.020	€ 38.420
B. Außerordentliche Zahlungen			
I. Einzahlungen	–	–	–
II. Auszahlungen			
a) Investitionen (Anlagenkauf)	€ 3.600	–	€ 24.000
b) Sonstige	–	–	–
Summe Auszahlungen	€ 3.600	–	€ 24.000
Nettozahllast	–	–	€ 1.260
Überschuss/Fehlbetrag	–€ 620	€ 4.660	€ 3.820
Einzahlung/Abbuchung Kontokorrent	–€ 120	€ 4.660	€ 3.820
Veränderung Kassabestand	–€ 500	–	–
Kontostand Kontokorrentkonto	€ 9.880	€ 14.540	18.360 €

USt	März	April	Mai
Barverkäufe	€ 4.100	€ 2.050	€ 6.150
Zielverkäufe (ein Monat Ziel)	€ 1.230	€ 1.400	€ 4.100
Zielverkäufe (zwei Monate Ziel)	€ 3.280		
Summe USt	€ 8.610	€ 3.450	€ 10.250

VSt	März	April	Mai
Barkauf Holz	€ 2.000	€ 2.000	
Zielkauf Holz (zwei Monate Ziel)	€ 6.000		
Barkauf Kleinmaterial	€ 1.000		
Barkauf Büromaterial	€ 200	€ 100	
Miete	€ 50	€ 50	€ 50
Strom, Betriebskosten	€ 20	€ 20	€ 20
Kreissäge	€ 600		
Fräsmaschine			€ 4.000
Summe VSt	€ 9.870	€ 2.170	€ 4.070

Nettozahllast	€ 1.260	€ –1.280	€ –6.180

Abbildung 190: Lösung zum direkten Finanzplan

Interpretation

Da die Ein- und Auszahlungen im Liquiditätsplan inkl Umsatzsteuer erfasst werden, ist zur Berechnung der tatsächlichen Zahllast gegenüber dem Finanzamt die Umsatz- bzw die Vorsteuer herauszurechnen. Herr Moser nimmt die Geschäftstätigkeit erst mit Jänner auf, daher werden Umsatz- und Vorsteuer erstmals frühestens im März fällig, und zwar für die Lieferungen bzw Rechnungslegungen im Jänner (Soll-Besteuerung). Für den Liquiditätsplan für die Monate Jänner bis März ist nur die Zahllast im März relevant, der Vollständigkeit halber wird aber im Beispiel auch die Zahllast erfasst, die sich aus der Geschäftstätigkeit in den Monaten Februar und März ergibt.

Die kurzfristige Liquiditätslage der Tischlerei ist ausgezeichnet. Wenn die Aufträge so eintreffen, wie sie von Herrn Moser geplant wurden, hat die MOSER KG mit der Inbetriebnahme der stillgelegten Tischlerei und den neuen Leistungen für die Kunden eine Marktnische gefunden, die weiter ausgebaut werden könnte.

Praktische Relevanz

Die im vorigen Kapitel beschriebene Zahlungsunfähigkeit ist mitunter die dramatische Fortführung eines Liquiditätsengpasses. Ein derartiger Engpass kann zB durch den Forderungsausfall eines Hauptkunden oder auch durch den Rückgang der Gewinne durch Umsatzeinbußen eintreten.

Mittels einer direkten Finanzplanung werden für eine gegebene Periode die Einzahlungen und Auszahlungen erfasst und ergeben ein genaues Abbild für den Liquiditätsbedarf. Durch die Berücksichtigung der Finanzmittelreserve kann so im Vorhinein die liquide Situation berechnet werden. Diese Planung kann kurz- bis langfristig eingesetzt und auch entsprechend grafisch dargestellt werden, um die finanzielle Entwicklung des Unternehmens zu veranschaulichen.

Häufig wird gerade die kurz- und mittelfristige Liquiditätssteuerung bei Klein- und Mittelbetrieben durch den Unternehmer selbst aus dem „Bauch" heraus (und ohne entsprechende Informationsgrundlage) betrieben. Dies kann (und wird auch) in vielen Fällen ausreichen. Gerade bei Unternehmen mit Liquiditätsschwierigkeiten oder besonderen Rahmenbedingungen (zB starke saisonale Schwankungen mit unterschiedlichen Cashflow-Rückflüssen, Projektgeschäfte über längere Zeiträume mit hohen Gesamtaußenständen, Jungunternehmer) sind Instrumente der direkten Finanzplanung jedoch dringend anzuraten.

Wissen kompakt

Ausgabe ist die buchhalterische Bezeichnung für einen Forderungsabgang bzw Schuldenzugang (zB Kauf von Vorräten auf Ziel). Eine Ausgabe stellt noch keinen Abgang an liquiden Mitteln dar.

Auszahlung ist der Begriff für einen Abgang an Liquidität (zB Bezahlung einer Rechnung).

Der **Finanzstatus** erfasst die unmittelbar zahlungswirksamen Ein- und Auszahlungen eines Unternehmens auf Tages- oder Wochenbasis direkt und zeigt auf, wie ein entstehender Finanzmittelbedarf mit den zur Verfügung stehenden Finanzmittelreserven gedeckt werden kann. Ergibt sich ein Zahlungsmittelüberschuss, ist zu überlegen, wofür die überschüssigen Mittel verwendet werden können.

Einnahme ist die buchhalterische Bezeichnung für einen Forderungszugang bzw Schuldenabgang. Eine Einnahme stellt noch keinen Zugang an liquiden Mitteln dar.

Einzahlung ist der Begriff für einen Zugang an liquiden Mitteln (zB Bezahlung einer offenen Forderung).

Der **direkte Finanzplan** zeigt die geplanten Ein- und Auszahlungen einer Periode (üblicherweise eines Monats oder Quartals) und dient der Liquiditätssteuerung.

Der **indirekte Finanzplan** wird auf Basis der Gewinn- und Verlustrechnung aus der vergangenen Periode und der daraus abgeleiteten Cashflow-Rechnung erstellt, indem der geplante Jahresüberschuss/-fehlbetrag um alle nicht zahlungswirksamen Aufwendungen und Erträge korrigiert wird.

Kontrollfragen

- Erläutern Sie, in welchen Fällen eine Finanzplanung für ein Unternehmen besonders wichtig ist!
- Wo liegen die Unterschiede zwischen einer direkten und einer indirekten Finanzplanung? Wann und unter welchen Umständen wird eine direkte Finanzplanung für ein Unternehmen besonders sinnvoll sein?
- Beschreiben Sie die Wesensmerkmale und den Aufbau eines direkten Finanzplans!

- Welche Perioden (Zeithorizont) würden Sie für die verschiedenen Instrumente der kurzfristigen Finanzplanung heranziehen? Von welchen Faktoren könnte dies abhängig sein?

Weiterführende Literatur

- *Dettmer, H./Hausmann, T.:* Finanzmanagement, Band I, 2., verbesserte Auflage, München 1998.
- *Egger, A./Winterheller, M.:* Kurzfristige Unternehmensplanung, 14. Auflage, Wien 2007.
- *Grünberger, H.:* Praxis der Bilanzierung, 12., überarbeitete Auflage, Wien 2011.
- *Kropfberger, D./Winterheller, M.:* Controlling, 4., korrigierte Auflage, Wien 2007.
- *Lechner, K./Egger, A./Schauer, R.:* Einführung in die Allgemeine Betriebswirtschaftslehre, 26., überarbeitete Auflage, Wien 2013.
- *Meffle, G./Heyd, R./Weber, P.:* Das Rechnungswesen der Unternehmung als Entscheidungskriterium, Band 1, 6., überarbeitete und ergänzte Auflage, München 2008.
- *Perridon, L./Steiner, M./Rathgeber, A.:* Finanzwirtschaft der Unternehmung, 16., überarbeitete und erweiterte Auflage, München 2012.
- *Venzin, M./Rasner, C./Mahnke, V.:* Der Strategieprozess – Praxishandbuch zur Umsetzung im Unternehmen, 2., erweiterte Auflage, Frankfurt/Main 2010.
- *Wöhe, G./Döring, U.:* Einführung in die allgemeine Betriebswirtschaftslehre, 25., überarbeitete und aktualisierte Auflage, München 2013.
- *Ziegenbein, K.:* Controlling, 10., überarbeitete und aktualisierte Auflage, Ludwigshafen am Rhein 2012.

3. Integration der Finanzplanung in den Budgetierungsprozess

> **Lernziel**
>
> **In diesem Kapitel lernen Sie**
> - was man unter Budgetierungsprozess versteht und wie man Ziele in Budgets darstellen kann
> - wie man von der Planung der Leistungen und Kosten zur Finanzmittelbedarfsplanung gelangt
> - wie die Finanzplanung und die Planbilanz miteinander verknüpft sind
> - was man unter dem Begriff der integrierten Planung versteht
> - welche Planungsgrundsätze es gibt und wie sie angewandt werden

3.1. Notwendigkeit der Integration der Finanzplanung in den Budgetierungsprozess

Aus den Zielen des Unternehmens werden Pläne formuliert; in Zahlen dargestellt ergeben diese Pläne das Budget. Diese Pläne lassen sich auch in kg, Liter, KWh oder km abbilden. Solche Pläne mit Mengeneinheiten (zB km) werden als realwirtschaftliche Pläne bezeichnet. In der Wirtschaft werden diese Pläne jedoch in einer einheitlichen Größe (Währung) dargestellt. Pläne in Währungseinheiten (zum Beispiel in Euro) nennt man finanzwirtschaftliche Pläne.

„Budgets sind in Zahlen gefasste Pläne!"

Abbildung 191: Vom Ziel zum Budget

Jeder finanzwirtschaftlichen Budgetierung liegt demnach ein realwirtschaftlicher Plan zugrunde. Budgets beziehen sich daher immer auf konkrete Prozesse, Entscheidungen oder Maßnahmen (zB: der Außendienstmitarbeiter legt eine bestimmte Anzahl in km zurück) – also auf realwirtschaftliche Vorgänge. Solche Prozesse, Entscheidungen und Maßnahmen beeinflussen im Wesentlichen den Erfolg des Unternehmens und werden im Form des **Leistungsbudgets** abgebildet. Ein Leistungsbudget ist demnach eine Planerfolgsrechnung, also eine Planung der Erlöse und Kosten der kommenden Periode.

Die Leistungen und die dahinter liegenden Ziele des Unternehmens müssen jedoch auch finanziert werden. Aus diesem Grund ist es notwendig, nicht nur zu erkennen, welche Auswirkungen die im Planungsprozess getroffenen Entscheidungen und die daraus resultierenden Maßnahmen und Prozesse auf den Erfolg des Unternehmens haben, **sondern auch, ob es überhaupt möglich ist, diese zu finanzieren**. Dazu ist es notwendig, **Finanz- oder Liquiditätsbudgets** zu erstellen.

Die Gestaltung der betrieblichen Leistungsprozesse und damit die Bereiche der Beschaffung, Investition, Produktion und des Absatzes der Leistungen bestimmen die Finanzierung. Umgekehrt bestimmen wiederum die Finanzierungsmöglichkeiten die Gestaltung der betrieblichen Leistungsprozesse. Das bedeutet, dass die Erfolgsplanung (Leistungsbudget) und die Finanzplanung (Finanzbudget) „Hand in Hand" erarbeitet werden müssen. Die Integration beider Perspektiven stellt eine notwendige Voraussetzung für den Erfolg eines Unternehmens dar.

Reiht man mehrere Pläne (Mehrjahresplanung) aneinander, so kann man diese als Meilensteine zur Erreichung einer angestrebten strategischen Position verstehen. Zumeist müssen zur Erreichung von Zielpositionen größere Investitionen getätigt werden. Die einzelnen Finanzpläne zeigen in diesem Zusammenhang auf, ob die Finanzkraft des Unternehmens überhaupt ausreicht, um die geplante Strategie umsetzen zu können. Insbesondere in Abstimmung des Finanzplans mit der sich daraus ergebenden Struktur der Planbilanz zeichnen sich Grenzen der Umsetzbarkeit von strategischen Optionen ab. Ist die Finanzierbarkeit einer Strategie nicht gewährleistet, geht dem Unternehmen während der Umsetzung sozusagen „die Luft aus". Aus solchen Situationen können existenzgefährdende Unternehmenskrisen resultieren.

Insofern stellt die Finanzplanung einen kontrollierenden (hinsichtlich Finanzierbarkeit) und limitierenden (hinsichtlich der begrenzten Finanzmittel als knappe Ressource) Faktor in der Planrechnung dar. Dieser restriktive Charakter hat aber den Vorteil, dass sich bereits in der Planungsphase abzeichnende Finanzierungsengpässe ein Reformulieren von Zielen zweckmäßig machen. Entscheidend ist, dass zu diesem Zeitpunkt die Abänderung von Zielen noch ohne schmerzhafte finanzielle Verluste möglich ist.

3.2. Ablauf des integrierten Budgetierungsprozesses

Ein wesentlicher erster Schritt jeder Planung und gleichzeitig eine zentrale Aufgabe der Geschäftsführung bzw der Eigentümer ist die Vorgabe der strategischen Ziele. Aus diesen langfristigen Zielen lassen sich für die kurzfristige Betrachtungsweise (etwa für das kommende Jahr) operative Ziele ableiten. Die Ziele werden sodann in Pläne heruntergebrochen. Also wird beispielsweise die Sicherstellung der Zahlungsfähigkeit durch die Planung der Finanzlage gewährleistet. Als Instrumente werden dazu Finanzbudgets eingesetzt. Die folgende Grafik gibt einen Überblick über die Zielebenen, die dazugehörigen Pläne und die unterstützenden Instrumente.

Abschnitt D – Finanzplanung und Finanzmanagement

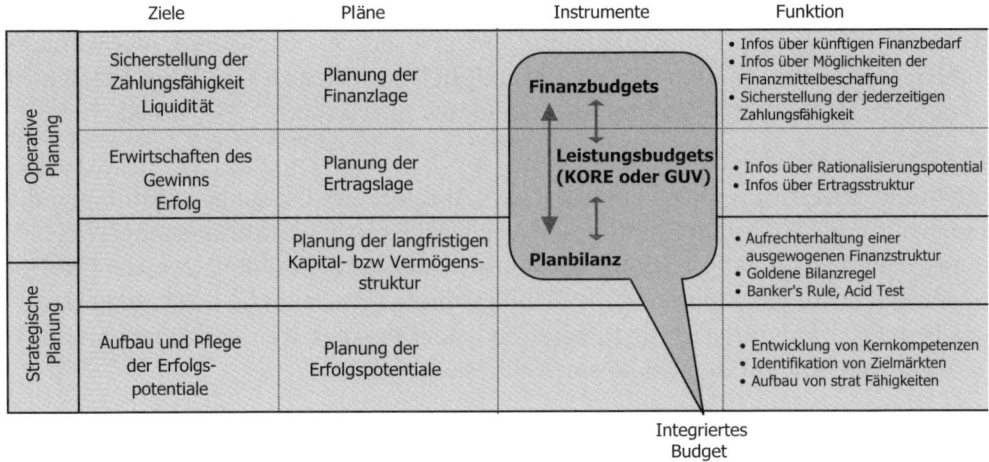

Abbildung 192: Verbindungen zwischen den Planungsinstrumenten

Wie die Grafik zeigt, sind zwischen den einzelnen Planungsinstrumenten Verbindungen vorhanden, so dass ein integriertes Budget konzeptionell realisiert werden kann. Gestartet wird der Budgetierungsprozess bei der Planung der Erlöse und der entsprechenden Kosten, also bei der Erstellung des Leistungsbudgets. Die Planung der Ertragslage (insbesondere Umsatzplanung) löst im betrieblichen Leistungserstellungsprozess Kosten aus, die es zu finanzieren gilt. Deshalb wird – aufbauend auf das Leistungsbudget – der zugehörige Finanzplan entworfen, mit dessen Hilfe die Finanzierbarkeit des Leistungsbudgets ermittelt wird. Aus dem Leistungsbudget und dem Finanzplan lässt sich dann die Planbilanz entwickeln.

Für das Leistungsbudget werden die Ziele des Unternehmens vorerst in mengenmäßigen Plänen (zB: Absatzplan in Stück) abgebildet und dann in Budgets (zB Absatzbudget mit den abzusetzenden Stück bewertet mit geplanten Verkaufspreisen) übergeführt. Jede realwirtschaftliche Entscheidung hat bestimmte finanzwirtschaftliche Auswirkungen. Die Auswirkungen jeglicher (Teil-)Planung werden in den (Teil-)Budgets sichtbar. Die Pläne (und daraus resultierend die Budgets) umfassen den gesamten Leistungserstellungsprozess im Unternehmen und dadurch alle Teilbereiche – von der Absatzplanung, der Produktionsplanung, der Lager- und Beschaffungsplanung, dem Personalplan, bis hin zur Vertriebsplanung. Dieser Bereich umfasst sozusagen das „tagtägliche Business".

Darüber hinaus beeinflussen aber noch weitere (strategische) Entscheidungen den Planungsprozess. So werden in den Managementplänen jene Maßnahmen abgebildet, die einer eigenen Managemententscheidung bedürfen. Dies betrifft ua Entscheidungen über Investitionen (Investitionspläne), Entscheidungen über die längerfristige (strukturelle) Finanzierung des Unternehmens (zB Kredittilgungspläne, Umschuldungspläne), aber auch Entscheidungen über die Gewinnverwendung (zB Planung der Gewinnthesaurierung oder Gewinnausschüttung). Die Ergebnisse die-

3. Integration der Finanzplanung in den Budgetierungsprozess

ser (strategischen) Entscheidungen der Managementebene beeinflussen wiederum das Betriebsbudget des Unternehmens.

In Abstimmung der Betriebsbudgets und Managementbudgets wird das Finanzbudget erstellt. Die folgende Grafik gibt dazu einen ersten Überblick:

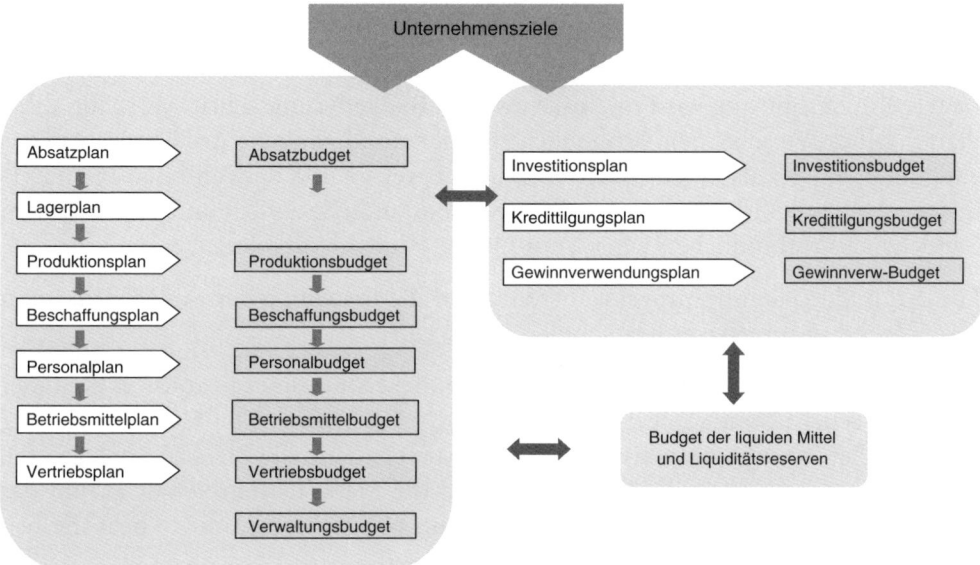

Abbildung 193: Betriebsbudgets & Managementbudgets

Die detaillierte Vorgehensweise zur Erstellung integrierter Budgets wird im folgenden Kapitel erläutert.

Die Erstellung des Unternehmensbudgets erfolgt üblicherweise im so genannten **Gegenstromverfahren**, das aus zwei Schritten besteht:

- Die „**Top-down**"-Phase:
  Die Initiative geht von der Unternehmensführung aus und die Rahmendaten für die Budgetierung werden aus der strategischen Planung abgeleitet. Die Budgetgrößen werden dann den untergeordneten Hierarchieebenen vorgegeben.
- Die „**Bottom-up**"-Phase:
  Aus den vorgegebenen Zielen werden Maßnahmenplanungen der einzelnen Unternehmensteilbereiche abgeleitet. Das Ergebnis dieser Maßnahmenplanung ist ein in vielen Fällen noch nicht bewertetes Mengengerüst (zB Anzahl der benötigten bzw vorhandenen Mitarbeiter, Produktionsmengen, Rüstzeiten, Verkaufszahlen in Stück), welches von der Controllingabteilung zusammengefasst und bewertet werden muss. Durch dieses Zusammenfassen und Bewerten entsteht ein Unternehmensbudget, das die Summe der Vorstellungen der einzelnen Unternehmensbereiche darstellt.

Bottom-up- und Top-down-Phase werden oftmals in mehreren Schritten wiederholt, da es immer wieder zu Anpassungen in den Maßnahmenplanungen der Unternehmensbereiche sowie zur Korrektur nicht erreichbarer Ziele durch die Geschäftsführung kommen wird. In aller Regel werden die von der Geschäftsführung vorgegebenen Ziele in dem auf Basis der Bottom-up-Planung erstellten Budgets noch nicht erreicht. Die Differenz zwischen den Zielen der Unternehmensleitung und dem vorläufigen Ergebnis des Budgets bezeichnet man als Planungslücke. Durch verbesserte Abstimmung der einzelnen Bereiche und entsprechende Vorgaben der Unternehmensführung wird in einem zweiten Budgetierungsschritt versucht, diese Planungslücke zu schließen. Schließlich erfolgt eine allmähliche Annäherung an das endgültige Budget als Ergebnis der einzelnen Bereiche und der zentralen Planungsinstanz. Das endgültige Budget wird in seine Bestandteile zerlegt und den einzelnen Bereichen als verbindliche Richtschnur für das Planjahr vorgelegt.

Für den Budgetplanungsprozess, aber auch für die Erstellung der Budgetstrukturen sind folgende Grundsätze zu beachten:

- Anspruchsniveau (Leistungsforderung) und Leistungsniveau müssen einander entsprechen. Damit soll das Budget für die Mitarbeiter eine Herausforderung darstellen, aber gleichzeitig auch erreichbar sein. Sind die Ziele zu hoch gesetzt, sinkt die Motivation. Gleichzeitig steigen die Manipulationsversuche, um das System zu „überlisten". Es wird eine Kultur im Sinne des „how to beat the system" gefördert.
- Aufgabenbereich und Budgetbereich und müssen aufeinander abgestimmt sein. Das heißt, es muss eine Übereinstimmung zwischen „accounting responsibility" und „accounting entity" geben: Derjenige, der für das Budget verantwortlich ist, sollte darauf auch Einfluss nehmen können. Ansonsten kommt es zu massiven Motivationsproblemen der Mitarbeiter.
- Bei der Budgeterstellung gilt der Partizipationsgrundsatz. Soll das Budgetsystem funktionieren, sollten die Mitarbeiter auch an der Budgeterstellung beteiligt werden. Optimal ist es, „Top-down"-Eckdaten vorzugeben und die Detailplanung „bottom up" durchführen zu lassen (Gegenstromverfahren).
- Das Budget sollte während der Budgetperiode nicht geändert werden. Ausnahmefälle sind lediglich Planungsfehler bzw massive Umweltveränderungen, die das Unternehmen vor völlig neue Rahmenbedingungen stellt. Diese Gründe sollten jedoch nicht als Ausflüchte dienen, um bei ersten Abweichungen das Budget zu ändern.
- Das Budget muss gleich aufgebaut sein wie das Abrechnungssystem. Soll/Ist- und Soll/Wird-Vergleiche sind nur dann aussagekräftig, wenn die Plandaten dieselbe Struktur aufweisen wie die Ist-Daten. Wenn Budgets (bzw deren Einhaltung) nicht kontrolliert und deren Abweichungen nicht analysiert werden, ist die Sinnhaftigkeit zu hinterfragen. Es sollte darauf geachtet werden, dass Abweichungen keine Schuldbeweise sind. Abweichungen sind die Basis und der Anlass für einen Lernprozess. Münden die Analysen ausschließlich in personenbezoge-

ne Kritik und Schuldzuweisungen, kann dies keine Basis für ein allgemeines Lernen sein. Viel wichtiger als Schuldzuweisungen ist es zu erfahren, was man aus der Situation lernen kann.

3.3. Struktur des integrierten Budgets

3.3.1. Ist-Bilanz und Ist-Gewinn- und Verlustrechnung

Den Ausgangspunkt des integrierten Budgets stellen die Ist-Bilanz und die Ist-Gewinn- und Verlustrechnung dar. Erst durch das Vorliegen der Ist-Werte können entsprechende Planungen vorgenommen werden. Wesentlich ist dabei, dass die Ist-Struktur maßgeblich für die Planstruktur ist. Für den Planungsprozess ist es erforderlich, dass die Ist-Werte der Bilanz und der Gewinn- und Verlustrechnung relativ rasch zur Verfügung stehen. Wenn diese Werte erst zur Jahresmitte bekannt sind, macht eine Planung nur mehr sehr eingeschränkt Sinn.

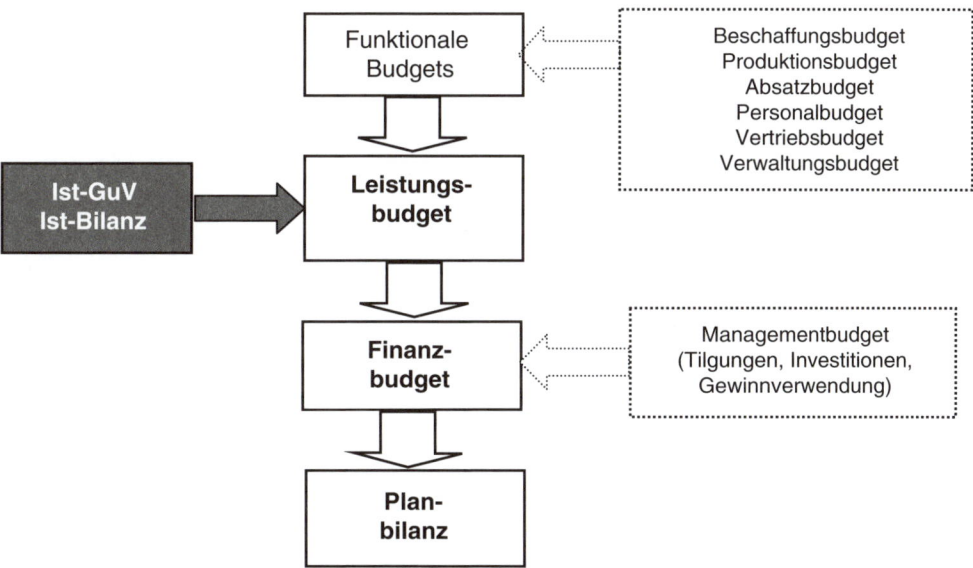

Abbildung 194: Struktur des integrierten Budgets (Phase 1)

Für die Planung ist es oft nicht zielführend, wenn jede Detailposition der Ist-Bilanz und der Ist-Gewinn- und Verlustrechnung geplant wird. So kann es durchaus sinnvoll sein, bestimmte Positionen zusammenzufassen.

3.3.2. Das Leistungsbudget

Das Leistungsbudget (= Planerfolgsrechnung) stellt die auf Plandaten beruhende Gewinn- und Verlustrechnung für den Planungszeitraum dar. Ziel ist die Ermittlung des zukünftigen Betriebs- und Unternehmensergebnisses.

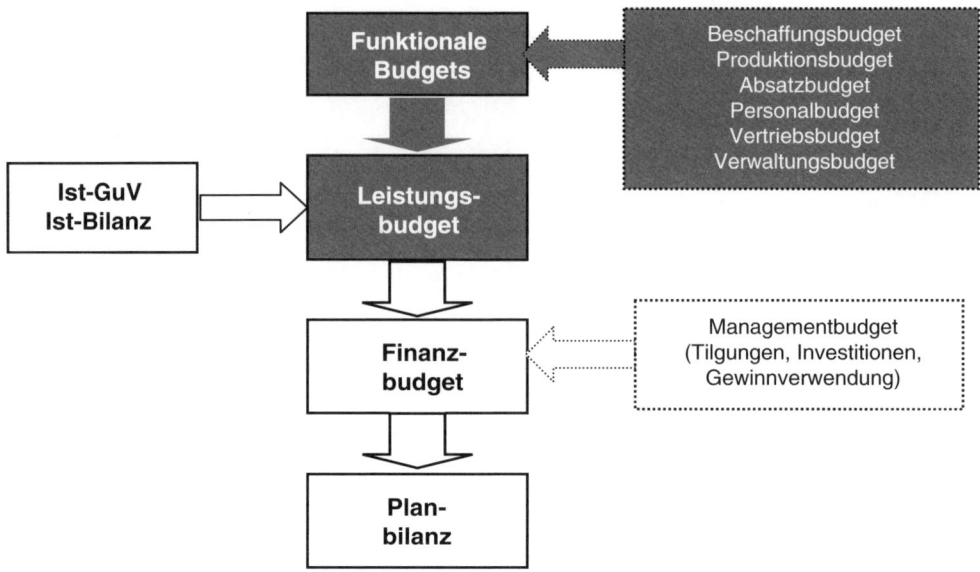

Abbildung 195: Struktur des integrierten Budgets (Phase 2)

Ausgangspunkt für das Leistungsbudget muss der Engpass im Unternehmen sein: Dies können sowohl der Absatz (zB maximal absetzbare Menge) als auch die Kapazitäten von bestimmten Produktionsfaktoren sein (zB Kapazitätsgrenze einer Produktionsanlage, Mitarbeiteranzahl, Materialressourcen, …). Auf dieser Basis werden das Produktionsprogramm erstellt sowie die Erlöse und korrespondierenden Kosten geplant.

Der **Umsatzplanung** und damit der Planung der Leistung des Unternehmens kommt aus drei Gründen besondere Bedeutung zu:

- Im Umsatz sind sämtliche Erlöse verdichtet, so dass dieser Größe alle Aufwendungen entgegenstehen.
- Der Umsatz beeinflusst die Höhe sowohl der variablen als auch der sprungfixen Kosten.
- Der Umsatz (insbesondere die Absatzzahlen) ist erheblichen Unsicherheiten unterworfen.

Die Umsatzplanung unterscheidet sich grundsätzlich von der Umsatzprognose. Die Frage für die Prognose lautet: „Wie viele Einheiten können wir unter bestimmten Bedingungen zu welchem Preis verkaufen?" Zur Beantwortung dieser Frage werden zahlreiche quantitative und qualitative Verfahren wie zum Beispiel Repräsentativbefragungen, Expertenbefragungen und Zeitreihenanalysen eingesetzt.

Die Planung kann im ersten Schritt auf die Prognose aufsetzen, geht aber darüber hinaus. Die Frage lautet hier: „Wie viele Einheiten wollen wir zu welchem Preis verkaufen?" Die Planung stellt also in diesem Sinne eine Willenserklärung dar. Die vom

3. Integration der Finanzplanung in den Budgetierungsprozess

Unternehmen zu beeinflussenden Bedingungen, also der Einsatz der verschiedenen Marketinginstrumente, sind in Übereinstimmung mit diesem Ziel zu planen.

Abgesehen von den externen Bedingungen ist die Umsatzplanung von einer Reihe von internen Größen abhängig. Dazu gehören in erster Linie die variablen Kosten der abzusetzenden Leistungen sowie die Fixkosten der einzelnen Unternehmensbereiche. Somit werden die Kosten in der Regel getrennt nach variablen Kosten und fixen Kosten budgetiert. Obwohl der Grundaufbau des Leistungsbudgets für alle Unternehmen gleich gestaltet wird, ergeben sich bei der Planung der Umsätze und der entsprechenden variablen Kosten massive Unterschiede je nach Branche und Art des Betriebes.

Das Leistungsbudget stellt an und für sich eine Verdichtung vieler Detailbudgets dar. In das Leistungsbudget fließen die funktionalen Budgets der Bereiche Absatz, Produktion, Beschaffung, Personal, Betriebsmittel, Vertrieb, Verwaltung etc ein. Die folgende Grafik soll den Verdichtungsprozess verdeutlichen:

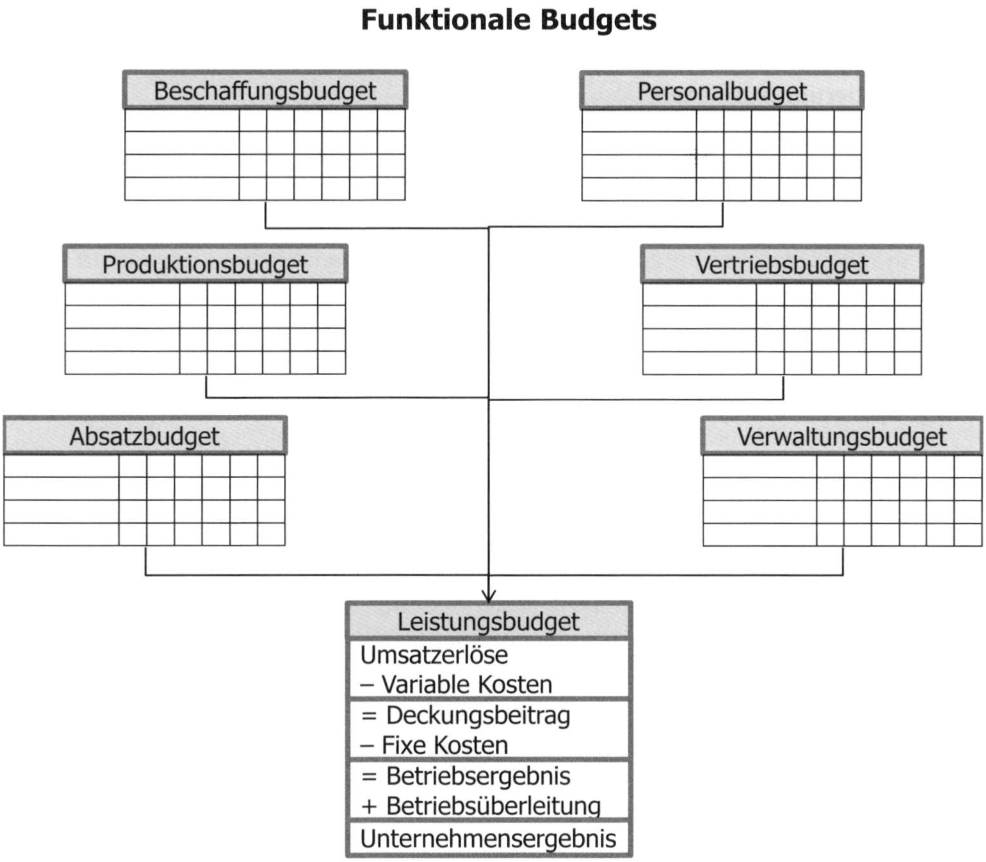

Funktionale Budgets

Abbildung 196: Verdichtungsprozess bei der Erstellung des Leistungsbudgets

Abschnitt D – Finanzplanung und Finanzmanagement

Die Planerfolgsrechnung wird ausgehend vom Umsatz- und Produktionsplan und den diversen Kostenstellenplänen meist in Staffelform erstellt. Wenn sie auf Basis der Finanzbuchhaltungsdaten erstellt wird, könnte sie beispielsweise folgendes Aussehen haben:

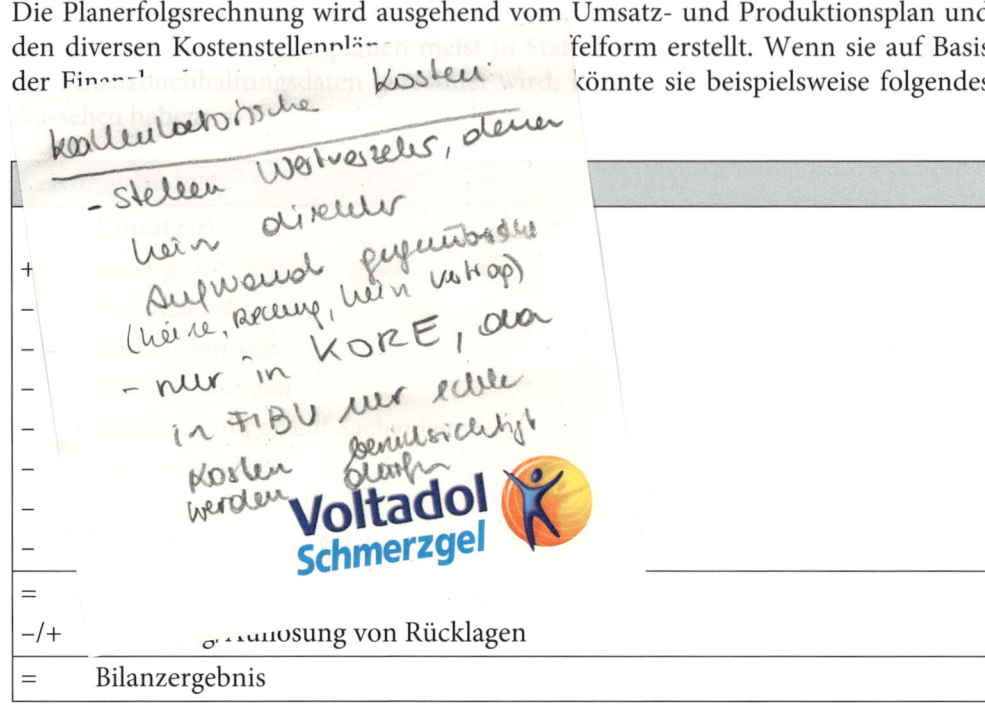

Abbildung 197: Leistungsbudget auf Basis der Finanzbuchhaltungsdaten

Es ist möglich, das Leistungsbudget auf Basis der Finanzbuchhaltungsdaten (Aufwand und Ertrag) oder auf Basis der Kostenrechnungsdaten (Kosten und Leistungen) zu erstellen. Da die folgende Finanzplanung in der Regel vom Jahresüberschuss, der aus der Finanzbuchhaltung ermittelt wird, ausgeht, kann im ersten Fall unmittelbar vom Leistungsbudget auf das Finanzbudget übergeleitet werden. Im Fall der Planung auf Kostenrechnungsdaten benötigt man zuvor eine „Überleitung" von den kostenrechnerischen Daten auf die Ebene der Finanzbuchhaltung (Brückenrechnung). Dies bedeutet, dass vom kostenrechnerischen Betriebsergebnis (Periodenerfolgsrechnung) auf das finanzbuchhalterische Unternehmensergebnis übergeleitet werden muss. Dabei werden alle kostenrechnerischen Positionen wieder „neutralisiert": So werden die kalkulatorischen Posten zum Betriebsergebnis wieder hinzugerechnet und durch die buchhalterischen Aufwendungen (wie buchmäßige Abschreibungen, Fremdkapitalzinsen etc) ersetzt. Vielfach wird in Klein- und Mittelbetrieben von der Verrechnung von kalkulatorischen Größen abgesehen, wodurch diese „Rückrechnung" entfallen würde. Das bedeutet, das Leistungsbudget errechnet sich also direkt in Form des Betriebsergebnisses.

Leistungsbudget mit Betriebsüberleitung:	
	Umsatzerlöse
–	variable Kosten (zB Fertigungsmaterial, -löhne, Fremdleistungen)
=	Deckungsbeitrag
–	fixe Personalkosten
–	fixe Betriebskosten
–	fixe Energiekosten
–	kalkulatorische Abschreibungen auf Sachanlagen
–	kalkulatorische Zinsen
–	sonstige Fixkosten
=	kalkulatorisches Betriebsergebnis
+	kalkulatorische Abschreibungen auf Sachanlagen
–	buchhalterische Abschreibungen auf Sachanlagen
+	kalkulatorische Zinsen
–	buchhalterische Zinsen auf das Fremdkapital
+/–	neutrale Erträge/neutrale Aufwendungen
=	Unternehmensergebnis

Abbildung 198: Leistungsbudget auf Basis der Kostenrechnungsdaten mit Betriebsüberleitung

Zu den neutralen Aufwendungen zählen beispielsweise Dotierungen von Rückstellungen, Verluste aus Anlagenabgang und außerordentliche Schadensfälle. Neutrale Erträge könnten durch die Auflösung von nicht benötigten Rückstellungen und in Form des Gewinns aus Anlagenabgang anfallen. Das geplante Unternehmensergebnis ist bei Kapitalgesellschaften Basis für die Berechnung der geplanten Körperschaftsteuer.

3.3.3. Das Finanzbudget (indirekter Finanzplan)

Im Anschluss an das Leistungsbudget ist das Finanzbudget zu erstellen. Das Finanzbudget muss alle geplanten Zahlungsströme des Unternehmens erfassen. Es ist festzustellen, welcher zusätzliche Bedarf an Finanzmitteln zur Durchführung der geplanten Maßnahmen erforderlich ist bzw welcher finanzielle Überschuss entsteht. Stellt sich bei der Erstellung des Finanzbudgets heraus, dass ein errechneter Zahlungsmittelbedarf durch vorhandene Kreditreserven oder andere Quellen nicht gedeckt werden kann, ist das gesamte Budget zu überarbeiten und an die Finanzierungsmöglichkeiten anzupassen.

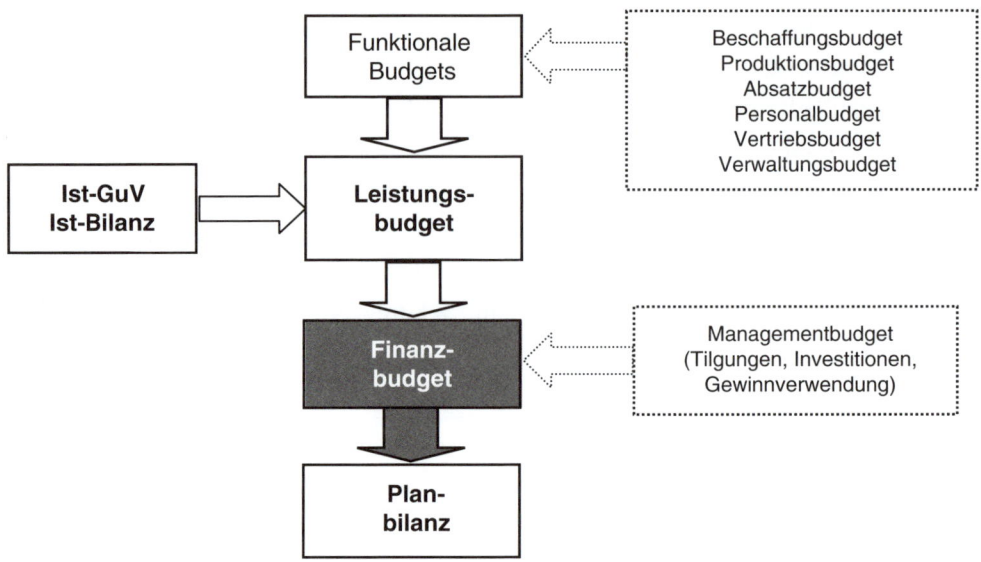

Abbildung 199: Struktur des integrierten Budgets (Phase 3)

Ausgangspunkt für das Finanzbudget ist das Leistungsbudget. Das Leistungsbudget basiert jedoch, wie jede nach dem Prinzip der doppelten Buchhaltung aufgebaute Erfolgsrechnung, auf (periodisierten) Aufwendungen und Erträgen. Die Aufwendungen und Erträge weichen in einer Reihe von Fällen zeitlich von den ihnen zugrunde liegenden Zahlungsvorgängen ab. Die Finanzplanung ist deswegen zunächst von der Aufwands-und-Ertragsrechnung in eine Einnahmen-Ausgaben-Rechnung überzuleiten. Diese Überleitung erfolgt in Form einer Cashflow-Rechnung, die die Basis für den indirekten Finanzplan darstellt (vgl den Cashflow aus dem Ergebnis in Abschnitt C, Kapitel 6.1 und 6.2). Da das Finanzbudget indirekt aus der Erfolgsplanung abgeleitet wird, wird es auch **indirekter Finanzplan** genannt. Theoretisch wäre es auch möglich, ein integriertes Budget auf Basis einer direkten Finanzplanung aufzubauen. Da aber das Erstellungsintervall einer Bilanz ein quartalsmäßiges oder jährliches ist, kann man mit geringerem Aufwand den Prozess der indirekten Finanzplanung unterstützen.

Zusammenfassend kann festgehalten werden, dass sich das Finanzbudget in Form eines indirekten Finanzplans folgendermaßen ergibt:

- aus den betrieblichen Einzahlungen- und Auszahlungen bzw den Erträgen und Aufwendungen des Leistungsbudgets, korrigiert um jene Ertrags- und Aufwandspositionen, die nicht zahlungswirksam sind,
- aus den erfolgsneutralen Veränderungen der Aktiva und Passiva; das sind alle nicht erfolgswirksamen Zahlungsvorgänge im Bereich des für die operative Tätigkeit erforderlichen kurzfristigen Vermögens und Kapitals (operativer Cashflow bzw Cashflow auf Basis des Working Capitals), im Bereich des langfristigen Vermögens (Investitions-Cashflow) und im Bereich des zu Finanzierungszwecken vorhandenen Kapitals (Finanzierungs-Cashflow).

Finanzbudget	
Bilanzergebnis	
+/–	Abschreibung/Zuschreibung
+/–	Dotierung/Auflösung von langfristigen Rückstellungen
–/+	Gewinn/Verlust aus Anlagenabgang
+/–	Dotierung/Auflösung von Rücklagen
	Cashflow aus dem Ergebnis
–/+	Zunahme/Abnahme von Lagerbeständen
–/+	Zunahme/Abnahme von Forderungen
+/–	Zunahme/Abnahme von Verbindlichkeiten
+/–	Zunahme/Abnahme von kurzfristigen Rückstellungen
	Operativer Cashflow
–	Investitionen
+	Desinvestitionen
	Investitions-Cashflow
–/+	Ausschüttung/Kapitalaufstockung
–/+	Privatentnahmen/-einlagen
	Finanzierungs-Cashflow

Abbildung 200: Finanzbudget (indirekter Finanzplan)

Das Ergebnis des Finanzplanes ist der Finanzmittelbedarf oder -überschuss, der sich aus der Summe der einzelnen Salden ergibt.

+/–	Cashflow aus dem operativer Bereich
+/–	Cashflow aus dem Investitionsbereich
+/–	Cashflow aus dem Finanzierungsbereich
Finanzmittelbedarf/-überschuss	

Abbildung 201: Finanzmittelbedarf/-überschuss nach dem ÖVFA-Cashflow-Statement

Nach Errechnung des Finanzmittelbedarfs bzw -überschusses muss vom Planenden festgelegt werden, wie die zusätzlichen Mittel zu beschaffen sind (zB Erhöhung des Bankkontokorrentkredites, Aufnahme eines Darlehens) bzw wie der voraussichtlich entstehende Finanzmittelüberschuss zu verwenden ist. Es ist darauf zu achten, dass das finanzielle Gleichgewicht nicht nur am Periodenende, sondern während der gesamten Periode gegeben sein muss.

Ergibt sich aus der Finanzplanung ein Überschuss, kann dieser beispielsweise zum Abbau vorhandener Bankkredite oder von Lieferantenkrediten vorgesehen werden. Ergibt sich aus der Finanzplanung ein zusätzlicher Finanzmittelbedarf, muss dieser aus den frei disponierbaren Größen abgedeckt werden können. Aufgabe der Planung ist es, darüber zu entscheiden, in welcher Reihenfolge vorgegangen wird. Stellt sich bei der Erstellung des Finanzplans heraus, dass ein errechneter Zahlungsmittelbedarf durch vorhandene Kreditreserven oder andere Quellen nicht gedeckt werden kann, ist das Leistungsbudget zu revidieren und an die Finanzierungsmöglichkeiten anzupassen.

3.3.4. Die Planbilanz

Die Planbilanz zeigt die Vermögens- und Kapitallage des Unternehmens am Ende der geplanten Periode. Die Planbilanz ergibt sich zwingend aus den Zahlen der Ist-Bilanz, der Erfolgsplanung und des Finanzplans.

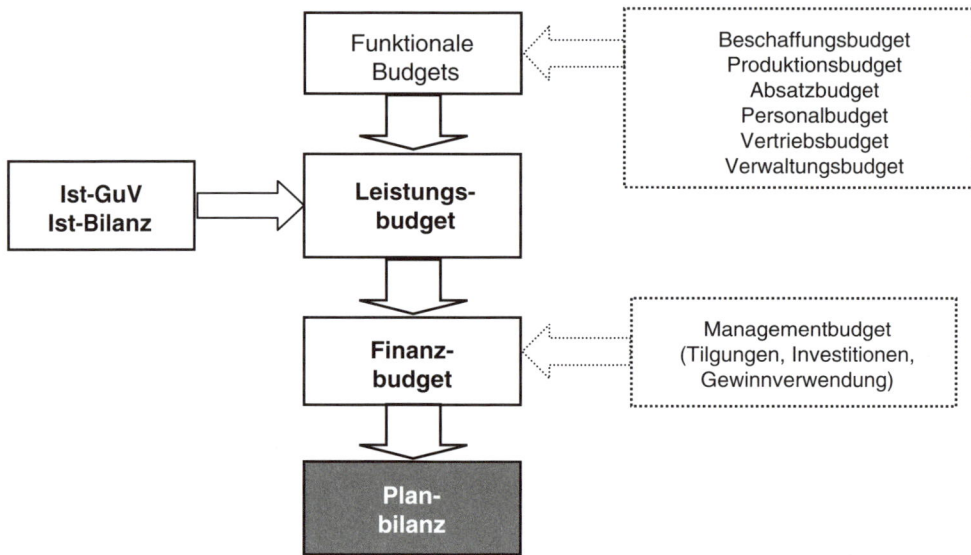

Abbildung 202: Struktur des integrierten Budgets (Phase 4)

Die Erstellung der Planbilanz erfolgt simultan mit der Erstellung des Finanzplans, da sich jede Veränderung der einzelnen Vermögens- und Schuldpositionen auf deren Endbestand auswirkt.

Ausgangspunkt für die Planbilanz ist der Jahresabschluss des Vorjahres. Da die Budgeterstellung in der Regel noch im alten Jahr erfolgt, stehen zu diesem Zeitpunkt die Anfangsbestände der Aktiva und Passiva für den Beginn der Planperiode noch nicht zur Verfügung. Man wird in diesem Fall zunächst voraussichtliche Werte (zB aus der aktuellen Vorschaurechnung) als Ausgangsbasis für die Ermittlung der Planschlussbilanz heranziehen.

3.3.5. Die verbesserte Bewegungsbilanz

Ein Instrument, um das ein integriertes Budget in der Praxis noch gerne ergänzt wird, ist die verbesserte Bewegungsbilanz. Die verbesserte Bewegungsbilanz ist eine Erweiterung der einfachen Bewegungsbilanz (siehe Abschnitt C, Kapitel 3.3) und im

Grunde lediglich eine alternative Darstellung des indirekten Finanzplans (Finanzbudgets), allerdings mit dem Vorteil, dass Mittelherkunft und Mittelverwendung einer Periode übersichtlicher, nämlich in Bilanzform, dargestellt werden. Inhaltlich bietet die verbesserte Bewegungsbilanz keine zusätzlichen Informationen zum indirekten Finanzplan, sie eignet sich aufgrund ihrer Struktur aber besonders gut als Kommunikations- und Informationsinstrument, da die in einer Periode zu erwartenden Mittelzu- und -abflüsse durch die Darstellungsform leichter und schneller erfassbar sind.

Um eine verbesserte Bewegungsbilanz zu erstellen, werden die im indirekten Finanzplan bereits ausgewiesenen Mittelzu- und -abflüsse in zwei Kategorien unterteilt, nämlich in Mittelherkunft und Mittelverwendung. Die Hauptquelle der Mittelherkunft sollte möglichst der Jahresüberschuss bzw der aus diesem abgeleitete Cashflow aus dem Ergebnis sein. Sinken zudem beispielsweise die Vorräte und/oder die Forderungen, dann stellt auch dies eine Mittelherkunft dar. Umgekehrt jedoch, wenn die Vorräte und/oder Forderungen steigen, dann müssen dafür vom Unternehmen Mittel bereitgestellt werden. Ein Lageraufbau ist eine Investition ins Umlaufvermögen und Investitionen sind zahlungswirksam. Forderungen müssen vorfinanziert werden und die Mittel stehen somit nicht für andere Optionen zur Verfügung. Spiegelbildlich dazu würde ein Unternehmen für den Abbau von Verbindlichkeiten (zB Zahlungen an Lieferanten, Tilgung von Bankkrediten) Mittel verwenden. Das Gleiche gilt für Gewinnausschüttungen oder Privatentnahmen. Wenn allerdings Kredite zB bei Banken aufgenommen werden oder Investoren dem Unternehmen in Form von Einlagen liquide Mittel zukommen lassen, so stellt dies eine Mittelherkunft dar. Nachfolgende Abbildung fasst die Zuordnung der einzelnen Cashflow-Positionen zu Mittelherkunft und -verwendung zusammen.

	Jahresüberschuss/–fehlbetrag EGT	
+/–	Abschreibungen/Zuschreibungen auf das Anlagevermögen	
+/–	Dotierung/Auflösung langfristiger Rückstellungen	
–/+	Gewinn/Verlust aus Anlagenabgang (oder Investition)	
+/–	sonstige zahlungsunwirksame Aufwendungen/Erträge	
=	**Cashflow aus dem Ergebnis**	MH
–↑/+↓	von Vorräten, geleisteten Anzahlungen, ARA	MV/MH
+↑/–↓	von erhaltenen Anzahlungen, PRA	MH/MV
–↑/+↓	von Forderungen aus LL, Konzernforderungen aus LL und sonstigen Forderungen	MV/MH
+↑/–↓	von Verbindlichkeiten aus LL, Schuldwechsel, Konzernverbindlichkeiten aus LL und sonstigen Verbindlichkeiten	MH/MV
+↑/–↓	von kurzfristigen Rückstellungen	MH/MV
=	**Cashflow aus dem operativen Bereich (Basis Working Capital)**	

–	Investitionen in das Anlagevermögen	MV
+	Abgänge aus dem Anlagevermögen	MH
=	**Cashflow aus Investitionstätigkeit**	
+	Einzahlungen aus Gesellschafterzuschüssen und Privateinlagen	MH
–	Ausschüttungen an Gesellschafter, Dividenden, Privatentnahmen	MV
+	Einzahlungen aus kurzfristigen Kreditaufnahmen	MH
+	Einzahlungen aus Anleihen, Darlehen und langfristige Kreditaufnahmen	MH
–	Rückzahlung kurzfristiger Kredite	MV
–	Rückzahlung bzw Tilgung von Anleihen, Darlehen und langfristigen Krediten	MV
=	**Cashflow aus Finanzierungstätigkeit**	

MH = Mittelherkunft, MV = Mittelverwendung

Abbildung 203: Kategorisierung der Mittelzu- und -abflüsse als Mittelherkunft und -verwendung

In einem nächsten Schritt werden Mittelherkunft und -verwendung in Bilanzform dargestellt. Die Mittelverwendung wird auf der linken Seite, die Mittelherkunft auf der rechten Seite dieser Bewegungsbilanz erfasst. Der wesentliche Unterschied zu einer regulären Bilanz ist der, dass in einer regulären Bilanz, wie sie am Ende eines Abrechnungs- bzw Planjahres erstellt wird, aus Bestandsgrößen besteht, während eine verbesserte Bewegungsbilanz aus Bewegungsgrößen, also „Cashflowgrößen", besteht.

So, wie in einer Bilanz auf Basis von Bestandsgrößen die Summe der Aktiva der Summe der Passiva entsprechen muss (dh Vermögen = Kapital), muss auch in der verbesserten Bewegungsbilanz die Summe der Mittelherkunft der Summe der Mittelverwendung entsprechen. Alle zur Verfügung stehenden Mittel müssen für irgendetwas verwendet werden, selbst wenn sie am Ende des Jahres als Kassabestand oder Bankguthaben vorliegen. Umgekehrt muss jede Mittelverwendung irgendwoher aufgebracht werden, also zB aus der gewöhnlichen Geschäftstätigkeit (Cashflow aus dem Ergebnis) oder aus der Finanzierung (Eigenkapital- oder Fremdkapitalzufuhr).

Zusätzlich zu der Unterteilung in Mittelherkunft und -verwendung werden die Finanzmittelflüsse noch dahingehend unterteilt, ob sie von außer- oder innerhalb des Unternehmens kommen (zB Kreditaufnahme versus Cashflow aus dem Ergebnis) bzw ob sie für Investitionen im Unternehmen verwendet werden oder aus dem Unternehmen hinausfließen (zB Investitionen ins Anlagevermögen versus Gewinnaus-

3. Integration der Finanzplanung in den Budgetierungsprozess

schüttung). Nachstehende Abbildung zeigt die Struktur einer verbesserten Bewegungsbilanz.

Mittelverwendung	Mittelherkunft
Innen: Investitionen ins Anlagevermögen Investitionen ins Umlaufvermögen (zB Erhöhung Forderungen, Lageraufbau, Erhöhung geleistete Anzahlungen und ARA)	*Innen:* Jahresüberschuss +/– Abschreibungen/Zuschreibungen +/– Dot/Aufl lfr Rückstellungen –/+ Gewinne/Verluste aus AV-Verkauf +/– Sonst zahlungsunwirksame Aufwendungen/Erträge = Cashflow aus dem Ergebnis
Außen: Eigenkapitalentnahmen bzw -ausschüttungen Fremdkapitaltilgung bzw -herabsetzung (zB Abbau Lieferverbindlichkeiten und kfr Rückstellungen, Verminderung erhaltene Anzahlungen und PRA, Kredittilgungen) ↑ Barreserven	Desinvestitionen Anlagevermögen *Außen:* Eigenkapitalzufuhr bzw -aufnahme Fremdkapitalaufnahme (zB Aufbau Lieferverbindlichkeiten und kfr Rückstellungen, Erhöhung erhaltene Anzahlungen und PRA, Kreditaufnahme) ↓ Barreserven
Summe Mittelverwendung	**Summe Mittelherkunft**

Abbildung 204: Verbesserte Bewegungsbilanz

Wie aus der Abbildung ersichtlich ist, erfasst die verbesserte Bewegungsbilanz im Grunde die zahlungswirksamen Veränderungen der einzelnen Bilanzpositionen zwischen zwei Stichtagen. Sie erinnert daher sehr stark an die Beständedifferenzbilanz und insbesondere an die einfache Bewegungsbilanz, die bereits im Abschnitt C, Kapitel 3.3, vorgestellt wurden. In der einfachen Bewegungsbilanz haben wir bereits eine Zunahme der Aktiva (Investitionen) und eine Abnahme der Passiva (Definanzierung) als Mittelverwendung klassifiziert und eine Abnahme der Aktiva (Desinvestitionen) sowie eine Zunahme der Passiva (Finanzierung) als Mittelherkunft bzw Mittelaufbringung. Streng genommen macht die verbesserte Bewegungsbilanz nichts anderes, sie ist allerdings in zwei Punkten gegenüber der einfachen Bewegungsbilanz „verbessert":

1. Die Veränderung des Anlagevermögens zwischen zwei Bilanzstichtagen kann auf mehrere Ursachen zurückgeführt werden. Zum einen kann das Anlagevermögen durch Abschreibung vermindert oder durch Zuschreibung erhöht werden. Zum anderen führen Investitionen und aktivierte Eigenleistungen zu einer Erhöhung und Desinvestitionen (Abgang von Buchwerten) zu einer Verminderung des Anlagevermögens. In einer einfachen Bewegungsbilanz wird lediglich

der Saldo aus diesen einzelnen Veränderungen ausgewiesen. In einer einfachen Bewegungsbilanz ist also nicht ersichtlich, ob und wie viel abgeschrieben/zugeschrieben bzw investiert/desinvestiert wurde. In der verbesserten Bewegungsbilanz wird die Gesamtveränderung des Anlagevermögens in die Einzelveränderungen aufgespaltet. Abschreibungen, Zuschreibungen und aktivierte Eigenleistungen finden ihre Berücksichtigung im Cashflow aus dem Ergebnis (Mittelherkunft), Investitionen ins Anlagevermögen auf der Seite der Mittelverwendung (im Innenbereich) und Desinvestitionen im Anlagevermögen auf der Seite der Mittelherkunft (im Innenbereich).

	Anlagevermögen Anfangsbestand	
−	Abschreibungen vom Anlagevermögen	→ Mittelherkunft im Cashflow aus dem Ergebnis
+	Zuschreibungen auf das Anlagevermögen	→ Mittelherkunft im Cashflow aus dem Ergebnis
+	aktivierte Eigenleistungen	→ Mittelherkunft im Cashflow aus dem Ergebnis
+	Investitionen ins Anlagevermögen (Zugänge)	→ Mittelverwendung im Innenbereich
−	Desinvestitionen im Anlagevermögen (Abgänge)	→ Mittelherkunft im Innenbereich
=	Anlagevermögen Endbestand	

2. Ähnlich wie die Veränderung des Anlagevermögens kann auch die Veränderung des Eigenkapitals zwischen zwei Bilanzstichtagen auf mehrere Ursachen zurückgeführt werden. Zum einen kann das Eigenkapital durch den erwirtschafteten bzw zu erwirtschaftenden Jahresüberschuss erhöht oder durch einen Jahresfehlbetrag vermindert werden. Zum anderen verändern Eigenkapitaleinlagen und Eigenkapitalentnahmen (zB Privatentnahmen, Gewinnausschüttungen) ebenfalls das Eigenkapital. In der einfachen Bewegungsbilanz ist wiederum nur die Netto-Veränderung des Eigenkapitals ausgewiesen. Es wäre somit ohne weitere Informationen nicht ersichtlich, ob und wie viel an Eigenkapital in das Unternehmen eingebracht wurde bzw werden soll, ob Ausschüttungen/Entnahmen stattgefunden haben bzw geplant sind und wie viel eigentlich durch den Jahresüberschuss/-fehlbetrag zum Eigenkapitalaufbau/-abbau beigetragen werden konnte bzw beigetragen wird. In der verbesserten Bewegungsbilanz wird die Gesamtveränderung des Eigenkapitals in die Einzelveränderungen aufgespaltet. Der Jahresüberschuss bzw -fehlbetrag findet seine Berücksichtigung im Cashflow aus dem Ergebnis (Mittelherkunft), Eigenkapitalzufuhr beispielsweise durch Einlagen der Gesellschafter ebenfalls auf der Seite der Mittelherkunft (im Außenbereich) und Eigenkapitalentnahmen beispielsweise in Form von Gewinnausschüttungen oder Privatentnahmen auf der Seite der Mittelverwendung (im Außenbereich).

3. Integration der Finanzplanung in den Budgetierungsprozess

Eigenkapital Anfangsbestand	
+ Jahresüberschuss	→ Mittelherkunft im Cashflow aus dem Ergebnis
− Jahresfehlbetrag	→ Mittelherkunft im Cashflow aus dem Ergebnis
+ Eigenkapitaleinlagen (durch Gesellschafter, Unternehmer)	→ Mittelherkunft im Außenbereich
− Eigenkapitalentnahme (durch Gewinnausschüttung, Privatentnahmen)	→ Mittelverwendung im Außenbereich
= Eigenkapital Endbestand	

Der gesamte Prozess sowie die Zusammenhänge der einzelnen Pläne eines integrierten Budgets lassen sich in der folgenden Grafik zusammenfassen:

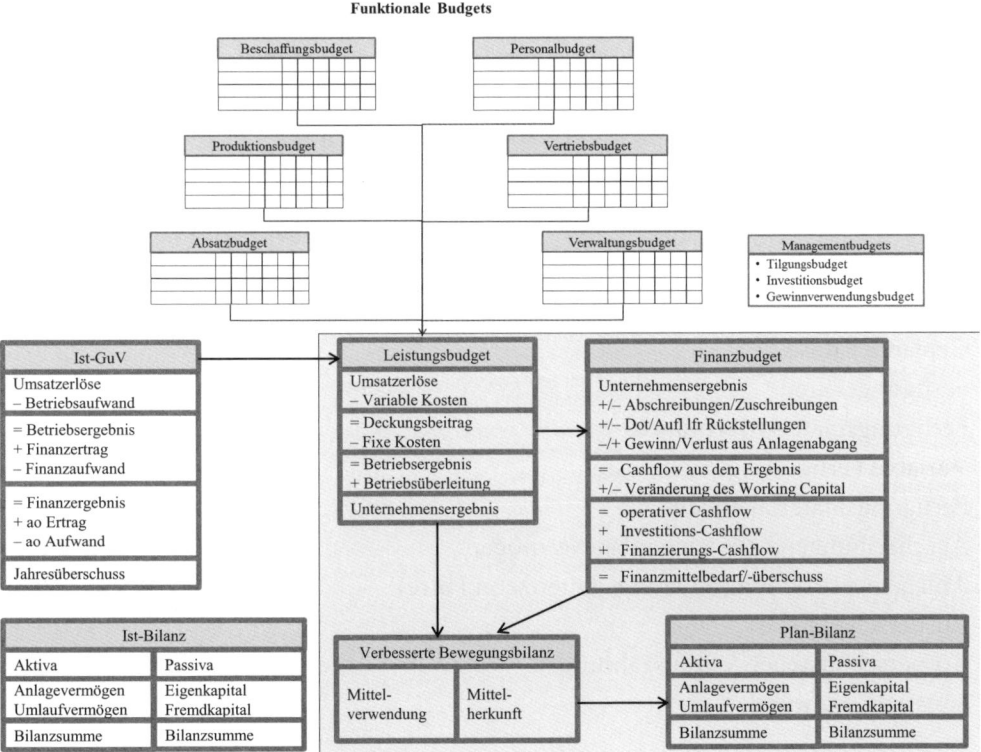

Abbildung 205: Integriertes Budget

Deutlich wird das Zusammenwirken der einzelnen Teilbudgets im Gesamtsteuerungsprozess des Unternehmens. Die Integration zeigt, dass die Planungsvariablen Konsequenzen auf verschiedenen Ebenen des Unternehmens haben. So gilt es, die geplante Leistungspalette (Leistungsbudget) und die dadurch verursachten Kosten erst einmal finanzieren zu können (Finanzbudget). Das Finanzbudget hat wiederum Auswirkungen auf die Veränderung der Aktiva- und Passivabestände und umgekehrt verändern die Vermögens- und Kapitalbestände wiederum das Finanzbudget.

Ein Fallbeispiel soll die Wechselwirkungen und die Vorgangsweise bei der integrierten Planung nochmals verständlicher machen.

Fallbeispiel

Leistungsbudget, Finanzplan, verbesserte Bewegungsbilanz und Planbilanz (integriertes Budget)

Ausgangsdaten

Aktiva		Passiva	
Anlagevermögen	7.000	Stammkapital	6.000
Rohstoffe	2.500	Rücklagen	1.000
Lieferforderungen	4.000	Bilanzgewinn	1.500
sonstiges UV	2.000	langfristige Verbindlichkeiten	2.000
		kurzfristige Verbindlichkeiten	5.000
Bilanzsumme	15.500	Bilanzsumme	15.500

Abbildung 206: Fallbeispiel – Ist-Bilanz

Folgende Informationen stehen für die Planung des Leistungsbudgets zur Verfügung (in €):

Geplante Erlöse	22.900
Fertigungslöhne	5.500
Fertigungsmaterialverbrauch	4.500
Variable Fertigungsgemeinkosten	5.500
Fertigungsmaterialeinkauf	4.800
Abschreibungen vom Sachanlagevermögen	1.600
Anlageinvestitionen (Nutzungsdauer zehn Jahre)	3.000
Körperschaftsteuer	25 %
Körperschaftsteuer-Vorauszahlungen	425
Sonstiger Aufwand	3.000
Sonstige Angaben:	
Erhöhung der Forderungen um	370
Darlehenstilgung	1.000
Geplante Dividendenausschüttung	1.200

Abbildung 207: Fallbeispiel – Angaben zum Leistungsbudget

3. Integration der Finanzplanung in den Budgetierungsprozess

Lösungsweg

Sie sollen auf Basis der Angaben zuerst das Leistungsbudget, dann den Finanzplan (und simultan dazu) die Planbilanz mit den vorhandenen Informationen aufstellen.

Der *erste Schritt* ist die *Erstellung des Leistungsbudgets,* und zwar in Form einer Deckungsbeitragsrechnung (Trennung nach variablen und fixen Kosten). Dh der Deckungsbeitrag errechnet sich aus den Umsätzen abzüglich aller variabler Kosten. Danach werden die fixen Kosten abgezogen, um schließlich das Periodenergebnis darstellen zu können.

Leistungsbudget:	
Umsatzerlöse	22.900
– Personalaufwand	–5.500
– Materialaufwand	–4.500
– Variable Fertigungsgemeinkosten	–5.500
Deckungsbeitrag	**7.400**
– Abschreibungen auf Sachanlagen	–1.600
– Sonstige fixe Kosten (sonstige Aufwendungen)	–3.000
– Abschreibung auf Sachanlagen (Investitionen)	–300
Jahresüberschuss	**2.500**
– Körperschaftsteuer (25 %)	–625
Jahresüberschuss nach Steuern	**1.875**

Abbildung 208: Fallbeispiel – Lösung Leistungsbudget

Im *zweiten Schritt* wird der *Finanzplan* erstellt. Dabei gilt es zu überprüfen, ob die Umsatz- und die Kostenplanung finanziell leistbar sind, dh ob ein Finanzmittelbedarf oder -überschuss entsteht.

Anmerkungen	Finanzplan:	
	Jahresüberschuss nach Steuern	1.875
	+ Abschreibungen	1.900
	CF aus dem Ergebnis	**3.775**
Ad 1	– Aufbau Rohstoffe	–300
Ad 2	– Aufbau Forderungen	–370
Ad 3	+ Dotierung Steuerrückstellung	+200
	CF aus der operativen Tätigkeit	**3.305**
	– geplante Dividendenausschüttungen	–1.200
Ad 5	– Tilgung langfristiges Darlehen	–1.000
	CF aus der Finanzierungstätigkeit	**–2.200**
	– Investitionen SAV	–3.000
	CF aus der Investitionstätigkeit	**–3.000**
	Finanzierungsbedarf	**–1.895**

Abbildung 209: Fallbeispiel – Lösung Finanzplan

Abschnitt D – Finanzplanung und Finanzmanagement

Ausgehend vom Jahresüberschuss nach Steuern) werden für den Finanzplan die bereits berücksichtigten Vorgänge auf ihre Zahlungswirksamkeit hin überprüft. Dh alle Aufwendungen, die berücksichtigt wurden, die jedoch mit keinem Geldabfluss verbunden sind, werden wieder hinzugezählt (zB Abschreibung). Falls Erträge ausgewiesen wurden, die ebenso tatsächlich nicht geldmäßig fließen werden (zB Auflösung einer langfristigen Rückstellung, die nicht entsprechend verwendet wurde), dann muss dies für die Berechnung des Finanzierungsbedarfs/-überschusses wieder hinzugezählt werden. So erhält man den Cashflow aus dem Ergebnis. Im vorliegenden Fall ergibt dies einen positiven Cashflow, also einen Finanzmittelüberschuss von € 3.775,–.

Für die Berechnung des operativen Cashflows werden alle nicht erfolgswirksamen Vorgänge des *kurzfristigen operativen Bereiches* berücksichtigt. Diese nicht erfolgswirksamen Vorgänge sind Geschäftsfälle der gewöhnlichen Geschäftstätigkeit, die ihren Niederschlag nur in der Bilanz finden und hier im so genannten Working Capital, nicht aber in der Erfolgsplanung. Auch diese Positionen verursachen eine Mittelfreisetzung (Finanzierungseffekt) oder eine Mittelbindung (eventuell Finanzierungsbedarf). Dies ergibt einen operativen Cashflow von € 3.305,–.

Ad 1) Rohstoffe: Zu Beginn der Periode liegen insgesamt Rohstoffe im Wert von € 2.500,– auf Lager (siehe Angabe der Ist-Bilanz). In der Periode wird geplant, Fertigungsmaterial in Höhe von € 4.800,– einzukaufen, davon sollen aber nur € 4.500,– verbraucht werden. Damit ergibt sich, dass das Lager um € 300,– (Zugang Fertigungsmaterial, das nicht verbraucht wird) erhöht wird. Die Rohstoffe steigen damit für die Planbilanz auf € 2.800,– an. Die Veränderung in Form der Zunahme des Umlaufvermögens von € 300,– bedeutet eine Mittelverwendung, die finanziert werden muss. Grundsätzlich ist dieser Sachverhalt ein erfolgsneutraler Vorgang; für den Cashflow ist dieser Anstieg des Lagers an Rohstoffen jedoch negativ.

Ad 2) Lieferforderungen: Zu Beginn der Periode betragen die Lieferforderungen € 4.000,– (siehe Angabe der Ist-Bilanz). Laut Angabe werden die Forderungen um € 370,– zunehmen. Diese Zunahme bedeutet ebenso eine finanzielle Bindung (negativ für den Cashflow), da die Forderungen zwar in Zukunft in liquide Mitteln „umgewandelt" werden, doch zum Zeitpunkt der Planung muss dieser Forderungszuwachs durch andere Geldquellen zwischenfinanziert werden.

Ad 3) Sonstiges Umlaufvermögen: wurde gleich belassen.

Ad 4) Kurzfristige Verbindlichkeiten inkl Steuerrückstellungen: Die Höhe der kurzfristigen Verbindlichkeiten aus der Ist-Bilanz beträgt € 5.000,–. An Informationen zur Veränderung ist lediglich bekannt, dass das Unternehmen eine berechnete Körperschaftsteuerbelastung von € 625,– zu erwarten hat, von denen im Laufe des Planjahres bereits € 425,– in Form einer Vorauszahlung an das zuständige Finanzamt geleistet werden. Damit weiß das Unternehmen, dass es weitere € 200,– in Form einer Steuerrückstellung zurücklegen (eben

„rückstellen") muss. Ohne zusätzliche Informationen zur Veränderung des kurzfristigen Fremdkapitals soll zumindest die Dotierung dieser kurzfristigen Rückstellung Berücksichtigung finden. Die Dotierung einer Rückstellung ist eine Aufwandsbuchung und damit ein erfolgswirksamer Sachverhalt, dem keine korrespondierende Auszahlung gegenübersteht. Für den Cashflow bedeutet dies, dass eigentlich „mehr" finanzielle Mittel zur Verfügung stehen.

Ad 5) Langfristige Verbindlichkeiten: Ausgehend von einem langfristigen Verbindlichkeitenstand von € 2.000,- (Ist-Bilanz) muss die geplante Darlehenstilgung in Höhe von € 1.000,- berücksichtigt werden. Im Bereich der langfristigen Finanzierung ist des Weiteren geplant, Dividenden auszuschütten. Dies und die Darlehenstilgung ergeben einen Cashflow aus der Finanzierungstätigkeit in Höhe von € 2.200,-. Für Investitionen sind € 3.000,- geplant. Insgesamt entsteht dem Unternehmen somit ein Finanzierungsbedarf von € 1.895,-.

Als *dritter Schritt* wird die Planbilanz ermittelt. Dabei wird von den Angaben (Ist-Bilanz) ausgegangen und die Veränderungen der einzelnen Bilanzpositionen werden bei der Ermittlung der Endbilanzwerte berücksichtigt. Ein Teil der Veränderungen konnte bereits simultan zur Ermittlung des Finanzplans dargestellt werden. Der ermittelte Finanzierungsbedarf findet seine Abdeckung laut Angabe durch langfristige Verbindlichkeiten. Daraus ergibt sich der Endbestand der langfristigen Verbindlichkeiten in Höhe von € 2.895,- in der Planbilanz.

Ermittlung der Position „Langfristige Verbindlichkeiten" in der Planbilanz:	
Verbindlichkeiten Stand langfristig zu Beginn des Planjahres	2.000
Tilgung	−1.000
Aufnahme in Höhe des ermittelten) Finanzierungsbedarfs	1.895
langfristige Verbindlichkeiten in der Planbilanz	2.895

Abbildung 210: Fallbeispiel – Lösung Verbindlichkeiten langfristig

Ad 6) Bilanzgewinn:

Ermittlung der Position „Bilanzgewinn" in der Planbilanz:	
Bilanzgewinn (Ist-Bilanz)	1.500
+ geplanter Gewinn lt Leistungsbudget	+1.875
− geplante Dividendenausschüttung	−1.200
Bilanzgewinn in der Planbilanz	2.175

Abbildung 211: Fallbeispiel – Lösung Bilanzgewinn

Ad 7) Stammkapital und Rücklagen: Diese Positionen bleiben unverändert.

Ad 8) Anlagevermögen:

Ermittlung der Position „Anlagevermögen":	
Anlagevermögen (Ist-Bilanz)	7.000
− Abschreibung lt Angabe	−1.600
+ Investitionen	+3.000
− Abschreibung für die geplante Investition	−300
Anlagevermögen in der Planbilanz	8.100

Abbildung 212: Fallbeispiel − Lösung Anlagevermögen

Fügt man die Ergebnisse all dieser Berechnungen in die Planbilanz ein, so ergibt sich folgendes Bilanzbild für die geplante Periode:

Anmerk	Aktiva	AJ	PJ	Änder	Anmerk	Passiva	AJ	PJ	Änder
Ad 8	Anlagevermögen	7.000	8.100	1.100	Ad 7	Stammkapital	6.000	6.000	0
Ad 1	Rohstoffe	2.500	2.800	300	Ad 7	Rücklage	1.000	1.000	0
Ad 2	Lieferforderungen	4.000	4.370	370	Ad 6	Bilanzgewinn	1.500	2.175	675
Ad 3	sonstiges UV	2.000	2.000	0	Ad 5	Langfristige Verbindlichkeiten	2.000	2.895	895
					Ad 4	Kurzfristige Verbindlichkeiten	5.000	5.200	200
		15.500	17.270				15.500	17.270	

Abbildung 213: Fallbeispiel − Lösung Planbilanz

Als *vierter Schritt* kann zusätzlich zum Finanzplan noch die verbesserte Bewegungsbilanz erstellt werden. Wenn in der Praxis eine verbesserte Bewegungsbilanz erstellt wird, dann erfolgt dies üblicherweise bereits parallel zur Erstellung des Finanzplans, da die verbesserte Bewegungsbilanz im Grunde lediglich eine andere Darstellung des Finanzplans ist.

Mittelverwendung		Mittelherkunft	
Innen:		*Innen:*	
Investition ins Sach-AV	3.000	Jahresüberschuss	1.875
		+ Abschreibung	1.900
Aufbau Rohstoffe	300	Cashflow aus dem Ergebnis	3.775
Aufbau Forderungen	370		
Außen:		*Außen:*	
Dividendenausschüttung	1.200	Dotierung Steuer-Rst	200
Tilgung langfristige Darlehen	1.000	Aufnahme langfristige Verbindlichkeiten (Kredit)	1.895
Mittelverwendung	**5.870**	**Mittelherkunft**	**5.870**

Abbildung 214: Fallbeispiel − Lösung verbesserte Bewegungsbilanz

Interpretation

Durch das Beispiel sollte der Zusammenhang (also die Integration) zwischen den Teilrechnung plausibel gemacht werden. Die Auswirkungen der Planung auf die Liquiditätssituation sowie auf das zukünftige Bilanzbild des Unternehmens werden deutlich.

Im vorliegenden Beispiel plant das Unternehmen den Leistungserstellungsprozess im Unternehmen so, dass sich ein Finanzmittelbedarf von € 1.895,– ergibt. Diesen gilt es entsprechend kostengünstig zu finanzieren. Im Fallbeispiel wurde angenommen, dass der gesamte Finanzierungsbedarf über einen langfristigen Kredit gedeckt werden kann. Die Investitionen des Unternehmens in Höhe von € 3.000,– kann es zur Gänze aus dem Cashflow aus der operativen Tätigkeit finanzieren.

3.4. Aussagekraft des integrierten Budgets

Es wurden in den vorherigen Ausführungen die Teilpläne des Unternehmensbudgets vorgestellt. Dabei wurde bereits erwähnt, dass die Teilpläne inhaltlich stark voneinander abhängig sind. Zur Beurteilung der Unternehmensentwicklung werden dabei besonders zwei Ergebnisse aus diesen Plänen herangezogen:

1. der Erfolg (Ergebnis) – ausgedrückt in Gewinn oder Verlust – und
2. der Cashflow – ausgedrückt in Finanzmittelbedarf oder -überschuss.

Erfolg und Cashflow sind untrennbar (aber nur partiell und mittelbar) miteinander verbunden. Trotzdem wird auf diese Zusammenhänge bei der Realisierung eines Controlling-Systems oft vergessen. Mit Hilfe der integrierten Erfolgs- und Finanzplanung werden im Rahmen der Budgetierung die drei bereits weiter oben beschriebenen Rechnungen immer gemeinsam betrachtet. Abhängigkeiten sollten dadurch nicht mehr übersehen werden.

Es lässt sich beispielsweise die Frage klären, ob bestimmte strategische Optionen finanzierbar sind.

Beispiel

Ein Unternehmen beschließt eine Wachstumsstrategie mit einer entsprechenden (kontinuierlichen) Steigerung des Umsatzes. Damit verbunden ist auch eine Zunahme der Summe der variablen Kosten. Durch etwaige Investitionen muss man auch mit einem Anstieg der sprungfixen Kosten rechnen (zB neue Maschinen, Lagerhalle, Produktionsräumlichkeiten etc). Daraus resultiert beispielsweise eine gestiegene Abschreibung. Wie bereits erwähnt, muss aber auch mit einer Zunahme der Lagerbestände und der Kundenforderungen gerechnet werden. Hinzu kommen noch Ausgaben für die zu tätigenden Investitionen.

Es wird offensichtlich, dass die Zusammenhänge komplex, und daher nicht mit einzelnen verdichteten Kennzahlen darstellbar sind. Veränderungen im Leistungsbudget bedingen Veränderungen im Finanzbudget und damit wiederum strukturelle Veränderungen im Bilanzbild. Daraus wird ersichtlich, dass die Teilbereiche (Erfolgsrechnung – Cashflow-Rechnung – Planbilanz) ineinandergreifen. Das Ergebnis des Leistungsbudgets aus dem vorangehenden Fallbeispiel (Jahresüberschuss nach Steuern) von € 1.875,– ist Ausgangspunkt für den Finanzplan. Ausgehend von dieser Größe wird die Planung auf ihre zahlungswirksamen Geschäftsvorfälle hin überprüft. Die Berechnung des Cashflows im Finanzplan ermöglicht so, die geplanten Tätigkeiten des Leistungsbudgets in tatsächlichen finanziellen Mitteln darzustellen, dh den Finanzierungsbedarf bzw -überschuss aus der Planung zu ermitteln. Die Veränderungen im Bereich des operativen Cashflows haben wiederum Auswirkungen auf die Planbilanz. So ist beispielsweise geplant, dass die Forderungen von € 4.000,– auf € 4.370,– ansteigen. Dies ist eine Veränderung von € 370,–. Dieser geplante Anstieg an Forderungen stellt eine liquiditätsmäßige Belastung für das Unternehmen dar. Die Zunahme der Aktiva bedeutet in der Cashflow-Rechnung einen Abzug; dh es belastet die Liquiditätssituation des Unternehmens. So hat jede Veränderungsposition im zum operativen Geschäft gehörenden Umlaufvermögen und im kurzfristigen Fremdkapital eine Auswirkung auf den operativen Cashflow des Unternehmens. Der ermittelte gesamte Finanzierungsbedarf (in Höhe von € 1.895,–) muss wiederum aufgebracht werden. Das erfolgt im Beispiel durch die Aufnahme eines langfristigen Darlehens. Die Erhöhung des langfristigen Darlehens schlägt sich wiederum in der Planbilanz nieder.

Es ist wichtig zu verstehen, dass es ein Zusammenspiel zwischen den Teilrechnungen Leistungsbudget, Finanzplan und Planbilanz) gibt und dass jede Veränderung einer Position Auswirkungen in den unterschiedlichen Teilrechnungen haben kann. So schlagen sich letztendlich alle Veränderungen in der Struktur der Planbilanz nieder. Beispielsweise beeinflusst der Erfolg die Höhe des Cashflows, der sich wiederum im Zahlungsmittelüberschuss oder -defizit ausdrückt. Das Ergebnis der Cashflow-Rechnung beeinflusst aber wieder wesentlich das Kreditniveau (Tilgung oder Aufnahme) und damit wiederum die Zinsen eines Unternehmens. Die Zinsen sind jedoch wiederum Teil des Leistungsbudgets. Dies bedeutet, dass durch das sich verändernde Kreditniveau sich wiederum das Zinsniveau und damit auch das Unternehmensergebnis ändern. Damit ändert sich wiederum der Cashflow mit allen bereits beschriebenen Konsequenzen.

An Beispielen lässt sich verdeutlichen, wie die beiden Größen Erfolg und Liquidität zusammenhängen:

- Steigende Umsätze führen zu größerem Erfolg (= zu einem besseren Ergebnis) und in aller Regel zu höheren Außenständen (Forderungen) und erst später – nach erfolgter Zahlung der Rechnungen durch die Kunden – zu steigenden Zahlungsmittelzuflüssen, dh zu einer besseren Liquidität.
- Steigende Umsätze führen oft zu größerem Einkaufsvolumen. Die Liquidität kann positiv beeinflusst werden, indem man mit den Lieferanten eine spätere Zahlung vereinbart, dh Zahlungsziele verlängert. Durch die spätere Zahlung wird der Abfluss des Geldes hinausgeschoben.

- Ein höherer Liquiditätsbedarf führt zu (kurzfristig) niedrigeren Bankguthaben und damit zu geringeren Zinserträgen oder zu höheren Bankkrediten und damit zu höherer Zinsbelastung.

In der folgenden Gegenüberstellung sind die typischen Auswirkungen einer Erhöhung des Umsatzes gegenüber dem Vorjahreswert dargestellt. Nur wenn alle diese Parameter berücksichtigt werden, entspricht das Ergebnis der Planung dem tatsächlich zu erwartenden Wert. Natürlich kann dieser dann tatsächlich entstehende Wert durch unvorhergesehene oder falsch eingeschätzte Entwicklungen von der Planung abweichen. Aber auch aus diesen Abweichungen können für den nächsten Planungszyklus wichtige Lernerfahrungen gewonnen werden.

Auswirkung auf das Erfolgsbudget	⇨⇨ ⇨⇨	Auswirkung auf die Liquidität und die Planbilanz
Eine Veränderung des Umsatzes führt zu einer Neuberechnung der geplanten Rabatte.	⇧ ⇩ ⇩ ⇩ ⇩	Eine Veränderung des Umsatzes (mit allen angeschlossen Änderungen in den Erlösschmälerungen) führt zu einer Neuberechnung der Forderungen, die auf Basis der Bruttoerlöse nach Schmälerungen berechnet werden.
Eine Veränderung des Umsatzes führt zu einer Neuberechnung der geplanten Skonti.	⇧ ⇧ ⇩ ⇩	Der entstandene Finanzbedarf wird gegen den Bankkontokorrent gebucht, der dadurch eine neue Höhe aufweist und über diesen Weg die Planbilanz beeinflusst.
Eine Veränderung des Umsatzes führt zu einer Neuberechnung des geplanten Deckungsbeitrages.	⇧ ⇧ ⇩ ⇩	Die Veränderungen der Bankkonten haben Änderungen des Zinssaldos zur Folge, die wiederum eine Neuberechnung des Erfolgsbudgets erfordern.
Eine Veränderung des Umsatzes führt zu einer Neuberechnung des Ergebnisses. ⇩ ⇨⇨ ⇨⇨ ⇨⇨	⇧ ⇧ ⇧ ⇧	Alle diese Entwicklungen werden in ihren Auswirkungen auf das Eigenkapital zusammengefasst und in der Bilanz verbucht.

Abbildung 215: Auswirkungen einer Umsatzerhöhung

Praktische Relevanz

Das integrierte Budget hat den Vorteil, dass durch die Abstimmungsarbeit in der Regel realistische Pläne erstellt werden. Man wird quasi gezwungen, auch über die Finanzierung von Maßnahmen nachzudenken. Die strategische Planung und daraus abgeleitete Maßnahmen werden damit auf ihre Finanzierbarkeit überprüft.

Gleichzeitig bedingt das „integrative Denken", dass von Seiten des Managements die Zusammenhänge zwischen den Zielebenen besser verstanden werden. Man erkennt die Konsequenzen einer Entscheidung im gesamten System. Zudem sorgt die Notwendigkeit der Summengleichheit der Planbilanz zumindest für eine methodisch richtig durchgeführte Planung. Dh die Planbilanz kann auch als methodisches Kontrollinstrument verstanden werden.

Dazu kommt, dass man mit Hilfe des integrierten Budgets auch mittels der Finanzbuchhaltung, die ihren primären Fokus auf die Vergangenheit legt, Planung realisieren kann. Mit dem integrierten Budget wird es beispielsweise auch möglich, das zukünftige Bilanzbild zu planen.

Wissen kompakt

Der **Budgetierungsprozess** ist die Beschreibung des Ablaufes vom Erstellen der realwirtschaftlichen Pläne (resultierend aus den Zielen des Unternehmens), der Ermittlung des Planungsergebnisses bis hin zum Umsetzen dieser Pläne in ein finanzwirtschaftliches Ergebnis.

Das **Leistungsbudget** (= Planerfolgsrechnung) stellt die auf Plandaten beruhende GuV für den Planungszeitraum dar. Ziel ist die Ermittlung des künftigen Betriebs- und Unternehmensergebnisses. Das Leistungsbudget kann auf Basis der Daten aus der Finanzbuchhaltung (Aufwand und Ertrag) oder auf Basis der Kostenrechnung (Kosten und Leistungen) erstellt werden.

Das **Finanzbudget (Finanzplan)** ist die Summe aller geplanten Zahlungsströme des Unternehmens. Damit kann festgestellt werden, welcher zusätzlicher Bedarf an Finanzmitteln zur Durchführung der geplanten Maßnahmen erforderlich ist bzw ob ein finanzieller Überschuss entsteht.

Die **Planbilanz** ist die Beschreibung der Vermögens- und Kapitallage des Unternehmens am Ende der (zukünftigen geplanten) Periode. Sie ergibt sich zwingend aus den Zahlen der Ist-Bilanz, der Erfolgsrechnung und des Finanzplanes. Sie wird gleichzeitig mit dem Finanzplan erstellt, da sich Veränderungen der einzelnen Vermögens- und Schuldpositionen auf deren Endbestände gleichermaßen auswirken.

Die **verbesserte Bewegungsbilanz** stellt die Mittelherkunft aus dem Innen- und Außenbereich eines Unternehmens der Mittelverwendung für den Innen- und Außenbereich eines Unternehmens während einer Periode gegenüber. Sie ist eine alternative Darstellung zum Finanzplan und wird in der Praxis aufgrund ihrer übersichtlicheren Struktur häufig als Kommunikations- und Informationsinstrument im Bereich der Finanzplanung und Finanzberichterstattung eingesetzt.

Ein **integriertes Budget** ist die Gesamtheit aller Teilpläne, mittels derer die Unternehmensziele operationalisiert werden. Ein integriertes Budget besteht aus dem Leistungsbudget, dem Finanzplan und einer Planbilanz.

Kontrollfragen

- Wie entsteht ein Unternehmensbudget (Phasen, Vorgangsweise)?
- Welche Grundsätze der Budgeterstellung kennen Sie?
- Wie wird der integrierte Budgetplanungsprozess aufgebaut? Erläutern Sie die einzelnen Teilbudgets und deren Zusammenspiel!

- Erläutern Sie Inhalt und Aufbau eines Leistungsbudgets!
- Erläutern Sie Inhalt und Aufbau eines Finanzplans!
- Erläutern Sie Inhalt und Aufbau einer Planbilanz!

Weiterführende Literatur

- *Egger, A./Winterheller, M.:* Kurzfristige Unternehmensplanung, 14. Auflage, Wien 2007.
- *Dettmer, H./Hausmann, T.:* Finanzmanagement, Band I, 2., verbesserte Auflage, München 1998.Kralicek, P.: Planbilanzen – Budgetierung, Wien 2002.
- *Kropfberger, D./Winterheller, M.:* Controlling, 4., korrigierte Auflage, Wien 2007.
- *Perridon, L./Steiner, M./Rathgeber, A.:* Finanzwirtschaft der Unternehmung, 16., überarbeitete und erweiterte Auflage, München 2012.
- *Ziegenbein, K.:* Controlling, 10., überarbeitete und aktualisierte Auflage, Ludwigshafen am Rhein 2012.

4. Reflexion von Budgetsystemen in der Unternehmenspraxis

Lernziel

In diesem Kapitel lernen Sie
- welche Lösungsansätze es für einen effektiven Einsatz von Budgetsystemen gibt
- wo in der Praxis beim Budgetierungsprozess an sich die häufigsten Schwierigkeiten auftreten

4.1. Sich selbst ausrichtende relative Ziele statt fix festgeschriebener (Budget-)Ziele

Unter Budgetzielen versteht man im Regelfall die Festschreibung von fixen Werten, die sich auf unterschiedliche Größen beziehen können. So können Ausgabenlimits gesetzt werden, Investitionen festgeschrieben werden, Leistungsvereinbarungen getroffen oder Erlös-/Umsatzziele vereinbart werden. Dabei geht es vielfach darum, diese Ziele zu erreichen (zB Umsatzziele) oder eben *nicht* zu erreichen (zB maximale Kostengrenzen). Es macht Sinn, diese Zielsetzungen während der Periode nicht mehr zu verändern, unabhängig davon, wie die Geschäftsentwicklung tatsächlich verläuft. Einmal gesetzte Ziele (während der Periode) ständig umzuwerfen, also anzupassen, ist schwierig. Vor allem, wenn solche fixen Budgetziele als Grundlage einer Leistungsvereinbarung, -messung oder -beurteilung herangezogen werden.

Diese Planungsphilosophie soll anhand eines Beispiels dargestellt werden:

Beispiel

Es wird ein bestimmtes Umsatzziel vereinbart, mit dessen Erreichen die Führungskraft belohnt wird. Diese Leistungsvereinbarung orientiert sich demnach an einem fix festgeschriebenen Ziel, nämlich einer bestimmten Umsatzhöhe. Die folgende Abbildung zeigt, dass dieses Umsatzziel erreicht wurde.

4. Reflexion von Budgetsystemen in der Unternehmenspraxis

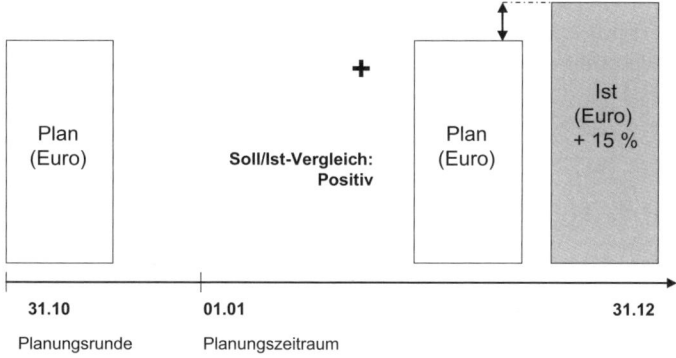

Abbildung 216: Relative statt fixer Ziele (1)

Sinnvoller wäre es jedoch, Planung und Budgetierung an sich selbst ausrichtenden relativen Zielen zu orientieren. Dabei werden keine einmal festgelegten absoluten Ziele vorgegeben, sondern Ziele, die sich in Abhängigkeit von einer Bezugsgröße entsprechend anpassen. Hinsichtlich eines Umsatzzieles könnten dies zum Beispiel der wichtigste Wettbewerber oder die Marktentwicklung sein. Anhand der Fortsetzung des obigen Beispiels wird die Wirkung solcher „relativierter" Ziele verständlich gemacht.

Beispiel

Das Erreichen des Umsatzzieles relativiert sich aber sofort, wenn man weiß, dass der Markt insgesamt ein Wachstum von 25 % verzeichnen konnte. Der stärkste Mitbewerber konnte sogar ein Umsatzplus von 32 % erzielen. Die Leistung (das Erreichen des vereinbarten Umsatzes) ist natürlich gleich geblieben, doch mit der relativen Beurteilung (relativ zum Marktwachstum und/oder relativ zum Mitbewerber) ist die vorerst positive Darstellung in ein anderes Licht gerückt.

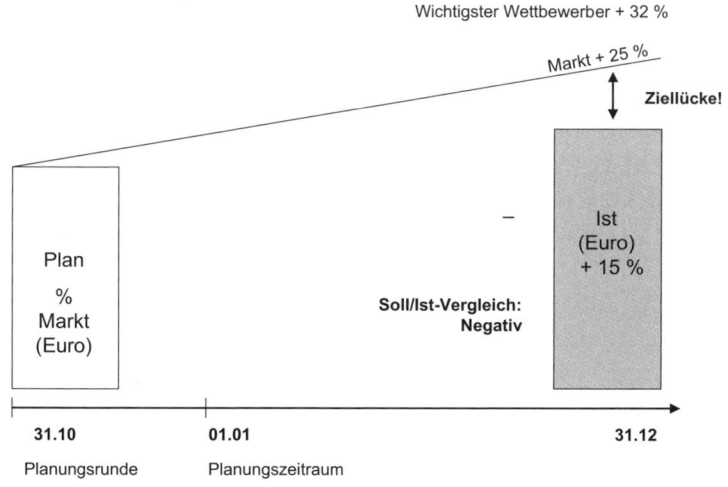

Abbildung 217: Relative statt fixer Ziele (2)

> Obwohl der ursprünglich festgelegte Plan um 15 % übertroffen wurde, ist die Leistungsbeurteilung negativ, da sich sowohl der relevante Markt als auch der bedeutendste Wettbewerber wesentlich besser entwickelt haben als das eigene Unternehmen. Relativ gesehen, hat das planende Unternehmen gegenüber dem wichtigsten Wettbewerber Marktanteile verloren.

4.2. Outputorientierte Leistungsgrößen statt inputorientierter Finanzgrößen

Die operative Planung und Budgetierung wurde darauf reduziert, die zukünftige Geschäftsentwicklung monetär abzubilden. Andere Größen zur Leistungsmessung haben vielfach keine Bedeutung. Stattdessen sollten auch auf der operativen Planungsebene den Finanzgrößen vorlaufende Leistungsgrößen berücksichtigt werden, die Auskunft über die Potentialentwicklung eines Unternehmens geben. Grundsätzlich sollte versucht werden, zunächst die Leistung zu optimieren, um anschließend innerhalb des angestrebten Leistungspotentials die Kosten zu limitieren. Derzeit wird in Budgetprozessen sehr häufig an Kostenlimits gedacht. Dies führt nicht nur dazu, dass Budgetrunden eine unangenehme Pflichtübung für die Mitarbeiter darstellen, sondern auch Potentiale auf der Leistungsebene übersehen werden.

Traditionelle Ansätze sind dabei zu sehr darauf ausgerichtet, die für die Leistungserstellung benötigten Ressourcen, dh den Input, zu planen. Besser wäre es, ausgehend von einer geplanten Leistungsmenge die benötigten Ressourcen und die dafür benötigten finanziellen Mittel abzuleiten. Diese Vorgehensweise schafft eine verlässlichere Planungsgrundlage. Daneben geht es für die Kostenstellenverantwortlichen nicht mehr einfach darum, ihren Ressourcenbedarf zu ermitteln oder zu erstreiten, sondern vielmehr darum, eine Aussage darüber zu treffen, welche Leistungen im Folgejahr erbracht werden.

Die herkömmliche Planung und Budgetierung ist daher von ihrem Charakter her erfahrungsgemäß stark intern orientiert. Während Umsatzziele noch am ehesten auf Grundlage externer Orientierungsmaßstäbe wie Markt- oder Wettbewerbsentwicklungen abgeleitet werden, geschieht dies bei Kostenzielen nur sehr selten. Planziele werden auf Grundlage des „intern Machbaren" abgeleitet. Bei Umsatzzielen wird mit vorsichtigem Maß – schon aufgrund der Befürchtung, man könne ein zu hoch gestecktes Ziel nicht erreichen – sehr verhalten nach dem Prinzip „Was ist im schlechtesten Fall machbar?" geplant. Ein Grundsatz, der sich zum Setzen von Zielen im Rahmen der Planung besser eignet, ist die Verwendung benchmarkingorientierter Ziele. Solche Ziele orientieren sich beispielsweise an der Marktentwicklung, Konkurrenzentwicklung, Kundenvermögen etc. Sie gewährleisten eine ambitionierte, objektive und anspruchsvolle Planung, die für die Betroffenen eine wirkliche Herausforderung darstellt.

4.3. Globalbudgets für alle Leistungsebenen statt Detailbudgets für Unternehmensbereiche

Planung und Budgetierung erfolgen derzeit fast ausschließlich mit dem Bezug auf Organisationseinheiten und Produkte bzw. Dienstleistungen. Indem die klassische Budgetierung die Funktion der Verantwortungszuweisung erfüllen soll, ist dies gut nachvollziehbar, da sich für Kostenstellen und Produkte entsprechende Verantwortungsträger benennen lassen. Besser wäre es, zusätzliche Leistungsebenen zu betrachten. Hierzu zählen in erster Linie abteilungsübergreifende Prozesse.

Der Detaillierungsgrad ist zudem das Kernproblem des hohen Planungsaufwandes. Hinsichtlich des Detaillierungsgrades von Teilplänen oder Budgets ist genau zu prüfen, inwieweit eine starke Detaillierung Wert stiftet. Sinnvoller wäre es stattdessen, zu Globalbudgets überzugehen, die zum Beispiel mehrere Kostenarten oder Produktkategorien umfassen. In den seltensten Fällen lässt sich eine tiefe Budgetdetaillierung mit einem zusätzlichen Steuerungsnutzen begründen.

Praktische Relevanz

In der Praxis verursachen jegliche Planungs- und Kontrollsysteme häufig Widerstände. Ein wesentlicher Grund liegt in der Beharrungstendenz der menschlichen Psyche. Abweichungen und die daraus resultierenden Maßnahmen fordern stets auch verändertes Denken und Handeln. Zu diesem Lernprozess sind aber viele Mitarbeiter nur eingeschränkt bereit.

Oft wird Planung auch als mechanische Pflichtübung angesehen. Manchmal scheint es, dass Ziele und Budgets nicht zusammenhängen oder es überhaupt an Zielen fehlt. Budgets werden der Einfachheit halber linear auf Basis der bisherigen Entwicklung fortgeschrieben. Beispielsweise geht man von einem konstanten jährlichen Wachstum von 3 % aus. Dies wird dann unter Umständen existenzgefährdend für ein Unternehmen, wenn die Geschäftsführung von solchen Plänen glaubt, dass sie realistisch sind.

Dazu kommt, dass aktuelle Budgets nicht als budgetierte Pläne, sondern als auszugebende Etats (Ausgabenvolumen) angesehen werden. Budgeterfolg ist dann gegeben, wenn das Budget zur Gänze verbraucht wurde. Nicht verbrauchte Budgetteile könnten als Signale interpretiert werden, dass die Abteilung mit einem geringeren Budget auskommen würde. Dies entspricht der Philosophie, dass Budgets grundsätzlich auszuschöpfen sind. Es kommt zum Phänomen des „Dezemberfiebers". Sollte am Ende des Jahres noch Budget vorhanden sein, wird letztendlich möglichst viel bestellt (Büroartikel etc), um das Budget voll auszuschöpfen und zu verhindern, dass nicht verbrauchte Budgetmittel an die Zentrale zurückgehen. Häufig droht darüber hinaus eine Budgetkürzung im nächsten Jahr, wenn das Budget des aktuellen Jahres nicht zur Gänze verbraucht wird. In Budgetverhandlungen wird daher grundsätzlich mehr gefordert als tatsächlich notwendig. Es kommt zum Phänomen des „Warmanziehens". Dabei spielt die Überlegung, dass man mehr fordert als andere Abteilungen, eine Rolle. Sollten Budgetkürzungen notwendig sein, so hat man dann immer noch Reserven.

Außerdem sind hohe Budgets ein Zeichen von Macht, Einfluss und Bedeutung. Persönliche Eitelkeiten führen zum Aufbau von Imperien. Die Höhe des Budgets ist nichts anderes als ein Synonym für die Quadratmeterfläche von Büros, Klasse des Firmenautos, Anzahl der Mitarbeiter etc.

Wissen kompakt

Fixe Ziele sind Ziele, die einmal festgelegt werden und dann nicht mehr verändert werden.

Relative Ziele sind sich selbst ausrichtende Ziele, die sich in Abhängigkeit von einer Bezugsgröße entsprechend anpassen.

Benchmarkingorientierte Ziele orientieren sich beispielsweise an der Marktentwicklung, Konkurrenzentwicklung, Kundenvermögen etc und gewährleisten eine ambitionierte, objektive und anspruchsvolle Planung,

Planungsgrundsätze sollten unbedingt im Budgetplanungsprozess berücksichtigt werden.

Kontrollfragen

- Warum und nach welchen Kriterien ist ein integriertes Budget zu erstellen?
- Welche Informationen werden damit gewonnen und welchen Nutzen hat ein Unternehmen davon?
- Warum kann eine Planungslücke entstehen und wie kann sie geschlossen werden?
- Beschreiben Sie den Weg vom Unternehmensziel zum Budget! Auf welche Grundsätze ist dabei zu achten?

Weiterführende Literatur

- *Egger, A./Winterheller, M.:* Kurzfristige Unternehmensplanung, 14. Auflage, Wien 2007.
- *Dettmer, H./Hausmann, T.:* Finanzmanagement, Band I, 2., verbesserte Auflage, München 1998.
- *Grünberger, H.:* Praxis der Bilanzierung, 12., überarbeitete Auflage, Wien 2011.
- *Kralicek, P.:* Planbilanzen, Wien 2002.
- *Meffle, G./Heyd, R./Weber, P.:* Das Rechnungswesen der Unternehmung als Entscheidungskriterium, Band 1, 6., überarbeitete und ergänzte Auflage, München 2008.
- *Perridon, L./Steiner, M./Rathgeber, A.:* Finanzwirtschaft der Unternehmung, 16., überarbeitete und erweiterte Auflage, München 2012.
- *Wöhe, G./Döring, U.:* Einführung in die allgemeine Betriebswirtschaftslehre, 25., überarbeitete und aktualisierte Auflage, München 2013.
- *Ziegenbein, K.:* Controlling, 10., überarbeitete und aktualisierte Auflage, Ludwigshafen am Rhein 2012.

5. Cash-Management (Treasuring)

> **Lernziel**
>
> **In diesem Kapitel lernen Sie**
> - was Cashflow-Management ist und wie es mit der Finanzplanung eines Unternehmens zusammenhängt
> - was unter Working Capital zu verstehen ist und in welchem Verhältnis dieses zu den Kapital-, Vermögens- und Finanzierungsrelationen im Unternehmen steht
> - wie Working-Capital-Management betrieben werden kann

5.1. Cashflow-Management

Unter Cashflow-Management wird allgemein das Management der liquiden Mittel verstanden. Wie dies gestaltet wird, ist grundsätzlich von den Zielsetzungen des Unternehmens abhängig. Unter Beachtung der Liquiditätssicherung muss auch den Rentabilitätsaspekten Rechnung getragen werden. Aus Rentabilitätsgründen sind hohe Liquiditätsreserven, die meist niedrig verzinste Geldanlagen darstellen, nicht sinnvoll. Aus Sicherheitsgründen tendiert man dazu, Liquiditätsreserven als Sicherheitspolster zu halten. Je genauer die Finanzplanung erfolgt, desto präziser kann die Abstimmung zwischen diesen Zielen der Rentabilität und Liquidität erfolgen.

Als Cash-Management-Systeme werden meist EDV-gestützte Formen der Kommunikation mit Banken und ihren Geschäftskunden bezeichnet, die dazu dienen, Daten zur Steuerung der täglichen Kassendisposition auszutauschen. Zur Berechnung der optimalen Kassenhaltung gibt es zahlreiche theoretische Modelle.

Der Cashflow stellt einen zentralen Ansatzpunkt zur Beeinflussung der Liquiditätslage eines Unternehmens dar. Wesentlich ist dabei, dass sich nur durch eine vorausschauende Perspektive entsprechende Handlungsoptionen ergeben. Folgende Grafik gibt einen Überblick, an welchen Stellen des Cashflow-Schemas steuernde Eingriffsmöglichkeiten für das Cash-Management gegeben sind:

Abbildung 218: Cash-Management anhand des Cashflows

Wie aus der Abbildung ersichtlich ist, ergeben sich steuernde Eingriffsmöglichkeiten für das Cash-Management im Bereich des Cashflows aus dem Ergebnis im Wesentlichen in der Position der Abschreibung. Durch eine Nutzung der Anlagen über die geplante Nutzungsdauer können zwar keine zusätzlichen liquiden Mittel beschafft werden, allerdings werden liquiditätsbelastende Neuinvestitionen vermieden. Andere Positionen wie zB Zuschreibungen, Dotierung/Auflösung langfristiger Rückstellungen oder sonstige zahlungsunwirksame Aufwendungen/Erträge spielen hinsichtlich der Zahlungsmittelbeschaffung eine eher untergeordnete Rolle.

Im Bereich des operativen Cashflows ergibt sich durch gezieltes Working-Capital-Management (detaillierter im folgenden Kapitel ausgeführt) eine Fülle von Ansatzpunkten, um ein wirkungsvolles Cash-Management zu betreiben.

Im Investitionsbereich (Cashflow aus Investitionstätigkeiten) kann ein wirkungsvolles Cash-Management hinsichtlich des Anlagevermögens betrieben werden. Generell sind alle Investitionen zu überprüfen und/oder gegebenenfalls zu verschieben. Eine zusätzlich Variante stellt das Sale-and-lease-back-Verfahren dar. Hierbei werden bereits im Eigentum des künftigen Leasingnehmers stehende Investitionsgüter an die Leasing-Gesellschaft mit der Absicht veräußert, diese im Rahmen eines Leasing-Vertrages zu nutzen. Das Leasinggut selbst wechselt, von der wirtschaftlichen Nutzung her betrachtet, nicht den Besitzer, der Kaufpreis richtet sich nach den ursprünglichen Anschaffungskosten unter Berücksichtigung der Abschreibung sowie nach dem aktuellen Verkehrswert des Wirtschaftsgutes. Das Anlagevermögen wird so verkleinert, der Bestand an flüssigen Mitteln erhöht.

Zudem sollte der Verkauf von eventuell nicht betriebsnotwendigem Vermögen überprüft werden. So könnten zum Beispiel mit dem Schrotterlös veralteter Maschinen zusätzlich liquide Mittel realisiert werden.

Hinsichtlich des Finanzierungsbereichs (Cashflow aus Finanzierungstätigkeiten) können Dividendenreduktionen zur Erhöhung des Cash-Bestandes genutzt werden. Zudem können durch die Vereinbarung von Kreditstundungen und durch Kreditaufnahme entsprechende Zahlungsmittel lukriert werden.

5.2. Working-Capital-Management

5.2.1. Working Capital – Grundkonzeption

Der Begriff „Working Capital" geht auf den Wilden Westen zurück. Damals zogen berittene Händler durch das Land. Pferde und Anhänger gehörten den Händlern. Die Waren hingegen ließen sie sich durch die Banken finanzieren. Da die Banken jenen Teil der Ausstattung finanzierten, mit denen die Händler handelten bzw „arbeiteten", wurde das zur Verfügung gestellte Kapital als Working Capital bezeichnet. Nach jeder Verkaufstour durch das ganze Land musste der Händler seiner Bank als Zeichen seiner Zahlungsfähigkeit das Geld samt Zinsen rückerstatten, bevor ihm erneut Kredit gewährt wurde.

Die Grundkonzeption des Begriffes ist auch heute noch ähnlich: Dabei werden die kurzfristigen Vermögenswerte des Unternehmens (innerhalb eines Jahres liquidierbares Umlaufvermögen) dem kurzfristigen Fremdkapital (innerhalb eines Jahres fällige Schulden) gegenübergestellt.

Berechnung des Working Capitals:
Umlaufvermögen
– kurzfristiges Fremdkapital
Working Capital

Abbildung 219: Working Capital

Das Working Capital ist positiv, wenn das Umlaufvermögen größer ist als das kurzfristige Fremdkapital. Demzufolge verfügt ein Unternehmen mit positivem Working Capital theoretisch über genügend Vermögenswerte, die kurzfristig zu Geld gemacht werden könnten, um fällig werdende Schulden zu begleichen. Im Umkehrschluss heißt das aber auch, dass Teile des kurzfristig gebundenen Vermögens langfristig finanziert sind. Ein positives Working Capital bedeutet, dass das Unternehmen freien Spielraum für den Ausgleich von rhythmischen oder unregelmäßigen Schwankungen im betrieblichen Leistungserstellungsprozess hat. Ein vergleichsweise sehr hohes Working Capital kann aber auch ein Indiz dafür sein, dass

Abschnitt D – Finanzplanung und Finanzmanagement

das Unternehmen zu viel Kapital in Beständen und Forderungen gebunden hat. Dieses Kapital könnte unter Umständen für andere Zwecke rentabler genutzt werden. Grafisch lässt sich ein positives Working Capital wie folgt darstellen:

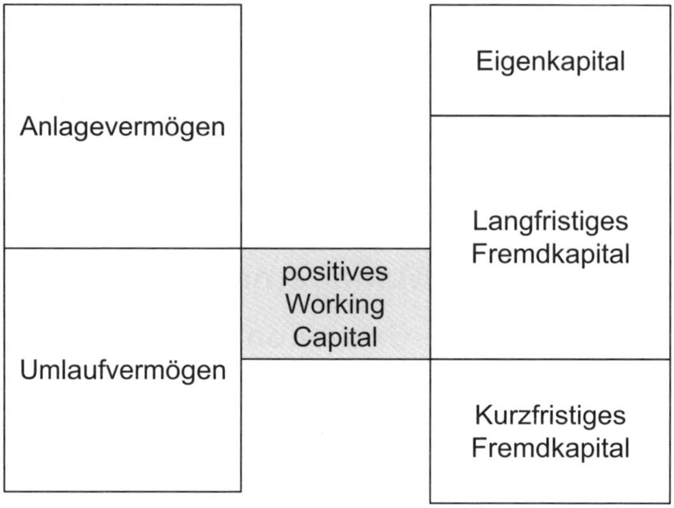

Abbildung 220: Positives Working Capital

Ist das Working Capital hingegen negativ, hat das Unternehmen wenig freie Aktionsspielräume. Das gesamte frei zur Verfügung stehende „Spielkapital" ist schon gebunden, dh disponible Finanzmittel sind nicht vorhanden. So wird es für ein Unternehmen in dieser Lage schwierig, auf außerordentliche (unvorhergesehene bzw nicht geplante) Dinge zu reagieren.

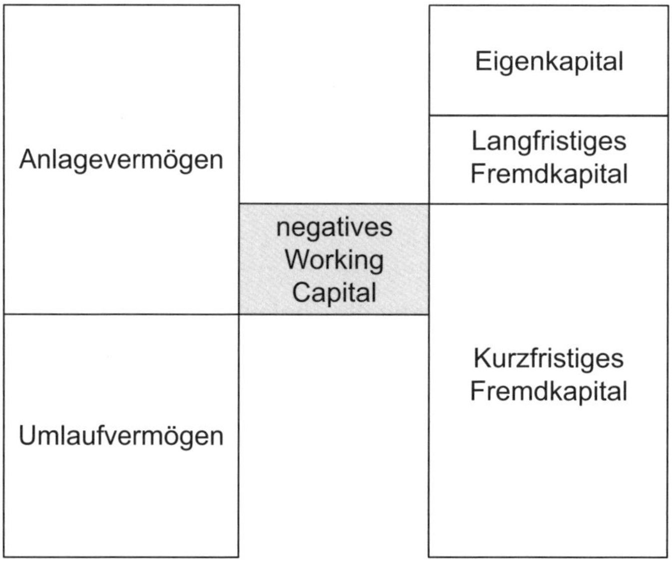

Abbildung 221: Negatives Working Capital

Das negative Working Capital signalisiert außerdem, dass langfristige Anlagevermögenswerte zumindest teilweise durch kurzfristig zur Verfügung stehendes Kapital finanziert werden. Da dadurch der Deckungsgrad B unter 100 % liegt, stellt dies eine Verletzung der Fristenkongruenz dar.

In der Mehrzahl der Fälle ist negatives Working Capital unerwünscht, da mit der Verletzung der Fristenkongruenz ein entsprechend erhöhtes Illiquiditätsrisiko einhergeht. Allerdings steht ein wesentlicher Teil des kurzfristigen Fremdkapitals (insbesondere kurzfristige Rückstellungen und erhaltene Anzahlungen etc) zinsenfrei zur Verfügung. Im Handel und im Industrieanlagenbau ist es daher durchaus gebräuchlich, durch erhaltene Anzahlungen einerseits Zugang zu günstigem Kapital zu erhalten und andererseits durch das Ausnützen der geplanten Posten die Kapitalbasis und damit die produktive Kapazität eines Unternehmens zu erweitern. Liegt die Rentabilität des Gesamtkapitals des Unternehmens über den Fremdkapitalzinsen, dann sind durch die Erhöhung des Fremdkapitals auch positive Auswirkungen auf die Eigenkapitalrentabilität (Jahresüberschuss/Eigenkapital) zu erwarten (Leverage-Effekt).

So kann beispielsweise die hohe Wachstumsrate der Lebensmittelketten erklärt werden. Durch ein relativ hohes Eigenkapital und ein sehr hohes, schnell drehendes Umlaufvermögen wird ein sehr hohes, positives Working Capital erreicht. Die freigesetzten liquiden Mittel können zur Finanzierung des Wachstums verwendet werden. Das Wachstum wiederum schlägt sich in Marktanteilen nieder.

Die Liquidität 3. Grades wird auch Working-Capital-Ratio genannt und kann als absolute Zahl in Form des Working Capitals (= Nettoumlaufvermögen) dargestellt werden.

Die Kritikpunkte am Working Capital betreffen die Berücksichtigung von Posten ungleicher Fristigkeit (ähnlich wie bei der Kritik zur Kennzahl „Liquidität 3. Grades"). So können auf der Aktivseite im Umlaufvermögen auch langfristig gebundene Vermögensteile wie zB „eiserne" Bestände an Vorräten und Forderungen mit einer Laufzeit von über einem Jahr enthalten sein. Ebenso kann das Anlagevermögen oft kurzfristig verflüssigbare Teile wie zB Wertpapiere und Anleihen enthalten, die nicht mit einbezogen werden. Die gleichen „Unstimmigkeiten" hinsichtlich der Fristigkeiten kann es auch auf der Passivseite geben: So können Teile des Eigenkapitals zB in Form von Dividendenzahlungen oder Privatentnahmen ebenso kurzfristig fällig werden wie etwa ein endfälliges Darlehen im Bereich des langfristigen Fremdkapitals.

Fallbeispiel (Fortsetzung)
Ausgangsdaten: Demo-Bilanz

AKTIVA	Vorjahr	Aktuelles Jahr	PASSIVA	Vorjahr	Aktuelles Jahr
Anlagevermögen	39.476.000	41.608.000	Eigenkapital	14.431.000	18.013.000
Immat Vermögensg	173.000	165.000	Stammkapital	260.000	260.000
Sachanlagen	38.974.000	39.614.000	Kommanditkapital	425.000	425.000
Finanzanlagen	329.000	1.829.000	Gewinnrücklage	500.000	500.000
			Kapitalrücklage	150.000	150.000
Umlaufvermögen	22.023.000	25.076.000	Bilanzgewinn/-verlust	1.796.000	3.978.000
Vorräte	15.511.000	14.923.000	Unversteuerte Rücklagen	11.300.000	12.700.000
Forderungen LL	3.557.000	5.703.000			
Sonstige Forderungen	300.000	619.000	**Fremdkapital**	47.068.000	48.671.000
Wertpapiere des UV	3.000	0	Rst für Abfertigungen	1.767.000	2.176.000
Kassa/Bank/Schecks	2.500.000	3.700.000	Steuerrückstellung	11.000	15.000
ARA	152.000	131.000	Sonstige Rückstellungen	40.000	317.000
Bilanzsumme	**61.499.000**	**66.684.000**	Bankverbindl lgfr	33.801.000	35.651.000
			Verbindlichkeiten LL	6.468.000	6.090.000
			Erhaltene Anzahlungen	450.000	500.000
			Wechselverbindlichkeiten	2.050.000	1.666.000
			Verb gg verb Unternehmen lgfr	620.000	620.000
			Sonstige Verbindlichkeiten	1.259.000	1.142.000
			PRA	602.000	494.000
			Bilanzsumme	**61.499.000**	**66.684.000**

Abbildung 222: Demo-Bilanz

5. Cash-Management (Treasuring)

Kurzfristiges Fremdkapital:	Vorjahr	aktuelles Jahr
Steuerrückstellung	11.000	15.000
Sonstige Rückstellungen	40.000	317.000
Verbindlichkeiten LL	6.468.000	6.090.000
Erhaltene Anzahlungen	450.000	500.000
Wechselverbindlichkeiten	2.050.000	1.666.000
Sonstige Verbindlichkeiten	876.000	764.000
PRA	620.000	620.000
SUMME	10.497.000	9.846.000
Langfristiges Fremdkapital:	**Vorjahr**	**Aktuelles Jahr**
Rückstellungen für Abfertigungen	1.767.000	2.176.000
Bankverbindlichkeiten lgfr	33.801.000	35.651.000
Verb gg verb Unternehmen lgfr	620.000	620.000
Sonstige Verbindlichkeiten	383.000	378.000
SUMME	36.571.000	38.825.000

Abbildung 223: Zusatzangabe Verbindlichkeitenspiegel (Demo-Bilanz)

Lösungsweg

Das Working Capital bezeichnet jene Teile des Umlaufvermögens, die langfristig finanziert sind: Umlaufvermögen abzüglich kurzfristiges Fremdkapital = Working Capital.

	Vorjahr	Aktuelles Jahr
Umlaufvermögen gesamt	22.023.000	25.076.000
– Kurzfristiges Fremdkapital	10.497.000	9.846.000
Working Capital	11.526.000	15.230.000

Abbildung 224: Lösung Working Capital (Demobeispiel)

Interpretation

In beiden Jahren ist das Working Capital hoch positiv. Das bedeutet, dass das Unternehmen Spielraum für Entscheidungen hat. Das hohe Working Capital ist auch aus der Ermittlung des 3. Liquiditätsgrades ersichtlich, der deutlich über 200 % liegt (Umlaufvermögen/kurzfristiges Fremdkapital × 100), und zwar im aktuellen Jahr bei 255 % und im Vorjahr bei 210 %.

5.2.2. Working Capital – Steuerungsbereiche

Die Steuerung des Working Capitals zählt zu den zentralen Arbeitsbereichen des Finanzmanagements. Dazu gehören unter anderem die Gestaltung der eigenen Zahlungskonditionen (Debitoren), die Art der Nutzung fremder Zahlungskonditionen (Kreditoren) und die Lagerpolitik.

Die Höhe des Working Capitals ergibt sich aus den von Lieferanten eingeräumten und vom Unternehmen in Anspruch genommenen Zahlungskonditionen, aus der Lager- und Durchlaufzeit sowie aus den gewährten und vom Kunden genutzten Zahlungszielen. In einer statischen Betrachtung ist das Working Capital, wie im vorangehenden Kapitel erläutert, der Saldo aus Umlaufvermögen und kurzfristigem Fremdkapital. Problematisch ist an der Verwendung dieser statischen Kennzahl Working Capital, dass sie lediglich eine Momentaufnahme des Unternehmens gibt, nämlich zum Bilanzstichtag. Eine statische Betrachtung auf Basis absoluter Bilanzgrößen reicht jedoch in der Regel zur Feststellung der Effektivität des Working-Capital-Managements nicht aus. Vorteilhafter sind dafür relative, liquiditätsflussorientierte Messgrößen, die auf den Fluss von operativen Zahlungsströmen und die damit verbundene Wertgenerierung abstellen. Relative Working-Capital-Kennzahlen glätten nicht nur saisonale und konjunkturelle Schwankungen, sondern ermöglichen auch ein Benchmarking mit internen und externen Vergleichsunternehmen zur Identifizierung von Verbesserungsmaßnahmen. Die entscheidende Kennzahl in diesem dynamischen Kontext ist der so genannte Cash-Conversion-Cycle (Liquiditätskreislauf), der die Kapitalbindungsdauer und den Finanzierungsbedarf zwischen dem Einkauf der Ressourcen (zB Waren, Rohstoffe) und der Zahlung der Kunden für die gekauften Waren und Leistungen misst. Die folgende Grafik zeigt exemplarisch einen Cash-Conversion-Cycle und damit die Einflussgebiete des Working-Capital-Managements:

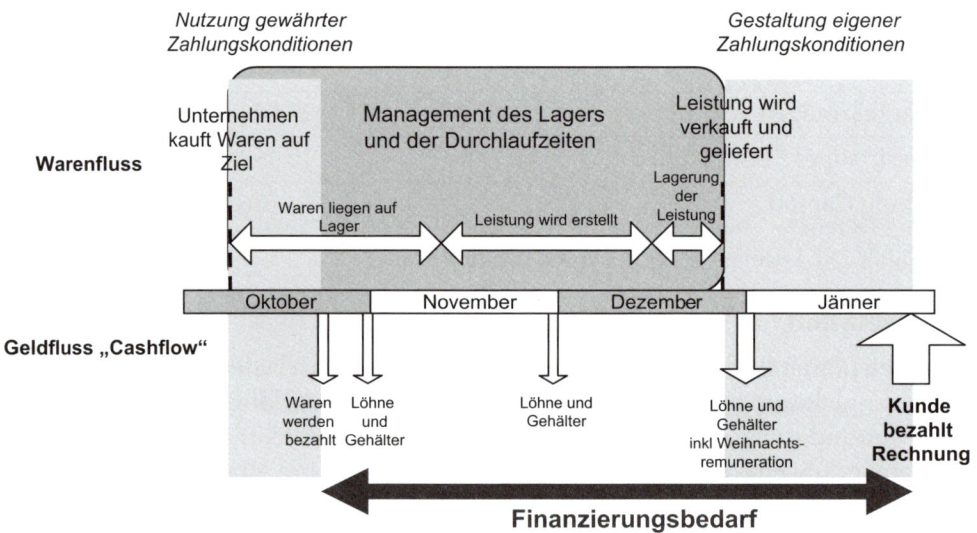

Abbildung 225: Cash-Conversion-Cycle

Wie aus der Grafik ersichtlich, unterteilt sich der Cash-Conversion-Cycle weiter in die Zeitspanne, die Waren, Rohstoffe und Erzeugnisse im Lager liegen, in die damit verbundene Kreditorenlaufzeit (Dauer des Außenstands beim Lieferanten), in die Produktionszeit und in die Forderungsreichweite (Debitorenlaufzeit bzw Dauer des Außenstands der Kunden). Durch die Steuerung insbesondere der Kreditorenlaufzeit, der Lagerdauern und der Debitorenlaufzeit sollen das kurzfristige Liquiditätsrisiko eines Unternehmens minimiert und das Kapitalfreisetzungspotenzial optimal genutzt werden. Die Steuerung im Bereich der Lieferanten (Kreditorenlaufzeit) erfolgt in erster Linie durch die Nutzung gewährter Zahlungskonditionen, jene im Bereich der Forderungen (Debitorenlaufzeit) durch die Gestaltung eigener Zahlungskonditionen. Optimale Lagerdauern lassen sich durch ein effizientes und effektives Management des Lagers und der Durchlaufzeiten erzielen. Im folgenden Kapitel werden verschiedene Maßnahmen in diesen drei Bereichen im Detail dargestellt.

5.2.3. Nutzung gewährter Zahlungskonditionen

Durch die Nutzung von Lieferantenkrediten kann ein Unternehmen seinen Finanzierungsspielraum erweitern. Vor allem Unternehmen im Anlagenbau lassen große Teile der in Bau befindlichen Anlagen durch ihre Lieferanten finanzieren.

Die Zahlung innerhalb der Skontofrist ist in jedem Fall anzuraten, da der Verzicht auf den Skonto nur bei extrem angespannter Liquiditätssituation in Erwägung gezogen werden sollte. Dies soll anhand eines Beispiels erklärt werden:

> **Beispiel**
>
> Ein Lieferant gewährt bei einer Rechnungssumme von € 100.000,– ein Zahlungsziel von 30 Tagen mit 3 % Skonto, 90 Tagen netto. Zahlen Sie erst nach 90 Tagen, so verzichten Sie auf € 3.000,– an Skonto. Das entspricht bei einer Kreditdauer von (90 Tage – 30 Tage) = 60 Tage einer Verzinsung von ([3 % × 365 Tage]/60 Tage) = 18,2 % pa.

Die Nutzung von Lieferantenkrediten ist nicht die einzige Möglichkeit, um aktives Working-Capital-Management betreiben zu können. Im Folgenden werden weitere Maßnahmen aufgelistet, durch welche sich die Zahlungskonditionen beeinflussen lassen:

- Abwägung von Kosten und Nutzen bei Vertragsverhandlungen zwischen einem Preisabschlag und einer Krediteinräumung.
- Freigabe der Zahlungen erst wenn die Ware tatsächlich in Ordnung ist.
- Keine Zahlung vor Ablauf der Zahlungsfrist.
- Vermeidung von Anzahlungen oder Teilzahlungen.
- Vereinbarung des nicht nur spätestmöglichen, sondern auch des frühestmöglichen Liefertermins. Diese Maßnahme verhindert, dass die Zahlungsfrist früher zu laufen beginnt, als man die Ware tatsächlich benötigt.

- Zurückbehalten einer Abschlagszahlung bei großen Projekten mit möglicherweise später auftretenden Gewährleistungsfällen.
- Nutzung der Möglichkeit von Gegengeschäften.
- Prüfung der Einrichtung eines Konsignationslagers.
- Scheckzahlung: Es besteht die Möglichkeit, dass der Kunde den Scheck nicht sofort einlöst. Dadurch wird der Betrag erst später von Ihrem Konto abgebucht.

5.2.4. Management des Lagers und der Durchlaufzeiten

Lagerbestände binden Kapital, belegen Raum und lösen Aktivitäten zur Einlagerung und zur Weiterverarbeitung aus. Sie verursachen mehrfach Kosten. Außerdem sind Lagerbestände einem oder mehreren folgender Risiken ausgesetzt: Verderben, Schwund, Diebstahl, Wertverlust oder Unbrauchbarwerden aufgrund geänderter Stücklisten/Rezepturen.

Umgekehrt blockiert fehlendes Material den Produktionsprozess. Eine größere Zahl von Bestellungen kleinerer Mengen verursacht höhere Bestell- und Handlingkosten. Außerdem lassen sich bei größeren Bestellungen Preisvorteile nutzen, und ein zeitweise günstiger Einkaufspreis kann zu einem Großeinkauf genutzt werden. Je länger der Bestellzyklus, desto notwendiger werden höhere Sicherheitslagerbestände. Die genannten Aspekte sind gegeneinander abzuwägen und zu bewerten. In Zeiten angespannter Liquiditätssituation ist jedenfalls ein geringer Lagerbestand anzuraten.

Folgende Maßnahmen können zur Lageroptimierung beitragen:

- Aufteilen der Materialien in A-, B-, und C-Artikel. Die ABC-Analyse und die entsprechende Sortierung der Artikel, die gekauft werden, sind gute Planungsinstrumente und wertvolle Entscheidungshilfen für die Lageroptimierung. Dabei untersucht man Mengen-Wert-Verhältnisse von Materialien bzw Artikeln, die für die Verarbeitung ins Lager gelegt werden. Die Analyse beruht auf der Erkenntnis, dass die Materialbedarfsstruktur eines Unternehmens häufig dadurch gekennzeichnet ist, dass ein mengenmäßig geringer Anteil der verwendeten Materialien (Artikel) den Hauptanteil am Wert der gesamten zu beschaffenden Materialien bildet – so genannte A-Güter bzw Artikel. Interessant sind dabei jene Lagergüter, die häufig gebraucht werden und einen geringen Wert haben. Diese C-Artikel können in größeren Mengen auf Lager liegen, da sie nur wenig Kapital binden. B- und vor allem A-Artikel verursachen dem Unternehmen jedoch höhere Kosten. Sie binden – wenn sie am Lager liegen und auf die Verarbeitung „warten" – viel Kapital. Aus diesem Grund sollten vor allem A-Artikel bedarfsnah („just-in-time") angeschafft werden.
- Übersicht durch ein effizientes Lagerhaltungssystem – dadurch Vermeidung von Doppelbestellungen.
- Genaue Kennzeichnung der Lagerplätze sowie der Lagerbestände. Hohe Bestände sollen sofort auffallen.
- Aushandeln eines Konsignationslagers mit Lieferanten.

- Bewusstes Niedrighalten des Bestands an Zwischen- und Fertigprodukten, da diese in der Regel erstens schwieriger vermarktet werden können und zweitens nicht mehr so universell eingesetzt werden können wie die Vormaterialien.
- Kein früherer Produktionsbeginn als notwendig – Einsetzen von Instrumenten wie Produktions-, Planungs- und Steuerungssysteme (PPS).
- Zukauf von Leistungen mit einem geringen Wert, wenn deren Erstellung im eigenen Unternehmen zu lange dauert („Make-or-Buy"-Entscheidung).
- Verwendung von standardisierten Teilen und modularen Bauweisen.
- Vermeidung von Improvisationen, indem Sie von vornherein auf einen fehlerfreien Prozess bauen (TQM).

In den oben genannten Maßnahmen sind auch die wichtigsten zur Minimierung der Durchlaufzeit enthalten. Auch die Zeit nach erfolgter Fertigung muss aktiv gestaltet werden:

- Nur Speditionen mit hoher Lieferzuverlässigkeit auswählen.
- Überwachung der Liefertreue.
- Vereinbarung eines „Lieferfensters" mit dem Kunden, innerhalb dessen die Lieferung zulässig ist. Damit besteht die Möglichkeit einer Lieferung auch vor dem Zieltermin, wodurch eine verfrühte Rechnungslegung möglich ist.

5.2.5. Gestaltung eigener Zahlungskonditionen

Zwischen der Lieferung der Leistung und dem Eintreffen der Kundenzahlung verstreicht Zeit. Diese Verzögerung des Eingangs des Rechnungsbetrages muss vom Unternehmen finanziert werden. Durch unterschiedliche Maßnahmen und gezieltes Working-Capital-Management kann diese Zeit verkürzt werden.

> **Beispiel**
>
> Ein Unternehmen legt erst zehn Tage nach Auslieferung der Ware die entsprechende Rechnung an den Kunden. Es wird ein Zahlungsziel von 45 Tagen gewährt. Der Kunde überzieht dieses Zahlungsziel um weitere 15 Tage. Mit dem Einbezug des Bankweges (zB Deutschland nach Österreich) verstreichen weitere fünf Tage. Durch das eher unregelmäßige Beobachten des Bankkontostandes erkennt der Unternehmer nach weiteren fünf Tagen, dass der Eingang verbucht ist. In Summe ergeben sich aus dieser „Konstruktion" zwischen der Warenlieferung und dem Zur-Verfügung-Stehen (bzw Damit-Disponieren-Können) der finanziellen Mittel insgesamt 80 Tage! Bei einem Rechnungsbetrag von € 100.000,– und angenommenen eigenen Finanzierungskosten von 8 % entspricht dies Kosten von (€ 100.000,– × 80 Tage)/365 Tage × 8 % = € 1.753,–. Darin sind Kosten für die Mahnung und das mit steigendem Zahlungsziel steigende Forderungsausfallrisiko noch nicht berücksichtigt.

Die Rechnungslegung lässt sich folgendermaßen beschleunigen:

- Versendung der Rechnungen sofort mit der Ware.
- Nutzung der Möglichkeiten der automatischen Rechnungserstellung im Rahmen eines Enterprise Ressource Planning (ERP)-Systems.
- Erstellung von Teilrechnungen bei Teillieferungen.
- Sendung der Rechnung an die richtige Adresse – oftmals sind Warenempfänger und Regulierer nicht identisch.
- Das eingeräumte Zahlungsziel ist Bestandteil des Marketing-Mix und wird mit dem Kunden ausgehandelt. Kosten und Ertrag eines Kundenkredites sind jedenfalls genau zu beurteilen.

Beispiel

Sie gewähren bei einem Rechnungsbetrag von € 100.000,– ein Zahlungsziel von 90 Tagen. Ihre Finanzierungskosten betragen 8 %. Das eingeräumte Zahlungsziel ist mit Kosten von (€ 100.000,– × 90 Tage/365 Tage) × 8 % = € 1.973,– verbunden. Das entspricht einem Preisnachlass von ca 2 % gegenüber Barzahlung.

- Durch die Gewährung von Skonti lassen sich Zahlungsflüsse beschleunigen. Allerdings müssen mögliche Skonti bereits im Verkaufspreis einkalkuliert sein. Ansonsten wird das Gewähren des Skontos für das einräumende Unternehmen zu teuer.
- Beobachtung des Kundenverhaltens bei Skontoabzug – zahlt ein Kunde später und zieht den Skonto trotzdem ab, ist dies zu unterbinden.
- Vereinbarung von Anzahlungen des Kunden (wenn möglich). Vor allem bei sehr kundenspezifischen Leistungen, die bei kurzfristigem Ausfall des Kunden nicht an andere Kunden abgesetzt werden können, ist die Nutzung von Anzahlungen und Teilzahlungen schon alleine aus Risikogesichtspunkten sinnvoll.
- Verkaufen der Ware nur gegen Eigentumsvorbehalt. Dadurch wird die Position im Falle der Insolvenz des Kunden verbessert.
- Nutzung der Möglichkeit eines Bankeinzugs bzw bei regelmäßig wiederkehrenden Leistungen in ähnlicher Höhe die Möglichkeit eines Dauerauftrages. Sofern die Leistung auftragsgemäß hinsichtlich Art, Umfang, Qualität und Zeit erbracht wurde, besteht der berechtigte Anspruch auf rechtzeitige Zahlung durch den Kunden.
- Eine gute Geschäftspartnerschaft beruht darauf, dass sowohl Leistung (Ware) als auch Gegenleistung (Abnahme und Bezahlung) vereinbarungsgemäß erbracht werden.
- Rechtzeitige Auslieferung der gesamten, fehlerfreien Leistung.
- Bei Neukunden oder bei bestehenden Kunden mit plötzlich stark ansteigendem Absatzvolumen empfiehlt sich die Einholung einer Kreditauskunft.
- Kritische Außenstände sind unter Umständen im Vorhinein zu versichern.

- Bei Bedarf sind Bankgarantien und Akkreditive zu vereinbaren.
- Vereinfachung der Bezahlung für den Kunden durch Beigabe eines fertig ausgefüllten Erlagscheins.
- Persönliche Nachfrage (telefonisch oder bei Bedarf persönlich vor Ort), warum eine fällige Rechnung nicht bezahlt wurde. In der Regel wird der Kunde darauf besser reagieren als auf eine bloße Mahnung, die in der Rundablage landet. Mahnungen trotzdem rechtzeitig ausstellen, Verzugszinsen und rechtzeitige Einmahnung dieser.
- Veranlassung eines Inkassos im Bedarfsfall. Sollte der Kunde wenig Lieferanten haben, Information auch an die Mitbewerber, damit der Kunde nicht einfach auf den nächsten ausweichen kann.
- Auch der Bankweg nimmt – vor allem bei Auslandsgeschäften – Zeit in Anspruch. Bei größeren Auslandsgeschäften kann ein Konto im Ausland bei einer renommierten Bank von Vorteil sein. Empfehlenswert ist dies vor allem dann, wenn zum Beispiel sowohl Auszahlungen als auch Einzahlungen in US-Dollar getätigt werden. Damit werden Überweisungszeit, -spesen und Wechselkursrisiko gespart. Prüfen Sie von Zeit zu Zeit die Dauer des Überweisungsweges Ihrer Bank.
- Nutzung der modernen Möglichkeiten des Electronic Banking, um tagtäglich über den Kontostand im Bilde zu sein.

5.2.6. Zusammenfassende Sichtweise

Working-Capital-Management setzt im Wesentlichen bei einer gezielten Abstimmung von Finanzmittelherkunft und Finanzmittelbindung an. Will man untersuchen, in welchen Bereichen Working-Capital-Management besonders zielführend ist, sollte man die verschiedenen Positionen nicht nur statisch (also zeitpunktbezogen), sondern dynamisch (also für mehrere Zeitpunkte) betrachten. Ziel muss es daher sein, die Entwicklung von wesentlichen Positionen des Working Capitals sowohl aktiv- als auch passivseitig dar- und gegenüberzustellen.

Dazu sollen die wesentlichen Positionen des Working Capitals Lagerbestand, Lieferforderungen und Lieferverbindlichkeiten eines Unternehmens beispielhaft gegenübergestellt werden. Die drei Bestandsgrößen werden dabei in Form von relativen Kennzahlen dargestellt. Dadurch wird ihre Entwicklung vergleichbar gemacht. Für den Lagerbestand wird die Lagerdauer, für die Lieferforderungen die Außenstandsdauer oder Debitorenlaufzeit und für die Lieferverbindlichkeiten die Kreditorendauer oder -laufzeit berechnet. Lagerdauer, Debitoren- und Kreditorenlaufzeit werden üblicherweise in Tagen angegeben, können aber auch in Wochen oder Monate umgerechnet werden.

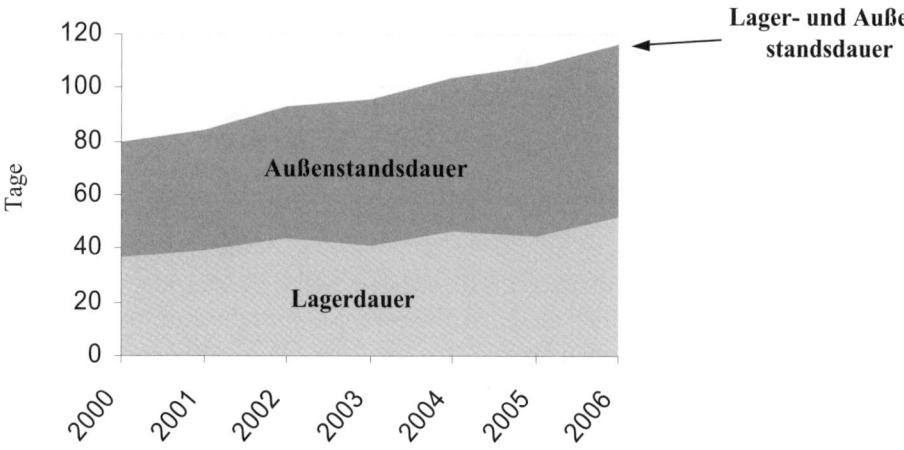

Abbildung 226: Lagerdauer – Außenstandsdauer

In der Grafik wird die Entwicklung des Lagers und der Lieferforderungen in Tagen abgebildet. Beide Positionen sind von Seiten des Unternehmens vorzufinanzieren und belasten daher durch einen etwaigen Aufbau den Cashflow (wie es im Beispiel der Fall ist). Daher wird vorgeschlagen, die beiden Größen zu addieren.

Demgegenüber stehen die Lieferverbindlichkeiten, die von Seiten unserer Lieferanten vorerst finanziert werden müssen. Die Lieferverbindlichkeiten stellen in diesem Sinne Handelskredite dar und entlasten das Unternehmen finanziell.

In der folgenden Grafik wird die Entwicklung der den Lieferverbindlichkeiten zugrunde liegenden Kennzahl, der Kreditorendauer in Tagen, dargestellt. Im konkreten Fall ist hinsichtlich der Kreditorendauer eher eine stagnierende Entwicklung festzustellen.

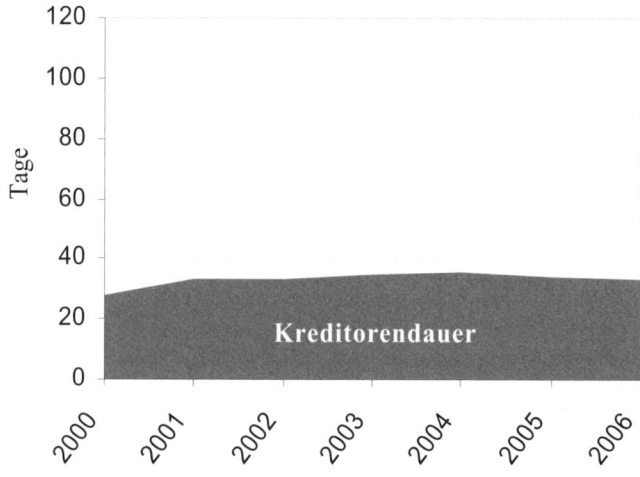

Abbildung 227: Kreditorendauer

Um einen Einblick in die Entwicklung der Finanzierungsstruktur des Working Capitals eines Unternehmens zu bekommen, ist es zweckmäßig, die drei Kennzahlen zu integrieren. Während das Lager und die Forderungen vom Unternehmen „vorfinanziert" werden müssen und daher durch ihre Zunahme den Cashflow belasten, entlasten steigende Verbindlichkeiten den operativen Cashflow. Daher wird vorgeschlagen, die Kreditorendauer von der Summe von Lager- und Außenstandsdauer (Bruttobelastung) abzuziehen. Dadurch erhält man die Nettobelastung der drei wesentlichsten Größen des Working Capitals eines Unternehmens. Dynamisiert man die Kennzahlen, so ist es möglich, die Entwicklung der finanziellen Belastung eines Unternehmens (zum Beispiel durch Wachstum) aufzuzeigen. In der folgenden Abbildung wird die Nettobelastung aus dem Working Capital auf Basis der zuvor skizzierten Kennzahlen ausgewiesen.

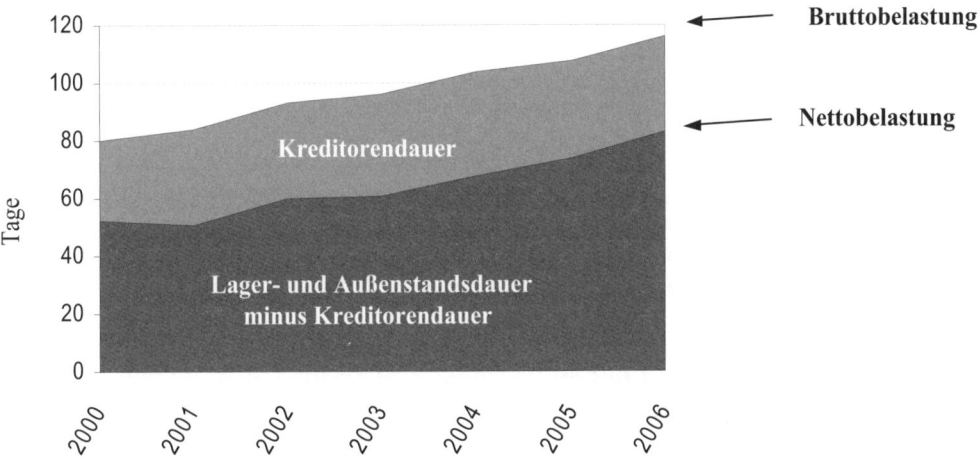

Abbildung 228: Nettobelastung als Saldo aus Kreditorendauer und Lager- und Außenstandsdauer

Im konkreten Unternehmensfall zeigt sich eine über die Jahre steigende finanzielle Belastung durch einen stetigen Anstieg der Nettobelastung zur Finanzierung der Positionen des Working Capitals. Die Aussagekraft der Analyse beschränkt sich ausschließlich auf die dynamische Betrachtungsweise. Dies deshalb, da beispielsweise in der Regel die Höhe der Forderungen nicht der Höhe der Verbindlichkeiten entspricht. Statisch sollten daher die Außenstandsdauer und die Kreditorendauer nicht gegenübergestellt werden, auch wenn es einen Zusammenhang zwischen der Höhe des Umsatzes und der des Wareneinsatzes gibt. Dynamisch betrachtet kann man aus dem Verhältnis dennoch wichtige Entwicklungsverläufe erkennen.

Praktische Relevanz

Ein positives Working Capital erlaubt dem Unternehmen mehr Flexibilität und Handlungsspielraum im täglichen Geschäft. Betrachtet man die Entwicklung des Working Capitals im Zeitverlauf, ist dies ein guter Indikator für mögliche Finanzierungsengpässe im Unternehmen. (Längerfristig) negatives Working Capital bedeutet Handlungsbedarf, und zwar um die mittel- bis langfristige strukturelle Liquidität des Unternehmens zu sichern. Beispielsweise sind Umfinanzierungen von kurz- auf langfristige Finanzierung zu überlegen.

Die Möglichkeiten, aktiv Working-Capital-Management zu betreiben, werden in der Praxis vielfach unterschätzt. Die Ansatzpunkte sind je nach Branche und strategischer Ausrichtung des Unternehmens unterschiedlich.

Wissen kompakt

Lageroptimierung hat zum Ziel, Durchlaufzeiten zu verringern, um Kosten durch Platzmangel, Verderb oder Wertverlust zu minimieren. Instrumente der Lageroptimierung sind beispielsweise das Aufteilen in A/B/C-Güter nach Kapitalbindung oder die Just-in-time Anlieferung.

Negatives Working Capital bedeutet, dass die Summe des (liquidierbaren) Umlaufvermögens niedriger ist als das kurzfristige Fremdkapital. Negatives Working Capital signalisiert, dass Teile der langfristigen Vermögenswerte durch kurzfristiges Fremdkapital finanziert werden. Bei negativem Working Capital besteht ein erhöhtes Illiquiditätsrisiko.

Positives Working Capital bedeutet, dass die Summe des (liquidierbaren) Umlaufvermögens höher ist als das kurzfristige Fremdkapital. Dieser Überhang stellt einen finanziellen Spielraum für das Unternehmen dar.

Das **Working Capital (Nettoumlaufvermögen)** berechnet sich, indem man vom Umlaufvermögen das kurzfristige Fremdkapital abzieht. Working Capital bezeichnet also jene Teile des Umlaufvermögens, die langfristig finanziert werden.

Das **Working-Capital-Management** zählt zu den wichtigsten Aufgabenbereichen des Finanzmanagements und beschreibt die Gestaltung der Zahlungskonditionen auf Kreditoren- und Debitorenseite sowie der Lagerhaltung und der Durchlaufzeiten.

Die **Working Capital Ratio** ist die Bezeichnung für die Liquidität dritten Grades und ist eine Verhältniszahl, die gemäß der 2:1-Regel („Bankers's Rule", „Current Ratio" oder „Two-one"-Rule) mindestens 200 % betragen soll. Demnach soll das Umlaufvermögen doppelt so hoch sein wie das kurzfristige Fremdkapital.

Zahlungskonditionen sind Instrumente des Finanzmanagements. Es ist einerseits zu berücksichtigen, bis wann und mit welchen Abzügen (Rabatte, Skonti) Forderungen im Unternehmen von den Kunden (Debitoren) bezahlt werden, und andererseits, wie und bis wann die Lieferanten (Kreditoren) vom Unternehmen zu bezahlen sind, ohne dass Liquiditätsprobleme auftreten.

Kontrollfragen

- Was versteht man unter Working Capital? Erläutern Sie den Zusammenhang dieses Begriffes mit den Grundsätzen der Finanzierung!

- Beschreiben Sie Möglichkeiten, wie sich *gewährte* Zahlungskonditionen beeinflussen lassen!
- Was sollten Sie bei der Gestaltung der eigenen Zahlungskonditionen in Hinblick auf das Working-Capital-Management beachten?

Weiterführende Literatur

- *Egger, A./Samer, H./Bertl, R.:* Der Jahresabschluss nach dem Unternehmensgesetzbuch, Band 1, 14., überarbeitete und erweiterte Auflage, Wien 2013.
- *Egger, A./Winterheller, M.:* Kurzfristige Unternehmensplanung, 14. Auflage, Wien 2007.
- *Guserl, R./Pernsteiner, H.* (Hrsg): Handbuch Finanzmanagement in der Praxis, Wiesbaden 2004.
- *Kropfberger, D./Winterheller, M.:* Controlling, 4., korrigierte Auflage, Wien 2007.
- *Röhrenbacher, H.:* Finanzierung und Investition (mit Excel und HP): Finanzplanung mit Cashflow-Statements, 3., überarbeitete Auflage, Wien 2008.
- *Perridon, L./Steiner, M./Rathgeber, A.:* Finanzwirtschaft der Unternehmung, 16., überarbeitete und erweiterte Auflage, München 2012.
- *Wedenig, F./Klokar, H.:* Jahresabschluss, 3., überabeitete Auflage, Wien 2003.
- *Ziegenbein, K.:* Controlling, 10., überarbeitete und aktualisierte Auflage, Ludwigshafen am Rhein 2012.

Abschnitt E – Internes Rechnungswesen

1. Die Kostenrechnung als Informationssystem des Rechnungswesens und Entscheidungsgrundlage des Managements

> **Lernziel**
>
> **In diesem Kapitel lernen Sie**
> - welche Aufgaben ein Kostenrechnungssystem zu erfüllen hat
> - welchen zwingenden Prinzipien ein Kostenrechnungssystem zu folgen hat
> - welche unterschiedlichen Gestaltungsoptionen es für Kostenrechnungssysteme gibt

1.1. Zweck und Aufgaben der Kostenrechnung

Der Zweck der Kostenrechnung liegt in der möglichst realitätsnahen Abbildung der betrieblichen Strukturen und Prozesse. Da jedes Unternehmen spezifische Strukturen und Prozesse aufweist und die Kostenrechnung vor allem für interne Adressaten Informationen generiert, gibt es für dieses Rechensystem keine gesetzlichen Vorschriften hinsichtlich seiner Ausgestaltung. Wie das jeweilige Kostenrechnungssystem konzipiert wird, hängt ua auch wesentlich von den Zielsetzungen des Managements ab, also davon, welche Fragen vorrangig beantwortet werden sollen. Jedes Kostenrechnungssystem sollte demnach eine ganz spezifische Struktur aufweisen.

Erfüllt ein Kostenrechnungssystem diesen Zweck nicht, so kann die Kostenrechnung auch nicht die ihr zugedachten Aufgabenstellungen erfüllen. Die Aufgaben der Kostenrechnung lassen sich folgendermaßen systematisieren:

Wirtschaftlichkeitskontrolle

Kosteneinsparungsmöglichkeiten können durch den Vergleich der Kosten einer Periode mit jenen anderer Perioden, durch den Vergleich der Kosten des eigenen Unternehmens mit jenen anderer Betriebe (Cost-Benchmarking) oder durch den Vergleich von Plankosten mit Ist-Kosten aufgezeigt werden. Insbesondere Plan-Ist-Abweichungen haben eine hohe Aussagekraft und sollten in modern geführten Unternehmen mittlerweile zu den Standardauswertungen gehören.

Kalkulation der betrieblichen Leistung

Die Kostenrechnung soll Informationen darüber liefern, ob der für das zu verkaufende Produkt erzielbare Marktpreis für die Deckung sämtlicher Kosten ausreichend ist und zu welchem Preis das Produkt kurzfristig und langfristig gerade noch verkauft werden kann (Preisuntergrenzen). Es geht also darum, die eigenen Herstellkosten (Kosten der Fertigung) und in weiterer Folge die eigenen Selbstkosten (Kosten der Fertigung + Kosten der Verwaltung und des Vertriebes) zu ermitteln. In diesem Zusammenhang sollten so weit als möglich wiederum Plan- bzw Vorkalkulationen wie auch Nachkalkulationen (Ist-Abrechnung) eingesetzt werden. Die Kostenrechnung kann auch Hilfestellung für die Ermittlung von internen Verrechnungspreisen leisten.

Bereitstellung von Zahlenmaterial für betriebliche Entscheidungen

Eine wesentliche Aufgabe der Kostenrechnung besteht darin, entscheidungsorientierte Informationen für das Management zu liefern. Hat sich das Management für eine alternative Option zu entscheiden, spricht man von dispositiven Entscheidungen. Beispiele für derartige Entscheidungsfälle sind:

- die Optimierung des Produktionsprogramms durch die Aufnahme neuer Produkte
- Eliminationsentscheidungen bisher angebotener Produkte
- die Wahl zwischen Selbsterstellung und Fremdbezug (*make or buy* – Outsourcing)
- die Wahl des optimalen Fertigungsverfahrens
- die Bestimmung der minimalen Absatzmenge eines neuen Produktes
- die Annahme oder Ablehnung eines Zusatzauftrages

Es ist also eine zentrale Aufgabe des Kostenrechnungssystems, dem Management bei Rationalisierungs-, Optimierungs- und Auswahlentscheidungen entsprechende entscheidungsorientierte Informationen zu liefern.

Kurzfristige Erfolgsrechnung

Der interne Betriebserfolg wird mehrmals im Jahr (zB monatlich oder vierteljährlich) ermittelt, um laufend über den Grad der Zielerfüllung informiert zu sein. Solche Auswertungen nennt man kurzfristige Erfolgsrechnungen (KER) oder Periodenerfolgsrechnungen. Es wird wie im Rahmen der Finanzbuchhaltung ein Ergebnis errechnet, dieses wird aber unterjährig ausgewiesen. Das jährliche Ergebnis der Kostenrechnung stimmt in der Regel mit jenem der Finanzbuchhaltung nicht überein. Der Grund liegt, wie bereits erwähnt, in den unterschiedlichen Zielsetzungen der Systeme. Mittels einer Überleitungsrechnung kann man jedoch vom kostenrechnerischen zum finanzbuchhalterischen Ergebnis gelangen.

Bereitstellung von Zahlenmaterial für Bewertungen

Die Finanzbuchhaltung stellt die wirtschaftliche Lage eines Unternehmens zu einem bestimmten Zeitpunkt (Bilanzstichtag) dar. Zu diesem Zeitpunkt müssen Geschäftsprozesse, die gerade im Laufen sind, abgerechnet und quantitativ abgebildet werden. Beispielsweise liegen halbfertige Produkte auf einem Zwischenlager. Um die wirtschaftliche Lage des Unternehmens bewerten zu können, müssen auch die Lagerbestände einer Bewertung zugeführt werden. Diese Fabrikate haben offensichtlich einen Wert. Die Frage, die sich stellt, ist jene nach der Höhe. Dies ist eine Frage der Bewertung. Für die Bewertung der Halb- und Fertigfabrikate, aber auch der vom Betrieb selbst erstellten Anlagen benötigt man die Daten (Kalkulationsdaten) der Kostenrechnung. Solche Bewertungen spielen auch im Rahmen der Wertermittlung bei Schadensfällen eine Rolle. Das Bereitstellen entsprechender Informationen für das Finanzamt oder für Versicherungsträger stellt allerdings nur ein Nebenziel der Kostenrechnung dar.

1.2. Prinzipien der Kostenrechnung

Die Kostenrechnung ist eine **kalkulatorische Rechnung**, die auf Realgüterbewegungen (Güterverzehr) aufbaut. Im Gegensatz dazu knüpft die pagatorische Rechnung (zB die Finanzrechnung) an Zahlungsvorgänge an. Kalkulatorisch bedeutet, dass nicht die Zahlungsein- und -ausgänge dokumentiert werden, sondern vielmehr der Verzehr an Gütern und Dienstleistungen einerseits und die Erstellung von Gütern und Dienstleistungen andererseits. Beispielsweise wird somit nicht der Kauf einer Maschine dokumentiert, sondern deren leistungsmäßiger Verschleiß in Form der Abschreibung, oder nicht der Kauf von Rohstoffen, sondern deren Verbrauch während der Verarbeitung. Damit werden die Ergebnisse der Kostenrechnung hinsichtlich der Erfolgsermittlung stabiler und aussagekräftiger als der stark schwankende Finanzstatus. Nicht der Kauf einer Maschine beeinflusst den Erfolg eines Unternehmens, sondern vielmehr dessen betrieblicher Einsatz.

Die Kostenrechnung ist eine **kurzfristige**, **regelmäßig** und **freiwillig** erstellte Rechnung. Die Berichtszeiträume der Kostenrechnung umfassen in der Regel einen Monat bis maximal ein Jahr. Die Einrichtung und Durchführung einer Kostenrechnung ist gesetzlich weder vorgeschrieben noch geregelt.

Schließlich handelt es sich bei der Kostenrechnung um eine **Erfolgsrechnung**. Sie ermittelt durch Gegenüberstellung des Wertes der erzeugten Leistungen (Erlöse) und des Wertes der verbrauchten Produktionsfaktoren (Kosten) den kalkulatorischen Erfolg bzw das **Betriebsergebnis**. Die folgende Tabelle zeigt nochmals zusammenfassend die zwingenden und fakultativen Merkmale der Kostenrechnung.

Zwingende Merkmale der Kostenrechnung	
Kostenrechnung ist stets eine	unternehmensinterne Rechnung
	kalkulatorische (Bestandteile enthaltende) Rechnung
	kurz- bis mittelfristige Rechnung
	erfolgsbezogene Rechnung
	freiwillig aufgestellte Rechnung
	laufende Rechnung
Fakultative Merkmale der Kostenrechnung	
Kostenrechnung kann sein eine	Planrechnung oder Ist-Abrechnung
	stückbezogene und/oder periodenbezogene Rechnung
	auf Vollkosten und/oder Teilkosten basierende Rechnung
	auf Ermittlungs- und Dokumentationszwecke und/oder Entscheidungszwecke abstellende Rechnung
	buchhalterisch und/oder statistisch-tabellarisch durchgeführte Rechnung

Tabelle 9: Merkmale von Kostenrechnungssystemen

Praktische Relevanz

Abgesehen davon, dass viele Klein- und Mittelbetriebe noch immer nicht über ein entsprechendes Kostenrechnungssystem verfügen, liegt ein wesentliches Problem darin, dass viele Kostenrechnungssysteme in der Praxis von **schlechter Qualität** sind – oder mit anderen Worten: Die Informationen, die die Systeme liefern, sind schlichtweg falsch oder zumindest unpräzise. Ein wesentlicher Grund liegt darin, dass es für die Kostenrechnung(en) keine Vorschriften gibt.

Im Gegensatz zur Kostenrechnung gibt es für die Erstellung einer Finanzbuchhaltung klare gesetzliche Richtlinien (Bundesabgabenordnung, Einkommensteuergesetz, Handelsgesetzbuch etc). Diese Grundsätze beziehen sich auf die Zielsetzung der Steuergerechtigkeit. Das bedeutet, dass alle Unternehmen nach denselben Grundsätzen steuerlich belastet werden sollen, und daher müssen alle Unternehmen nach den gleichen Grundsätzen bilanzieren.

Die Kostenrechnung verfolgt eine gänzlich andere Zielsetzung. Die Kostenrechnung stellt ein internes Steuerungsinstrument dar. Die Informationen der Kostenrechnung sind demnach primär für das Management des Unternehmens bestimmt. Es handelt sich um freiwillig erstellte, für das Management bestimmte Informationen.

1. Die Kostenrechnung

Dass es für die Kostenrechnungen im Gegensatz zur Finanzbuchhaltung keine gesetzlichen Vorschriften gibt, kann darüber hinaus damit begründet werden, dass die wichtigste Aufgabe der Kostenrechnung in der möglichst realitätsnahen Abbildung der betrieblichen Prozesse und Strukturen besteht.

Die Informationen eines Kostenrechnungsbildes und jedes Kostenrechnungssystem sollten also so individuell sein wie das Röntgenbild eines Menschen, da kein Unternehmen in seinen Strukturen und Prozessen einem anderen gleicht (so wie wir Menschen). Wie das jeweilige Kostenrechnungssystem ausgestaltet wird, hängt unter anderem auch wesentlich von den Zielsetzungen des Managements ab, also davon, welche Fragen vorrangig beantwortet werden sollen. Jedes Kostenrechnungssystem sollte demnach eine ganz spezifische Struktur haben. Dies ist aber in vielen Fällen nicht gegeben.

Die Einführung einer Kostenrechnung erfordert daher viel Erfahrung und (insbesondere in einem Produktionsbetrieb) technisches Verständnis. Eine Kostenrechnung lediglich aufgrund des Literaturstudiums einzuführen, gleicht dem Versuch, ein Auto zu fahren, nachdem man die Fahrzeugpapiere durchgelesen hat. Die Kostenrechnung kann ein sehr wirkungsvolles Instrument im Wettbewerb sein. Voraussetzung dafür ist, dass die Qualität des Systems in Ordnung ist und das Management weiß, wie man die Informationen interpretiert.

Wissen kompakt

Das **Betriebsergebnis** ist der kalkulatorische Erfolg, der durch Gegenüberstellung des Wertes der erzeugten Leistungen (Erlöse) und des Wertes der verbrauchten Produktionsfaktoren (Kosten) ermittelt wird.

Kalkulatorische Rechnungen bauen auf Realgüterbewegungen (Güterverzehr) auf. Kalkulatorisch bedeutet, dass nicht die Zahlungsein- und -ausgänge dokumentiert werden, sondern vielmehr der Verzehr an Gütern und Dienstleistungen.

Pagatorische Rechnungen knüpfen an Zahlungsvorgänge an. Daher legt man dem pagatorischen Kostenbegriff prinzipiell den Anschaffungspreis als Wert zugrunde.

Kontrollfragen

- Was versteht man unter dispositiven Entscheidungen des Managements? Nennen Sie mehrere Beispiele dafür!
- Welche Rolle nimmt die Kostenrechnung bei der Bewertung von halbfertigen und fertigen Produkten im Rahmen der Finanzbuchhaltung ein?
- Welche zwingenden Merkmale der Kostenrechnung kennen Sie? Erläutern Sie diese im Detail!
- Welche Aufgaben erfüllt die Kostenrechnung im Rahmen der Kalkulation der betrieblichen Leistungen?

Verwendete und weiterführende Literatur

- *Bogensberger, S./Messner, S./Zihr, G./Zihr, M.:* Kostenrechnung – eine praxis- und beispielorientierte Einführung, 6. Auflage, Wien 2012.
- *Coenenberg, A. G./Fischer, T./Günther, T.:* Kostenrechnung und Kostenanalyse, 8. Auflage, Stuttgart 2012.
- *Haberstock, L./Breithecker, V.:* Kostenrechnung 1, 13., neu bearbeitete Auflage, Berlin 2008.
- *Hummel, S./Männel, W.:* Kostenrechnung 1 – Grundlagen, Aufbau und Anwendung, 4. Auflage, Wiesbaden 1990.
- *Männel, W.:* Handbuch Kostenrechnung, Wiesbaden 1992.
- *Schweitzer, M./Küpper, H.-U.:* Systeme der Kosten- und Leistungsrechnung, 10. Auflage, München 2011.

2. Aufbau und Ablauf von Kostenrechnungssystemen

> **Lernziel**
>
> **In diesem Kapitel lernen Sie**
> - was man unter einem geschlossenen Kostenrechnungssystem versteht
> - aus welchen Teilen ein geschlossenes Kostenrechnungssystem besteht
> - welche Aufgaben die einzelnen Teile eines Kostenrechnungssystems übernehmen
> - wie der prozessuale Ablauf eines Kostenrechnungssystems vor sich geht

2.1. Struktureller Aufbau von Kostenrechnungssystemen

Kostenrechnungssysteme weisen in der Unternehmenspraxis meist eine relativ komplexe Struktur auf. Zunächst müssen die Kosten im Unternehmen erfasst werden. In weiterer Folge muss man die Kosten im Betrieb weiterverrechnen, um letztendlich einen Erfolg ermitteln zu können. Im Rahmen der Kostenerfassung und -verrechnung werden viele Informationen verarbeitet. Diese Informationen fließen, wie noch ersichtlich wird, durch ein mehrstufiges System. Im Grunde ist man daher mit einem informationstechnischen Logistikproblem konfrontiert. Dies bedeutet, dass man auf keine Kostenposition vergessen und zugleich Kosten nicht doppelt verrechnen darf. Gegen dieses logische Prinzip wird in der Unternehmenspraxis häufiger verstoßen als man vermutet. Der Grund liegt in der Fülle an Daten und der Komplexität der Abläufe.

Die Komplexität zeichnet sich bereits bei der Erfassung der Kosten ab. Die Kostenrechnung bezieht ihre Informationen aus verschiedensten Zuliefersystemen. Aus diesem Grund besteht beispielsweise die Gefahr, dass Kostendaten im System nicht berücksichtigt werden. Daher ist man bemüht, so genannte geschlossene Systeme zu entwickeln. Darunter versteht man, dass alle Daten, die in das System gelangen, auch tatsächlich verarbeitet werden. Ein solch geschlossenes System lässt sich vereinfacht folgendermaßen abbilden.

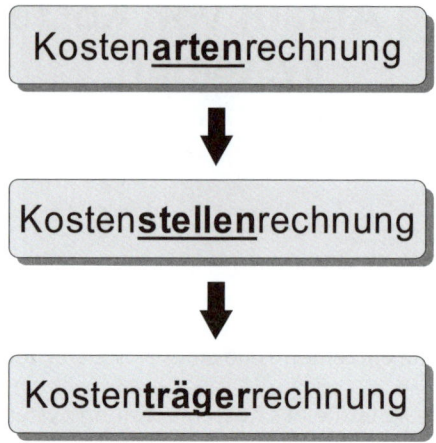

Abbildung 229: Struktureller Aufbau eines geschlossenen Kostenrechnungssystems

Zunächst werden die Kosten im Rahmen der Kostenartenrechnung erfasst. Aufgabe der Kostenartenrechnung ist beispielsweise die Selektion von neutralen Aufwendungen oder die Ermittlung kalkulatorischer Zusatzkosten. In weiterer Folge werden die Kosten auf die Kostenstellen bzw die Kostenträger verrechnet. Zunächst wird im Rahmen der Kostenstellenrechnung festgestellt, wo im Betrieb die Kosten angefallen sind. Die Kosten werden demnach auf Teilbereiche des Betriebes (so genannte Kostenstellen) verteilt. Abschließend gilt es zu ermitteln, wofür die Kosten im Betrieb angefallen sind. Man verrechnet also die Kosten auf Produkte und/oder Leistungen. Diese Produkte und/oder Leistungen nennt man die Kostenträger, da sie mit ihren Erlösen letztendlich die Kosten „decken" (im Sinne von „tragen") müssen. Die Verrechnung der Kosten auf die Kostenträger ist als Kostenträgerstückrechnung (Kalkulation) bekannt. Neben der Stückrechnung gibt es auch eine Kostenträgerzeitrechnung, bei der die Erlöse und Kosten einer Periode zugerechnet werden. Somit wird im Rahmen der Kostenträgerrechnung auch der Periodenerfolg ermittelt.

2.2. Prozessualer Ablauf von Kostenrechnungssystemen

Die Struktur eines Kostenrechnungssystems gibt zugleich wesentlich den prozessualen Ablauf der Erfassung und Verrechnung der Kosten vor. Im Rahmen der Kostenartenrechnung werden die Kosten erfasst, um in weiterer Folge im Zuge der Kostenstellenrechnung und der Kostenträgerrechnung verrechnet zu werden. Die entsprechenden Zusammenhänge soll die folgende Grafik veranschaulichen:

2. Aufbau und Ablauf von Kostenrechnungssystemen

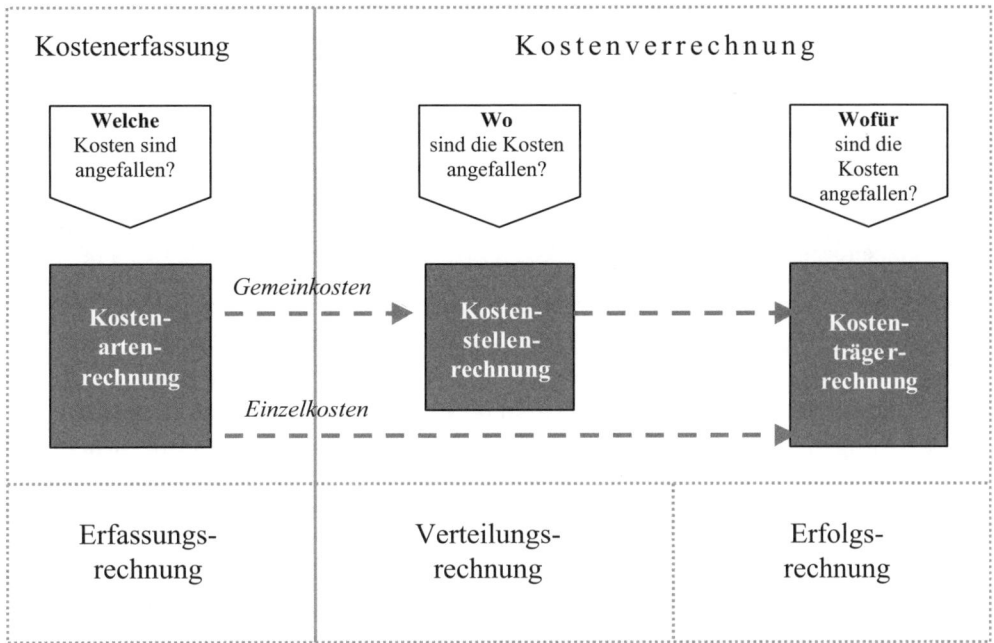

Abbildung 230: Prozessualer Ablauf eines Kostenrechnungssystems

Wie aus der obigen Grafik ersichtlich wird, werden die Kosten im Rahmen der Kostenerfassung zunächst in Einzel- und Gemeinkosten geteilt. Ebenso wird ersichtlich, dass lediglich die Gemeinkosten in die Kostenstellenrechnung eingehen, während die Einzelkosten direkt in der Kostenträgerrechnung berücksichtigt werden. Es stellt sich daher die Frage nach der Notwendigkeit dieser Vorgehensweise.

Warum teilt die Kostenartenrechnung die Kosten in Einzel- und Gemeinkosten auf? Ein wesentliches Ziel der Kostenrechnung ist es, möglichst exakt die Prozesse und Strukturen des Unternehmens abzubilden. In diesem Sinne ist es das Ziel der Kostenrechnung, die Kosten möglichst genau jenen Produkten und Dienstleistungen zuzurechnen, die die Kosten tatsächlich verursacht haben. In manchen Fällen kann die Kostenverursachung durch ein Produkt oder eine Dienstleistung einfach und zweifelsfrei festgestellt werden. In anderen Fällen ist die Identifikation des kostenverursachenden Produktes (bzw der kostenverursachenden Dienstleistung) jedoch sehr schwierig oder gar nicht möglich.

Dementsprechend gibt es Kostenpositionen, die man direkt einem Produkt oder einer Dienstleistung zurechnen kann und solche, bei denen dies nicht möglich ist. Jene Kosten, die man einem Produkt oder einer Dienstleistung direkt zurechnen kann, nennt man **Einzelkosten**. Jene Kosten, für die eine direkte Zurechnung nicht möglich ist, die man also nur indirekt verrechnen kann, nennt man **Gemeinkosten**. Hierzu gibt folgende Grafik überblicksartig Aufschluss:

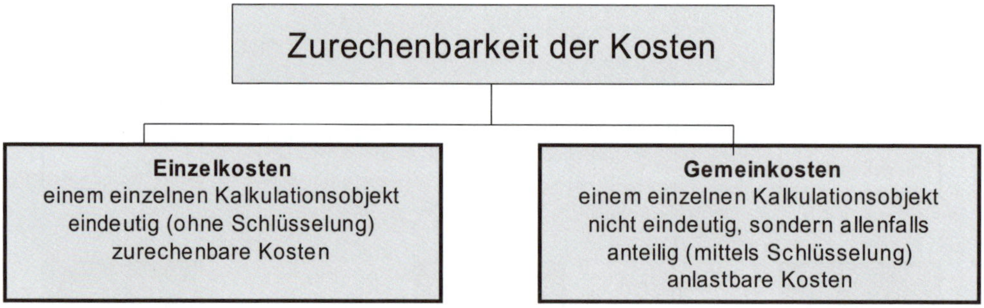

Zurechenbarkeit der Kosten

Einzelkosten
einem einzelnen Kalkulationsobjekt eindeutig (ohne Schlüsselung) zurechenbare Kosten

Gemeinkosten
einem einzelnen Kalkulationsobjekt nicht eindeutig, sondern allenfalls anteilig (mittels Schlüsselung) anlastbare Kosten

Abbildung 231: Abgrenzung zwischen Einzel- und Gemeinkosten

Unter „eindeutiger" Verrechnung versteht man, dass man ohne Umrechnung, Schlüsselungen oder anteilige Verteilung eine Zuordnung der Kosten vornehmen kann. In diesem Fall spricht man von einer **verursachungsgerechten Kostenverrechnung**.

Beispiel

Beispielsweise kann man das Holz für die Produktion eines Stuhls diesem Produkt eindeutig zuordnen. Dazu muss man nur einmal den Bedarf an Holz je Stuhl erfassen und kann in weiterer Folge die in der Kostenartenrechnung erfassten Materialkosten direkt dem Produkt zurechnen. Daher nennt man die Einzelkosten auch direkte Kosten.

Nehmen wir im Gegensatz dazu an, dass man im Rahmen der Kostenrechnung die Prämie für die Feuerversicherung einer Produktionshalle den Produkten verrechnen möchte. Nehmen wir zudem an, dass in der Produktionshalle viele verschiedene Arten von Stühlen, aber auch Tische, Schränke und andere Einrichtungsgegenstände produziert werden. Eine direkte Verrechnung der Versicherungskosten ist nun nicht mehr möglich. Man könnte zwar die Versicherungskosten durch die Anzahl aller Produkte teilen. Nur wird dabei nicht berücksichtigt, dass die Produktion eines Schrankes aufwendiger ist als jene eines Stuhls. Würde man jedem Produkt dieselben Kosten verrechnen, so müsste der Stuhl anteilsmäßig viel mehr Versicherungskosten tragen. Abgesehen davon, dass dies unlogisch erscheint, wird nicht berücksichtigt, dass die Produktion eines Schranks mehr Produktionszeit in Anspruch nimmt.

Die Zeit für die Produktion und Montage eines Stuhls erscheint aber auch nicht geeignet zu sein, die Versicherungskosten zu verrechnen. So benötigt die Montage eines Schrankes vor Ort (beim Kunden) im Gegensatz zu einem Stuhl entsprechend mehr Zeit. Wird diese mitberücksichtigt, so ist dies wiederum unlogisch, da während des Montierens beim Kunden durch den Kostenträger ja keine Gefahr für die Produktionshalle besteht. Die Verrechnung der Gemeinkosten ist also nicht ganz einfach.

Für die Verrechnung der Gemeinkosten auf die Kostenträger (also Produkte oder Dienstleistungen) ist es daher notwendig, zunächst diese indirekten Kosten be-

2. Aufbau und Ablauf von Kostenrechnungssystemen

stimmten Unternehmensbereichen zuzuordnen. Diese Unternehmensbereiche nennt man Kostenstellen. In weiterer Folge werden die Gemeinkosten auf den Kostenstellen gesammelt und in einem nachfolgenden Arbeitsschritt dem jeweiligen Kostenträger weiterverrechnet. Das Prinzip der Kostenerfassung und -verrechnung lässt sich grafisch folgendermaßen abbilden:

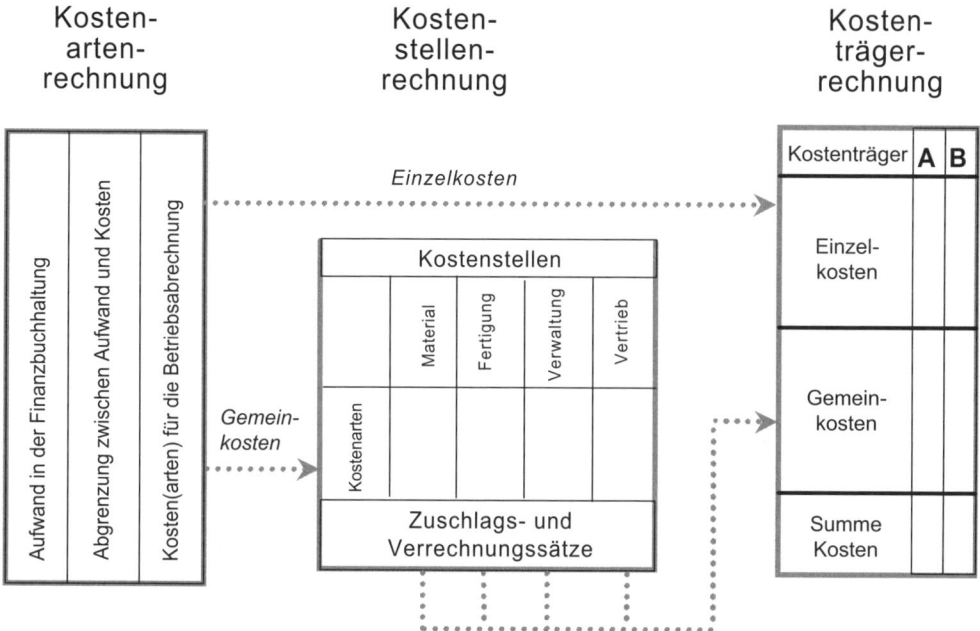

Abbildung 232: Prinzipien der Kostenerfassung und -verrechnung

Während demnach die Einzelkosten direkt von der Kostenartenrechnung in die Kostenträgerrechnung übernommen werden, nehmen die Gemeinkosten den „Umweg" über die Kostenstellen. Aus der Grafik wird zudem ersichtlich, dass die Gemeinkosten nach der Verrechnung auf die Kostenstellen in weiterer Folge über so genannte Zuschlags- und Verrechnungssätze auf die Kostenträger weiterverrechnet werden. Das Prinzip der Kostenträgerrechnung wird im entsprechenden Kapitel im Detail erläutert.

Wissen kompakt

Einzelkosten sind jene Kosten, die man einem Produkt oder einer Dienstleistung direkt zurechnen kann.

Gemeinkosten sind jene Kosten, für die eine direkte Zurechnung nicht möglich ist, die man also nur indirekt verrechnen kann.

Kostenartenrechnung: Aufgabe der Kostenartenrechnung ist die Selektion von neutralen Aufwendungen und die Ermittlung kalkulatorischer Zusatzkosten.

Kostenstellenrechnung: Im Rahmen der Kostenstellenrechnung wird festgestellt, wo im Betrieb die Kosten angefallen sind. Die Kosten werden demnach auf Teilbereiche des Betriebes verteilt.

Kostenträgerrechnung: Im Rahmen der Kostenträgerrechnung verrechnet man die Kosten auf Produkte und/oder Leistungen.

Kontrollfragen

- Warum werden lediglich die Gemeinkosten im Rahmen der Kostenstellenrechnung verrechnet? Wo werden hingegen die Einzelkosten von der Kostenartenrechnung hin verrechnet?
- Was versteht man unter einer verursachungsgerechten bzw verursachungsnahen Kostenverrechnung? Nennen Sie dafür Beispiele!
- Welche Informationen benötigt man, um Einzelkosten direkt den Kostenträgern verrechnen zu können? Nennen Sie dafür Beispiele!
- Wie gestaltet sich der prozessuale Ablauf der Information(en) innerhalb eines geschlossenen Kostenrechnungssystems?

Verwendete und weiterführende Literatur

- *Coenenberg, A. G./Fischer, T./Günther, T.:* Kostenrechnung und Kostenanalyse, 8. Auflage, Stuttgart 2012.
- *Hummel, S./Männel, W.:* Kostenrechnung 1 – Grundlagen, Aufbau und Anwendung, 4. Auflage, Wiesbaden 1990.
- *Seicht, G.:* Moderne Kosten- und Leistungsrechnung, 11. Auflage, Wien 2001.
- *Schweitzer, M./Küpper, H.-U.:* Systeme der Kosten- und Leistungsrechnung, 10. Auflage, München 2011.

3. Die Kostenartenrechnung

3.1. Aufgaben und Ablauf der Kostenartenrechnung

> **Lernziel**
>
> **In diesem Kapitel lernen Sie**
> - welche Aufgaben die Kostenartenrechnung im Rahmen eines Kostenrechnungssystems hat
> - welche verschiedenen Zuliefersysteme der Kostenrechnung es gibt
> - wie der prozessuale Ablauf der Kostenerfassung und -systematisierung vor sich geht

Damit die Kostenrechnung ihrer Funktion als Informationssystem nachkommen kann, müssen zunächst die Informationen in das Kostenrechnungssystem gelangen. Dazu werden die Daten nicht direkt in das Kostenrechnungssystem eingegeben. Die Kostenrechnung bezieht ihre Informationen vielmehr aus anderen, vorgelagerten Informationssystemen. Die Kostenrechnung bezieht also ihre Daten über Schnittstellen aus anderen betrieblichen Zuliefersystemen.

In diese Informationssysteme (zB Finanzbuchhaltung, Lohnverrechnung, Warenwirtschaftssystem etc) werden die Daten entweder per Hand (zB über eine Buchung) eingegeben oder elektronisch (über einen Barcode oder eine Magnetkennung) erfasst. Da die Daten primär für diese der Kostenrechnung vorgelagerten Informationssysteme erfasst werden, nennt man diese auch primäre Informationssysteme.

Die Kostenrechnung bedient sich dieser primären Informationssysteme, indem sie deren Daten gefiltert in das eigene System übernimmt und so diese Daten in Kosteninformationen transformiert. Die Kostenrechnung stellt daher ein so genanntes Sekundärinformationsinstrument dar. Die Aufgaben zur Selektion der Daten aus den vorgelagerten Informationssystemen übernimmt dabei die **Kostenartenrechnung**.

Der erste Arbeitsschritt im Rahmen der Kostenrechnung dient der Erfassung der Kosten. Es stellt sich demnach die Frage, welche Kostenpositionen in welcher Höhe angefallen sind. Die Kostenartenrechnung stellt somit einen Filter dar. Es wird überprüft, welche Daten aus den Zuliefersystemen als Kosten in das Kostenrechnungssystem gelangen dürfen. Kosten dürfen nur dann angesetzt werden, wenn ein betrieblicher Güter- oder Leistungsverzehr stattfindet, dieser in Geldeinheiten (zB Euro) bewertet werden kann und wenn der Ver- oder Gebrauch an Gütern und Leistungen betriebsnotwendig, ordentlich und periodenrein ist. Positionen, denen kein Kostencharakter zuerkannt werden kann, werden nicht in das Kostenrechnungssystem „übergeleitet", sondern „ausgeschieden". Die wesentliche Funktion der Kostenartenrechnung ist daher die Identifikation all jener Daten, die in das Kostenrechnungssystem übernommen werden sollen, bzw die Abgrenzung all jener Daten, die nicht in das Kostenrechnungssystem gelangen dürfen. So werden Aufwendungen, denen Kostencharakter zukommt, direkt in das Kostenrechnungssystem übernommen. Zudem ist es die Aufgabe der Kostenartenrechnung, all jene Kostenpositionen betragsmäßig zu korrigieren, die zwar Kostencharakter aufweisen, aber deren Höhe aus der Kostenperspektive nicht korrekt ist. Es erfolgt also im Rahmen der Kostenartenrechnung auch eine Umwertung von Positionen. Zur Selektionsfunktion der Kostenartenrechnung zählt des Weiteren, neutralen Aufwand zu identifizieren und zu eliminieren. Schlussendlich müssen auch Positionen ermittelt werden, die zwar Kostencharakter haben, jedoch in den Zuliefersystemen nicht erfasst werden. Diese Positionen nennt man kalkulatorische Zusatzkosten.

Darüber hinaus ist es die Aufgabe der Kostenartenrechnung die Kosten zu systematisieren. Dazu muss eine zweckentsprechende Gliederung der anfallenden Kosten (Kostenartenplan) entwickelt werden. Jeder Kostenart wird in der EDV eine Kostenartennummer zugewiesen, so dass eine eindeutige Identifikation und Klassifikation der Kosten erfolgen kann. Diese Systematisierung stellt in weiterer Folge die Grundlage für die Festlegung der Zuordnung der erfassten Kosten dar. So ist es die Aufgabe der Kostenartenrechnung, festzulegen, ob es sich bei der Kostenart um Einzel- oder Gemeinkosten handelt. Damit wird das Bezugsobjekt definiert, auf welches die Kostenart weiterverrechnet wird (Gemeinkosten auf Kostenstellen, Einzelkosten auf Kostenträger).

Die folgende Grafik stellt nochmals zusammenfassend den Ablauf und die damit verbundenen Aufgaben der Kostenartenrechnung dar.

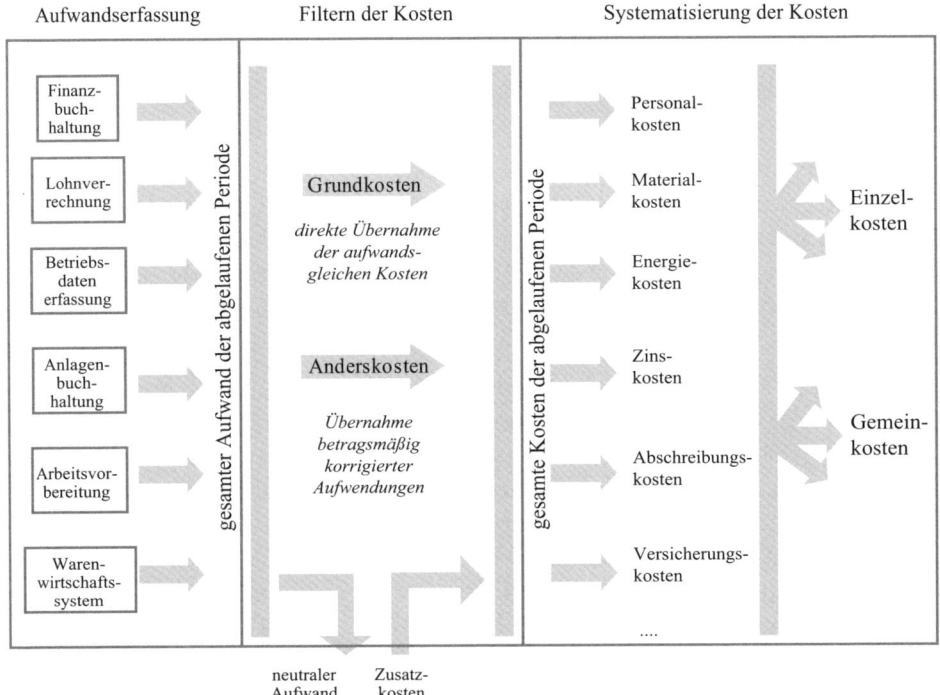

Abbildung 233: Aufgaben und Ablauf der Kostenartenrechnung

3. Die Kostenartenrechnung

Die Kostenartenrechnung hat die Aufgabe, die im Betrieb anfallenden Kosten geordnet zu erfassen, um

- die Weiterverrechnung der Kosten in der Kostenstellen- und Kostenträgerrechnung zu ermöglichen,
- die Entwicklung der Kostenarten im Zeitverlauf und im Vergleich zu Mitbewerbern transparent zu machen,
- in der Gegenüberstellung mit den Leistungsarten (Erlösarten) die Ermittlung eines kurzfristigen internen Periodenergebnisses zu ermöglichen.

Für die praktische Durchführung der Kostenartenrechnung ist es zunächst erforderlich, den „Güterverzehr" einer Abrechnungsperiode möglichst genau zu erfassen. In der Regel sind mehrere Abteilungen eines Unternehmens mit der Erfassung der Aufwendungen beschäftigt, zB Finanzbuchhaltung, Lohn- und Gehaltsbuchhaltung und Materialabrechnung. Die meisten Kostenarten erhält der Kostenrechner aus der Finanzbuchhaltung.

Vor dem Zeitalter der Computerisierung der Kostenrechnung wurde dazu ein so genannter Betriebsüberleitungsbogen erstellt. Dabei wurden die Daten aus der Finanzbuchhaltung dahingehend überprüft, ob sie auch Kosten darstellen. War dies nicht der Fall, wurden sie selektiert.

Heutzutage gibt es diese Betriebsüberleitungsbögen nicht mehr. Stattdessen gibt es Schnittstellenprogramme, so genannte Bridgeprogramme, im Rahmen derer die Selektion der Daten automatisch oder manuell (zB vom Finanzbuchhalter direkt am Bildschirm) vorgenommen wird. Beispielsweise tätigt der Finanzbuchhalter eine Buchung für die Finanzbuchhaltung. Nach Durchführung der Buchung erhält er ein zusätzliches Buchungsfeld, in dem die erfassten Aufwendungen in die Kostenrechnung übergeleitet werden.

Aufgrund einer Vorkontierung am betreffenden Beleg (am Beleg wurden bereits die Kostenstelle, die Auftragsnummer etc vom jeweiligen Bereichsleiter eingetragen) führt der Finanzbuchhalter systemunterstützt (dh bestimmte Zuordnungen erlaubt das System nicht – Selektionsfunktion) die Buchung für die Kostenrechnung durch. Mit dieser Zusatzbuchung wird automatisch ein Kostendatum (Kostenart mit einem Betrag) in die Kostenrechnung auf eine Kostenstelle oder einen Kostenträger übernommen.

Zusätzlich zur Finanzbuchhaltung gibt es eine Reihe weiterer wichtiger Zuliefersysteme. Es ist daher sinnvoll, eine Übersicht zu erstellen, woher welche Daten wie häufig bezogen werden. Die folgende Tabelle gibt auszugsweise Informationen über die entsprechenden Erfassungsprozesse:

Kosten-artennummer	Bezeichnung der Kostenart	primäres Zuliefersystem	Art der Überleitung	Zeitzyklus der Überleitung
10010	Materialkosten	Warenwirtschaftssystem	edv-gestützt online	täglich
10050	Lohnkosten	Lohn- und Gehaltsverrechnung	edv-gestützt Batch-Betrieb	monatlich
10100	Gehaltskosten	Lohn- und Gehaltsverrechnung	edv-gestützt Batch-Betrieb	monatlich
10150	Energiekosten	Finanzbuchhaltung	Direktbuchung on-line	monatlich
10200	Instandhaltungskosten	Betriebsstatistik	manuelle Eingabe Buchungsbeleg	wöchentlich
10250	Abschreibungskosten	Anlagenbuchhaltung	Ergänzungsbuchung manuelle Eingabe	monatlich

Tabelle 10: Erfassungstabelle für Kostenarten

Fallbeispiel

Ausgangsdaten

Sie sollen die Kosten für ein Unternehmen im Rahmen der Kostenartenrechnung erfassen. Das Unternehmen verfügt über verschiedene Informationssysteme (zB Finanzbuchhaltung, Lohn- und Gehaltsverrechnung, Materialwirtschaft, Betriebsdatenerfassung, Anlagenbuchhaltung etc). In diesen Zuliefersystem werden folgende Aufwendungen erfasst:

Zuliefersystem	Aufwand	Betrag
Materialwirtschaft	Materialverbrauch	2.250.000 €
Materialwirtschaft	Material Hilfsstoffe	18.000 €
Lohn- und Gehaltsverrechnung	Lohnaufwand	345.000 €
Lohn- und Gehaltsverrechnung	Gehaltsaufwand	182.000 €
Lohn- und Gehaltsverrechnung	L+G-Nebenkosten	421.600 €
Finanzbuchhaltung	Leasing	84.000 €
Finanzbuchhaltung	Telefon, Post	21.700 €
Finanzbuchhaltung	Reparaturen	89.200 €
Finanzbuchhaltung	Versicherungen	85.000 €
Anlagenbuchhaltung	Abschreibung	248.000 €
Finanzbuchhaltung	Zinsen	111.200 €
Arbeitsvorbereitung	Raumkosten	24.500 €

Abbildung 234: Angaben zum Fallbeispiel zur Abgrenzung der betrieblichen Rechengrößen

Die Aufwendungen müssen um die nicht betriebsnotwendigen, außerordentlichen oder außerperiodischen Aufwendungen korrigiert werden. Zu den neutralen Aufwendungen liegen folgende Informationen vor:

3. Die Kostenartenrechnung

Aufwand	Begründung	Betrag
Lohnaufwand	privat	12.000 €
L+G-Nebenkosten	privat	9.600 €
Leasing	Reservekapazität	3.500 €
Telefon, Post	privat	1.200 €
Versicherungen	privat	5.000 €

Abbildung 235: Angaben zu den neutralen Aufwendungen

Umwertungen sind für die Löhne und Gehälter sowie die Nebenkosten aufgrund des 13. und 14. Gehalts vorzunehmen. Zudem sind die Abschreibungen und Zinsen zu korrigieren. Darüber hinaus müssen die kalkulatorischen Wagnisse berechnet werden, die von keinem Zuliefersystem zur Verfügung gestellt werden.

Aufwand	Begründung		Betrag
Lohnaufwand	Weihnachts-/Urlaubsgeld	+	59.500 €
Gehaltsaufwand	Weihnachts-/Urlaubsgeld	+	30.333 €
L+G-Nebenkosten	Weihnachts-/Urlaubsgeld	+	71.867 €
Abschreibung	auf Basis Wiederbeschaffungswert	+	14.500 €
Zinsen	inkl Eigenkapitalzinsen	+	58.600 €
Wagnisse	Berechnung	+	26.400 €

Abbildung 236: Angaben zur Umwertung und zur Berechnung kalkulatorischer Positionen

Eine Rechnung für die Reparatur einer Maschine wurde vom leistenden Unternehmen zu spät zugeschickt und daher in der Finanzbuchhaltung zu spät gebucht. Diese Rechnung über € 222,– wird manuell in die Kostenrechnung übernommen.

Lösungsweg

1) Identifikation der Kosten: Abgrenzung der neutralen Aufwendungen
2) Umwertung der Kosten: Feststellen der aktuellen Werte
3) Klassifikation der Kosten: Zuordnung zu Einzel- oder Gemeinkosten
4) Verteilung vorbereiten: Erstellung einer Zuordnungstabelle der Gemeinkosten zu Kostenstellen

Aufgabenlösung

Zunächst werden die einzelnen Aufwandsarten systematisch dargestellt und deren Ausgangswerte (Aufwendungen) erfasst. In weiterer Folge kommt es bei Bedarf zur Abgrenzung und Umwertung einzelner Positionen. Zudem erfolgt eine Zuordnung der Kosten zu den Einzel- oder Gemeinkosten. Sofern es sich um Gemeinkosten handelt, wurden bereits erste Verteilungsschlüssel für die Weiterverrechnung auf die Kostenstellen angeführt.

Abschnitt E – Internes Rechnungswesen

Zuliefersystem	Aufwand	Betrag	Abgrenzung Nachbuchung	Um-wertung	Einzel-kosten	Gemein-kosten	Verteilungs-schlüssel
Materialwirtschaft	Materialverbrauch	2.250.000 €	-	-	2.250.000 €	-	lt. Stückliste
Materialwirtschaft	Material Hilfsstoffe	18.000 €	-	-	-	18.000 €	Entnahmescheine
Lohn- u. Gehaltsverr.	Lohnaufwand	345.000 €	- 12.000 €	59.500 €	-	392.500 €	Betriebsdatenerf.
Lohn- u. Gehaltsverr.	Gehaltsaufwand	182.000 €	-	30.333 €	-	212.333 €	Betriebsdatenerf.
Lohn- u. Gehaltsverr.	L+G-Nebenkosten	421.600 €	- 9.600 €	71.867 €	-	483.867 €	lt. Löhne + Gehälter
Finanzbuchhaltung	Leasing	84.000 €	- 3.500 €	-	-	80.500 €	lt. Vorkontierung
Finanzbuchhaltung	Telefon, Post	21.700 €	- 1.200 €	-	-	20.500 €	verbrauchte Einheiten
Finanzbuchhaltung	Reparaturen	89.200 €	222 €	-	-	89.422 €	laut Vorkontierung
Finanzbuchhaltung	Versicherungen	85.000 €	- 5.000 €	-	-	80.000 €	Betriebsstatistik
Anlagenbuchhaltung	Abschreibung	248.000 €	-	14.500 €	-	262.500 €	Anlagenverzeichnis
Finanzbuchhaltung	Zinsen	111.200 €	-	58.600 €	-	169.800 €	kalk. Restwert
Berechnung KORE	Wagnisse	-	-	26.400 €	-	26.400 €	Schadensstatistik
Arbeitsvorbereitung	Raumkosten	24.500 €	-	-	-	24.500 €	Betriebsstatistik

Rechnung: Reparatur/Instandhaltung

Material:	Anzahl	Material	Preis	Betrag
	1	Ansaugschlauch	€ 48,-	€ 48,-
	2	Dichtungsringe	€ 7,-	€ 14,-

Personal:	Tätigkeit	Zeitbedarf	Stundensatz	Betrag
	Reinigung Filter	0,5 h	€ 80,-	€ 40,-
	Austausch Schlauch	1,5 h	€ 80,-	€ 120,-

Rechnungsbetrag ohne MWSt. € 222,-
Mehrwertsteuer € 44,4
Rechnungsbetrag mit MWSt. € 266,4

Abbildung 237: Lösung zum Fallbeispiel zur Kostenartenrechnung

Interpretation der Ergebnisse

Hinsichtlich der Abgrenzung wurden die Positionen aus der Abbildung „Angaben zu den neutralen Aufwendungen" übernommen. Zudem wurde eine Buchung, die von den leistenden Unternehmen zu spät übermittelt wurde, ebenfalls noch erfasst. Dabei ist zu berücksichtigen, dass der Betrag ohne Mehrwertsteuer zu berücksichtigen ist.

Im Rahmen der Umwertung wurden das 13. und 14. Gehalt der Personalkosten berücksichtigt. Zudem wurden die kalkulatorischen Positionen laut Angabe in die Umwertung übernommen.

Im vorliegenden Beispiel stellen lediglich die Materialkosten Einzelkosten dar. Alle weiteren Positionen werden als Gemeinkosten klassifiziert. In diesem Zusammenhang sei darauf hingewiesen, dass das Beispiel im Kapitel zur Kostenstellenrechnung weiterführt wird.

Praktische Relevanz

Wie bereits erwähnt, stellt die Kostenrechnung eine informationslogistische Herausforderung dar. Es müssen viele Daten erfasst und verursachungsgerecht verrechnet werden. Die Erfassung sollte möglichst systematisch und standardisiert erfolgen. Andernfalls ist man zu sehr damit beschäftigt, die Informationen einigermaßen richtig in das System „hineinzubekommen". Dann bleibt allerdings nicht mehr viel Zeit dafür, mit den ausgewerteten Informationen die Entscheidungsfindung des Managements zu unterstützen.

Die Erfassung der Kosten stellt insofern eine Herausforderung dar, da

- aus einer Vielzahl an unterschiedlichen Zuliefersystemen Daten erfasst werden,
- unterschiedliche Medien (EDV-Dateien, Belege, Formulare etc) genutzt werden,
- die Daten zu unterschiedlichen Zeitpunkten (Periodizität) für die Kostenrechnung zur Verfügung gestellt werden,
- nicht in der Struktur zugeliefert werden, die man für die Kostenrechnung benötigt.

Insbesondere für Zulieferdaten, die häufig (*realtime*, täglich oder zumindest wöchentlich) zur Verfügung gestellt werden und die eine umfangreiche Datenmenge betreffen, sollte man ein Schnittstellenprogramm einsetzen. Dieses selektiert, formatiert, komprimiert und kontrolliert die Daten. Zudem kann man Zuordnungstabellen anlegen, so dass bestimmte Aufwandsarten nur mehr für bestimmte Kostenarten und zur Verrechnung auf bestimmten Kostenstellen zugelassen werden. Dies reduziert den Erfassungs- und Kontierungsaufwand, erspart zeitintensive Abstimmungsarbeiten und vermeidet Fehler im Rahmen der Kontierung.

Wissen kompakt

Betriebsüberleitungsbogen stellen die Überleitungen der Aufwendungen der Finanzbuchhaltung in Kosten der Kostenrechnung dar.

Primäre Informationssysteme stellen Systeme dar, deren Daten zunächst primär für diese Systeme erfasst werden. In diese Informationssysteme werden die Daten entweder per Hand eingegeben oder sie werden elektronisch erfasst.

Sekundärinformationsinstrumente sind Systeme, die sich primärer Informationssysteme bedienen, indem sie deren Daten gefiltert in das eigene Systeme übernehmen und so diese Daten in Kosteninformationen transformieren.

Vorkontierung bedeutet, dass am Beleg bereits die Kostenstelle, die Auftragsnummer etc vom jeweiligen Bereichsleiter eingetragen wurden.

Kontrollfragen

- Wie gelangen die Informationen aus den Zuliefersystemen in das Kostenrechnungssystem?

- Die Kostenartenrechnung übernimmt im Rahmen der Kostenrechnung eine Filterfunktion. Was versteht man darunter und wie übt die Kostenartenrechnung diese Funktion aus?
- Welche Zuliefersysteme der Kostenrechnung kennen Sie und welche Daten werden von diesen in die Kostenrechnung übernommen?
- Warum wird heutzutage kein Betriebsüberleitungsbogen in der Praxis mehr eingesetzt und wodurch wird der Betriebsüberleitungsbogen ersetzt?

Verwendete und weiterführende Literatur

- *Coenenberg, A. G./Fischer, T./Günther, T.:* Kostenrechnung und Kostenanalyse, 8. Auflage, Stuttgart 2012.
- *Hummel, S./Männel, W.:* Kostenrechnung 1 – Grundlagen, Aufbau und Anwendung, 4. Auflage, Wiesbaden 1990.
- *Seicht, G.:* Moderne Kosten- und Leistungsrechnung, 11. Auflage, Wien 2001.
- *Schweitzer, M./Küpper, H.-U.:* Systeme der Kosten- und Leistungsrechnung, 10. Auflage, München 2011.

3.2. Systematisierung der Kostenarten

Lernziel

In diesem Kapitel lernen Sie
- was unter Identifikation und Klassifikation von Kostenarten verstanden wird
- welche Systematisierungsansätze es zur Identifikation von Kostenarten gibt
- welche Systematisierungsansätze es zur Klassifikation von Kostenarten gibt
- wie man einen Kostenartenplan entwickelt
- was man unter Einzel- und Gemeinkosten versteht
- was man unter variablen und fixen Kosten versteht

Die Kostenarten eines Unternehmens können nach verschiedenen Gesichtspunkten gegliedert werden. Diese Gliederung dient der Identifikation und Klassifikation der Kostenarten. Durch die **Identifikation** können Informationen aus den Zuliefersystemen eindeutig als Kosten erkannt werden. Zudem können die mit einem bestimmten Geschäftsfall verbundenen Kosten durch die Identifikation auch immer derselben Kostenart zugeordnet werden.

Die **Klassifikation** stellt die Grundlage für die Verrechnung der Kosten auf die Kostenstellen bzw Kostenträger dar. Eine geeignete Klassifikation gibt außerdem Einsicht in die Struktur und den Verlauf der Kosten und vermittelt somit über die Angabe der betragsmäßigen Höhe der Kosten hinaus wichtige zusätzliche Informationen.

Möchte man Zeit und Mühe im Rahmen der Erfassung der Kosten reduzieren, so bestimmt und klassifiziert man Kosten so, dass man später keine weiteren Differenzierungen mehr vornehmen muss. Das setzt voraus, dass man weiß, zu welchem Zweck man Kosten bestimmt und wie eine dementsprechend zweckmäßige Bestimmung aussieht. Daher muss die zugrunde liegende Gliederung auf die Rechnungsziele ausgerichtet sein, die man in der Kostenstellen- und Kostenträgerrechnung erreichen will.

Welche Gruppierung gewählt wird, hängt somit einerseits vom Zweck der jeweiligen Kostenrechnung und zum anderen von den Anforderungen der Informationsadressaten (Entscheidungsträger) ab. Den verwendeten Gliederungskriterien entsprechend lässt sich in weiterer Folge eine Systematik der Kostenarten (Kostenartenplan) entwickeln. Wichtig ist jedenfalls eine möglichst über eine längere Zeitdauer betrachtete strukturgleiche und exakte Erfassung der Kosten.

Systematisierungsansätze zur Identifikation von Kostenarten

Zunächst sollen zwei mögliche Systematisierungsansätze gezeigt werden, die der Identifikation von Kostenarten dienen können. Die Bildung von Kostenarten erfolgt in den meisten Fällen in Abhängigkeit von den eingesetzten Produktionsfaktoren.

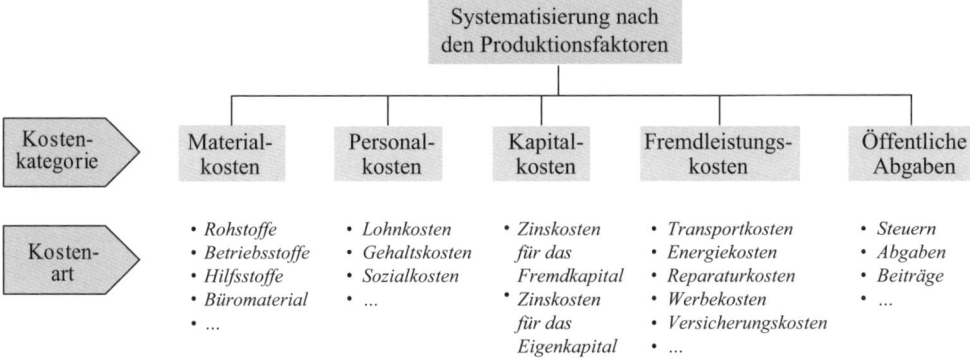

Abbildung 238: Systematisierung der Kostenarten nach dem eingesetzten Produktionsfaktor

Eine weitere Systematisierungsoption besteht hinsichtlich der betrieblichen Funktionen. In diesem Fall gestalten sich die Kostenarten folgendermaßen:

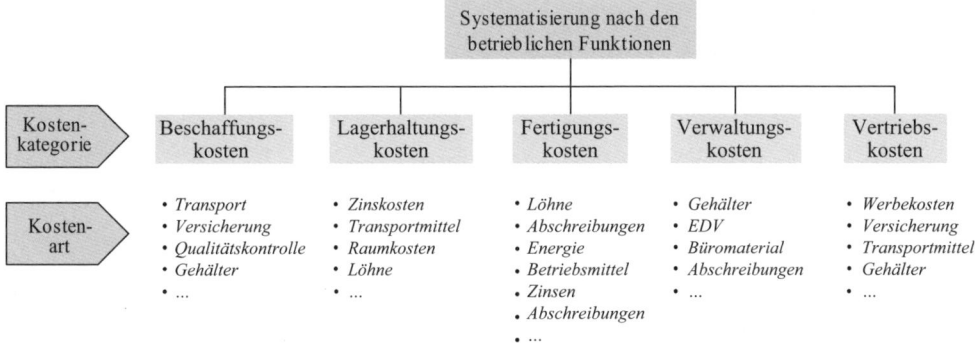

Abbildung 239: Systematisierung der Kostenarten nach den betrieblichen Funktionen

Wie aus den beiden Grafiken ersichtlich wird, dürfte die Systematisierung nach den Produktionsfaktoren insofern exakter sein, als die jeweiligen Kostenarten nur jeweils einer Kategorie zugerechnet werden. Im Falle der Systematisierung nach den betrieblichen Funktionen kommen bestimmte Kostenarten im Rahmen mehrerer Kostenkategorien vor. Jedenfalls stellen die dargestellten Systematisierungsansätze die Grundlage für den Kostenartenplan dar.

In der betrieblichen Praxis orientieren sich die meisten Unternehmen an der Aufwandsgliederung der Gewinn- und Verlustrechnung. Diese Vorgehensweise erlaubt es, mit einem relativ geringen Aufwand die Aufwendungen der Finanzbuchhaltung in die Kostenrechnung überzuleiten. Allerdings muss dabei berücksichtigt werden, dass häufig Systematisierungsfehler aus der Aufwandsgliederung der GuV in die Kostenrechnung übertragen werden. Die Gliederung der Aufwandsarten in der Finanzbuchhaltung garantiert somit noch keine exakte Erfassung der Kosten.

Systematisierungsansätze zur Klassifikation von Kostenarten

Während sich die Systematisierungsansätze zur Identifikation von Kostenarten gegenseitig ausschließen, ergänzen sich die Systematisierungsansätze zur Klassifikation der Kostenarten. Es ist also möglich und durchaus sinnvoll, eine Kostenart mehreren Kostenklassen zuzurechnen. Im Folgenden sollen zwei Ansätze zur Klassifikation der Kostenarten dargestellt werden.

Zunächst können die Kostenarten nach deren Art der Zurechenbarkeit auf den Kostenträger systematisiert werden.

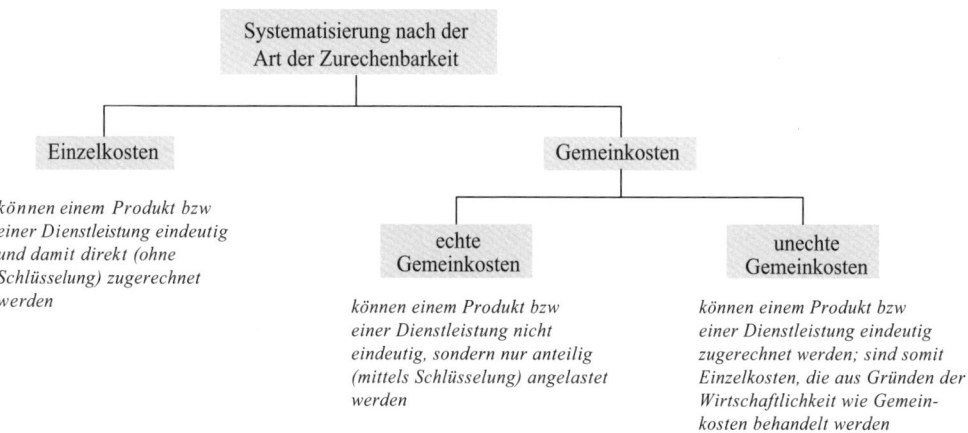

Abbildung 240: Systematisierung der Kostenarten nach der Art der Zurechenbarkeit auf den Kostenträger

Einzelkosten (direkte Kosten)

Sie können den betrieblichen Leistungen (Kostenträgern) direkt zugerechnet werden. Die wichtigsten Einzelkosten sind Fertigungslöhne (= Löhne, die für die Herstellung eines bestimmten Produktes verrechnet werden), Fertigungsmaterial (= Material, das in ein bestimmtes Produkt eingeht) oder Handelswaren, Sonderkosten der Fertigung (zB Patentkosten, Lizenzkosten, besondere Werkzeugkosten, Konstruktionskosten) und Sonderkosten des Vertriebes (zB Vertreterprovision, Kosten für Luftfracht).

Gemeinkosten (indirekte Kosten)

Diese Kosten stehen in keiner direkten Beziehung zu den einzelnen Produkten und können daher nur indirekt zugerechnet werden. Sie betreffen ganz allgemein die gesamte Leistungserstellung des Betriebes oder einzelner Bereiche (zB Gehälter des Verwaltungspersonals, Mieten, Versicherungen, Heizkosten). Die Zurechnung erfolgt demnach mit Hilfe von Zuschlagssätzen und Verrechnungssätzen.

Unechte Gemeinkosten

Unechte Gemeinkosten sind Kosten, die einem Produkt oder einer Dienstleistung theoretisch exakt zugerechnet werden könnten. Vom Charakter her sind sie also Einzelkosten. Es ist jedoch zu aufwendig, diese Kosten je Kostenträger zu erfassen. Daher werden sie wie Gemeinkosten verrechnet.

Einen weiteren Systematisierungsansatz stellt jener nach dem Verhalten der Kosten in Abhängigkeit vom Beschäftigungsgrad dar:

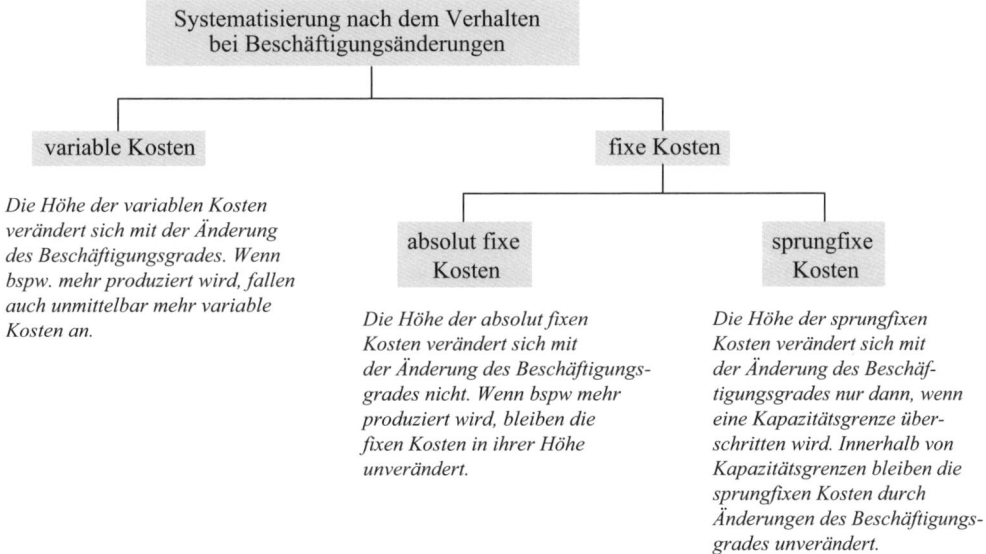

Abbildung 241: Systematisierung der Kostenarten nach deren Verhalten bei Beschäftigungsänderungen

Variable Kosten (proportionale Kosten, Grenzkosten oder Teilkosten)

Die variablen Kosten werden durch die Änderung des Beschäftigungsgrades beeinflusst. Grundsätzlich ist im Rahmen der variablen Kosten davon auszugehen, dass bei einer Steigerung der Produktion auch die Höhe der variablen Kosten zunehmen wird. Wird mehr produziert, so kann man beispielsweise annehmen, dass der Verbrauch an Material steigen wird. Daher sind Materialkosten typische variable Kosten. Wird hingegen weniger produziert, so sinken die variablen Kosten. Konsequenterweise fallen keine variablen Kosten an, wenn nichts produziert wird.

Der Verlauf der variablen Kosten lässt sich daher folgendermaßen grafisch darstellen:

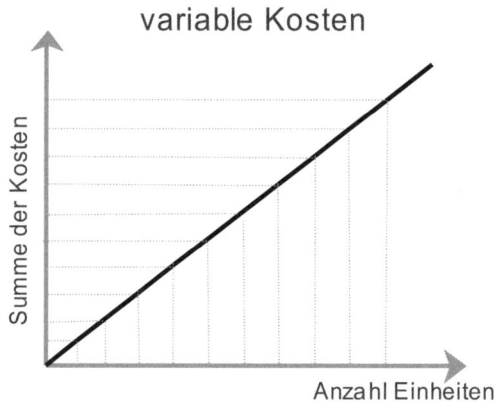

Abbildung 242: Verlauf der Summe der variablen Kosten in Abhängigkeit von der Beschäftigung

Je nachdem, in welchem Verhältnis sich die variablen Kosten ändern, werden sie in proportionale, degressive und progressive Kosten untergliedert. Die proportionalen Kosten steigen und fallen im selben Ausmaß wie der Beschäftigungsgrad (zB Fertigungsmaterial). Die degressiven (unterproportionalen) Kosten steigen in geringerem Ausmaß als der Beschäftigungsgrad (zB Materialkosten bei der Ausnützung von Mengenrabatten). Die progressiven (überproportionalen) Kosten steigen in stärkerem Maße als der Beschäftigungsgrad (zB Lohnkosten, wenn Überstunden geleistet werden). Für viele Verläufe von Kostenarten ergibt sich daher exakt gemessen kein linearer, sondern ein kurvenmäßiger Verlauf, wie in der folgenden Grafik abgebildet:

3. Die Kostenartenrechnung

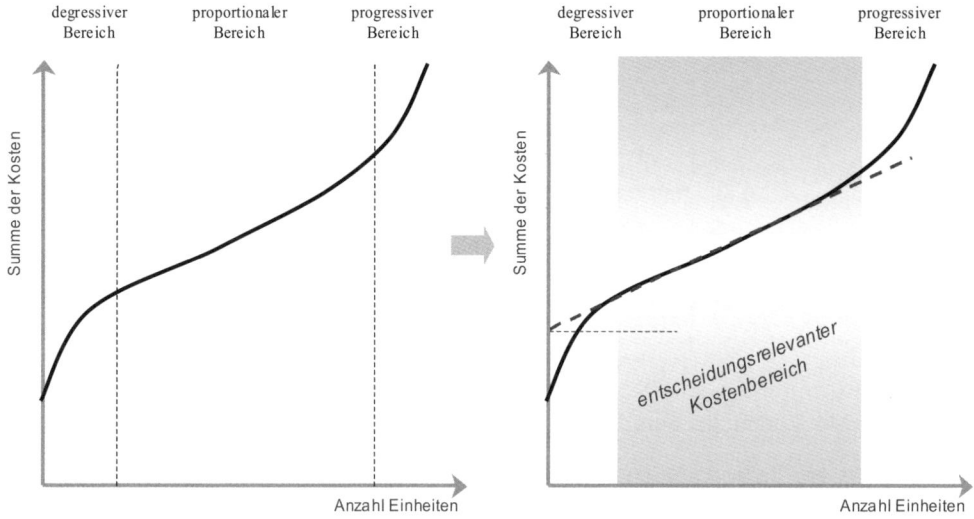

Abbildung 243: Realer Verlauf der Summe der variablen Kosten und entscheidungsrelevanter Kostenbereich

In der Unternehmenspraxis wird jedoch aus Gründen der Wirtschaftlichkeit stets von einem proportionalen Verlauf der variablen Kosten ausgegangen. Nur bei sehr gewichtigen Kostenarten, die nicht proportional verlaufen, wird in Ausnahmefällen ein progressiver oder degressiver Kostenverlauf abgebildet.

Fixe Kosten (Kapazitätskosten, Bereitschaftskosten, Infrastrukturkosten)

Es handelt sich um jene Kosten, deren Höhe durch die Änderung des Beschäftigungsgrades unverändert bleibt. Wird also mehr produziert, steigen diese Kosten nicht an; wie zB Mieten, Versicherungen. In diesem Fall spricht man von absolut fixen Kosten. Die fixen Kosten fallen auch an, wenn in einer Periode nicht produziert wird (zB Zinskosten während des Sommers für ein Einsaison-Hotel in einem Skigebiet). Der Verlauf der fixen Kosten wird in der folgenden Grafik abgebildet:

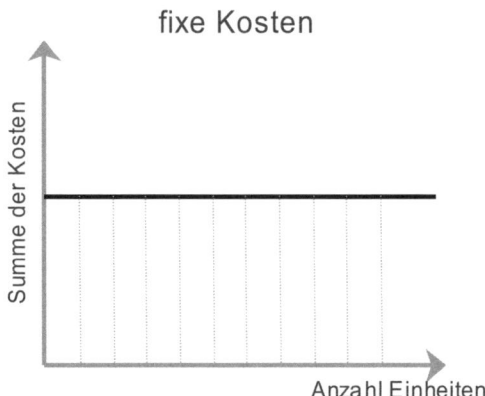

Abbildung 244: Verlauf der Summe der fixen Kosten in Abhängigkeit von der Beschäftigung

Fixe Kosten, die auch zukünftig (also beispielsweise bis zum Ende der Nutzungsdauer einer Anlage) nicht mehr verändert werden können (aufgrund vertraglicher Bindungen oder Abschreibungen für Spezialmaschinen, die nicht mehr verkauft werden können) nennt man „sunk costs" (versunkene Kosten).

Sprungfixe Kosten (intervallfixe Kosten)

Die Höhe der sprungfixen Kosten verändert sich nur durch Kapazitätsentscheidungen des Managements. Die sprungfixen Kosten bleiben demnach innerhalb einer bestimmten Beschäftigungsstufe konstant. Bei Erweiterung der Kapazität (zB Einstellung von zusätzlichen Arbeitskräften oder Kauf von zusätzlichen Maschinen) schnellen sie in die Höhe, um dann wieder innerhalb der neuen Kapazitätsgrenzen auf höherem Niveau konstant zu bleiben. Bei Rückgang der Auslastung sollten sich die sprungfixen Kosten wieder abbauen lassen.

Der Verlauf der sprungfixen Kosten wird in der folgenden Grafik abgebildet:

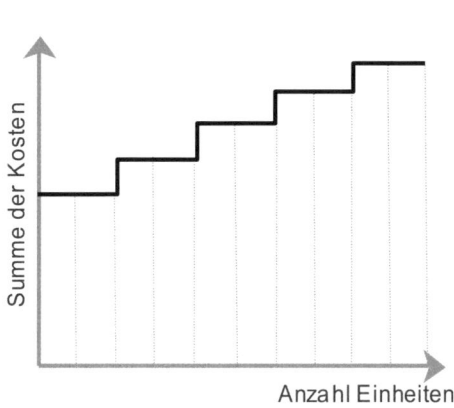

Abbildung 245: Verlauf der Summe der sprungfixen Kosten in Abhängigkeit von der Beschäftigung

Die Relevanz der unterschiedlichen Betrachtung der Kosten nach deren Abhängigkeit vom Beschäftigungsgrad wird noch im Rahmen der verschiedenen Kostenrechnungssysteme erläutert.

Betrachtet man Einzel- und Gemeinkosten gemäß dieser Einteilung, so ist festzustellen, dass die Einzelkosten immer variabel (zB Materialkosten) sind. Im Gegensatz dazu können die Gemeinkosten sowohl fixen (zB Heizkosten) als auch variablen Kostencharakter (zB Betriebsmittel) haben.

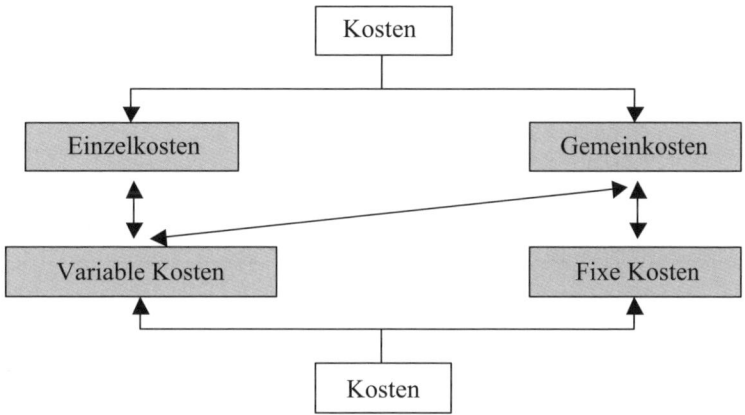

Abbildung 246: Beziehung zwischen Einzel- und Gemeinkosten sowie fixen und variablen Kosten

Fallbeispiel

Ausgangsdaten

Sie sollen einen Kostenartenplan eines Unternehmens dahingehend überprüfen, ob dieser geeignet ist, die Kosten zu erfassen. Ausgangspunkt für die Erstellung des Kostenartenplans sind die Aufwandsarten der Gewinn- und Verlustrechnung. Welche Probleme können Sie im folgenden Kostenartenplan feststellen?

Kostenartennummer	Kostenart
44000	Hilfsstoffe
46100	Heizöle
46400	Strom
46600	Wasser, Kanal
50000	Fertigungslöhne
53000	Akkordlöhne
55000	Lehrlingslohn
59000	Lohn für Werkzeuganfertigung
60000	Instandhaltung
60900	Reinigung Gebäude/Büro

	61000	Müllabfuhr
	61100	Eingangsfrachten
	61200	Ausgangsfrachten
	61300	Transporte durch Dritte
	61400	Kfz-Sprit
	61600	Treibstoff Toyota
	61700	Treibstoff Volvo
	62000	Post, Telefon
	62100	Post, Porto
	62300	Miete Gebäude
	62400	Miete Telefonanlage
	63200	Leasing
	64000	Werbung
	65000	Kosten der Schlosserei
	65500	Maschineninstandhaltung
	65800	Reparaturen
	66000	Bürobedarf
	66300	EDV-Kosten
	67000	Versicherungskosten
	67900	Transportversicherung
	68000	Steuerberatung
	68100	Beratungskosten
	68700	sonstige Kosten
	68800	Sozialaufwand
	90900	kalkulatorische Abschreibung
	90910	kalkulatorische Zinsen

Tabelle 11: Darstellung der Kostenarten im Rahmen der Fallstudie

Lösungsweg

1) Überprüfen Sie ob alle Aufwandsarten überschneidungsfrei definiert wurden.
2) Überprüfen Sie, ob Kostenarten- und Kostenstellengesichtspunkte vermengt wurden.
3) Überprüfen Sie, ob alle notwendigen Kostenarten ausgewiesen sind.

Aufgabenlösung

Folgende Kostenarten stellen ein Problem dar:

1. Problem: Lohn für Werkzeuganfertigung
2. Problem: Instandhaltung, Reparaturen, Maschineninstandhaltung
3. Problem: Eingangsfrachten, Ausgangsfrachten, Frachten durch Dritte
4. Problem: Kfz-Sprit, Treibstoff Toyota, Treibstoff Volvo
5. Problem: Miete Gebäude, Miete Telefonanlage

6. Problem: Kosten der Schlosserei
7. Problem: EDV-Kosten
8. Problem: Versicherungskosten, Transportversicherung

Interpretation der Ergebnisse

Der **Lohn für die Werkzeuganfertigung** stellt eine Vermengung von primären Kostenarten dar. Das Problem liegt darin, dass eine eindeutige Abgrenzung zu den zuvor genannten Lohnpositionen nicht mehr möglich ist. Wenn beispielsweise ein Lehrling ein Werkzeug anfertigt, könnten die entsprechenden Lohnkosten entweder auf das Konto Lehrlingslohn oder auf das Konto Lohn für Werkzeuganfertigung gebucht werden.

Hinsichtlich der **Instandhaltung, Reparaturen und Maschineninstandhaltung** besteht ein vergleichbares Problem. Eine eindeutige Abgrenzung zwischen den Positionen ist nicht gegeben, da Instandhaltung ein Überbegriff der Begriffe Wartung und Reparatur ist. Während Reparaturen anlassbezogen (im Schadensfall) erfolgen, wird die Wartung nach einem bestimmten Zeitzyklus durchgeführt. Der Begriff Maschineninstandhaltung ist nicht notwendig, da durch die Buchung auf die entsprechende Maschinen-Kostenstelle ohnedies klar wird, dass es sich dabei um eine Instandhaltung einer Maschine handelt. Im Rahmen der Kosten „Maschineninstandhaltung" spricht man von einer Vermengung primärer und sekundärer Kostenarten.

Ebenso ist eine eindeutige Abgrenzung zwischen den Begriffen **Eingangs- und Ausgangsfrachten** einerseits und **Frachten durch Dritte** andererseits nicht durchführbar. Es wäre durchaus möglich, dass Dritte sowohl Eingangs- als auch Ausgangsfrachten durchführen.

Eine Trennung zwischen **Kfz-Sprit und Treibstoff Toyota sowie Treibstoff Volvo** ist nicht notwendig, da über die Kostenstelle ohnedies ersichtlich wird, welchem Auto welcher Treibstoff zugerechnet wird. In diesem Fall handelt es sich um eine Vermengung einer Kostenart und einer Kostenstelle. Diese Vermengung kommt in Finanzbuchhaltungen recht häufig vor, da der Finanzbuchhaltung die Stellenstruktur fehlt. Im Rahmen der Kostenrechnung können dafür im Rahmen der Kostenarten die Hinweise auf die Kostenstelle entfallen, da die Kostenarten ohnedies in weiterer Folge auf die jeweilige Kostenstelle gebucht werden. Wie die praktische Erfahrung zeigt, kommt es durch die Einführung der Kostenrechnung in der Regel zu einer Verkürzung der buchhalterischen Kontenrahmen.

Bei **Miete Gebäude und Miete Telefonanlage** handelt es sich ebenfalls um eine Vermengung einer Kostenart und einer Kostenstelle. Aus den zuvor genannten Gründen würde eine Kostenart Miete ausreichen.

Bei den **Kosten der Schlosserei** handelt es sich ebenfalls um eine Verwechslung zwischen Kostenarten und Kostenstellen. Dies lässt sich leicht daran erkennen, dass sich diese vermeintliche Kostenart aus einer Reihe weiterer Kostenarten zusammensetzt. In der Schlosserei können Löhne, Materialkosten, Abschreibungen, Zinsen, Energie- und Betriebsmittelkosten anfallen. Immer wenn sich unter einer vermeintlichen Kostenart andere Kostenarten subsumieren lassen, sollte überprüft werden, ob es sich nicht um eine Kostenstelle handelt.

Die **EDV-Kosten** können auf unterschiedliche Art ein Problem darstellen. Handelt es sich um eine zentrale EDV-Abteilung, so stellt diese Kostenart vielmehr eine Kostenstelle dar. Handelt es sich um Kosten, die aus einer Reihe dezentraler Geräte resultieren, so handelt es sich um eine Sammelkostenart. Dies lässt sich damit begründen, dass aus EDV-Geräten eine Reihe unterschiedlicher Kosten (zB Abschreibungen, Wartungen, Leasing, Energie etc) resultieren kann.

Die Positionen **Versicherungskosten** (als Überbegriff) und **Transportversicherungen** (als Unterbegriff) lassen sich nicht eindeutig abgrenzen. Der Begriff Versicherungskosten ist ausreichend, da Transportversicherungen ohnedies auf die entsprechenden Kostenstellen (zB Vertrieb) gebucht werden.

Praktische Relevanz

Eines der häufigsten praktischen Probleme ist jenes, dass Zuordnungen in der Kostenerfassung willkürlich vorgenommen und häufig geändert werden. Dadurch hat man keine Stabilität im System und die Auswertungen sind kaum zu gebrauchen. Das Management interpretiert in diesem Fall Abweichungen, die nicht auf die realen Geschäftsprozesse, sondern auf die mangelhafte systematische Erfassung der Kostenarten zurückzuführen sind.

Beispiel

Eine Kostenart Kfz-Kosten verstößt gegen das Prinzip der eindeutigen Identifikation von Kosten. Die Kfz-Kosten beinhalten ua Abschreibungen, Zinsen, Reparaturen, Wartung (Service), Versicherungen, Treibstoff, Steuern etc. Wenn nun eine Kostenart Kfz-Kosten gebildet wird, stellt sich die Frage, welche der genannten Kostenarten auf Kfz-Kosten gebucht werden und welche nicht. Es ist davon auszugehen, dass Abschreibungen jedenfalls auf die Kostenart Abschreibungskosten gebucht werden. Wenn nun beispielsweise Kfz-Reparaturen auf Kfz-Kosten gebucht werden, stellt sich die Frage, warum dann die Abschreibungen der Pkws nicht ebenso auf Kfz-Kosten gebucht werden. Eine eindeutige Zuordnung ist in diesem Fall nicht mehr möglich.

Ein weiteres Beispiel stellen Kostenarten wie EDV-Kosten oder Instandhaltungskosten (sofern intern durchgeführt) dar. Im Fall der EDV-Kosten fallen tatsächlich Energiekosten, Abschreibungen, Zinsen, Versicherungen, Wartungskosten, Personalkosten etc an. Im Fall der internen Instandhaltung fallen Personalkosten, Materialkosten, Abschreibungen und Zinsen für Reparaturwerkzeug, Betriebsmittel etc an.

Wissen kompakt

Einzelkosten können den betrieblichen Leistungen (Kostenträgern) direkt zugerechnet werden.

Fixe Kosten bleiben in ihrer Höhe bei einer Änderung des Beschäftigungsgrades unverändert.

Gemeinkosten stehen in keiner direkten Beziehung zu den einzelnen Produkten und können daher nur indirekt zugerechnet werden. Sie betreffen ganz allgemein die gesamte Leistungserstellung des Betriebes oder einzelner Bereiche.

Sprungfixe Kosten verändern sich in ihrer Höhe nur durch Kapazitätsentscheidungen des Managements. Die sprungfixen Kosten bleiben demnach innerhalb einer bestimmten Beschäftigungsstufe konstant. Bei Erweiterung der Kapazität schnellen sie in die Höhe, um dann wieder innerhalb der neuen Kapazitätsgrenzen auf höherem Niveau konstant zu bleiben.

Unechte Gemeinkosten sind Kosten, die einem Produkt oder einer Dienstleistung theoretisch exakt zugerechnet werden könnten. Vom Charakter her sind sie also Einzelkosten. Es ist jedoch zu aufwendig, diese Kosten je Kostenträger zu erfassen. Daher werden sie wie Gemeinkosten verrechnet.

Variable Kosten werden durch die Änderung des Beschäftigungsgrades beeinflusst.

Kontrollfragen

- Welche Systematisierungsmöglichkeiten haben Sie im Rahmen der Kostenartenrechnung und auf was müssen Sie dabei achten?
- Auf was müssen Sie achten, wenn Sie Kostenarten bilden?
- Nennen Sie Beispiele für typische variable, fixe und sprungfixe Kosten!
- Warum macht es Sinn, den Kontenplan aus der Finanzbuchhaltung (Aufwandsarten) mit den Kostenpositionen der Kostenrechnung (Kostenartenplan) zu harmonisieren?
- Warum sollten Sie keine Kostenart „Instandhaltungskosten" bilden?

Verwendete und weiterführende Literatur

- *Däumler, K.-D./Grabe, J.:* Kostenrechnung 1 – Grundlagen, 11. Auflage, Berlin 2013.
- *Deimel, K./Isemann, R./Müller, St.:* Kosten- und Erlösrechnung, München 2006.
- *Haberstock, L./Breithecker, V.:* Kostenrechnung 1, 13., neu bearbeitete Auflage, Berlin 2008.
- *Hummel, S./Männel, W.:* Kostenrechnung 1 – Grundlagen, Aufbau und Anwendung, 4. Auflage, Wiesbaden 1990.
- *Kloock, J./Sieben, G./Schildbach, T./Homburg, C.:* Kosten- und Leistungsrechnung, 10. Auflage, Düsseldorf 2008.
- *Möller, H. P./Zimmermann, J./Hüfner, B.:* Erlös- und Kostenrechnung, München 2005.
- *Moews, D.:* Kosten- und Leistungsrechnung, 7. Auflage, München 2002.
- *Olfert, K.:* Kostenrechnung – Kompendium der praktischen Betriebswirtschaft, 17. Auflage, Ludwigshafen 2013.

3.3. Ermittlung kalkulatorischer Kostenarten

Lernziel

In diesem Kapitel lernen Sie
- was man unter kalkulatorischen Kosten versteht und warum diese notwendig sind
- welche kalkulatorischen Kostenpositionen es gibt
- wie man kalkulatorische Kosten berechnet
- wann man kalkulatorische Kosten einsetzten sollte

Kalkulatorische Kostenpositionen sind Kostenarten, die entweder in den Zuliefersystemen nicht erfasst werden (kalkulatorische Zusatzkosten) oder die in den vorgelagerten Systemen zwar erfasst, aber in der Kostenrechnung anderes bewertet werden müssen (kalkulatorische Anderskosten). Während kalkulatorische Zusatzkosten wesensverschieden sind im Vergleich zu Aufwendungen in den Zuliefersystemen, sind Anderskosten „nur" wertverschieden.

Nachfolgende Grafik verdeutlicht diesen Zusammenhang:

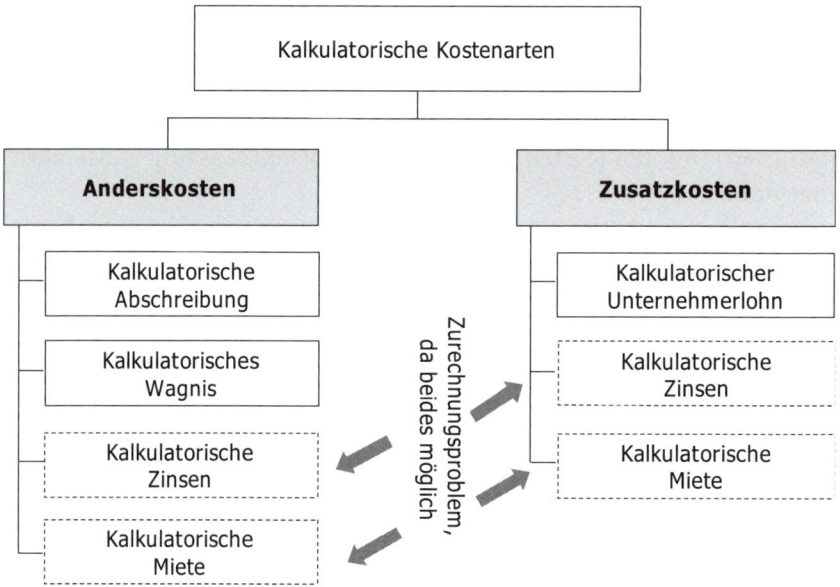

Abbildung 247: Überblick über die kalkulatorischen Kosten

Hinsichtlich der kalkulatorischen Zinsen und Mieten gibt es ein Zuordnungsproblem. Werden die Fremdkapitalzinsen aus der Finanzbuchhaltung direkt in die Kostenrechnung übernommen und die Eigenkapitalzinsen in der Kostenrechnung separat berechnet, so stellen die kalkulatorischen Zinsen für das Eigenkapital ausschließlich Zusatzkosten dar. Die Zinsen für das Fremdkapital sind dann aufwandsgleiche Kosten (= Grundkosten). Werden hingegen die Zinsen des Fremdkapitals der Finanzbuchhaltung abgegrenzt und für das gesamte eingesetzte Kapital die Zinsen neu berechnet, so stellen die Zinsen zum Teil Anderskosten (für die neu bewerteten Fremdkapitalzinsen) und zum Teil Zusatzkosten (für die Zinsen des Eigenkapitals) dar. Dieselben Überlegungen gelten für die kalkulatorischen Mieten, wenn das Unternehmen für die genutzten Flächen zwar eine Miete bezahlt, diese aber nicht dem gängigen Marktwert entspricht. In diesem Fall müssen die Mieten neu bewertet werden (= Anderskosten). Werden keine Mieten bezahlt, so stellen die kalkulatorischen Mieten Zusatzkosten dar. Das wäre beispielsweise dann der Fall, wenn ein Unternehmer private Räumlichkeiten für Betriebszwecke nutzt.

Kalkulatorische Abschreibung

Die Abschreibungskosten resultieren aus der Investitionstätigkeit eines Unternehmens. Investitionen stellen keine Kosten, sondern Ausgaben dar. Aus den Investitionsausgaben werden in weiterer Folge Kosten berechnet. Die Kosten fallen jedoch nicht nur im Jahr der Anschaffung (also der Investition), sondern während der gesamten Nutzungsdauer des Wirtschaftsgutes an. Dies entspricht dem Kostencharakter, da der Güterverzehr (in diesem Fall die Abnutzung des Wirtschaftsgutes) während der gesamten Zeit der Nutzung des Wirtschaftsgutes erfolgt. Dementsprechend wird in der Kostenrechnung die Investitionsausgabe in Form von jährlichen Abschreibungsraten auf die gesamte Nutzungsdauer des Wirtschaftsgutes verteilt.

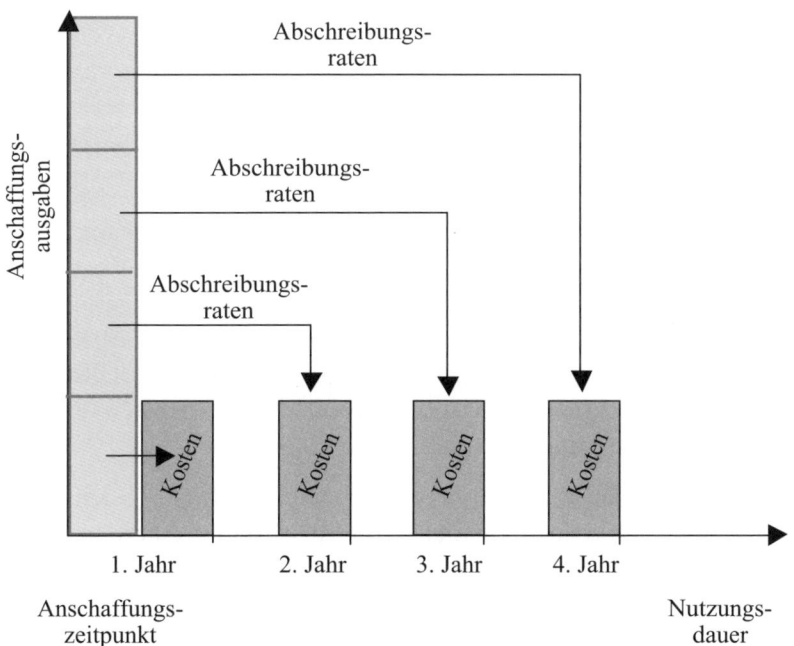

Abbildung 248: Verteilung der Investitionsausgaben auf die Dauer der Nutzung in Form von Abschreibungen

Durch die Nutzung des Wirtschaftsgutes werden dessen Wert und in aller Regel auch dessen Substanz verringert. Um den Wert und auch die Substanz eines Betriebes zu erhalten, muss es das Ziel eines jeden Unternehmens sein, den Wertverlust der Anlage durch Einnahmen von Seiten des Kunden zumindest zu kompensieren. Dazu werden jedem Kostenträger über die Kostenstellen Abschreibungsraten verrechnet, sodass über die Verkaufspreise die Refinanzierung einer neuen Anlage, die so genannte Reinvestition, sichergestellt wird (siehe auch Abschnitt B, Kapitel 3.2.5). Die dem Kunden verrechnete Abschreibung, die für die Ersatzinvestition einer Anlage herangezogen wird, nennt man „wiederverdiente Abschreibungsquote". Den entsprechenden Zusammenhang zwischen Wertverlust und kumulierter Abschreibung veranschaulicht die folgende Grafik.

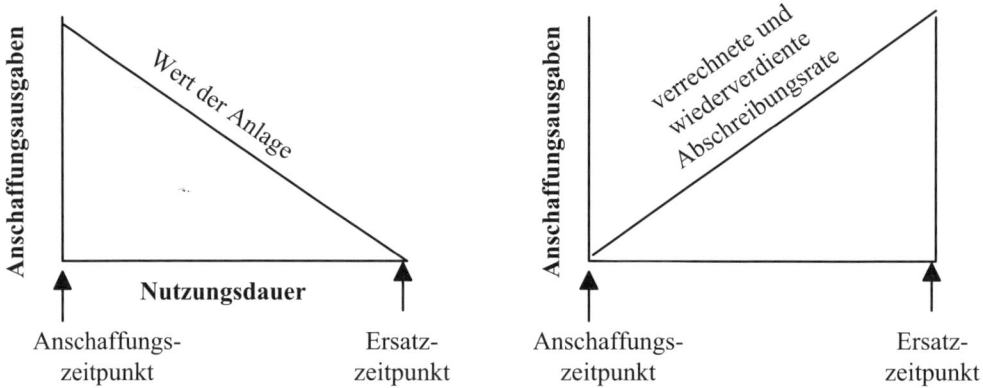

Abbildung 249: Zusammenhang zwischen Wertverlust und kumulierter Abschreibung

Die Abbildung 250 verdeutlicht das Prinzip der Abschreibung. Dargestellt wird die Refinanzierung von Anlagen über die Abschreibung.

Die Abschreibungen stellen Gemeinkosten dar. Beispielsweise kann die Abschreibung einer Fertigungsmaschine nicht direkt einem bestimmten Kostenträger (Produkt oder Dienstleistung) zugerechnet werden, da auf einer Anlage zumeist mehrere verschiedene Kostenträger erzeugt werden. Eine Zuordnung der Abschreibung über die Fertigungszeit ist oft nicht möglich, da auch Rüst- und Einstellzeiten anfallen. Daher werden die Abschreibungen in der Regel als Gemeinkosten der Fertigung in den verschiedenen Kostenstellen erfasst.

Die Abschreibungen der Anlagen werden in den einzelnen Kostenstellen erfasst. Wie im obigen Beispiel ersichtlich, fließen die Abschreibungsbeträge beispielsweise auf die Kostenstelle Lager. Dort werden sie als eine von mehreren Kostenarten betragsmäßig ausgewiesen. Die Abschreibungsbeträge von maschinellen Anlagen fließen hingegen auf Fertigungskostenstellen, während die Abschreibung für die EDV uU der Verwaltungskostenstelle zugerechnet wird. In den Kostenstellen werden die Beträge der einzelnen Kostenarten aufsummiert. Die Summe der Kosten wird durch die Bezugsgröße dividiert und geht in Form eines Zuschlagssatzes (in %) oder eines Verrechnungssatzes (€/h) in die Kostenträgerrechnung ein. So werden beispielsweise die Abschreibungen, die dem Lager zugerechnet werden (zB für Lagerregale, Transportmittel, Kühlanlagen etc) in der Kostenträgerrechnung als Teil der Materialkosten berücksichtigt.

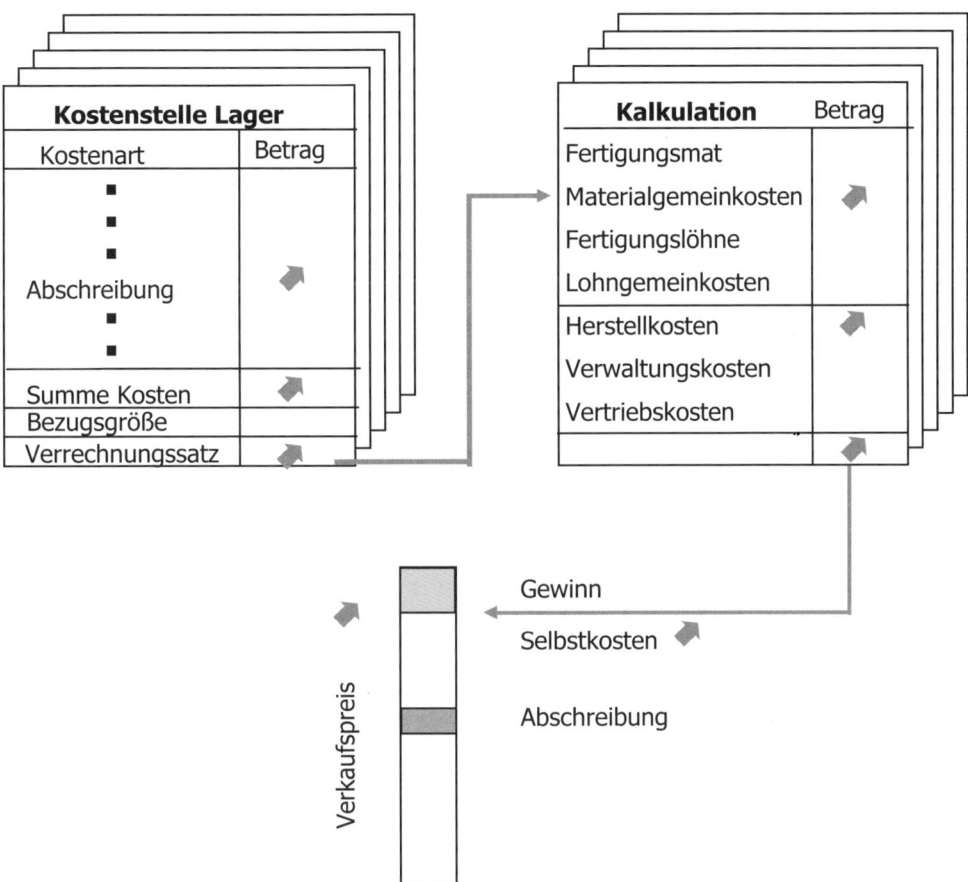

Abbildung 250: Verrechnungsprinzip der Abschreibung in der Kostenrechnung

In der Kostenträgerrechnung werden alle Positionen addiert und schlussendlich wird die Summe der Kosten des Kostenträgers (= Selbstkosten) ermittelt. Diese gelten als wesentlicher, aber nicht einziger Orientierungspunkt für die Festlegung des Verkaufspreises. Der Verkaufspreis sollte sich nunmehr aus den Selbstkosten, die die Materialkosten beinhalten, die wiederum die Abschreibungen des Lagers beinhalten, und dem Gewinn zusammensetzen. Summa summarum sind also im Verkaufspreis auch Abschreibungen enthalten.

Wesentlich dabei ist, dass die Abschreibungen zwar an den Kunden als Teil des Verkaufspreises verrechnet werden, jedoch vom Unternehmen an niemanden mehr bezahlt werden müssen. Im Gegensatz dazu muss beispielsweise Material, das verbraucht wird, sehr wohl dem Lieferanten bezahlt werden. Beim Anlagegut, das nunmehr für den betrieblichen Leistungserstellungsprozess genutzt wird, ist die Bezahlung ja bereits im Rahmen der Investition erfolgt. Da die Abschreibungen nicht zahlungswirksam sind, kann das Geld im Unternehmen „behalten" und für die Reinvestition „gespart" werden. Über diese Abschreibung sollte man in der Lage sein, die abgenützte Anlage wiederum zu kaufen. Diesen Vorgang nennt man die Refinanzierung über die Abschreibungsquote.

Die kalkulatorische Abschreibung zählt zu den kalkulatorischen Anderskosten. Die Abschreibungen werden also bereits in einem Vorsystem – in diesem Fall in der Anlagenbuchhaltung – erfasst, jedoch in der Kostenrechnung neu berechnet. Bei der Berechnung der bilanzmäßigen Abschreibungen in der Anlagenbuchhaltung müssen die unternehmens- und steuerrechtlichen Vorschriften (zB Anschaffungswertbasis, gesetzlich vorgeschriebene Nutzungsdauer) beachtet werden, wodurch vielfach den tatsächlichen Verhältnissen nicht Rechnung getragen wird. Die bilanzmäßigen Abschreibungen werden dadurch für die Kostenrechnung unbrauchbar und müssen durch kalkulatorische Abschreibungen ersetzt werden, welche die tatsächliche betriebsbedingte, leistungsbezogene Wertminderung berücksichtigen.

Kalkulatorisch abgeschrieben wird, solange der Gegenstand im Betrieb genutzt wird. Anlagen, die in der Buchhaltung vollständig abgeschrieben sind, aber noch weiter im Unternehmen verwendet werden, können daher kalkulatorisch weiter abgeschrieben werden. Dies bedeutet, dass sich die Abschreibungsdauern in der Kostenrechnung und der Finanzbuchhaltung meist unterscheiden. In der Finanzbuchhaltung geht man von einer im Einkommensteuergesetz festgeschriebenen Nutzungsdauer aus. In der Kostenrechnung geht man von der tatsächlich zu erwartenden Nutzungsdauer aus.

Bei der Festsetzung der kalkulatorischen Nutzungsdauer unterscheidet man zwischen der technischen und der wirtschaftlichen Nutzungsdauer. Das Ende der technischen Nutzungsdauer fällt beispielsweise mit dem technischen Gebrechen einer Anlage zusammen, deren Reparatur sich nicht mehr auszahlt. Die technische Nutzungsdauer ist auch zu Ende, wenn arbeitsrechtliche Vorschriften oder Toleranzgrenzen der Kunden nicht mehr eingehalten werden können. Die wirtschaftliche Nutzungsdauer einer Anlage ist hingegen dann zu Ende, wenn es sich aus wirtschaftlichen Gründen nicht mehr rechnet, mit der Anlage weiterhin zu produzieren. Dies ist beispielsweise immer dann der Fall, wenn eine neue und effizientere Technologie eine alte Technologie ablöst.

In der Kostenrechnung wählt man für die Nutzungsdauer einer Anlage immer die kürzere der beiden Nutzungsdauern. Dies ist damit zu begründen, dass beide Faktoren limitierend wirken und daher bei Ablauf einer der beiden Nutzungsdauern eine Ersatzinvestition vorzunehmen ist.

3. Die Kostenartenrechnung

> **Beispiel**
>
> Die technische Nutzungsdauer sowohl mechanischer als auch elektrischer Schreibmaschinen ist noch nicht abgelaufen. Die technische Funktionsfähigkeit ist daher immer noch gegeben. Aus wirtschaftlichen Gründen kann man aber diese Geräte nicht mehr im Verwaltungsbereich einsetzen. Daher ist deren wirtschaftliche Nutzungsdauer abgelaufen.
>
> Kauft man beispielsweise für den Außendienst, der sehr viele Kilometer pro Jahr zurücklegt, nach drei Jahren dasselbe Modell eines Fahrzeuges wieder, so war dessen technische Nutzungsdauer (Verkehrssicherheit nicht mehr gegeben) zu Ende. Die wirtschaftliche Nutzungsdauer war deshalb noch nicht zu Ende, da es sich offensichtlich aus wirtschaftlichen Gründen (zB Benzinverbrauch) auszahlt, dasselbe Modell wiederzukaufen.

Ausgangsbasis der kalkulatorischen Abschreibung ist der **Wiederbeschaffungswert**. Dieser Wert umfasst den Preis zum Zeitpunkt der Wiederbeschaffung des Wirtschaftsgutes (also am Ende der erwarteten Nutzungsdauer) einschließlich etwaiger Nebenkosten (zB für die Inbetriebnahme, Transport, Anschlusskosten, Planungskosten etc). In der Finanzbuchhaltung geht man hingegen vom Anschaffungswert aus. Da der Anschaffungswert aufgrund der technischen Weiterentwicklung und der inflationären Entwicklung der meisten Währungen in der Regel niedriger ist als der erwartete Wiederbeschaffungswert, würde sich aufgrund der finanzbuchhalterisch errechneten Abschreibung eine Finanzierungslücke ergeben.

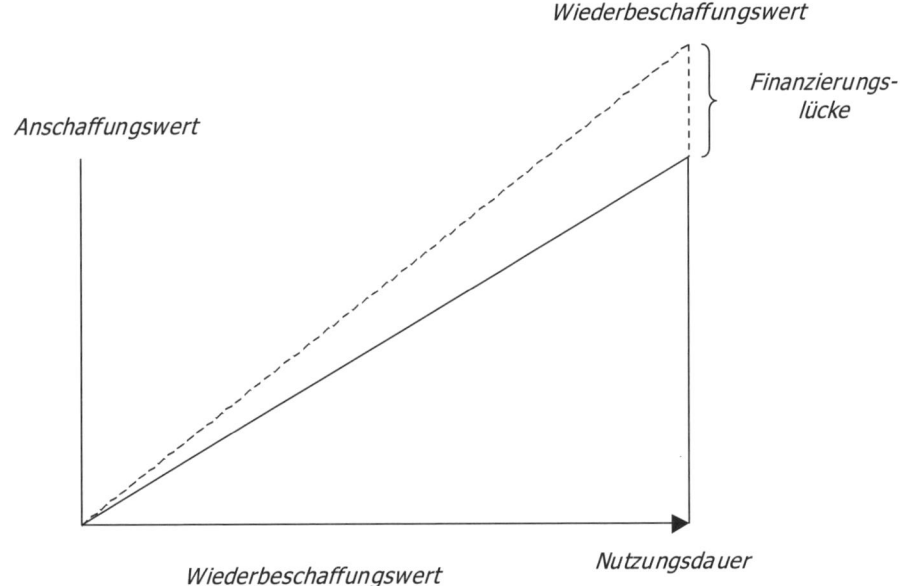

Abbildung 251: Finanzierungslücke im Rahmen der buchhalterischen Abschreibung

Kalkulatorische Zinsen

Im Gegensatz zur Finanzbuchhaltung, in der nur ausgabewirksame Fremdkapitalzinsen als Kapitalkosten angesetzt werden dürfen, liegt dem Ansatz der Kostenrechnung der Gedanke zugrunde, dass auch der Einsatz von Eigenkapital Kosten verursacht. Durch den Einsatz von Eigenkapital im Unternehmen wird damit auf eine anderweitige Geldanlage verzichtet, wodurch sozusagen die Nutzungsmöglichkeit dieses Kapitals „verbraucht" wird. Für diesen „Verbrauch" sollten Kosten angesetzt werden, da mit der Bindung von Kapital im eigenen Unternehmen (Eigenkapital) alternativ erzielbare Zinserträge entgehen. In diesem Zusammenhang spricht man von **Opportunitätskosten**, die sich nicht aus einer tatsächlichen finanziellen Belastung ableiten, sondern in Höhe des entgangenen Nutzens angesetzt werden, auf den aufgrund des Einsatzes des Kapitals im Unternehmen verzichtet wird.

Die Vorgehensschritte im Rahmen der Ermittlung der kalkulatorischen Zinsen gestalten sich folgendermaßen:

1) Da die Kostenrechnung nur auf betriebsbedingte Kosten abstellt, werden die kalkulatorischen Zinsen nur auf das durchschnittlich gebundene betriebsnotwendige Kapital in Ansatz gebracht. Kapital, das in nicht betriebsnotwendigen Teilen des Anlage- und Umlaufvermögens gebunden ist, wird deshalb kalkulatorisch nicht verzinst. Die Zinsen werden dabei von den das investierte Kapital repräsentierenden Aktiva (Vermögensseite) her berechnet. Zunächst werden die nicht betriebsnotwendigen Teile des Bilanzvermögens eliminiert.
2) Danach erfolgt eine Umwertung, um die derzeit aktuelle Kapitalbindung festzustellen. Dazu muss für die Anlagegüter der aktuelle Wert ermittelt werden. Dies ist der tatsächliche Restwert oder der Tageswert. Damit werden auch stille Reserven (bei in der Finanzbuchhaltung zu gering bewerteten Anlagengütern) aufgedeckt. Für Güter des Umlaufvermögens wird der durchschnittliche Wert der Rechnungsperiode herangezogen (zB Mittelwert des Lagerbestandes). Nach der Umwertung erhält man das betriebsnotwendige Vermögen.
3) Anschließend wird vom betriebsnotwendigen Vermögen das so genannte **Abzugskapital** subtrahiert. Als Abzugskapital werden in der Regel zinslos zur Verfügung gestellte Kapitalteile wie beispielsweise Kundenanzahlungen verstanden. Nach Abzug des Abzugskapitals erhält man das betriebsnotwendige Kapital.
4) Die Zinskosten lassen sich nun durch die Multiplikation des Zinssatzes mit dem betriebsnotwendigen Kapital errechnen. Die so ermittelten Zinsen sind als Gemeinkosten in der Kostenstellenrechnung auf die Kostenstellen entsprechend ihrem Anteil am betriebsnotwendigen Kapital aufzuteilen. Bei der Wahl eines Zinssatzes sollte man den Zinssatz eines langfristigen Kredites wählen. Dies lässt sich damit begründen, dass die Laufzeit eines langfristigen Kredites auch der Nutzungsdauer eines Wirtschaftsgutes entspricht.

Die folgende Grafik soll nochmals die Vorgehensweise erläutern:

3. Die Kostenartenrechnung

	Vermögen lt Handelsbilanz
–	nicht betriebsnotwendige (in der Bilanz enthaltene) Vermögensteile
+	betriebsnotwendige (nicht in der Bilanz enthaltene) Vermögensteile (zB Geringwertige Wirtschaftsgüter)
=	Zwischensumme
+/–	Umwertungen (Auflösung stiller Reserven)
=	betriebsnotwendiges Vermögen
–	Abzugskapital
=	betriebsnotwendiges Kapital

Aktiva	Passiva
betriebsnotw Vermögen	betriebsnotw Kapital
	Vorauszahlungen

Betriebsnotwendiges Kapital * Zinssatz = kalkulatorische Zinsen

Abbildung 252: Vorgehensweise im Rahmen der Ermittlung von kalkulatorischen Zinsen

Um die kalkulatorischen Zinsen den einzelnen Kostenstellen zurechnen zu können, muss die Kapitalbindung der einzelnen Positionen (Anlage- und Umlaufvermögen) berechnet werden. Die kalkulatorischen Zinsen für einzelne nicht abnutzbare Güter des Anlagevermögens (zB Grundstücke) errechnen sich, indem man den Anschaffungswert mit dem Zinssatz multipliziert.

Die kalkulatorischen Zinsen für abnutzbares Anlagevermögen errechnen sich je Wirtschaftsgut hingegen, indem man den Anschaffungswert halbiert und diesen Wert mit den Zinssatz multipliziert. Der Anschaffungswert wird deshalb halbiert, da man die Abschreibung während der Nutzungsdauer wiederverdient und daher am Ende der Nutzungsdauer das gesamte Kapital wiederverdient hat. Durchschnittlich ist somit das halbe Kapital gebunden. Die Berechnung wird in der folgenden Grafik dargestellt:

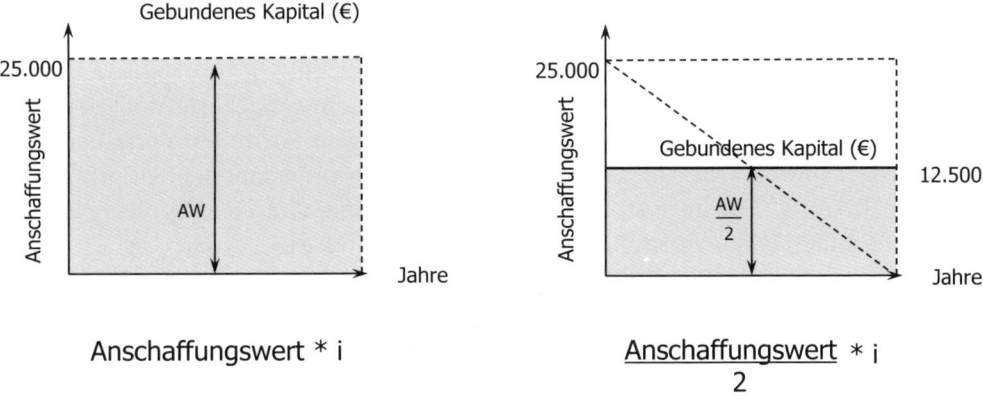

Abbildung 253: Ermittlung von kalkulatorischen Zinsen je Wirtschaftsgut

Sollte für das abnutzbare Wirtschaftsgut noch ein Restwert am Ende der Nutzungsdauer gegeben sein, so ist dieser Restwert, da er nicht abgeschrieben wird, über die gesamte Nutzungsdauer gebunden. Daher wird der Restwert nicht halbiert, sondern zur Gänze mit dem Zinssatz multipliziert. Da der Restwert aber nicht wiederverdient werden muss, ist der Anschaffungswert um den Restwert zu vermindern. Die Hälfte dieses abzuschreibenden Betrages zuzüglich des Restwerts wird schließlich mit dem Zinssatz multipliziert. Die Vorgehensweise erläutert die folgende Grafik:

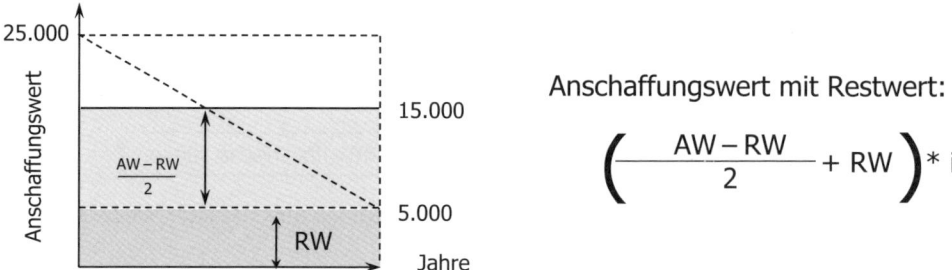

Abbildung 254: Ermittlung von kalkulatorischen Zinsen für abnutzbare Wirtschaftsgüter mit Restwerten

Im Rahmen des Umlaufvermögens geht man hingegen von einem durchschnittlichen Bestand während des Jahres aus. Das arithmetische Mittel aus Anfangsbestand und Endbestand entspricht der durchschnittlichen Kapitalbindung, die mit dem Zinssatz multipliziert wird.

Kalkulatorische Wagnisse

Unter Wagnissen sind die mit der betrieblichen Tätigkeit verbundenen Risiken zu verstehen. Grundsätzlich unterscheidet man zwischen quantifizierbaren und nicht quantifizierbaren Risiken. Unter nicht quantifizierbaren Risiken versteht man das allgemeine unternehmerische Risiko, das jeder Unternehmer tragen muss. Dieses Risiko ist nicht versicherbar und muss durch den Gewinn abgedeckt werden. Gewinne erhöhen in weiterer Folge das Eigenkapital, das daher als Risikokapital bezeichnet wird.

Darüber hinaus unterscheidet man versicherte und nicht versicherte Wagnisse. Die versicherten Wagnisse finden in der Kostenrechnung in Form der Versicherungskosten (übernommen aus der GuV, wobei die Betriebsnotwendigkeit zu prüfen ist) Berücksichtigung. Für die nicht versicherten, quantifizierbaren Wagnisse (Einzelwagnisse) sollten kalkulatorische Wagnisse angesetzt werden.

Dabei werden Durchschnittswerte (Erfahrungssätze) der tatsächlichen Wagnisverluste der letzten Perioden verrechnet. Die wichtigsten Einzelwagnisarten sind Anlagenwagnis, Beständewagnis, Ausschusswagnis, Vertriebswagnis, Beschaffungs- und Gewährleistungswagnis). Folgende Grafik gibt einen Überblick über die beschriebenen Wagnisarten und deren Behandlung in der Kostenrechnung.

3. Die Kostenartenrechnung

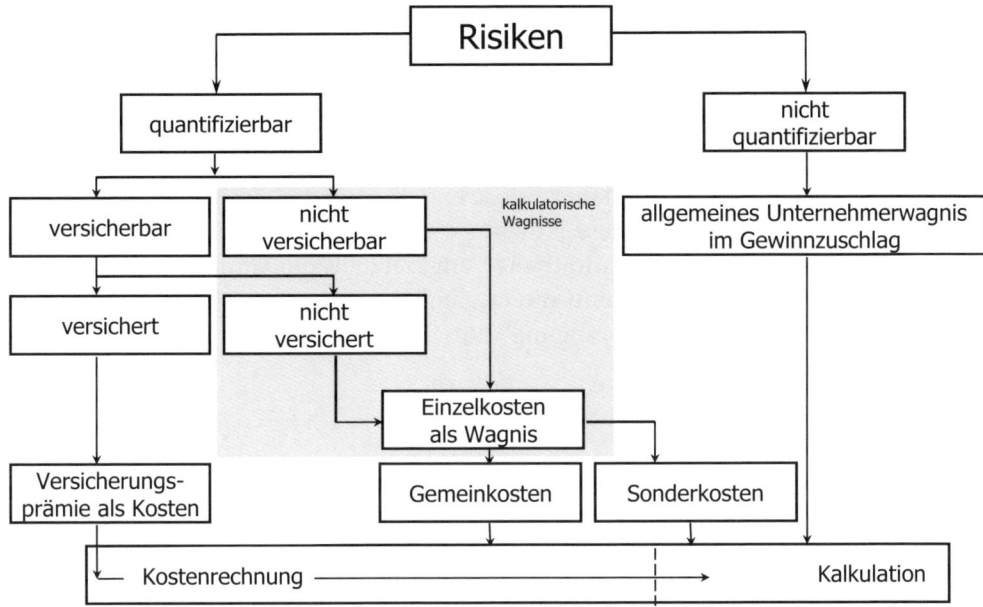

Abbildung 255: Überblick über die betrieblichen Risiken und deren Vorsorgemöglichkeiten

Kalkulatorischer Unternehmerlohn

Hinsichtlich der Gesellschaftsform unterscheidet man einerseits Einzel- und Personengesellschaften, deren Gesellschafter natürliche Personen sind, und andererseits Kapitalgesellschaften, deren Gesellschafter juristische Personen sind. Bei Kapitalgesellschaften erhalten die Geschäftsführer ein Gehalt, das in Form von Personalkosten in der Gewinn- und Verlustrechnung berücksichtigt wird.

Bei Einzelunternehmen und Personengesellschaften wird für die Arbeitsleistung des Unternehmers und der mittätigen Angehörigen bzw des mittätigen Gesellschafters jedoch kein Gehalt in der GuV angesetzt. Stattdessen werden in diesen Gesellschaftsformen von Seiten der Gesellschafter Privatentnahmen getätigt oder es werden, je nach Rechtsform, Gewinne ausgeschüttet. Privatentnahmen und Gewinnausschüttungen werden jedoch nicht als Aufwand in der GuV berücksichtigt, sondern gehen zu Lasten des Eigenkapitalkontos. In diesem Fall werden daher die Gehälter nicht im Vorsystem der Gewinn- und Verlustrechnung der Finanzbuchhaltung erfasst. Daher ist es notwendig, für Einzel- und Personengesellschaften (nicht für Kapitalgesellschaften) einen kalkulatorischen Unternehmerlohn anzusetzen. Seine Höhe richtet sich nach dem Gehalt eines Mitarbeiters in einer vergleichbaren Position und mit vergleichbarem Aufgaben- und Verantwortungsumfang in einem Unternehmen vergleichbarer Größe oder nach den durchschnittlichen tatsächlich getätigten Privatentnahmen bzw Gewinnausschüttungen der vergangenen Jahre.

Kalkulatorische Miete

Kalkulatorische Miete ist dann zu berücksichtigen, wenn ein Einzelunternehmer oder Gesellschafter einer Personengesellschaft private Räume für betriebliche Zwecke zur Verfügung stellt und hierfür keine Miete verrechnet. Dabei handelt es sich wie bei den Eigenkapitalzinsen um Opportunitätskosten, da die Räume an Dritte vermietet werden könnten und daher Erlöse erzielbar wären. Durch die betriebliche Nutzung schließt sich jedoch diese Nutzungsmöglichkeit aus. Es werden dabei die ortsüblichen Mietsätze pro Quadratmeter angesetzt. Kalkulatorische Miete kann auch dann angesetzt werden, wenn die tatsächlich geleisteten Mietzahlungen aufgrund irgendeiner Art der „Bevorzugung" unter den ortsüblichen Mietsätzen liegen.

Fallbeispiel (Fortsetzung)

Ausgangsdaten

Das Unternehmen aus dem Fallbeispiel in Kapitel 3.1 dieses Abschnittes kauft eine maschinelle Anlage. Es handelt sich dabei um eine Zentrifuge für die Herstellung von PVC-Rohren für die Wasserver- und -entsorgung. Der Anschaffungszeitpunkt ist der Oktober 2013. Die Inbetriebnahme der Anlage erfolgt im Jänner 2014. Der Anschaffungspreis der Anlage beträgt € 350.000,–. Zudem sind Ausgaben zur Installation notwendig. Für die Errichtung eines Fundaments sind € 20.000,–, für die Verlegung eines Leitungssystems € 30.000,– zu veranschlagen. Die Nutzungsdauer der Anlage wird aus technischer Perspektive mit zehn Jahren veranschlagt. Aus wirtschaftlicher Perspektive dürfte die Anlage acht Jahre genutzt werden. Am Ende der Nutzungsdauer wird die Anlage voraussichtlich einen Restwert von € 50.000,– aufweisen. Der Wiederbeschaffungswert am Ende der Nutzungsdauer wird mit € 400.000,– prognostiziert. Die Ausgaben für das Fundament und das Leitungssystem dürften sich nicht verändern. Unternehmensweit wird ein Zinssatz von 5 % angesetzt. Die Maschine hat einen Platzbedarf vom 35 m². Die Halle befindet sich im Besitz der Ehefrau des Unternehmers. Sie verlangt keine Miete für die Benützung der Halle. Die Mietkosten für eine vergleichbare Halle würden € 24.500,– pa betragen. Die Halle hat insgesamt 800 m². Die Maschine steht in einem bisher nicht genutzten Teil der Halle. Das mit der Maschine verbundene Risiko besteht vor allem im Betriebsstillstand, da die Maschine ganz am Beginn des Produktionsprozesses steht. Aufgrund der Erfahrungen mit einem Vorgängermodell hat man in den vergangenen Jahren folgende Schadensfälle aufgrund von Betriebsstillständen feststellen können:

2005	2006	2007	2008	2009	2010	2011	2012	2013
–	–	5.000 €	–	–	8.000 €	–	16.000 €	7.000 €

Abbildung 256: Angaben zur Fallstudie hinsichtlich der kalkulatorischen Wagnisse

Lösungsweg

1) Berechnen Sie die kalkulatorische Abschreibung.
2) Berechnen Sie die kalkulatorischen Zinsen.

3) Berechnen Sie die kalkulatorische Miete.
4) Berechnen Sie die kalkulatorischen Wagnisse.

Aufgabenlösung

Abschreibung	Wiederbeschaffungspreis		400.000 €
	Fundament		20.000 €
	Leitungssystem		30.000 €
	Wiederbeschaffungswert		450.000 €
	Restwert		50.000 €
	Abschreibungsbasis		400.000 €
	Nutzungsdauer	Jahre	8
	Abschreibung pa		**50.000 €**

Zinsen	Anschaffungspreis		350.000 €
	Fundament		20.000 €
	Leitungssystem		30.000 €
	Anschaffungswert		400.000 €
	Restwert		50.000 €
	Zinsen pa		**11.250 €**

Miete	Platzbedarf	m²	35
	Mietkosten Halle pa		24.500 €
	Fläche Halle	m²	800
	Mietkosten/m²		30,625 €
	Raumkosten Maschine pa		**1.072 €**

Wagnisse	Summe Schadensfälle		36.000 €
	Anzahl Jahre	Jahre	9
	durchschnittliche Schadensfälle pa		**4.000 €**

Abbildung 257: Lösung zur Fallstudie zur Berechnung kalkulatorischer Positionen

Interpretation der Ergebnisse

Die **kalkulatorische Abschreibung** wird berechnet, indem ausgehend vom Wiederbeschaffungspreis der Wiederbeschaffungswert (inkl Anschaffungsnebenausgaben) berechnet wird. Davon wird der Restwert abgezogen, da dieser nicht refinanziert werden muss. Diesen Betrag verdient das Unternehmen nicht über den Kunden und daher die Abschreibung, sondern über den Händler, der die Maschine eintauscht. Die dadurch ermittelte Abschreibungsbasis wird durch die Nutzungsdauer geteilt.

Die **kalkulatorischen Zinsen** errechnen sich, indem man dem Anschaffungspreis die Anschaffungsnebenausgaben hinzurechnet, um so den Anschaffungswert zu erhalten. Anschließend wird der Restwert abgezogen und vom verbleibenden Betrag wird die Hälfte errechnet. Diesem Betrag wird der Restwert wieder hinzugezählt und der Gesamtbetrag wird mit dem Zinssatz von 5 % multipliziert.

Für die Berechnung der **kalkulatorischen Miete** wird der Platzbedarf der Maschine mit den Mietkosten pro m² der Halle multipliziert. Dabei ist darauf zu achten, ob die Kosten je Monat oder pro Jahr angegeben sind. Im zugrunde liegenden Beispiel werden die Kosten pro Jahr berechnet.

Die **kalkulatorischen** Wagnisse errechnen sich, indem die durchschnittlichen Schadensfälle der letzten Jahre berechnet werden. Die tatsächlichen Schadensfälle des aktuellen Jahres spielen nur insofern eine Rolle, als sie den Durchschnittswert heben oder senken.

Praktische Relevanz

Es ist das Ziel eines jeden Unternehmens, so viel zu verdienen, dass es nicht nur Gewinne erzielt, sondern auch seine Ersatzinvestitionen finanzieren kann. Aufgrund der Inflation und des technischen Fortschritts werden nun die meisten Wirtschaftsgüter mit den Jahren teurer. Daher ist es nur logisch, dass man nach Jahren für eine Ersatzinvestition mehr bezahlt, als man ursprünglich für die Investition in ein Vorgängermodell gezahlt hat. Der Preis für die „Wiederbeschaffung" ist also höher als der Preis für die ursprüngliche Anschaffung.

Wenn man nun vom Anschaffungswert ausgehend her abschreibt, erwirtschaftet man wiederum den Anschaffungswert. Wenn man aber den höheren Wiederbeschaffungswert finanzieren muss, ergibt sich durch diese Vorgehensweise eine Finanzierungslücke. Diese Finanzierungslücke versucht man zu vermeiden, indem man in der Kostenrechnung vom Wiederbeschaffungswert abschreibt. Dies ist jener Betrag, den wir gemäß unseren Annahmen zu Beginn der Nutzungsdauer am Ende dieser für die Ersatzinvestition zahlen müssen.

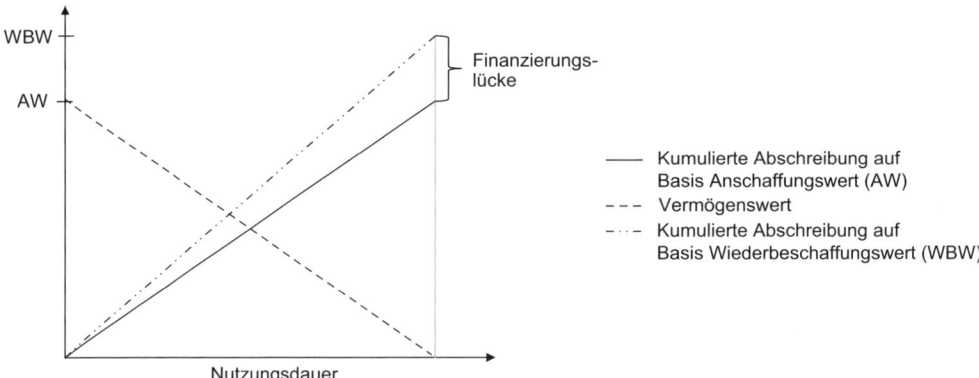

Abbildung 258: Finanzierungslücke im Rahmen der Abschreibung vom Anschaffungswert

3. Die Kostenartenrechnung

In der Unternehmenspraxis ist die Bestimmung von Wiederbeschaffungswerten ein sehr zeitintensiver Arbeitsprozess. Insbesondere wenn ein Unternehmen über hunderte oder tausende Wirtschaftsgüter verfügt, ist der damit verbundene Aufwand enorm hoch. Zudem ist es schwierig, einen Wiederbeschaffungswert zu schätzen. Die Daten können aber nur geplant und nirgends bezogen werden. In der Unternehmenspraxis schreiben daher viele Unternehmen in der Kostenrechnung vom Anschaffungswert ab. Um eine Finanzierungslücke zu verhindern, wird die Nutzungsdauer der Anlage verlängert, also der Zeitpunkt der Ersatzinvestition hinausgeschoben, so dass man trotz Ende der Nutzungsdauer noch weiterhin abschreibt. Dadurch kann man die drohende Finanzierungslücke schließen.

Entscheidend dabei ist nicht, ob man dieses Ziel bei jeder einzelnen Anlage erreicht. Entscheidend ist vielmehr, ob man über alle Anlagen die Finanzierungslücke schließen kann.

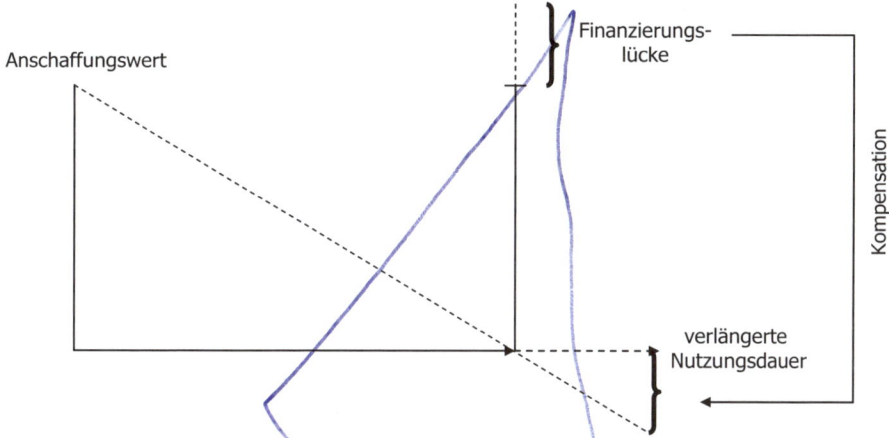

Abbildung 259: Schließen der Finanzierungslücke in der betrieblichen Praxis

Wissen kompakt

Kalkulatorische Kosten sind Kostenarten, die entweder in den Zuliefersystemen nicht erfasst werden oder die in den vorgelagerten Systemen zwar erfasst, aber in der Kostenrechnung anders bewertet werden müssen.

Kalkulatorische Anderskosten sind Kosten, die bereits in den Zuliefersystemen als Aufwendungen vorhanden sind, in der Kostenrechnung jedoch „anders" berechnet werden. Sie sind daher wertverschiedene Kosten. Es werden die neutralen Aufwendungen ausgeschieden und entsprechende Kosten „neu" berechnet.

Kalkulatorische Zusatzkosten sind Kosten, die von den Zuliefersystemen nicht zur Verfügung gestellt werden. Sie sind daher wesensverschiedene Kosten und es ist notwendig, diese Kosten in der Kostenrechnung zu berechnen.

Die **technische Nutzungsdauer:** Sie ist bei einem technischen Gebrechen einer Anlage zu Ende, wenn sich deren Reparatur nicht mehr auszahlt.

Die **wirtschaftliche Nutzungsdauer:** Sie ist zu Ende, wenn es sich aus wirtschaftlichen Gründen nicht mehr rechnet, mit der Anlage zukünftig zu produzieren.

Kontrollfragen

- Wodurch unterscheidet sich die Abschreibung in der Kostenrechnung von der Abschreibung in der Finanzbuchhaltung? Welche Gründe sprechen dafür, in der Kostenrechnung die Abschreibung „neu" zu berechnen?
- Was versteht man unter einer wiederverdienten Abschreibungsquote und welchen Nutzen hat diese?
- Warum berechnet man in der Kostenrechnung die Zinsen nicht nur für das Fremdkapital, sondern auch für das Eigenkapital?
- Warum setzt man in der Kostenrechnung nur für Einzel- und Personengesellschaften einen kalkulatorischen Unternehmerlohn an?

Verwendete und weiterführende Literatur

- *Däumler, K.-D./Grabe, J.:* Kostenrechnung 1 – Grundlagen, 11. Auflage, Berlin 2013.
- *Deimel, K./Isemann, R./Müller, St.:* Kosten- und Erlösrechnung, München 2006.
- *Hummel, S./Männel, W.:* Kostenrechnung 1 – Grundlagen, Aufbau und Anwendung, 4. Auflage, Wiesbaden 1990.
- *Kloock, J./Sieben, G./Schildbach, T./Homburg, C.:* Kosten- und Leistungsrechnung, 10. Auflage, Düsseldorf 2008.
- *Möller, H. P./Zimmermann, J./Hüfner, B.:* Erlös- und Kostenrechnung, München 2005.
- *Moews, D.:* Kosten- und Leistungsrechnung, 7. Auflage, München 2002.
- *Olfert, K.:* Kostenrechnung – Kompendium der praktischen Betriebswirtschaft, 17. Auflage, Ludwigshafen 2013.
- *Seicht, G.:* Moderne Kosten- und Leistungsrechnung, 1. Auflage, Wien 2001.

4. Die Kostenstellenrechnung

> **Lernziel**
>
> **In diesem Kapitel lernen Sie**
> - was die wesentlichen Funktionen der Kostenstellenrechnung sind
> - warum Kostenstellen für Mehrproduktunternehmen notwendig sind
> - wie der Prozess der Kostenstellenrechnung abläuft
> - was ein Betriebsabrechnungsbogen ist

4.1. Aufgaben und Ablauf der Kostenstellenrechnung

In der Kostenartenrechnung, die der Kostenstellenrechnung vorausgeht, sind alle im Betrieb angefallenen Kosten nach Kostenarten erfasst und gegliedert worden. Für die Optimierung und Steuerung des betrieblichen Geschehens ist dieses Wissen jedoch noch nicht ausreichend. Es bedarf darüber hinaus der Kostenstellenrechnung. Wesentliche Zwecke der Kostenstellenrechnung sind somit die Kostenplanung und -steuerung in den Kostenstellen sowie die Verteilung der Kosten auf die Kostenträger.

Die Kostenplanung und -steuerung beziehen sich auf die Aspekte der Kostenstelle als Verantwortungsbereich. Die Verteilung der Kosten auf die Kostenträger bezieht sich hingegen auf die Funktion der Kostenstelle, alle angefallenen Kosten, die nicht direkt dem Kostenträger zugerechnet werden können (Gemeinkosten), den Produkten und Dienstleistungen indirekt zuzurechnen.

Um zu klären, für welchen Kostenträger die in der Kostenartenrechnung ermittelten Gemeinkosten angefallen sind, ist zunächst zu untersuchen, an welchen Stellen im Unternehmen die Kosten verursacht wurden und damit entstanden sind. Die Überlegung geht von der Annahme aus, dass bei den meisten Gemeinkosten feststellbar ist, wo im Unternehmen sie angefallen sind. Ist der Unterbereich (Kostenstelle) bestimmt, der für die Kostenverursachung verantwortlich ist, muss lediglich noch festgestellt werden, welche Leistungen dort erbracht wurden. Im Verhältnis der Leistungsinanspruchnahme dieses Bereichs durch die Kostenträger können die dort angefallenen Kosten sodann verteilt werden.

Die wesentliche Funktion der Kostenstellenrechnung besteht darin, unterschiedlich hohe Kosten den Kostenträgern zuzurechnen. Dies ist damit zu erklären, dass jedes Unternehmen kostenintensive („teure") und weniger kostenintensive Bereiche aufweist. Je nachdem, ob ein Produkt oder eine Dienstleistung in einem kostenintensiven Bereich (zB Spezialarbeitskräfte oder Spezialmaschinen) oder in einem weniger kostenintensiven Bereich (zB angelernte Arbeitskräfte oder mechanische Kleinmaschinen) gefertigt wird, fließen hohe Kostenbeträge bzw niedrige Kostenbeträge in die Kostenträgerrechnung des Produktes oder der Dienstleistung. Die Aufgabe der Kostenstellenrechnung ist es demnach, bei Produkten, die hohe Gemeinkosten verursachen, diese dem Produkt verursachungsgerecht zu verrechnen, und bei Produkten, die geringe Gemeinkosten verursachen, dementsprechend weniger Kosten dem jeweiligen Produkt oder der jeweiligen Dienstleistung weiterzuverrechnen.

Diese Überlegung soll anhand der beiden folgenden Grafiken erläutert werden:

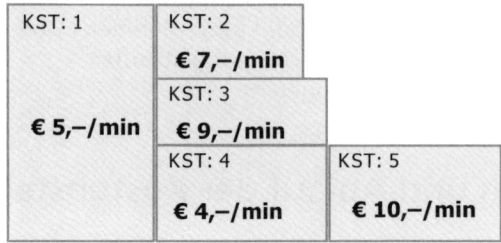

Abbildung 260: Kosten je Unternehmensbereich (Kostenstelle)

Die Grafik stellt ein Unternehmen im Grundriss dar. Dabei stellt man fest, dass die einzelnen Bereiche (KST 1–5) unterschiedlich kostenintensiv sind. Dies erkennt man an den unterschiedlichen Verrechnungssätzen (€/min) je Kostenstelle. Es ist also unterschiedlich teuer, in den einzelnen Bereichen zu produzieren. Durchläuft ein Produkt eine kostenintensive Stelle, werden seine Herstellkosten steigen. Wird ein Produkt in einer Kostenstelle lange bearbeitet, werden seine Herstellkosten ebenso steigen, wie wenn es viele Kostenstellen durchläuft.

Nun sollen zwei Produkte gefertigt werden. Den Produktionsdurchlauf stellen die Pfeile in der folgenden Grafik dar. Dabei wird angegeben, wie lange die einzelnen Produkte in den Kostenstellen bearbeitet werden.

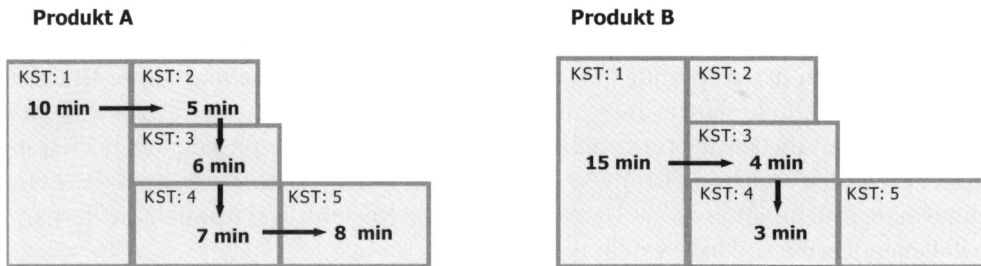

Abbildung 261: Spezifischer Fertigungsdurchlauf je Produkt

In der folgenden Abbildung werden nur die Fertigungskosten der beiden Produkte berechnet:

Produkt A		Produkt B	
10 min × € 5	€ 50	15 min × € 5	€ 75
5 min × € 7	€ 35		
6 min × € 9	€ 54	4 min × € 9	€ 36
7 min × € 4	€ 28	3 min × € 4	€ 12
8 min × € 10	€ 80		
	€ 247		€ 123

Abbildung 262: Unterschiedliche Herstellkosten bei den Produkten A und B

Da das Produkt A mehr Kostenstellen als das Produkt B durchläuft, in Summe auch länger bearbeitet wird und kostenintensivere Arbeitsschritte in Anspruch genommen hat, sind die Herstellkosten von Produkt A wesentlich höher als die von Produkt B.

Produkte nehmen also die betrieblichen Produktionsfaktoren in unterschiedlichem Maße in Anspruch. Daher müssen auch unterschiedlich hohe Kosten den einzelnen Kostenträgern verrechnet werden. In dem zugrunde liegenden Fall spricht man von einer **verursachungsgerechten** oder zumindest **verursachungsnahen Kostenverrechnung**. Nun wird auch offensichtlich, dass ein Unternehmen mit nur einem Produkt, keine Kostenstellenstruktur benötigt. In diesem Fall genügt es, wenn man die Summe der Kosten einer Periode durch die Zahl der produzierten Erzeugnisse dividiert (= Divisionskalkulation).

Den Ablauf der Kostenstellenrechnung soll die folgende Grafik veranschaulichen. Darin wird ersichtlich, dass die Kostenstellenrechnung ein Bindeglied zwischen der Kostenarten- und der Kostenträgerrechnung darstellt.

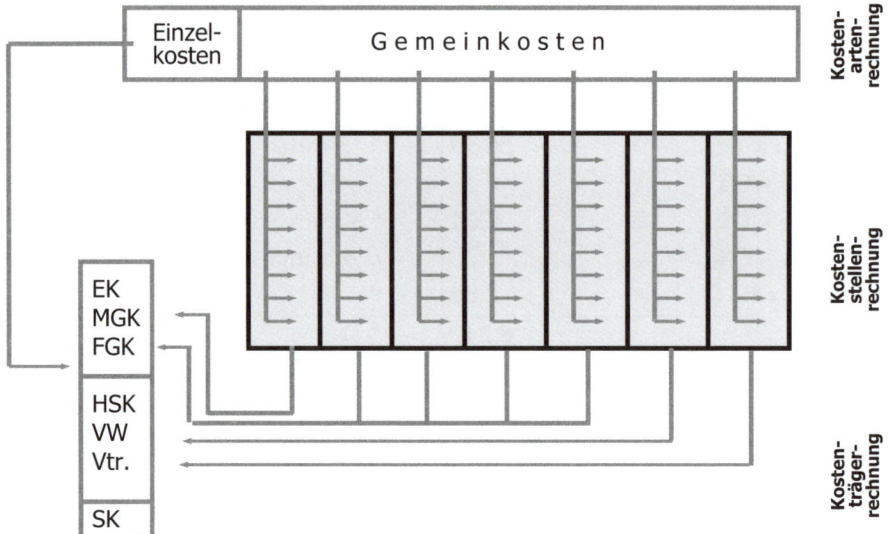

Abbildung 263: Die Kostenstellenrechnung als Bindeglied zwischen der Kostenarten- und der Kostenträgerrechnung

Vor der Computerisierung der Kostenrechnung wurde die Kostenstellenrechnung mittels eines **Betriebsabrechnungsbogens** (BAB) durchgeführt, der horizontal nach Kostenstellen gegliedert ist und vertikal die aus der Kostenartenrechnung entnommenen Kostenarten zeigt. In der folgenden Grafik wird ein solcher Betriebsabrechnungsbogen beispielhaft skizziert. Fertigungsmaterial und Fertigungslöhne stellen im Gegensatz zu allen anderen Kostenarten Einzelkosten dar. Sie dienen im BAB lediglich als Bezugsgrößen für die Bildung der Gemeinkostenzuschlagssätze. Die Einzelkosten werden aber nicht mittels Verrechnungs- oder Zuschlagssatz auf die Kostenträger verrechnet, sondern werden diesen direkt aus der Kostenartenrechnung zugerechnet.

Kostenarten	Gesamt-kosten	Kostenstellen				
		Einkauf	Lager	Fertigung	Verwaltung	Vertrieb
Fertigungsmaterial						
Fertigungslöhne						
Hilfsmaterial						
Nichtleistungslöhne						
Gehälter						
Lohnnebenkosten						
Gehaltsnebenkosten						
……						
……						
……						
Diverse Kosten						
Summe Gemeinkosten (GK)						
Zuschlagsbasis						
GK-Zuschlagssätze						

Abbildung 264: Betriebsabrechnungsbogen

In computergestützten Kostenrechnungssystemen wird hingegen eine Kostenstelle auf einer Bildschirmmaske dargestellt. Dh die Kostenstellen werden nicht wie im BAB nebeneinander aufgelistet, sondern pro Kostenstelle wird eine eigene Bildschirmseite abgebildet.

Fallbeispiel (Fortsetzung)

Ausgangsdaten

Ausgehend von dem Fallbeispiel, das in Kapitel 3.1 in diesem Abschnitt begonnen und im Kapitel 3.3 fortgesetzt wurde, sollen nun die als Kostenarten identifizierten Informationen, sofern es sich um Gemeinkosten handelt, auf die Kostenstellen verteilt werden. Dazu steht Ihnen zunächst die folgende Abbildung zur Verfügung:

Kosten	Gemeinkosten	Verteilungsschlüssel	Kostenstellen							KTR
			S1	S2	P1	P2	P3	V1	V2	
Materialkosten	–	lt Stückliste								X
Material Hilfsstoffe	€ 18.000	lt Entnahmescheine				X				
Lohnkosten	€ 392.500	lt Betriebsdatenerfassung		X	X	X	X	X	X	
Gehaltskosten	€ 212.333	lt Betriebsdatenerfassung				X	X	X	X	
LNK und GNK	€ 483.867	lt Lohn- und Gehaltsliste		X	X	X	X	X	X	
Leasing	€ 80.500	lt Vorkontierung							X	
Telefon- und Portokosten	€ 20.500	lt verbrauchten Einheiten						X	X	
Reparaturkosten	€ 89.422	lt Vorkontierung			X	X	X			
Versicherungskosten	€ 80.000	lt Betriebsstatistik			X	X	X	X	X	
Abschreibung	€ 262.500	lt Anlagenverzeichnis	X	X	X	X	X	X	X	
Zinsen	€ 169.800	lt kalk Restwerten	X	X	X	X	X	X	X	
Wagnisse	€ 26.400	lt Schadensstatistik							X	
Raumkosten	€ 24.500	lt Betriebsstatistik	X	X	X	X	X	X	X	

LNK = Lohnnebenkosten, GNK = Gehaltsnebenkosten, KTR = Kostenträgerrechnung

S1=Energiezentrale, S2=Lager, P1=Zentrifuge, P2=Schneiden, P3=Montage, V1=Verwaltung, V2=Vertrieb

Abbildung 265: Angaben zur Verteilung der Gemeinkosten auf die Kostenstellen

Sofern mehrere Kostenstellen Adressaten der Kostenart sind, müssen entsprechende Informationen Aufschluss darüber geben, welcher Kostenbetrag auf welche Kostenstelle gebucht wird. Dazu werden Verteilungsschlüssel, Belege oder Prozentwerte herangezogen.

Aufgabenlösung

Kosten	Verteilungsschlüssel	Einheiten	Gemeinkosten	Kostenstellen						
				S1 Energie	S2 Lager	P1 Zentrifuge	P2 Schneiden	P3 Montage	V1 Verwalt.	V2 Vertrieb
Material Hilfsstoffe	lt Entnahmescheine	Liter	€ 18.000				12.000			
Lohnkosten	lt Betriebsdatenerfassung	Stunden	€ 392.500 / 2110		240	340	320	980	80	150
Gehaltskosten	lt Betriebsdatenerfassung	Prozent	€ 212.333			12 %	12 %		42 %	34 %
LNK und GNK	lt Lohn- und Gehaltsliste	%-Anteil	€ 483.867	80 %*)	80 %*)	80 %*)	80 %*)	80 %*)	80 %*)	80 %*)
Leasing	lt Vorkontierung	€-Betrag	€ 80.500							80.500
Telefon- & Portokosten	lt.verbrauchten Einheiten	Einheiten	€ 20.500						24.000	18.500
Reparaturkosten	lt Vorkontierung	Stunden	€ 89.422				84	95	112	
Versicherungskosten	lt Betriebsstatistik	Vers. Summe	€ 80.000			800.000	533.333	133.333	400.000	800.000
Abschreibung	lt Anlagenverzeichnis	€-Betrag	€ 262.500	13.125	7.875	65.625	31.500	52.500	65.625	26.250
Zinsen	lt kalk. Restwerten	Kapitalbindung	€ 169.800	509.400	169.800	407.520	611.280	543.360	781.080	373.560
Wagnisse	lt Schadensstatistik	Schadenssumme	€ 26.400							26.400
Raumkosten	lt Betriebsstatistik	Quadratmeter	€ 24.500	100	250	45	30	140	85	115

LNK = Lohnnebenkosten, GNK = Gehaltsnebenkosten
*) auf Basis der Lohn- und Gehaltskosten

Abbildung 266: Schlüssel für die Verteilung der Gemeinkosten auf die Kostenstellen

Interpretation der Ergebnisse

Das Beispiel wird in Kapitel 4.3 dieses Abschnitts fortgesetzt.

4. Die Kostenstellenrechnung

Wissen kompakt

Betriebsabrechnungsbogen haben die Aufgabe, die Gemeinkosten auf die Kostenstellen zu verteilen.

Kostenstellen sind Abrechnungseinheiten, für die Kosten gesondert geplant, erfasst und kontrolliert werden.

Kostenstellenrechnungen haben den Zweck der Kostenplanung und -steuerung in den Kostenstellen sowie der Verteilung der Kosten auf die Kostenträger.

Verursachungsgerechte Kostenverrechnung bedeutet, dass Produkten, welche die betrieblichen Produktionsfaktoren in unterschiedlichem Maße in Anspruch nehmen, unterschiedlich hohe Kosten verrechnet werden.

Kontrollfragen

- Warum wird heutzutage kein klassischer Betriebsabrechnungsbogen mehr eingesetzt und wodurch wird dieser ersetzt?
- Warum ist für ein Einproduktunternehmen eine Kostenstellenstruktur nicht erforderlich?
- Inwiefern erfüllt die Kostenstellenrechnung die Funktion eines Bindegliedes zwischen der Kostenartenrechnung und der Kostenträgerrechnung?
- Durch welche Faktoren werden in der Kostenstellenrechnung einem Produkt mehr Kosten zugerechnet bzw einem Produkt weniger Kosten zugerechnet?

Verwendete und weiterführende Literatur

- *Coenenberg, A. G./Fischer, T./Günther, T.*: Kostenrechnung und Kostenanalyse, 8. Auflage, Stuttgart 2012. .
- *Friedl, G./Hofmann, C./Pedell, B.*: Kostenrechnung: Eine entscheidungsorientierte Einführung, 2., überarbeitete Auflage, München 2013.
- *Kropfberger, D./Winterheller, M.*: Controlling, 4., korrigierte Auflage, Wien 2007.
- *Schweitzer, M./Küpper, H.-U.*: Systeme der Kosten- und Leistungsrechnung, 10. Auflage, München 2011.

4.2. Systematisierung der Kostenstellen

Lernziel

In diesem Kapitel lernen Sie
- welche Arten von Kostenstellen es gibt
- wie der Leistungszusammenhang zwischen Kostenstellen abgebildet wird
- wie die verschiedenen Arten von Kostenstellen abgerechnet werden
- welchen Grundsätzen man bei der Bildung von Kostenstellen folgen sollte

Die Durchführung der Kostenstellenrechnung setzt voraus, dass das gesamte Unternehmen in geeignete Abrechnungseinheiten untergliedert wird. Jede Abrechnungseinheit, für die Kosten gesondert erfasst werden, wird als Kostenstelle bezeichnet. Die Kostenstellen stellen zudem eigene Verantwortungsbereiche dar, für die ein Kostenstellenleiter bestimmt werden sollte.

Für die Systematisierung der Kostenstellen ist von Bedeutung, dass die Kostenstellen unterschiedliche Leistungen erbringen. Ein Großteil der Kostenstellen erbringt Leistungen für den Absatzmarkt. Diese Kostenstellen arbeiten also unmittelbar am oder mit dem abgesetzten Produkt bzw der abgesetzten Dienstleistung (zB Materiallager, Fräsen, Spritzguss, Zentrifugieren, Entgraten etc). Solche Kostenstellen nennt man **Hauptkostenstellen**. Hauptkostenstellen dienen ausschließlich oder überwiegend der Erstellung jener Leistungen, die am Markt abgesetzt werden. Ihre Kosten werden den Kostenträgern mit Hilfe von Bezugsgrößen (Zuschlags- oder Verrechnungssätzen) unmittelbar zugerechnet.

Einige Kostenstellen erbringen jedoch ihre Leistungen ausschließlich für andere Kostenstellen. Sie erstellen lediglich innerbetriebliche Leistungen (zB Werksküche, Energiezentrale, EDV, Reinigung, Telefonzentrale, Instandhaltung etc). Die Leistungen werden also nicht direkt für den Kostenträger (Produkt oder Dienstleistung) erbracht. Diese Kostenstellen nennt man **Hilfskostenstellen**. Hilfskostenstellen stehen nur in einem indirekten Zusammenhang mit der Erstellung von Marktleistungen, dh es werden in Hilfskostenstellen innerbetriebliche Leistungen für andere Kostenstellen erbracht (zB Fuhrpark eines Produktionsbetriebes).

Für diese Kostenstellen scheint es noch schwieriger zu sein, die Kosten verursachungsgerecht den Kostenträgern zuzurechnen, da der Verbrauch an Produktionsfaktoren für einen einzelnen Kostenträger kaum sinnvoll erfasst werden kann. Die Kosten der Hilfskostenstellen werden daher auf andere Kostenstellen (Hauptkostenstellen und andere Hilfskostenstellen) „übertragen". Die Kosten werden jenen Kostenstellen zugerechnet, für die in der betreffenden Hilfskostenstelle Leistungen erbracht werden. Lediglich auf diese Weise gelingt es, den Kostenträgern sämtliche Gemeinkosten weitgehend verursachungsgerecht anzulasten. Die anfallenden Kosten werden mit Hilfe verschiedener Verfahren der innerbetrieblichen Leistungsverrechnung auf andere Kostenstellen verteilt. Den entsprechenden Zusammenhang zeigt die folgende Grafik:

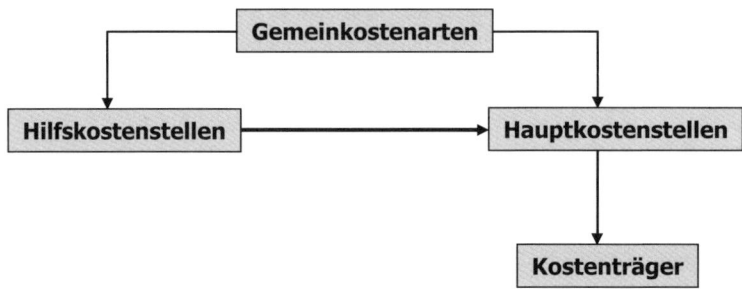

Abbildung 267: Stellung der Haupt- und Hilfskostenstellen

Integriert man in den Ablauf der Kostenstellenrechnung das der Grafik zugrunde liegende Verrechnungsprinzip, so zeigt sich folgendes Bild.

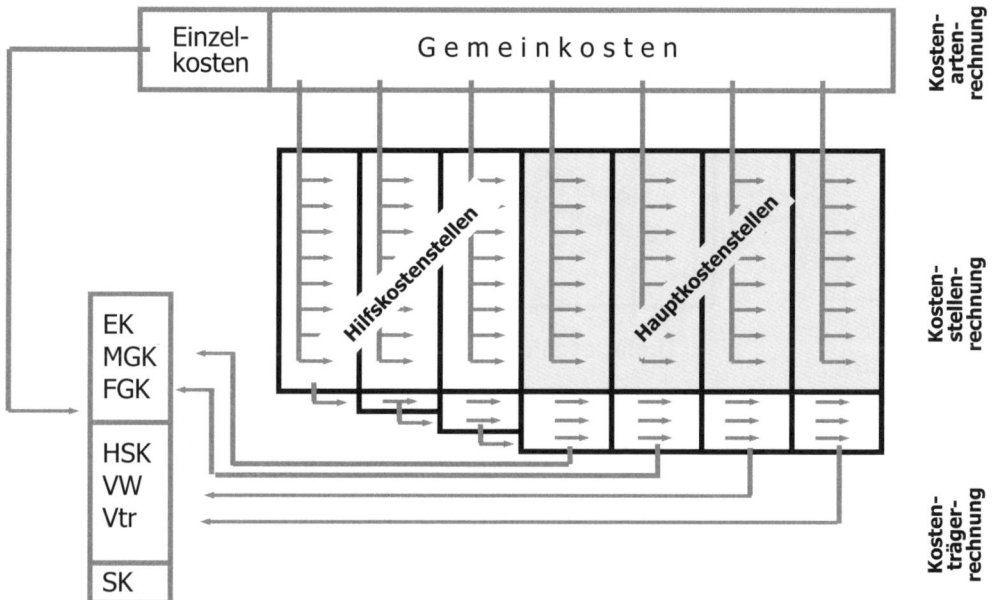

Abbildung 268: Ablauf der Kostenstellenrechnung mit Abrechnung von Hilfskostenstellen

In den Kostenstellen unterscheidet man zwischen **primären** und **sekundären Gemeinkosten**. Werden die Gemeinkosten in einer Kostenstelle erfasst – und zwar unabhängig davon, ob es sich um eine Haupt- oder eine Hilfskostenstelle handelt –, so spricht man von primären Gemeinkosten. Werden die Gemeinkosten zunächst als primäre Gemeinkosten in einer Kostenstelle erfasst, anschließend aber auf eine andere Kostenstelle „umgelegt", so spricht man von sekundären Gemeinkosten. Werden also die Gemeinkosten von einer Hilfskostenstelle auf eine Hauptkostenstelle umgelegt, so stellen diese in der Hauptkostenstelle nach der Umlage sekundäre Gemeinkosten dar.

Die Umlage der Kosten von der Hilfskostenstelle erfolgt über so genannte **Umlageschlüssel**. Beispielsweise werden die Kosten der Hilfskostenstelle Fuhrpark mittels gefahrener Kilometer laut Fahrtenbuch den Kostenstellen verrechnet, die das Fahrzeug in Anspruch genommen haben. Die Kosten der Werksküche können über die Anzahl der von den Mitarbeitern der jeweiligen Kostenstelle verzehrten Menüs verrechnet werden.

Die Kosten der Hauptkostenstellen werden hingegen mittels Bezugsgrößen auf die Kostenträger weiterverrechnet. Wie diese Verrechnung abläuft, wird im nächsten Kapitel erläutert. Die folgende Grafik zeigt nochmals den Ablauf der Kostenstellenrechnung mit den wichtigsten Begriffen:

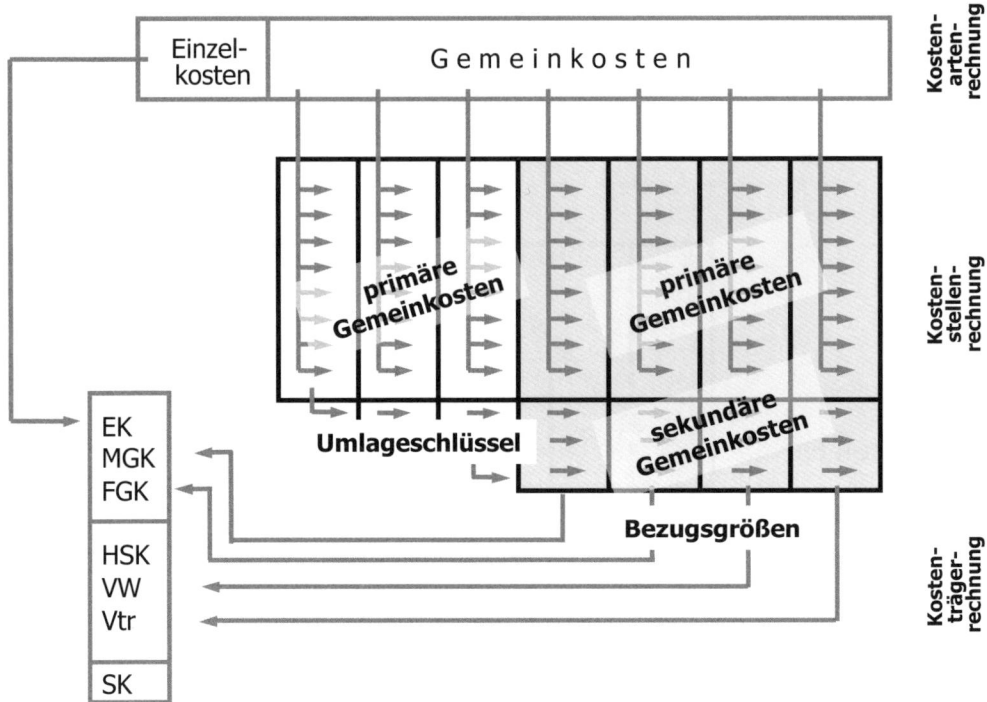

Abbildung 269: Primäre und sekundäre Gemeinkosten in der Kostenstellenrechnung

In der Kostenartenrechnung werden die Kosten in Einzel- und Gemeinkosten klassifiziert. Exakt handelt es sich dabei um so genannte Kostenträgereinzel- und -gemeinkosten. In der Kostenstellenrechnung gibt es wiederum Kosten, die zwar Gemeinkosten in Bezug auf den Kostenträger darstellen, sich jedoch exakt einer Kostenstelle zuordnen lassen. In diesem Fall spricht man von Kostenstelleneinzelkosten. Kostenstellengemeinkosten sind hingegen solche Kosten, die sich nur mehreren Kostenstellen sinnvoll zurechnen lassen. Diese müssen über geeignete Schlüssel auf die einzelnen Kostenstellen verteilt werden.

Nach Verteilung der Gemeinkosten auf die einzelnen Kostenstellen (siehe Fallbeispiel in Kapitel 4.1 in diesem Abschnitt) erhält man die primären Kostenstellenkosten und nach der innerbetrieblichen Leistungsverrechnung die Kostensummen je Kostenstelle bestehend aus den primären und den sekundären Kostenstellenkosten. Dies ist die Voraussetzung, um die Kosten in Form von Kalkulationssätzen (Zuschlags- oder Verrechnungssätzen) dem Kostenträger zuzurechnen.

Zur Systematisierung der Zusammenhänge und Abläufe soll die folgende Grafik nochmals einen Überblick geben.

4. Die Kostenstellenrechnung

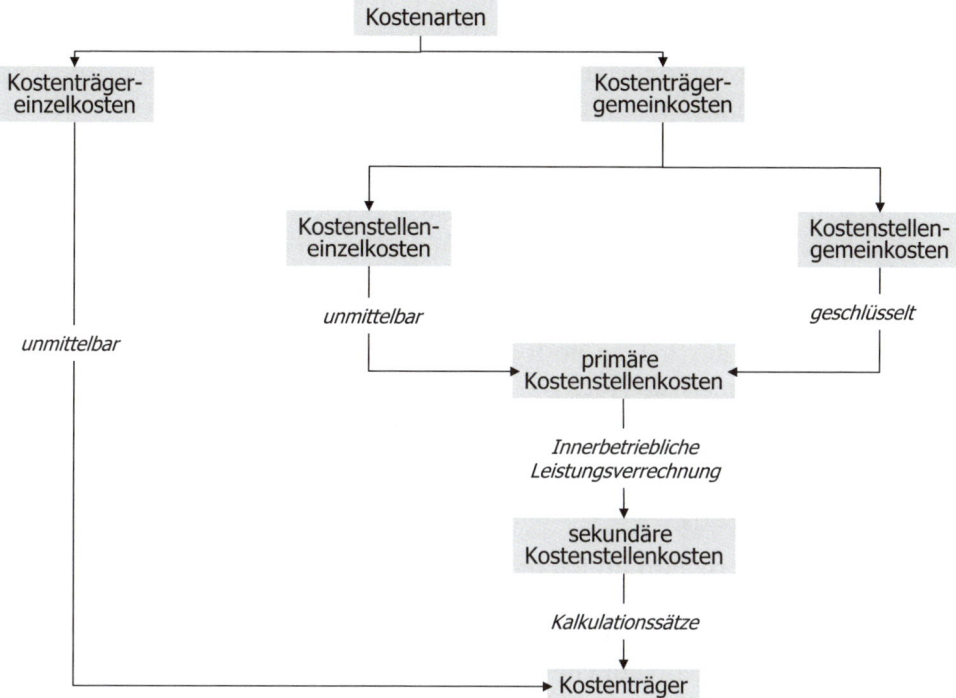

Abbildung 270: Verrechnungsprinzipien der Kostenrechnung

Die Bildung der Kostenstellen stellt eine besonders wichtige und anspruchsvolle Tätigkeit dar. Sie erfordert entsprechende Erfahrung. Fehler in der Kostenstellenbildung führen nicht nur zu einer fehlerhaften Kalkulation, sondern wirken auch über mehrere Jahre. Erst durch die neue Einteilung der Kostenstellen können diesbezügliche Fehler beseitigt werden.

Als Erstes stellt sich die Frage, nach welchen Kriterien Kostenstellen zu bilden sind. Das wichtigste Kriterium für die Abgrenzung der Kostenstellen ist die Höhe der verursachten Kosten in den einzelnen Bereichen. Dabei sind vor allem jene Unternehmensbereiche zu Kostenstellen zusammenzufassen, die denselben Verrechnungssatz aufweisen.

Um die Kostenstellenabgrenzung vorzunehmen, ist daher ein detailliertes Wissen über die Prozesse des Unternehmens notwendig. Ohne genaue Kenntnis der Abläufe und der Strukturen eines Unternehmens ist keine sinnvolle Kostenstellenbildung möglich.

Für die Bildung von Kostenstellen sollten folgende Grundsätze beachtet werden:

- Es sollten nicht völlig unterschiedliche Tätigkeiten in einer Kostenstelle zusammengefasst werden, da durch unterschiedliche Tätigkeiten auch unterschiedliche Kosten verursacht werden.
- Es sollten nicht Funktionen mit unterschiedlichem Automatisierungsgrad zusammengefasst werden. Vollautomatisierte Arbeitsplätze verursachen vor allem

Abschreibungen, Zinsen, Instandhaltungen und Energiekosten. Manuelle Arbeitsplätze sind meist mit hohen Personalkosten verbunden.
- Mitarbeiter mit unterschiedlichen Qualifikations- und damit Lohnniveaus sollten nicht zusammengefasst werden. Bei einem sehr unterschiedlichen Lohnniveau müsste auch das Leistungsniveau ein unterschiedliches sein. Daher stellt sich in diesem Zusammenhang überhaupt die Frage, warum Mitarbeiter mit sehr unterschiedlichem Lohnniveau mit derselben Verrichtung beauftragt werden.
- Investitionsintensive Maschinen bilden meist eine eigene Kostenstelle. Selbst wenn mehrere Maschinen identischer Bauart im Betrieb genutzt werden, sollten aufgrund der hohen verursachten Kosten eigene Kostenstellen gebildet werden.
- Maschinen, die durch Transportsysteme fix verknüpft sind (so genannte Fertigungsstraßen innerhalb einer geschlossenen Fließstrecke), bilden eine Kostenstelle. Es muss nur sichergestellt werden, dass keine Halbfertigfabrikate die Fließstrecke verlassen oder in diese eingebracht werden.

Praktische Relevanz

In vielen Lehrbüchern wird im Rahmen des Betriebsabrechnungsbogens eine stark vereinfachte Kostenstellenstruktur dargestellt. Häufig werden die Kostenstellen „Material", „Fertigung 1", „Fertigung 2", „Verwaltung und Vertrieb" genannt. Tatsächlich wird ein mittelständisches Unternehmen, je nach Komplexität der Leistungserstellung, in ca 25 Kostenstellen aufgeteilt.

Im Folgenden wird beispielhaft die Kostenstellenstruktur von Betrieben verschiedener Branchen dargestellt, wobei lediglich die wichtigsten Kostenstellen der Fertigung auszugsweise abgebildet werden. Es werden beispielhaft auch einige Hilfskostenstellen dargestellt, die grau unterlegt sind.

Sonderfertigung Maschinen (Metallbranche)	Spritzguss und Trommeln (Kunststoffbranche)	Fräsen und Verschrauben (Kunststoffbranche)
Einkauf	Lager	Lager
Warenübernahme	Produktionsleitung	Produktionsleitung
Lager	Produktentwicklung	Produktentwicklung
Forschung & Entwicklung	Spritzguss automatisch	Zuschnitt
Arbeitsvorbereitung	Spritzguss mechanisch	Fräsautomaten
Spanende Fertigung	Grobbearbeitung	Scharniere bearbeiten
Zuschnitt	Trommeln	Scheuerei
Schweißerei	Färberei	Bügelfräsen
Elektrik	Montage	Gehrung fräsen
Montage	Punzierung	Verschrauben
Projektleitung	Montage	Färbung
Verwaltung	Kontrolle, Reinigung, Verp.	Bedrucken
Vertrieb	Formenbau	Formscheiben
Gebäude	Fertigungshalle	Kontrolle, Reinigung, Verp.
	Werkstatt	Fertigungshalle
	Energie, Heizung, Kompr.	Werkstatt

Löten und Wickeln (Metallbranche)	Schneiden und Brechen (Papierindustrie)	Schneiden und Montieren (Baubranche)
Lager	Rohmateriallager	Einkauf, Lager
Produktionsleitung	Schneiden	Technik, Planung
Produktentwicklung	Bedrucken	Elementebau
Wickelmaschine	Stanzen	Abbund
Hochfrequenzlöten	Austrennen	Montage
Widerstandlöten	Kleben vollautomatisch	Zimmerei
Fräsen und Schneiden	Kleben halbautomatisch	Möbelbau
Trommelanlage	Halbfertigerzeugnislager	Fensterbau
Schraubmaschine	Fensterkleben	Stiegenbau
Kleinmaschinen	Bereitstellungslager	Balkonbau
Handarbeitsplätze	Verwaltung	Infrastruktur
Bedrucken	Vertrieb	Werkstatt
Werkzeugherstellung	Gebäude	Gebäude
Gebäude	EDV	Energie
	CAD	Instandhaltung
	Fuhrpark	Fuhrpark

Tabelle 12: Kostenstellenstruktur von Betrieben verschiedener Branchen

Wissen kompakt

Hauptkostenstellen erbringen Leistungen für den Absatzmarkt. Diese Kostenstellen arbeiten also unmittelbar an oder mit dem abgesetzten Produkt bzw der abgesetzten Dienstleistung.

Hilfskostenstellen erbringen ihre Leistungen ausschließlich für andere Kostenstellen. Sie erstellen ausschließlich innerbetriebliche Leistungen. Die Leistungen werden also nur indirekt für den Kostenträger erbracht.

Primäre Gemeinkosten sind Gemeinkosten, die ursprünglich in einer Kostenstelle anfallen und in dieser erfasst werden.

Sekundäre Gemeinkosten sind Gemeinkosten, die von der Kostenstelle, in der sie ursprünglich als primäre Gemeinkosten angefallen sind, auf andere Kostenstellen umgelegt werden, wo sie als sekundäre Gemeinkosten erfasst werden.

Kontrollfragen

- Wie gelangen die Gemeinkosten der Hilfskostenstellen auf die Kostenträger?
- Nennen Sie Beispiele für Hilfskostenstellen. Nach welchen Umlageschlüsseln könnten deren Kosten verteilt werden?
- Warum ist es wichtig, die Grenzen von Kostenstellen präzise zu definieren?
- Was versteht man unter Kostenstellengemeinkosten? Nennen Sie Beispiele dafür!

Verwendete und weiterführende Literatur

- *Coenenberg, A. G./Fischer, T./Günther, T.:* Kostenrechnung und Kostenanalyse, 8. Auflage, Stuttgart 2012.
- *Deimel, K./Isemann, R./Müller, St.:* Kosten- und Erlösrechnung, München 2006.
- *Friedl, G./Hofmann, C./Pedell, B.:* Kostenrechnung: Eine entscheidungsorientierte Einführung, 2., überarbeitete Auflage, München 2013.
- *Kilger, W.; Pampel, J.; Vikas, K.:* Flexible Plankostenrechnung und Deckungsbeitragsrechnung, 13. Auflage, Wiesbaden 2012.
- *Krieger, R.:* Betriebsindividuelle Gestaltung der Kostenrechnung, Berlin 1995.
- *Schweitzer, M./Küpper, H.-U.:* Systeme der Kosten- und Leistungsrechnung, 10. Auflage, München 2011.

4.3. Ermittlung der Zuschlags- bzw Verrechnungssätze

Lernziel

In diesem Kapitel lernen Sie
- welche Grundsätze Sie bei der Wahl der Bezugsgrößen berücksichtigen sollten
- welche Arten von Bezugsgrößen es gibt
- welche Bezugsgrößen in den unterschiedlichen Unternehmensbereichen eingesetzt werden
- welchen Zweck eine Bezugsgröße im Rahmen der Kostenträgerrechnung erfüllt

Die Funktion der Kostenstellenrechnung ist es, alle Gemeinkosten des Unternehmens in den verschiedenen Bereichen zu sammeln und auszuweisen. In diesem Zusammenhang stellt sich nun die Frage, wie die Gemeinkosten aus der Kostenstelle auf den Kostenträger übertragen werden können. Dazu werden im Rahmen der Kostenstellenrechnung Verteilungsschlüssel eingesetzt. Diese nennt man im Rahmen der Kostenrechnung „**Bezugsgrößen**".

Die Kosten aus den Kostenstellen werden entsprechend dem Verbrauch der Produktionsfaktoren dieser Kostenstellen durch die einzelnen Kostenträger auf diese verrechnet. Insofern stellt die Bezugsgröße eine Maßgrößen für die Leistung einer Kostenstelle dar. Nimmt ein Kostenträger einen hohen Anteil der Leistung der Kostenstelle in Anspruch, so wird ihm auch ein Großteil der Kosten der Kostenstelle angelastet. Für die Wahl von Bezugsgrößen für die Verrechnung von Kosten aus den Kostenstellen auf die Kostenträger gelten folgende zwei Grundsätze:

- Die Bezugsgröße als Ausdruck der Leistung der Kostenstelle muss in einem direkten Zusammenhang mit den variablen Kosten der Kostenstelle stehen. Erhöht sich die Bezugsgröße, so müssen auch die variablen Kosten steigen. Steigen zB die Fertigungsminuten als Bezugsgröße einer Kostenstelle, müssten beispielsweise auch die Akkordlöhne als typische variable Kosten steigen.

- Die Bezugsgröße muss einen direkten Bezug zum Kostenträger aufweisen. Die Einheiten der Bezugsgröße müssen sich den einzelnen Kostenträgern zuordnen lassen. Beispielsweise lassen sich die Fertigungsminuten als Bezugsgröße einer Kostenstelle laut Arbeitsgangtabelle je Kostenträger ermitteln. Der Materialaufwand als Bezugsgröße einer Kostenstelle lässt sich laut Stückliste je Kostenträger ermitteln.

In diesem Sinne stellen Bezugsgrößen einen Maßstab für die Kostenverursachung dar. Dieser Maßstab für die Kostenverursachung dient in der Kostenstellenrechnung dem Zwecke der Kostenkontrolle (Kontrollfunktion) und in der Kostenträgerrechnung dem Zwecke der Kalkulation (Verrechnungsfunktion).

Systematisiert man die verschiedenen Optionen für die Bezugsgrößen, so ergibt sich folgendes Bild:

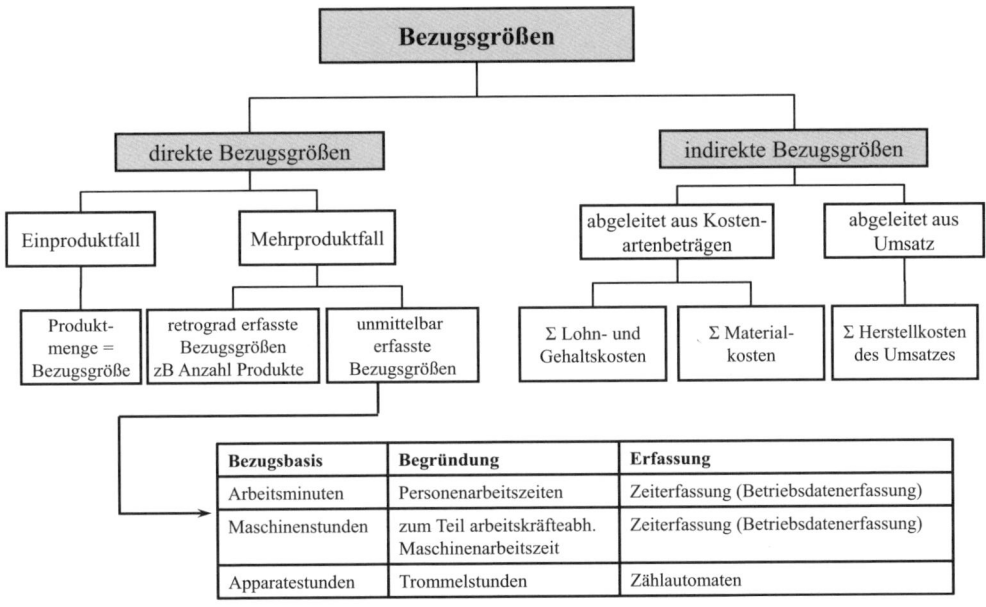

Abbildung 271: Systematisierung von Bezugsgrößen

Die Bezugsbasis einer Kostenstelle dient als Verrechnungsbrücke der Kostenstellenkosten auf die Kostenträger. Die Summe der Gemeinkosten einer Kostenstelle wird durch die jeweilige Bezugsgröße dividiert und man erhält einen Zuschlags- oder Verrechnungssatz.

Wenn man die Summe der Gemeinkosten durch einen Wertbetrag dividiert (indirekte Bezugsgröße), so erhält man einen Prozentsatz, den man **Zuschlagssatz** nennt. Wird die Summe der Gemeinkosten durch eine direkte Bezugsgröße dividiert, so erhält man einen Betrag pro Leistungseinheit. Diesen Satz nennt man **Verrechnungssatz**.

Die Zuschlags- bzw Verrechnungssätze werden sodann auf den Kostenträger angewandt, wie in der folgenden Grafik dargestellt wird:

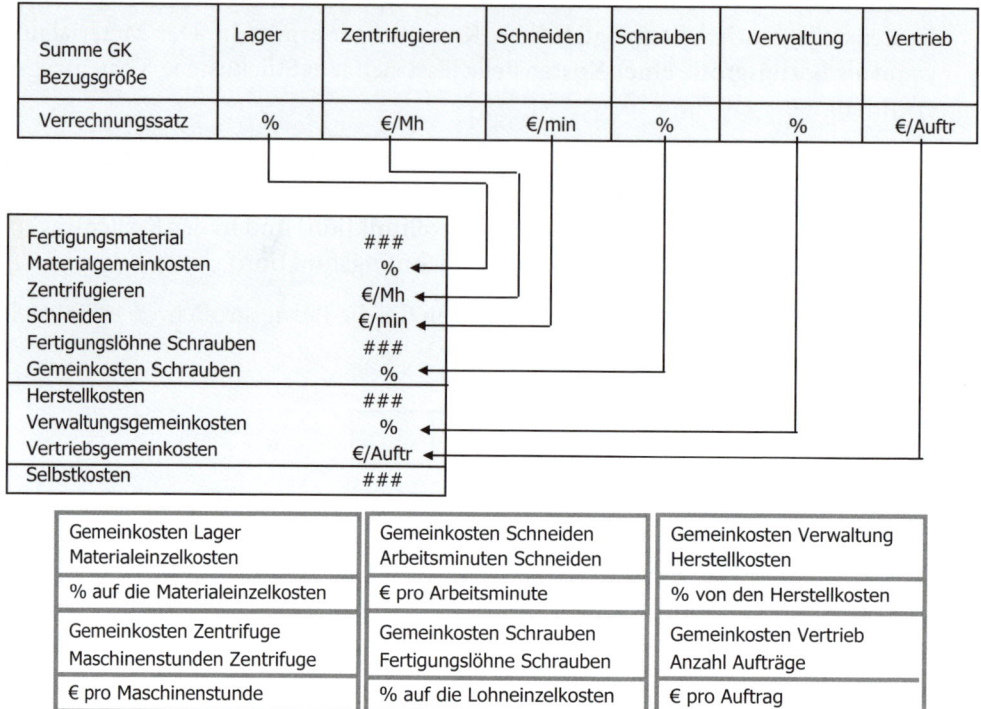

Abbildung 272: Prinzip der Verrechnungs- und Zuschlagssätze

Für die unterschiedlichen Unternehmensbereiche werden häufig ähnliche Bezugsgrößen herangezogen. Die folgende Aufstellung soll einen Einblick in die Bezugsgrößenstruktur von unterschiedlichen Unternehmensbereichen geben:

Materialbereich

Die Bezugsgröße für die Ermittlung der Zuschlagssätze der Materialgemeinkosten (MGK) sind in der Regel die Materialeinzelkosten (Fertigungsmaterial) einer Abrechnungsperiode.

$$\text{MGK-Zuschlagssatz} = \frac{\text{Materialgemeinkosten}}{\text{Fertigungsmaterial}} \times 100$$

Fertigungsbereich

Für jene Fertigungsstellen, in denen der Anteil der Personalkosten an den gesamten Stellenkosten hoch ist, erfolgt die Zuschlagssatzermittlung anhand der Lohneinzelkosten (Fertigungslöhne).

$$\text{FGK-Zuschlagssatz} = \frac{\text{Fertigungsgemeinkosten}}{\text{Fertigungslöhne}} \times 100$$

4. Die Kostenstellenrechnung

Wenn genaue Aufzeichnungen über die geleisteten Fertigungsstunden vorliegen, können die Fertigungsstunden als Zuschlagsbasis genommen werden.

$$\text{Stundensatz} = \frac{\text{Fertigungsgemeinkosten}}{\text{Fertigungsstunden}}$$

Bei anlagenintensiven Fertigungskostenstellen (hoher Anteil der ausschließlich maschinenabhängigen Kosten) wird ein so genannter Maschinenstundensatz berechnet; Voraussetzung ist wiederum eine detaillierte Aufzeichnung der eingesetzten Maschinenstunden (Laufzeiten).

$$\text{Maschinenstundensatz} = \frac{\text{Fertigungsgemeinkosten}}{\text{Maschinenstunden}}$$

Verwaltungsbereich

Für die Ermittlung des Zuschlagssatzes für die Verwaltungsgemeinkosten (VwGK) bilden die Herstellkosten der abgesetzten Leistung einer Abrechnungsperiode die Basis.

$$\text{VwGK-Zuschlagsatz} = \frac{\text{Verwaltungsgemeinkosten}}{\text{Herstellkosten der abgesetzten Menge}} \times 100$$

Für die Ermittlung des Zuschlagssatzes für die Vertriebsgemeinkosten (VtrGK) bilden ebenfalls die Herstellkosten der abgesetzten Leistung einer Abrechnungsperiode die Basis.

$$\text{VtrGK-Zuschlagsatz} = \frac{\text{Vertriebsgemeinkosten}}{\text{Herstellkosten der abgesetzten Menge}} \times 100$$

Fallbeispiel (Fortsetzung)

Ausgangsdaten

Ausgehend von dem Fallbeispiel aus den Kapiteln 3.1, 3.3 und 4.1 dieses Abschnittes sollen nun die Gemeinkosten auf die Kostenstellen verteilt werden. Zudem sollen die kalkulatorischen Positionen, die im Beispiel des Kapitels 3.3 ermittelt wurden, in die Kostenstellen integriert werden.

Für die Verteilung der Gemeinkosten zieht man die in Kapitel 4.1 dargestellten Verteilungsschlüssel heran. Nachfolgend werden die kalkulatorischen Positionen des Fallbeispiels aus Kapitel 3.3 in die Kostenstelle P1 Zentrifuge aufgenommen. Letztendlich werden die Kostenstellen mittels der Bezugsgrößen abgerechnet. Man erhält die spezifischen Zuschlags- und Verrechnungssätze.

Abschnitt E – Internes Rechnungswesen

Die einzelnen Kostenstellen werden nach folgenden Bezugsgrößen bzw Umlageschlüsseln abgerechnet:

Kostenstelle	Bezugsgröße/Umlageschlüssel	Menge
Hilfskostenstelle Energiezentrale	KWh	77.000
Hauptkostenstelle Lager	Materialeinsatz (Einzelkosten)	2.250.000
Hauptkostenstelle Zentrifuge	Stunden	1.800
Hauptkostenstelle Schneiden	Stunden	1.650
Hauptkostenstelle Montage	Anzahl Anschlüsse	9.800
Hauptkostenstelle Verwaltung	Summe Herstellkosten des Absatzes	3.483.777
Hauptkostenstelle Vertrieb	Anzahl Aufträge	2.450

Abbildung 273: Bezugsgrößen für das Fallbeispiel

Des Weiteren erhalten Sie die Information, dass die Energiezentrale nach folgenden Werten auf die Hauptkostenstellen umzulegen ist:

	Umlageschlüssel	S2 Lager	P1 Zentrifuge	P2 Schneiden	P3 Montage	V1 Verwaltung	V2 Vertrieb
Energiezentrale	KWh	2.000	34.000	18.000	12.000	8.000	3.000

Abbildung 274: Umlageschlüssel für das Fallbeispiel

Aufgabenlösung

Verteilung der Gemeinkosten und Berücksichtigung der kalkulatorischen Positionen für die Kostenstelle KST P1:

Kosten	Verteilungsschlüssel	Einheiten	Gemeinkosten	S1 Energie	S2 Lager	P1 Zentrifuge	P2 Schneiden	P3 Montage	V1 Verwalt	V2 Vertrieb
Material Hilfsstoffe	lt Entnahmescheine	Liter	€ 18.000			18.000				
Lohnkosten	lt Betriebsdatenerfassung	Stunden	€ 392.500		44.645	63.246	59.526	182.299	14.882	27.903
Gehaltskosten	lt Betriebsdatenerfassung	Prozent	€ 212.333				25.480	25.480	89.180	72.193
LNK und GNK	lt Lohn- und Gehaltsliste	%-Anteil	€ 483.867		35.716	50.597	68.005	166.223	83.249	80.077
Leasing	lt Vorkontierung	€-Betrag	€ 80.500							80.500
Telefon- & Portokosten	lt verbrauchten Einheiten	Einheiten	€ 20.500						11.576	8.924
Reparaturkosten	lt Vorkontierung	Stunden	€ 89.422			25.813	29.193	34.417		
Versicherungskosten	lt Betriebsstatistik	Vers. Summe	€ 80.000			24.000	16.000	4.000	12.000	24.000
Abschreibung	lt Anlagenverzeichnis	€-Betrag	€ 262.500	13.125	7.875	65.625	31.500	52.500	65.625	26.250
Zinsen	lt kalk Restwerten	Kapitalbindung	€ 169.800	25.470	8.490	20.376	30.564	27.168	39.054	18.678
Wagnisse	lt Schadensstatistik	Schadenssumme	€ 26.400							26.400
Raumkosten	lt Betriebsstatistik	Quadratmeter	€ 24.500	3.203	8.007	1.441	961	4.484	2.722	3.683

LNK = Lohnnebenkosten, GNK = Gehaltsnebenkosten, KTR = Kostenträgerrechnung

Raumkosten	1.072
Wagnisse	4.000
Zinsen	11.250
Abschreibung	50.000

Abbildung 275: Verteilung der Gemeinkosten auf die Kostenstellen des Fallbeispiels

4. Die Kostenstellenrechnung

Im Anschluss an die Umlage der Hilfskostenstelle erfolgt die Abrechnung der Kostenstellen mittels der genannten Bezugsgrößen. In der Hauptkostenstelle Zentrifuge fielen in der Periode 1.800 Stunden an und in der Hauptkostenstelle Schneiden 1.650 Stunden. In der Montageabteilung wurden 9.800 Anschlüsse montiert und in der Vertriebsabteilung wurden 2.450 Aufträge abgearbeitet.

Kosten	Verteilungsschlüssel	Einheiten	Gemein-kosten	S1 Energie	S2 Lager	P1 Zentrifuge	P2 Schneiden	P3 Montage	V1 Verwalt	V2 Vertrieb
Materialkosten	lt Stückliste	Anzahl Stück	€ 2.250.000							
Material Hilfsstoffe	lt Entnahmescheine	Liter	€ 18.000				18.000			
Lohnkosten	lt Betriebsdatenerfassung	Stunden	€ 392.500			44.645	63.246	59.526	182.299	14.882	27.903
Gehaltskosten	lt Betriebsdatenerfassung	Prozent	€ 212.333				25.480	25.480	89.180	72.193
LNK und GNK	lt Lohn- und Gehaltsliste	%-Anteil	€ 483.867			35.716	50.597	68.005	166.223	83.249	80.077
Leasing	lt Vorkontierung	€-Betrag	€ 80.500								80.500
Telefon- & Portokosten	lt verbrauchten Einheiten	Einheiten	€ 20.500							11.576	8.924
Reparaturkosten	lt Vorkontierung	Stunden	€ 89.422				25.813	29.193	34.417		
Versicherungskosten	lt Betriebsstatistik	Vers. Summe	€ 80.000				24.000	16.000	4.000	12.000	24.000
Abschreibung	lt Anlagenverzeichnis	€-Betrag	€ 312.500	13.125	7.875	115.625	31.500	52.500	65.625	26.250
Zinsen	lt kalk Restwerten	Kapitalbindung	€ 181.050	25.470	8.490	31.626	30.564	27.168	39.054	18.678
Wagnisse	lt Schadensstatistik	Schadenssumme	€ 30.400						4.000		26.400
Raumkosten	lt Betriebsstatistik	Quadratmeter	€ 25.573	3.203	8.007	2.513	961	4.484	2.722	3.683
Summe primäre Gemeinkosten			€ 1.926.644	41.798	104.732	317.420	279.228	496.570	318.288	368.608
Umlage Energiezentrale				-41.798	1.086	18.456	9.771	6.514	4.343	1.628
Summe primäre und sekundäre Gemeinkosten			€ 1.926.644	0	105.818	335.876	288.999	503.084	322.631	370.236
Bezugsgröße					2.250.000	1.800	1.650	9.800	3.483.777	2.450
Zuschlags- bzw Verrechnungssatz					4,70%	186,60 je Stunde	175,15 je Stunde	51,34 je Anschluss	9,26%	151,12 je Auftrag

Abbildung 276: Abrechnung der Kostenstellen des Fallbeispiels

Interpretation der Ergebnisse

Aus dem Beispiel wird ersichtlich, dass die Kostenstellen Lager und Verwaltung nach einem Zuschlagssatz abgerechnet werden. Die Basis für die Verwaltungsgemeinkosten sind die Herstellkosten, die sich aus den Materialkosten sowie den Gemeinkosten der Kostenstellen Lager, Zentrifuge, Schneiden und Montage zusammensetzen. Im Gegensatz zu Lager und Verwaltung werden die Fertigungskostenstellen (Zentrifuge, Schneiden und Montage) sowie die Vertriebskostenstelle mittels eines Verrechnungssatzes auf die Kostenträger weiterverrechnet. Die Kostenstelle „Energiezentrale" stellt eine Hilfskostenstelle dar und wird auf die Hauptkostenstellen umgelegt.

Praktische Relevanz

Je nach Kostenstelle kann es unterschiedliche Bezugsgrößen geben. In manchen Branchen ist es jedoch üblich, oft nur eine oder einige wenige Bezugsgrößen einzusetzen. So werden beispielsweise Stundensatzkalkulationen, Maschinensatzkalkulationen oder Handelsspannenkalkulationen eingesetzt, die sich nur auf eine Bezugsgröße beziehen. Demgegenüber werden in Industrieunternehmen mit einem breiten Produktsortiment meist differenzierte Zuschlagskalkulationen eingesetzt. Diese setzen die zuvor skizzierte differenzierte Kostenstellenstruktur und spezifische Bezugsgrößen je Kostenstelle voraus.

Folgende Tabelle gibt einen Einblick in die branchenspezifisch verwendeten Bezugsgrößen:

Branche	Zuschlagsbasis
Mechaniker, Installateure, Elektriker, Tischler	Fertigungsmaterial (Handelswareneinsatz) und Stunden (für Stundensatzkalkulationen ev mit Materialanteil)
Einzel- und Großhandel	Handelswareneinsatz (Handelsspannenkalkulation)
Transportbetriebe	Kilometer, Tonnen-Kilometer, Einsatzstunden
Dachdecker, Maler und Anstreicher	Quadratmeter oder Stundensatz
Industrieunternehmen (Mehrproduktbetrieb)	Differenzierte Zuschlagsbasen (differenzierte Zuschlagskalkulation)

Tabelle 13: Bezugsgrößen in unterschiedlichen Branchen

Wissen kompakt

Bezugsgrößen stellen eine Maßgröße für die Leistung einer Kostenstelle und damit einen Maßstab für die Kostenverursachung dar. Die Kosten aus den Kostenstellen werden entsprechend dem Verbrauch der Produktionsfaktoren mittels Bezugsgrößen auf die Kostenträger verrechnet.

Direkte Bezugsgrößen können unmittelbar am Kostenträger gemessen werden. Sie sind physikalische Größen, die in den Kostenträger eingehen (zB kg, Liter oder Stunden).

Indirekte Bezugsgrößen können nicht unmittelbar am Kostenträger gemessen werden. Man zieht daher Hilfsgrößen heran, die in Geldeinheiten ausgedrückt werden.

Umlageschlüssel dienen der Verteilung der Kosten der Hilfskostenstellen auf andere Kostenstellen (Hilfs- und/oder Hauptkostenstellen).

Verrechnungssatz nennt man einen Betrag pro Leistungseinheit, den man erhält, wenn man die Summe der Gemeinkosten durch eine direkte Bezugsgröße teilt.

Zuschlagssatz nennt man einen Prozentsatz, den man erhält, wenn man die Summe der Gemeinkosten durch einen Wertbetrag (indirekte Bezugsgröße) dividiert.

Kontrollfragen

- Mittels welcher Bezugsgröße wird meist der Verwaltungsbereich eines Unternehmens auf die Kostenträgerrechnung überwälzt?
- Wodurch unterscheidet sich ein Zuschlagssatz von einem Verrechnungssatz? Nennen Sie jeweils Beispiele!

- Nennen Sie Beispiele für eine indirekte Bezugsgröße und erklären Sie, warum deren Einsatz problematisch sein kann.
- Inwiefern erfüllt die Bezugsgröße eine Brückenfunktion zwischen der Kostenstellenrechnung und der Kostenträgerrechnung?

Verwendete und weiterführende Literatur

- *Coenenberg, A. G./Fischer, T./Günther, T.*: Kostenrechnung und Kostenanalyse, 8. Auflage, Stuttgart 2012.
- *Deimel, K./Isemann, R./Müller, St.*: Kosten- und Erlösrechnung, München 2006.
- *Friedl, G./Hofmann, C./Pedell, B.*: Kostenrechnung: Eine entscheidungsorientierte Einführung, 2., überarbeitete Auflage, München 2013.
- *Haberstock, L.*: Kostenrechnung 2 – (Grenz-)Plankostenrechnung, 10. Auflage, Berlin 2008.
- *Kilger, W.*: Einführung in die Kostenrechnung, 3. Auflage, Wiesbaden 1992.
- *Kilger, W./Pampel, J./Vikas, K.*: Flexible Plankostenrechnung und Deckungsbeitragsrechnung, 13. Auflage, Wiesbaden 2012.
- *Krieger, R.*: Betriebsindividuelle Gestaltung der Kostenrechnung, Berlin 1995.
- *Schweitzer, M./Küpper, H.-U.*: Systeme der Kosten- und Leistungsrechnung, 10. Auflage, München 2011.
- *Seicht, G.*: Moderne Kosten- und Leistungsrechnung, 11. Auflage, Wien 2001.

5. Die Kostenträgerrechnung

5.1. Aufgaben und Ablauf der Kostenträgerrechnung

Lernziel

In diesem Kapitel lernen Sie
- welche Funktion die Kostenträgerrechnung im Rahmen der Kostenrechnung erfüllt
- wie die Einzel- und Gemeinkosten ihren Weg in die Kostenträgerrechnung finden
- nach welchen Prinzipien die Kosten den Kostenträgern zugerechnet werden

Die Informationen aus der Kostenartenrechnung (Einzelkosten) und jene aus der Kostenstellenrechnung (Gemeinkosten) fließen schlussendlich in die Kostenträgerrechnung. Da es sich bei Kostenrechnungssystemen um geschlossene Systeme handelt, müssen sich sämtliche Kosteninformationen in der Kostenträgerrechnung wiederfinden.

Die Kostenträgerrechnung dient daher der Verrechnung bzw Verteilung der *gesamten Kosten* auf die Kostenträger, also entweder auf Produkte oder auf Dienstleistungen. Als Kostenträger werden in diesem Zusammenhang die Produkte oder Leistungen eines Betriebes bezeichnet, die die Kosten verursacht haben und denen daher die Kosten zugerechnet werden.

Die Kostenträgerrechnung soll folgende Aufgaben erfüllen:

- Ermittlung von Angebotspreisen und/oder von kostenmäßigen Preisuntergrenzen,
- Bestimmung von Verrechnungspreisen für innerbetrieblich erbrachte Leistungen,
- Bewertung von Beständen von Halb- und Fertigfabrikaten für die Finanzbuchhaltung,
- Lieferung von Informationen für kostenträgerbezogene Soll-Ist-Vergleiche sowie für Planung, Steuerung und Kontrolle des Produktions- und Absatzprogramms.

Zur Ermittlung von Angebotspreisen werden, wie die folgende Grafik zeigt, die Gemeinkosten aus der Kostenstellenrechnung über Verrechnungs- und Zuschlagssätze in die Kostenträgerrechnung übertragen. In der Kostenträgerrechnung fließen die Einzelkosten aus der Kostenartenrechnung und die Gemeinkosten aus der Kostenstellenrechnung zusammen:

5. Die Kostenträgerrechnung

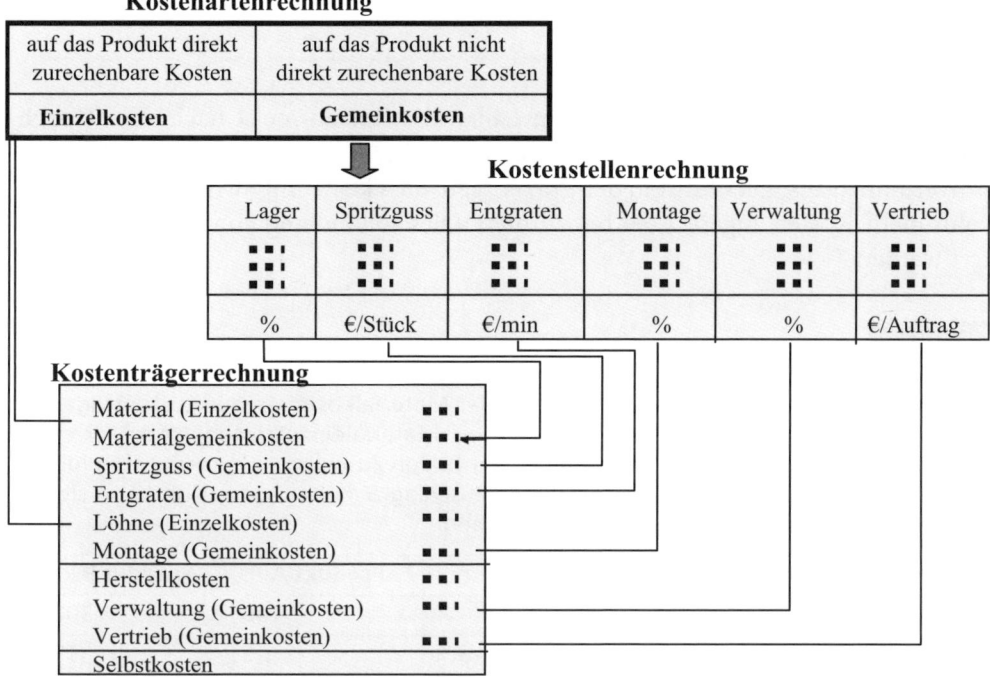

Abbildung 277: Der Verrechnungszusammenhang zwischen der Kostenstellen- und der Kostenträgerrechnung

Der Zurechnung sollte stets das **Verursachungsprinzip** zugrunde gelegt werden. Dies bedeutet, dass einem Kostenträger nur jene Kosten zugerechnet werden, die er tatsächlich verursacht hat. Damit ist eine möglichst realitätsnahe Erfassung und Verrechnung der Kosten auf die betrieblichen Strukturen (zB Sortimente) und Prozesse (Fertigungsprozesse) möglich. Diese ursächliche Zurechnung ist jedoch teilweise nicht möglich bzw nicht wirtschaftlich.

Beispiel

Die Prämie für die Feuerversicherung einer Werkshalle stellt Kosten dar. Eine Zurechnung auf ein bestimmtes Produkt ist jedoch für ein Unternehmen, das mehrere Produkte herstellt, nicht verursachungsgerecht möglich. Nicht die Herstellung eines bestimmten Produktes, sondern die Herstellung aller Produkte verursacht die Versicherungskosten. Als ein weiteres Beispiel dient das Gehalt eines Geschäftsführers, das ebenfalls nicht einem einzelnen Produkt zurechenbar ist. Ein Fall, für den zwar eine verursachungsgerechte Zurechnung möglich, aber nicht wirtschaftlich wäre, stellen die Materialkosten für eine Oberflächenbeschichtung dar. Es wäre zwar möglich, beispielsweise den Lack für die Herstellung eines Stuhls zu ermitteln. Werden jedoch viele verschiede Arten von Stühlen mit unterschiedlichen Oberflächen und daher unterschiedlichem Materialbedarf für die Oberflächenbeschichtung hergestellt, wäre der Aufwand zu groß, den genauen Bedarf je

Stuhl und damit dessen Kosten zu ermitteln. Ein weiteres Beispiel wäre etwa das Nahtmaterial für jedes Schuhmodell.

Aus diesem Grund werden in solchen Fällen die Kosten meist nach dem **Durchschnittsprinzip** verrechnet. Man geht also von einem durchschnittlichen Ressourcenverbrauch aus. Dies führt in der Praxis dazu, dass kostenintensivere Produkte absolut mehr Kosten zugerechnet bekommen. Dies soll anhand eines Beispiels erläutert werden:

Beispiel

Die Kosten für das Lager werden als Teil der Materialkosten in der Kostenträgerrechnung ausgewiesen. Dazu werden den Materialeinzelkosten (Materialverbrauch laut Stückliste) in Form eines prozentualen Zuschlages Gemeinkosten hinzugerechnet. Beispielsweise kann dieser Zuschlag 5 % betragen. Nun kann sich folgendes Bild für zwei Kostenträger ergeben:

Kostenträgerrechnung		Produkt A	Produkt B
Materialeinzelkosten		100	300
Materialgemeinkosten	5 %	5	15
gesamte Materialkosten		105	315

Abbildung 278: Darstellung des Tragfähigkeitsprinzips

Wie der Auszug aus der Kostenträgerrechnung zeigt, bekommen zwar beide Produkte 5 % an Materialgemeinkosten verrechnet. Es stellt sich jedoch die Frage, ob das Produkt B tatsächlich dreimal so hohe Lagerkosten verursacht wie das Produkt A.

Den im Beispiel dargestellten Effekt nennt man **Tragfähigkeitsprinzip**. Das Prinzip beruht auf der Überlegung, dass größere und meist komplexere Aufträge bzw Produkte höhere Kosten tragen können. Dieses Prinzip funktioniert jedoch in Zeiten harten Wettbewerbs nur mehr sehr eingeschränkt. Dies ist damit zu begründen, dass man versucht, gerade große Aufträge von Kunden zu bekommen, und diese angesichts des Wettbewerbs knapp kalkulieren muss.

Art und Anzahl der innerhalb der Kostenträgerrechnung getrennt auszuweisenden Kostenträger werden sehr stark von der Breite und Tiefe des Leistungsprogramms eines Unternehmens sowie von dessen produktionswirtschaftlichen Strukturen und Informationsbedürfnissen bestimmt.

Die Gestaltung der Kostenträgerrechnung hängt ursächlich mit der Bildung der Kostenstellen zusammen. Je mehr Kostenstellen gebildet werden, desto detaillierter ist der Aufbau der Kalkulation. Grundsätzlich findet man jede Hauptkostenstelle als eine Zeile in der Produktkalkulation wieder. Beispielsweise kann ein Produktionsbetrieb mittlerer Größe mit mehreren verschiedenen Produkten und einem komplexen Fertigungsprozess durchaus über 30 Kostenstellen aufweisen. Grundsätzlich gilt, dass eine Kostenträgerrechnung umso detaillierter aufgebaut sein muss,

- je vielfältiger das Produktionsprogramm ist,
- je häufiger das Produktionsprogramm wechselt,
- je komplexer der Produktionsprozess ist.

Wissen kompakt

Durchschnittsprinzip: Beim Durchschnittsprinzip geht man von einem durchschnittlichen Ressourcenverbrauch der Kostenträger aus.

Tragfähigkeitsprinzip: Das Tragfähigkeitsprinzip beruht auf der Überlegung, dass größere und meist komplexere Aufträge höhere Kosten tragen können.

Verursachungsprinzip: Das Verursachungsprinzip bedeutet, dass einem Kostenträger nur jene Kosten zugerechnet werden, die er tatsächlich verursacht hat. Damit ist eine möglichst realitätsnahe Erfassung und Verrechnung der Kosten auf die betrieblichen Strukturen und Prozesse möglich.

Kontrollfragen

- Welche Aufgaben hat die Kostenträgerrechnung zu erfüllen?
- Welche Faktoren beeinflussen die Struktur der Kostenträgerrechnung? Wann wird die Kostenträgerrechnung besonders komplex aufgebaut sein?
- Warum wird es bei aktuellen Wettbewerbsstrukturen immer schwieriger, Kosten nach dem Tragfähigkeitsprinzip zu verrechnen?
- Warum ist häufig eine verursachungsgerechte Verrechnung der Kosten nicht möglich? Nennen Sie ein Beispiel dafür!

Verwendete und weiterführende Literatur

- *Bogensberger, S./Messner, S./Zihr, G./Zihr, M.:* Kostenrechnung – eine praxis- und beispielorientierte Einführung, 6. Auflage, Wien 2012.
- *Coenenberg, A. G./Fischer, T./Günther, T.:* Kostenrechnung und Kostenanalyse, 8. Auflage, Stuttgart 2012.
- *Friedl, G./Hofmann, C./Pedell, B.:* Kostenrechnung: Eine entscheidungsorientierte Einführung, 2., überarbeitete Auflage, München 2013.
- *Haberstock, L./Breithecker, V.:* Kostenrechnung 1, 13., neu bearbeitete Auflage, Berlin 2008.
- *Kilger, W.:* Einführung in die Kostenrechnung, 3. Auflage, Wiesbaden 1992.
- *Kloock, J./Sieben, G./Schildbach, T./Homburg, C.:* Kosten- und Leistungsrechnung, 10. Auflage, Düsseldorf 2008.
- *Schweitzer, M./Küpper, H.-U.:* Systeme der Kosten- und Leistungsrechnung, 10. Auflage, München 2011.

5.2. Systematisierung der Kalkulationsverfahren

Lernziel

In diesem Kapitel lernen Sie
- welche Arten von Kostenträgerrechnungen es gibt
- welche Kostenträgerrechnungen in der Unternehmenspraxis angewandt werden
- was man unter den verschiedenen Kalkulationsverfahren versteht und wann diese eingesetzt werden sollten

Bisher wurde allgemein von der Kostenträgerrechnung gesprochen. Betrachtet man die Kostenträgerrechnung differenzierter, so unterscheidet man zwei Arten der Kostenträgerrechnung. Zum einen bezieht sich die Kostenträgerrechnung auf ein konkretes Produkt oder eine erbrachte Leistung. In diesem Fall spricht man von der **Kostenträgerstückrechnung**. Zum anderen bezieht sich die Kostenträgerrechnung auf eine Zeitperiode (Abrechnungsperiode). In diesem Fall spricht man von der **Kostenträgerzeitrechnung**.

Die bisherigen Ausführungen bezogen sich stets auf die Kostenträgerstückrechnung. Die Summe aller Kostenträgerstückrechnungen einer Periode ergibt vereinfacht (abgesehen von Lageraufbau und Lagerabbau) die Kostenträgerzeitrechnung. Die folgende Grafik zeigt die Systematisierung der Kostenträgerrechnung:

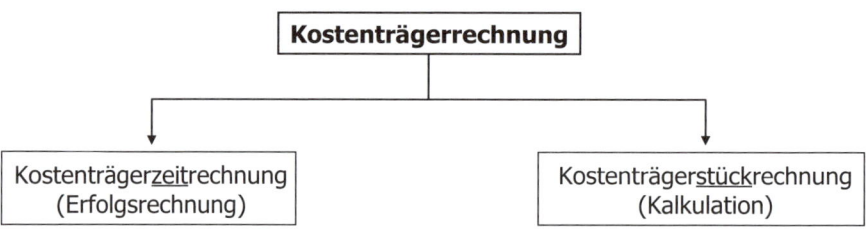

Abbildung 279: Systematisierung der Kostenträgerrechnung

Kostenträgerstückrechnung

Aufgabe der Kostenträgerrechnung ist es, Selbstkosten je Leistungseinheit zu ermitteln. Dh es werden die verursachten Kosten eines Stücks (zB eines hergestellten PC oder eines hergestellten Autos) festgestellt. Diese Rechnung stellt die klassische **Kalkulation** dar.

5. Die Kostenträgerrechnung

Kostenträgerzeitrechnung

Aufgabe der Kostenträgerzeitrechnung ist es, das Ergebnis einer Periode zu ermitteln. Sie wird daher auch als Periodenerfolgsrechnung oder als kurzfristige Erfolgsrechnung bezeichnet und geht über die Kostenrechnung im engeren Sinne hinaus, weil sie die Kostenrechnung einerseits und die Leistungs- bzw Erlösrechnung andererseits miteinander verbindet. Die Kostenträgerzeitrechnung kann als die Summe aller Kostenträgerstückrechnungen (Produktkalkulationen) einer Periode verstanden werden. Sie ist also eine summarische Erfolgsrechnung.

Den Gesamtzusammenhang zwischen der Kostenarten-, Kostenstellen-, Kostenträgerstück- und Kostenträgerzeitrechnung zeigt die folgende Grafik:

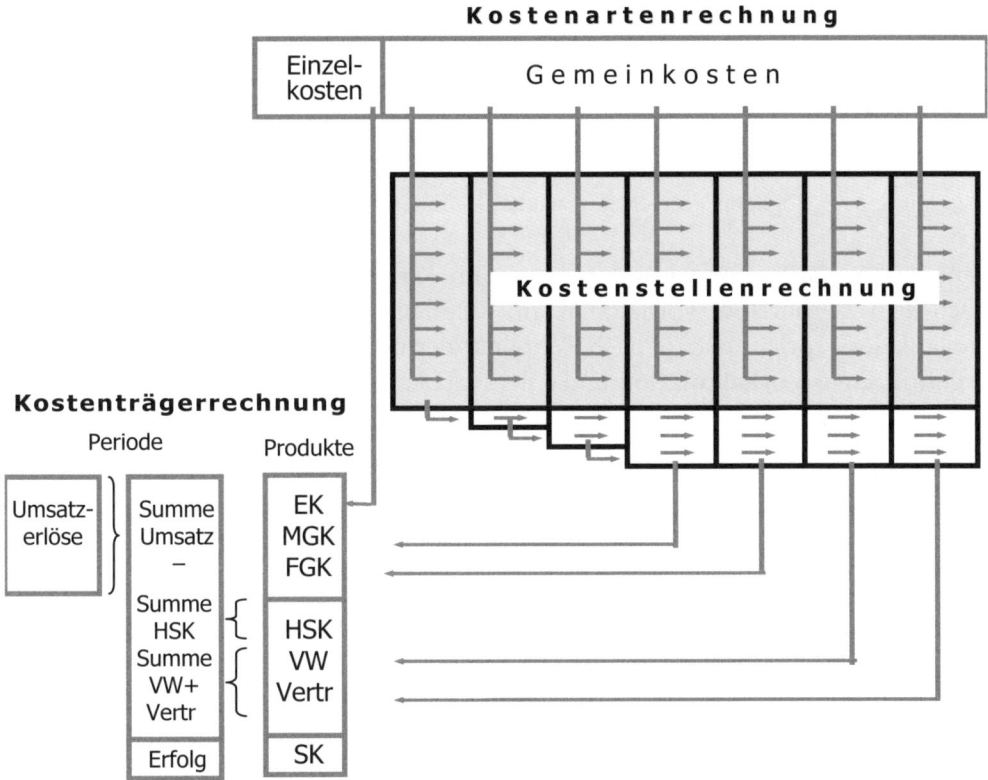

Abbildung 280: Darstellung des Gesamtzusammenhangs zwischen den verschiedenen Teilen eines Kostenrechnungssystems

Entsprechend der zuvor dargestellten Grafik gestaltet sich der Informationsfluss durch ein Kostenrechnungssystem komplex. Die Kosten können je nach Charakter einen gänzlich unterschiedlichen Verlauf im System nehmen. Die folgende Grafik soll daher nochmals zusammenfassend die möglichen Verrechnungsverläufe der Kosten darstellen.

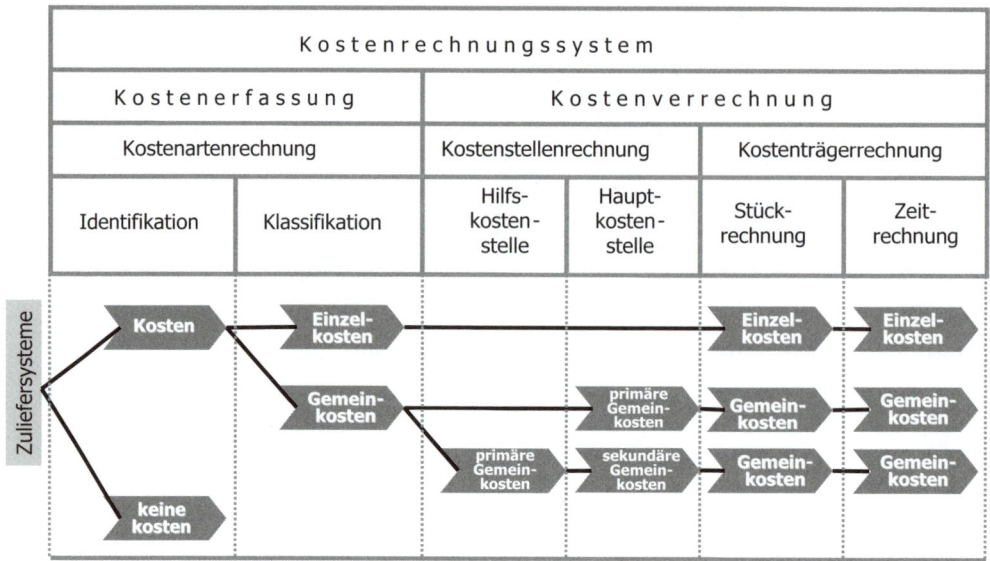

Abbildung 281: Mögliche Verrechnungsverläufe von Kosten

Eine weitere Differenzierung der Arten von Kostenträgerrechnungen kann man nach dem Zeithorizont vornehmen. Im Rahmen der Kostenträgerstückrechnung (Kalkulation) spricht man je nach Zeitpunkt der Durchführung von einer **Plankalkulation**, einer **Vorkalkulation** und einer **Nachkalkulation**.

Die Plankalkulation wird in größeren zeitlichen Abständen (meist einmal jährlich) für die wichtigsten Produkte (so genannte Eckkalkulationen) durchgeführt. Es werden die gesamten Kosten eines Produktes oder einer Dienstleistung, die so genannten Selbstkosten, auf der Grundlage von geplanten Kosten berechnet. Die ermittelten Werte bilden die Basis für die Erstellung von Preislisten.

Die Vorkalkulation bildet die Grundlage für die konkrete Angebotserstellung, dh es gibt eine konkrete Anfrage eines Kunden und man berücksichtigt im Gegensatz zur Plankalkulation bereits Liefer- und Zahlungskonditionen (Rabatte, Skonti). Die Vorkalkulation bezieht sich meist auf einen konkreten Kundenauftrag und kann sich damit auch auf mehrere (auch unterschiedliche) Kostenträger beziehen.

Die Nachkalkulation beruht auf den tatsächlichen Ist-Kosten für bestimmte Produkte, Leistungen oder Einzelaufträge. Die Gründe für die Durchführung einer Nachkalkulation liegen in der Kostenermittlung und -kontrolle sowie in der Bestimmung des erzielten Gewinns bzw Verlustes.

In der Praxis erstellen viele kleine und mittelständische Unternehmen zur Angebotslegung zwar Vorkalkulationen, verzichten jedoch auf das lückenlose Erstellen von Nachkalkulationen. Viele Manager glauben nämlich, im Nachhinein nichts mehr ändern zu können. Dabei begehen sie allerdings einen folgeschweren Fehler.

5. Die Kostenträgerrechnung

Aus den Ergebnissen der Nachkalkulation ersieht man die entsprechenden Abweichungen und lernt so für zukünftige Aufträge.

In seltenen Fällen werden in der Praxis auch **Zwischenkalkulationen** erstellt. Diese dienen der innerbetrieblichen Kontrolle und der Teilabrechnung von langfristig erbrachten Leistungen gegenüber den Auftraggebern (zB beim Bau eines Kraftwerks).

Die Kostenträgerzeitrechnung kann ebenfalls auf Basis von Planwerten oder im Nachhinein als Ist-Abrechnung einer Periode gestaltet werden.

Eine weitere Möglichkeit die Kostenträgerstückrechnung zu systematisieren, erfolgt nach der Art und Weise der Verrechnung der Kosten auf den Kostenträger. Das Spektrum zieht sich von sehr einfachen, so genannten einstufigen, bis hin zu sehr komplexen, so genannten mehrstufigen Ansätzen. Die folgende Grafik gibt einen Überblick über die unterschiedlichen Kalkulationsverfahren:

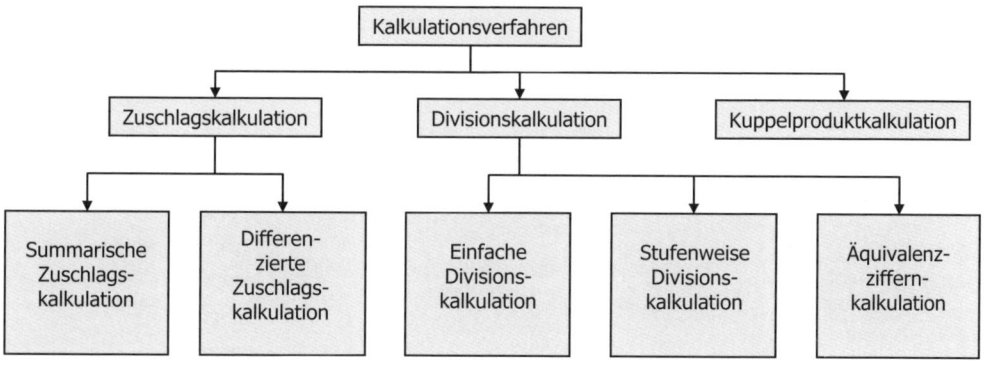

Abbildung 282: Überblick über die verschiedenen Kalkulationsverfahren

Im Rahmen der **Divisionskalkulationen** werden die gesamten Kosten eines Betriebes durch die Stückzahl der Produkte oder die Anzahl der erbrachten Dienstleistungen dividiert. Daher können solche Kalkulationen nur in Unternehmen eingesetzt werden, die ein einziges Produkt herstellen. Aus diesem Grund findet man solche Kalkulation sehr selten, beispielsweise im Dienstleistungsgewerbe (zB Kosten je gefahrenen Kilometer bei einem Taxiunternehmen). **Äquivalenzziffernkalkulationen** und **Kuppelproduktkalkulationen** werden in der Praxis eher selten eingesetzt. Insbesondere die Kuppelproduktkalkulation ist ein relativ komplexes Verfahren. Beide Verfahren sind nur dann erforderlich, wenn ganz bestimmte Produktionsbedingungen gelten.

Die größte praktische Bedeutung hat zweifelsohne die **differenzierte Zuschlagskalkulation**. Der Grund liegt darin, dass die Nachfrage der Kunden immer differenzierter wird und damit die Breite des angebotenen Sortiments zunimmt. Ein extremes Beispiel stellt die Automobilindustrie dar, da mittlerweile pro Fahrzeugmodell mehrere hundert Modellvarianten angeboten werden. Dementsprechend müssen auch die Kalkulationen immer differenzierter werden, um die Kosten verursachungsgerecht abbilden zu könne. Die Zuschlagskalkulation eignet sich sowohl für die Einzel- als auch für die Serienfertigung.

Praktische Relevanz

Die Wahl des Kalkulationsverfahrens hängt unmittelbar mit der Struktur der Kostenstellen zusammen. Die Struktur der Kostenstellen resultiert wiederum unmittelbar aus der Art und Weise des Leistungserstellungsprozesses (zB Produktionsprozess). Aus diesem Grund hängen wiederum die Art der Leistungserstellung und die Wahl des Kalkulationsverfahrens zusammen.

Die folgende Grafik zeigt systematisch, welche Fertigungstypen zumeist welche Kalkulationsarten bedingen.

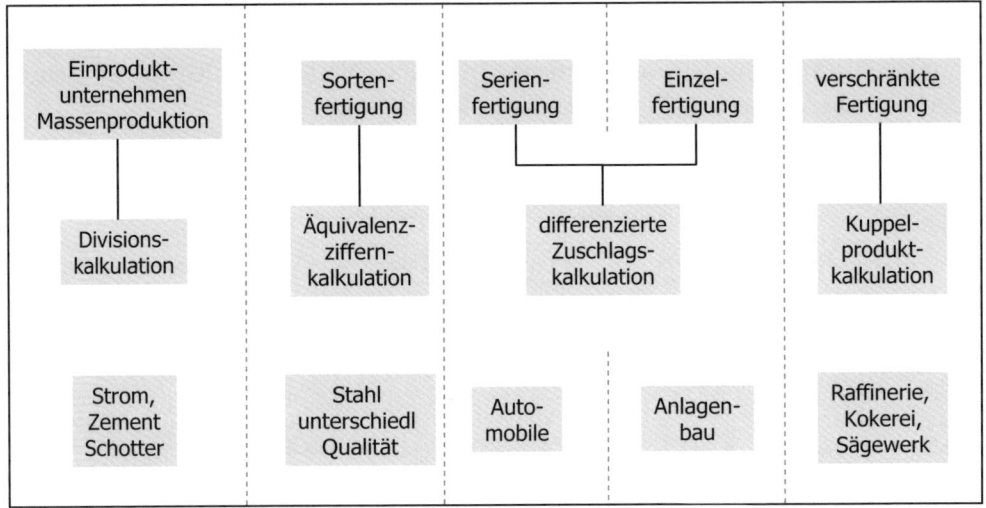

Abbildung 283: Fertigungstypen und resultierende Kalkulationsverfahren

Wissen kompakt

Kostenträgerstückrechnungen dienen dazu, die Selbstkosten je Leistungseinheit zu ermitteln. In der Kostenträgerstückrechnung werden die verursachten Kosten eines Stücks festgestellt. Diese Rechnung stellt die klassische Kalkulation dar.

Kostenträgerzeitrechnungen haben die Aufgabe, das Ergebnis einer Periode zu ermitteln. Daher geht sie über die Kostenrechnung im engeren Sinne hinaus und verbindet die Kostenrechnung einerseits mit der Leistungs- bzw Erlösrechnung andererseits.

Nachkalkulationen beruhen auf den tatsächlichen Ist-Kosten für bestimmte Produkte, Leistungen oder Einzelaufträge.

Plankalkulationen werden in größeren zeitlichen Abständen (meist einmal jährlich) für die wichtigsten Produkte (so genannte Eckkalkulationen) durchgeführt.

Vorkalkulationen bilden die Grundlage für die konkrete Angebotserstellung, dh es gibt eine konkrete Anfrage eines Kunden und man berücksichtigt im Gegensatz zur Plankalkulation bereits Liefer- und Zahlungskonditionen.

Kontrollfragen

- Warum erstellen kleine und mittelständische Unternehmen vor allem Vorkalkulationen und verzichten häufig auf Nachkalkulationen?
- Warum hat die Zuschlagskalkulation in der Unternehmenspraxis die größte Bedeutung?
- Wodurch unterscheidet sich die Plan- von der Vorkalkulation?
- Welche Aufgabe erfüllt die Kostenträgerstückrechnung und welche die Kostenträgerzeitrechnung?

Verwendete und weiterführende Literatur

- *Bogensberger, S./Messner, S./Zihr, G./Zihr, M.*: Kostenrechnung – eine praxis- und beispielorientierte Einführung, 6. Auflage, Wien, 2012.
- *Coenenberg, A. G./Fischer, T./Günther, T.*: Kostenrechnung und Kostenanalyse, 8. Auflage, Stuttgart 2012.
- *Däumler, K.-D./Grabe, J.*: Kostenrechnung 1 – Grundlagen, 11. Auflage, Berlin 2013.
- *Friedl, G./Hofmann, C./Pedell, B.*: Kostenrechnung: Eine entscheidungsorientierte Einführung, 2., überarbeitete Auflage, München 2013.
- *Olfert, K.*: Kostenrechnung – Kompendium der praktischen Betriebswirtschaft, 17. Auflage, Ludwigshafen 2013.
- *Schweitzer, M./Küpper, H.-U.*: Systeme der Kosten- und Leistungsrechnung, 10. Auflage, München 2011.

5.3. Ermittlung der Selbstkosten eines Kostenträgers

Lernziel

In diesem Kapitel lernen Sie
- welche Funktion die Verrechnungssätze und die Zuschlagssätze im Rahmen der Kostenträgerrechnung erfüllen
- wie die Lücke zwischen der Kostenstellenrechnung und der Kostenträgerrechnung im Kostenrechnungssystem geschlossen wird
- wie Zuschlagssätze in der Kostenträgerrechnung berücksichtigt werden
- wie Verrechnungssätze in der Kostenträgerrechnung berücksichtig werden

Die Brücke zwischen der Kostenstellenrechnung und der Kostenträgerrechnung stellen die Bezugsgrößen in den Kostenstellen dar. Da bei jedem Kostenträger die Leistungsinanspruchnahme der jeweiligen Bezugsgröße messbar ist, kann man je nach Inanspruchnahme der Leistungen einer Kostenstelle durch den Kostenträger die Gemeinkosten einer Kostenstelle dem jeweiligen Kostenträger zurechnen. Der Kostenträger hat in diesem Sinne die Leistung der Kostenstelle verursacht und bekommt daher „verursachungsrecht" die dadurch entstehenden Kosten verrechnet.

Je nachdem, ob die Bezugsgröße eine Wertgröße darstellt, also in Geldeinheiten bemessen wird wie Umsatz, Herstellkosten oder Materialeinzelkosten, oder eine physikalische Größe ist (zB Kilogramm, Minuten, Liter, Kilometer etc), erhält man einen prozentualen Aufschlag (Zuschlagssatz) oder einen Betrag pro Leistungseinheit (Verrechnungssatz).

Zuschlagssatz

Der Zuschlagssatz stellt einen Prozentsatz dar und benötigt daher in der Kostenträgerrechnung eine Basis, auf die er angewendet werden kann.

Beispiel

Die Kosten des Lagers, in dem das Rohmaterial für die Fertigung gelagert wird, stellen eindeutig Gemeinkosten dar. Daher werden zunächst die Gemeinkosten des Lagers (zB Energiekosten für die Beleuchtung oder Kühlung, Reparaturkosten für die Instandhaltung von Lagerregalen, Abschreibungskosten für die Nutzung des Hubstaplers) in der Kostenstelle „Lager" gesammelt und in weiterer Folge aufsummiert. Als Bezugsgröße für das Lager werden meist die gesamten Einzelkosten des in der Periode verbrauchten Materials (= Materialeinzelkosten) herangezogen. Dies wird damit begründet, dass, wenn mehr produziert wird, auch mehr Rohmaterial auf Lager liegen muss. Die Höhe des Materialverbrauchs einer Periode beeinflusst also indirekt auch die Höhe der Kosten, die am Lager entstehen.

Zudem lässt sich der Materialverbrauch je Kostenträger (= Materialeinzelkosten je Kostenträger) exakt über eine Stückliste bestimmen. Dies bedeutet, dass die Bezugsgröße Materialeinzelkosten auch anhand des Kostenträgers messbar ist. Nun wird die Summe der Gemeinkosten (zB in Euro) einer bestimmten Periode aus dem Lager durch die Summe der Materialeinzelkosten derselben Periode (zB ebenso in Euro) geteilt. Dadurch erhält man einen Prozentsatz, den man Zuschlagssatz nennt.

zu verrechnende Kosten:	Summe der Gemeinkosten des Lagers
Bezugsgröße:	Summe der Materialeinzelkosten einer Periode
Zuschlagssatz:	prozentualer Aufschlag auf die Materialeinzelkosten

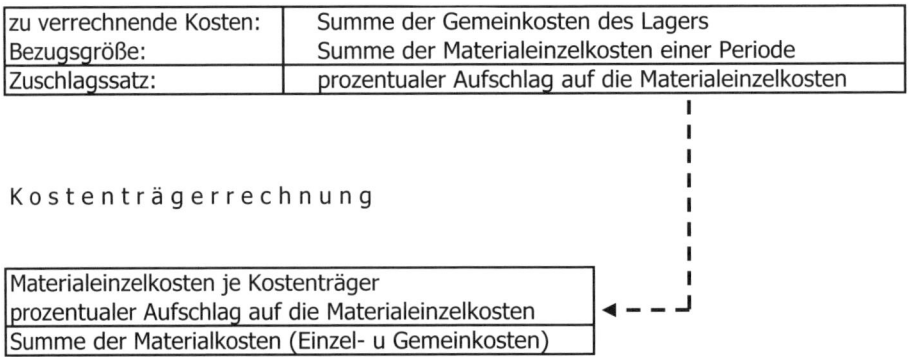

Abbildung 284: Verrechnungsprinzip von Zuschlagssätzen

Angenommen, der Zuschlagssatz beträgt 7,4 %, so werden in der Kostenträgerrechnung bei jedem Kostenträger 7,4 % auf die jeweiligen Materialeinzelkosten hinzugerechnet. Mit dieser Vorgehensweise ist es möglich, die Lagerkosten zur Gänze anteilig auf die einzelnen Kostenträger zu verteilen.

5. Die Kostenträgerrechnung

Verrechnungssatz

Der Verrechnungssatz stellt einen Betrag pro Leistungseinheit dar. Es müssen daher Informationen vorliegen, wie viele Leistungseinheiten der jeweilige Kostenträger verbraucht.

Beispiel

Die Kosten einer Produktionskostenstelle (zB Scheuertrommel), in der viele verschiedene Produkte gefertigt werden, stellen ebenso Gemeinkosten dar. In solchen Kostenstellen wird die Oberfläche von Kostenträgern behandelt, indem in großen rotierenden Trommeln die Kostenträger mittels Schleifsteine über mehrere Stunden bearbeitet werden. In solchen Trommeln befinden sich häufig unterschiedliche Kostenträger, so dass eine eindeutige Zuordnung der Kosten nicht möglich ist.

Zunächst werden daher die Gemeinkosten der Kostenstelle (zB Energiekosten für den Antrieb der Trommeln, Reparaturkosten für die Instandhaltung der Motoren, Abschreibungskosten für die Nutzung der Trommeln etc) in der Kostenstelle „Scheuertrommel" gesammelt und in weiterer Folge aufsummiert. Als Bezugsgröße für diese Kostenstelle eignen sich Maschinenstunden. Je mehr produziert wird, desto mehr Stunden müssen die Trommeln im Einsatz sein. Die Länge der Einsatzdauer beeinflusst also auch die Höhe der Kosten, die in der Kostenstelle entstehen.

Zudem lässt sich der Zeitbedarf je Kostenträger exakt über eine Arbeitszeittabelle bestimmen. Dies bedeutet, dass die Bezugsgröße Maschinenstunden auch anhand des Kostenträgers (in diesem Fall einer Charge, zB 100 Stück) messbar ist. Nun wird die Summe der Gemeinkosten einer bestimmten Periode der Scheuertrommel durch die Summe der Maschinenstunden derselben Periode geteilt. Dadurch erhält man einen Kostensatz je Leistungseinheit (€/Stunde), den man Verrechnungssatz nennt. Nehmen wir an, dass dieser Verrechnungssatz € 78,– pro Maschinenstunde beträgt, so werden nun in der Kostenträgerrechnung bei jeder Charge je nach Zeitbedarf € 78,– pro in Anspruch genommener Trommelstunde verrechnet.

Kostenstellenrechnung

zu verrechnende Kosten:	Summe der Gemeinkosten der KST Scheuertrommel
Bezugsgröße:	Summe der Maschinenstunden einer Periode
Verrechnungssatz:	Stundensatz pro Maschine

Kostenträgerrechnung

| Bedarf an Maschinenstunden pro Charge * |
| Stundensatz pro Maschine |
| = Summe der Fertigungskosten (Einzel- u Gemeinkosten) |

Abbildung 285: Verrechnungsprinzip von Verrechnungssätzen

> Dividiert man die Summe der Fertigungskosten einer Charge durch die Stückzahl pro Charge, so erhält man die Fertigungskosten je Stück und es ist zudem möglich, die Kosten der Scheuertrommel zur Gänze anteilig auf die einzelnen Kostenträger zu verteilen.

Eine Zuschlagskalkulation ist meist eine Kombination aus Zuschlags- und Verrechnungssätzen. Vereinfacht wird das nachfolgende Kalkulationsschema angewendet, das vom Prinzip her einer differenzierten Zuschlagskalkulation entspricht.

Fertigungsmaterialeinzelkosten	Materialkosten	Herstellkosten	Selbstkosten
Materialgemeinkosten			
Fertigungslohneinzelkosten	Fertigungs-kosten		
Fertigungsgemeinkosten			
Sondereinzelkosten der Fertigung			
Verwaltungsgemeinkosten			
Vertriebsgemeinkosten			
Sondereinzelkosten des Vertriebs			

Abbildung 286: Struktur einer differenzierten Zuschlagskalkulation

Sondereinzelkosten der Fertigung sind Kosten, die ausschließlich einem spezifischen Kostenträger direkt zugerechnet werden können. Diese Kosten entstehen zB durch Werkzeuge, die nur für einen Kostenträger Verwendung finden (zB Schablonen).

Sondereinzelkosten des Vertriebs sind Kosten, die ausschließlich durch einen spezifischen Kostenträger im Rahmen des Vertriebs verursacht werden. Dies sind beispielsweise spezifische Versicherungskosten, die nur dieser eine Kostenträger (Produkt, Auftrag) verursacht.

In der Praxis gestalten sich die Kalkulationen jedoch weitaus differenzierter, da, wie bereits erwähnt, jeder Kostenstelle zumindest eine Zeile in der Kalkulation entspricht. Zudem müssen in der Kalkulation noch weitere Positionen wie zB Liefer- und Zahlungskonditionen, der Gewinn und die Umsatzsteuer berücksichtigt werden. Die folgende Kalkulationsstruktur enthält beispielsweise Rabatte und Skonti:

	Materialeinzelkosten (Fertigungsmaterial)
+	Materialgemeinkosten
+	Fertigungseinzelkosten (Fertigungslöhne)
+	Fertigungsgemeinkosten
+	Sonderkosten der Fertigung
=	*Herstellkosten*
+	Verwaltungsgemeinkosten

+	Vertriebsgemeinkosten
+	Sonderkosten des Vertriebes
=	*Selbstkosten*
+	Gewinn
=	*Nettobarpreis*
+	Skonto (üblich 2 % bis 3 %)
=	*Nettozielpreis*
+	Rabatt (sehr unterschiedlich)
=	*Bruttozielpreis exklusive Umsatzsteuer*
+	Umsatzsteuer (20 %, 10 % oder 0 %)
=	**Bruttozielpreis inklusive Umsatzsteuer**

Abbildung 287: Struktur der Betriebs- und Absatzkalkulation

Fallbeispiel (Fortsetzung)

Ausgangsdaten

Ausgehend vom Fallbeispiel der Kapitel 3 und 4 soll nun eine Kostenträgerrechnung für eine Charge von 100 Stück durchgeführt werden. Dazu soll eine Kalkulation von Abflussrohren erstellt werden. Dabei unterscheidet man zwischen Standardrohren und solchen Rohren, die eine Verteilungsfunktion aufweisen. Letztere sind komplexer aufgebaut und verfügen über verschiedene Anschlussstücke. Da es sich um zwei Kostenträger handelt, die unterschiedliche Kosten verursachen, sollen diese auch unterschiedlich kalkuliert werden.

Im Folgenden wird die Kostenträgerrechnung anhand der Informationen aus der Materialliste, den Arbeitsgangtabellen und den Betriebsabrechnungsbögen durchgeführt.

An zusätzlichen Angaben liegen folgende Informationen vor:

	Produkt Standard	Produkt Verteiler
Materialeinzelkosten	€ 7 pro Stück	€ 9 pro Stück
Zeit für Zentrifuge	2 Stunden	2 Stunden
Zeit für Schneiden	1,8 Stunden	2,4 Stunden
Anzahl der zu montierenden Anschlüsse	2 Anschlüsse	4 Anschlüsse
Sondereinzelkosten der Fertigung	€ 25 pro Charge	€ 30 pro Charge
Sondereinzelkosten des Vertriebes	€ 0,54 je Stück	€ 0,56 je Stück

Abbildung 288: Kalkulationsangaben zur Fallstudie

Aufgabenlösung

Charge 100 Stück á 4 m Standard

Materialeinzelkosten	€ 7	pro Stück	700,00 €
Materialgemeinkosten	4,70 %	der MEK	32,92 €
Zentrifugieren	186,60	2 h	373,20 €
Schneiden	175,15	1,8 h	315,27 €
Montieren	51,34	2 Anschlüsse	102,67 €
Sondereinzelkosten Fertigung	25	Software	25,00 €
Herstellkosten			1.549,06 €
Verwaltung	9,26 %	der HSK	143,46 €
Vertrieb	151,12	pro Auftrag	151,12 €
Sondereinzelkosten Vertrieb	0,54	Transportversicherung/Stück	54,00 €
Selbstkosten		Charge á 100 Stück	1.897,64 €

Abbildung 289: Kalkulation des Standardproduktes der Fallstudie

Charge 100 Stück á 4 m Verteiler

Materialeinzelkosten	€ 9	pro Stück	900,00 €
Materialgemeinkosten	4,70 %	der MEK	42,33 €
Zentrifugieren	186,60	2 h	373,20 €
Schneiden	175,15	2,4 h	420,36 €
Montieren	51,34	4 Anschlüsse	205,34 €
Sondereinzelkosten Fertigung	30	Software	30,00 €
Herstellkosten			1.971,23 €
Verwaltung	9,26 %	der HSK	182,55 €
Vertrieb	151,12	pro Auftrag	151,12 €
Sondereinzelkosten Vertrieb	0,56	Transportversicherung/Stück	56,00 €
Selbstkosten		Charge á 100 Stück	2.360,90 €

Abbildung 290: Kalkulation des Verteilerproduktes der Fallstudie

Interpretation der Ergebnisse

Aus der Kostenträgerrechnung wird ersichtlich, dass nach dem Verursachungsprinzip jenem Produkt, dem ein komplexerer Fertigungsprozess zugrunde liegt, relativ zu dem einfachen Produkt mehr Kosten verrechnet werden. Die höheren Kosten sind primär auf die höheren Materialeinzelkosten und auf die längeren Schneide- und Montageprozesse zurückzuführen.

Wissen kompakt

Herstellkosten beinhalten sämtliche Produktionskosten eines Kostenträgers. Unter Produktionskosten versteht man sämtliche Materialkosten (Materialeinzelkosten und Materialgemeinkosten) sowie sämtliche Fertigungskosten (Fertigungseinzelkosten und Fertigungsgemeinkosten).

Selbstkosten beinhalten sowohl die Herstellkosten eines Kostenträgers als auch die von ihm verursachten Verwaltungs- und Vertriebskosten.

Sondereinzelkosten der Fertigung sind Kosten, die ausschließlich einem spezifischen Kostenträger direkt zugerechnet werden können. Diese Kosten entstehen zB durch Werkzeuge, die nur für einen Kostenträger Verwendung finden (zB Schablonen).

Sondereinzelkosten des Vertriebs sind Kosten, die ausschließlich durch einen spezifischen Kostenträger im Rahmen des Vertriebs verursacht werden. Dies sind beispielsweise spezifische Versicherungskosten, die nur dieser eine Kostenträger (Produkt, Auftrag) verursacht.

Zuschlagskalkulationen sind meist eine Kombination aus Zuschlags- und Verrechnungssätzen.

Kontrollfragen

- Wodurch unterscheiden sich Zuschlags- von Verrechnungssätzen?
- Nennen Sie ein Beispiel für einen Zuschlagssatz und zeigen Sie, wie dieser in der Kostenträgerrechnung Berücksichtigung findet!
- Nennen Sie ein Beispiel für einen Verrechnungssatz und zeigen Sie, wie dieser in der Kostenträgerrechnung Berücksichtigung findet!
- Wie gestaltet sich der Aufbau einer typischen Zuschlagskalkulation?

Verwendete und weiterführende Literatur

- *Coenenberg, A. G./Fischer, T./Günther, T.:* Kostenrechnung und Kostenanalyse, 8. Auflage, Stuttgart 2012.
- *Däumler, K.-D./Grabe, J.:* Kostenrechnung 1 – Grundlagen, 11. Auflage, Berlin 2013.
- *Friedl, G./Hofmann, C./Pedell, B.:* Kostenrechnung: Eine entscheidungsorientierte Einführung, 2., überarbeitete Auflage, München 2013.
- *Hummel, S./Männel, W.:* Kostenrechnung 1 – Grundlagen, Aufbau und Anwendung, 4. Auflage, Wiesbaden 1990.
- *Kilger, W.:* Einführung in die Kostenrechnung, 3. Auflage, Wiesbaden 1992.
- *Zimmermann, G.:* Grundzüge der Kostenrechnung, 8. Auflage, München 2001.

6. Typologien von Kostenrechnungssystemen

> **Lernziel**
>
> **In diesem Kapitel lernen Sie**
> - welche Funktionen die unterschiedlichen Kostenrechnungssysteme erfüllen
> - wie man Kostenrechnungssysteme nach dem Zeitbezug einteilen kann
> - wie man Kostenrechnungssysteme nach dem Umfang der Kosten, die auf den Kostenträger verrechnet werden, gliedern kann
> - nach welchen Prinzipien die einzelnen Kostenrechnungssysteme funktionieren

Die ersten geschlossenen Kostenrechnungssysteme wurden bereits Ende des 19. Jahrhunderts entwickelt. Es ist daher nur logisch, dass es mittlerweile viele verschiedene Kostenrechnungssysteme gibt. Je nach Zielsetzung bzw Aufgabenstellung werden unterschiedliche Informationen benötigt und ein Unternehmen muss sich, bevor ein System eingeführt werden soll, bewusst sein, welches System welche Informationen liefert bzw mit welchem System welche Entscheidungen unterstützt werden können. Nachstehende Abbildung gibt einen systematischen Überblick über die entwickelten Kostenrechnungssysteme.[1]

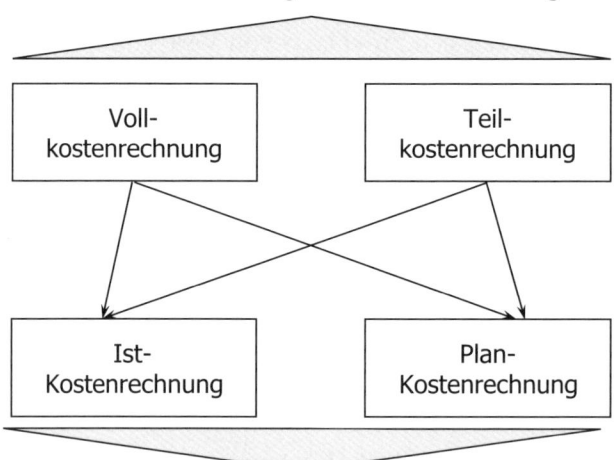

Abbildung 291: Systematisierung von Kostenrechnungssystemen

---

1 In diesem Zusammenhang muss jedoch darauf hingewiesen werden, dass in den letzten 25 Jahren in den USA und in Japan neue Kostenrechnungssysteme (zB Prozesskostenrechnung, Target Costing, Life Cycle Costing, Transaktionskostenrechnung etc.) entwickelt wurden, die dem Schema in der Abbildung nicht zugeordnet sind.

6. Typologien von Kostenrechnungssystemen

6.1. Systematisierung nach dem Zeitbezug

Nach dem Zeitbezug lassen sich die Ist-Kostenrechnung und Plan-Kostenrechnung unterscheiden. Ist-Kosten sind die Kosten des tatsächlichen Verbrauchs, bewertet zu Ist-Preisen. Plan-Kosten sind die Kosten des geplanten Verbrauchs, bewertet zu Planpreisen.

Die **Ist-Kostenrechnung** hat zur Zielsetzung, die tatsächlich angefallenen Kosten zu ermitteln und den Kostenstellen bzw Kostenträgern (Produkte bzw Dienstleistungen) zu verrechnen. Mit der Ist-Kostenrechnung kann man somit Monatsergebnisse ermitteln, Nachkalkulationen erstellen und Kostenstellen abrechnen. Viele Unternehmen setzen in erster Linie eine Ist-Kostenrechnung ein.

Die **Plan-Kostenrechnung** hat zur Zielsetzung, Kostenziele zu planen und mit Hilfe der Ist-Kostenrechnung anschließend etwaige Abweichungen zu ermitteln. Die Plan-Kostenrechnung baut auf einer so genannten analytischen Kostenplanung auf. Analytische Kostenplanung bedeutet, dass von jedem Produktionsfaktor (Rohstoffe, Arbeitskräfte, Energie etc) jeweils die einzusetzende Menge und der zu erzielende Preis für einen Kostenträger im Voraus geplant werden. Diese Werte werden auf Basis der Ist-Kostenrechnung mit der tatsächlich eingesetzten Menge und dem letztendlich bezahlten Preis verglichen. Aus dem Vergleich erhält man Abweichungen (Mengenabweichung, Preisabweichung etc). Diese Abweichungen haben unterschiedliche Ursachen und liegen damit im Verantwortungsbereich verschiedener Mitarbeiter.

Aus den Ausführungen wird offensichtlich, dass beim Einsatz einer Plan-Kostenrechnung davon auszugehen ist, dass auch immer eine Ist-Kostenrechnung zur Kontrolle eingesetzt wird. Der Einsatz einer Ist-Kostenrechnung setzt hingegen den Einsatz einer Plan-Kostenrechnung nicht voraus. Um die Kosten eines Unternehmens aber nicht nur kontrollieren, sondern auch aktiv steuern zu können, gewinnt die Planung der Kosten immer mehr an Bedeutung.

6.2. Systematisierung nach dem Umfang der Kostenverrechnung

Nach Art bzw Ausmaß der Verrechnung der Kosten auf die Kostenträger sind die **Vollkostenrechnung** und die **Teilkostenrechnung** zu unterscheiden. Werden sämtliche im Betrieb anfallenden Kosten auf die Kostenträger (Produkte bzw Dienstleistungen) weiterverrechnet, so spricht man von einer Vollkostenrechnung. Die Vollkostenrechnung unterscheidet nicht zwischen variablen und fixen Kosten. Die Vollkostenrechnung kennt nur die gesamten Kosten eines Kostenträgers. Diese nennt man volle Selbstkosten. Die Teilkostenrechnung unterscheidet hingegen zwischen den variablen und fixen Kosten. Im Rahmen der Teilkostenrechnung werden nur die variablen Kosten dem Kostenträger zugerechnet. Die fixen Kosten werden hingegen nur einer Zeitperiode (zB einem Monat) für das Unternehmen als

Ganzes angelastet. Die Vorgehensweise soll in der folgenden Grafik veranschaulicht werden:

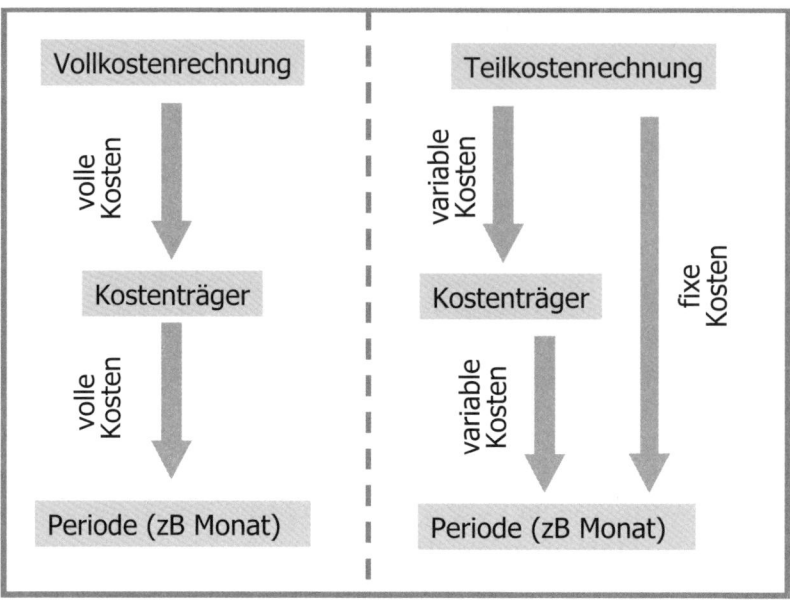

Abbildung 292: Verrechnungsprinzip der Voll- und der Teilkostenrechnung auf die Verrechnungsobjekte

Der Grund, warum die Teilkostenrechnung nur einen Teil, nämlich die variablen Kosten, den Kostenträgern zurechnet, liegt darin, dass eine verursachungsgerechte Zurechnung der fixen Kosten tatsächlich nur schwer möglich ist. Die Vollkostenrechnung ordnet zwar die fixen Kosten den Kostenträgern zu, muss dazu aber Schlüssel verwenden, die nur selten dem Verursachungsprinzip tatsächlich entsprechen. Dadurch kann die Zuordnung der fixen Kosten im Rahmen der Vollkostenrechnung häufig als willkürlich bezeichnet werden.

Die Teilkostenrechnung „umgeht" das Problem, indem nur die variablen Kosten den Kostenträgern zugeordnet werden. Man geht von der Überlegung aus, dass bei einer zusätzlichen Herstellung eines Kostenträgers zusätzlich auch nur die variablen Kosten anfallen. Daher wird hier ein Verursachungsprinzip unterstellt. Selbstverständlich müssen auch die fixen Kosten im Rahmen der Teilkostenrechnung verrechnet werden. Diese gehen aber nicht in die Kostenträgerstückrechnung, sondern nur in die Kostenträgerzeitrechnung ein. Die fixen Kosten werden also einer Zeitperiode verrechnet. Dieses Prinzip soll nochmals anhand der folgenden Grafik erläutert werden:

6. Typologien von Kostenrechnungssystemen

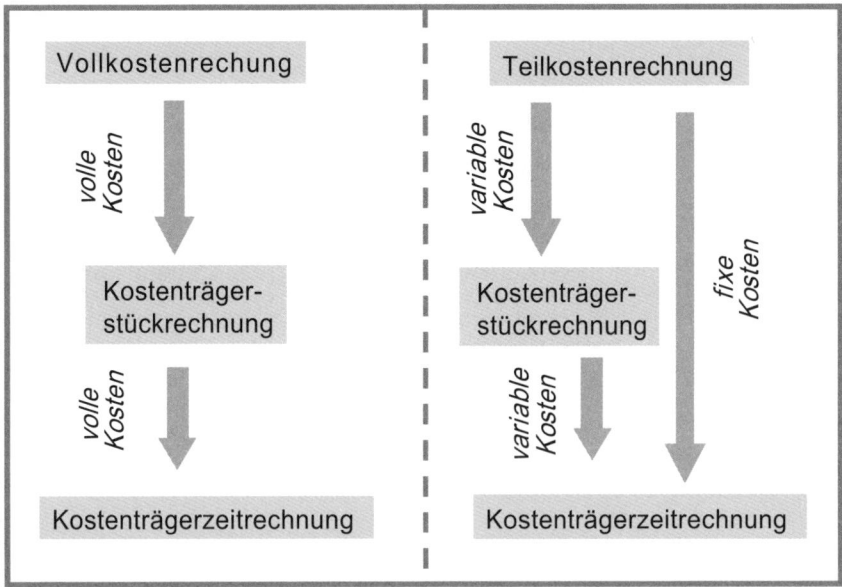

Abbildung 293: Verrechnungsprinzip der Voll- und der Teilkostenrechnung auf die Subsysteme der Kostenrechnung

Praktische Relevanz

Kostenrechnungssysteme sollen vor allem dem Management entscheidungsorientierte Informationen liefern. Mit den Managemententscheidungen sollen insbesondere Herausforderungen gemeistert werden, denen spezifische Problemstellungen zugrunde liegen. In den verschiedenen Branchen gibt es nun unterschiedliche Herausforderungen bzw Problemstellungen. Dementsprechend sollte das jeweilige Kostenrechnungssystem Bezug auf diese nehmen.

Die folgende Grafik zeigt in systematischer Art und Weise, welche Branchen mit welchen Problemstellungen in der Regel konfrontiert sind. Daraus resultiert dann auch das passende Kostenrechnungssystem.

Branche	Problemstellung	Kostenrechnungssystem
Industrielle Produktion	Optimales Produktionsprogramm Preispositionierung (Preisuntergrenze) Mindestauslastung Zusatzaufträge Eigenfertigung/Fremdbezug	Vollkostenrechnung Teilkostenrechnung Flexible Plankostenrechnung Prozesskostenrechnung

Einzel- und Großhandel	Sortimentsoptimierung Preisobergrenze (Beschaffung) Warenpositionierung	Handelsspannenkalkulation Stufenweise Fixkostendeckungsrechnung Prozesskostenrechnung
Gewerbe	Auftragsrentabilität Preispositionierung (Preisuntergrenze) Zusatzaufträge	Vollkostenrechnung Teilkostenrechnung Stundensatzkalkulation Maschinenstundensatz
Dienstleistung	Auftragsrentabilität Mindestauslastung Angebotspolitik Kundenrentabilität	Stundensatzkalkulation Prozesskostenrechnung

Tabelle 14: Wahl des Kostenrechnungssystems aufgrund der zentralen Problemstellungen einer Branche

Wissen kompakt

Ist-Kostenrechnungssysteme haben zur Zielsetzung, die tatsächlich angefallenen Kosten zu ermitteln und den Kostenstellen bzw Kostenträgern (Produkte bzw Dienstleistungen) zu verrechnen.

Plan-Kostenrechnungssysteme haben zur Zielsetzung, Kostenziele zu planen und mit Hilfe der Ist-Kostenrechnung anschließend etwaige Abweichungen zu ermitteln.

Teilkostenrechnungssysteme verrechnen nur einen Teil der Kosten auf die Produkte bzw Dienstleistungen. Die restlichen Kosten werden zwar auch verrechnet, allerdings nicht dem einzelnen Kostenträger, sondern lediglich dem gesamten Unternehmen.

Vollkostenrechnungssysteme verrechnen sämtliche im Betrieb anfallenden Kosten auf die Kostenträger (Produkte bzw Dienstleistungen).

Kontrollfragen

- Warum setzt der Einsatz der Plan-Kostenrechnung immer auch den Einsatz einer Ist-Kostenrechnung voraus?
- Welchen Lösungsansatz bietet die Teilkostenrechnung, um Kosten, die nicht verursachungsgerecht einem Kostenträger zugerechnet werden können, dennoch in der Kostenrechnung zu berücksichtigen?
- Was versteht man unter den vollen bzw den variablen Selbstkosten eines Kostenträgers?
- Warum widerspricht der Einsatz der Vollkostenrechnung dem Verursachungsprinzip?

Verwendete und weiterführende Literatur

- *Coenenberg, A. G./Fischer, T./Günther, T.*: Kostenrechnung und Kostenanalyse, 8. Auflage, Stuttgart 2012.
- *Friedl, G./Hofmann, C./Pedell, B.*: Kostenrechnung: Eine entscheidungsorientierte Einführung, 2., überarbeitete Auflage, München 2013.
- *Hummel, S./Männel, W.*: Kostenrechnung 2 – Moderne Verfahren und Systeme, 3. Auflage, Wiesbaden 1991.
- *Schweitzer, M./Küpper, H.-U.*: Systeme der Kosten- und Leistungsrechnung, 10. Auflage, München 2011.

6.3. Systeme der Kostenrechnung

6.3.1. Vollkostenrechnung

Lernziel

In diesem Kapitel lernen Sie
- wie die Verrechnungsprinzipien der Vollkostenrechnung funktionieren
- welche Anwendungsmöglichkeiten die Vollkostenrechnung bietet
- welche Defizite und Grenzen mit dem Einsatz der Vollkostenrechnung verbunden sind

Die **Vollkostenrechnung (VKR)** versucht, alle in einem Unternehmen entstandenen Kosten den einzelnen Kostenträgern anzulasten. Dahinter steckt die Idee, dass die Preise der Produkte kostendeckend sein sollen. Schließlich müssen mit dem Verkaufserlös sämtliche Kosten eines Unternehmens gedeckt werden können.

Die Einzelkosten werden den Kostenträgern direkt angelastet. Aus den Gemeinkosten werden hingegen kostenstellenweise Zuschlagssätze ermittelt. Über diese Zuschlagssätze werden schließlich anteilige Gemeinkosten auf die Kostenträger umgelegt. Dabei werden sämtliche angefallenen Gemeinkosten einer Periode verrechnet. Eine Trennung in fixe und variable Anteile erfolgt nicht. Man unterscheidet lediglich zwischen Einzelkosten und Gemeinkosten.

Nachfolgende Grafik verdeutlicht nochmals die dargestellten Sachverhalte:

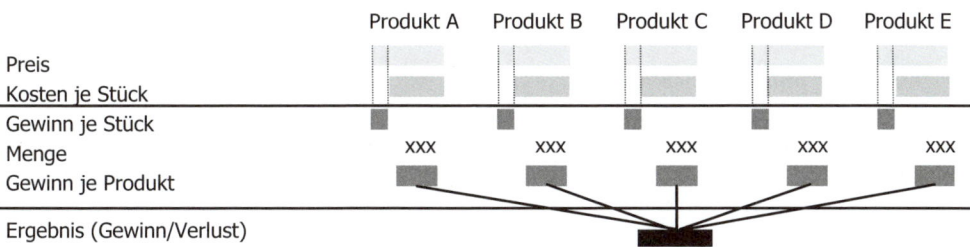

Abbildung 294: Verrechnungsprinzip der Vollkostenrechnung

Die Vollkostenrechnung ignoriert, dass einzelne Kostenposten unterschiedlich auf Beschäftigungs- bzw Leistungsschwankungen reagieren. Sie verzichtet also auf eine getrennte Behandlung von variablen und fixen Kosten. Die Vollkostenrechnung behandelt daher alle Kosten so, als wären sie variabel. Man spricht davon, dass sie fälschlicherweise die fixen Kosten variabilisiert. Diesen Effekt nennt man Proportionalisierung der fixen Kosten. Die unterschiedliche Behandlung der fixen Kosten in der Voll- und Teilkostenrechnung soll anhand der folgenden Grafik veranschaulicht werden.

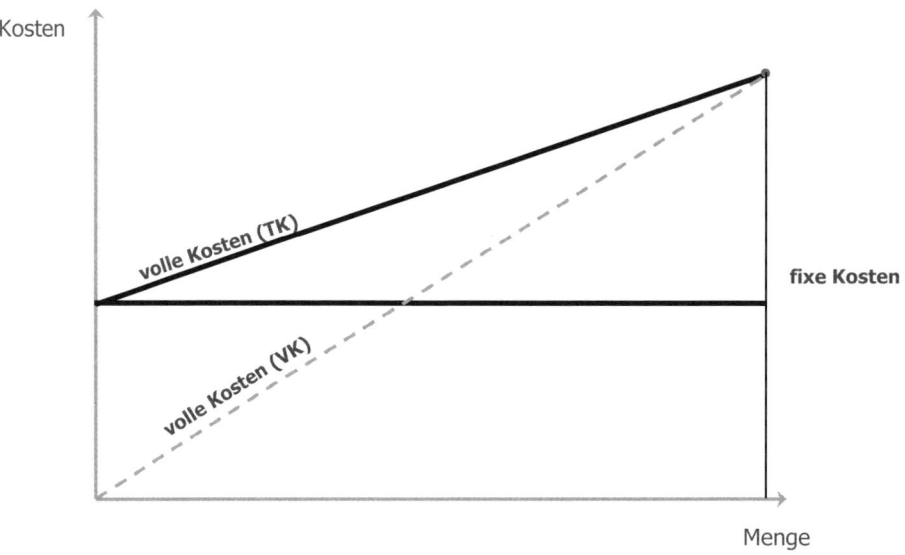

Abbildung 295: Verlauf der vollen Kosten in der Voll- und in der Teilkostenrechnung

Bei der Vollkostenrechnung hängen also die Vollkosten je Leistungseinheit von der Beschäftigungshöhe ab, die der Kalkulation zu Grunde gelegt wird. Damit liefert die Vollkostenrechnung nur dann richtige Ergebnisse, wenn die geplante Beschäftigung mit der tatsächlichen übereinstimmt, wie die obige Grafik zeigt. Wie man sich leicht vorstellen kann, ist dies jedoch selten der Fall, nämlich nur dann, wenn Vollbeschäftigung herrscht bzw wenn die geplante Produktionsmenge auch tatsächlich produziert wird. Kommt es zu einer Abweichung zwischen der geplanten und der tatsächliche Beschäftigung, weist die Vollkostenrechnung falsche Werte aus, wie aus der Abbildung 296 ersichtlich wird.

Entspricht die geplante Menge nicht der tatsächlich erreichten Menge, so kommt es zwangsläufig zu einem Kostenunterschied zwischen der Voll- und der Teilkostenrechnung. Der Grund liegt darin, dass die Vollkostenrechnung die vollen Kosten mit der Beschäftigung erhöht bzw senkt. In den vollen Kosten sind jedoch die fixen Kosten enthalten, deren Existenz bzw Höhe aber nicht bekannt ist. Daher werden die fixen Kosten wie variable Kosten behandelt, obwohl sie von der jeweiligen Beschäftigung, dh von der produzierten Menge, unabhängig sind.

6. Typologien von Kostenrechnungssystemen

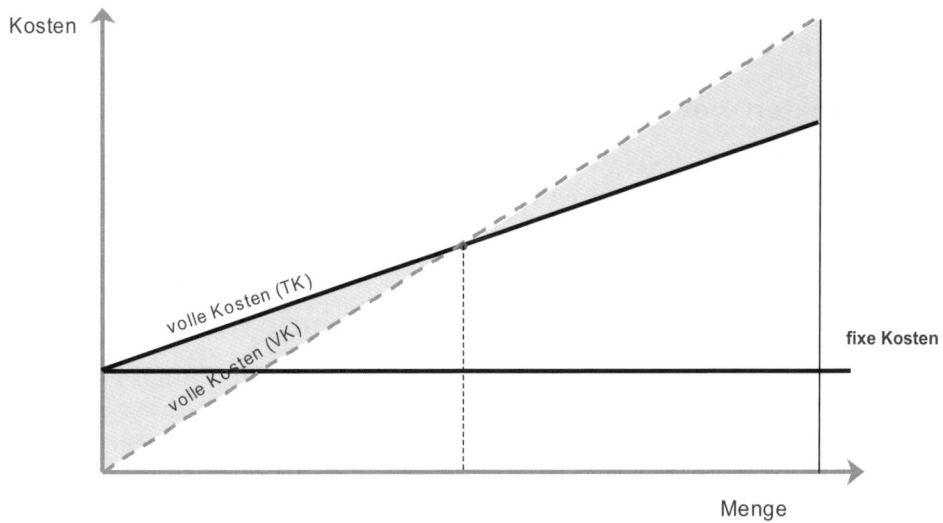

Abbildung 296: Kostendifferenzen bei einer Beschäftigungsabweichung zwischen der Voll- und der Teilkostenrechnung

Bei einer geringeren Produktionsmenge als ursprünglich geplant kommt es zu einer Überschätzung des Kostenrückgangs. Die Vollkostenrechnung reduziert die vollen Kosten und damit auch die fixen Kosten, die jedoch tatsächlich auf ihrem Niveau verbleiben. Bei einer höheren Menge als ursprünglich geplant kommt es hingegen zu einer Überschätzung des Kostenanstiegs. Die Vollkostenrechnung erhöht die vollen Kosten und damit auch die fixen Kosten, die sich aber mit der Beschäftigungssteigerung nicht erhöhen. Die entsprechenden Effekte zeigt nachstehende Abbildung.

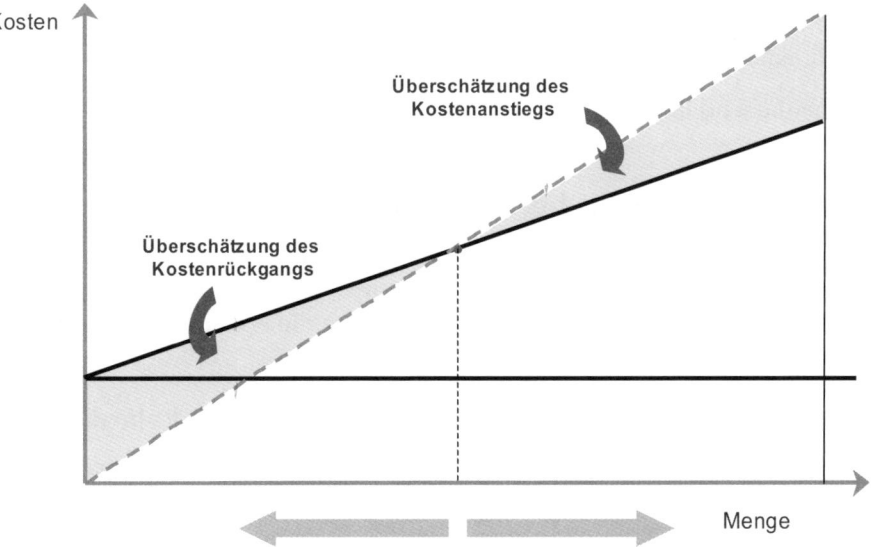

Abbildung 297: Fehlerhafte Einschätzung der Kosten bei Beschäftigungsänderungen durch die Vollkostenrechnung

Zusammenfassend lassen sich die **Vorteile der Vollkostenrechnung** folgendermaßen skizzieren:

Den Produkten werden sämtliche Kosten verrechnet

Sämtliche Kosten werden auf die Produkte/Aufträge übergewälzt. Damit ist es möglich, einen Stück-/Auftragspreis zu kalkulieren. Das ist insbesondere dann vorteilhaft, wenn es für ein Produkt bzw eine Dienstleistung keinen Marktpreis gibt (zB bei Produktneuheiten). Außerdem kann ein Stück-/Auftragsgewinn ermittelt werden.

Langfristig ist die Vollkostenrechnung die einzig richtige Rechnung

Aus langfristiger Perspektive ist der Einsatz einer Vollkostenrechnung sinnvoll, da eine Deckung der vollen Kosten notwendig ist. Moderne Verfahren des Kostenmanagements (zB Prozesskostenrechnung, Target Costing) bauen daher auf der klassischen Vollkostenrechnung auf.

Preisberechnung bei Monopolisten oder geschützten Marktsegmenten

Die Vollkostenrechnung liefert die Bemessungsgrundlage, wenn Marktpreise fehlen.

Basis für Lagerbewertung

Die bilanzielle Bewertung der Halbfertigerzeugnisse und Fertigerzeugnisse basiert auf der Vollkostenrechnung.

Projekt-/Objektgeschäft und öffentliche Aufträge

Die Vollkostenrechnung wird im Projekt-/Objektgeschäft und bei öffentlichen Aufträgen eingesetzt, insbesondere bei Projekten, die über das Geschäftsjahr hinausgehen (Kalkulation von Teilrechnungen zu vollen Selbstkosten).

Zusammenfassend lassen sich die **Nachteile der Vollkostenrechnung** folgendermaßen skizzieren:

Falscher Erfolgsausweis bei Beschäftigungsabweichung

Fixe Kosten werden wie variable behandelt, obwohl sie beschäftigungsunabhängig sind. Wenn die tatsächliche Auslastung von jener abweicht, die der Berechnung des Vollkostensatzes zu Grunde gelegt wurde, weichen die errechneten Kosten von den tatsächlichen ab.

Produkte mit hohen Einzelkosten werden zu teuer kalkuliert

Durch die Zuschlagssätze wird vorgetäuscht, dass die Höhe der Gemeinkosten von jener der Einzelkosten abhängt. Tatsächlich besteht dieser Zusammenhang nicht. Dadurch werden Produkte mit hohen Einzelkosten in der Regel mit zu hohen Gemeinkosten belastet, wohingegen Produkten mit geringen Einzelkosten zu geringe Gemeinkosten zugerechnet werden. Dieser Effekt ist bei der Vollkostenrechnung besonders schlimm, da in der Vollkostenrechnung sowohl variable als auch fixe Gemeinkosten über die Zuschlagssätze auf die Kostenträger verrechnet werden.

Produktionsorientierung statt Marktorientierung

Das Festsetzten des Produktpreises durch Aufschlagen eines Zuschlags auf die vollen Selbstkosten entspricht dem produktionsorientierten Denken des Verkäufermarktes. In Märkten mit Wettbewerb (Käufermärkten) ist der Preis jedoch vom Markt her vorgegeben, gleichgültig, welche Kosten der Unternehmung bei der Produktion angefallen sind.

Herauskalkulieren aus dem Markt

Geht die Auslastung zurück, dann werden die fixen Gemeinkosten sozusagen automatisch auf die geringere Auslastungsmenge umgelegt. Es besteht damit die Gefahr, sich endgültig aus dem Markt „herauszukalkulieren".

Falsche Behandlung von Zusatzaufträgen bei freien Kapazitäten

Die Vollkostenrechnung geht davon aus, dass es einen kostendeckenden Selbstkostensatz für die Preispolitik gibt, der nicht unterschritten werden darf. Eine Ablehnung eines Auftrages unter den vollen Kosten ist jedoch nicht in jedem Fall vorteilhaft, da durch zusätzliche Aufträge nicht unbedingt zusätzliche fixe Kosten entstehen müssen. Die Vollkostenrechnung überschätzt auch in diesem Zusammenhang den Kostenanstieg durch zusätzliche Aufträge.

Praktische Relevanz

Die Vollkostenrechnung besitzt in der Unternehmenspraxis vor allem in kleinen und mittelständischen Unternehmen eine hohe Relevanz. Dies mag angesichts der mit der Vollkostenrechnung verbundenen Defizite verwundern. Zum einem ist die Verbreitung der Vollkostenrechnung historisch bedingt. Während im anglo-amerikanischen Wirtschaftsraum schon vor dem 2. Weltkrieg Teilkostenrechnungen eingesetzt wurden, haben sich diese im europäischen Wirtschaftsraum erst in den 60er und 70er Jahren des 20. Jahrhunderts verbreitet.

Zum anderen erlaubt die Vollkostenrechnung die Ermittlung der vollen Selbstkosten und damit auch die Ermittlung eines Absatzpreises sowie die Ermittlung eines Gewinns pro Kostenträger (zB pro Auftrag) zu ermitteln. Dies sind wichtige Steuerungsinformationen für das Management. Auch wenn die Informationen nicht ganz korrekt sind, wird noch immer sehr häufig auf diese zurückgegriffen. In den letzten Jahrzehnten haben aber viele Unternehmen parallel zur Vollkostenrechnung eine Teilkostenrechnung aufgebaut und nutzen sowohl die Vollkosten- als auch die Teilkosteninformationen.

Wissen kompakt

Proportionalisierung der fixen Kosten bedeutet, dass die fixen Kosten wie variable behandelt werden, obwohl sie beschäftigungsunabhängig sind. Wenn die tatsächliche Auslastung von jener abweicht, die der Berechnung des Vollkostensatzes zu Grunde gelegt wurde, weichen die verrechneten Kosten von den tatsächlichen ab.

Kontrollfragen

- Warum erhält man „falsche" Informationen auf Basis der Vollkostenrechnung, wenn sich die geplante und die tatsächlich produzierte Menge nicht decken?
- Welche Gründe gibt es dafür, dass sehr viele Unternehmen die Vollkostenrechnung einsetzen?
- Was versteht man im Zusammenhang mit der Vollkostenrechnung unter dem Schlagwort „sich aus dem Markt hinauskalkulieren"?

Verwendete und weiterführende Literatur

- *Coenenberg, A. G./Fischer, T./Günther, T.:* Kostenrechnung und Kostenanalyse, 8. Auflage, Stuttgart 2012.
- *Friedl, G./Hofmann, C./Pedell, B.:* Kostenrechnung: Eine entscheidungsorientierte Einführung, 2., überarbeitete Auflage, München 2013.
- *Kropfberger, D.:* Marketingstudien – Entscheidungsorientierte Kosten- und Erfolgsrechnung im Marketing, Linz 1983.
- *Männel, W.:* Entwicklungsperspektiven der Kostenrechnung, 4. Auflage, Lauf an der Pegnitz 1998.
- *Männel, W.:* Handbuch Kostenrechnung, Wiesbaden 1992.
- *Mussnig, W.:* Von der Kostenrechnung zum Management Accounting, Wiesbaden 1996.
- *Hummel, S./Männel, W.:* Kostenrechnung 2 – Moderne Verfahren und Systeme, 3. Auflage, Wiesbaden 1991.
- *Schweitzer, M./Küpper, H.-U.:* Systeme der Kosten- und Leistungsrechnung, 10. Auflage, München 2011.

6.3.2. Teilkostenrechnung

Lernziel

In diesem Kapitel lernen Sie
- wie die Verrechnungsprinzipien der Teilkostenrechnung funktionieren
- welche Anwendungsmöglichkeiten die Teilkostenrechnung bietet
- welche Defizite und Grenzen mit dem Einsatz der Teilkostenrechnung verbunden sind

6. Typologien von Kostenrechnungssystemen

Die **Teilkostenrechnung** lastet den Produkten und Dienstleistungen nur jenen Teil der Kosten an, der durch die Herstellung und den Vertrieb eines einzigen zusätzlichen Stücks (Produkt) oder einer einzigen zusätzlichen Dienstleistung entstanden ist. Es handelt sich dabei um variable (= beschäftigungsabhängige) Kosten. Alle übrigen Kosten – also die fixen Kosten – werden unter Umgehung der Schlüsselung in der Kostenstellenrechnung und der Kostenträgerrechnung direkt in die Erfolgsrechnung übergeleitet.

Wird in die Teilkostenrechnung auch die Erlösseite mit einbezogen, so spricht man von der **Deckungsbeitragsrechnung**. Unter dem Deckungsbeitrag versteht man die Differenz zwischen dem Verkaufserlös eines Produktes oder einer Dienstleistung und den variablen Kosten des Produktes bzw der Dienstleistung. Der Deckungsbeitrag als zentrale Größe in der Betriebswirtschaftslehre lässt sich grafisch folgendermaßen darstellen:

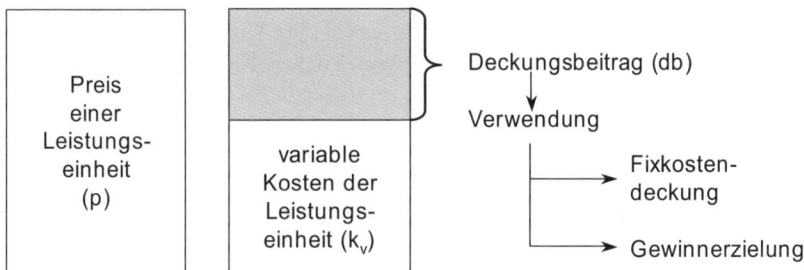

Abbildung 298: Die Steuerungsgröße Deckungsbeitrag im Teilkostenrechnungssystem

Auf Produktebene kann daher in der Teilkostenrechnung nur mehr der Deckungsbeitrag und keinesfalls ein Produktgewinn berechnet werden. Der Gewinn ist nur mehr auf Unternehmensebene im Rahmen der Erfolgsrechnung ermittelbar. Um den Gewinn eines Unternehmens zu ermitteln, werden zunächst die Deckungsbeiträge der einzelnen Produkte bzw Dienstleistungen ermittelt und summiert. Danach werden vom derart ermittelten Gesamtdeckungsbeitrag die gesamten fixen Kosten des Unternehmens abgezogen. Die folgende Grafik verdeutlicht nochmals die Vorgehensweise im Rahmen der Teilkostenrechnung:

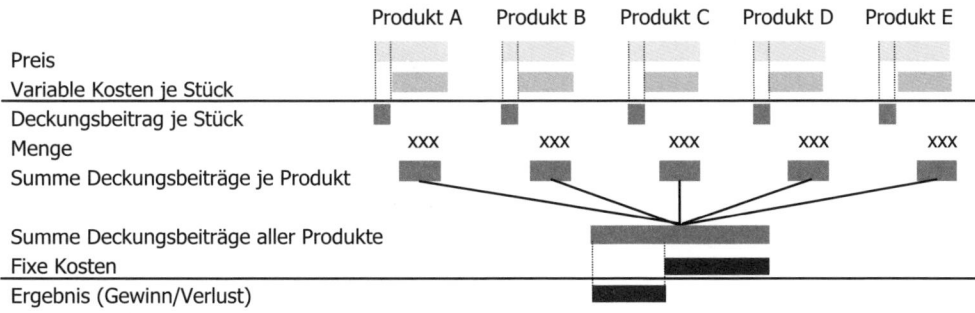

Abbildung 299: Verrechnungsprinzip der Teilkostenrechnung

Grundsätzlich ergibt sich für die Teilkostenrechnung ein Aufbau, der jenem der Vollkostenrechnung ähnelt. Ein wesentlicher Unterschied besteht jedoch darin, dass die Kosten in variable und fixe Kosten aufgeteilt werden. Diese Systematisierung der fixen und variablen Kosten erfolgt meistens bereits in der Kostenartenrechnung.

Die Kostenstellenrechnung in der Teilkostenrechnung ist grundsätzlich genauso aufgebaut wie jene in der Vollkostenrechnung. Der Unterschied liegt darin, dass bei der Kostenstellenrechnung auf Teilkostenbasis in den einzelnen Kostenstellen nur die variablen Gemeinkosten ausgewiesen werden. Die fixen Kosten werden hingegen direkt in die Kostenträgerzeitrechnung „durchgeschleust". Die Einzelkosten sind in der Regel ohnedies variabel, so dass nur mehr die variablen Gemeinkosten in den Kostenstellen zur Berechnung der Zuschlags- und Verrechnungssätze herangezogen werden müssen, um zu den variablen Herstell- und Selbstkosten der Kostenträger zu gelangen. Das bedeutet, dass den Kostenträgern in der Teilkostenrechnung nur jene Kosten zugerechnet werden, die sie auch verursachen, nämlich die variablen Kosten. In der Teilkostenrechnung gilt somit das Verursachungsprinzip bei der Kostenverrechnung, während der Vollkostenrechnung das Durchschnitts- bzw Tragfähigkeitsprinzip zugrunde liegt.

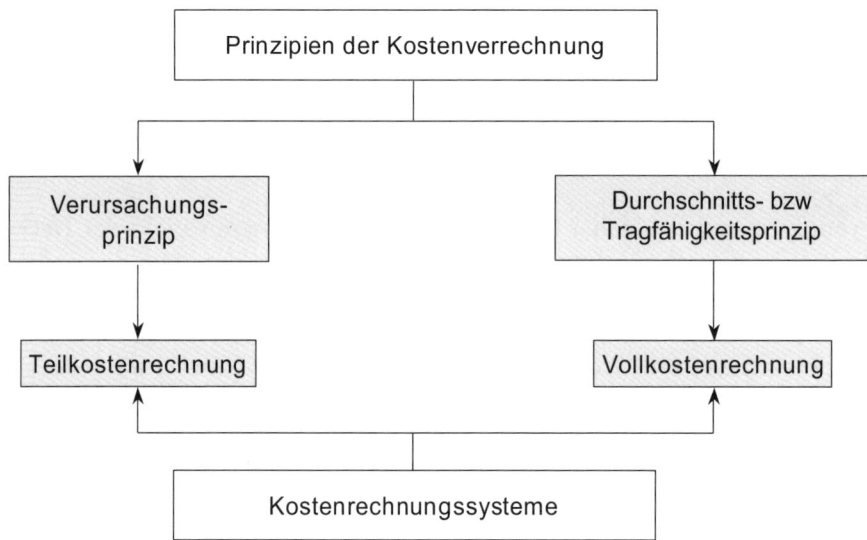

Abbildung 300: Verrechnungsprinzipien der Voll- und der Teilkostenrechnung

Zusammenfassend lassen sich die **Vorteile der Teilkostenrechnung** folgendermaßen skizzieren:

Keine Schlüsselung der fixen Kosten

Im Gegensatz zur Vollkostenrechnung werden die fixen Kosten nicht geschlüsselt, also nicht mittels eines mehr oder weniger willkürlich gewählten Zuschlags- oder Verrechnungssatzes auf die Kostenträger übergewälzt. Damit wird der Tatsache

Rechnung getragen, dass Fixkosten Bereitschaftskosten sind und nichts mit den Produktkosten zu tun haben, dh weder mit den Einzelkosten noch mit der Auslastung/Beschäftigung.

Auswirkungen von Auslastungsänderungen werden korrekt dargestellt

Bei einer Beschäftigungsschwankung ändern sich nur die variablen Kosten, die fixen Kosten bleiben hingegen konstant. Nur die Teilkostenrechnung trägt diesem Umstand Rechnung. Die Vollkostenrechnung unterstellt hingegen, dass sich auch die Fixkosten verändern. Dies ist jedoch nicht der Fall.

Größerer Handlungsspielraum bei der Preisfestlegung

Die Teilkostenrechnung zeigt, dass es bei Unterbeschäftigung (ein Teil der Kapazität ist nicht ausgelastet) durchaus Sinn macht, auch dann anzubieten, wenn man zwar keine Vollkostendeckung erreicht, aber zumindest einen positiven Deckungsbeitrag erwirtschaftet. Dies erlaubt einen größeren Handlungsspielraum der Teilkostenrechnung bei der Preisfestlegung.

Zusammenfassend lassen sich die **Nachteile der Teilkostenrechnung** folgendermaßen skizzieren:

Unterstellt Nichtabbaubarkeit der fixen Kosten

Die Teilkostenrechnung unterstellt, dass die fixen Kosten eben fix sind, dh dass man sozusagen auf ihnen festsitzt und sie nicht ändern kann. In Wahrheit kann man sie aber durchaus beeinflussen, wenn auch meist nicht kurzfristig, sondern nur über einen längeren Zeithorizont (zB Auflösung von Miet- oder Arbeitsverträgen, Verkauf von Maschinen oder Gebäuden etc).

Ungeeignet für die Preiskalkulation

Es kann kein Preis kalkuliert und kein Stück-/Auftragsgewinn ermittelt werden. Einzelnen Produkten bzw Aufträgen können nur variable Kosten angelastet werden. Deshalb ist keine Vorkalkulation möglich. Die Teilkostenrechnung versagt, wenn kein Marktpreis/Richtpreis existiert.

Begünstigt ruinösen Wettbewerb

Da die Deckungsbeitragsrechnung einen Auftrag bereits dann als vorteilhaft betrachtet, wenn dessen Erlöse die variablen Kosten übersteigen und der Deckungsbeitrag positiv ist, versuchen die Unternehmen bei schlechter Auslastung jeden Auftrag anzunehmen, dessen Preis auch nur geringfügig über den variablen Kosten liegt. Der dadurch ausgelöste Preiswettbewerb kann dazu führen, dass alle Unternehmen vorwiegend an dieser unteren Preisgrenze anbieten und nicht mehr in der Lage sind, ihre Fixkosten zu decken. Dh sie arbeiten wegen der falschen Anwendung der Deckungsbeitragsrechnung mit Verlusten.

Fallbeispiel (Fortsetzung)

Ausgangsdaten

Ausgehend von dem Fallbeispiel der Kapitel 3.1, 3.3, 4.1, 4.3 und 5.3 soll nun eine Kostenträgerrechnung für eine Charge von 100 Stück auf Basis der Teilkostenrechnung kalkuliert werden. Als Kostenträger sollen wiederum jene des Kapitels 5.3 dienen. Für die Teilkostenrechnung ist es zunächst notwendig, die Kosten in fixe und variable Anteile aufzuteilen.

In der folgenden Abbildung sind dafür pro Kostenart Variatoren angegeben. Ein **Variator** gibt den Anteil der variablen Kosten an einer Kostenart in jeweils 10 % an. Ein Variator von 10 entspricht somit einem 100 %igen Anteil der variablen Kosten.

Kostenart	Betrag	Variator	variable Kosten
Materialkosten	2.250.000 €	10	2.250.000 €
Material Hilfsstoffe	18.000 €	10	18.000 €
Lohnkosten	392.500 €	8	314.000 €
Gehaltskosten	212.333 €	0	- €
LNK und GNK	483.867 €	–	251.200 €
Leasing	80.500 €	0	- €
Telefon- und Portokosten	20.500 €	2	4.100 €
Reparaturkosten	89.422 €	5	44.711 €
Versicherungskosten	80.000 €	0	- €
Abschreibung	312.500 €	0	- €
Zinsen	181.050 €	0	- €
Wagnisse	30.400 €	0	- €
Raumkosten	25.572 €	0	- €

Abbildung 301: Angabe der variablen Kosten pro Kostenart

Bei den Lohn- und Gehaltsnebenkosten (LNK und GNK) ist kein Variator gegeben, da die LNK und GNK nach wie vor 80 % der Löhne und Gehälter betragen. Demzufolge sind in der Teilkostenrechnung 80 % der variablen Löhne als variable LNK anzusetzen.

Aufgabenlösung
Kostenstellenrechnung mit ausschließlich variablen Kosten

Kosten	Verteilungsschlüssel	Einheiten	variable Gemeinkosten	Kostenstellen						
				S1 Energie	S2 Lager	P1 Zentrifuge	P2 Schneiden	P3 Montage	V1 Verwalt	V2 Vertrieb
Materialkosten	lt Stückliste	Anzahl Stück	€ 2.250.000							
Material Hilfsstoffe	lt Entnahmescheine	Liter	€ 18.000				18.000			
Lohnkosten	lt Betriebsdatenerfassung	Stunden	€ 314.000			35.716	50.597	47.621	145.839	11.905	22.322
Gehaltskosten	lt Betriebsdatenerfassung	Prozent								
LNK und GNK	lt Lohn- und Gehaltsliste	%-Anteil	€ 251.200			28.573	40.478	38.097	116.671	9.524	17.858
Leasing	lt Vorkontierung	€-Betrag								
Telefon- & Portokosten	lt verbrauchten Einheiten	Einheiten	€ 4.100						2.315	1.785
Reparaturkosten	lt Vorkontierung	Stunden	€ 44.711				12.906	14.596	17.208		
Versicherungskosten	lt Betriebsstatistik	Vers. Summe								
Abschreibung	lt Anlagenverzeichnis	€-Betrag								
Zinsen	lt kalk Restwerten	Kapitalbindung								
Wagnisse	lt Schadensstatistik	Schadenssumme								
Raumkosten	lt Betriebsstatistik	Quadratmeter								
Summe primäre Gemeinkosten			€ 632.011	0	64.289	103.981	118.314	279.718	23.744	41.965
Umlage Energiezentrale				0	0	0	0	0	0	0
Summe primäre und sekundäre Gemeinkosten			€ 632.011	0	64.289	103.981	118.314	279.718	23.744	41.965
Bezugsgröße					2.250.000	1.800	1.650	9.800	2.816.302	2.450
Zuschlags- bzw Verrechnungssatz					2,86%	57,77 je Stunde	71,71 je Stunde	28,54 je Anschluss	0,84%	17,13 je Auftrag

Abbildung 302: Abrechnung der Kostenstellen des Fallbeispiels auf Teilkostenbasis

Berechnung der Kostenträgerrechnung mit ausschließlich variablen Kosten
Charge 100 Stück à 4 m Standard

Materialeinzelkosten	€ 7	pro Stück	700,00 €
Materialgemeinkosten var	2,86 %	der MEK	20,00 €
Zentrifugieren var	57,77	2 h	115,53 €
Schneiden var	71,71	1,8 h	129,07 €
Montieren var	28,54	2 Anschlüsse	57,09 €
Sondereinzelkosten Fertigung	25	Software	25,00 €
Herstellkosten			1.046,69 €
Verwaltung var	0,84 %	der HSK	8,82 €
Vertrieb var	17,13	pro Auftrag	17,13 €
Sondereinzelkosten Vertrieb	0,54	Transportversicherung/Stück	54,00 €
Selbstkosten		Charge á 100 Stück	1.126,64 €

Charge 100 Stück à 4 m Verteiler

Materialeinzelkosten	€ 9	pro Stück	900,00 €
Materialgemeinkosten var.	2,86 %	der MEK	25,72 €
Zentrifugieren var	57,77	2 h	115,53 €
Schneiden var	71,71	2,4 h	172,09 €
Montieren var	28,54	4 Anschlüsse	114,17 €
Sondereinzelkosten Fertigung	30	Software	30,00 €
Herstellkosten			1.357,51 €
Verwaltung var	0,84 %	der HSK	11,45 €
Vertrieb var	17,13	pro Auftrag	17,13 €
Sondereinzelkosten Vertrieb	0,56	Transportversicherung/Stück	56,00 €
Selbstkosten		Charge á 100 Stück	1.442,09 €

Abbildung 303: Kalkulation der Produkte der Fallstudie

Interpretation der Ergebnisse

Aus der Kostenträgerrechnung auf Basis der Teilkosten wird ersichtlich, dass zunächst die Herstell- und Selbstkosten niedriger sind als jene der Vollkostenrechnung. Zugleich bleibt die Erkenntnis aufrecht, dass jenes Produkt, dem ein aufwendiger Fertigungsprozess zugrunde liegt, entsprechend der Kostenverursachung auch mehr an Kosten verrechnet erhält.

Wissen kompakt

Der **Deckungsbeitrag** ist die Differenz zwischen dem Verkaufserlös eines Produktes oder einer Dienstleistung und den variablen Kosten des Produktes bzw der Dienstleistung.

Deckungsbeitragsrechnungen sind Teilkostenrechnungen, bei denen neben der Kostenseite auch die Erlösseite mit einbezogen wird.

Kontrollfragen

- Welche Vorteile weist die Teilkostenrechnung gegenüber der Vollkostenrechnung auf?
- Warum entspricht die Teilkostenrechnung dem Verursachungsprinzip in einem höheren Maße als die Vollkostenrechnung?
- Warum ist es im Rahmen der Teilkostenrechnung nicht möglich, einen Stückgewinn zu ermitteln? Was kann man in der Teilkostenrechnung anstelle des Stückgewinns je Kostenträger berechnen?
- Warum kann eine falsch verstandene Teilkostenphilosophie zu einem „ruinösen" Wettbewerb führen?

Verwendete und weiterführende Literatur

- *Coenenberg, A. G./Fischer, T./Günther, T.:* Kostenrechnung und Kostenanalyse, 8. Auflage, Stuttgart 2012.
- *Friedl, G./Hofmann, C./Pedell, B.:* Kostenrechnung: Eine entscheidungsorientierte Einführung, 2., überarbeitete Auflage, München 2013.
- *Kropfberger, D.:* Marketingstudien – Entscheidungsorientierte Kosten- und Erfolgsrechnung im Marketing, Linz 1983.
- *Männel, W.:* Entwicklungsperspektiven der Kostenrechnung, 4. Auflage, Lauf an der Pegnitz 1998.
- *Männel, W.:* Handbuch Kostenrechnung, Wiesbaden 1992.
- *Mussnig, W.:* Von der Kostenrechnung zum Management Accounting, Wiesbaden 1996.
- *Hummel, S./Männel, W.:* Kostenrechnung 2 – Moderne Verfahren und Systeme, 3. Auflage, Wiesbaden 1991.
- *Schweitzer, M./Küpper, H.-U.:* Systeme der Kosten- und Leistungsrechnung, 10. Auflage, München 2011.

6.3.3. Stufenweise Fixkostendeckungsrechnung

> **Lernziel**
>
> **In diesem Kapitel lernen Sie**
> - aufgrund welcher Notwendigkeit die stufenweise Fixkostendeckungsrechnung entwickelt wurde
> - wie die Verrechnungsprinzipien der stufenweisen Fixkostendeckungsrechnung funktionieren
> - welche Anwendungsmöglichkeiten die stufenweise Fixkostendeckungsrechnung bietet
> - welche Defizite und Grenzen mit dem Einsatz der stufenweisen Fixkostendeckungsrechnung verbunden sind

In den vergangenen Jahrzehnten konnte man feststellen, dass die fixen Kosten in allen Branchen rasant ansteigen. Die variablen Kosten verlieren daher, relativ gesehen, zunehmend an Bedeutung. Diese Entwicklung führte dazu, dass Unternehmen häufig hohe positive Deckungsbeiträge ausweisen konnten, nach Abzug der fixen Kosten jedoch ein veritabler Verlust hingenommen werden musste. Offensichtlich sind die gestiegenen fixen Kosten ein ganz wesentlicher Grund für die geringeren Margen.

Die fixen Kosten werden in der Teilkostenrechnung (Deckungsbeitragsrechnung) im Rahmen der Kostenträgerzeitrechnung (Periodenerfolgsrechnung) berücksichtigt. Dazu werden die Deckungsbeiträge aller Produkte zuvor addiert und die Summe der fixen Kosten des gesamten Unternehmens wird abgezogen. Dadurch erhält man das Unternehmensergebnis. Da die fixen Kosten als Summe, dh in Form eines einzigen homogenen Blocks, von den Deckungsbeiträgen abgezogen werden, ist es für das Management aufgrund der undifferenzierten Kosteninformationen nicht möglich, steuernd einzugreifen.

Die Vollkostenrechnung rechnet hingegen die fixen Kosten den einzelnen Kostenträgern differenziert zu. Problematisch ist dabei jedoch, dass die Zurechnung mittels Schlüsselung der fixen Kosten auf die Kostenträger nicht verursachungsgerecht erfolgt. Dazu folgendes Beispiel:

> **Beispiel**
>
> Eine Feuerversicherung einer Werkshalle stellt typischerweise fixe Kosten dar. Zudem stellen diese Kosten typischerweise Gemeinkosten dar. Im Rahmen der Vollkostenrechnung wird man daher zunächst diese Kosten der Hilfskostenstelle „Gebäude" zurechnen. Diese Hilfskostenstelle wird man in weiterer Folge mittels eines Umlageschlüssels (zB m²) auf die Hauptkostenstellen, die sich in diesem Gebäude befinden, umlegen. Die Leistung der Fertigungskostenstellen könnten beispielsweise über die Bezugsgröße „Fertigungsminuten" abgebildet werden.

Dies führt dazu, dass einer Maschine mit einem hohen Raumbedarf (m²) und langer Einsatzdauer (Fertigungsminuten) entsprechend ein relativ hoher Anteil der Feuerversicherung zugerechnet wird. Die für das Feuerrisiko wirklich relevanten Faktoren wie zB Wärmeentwicklung, Funkenflug beim Fertigungsschritt (zB Schweißen) etc werden hingegen nicht berücksichtigt. Zudem könnte die Feuergefahr während des Umrüstens der Maschine (wenn zB heiße Werkzeuge ausgetauscht werden) weitaus höher sein als während der Fertigungszeit. Somit wäre in diesem Fall nicht die Fertigungszeit, sondern vielmehr die Anzahl der Rüstvorgänge relevant für die Zurechnung der Feuerversicherung.

Die Teilkostenrechnung vermeidet zwar die realitätsferne Zurechnung der fixen Kosten, zahlt jedoch einen nicht minder hohen Preis dafür. Da die fixen Kosten nur in Summe (in Form eines einzigen homogenen Blocks) dem gesamten Unternehmen zugerechnet werden, leidet das Management unter einem zunehmenden Informationsmangel. Da der Block an fixen Kosten in der Regel stetig zunimmt, das Management aber keine Informationen hat, was innerhalb dieses Blocks passiert, spricht man von einem „Black-box-Syndrom".

Man steht also vor einem Informationsdilemma. Auf der einen Seite steht die Vollkostenrechnung, die offensichtlich „falsche" Steuerungsinformationen liefert. Auf der anderen Seite steht die Teilkostenrechnung, die zunehmend „irrelevante" Steuerungsinformationen liefert. Die Lösung wäre demnach eine sowohl „differenzierte" als auch „verursachungsgerechte" Zurechnung der fixen Kosten. Diesen Lösungsansatz unterstützt die stufenweise Fixkostendeckungsrechnung.

Die stufenweise Fixkostendeckungsrechnung differenziert das Unternehmen in verschiedene Ebenen. Dabei werden die Ebenen aufsteigend von unten nach oben verdichtet. Man unterscheidet aufsteigend beispielsweise die Ebenen „Produkt", „Produktgruppe", „Unternehmensbereich" und „Unternehmen". Damit wird der Forderung nach einer differenzierten Sichtweise auf die Fixkosten entsprochen.

Für die Zuordnung der fixen Kosten werden diese jedoch nicht wie in der Vollkostenrechnung geschlüsselt, sondern verursachungsgerecht zugeordnet. Dabei wird folgende Philosophie verfolgt: Man ordnet die fixen Kosten auf der tiefsten Ebene zu, auf der keine Schlüsselung notwendig ist. Man kann fixe Kosten einer Stufe dann ungeschlüsselt zuordnen, wenn die fixen Kosten bei Wegfallen der betreffenden Stufe ebenfalls wegfallen würden.

Beispiel

Ebene Produkt (unterste Ebene): Man denke etwa an eine Spezialmaschine, auf der nur ein einziges Produkt gefertigt werden kann. Eine eindeutige Zuordnung der fixen Kosten (in diesem Fall fixe Produktionskosten wie zB Abschreibung, Zinsen) ausschließlich auf dieses Produkt ist daher möglich. Da es sich bei dem Produkt um die unterste Informationsebene handelt, wird hier eine Zuordnung der fixen Kosten angestrebt.

6. Typologien von Kostenrechnungssystemen

Ebene Produktgruppe (nächst höhere Ebene): Es wird eine Werbekampagne für eine bestimmte Produktgruppe entwickelt und umgesetzt. Die damit verbundenen fixen Kosten können nicht ohne einen Verteilungsschlüssel auf das einzelne Produkt verrechnet werden. Eine verursachungsgerechte Schlüsselung auf die einzelnen Produkte ist nicht möglich. Daher wird man die fixen Kosten aus der Werbekampagne auf die gesamte Produktgruppe verrechnen.

Ebene Unternehmensbereich (nächst höhere Ebene): Es wird eine Betriebsausfallversicherung für ein bestimmtes Werk abgeschlossen. Dieses Werk stellt einen Unternehmensbereich dar. Dieser Unternehmensbereich umfasst eine Reihe verschiedener Produktgruppen, die sich wiederum aus verschiedenen Produkten zusammensetzen. Die Verteilung der Versicherungskosten auf Produktgruppen oder Produkte ist verursachungsgerecht nicht möglich. Eine Schlüsselung wird daher nicht vorgenommen, sondern die Versicherungskosten werden dem gesamten Unternehmensbereich zugerechnet.

Ebene Unternehmen (höchste Ebene): Der Vorstand eines Unternehmens bezieht sein Gehalt für seine Leistungen, die das gesamte Unternehmen betreffen. Eine verursachungsgerechte Zuordnung seiner Arbeitsleistungen (zB die Arbeitszeit für ein Bankengespräch) auf Unternehmensbereiche, Produktgruppen oder gar einzelne Produkte ist nicht möglich. Daher wird sein Gehalt der Ebene des gesamten Unternehmens zugerechnet.

Man stellt sich also zunächst die Frage, ob bestimmte fixe Kosten eindeutig (dh ohne Verteilungsschlüssel) einem Produkt (zB Produkt A) zugeordnet werden können. Ist dies für bestimmte fixe Kosten möglich, so werden diese vom Deckungsbeitrag (des Produktes A) abgezogen. Den bisher bekannten Deckungsbeitrag der Teilkostenrechnung nennt man nun Deckungsbeitrag 1, während sich nach Abzug der spezifischen fixen Kosten des Produktes (= produktfixe Kosten) ein Deckungsbeitrag 2 ergibt:

Abbildung 304: Darstellung des Deckungsbeitrages 2 in der Struktur der stufenweisen Fixkostendeckungsrechnung

Sind nun alle produktfixen Kosten für das gesamt Sortiment/Produktionsprogramm dem jeweiligen Produkt zugeordnet, so stellt man sich die Frage, ob bestimmte fixe Kosten eindeutig (dh verursachungsgerecht) einer Produktgruppe zugeordnet werden können. Jedenfalls darf man nun nicht den Fehler machen, diese fixen Kosten auf die einzelnen Produkte zu verteilen, da man sonst wieder in die Defizite der

Vollkostenrechnung zurückfallen würde. Werden etwa auf einer Maschine drei Produkte (zB A + B + C) gefertigt, so dürfen die Abschreibung und die kalkulatorischen Zinsen dieser Maschine keinesfalls auf diese drei Produkte aufgeschlüsselt werden. Allerdings lassen sich die Kosten der Produktgruppe (zB Produktgruppe I), zu der die drei Produkte gehören, zuordnen.

In diesem Fall wird man zunächst die Deckungsbeiträge 2 aller Produkte (A + B + C) dieser Produktgruppe (Produktgruppe I) zusammenzählen. Danach wird man wiederum die fixen Kosten, die sich eindeutig der Produktgruppe zuordnen lassen (also gemeinsame fixe Kosten von A + B + C), von der Summe der Deckungsbeiträge 2 (A + B + C) abziehen. Die folgende Grafik zeigt den Vorgehensschritt, wobei der vorhergehende Arbeitsschritt für Produkt A grau unterlegt ist:

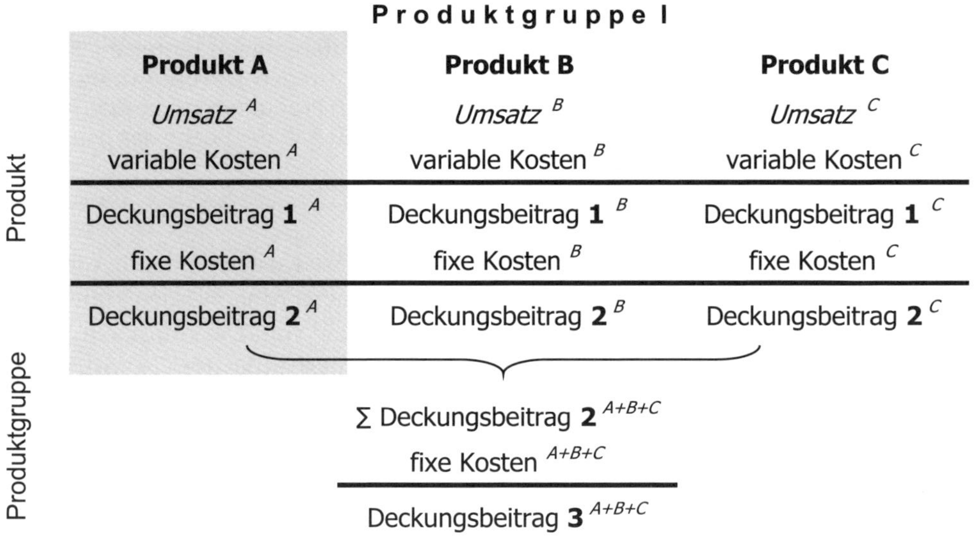

Produktgruppe I

	Produkt A	**Produkt B**	**Produkt C**
Produkt	Umsatz ^{A}	Umsatz ^{B}	Umsatz ^{C}
	variable Kosten ^{A}	variable Kosten ^{B}	variable Kosten ^{C}
	Deckungsbeitrag 1 ^{A}	Deckungsbeitrag 1 ^{B}	Deckungsbeitrag 1 ^{C}
	fixe Kosten ^{A}	fixe Kosten ^{B}	fixe Kosten ^{C}
	Deckungsbeitrag 2 ^{A}	Deckungsbeitrag 2 ^{B}	Deckungsbeitrag 2 ^{C}
Produktgruppe		Σ Deckungsbeitrag 2 $^{A+B+C}$	
		fixe Kosten $^{A+B+C}$	
		Deckungsbeitrag 3 $^{A+B+C}$	

Abbildung 305: Darstellung des Deckungsbeitrages 3 in der Struktur der stufenweisen Fixkostendeckungsrechnung

Wie aus der Grafik ersichtlich wird, erhält man nach Abzug der produktgruppenfixen Kosten von der Summe aller Deckungsbeiträge 2 den so genannten Deckungsbeitrag 3 auf Ebene der gesamten Produktgruppe. Diesen Arbeitsschritt führt man für alle Produktgruppen durch.

In weiterer Folge stellt man sich die Frage, ob bestimmte fixe Kosten einem Unternehmensbereich eindeutig zuordenbar sind. Ist dies der Fall, wird man die Deckungsbeiträge 3 aller Produktgruppen, die einem Unternehmensbereich zugerechnet werden können, zusammenzählen und die fixen Kosten dieses Unternehmensbereiches den entsprechenden Deckungsbeiträgen gegenüberstellen. In diesem Fall erhält man, wie die folgende Grafik zeigt, den Deckungsbeitrag 4 auf Ebene des Unternehmensbereichs. Der zuvor durchgeführte Arbeitsschritt ist wiederum grau unterlegt.

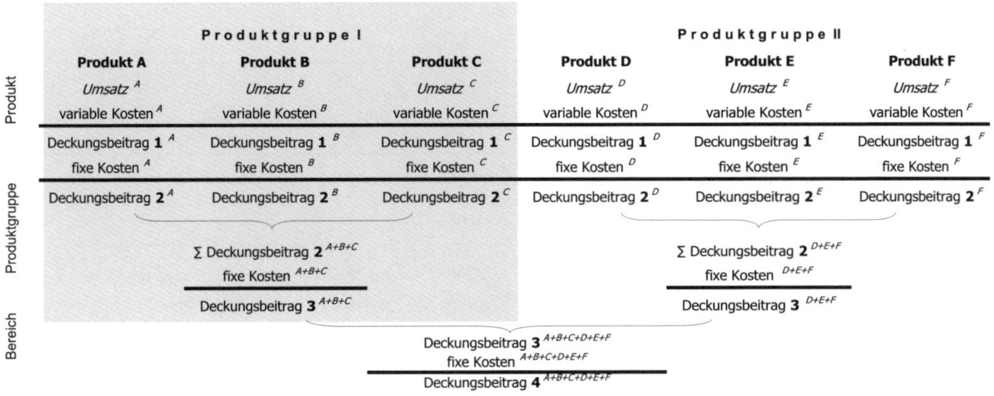

6. Typologien von Kostenrechnungssystemen

	Produktgruppe I			**Produktgruppe II**		
	Produkt A	Produkt B	Produkt C	Produkt D	Produkt E	Produkt F
Produkt	Umsatz ^{A} variable Kosten ^{A}	Umsatz ^{B} variable Kosten ^{B}	Umsatz ^{C} variable Kosten ^{C}	Umsatz ^{D} variable Kosten ^{D}	Umsatz ^{E} variable Kosten ^{E}	Umsatz ^{F} variable Kosten ^{F}
	Deckungsbeitrag 1 ^{A} fixe Kosten ^{A}	Deckungsbeitrag 1 ^{B} fixe Kosten ^{B}	Deckungsbeitrag 1 ^{C} fixe Kosten ^{C}	Deckungsbeitrag 1 ^{D} fixe Kosten ^{D}	Deckungsbeitrag 1 ^{E} fixe Kosten ^{E}	Deckungsbeitrag 1 ^{F} fixe Kosten ^{F}
Produktgruppe	Deckungsbeitrag 2 ^{A}	Deckungsbeitrag 2 ^{B}	Deckungsbeitrag 2 ^{C}	Deckungsbeitrag 2 ^{D}	Deckungsbeitrag 2 ^{E}	Deckungsbeitrag 2 ^{F}
	∑ Deckungsbeitrag 2 $^{A+B+C}$ fixe Kosten $^{A+B+C}$ Deckungsbeitrag 3 $^{A+B+C}$			∑ Deckungsbeitrag 2 $^{D+E+F}$ fixe Kosten $^{D+E+F}$ Deckungsbeitrag 3 $^{D+E+F}$		
Bereich	Deckungsbeitrag 3 $^{A+B+C+D+E+F}$ fixe Kosten $^{A+B+C+D+E+F}$ Deckungsbeitrag 4 $^{A+B+C+D+E+F}$					

Abbildung 306: Darstellung des Deckungsbeitrages 4 in der Struktur der stufenweisen Fixkostendeckungsrechnung

Dieser Prozess wiederholt sich wiederum auf der Ebene des gesamten Unternehmens. Es werden dazu die Deckungsbeiträge aller Unternehmensbereiche addiert und davon werden jene fixen Kosten abgezogen, die sich nur dem gesamten Unternehmen zuordnen lassen. Die fixen Kosten, die sich nur dem gesamten Unternehmen zuordnen lassen, nennt man „Overheads". Nach Abzug der Overheads erhält man den Deckungsbeitrag 5 für das gesamte Unternehmen. Dieser entspricht dem Ergebnis (Gewinn oder Verlust) des gesamten Unternehmens.

Wie aus der Vorgehensweise ersichtlich wird, handelt es sich um einen stufenweisen Ausweis der Ergebnisstruktur eines Unternehmens. Das Management erhält durch den mehrstufigen Aufbau einen differenzierten Einblick sowohl in die Kosten- als auch in die Leistungsstruktur des Unternehmens. Daher bezeichnet man das Konzept auch als stufenweise Fixkostendeckungsrechnung oder Deckungsbeitragsrechnung. Jedenfalls handelt es sich im Gegensatz zur Teilkostenrechnung (auch einstufige Deckungsbeitragsrechnung genannt) um ein mehrstufiges Modell, das einer „umgedrehten Pyramide" ähnelt.

	Produkte							
	1	2	3	4	5	6	7	8
Umsatzerlöse	100	210	160	360	420	260	310	190
– var Kosten der abgesetzten Menge	80	140	110	230	310	205	130	80
DB I – Produktartenfixkosten	20	70	50	130	110	55	180	110
	0	80	10	40	20	0	70	40
DB II – Produktgruppenfixkosten	20	–10	40	90	90	55	110	70
	70		25		0	65		0
DB III – Bereichsfixkosten	–60		105		90	100		70
		60			20		55	
DB IV – Fixkosten des Gesamtbetriebes		–15			70		115	
					150			
DB V = **Betriebsergebnis**					20			

Abbildung 307: Pyramidaler Aufbau der stufenweisen Fixkostendeckungsrechnung

Aufgrund des stufenweisen Aufbaus ist es nun dem Management möglich, negative Beiträge innerhalb der Ergebnisstruktur zu erkennen und daraus die entsprechenden Fragestellungen, Erkenntnisse und Steuermaßnahmen abzuleiten. In der obigen Grafik erkennt man, dass aufgrund negativer Deckungsbeiträge des Produktes 2 der Beitrag der ersten Produktgruppe und in weiterer Folge des ersten Unternehmensbereichs negativ wird. Erst durch die Deckungsbeiträge der Bereiche 2 und 3 kann das Ergebnis positiv gehalten werden.

Wesentlich in diesem Zusammenhang ist noch zu erwähnen, dass die obige Struktur keine Doktrin darstellt. Es ist möglich und oft auch sinnvoll, die vorgeschlagene Struktur an die jeweiligen Gegebenheiten und Informationsanforderungen des Managements anzupassen. Die Ebenen sind in diesem Sinne je nach Herausforderungen frei zu gestalten, wie die folgende Grafik anhand der Informationspyramide für zwei Optionen zeigt:

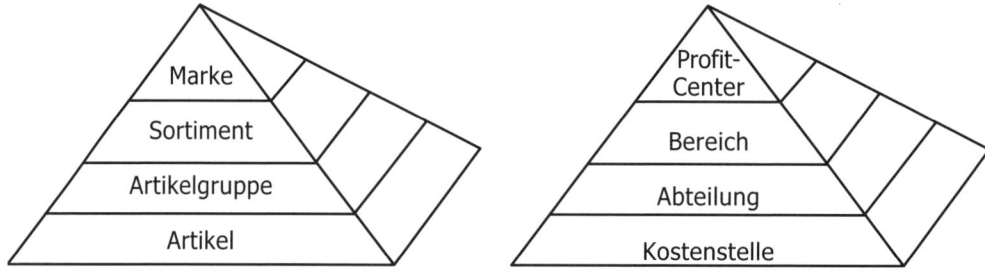

Abbildung 308: Informationspyramiden im Rahmen der stufenweisen Fixkostendeckungsrechnung

6. Typologien von Kostenrechnungssystemen

Durch den stufenweisen Ausweis der Ergebnisstruktur eines Unternehmens wurde die mehrstufige Deckungsbeitragsrechnung zum bevorzugten Instrument der Profit-Center-Abrechnung und Steuerung. **Profit Center** sind Unternehmensbereiche mit Ergebnisverantwortung. Es handelt sich quasi um Unternehmen im Unternehmen, die selbst für ihre eigenen Kosten und Erlöse verantwortlich sind. Als Steuergröße eines Profit Centers dient dessen spezifischer Deckungsbeitrag.

Man stelle sich etwa folgendes Unternehmen vor: Es besteht aus zwei Profit Center. Zu Profit Center PC1 gehören die Produktgruppen PG1 und PG2. Profit Center PC2 besteht lediglich aus der Produktgruppe PG3. Jede dieser Produktgruppen besteht aus einzelnen Produkten. Bei Produktgruppe PG1 sind dies Produkte A und B, bei Produktgruppe PG2 die Produkte C, D, E und bei Produktgruppe PG3 die Produkte F, G, H. Die folgende Grafik gibt zu der Produktstruktur einen Überblick.

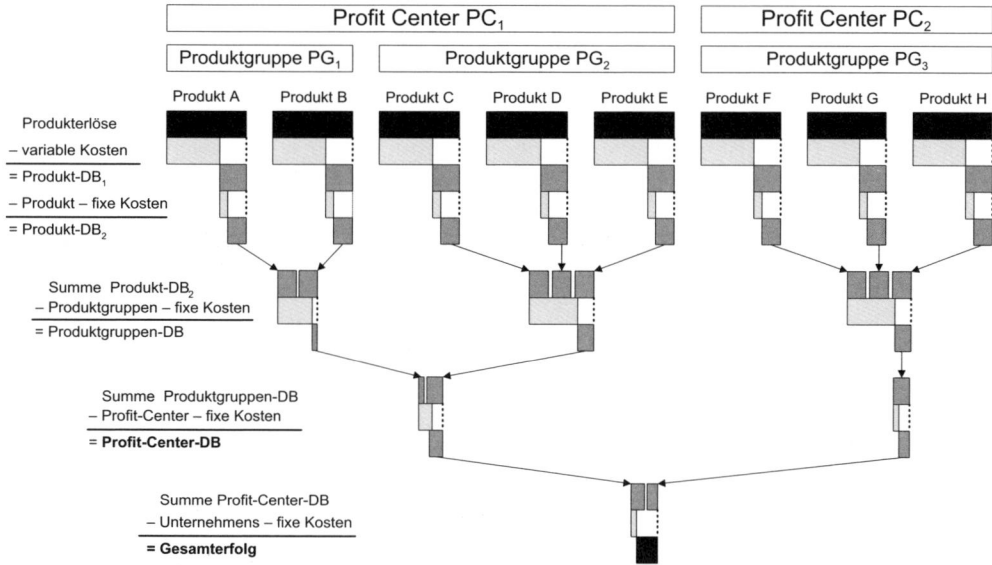

Abbildung 309: Überblick über die Produkt- und Profit-Center-Struktur

Durch die mehrstufige Deckungsbeitragsrechnung lässt sich nun die Zusammensetzung des Gesamterfolgs bis auf die Produktebene zurückverfolgen. Die Profit-Center-Leiter können nun feststellen, welches ihrer Produkte inwieweit zum Profit-Center-DB beiträgt, und durch entsprechende absatz- und beschaffungsseitige Maßnahmen einzelne Produkte forcieren oder zurücknehmen. Für den Leiter eines Profit Centers ergeben sich daher folgende Fragestellungen aufgrund der Ergebnisstruktur der stufenweisen Fixkostendeckungsrechnung:

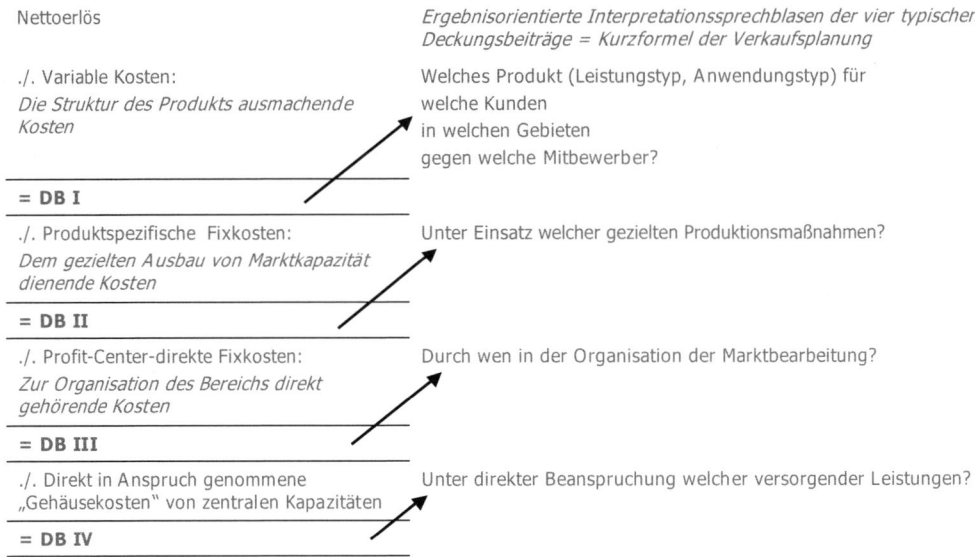

Abbildung 310: Fragestellungen aufgrund der Auswertungen einer stufenweisen Fixkostendeckungsrechnung

Zusammenfassend lassen sich die **Vorteile der stufenweisen Fixkostendeckungsrechnung** folgendermaßen skizzieren:

Steuerung und Abrechnung von Profit Center

Wie die obige Grafik zeigt, können mit Hilfe der stufenweisen Fixkostendeckungsrechnung unterschiedliche Fragen gestellt werden. Jedenfalls ist es mit Hilfe der Rechnung möglich, Profit Center zu steuern und abzurechnen.

Ansatzpunkt für Strategiediskussionen

Die stufenweisen Fixkostendeckungsrechnung gibt Hilfestellung bei Beantwortung der Frage, welche Produkte oder Produktgruppen wenig (viel) zum Gesamterfolg beitragen und deshalb unter Umständen eliminiert (forciert) werden sollen. Allerdings reichen die Daten aus der mehrstufigen DBR nicht als alleinige Entscheidungsgrundlage aus, da auch andere strategische Überlegungen mit einzubeziehen sind. Jedenfalls stellt die stufenweise Fixkostendeckungsrechnung einen guten Ausgangspunkt für Strategiediskussionen dar.

Wirtschaftlichkeitsvergleich und Betriebsvergleich

Bei einem produktionsorientierten Aufbau der stufenweisen Fixkostendeckungsrechnung lassen sich auch Aussagen über die Wirtschaftlichkeit einzelner Abteilungen, Bereiche, Standorte und dergleichen treffen.

Zusammenfassend lassen sich die **Nachteile der stufenweisen Fixkostendeckungsrechnung** folgendermaßen skizzieren:

Steuerungsgrenzen bei einem sehr breiten Produktsortiment

Erzeugt und vertreibt ein Unternehmen hunderte Produkte bzw Dienstleistungen, so ist die Durchführung einer stufenweisen Fixkostendeckungsrechnung sehr komplex. Die Übersichtlichkeit geht in diesem Fall verloren.

Steuerungsprobleme bei kurzen Lebenszyklen

Weist das Produktsortiment eines Unternehmens eine hohe Dynamik auf, so dass laufend neue Produkte aufgenommen, andere Produkte eliminiert, Produktvariationen entwickelt werden etc, ist es sehr aufwendig, die Struktur der stufenweisen Fixkostendeckungsrechnung aufrecht zu erhalten. Zudem geht die Vergleichbarkeit mit den Vorperioden verloren.

Remanenzen beim Abbau der fixen Kosten

Wird aufgrund negativer Deckungsbeiträge tatsächlich ein Produkt eliminiert, so bedeutet dies nicht, dass die damit verbundenen fixen Kosten automatisch wegfallen. Diese werden meist nur zeitverzögert (zB aufgrund von Vertragsbindungen etc) oder uU gar nicht wegfallen.

Steuerungsdefizite bei Sortimentsverbünden

Weist ein Produkt einen negativen Deckungsbeitrag aus und können die damit verbundenen fixen Kosten tatsächlich kurzfristig abgebaut werden, so bedeutet dies nicht, dass das Produkt tatsächlich eliminiert werden kann. Dies ist beispielsweise dann der Fall, wenn es einen Absatzverbund mit einem anderen Produkt gibt, das durchaus einen positiven Deckungsbeitrag aufweist.

Steuerungsdefizite bei neu entwickelten Produkten

Ein negativer Deckungsbeitrag eines Produktes bedeutet nicht automatisch, dass man dieses Produkt in Frage stellen muss. Beispielsweise wird ein neu entwickeltes Produkt am Beginn seines Lebenszyklus häufig geringe oder uU negative Deckungsbeiträge ausweisen. In diesem Fall wird man dem Produkt noch Zeit geben müssen, sich am Absatzmarkt zu entwickeln, bevor man es zu früh in Frage stellt.

Erfassungs- und informationstechnischer Aufwand

Im Rahmen der klassischen Voll- bzw Teilkostenrechnung müssen lediglich pro Geschäftsfall die Kostenarten und die Kostenstellen (bzw bei Einzelkosten die Kostenträger) erfasst werden. Im Rahmen der stufenweisen Fixkostendeckungsrechnung müssen zudem die verschiedenen Informationsebenen (Produkte, Produktgruppen, Unternehmensbereiche) erfasst werden. Dies erhöht den Erfassungsaufwand. Zudem sind komplexere Softwareprodukte für die Abrechnung erforderlich.

Fallbeispiel

Ausgangsdaten

Die Tiger GmbH erzeugt Polituren für Parkett- und Steinböden. Der Verkauf erfolgt an Baumärkte in Österreich, der Schweiz und in Süddeutschland. Für die drei Regionen ergeben sich laut Kostenrechnung folgende Werte (in 1.000 Euro):

Politur	Österreich		Schweiz		Süddeutschland	
	Parkett	Stein	Parkett	Stein	Parkett	Stein
Erlöse	1.350	850	925	710	540	240
variable Kosten	810	637,5	878,75	497	486	168

Abbildung 311: Darstellung der Erlös- und Kostenstruktur des Fallbeispiels

An Lizenzgebühren für die Erzeugung der Steinbodenpolitur fallen für Österreich Fixkosten von € 81.000,–, für die Schweiz von € 63.000,– und für Süddeutschland von € 36.000,– an.

Die Personalkosten betragen in Österreich € 150.000,–, in der Schweiz € 200.000,– und Süddeutschland € 120.000,–. Mit den in der Erzeugung anfallenden Fixkosten wird Österreich mit € 80.000,–, die Schweiz mit € 63.000,– und Süddeutschland mit € 37.000,– belastet. Für spezielle Marketingmaßnahmen zur Markteinführung der Polituren in Süddeutschland wurden € 30.000,– aufgewendet. Die Unternehmensfixkosten betragen € 185.000,–.

Aufgabenlösung

	Österreich		Schweiz		Süddeutschland	
	Parkett	Stein	Parkett	Stein	Parkett	Stein
Erlöse	1.350,00	850,00	925,00	710,00	540,00	240,00
– variable Kosten	810,00	637,50	878,75	497,00	486,00	168,00
DB I	540,00	212,50	46,25	213,00	54,00	72,00
– Erzeugnisfixkosten		81,00		63,00		36,00
DB II	540,00	131,50	46,25	150,00	54,00	36,00
Summe DB II	671,50		196,25		90,00	
– Personalkosten	150,00		200,00		120,00	
– Erzeugungsfixkosten	80,00		63,00		37,00	
– Marketingfixkosten					30,00	
DB III	441,50		–66,75		–97	
Summe DB III	277,75					
– Unternehmensfixkosten	185,00					
Gewinn	92,75					

Abbildung 312: Darstellung der Ergebnisse der stufenweisen Fixkostendeckungsrechnung des Fallbeispiels

Interpretation der Ergebnisse

Das Ergebnis des Unternehmens ist positiv. Allerdings weisen die Vertriebsregionen Schweiz und Süddeutschland einen negativen Deckungsbeitrag III auf. In der Vertriebsregion Schweiz ist dies auf die überproportional hohen Personalkosten zurückzuführen. Für die Vertriebsregion Süddeutschland ist der negative Deckungsbeitrag primär auf die verhältnismäßig geringen Verkaufserlöse zurückzuführen. Zudem wird der Deckungsbeitrag noch mit einmaligen Markteinführungskosten belastet. Da sich diese Vertriebsregion in der Aufbauphase befindet, müsste für etwaige Managemententscheidungen jedenfalls noch zugewartet werden.

Wissen kompakt

Stufenweise Fixkostendeckungsrechnungen bauen darauf auf, dass Unternehmen in verschiedene Ebenen differenziert sind. Je Ebene werden die zurechenbaren Fixkosten erfasst und die Deckungsbeiträge berechnet. Die Deckungsbeiträge der einzelnen Ebenen werden aufsteigend von unten nach oben verdichtet, so dass am Ende nach Abzug der Unternehmensfixkosten ein Unternehmensergebnis ermittelt werden kann.

Profit Center sind Unternehmensbereiche mit Ergebnisverantwortung. Es handelt sich quasi um Unternehmen im Unternehmen, die selbst für ihre eigenen Kosten und Erlöse verantwortlich sind. Als Steuergröße eines Profit Centers dient dessen spezifischer Deckungsbeitrag.

Overheads sind fixe Kosten, die sich nur dem gesamten Unternehmen zuordnen lassen.

Deckungsbeitragsstrukturen sind der stufenweise Ausweis der Ergebnisstruktur eines Unternehmens. Das Management erhält durch den mehrstufigen Aufbau einen differenzierten Einblick sowohl in die Kosten- als auch in die Leistungsstruktur des Unternehmens.

Kontrollfragen

- Was versteht man im Zusammenhang mit der Teilkostenrechnung unter einem „Black-box"-Syndrom und warum wird dieses Problem zunehmend problematisch?
- Nach welchen Ebenen differenziert die stufenweise Fixkostendeckungsrechnung die fixen Kosten eines Betriebes? Welche alternativen Strukturen können Sie sich vorstellen?
- Inwiefern liefert die stufenweise Fixkostendeckungsrechnung Ansatzpunkte für eine strategische Diskussion?

Verwendete und weiterführende Literatur

- *Coenenberg, A. G./Fischer, T./Günther, T.*: Kostenrechnung und Kostenanalyse, 8. Auflage, Stuttgart 2012.

- *Däumler, K.-D.; Grabe, J.:* Kostenrechnung 2 – Deckungsbeitragsrechnung, 10. Auflage, Berlin 2013.
- *Friedl, G./Hofmann, C./Pedell, B.:* Kostenrechnung: Eine entscheidungsorientierte Einführung, 2., überarbeitete Auflage, München 2013.
- *Hummel, S./Männel, W.:* Kostenrechnung 2 – Moderne Verfahren und Systeme, 3. Auflage, Wiesbaden 1991.
- *Seicht, G.:* Moderne Kosten- und Leistungsrechnung, 11. Auflage, Wien 2001.
- *Schweitzer, M./Küpper, H.-U.:* Systeme der Kosten- und Leistungsrechnung, 10. Auflage, München 2011.
- *Witt, F.-J.:* Deckungsbeitrags-Management, München 2001.

Abschnitt F – Kostenanalyse

1. Kosteninformationen im Rahmen der Kostenanalyse

> **Lernziel**
>
> **In diesem Kapitel lernen Sie**
> - welche Effekte die Informationsverarbeitung und -auswertung verzerren können
> - welche Ursachen für Kostenabweichungen es geben kann
> - welche Fragen man im Zusammenhang mit Kostenabweichungen stellen sollte
> - welche Konsequenzen bestimmte Kostenabweichungen für das Ergebnis haben

1.1. Die Kostenrechnung als Grundlage der Kostenanalyse

Das Kostenrechnungssystem stellt die Grundlage jeder Kostenanalyse dar. Folglich bestimmt die Qualität des Kostenrechnungssystems a priori die Qualität der darauf aufbauenden Kostenanalyse. Liefert das Kostenrechnungssystem oder bereits dessen Zuliefersysteme Informationen mangelnder Qualität, so muss die Kostenanalyse selbst bei hoher Qualifikation des Analysierenden notwendigerweise zu Fehlinterpretationen führen.

> **Beispiel**
>
> Ein Kostenrechnungssystem beruht auf einem Kostenartenplan, der keine eindeutige Zuordnung von Geschäftsfällen zulässt. Beispielsweise werden Reparaturrechnungen sowohl auf Instandhaltungskosten als auch auf Wartungskosten gebucht. Erfolgt die Buchung willkürlich, verliert die folgende Kostenanalyse völlig an Aussagekraft. Durch die willkürliche Buchung kommt es zu Schwankungen in der Kostenhöhe der jeweiligen Kostenposition. Diese Schwankungen sind jedoch nicht auf tatsächliche Kostenentwicklungen, sondern vielmehr auf das Buchungsverhalten der Finanzbuchhalter zurückzuführen. Fehlinterpretationen und daraus folgende Fehlentscheidungen sind die logische Konsequenz.

Wie man anhand der folgenden Grafik noch sehen wird, bedingt selbst eine hohe Qualität an Kosteninformationen noch nicht unbedingt „optimale" Entscheidungen. Es gibt viele Einflussfaktoren auf das Entscheidungsverhalten des Managements. Verzerrte Informationen verhindern jedoch situativ „richtige" Entscheidungen des Managements. In diesem Sinne könnte man formulieren: Qualitativ hochwertige Informationen sind eine notwendige, aber noch keine hinreichende Bedingung für qualitativ hochwertige Entscheidungen!

Diese Überlegung zeigt sich anhand der folgenden Grafik. Es gibt offensichtlich eine Reihe von Filtern, die im negativen Sinne sehr wirksam sein können, bevor das Management zu einer Entscheidung kommt. Solche Filter werden im Rahmen der Informationsbeschaffung, der Informationsübermittlung, der Informationsverarbeitung und der Informationsauswertung wirksam.

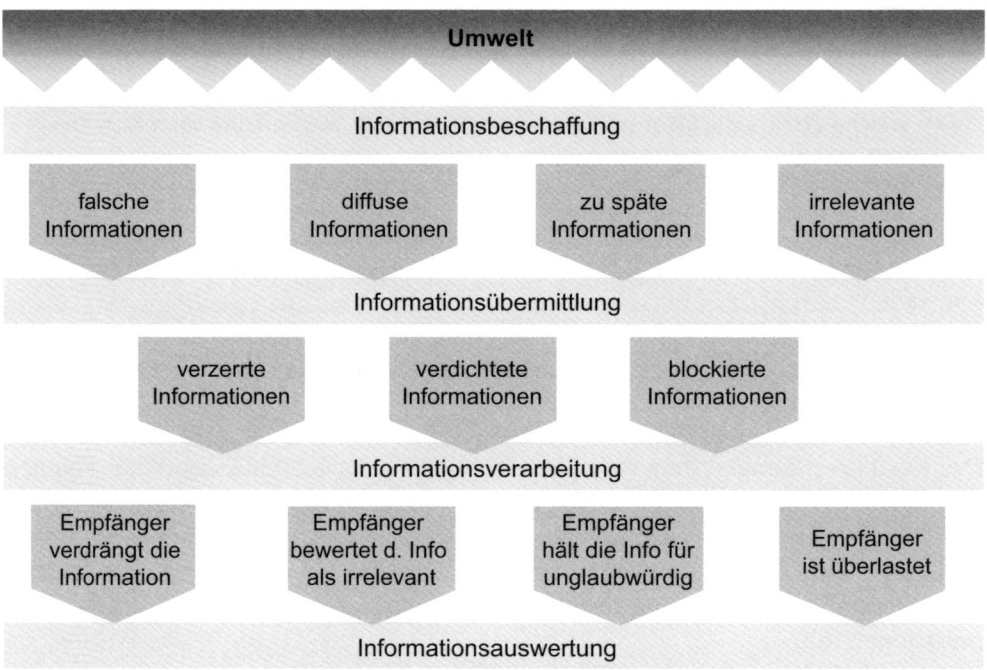

Abbildung 313: Von der Informationsbeschaffung zur Informationsauswertung

Informationen aus Kostenrechnungssystemen stellen zweifelsohne eine wichtige Basis für unternehmerische Entscheidungen dar. Allerdings ist eine objektive Informationsbasis letztlich für situationsabhängig (situativ) optimale Entscheidungen nicht ausreichend. Dazu bedarf es weiterer wesentlicher Faktoren. Ansonsten wäre es möglich, in einem Computer die verfügbaren Informationen einzugeben und eine „maschinell erstellte" optimale Entscheidung zu erhalten. Komplexe Managemententscheidungen können jedoch logischerweise nicht von Computern getroffen und umgesetzt werden. Dazu bedarf es immer noch (und soweit absehbar noch auf viele Jahre) Personen, die Entscheidungen begründen.

Aus diesem Grunde kann ein Kostenrechnungssystem keine Garantie dafür sein, dass ein Unternehmen keine suboptimalen Entscheidungen treffen und nicht in eine Krise geraten kann. Zudem kann ein Unternehmen, das sich in einer schwierigen strategischen Position befindet, seine Ertragssituation mit Hilfe eines Kostenrechnungssystems nicht nachhaltig verbessern. Zunächst muss die ungünstige strategische Position verändert werden, damit sich die Ertragssituation wesentlich und nachhaltig verbessern kann.

1.2. Ursachen von Kostenabweichungen

Ziel der Kostenanalyse ist die Identifikation und Bewertung von Kostenabweichungen. Hinsichtlich der Identifikation von Kostenabweichungen stellen sich zunächst zwei grundsächliche Fragen:

- Ist es überhaupt zu einer Kostenabweichung gekommen?
- Warum ist es zur Kostenabweichung gekommen?

Die Fragen mögen sich zwar einfach anhören, in der Praxis stellt sich jedoch sehr schnell heraus, dass diese Fragen nicht so einfach zu beantworten sind. Werden beispielsweise mehr Produkte produziert und abgesetzt als geplant, so bedingt dies notwendigerweise einen Anstieg der variablen Kosten. Wenn man mehr leistet, dürfen auch die angefallenen Kosten höher sein als ursprünglich geplant. Wenn man hingegen weniger leistet, dann müssen die angefallenen Kosten auch niedriger sein, als sie ursprünglich geplant wurden.

Dementsprechend wäre ein Vergleich zwischen den ursprünglich geplanten Kosten (Plan-Kosten) und den tatsächlich angefallenen Kosten (Ist-Kosten) unzulässig. In der folgenden Grafik sind tatsächlich weniger Stück produziert worden, als ursprünglich geplant wurde.

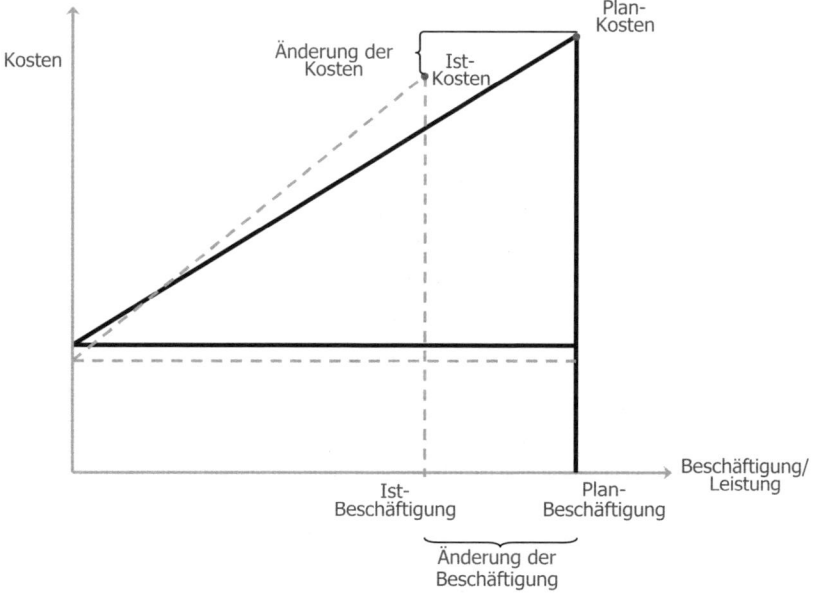

Abbildung 314: Unzulässiger Vergleich zwischen Plan- und Ist-Kosten

Man müsste für einen gültigen Vergleich die ursprünglich geplanten variablen Kosten auf die niedrigere Beschäftigung anpassen (also auf die niedrigere Stückzahl), um einen aussagekräftigen Vergleich durchführen zu können. Die an die tatsächliche Beschäftigung angepassten Kosten nennt man **Soll-Kosten**. Die Frage, ob es nun zu einer Kostenüberschreitung gekommen ist, lässt sich daher korrekt nur durch einen Vergleich der Soll-Kosten mit den Ist-Kosten beantworten.

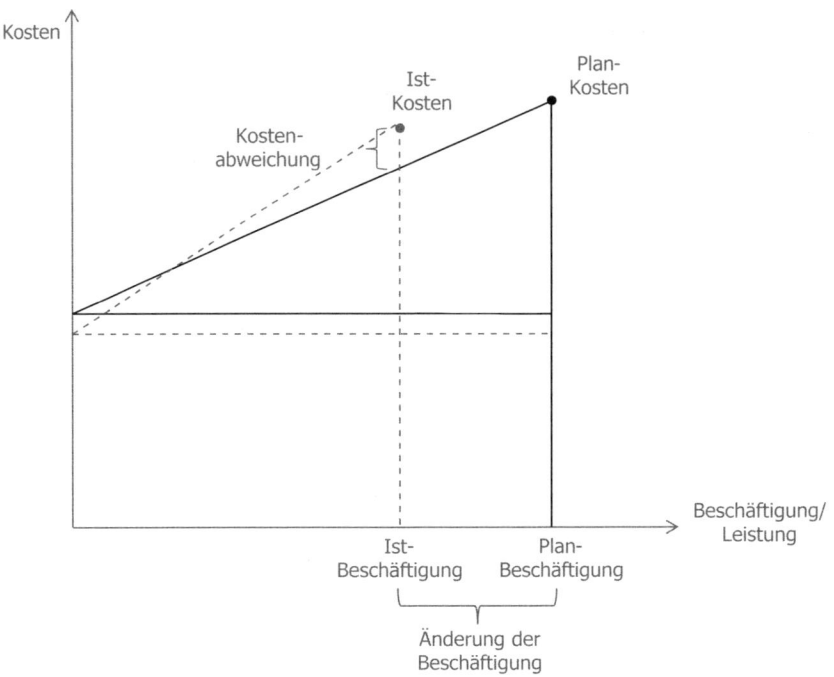

Abbildung 315: Korrekter Vergleich zwischen Soll- und Ist-Kosten

Die Soll-Kosten sind demnach die Plan-Kosten auf Basis der Ist-Beschäftigung. Da man die tatsächlich erreichte Beschäftigung (Ist-Beschäftigung) zum Zeitpunkt der Planung noch nicht kennt, werden die geplanten Kosten für die Berechnung der Abweichung auf die Ist-Beschäftigung angepasst. Dadurch ist es auch möglich, höhere Kosten auszuweisen, ohne dass es zu einer Kostenabweichung kommt. Dies ist dann der Fall, wenn auch mehr produziert wurde.

Viele Unternehmen vergleichen in ihren Budgetberichten jedoch die ursprünglichen Plan-Kosten mit den Ist-Kosten. Da sie das höhere oder niedrigere Beschäftigungsniveau nicht in der Kostenanalyse berücksichtigen, also ausschließlich die Kostenänderung ohne die Beschäftigungsänderung analysieren, werden die Kostenabweichungen falsch interpretiert.

Warum kommt es nun zu Kostenüberschreitungen? Es gibt eine unüberblickbare Zahl an Gründen, warum es zu Kostenüberschreitungen kommt. Die Erfahrung zeigt jedoch, dass der Hauptgrund für Kostenüberschreitungen selten Verschwendungssucht oder Schlamperei sind, sondern vielmehr das Nichtberücksichtigen von Folgekosten einzelner Entscheidungen. Solche Entscheidungen sind meist nicht abgestimmt mit den Zielen des Unternehmens (sofern es diese überhaupt gibt). Dadurch versucht in der Regel jeder Mitarbeiter sein Bestes und trifft Entscheidungen, die zwar aus seiner Perspektive optimal scheinen, aber nicht auf einander abgestimmt sind. Dadurch versinkt das Unternehmen notwendigerweise in einem Problemschlamm nicht mehr integrierbarer Einzelmaßnahmen und eines Tages findet man sich dann in einem Sumpf von Sachzwängen.

Folgekosten werden allerdings nicht unbedingt nur von jenen Entscheidungen verursacht, die Flops sind, sondern es sind jene Dinge, die einfach weiterlaufen, durchschnittlich sind, Beschäftigung bieten und zur vermeintlich notwendigen Routine gezählt werden. Dabei unterschätzt das Management aber die kumulative Wirkung solcher Entscheidungen. Hinzu kommt dann noch die kumulative Wirkung von Kostenabweichungen, die aufgrund der meist linearen Denkweise vieler Manager in ihrer meist exponentiellen Entwicklung unterschätzt wird.

Als ein typisches Muster dieses Phänomens zeigt sich dies bei Unternehmen, die mit immer mehr Umsatz immer geringere Ergebnisse erzielen. Verluste werden dann nicht trotz Umsatzsteigerung erzielt, sondern häufig wegen der Umsatzsteigerung. Der Grund liegt darin, dass das Unternehmen organisatorisch das Wachstum nicht verkraftet.

1.3. Analyse von Kostenabweichungen

Die Analyse von Kostenabweichungen schließt eine Reihe von Fragestellungen mit ein, die notwendig sind, um den aktuellen Abweichungen gegenzusteuern und zukünftig diese Abweichungen vermeiden zu können. Selbstverständlich beziehen sich solche Fragestellungen auf die Gründe für die Kostenabweichung. Dabei sollte man möglichst die Symptomebene verlassen und besonders tiefgehend die Gründe suchen. Folgende Problemanalyse soll dazu als Beispiel dienen:

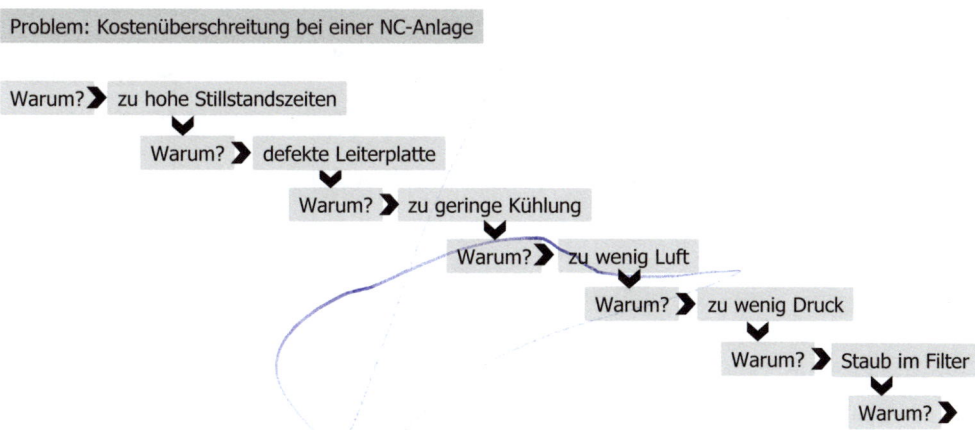

Abbildung 316: Problemanalyse zu Kostenabweichungen

Abschnitt F – Kostenanalyse

Darüber gilt es noch weitere Fragen zu stellen, um die jeweilige Kostenabweichung einschätzen zu können. Als mögliche Fragestellungen sollen die folgenden dienen:

- Ist die Abweichung für das Gesamtergebnis der Abteilung oder des Unternehmens kritisch hinsichtlich ihres Umfangs und Ausmaßes?
- Handelt es sich um eine einmalige und nachhaltige Kostenüberschreitung?
- Ist die Abweichung noch während der Abrechnungsperiode (Quartal, Jahr) kompensierbar bzw innerhalb welchen Zeitraums kann das Budget wieder in der Vorgabe liegen?
- Handelt es sich um eine beeinflussbare extern oder intern verursachte Abweichung?
- Hat die konkrete Budgetabweichung Auswirkungen auf andere Budgets?
- Wie können zukünftig solche Abweichungen verhindert oder zumindest schneller identifiziert werden?

1.4. Bewertung von Kostenabweichungen

Kostenabweichungen sollten nicht nur nach ihren Entstehungsgründen analysiert, sondern in weiterer Folge hinsichtlich ihrer Konsequenzen bewertet werden. Wie können nun Kostenabweichungen hinsichtlich ihrer Folgen auf den Betriebserfolg bewertet werden? Grundsätzlich ist davon auszugehen, dass man sich primär auf die großvolumigen Kostenpositionen konzentriert. Wie die Erfahrung zeigt, wird aber häufig über „unwichtige", da konsequenzlose, Abweichungen sehr intensiv diskutiert. Die dafür investierte Zeit, Energie und die damit verbundenen Kosten betragen dann oft ein Vielfaches von dem, was die ursprüngliche Abweichung ausmacht.

KOA-Nr	Kostenart	Kostenanteil	
101	Materialkosten	35,00 %	←
102	Wasser, Kanal etc	0,02 %	
103	Strom	0,42 %	
104	Brennstoffe	0,00 %	
105	Betriebs- und Hilfsstoffe	0,34 %	
106	Fremdleistungen	12,72 %	←
107	Leistungslöhne	28,23 %	←
108	Leistungsprämien	0,00 %	
109	Taggelder	1,36 %	←
110	Gehälter	6,14 %	←
111	Lehrlingsentschädigung	0,57 %	
112	Freiwilliger Sozialaufwand	0,23 %	
113	Aus- und Weiterbildung	0,06 %	
114	kalkulatorische Abschreibung	2,48 %	

85 % der gesamten Kosten

115	Geringwertige Wirtschaftsgüter	0,50 %
116	Instandhaltungskosten	2,04 %
117	Müllentsorgung	0,69 %
118	Fahrtkosten	0,84 %
119	Telefon und Internet	0,20 %
120	Miete und Leasing	0,99 %
121	Provisionen	0,39 %
122	Bürobedarf	0,10 %
123	Werbekosten	0,65 %
124	Versicherungskosten	1,05 %
125	Rechts- und Beratungskosten	1,80 %
126	Gebühren, Steuern und Beiträge	1,67 %
127	kalkulatorische Wagnisse	0,09 %
128	sonstige Kosten	0,59 %
129	Zinskosten	0,84 %

Abbildung 317: Beispielhafte Kostenstruktur eines Unternehmens

Das Praxisbeispiel für ein Produktionsunternehmen in obiger Abbildung zeigt ein häufig anzutreffendes Bild. In diesem konkreten Fall verursachen das Material und das Personal ca 85 % der Gesamtkosten.

Für die Kostenanalyse gilt auch die häufig zitierte Erkenntnis „Lieber ungefähr richtig als genau falsch". Dies bedeutet, dass man sich nicht zu sehr im Detail verlieren darf. Es gilt die großen Zusammenhänge zu erkennen, die Kommastellen sind nicht wirklich von existenzieller Bedeutung für das Unternehmen.

Es gibt auch in diesem Zusammenhang offensichtlich einen Grenznutzen der Kostenanalysen. Dies bedeutet, dass man zu einem bestimmten Zeitpunkt die Analysen abschließen und zu Handlungen kommen muss. In diesem Sinne kann man sich die „Gewinne nicht ausrechnen", man muss sie realisieren!

Praktische Relevanz

Vielfach werden Kostenrechnungssysteme heute in der praktischen Anwendung nicht effektiv eingesetzt. Kostenrechner sitzen häufig in ihren Büros und extrahieren Zahlen aus Berichten, die über ihren Tisch gehen, und ziehen Schlussfolgerungen für ihr Unternehmen, das sie im Grunde häufig nicht verstehen. Viele Controller verstehen die logistischen oder fertigungstechnischen Prozesse nicht im Detail und können daher auch nicht wirklich Hilfestellungen zu nachhaltigen Verbesserungen geben.

Abschnitt F – Kostenanalyse

Viele Berichte arten hingegen in Zahlenfriedhöfen aus und kaum jemand nimmt sich die Zeit, diese Zahlen ernsthaft zu analysieren. Standardberichte werden nur oberflächlich angesehen, häufig nur dazu, um eine Bestätigung zu erhalten, dass man vergleichsweise zu anderen Bereichen nicht schlechter gewirtschaftet hat. Die Berichte werden oft nur dann ernsthaft herangezogen, um sich rechtfertigen zu können bzw um die Vorwürfe gegenüber anderen zu untermauern.

Sollte man sich in einer solchen Kultur wiederfinden, so kann man durchaus die grundsätzliche Frage nach dem Nutzen solcher Systeme stellen. Die Informationssysteme müssen in der Kultur einer Unternehmung verankert sein. Die Mitarbeiter sollten sich bewusst sein, dass kosteneffizient produziert und vertrieben werden muss. Nicht zuletzt für die Sicherung des eigenen Arbeitsplatzes und uU für das Erreichen von Zielen und Provisionen. Kostenrechnungsdaten sollten daher von Mitarbeitern aktiv nachgefragt werden, das System muss in diesem Sinne „leben".

Wissen kompakt

Ist-Kosten sind Kosten, die durch aufgrund von konkret getätigten Geschäftsprozessen innerhalb einer bestimmten Abrechnungsperiode realisierte Güterverbräuche angefallen sind.

Plan-Kosten sind die aufgrund einer bestimmten Beschäftigung innerhalb einer zukünftigen Abrechnungsperiode geplanten Kosten.

Soll-Kosten sind die Plan-Kosten auf Basis der Ist-Beschäftigung. Da man die tatsächlich erreichte Beschäftigung (Ist-Beschäftigung) zum Zeitpunkt der Planung noch nicht kennt, werden die geplanten Kosten für die Berechnung der Abweichung auf die Ist-Beschäftigung angepasst. Dadurch ist es auch möglich, höhere Kosten auszuweisen, ohne dass es zu einer Kostenabweichung kommt. Dies ist dann der Fall, wenn auch mehr produziert wurde.

Kontrollfragen

- Aus welchen Gründen können gewissenhaft und detailliert verarbeitete Informationen von Seiten des Managements dennoch nicht für die Entscheidungsfindung herangezogen werden?
- Warum ist es meist nicht korrekt, die Ist-Kosten mit den Plan-Kosten zu vergleichen?
- Wie können Sie verhindern, dass Kostenabweichungen nur auf der Symptomebene analysiert und besprochen werden?
- Was versteht man unter dem Satz „Gewinne kann man sich nicht ausrechnen, man muss sie realisieren"?
- Nach welchen Kriterien würde Sie bei der Bewertung von Kostenabweichungen vorgehen?

Verwendete und weiterführende Literatur

- *Haberstock, L.:* Kostenrechnung 2 – (Grenz-)Plankostenrechnung, 10. Auflage, Berlin 2008.
- *Kilger, W./Pampel, J./Vikas, K.:* Flexible Plankostenrechnung und Deckungsbeitragsrechnung, 13. Auflage, Wiesbaden 2012.
- *Suzaki, K.:* Modernes Management im Produktionsbetrieb – Strategien, Techniken, Fallbeispiele, München 2002.

2. Betriebliche Entscheidungen auf Basis von Kostenanalysen

2.1. Informationen über die Mindestauslastung

Lernziel

In diesem Kapitel lernen Sie
- welche Fragen sich mit Hilfe einer Break-even-Analyse beantworten lassen
- wie sich das Instrument auf unterschiedliche Unternehmen anwenden lässt
- welchen Aussagekraft die Break-even-Analyse für das Unternehmensrisiko hat
- wie Kostenabweichungen im Rahmen der Analyse beurteilt werden können

2.1.1. Konzeptionelle Grundlagen

Die Break-even-Analyse ist ein einfach anzuwendendes Informationsinstrument mit einem relativ hohen Aussagewert. Die Break-even-Analyse beantwortet die Frage, wie viele Stück (bzw wie viel Umsatz) man mindestens absetzen (erzielen) muss, um die Verlustzone zu verlassen und in die Gewinnzone zu kommen. Dementsprechend wird die Break-even-Analyse auch als Gewinnschwellenanalyse bezeichnet. Die wortwörtliche Übersetzung für „Break even" würde lauten: „gerade durchbrochen". Der Break-even-Punkt bezeichnet also genau jene Menge, die notwendig ist, um die Verlustzone zu durchbrechen!

Die Stärke der Break-even-Analyse liegt darin, dass das Instrument für eine Reihe unterschiedlicher Fragestellungen herangezogen werden kann. Zudem wird im Laufe des Kapitels noch ersichtlich, dass das Instrument auch sehr flexibel je nach betrieblichen Rahmenbedingungen eingesetzt werden kann. Das Instrument kann je nach Anforderungen der jeweiligen Branche sehr gut adaptiert werden. Das Leistungsspektrum des Instruments zeigt sich darin, dass es zur

- Analyse der Ertragslage
- Analyse der Risikosituation
- Analyse der Vorteilhaftigkeit von verschiedenen Verfahren

eingesetzt werden kann. Eine Voraussetzung der Break-even-Analyse stellt die Aufteilung der Kosten in fixe und variable Bestandteile, also der Einsatz einer Teilkostenrechnung, dar. In der Unternehmenspraxis hat sich jedoch herausgestellt, dass selbst die Berechnung des Break-even aus einer Gewinn- und Verlustrechnung (bei Einschätzung der variablen Anteile) zu recht validen Ergebnisse führt.

Zur Erklärung der Break-even-Analyse soll im Folgenden deren Konzeption anhand verschiedener Grafiken erklärt werden. Zunächst ist davon auszugehen, dass die Gewinnschwelle dann erreicht ist, wenn die Erlöse die gesamten Kosten, also sowohl die fixen als auch die variablen Kosten, eines Unternehmens decken. Grafisch werden dazu den Erlösen die fixen wie auch die variablen Kosten gegenübergestellt. Die variablen Kosten werden daher zunächst mit den fixen Kosten summiert, indem sie grafisch auf das Niveau der fixen Kosten aufgetragen werden. Das Addieren der variablen und fixen Kosten veranschaulicht die folgende Grafik:

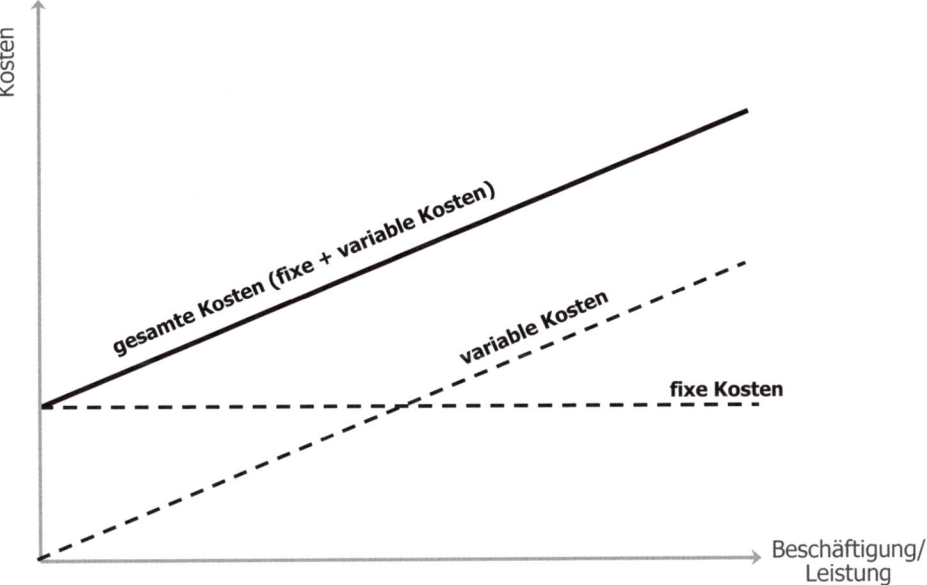

Abbildung 318: Addition der variablen und fixen Kosten zu den gesamten Kosten

Den gesamten Kosten werden sodann die Erlöse gegenübergestellt. Dies veranschaulicht die folgende Grafik:

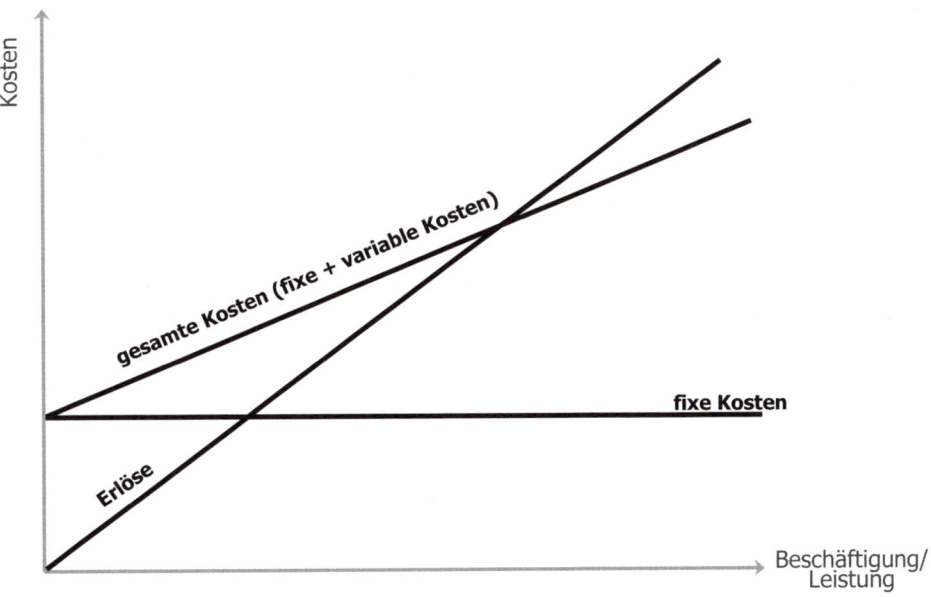

Abbildung 319: Gegenüberstellen der Erlöse und der gesamten Kosten

Der Break-even ist dann erreicht, wenn die Erlöse gleich der Summe der fixen und variablen Kosten sind. Die Break-even-Analyse gibt also die Antwort darauf, wie hoch der Umsatz (Absatz) mindestens sein muss, um bei gegebener Kostenstruktur die Deckung aller Kosten zu erreichen. Das Ergebnis des Unternehmens beträgt in diesem Fall 0. Die Verlustzone konnte bereits verlassen werden und man befindet sich am Beginn der Gewinnzone.

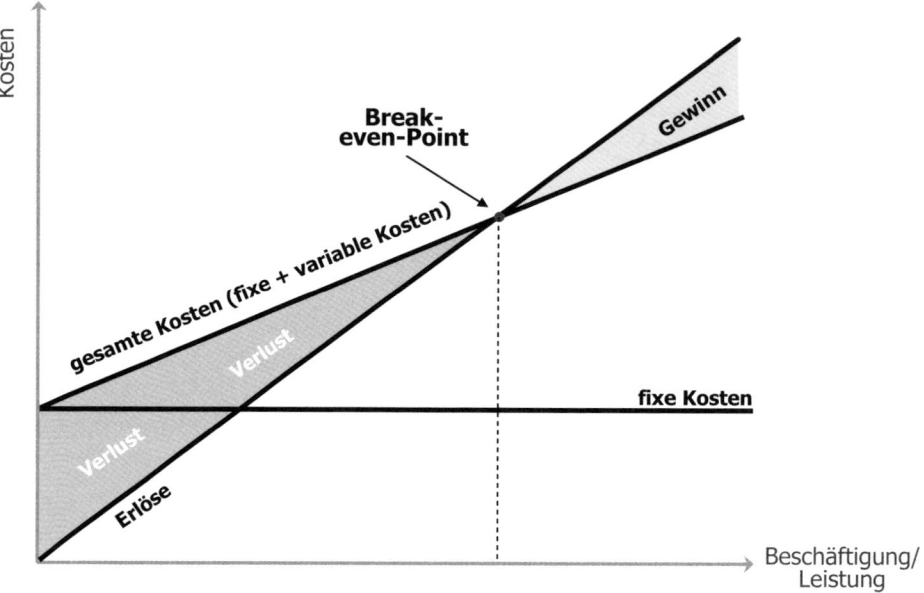

Abbildung 320: Darstellung des Break-even-Points

Die Break-even-Analyse lässt sich zudem noch auf eine andere Weise grafisch darstellen. Den Ausgangspunkt dazu stellt die Steuerungsgröße des Deckungsbeitrages dar. Zieht man von den Erlösen die variablen Kosten ab, so erhält man den Deckungsbeitrag. Im Deckungsbeitrag sind demnach die Informationen der Erlöse und der variablen Kosten enthalten. In diesem Sinne ist es möglich, aus der grafischen Darstellung die Erlöse und variablen Kosten zu eliminieren und stattdessen den Deckungsbeitrag einzutragen. In der folgenden Grafik werden daher die Erlös- und die Gesamtkostenlinie eliminiert. Die Linie der fixen Kosten verbleibt in der Grafik.

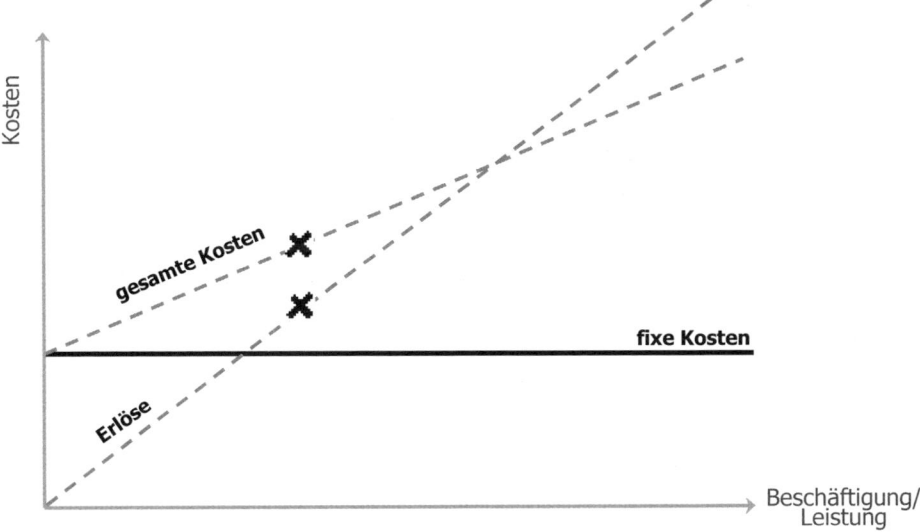

Abbildung 321: Elimination der Erlöse und der variablen Kosten

Der einzig verbleibenden Linie der fixen Kosten wird nun in weiterer Folge die Linie des Deckungsbeitrages gegenübergestellt. Wie man aus der folgenden Grafik erkennen kann, ergibt sich der identische Break-even-Point wie in den Grafiken zuvor. Aus der Grafik wird auch der Terminus des Deckungsbeitrages erkennbar. Der Deckungsbeitrag stellt demnach den Beitrag des Produktes (bzw der Produkte) zur Deckung der fixen Kosten dar.

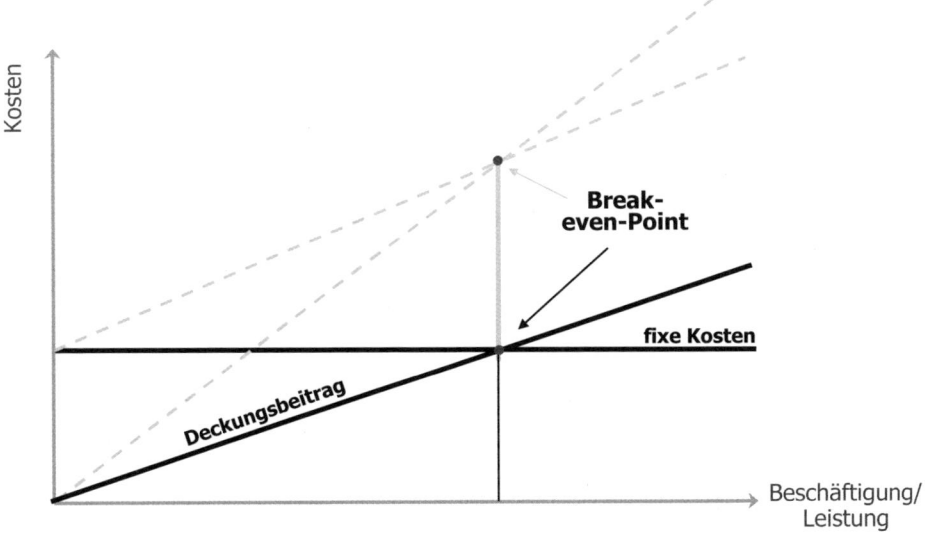

Abbildung 322: Darstellung des Break-even-Points durch Gegenüberstellung der fixen Kosten und des Deckungsbeitrages

Der Break-even ist also dann erreicht, wenn der Beitrag zur Deckung der fixen Kosten (= Deckungsbeitrag) die fixen Kosten zu Gänze abdeckt. Der Break-even ist demzufolge in folgenden Fällen erreicht:

Ergebnis = 0
Summe Erlöse = Summe Kosten
Summe Deckungsbeitrag = Summe fixer Kosten

Es stellt sich nun die Frage, wie man den Break-even-Point errechnet. Wie die obige Grafik zeigt, wird den fixen Kosten der Deckungsbeitrag gegenübergestellt. Folgerichtig geht es darum, wie oft ein Produkt verkauft werden muss bzw wie oft dessen Deckungsbeitrag erwirtschaftet werden muss, um sämtliche fixen Kosten (die sich nur in Summe verrechnen lassen) zu decken.

Der Break-even-Point berechnet sich daher, indem man die Summe der fixen Kosten eines Unternehmens durch den jeweiligen Stück-Deckungsbeitrag eines Produktes teilt. Die relevanten Zusammenhänge werden in der folgenden Abbildung veranschaulicht:

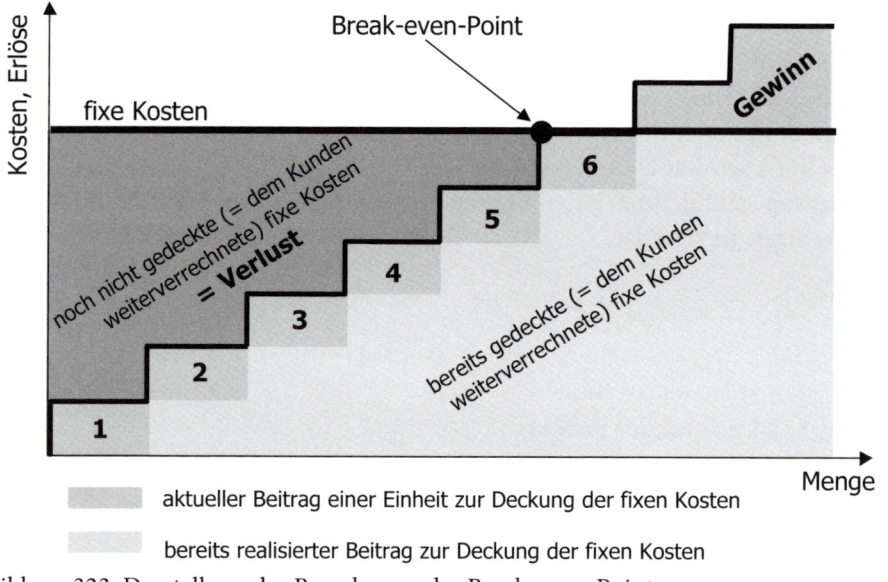

Abbildung 323: Darstellung der Berechnung des Break-even-Points

Nimmt man für die zuvor dargestellte Grafik an, dass die Summe der fixen Kosten € 30.000,– und der Stückdeckungsbeitrag € 5.000,– beträgt, so ist der Verkauf von sechs Kostenträgern notwendig, um die Summe der fixen Kosten zu decken. Beachten Sie, dass die variablen Kosten bereits im Deckungsbeitrag berücksichtigt sind. Daher sind am Break-even-Point sämtliche Kosten gedeckt.

Grafisch lässt sich im Rahmen der Break-even-Analyse noch eine Vereinfachung vornehmen. Dies ist dann der Fall, wenn man die fixen Kosten beginnend bei der Nulllinie nicht nach oben, sondern nach unten aufzeichnet. In diesem Sinne stellen die fixen Kosten (Infrastrukturkosten) de facto eine Belastung am Beginn einer Abrechnungsperiode (Monat, Quartal, Jahr) dar, die es gilt, mit Deckungsbeiträgen zunächst zu kompensieren, um in die Gewinnzone zu kommen. In der folgenden Grafik werden die fixen Kosten auf die Nulllinie verschoben:

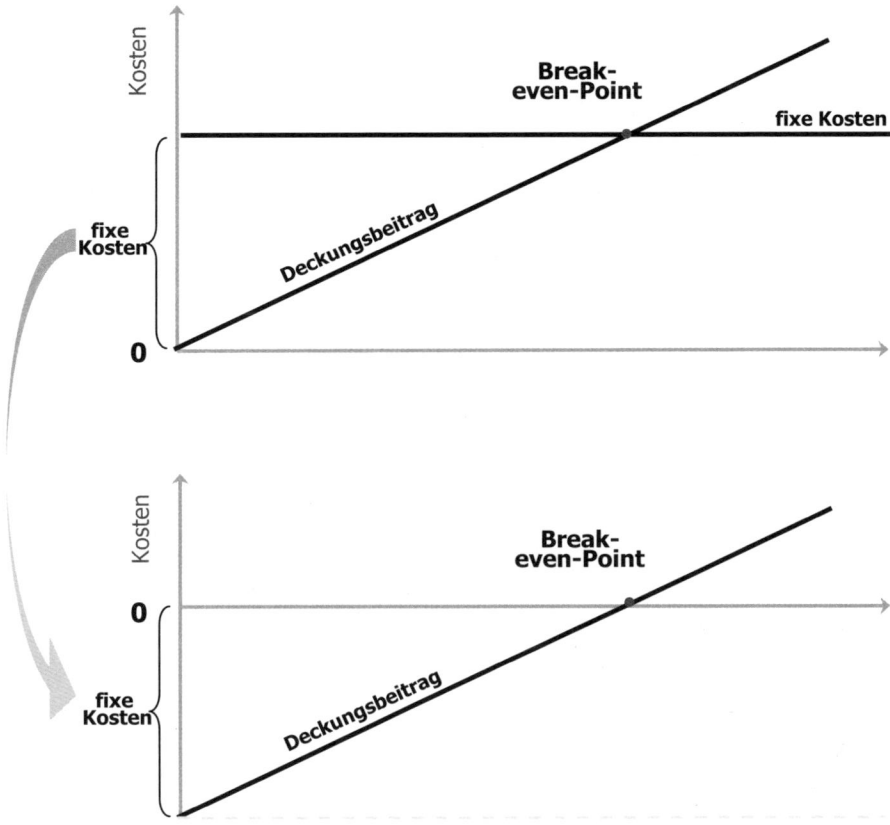

Abbildung 324: Verschiebung der fixen Kosten auf die Nulllinie

In diesem Fall stellt die Nulllinie die Grenze zwischen der Gewinn- und der Verlustzone dar, wie in der folgenden Grafik ersichtlich wird:

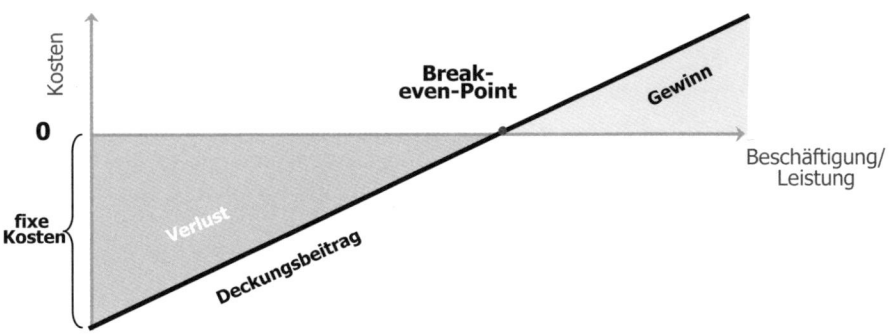

Abbildung 325: Alternative Darstellung des Break-even-Points

Abschnitt F – Kostenanalyse

Zusammenfassend lässt sich die Fragestellung der Break-even-Analyse folgendermaßen formulieren: Wie viele Produkte mit einem bestimmten Stück-Deckungsbeitrag müssen bei einem bestimmten Niveau der fixen Kosten verkauft werden, damit die Summe der Deckungsbeiträge die Summe der fixe Kosten deckt?

Die Antwort auf diese Fragestellung lässt sich zunächst mengenmäßig aber nur dann beantworten, wenn alle Produkte denselben Stückdeckungsbeitrag aufweisen. Da fast alle Unternehmen aber eine breite Produkt- bzw Leistungspalette aufweisen und diese Produkte (Leistungen) gänzlich unterschiedliche Stückdeckungsbeiträge (da sie sowohl unterschiedliche Preise als auch unterschiedliche variable Kosten aufweisen) haben, muss eine andere Vorgehensweise gewählt werden, um den Break-even zu ermitteln. In diesem Fall wird nicht die Mindestabsatzmenge (Break-even-Point), sondern der Mindestumsatz (Break-even-Umsatz) berechnet.

Würde man bei mehreren Produkten mit unterschiedlichen Stück-Deckungsbeiträgen eine Mindestmenge berechnen, würde man zwangsläufig ungleiche Produkte „über einen Kamm scheren" bzw „Äpfel mit Birnen" vergleichen. Wenn nun die Summe der fixen Kosten nicht durch den Stückdeckungsbeitrag geteilt werden kann, da dieser von Produkt zu Produkt variiert, so stellt sich die Frage, welche Rechengröße man den fixen Kosten dann gegenüberstellt.

Bei Unternehmen mit mehreren Produkten teilt man die Summe der fixen Kosten durch den so genannten **gewichteten DBU**. Bei diesem handelt es sich um den Anteil des Deckungsbeitrages am Umsatz eines Unternehmens. Der gewichtete DBU wird daher als Prozentsatz des Umsatzes ausgewiesen und berechnet sich, indem die Summe des Deckungsbeitrages aller Produkte durch die Summe des Umsatzes aller Produkte dividiert wird.

In der folgenden Grafik wird ersichtlich, dass die verschiedenen Produkte (A bis D) einen unterschiedlich hohen Stückdeckungsbeitrag erwirtschaften. Dies erkennt man daran, dass die Steigung der Deckungsbeitragslinie jeweils unterschiedlich hoch ist.

2. Betriebliche Entscheidungen auf Basis von Kostenanalysen

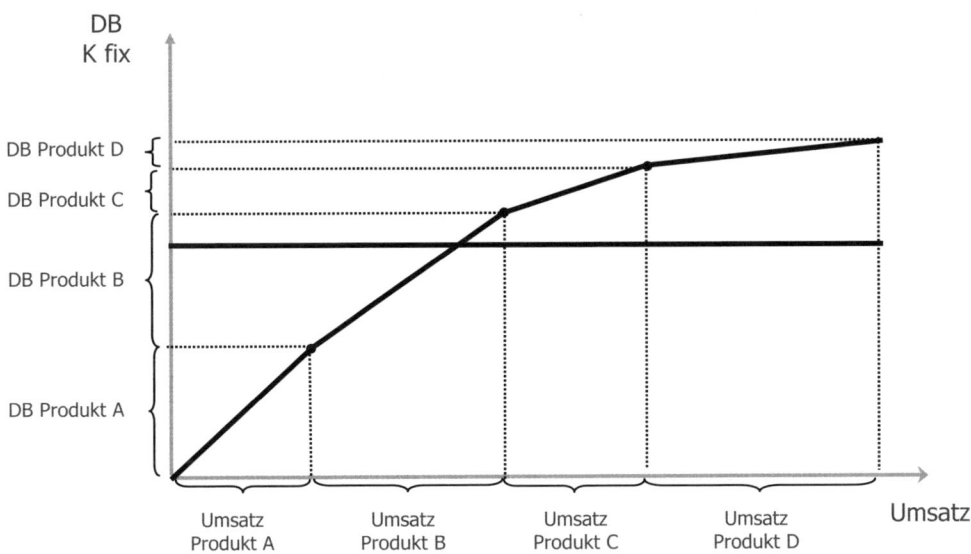

Abbildung 326: Verhältnis von Umsatz- und Deckungsbeitragsanteilen

Produkt A stellt jenes Produkt dar, das am beitragsstärksten hinsichtlich des Deckungsbeitrages ist. Produkt D weist hingegen den niedrigsten Deckungsbeitrag in Bezug auf den erwirtschafteten Umsatz auf. Hinsichtlich der Break-even-Bestimmung ergibt sich nun folgendes Problem: Je nach Produktreihenfolge ergibt sich ein unterschiedlicher Break-even. Beginnt man mit den deckungsbeitragsstärksten Produkten, so erreicht man den Break-even früher als bei jener Reihenfolge, bei der die deckungsbeitragsschwächeren Produkte zuerst eingetragen werden. Diese Problematik soll die folgende Grafik veranschaulichen.

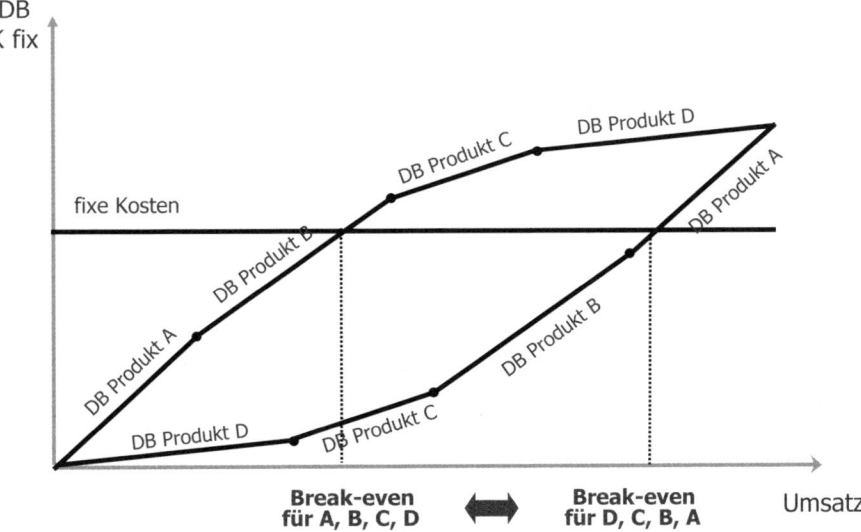

Abbildung 327: Problematik der Break-even-Berechnung bei Mehrproduktunternehmen

Da man davon ausgeht, dass die Anteile des Sortiments hinsichtlich der Absatzzeitpunkte innerhalb der Abrechnungsperiode willkürlich verkauft werden, geht man von einem Deckungsbeitrag aus, der sich bei einem repräsentativen im Sinne eines „durchschnittlichen" bzw „gemischten" Sortimentsaufbau ergeben würde. Daher stellt man in der Berechnung der Break-even-Analyse bei einem Mehrproduktunternehmen die durchschnittlich gewichtete Deckungsbeitragsrate den fixen Kosten gegenüber.

Die durchschnittlich gewichtete Deckungsbeitragsrate im Rahmen der Break-even-Analyse eines Mehrproduktunternehmens zeigt die folgende Grafik auf:

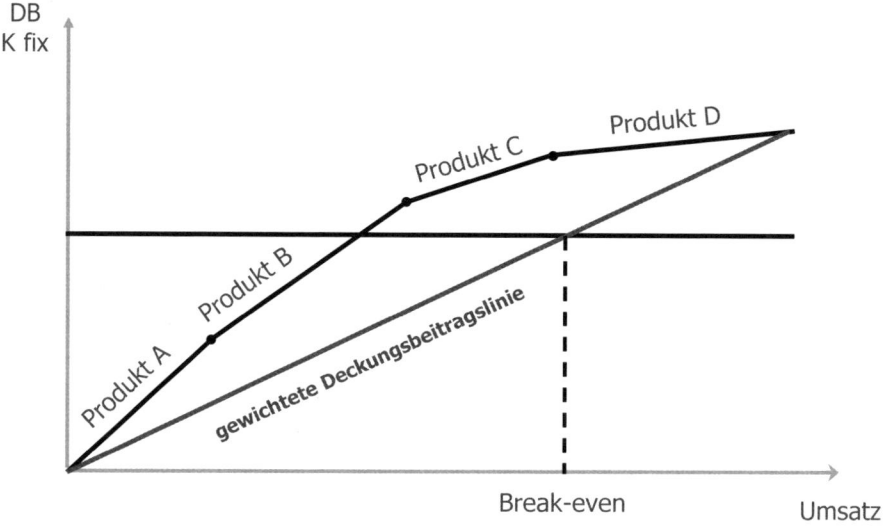

Abbildung 328: Darstellung des gewichteten Deckungsbeitrages im Rahmen der Break-even-Analyse

In einer Grafik abgebildet, stellt der gewichtete DBU die durchschnittliche Steigung der Deckungsbeitragslinie dar. Je höher der Deckungsbeitragsanteil der Produkte eines Unternehmens an dessen Umsatz ist, desto steiler verläuft die Deckungsbeitragslinie und desto eher wird der Mindestumsatz erreicht.

Zum Verständnis des DBU kann man diesen mit der Steigung einer Straße auf eine Passhöhe vergleichen. Sie alle kennen die Verkehrsschilder, an denen ablesbar ist, mit welcher Steigung bzw mit welchem Gefälle man zu rechnen hat. Die Steigung variiert permanent, lässt sich aber als durchschnittlicher Wert berechnen. Zur Berechnung der Steigung einer Straße wird dazu die zu überbrückende Höhe (Höhenmeter) der zurückzulegenden Distanz (Meter) gegenübergestellt. Zur Berechnung des DBU wird die Höhe des zu erzielenden Beitrages (Deckungsbeitrag) mit den zu erwirtschaftenden Erlöse (Umsatz) verglichen. Dementsprechend berechnet sich der DBU als Quotient aus Summe des Deckungsbeitrags und Summe des Umsatzes.

2. Betriebliche Entscheidungen auf Basis von Kostenanalysen

Wie die folgende Grafik zeigt, stellt der gewichtete DBU somit das Steigungsmaß der Deckungsbeitragslinie dar.

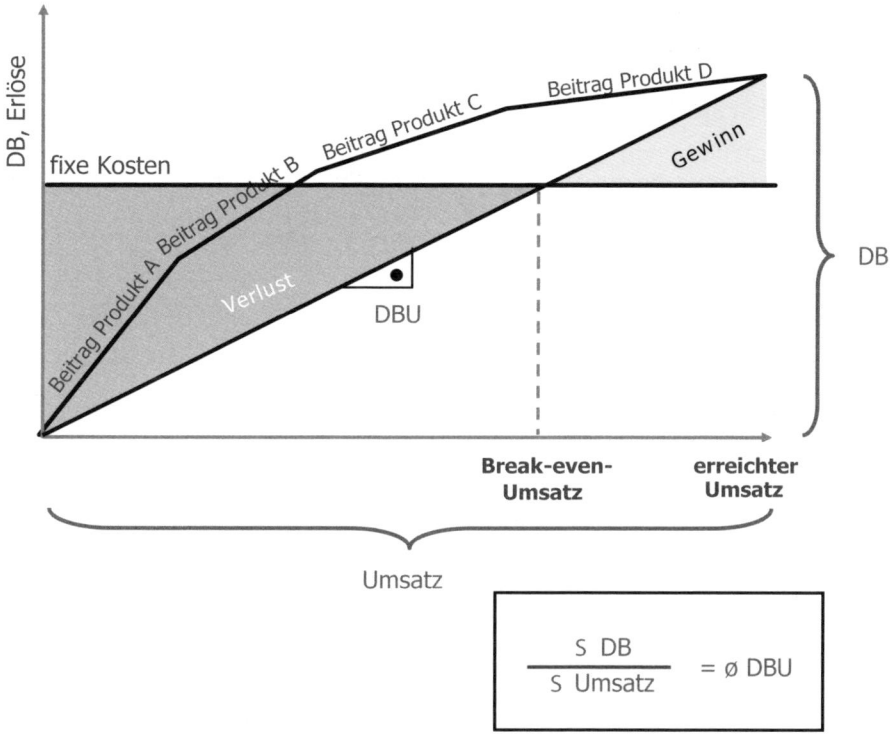

Abbildung 329: Darstellung der Berechnung des Break-even-Umsatzes

Teilt man nun die Summe der fixen Kosten (in €) durch einen Prozentsatz (wie den DBU), so erhält man wiederum einen Eurobetrag. Dieser stellt den Mindestumsatz dar.

$$\frac{\Sigma \text{ fixe Kosten}}{\varnothing \text{ DbU}} = \text{Break-even-Umsatz}$$

Selbstverständlich ist es auch möglich, bei einem Mehrproduktunternehmen Mindestmengen zu bestimmen. Allerdings kann man die jeweilige Mindestmenge nicht für das gesamte Sortiment, sondern nur für die einzelnen Produktarten oder Leistungstypen definieren. Interessanterweise wird dies in der Unternehmenspraxis aber relativ selten durchgeführt.

Es ist also nicht nur möglich, einen Mindestumsatz für das gesamte Unternehmen, sondern auch die Minimalumsätze pro Produkt und daher auch die minimale Absatzmenge pro Produkt zu bestimmen, um den Break-even erreichen zu können. Dazu muss der Mindestumsatz auf die einzelnen Sortimentsteile verteilt und dann in Mindestabsatzzahlen umgerechnet werden. Die Mindestmengen stimmen aber nur dann, wenn sich die Sortimentszusammensetzung nicht wesentlich ändert. Dies soll anhand des folgenden Beispiels gezeigt werden.

Ein Unternehmen vertreibt vier Produkte. Je Produkt sind der Verkaufspreis, die variablen Kosten je Stück und die verkauften Stückzahlen bekannt. Zudem kennt man die Summe der fixen Kosten. Der Stückdeckungsbeitrag lässt sich durch die Subtraktion der variablen Stückkosten vom Verkaufspreis ermitteln.

	Produkt A	Produkt B	Produkt C	Produkt D
Verkaufspreis/Stück	12	15	25	22
variable Kosten/Stück	7	8	15	16
Deckungsbeitrag/Stück	5	7	10	6
verkaufte Stückzahl	1.500	1.200	900	1.100
Summe der fixen Kosten		30.000		

Abbildung 330: Kosten- und Erlösstruktur des Beispiels

Zunächst lassen sich relativ einfach der Umsatz sowie die Summe des Deckungsbeitrages ermitteln, indem die Preise bzw die Deckungsbeiträge je Stück mit der jeweils abgesetzten Menge multipliziert werden.

	Produkt A	Produkt B	Produkt C	Produkt D	Summe
Umsatz	18.000	18.000	22.500	24.200	82.700
Deckungsbeitrag	7.500	8.400	9.000	6.600	31.500

Abbildung 331: Umsatz und Deckungsbeitrag pro Produkt

In weiterer Folge lässt sich der DBU errechnen, indem die Summe des Deckungsbeitrages aller Produkte (A bis D) durch den Umsatz aller Produkte geteilt wird. Damit erhält man den gewichteten DBU. Teilt man nun die Summe der fixen Kosten durch den gewichteten DBU, so erhält man den Mindestumsatz (Break-even) des Unternehmens. gewichteter DBU

$$\text{gewichteter DBU} = \frac{31.500}{82.700} = 38{,}09\%$$

$$\text{Break-even-Umsatz} = \frac{30.000}{38{,}09\%} = 78.762$$

Um das Ergebnis für die einzelnen Produktverantwortlichen zu operationalisieren, werden die Umsatzanteile der einzelnen Produkte ermittelt. Diese Umsatzanteile liegen der Berechnung des gewichteten DBU zu Grunde. Dementsprechend lässt sich auch der gewichtete DBU errechnen, indem man von jedem Produkt den spezifischen DBU ermittelt und mit dem jeweiligen Umsatzanteil multipliziert. Summiert man die jeweiligen Ergebnisse der einzelnen Produkte, so erhält man wiederum einen DBU von 38,09 %.

	Produkt A	Produkt B	Produkt C	Produkt D	Summe
Umsatz	18.000	18.000	22.500	24.200	82.700
Umsatzanteil	21,77 %	21,77 %	27,21 %	29,26 %	100,00 %

Abbildung 332: Umsatz und Umsatzanteil der Produkte

Bezieht man nun die errechneten Umsatzanteile der einzelnen Produkte auf den Mindestumsatz, so erhält man den Mindestumsatz je Produkt. Teilt man den Mindestumsatz durch den Verkaufspreis, so lässt sich die produktspezifische Mindestabsatzmenge ermitteln.

	Produkt A	Produkt B	Produkt C	Produkt D
Mindestumsatz	17.143	17.143	21.429	23.048
Mindestmenge	1.429	1.143	857	1.048

Abbildung 333: Berechnung des Mindestumsatzes und der Mindestmenge je Produkt

Selbstverständlich ist es möglich und sogar wahrscheinlich, dass sich mit der Zeit die Umsatzanteile des Sortiments verschieben. Diese Abweichung kann zwischen einem geplanten DBU und einem tatsächlich erreichten DBU oder zwischen DBUs verschiedener Abrechnungsperioden vorkommen. Dadurch verändert sich der DBU und damit auch notwendigerweise der Break-even-Umsatz. Diese Problematik soll die folgende Grafik veranschaulichen:

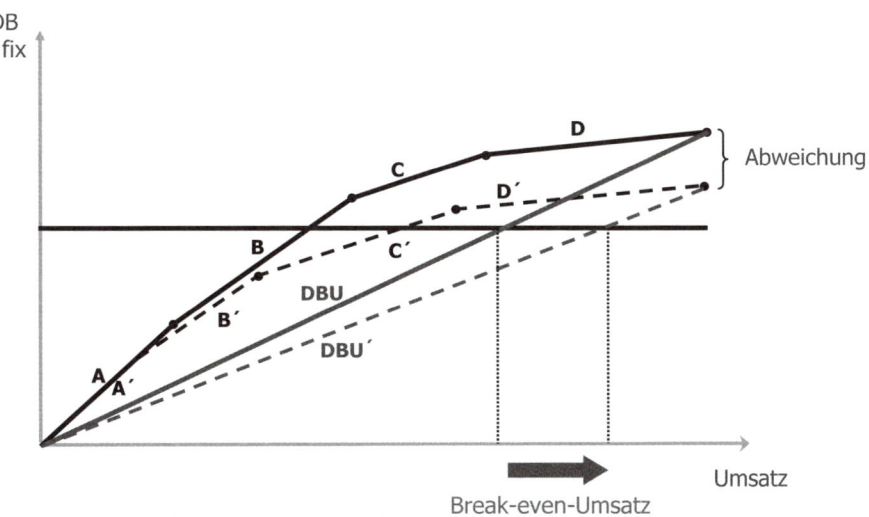

Abbildung 334: Veränderungen des gewichteten DBU und die entsprechenden Auswirkungen in der Break-even-Analyse

Wie aus der Grafik erkennbar wird, wurde von den beiden deckungsbeitragsstärksten Produkten weniger abgesetzt, während von den anderen Produkten mehr abgesetzt wurde. Obwohl derselbe Umsatz erzielt wurde, zeigt sich eine negative Abweichung des Ergebnisses. Zudem verschiebt sich der Break-even-Umsatz beträchtlich nach oben.

2.1.2. Beurteilung der Ertragslage

Die Break-even-Analyse eignet sich für eine Analyse und Beurteilung der Ertragslage eines Unternehmens. Zwar verdichtet die Analyse eine Fülle an Informationen in eine einzige Grafik, gerade darin liegt jedoch auch die Stärke des Instruments. Wesentliche Informationen können damit sehr prägnant dargestellt werden.

Dies soll anhand eines Beispiels erläutert werden. Viele Unternehmen kämpfen aktuell mit dem Problem, dass trotz steigender Umsätze geringe Ergebnisse erzielt werden. Dies deutet darauf hin, dass die Unternehmen zunehmend unter Preisdruck geraten mit der Folge, dass sich der von der jeweiligen Situation abhängige Erfolgskorridor für das Unternehmen zunehmend verengt. Das ist dann der Fall, wenn der Mindestumsatz von Jahr zu Jahr ansteigt und sich zunehmend der Kapazitätsgrenze des Unternehmens nähert.

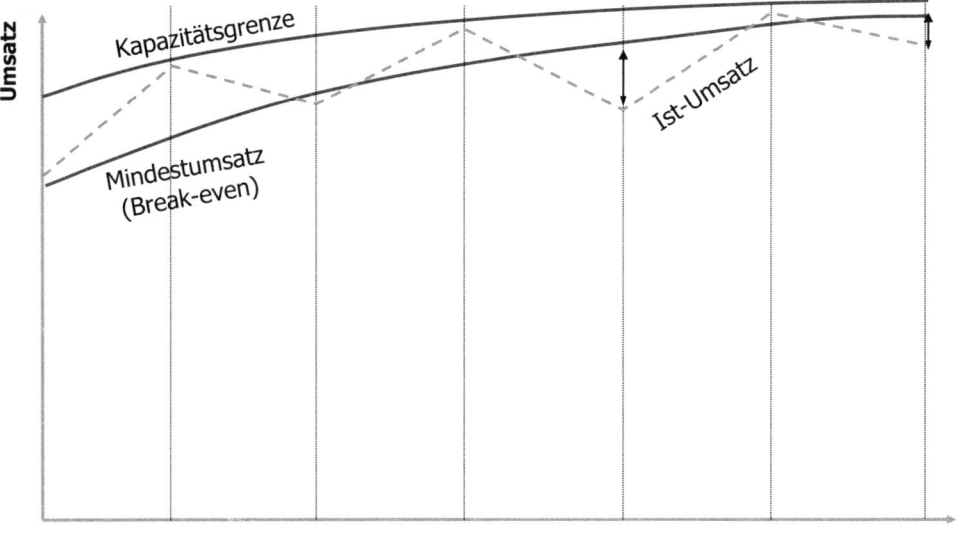

Abbildung 335: Zusammenhang zwischen der Kapazitätsgrenze und dem Break-even-Umsatz

Das sich daraus ergebende Problem ist ein doppeltes. Zum einen muss sich das operative Geschäft idealtypisch entwickeln, damit überhaupt der enge Korridor erreicht werden kann. Zum anderen hat ein negatives Jahr, in dem der Korridor nicht erreicht wird, durchaus das Potenzial, das Ergebnis mehrerer positiver Jahre zu kompensieren, da der Spielraum für ein negatives Ergebnis viel größer ist als jener für ein positives Ergebnis.

In diesem Fall sehen viele Unternehmen nur mehr die Möglichkeit, die Kapazitätsgrenze mittels Investitionen zu durchbrechen. Das führt jedoch notwendigerweise zu höheren fixen Kosten (sprungfixe Kosten aufgrund der zusätzlichen Abschreibung, Zinsen, Instandhaltung, Personalkosten etc). Mit der Zunahme der fixen Kosten um einen bestimmten Prozentsatz steigt jedoch auch der Break-even-Umsatz um denselben Prozentsatz an. Die Problemlage soll die folgende Grafik veranschaulichen:

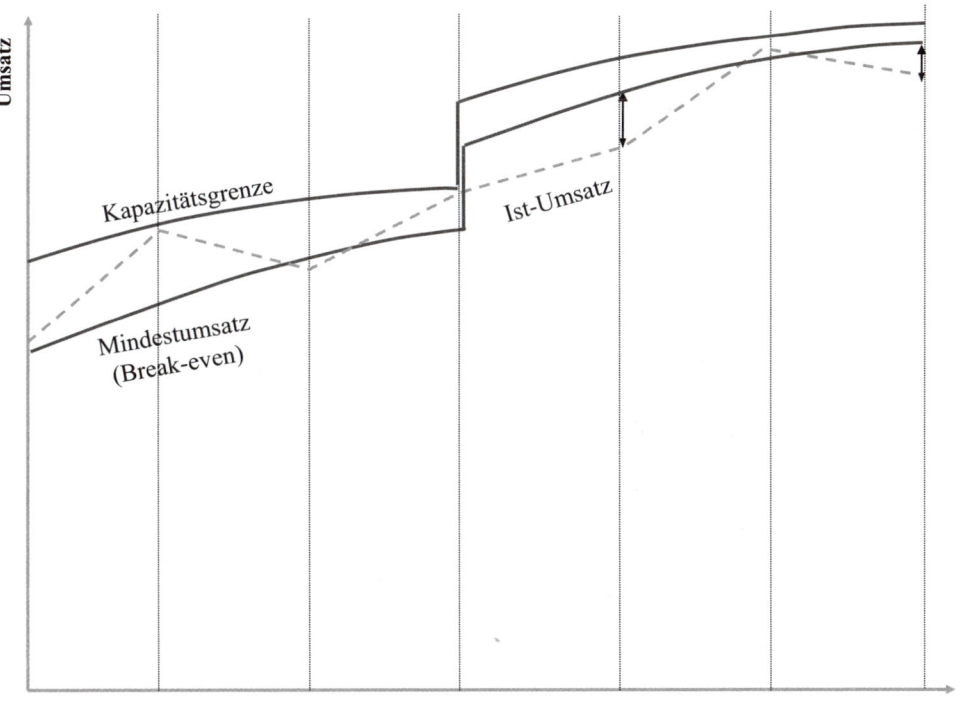

Abbildung 336: Konsequenzen von sprungfixen Kosten auf den Break-even-Umsatz

Wie aus der Grafik ersichtlich wird, ändert sich durch die Kapazitätserweiterung die grundsätzliche Problemsituation nicht. Das Problem verschiebt sich lediglich auf ein höheres Niveau, unter Umständen mit einem deutlichen höheren Risiko.

Die Break-even-Analyse weist, wie bereits erwähnt, ein sehr breites Einsatzfeld für unterschiedliche Entscheidungen auf und kann sehr flexibel an die jeweiligen Einsatzbedingungen angepasst werden. Infolgedessen ist es möglich, die Analyse in unterschiedlichen Branchen einzusetzen. In der folgenden Grafik wird beispielsweise die Ertragslage eines Hotelbetriebes anhand der Break-even-Analyse dargestellt:

Abschnitt F – Kostenanalyse

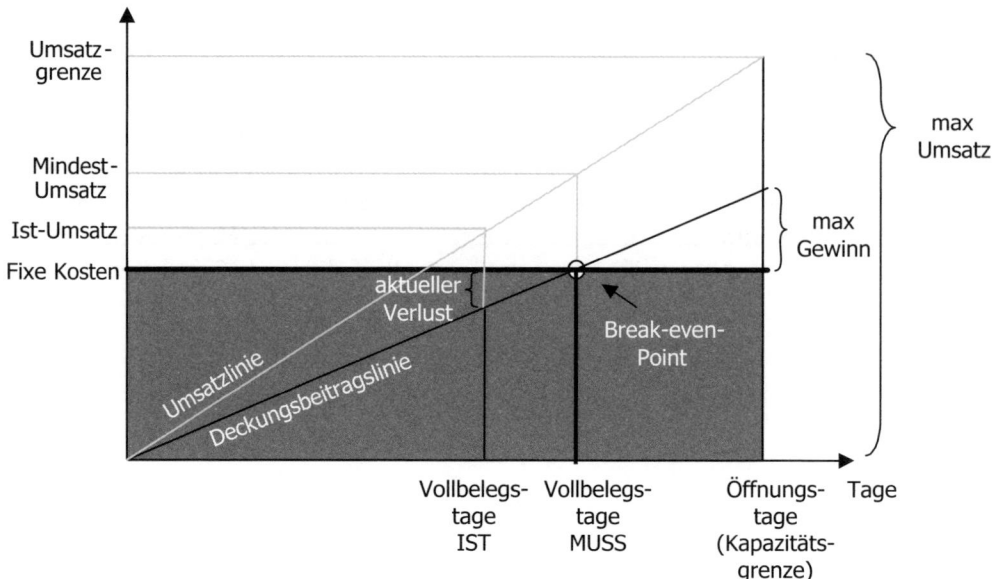

Abbildung 337: Anwendung der Break-even-Analyse für ein Hotel

In der Tourismusbranche stellen die Vollbelegstage eine zentrale Informations- und Steuerungsgröße dar. Aus diesem Grund wird in der Break-even-Analyse für Beherbergungsbetriebe als erfolgskritische Größe die Mindestzahl an Vollbelegstagen des Betriebs errechnet. Die Vollbelegstage lassen sich bestimmen, indem man die Anzahl der Nächtigungen durch die Anzahl der Betten teilt. Die Kennzahl sagt demnach aus, wie viele Tage im Jahr ein Betrieb zur Gänze mit Gästen belegt war, während an den anderen Tagen die Betten nicht zur Gänze belegt waren.

Zusätzlich wurde neben der Deckungsbeitragslinie die Umsatzlinie eingezeichnet. Auf diese Weise erhält man nicht nur die Mindestanzahl der Vollbelegstage, sondern darüber hinaus auch noch den Mindestumsatz. Die Öffnungstage stellen die Kapazitätsgrenze des Unternehmens dar und definieren zugleich bei gegebenem Erlös- und Kostenniveau und konstanter Sortimentsstruktur (Verteilung der Einzel- und Doppelzimmerauslastung) das maximal erreichbare Umsatz- und Gewinnniveau. Da in der obigen Grafik die Vollbelegstage unter den Muss-Vollbelegstagen liegen, macht das Unternehmen in der aktuellen Situation Verluste.

Sollten sich im Laufe der Jahre die Anzahl der Muss-Vollbelegstage an die Anzahl der Öffnungstage annähern (zB aufgrund von Investitionen), so ist dies insofern als problematisch zu beurteilen, als sich der Erfolgskorridor des Unternehmens zunehmend verengt. Sollten die Muss-Vollbelegstage über die Öffnungstage steigen, ist zumindest kurz- bis mittelfristig kein Erfolg mehr möglich. Ohne strukturelle Entscheidungen kann der Betrieb dann die Verlustzone nicht mehr verlassen. Die Verengung des Erfolgskorridors in der Hotelleriebranche soll die folgende Grafik zeigen:

2. Betriebliche Entscheidungen auf Basis von Kostenanalysen

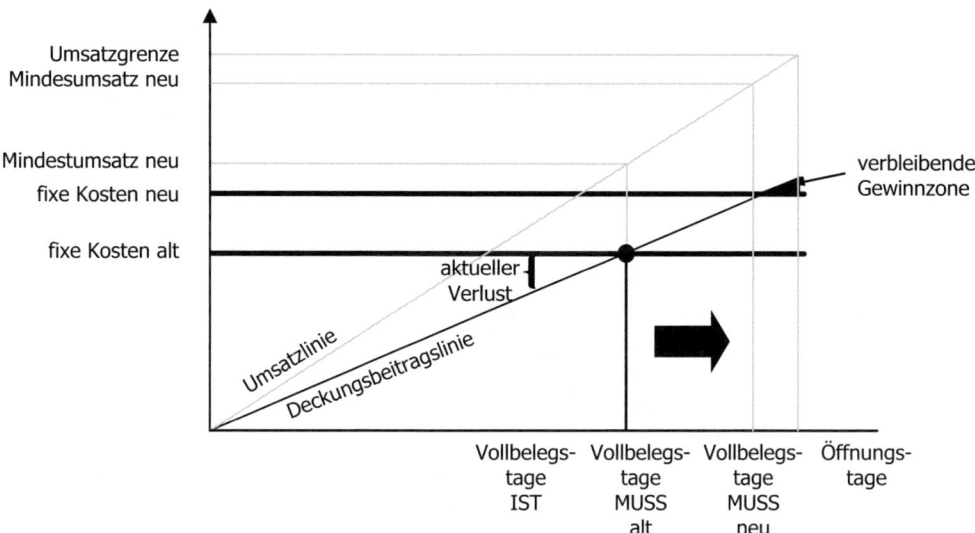

Abbildung 338: Anwendung der Break-even-Analyse für ein Hotel bei engem Erfolgskorridor

Dieses Bild ist typisch für viele Hotelbetriebe. Bereits in der Planungsphase würde sich beispielsweise zeigen, dass sich bestimmte Betriebsgrößen aufgrund der aktuellen Kundenanforderungen an die Infrastruktur und der sich daraus ergebenden Investitionen und fixen Kosten nicht mehr rechnen können. Sollten sich durch die aktuelle Investitionspolitik eines Betriebes die Muss-Vollbelegstage an die Öffnungstage nähern, so wäre es wichtig, zukünftig Investitionen zu realisieren, die jedenfalls auch die Saison verlängern. Damit sollte es möglich sein, wiederum mehr Öffnungstage aufzuweisen und damit auch den Erfolgskorridor offenzuhalten.

Als ein weiteres Beispiel für die Analyse der Ertragslage anhand einer Break-even Analyse eines Unternehmens soll die folgende Grafik dienen. Bei dem Unternehmen handelt es sich um ein Tochterunternehmen eines international tätigen Konzerns. Das Tochterunternehmen ist dem Baunebengewerbe zuzurechnen. In der folgenden Break-even-Analyse wurde der geplante und bereits realisierte Deckungsbeitrag im Jahresverlauf den gesamten fixen Kosten des Jahres gegenübergestellt.

Abschnitt F – Kostenanalyse

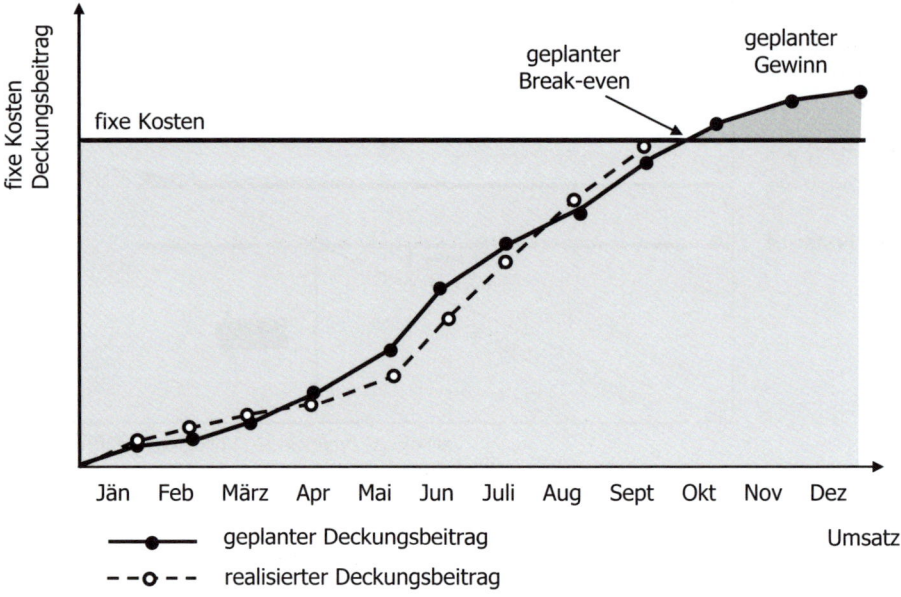

Abbildung 339: Anwendung der Break-even-Analyse für das Baunebengewerbe

Durch die dynamische Darstellung der Break-even-Analyse ist man in der Lage festzustellen, ab welchem Monat die (geplanten) fixen Kosten des Unternehmens zu Gänze gedeckt sind und man daher die Gewinnzone erreicht. Sollte der Break-even während des Jahres erreicht werden, so ist davon auszugehen, dass im Regelfall auch positive Ergebnisse erzielt werden können.

Der bereits realisierte positive Deckungsbeitragsüberschuss könnte nur aufgrund von zwei Ereignissen wieder zu einem negativen Gesamtergebnis führen:

1) durch einen Sprung in der Fixkostenstruktur,
2) durch das Erwirtschaften negativer Deckungsbeiträge (zB durch besonders konditionierte Zusatzaufträge oder durch einen starken Anstieg der variablen Kosten).

Sollte es zu Umsatzeinbrüchen kommen, so bergen diese nicht die Gefahr eines negativen Jahresergebnisses in sich. Im extremsten Fall (Umsatz = 0) würde dies zu einer Stagnation des bereits erreichten Deckungsbeitragsniveaus führen. Das Ergebnis für das aktuelle Jahr wäre nicht gefährdet, da die fixen Kosten in der Grafik nicht kumuliert, sondern bereits für das gesamte Jahr ausgewiesen sind.

Diese Art der Berechnung des Break-even-Point entlastet das Management insofern, als jener Zeitpunkt annähernd prognostiziert werden kann, ab dem die fixen Kosten gedeckt sein werden und damit Verluste de facto ausgeschlossen werden können. Da in dieser Branche im Regelfall Aufträge Monate im Voraus abgeschlossen werden, ist das Erreichen des Mindestumsatzes durch Abstimmung mit den Auftragsbüchern frühzeitig bestimmbar.

Da es sich bei dem genannten Unternehmen um ein Tochterunternehmen eines internationalen Konzerns handelt, reicht in diesem Fall jedoch die Kostendeckung nicht aus. Solche shareholdergesteuerten Unternehmen verlangen zusätzlich zur Kostendeckung das Erreichen einer bestimmten Rendite. Daher wird dem Management solcher Tochtergesellschaften meist auch ein Mindestgewinn als Ziel vorgegeben. Diese Zielvorgabe kann insofern in der Grafik berücksichtigt werden, als der Mindestgewinn zusätzlich zu den fixen Kosten in der Abbildung Eingang findet. Der Mindestgewinn wird grafisch wie eine zusätzliche Schichte an fixen Kosten abgebildet.

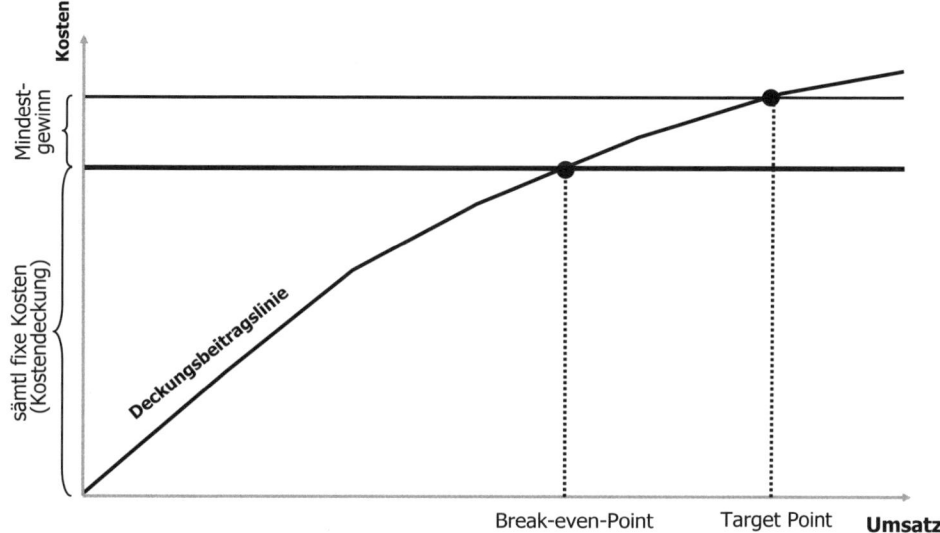

Abbildung 340: Darstellung des Target Points in der Break-even-Analyse

Durch die Zielvorgabe des Mindestgewinns verschiebt sich der Break-even-Point auf ein höheres Umsatzniveau. In diesem Fall spricht man allerdings nicht mehr vom Break-even, sondern vom Target Point.

2.1.3. Beurteilung der Risikosituation

Die Break-even-Analyse lässt sich auch im Rahmen von Risikoanalysen einsetzen. Beispielesweise lässt sich die aktuelle Risikolage eines Unternehmens dadurch einschätzen, dass man erkennt, wie weit sich ein Unternehmen von der Verlustzone entfernt befindet. Dadurch ist man mit Hilfe der Break-even-Analyse in der Lage, die Frage zu beantworten, um wie viel Prozent der aktuelle Umsatz zurückgehen darf, um gerade noch keinen Verlust zu erwirtschaften.

Dazu errechnet man auf Basis der Break-even-Analyse eine Kennzahl, die **Sicherheitsabstand** genannt wird. Der Sicherheitsabstand zeigt den aktuellen „Sicherheitspuffer" der Geschäftslage. Eine mögliche Antwort könnte etwa lauten: „*Der Umsatz darf sich maximal um 3,5 % reduzieren, um nicht in die Verlustzone zu geraten.*" Die Berechnung des Sicherheitsabstandes wird in der folgenden Grafik veranschaulicht:

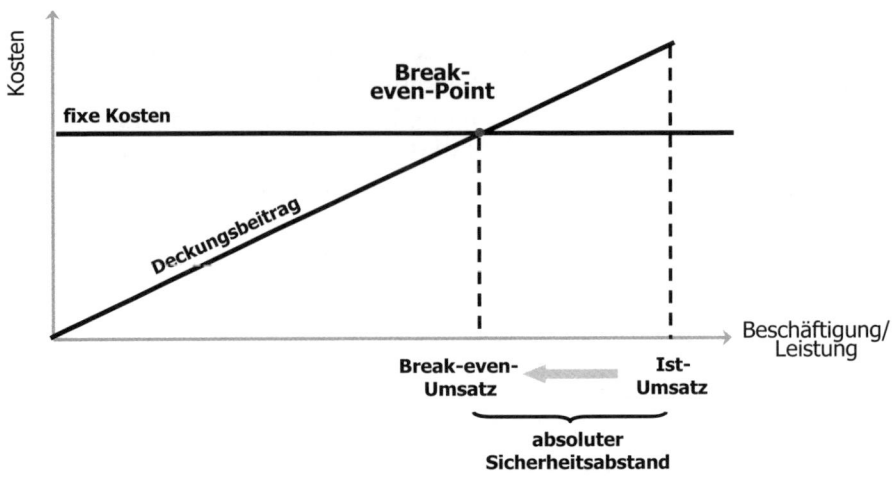

Abbildung 341: Darstellung des absoluten Sicherheitsabstandes

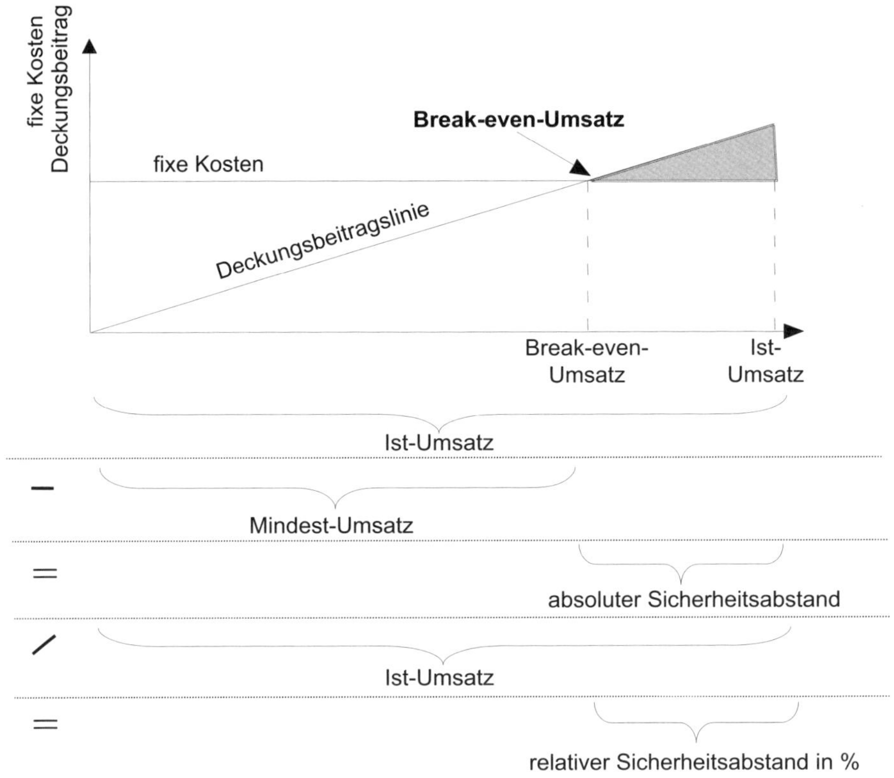

$$SA = \frac{Umsatz - Break\text{-}even\text{-}Umsatz}{Umsatz}$$

Abbildung 342: Darstellung der Berechnung des relativen Sicherheitsabstandes

Für die Berechnung des Sicherheitsabstandes wird demnach vom aktuellen, tatsächlich realisierten Umsatz der Mindestumsatz (Break-even-Umsatz) abgezogen. Diese Differenz stellt den absoluten Sicherheitsabstand (als Euro-Betrag) dar. Dieser wird wiederum zum Umsatz in Verhältnis gesetzt (absoluter Sicherheitsabstand in Euro/ aktueller Ist-Umsatz). Man setzt den absoluten Sicherheitsabstand deswegen in Verhältnis zum aktuellen Ist-Umsatz, da man vom erlaubten Rückgang des aktuellen Umsatzes ausgeht.

Die Berechnung des relativen Sicherheitsabstandes soll die Grafik in Abbildung 342 veranschaulichen.

Ein Unternehmen, das sich in der Verlustzone befindet, erhält aufgrund der Berechnung einen negativen Sicherheitsabstand. Dieser Wert muss insofern interpretiert werden, als es notwendig ist, den Umsatz um einen gewissen Prozentsatz zu steigern, um in die Gewinnzone zu kommen. In diesem Fall ist eine zu erreichende Umsatzsteigerung aber nur dann aussagekräftig, wenn es zu keinen zukünftigen Sprüngen des Fixkostenniveaus kommt. Dieser Sprung im Niveau der fixen Kosten ist bei einem negativen Sicherheitsabstand aber insbesondere dann zu erwarten, wenn die Strategie zur Erreichung des Break-even-Point nicht über Rationalisierungsbemühungen oder ein höheres Preisniveau, sondern primär über Kapazitätserweiterungen (= Wachstum) gesucht wird.

Differenzierte entscheidungsrelevante Informationen kann die Break-even-Analyse auch dann liefern, wenn der Mindestumsatz nicht erreicht wird und der Sicherheitsabstand dadurch negativ ist. In diesem Fall ist nicht nur von Interesse, um wie viel man den Umsatz steigern muss, um in die Gewinnzone zu kommen. Es ist auch wichtig zu wissen, ob man durch die aktuelle Ertragslage einen finanziellen Abgang aus dem operativen Geschäft hinnehmen muss bzw verhindern kann.

Für diese Analyse ist es notwendig, die fixen Kosten in zwei Blöcke zu teilen. Zum einen sind das jene fixen Kosten, die ausgabewirksam sind, dh fixe Kosten, die unmittelbar oder in naher Zukunft zu Auszahlungen führen werden, wie beispielsweise Gehälter, Mieten, Zinsen, Wartungskosten etc. Zum anderen identifiziert man jene fixen Kosten, die nicht ausgabewirksam sind. Das sind jene fixen Kosten, die demnach kurz- bis mittelfristig zu keinen Auszahlungen führen. Dies sind insbesondere Abschreibungen.

Aus finanzieller Perspektive können die nicht ausgabewirksamen fixen Kosten hintangestellt werden. Um das Liquiditätspotenzial des Unternehmens nicht zu verringern, ist es vorerst nur notwendig, die ausgabewirksamen fixen Kosten abzudecken. Daher werden die nicht ausgabewirksamen fixen Kosten von der Summe der fixen Kosten abgezogen. Dadurch erhält man ein niedrigeres abzudeckendes Fixkostenniveau. Erreicht man diesen Punkt mittels der Deckungsbeiträge, so hat man sichergestellt, dass man zumindest aus dem betrieblichen Ergebnis heraus keine finanziellen Abflüsse verzeichnen musste. Aus diesem Grund nennt man diesen Punkt auch Cash Point, der in der folgenden Grafik dargestellt wird.

Abschnitt F – Kostenanalyse

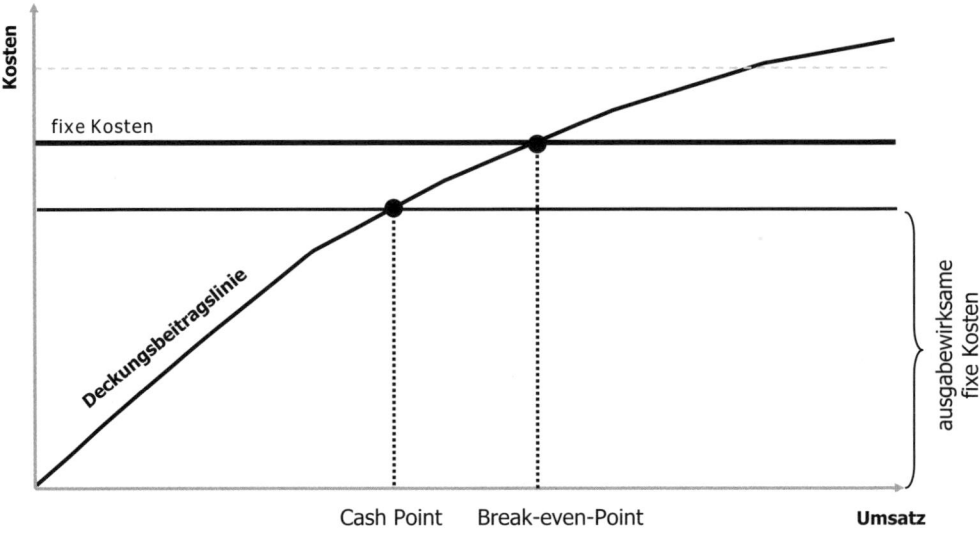

Abbildung 343: Darstellung des Cash Points im Rahmen der Break-even-Analyse

Sollte man aufgrund der aktuellen Ertragslage auch nicht in der Lage sein, den Cash Point zu erreichen, so ist es umso wichtiger, sich dennoch Ziele hinsichtlich der Ertragslage zu setzen. Die Erfahrung zeigt jedoch in der Praxis genau ein umgekehrtes Bild. Unternehmen, die eine kritische Ertragslage aufweisen, verzichten häufig auf eine präzise Zielplanung und versuchen, mit einer Durchhaltementalität das laufende Jahr zu überstehen. Je kritischer die Ertragslage eines Unternehmens ist, desto klarer sollten jedoch die Zielvorstellungen sein.

Kann der Cash Point nicht erreicht werden, so ist es möglich, den so genannten Deficit Point anzustreben. Zieht man von den fixen Kosten all jene fixen Kosten ab, die nicht gedeckt werden können, ergibt sich ein zu erreichender maximal erlaubter Verlust. Den konkreten Zielwert könnte man aus der Bilanzplanung ableiten (Soll-Überschuldung). Sollte eher die Liquidität den kritischen Faktor darstellen, so könnte man mit den Kreditgebern (zB Hausbank) einen maximalen finanziellen Abgang des Geschäftsjahres vereinbaren. Dieser Betrag könnte aber auch gleich dem Betrag des offenen Rahmens des Girokontos sein. Diesen Betrag zieht man von der Summe der ausgabewirksamen Kosten ab und erhält so das abzudeckende Niveau an fixen Kosten. Stellt man diesem Niveau den geplanten Deckungsbeitrag gegenüber, so erhält man den Deficit Point. Die entsprechenden Zusammenhänge zeigt die folgende Abbildung:

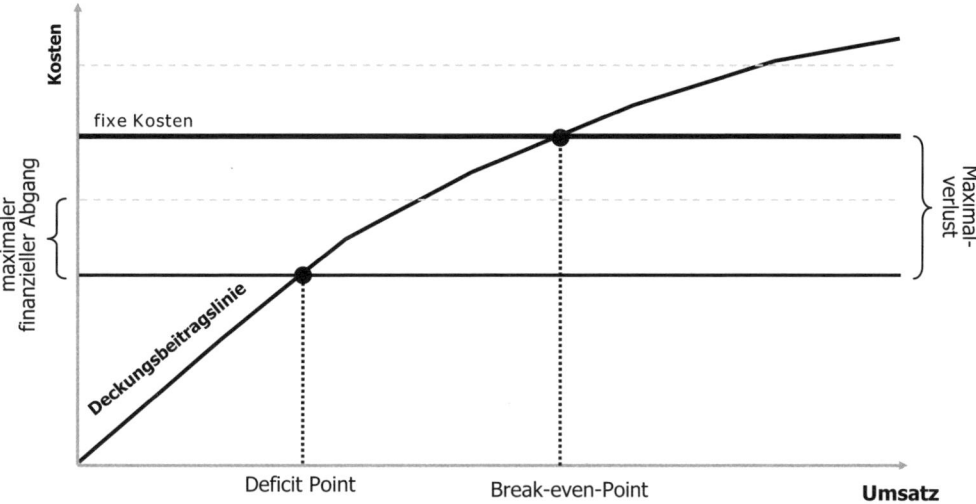

Abbildung 344: Darstellung des Deficit Points im Rahmen der Break-even-Analyse

Somit ermöglicht die Break-even-Analyse eine aggregierte Analyse der Ertrags- und Risikolage und erlaubt zudem klar kommunizierbare Ziele, auch wenn der Break-even Umsatz in einem Geschäftsjahr nicht erreicht werden kann.

2.1.4. Beurteilung von Abweichungen

Die Break-even-Analyse eignet sich darüber hinaus auch für die Analyse und Bewertung von Abweichungen. Im Sinne einer Soll-Ist-Rechnung können Abweichungen gegenüber dem Planergebnis dargestellt werden. Negative Abweichungen können sich ergeben aus:

1. einer Erhöhung der variablen Kosten je Stück,
2. einer Preissenkung,
3. einer Erhöhung der Summe der fixen Kosten,
4. einer Kapazitätsveränderung und dem damit verbundenen Sprung der fixen Kosten (sprungfixe Kosten) sowie
5. einer Reduktion der Absatzmenge.

Die folgende Abbildung zeigt die jeweiligen Auswirkungen in grafischer Form. Die Nummerierung der Abweichungen entspricht der obigen Aufzählung.

Abschnitt F – Kostenanalyse

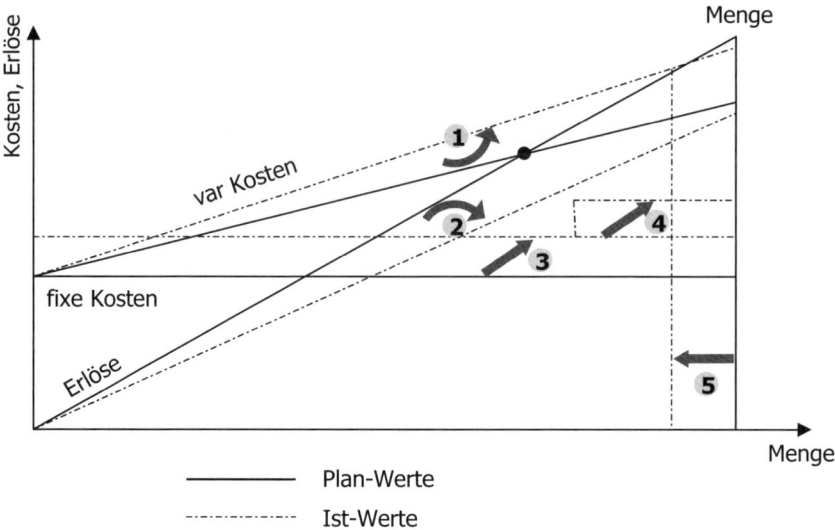

Abbildung 345: Darstellung von möglichen Abweichungen und deren Konsequenzen im Rahmen der Break-even-Analyse

In der Praxis zeigt sich, dass die Bewertung der Konsequenzen der Abweichungen hinsichtlich ihrer kumulativen Wirkung ein Problem darstellt. Grundsätzlich neigt der Mensch im Allgemeinen dazu, linear zu denken. In diesem Sinne werden Änderungen (zB Abweichungen) häufig von Seiten des Managements addiert, ohne zu erkennen, dass es sich dabei nicht um einen additiven Zusammenhang handelt. Dies soll folgendes Beispiel veranschaulichen:

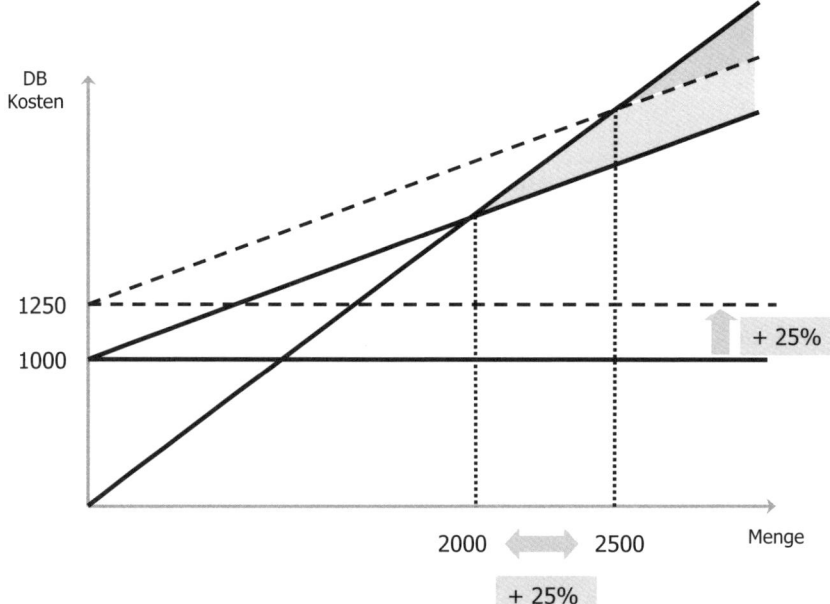

Abbildung 346: Konsequenzen einer Steigerung der fixen Kosten auf den Break-even-Point

2. Betriebliche Entscheidungen auf Basis von Kostenanalysen

Ein Unternehmen weist bei einer bestimmten Erlös- und Kostenstruktur und einem DBU von 0,5 bzw 50 % einen Break-even-Point von 2.000 Stück auf. Geht man nun davon aus, dass die fixen Kosten um 25 % steigen werden, so wird sich auch der Break-even genau um diesen Prozentsatz erhöhen. In diesem Fall steigt der Break-even von 2.000 Stück auf 2.500 Stück an. Die Zusammenhänge lassen sich in der Grafik (Abb. 346) zusammenfassen.

Dieser Zusammenhang ist den meisten Betriebswirten aus ihrer Ausbildung her bekannt. Geht man nun davon aus, dass die fixen Kosten unverändert bleiben, dafür aber die variablen Kosten um 23 % ansteigen, verschiebt sich der Break-even um 30 % nach oben. Daraus ergibt sich ein Anstieg des Break-even von 2.000 Stück auf 2.600 Stück. Den entsprechenden Sachverhalt visualisiert die folgende Grafik:

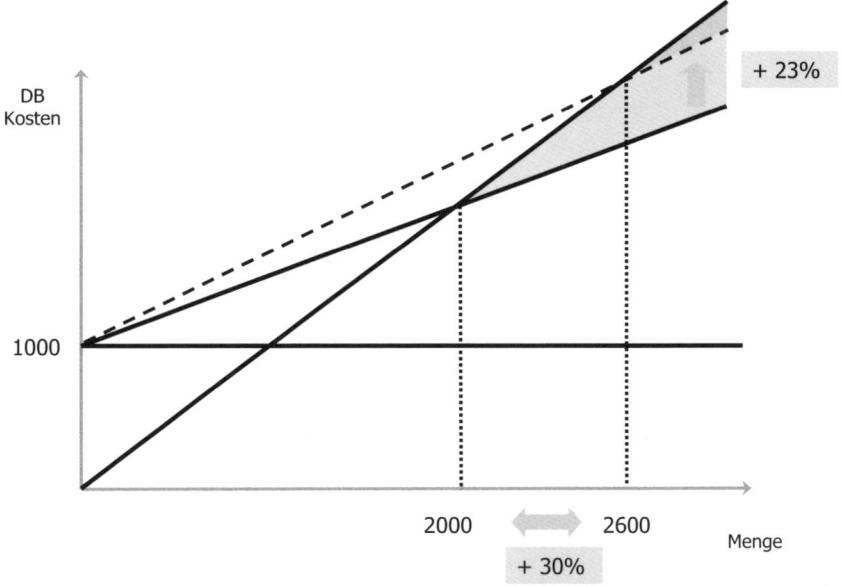

Abbildung 347: Konsequenzen einer Steigerung der variablen Kosten auf den Break-even-Point

Im folgenden Fall soll davon ausgegangen werden, dass es unabhängig von den beiden ersten Abweichungen zu einer Reduktion der Verkaufspreise um 10 % kommt. In diesem Fall verschiebt sich der Break-even ebenfalls um 25 % nach oben, also von 2.000 Stück auf 2.500 Stück.

Abschnitt F – Kostenanalyse

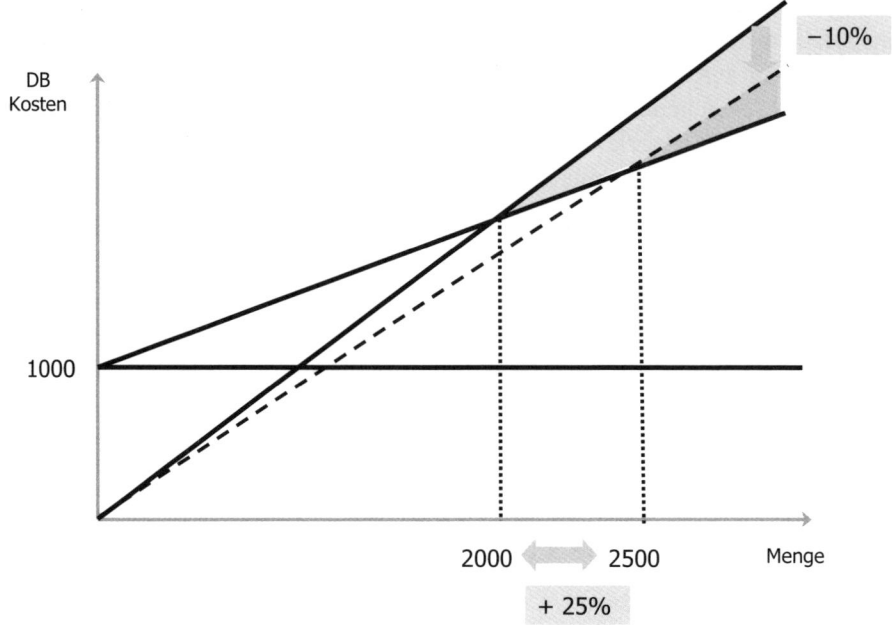

Abbildung 348: Konsequenzen einer Senkung des Verkaufspreises auf den Break-even-Point

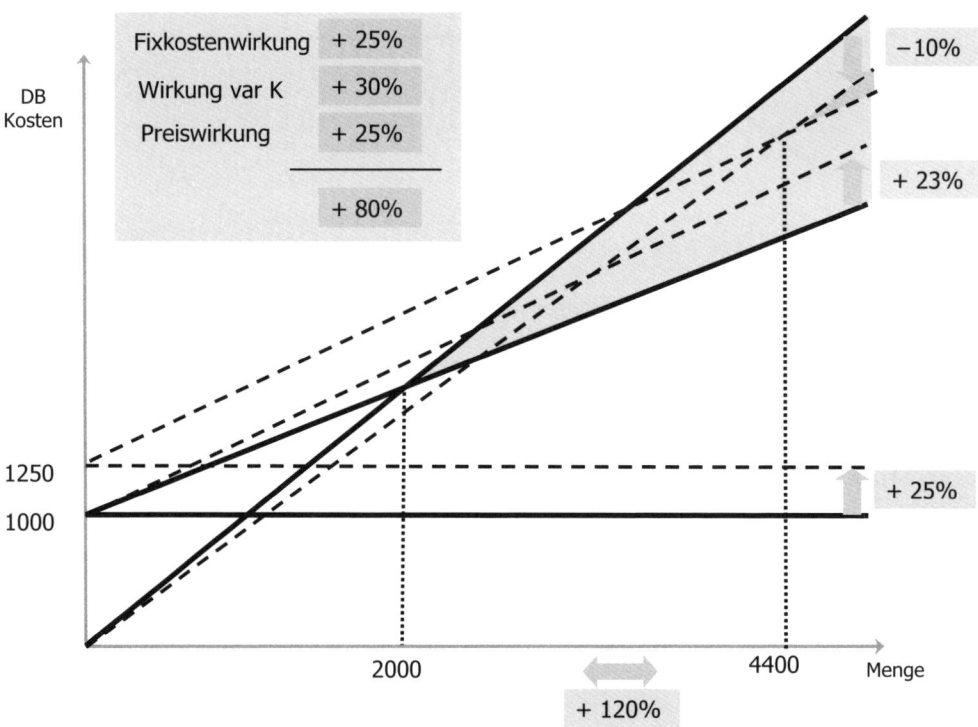

Abbildung 349: Konsequenzen simultaner Abweichungen auf den Break-even-Point

2. Betriebliche Entscheidungen auf Basis von Kostenanalysen

Die drei Abweichungen wurden hinsichtlich ihrer Konsequenzen auf den Break-even jeweils separat berechnet. Die Frage, die sich nun stellt, ist jene, wie sich die Situation des Unternehmens darstellt, wenn alle drei Abweichungen kumulativ auftreten, was der Unternehmenspraxis wohl eher entspricht, da mehrere Abweichungen meist gleichzeitig eintreten. Zählt man die Konsequenzen der Abweichungen hinsichtlich des Break-even zusammen, so ergibt sich in Summe eine Abweichung des Break-even von 80 %. Dies entspricht einer Zahl von 1.600 Stück.

Pflegt man aber die geänderten Parameter simultan in die Break-even-Analyse ein und berechnet den Break-even nochmals, so zeigt sich, dass sich ein Mindestumsatz von 4.400 Stück ergibt. Dies entspricht einer Steigerung von 120 % oder einer Zahl von 2.400 Stück. Die Ergebnisse werden in Abbildung 349 zusammengefasst.

Die notwendige Steigerung der Mindestmenge (von 1.600 auf 2.400 Stück) liegt also tatsächlich um 50 % höher als in der additiven Annahme. Diese Annahme führt also zu einem gänzlich falschen Ergebnis, das in Zeiten enger Erfolgsmargen durchaus existenzielle Bedeutung haben kann.

Um etwaige Abweichungen zu vermeiden, gibt es eine Reihe an Gegensteuerungsmaßnahmen. In der folgenden Grafik wurde versucht, einige mögliche Gegensteuerungsmaßnahmen in die Break-even-Analyse zu integrieren. Die Pfeile zeigen die jeweiligen Ansatzpunkte der Maßnahmen und wie diese helfen können, den Break-even zu erreichen.

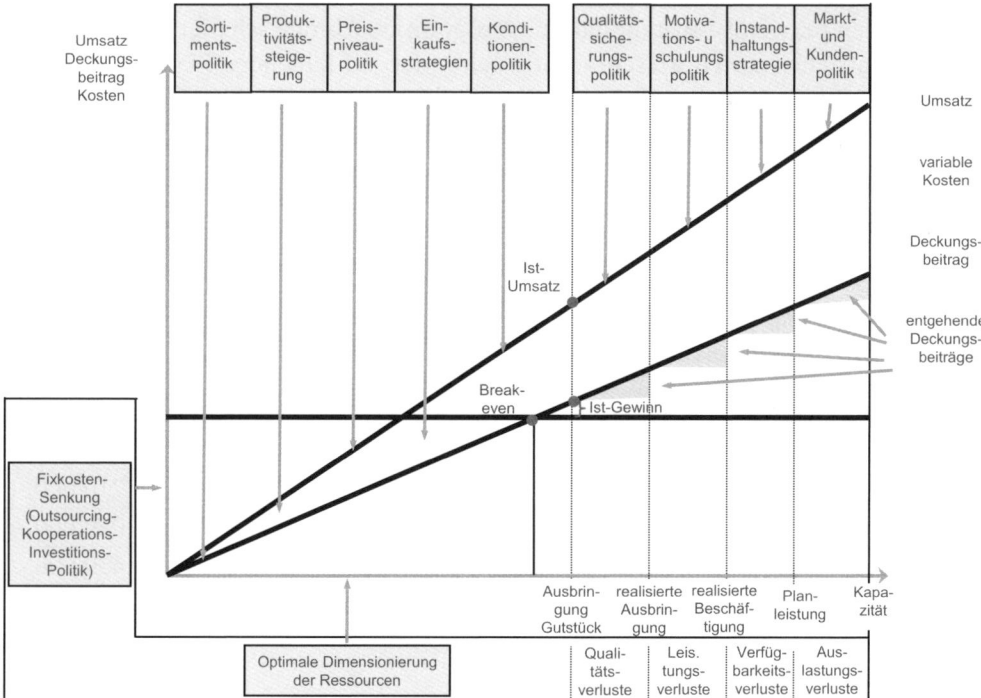

Abbildung 350: Maßnahmen und deren Konsequenzen auf den Break-even

Die Sortimentspolitik zielt beispielsweise auf den gewichteten DBU ab. Daher zeigt der Pfeil auf die Deckungsbeitragslinie. Forciert man jene Produkte, die einen hohen Anteil des Deckungsbeitrages am Umsatz haben, so sollte es möglich sein, den durchschnittlich gewichteten DBU und damit die Steigung der Deckungsbeitragslinie zu erhöhen. Produktivitätssteigerungen zielen vor allem auf die Höhe der variablen Kosten ab. Die variablen Kosten stellen die Differenz zwischen dem Umsatz und dem Deckungsbeitrag dar. Daher zeigt die Linie der Produktivitätssteigerung genau auf die Fläche zwischen diesen beiden Linien. Gelingt es, die variablen Kosten zu senken, so wird die Deckungsbeitragslinie zulasten der Fläche der variablen Kosten steiler verlaufen. Die Preisniveaupolitik zielt auf die Umsätze. Gelingt es, höhere Umsätze zu erzielen, so wird die Umsatzlinie steiler verlaufen. Gleichzeitig wird aber auch die Linie des Deckungsbeitrages steiler ansteigen, vorausgesetzt, es kommt nicht zu einem Anstieg der variablen Kosten. Die Einkaufspolitik zielt auf den Wareneinsatz und damit wiederum auf die Höhe der variablen Kosten. Die Konditionenpolitik spiegelt sich im Verkaufspreis wider und zielt damit auf den Umsatz.

Outsourcing, Kooperationsüberlegungen und die Investitionspolitik (inkl der optimalen Dimensionierung der Ressourcen) zielen auf die Senkung der fixen Kosten. Zudem gibt es eine Reihe an Maßnahmen, die dafür Sorge tragen, dass die Ausbringungsmenge erreicht wird, wie zB Maßnahmen zur Vermeidung von Qualitätsverlusten (Verringerung des Ausschusses). Darüber hinaus helfen Schulungen und Motivationsprogramme, Leistungsverluste (zB durch Nichteinhalten von Vorgabezeiten) zu vermeiden. Verfügbarkeitsverluste treten zB durch Maschinenbruch auf. Hier würden präventive Instandhaltungsprogramme Abhilfe schaffen. Auslastungsverluste entstehen durch Maschinenstillstand, der auf fehlendes Material oder auf fehlende Aufträge zurückzuführen ist. Der Aufbau eines Zweit- bzw Drittlieferanten oder die Verbreiterung der Kundenbasis könnten helfen, Auslastungsverluste zu vermeiden.

Fallbeispiel

Ausgangsdaten

Sie sollen den Mindestumsatz für ein Taxiunternehmen berechnen. Für die Break-even-Analyse liegen Ihnen die Werte aus dem Vorjahr vor.

Erlöse	Umsatz	2.460.000,–
Variable Kosten	Lohnkosten Taxifahrer	1.230.000,–
Variable Kosten	Benzinkosten	210.000,–
Zwischenergebnis	Deckungsbeitrag	1.020.000,–
Fixe Kosten	Verwaltungskosten	430.000,–
Fixe Kosten	Abschreibungen (Fahrzeuge)	640.000,–
Fixe Kosten	Kalkulatorische Zinsen	180.000,–
Ergebnis	**Verlust**	**– 230.000,–**

Abbildung 351: Ausgangsdaten für die Fallstudie zur Break-even-Analyse

Des Weiteren verfügen Sie über die Information, dass durchschnittlich pro gefahrenen Kilometer ein Erlös von € 1,20 anfällt. Das Unternehmen verfügt über 32 Fahrzeuge.

Aufgabenlösung

Berechnung der Summe fixer Kosten:

Verwaltungskosten	430.000
Abschreibungen	640.000
Zinsen	180.000
Summe fixer Kosten	1.250.000

Berechnung Deckungsbeitrag in % des Umsatzes:

Deckungsbeitrag	1.020.000
Umsatz	2.460.000
DBU	**41,46 %**

Berechnung des Mindestumsatzes:

Summe fixer Kosten	1.250.000
DBU	**41,46 %**
Break-even-Umsatz	**3.014.706**

Dividiert man den Mindestumsatz durch den durchschnittlichen Preis, so erhält man die mindestens notwendige Anzahl an verkauften Kilometern:

Break-even-Umsatz	3.014.706
durchschnittlicher Preis	1,2
Break-even-km	**2.512.255**

Interpretation der Ergebnisse

Aus der Angabe ist bereits erkennbar, dass das Unternehmen Verluste erwirtschaftet. Durch die Berechnung des Mindestumsatzes erkennt man, dass dem Unternehmen € 554.706,– an Umsätzen fehlen, um in die Gewinnzone zu kommen. Dazu wird vom aktuellen Umsatz (€ 2.460.000,–) der Mindestumsatz (€ 3.014.706,–) abzogen. Bezogen auf die Anzahl der Kilometer benötigt das Unternehmen zusätzliche 462.255 km. Bisher hat das Unternehmen 2.050.000 km verkauft (ergibt sich aus Ist-Umsatz/durchschnittlicher Preis). Zieht man davon die notwendige Anzahl an verkauften Kilometern ab (– 2.512.255 km), so kann man die fehlende Anzahl an km berechnen.

Eine Interpretation der Ergebnisse fällt dennoch relativ schwer. Kommuniziert man der Belegschaft, dass ein zusätzlicher Umsatz von € 554.706,– erwirtschaftet werden muss, so werden sich die Mitarbeiter schwer tun, ihren notwendigen Beitrag zur Verbesserung des Unternehmensergebnisses zu erkennen. Zudem kann man schwer abschätzen, ob dies ohne zusätzliche Investitionen überhaupt möglich erscheint. Werden zusätzliche Investitionen (zB in Kraftfahrzeuge) notwendig, so verschiebt sich wiederum der Mindestumsatz aufgrund der zusätzlichen Fixkosten, die durch die Investition entstehen.

Daher erscheint es erforderlich, die notwendige Umsatzsteigerung auf das Tagesgeschäft der Mitarbeiter herunter zu brechen. Dies wird leider in der Unternehmenspraxis selten praktiziert. In diesem Fall würde das „Herunterbrechen" folgendermaßen vor sich gehen:

Berechnung der fehlenden Kilometer

Break-even-km	2.512.255
realisierte km	2.050.000
fehlende km	**– 462.255**

Berechnung der fehlenden Kilometer pro Taxi

fehlende km	– 462.255
Anzahl Taxi	32
fehlende km pro Taxi	**– 14.445**

Zunächst werden die fehlenden Kilometer berechnet, da diese Größe für die Taxifahrer am verständlichsten ist. In weiterer Folge werden die fehlenden Kilometer auf die einzelnen Taxis heruntergebrochen. Dazu werden die fehlenden Kilometer durch die Anzahl der Taxis dividiert. Man erhält so die durchschnittlich fehlenden Kilometer pro Fahrzeug und Jahr. Um die Aussagekraft weiter zu erhöhen, sollte man die fehlenden Kilometer pro Fahrzeug auf einen Arbeitstag beziehen. Dazu erhalten Sie die Information, dass die Taxifahrer durchschnittlich 300 Tage im Jahr arbeiten.

Berechnung der fehlenden Kilometer pro Taxi und Tag

fehlende km pro Taxi	– 14.445
Anzahl Arbeitstage (Annahme)	300
fehlende km pro Taxi und Tag	**– 48,15**

Versucht man, die Zahl noch weiter mit dem Tagesgeschäft der Mitarbeiter zu verbinden, so kann man die fehlenden Kilometer pro Taxi und Tag noch in die Anzahl der fehlenden Fahrten pro Tag umrechnen. Dazu dividiert man die fehlenden Kilometer pro Taxi und Tag durch die durchschnittliche Kilometeranzahl pro Fahrt. Dies erhält man, indem man die gesamte Kilometeranzahl aller Taxis durch die Anzahl der Fahrten aller Taxis dividiert. In diesem Beispiel sei angenommen, dass die durchschnittliche Kilometeranzahl pro Fahrt 10 beträgt.

Berechnung der fehlenden Fahrten pro Taxi und Tag

fehlende km pro Taxi und Tag	– 48,15
durchschnittliche km pro Fahrt (Annahme)	10,00
fehlende Fahrten pro Taxi und Tag	**– 4,82**

Nunmehr kann von den Mitarbeitern viel realistischer eingeschätzt werden, ob die Umsatzsteigerung ohne Erweiterungsinvestitionen überhaupt möglich erscheint. Selbstverständlich kann das Erreichen des Break-even auch durch Kostensenkungsmaßnahmen unterstützt werden. In diesem Fall wird dies wohl auch notwendig sein, da annähernd fünf zusätzliche Fahrten pro Tag und pro Taxi schwer erreichbar scheinen.

Aus dem Beispiel wird ersichtlich, dass es wichtig ist, die Break-even-Analyse mit dem Tagesgeschäft der Mitarbeiter in Verbindung zu bringen. Beispielsweise kann man für einen Schlachthof die Anzahl der zusätzlich zu verarbeitenden Rinder pro Woche definieren. Es ist auch möglich, für einen Mensabetrieb die Anzahl der zusätzlichen Mittagsmenüs zu definieren. Jedenfalls bleibt der Mindestumsatz für die Mitarbeiter eine relativ abstrakte Größe, sofern diese Zahl nicht konsequent in das Tagesgeschäft integriert wird.

Praktische Relevanz

Die Break-even-Analyse stellt ein relativ einfach anzuwendendes Instrument dar. Wie sich noch zeigen wird, hat die Break-even-Analyse dennoch einen sehr hohen Aussagewert. Zudem lässt sich das Instrument sehr einfach an die Denkweise der einzelnen Branchen anpassen. Interessant ist, dass das Instrument in der Unternehmenspraxis noch viel häufiger eingesetzt werden könnte, als dies derzeit der Fall ist.

Obwohl das Instrument statischer Natur ist, könnten mit Hilfe des Instrumentes viele Fehlinvestitionen verhindert werden. So könnten bei geplanten Investitionen die notwendigen zusätzlichen Mengen berechnet und mit dem Verkauf abgestimmt werden. Lässt sich in dieser Phase bereits erkennen, dass der Verkauf nicht wirklich daran glaubt, die notwendigen Verkaufszahlen zu erreichen, wäre eine Redimensionierung der geplanten Anlage notwendig. Würde das Instrument in der Unternehmensgründungsphase häufiger eingesetzt werden, würden wohl auch manche Anfangsinvestitionen vorsichtiger ausfallen. Häufig würde in dieser Phase wohl die Investition durch Leasing ersetzt werden oder auch der vorläufige Fremdbezug gegenüber der Eigenfertigung bevorzugt werden.

Die Voraussetzung für die Durchführung einer Break-even-Analyse ist die Trennung der Kosten in fixe und variable Anteile. Selbst bei Unternehmen, die über keine Kostenrechnung verfügen, hat sich allerdings gezeigt, dass die Break-even-Analyse, selbst wenn sie auf die Daten der Finanzbuchhaltung aufgesetzt wird, zu recht plausiblen Ergebnisse führt. Dazu ist es lediglich notwendig, die Daten der Gewinn- und Verlustrechnung als Ausgangsbasis heranzuziehen. Auch wenn man in diesem Fall über keine Kosteninformationen verfügt, so kann man dennoch die Aufwandsdaten mit fixem und variablem Charakter trennen. Die folgende Tabelle zeigt dazu einen möglichen Vorschlag:

Abschnitt F – Kostenanalyse

Kostenart	Kostencharakter	Kostenart	Kostencharakter
Wareneinsatz	variable Kosten	Versicherungen	fixe Kosten
Fremdleistungen	variable Kosten	Reinigungskosten	fixe Kosten
Löhne	variable oder fixe Kosten	Betriebskosten	fixe Kosten
Gehälter	fixe Kosten	Werbung	fixe Kosten
Aufwand für Abfertigungen	LNK (Variator von Basis abhängig)	Post, Telefon	fixe Kosten
Aufwand für Pensionen	LNK (Variator von Basis abhängig)	Kfz-Aufwand	fixe Kosten
Aufwand für gesetzliche Sozialabgaben	LNK (Variator von Basis abhängig)	Rückstellungen	sofern Kosten fixer Charakter
sonstige Sozialaufwendungen	sofern freiweilig kein Kostencharakter	sonstiger betrieblicher Aufwand	Mischkosten
Abschreibungen	fixe Kosten (ev variabel)	Aufwendungen aus Beteiligungen	keine Kosten
Geringwertige Wirtschaftsgüter	fixe Kosten	Abschreibungen auf Finanzwerte	keine Kosten
Strom, Wasser	variable Kosten (ev fix)	Zinsen und ähnliche Aufwendungen	fixe Kosten
Beheizung	fixe Kosten	außerordentliche Aufwendungen	keine Kosten
Instandhaltungen, Reparaturen	meist Mischkosten	Steuern vom Einkommen und Ertrag	keine Kosten
Treibstoff	meist Mischkosten	Zuweisung unversteuerte Rücklagen	keine Kosten
		Zuweisung zu Gewinn-/Kapitalrücklagen	keine Kosten

Tabelle 15: Break-even-Analyse auf Basis von Daten der Gewinn- und Verlustrechnung

Wie praktische Analysen gezeigt haben, erhält man trotz der fehlenden Kostendaten in den meisten Fällen doch ausreichend genau Informationen über den aktuellen Break-even-Umsatz. Die Break-even-Analyse darf ohnedies nicht als punktgenaue Analyse verstanden werden. Sie gibt lediglich Orientierung, in welchem Bereich der Mindestumsatz liegt.

Wissen kompakt

Break-even-Point: Der Break-even-Point stellt jene mindestens abzusetzende Menge dar, ab der alle Kosten gedeckt werden können und daher keine Verluste mehr erwirtschaftet werden.

Break-even-Umsatz: Der Break-even-Umsatz stellt den notwendigen Mindestumsatz dar, um alle Kosten decken zu können. Ab dem Break-even-Umsatz werden daher keine Verluste mehr erwirtschaftet werden.

Cash Point: Der Cash Point gibt jene mindestens abzusetzende Menge an, die notwendig ist, um ein Abfließen von Geldmitteln aus dem operativen Tagesgeschäft zu verhindern. Das Ziel ist es dabei, die variablen Kosten und die ausgabewirksamen fixen Kosten abzudecken. Man zieht also von der Summe der fixen Kosten im Wesentlichen die Abschreibungen ab (reduziert also das mit dem Deckungsbeitrag zu erreichende Fixkostenniveau). Die Erreichung dieses Ziels erlaubt zumindest die Einhaltung eines operativ ausgeglichenen Budgets (operativ positiver Cashflow = Gewinn + Abschreibungen).

Deficit Point: Der Deficit Point gibt jene mindestens abzusetzende Menge an, die notwendig ist, um einen maximal erlaubten Verlust oder einen maximal erlaubten finanziellen Abgang nicht zu überschreiten. Ziel ist es, ein Abfließen von Geldmitteln aus dem operativen Tagesgeschäft zu beschränken oder einen definierten, maximalen Verlust nicht zu überschreiten. Man kann demnach mit den internen Kapitalgebern (Gesellschafter) und ev mit den externen Kapitalgebern (Bank) ein maximales Verlustniveau oder einen maximalen finanziellen Abgang definieren.

Gewichteter DBU (Deckungsbeitrag in Prozent des Umsatzes): Der gewichtete DBU stellt das Verhältnis zwischen der Summe des Deckungsbeitrags aller Produkte und der Summe des Umsatzes aller Produkte dar.

Sicherheitsabstand: Der Sicherheitsabstand gibt an, um wie viel Euro (absoluter Sicherheitsabstand) bzw Prozent (relativer Sicherheitsabstand) der Umsatz zurückgehen darf, so dass ein Unternehmen gerade noch keine Verluste macht. Der Sicherheitsabstand gibt also in Euro oder Prozenten den erlaubten Umsatzrückgang an, um die Kosten noch decken zu können.

Target Point: Der Target Point gibt jene mindestens abzusetzende Menge an, die notwendig ist, um sämtliche Kosten zu decken und zusätzlich noch einen Mindestgewinn zu erreichen.

Kontrollfragen

- Wie berechnet man den Break-even für ein Einproduktunternehmen? Wodurch unterscheidet sich die Berechnung des Break-even zu einem Mehrproduktunternehmen?
- Inwieweit beeinflusst die Sortimentszusammensetzung den Break-even-Umsatz?
- Ist es möglich, auch für ein Mehrproduktunternehmen einen Break-even-Point auszurechnen? Wie müssten Sie dabei vorgehen?
- Warum gestaltet sich eine Situation für ein Unternehmen sehr schwierig, dessen Break-even sich nahe an der Kapazitätsgrenze befindet?
- Welche Umstände müssen in einer Abrechnungsperiode eintreten, dass ein Unternehmen, das die fixen Kosten in dieser Periode durch Deckungsbeiträge bereits gedeckt hat, wiederum Verluste hinnehmen muss?

- Was bedeutet ein negativer Sicherheitsabstand im Rahmen einer Break-even-Analyse eines Unternehmens?
- Welche alternativen Zielpunkte können Sie definieren, wenn Sie im Rahmen der Planung erkennen, dass Sie im kommenden Jahr den Break-even nicht erreichen werden?
- Welche Abweichungen können sich im Rahmen einer Break-even-Analyse ergeben?

Verwendete und weiterführende Literatur

- *Bogensberger, S./Messner, S./Zihr, G./Zihr, M.:* Kostenrechnung – eine praxis- und beispielorientierte Einführung, 6. Auflage, Wien 2012.
- *Coenenberg, A. G./Fischer, T./Günther, T.:* Kostenrechnung und Kostenanalyse, 8. Auflage, Stuttgart 2012.
- *Deimel, K./Isemann, R./Müller, St.:* Kosten- und Erlösrechnung, München 2006.
- *Ewert, R./Wagenhofer, A.:* Interne Unternehmensrechnung, 7. Auflage, Berlin 2008.
- *Männel, W.:* Ergebniscontrolling, 7. Auflage, Lauf an der Pegnitz 2006.
- *Seicht, G.:* Moderne Kosten- und Leistungsrechnung, 11. Auflage, Wien 2001.
- *Schweitzer, M./Trossmann, E.:* Break-even-Analyse – Methodik und Einsatz, 2. Auflage, Berlin 1998.

2.2. Informationen über Preisgrenzen

Lernziel

In diesem Kapitel lernen Sie
- welche Einflussgrößen es auf die Absatzpreise gibt
- welchen Einfluss die Kosten auf die Preisfestlegung haben
- welche grundsätzlichen Preisstrategien angewandt werden können
- welche Preisuntergrenzen im Rahmen der Preisfestlegung zu berücksichtigen sind
- was man unter Opportunitätskosten und kalkulatorischem Ausgleich versteht
- was man im Rahmen einer langfristigen Preisstrategie berücksichtigen muss

2.2.1. Konzeptionelle Grundlagen

Die Unternehmen sehen sich auf den Märkten zunehmend mit einem verschärften Preiswettbewerb konfrontiert. Durch den technischen Fortschritt ist es in vielen Branchen zu angebotsseitigen Überkapazitäten gekommen, die bei Unterauslastung die Unternehmen zwingen, den Preis zu senken. Die Margen, die in den vergangenen Jahrzehnten verdient werden konnten, sind daher in vielen Branchen nicht mehr erzielbar. Zudem kommt es zu einer verstärkten Nachfrage vieler Schwellenländer nach Rohstoffen, so dass auch die Preise für beispielsweise Stahl, Rohöl, Industriemineralien und andere Rohstoffe stetig zunehmen.

Der Bestimmung von Preisgrenzen sowohl für Einkaufs- als auch für Verkaufspreise kommt daher in Zeiten steigenden Wettbewerbsdrucks und sinkender Margen eine elementare Bedeutung zu. Preisgrenzen werden zunehmend zu kritischen Werten, deren Überschreitung bzw Unterschreitung ganz bestimmte Entscheidungen vom Management erfordern. Das Kennen und Berücksichtigen von Preisgrenzen hat demnach eine hohe Relevanz für den Erfolg eines Unternehmens.

In der Unternehmenspraxis geht es zumeist um die Bestimmung einer Preisuntergrenze, bis zu der sich der Verkauf bzw die Produktion einer Produktionseinheit gerade noch lohnt. Werden Preisuntergrenzen im Verkauf nicht berücksichtigt, kommt es notwendigerweise zu massiv negativen Auswirkungen auf den Unternehmenserfolg. Preisentscheidungen können sich aber auch auf die bezogenen Einsatzfaktoren (zB Rohstoffe) beziehen, für die eine Preisobergrenze berechnet werden muss, bis zu der sich der Bezug dieser Faktoren und die anschließende Herstellung der Produkte gerade noch lohnt.

Die folgende Abbildung verdeutlicht die Entscheidungssituation, die sich im Zusammenhang mit den Preisgrenzen für das Management stellt.

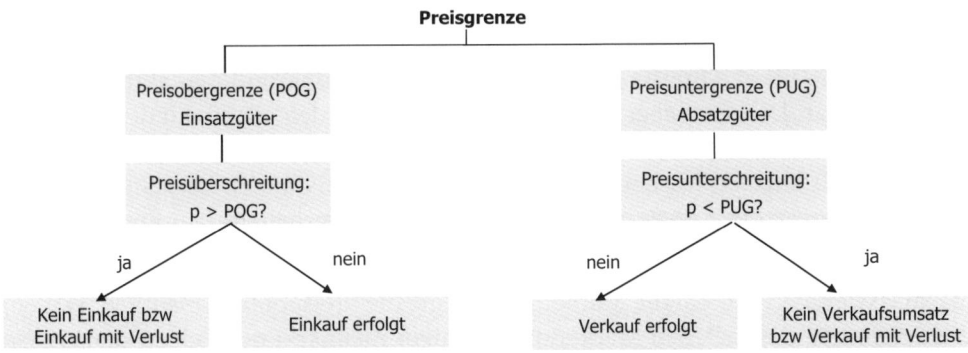

Abbildung 352: Systematische Darstellung der Entscheidungssituationen bei Preisgrenzen

Bevor die Preisgrenzen im Detail näher erläutert werden, soll darauf hingewiesen werden, dass die Höhe der Preise, die für die einzelnen Leistungen erzielt werden, nicht nur – wie fälschlicherweise häufig geglaubt oder zumindest argumentiert wird – von den Kosten abhängt. Zusätzlich zu den Kosten gibt es eine Reihe von Faktoren, die den Absatzpreis beeinflussen oder sogar bestimmen. Insofern stellen die Kosten eine zweifelsohne wichtige, aber jedenfalls nicht die einzige Orientierungsgröße für die Preisfestlegung dar. Daher lassen sich Preise auch nicht „berechnen" und die Kosten können es auch nicht erzwingen, dass das Unternehmen bestimmte Preisniveaus festlegt.

Die folgende Grafik gibt einen Überblick über die relevanten Parameter der Preispolitik und -positionierung sowie über die zugrunde liegenden Zusammenhänge:

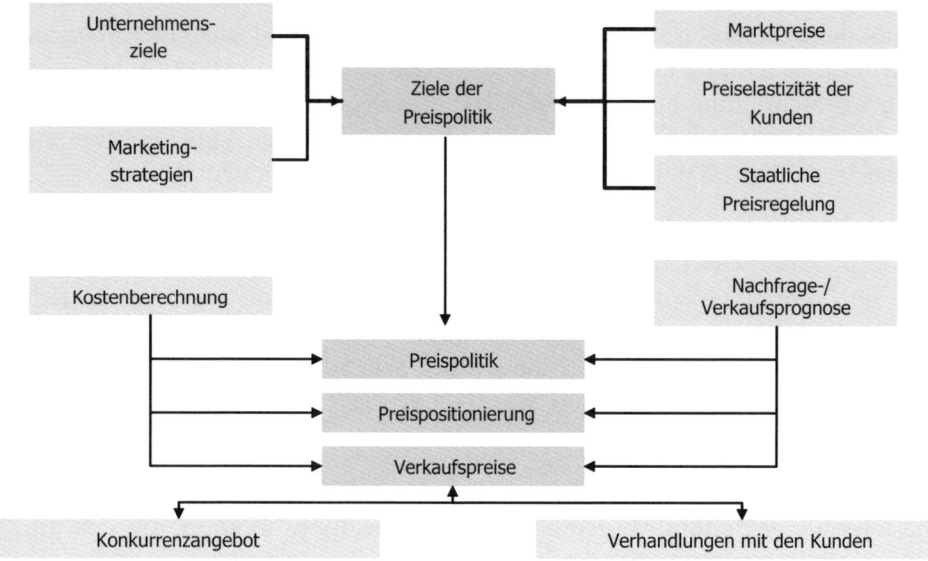

Abbildung 353: Einflussfaktoren der Preisfestlegung

Wie aus der Grafik ersichtlich wird, stellen die Kosten eines Produktes eine wichtige Einflussgröße für die Preispolitik, die Preispositionierung und den aktuellen Verkaufspreis dar. Dies darf aber nicht so interpretiert werden, dass man den Preis aus der Kostenrechnung quasi ableiten kann. Es ist die Aufgabe des Managements, aufgrund von Erfahrung, Kosten- und Marktinformationen, Unternehmenszielen und -strategien sowie des Konsumenten- und Konkurrenzverhaltens den Preis festzulegen.

Beispielsweise beeinflusst die Marketingstrategie die Preispolitik wesentlich. Hat ein Unternehmen das Ziel, den Marktanteil in einem Zielmarkt deutlich zu steigern, so wird man dies häufig mit einer aggressiven Preisstrategie versuchen. Die Marketingstrategie kann somit auf vergleichende Produktwerbung bei Betonung des Preisvorteils und auf Preisangebote konzentriert werden. Dies hat selbstverständlich wiederum Auswirkungen auf die Preispositionierung. Die folgende Grafik zeigt unterschiedliche Positionierungsoptionen eines Unternehmens hinsichtlich des Verkaufspreises. Unter relativem Preis bzw relativer Qualität ist nicht das absolute Niveau, sondern immer das Verhältnis zu den Mitbewerbern zu verstehen.

2. Betriebliche Entscheidungen auf Basis von Kostenanalysen

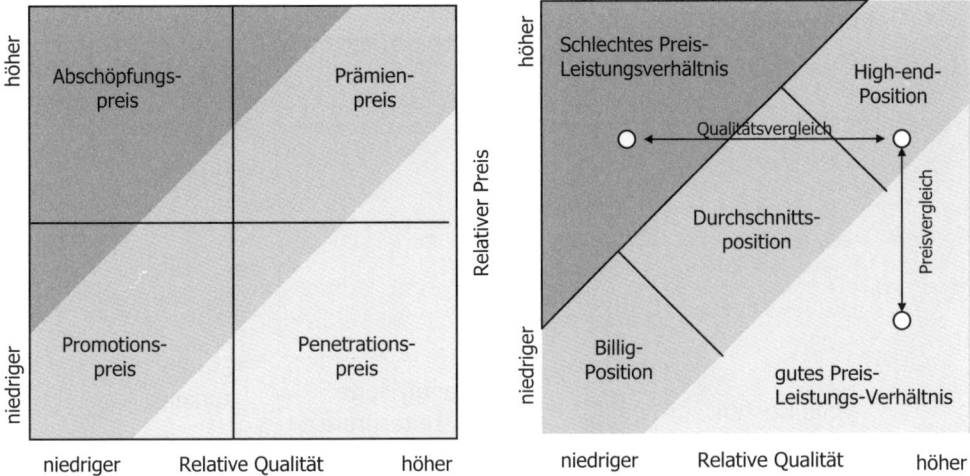

Abbildung 354: Optionale Preispositionierungen

Dem Abschöpfungspreis liegt ein schlechtes Preis-Leistungs-Verhältnis aus der Sicht des Kunden zugrunde. Diese Positionierung wäre bei einer Monopolstellung durchsetzbar. Solche Monopolstellungen gibt es heute auf den Märkten aber nur mehr temporär, etwa dann, wenn man als einziges Unternehmen eine Innovation am Markt platzieren kann. Einer Penetrationspreispolitik liegt ein sehr gutes Preis-Leistungs-Verhältnis zugrunde. Sie hat daher das Ziel, einen möglichst hohen Marktanteil zu gewinnen. Damit soll versucht werden, eine dominierende Stellung am Markt zu erreichen, um potenzielle Mitbewerber fernzuhalten.

Unter einer Promotionspreispolitik versteht man eine Positionierung, bei der bei einem relativ niedrigen Qualitätsniveau ein niedriger Preis angeboten wird. Dies entspricht einer „Billigposition". Demgegenüber versucht ein Unternehmen mit einer Prämienpreispolitik bei einem hohen Qualitätsniveau entsprechend hohe Preise durchzusetzen.

In diesem Zusammenhang sei nochmals darauf hingewiesen, dass die Kostenrechnung kein Preisermittlungsverfahren darstellt. Die Kostenrechnung liefert aber für die Preispolitik wichtige Orientierungsgrößen, die als Parameter für die anschließende Preisdiskussion dienen. Die Preise können dann aber je nach Preispolitik innerhalb bestimmter Bandbreiten frei definiert werden.

2.2.2. Bestimmungsfaktoren des Preises

Betrachtet man das Preisspektrum, also jene Bandbreite von der absoluten Preisunter- bis hin zur absoluten Preisobergrenze, so lassen sich verschiedene Ausprägungsstufen feststellen. Das mögliche Preisspektrum veranschaulicht die folgende Grafik:

Abschnitt F – Kostenanalyse

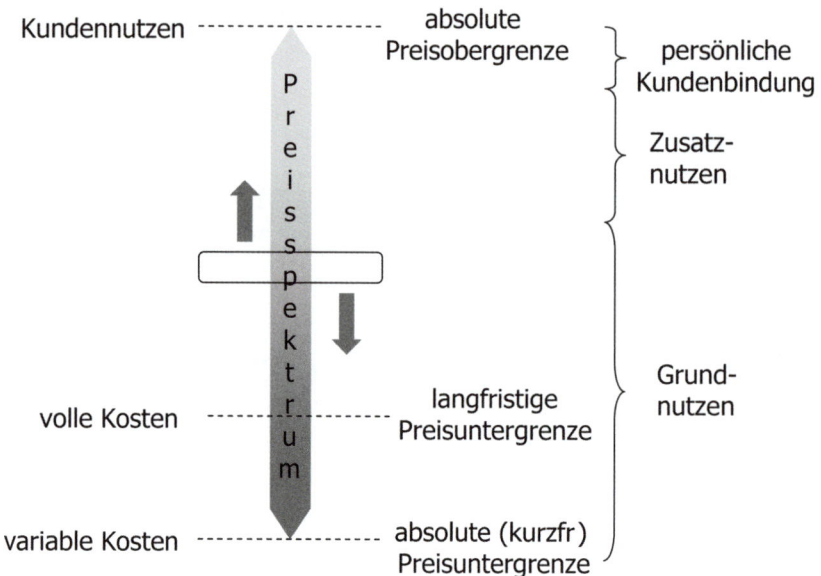

Abbildung 355: Bestimmungsfaktoren der Preisfestlegung

Das Preisspektrum erstreckt sich also zwischen der absoluten Preisobergrenze und der kurzfristigen Preisuntergrenze. Die absolute Preisobergrenze bestimmt sich durch den Nutzen, den das Produkt bzw die Leistung beim Kunden stiftet. Dieser Nutzen setzt sich aus dem Grundnutzen, dem Zusatznutzen und einer eventuellen persönlichen Kundenbindung zusammen.

Innerhalb dieses Spektrums können sich die Konkurrenten, aber auch das eigene Unternehmen hinsichtlich des Preises positionieren. Allerdings muss berücksichtigt werden, dass sich die Preisgrenzen der Mitbewerber durch unterschiedliche Kostenstrukturen unterscheiden können.

2. Betriebliche Entscheidungen auf Basis von Kostenanalysen

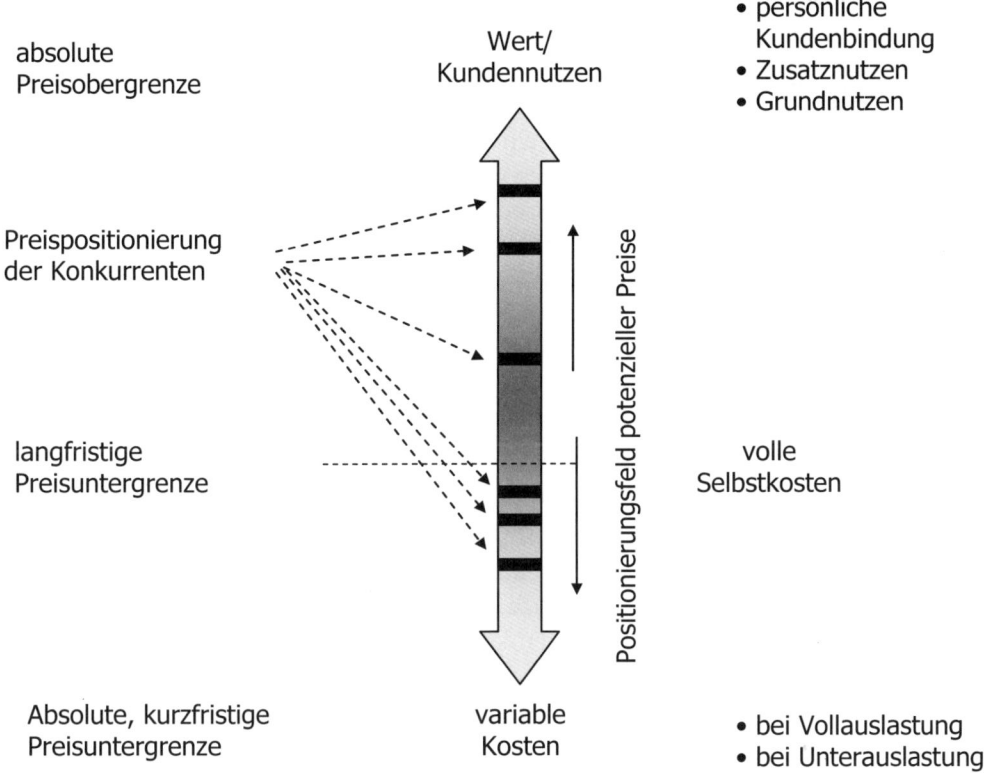

Abbildung 356: Positionierungsfeld potenzieller Preise

Die verschiedenen Preisgrenzen sollen im Folgenden im Detail beschrieben werden:

Absolute Preisobergrenze

Der Kundennutzen stellt die absolute Preisobergrenze dar. Der Kundennutzen setzt sich aus der Erfüllung des Grundnutzens, des Zusatznutzens und der persönlichen Kundenbindung zusammen. Wesentlich dabei ist, dass der Kundennutzen ausschließlich auf der subjektiven Einschätzung des Kunden beruht. Der Kunde ist in einem solchen Fall bereit, sowohl für den Zusatznutzen als auch für die persönliche Kundenbindung einen entsprechenden Preis zu bezahlen. Verrechnet werden dementsprechend die vollen Kosten zuzüglich eines Gewinnzuschlags.

Langfristige Preisuntergrenze

Auf längere Sicht gesehen muss ein Unternehmen in der Lage sein, mit den erzielten Preisen bzw Umsätzen sämtliche Kosten (variable und fixe Kosten) zu decken. Gelingt dies nicht, ist es offensichtlich, dass das Unternehmen auf Dauer an Substanz verliert, bis es nicht mehr überlebensfähig ist. Die Deckung der vollen Kosten (volle Selbstkosten pro Kostenträger) stellt somit eine Voraussetzung für das Überleben eines Unternehmens dar. Werden gerade die vollen Kosten gedeckt, macht das Unternehmen keine Gewinne, sondern erreicht in diesem Fall exakt den Breakeven.

Kurzfristige Preisuntergrenze

Aus kurzfristiger Sicht gesehen muss ein Unternehmen jedenfalls in der Lage sein, mit den erzielten Preisen bzw Umsätzen die variablen Kosten abzudecken. Die variablen Kosten sind jene Kosten eines Produktes, die entstehen, wenn dieses Produkt zusätzlich produziert wird. Die variablen Kosten stellen somit produktspezifische Kosten dar, die jedenfalls abzudecken sind. Werden diese Kosten nicht abgedeckt, bedeutet dies, dass durch die Produktion eines zusätzlichen Produktes mehr Kosten anfallen, als durch den Preis gedeckt sind. Dies führt dazu, dass durch die Produktion eines jeden zusätzlichen Stückes ein zusätzlicher Verlust anfällt. Betrifft dies mehrere Sortimentsteile oder gar alle Produkte, so führt diese Situation sehr schnell in eine existenzielle Unternehmenskrise.

Die fixen Kosten müssen hingegen zumindest kurzfristig nicht unbedingt abgedeckt werden, wenn es auch wünschenswert ist. Dies deshalb, da es sich bei den fixen Kosten um so genannte Kapazitätsbereitstellungskosten handelt, also Kosten, die für die Infrastruktur (Gebäude, Maschinenpark, Fahrzeugbestand etc) des Unternehmens als Ganzes anfallen. Diese fixen Kosten könnten unter Umständen durch den Beitrag anderer Produkte oder Sortimentsteile gedeckt werden. Es wäre aber auch möglich, einen Teil dieser Kosten zumindest kurzfristig nicht abzudecken. Dies ist damit zu begründen, dass beispielsweise die Abschreibungen nicht zahlungswirksam sind und es erst am Ende der Nutzungsdauer eines Wirtschaftsgutes wieder zu einer Auszahlung (Ersatzinvestition) kommt. Zwischenzeitlich könnte man auf die Abschreibung (teilweise) verzichten, ohne dass das Unternehmen deshalb in eine existenzielle Krise schlittert.

Der Wareneinsatz des Produktes (als variable Kosten) muss hingegen innerhalb einer bestimmten Zeitspanne (Zahlungsfrist) bezahlt werden und entsteht durch die Herstellung des Produktes. Dieser Wareneinsatz muss beispielsweise jedenfalls durch den Verkaufspreis gedeckt sein. Eine zusätzliche Abschreibung entsteht durch die Fertigung eines zusätzlichen Produktes hingegen in der Regel nicht. Die Fertigung eines zusätzlichen Produktes verursacht aber keine zusätzlichen fixen Kosten, da diese eben beschäftigungsunabhängig sind, und die bisher angefallenen fixen Kosten könnten durch die anderen Produkte getragen werden.

Die einzelnen Preisuntergrenzen und den Zusammenhang zwischen den Rechengrößen soll die folgende Grafik nochmals veranschaulichen:

2. Betriebliche Entscheidungen auf Basis von Kostenanalysen

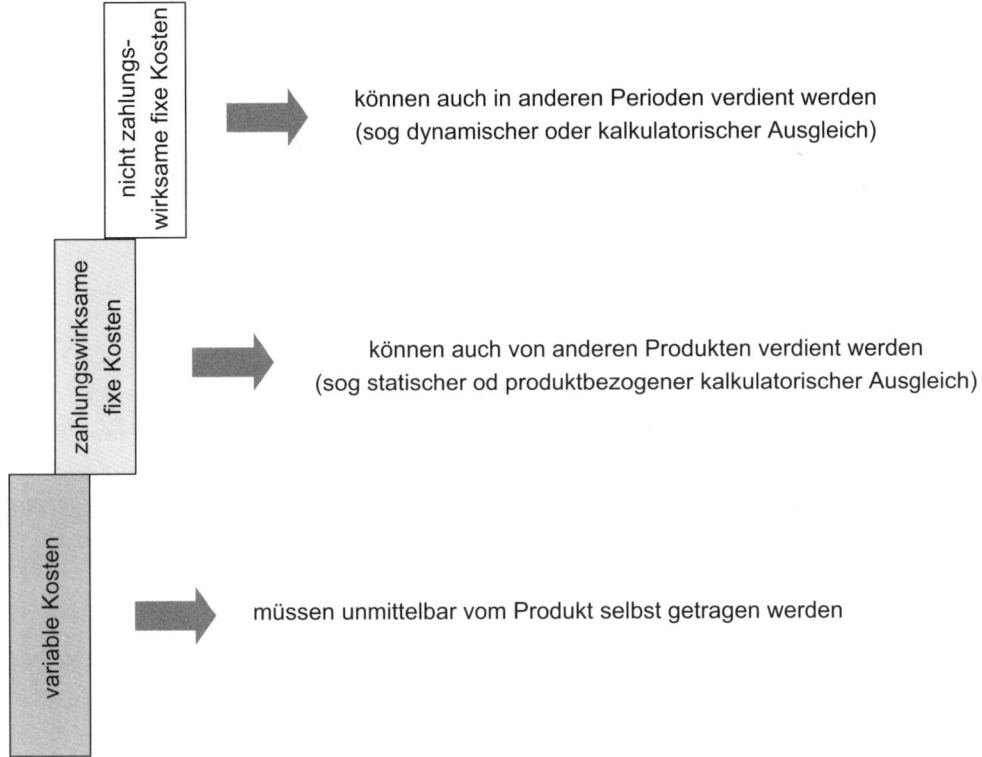

Abbildung 357: Kostenstruktur und mögliche preispolitische Maßnahmen

Die absolute Preisuntergrenze – wie aus den vorherigen Ausführungen ersichtlich – stellen die variablen Kosten dar. Diese sollten grundsätzlich nicht unterschritten werden. In der Praxis werden aber auch zeitweise die variablen Kosten unterschritten. Dies ist uU begründet in folgenden Fällen:

- bei Sortimentsverbünden (zwischen Kostenträgern),
- bei Erlösinterdependenzen (im Produktlebenszyklus),
- bei Möglichkeiten des kalkulatorischen Ausgleichs (zB Syndikatspolitik),
- bei Anbahnungsgeschäften bei langfristigen Zusatzaufträgen (zB zur Kundenakquisition),
- bei Produkten, deren Substanz droht verloren zu gehen (zB verderbliche Produkte).

In stark gesättigten Märkten mit Überkapazitäten (fehlende Auslastung aller Mitbewerber) verleitet die Teilkostenrechnung zur Preispositionierung an der kurzfristigen Preisuntergrenze, wodurch ein ruinöser Wettbewerb entstehen kann. Um Auslastung zu bekommen, beginnt ein Unternehmen, den Preis zu senken, und zieht Aufträge an. Den Konkurrenten bleibt nichts anderes übrig, als die Preise ebenfalls zu senken, um selbst Auslastung zu generieren. Damit befindet man sich wiederum in der Ausgangssituation und die Preissenkungsspirale beginnt sich zu drehen.

Die beschriebenen Überlegungen gelten nicht nur für die Preisuntergrenzen, sondern sie können auch für die Bestimmung von Preisobergrenzen herangezogen werden. Diese Überlegungen spielen immer dann eine Rolle, wenn die Marktpreise sich innerhalb eines sehr engen Schwankungsbereichs befinden. Wenn der Kunden quasi den Verkaufspreis vorgibt, ist es sinnvoll, eine retrograde Kalkulation zu erstellen. In diesem Fall wird man vom Verkaufspreis rückwärts kalkulieren, um die maximal erlaubten Einkaufspreise bestimmen zu können.

2.2.3. Bestimmungsfaktoren der Preispolitik

Den zuvor ausgeführten Überlegungen folgend, gibt es demnach je nach der Perspektive des Entscheidungshorizontes unterschiedliche Preisuntergrenzen. Kurzfristig müssen jedenfalls die variablen Kosten abgedeckt werden, während langfristig eine Deckung sämtlicher Kosten (variable und fixe Selbstkosten) notwendig ist. Zusätzlich zur Zeitperspektive spielt jedoch auch die aktuelle Beschäftigungslage des Unternehmens (Auslastung) eine entscheidende Rolle. Die zuvor genannten Preisuntergrenzen gelten lediglich für Unternehmen, die über freie Kapazitäten verfügen. Für ein Unternehmen mit einer Vollauslastung gestaltet sich die Entscheidungssituation anders. Dies ist folgendermaßen zu begründen.

Ist ein Unternehmen bereits voll ausgelastet und muss das Management darüber entscheiden, ob ein zusätzlicher Auftrag angenommen wird, so kann das ja nur dann erfolgen, wenn man einen anderen Auftrag dafür storniert bzw verschiebt. Damit verzichtet das Unternehmen auf die Überschüsse des zu stornierenden Auftrages. Demnach stellt sich nicht nur die Frage, ob die Kosten des zusätzlichen Auftrages durch den Preis gedeckt sind, sondern auch die Frage, ob der Preis des zusätzlichen Auftrages auch den Überschuss (Gewinn bzw Deckungsbeitrag) des zu verdrängenden Auftrages abdeckt.

Den Betrag des durch die Stornierung des Auftrages entgangenen Gewinns bzw Deckungsbeitrages nennt man **Opportunitätskosten**. Opportunitätskosten stellen demnach den entgangenen Deckungsbeitrag (in der Teilkostenrechnung) bzw den entgangenen Gewinn (in der Vollkostenrechnung) einer nicht gewählten Alternative dar, also den Deckungsbeitrag bzw Gewinn, auf den man verzichtet, wenn ein Auftrag bzw ein Produkt aus dem Produktionsprogramm genommen wird. Ein Auftrag sollte bei Vollauslastung demnach nur dann storniert oder zeitlich verschoben werden, wenn ein anderer Auftrag nicht nur seine Kosten, sondern auch den Überschuss des zu stornierenden bzw zu verschiebenden Auftrages abdeckt.

Die folgende Grafik zeigt diese Zusammenhänge auf. Einem Unternehmen liegen in der Ausgangssituation fünf Aufträge (A–E) vor. Alle diese Aufträge würden einen positiven Deckungsbeitrag erwirtschaften, da die Preise über den variablen Kosten pro Stück liegen. Der Deckungsbeitrag ist in der Grafik grau eingezeichnet. Mit den fünf genannten Aufträgen erreicht das Unternehmen exakt seine Kapazitätsgrenze.

2. Betriebliche Entscheidungen auf Basis von Kostenanalysen

In dieser Situation wird das Unternehmen mit zwei weiteren Aufträgen konfrontiert. Die Aufträge F und G erwirtschaften ebenfalls positive Deckungsbeiträge. Es stellt sich nun die Frage, ob bei gegebenen Kapazitäten ein oder mehrere Aufträge storniert werden sollen, um einen oder beide Zusatzaufträge fertigen zu können.

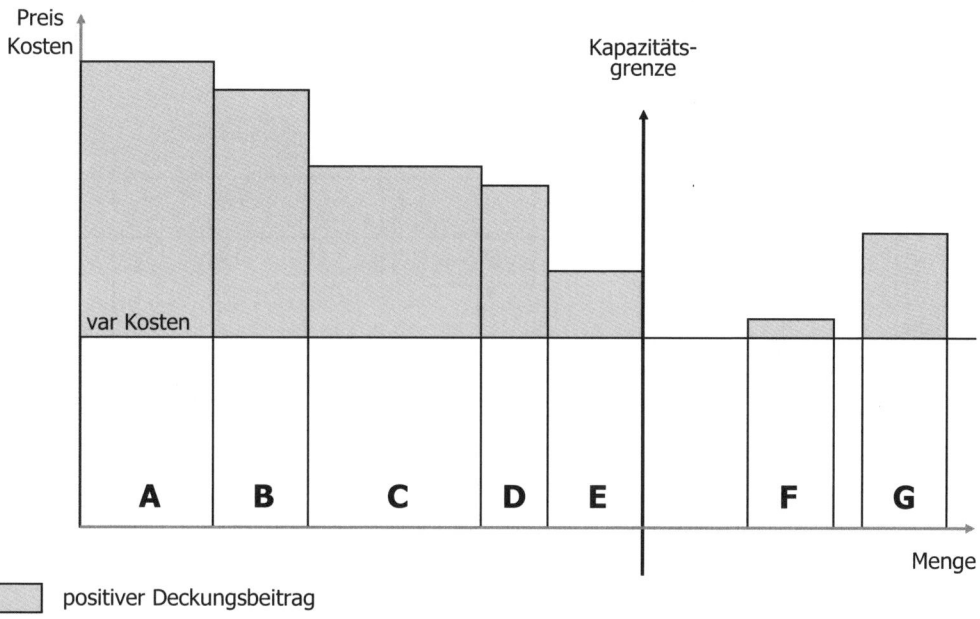

Abbildung 358: Bewertung von Zusatzaufträgen bei Kapazitätsengpässen

Als Entscheidungskriterium bei Vollbeschäftigung gilt nun nicht mehr der Deckungsbeitrag alleine. Vielmehr muss auch der Deckungsbeitrag jenes Auftrages abgedeckt werden, der durch die Zusatzaufträge verdrängt wird. Der Vergleichsmaßstab für zusätzliche Aufträge ist zunächst der positive Deckungsbeitrag, den der deckungsbeitragsschwächste Auftrag (in diesem Fall der Auftrag E) erwirtschaftet. Vergleicht man den Deckungsbeitrag des Auftrages E mit jenen der Aufträge F und G, so stellt man fest, dass F einen niedrigeren und G einen höheren Deckungsbeitrag pro Stück (bei ca identischer Menge) erwirtschaftet.

Der Auftrag G ist also in der Lage, die Opportunitätskosten, die durch die Stornierung des Auftrages E entstehen, abzudecken. Daher ist folgende Entscheidung erfolgsoptimal:

- Stornierung des Auftrages E
- Ablehnen des Auftrages F
- Annahme des Auftrages G

Selbstverständlich wird man in der Unternehmenspraxis bei solchen Entscheidungen auch langfristige Kundenbeziehungen, etwaige Stornopönalen und etwaige langfristige Lieferverträge berücksichtigen müssen. Aus zumindest kurzfristig ertragsoptimierender Sichtweise ist aber die Auftragskombination A, B, C, D und G zu wählen.

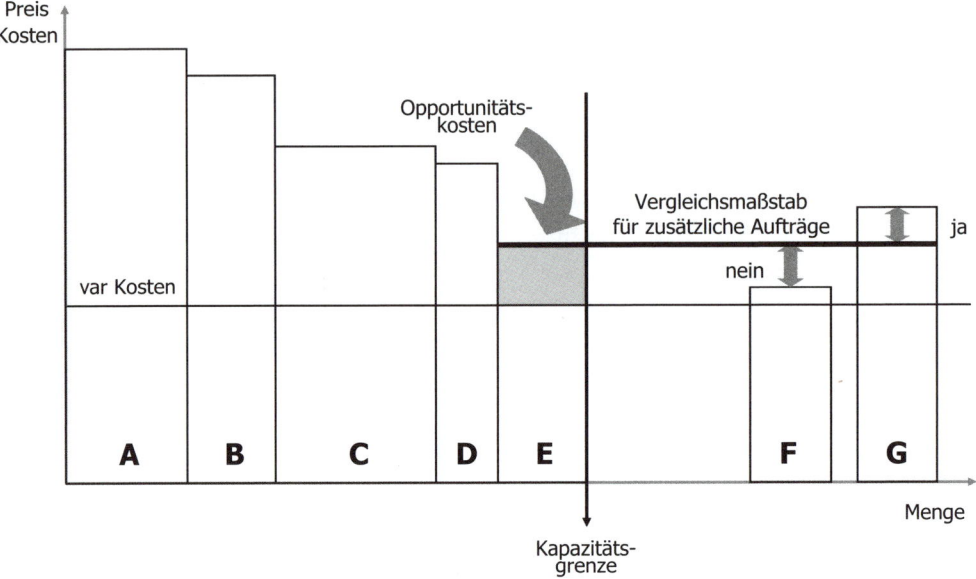

Abbildung 359: Bewertung von Zusatzaufträgen mittels Opportunitätskosten

Demnach müssen die Preisuntergrenzen differenziert betrachtet werden. Zum einem nach dem Zeithorizont (kurz bzw langfristig) und zum anderen nach der Auslastungssituation des Unternehmens (Unter- bzw Vollbeschäftigung). Daraus ergeben sich vier unterschiedliche Preisuntergrenzen, die in der folgenden Grafik zusammengefasst dargestellt werden:

Preisuntergrenzen	kurzfristiger Entscheidungshorizont	langfristiger Entscheidungshorizont
Unterbeschäftigung	variable Kosten DB = 0	volle Selbstkosten
Vollbeschäftigung	variable Kosten + Opportunitätskosten	volle Selbstkosten + Opportunitätskosten

Abbildung 360: Zusammenhang zwischen Beschäftigungslage, Entscheidungshorizont und Preisuntergrenzen

Es ist aber auch möglich, den Entscheidungshorizont noch differenzierter zu betrachten. Zusätzlich zum kurz- und langfristigen Zeithorizont können auch mittelfristige Entscheidungen in das Kalkül mit einbezogen werden. Es stellt sich demnach die Frage, welche Kosten mittelfristig abzudecken sind.

2. Betriebliche Entscheidungen auf Basis von Kostenanalysen

Zunächst ist klar, dass mittelfristig jedenfalls auch die variablen Kosten abzudecken sind. Eine Deckung sämtlicher Kosten (volle Kosten) ist hingegen mittelfristig nicht unbedingt erforderlich. Entscheidend für die Frage, welche fixen Kosten mittelfristig abgedeckt werden müssen, ist der Umstand, ob diese Kosten auch mittelfristig bezahlt werden müssen, also ob es sich um ausgabewirksame Kosten handelt. Zinsen, Versicherungsprämien oder Gehälter sind jedenfalls zu bestimmten Zeitpunkten zu bezahlen und zählen daher zu den ausgabewirksamen fixen Kosten. Diese Kosten müssen daher mittelfristig jedenfalls von den Verkaufspreisen abgedeckt werden.

Abschreibungen beispielsweise sind hingegen nicht ausgabewirksame fixe Kosten. Sie sind kurz- bis mittelfristig nicht zu bezahlen, sondern werden erst am Ende der Nutzungsdauer eines Wirtschaftsgutes mit der Ersatzbeschaffung zahlungswirksam (Investitionsauszahlung). Daher kann man unter Umständen mittelfristig auf diese fixen Kosten verzichten. Längerfristig ist dies aber nicht möglich, da ansonsten die notwendigen Ersatzinvestitionen das Fremdkapitalniveau des Unternehmens erhöhen würden und die Substanz des Unternehmens auf Dauer verloren gehen würde.

Die folgende Grafik zeigt nochmals die Preisuntergrenzen auf, erweitert jedoch die zuvor abgebildete Perspektive um die Überlegungen des mittelfristigen Zeithorizonts.

Preisuntergrenzen	kurzfristiger Entscheidungshorizont	mittelfristiger Entscheidungshorizont	langfristiger Entscheidungshorizont
Unterbeschäftigung	variable Kosten DB = 0	variable Kosten + ausgabewirksame fixe Kosten	volle Selbstkosten
Vollbeschäftigung	variable Kosten + Opportunitätskosten	volle Selbstkosten + ausgabewirksame fixe Kosten + Opportunitätskosten	volle Selbstkosten + Opportunitätskosten

Abbildung 361: Berücksichtigung von Preisgrenzen bei einem mittelfristigen Entscheidungshorizont

Zusammenfassend kann man eine taktische und eine strategische Preispolitik unterscheiden. Der Horizont der taktischen Preispolitik ist ein kurz- bis mittelfristiger, während der strategischen Preispolitik stets ein langfristiger Entscheidungshorizont zugrunde liegt.

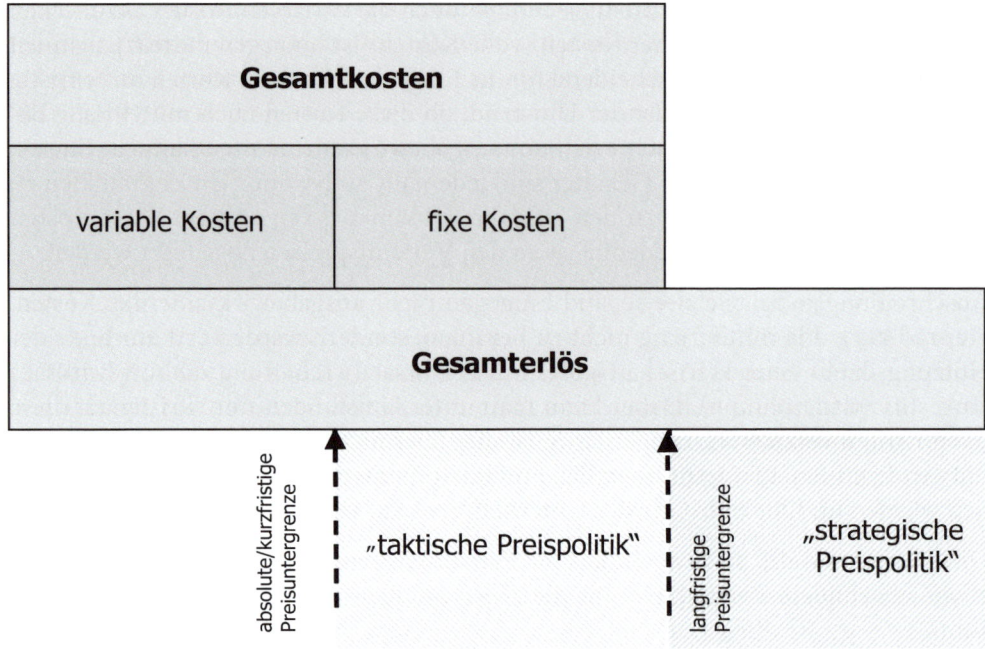

Abbildung 362: Taktische und strategische Preispolitik

Da Preiserhöhungen in der Unternehmenspraxis gegenüber dem Kunden nur sehr schwer argumentierbar und durchsetzbar sind, sollte stets versucht werden, die Preise innerhalb der Zone der strategischen Preispolitik zu halten. Notwendige Preissenkungen sollten klar als zeitlich beschränkte Aktionen kommuniziert werden. Ist dies auf Dauer nicht möglich, muss eine Respositionierung des Unternehmens angedacht werden. Andernfalls droht im Zeitverlauf eine existenzielle Krise des Unternehmens.

Der Preis als primäres Verkaufsargument scheint dagegen in Zeiten zunehmender internationaler Billigkonkurrenz der Vergangenheit anzugehören. Dies gilt insbesondere dann, wenn man mit dem eigenen Unternehmen nicht in Billiglohnländern produziert.

2.2.4. Bestimmungsfaktoren einer dynamischen Preispolitik

Die Branchensituation erfordert vom Management vieler Unternehmen mitunter ein schnelles Reagieren auf sich verändernde Wettbewerbsverhältnisse. Zudem sehen sich viele Unternehmen damit konfrontiert, dass in einigen Marktsegmenten preispolitische Spielräume nach wie vor vorhanden sind, während in anderen Märkten ein Verdrängungswettbewerb die Preise gegen die absolute Preisuntergrenze drückt. Die Notwendigkeit einer flexiblen und im Zeitablauf dynamischen Preispolitik wird evident.

2. Betriebliche Entscheidungen auf Basis von Kostenanalysen

Je nach Wettbewerbssituation in den einzelnen Märkten können die Ziele der Preispolitik variieren. So kann es das Ziel sein, nicht nur die Kosten zu decken, sondern darüber hinaus noch veritable Gewinne zu erzielen, um Reserven für zukünftige Wettbewerbskämpfe zu schaffen. In manchen Situationen ist hingegen an eine Kostendeckung nicht zu denken und es muss versucht werden, die Verluste so gering wie möglich zu halten.

Wichtig für das Verständnis der Preispolitik ist das Erkennen der dynamischen Komponente. Was damit gemeint ist, soll anhand der kurzfristigen Preisuntergrenze erklärt werden. Wenn ein Unternehmen sich entscheidet, in einer bestimmten Zeitspanne seine Produkte (oder einige bestimmte Produkte) an der kurzfristigen Preisgrenze zu positionieren, so entstehen während dieser Zeitspanne Verluste in der Höhe der nicht gedeckten fixen Kosten. Auf Dauer ist dies nicht durchführbar, da kurz- bis mittelfristig bestimmte fixe Kosten finanziell beglichen werden müssen. Langfristig müssen auch die Abschreibungen verdient werden, damit man die Ersatzinvestitionen refinanzieren und damit umsetzen kann.

Während der Zeitspanne, in der das Unternehmen die vollen Kosten nicht abdeckt, entstehen Verluste, die zukünftig mit Überschüssen kompensiert werden müssen. Um langfristig zumindest ausgeglichen arbeiten zu können, müssen also vergangene Verluste irgendwann durch Gewinn kompensiert werden. Gelingt dies einem Unternehmen nicht, so führt der Verlust zu einem nachhaltigen Substanzverlust des Unternehmens – also zu einer Wertvernichtung.

Die folgende Grafik veranschaulicht das Prinzip des dynamischen bzw **zeitlichen kalkulatorischen Ausgleichs**. Je tiefer der Preis positioniert wird, desto eher ist es notwendig, diese Preiszone möglichst schnell zu verlassen und in eine Kompensationsphase zu gelangen.

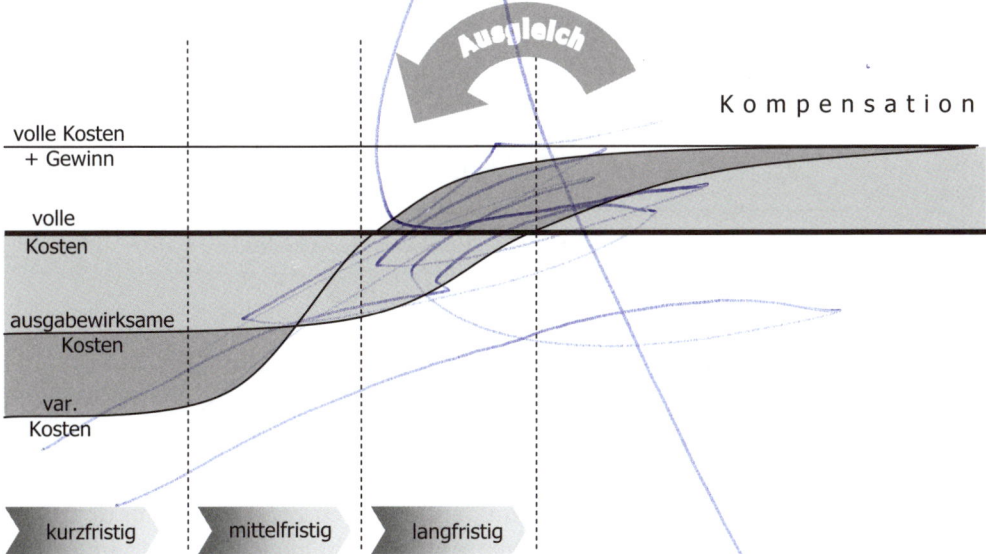

Abbildung 363: Zeitlicher kalkulatorischer Ausgleich

In der Praxis ist für bestimmte Teile des Produktsortiments dennoch langfristig eine volle Kostendeckung nicht möglich. In diesem Fall werden diese Sortimentsteile durch Überschüsse anderer Produkte „quersubventioniert". Man nennt dies den **produktbezogenen kalkulatorischen Ausgleich**. Diesbezügliche Kosteninformationen sind deshalb so wichtig, damit das Management darüber informiert ist, wie viel so ein kalkulatorischer Ausgleich kostet. Es stellt sich somit die Frage an das Management, ob es diesen Beitrag anderer Produkte wert ist, um ein defizitäres Produkte im Sortiment zu halten. Dies kann aus Imagegründen, Sortimentsverbünden und eventuell zukünftigen Chancen begründbar sein. Das Ausmaß der produktbezogenen Quersubventionierung sollte jedoch stets transparent sein.

Das Prinzip des kalkulatorischen Ausgleichs soll mittels der folgenden Abbildung erläutert werden. In der Grafik werden die Preise und die Kosten vertikal und die jeweiligen Produkte horizontal aufgetragen. Vereinfacht sei in diesem Fall von identischen Mengen ausgegangen. Wie zu erkennen ist, erzielen die Produkte A bis D Gewinne, das Produkt E weist ein Ergebnis von 0 auf. Die Produkte F bis H weisen zwar nach der Vollkostenphilosophie einen Verlust auf, können aber immer noch auf einen positiven Deckungsbeitrag verweisen. Das Produkt I weist einen Verlust und zudem einen negativen Deckungsbeitrag auf. Die Produkt F bis I müssen demnach von den Produkten A bis D subventioniert werden.

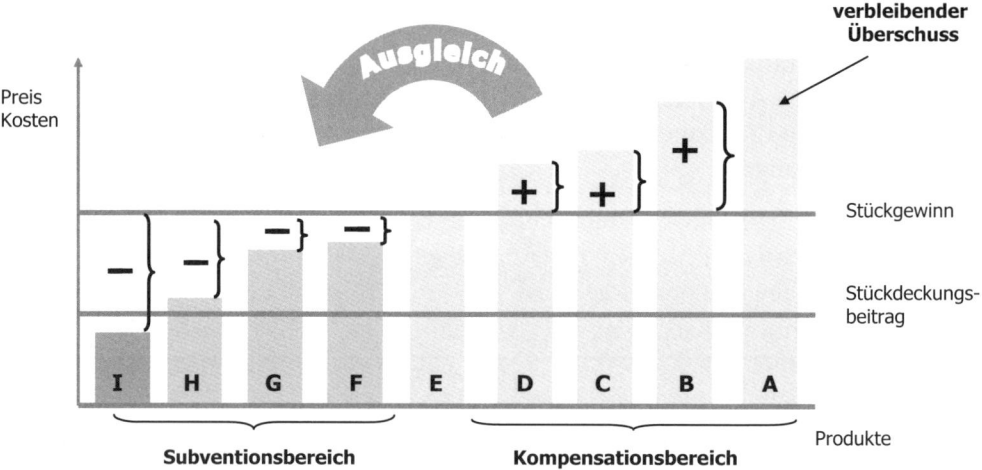

Abbildung 364: Produktbezogener kalkulatorischer Ausgleich

Wie man in der Grafik erkennt, kompensieren die Verluste von F bis I die Gewinne der Produkte B, C und D. Dem Unternehmen bleibt somit ein Gewinn in der Höhe des Produktes A.

Es stellt sich nun die Frage, warum das Unternehmen die Produkte F bis I im Sortiment behält. Würde man die Produkte mit den negativen Ergebnissen aus dem Sortiment eliminieren, so würde sich das Ergebnis offensichtlich unmittelbar und nachhaltig verbessern. Dennoch gibt es eine Reihe von Gründen, die dafür sprechen können, die Produkte F bis I im Sortiment zu belassen. Bei den Produkten mit negativem Ergebnis kann es sich um Produkte handeln, die

- erst in der Einführungsphase sind, sich erst entwickeln müssen und zu den zukünftigen Potenzialen des Unternehmens zählen,
- wichtig für das Image des Unternehmens am Markt sind,
- in einem Produktverbund zu ertragsstarken Produkten stehen,
- bewusst niedrig kalkuliert sind (so genannte Lockprodukte), um eine hohe Frequenz an Kunden zu erreichen, die auch andere ertragsstarke Produkte kaufen,
- am Ende des Produktlebenszyklus stehen und abverkauft werden müssen (Lagerräumung), um Kapazitäten für neue Produkte zu bekommen,
- fixe Kosten verursachen, die zumindest kurzfristig nicht abbaubar sind (zB durch Verträge). Würde man die Produkte (zumindest F–H) eliminieren, so müssten alle anderen Produkte die fixen Kosten mittragen und es würde sich daher deren Ergebnis verschlechtern.

Es kommt in der Praxis aber auch vor, dass Unternehmen mangels Informationen die Preisgrenzen nicht kennen und diese bei zunehmendem Wettbewerb unwissentlich unterschreiten. Werden in diesem Fall die Preisgrenzen langfristig verletzt, ohne dass man sich der notwendigen Kompensation bzw des kalkulatorischen Ausgleichs bewusst ist, kommt es zu einem nachhaltigen Substanzverlust und in der Folge notwendigerweise zu existenziellen Unternehmenskrisen.

Fallbeispiel

Ausgangsdaten

In der abgelaufenen Kalkulationsperiode wurden in einem Sägewerk 1.000 rm (Raummeter) entrindete Holzstämme zu Bauholz verarbeitet. Als Abfallprodukt fiel Brennholz (Hackschnitzel) an. Die entrindeten Holzstämme wurden um 26,–/rm beschafft. Vom eingesetzten Holz wurden 75 % Bauholz und 25 % Brennholz ausgebracht. Das Brennholz kann um 6,–/rm verkauft werden. Die Erlöse aus dem Brennholzverkauf werden der Bauholzerzeugung gut gebracht und in der Materialrechnung berücksichtigt.

Am Rundholzplatz (Holzlagerstelle) fielen in der abgelaufenen Periode 1.090,– Fixkosten und 1.090,– variable Kosten an. Die variablen Kosten sind von der eingesetzten Holzmenge abhängig. Diese Bezugsgröße wird auch in der Vollkostenrechnung verwendet.

Im Sägebereich fielen 4.360,– variable Kosten und 2.180,– Fixkosten an. Die variablen Kosten in diesem Bereich sind von der Schnittzeit abhängig. Diese Bezugsgröße wird ebenfalls in der Vollkostenrechnung verwendet. In der abgelaufenen Periode wurden 310 Stunden gearbeitet. 10 Stunden entfielen auf Umrüstzeiten (neue Sägeblätter etc). Die Verwaltungskosten beliefen sich auf 3.322,– und sind zur Gänze fix. Die Vollkostenrechnung verwendet die Herstellkosten als Bezugsgröße.

Abschnitt F – Kostenanalyse

Es ist zu beachten, dass 1 rm durchschnittlich 0,8 fm (Festmeter) entspricht. Innerhalb des Kalkulationszeitraumes sind keine fixen Kosten abbaubar.

Ermitteln Sie sowohl die langfristige als auch die kurzfristige Preisuntergrenze (PUG) für 1 fm Bauholz unter der Annahme, dass alle Kostenstellen unterbeschäftigt sind.

Bestimmen Sie des Weiteren die kurzfristige PUG für einen Auftrag über 100 Festmeter Bauholz zu einen Preis von 60,–/fm, wenn Sie für dessen Durchführung einen bereits angenommen Auftrag über 70 fm mit einem Nettoerlös von 4.143,– stornieren müssten.

Aufgabenlösung

Langfristige Preisuntergrenze: fix + varariable Kosten

Lager:	Material	1.000 rm	à € 26	€ 26.000	
	abzgl Erlös aus Brennholz-Verkauf			–€ 1.500	(= 250 rm × € 6)
	Materialeinzelkosten			€ 24.500	
	Materialgemeinkosten		fix	€ 1.090	
			variabel	€ 1.090	
	Materialkosten			€ 26.680	
Säge:	Fertigungskosten		fix	€ 2.180	
			variabel	€ 4.360	
	Fertigungskosten			€ 6.540	
volle Herstellkosten				€ 33.220	
Verwaltung			fix	€ 3.322	
volle Selbstkosten für 750 Raummeter				€ 36.542	
volle Selbstkosten für 1 Raummeter				€ 48,72	
volle Selbstkosten für 1 Festmeter = lgfr PUG				€ 60,90	(= 48,72/0,8)

Abbildung 365: Berechnung der langfristigen Preisuntergrenze

Die langfristige Preisuntergrenze wird ermittelt, indem die vollen Selbstkosten eines Festmeters Holz berechnet werden. Zunächst werden die Kosten und Erlöse für die gefertigten Raummeter berechnet. In weiterer Folge werden die Selbstkosten in Summe auf die Raummeter bzw Festmeter umgerechnet.

Kurzfristige Preisuntergrenze: nur variable Kosten

Lager:	Material	1.000 rm	à € 26	€ 26.000	
	abzgl Erlös aus Brenn-holz–Verkauf			−€ 1.500	(= 250 rm × € 6)
	Materialeinzelkosten			€ 24.500	
	Materialgemeinkosten		fix	–	
			variabel	€ 1.090	
	Materialkosten			€ 25.590	
Säge:	Fertigungskosten		fix	–	
			variabel	€ 4.360	
	Fertigungskosten			€ 4.360	
variable Herstellkosten				€ 29.950	
Verwaltung			fix	–	
variable Selbstkosten für 750 Raummeter				€ 29.950	
variable Selbstkosten für 1 Raummeter				€ 39,93	
variable Selbstkosten für 1 Festmeter = kfr PUG				€ 49,92	(= 39,93/0,8)

Abbildung 366: Berechnung der kurzfristigen Preisuntergrenze

Die kurzfristige Preisuntergrenze wird ermittelt, indem die variablen Selbstkosten eines Festmeters Holz berechnet werden. Zunächst werden wiederum die variablen Kosten und Erlöse für die gefertigten Raummeter berechnet. In weiterer Folge werden die variablen Selbstkosten in Summe auf die Raummeter bzw Festmeter umgerechnet.

Hinsichtlich der Preisuntergrenze bei Vollbeschäftigung ist der entgangene Deckungsbeitrag eines zu stornierenden Auftrages zu berücksichtigen. Zunächst wird der Deckungsbeitrag des zu stornierenden Auftrages (ursprünglicher Auftrag) berechnet. In weiterer Folge wird der Deckungsbeitrag des neuen Auftrages, der anstatt des zu stornierenden Auftrages angenommen wird, errechnet. Von diesem Deckungsbeitrag zieht man den Deckungsbeitrag des zu stornierenden Auftrages ab. Erhält man immer noch einen positiven Deckungsbeitrag, so sollte man den neuen Auftrag annehmen.

Abschnitt F – Kostenanalyse

Bewertung ursprünglicher Auftrag		Preis/Kosten	Menge in fm	
	Erlös:	59,19	70	4.143,00
	variable Kosten	49,92	70	3.494,17
	Deckungsbeitrag			648,83

Bewertung neuer Auftrag		Preis/Kosten	Menge in fm	
	Erlös:	60,00	100	6.000,00
	variable Kosten	49,92	100,00	4.991,67
	Deckungsbeitrag			1.008,33
	Opportunitätskosten entgangener DB			648,83
	zusätzlicher Deckungsbeitrag			359,50

Bewertung Preisuntergrenze des neuen Auftrages		
	variable Kosten	4.991,67
	Opportunitätskosten entgangener DB	648,83
	kurzfristige Preisuntergrenze:	5.640,50

Abbildung 367: Berechnung der Preisuntergrenze bei Opportunitätskosten

Die Preisuntergrenze für den neuen Auftrag errechnet sich aus den variablen Selbstkosten zuzüglich des entgangenen Deckungsbeitrages des zu stornierenden Auftrages (Opportunitätskosten).

Interpretation der Ergebnisse

Im Rahmen der Fallstudie ist zu berücksichtigen, ob der zu stornierende Auftrag mit einer Vertragsstrafe (Pönale) belegt ist. In diesem Fall steigt die kurzfristige Preisuntergrenze nochmals an, da zu den variablen Selbstkosten und den Opportunitätskosten noch die Pönale des zu stornierenden Auftrages hinzuzuzählen ist.

Selbst bei kurzfristigen Optimierungsüberlegungen wäre es auch ratsam, langfristige Aspekte mit zu berücksichtigen. Es stellt sich beispielsweise die Frage, wie der Kunde des zu stornierenden Auftrages zukünftig agieren wird. Es wäre zB möglich, dass der Kunde mit Beendigung einer langfristigen Geschäftsbeziehung droht. In diesem Fall muss abgewogen werden, ob der neue Kunde ebenfalls bereit ist, eine langfristige Geschäftsbeziehung einzugehen. In der Unternehmenspraxis wird man aus Gründen des Images versuchen, bereits angenommene Aufträge zu erfüllen.

Praktische Relevanz

Viele Unternehmen sehen sich heute gezwungen, ihre Fertigungs- und Vertriebsstrukturen zu rationalisieren. Solchen Rationalisierungsprogrammen fällt meist der Zusatznutzen von Produkten zum Opfer. Die Unternehmen laufen dann aber Gefahr, dass ihre Leistungen austauschbar werden. Hinzu kommt, dass die aktuellen Wettbewerbsverhältnisse mit dem Charakter des Verdrängungswettbewerbs eine Deckung der vollen Kosten für viele Produkte nicht mehr zulassen. So ergibt sich der Zwang zur Rationalisierung bei gleichzeitiger Gefahr des Verlustes des eigenen charakteristischen Profils.

Um eine aktive Preispolitik betreiben so können, ist ein ständiges Abwägen der Komponenten (erzielbarer Preis – Kosten – größtmöglicher Gewinn) notwendig. In Zeiten des starken Wirtschaftswachstums fiel es den Unternehmen leichter, kostenrechnerisch kalkulierte Preise am Markt durchzusetzen. Insofern war es durchaus wertvoll, die vollen Kosten als langfristige kostenmäßige Preisuntergrenze zu kennen. Doch handelte es sich dabei von Anfang an generell nur um kostenrechnerische Richtgrößen, die lediglich auf jene Preise verwiesen, die für jedes Produkt eine – der jeweiligen Kalkulationsmethode nach – anteilig gleiche Gemeinkostendeckung sicherstellen.

Gut ausgebildete Fachleute wussten, dass sie sich im Rahmen des kalkulatorischen Ausgleichs über kalkulierte Selbstkosten hinwegsetzen konnten. Allerdings wurde diese interne Produktsubventionierung früher meist erst dann betrachtet, wenn kalkulierte Selbstkosten im Markt nicht durchgesetzt werden konnten. Vor allem große Betriebe mit komplexen Produktsortimenten orientierten sich vielfach primär an den kalkulierten Selbstkosten und richteten erst den zweiten Blick auf ihre Märkte.

Der Abbau von Marktbarrieren und die damit einhergehende Verschärfung des internationalen Wettbewerbs haben während der unmittelbar zurückliegenden Jahrzehnte die Erkenntnis reifen lassen, dass es weniger auf eine kostenorientierte Preispolitik, sondern sehr vielmehr auf eine preisorientierte Kostenpolitik ankommt.

Wissen kompakt

Ein **Kalkulatorischer Ausgleich** erlaubt es, Defizite bestimmter Produkte bzw Sortimentsteile durch andere Produkte bzw Sortimentsteile zu kompensieren. Es kommt also zu einer bewussten Stützung des Preises bestimmter Produkte.

Kurzfristige Preisuntergrenzen sind absolute Preisuntergrenzen. Sie werden durch die Höhe der variablen Kosten definiert und sollten nie unterschritten werden. Der Deckungsbeitrag darf demnach niemals negativ werden.

Langfristige Preisuntergrenzen liegen auf dem Kostenniveau, auf dem alle Kosten, dh die fixen und die variablen Kosten, gedeckt sind.

Mittelfristige Preisuntergrenzen definieren sich durch die Höhe der variablen Kosten und zusätzlich die ausgabewirksamen fixen Kosten.

Opportunitätskosten sind der entgangene Nutzen einer nicht gewählten Alternative. Die Verwendung eines Engpassfaktors (eines knappen Produktionsfaktors) für ein bestimmtes Produkt oder einen bestimmten Auftrag „kostet" den bei der Verwendung für ein anderes Produkt oder einen anderen Auftrag erzielbaren Deckungsbeitrag oder Gewinn.

Kontrollfragen

- Welche Größen definieren das mögliche Preisspektrum eines Unternehmens? Welche Faktoren wirken auf die Preisobergrenze und auf die langfristige und kurzfristige Preisuntergrenze?
- In welcher Unternehmenssituation kommt das Prinzip der Opportunitätskosten zum Tragen und wie wirkt dieses Prinzip?
- Warum ist es nicht möglich, dass ein Unternehmen sich dauerhaft mit einem Großteil seines Sortimentes an der kurzfristigen Preisuntergrenze bewegt?
- Wann wird ein Unternehmen für bestimmte Produkte einen kalkulatorischen Ausgleich vornehmen? Welche Gründe sprechen für einen kalkulatorischen Ausgleich?

Verwendete und weiterführende Literatur

- *Coenenberg, A. G./Fischer, T./Günther, T.:* Kostenrechnung und Kostenanalyse, 8. Auflage, Stuttgart 2012.
- *Däumler, K.-D./Grabe, J.:* Kostenrechnung 1 – Grundlagen, 11. Auflage, Berlin 2013.
- *Ewert, R./Wagenhofer, A.:* Interne Unternehmensrechnung, 7. Auflage, Berlin 2008.
- *Friedl, G./Hofmann, C./Pedell, B.:* Kostenrechnung: Eine entscheidungsorientierte Einführung, 2., überarbeitete Auflage, München 2013.
- *Hummel, S./Männel, W.:* Kostenrechnung 1 – Grundlagen, Aufbau und Anwendung, 4. Auflage, Wiesbaden 1990.
- *Siegwart, H./Senti, R.:* Product Life Cycle Management – Die Gestaltung eines integrierten Produktlebenszyklus, Stuttgart 1995.
- *Witt, F.-J.:* Deckungsbeitrags-Management, München 2001.

2.3. Informationen über Verfahrensoptimierungen (Trade-off)

Lernziel

In diesem Kapitel lernen Sie
- welche Parameter für die Wahl eines optimalen Verfahrens berücksichtigt werden müssen
- welche Rolle die Auslastung für die Wahl des optimalen Verfahrens spielt
- was man bei der Verfahrensoptimierung unter einem Trade-off versteht

2.3.1. Konzeptionelle Grundlagen

In Unternehmen muss das Management laufend Investitionsentscheidungen treffen. Fast immer, wenn Investitionsentscheidungen getroffen werden, stellt sich die

Frage nach der Auswahl aus verschiedenen Möglichkeiten. Bei den Optionen kann es sich um unterschiedliche Maschinen, Fahrzeuge, ganze Werke oder auch Vertriebswege handeln. Im Zusammenhang mit den Investitionsentscheidungen stellen sich sowohl technische als auch wirtschaftliche Fragen. Beispielsweise müssen Entscheidungen über die Dimension einer Anlage, über deren Flexibilitätsgrad oder auch über deren Automatisierungsgrad getroffen werden.

Die Kosten- und Erfolgsanalyse kann für die Entscheidung für oder gegen eine Variante entscheidungsrelevante Informationen liefern. Es zählt zu deren Aufgaben, im Rahmen von Investitionsentscheidungen die optimale Variante zu identifizieren. Man spricht dann von der nutzenoptimalen Variante. Bei solchen Auswahlentscheidungen geht es aus kostenrechnerischer Perspektive stets um ein Abwiegen zweier Größen. Auf der einen Seite stehen die Anschaffungsausgaben mit den daraus resultierenden Kosten wie der Abschreibung und den Zinsen. Auf der anderen Seite stehen die laufenden Betriebskosten, wie die Instandhaltung, die Energiekosten, die Personalkosten etc.

Im Kern dieses Entscheidungsproblems geht es also um den Kostenvergleich (bzw Erlösvergleich) zweier Alternativen. Man vergleicht die Summe der Kosten einer Alternative (A) mit jenen einer anderen Alternative (B). Wendet man diese Überlegungen auf die Anschaffung und den Betrieb eines Pkws an, so wird die Problematik nachvollziehbar ersichtlich.

Beispiel

> Im Rahmen einer Investition stellt sich die Frage, ob man ein Dieselfahrzeug oder ein mit Benzin betriebenes Fahrzeug anschaffen soll. Das dieselbetriebene Kraftfahrzeug weist einen höheren Kaufpreis und damit höhere Anschaffungsausgaben auf als ein vergleichbares benzinbetriebenes Fahrzeug. Aus den höheren Anschaffungsausgaben resultieren höhere Abschreibungen und höhere Zinsen. Demgegenüber verbraucht der dieselbetriebene Pkw weniger Treibstoff, der zudem pro Liter derzeit noch günstiger ist. Den höheren Anschaffungsausgaben und den daraus resultierenden fixen Kosten stehen also niedrigere Betriebskosten (Treibstoffkosten) gegenüber.

Den Nachteil der höheren Anschaffungsausgaben wird man nur dann kompensieren können, wenn man eine gewisse Anzahl an Kilometern pro Jahr fährt. Dies ist damit zu begründen, dass mit steigender Anzahl an Kilometern die Treibstoffkosten des benzinbetriebenen Pkws stetig ansteigen und damit zunehmend die niedrigeren Anschaffungsausgaben des benzinbetriebenen Pkws aufwiegen.

Aus dem Beispiel wird ersichtlich, dass die Investitionsentscheidung davon abhängt, in welchem Ausmaß das Fahrzeug genutzt wird. Legt man sehr viele Kilometer mit dem Fahrzeug zurück, so dürfte das Dieselfahrzeug vorteilhaft sein, da die höheren Anschaffungsausgaben durch die niedrigeren variablen Kosten (Treibstoff) kompensiert werden. Legt man mit dem Fahrzeug voraussichtlich nur wenige Kilometer pro Jahr zurück, so ist ein benzinbetriebenes Fahrzeug vorteilhaft. Zwar stehen den niedrigeren Anschaffungsausgaben (und den daraus resultierenden Kosten) höhere Treibstoffkosten gegenüber. Da aber weniger Kilometer zurückgelegt werden, fallen die höheren Treibstoffkosten nicht so sehr ins Gewicht. Dementsprechend rät einem der Steuerberater in der Regel, dass sich ein dieselbetriebenes Fahrzeug erst ab einer Jahresleistung von 30.000 Kilometer rechnet.

Das Beispiel der Pkws ließe sich durch jede beliebige Investitionsentscheidung ersetzen. Gegenstand der Analyse könnte es beispielsweise sein, ob die prognostizierte Leistung ausreicht, um eine vollautomatisierte Maschine oder eine mechanische Maschine anzuschaffen. Die erste Variante wird wiederum durch höhere Anschaffungsausgaben und höhere fixe Kosten gekennzeichnet sein, während die mechanische Maschine höhere variable Betriebskosten verursachen wird.

2.3.2. Analyse und Beurteilung der zu optimierenden Verfahrenskosten

Für die Entscheidung für oder gegen eine Investitionsalternative ist daher die voraussichtliche Auslastung des Investitionsobjektes im hohen Maße entscheidungsrelevant. Es gibt demnach einen Leistungsbereich, ab dem aufgrund der steigenden Leistung (im Pkw-Beispiel: Km-Leistung) die Vorteile einer Variante mit niedrigeren Anschaffungsausgaben und dementsprechend niedrigeren fixen Kosten aufgrund der stetig steigenden variablen Kosten verloren gehen.

Diese Überlegungen werden in der folgenden Grafik veranschaulicht. Es stehen zwei Alternativen zur Verfügung. Alternative A zeichnet sich durch hohe Anschaffungsausgaben und daher ein hohes Niveau an fixen Kosten aus. Die variablen Kosten während des Betriebes sind hingegen relativ gering. Alternative B weist ein vergleichsweise niedriges Fixkostenniveau (unter anderem aufgrund niedrigerer Anschaffungsausgaben) auf, die im laufenden Betrieb notwendigen variablen Kosten sind hingegen verglichen mit jenen der Alternative A relativ hoch (stärkere Steigung). In der folgenden Grafik sind die beiden Alternativen anhand ihrer kostenmäßigen Konsequenzen abgebildet:

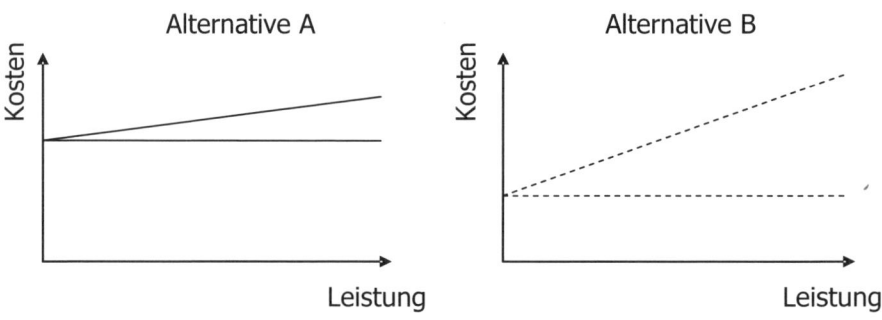

Abbildung 368: Kostenmäßiger Vergleich zweier Investitionsalternativen

Entscheidungsrelevant hinsichtlich der Wahl der Investitionsalternative sind nun die gesamten Kosten (variable und fixe Kosten) in Abhängigkeit von der geplanten bzw prognostizierten Leistung. Für den Vergleich legt man die beiden Kostenkurven übereinander, wodurch sich folgende Abbildung ergibt:

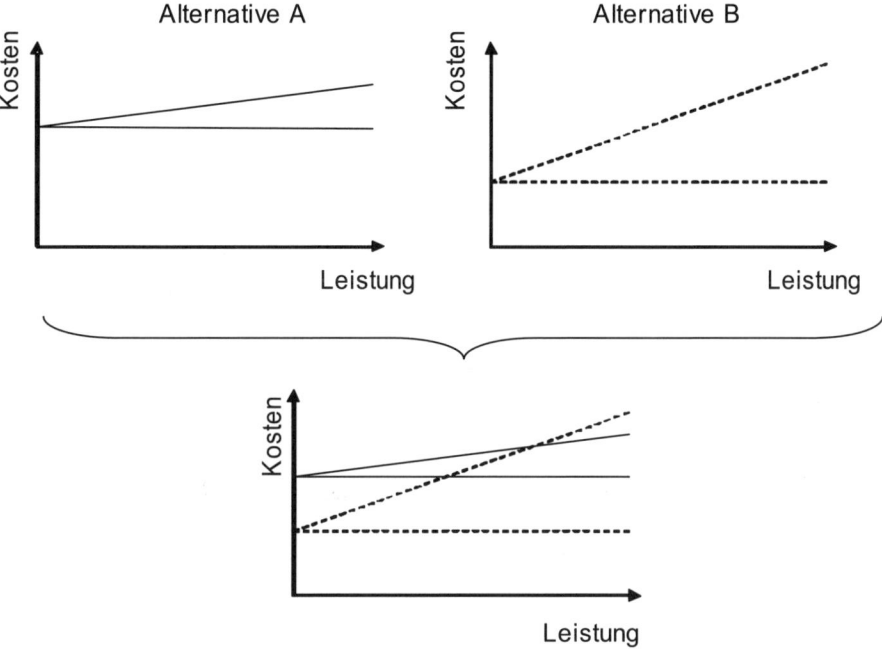

Abbildung 369: Vergleich der Kostenstruktur zweier Investitionsalternativen

Eliminiert man nun die Linie mit den fixen Kosten und zeichnet nur die Gesamtkostenlinie ein, so erkennt man, dass zunächst die Alternative B die günstigere ist. Aufgrund des niedrigeren Fixkostenniveaus beginnt die Gesamtkostenkurve der Alternative B auf einem geringen Ausgangsniveau. Mit steigender Beschäftigung verringert sich jedoch der Kostenvorteil aufgrund der höheren variablen Kosten bis zu einem Punkt, an dem beide Alternativen dieselben vollen Kosten ausweisen.

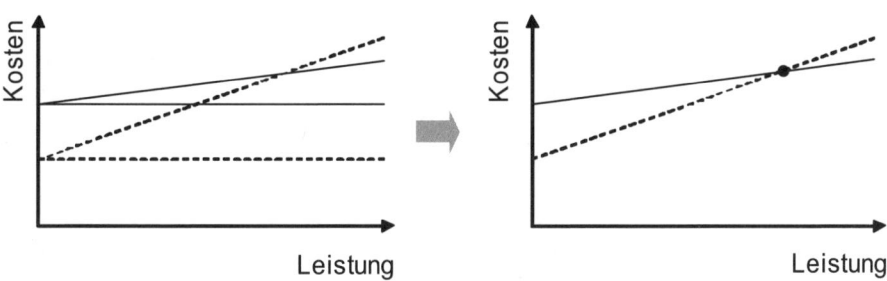

Abbildung 370: Vorteilhaftigkeit zweier Investitionsalternativen

Diesen Punkt nennt man „Trade-off". An diesem Punkt „kippt" die Vorteilhaftigkeit und es ist ab dieser Beschäftigung aus kostenrechnersicher Perspektive die alternative Variante (in diesem Fall A) zu wählen. Der „kostenoptimale" Bereich wird in der folgenden Grafik grau unterlegt dargestellt.

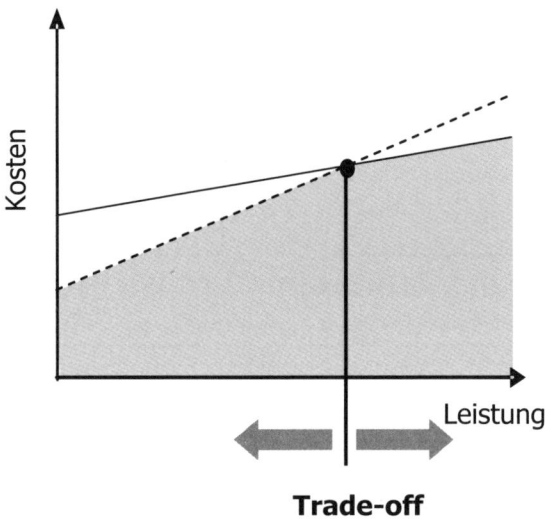

Abbildung 371: Trade-off zweier Investitionsalternativen

Rechnerisch lässt sich das Entscheidungsproblem lösen, indem man die gesamten Kosten der Alternative A den gesamten Kosten der Alternative B gegenüberstellt. Es muss also jene Leistung (zB Menge) errechnet werden, bei der beide Alternativen dieselben Kosten aufweisen.

$$\Sigma K_A = \Sigma K_B$$

Die gesamten Kosten setzen sich aus den variablen und den fixen Kosten zusammen. Im Detail vergleicht man daher die Summe der variablen Kosten und fixen Kosten einer Alternative (A) mit der Summe der variablen Kosten und der fixen Kosten einer anderen Alternative (B).

$$\Sigma \text{ var } K_A + \Sigma \text{ fixe } K_A = \Sigma \text{ var } K_B + \Sigma \text{ var } K_B$$

Die Aufgabenstellung ist nun, dass jene Leistung (zB Menge) bestimmt wird, bei der die beiden Alternativen dieselben Kosten aufweisen. Es stellt sich daher die Frage nach der Leistung (zB Menge an km oder kg oder Liter etc), bei der die beiden Alternativen dieselben Kosten aufweisen.

Die variablen Kosten stellen nun jene Kostenteile dar, die von der Menge abhängig sind. Daher setzen sie sich aus den variablen Stückkosten und der geleisteten Menge zusammen. Diese geleistete Menge ist nun Gegenstand der Fragestellung. Um die Menge errechnen zu können, werden daher anstatt der Summe der variablen Kosten die variablen Stückkosten und die Menge in der Formel ausgewiesen.

Zur Bewertung der Investitionsalternativen ist es notwendig, die variablen Stückkosten und die Summe der fixen Kosten jeder Alternative zu kennen. Trägt man nun diese Werte in die untenstehende Formel ein, so bleibt eine einzige Unbekannte über. Diese unbekannte Größe stellt die Menge dar.

$$\text{var } K_A/\text{Stück} * \textbf{Menge} + \Sigma \text{ fixe } K_A = \text{var } K_B/\text{Stück} * \textbf{Menge} + \Sigma \text{ fixe } K_B$$

Bei der darstellten Formel handelt es sich um eine Formel mit einer Unbekannten (Menge), die sich einfach auflösen lässt:

$$\text{Trade-off-Menge} = \frac{\Sigma K \text{ fix }_B - \Sigma K \text{ fix }_A}{\text{var } K_A/\text{Stück} - \text{var } K_B/\text{Stück}}$$

2.3.3. Analyse und Beurteilung des zu optimierenden Verfahrenserfolges

Bei den bisher darstellten Analysen hat es sich um einen so genannten Kostenvergleich gehandelt. Kostenvergleichsrechnungen werden auch als statische Investitionsrechnung bezeichnet. Es ist aber durchaus denkbar, dass sich zwei Investitionsalternativen nicht nur hinsichtlich ihrer Kostenhöhe und -struktur unterscheiden, sondern auch in Bezug auf die damit verbundenen Erlöse. Wenn beispielsweise eine Maschine in der Lage ist, mehr zu produzieren als eine alternative Maschine, so werden selbstverständlich auch die damit verbundenen Erlöse unterschiedlich zu bewerten sein. Bezieht man die Erlöse in den Vergleich mit ein, so kommt es nicht mehr zu einem ausschließlichen Kostenvergleich, sondern zu einem Erfolgs- bzw. Ergebnisvergleich.

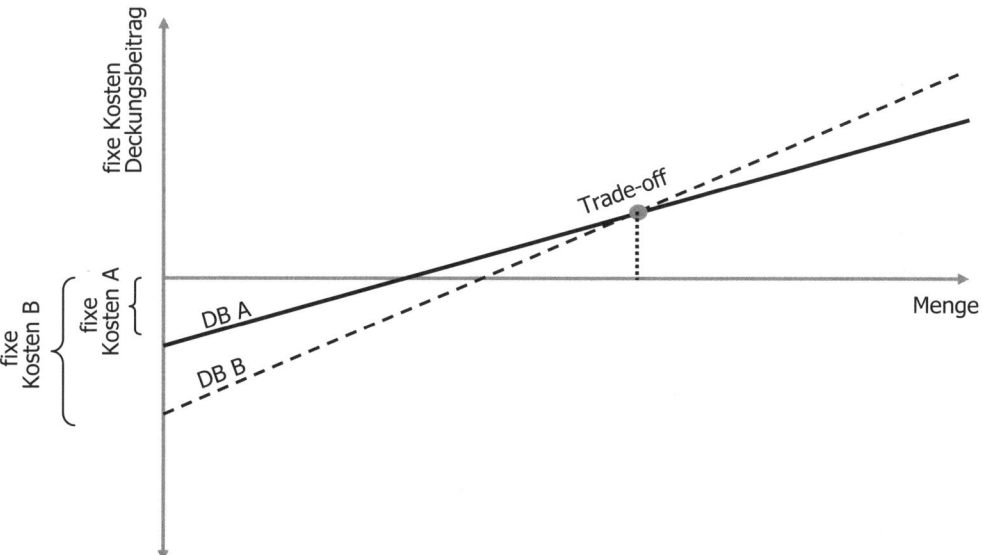

Abbildung 372: Ergebnisvergleich zweier Investitionsalternativen

In den Vergleich fließen somit nicht nur die variablen und die fixen Kosten einer Alternative ein, sondern auch die daraus resultierenden Erträge. In der Grafik (Abb 372) wird ein solcher Erfolgsvergleich dargestellt. Dazu werden die Deckungsbeitragslinien zweier Alternativen (beinhalten die Erlöse und die variablen Kosten) ausgehend vom jeweiligen Fixkostenniveau der Alternative gegenübergestellt.

In dem zugrunde liegenden Beispiel ist zunächst die Alternative A die vorteilhaftere. Ab dem Trade-off ist jedoch die Variante B zu bevorzugen. In der Grafik sind zudem die jeweiligen Break-even-Mengen der einzelnen Alternativen erkennbar. In diesem Fall ist die Variante A mit einem geringeren Risiko behaftet, da die Deckungsbeiträge der Variante A früher die fixen Kosten (0-Linie) decken. Die Deckungsbeiträge der Variante B erreichen deutlich später die Gewinnzone. Dafür hat diese Alternative aus kostenrechnerischer Perspektive ein höheres Erfolgspotenzial bei entsprechendem Wachstum. Abschließend sei erwähnt, dass die zu treffenden Optimierungsentscheidungen nicht nur aus kostenrechnerischer Perspektive entschieden werden dürfen. Strategische, marktpolitische und technische Argumente sollten ebenfalls berücksichtigt werden!

Fallbeispiel

Ausgangsdaten

Sie sind Mitarbeiter der Firma Extro & Co und sollen bei der Neueinführung eines Produktes mitentscheiden, welche Strategien zur Anwendung kommen sollen. Im Produktionsbereich kommt es durch die Produktinnovation zu keinen Änderungen, da durch Produktelimination und bestehende Kapazitäten keine neuen maschinellen Anlagen angeschafft werden müssen. Im Vertrieb soll entweder ein Außendienstmitarbeiter im Angestelltenverhältnis eingesetzt werden, oder die neuen Produkte sollen über selbständige Handelsvertreter abgesetzt werden.

Der fix angestellte Außendienstmitarbeiter erhält pro Monat ein Fixum von € 1.900,- exklusive der sozialen Abgaben in Höhe von etwa 35 % (DGA-SV etc). 13. und 14. Gehalt werden, wie üblich, gewährt. Als Spesenabgeltung erhält er € 25,- pro Tag, wobei der Mitarbeiter voraussichtlich mit durchschnittlich 18 Außendiensttagen im Monat zu rechnen hat. Im Schnitt ist ein Außendienstmitarbeiter elf Monate pro Jahr im Einsatz. Weiter erhält der Außendienstmitarbeiter eine Provision in der Höhe von 2,5 % vom Nettoumsatz.

Dem Außendienstmitarbeiter wird ein Pkw zur Verfügung gestellt. Dieser hat einen Anschaffungswert von € 20.000,- (Wiederbeschaffungswert € 22.000,-) und wird voraussichtlich nach zwei Jahren zu € 7.300,- verkauft werden. Die km-Leistung pro Jahr beträgt 60.000 km, wobei mit dem Außendienstmitarbeiter ein fixer Tourenplan ausgearbeitet wird. Alle 20.000 km muss der Pkw zum Service, wobei durchschnittliche Servicekosten in Höhe von € 440,- anfallen. Der Pkw verbraucht ø 8 Liter auf 100 km. Der Liter Diesel kosten ca € 1,35. Die Haftpflichtversicherung beträgt jährlich € 580,-, die Teilkaskoversicherung für denselben Zeitraum € 870,-. Die motorbezogene Steuer beträgt jährlich € 290,-. Zusätzlich muss alle 30.000 km

2. Betriebliche Entscheidungen auf Basis von Kostenanalysen

mit einem neuen Satz Reifen (€ 145,– pro Reifen) gerechnet werden. Da die Jahresleistung mit 60.000 km ziemlich stabil ist, können die Kosten für die Reifen sowie die Service- und Treibstoffkosten pro Jahr als fix angesehen werden. An sonstigen fixen Kosten fallen pro Jahr für den Außendienstmitarbeiter (Abschreibung Portable, kalk. Zinsen etc) € 3.700,– an.

Als Alternative kann der Vertrieb über zwei selbständige Handelsvertreter erfolgen, wobei 80 % des Umsatzes über den Handelsvertreter A abgewickelt werden sollen, der 6 % Provision vom Nettoumsatz erhält. Über den Handelsvertreter B, der neben unseren Produkten auch Produkte anderer Unternehmen vertreibt, sollen die restlichen 20 % des Umsatzes realisiert werden. Als Provision erhält der Handelsvertreter B 5 % des Nettoumsatzes.

Die variablen Herstellkosten des Produktes belaufen sich laut Plankalkulation auf € 55,–. Der Bruttoverkaufspreis wird mit € 108,– festgelegt (20 % USt). Die variablen Kosten der Verpackung und des Versandes betragen pro Stück € 1,82. Die Fakturierung wird auf der bestehenden EDV-Anlage mit dem bisherigen Personal durchgeführt und verursacht daher keine zusätzlichen Kosten. Für das Produkt soll eine Werbekampagne, die mit einem Budget von € 73.000,– budgetiert wird, durchgeführt werden. Beim Vertrieb über die selbständigen Handelsvertreter sollen diese 80 % des Werbebudgets mitfinanzieren.

Der Außendienst prognostiziert den Absatz für das neue Produkt im ersten Jahr auf 15.000 Stück, im zweiten Jahr auf 17.000 Stück und im darauf folgenden Jahr auf 18.000 Stück. Im weiteren Verlauf des Produktlebenszyklus ist aufgrund von Substitutionsprodukten mit einer sinkenden Stückzahl zu rechnen. Sie sollen die entsprechenden Berechnungen durchführen, um die optimale Vertriebsalternative aufgrund der derzeit prognostizierten Werte bestimmen zu können.

Aufgabenlösung

Ermittlung der fixen Kosten für den Außendienstmitarbeiter:

Gehaltskosten	35.910	1.900 × 14 × 1,35
Spesen	4.950	18 × 11 × 25
Abschreibung Pkw	7.350	(22.000 − 7.300)/2
Servicekosten	1.320	3 × 440
Benzinkosten	6.480	60.000/100 × 8 × 1,35
Versicherung	1.450	580 + 870
motorbezogene Steuer	290	
Reifen GWG	1.160	4 × 2 × 145
sonstige Kosten	3.700	
Summe fixer Kosten	62.610	
Werbungskosten	73.000	
gesamte fixe Kosten	135.610	

Abschnitt F – Kostenanalyse

Gefragt ist die Menge, bei der beide Varianten dieselben Gesamtkosten aufweisen.

$0,025 \times 90x + 135.610 = 0,06 \times 90x \times 0,8 + 0,05 \times 90x \times 0,2 + 58.400$

2,5 % vom Umsatz + fixe Kosten = 6 % von 80 % des Umsatzes + 5 % von 20 % des Umsatzes + fixe Kosten

Provision + fixe Kosten = Provision Vertreter A + Provision Vertreter B + fixe Kosten

$2,25x + 135.610 = 4,32x + 0,9x + 58.400$

$2,97x = 77.210$

$x = 25.997$

Interpretation der Ergebnisse

Bei der Fallstudie geht es um die Fragestellung, ab welcher Absatzmenge selbständige Handelsvertreter oder Außendienstmitarbeiter im Angestelltenverhältnis eingesetzt werden sollten. Wenn man selbständige Handelsvertreter einsetzt, so wird das Niveau der fixen Kosten vergleichsweise geringer sein als jenes beim Einsatz von fix angestellten Außendienstmitarbeitern. Die selbständigen Handelsvertreter werden nämlich kein fixes Gehalt beziehen, sondern wie üblich auf Provisionsbasis arbeiten. Diese Provisionen stellen wiederum variable Kosten dar. Diese Variante zeichnet sich daher durch hohe variable Kosten pro Stück und eine relativ niedrige Summe an fixen Kosten aus.

Die Alternative der fix angestellten Außendienstmitarbeiter zeichnet sich hingegen durch ein relativ hohes Fixkostenniveau (fixe Gehälter, fixe Kosten des Firmen-Pkw etc) aus. Die im Vergleich zu den selbständigen Handelsvertretern geringen Provisionsanteile werden als variable Kosten klassifiziert. Vergleicht man nun die unterschiedlichen Kostenstrukturen der beiden Distributionsalternativen, so stellt sich die Entscheidungssituation folgendermaßen dar:

2. Betriebliche Entscheidungen auf Basis von Kostenanalysen

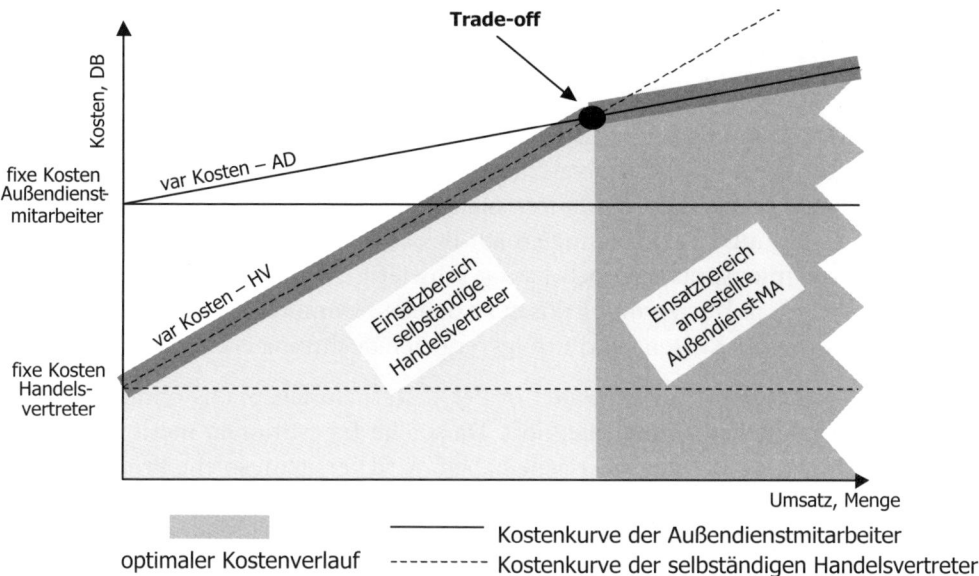

Abbildung 373: Trade-off-Analyse zweier Investitionsalternativen

Wie aus der Grafik ersichtlich wird, ist es bis zu einer bestimmten Absatzmenge aus kostenrechnerischer Perspektive günstiger, mit selbständigen Handelsvertretern zu arbeiten, da diese einen relativ geringen Block an Bereitschaftskosten (= fixe Kosten) aufweisen. Steigt die Menge, so wird es ab einen bestimmten Punkt günstiger, mit fix angestellten Außendienstmitarbeitern zu arbeiten, da sich die hohen variablen Kosten (lineare Provisionen) der Handelsvertreter immer stärker auf das Ergebnis durchschlagen. Die fixen Kosten der Außendienstmitarbeiter werden hingegen auf immer mehr Produkte verteilt, wodurch es zu einer immer stärkeren Fixkostendegression kommt.

Der Punkt, an dem beide Verfahren ein identisches Kostenniveau aufweisen, ist ein so genannter Verfahrens-Trade-off. Ab diesem Punkt kippt aus Wirtschaftlichkeitsüberlegungen die Entscheidung von einer Alternative (in diesem Fall: selbständige Handelsvertreter) zu Gunsten einer anderen Alternative (in diesem Fall: angestellte Außendienstmitarbeiter).

In dem konkreten Fall würde es sich erst ab ca 25.997 Stück auszahlen, aus kostenrechnerischer Perspektive einen Außendienstmitarbeiter einzustellen. Da die Verkaufsprognosen deutlich darunter liegen, wäre es in diesem Fall ratsam, die beiden selbstständigen Handelsvertreter mit dem Vertrieb zu betrauen.

Praktische Relevanz

In der Unternehmenspraxis werden die Kosten- und die Erfolgsvergleichsrechnung häufig angewandt. Da meist der Vergleich der Kosten innerhalb einer Periode durchgeführt wird, handelt es sich um so genannte statische Vergleichsrechnungen.

Dies ist insofern etwas problematisch, da die zu wählenden Verfahren stets eine mehrjährige Nutzungsdauer aufweisen. Ein Vergleich von durchschnittlichen jährlichen Kosten führt nicht zu ganz exakten Ergebnissen.

Als Alternative dazu können so genannte dynamische Investitionsrechnungen eingesetzt werden. Diese Kapitalwertverfahren führen zu theoretisch exakten Ergebnissen. Allerdings arbeiten diese Verfahren nicht mit Kosten und Erlösen, sondern mit Ein- und Auszahlungen. Die Plandaten auf Basis von Ein- und Auszahlungen sind in der Unternehmenspraxis jedoch häufig schwierig zu schätzen, da das Management gewohnt ist, in Kosten und Erlösen zu denken. Damit lässt sich die hohe praktische Bedeutung der Kosten- und Erfolgsvergleichsrechnung erklären.

Zudem werden größere Investitionen in der Unternehmenspraxis ohnedies in die Gesamtunternehmensplanung integriert. Da solche Investitionen meist eine Reihe von Auswirkungen auf andere Bereiche haben, wird versucht, solche Projekte in die Gesamtunternehmensstruktur zu integrieren. Dadurch ist es möglich, alle quantifizierbaren Querverbindungen mit in der Planung zu berücksichtigen. Die Unternehmensplanung basiert dann wiederum meist auf Kosten und Erlösen oder auf Aufwendungen und Erträgen.

Wissen kompakt

Erfolgsvergleichsrechnungen dienen dazu, den aus der Wahl einer Verfahrensoption resultierenden Erfolg mit dem Erfolg einer alternativen Verfahrensoption zu vergleichen.

Kostenvergleichsrechnungen dienen dazu, die aus der Wahl für eine Verfahrensoption resultierenden Kosten den Kosten einer alternativen Verfahrensoption gegenüber zu stellen.

Ein **Trade-off** ist jene Menge, an der die Vorteilhaftigkeit von einer Variante auf die jeweils andere Variante übergeht. Am Trade-off weisen beide Alternativen dieselben Kosten oder denselben Erfolg auf.

Kontrollfragen

- Welche Größen müssen Sie im Rahmen einer Kostenvergleichsrechnung immer gegeneinander abwiegen?
- Warum spielt auch für die Verfahrenswahl die Auslastung eines Unternehmens eine große Rolle?
- Was sagt der Trade-off im Rahmen einer Kostenvergleichsrechnung aus? Ist es auch denkbar, dass es zwischen zwei Alternativen keinen Trade-off gibt?
- Wie berechnet man die Trade-off-Menge im Rahmen eines Kostenvergleichs?

Verwendete und weiterführende Literatur

- *Däumler, K.-D./Grabe, J.:* Kostenrechnung 2 – Deckungsbeitragsrechnung, 10. Auflage, Berlin 2013.

- *Ewert, R./Wagenhofer, A.:* Interne Unternehmensrechnung, 7. Auflage, Berlin 2008.
- *Männel, W.:* Ergebniscontrolling, 7. Auflage, Lauf an der Pegnitz 2006.
- *Seicht, G.:* Moderne Kosten- und Leistungsrechnung, 11 Auflage, Wien 2001.

2.4. Informationen zur Leistungstiefe

Lernziel

In diesem Kapitel lernen Sie
- welche Parameter Sie für Make-or-Buy-Entscheidungen heranziehen sollten
- für welche Bereiche Entscheidungen zur Leistungstiefe getroffen werden können
- welche Vergleiche Sie bei kurzfristigen Make-or-Buy-Entscheidungen durchführen sollten
- welche Vergleiche Sie bei langfristigen Make-or-Buy-Entscheidungen durchführen sollten
- mit welchen Konsequenzen man bei einer Outsourcing-Entscheidung rechnen kann

2.4.1. Konzeptionelle Grundlagen

Aufgrund der steigenden Konkurrenzdichte und des daraus resultierenden Kostendrucks nimmt die Bedeutung von Entscheidungen über Eigenleistung und Fremdbezug laufend zu. Es stellt sich beispielsweise die Frage, ob es möglich ist, durch fremdgefertigte Teile die eigenen Produktionskosten zu senken. Die Frage hinsichtlich der Eigen- oder Fremdleistung bezieht sich jedoch nicht nur auf den Bereich der Fertigung. Selbstverständlich ist es auch möglich, Dienstleistungen fremd zu beziehen.

In der Unternehmenspraxis zeigt sich jedoch, dass bei vielen Unternehmen diesem Entscheidungsproblem nicht der entsprechende Stellenwert eingeräumt wird. Vielmehr hat sich aus der Vergangenheit insbesondere bei kleinen oder mittelständischen Unternehmen oft eine gewisse „Make-or-Buy-Tradition" entwickelt. Es wird uU gar nicht an die Möglichkeit einer Fremdfertigung gedacht. Diese grundsätzlichen Entscheidungen werden nicht hinterfragt, sondern wie eine Doktrin abgelehnt oder um jeden Preis durchgesetzt.

Eigenfertigung oder Fremdbezug (Make-or-Buy) sind alternative Möglichkeiten, die hinsichtlich der Versorgung der Unternehmung mit Sachgütern und Dienstleistungen bestehen. Entscheidungen über Eigenfertigung oder Fremdbezug werden zwar vor allem für den Produktionsbereich diskutiert (man stellt sich zum Beispiel die Frage, ob ein bestimmtes Einbauteil besser selbst produziert oder gekauft werden sollte), können grundsätzlich jedoch in sämtlichen Unternehmensbereichen, also auch außerhalb der Fertigung, getroffen werden. Exemplarisch werden in der folgenden Übersicht betriebliche Entscheidungsmöglichkeiten aufgeführt:

Beschaffung	• Einstellungen über eigenes Personalbüro oder Personalberatungsgesellschaft (zB Leiharbeiter)? • Eigenherstellung oder Kauf (Miete, Leasing) von Anlagegegenständen, Werkzeugen und Teilen?
Fertigung	• Eigene Forschungs- und Entwicklungsabteilung oder Kauf von Patenten oder Lizenzen? • Eigenfertigung von Einzelteilen und Baugruppen oder reine Montagefertigung? • Eigener Wartungs- und Reparaturdienst oder Vergabe von Lohnaufträgen?
Vertrieb	• Eigene Werbeabteilung oder Inanspruchnahme einer Agentur? • Eigener Kundendienst oder Kundendienst über den Fachhandel? • Eigene Verkaufsorganisation oder Verkauf über Groß- und/oder Einzelhandel? • Transporte durch eigene Lkw oder Fremdtransporte?
Finanzen	• Eigenes Mahn- und Inkassowesen oder Einschaltung einer Fakturinggesellschaft?
Verwaltung	• Eigene EDV-Anlage oder Vergabe an externes Rechenzentrum? • Eigene Kantine oder Bezug von Großküchenessen? • Eigene Organisationsabteilung oder Einschaltung externer Organisationsberater?

Tabelle 16: Make-or-Buy-Entscheidungen in verschiedenen Unternehmensbereichen

Die Fülle und Verschiedenartigkeit der Beispiele zeigt, dass de facto jeder Bereich eines Betriebes mit der Entscheidung „Eigenfertigung oder Fremdbezug" konfrontiert werden kann.

Im Rahmen des betrieblichen Rechnungswesens lassen sich naturgemäß vor allem quantifizierbare Größen zur Entscheidungsfindung heranziehen. Für die Entscheidungsfindung ist es aber unverzichtbar, auch solche Faktoren zu berücksichtigen, die schwer oder gar nicht quantifizierbar sind. Beispielsweise sind zwischen der Eigen- und Fremdleistung häufig Qualitätsunterschiede zu beobachten. Es kann sein, dass die Eigenfertigung infolge der unmittelbaren Einflussnahme zu besseren Ergebnissen führt. Denkbar ist aber auch, dass die Fremdfertigung aufgrund fertigungstechnischer Spezialisierungsvorteile und rigoroser Qualitätskontrollen vorteilhafter ist.

Betrachtet man zunächst die quantifizierbaren Kriterien, die mittels der Kostenrechnung erfasst und berechnet werden, so muss grundsätzlich zwischen der kurzfristigen und der langfristigen Make-or-Buy-Entscheidung unterschieden werden. Je nach Zeithorizont sind die einzelnen Entscheidungssituationen unterschiedlich zu bewerten, wie die folgende Grafik zeigt:

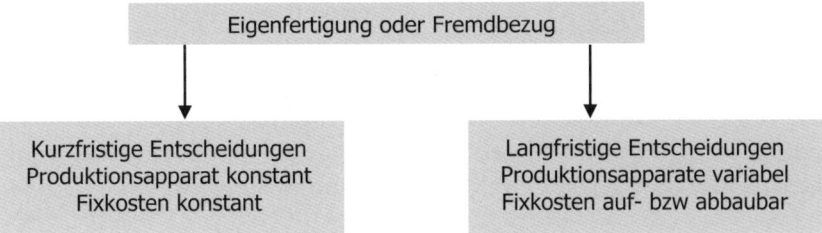

Abbildung 374: Entscheidungssituation bei Make-or-Buy-Entscheidungen

Die **kurzfristige Make-or-Buy-Entscheidung** bezieht sich in der Regel auf den Ausgleich von Kapazitätsspitzen. Beispielsweise werden Buy-Entscheidungen in Form von Lohnaufträgen, die an Fremdfirmen vergeben werden, getroffen. Insofern ist es dem Unternehmen und in vielen Fällen ebenfalls auch dem Lohnfertiger klar, dass es sich hier nur um eher sporadische Aufträge handeln kann. Das Unternehmen disponiert also über bestimmte Auftragsvolumina mit kurzfristiger Perspektive, während langfristig versucht wird, seine eigene Kapazität durch das Grundgeschäft auszulasten. Das Grundgeschäft steht dabei grundsätzlich nicht zur Make-or-Buy-Disposition.

Die Entscheidung über Make-or-Buy zieht im starken Maße die Beschäftigungssituation eines Unternehmens bzw einer Unternehmenseinheit als wichtigen Aspekt heran. Je nach Unter- oder Vollbeschäftigung sind daher die Entscheidungssituationen anders zu bewerten. Dementsprechend sollen vorhandene Kapazitäten mit den daraus resultierenden beschäftigungsfixen Kosten zunächst einmal ausgelastet werden, bevor aufgrund einer Buy-Entscheidung zusätzliche variable Kosten anfallen.

Bei **langfristigen strategischen Make-or-Buy-Entscheidungen** geht es hingegen darum, grundsätzlich bestimmte Leistungsteile fremd zu beziehen, andere hingegen langfristig selbst zu erstellen. Zusätzlich ist zu differenzieren, ob es sich dabei jeweils um ähnliche Leistungen oder unterschiedliche Leistungen handelt. Bei der Fremdfertigung von ähnlichen Leistungen kommt es lediglich zu einer Mengenaufteilung, während man bei Fremdfertigung von unterschiedlichen Leistungen von einer Qualitätsteilung spricht. Dem ersten Fall der Mengenteilung kommt in bestimmten Situationen und Wirtschaftszweigen durchaus einiges an Gewicht zu.

Beispiel

So beziehen manche Energieversorgungsunternehmen regelmäßig einen bestimmten Mengenanteil fremd, über den sie mit überregional tätigen Stromproduzenten langfristige Kaufverträge abgeschlossen haben; andere Mengenanteile werden indes als langfristig selbst erzeugbar eingeplant.

Der zweite Fall, also die Entscheidung über verschiedene Make-or-Buy-Qualifikationen, findet sich in jedem Unternehmen bei der Frage nach der so genannten Fertigungstiefe. Beispielsweise fertigen Unternehmen der Rohstoffgewinnung kaum Produkte für den Endkunden. Die Wertschöpfungsketten weisen in modernen Volkswirtschaften aufgrund der zunehmenden Spezialisierung viele Stufen auf. Insofern geht es bei strategischen Make-or-Buy-Entscheidungen vor allem um die Frage der Spezialisierung. Die damit verbundene Frage der Kernkompetenz zielt dementsprechend auf die Fertigungstiefe. Es geht um die Frage, inwieweit ein Unternehmen auf vorgelagerten bzw. nachgelagerten Produktionsstufen tätig sein soll.

2.4.2. Analyse und Beurteilung kurzfristiger Make-or-Buy-Entscheidungen

Bei kurzfristigen Make-or-Buy-Entscheidungen geht es also primär um die Abdeckung von kurzfristigen Kapazitätsspitzen. Die Kostenrechnung soll die Antwort unterstützen, ob es rentabel ist, kurzfristige Zusatzaufträge fremd zu vergeben. Die kurzfristigen Make-or-Buy-Entscheidungen lassen sich hinsichtlich der Ausgangssituation, der durchzuführenden Vergleiche und der jeweiligen Konsequenzen entsprechend der folgenden Abbildung systematisieren.

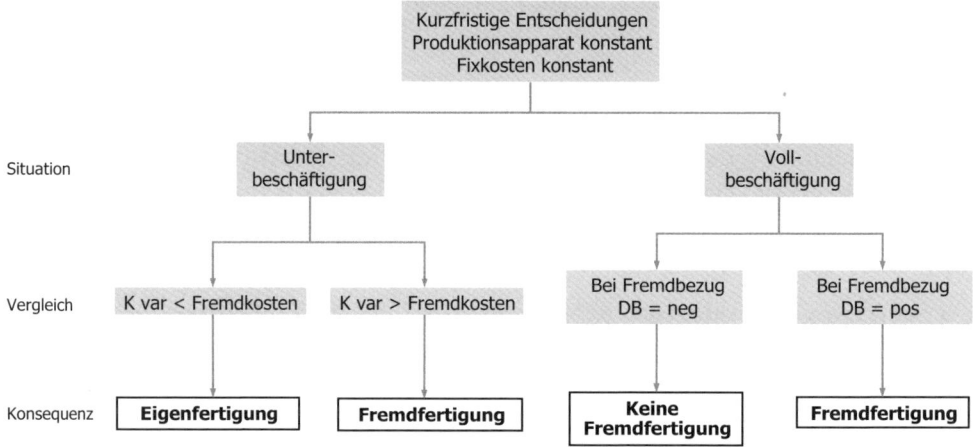

Abbildung 375: Entscheidungsoptionen bei kurzfristigen Make-or-Buy-Entscheidungen

Zunächst muss darauf hingewiesen werden, dass die fixen Kosten bei dieser Entscheidungssituation zu ignorieren sind. Sie sind deswegen irrelevant und müssen in den Vergleich nicht integriert werden, da sie sich nur langfristig ändern. Für kurzfristige Entscheidungen kommt es daher zu keiner Änderung der fixen Kosten.

Als ersten Schritt muss man hinsichtlich kurzfristiger Make-or-Buy-Entscheidungen die Ausgangssituation ins Kalkül mit einbeziehen. Es stellt sich die Frage, ob das Unternehmen über voll ausgelastete Kapazitäten (Vollbeschäftigung) verfügt oder ob es freie Kapazitäten (Unterbeschäftigung) gibt. Liegt Unterbeschäftigung vor, vergleicht man den Einstandspreis des Fremdbezugs einschließlich variabler Kosten, die im eigenen Unternehmen noch anfallen, mit den variablen Stückkosten bei Eigenfertigung.

Liegen die variablen Stückkosten bei Eigenfertigung unter dem Einstandspreis, ist die Eigenfertigung unter Kostenaspekten günstiger. Sind hingegen die Kosten des Fremdbezuges (= Einstandspreis + etwaige eigene variable Kosten) geringer als die variablen Kosten der Eigenfertigung, so ist der Fremdbezug vorzuziehen.

Bei Vollbeschäftigung ist die Situation anders zu bewerten, wobei die fixen Kosten wiederum irrelevant sind, da wegen kurzfristiger Entscheidungen keine Investitionen getätigt werden. Hinsichtlich der Make-or-Buy-Entscheidung geht es in diesem Fall jedoch nicht darum, ob man intern oder extern günstiger produziert. Würde man intern niedrigere Kosten aufweisen, so könnte man trotzdem nicht die Eigenfertigung forcieren, da die Kapazitäten bereits voll ausgelastet sind. Daher geht es bei dieser Situation nicht um einen Vergleich der Fertigungskosten, sondern darum, ob ein positiver Deckungsbeitrag erzielt werden kann. Da man keine zusätzlichen fixen Kosten aufbauen kann, wird man bei einem positiven Deckungsbeitrag fremdfertigen lassen. Bei einem negativen Deckungsbeitrag kommt es hingegen zu keiner Fertigung.

2.4.3. Analyse und Beurteilung langfristiger Make-or-Buy-Entscheidungen

Bei langfristigen Make-or-Buy-Entscheidungen geht es um grundsätzliche strategische Optionen. Aus langfristiger Perspektive sind die Betriebskapazitäten aufbau- bzw abbaubar. Dementsprechend können langfristig auch fixe Kosten auf- bzw abgebaut werden. Somit sind bei Entscheidungen mit langfristigem Horizont auch die fixen Kosten in die Überlegungen mit einzubeziehen. Für den jeweiligen Vergleich werden somit die vollen Selbstkosten herangezogen.

Langfristige Make-or-Buy-Entscheidungen stellen daher in der Regel auch Investitionsentscheidungen dar. Aus kostenrechnerischer Perspektive sind diese Entscheidungen unter Vollkostengesichtspunkten zu betrachten. Es stellt sich in solchen Situationen die Frage, ob es sich lohnt, eine Investition vorzunehmen und selbst zu fertigen oder die Fabrikate ohne Aufbau von Kapazitäten und damit fixe Kosten fremd zu beziehen. Eventuell kann sich durch die Entscheidung für den Fremdbezug auch ein Desinvestitionsfall ergeben, so dass wegen des Fremdbezuges Kapazitäten abgebaut werden.

Grundsätzlich können strategische Make-or-Buy-Entscheidungen zwei unterschiedliche Konsequenzen mit sich ziehen. Die folgende Grafik zeigt die möglichen Konsequenzen strategischer Make-or-Buy-Entscheidungen.

Abschnitt F – Kostenanalyse

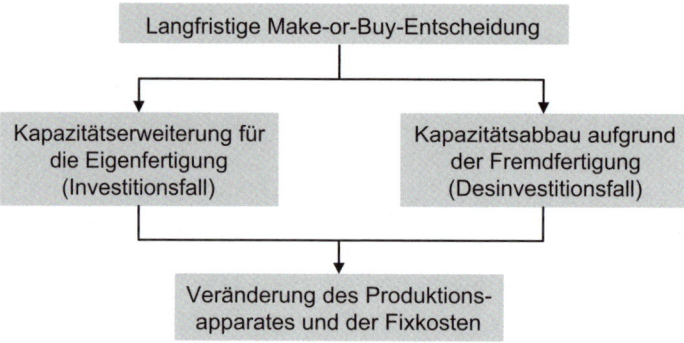

Abbildung 376: Make-or-Buy-Entscheidungen und Kapazitätsveränderungen

Wenn Güter von außen bezogen werden, stellt sich die Frage, ob nicht langfristig die Eigenfertigung vorteilhafter ist. Diese Fragestellung wird dann entscheidungsrelevant, wenn das Investitionsbudget der kommenden Jahre zur Entscheidung ansteht, denn der Übergang zur Eigenfertigung bedingt meist eine Erweiterungsinvestition. In diesem Fall spricht man von „insourcing".

Im Falle des Kapazitätsabbaus werden die benötigten Güter gegenwärtig selbst erzeugt. Die bestehenden Anlagen, die derzeit der Eigenerzeugung dienen, werden kritisch hinterfragt, ob nicht langfristig der Fremdbezug wirtschaftlicher ist. Die Alternative lautet, die Ersatzinvestition entweder vorzunehmen oder zu unterlassen. In diesem Zusammenhang spricht man von „outsourcing".

Die langfristigen Make-or-Buy-Entscheidungen lassen sich vergleichbar mit den kurzfristigen Entscheidungen hinsichtlich der Ausgangssituation, der durchzuführenden Vergleiche und der jeweiligen Konsequenzen entsprechend der folgenden Abbildung systematisieren.

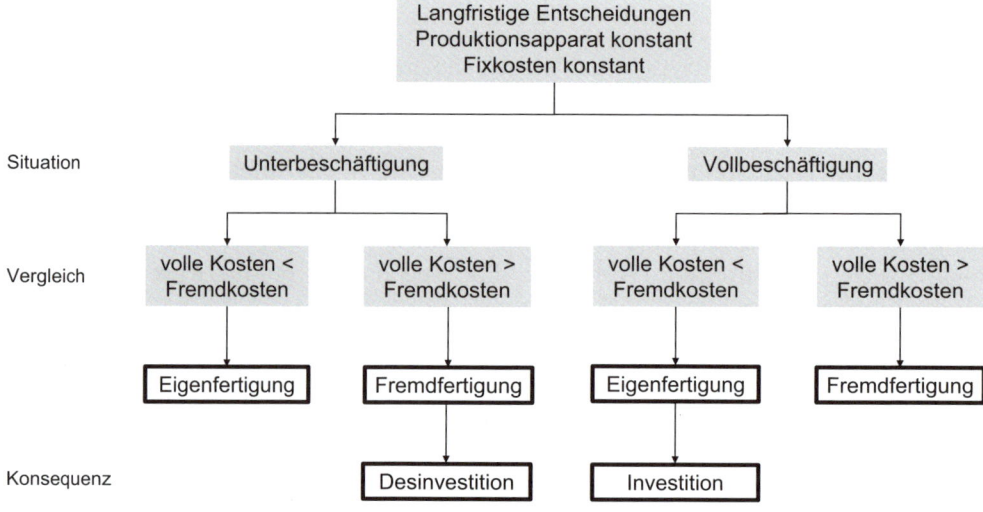

Abbildung 377: Entscheidungsoptionen bei langfristigen Make-or-Buy-Entscheidungen

2. Betriebliche Entscheidungen auf Basis von Kostenanalysen

Sowohl bei einer Unterbeschäftigungs- als auch bei einer Vollbeschäftigungssituation werden im Rahmen von Make-or-Buy-Entscheidungen die vollen Kosten bei Eigenfertigung mit den Fremdkosten (inklusive eventuell zusätzlicher eigener Kosten) verglichen. Bei einer längerfristigen Unterbeschäftigungssituation wird, solange die eigenen Selbstkosten unter den Fremdkosten liegen, jedenfalls versucht werden, die eigenen Kapazitäten zu füllen. Es wird demnach zu einer Eigenfertigung kommen.

Sollten bei einer längerfristigen Unterbeschäftigungssituation die eigenen Selbstkosten über den Fremdkosten liegen, so müssen die eigenen Kapazitäten in Frage gestellt werden. Kostenoptimal wäre dann die Fremdfertigung, wobei die eigenen Kapazitäten abgebaut werden sollten. Es kommt somit zu einer Desinvestition.

Sind die Kapazitäten längerfristig voll ausgelastet, so kann entweder nur fremd gefertigt oder in die eigenen Kapazitäten investiert werden. Sind die eigenen vollen Selbstkosten geringer als die Fremdkosten, so spricht dies dafür, eine Investition durchzuführen und weiter in Richtung Eigenfertigung zu gehen. Sind hingegen die eigenen vollen Selbstkosten höher als die Fremdkosten, sollte aus kostenrechnerischer Perspektive auf die Investition verzichtet werden und der Fremdbezug forciert werden.

Zudem wird die langfristige Entscheidung über In- oder Outsourcing hinsichtlich eines Produkts und der damit verbundenen Leistungen wesentlich von der jeweiligen Absatzprognose abhängen. Der Aufbau von eigenen Kapazitäten ist stets mit Investitionen und damit mit dem Aufbau von (sprung)fixen Kosten verbunden. Andererseits ermöglicht die Investition in die Kapazitäten aber auch die Herstellung entsprechender Mengen.

Bei sehr geringer Auslastung oder extremen Auslastungsschwankungen müssen Investitionen in die eigenen Fertigungskapazitäten kritisch beurteilt werden. Dies ist damit zu begründen, dass in diesem Fall die Summe der fixen Kosten auf wenige Produkte umgelegt werden muss. Die Stückkosten steigen dadurch auf ein sehr hohes Kostenniveau. Durch diese Fixkostenprogression wird die eigene Fertigung unrentabel. Daher macht der Kapazitätsaufbau erst bei stabiler, hoher Nachfrage einen Sinn. Andernfalls ist es fast immer günstiger, Leistungen oder Produkt(teile) fremd zu beziehen. Dies kann damit begründet werden, dass anstatt der eigenen (vor allem) fixen Kosten variable Kosten (bzw stundenbezogene/stückbezogene Fremdleistungen) anfallen. Damit bleibt bei schwankender Nachfrage die Kostenstruktur bei Fremdfertigung flexibler.

Im Rahmen von In- und Outsourcing-Entscheidungen müssen jedoch auch meist sprungfixe Kosten für stufenweise Kapazitätserweiterungen in das Kalkül mit einbezogen werden. Sprungfixe Kosten sind auf Investitionen zurückzuführen und manifestieren sich häufig als Abschreibungen und Zinsen. Demnach stehen den meist zur Gänze variablen Kosten des Fremdbezugs einerseits die absolut fixen Kosten, die sprungfixen Kosten und die variablen Kosten der Eigenerstellung andererseits gegenüber. Dadurch kann es zu mehreren Trade-offs hinsichtlich einer Entscheidung kommen.

Die entsprechenden Zusammenhänge werden in der folgenden Grafik zusammengefasst dargestellt. Man erkennt, dass die ausschließlich variablen Fremdleistungskosten einer relativ komplexen Kostenstruktur bei Eigenfertigung gegenüber stehen. Bei der Eigenfertigung kommt es an den Kapazitätsgrenzen jeweils zu Erweiterungsinvestitionen, die sich als sprungfixe Kosten in der Kostenstruktur niederschlagen. Zusätzlich sind die absolut fixen Kosten und die variablen Kosten der Eigenfertigung in die Vergleichsrechnung aufzunehmen.

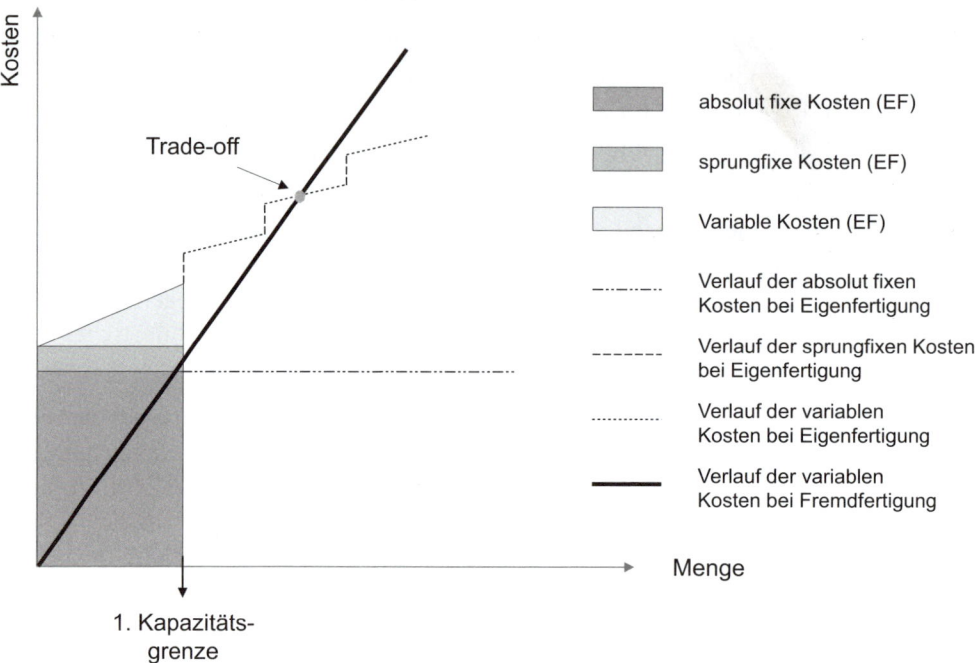

Abbildung 378: Trade-off im Rahmen von Make-or-Buy-Entscheidungen

Der Trade-off ergibt sich dort, wo die vollen Selbstkosten des Fremdbezuges die vollen Selbstkosten der Eigenfertigung übersteigen. Die vollen Selbstkosten sind meist zur Gänze variabel, während die vollen Selbstkosten der Eigenfertigung sowohl aus variablen als auch absolut fixen und sprungfixen Kosten bestehen.

Weist das eigene Unternehmen eine ähnliche Kostenhöhe wie das lohnfertigende Unternehmen auf, so können sich durch die Nähe der beiden Kostenlinien durchaus mehrere Trade-offs ergeben. Diese Situation entzieht sich relativ schnell einer einfachen Bewertung. Die recht komplexen Zusammenhänge zeigt die folgende Grafik auf:

2. Betriebliche Entscheidungen auf Basis von Kostenanalysen

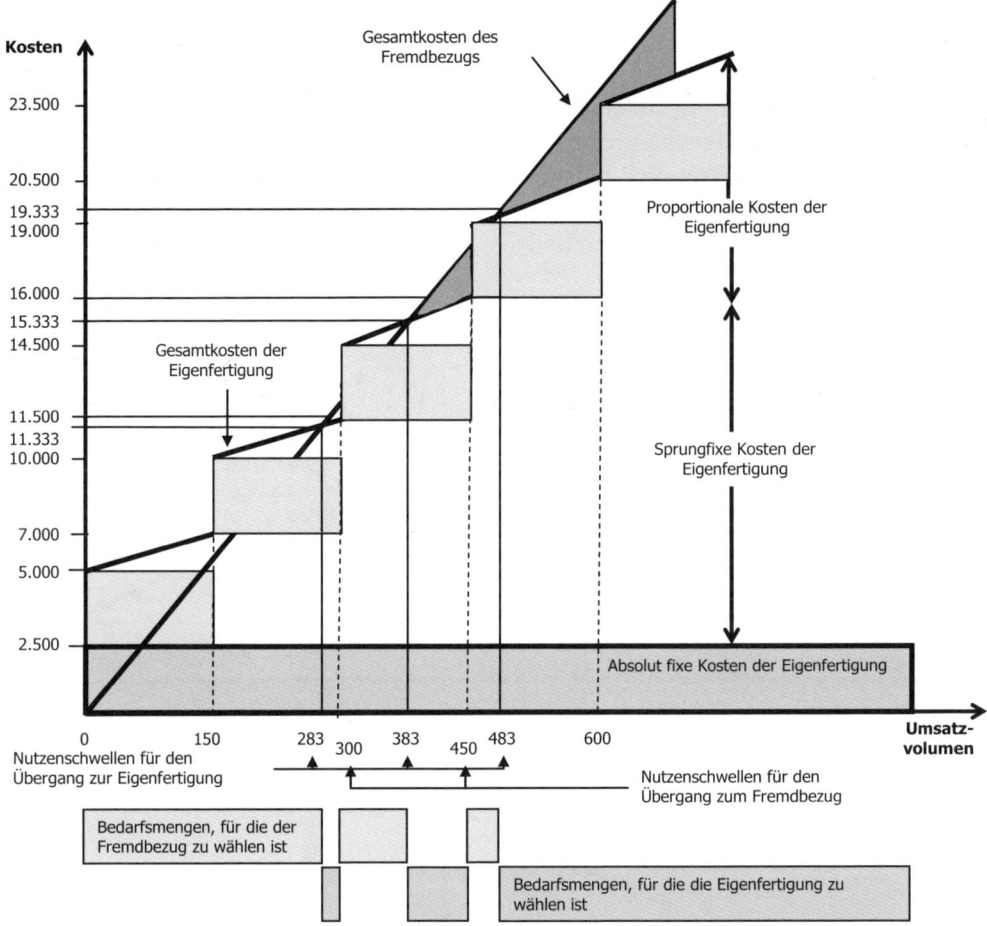

Abbildung 379: Mehrere Trade-offs im Rahmen von Make-or-Buy-Entscheidungen

In der Unternehmenspraxis werden die Kostendaten selten in dieser transparenten Form vorliegen. Die einzelnen Trade-off-Punkte lassen sich aufgrund der zunehmenden Dynamik dann auch nicht so präzise bestimmen. Wichtig ist jedoch das grundsätzliche Verständnis, um Fehlentscheidungen vermeiden zu können.

Zudem wird es in der praktischen Umsetzung auch hinsichtlich des zuvor dargestellten Falls nur einen Trade-off geben, da man nicht beim ersten Trade-off (283 Stück) von Fremd- auf Eigenfertigung umstellen wird. Dies deshalb, da kurz danach (300 Stück) wieder der Fremdbezug kostengünstiger ist und die eigene Kapazität und die daraus resultierenden fixen Kosten nicht mehr abgebaut werden könnten. Aus kostenpolitischen Gründen würde ein Insourcing erst bei ca 380–400 Stück erfolgen.

Um Outsourcing-Entscheidungen hinsichtlich ihrer Konsequenzen exakter bewerten zu können, soll die folgende Grafik die Ergebnisse nochmals zusammenfassen.

Geht man von einer Outsourcing-Entscheidung für einen Teil der Fertigung aus, so verändert sich die Kostenstruktur des Unternehmens insofern, als die fixen Kosten sinken. Die sinkenden fixen Kosten sind damit zu begründen, dass es aufgrund der langfristigen Entscheidung zu Desinvestitionen kommen wird. Demgegenüber werden die variablen Kosten aufgrund des Fremdbezuges steigen (strichlierte Linie). Aus Gründen der Transparenz wurde auf die Darstellung der sprungfixen Kosten verzichtet.

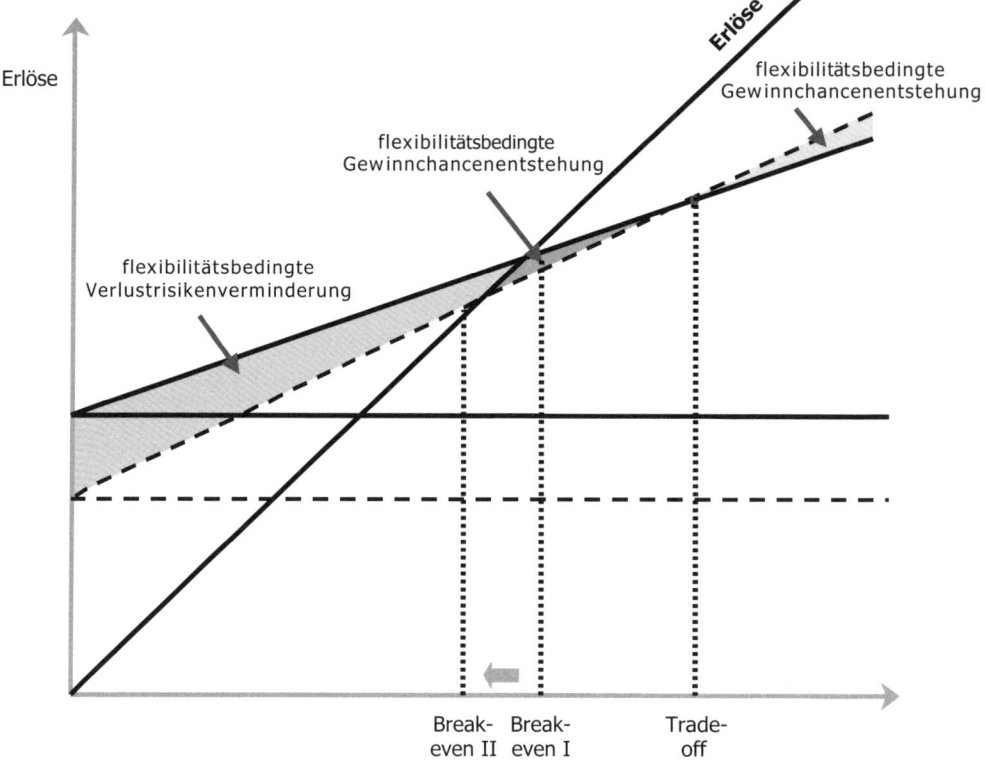

Abbildung 380: Kostenmäßige Konsequenzen von Outsourcing-Entscheidungen

Aus der als Break-even-Analyse dargestellten Abbildung erkennt man, dass durch den Fremdbezug der Break-even-Punkt (Break-even II) früher erreicht wird als in der Ausgangssituation (bei Eigenfertigung – Break-even I). Da der Break-even früher erreicht wird und bis zum Break-even die Fremdfertigung niedrigere Kosten ausweist, vermindert man in dieser Zone das Verlustrisiko erheblich. Das Outourcing ist demnach in dieser Zone positiv zu bewerten. Das geringere Risiko ist auf die flexibleren Kostenstrukturen bei niedriger Auslastung zurückzuführen. Daher spricht man von einer flexibilitätsbedingten Verlustrisikominderung.

Vom Break-even II bis zum Trade-off sind die Kosten des Fremdbezuges immer noch niedriger. Das Outsourcing ist also auch in dieser Zone vergleichsweise positiv zu bewerten. Man befindet sich nun aber in der Gewinnzone, da der Break-even bereits erreicht wurde. Daher erreicht man mit dem Fremdbezug in dieser Zone eine flexibilitätsbedingte Gewinnchancenentstehung (bzw Gewinnchancenerhöhung).

Nach dem Trade-off dreht sich die Vorteilhaftigkeit der beiden Varianten um. Die Kosten der Eigenfertigung sind nun niedriger. In dieser Zone ist das Outsourcing hinsichtlich seiner Konsequenzen für das Ergebnis als negativ zu beurteilen. Durch ein Outsourcing würde sich eine flexibilitätsbedingte Gewinnchancenverminderung ergeben. Die Eigenfertigung hätte in dieser Zone ein höheres Gewinnpotenzial.

Bis zum Trade-off ist also das Outsourcing aus kostenpolitischen Gesichtspunkten positiv zu bewerten, da es zunächst das Verlustrisiko reduziert und dann die Gewinnchancen erhöht. Ab dem Trade-off vermindert der Fremdbezug die Gewinnchancen.

Fallbeispiel

Ausgangsdaten

Ein Unternehmen fertigt als Zulieferbetrieb Elemente für Bremssysteme von Kraftfahrzeugen. Die maximale Fertigungskapazität pro Monat liegt bei 5.000 Elementen. Die fixen Kosten pro Monat belaufen sich auf €. 200.000,–. Die aktuellen Kalkulations- und Ergebnisdaten bei Vollbeschäftigung entnehmen Sie der folgenden Abbildung:

	pro Stück	in Summe
Preis	100	500.000
Rabatt	5	25.000
Nettopreis	95	475.000
variable Kosten	35	175.000
Deckungsbeitrag	60	300.000
fixe Kosten	40	200.000
Gewinn	20	100.000

Abbildung 381: Ausgangsdaten für das Fallbeispiel zu Make-or-Buy-Entscheidungen

In dieser Situation erhält das Unternehmen eine Anfrage über die Lieferung von zusätzlich 1.000 Elementen pro Monat. Dem Unternehmen stellt sich die Frage, ob für diese 1.000 Stück die eigene Kapazität erweitert werden soll oder ob die zusätzlichen Stück fremdgefertigt werden sollen.

Der Bezugspreis pro Element im Rahmen des Fremdbezuges beträgt € 85,–. Diese Kosten sind zur Gänze als variabel zu betrachten. Demgegenüber stehen Investitionen für die Aufstockung der eigenen Kapazitäten in der Höhe von € 2.800.000,–, die sich monatlich in Höhe von € 40.000,– als zusätzliche fixe Kosten niederschlagen.

Bewerten Sie die Situation sowohl aus kurzfristiger als auch aus langfristiger Perspektive!

Aufgabenlösung

Berechnung der Ergebnisänderung bei Fremdfertigung: Die Fremdfertigung ist aus kurzfristiger Perspektive dann positiv zu bewerten, wenn der damit verbundene Deckungsbeitrag positiv ist. Da bereits alle fixen Kosten gedeckt sind und es zu keinen sprungfixen Kosten kommt, entspricht der zusätzliche Deckungsbeitrag dem zusätzlichen Gewinn.

	pro Stück	in Summe
Preis	100	100.000
Rabatt	5	5.000
Nettopreis	95	95.000
variable Kosten	85	85.000
Gewinn	10	10.000

Abbildung 382: Berechnung des zusätzlichen Deckungsbeitrages bei Fremdfertigung

Ermittlung des Gesamtergebnisses bei Fremdfertigung:

	pro Stück	in Summe
Preis	100	600.000
Rabatt	5	30.000
Nettopreis	95	570.000
variable Kosten	43,3	260.000
Deckungsbeitrag	51,7	310.000
fixe Kosten	33,3	200.000
Gewinn	18,3	110.000

Abbildung 383: Ergebnis bei Fremdfertigung

Ermittlung des Gesamtergebnisses bei Eigenfertigung:

	pro Stück	in Summe
Umsatz	100	600.000
Rabatt	5	30.000
Nettopreis	95	570.000
variable Kosten	35	210.000
Deckungsbeitrag	60	360.000
fixe Kosten	40	240.000
Gewinn	20	120.000

Abbildung 384: Ergebnis bei Eigenfertigung

Interpretation der Ergebnisse

Die Ausgangslage des Unternehmens lässt sich hinsichtlich der Kosten, des Deckungsbeitrages und des Ergebnisse folgendermaßen grafisch darstellen:

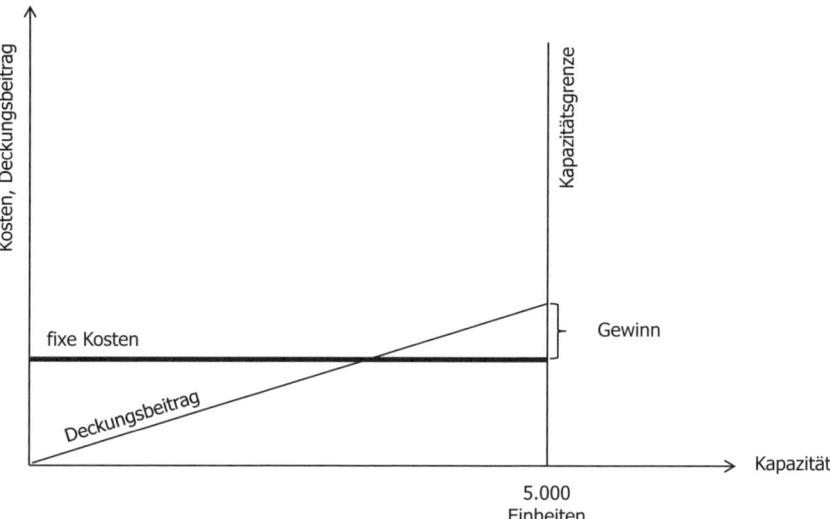

Abbildung 385: Darstellung der Ergebnissituation in der Ausgangslage

Wie aus der Aufgabenlösung ersichtlich wird, verbessert sich das Ergebnis des Unternehmens bei der Wahl der Fremdfertigung. Da es zu keiner Erhöhung der fixen Kosten kommt (sprungfixe Kosten) und zudem die fixen Kosten schon zu Gänze abgedeckt sind, bedeutet jeder zusätzliche Euro Deckungsbeitrag zugleich zusätzlichen Gewinn. Die Ergebnisverbesserung wird aus der folgenden Grafik ersichtlich:

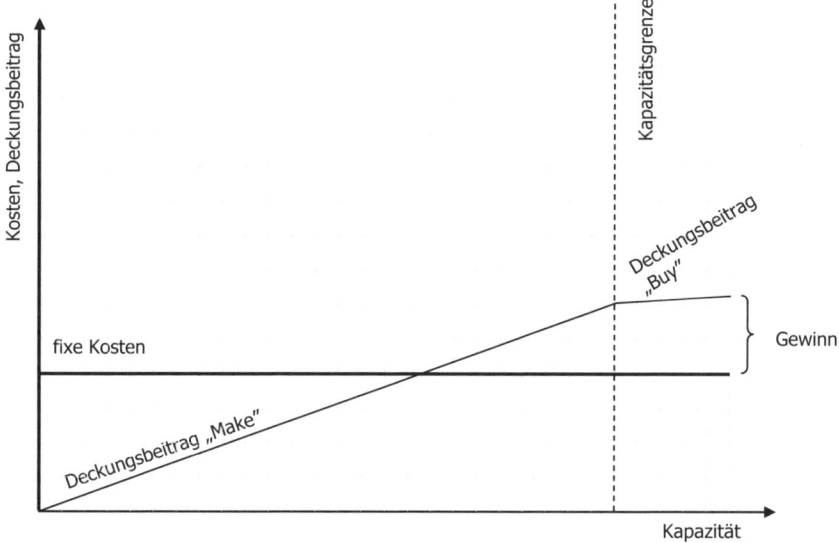

Abbildung 386: Konsequenzen für das Ergebnis bei Fremdfertigung

Wie aus der Aufgabenlösung ebenso ersichtlich wird, kommt es auch durch die Investition in die eigenen Kapazitäten zu einer Ergebnisverbesserung. Zwar nehmen die fixen Kosten pro Monat zu (sprungfixe Kosten), jedoch kann dies durch die zusätzlichen Deckungsbeiträge mehr als kompensiert werden.

In Summe verbessert sich das Ergebnis des Unternehmens gegenüber der Ausgangssituation. Die Ergebniswirkungen lassen sich in der folgenden Grafik zusammenfassen:

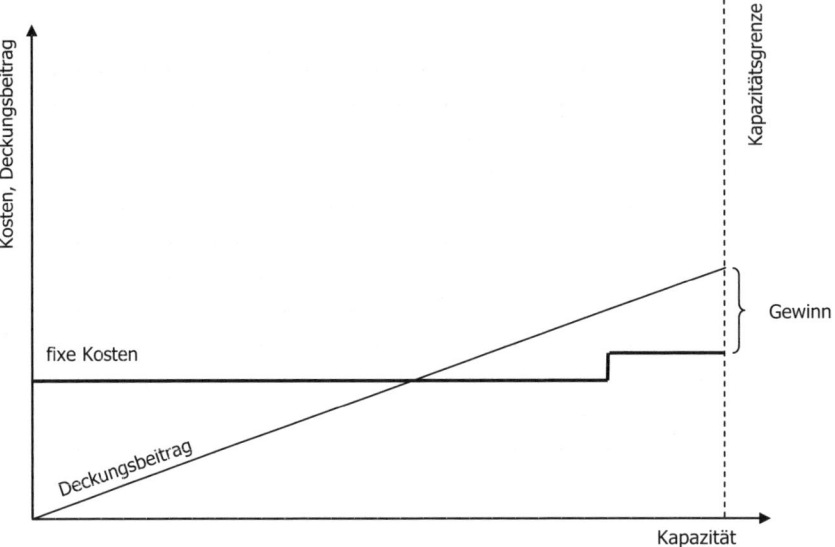

Abbildung 387: Konsequenzen für das Ergebnis bei Eigenfertigung

Wie sind nun die beiden Fertigungsvarianten unter dem kurzfristigen und langfristigen Planungshorizont zu bewerten? Sollte der Anfrage ein einmaliger Auftrag zugrunde liegen, so wäre sicherlich die Fremdfertigung vorzuziehen, da bei Wegfallen der 1.000 Elemente die fixen Kosten der Kapazitätserweiterung bestehen blieben. Diese würden künftig das Ergebnis belasten, wie die folgende Grafik veranschaulicht.

2. Betriebliche Entscheidungen auf Basis von Kostenanalysen

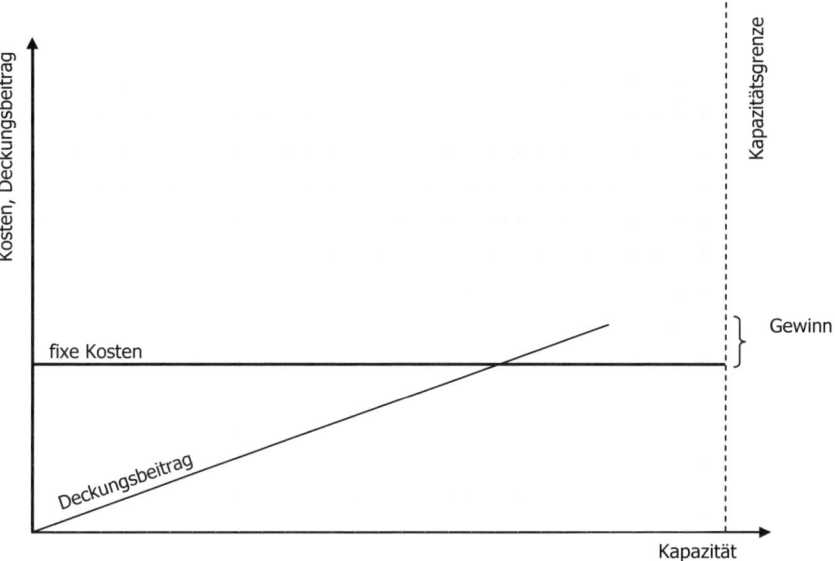

Abbildung 388: Konsequenzen für das Ergebnis bei freien Kapazitäten und Eigenfertigung

Bei langfristiger Perspektive würde man rechnerisch der Eigenfertigung den Vorzug geben. Wie man aus der Aufgabenlösung erkennen kann, weist die Eigenfertigung ein etwas höheres Ergebnis aus. Allerdings beträgt der Ergebnisunterschied auf das Gesamtergebnis bezogen weniger als 10 %. In der folgenden Grafik werden die beiden Ergebniswirkungen gegenübergestellt. Das Ergebnis bei Eigenfertigung wird mit „1" ausgewiesen, jenes der Fremdfertigung mit „2". Es lässt sich daran erkennen, dass der Ergebnisunterschied nicht erheblich ist.

Die Eigenfertigung weist allerdings nur dann ein besseres Ergebnis auf, wenn tatsächlich die neuen Kapazitäten voll ausgelastet werden. Werden weniger als 1.000 Elemente zusätzlich verkauft, so rechnet sich die Eigenfertigung kaum mehr. Diese Situation repräsentiert die Ergebnissituation 3 in der folgenden Grafik. Es müsste also aus langfristiger Perspektive sichergestellt werden, dass tatsächlich alle zusätzlichen 1.000 Elemente verkauft werden. Kann dies nicht mittels langfristiger Lieferverträge sichergestellt werden, wäre der Fremdbezug vorzuziehen.

Abschnitt F – Kostenanalyse

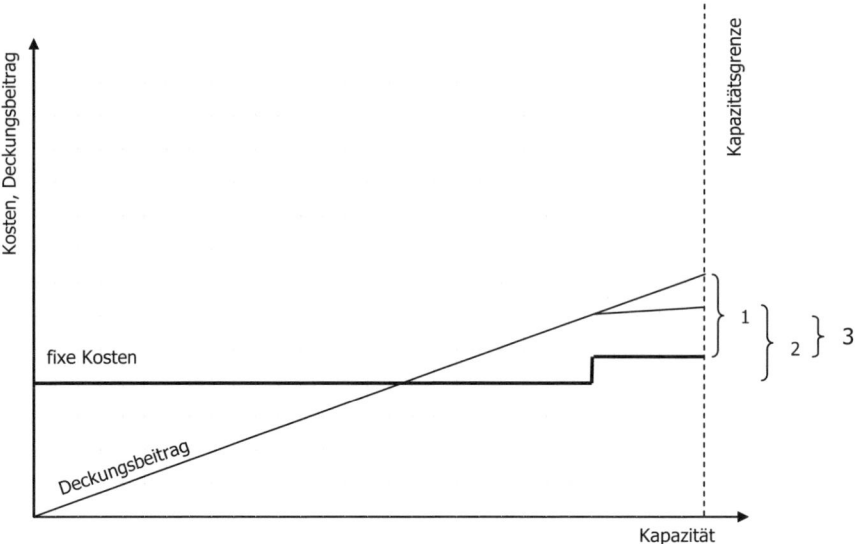

Abbildung 389: Vergleich der Konsequenzen für das Ergebnis des Unternehmens

Praktische Relevanz

In der Unternehmenspraxis gibt es häufig die Präferenz zur Eigenfertigung. Daher werden die entsprechenden Analysen so gestaltet, dass bei Vergleichsstudien die Eigenfertigung als die attraktivste Variante „erkennbar" wird.

Im folgenden Beispiel geht es um das Outsourcing einer bestimmten Leistung. Dazu gibt es Angebote von vier Unternehmen sowie die dazu im Vergleich ausgewiesene Kostenstruktur. Neben der Kostenhöhe spielen noch der Anteil der variablen Kosten sowie das technische Niveau eine Rolle. In der folgenden Abbildung werden die entsprechenden Daten der zu vergleichenden Unternehmen aufgelistet:

Kriterium	Unternehmen A	Unternehmen B	Unternehmen C	Unternehmen D	eigenes Unternehmen
Kosten in €	10.890.000	11.337.500	10.837.200	6.619.800	11.147.400
Anteil der variablen Kosten	50 %	28 %	35 %	25 %	35 %
technisches Niveau	75 %	100 %	95 %	65 %	100 %

Abbildung 390: Kostenniveau und -struktur unterschiedlicher Unternehmen

Es wird eindeutig erkennbar, dass das eigene Unternehmen gegenüber dem Unternehmen D einen deutlichen Kostennachteil aufweist. Zudem sind die eigenen Kostenstrukturen starrer als die der meisten Fremdanbieter.

In weiterer Folge geht es darum, die verschiedenen Kriterien zu gewichten, da sie nicht unbedingt gleich erfolgsrelevant für die Entscheidung sein müssen. Zudem

2. Betriebliche Entscheidungen auf Basis von Kostenanalysen

wird der jeweils beste Wert als Vergleichswert (Benchmark) für die jeweils anderen Unternehmenswerte ausgewiesen. Dividiert man den eigenen Wert durch den Benchmark und multipliziert ihn mit dem Gewichtungsfaktor, so ergeben sich sodann die gewichteten Punkte je Unternehmen.

Kriterium	Gewichtung	Benchmark	Unternehmen A	Unternehmen B	Unternehmen C	Unternehmen D	eigenes Unternehmen
Kosten in €	20	6.619.800	32,9	34,3	32,7	20,0	33,7
Kostenvariabilität	10	50 %	10,0	5,6	7,0	5,0	7,0
technisches Niveau	70	100 %	52,5	70,0	66,5	45,5	70,0

Abbildung 391: Gewichtung der einzelnen Planparameter

Wie man aus der Abbildung erkennen kann, wurde dem technischen Niveau ein extrem hoher Gewichtungswert zugewiesen. Diese Entscheidung hat in weiterer Folge erhebliche Auswirkungen auf das Ergebnis. Addiert man die Punkte je Kriterium auf, so erhält man die gewichteten Gesamtpunkte. In einer Endwertung werden schließlich alle anderen Unternehmen auf Basis der gewichteten Gesamtpunkte ins Verhältnis zum eigenen Unternehmen gesetzt. Das eigene Unternehmen bekommt den Endwert 10. Der Endwert der anderen Unternehmen ergibt sich dann aus dem Quotienten der Gesamtpunkte des jeweiligen anderen Unternehmens und der Gesamtpunkte des eigenen Unternehmens multipliziert mit dem eigenen Endwert 10. Daraus ergibt sich folgendes Bild:

Kriterium	Gewichtung	Benchmark	Unternehmen A	Unternehmen B	Unternehmen C	Unternehmen D	eigenes Unternehmen
Gesamtpunkte gewichtet			95,4	109,9	106,2	70,5	110,7
Endwertung			**8,62**	**9,93**	**9,60**	**6,37**	**10,00**

Abbildung 392: Ergebnis des Make-or-Buy-Vergleichs

Wie aus der Abbildung ersichtlich wird, weist das eigene Unternehmen den höchsten Wert auf. Allerdings liegt das eigenen Unternehmen nur extrem knapp vor dem Unternehmen B. Es liegt auf der Hand, dass sich bei einer geringen anderen Gewichtung bereits eine gänzlich andere Reihenfolge ergibt.

Ändert man die Gewichtung der Kriterien massiv, wie im folgenden Beispiel, so ergeben sich die folgenden Punkte pro Unternehmen:

Abschnitt F – Kostenanalyse

Kriterium	Gewichtung	Benchmark	Unternehmen A	Unternehmen B	Unternehmen C	Unternehmen D	eigenes Unternehmen
Kosten in €	10	6.619.800	16,5	17,1	16,46	10,0	16,8
Kostenvariabilität	70	50 %	70,0	39,2	49,0	35,0	49,0
technisches Niveau	20	100 %	15,0	20,0	19,0	13,0	20,0

Abbildung 393: Veränderung der Gewichtung der einzelnen Planparameter

Kriterium	Unternehmen A	Unternehmen B	Unternehmen C	Unternehmen D	eigenes Unternehmen
Gesamtpunkte gewichtet	101,5	76,3	84,4	58,05	85,8
Endwertung	**11,82**	**8,89**	**9,83**	**6,76**	**10,0**

Abbildung 394: Verändertes Ergebnis des Make-or-Buy-Vergleichs durch Änderung der Parametergewichtung

Wie aus den Ergebnissen ersichtlich wird, nimmt das eigene Unternehmen nun nur mehr die zweite Position ein und die Unternehmen B und C haben die Positionen getauscht. Anhand der bewerteten Kriterien und deren Gewichtung können die Ergebnisse massiv und beliebig verändert werden. Wenn im Voraus schon beschlossen wird, dass man eigentlich den Prozess nicht outsourcen möchte, so werden die entsprechenden Analysen immer zu den gewünschten Ergebnissen kommen.

Wissen kompakt

Outsourcing ist ein Konzept, das die Heranziehung von außerhalb des Unternehmens liegenden Bezugsquellen zur Versorgung vorsieht. Einzelne Unternehmensprozesse werden von einem externen Produzenten oder Dienstleister erbracht.

Unterbeschäftigung bedeutet, dass ein Unternehmen eine Auslastung unter 100 % hat. Es bestehen in dieser Situation freie Kapazitäten, so dass eine Steigerung der Produktion ohne Zunahme der fixen Kosten erfolgen kann.

Vollbeschäftigung bedeutet, dass ein Unternehmen eine Auslastung von 100 % hat. Es bestehen in dieser Situation keine freien Kapazitäten, so dass eine Steigerung der Produktion nur über Fremdvergabe oder Investitionen in die eigenen Kapazitäten erfolgen kann. Die Investition ist allerdings mit einer Zunahme der fixen Kosten verbunden.

Kontrollfragen

- Welche Tätigkeiten könnte ein Unternehmen fremd vergeben? Nennen Sie dazu jeweils praktische Beispiele!

- Welche Entscheidungskriterien ziehen Sie bei kurzfristigen Make-or-Buy-Entscheidungen heran?
- Welche Entscheidungskriterien ziehen Sie bei langfristigen Make-or-Buy-Entscheidungen heran?
- Unter welchen Umständen würden Sie in die eigenen Kapazitäten investieren?
- Ist es möglich, dass es in der Praxis mehrere Trade-off-Punkte in Zusammenhang mit Make-or-Buy-Analysen gibt?
- Welche Auswirkungen hat eine Outsourcing-Entscheidung auf den Break-even-Umsatz?

Verwendete und weiterführende Literatur

- *Becker, W./Weber, J.:* Kostenrechnung – Stand und Entwicklungsperspektiven, Softcover reprint, Wiesbaden 2012.
- *Däumler, K.-D./Grabe, J.:* Kostenrechnung 2 – Deckungsbeitragsrechnung, 10. Auflage, Berlin 2013.
- *Ewert, R./Wagenhofer, A.:* Interne Unternehmensrechnung, 7. Auflage, Berlin 2013.
- *Männel, W.:* Ergebniscontrolling, 7. Auflage, Lauf an der Pegnitz 2006.
- *Witt, F.-J.:* Deckungsbeitrags-Management, München 2001.

2.5. Informationen über die Annahme von Zusatzaufträgen

Lernziel

In diesem Kapitel lernen Sie
- wie die Annahme oder Ablehnung eines zusätzlichen Auftrages bewertet wird
- warum die Fixkostendegression in Zusammenhang mit Zusatzaufträgen eine wesentliche Rolle spielt
- warum die aktuelle Ergebnissituation die Bewertung eines Zusatzauftrages beeinflusst
- warum die Annahme von Zusatzaufträgen nicht nur für die aktuelle Periode Relevanz besitzt

2.5.1. Konzeptionelle Grundlagen

In den vergangenen Jahrzehnten haben sich die Kostenstrukturen der Unternehmen grundlegend verändert. Waren die Kosten in den 60er und 70er Jahren größtenteils noch variabel, so zeichnen sich die aktuellen Kosten vor allem durch ihren hohen Anteil an fixen Kosten aus. Viele Entwicklungen haben dazu beigetragen.

Die hohen fixen Kapitalkosten (Abschreibungen und Zinsen) sind beispielsweise auf die zunehmende Automatisierung der Fertigungsanlagen zurückzuführen. Diese Entwicklungen haben auch dazu beigetragen, dass variable Löhne meist durch fixe

Gehälter ersetzt wurden. Auch die zunehmende Bedeutung unterstützender Prozesse (Qualitätskontrolle, Logistik, Forschung und Entwicklung, Marketing) führte zu einem höheren Anteil der fixen Kosten.

Die fixen Kosten werden daher auch als Strukturkosten bzw als Kapazitäts(bereitstellungs)kosten bezeichnet. Um die fixen Kosten nun decken zu können, ist es für die Unternehmen entscheidend, für eine ausreichende Auslastung der (Fertigungs-)Kapazitäten zu sorgen. Dem hohen Niveau an fixen Kosten kann man eben nur dadurch entgegenwirken, indem man versucht, die gegebenen fixen Kosten auf möglichst viele abgesetzte Stück zu verteilen.

Werden also mehr oder weniger Stück produziert bzw abgesetzt, kommt es nicht zu einer Veränderung der Summe der fixen Kosten (= absolut fixe Kosten), sondern zu einer Veränderung der Höhe der fixen Kosten pro Stück, da die Summe der fixen Kosten auf immer mehr bzw weniger Stück verteilt werden.

Diesen Effekt bei steigender Auslastung und dadurch sinkenden fixen Kosten pro Stück nennt man **Fixkostendegression**. Sinkt hingegen die Auslastung und steigen die fixen Kosten pro Stück, nennt man diesen Effekt **Fixkostenprogression**. Die Fixkostendegression ist daher ein wesentlicher Vorteil gut ausgelasteter Unternehmen. Die Effekte soll die folgende Grafik veranschaulichen:

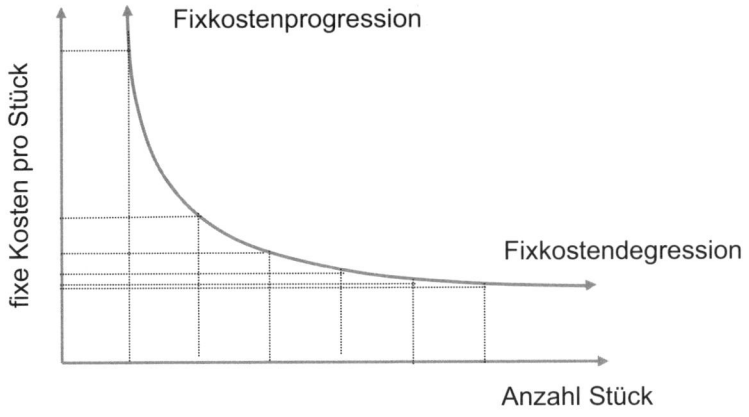

Abbildung 395: Fixkostenprogression und -degression

Beispiel

Weist ein Unternehmen für eine Periode eine Summe von fixen Kosten von € 6.000,– auf und verkauft lediglich ein Stück, so muss dieses eine Stück sämtliche fixen Kosten von € 6.000,– tragen. Werden zwei Stück verkauft, so würde sich die Summe der fixen Kosten von € 6.000,– auf zwei Stück verteilen. Damit wird jedes Stück mit € 3.000,– belastet. Dementsprechend würden bei einem Absatz von drei Stück auf jedes Stück fixe Kosten in der Höhe von € 2.000,– fallen. Werden 1.000 Stück verkauft, so betragen die fixen Kosten pro Stück € 6,– und bei 6.000 Stück nur mehr € 1,–.

Integriert man die variablen und fixen Kosten pro Stück in einer Grafik, so wird offensichtlich, dass für die Wettbewerbsfähigkeit der vollen Stückkosten eines Unternehmens die Fixkostendegression einen wesentlichen Erfolgsfaktor darstellt. Die starke Hebelwirkung der Fixkostendegression wird in der folgenden Grafik ersichtlich:

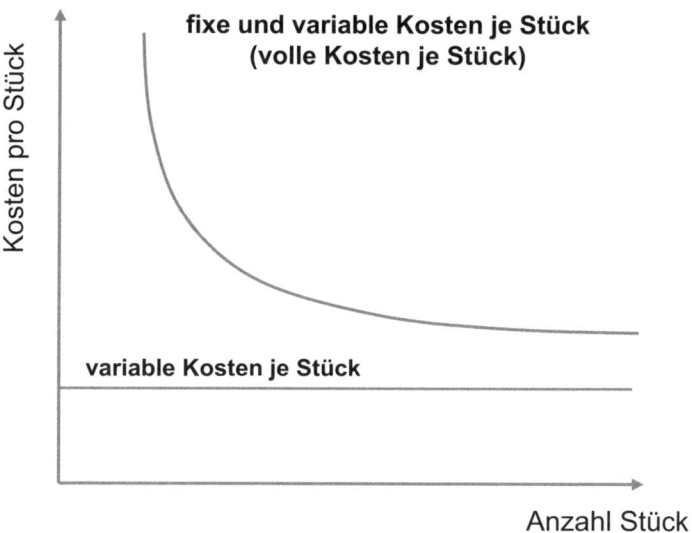

Abbildung 396: Addition variabler und fixer Kosten je Stück

Um für eine ausreichende Auslastung der Kapazitäten zu sorgen, stellt sich den Unternehmen häufig die Frage, ob man einen zusätzlichen Auftrag mit geringerem Preis annehmen sollte. Es ist zu klären, ob man eine höhere Auslastung für den Preis von Preisreduktionen erzielen soll. In diesem Zusammenhang sind auch die bereits erläuterten Überlegungen zu den Preisuntergrenzen zu berücksichtigen.

Ob ein Zusatzauftrag angenommen wird, hängt von vielen Aspekten ab. Aus kostenrechnerischer Perspektive spielt selbstverständlich der Umstand eine Rolle, ob ein Auftrag positive oder negative Deckungsbeiträge mit sich bringt. Allerdings geht es nicht nur um einen positiven Beitrag zu den Deckungsbeiträgen. Zusätzlich muss noch berücksichtigt werden, ob bereits mit den bisher abgesetzten Produkten die Summe der fixen Kosten abgedeckt wurde. Es stellt sich also die Frage, ob man über die Annahme oder die Ablehnung eines Zusatzauftrages aus einer vorläufig positiven oder negativen Ergebnisposition entscheidet. Zudem muss die aktuelle Auslastung beachtet werden. Bei Vollauslastung ist die Situation wiederum anders zu bewerten als bei einer Unterauslastung der Kapazitäten. Zusätzlich zu diesen Kriterien spielen auch langfristige Überlegungen eine Rolle, die im Kapitel zu der dynamischen Beurteilung von Zusatzaufträgen behandelt werden.

Wesentlich ist darauf hinzuweisen, dass sich die Vollkostenrechnung für die Beurteilung von Zusatzaufträgen nicht eignet. Diese führt zu verzerrten Ergebnissen, da sie nicht zwischen den fixen und variablen Kosten unterscheidet. Daher kann auch der Effekt der Fixkostenprogression bzw -degression nicht abgebildet werden. Dies soll anhand der folgenden Grafik erläutert werden.

In dieser Grafik sind die variablen und fixen Kosten pro Stück dargestellt. Auf die variablen Kosten pro Stück werden die fixen Kosten pro Stück mit dem erkennbaren Verlauf der Fixkostenpro- und -degression aufgetragen. Zusätzlich soll der Verkaufspreis dargestellt werden. Man geht in dem Beispiel davon aus, dass der Preis in Abhängigkeit von den Kosten (Zuschlagskalkulation auf Vollkostenbasis mit prozentuellem Gewinnaufschlag) festgelegt wird. Daher folgt der Preis der Gesamtkostenkurve (fixe + variablen Kosten). Der Abstand zwischen der Gesamtkostenkurve und dem Preis ist durch den Gewinnaufschlag erklärbar.

In der Ausgangssituation weist das Unternehmen bei einem bestimmten Preis (P1) eine bestimmte Beschäftigung (B1) auf. Aufgrund verschiedener Entwicklungen (Konkurrenzaktivitäten, Nachfrageveränderung, konjunkturelle Einflüsse etc) kommt es zu einem Rückgang der Beschäftigung (auf B2). Will das Unternehmen im Sinne der Vollkostenphilosophie den Gewinn jedenfalls halten, so müssen die Preise erhöht werden – in diesem Fall auf das Niveau P2. Durch die Preissteigerung kommt es jedoch zu einem weiteren Rückgang der Nachfrage und damit zwangsläufig zu einem weiteren Rückgang der Beschäftigung (auf B3). Reagiert das Unternehmen wieder im Sinne der Vollkostenphilosophie, so wird es den Preis wieder anheben (auf P3). Dies bewirkt wiederum einen Nachfrage- und Beschäftigungsrückgang mit der Folge einer weiteren notwendigen Preissteigerung. Das Unternehmen kalkuliert sich also mit einer starren Vollkostenphilosophie zunehmend aus den Markt.

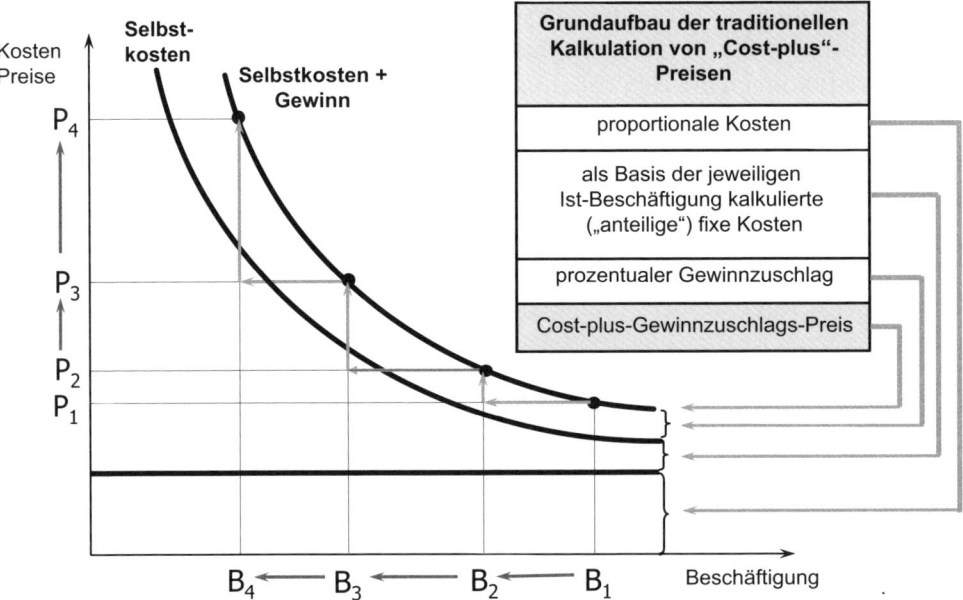

Abbildung 397: Prinzip des „Sich-aus-dem-Markt-hinaus-Kalkulierens" auf Basis der Vollkostenrechnung

2. Betriebliche Entscheidungen auf Basis von Kostenanalysen

Wie die Grafik zeigt, werden insbesondere bei Unterbeschäftigungssituationen die Summe der fixen Kosten auf immer weniger Produkte verrechnet. In der Vollkostenphilosophie würde man daher jedenfalls einen Zusatzauftrag mit einem niedrigeren Preis **nicht** akzeptieren; auch wenn dieser unter Umständen die Spirale des Sich-aus-dem-Markt-hinaus-Kalkulierens stoppen könnte.

Die Teilkostenrechnung geht hingegen von einer anderen Philosophie aus. Ein zusätzlicher Auftrag führt notwendigerweise auch zu zusätzlichen Kosten. Allerdings steigen durch einen Zusatzauftrag, sofern nicht in zusätzliche Kapazitäten investiert werden muss, lediglich die variablen Kosten in Summe. Nur die variablen Kosten sind (kurzfristig) beschäftigungsabhängig. Die Summe der fixen Kosten ändert sich bei unveränderten Kapazitäten durch die Annahme eines Zusatzauftrages nicht. In der Teilkostenrechnung wird also der Effekt der Fixkostenprogression und -degression ersichtlich.

Aufgrund der zusätzlichen Information erkennt der Teilkostenrechner den Effekt der Fixkostenprogression und wird versuchen, diese Entwicklung aufzuhalten. Dies soll anhand der folgenden Grafik dargestellt werden. Die Ausgangssituation soll bei einem bestimmten Preisniveau (P1) wiederum von einem Nachfrage- und damit Beschäftigungsrückgang (von B1 auf B2) gekennzeichnet sein. In diesem Fall wird allerdings der Teilkostenrechner nicht mit einer Preiserhöhung (auf P2) reagieren. Im Sinne der Fixkostendegression kann versucht werden, einen Zusatzauftrag zu einem niedrigeren Preis (P3) zu akzeptieren.

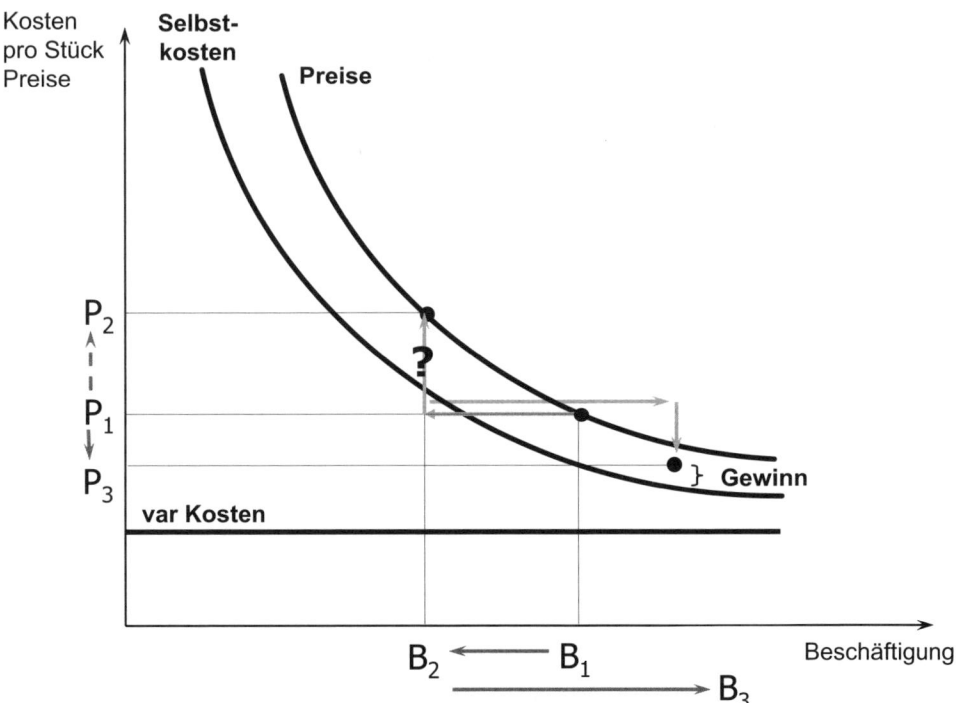

Abbildung 398: Preispolitischer Handlungsspielraum der Teilkostenrechnung

Wie die Abbildung zeigt, kann in diesem Fall trotz der Preisreduktion aufgrund der Fixkostendegression noch immer ein Gewinn mit diesem Zusatzauftrag erzielt werden.

2.5.2. Statische Beurteilung von Zusatzaufträgen

Wie die bisherigen Ausführungen zeigen, kommt es ohne Investitionen in zusätzliche Kapazitäten (also ohne Überschreitung der Kapazitätsgrenze) durch die Zunahme der Beschäftigung zu einer Fixkostendegression pro Stück. Daher ist eine höhere Auslastung zunächst grundsätzlich positiv zu bewerten. Voraussetzung dafür ist jedoch, dass ein Zusatzauftrag stets einen positiven Deckungsbeitrag aufweist. Andernfalls wäre der Auftrag jedenfalls abzulehnen.

Für die Beurteilung der Situation muss aber auch die jeweilige Ausgangssituation des Unternehmens berücksichtigt werden. So kann die Entscheidung, ob ein Zusatzauftrag angenommen oder abgelehnt werden soll, aus einer Situation heraus erfolgen, in der bereits durch die bisher produzierten und verkauften Stück die Summe der fixen Kosten bereits abgedeckt wurde. In diesem Fall befindet sich das Unternehmen bereits in der Gewinnzone. Diese Entscheidungssituation stellt die folgende Grafik dar.

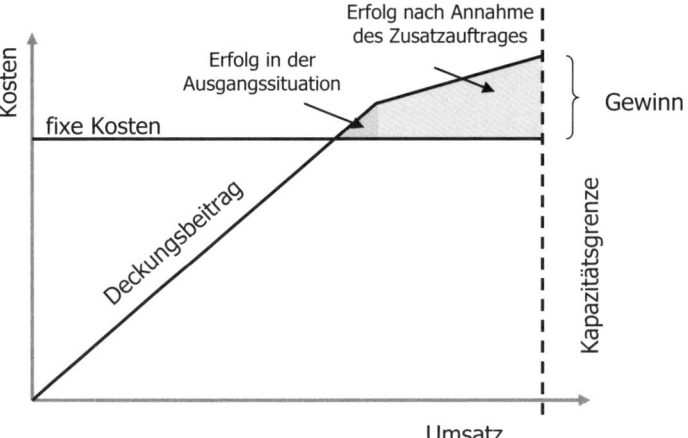

Abbildung 399: Ertragssituation bei einem Zusatzauftrag und gedeckten fixen Kosten

Wie man in der Abbildung erkennen kann, sind durch die bisherigen Aufträge die fixen Kosten zur Gänze abgedeckt. Das Unternehmen weist bereits einen Gewinn aus (dunkelgraue Fläche). Der Zusatzauftrag weist einen geringeren Preis auf (geringere Steigung der Deckungsbeitragslinie). Der Deckungsbeitrag ist aber positiv, was sich an der positiven Steigung der Deckungsbeitragslinie erkennen lässt. Durch die Annahme des Zusatzauftrages verbessert sich das Ergebnis (hellgraue Fläche).

Allerdings deckt der Preis des Zusatzauftrages nicht die vollen Selbstkosten nach der Philosophie der Vollkostenrechnung. Dies lässt sich an der folgenden Grafik erkennen. Würde man den Preis des Zusatzauftrages auf alle Aufträge anwenden, so würde sich für das Unternehmen ein Verlust ergeben.

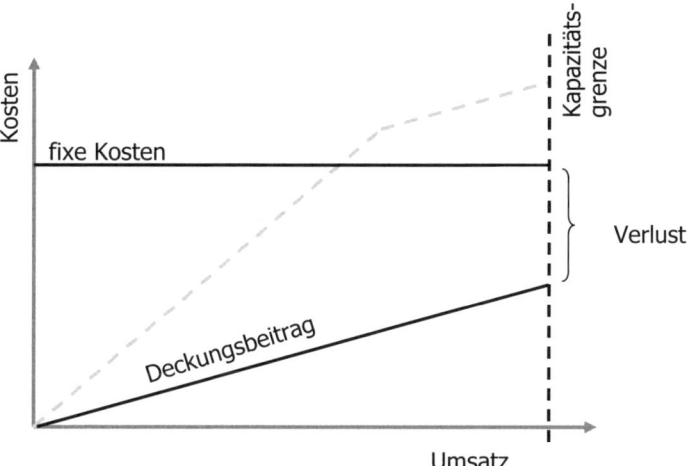

Abbildung 400: Durchschlagen des Preises des Zusatzauftrages auf die Preise des Grundgeschäftes

Im folgenden Fall geht man davon aus, dass ein Unternehmen zum Zeitpunkt der Annahme des Zusatzauftrages noch keine Deckung der Summe der fixen Kosten erreicht hat. Der Deckungsbeitrag reicht also noch nicht aus, um die fixen Kosten abzudecken. Das Unternehmen befindet sich in einer Verlustsituation. Zwei Situationen sind nun möglich:

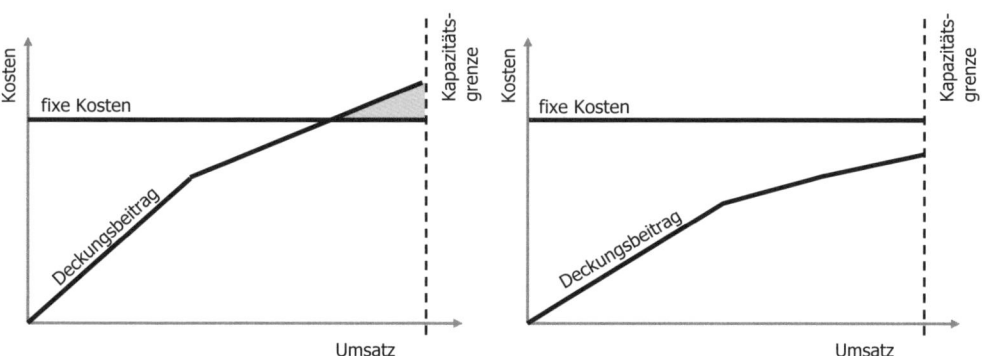

Abbildung 401: Ertragssituation bei einem Zusatzauftrag und noch nicht gedeckten fixen Kosten

In der ersten Situation nimmt das Unternehmen den Zusatzauftrag an und es gelingt ihm, dadurch die Gewinnzone (hellgraue Fläche) zu erreichen. Zwar ist der Preis des Zusatzauftrages geringer als jener der bisherigen Aufträge, da aber das Unternehmen sich kurz vor dem Break-even befunden hat, reicht der Zusatzauftrag mit seiner geringen Spanne zumindest aus, um die Verlustzone zu verlassen.

Abschnitt F – Kostenanalyse

In der zweiten Situation nimmt das Unternehmen den Zusatzauftrag ebenfalls an, es gelingt ihm aber dennoch nicht, die Verlustzone zu verlassen. Der Abstand zum Break-even war zu groß, um mit den geringeren Spannen des Zusatzauftrages die Gewinnzone zu erreichen. Allerdings konnte der Verlust des Unternehmens aufgrund des positiven Deckungsbeitrages erheblich reduziert werden. Sofern nicht ein rentablerer Zusatzauftrag vorliegt (da durch das Erreichen der Kapazitätsgrenze kein zusätzlicher Auftrag mehr angenommen werden kann), ist der Auftrag aus kostenrechnerischer Perspektive anzunehmen, da er positive Deckungsbeiträge aufweist.

In dieser Situation gilt es jedoch auch zu berücksichtigen, welche Konsequenzen die Akzeptanz eines niedrigeren Preises hat. Vorerst sollen diese Konsequenzen nur für eine Abrechnungsperiode, also statisch, betrachtet werden. Im folgenden Kapitel werden die dynamischen Konsequenzen der Preisreduktion diskutiert.

Da aufgrund der aktuellen Wettbewerbsbedingungen eine hohe Transparenz auf den Absatzmärkten gegeben ist, sind die Verkaufspreise in einer Branche zwar ein gut gehütetes Geheimnis, aber dennoch einigermaßen bekannt. Daher ist es eher unwahrscheinlich, einmal reduzierte Preise kurzfristig wieder zu erhöhen. Nimmt man also einen Zusatzauftrag mit positiven Deckungsbeiträgen, aber niedrigerem Preisniveau an, so sollte überprüft werden, ob man mit dem einmal akzeptierten Preis bei noch freien Kapazitäten die Chance hat, in dieser Periode noch den Break-even zu erreichen.

In der folgenden Grafik ist der Preis des Zusatzauftrages kritisch zu beurteilen. Zwar verbessert der Zusatzauftrag aufgrund des positiven Deckungsbeitrages das Ergebnis (hellgraue Fläche). Projiziert man allerdings den niedrigen Preis auf die noch freien Kapazitäten, so zeigt sich, dass mit diesem Preisniveau kein positives Ergebnis für diese Abrechnungsperiode erwartet werden kann.

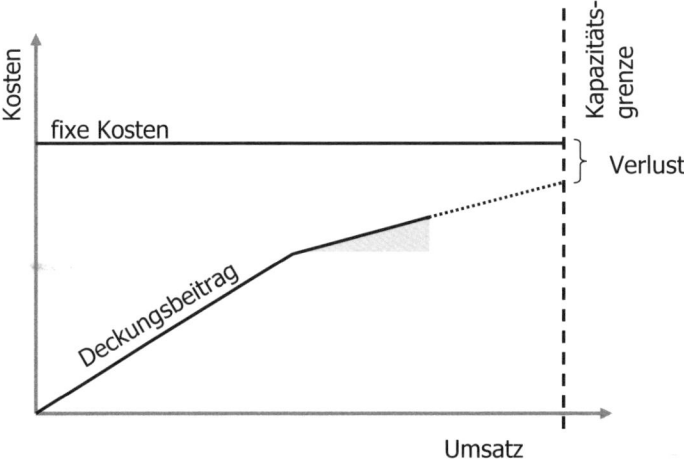

Abbildung 402: Projektion des Deckungsbeitrages auf die Kapazitätsgrenze mit Verlustprojektion

In der folgenden Grafik stellt sich die Entscheidungssituation anders dar. Zwar wird auch hier ein niedrigerer Preis eines Zusatzauftrages (bei positivem Deckungsbeitrag) akzeptiert. Da zusätzliche fixe Kosten gedeckt werden können, verbessert sich auch das Unternehmensergebnis (hellgraue Fläche = niedrigere Verluste).

Projiziert man allerdings den niedrigeren Verkaufspreis des Zusatzauftrages auf die freien Kapazitäten, so zeigt sich, dass man bei diesem Preisniveau noch innerhalb der Kapazitätsgrenzen mit einem positiven Ergebnis rechnen kann.

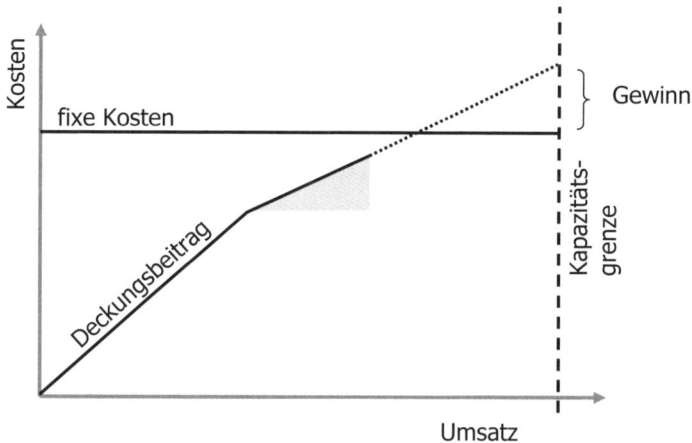

Abbildung 403: Projektion des Deckungsbeitrages auf die Kapazitätsgrenze mit Gewinnprojektion

Die grafisch dargestellten Zusammenhänge sollen nun rechnerisch erläutert werden. Dazu wird von einem Unternehmen mit folgender Ertrags- und Kostensituation ausgegangen.

Ausgangsdaten

Absatzmenge	1.000 Stück
Fertigungskapazität	1.200 Stück

Verkaufspreis/Stück	12 €
variable Kosten/Stück	6 €
Summe fixer Kosten	4.000 €

Abbildung 404: Ausgangsdaten für die Berechnung zur Bewertung des Zusatzauftrages

Das Unternehmen verfügt über freie Kapazitäten in der Höhe von 200 Stück. Die fixen Kosten für die Bereitstellung der Kapazitäten betragen € 4.000,– und verteilen sich auf 1.000 Stück. In der Ausgangssituation wird bereits Gewinn in der Höhe von € 2.000,– erzielt.

Ausgangssituation

	€ je Stück	Menge in Stück	Umsatz bzw Kosten in €
Umsatz	12	1.000	12.000
volle Kosten	10	1.000	10.000
(variable Kosten)	(6)	(× 1.000)	(= 6.000)
(fixe Kosten)	(4)	(× 1.000)	(= 4.000)
Gewinn	2	1.000	2.000

Abbildung 405: Ermittlung des Ergebnisses in der Ausgangssituation

In dieser Situation erhält das Unternehmen ein Angebot für einen zusätzlichen Auftrag von 200 Stück. Das Unternehmen würde also an seinen Kapazitätsgrenzen arbeiten. Der Kunde bietet allerdings nur einen Preis von € 9,–. Auf den ersten Blick liegt der Preis von € 9,– unter den vollen Stückkosten von € 10,–. Allerdings fallen für den Zusatzauftrag keine zusätzlichen fixen Kosten an, da man noch freie Kapazitäten zu Verfügung hat. Daher entfallen die fixen Kosten pro Stück in der Höhe von € 4,–. Damit verringern sich die vollen Stückkosten auf € 6,– (dies sind lediglich die zusätzlichen variablen Kosten pro Stück) und der Stückgewinn aus dem Zusatzauftrag beträgt € 3,–.

Zusatzauftrag

	€ je Stück	Menge in Stück	Umsatz bzw Kosten in €
Umsatz	9	200	1.800
volle Kosten	6	200	1.200
(variable Kosten)	(6)	(× 200)	(= 1.200)
(fixe Kosten)	(0)	(× 200)	(= 0)
Gewinn	3	200	600
bisheriger Gewinn	2	1.000	2.000
zusätzlicher Gewinn	3	200	600
aktueller Gewinn		1.200	2.600

Abbildung 406: Ermittlung des Ergebnisses nach Annahme des Zusatzauftrages

Der Gewinn erhöht sich dadurch um € 600,– und der neue Unternehmensgewinn beträgt € 2.600,–.

Im Beispiel wurde der Zusatzauftrag separat bewertet. Es wurden also dem Zusatzauftrag keine fixen Kosten zugerechnet. Es ist aber auch möglich, die Ertragssitua-

2. Betriebliche Entscheidungen auf Basis von Kostenanalysen

tion des Unternehmens insgesamt zu bewerten (also den Zusatzauftrag mit allen anderen Aufträgen gemeinsam). In diesem Fall verteilt sich die Summe der fixen Kosten auf 1.200 Stück (€ 4.000,–/1.200 Stück = € 3,33 pro Stück). Somit betragen die vollen Stückkosten € 9,33 (var. Kosten € 6,– + fixe Kosten € 3,33). Der Gewinn pro Stück beträgt somit € 2,67 und das Ergebnis des Unternehmens wiederum € 2.600,–.

Zusatzauftrag

	€ je Stück	Menge in Stück	Umsatz bzw Kosten in €
Umsatz	12	1.000	12.000
Umsatz	9	200	1.800
volle Kosten	9,33	1.200	11.200
(variable Kosten)	(6)	(× 1.200)	(= 7.200)
(fixe Kosten)	(3,33)	(× 1.200)	(= 4.000)
aktueller Gewinn	2,67	1.200	2.600

Abbildung 407: Ermittlung des Ergebnisses nach Annahme des Zusatzauftrages und Darstellung der Fixkostendegression

Im obigen Zahlenbeispiel erkennt man nun die Degression der fixen Kosten pro Stück. Betrugen diese in der Ausgangssituation € 4,– pro Stück (€ 4.000,– durch 1.000 Stück), sind sie nunmehr auf € 3,33 (€ 4.000,– durch 1.200 Stück) gesunken.

Nun soll von einer gänzlich anderen Ausgangssituation ausgegangen werden. Es wird angenommen, dass vor Annahme des Zusatzauftrages lediglich 500 Stück produziert und abgesetzt wurden. In diesem Fall verteilen sich die fixen Kosten von € 4.000,– auf die 500 Stück. Damit ergeben sich fixe Kosten pro Stück von € 8,–. Dadurch steigen die gesamten Kosten pro Stück auf € 14,–. Dies ergibt bei einem Verkaufspreis von € 12,– einen Verlust von € 2,– pro Stück. Der Unternehmensverlust beträgt € 1.000,–.

Ausgangssituation

	€ je Stück	Menge in Stück	Umsatz bzw Kosten in €
Umsatz	12	500	6.000
volle Kosten	14	500	7.000
(variable Kosten)	(6)	(× 500)	(= 3.000)
(fixe Kosten)	(8)	(× 500)	(= 4.000)
Gewinn	−2	500	−1.000

Abbildung 408: Ermittlung des Ergebnisses in der Ausgangssituation bei geringerer Auslastung und Darstellung der Fixkostenprogression

Durch die geringere Stückzahl ergibt sich für diese Situation eine erhebliche Fixkostenprogression. Anstatt dass, wie in der Ausgangssituation, € 4,– pro Stück an fixen Kosten verrechnet werden, ist das Unternehmen gezwungen, € 8,– pro Stück (€ 4.000,– durch 500 Stück) zu verrechnen. Da die hohen fixen Stückkosten nicht auf den Preis durchgerechnet werden können, macht das Unternehmen notwendigerweise Verluste.

Die Situation lässt sich aber auch wiederum separat darstellen. Geht man von den ursprünglich geplanten fixen Kosten pro Stück von € 4,– aus, so erreicht man durch den Absatz von 500 Stück lediglich eine Deckung der fixen Kosten von € 2.000,–. Da die Summe der fixen Kosten aber € 4.000,– beträgt, bleiben € 2.000,– an fixen Kosten nicht gedeckt. Es kommt wiederum zu einen negativen Ergebnis für das Unternehmen in der Höhe von € 1.000,–.

Ausgangssituation

	€ je Stück	Menge in Stück	Umsatz bzw Kosten in €
Umsatz	12	500	6.000
volle Kosten	10	500	5.000
(variable Kosten)	(6)	(× 500)	(= 3.000)
(fixe Kosten)	(4)	(× 500)	(= 2.000)
vorläufiger Gewinn	2	500	1.000
noch nicht verrechnete fixe Kosten			2.000
Verlust			–1.000

Abbildung 409: Ermittlung des Ergebnisses in der Ausgangssituation bei geringer Auslastung

In dieser Situation wird ebenfalls von einem Kunden ein Zusatzauftrag über 200 Stück mit einem Preis von € 9,– angeboten. Dadurch ist man in der Lage, zusätzliche fixe Kosten von € 800,– abzudecken. Dies deshalb, da man pro Stück € 4,– an fixen Kosten verrechnet und bei 200 Stück dadurch € 800,– verrechnen kann. Zwar entsteht in der Vollkostenrechnung ein zusätzlicher Verlust durch den Auftrag, da der Preis von € 9,– die vollen Stückkosten von 10 nicht decken kann (€ 1,– * 200 Stück = € 200,–). Dafür ist man entsprechend der Teilkostenphilosophie aber in der Lage zusätzliche fixe Kosten von € 800,– zu verrechnen. Der Verlust des Unternehmens sinkt um € 600,– (zusätzlich verrechnete fixe Kosten € 800,– versus zusätzlicher Verlust € 200,–) von € 1.000,– auf € 400,–.

Zusatzauftrag

	€ je Stück	Menge in Stück	Umsatz bzw Kosten in €
Umsatz	9	200	1.800
volle Kosten	10	200	2.000
(variable Kosten)	(6)	(× 200)	(= 1.200)
(fixe Kosten)	(4)	(× 200)	(= 800)
vorläufiger Verlust	−1	200	−200
bisheriger Verlust			− 1.000
zusätzliche Verluste			− 200
zusätzlich verrechenbare fixe Kosten	4	200	800
aktueller Verlust			− 400

Abbildung 410: Ermittlung des Ergebnisses nach Annahme des Zusatzauftrages bei geringerer Auslastung

Betrachtet man die Situation nach Annahme des Zusatzauftrages wiederum integriert und verrechnet man die fixen Kosten wie bisher über die gesamten 700 Stück, so betragen die fixen Kosten pro Stück € 5,71, die gesamten Stückkosten € 11,71 und der Verlust pro Stück 0,57. Das Ergebnis des Unternehmens bei 700 Stück beträgt wiederum € −400,−.

	€ je Stück	Menge in Stück	Umsatz bzw Kosten in €
Umsatz	12	500	6.000
Umsatz	9	200	1.800
volle Kosten	11,71	700	8.200
(variable Kosten)	(6)	(× 700)	(= 4.200)
(fixe Kosten)	(5,71)	(× 700)	(= 4.000)
aktueller Verlust	−0,57	700	−400

Abbildung 411: Ermittlung des Ergebnisses nach Annahme des Zusatzauftrages mit Darstellung der Fixkostendegression

Wie zuvor grafisch dargestellt, zeigen die rechnerischen Ausführungen, dass je nach Ausgangssituation bei Annahme eines Zusatzauftrages der Gewinn eines Unternehmens durch die fehlende notwendige Verrechnung von fixen Kosten erheblich gesteigert oder der Verlust durch die Verrechnung zusätzlicher fixer Kosten bzw durch die damit verbundene Fixkostendegression verringert werden kann. Diese Aussage gilt allerdings nur unter bestimmten Voraussetzungen, wie das folgende Kapitel zeigt, in dem diese Überlegungen, die sich auf eine Abrechnungsperiode beziehen, auf einen längerfristigen Entscheidungshorizont bezogen werden.

2.5.3. Dynamische Beurteilung von Zusatzaufträgen

Wie die bisherigen Ausführungen zeigen, sollte jeder Zusatzauftrag angenommen werden, dessen Preis über den variablen Selbstkosten liegt, der also einen positiven Deckungsbeitrag aufweist. Diese Aussage gilt jedoch nur unter ganz bestimmten Voraussetzungen.

Zum einen muss vorausgesetzt werden, dass die Unternehmung den Zusatzauftrag auch mit der vorhandenen Kapazität realisieren kann, da Veränderungen der Kapazität auch eine Veränderung der fixen Kosten nach sich ziehen würde. Zum anderen muss vorausgesetzt werden, dass sich der günstigere Preis (Okkasionspreis) nicht unter den Kunden „herumspricht". Es muss also möglich sein, die durch die Preisdifferenzierung geschaffenen Teilmärkte voneinander abzugrenzen. Gelingt dies nicht, so werden auch andere Kunden den niedrigeren Preis einfordern und es kommt zu einem so genannten „Durchschlagen des *Okkasionspreises* auf den Grundpreis". Die folgenden Ausführungen sollen einen solchen Prozess mit seinen erfolgs- und kostenmäßigen Konsequenzen veranschaulichen.

In der Ausgangssituation erreicht ein Unternehmen bei ca 75 % seiner aktuellen Beschäftigung den Break-even und weist Gewinne aus. Dementsprechend verfügt das Unternehmen über freie Kapazitäten von ca 25 %. In der folgenden Grafik werden die fixen Kosten im Break-even genau auf die X-Achse gelegt. Dementsprechend werden die fixen Kosten „nach unten" eingezeichnet.

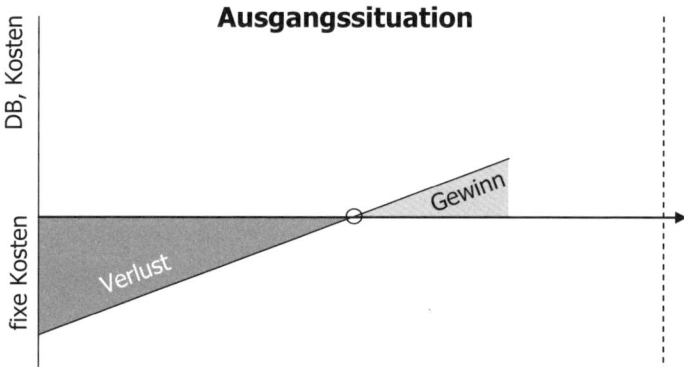

Abbildung 412: Darstellung der Ausgangssituation ohne Zusatzauftrag

In dieser Situation erwägt das Unternehmen, einen Zusatzauftrag anzunehmen. Der Zusatzauftrag liegt preislich unter den bisherigen Aufträgen. Allerdings kann mit dem Auftrag ein zusätzlicher Deckungsbeitrag generiert werden. Da bereits alle fixen Kosten abgedeckt sind (Break-even ist bereits erreicht), müssen de facto nur noch die variablen Stückkosten abgedeckt werden. Dies ist durch den positiven Deckungsbeitrag sichergestellt. Da der Auftrag innerhalb der bestehenden Kapazitäten abgewickelt werden kann und keine zusätzlichen Investitionen notwendig sind, nimmt das Unternehmen den Zusatzauftrag an.

2. Betriebliche Entscheidungen auf Basis von Kostenanalysen

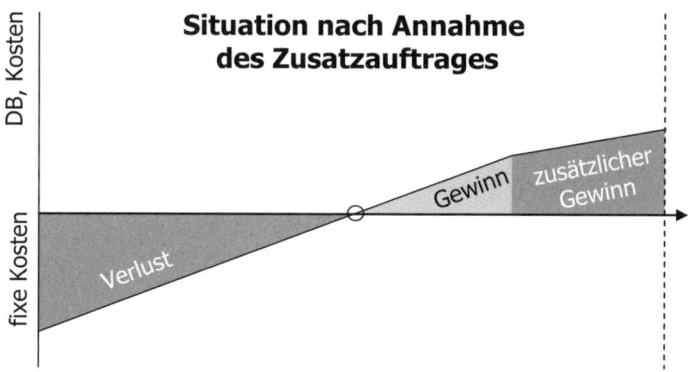

Abbildung 413: Darstellung der Ergebnislage nach Annahme des Zusatzauftrages

In der folgenden Periode muss das Unternehmen feststellen, dass andere Kunden nun ebenfalls den niedrigeren Preis des Zusatzauftrages einfordern. Zunächst sind es einige wenige, mit der Zeit fordern aber immer mehr Kunden den günstigen Okkasionspreis. Die Preisdifferenzierung kann in dieser Situation nicht mehr aufrechterhalten werden. Durch den niedrigeren Preis verringert sich auch der Stückdeckungsbeitrag.

Dadurch flacht die Deckungsbeitragslinie ab und der Break-even-Point wird erst mit einer größeren Menge erreicht. In der im Folgenden dargestellten Situation fordert ca die Hälfte der Kunden den niedrigeren Preis ein. Dadurch sinkt der Gewinn nicht nur gegenüber der Vorperiode erheblich, sondern auch gegenüber der Ausgangssituation (zum Vergleich in der folgenden Grafik dargestellt) merklich.

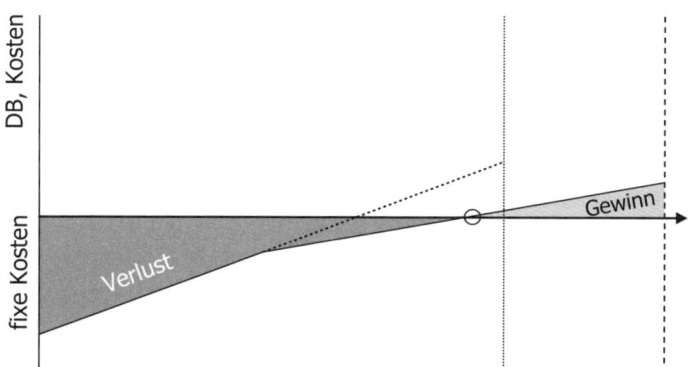

Abbildung 414: Darstellung der Ergebnislage nach Annahme des Zusatzauftrages und teilweises Durchschlagen des Preises des Zusatzauftrages auf die Preise des Grundgeschäftes

Je mehr Kunden von dem günstigen Angebot erfahren, desto schneller spricht sich der gewährte Okkasionspreis herum. Nach einigen Perioden werden letztendlich mehr oder weniger alle Kunden den günstigen Preis einfordern. Dies hat zur Konsequenz, dass die Deckungsbeitragslinie nicht mehr teilweise, sondern über die gesamte Distanz flacher wird und der Break-even erst bei einer Stückzahl erreichbar ist, die jenseits der Kapazitätsgrenze liegt. Die Gewinnzone ist demnach bei den bestehenden Kapazitätsgrenzen nicht mehr zu erreichen, die Unternehmung schreibt notwendigerweise Verluste.

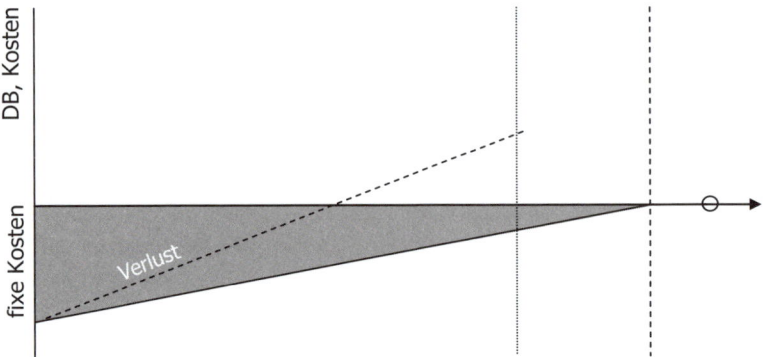

Abbildung 415: Darstellung der Ergebnislage nach Annahme des Zusatzauftrages und Durchschlagen des Preises des Zusatzauftrages auf die Preise des Grundgeschäftes

Erreicht ein Unternehmen seinen Break-even mit den bestehenden Kapazitäten nicht, so liegt zunächst den Schluss nahe, dass mit Ausweitung der Kapazitätsgrenzen dieser wieder erreicht werden müsste. Mit der Kapazitätserweiterung sind jedoch zwei erfolgsrelevante Konsequenzen verbunden.

Erstens führt die Kapazitätserweiterung zwangsläufig zu Investitionen und einem daraus resultierenden höheren Niveau an fixen Kosten. Da in der Grafik die Deckungsbeitragslinie dargestellt wird (und nicht die Linie der fixen Kosten), springen die Fixkosten in diesem Fall „nach unten". Zweitens kommt es durch das Anbieten von zusätzlichen Kapazitäten aufgrund des damit notwendigerweise entstehenden Auslastungsdrucks zu einem weiteren Druck auf die Angebotspreise. Die Konkurrenten müssen zudem mit ihrem Preisangebot ebenfalls reagieren, um ihre Auslastung halten zu können.

Die dadurch stetig sinkenden Angebotspreise erkennt man in der folgenden Grafik an der zunehmend flacher werdenden Deckungsbeitragslinie nach jeder Kapazitätserweiterung. Nach jeder Erweiterungsinvestition senkt sich das Deckungsbeitragsniveau aufgrund der notwendigen Preisreduktion.

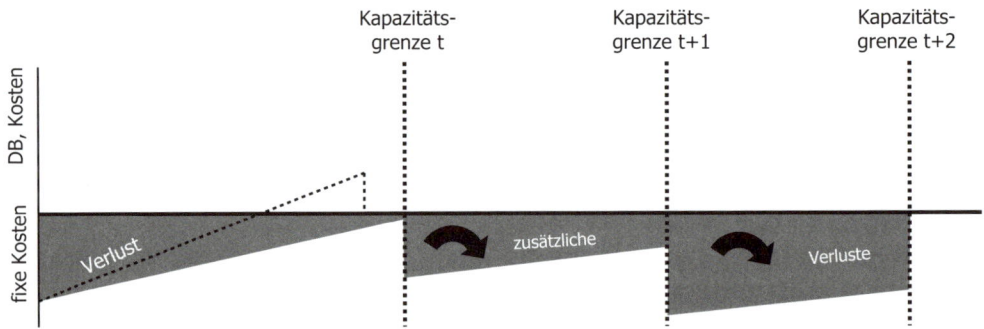

Abbildung 416: Verluste nicht „trotz", sondern „wegen" des Umsatzwachstums

Wie die Abbildung zeigt, kommt es aufgrund der sprungfixen Kosten und der sinkenden Preise zu steigenden Verlusten. In dieser Situation kann man feststellen, dass es „nicht trotz des Umsatzwachstums, sondern wegen des Umsatzwachstums" zu steigenden Verlusten kommt.

Zu solchen Wachstumsfallen kommt es häufig in Märkten mit hoher Preistransparenz und sehr illoyalen Kunden („Schnäppchenjäger"). Dies gilt insbesondere dann, wenn die Transportkosten für die Produkte gering sind. Solche Entwicklungen sind aber auch dann möglich, wenn ein Kunde unterschiedliche Preise für dieselbe Leistung angeboten bekommt. Dies ist dann der Fall, wenn verschiedene Ansprechpartner (Kundenbetreuer, Verkaufsabteilungen) unterschiedliche Preise anbieten. Dieser Prozess wird sich dann beschleunigen, wenn die Kunden selbst unter einem extremen Wettbewerbs- und Preisdruck stehen.

Diese Entwicklung kann aber auch durch das eigene Unternehmen ausgelöst werden. Dies ist immer dann der Fall, wenn es einen harten Kampf um die Position der Marktführerschaft gibt. In diesem Fall werden häufig zu Lasten der Ergebnisse Marktanteile erkauft. Wurden die Preise im Wettbewerb daher konsequent gesenkt und gelingt es in weiterer Folge nicht, eine dominante Marktposition aufzubauen, führt dies unmittelbar zu existenziellen Krisen von Unternehmen.

Zusammenfassend kann zu Annahme oder Ablehnung von Zusatzaufträgen festgehalten werden:

- Im Falle ausreichender Kapazitäten und abgrenzbarer Teilmärkte (Kunden kommunizieren aufgrund räumlicher Distanz nicht miteinander über die angebotenen Preise) sollte ein Zusatzauftrag mit niedrigerem Preis, aber positivem Deckungsbeitrag angenommen werden.
- Ist zu befürchten, dass sich der günstigere Preis unter den Kunden „herumspricht", muss sehr vorsichtig abgewogen werden, ob ein Zusatzauftrag mit niedrigerem Preisniveau angenommen werden sollte. In Zeiten erheblichen Konkurrenzdrucks glauben Unternehmen, jeden Auftrag annehmen zu müssen. Häufig wird die Annahme eines Auftrages damit argumentiert, dass dadurch die Konkurrenz den Auftrag nicht erhält. Dies kann allerdings, wie zuvor gezeigt, eine problematische Entscheidung mit langfristigen Auswirkungen sein.
- Verursacht ein Zusatzauftrag einen Engpass, können weitere Produkteinheiten nur gefertigt werden, wenn Einheiten eines oder mehrerer der ursprünglich auf der Engpassanlage zu erstellenden Produkte aus dem Programm gestrichen werden. In diesem Fall genügt es jedoch nicht mehr, dass die variablen Selbstkosten durch die Verkaufserlöse gedeckt werden. Durch die Verdrängung anderer Produkte entgehen dem Unternehmen auch deren Deckungsbeiträge. Die Annahme des Zusatzauftrags lohnt sich daher nur, wenn der erzielbare Erlös neben der Deckung der variablen Selbstkosten zusätzlich die Deckungsbeiträge der aus dem Sortiment eliminierten Produkte gewährleistet (= Opportunitätskosten). In diesem Zusammenhang sei auf die Ausführungen zu den Preisuntergrenzen hingewiesen.

Fallbeispiel

Ausgangsdaten

Ein Unternehmen fertigt ähnliche Bauteile für einen eingeschränkten Kundenkreis (A–E). In der Ausgangssituation kann das Unternehmen seine Produktionskapazitäten nicht voll auslasten. In dieser Situation erhält das Unternehmen eine Kundenanfrage. Der Kunde F fragt ebenfalls nach einer ähnlichen Variante an Bauteilen. Die entsprechenden Daten pro Kundenauftrag können Sie der folgenden Abbildung entnehmen.

Kunde	Preis in €	variable Kosten in €	Stückzahl	Zeitbedarf in Stunden
A	204	181	20.000	0,1
B	202	180	30.000	0,12
C	203	181	5.000	0,12
D	199	180	10.000	0,09
E	197	179	20.000	0,09
F	194	180	60.000	0,1

Abbildung 417: Ausgangsdaten für die Bewertung eines Zusatzauftrages

Das Unternehmen verfügt in der Planungsperiode über eine Gesamtproduktionskapazität von 15.000 Stunden. Die fixen Kosten in dieser Periode belaufen sich auf € 2.500.000,–.

Es stellt sich die Frage, ob der Auftrag des Kunden F angenommen oder abgelehnt werden soll.

Aufgabenlösung

Die folgende Abbildung zeigt den aus den bisherigen Aufträgen resultierenden Kapazitätsbedarf sowie die erwirtschafteten Deckungsbeiträge:

Kunde	DB/Stück in €	Summe DB in €	Kapazitätsbedarf in Stunden
A	23	460.000	2.000
B	22	660.000	3.600
C	22	110.000	600
D	19	190.000	900
E	18	360.000	1.800
Summe		1.780.000	8.900

Abbildung 418: Erzielter Deckungsbeitrag ohne Annahme des Zusatzauftrages

2. Betriebliche Entscheidungen auf Basis von Kostenanalysen

In der folgenden Abbildung wird die Ergebnisveränderung bei Annahme des Zusatzauftrages von Kunden F ausgewiesen:

Kunde	DB/Stück in €	Summe DB in €	Kapazitätsbedarf in Stunden
A	23	460.000	2.000
B	22	660.000	3.600
C	22	110.000	600
D	19	190.000	900
E	18	360.000	1.800
F	14	840.000	6.000
Summe		2.620.000	14.900

Abbildung 419: Erzielter Deckungsbeitrag mit Annahme des Zusatzauftrages

Interpretation der Ergebnisse

Die aktuelle Ergebnissituation des Unternehmens lässt sich in der Ausgangssituation folgendermaßen grafisch darstellen:

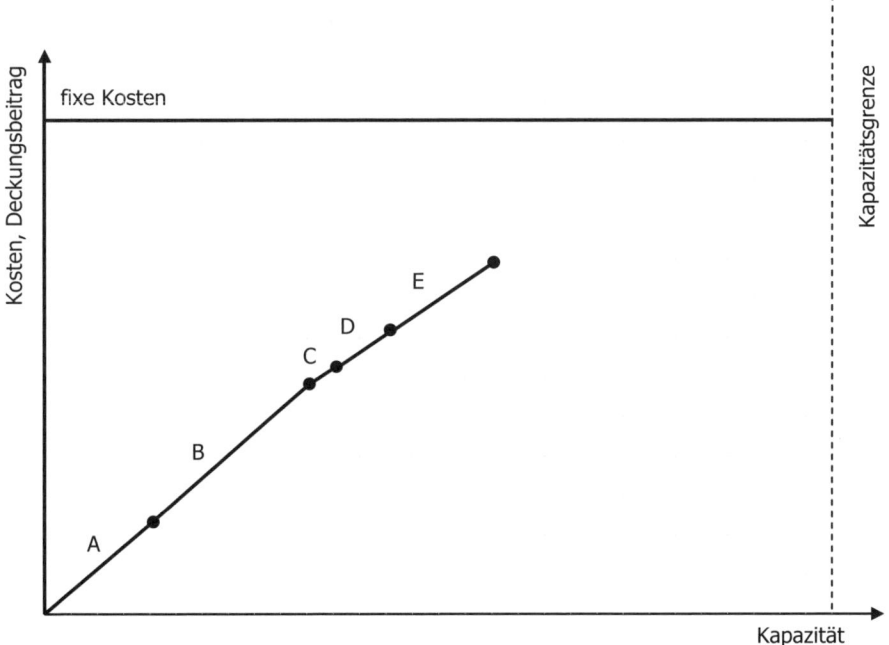

Abbildung 420: Darstellung der Ergebnisse der Aufträge in der Ausgangssituation

Abschnitt F – Kostenanalyse

Die Grafik zeigt, dass die erwirtschafteten Deckungsbeiträge der Kunden A–E nicht ausreichen, um die fixen Kosten abzudecken. Zugleich erkennt man, dass das Unternehmen noch freie Kapazitäten für zusätzliche Kunden bzw Aufträge zur Verfügung hat. Das negative Ergebnis des Unternehmens (nicht gedeckte fixe Kosten der Periode) wird in der folgenden Grafik nochmals veranschaulicht.

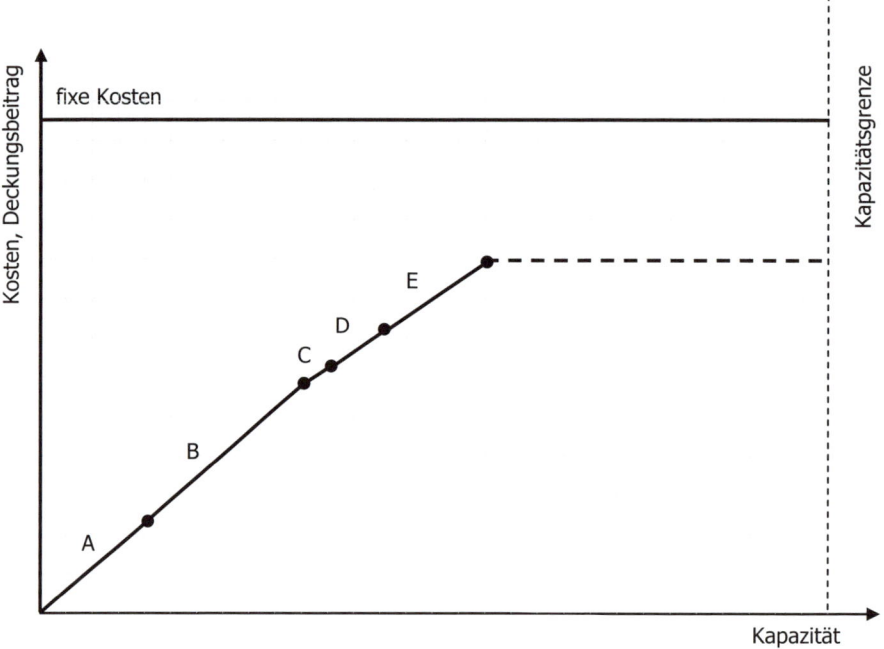

Abbildung 421: Bewertung der Ergebnissituation in der Ausgangssituation

Wie die Aufgabenlösung zeigt, verändert sich das Ergebnis des Unternehmens durch die Annahme des Zusatzauftrages wesentlich. In der Ausgangssituation konnten mit den erwirtschafteten Deckungsbeiträge (€ 1.780.000,–) die fixen Kosten (€ 2.500.000,–) nicht gedeckt werden. Es ergab sich somit ein Verlust von € 720.000,–. Nach Annahme des Zusatzauftrages kann ein Deckungsbeitrag von € 2.620.000,– erwirtschaftet werden. Da der Zusatzauftrag innerhalb der bestehenden Kapazitätsgrenzen angenommen werden kann, kommt es zu keinem Anstieg der fixen Kosten. Dementsprechend ergibt sich ein Gewinn von € 120.000,–.

2. Betriebliche Entscheidungen auf Basis von Kostenanalysen

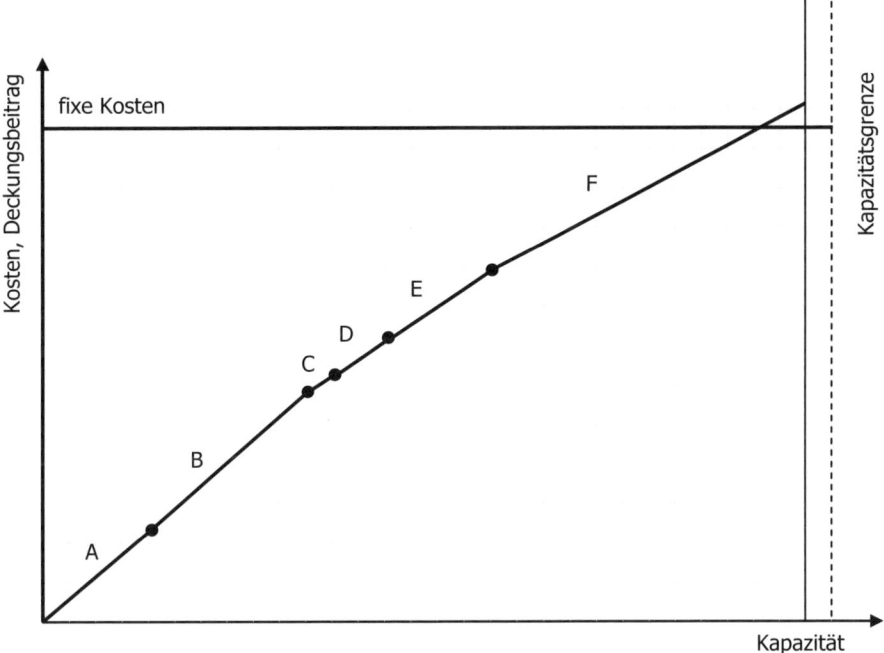

Abbildung 422: Bewertung der Ergebnissituation nach Annahme des Zusatzauftrages

In diesem Zusammenhang scheint eine weitere Analyse interessant. Zunächst soll die Rentabilität der einzelnen Aufträge miteinander verglichen werden. Die folgende Grafik gibt dazu anhand des auftragsspezifischen DBU (Deckungsbeitrag in Prozent des Umsatzes) Aufschluss.

Kunde	Umsatz	DB	Umsatz kumuliert	DB kumuliert	DBU
A	4.080.000	460.000	4.080.000	460.000	11,3 %
B	6.060.000	660.000	10.140.000	1.120.000	10,9 %
C	1.015.000	110.000	11.155.000	1.230.000	10,8 %
D	1.990.000	190.000	13.145.000	1.420.000	9,5 %
E	3.940.000	360.000	17.085.000	1.780.000	9,1 %
F	11.640.000	840.000	28.725.000	2.620.000	7,2 %

Abbildung 423: Darstellung des DBU je Auftrag

Aufgrund der Analyse des DBU wird offensichtlich, dass der zusätzliche Auftrag eine niedrigere Rentabilität aufweist wie die bisherigen Aufträge. Grafisch lässt sich der Rentabilitätsunterschied durch die Darstellung des gewichteten DBU verdeutlichen. In der folgenden Grafik ist der bisherige durchschnittliche DBU in Höhe von 10,4 für die Aufträge A–E strichliert dargestellt.

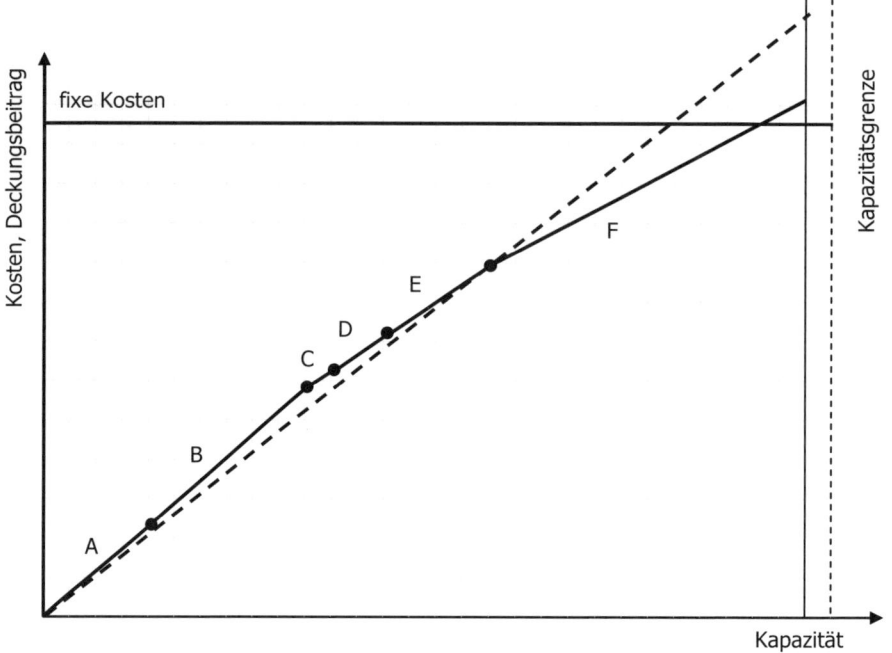

Abbildung 424: Bewertung der Ergebnissituation und Darstellung des DBU der bisherigen Aufträge

In der Grafik wurde nun der bisherige durchschnittliche DBU bis zur Kapazitätsgrenze verlängert. Daraus wird zunächst ersichtlich, dass der Auftrag F eine geringere Rentabilität als die bisherigen Aufträge aufweist. Zudem zeigt die Grafik das potenzielle Ergebnis an, wenn es gelingt, die freien Kapazitäten mit Aufträgen zu füllen, die der Rentabilität der bisherigen Aufträge entspricht.

Zusätzlich zum Erfolgspotenzial muss auch noch das Risikopotenzial des zusätzlichen Auftrages berücksichtigt werden. Wie aus der Aufgabenstellung ersichtlich wird, lässt sich die geringere Rentabilität vor allem auf den etwas niedrigeren Preis zurückführen. Zwar ist dieser auf den ersten Blick nur unwesentlich geringer. Geht man aber davon aus, dass dieser Preis auch den bestehenden Kunden bekannt wird und somit auf den Grundpreis durchschlägt, so verschlechtert sich das zukünftige Ergebnis des Unternehmens wiederum erheblich.

Das Durchschlagen des Okkasionspreises auf die Grundpreise (Preiserosion) und die daraus resultierende Ergebnisveränderung veranschaulicht die folgende Grafik:

2. Betriebliche Entscheidungen auf Basis von Kostenanalysen

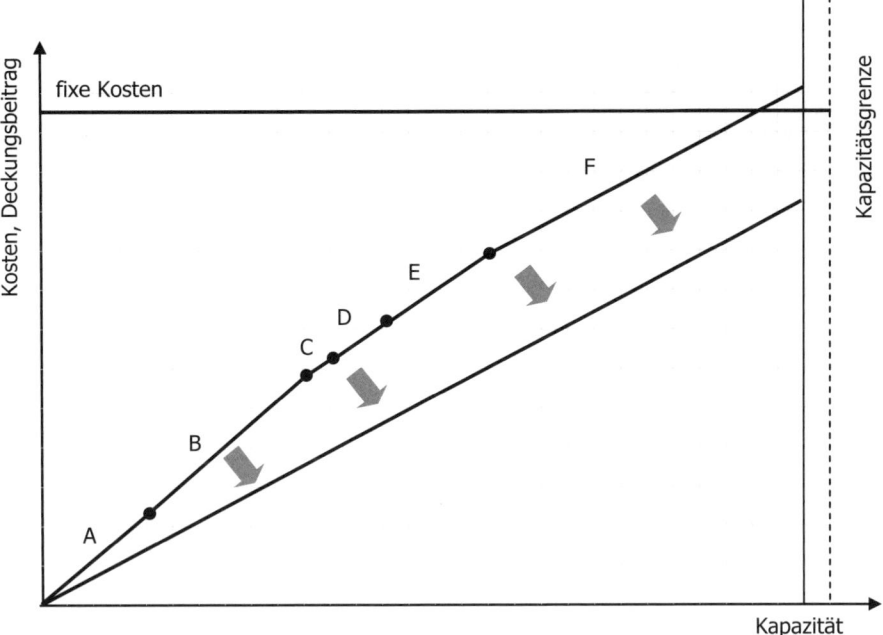

Abbildung 425: Bewertung der Ergebnissituation bei einer Preiserosion

Wie ist nun die Situation summa summarum zu bewerten? Die folgende Grafik weist die Ergebniswirkungen der unterschiedlichen Entscheidungen bzw die Entwicklung im Detail aus:

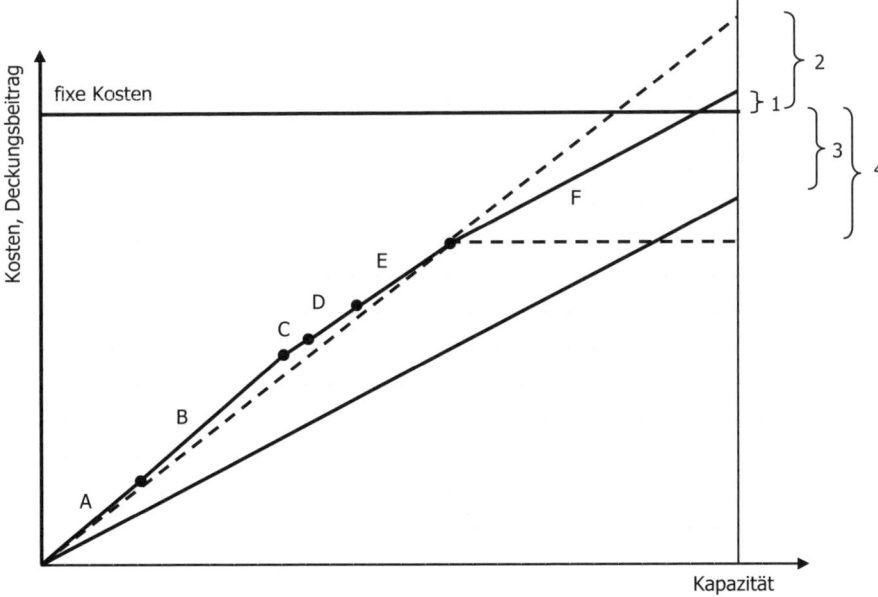

Abbildung 426: Ergebniswirkungen der unterschiedlichen Entscheidungen

Ergebnis „1" ergibt sich für die laufende Periode, wenn man den Zusatzauftrag annimmt. Ergebnis „2" ergibt sich, wenn es dem Unternehmen gelingt, die freien Kapazitäten mit Aufträgen zu füllen, die eine vergleichbare Rentabilität zu den bisherigen Aufträgen aufweisen. Ergebnis „3" ergibt sich in der Folgeperiode, wenn der Preis des Zusatzauftrages auf die Preise der Stammkunden durchschlägt. Ergebnis „4" weist das aktuelle Ergebnis aus, wenn der Zusatzauftrag nicht angenommen wird.

Aus kurzfristiger Perspektive sollte man den Zusatzauftrag annehmen, da damit ein positiver Deckungsbeitrag verbunden ist. Zudem gelingt es sogar, die aktuellen Verluste zu vermeiden und die Gewinnzone zu erreichen. Sollte der Preis des Zusatzauftrages aber unter den aktuellen Kunden bekannt werden, so droht in den zukünftigen Perioden wiederum eine Ergebnisverschlechterung. Dabei muss allerdings berücksichtigt werden, dass in diesem Fall das Ergebnis noch immer besser ist als das Ergebnis der aktuellen Periode, wenn der Zusatzauftrag nicht angenommen wird.

Gegen diese Annahme spricht wiederum, dass eine Preissenkung beim Kunden kaum mehr korrigiert werden kann. Sollte also der Okkasionspreis auf den Grundpreis durchschlagen, so würde man die Verlustzone wohl nur mehr mit einer Erweiterungsinvestition verlassen können. Die Gefahr wäre jedoch groß, trotz eines etwaigen Umsatzwachstums Verluste zu erwirtschaften. Entscheidet man sich gegen den Zusatzauftrag, so würde zumindest langfristig die Chance bestehen, die nicht ausgelasteten Kapazitäten langsam mit rentableren Kundenaufträgen zu füllen.

In der Unternehmenspraxis wird sich jedoch ein Management in der dargestellten Situation schwer tun, den Zusatzauftrag nicht anzunehmen. Der aktuelle Verlust ist zu groß, als dass man nicht handeln würde. Vielmehr wird versucht werden, den Zusatzauftrag anzunehmen und gleichzeitig für zukünftige Aufträge den Preis neu zu verhandeln.

Aus der Interpretation der Fallstudie wird jedenfalls ersichtlich, dass Analysen relativ selten zu eindeutigen Aussagen führen. Ändert man zudem die Eingangsparameter, die in der Unternehmenspraxis häufig mit Unsicherheit verbunden sind, so kann sich wiederum das Ergebnis von der Entscheidungsrichtung grundsätzlich ändern. In diesem Sinne liefern die Analysen häufig nicht klare Antworten, helfen aber dabei, noch mehr und vor allem detailliertere und spezifischere Fragen zu stellen.

Die Analysen führen demnach die Beteiligten immer tiefer in die Problemstellung hinein. Die Entscheidung auf Basis verschiedenster Überlegungen (zB Kundenbindung, Marktanteil, Kundenimage, Kapazitätsauslastung, Rentabilität) muss ohnedies das Management treffen und verantworten.

Praktische Relevanz

In den vergangenen Jahren sind de facto alle Branchen unter zunehmenden Preisdruck geraten. Sofern es nicht gelingt, einem vom Kunden gewünschten und von den Konkurrenten nur schwer imitierbaren Nutzen anzubieten, spüren die Unternehmen am Markt den mittlerweile sehr starken Preisdruck. Daraus ergibt sich die Notwendigkeit niedriger Kosten. Aufgrund der Zunahme der fixen Kosten in den Betrieben spielt folglich die Fixkostenprogression und damit wiederum die Auslastung meist eine entscheidende Rolle. Häufig werden Aufträge daher nicht mehr aus Ertragsmotiven, sondern aus wettbewerbspolitischen Überlegungen angenommen. Auch wenn man mit einem Auftrag nicht mehr positive Deckungsbeiträge erwirtschaftet, wird dieser angenommen, um ihn nicht der Konkurrenz zu überlassen. Dies geschieht im Wissen, dass die Konkurrenz dadurch eine geringere Auslastung und damit ein höheres Kostenniveau hinnehmen muss.

Das Problem liegt nur darin, dass der Wettbewerb auf diese Politik reagieren muss. Beim nächsten Kunden wird der Konkurrent um jeden Preis versuchen, den Auftrag zu erhalten, ohne Rentabilitätsüberlegungen anzustellen. Das Problem in dieser Wettbewerbssituation liegt nun darin, dass bei Überkapazitäten am Markt eine Preisspirale nach unten initiiert wird. Handelt es sich um eine überschaubare Zahl an Konkurrenten, versuchen meist größere Unternehmen den Markt zu beruhigen, indem kleinere Mitbewerber aus dem Markt gekauft werden. In diesem Fall werden Unternehmen gekauft und relativ schnell stillgelegt, um deren Kapazitäten aus dem Markt zu nehmen. Der Kaufpreis wird dann mit höheren zukünftigen Erträgen gegengerechnet.

Bei einer großen Anzahl an Konkurrenten und geringen Markteintrittsbarrieren ist diese Vorgehensweise nicht zielführend. In diesem Fall kann man dem Preiskampf nur über eine klare Positionierung und Profilierung (zB in einer Nische oder einem neu definierten Geschäftsfeld) entgehen. Im Produktionsbereich stellen innovative Verfahren und Produkte eine Option dar, im Handel wird zumeist versucht, eine Marke aufzubauen (Branding). Jedenfalls können in einer Marktsituation, die durch eine massive Preiserosion gekennzeichnet ist, Informationen aus dem Controlling zwar das Problem aufzeigen, das Problem selbst aber nicht lösen. Dazu bedarf es strategischer Entscheidungen.

Wissen kompakt

Fixkostendegression bedeutet, dass die konstante Summe der fixen Kosten auf eine zunehmende Stückzahl verteilt wird. Durch eine höhere Auslastung ist es somit möglich, immer weniger fixe Kosten pro Stück bzw pro Leistungseinheit zu verrechnen, so dass Kostenvorteile entstehen.

Fixkostenprogression bedeutet, dass die konstante Summe der fixen Kosten auf eine abnehmende Stückzahl verteilt wird. Durch eine geringere Auslastung ist es somit notwendig, immer mehr fixe Kosten pro Stück bzw pro Leistungseinheit zu verrechnen, so dass Kostennachteile entstehen.

Kontrollfragen

- Warum entscheidet man mit Hilfe der Vollkostenrechnung hinsichtlich der Annahme oder Ablehnung von Zusatzaufträgen meist falsch?

- Ist über die Bewertung von Zusatzaufträgen in Verlust- und Gewinnsituationen gleich zu entscheiden? Welche Überlegungen sind dabei zu berücksichtigen?
- Warum muss man bei der Annahme eines Zusatzauftrages auch die möglichen Konsequenzen in den folgenden Perioden beachten?
- Welche Bedingungen fördern jene Situationen, in denen es trotz Umsatzwachstums zu zunehmenden Verlusten kommt?

Verwendete und weiterführende Literatur

- *Ewert, R./Wagenhofer, A.:* Interne Unternehmensrechnung, 7. Auflage, Berlin 2008.
- *Moews, D.:* Kosten- und Leistungsrechnung, 7. Auflage, München 2002.
- *Olfert, K.:* Kostenrechnung – Kompendium der praktischen Betriebswirtschaft, 17. Auflage, Ludwigshafen 2013.

Abschnitt G – Kostenplanung und Kostenmanagement

1. Planung als zentrale Aufgabe des Managements

> **Lernziel**
>
> **In diesem Kapitel lernen Sie**
> - was man unter einer Planung versteht
> - wie man im Rahmen einer quantitativen Planung vorgehen sollte
> - welche Funktionen die Planung erfüllt
> - wie man den Planungsprozess gestalten sollte
> - auf welche Aspekte man bei der Erstellung einer Planungsstruktur achten sollte

1.1. Begriffsklärung zur Planung

Die Planung ist ein häufig strapazierter Begriff in der Unternehmenspraxis. Meist werden mit der Planung aufgrund des jeweils zugrunde liegenden Verständnisses auch unterschiedliche Ziele verfolgt und Aufgaben verbunden. Einige Manager meinen wegen der zunehmenden Umfelddynamik, dass der grundsätzliche Nutzen der Planung in Frage zu stellen ist, während andere gerade der Planung aufgrund der hohen Dynamik einen immer höheren Stellenwert zurechnen. Diese gänzlich unterschiedliche Einschätzung ist zum Teil wohl auch auf ein unterschiedliches Planungsverständnis zurückzuführen.

In der Unternehmenspraxis hört man öfters die Aussage, dass „Planung ohne Nutzen sei, da das Geplante ohnedies nie eintritt!" Dies ist ein typisches Beispiel eines eingeschränkten und letzten Endes falschen Planungsverständnisses. In diesem Fall wird offensichtlich „Planung" mit „Hellseherei" verwechselt. Im letzteren Fall soll zumindest das Vorausgesagte exakt eintreten. Dies ist jedoch nicht das Ziel der Planung.

Was versteht man nun unter Planung und wie kommt man zu Planwerten? Diese Fragen lassen sich am besten beantworten, indem man die diesbezüglich praktizierte Vorgehensweise der Unternehmen analysiert. In diesem Zusammenhang sind zunächst drei Begriffe auseinander zu halten. Man unterscheidet zwischen der Exploration, der Prognose und der Zielplanung. Alle drei Begriffe sind der Planung zuzuordnen, wobei die idealtypische Reihenfolge im Rahmen der Planungserstellung Exploration, Prognose und dann Zielplanung ist.

Unter der Exploration versteht man die Fortschreibung vergangener Entwicklungen in die Zukunft. Dazu exploriert man mittels mathematischer bzw statistischer Verfahren vergangene Trends. Daraus resultiert auch der Begriff der Trendexploration. Angesichts der hohen Wettbewerbsdynamik ist eine Planung, die ausschließlich auf dieser Vorgehensweise beruht, sicherlich kritisch zu beurteilen. Grafisch lässt sich die Trendexploration folgendermaßen darstellen.

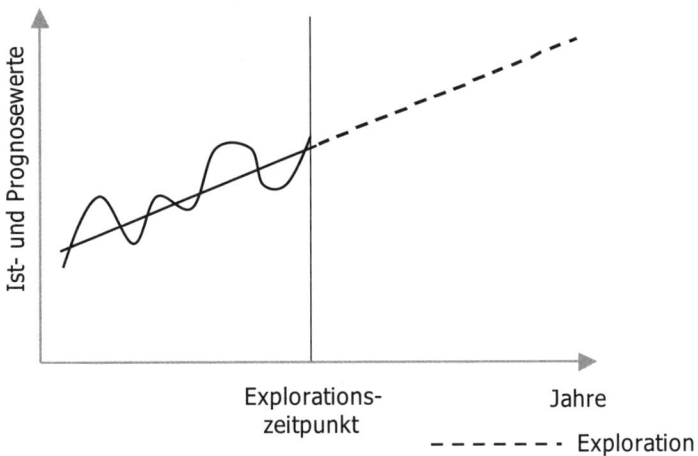

Abbildung 427: Exploration als Planungsmethode

Unter einer Prognose versteht man die Ermittlung von Planwerten unter Berücksichtigung erwarteter Entwicklungen. Die Prognose ist daher im Gegensatz zur vergangenheitsorientierten Exploration zukunftsorientiert. Es werden dabei Informationen des Außendienstes, Konjunkturparameter, erwartete Konkurrenzreaktionen etc in die Planung integriert. Im Rahmen der Prognose werden daher „aktuellere" – im Sinne von zeitnäheren – Informationen als in der Trendexploration verarbeitet. Dementsprechend werden die Ergebnisse beider Methoden voneinander abweichen. In der folgenden Grafik deuten die Prognosewerte beispielsweise auf eine gedämpftere zukünftige Entwicklung hin als jene Zukunftswerte, die mittels der Trendexploration ermittelt wurden.

1. Planung als zentrale Aufgabe des Managements

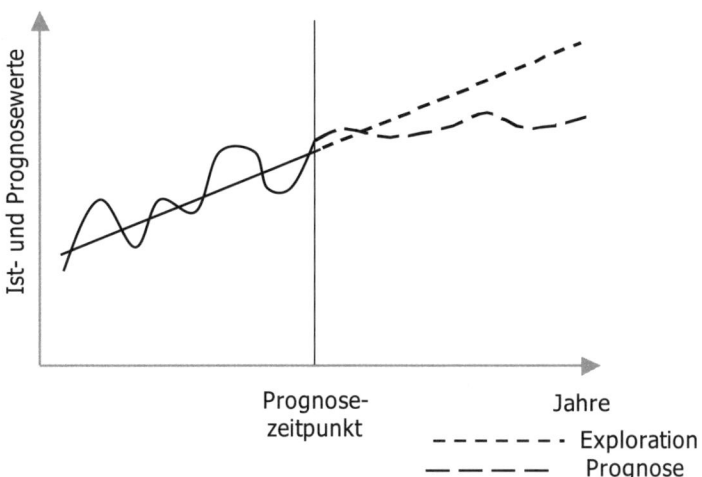

Abbildung 428: Prognose als Planungsmethode

Die Zielplanung ist ebenso wie die Prognose zukunftsorientiert, beinhaltet aber zusätzlich noch eine klare Willensbekundung. Eine Zielplanung ist demnach eine vereinbarte oder vorgegebene Zielerklärung. Das Ziel schließt dementsprechend das „Erreichenwollen" mit ein. Während die Prognose meist von einer Stabstelle (zB Controlling) erstellt wird, muss die Zielplanung von Seiten des Managements erfolgen. Daher wird die Planung auf Basis von Zielwerten von den Explorations- und Prognosewerten meist abweichen. In der folgenden Grafik werden beispielsweise Zielwerte angestrebt, die trotz des erwarteten schwierigen Entwicklungsverlaufs (aufgrund der aktuellen Prognoseinformationen) über den Prognosewerten liegen.

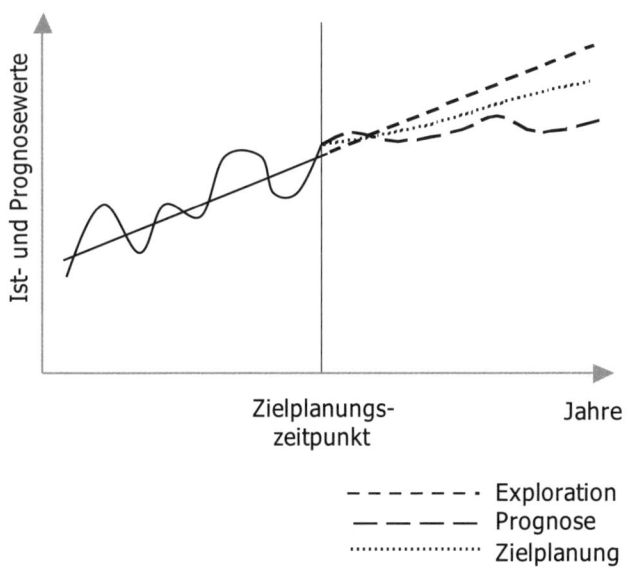

Abbildung 429: Zielplanung als Planungsmethode

Idealtypischerweise startet der Planungsprozess mit einer Exploration der vergangenen Werte, um eine erste, grobe Orientierung hinsichtlich der Planung zu erhalten. Diese Explorationswerte sollten in weiterer Folge mit aktuellen Prognosedaten abgestimmt und falls notwendig korrigiert werden. Im Rahmen der Prognose können durchaus auch mehrere mögliche (wahrscheinliche) Varianten, so genannte Szenarien, entwickelt werden. Die Zieldiskussion des Managements und die anschließende Maßnahmenplanung führen sodann zur Festlegung der Zielwerte. Aspekte, die in die Zieldiskussion eingebracht werden, sind zB die Renditenerwartung der Aktionäre, die zusätzliche Freigabe von Investitionen und die Zuteilung von zusätzlichen Ressourcen.

Da die Zukunft nicht exakt prognostizierbar ist, wird diese stets mit vielen möglichen Entwicklungen behaftet sein. Man spricht in diesem Zusammenhang von der Mehrwertigkeit, da stets mehrere Werte möglich sind. Im Gegensatz zu mehreren möglichen Szenarien gibt es pro Periode aber immer eindeutige (einwertige) Zielwerte. Aufgrund der mangelnden Prognostizierbarkeit der Zukunft ist es daher äußerst unwahrscheinlich, dass Zielwerte (stets) exakt erfüllt werden. Sollte dies der Fall sein, so muss die Planung sehr kritisch beurteilt werden. Es ist möglich, dass die Zielwerte so niedrig angesetzt werden, dass eine Zielerreichung letztlich keine Schwierigkeit darstellt. Die Zielwerte werden von den Mitarbeitern aber auch nicht überschritten, um nicht eine zukünftige Zieldiskussion über zB höhere Ziele zu initiieren. Zielabweichungen sind daher vielmehr als notwendige Lernerfahrungen zu interpretieren.

Planung bedeutet somit, sich mit möglichen, dh potenziellen Entwicklungen und den daraus resultierenden Chancen, Bedrohungen und Anforderungen auseinander zu setzen, um in der Gegenwart notwendige Handlungsoptionen zu erkennen. Auf zukünftige Entwicklungen besser vorbereitet zu sein als die Konkurrenz, bedeutet in der Regel ein vergleichsweise breiteres Spektrum an Handlungsoptionen zur Verfügung zu haben und damit letztendlich langfristig erfolgreicher zu sein.

1.2. Funktionen der Planung

Management ist das Entscheiden über stets knappe Ressourcen in Unternehmen. Das Management (Linienmanagement) sieht sich daher tagtäglich mit einer Reihe solcher Optimierungsentscheidungen konfrontiert. Dabei sollte man stets so entscheiden, dass mit den vorhandenen knappen Mitteln die Unternehmensziele möglichst optimal erreicht werden. Unternehmensführung bedeutet aber auch das Treffen von Entscheidungen unter Unsicherheit. Die Qualität solcher Entscheidungen, dh die Wahrscheinlichkeit, dass die gewünschten Ergebnisse tatsächlich eintreffen, ist unter anderem wesentlich abhängig von der Menge und der Qualität der dem Entscheidungsträger zur Verfügung stehenden Informationen.

In einem zunehmend komplexen und dynamischen Planungsumfeld sind Entscheidungen stets mit einem erheblichen Risiko verbunden und erfordern daher, dass

Planungsalternativen mit entsprechenden Informationen hinterlegt werden. Zwar ist eine gut aufbereitete Entscheidungsgrundlage keine Garantie gegen Fehlentscheidungen, und es wird auch immer wieder zu Fehlentscheidungen kommen, aber eine fundierte Informationsbasis ermöglicht es, die Anzahl der Fehlentscheidungen zu reduzieren. Der Nutzen der Planung darf jedoch nicht nur auf das Vermeiden von möglichen Fehlentscheidungen begrenzt werden. Zusätzlich zur Bewertung möglicher Entscheidungskonsequenzen können der Planung eine Reihe weiterer Funktionen zugerechnet werden. Zu diesen Funktionen zählen:

Prognosefunktion

- Gedankliche Auseinandersetzung mit der Zukunft
- Erkennen von Möglichkeiten, Grenzen, Gefahrenpotenzialen und kritischen Größen
- Realistischere Einschätzung zukünftiger Entwicklungen durch die Planungserfahrung

Koordinationsfunktion

- Vorgabe von Gesamtunternehmenszielen
- Abstimmung der Unternehmensbereiche
- Freigabe der Ressourcen

Kontrollfunktion

- Frühzeitiges Erkennen von Abweichungen und dadurch frühzeitiges Gegensteuern
- Berücksichtigen von Prioritäten im Tagesgeschäft
- Lernen aus den Abweichungen

Motivationsfunktion

- Vorgabe von Zielwerten
- Erarbeitung einer Zukunftsperspektive
- Erhöhung des Verbindlichkeitsgrades
- Leistungsgerechte Bezahlung aufgrund der Planerfüllung

1.3. Gestaltung der Planung

Von Seiten der Planungsliteratur werden meist anspruchsvolle, aber zugleich realistische Ziele gefordert. Auf welchem Niveau diese Ziele liegen sollen, wird aber meist nicht näher erläutert. Dies lässt sich damit erklären, dass das, was als anspruchsvoll und zugleich realistisch eingeschätzt wird, von vielen unterschiedlichen Faktoren abhängt. Solche Faktoren sind beispielsweise die erwarteten Umfeldbedingungen, das Potenzial des Leistenden oder die zur Verfügung gestellten Ressourcen.

Realistische und anspruchsvolle Ziele sind daher immer Ergebnis intensiver Abstimmungsgespräche. Die im Vorfeld einer Zielplanung geführten Diskussionen stellen dementsprechend eine notwendige, aber keine hinreichende Bedingung für eine qualitativ anspruchsvolle Zielplanung dar. Daher wird die erste Planversion selten den aktuellen Anforderungen gerecht. Die erste Version sollte vielmehr als Ausgangspunkt des Abstimmungsprozesses verstanden werden.

Wenn das Ergebnis der Planung den Zielvorstellungen des Managements nicht entspricht, so werden in der Praxis häufig lediglich einzelne Geldbeträge im Plan verändert. Ist der Betriebsergebnis zu gering, so wird einfach der Umsatz am Papier erhöht oder die Kosten werden ohne entsprechende Maßnahmen gesenkt. Dabei wird jedoch ignoriert, dass Geldgrößen eine Kurzschrift für Mengengrößen darstellen. Eine alleinige Korrektur von Geldgrößen in der Zielplanung bewirkt nichts, wenn nicht die zugrunde liegenden mengenmäßigen Zusammenhänge real verändert werden. Solch falsch verstandene Plankorrekturen führen in der Umsetzung nur zu höheren Abweichungen.

Die Abstimmungsgespräche werden zwischen den verschiedenen Hierarchiestufen geführt. Grundsätzlich können die Ziele von der oberen Hierarchiestufe vorgegeben werden (top down). Es ist aber auch möglich, die Ziele von den einzelnen ausführenden Stellen zu sammeln und nach oben hin zu verdichten (bottom up). Wie die Erfahrung zeigt, führt in Verbindung mit einer Management-by-Objektives-Philosophie eine bottom up organisierte Planung meist zu sehr vorsichtig gewählten Zielen mit entsprechend niedrigen Absatz- und Auslastungswerten. Werden basierend auf diesen niedrigen Auslastungswerten Maschinenstundensätze ermittelt, so führt dies häufig dazu, dass sich Unternehmen aus dem Markt kalkulieren.

Um solche Effekte zu vermeiden, werden meist grundsätzliche Ziele von oben vorgegeben und auf die einzelnen Unternehmensbereiche heruntergebrochen (top down). Die Bereiche, Abteilungen bzw Stellen sind sodann gefordert, für sich den entsprechenden Zielbeitrag einzuplanen (bottom up). Da die top down vorgegebenen Ziele meist sehr anspruchsvoll sind, ergeben sich zwischen den Top-down-Vorgaben und den Bottom-up-Verdichtungen in der Regel Differenzen. Für die endgültige Zielplanung bedarf es daher weiterer Abstimmungsgespräche. Dazu werden Abstimmungsgespräche zwischen den verschiedenen Hierarchiestufen (vertikale Abstimmung) geführt, um das Zielniveau zu korrigieren bzw zu bestätigen. Auf derselben Hierarchiestufe können zB zwischen Abteilungen ebenso Abstimmungsgespräche geführt werden (horizontale Abstimmung), um den Zielbeitrag verschiedener Bereiche abzustimmen.

Aus dem Planungsprozess wird jedenfalls ersichtlich, dass die Planung keinesfalls die alleinige Aufgabe des Controllers sein darf. Vor allem in mittelständischen Unternehmen wird die Planung an den Controller delegiert. Diese Vorgehensweise kann jedoch niemals zu zufrieden stellenden Ergebnissen führen, da bei Abweichungen von den Planwerten von den durchführenden Stellen nicht die Verantwortung übernommen wird, weil sie ja nicht selbst die Planung durchgeführt und sich damit einverstanden erklärt haben.

1. Planung als zentrale Aufgabe des Managements

Im Zusammenhang mit dem beschriebenen Prozess stellt sich die Frage, wie der doch erhebliche Planungsaufwand in Grenzen gehalten werden kann. In mittleren und großen Unternehmen fließt häufig ein erheblicher Teil der betriebswirtschaftlichen Ressourcen in den Planungs- und insbesondere in den Abstimmungsprozess ein. Dieser Einsatz steht jedoch ebenso häufig nicht im erwarteten Verhältnis zum Planungsnutzen.

Aus diesem Grund sollte daher jeweils nur die nächste Abrechnungsperiode (zB nächstes Jahr) im Detail geplant werden. Für die weiteren zu planenden Perioden (zB Jahre) erfolgt hingegen nur eine sehr grobe Planung. Im folgenden Jahr erfolgt nun wieder die Detailplanung für das nächstfolgende Jahr, wobei der Planungshorizont für die Grobplanung wiederum um eine Periode (zB ein Jahr) verlängert wird. Das Prinzip des beschriebenen Planungskonzeptes, das sich **rollierende Planung** nennt, wird in der folgenden Grafik abgebildet.

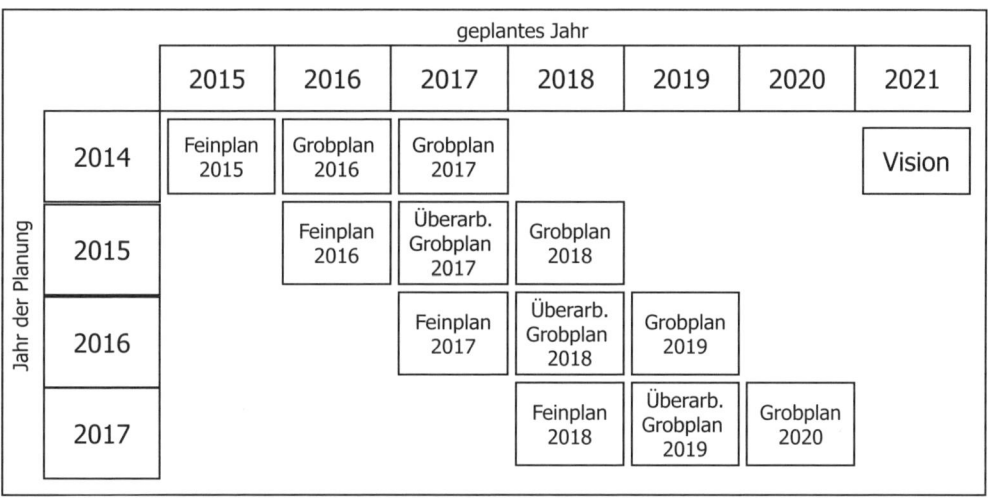

Abbildung 430: Konzept der rollierenden Planung

Das Konzept der rollierenden Planung darf dabei nicht mit den üblichen **Planungsrevisionen** in den Unternehmen verwechselt werden. Solche Revisionen werden vor allem bei größeren Unternehmen häufig im Nachhinein durch sehr starke und unvermutete Veränderungen externer Planungsparameter (zB Steigerung des Ölpreises, Änderung von Währungskonvertierungen) vorgenommen. Wird die Zielplanung jedoch so lange verändert, bis sie sich den Ist-Werten nähert, stellt sich zunehmend die Frage nach einer manipulativen Rechtfertigungsverweigerung.

Fallbeispiel

Ein Unternehmen hat eine Repositionierung vorgenommen und ein Geschäftsfeld durch eine zweite technologisch anspruchsvolle Produktsparte ergänzt. Die neuen Produktgruppen befinden sich teilweise noch in der Entwicklungsphase, einige sind bereits in der Markteinführungsphase. Der Verkauf war wesentlich an der Entwicklung des neuen Geschäftsfeld beteiligt und ist davon überzeugt, dass die Produktinnovationen zum Erfolg führen werden. Aufgrund des hohen Innovationsgrades der neuen Produkte sind die Kunden mit deren Anwendungsmöglichkeiten noch nicht vertraut. Daher stellt sich heraus, dass der Markterfolg länger auf sich warten lässt als erwartet.

In dieser Situation kommt es seit nunmehr zwei Jahren immer wieder zu erheblichen Planabweichungen. Die Verkaufsleiter sind offensichtlich hinsichtlich ihrer Verkaufsprognosen zu optimistisch. In diesem Unternehmen wird das Planverhalten nunmehr insofern berücksichtigt, als dass vergangene Zielabweichungen (Plan zu Ist) auf die zukünftigen Planwerte korrigierend angewandt werden.

Nachdem die Prognosen der Verkaufsleiter gesammelt wurden, werden diese mit der Zielabweichung der vergangenen Periode korrigiert. In der folgenden Grafik geht man davon aus, dass die Zielplanung im vergangenen Jahr um 10 % höher war als der tatsächlich erreichte Ist-Wert.

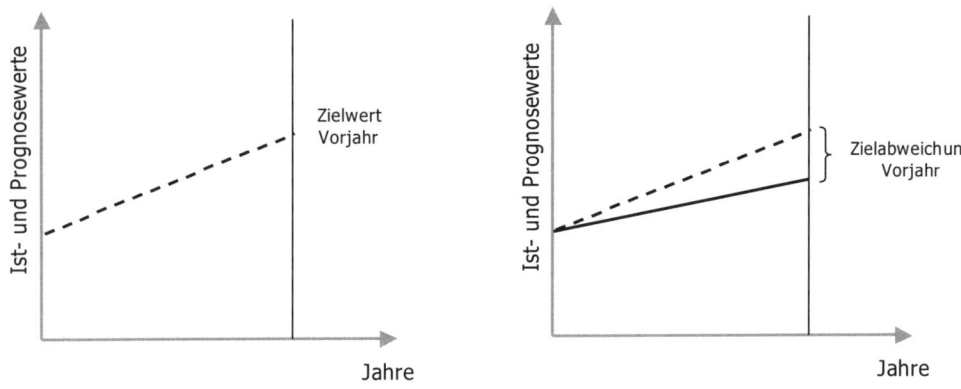

Abbildung 431: Zielabweichung des Vorjahres

Aus diesem Grund wird für das folgende Planjahr diese negative Abweichung (–10 %) auf den aktuellen Prognosewerte korrigierend angewandt. Dazu werden die aktuellen Prognosewerte um 10 % reduziert und als Grundlage für die Zielplanung herangezogen. Die Korrektur lässt sich in der folgenden Grafik folgendermaßen abbilden.

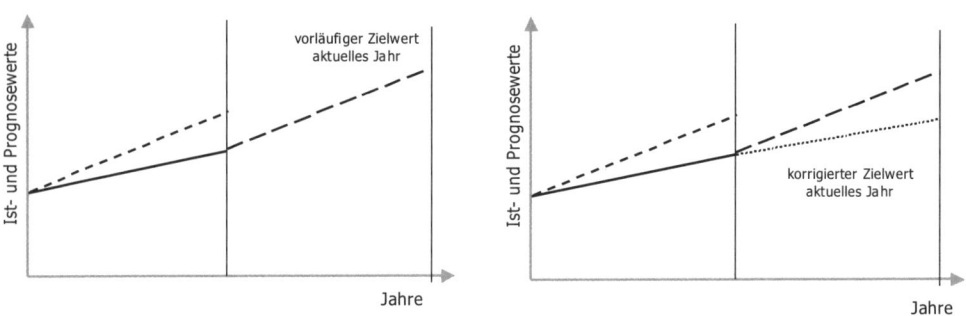

Abbildung 432: Korrektur der Prognosewerte aufgrund der Planabweichung des Vorjahres

Dieser korrigierte Planwert stellt nun selbst nicht die Zielplanung dar. Die Ergebnisse dieser Analyse können aber zumindest zu einer nochmaligen Diskussion der Zielwerte im Planungsprozess führen.

Praktische Relevanz

In der Unternehmenspraxis wird im Rahmen der Planung selten zwischen der Exploration, der Prognose und der Zielplanung unterschieden. Manche Unternehmen führen alle drei Schritte durch, ohne sich der Systematisierung bewusst zu sein. Dies stellt noch kein Problem dar. Problematisch wird es nur dann, wenn auf einen oder mehrere Planungsschritte bewusst oder unbewusst verzichtet wird. Die entsprechenden Konsequenzen daraus können der folgenden Grafik entnommen werden.

	Typ 1	Typ 2	Typ 3	Typ 4	Typ 5	Typ 6	Typ 7
Exploration	●	●	●	●			
Prognose		●		●	●	●	●
Zielplanung			●	●	●	●	
	mechanische Pflichtübung Linearisierung	fehlendes commitment des Manag Bottom-up-Planung	verkürzte Zielplanung keine Partizipation	idealtypischer Planungsprozess	keine Berücksichtigung bisheriger Leistungen	Hockey Stick Prognosen Top-down-Planung	Szenarioverwirrung controllinglastige Planung

Abbildung 433: Typologien von Planungsverläufen

Wird ausschließlich eine Trendexploration durchgeführt, so wird der Planungsprozess häufig zu einer mechanischen Pflichtübung, indem zum Vorjahr einfach ein bestimmter Prozentsatz hinzugezählt wird. Dadurch kommt es in den Köpfen der Planenden zu einer Linearisierung des Entwicklungsverlaufs. Insbesondere nach phasenbedingten oder konjunkturellen Wachstumsphasen werden die Vergangenheitswerte häufig unreflektiert fortgeschrieben, da man selbst an die Fortführung des Wachstums glauben möchte. Etwaige Trendbrüche treffen Unternehmen mit einer solchen Planungsphilosophie meist unvermutet und unvorbereitet.

Fehlt im Planungszyklus die Zielplanung, wurden also nur eine Exploration und Prognose durchgeführt, so fehlt das Commitment des Managements. Dementsprechend fühlt sich das Management nicht an die Zielwerte gebunden und für etwaige Abweichungen auch nicht verantwortlich. Eine solche Vorgehensweise ist meist auch Ausdruck einer Bottom-up-Planung. Die Zielwerte werden zwar nach oben hin verdichtet, niemand weiß aber, ob sie weiter verarbeitet werden, da ein Feedback fehlt. Konsequenzen werden mit der Zeit aufgrund der Lernerfahrung nicht mehr befürchtet.

Fehlen im Planungszyklus die Prognosewerte, läuft der Planungsprozess Gefahr, die aktuellen Markt- und Konkurrenzinformationen zu ignorieren. Es handelt sich in diesem Fall um eine stark verkürzte Zielplanung, die mehr auf Trendexplorationen als auf Partizipation der ausführenden Stellen aufbaut. Eine solche Planung erweist sich in der Unternehmenspraxis häufig als zu optimistisch.

Die Trendexploration hat sicherlich aufgrund der Umfelddynamik einen sehr eingeschränkten Aussagewert. Insbesondere in manchen hoch dynamischen Branchen (zB Elektronikindustrie) haben die Vergangenheitswerte kaum mehr Aussagekraft. In anderen Branchen (zB öffentliche Krankenhäuser) stellen Vergangenheitswerte aufgrund des stabileren Entwicklungsverlaufs hingegen wichtige Orientierungsgrößen für die Planung dar. Verzichtet man auf die Vergangenheitswerte im Planungszyklus, so muss einem bewusst sein, dass die bisher erbrachten Leistungen keine explizite Berücksichtigung finden.

Wird die Zielplanung ohne entsprechend aufbereitetes Datenmaterial erstellt, so führt diese Vorgehensweise häufig zu einer so genannten Hockey-Stick-Prognose. Unter einer solchen Prognose versteht man ein Planungsmuster, das sich im zeitlichen Verlauf wie ein „Eishockeyschläger" darstellt. Ausgehend von den aktuellen Ist-Werten (zB Bilanz- und GuV-Daten) ist man vorerst noch an realistische Planungswerte gebunden. Im Zeitverlauf löst man sich jedoch von diesem Niveau und schreibt erhebliche Wachstumsraten in die Planung ein. In der Realität stellen sich solche unrealistischen Wachstumsverläufe meist nicht ein, wodurch man im darauf folgenden Jahr wiederum von dem erreichten Ist-Niveau aus plant. Dies hindert das Management aber in weiterer Folge nicht, erneut mit zunehmendem Abstand von den Ist-Werten wiederum unrealistische Wachstumsraten zu planen. Diese stellen sich dann meist abermals als unrealistisch heraus. Dadurch ergibt sich das in der folgenden Grafik abgebildete Planungsmuster, das einer Folge von Hockey Sticks ähnelt.

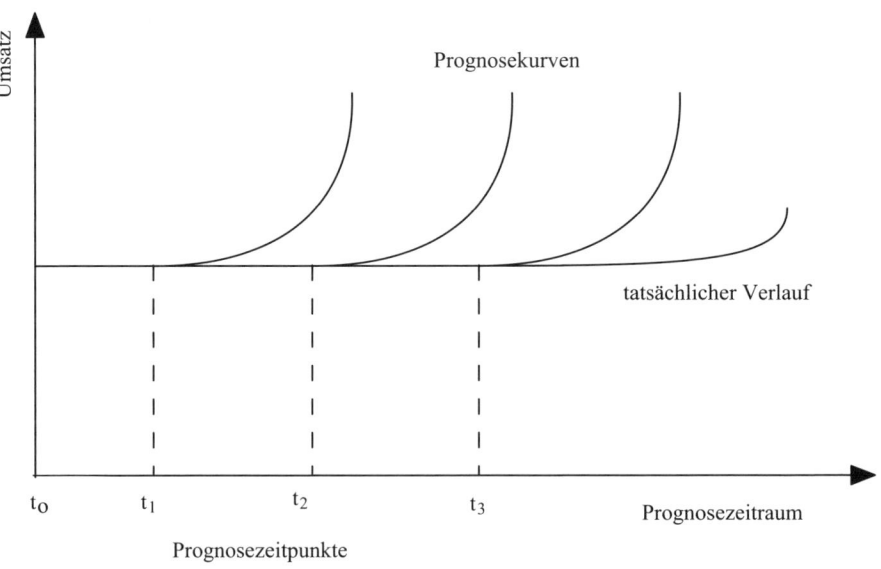

Abbildung 434: Muster einer Hockey-Stick-Prognose

Einer solchen Planung fehlt meist der Bezug zum Tagesgeschäft (vor allem zu Aussagen des Vertriebes). Sie kommt häufig durch ausschließliche Top-town-Planungsprozesse zustande.

Planungsprozesse, die sich ausschließlich auf Prognosen stützen, sind oft von Seiten des Controllings getrieben. Da sich Best- und Worst-Case-Szenarien in der Unternehmenspraxis zunehmend als unrealistisch und daher als entbehrlich erweisen, werden Szenarien immer häufiger nach anderen Kriterien gebildet. Dabei achtet man vor allem auf konsistente Annahmebündel. Diese Vorgehensweise führt allerdings zu einer zunehmenden Anzahl an Szenarien und damit zu einer ebenso zunehmenden Verwirrung des Managements.

Wissen kompakt

Exploration ist die Fortschreibung vergangener Entwicklungen in die Zukunft.

Planung bedeutet, sich mit möglichen, dh potenziellen Entwicklungen und den daraus resultierenden Chancen, Bedrohungen und Anforderungen auseinander zu setzen, um in der Gegenwart notwendige Handlungsoptionen zu erkennen.

Planungsrevisionen sind die Änderungen der Planwerte während der Umsetzungsphase. Diese Vorgehensweise kann durch die unvorhersehbare und massive Änderung wichtiger Planungsparameter begründet werden.

Prognose ist die Ermittlung von Planwerten unter Berücksichtigung erwarteter Entwicklungen. Die Prognose ist daher im Gegensatz zur vergangenheitsorientierten Exploration zukunftsorientiert.

Rollierende Planungen bauen darauf auf, dass nur das nächste Jahr im Detail geplant wird. Für die weiteren zu planenden Jahre erfolgt hingegen eine sehr grobe Planung. Im folgenden Jahr erfolgt nun wieder die Detailplanung für das nächstfolgende Jahr, wobei der Planungshorizont für die Grobplanung wiederum um ein Jahr verlängert wird.

Zielplanungen sind ebenso wie die Prognose zukunftsorientiert, beinhalten aber zusätzlich noch eine klare Willensbekundung. Eine Zielplanung ist demnach eine vereinbarte oder vorgegebene Zielerklärung. Das Ziel schließt dementsprechend das „Erreichenwollen" mit ein.

Kontrollfragen

- Warum kann es nicht die Aufgabe der Planung sein, die später tatsächlich eintretenden Werte exakt vorauszusagen?
- Wie gestaltet sich die Planung, wenn sie nur aufgrund der Exploration vergangener Werte durchgeführt wird?
- Was versteht man unter einer Hockey-Stick-Prognose und wie erkennt man solche Planungsmuster?
- Welche Möglichkeiten gibt es, den jährlichen Planungsaufwand möglichst gering zu halten?

- Wie gestaltet sich ein Planungsprozess, der in einem Unternehmen sowohl top down als auch bottom up organisiert wird?

Verwendete und weiterführende Literatur
- *Ehrmann, H.:* Unternehmensplanung, 6. Auflage, Kiel 2013.
- *Hahn, D./Hungenberg, H.:* Planungs- und Kontrollrechnung, 6. Auflage, Wiesbaden 2001.
- *Horváth, P.:* Controlling, 11. Auflage, München 2009.
- *Kirsch, W./Maaßen, H.:* Managementsysteme – Planung und Kontrolle, München 1990.
- *Kropfberger, D./Winterheller, M.:* Controlling, 4., korrigierte Auflage, Wien 2007.
- *Pfohl, C./Stölzle, W.:* Planung und Kontrolle – Konzeption, Gestaltung, Implementierung, 2. Auflage, München 1997.
- *Weber, J.:* Das Advanced-Controlling-Handbuch – Alle entscheidenden Konzepte, Steuerungssysteme und Instrumente, 1. Auflage, Weinheim 2005.

2. Kostenmanagement

> **Lernziel**
>
> **In diesem Kapitel lernen Sie**
> - was man unter Kostenmanagement versteht
> - welche Ziele man mit dem Kostenmanagement verfolgt
> - auf welchen Ebenen das Kostenmanagement angesetzt werden kann
> - welche Gestaltungsgrundsätze im Rahmen des Kostenmanagements eingehalten werden sollen

2.1. Begriffserklärung zum Kostenmanagement

Im Abschnitt B des Buches wurde bereits der Begriff der Kostenrechnung erklärt, nun bedarf es noch der Klärung des Begriffs des Kostenmanagements. In der Unternehmenspraxis werden dafür auch Begriffe wie „Kostenpolitik", „Kostenbeeinflussung" und „Kostensteuerung" verwendet. Jedenfalls sind Kostenrechnung und Kostenmanagement nicht gleich zu setzen. Daher ist eine Abgrenzung der beiden Begriffe notwendig, die am einfachsten über deren unterschiedliche Zielsetzungen möglich ist.

Ziel der Kostenrechnung ist eine möglichst exakte *Dokumentation* (Erfassung und Verrechnung) und *Kontrolle* bereits *realisierter Kosten* und die möglichst präzise, dh realitätsnahe *Planung zukünftiger Kosten*. Die möglichst korrekte Dokumentation realisierter oder geplanter Kosten bildet deshalb das primäre Ziel, weil alle weiteren Zielsetzungen des Systems nicht zufrieden stellend erreicht werden können, wenn gegen das Prinzip der realitätsnahen Abbildung der Unternehmensprozesse und -strukturen verstoßen wird.

Ziel des Kostenmanagements ist einerseits die operative *Steuerung* von *Kosteneinflussgrößen* (Gestaltungsparametern) zur möglichst zeitnahen und nachhaltigen *Reduktion* aktueller Kosten. Andererseits liegt das Ziel des Kostenmanagements auch in der optimalen, dh zielorientierten „strategischen" *Gestaltung* von *Kostenparametern* zur möglichst umfangreichen und nachhaltigen *Reduktion* zukünftiger Kosten.

Die Kostenrechnung präsentiert sich nach dieser Auffassung als ein Prozess, der stets durch einen *informativen* Charakter geprägt ist. Dazu zählen Tätigkeiten wie *Analysieren*, *Diagnostizieren*, *Unterstützen* und *Beraten*. Das Kostenmanagement kann hingegen als Prozess verstanden werden, dessen Ausrichtung *gestaltende* Elemente akzentuiert. Aktivitäten im Rahmen dieses Prozesses sind *Entscheiden*, *Durchsetzen*, *Umsetzen* und *Beeinflussen*.

2.2. Funktionen des Kostenmanagements

Der Nutzen des Kostenmanagements liegt nicht darin, einfach nur die Kosten zu senken. Eine solche Rationalisierungsmentalität greift zu kurz und führt fast nie zu den gewünschten Ergebnissen. Ein ausschließlich auf meist kurzfristige Kostensenkung ausgerichtetes Kostenmanagement ist konzept- und meist ebenso erfolglos. Ist das Kostenmanagement nicht in ein strategisches Rahmenkonzept eingebunden, so werden Effizienzgewinne, die durch Rationalisierungsmaßnahmen erarbeitet werden, mittels Preisnachlässen (Rabatten) innerhalb kurzer Zeitspannen vom Verkauf an die Kunden „weitergegeben". Rationalisierungsbemühungen können daher eine ungeplante Preisspirale am Markt nach unten initiieren.

Für ein Nutzen stiftendes Kostenmanagement ist es zunächst wichtig zu verstehen, dass erst die Existenz von Kosten die Bereitstellung von Produkten und/oder Dienstleistungen ermöglicht. Dies bedeutet, dass das Leistungspotenzial eines Unternehmens wiederum ganz wesentlich das Niveau der Kosten definiert.

> **Beispiel**
>
> Kosten im Unternehmen sind vergleichbar mit der Bedeutung der Kilojoule (Nährwert) für den menschlichen Körper. Ohne Nahrungsaufnahme wird jeder menschliche Körper auf Dauer degenerieren und letztendlich nicht überlebensfähig sein. Selbstverständlich kann man einen Körper auch zu viele Kilojoule zuführen. Die langfristige Konsequenz wird Übergewicht sein. Dieses Fettpolster an Kosten gibt es auch in Unternehmen. Im Fachjargon spricht man dann von „organizational slack". Ist ein Körper hingegen auf einem ausgezeichneten physischen Niveau, so ist er auch in der Lage, eine hohe Anzahl an täglich zugeführten Kalorien produktiv (durch Bewegung) zu verarbeiten. Dementsprechend kann auch ein Betrieb mit einem hohen Leistungspotenzial (zB Kapazitäten) ein hohes Kostenniveau aufweisen. Der Betrieb kann jedoch immer noch sehr effizient arbeiten, sofern sein Leistungspotenzial ausgereizt wird (Fixkostendegression bei hoher Auslastung).

Ein aktuelles Kostenmanagement setzt zeitlich und inhaltlich nicht punktuell an, sondern kennt die Notwendigkeit kontinuierlicher Interventionen, die an verschiedenen Punkten ansetzen. Hinsichtlich der Interventionsebenen unterscheidet man das Kostenniveau, die Kostenstruktur und den Kostenverlauf. Die folgende Grafik gibt Aufschluss über die unterschiedlichen Ansatzpunkte.

2. Kostenmanagement

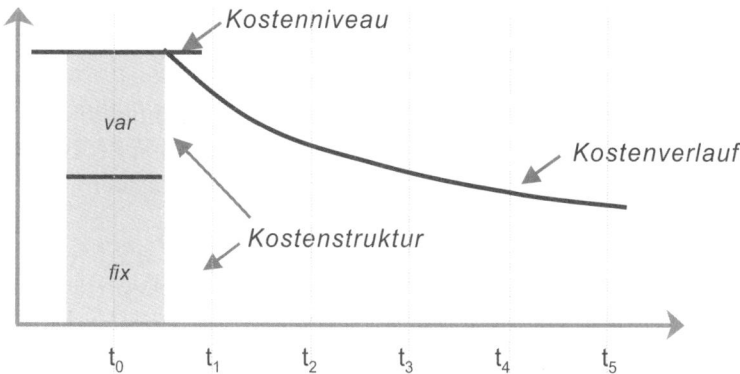

Abbildung 435: Interventionsebenen des Kostenmanagements

Interventionen auf der Ebene des **Kostenniveaus** bedeuten, dass man versucht, die Höhe der Kosten im Vergleich zu den Wettbewerbern zu beeinflussen. Dabei wird man stets bemüht sein, die Kosten zu senken. Ansatzpunkte sind dabei beispielsweise:

- **Benchmarking**: Vergleich mit Mitbewerbern oder Unternehmen anderer Branchen mit identischer Funktionserfüllung (zB Optimierung logistischer Prozesse)
- **Zero Base Budgeting**: Definition eines maximal zulässigen Budgets; Reihung aller erbrachten Leistungen nach deren Wichtigkeit; keine Leistungspakete über dem maximalen Budget (Budgetschnitt); Einsatz meist im Verwaltungsbereich.
- **Wertanalytische Ansätze**: Analyse aller Funktionen eines Produktes oder einer Dienstleistung hinsichtlich dessen bzw deren Beitrag zur Erfüllung der Kundenerwartung; Elimination einer Funktion oder Änderung des Funktionsumfangs bei geringem oder fehlendem Kundenwert.
- **Target Costing**: Gegenüberstellen der Kosten und der Kundenbedeutung einzelner Komponenten bzw Funktionen eines Produktes; Ableitung der erlaubten Kosten pro Komponente aufgrund des vom Kunden geforderten Preises.

Im Rahmen der Beeinflussung der **Kostenstruktur** wird meist auf das Verhältnis zwischen den fixen und den variablen Kosten abgezielt. Dabei wird häufig wiederum versucht, die Abhängigkeit der Kosten von der Auslastung zu steigern, um bei Nachfrageschwankungen die Kosten entsprechend senken bzw heben zu können. Dementsprechend wird versucht, die Kostenstrukturen im Gegensatz zur Entwicklung der vergangenen Jahre wieder flexibler zu gestalten. In manchen Branchen spielt die so genannte Variabilisierung der fixen Kosten eine entscheidende Rolle. Mögliche Ansatzpunkte dazu sind die folgenden:

- **Outsourcing**: Unter Outsourcing versteht man die Auslagerung von ganzen Teilbereichen des Unternehmens. Outsourcing ist somit ein Konzept, das die Heranziehung von außerhalb des Unternehmens liegenden Bezugsquellen zur Versorgung vorsieht. Unternehmensprozesse werden demnach von einem externen Dienstleister erbracht.

- **Verwendung von Leasing-Arbeitern oder Überstunden** zur Abdeckung von Kapazitätsspitzen statt Einstellen zusätzlicher Arbeiter oder Investitionen in die eigenen Kapazitäten
- **Wahl entsprechender Lohn- und Gehaltsformen** (zB hohe deckungsbeitragsabhängige Provision bei geringem Grundgehalt statt hohem Fixgehalt)
- **Vertragsverhandlungen** (zB stückabhängige Lizenzabgaben statt fixer Pauschalbeträge, stückbezogene Transportversicherung)
- **Übertragung von Fixkosten auf den Kunden** (Kunde trägt teilweise die Entwicklungskosten zB: bei der Softwareentwicklung, Kunden trägt die Montagekosten zB: bei Möbeln)

Die Beeinflussung des **Kostenverlaufs** zielt auf die Veränderbarkeit der Kosten aufgrund bestimmter Einflussgrößen im Zeitverlauf ab. Man betrachtet also das Kostenniveau nicht statisch, dh nicht zu einem bestimmten Zeitpunkt, sondern vielmehr dynamisch, dh über einen bestimmten Zeitraum. Zum Management des Kostenverlaufs zählen folgende Ansatzpunkte:

- **Lernkurveneffekte**: Dieser Effekt beruht auf der Annahme, dass mit jedem Stück, das in einem Betrieb zusätzlich produziert wird, die Arbeiter, Angestellten und Manager lernen, ihre jeweilige Tätigkeit effizienter auszuführen. Man geht von einem gewissen Prozentsatz an Kostensenkung aus, der mit jeder Verdoppelung der produzierten Menge realisiert werden kann.
- **Technischer Fortschritt**: Die Entwicklung neuer Technologien ermöglicht die Produktion von Produkten zu niedrigeren Herstellkosten. Die Produkte können – bei gleicher Funktionserfüllung – durch Standardisierung und modularen Aufbau in größeren Stückzahlen schneller hergestellt werden. Durch die Veränderung der Produktions- und Kostenfunktionen können ab einer bestimmten Produktionsmenge geringere durchschnittliche Stückkosten erzielt werden.
- **Fixkostendegression**: Durch die zunehmende Auslastung und konstante Kapazität eines Betriebes ist man in der Lage, die fixen Kosten auf eine größere Zahl an Produkten zu verteilen.
- **Betriebsgrößeneffekt**: Kostensenkungen können sich nicht nur aus einer verbesserten Auslastung, sondern auch aus einer entsprechenden Betriebsgröße ergeben. Der Betriebsgrößeneffekt resultiert aus Vorteilen im Einkauf (Ausnutzen der Marktmacht), in Forschung und Entwicklung (Know-how-Pool) etc.

Zusammenfassend kann man festhalten, dass ein erfolgreiches Kostenmanagement immer die Option hat, auf verschiedenen Interventionsebenen anzusetzen. Zum einen sind dies zunächst die Ressourcen, die daraus folgenden Prozesse und die wiederum daraus entstehenden Produkte. Zum anderen können das Kostenniveau, die Kostenstruktur und der Kostenverlauf im Fokus des Kostenmanagements stehen.

Wird beispielsweise versucht, durch Lernerfahrungen das Verhältnis der Anzahl der Servicemitarbeiter zur Kundenanzahl zu reduzieren, so stellt dies eine Intervention auf der Ebene der Ressourcen (Mitarbeiter) in Bezug auf den Kostenverlauf (Lernerfahrungen) dar. Wird hingegen versucht, bestimmte vom Kunden nicht nachgefragte Funktionen eines Produktes zu eliminieren, so zielt diese Kostenintervention auf das Kostenobjekt „Produkt" ab, um unmittelbar dessen Kostenhöhe zu beeinflussen. Werden Instandhaltungsaktivitäten fremd vergeben, so bezieht sich diese Intervention auf die zugrunde liegenden Prozesse und zielt in erster Linie auf die Veränderung der Kostenstruktur (Variabilisierung fixer Kosten) ab.

Jedenfalls können alle Ansatzpunkte kombiniert werden und greifen so ineinander, wie die folgende Grafik veranschaulicht:

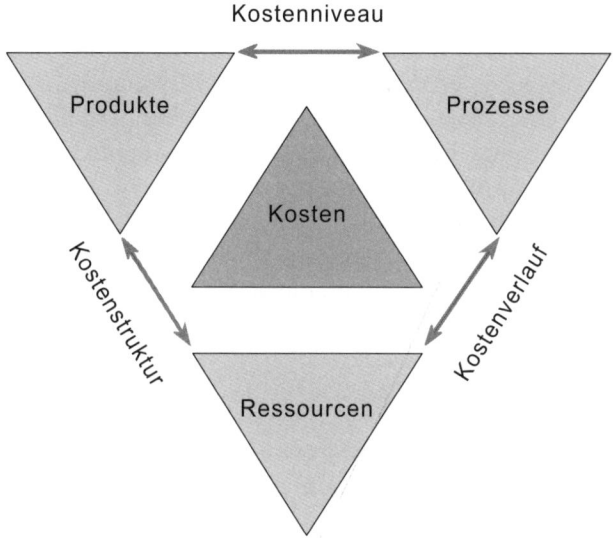

Abbildung 436: Ansatzpunkte des Kostenmanagements

2.3. Gestaltung des Kostenmanagements

In der Unternehmenspraxis gibt es typische Verhaltensmuster des Managements hinsichtlich der Steuerung von Kosten. Solche häufig angewandten Interventionsstrategien haben meist den Charakter von „Notfallmaßnahmen". Die Kosten „laufen aus dem Ruder", daher müssen diese eingespart werden. Der „zweifelhafte" Ruf von vielen Kostenrechnern geht auf diese Rationalisierungsmentalität zurück. Es gibt selten eine Kultur, die auf ein vernünftiges, von der jeweiligen Situation abhängiges Kostenbewusstsein aufbaut. Phasen „schmerzhafter" Kosteneinsparungen lösen sich häufig mit Phasen, die durch eine großzügige Verteilungsmentalität gekennzeichnet sind, ab. In solchen Phasen versucht man dann für „seine" Abteilung möglichst viel „herauszuholen", da man ja abschätzen kann, dass wieder Phasen der Kostenreduktion folgen werden.

Der gesamte Prozess ist in diesem Fall durch taktisches Agieren gekennzeichnet. Für ein erfolgreiches Management und ein nachhaltiges Kostenmanagement bedarf es jedoch eines anderen Verständnisses und anderer Mechanismen. Die folgenden Regeln des Kostenmanagements sind in diesem Sinne nicht als „Faustregeln", sondern als Orientierungspunkte für ein effektives Kostenmanagement zu verstehen. Die goldene Regel heißt daher: „Es gibt keine goldene Regel." Die folgenden Grundsätze basieren auf einem aktuellen Verständnis des Kostenmanagements.

Konzentrieren Sie sich primär auf die großvolumigen Kostenpositionen

Bevor Sie Kostenmaßnahmen initiieren, sollten Sie sich zuerst die jeweilige Kostenstruktur des betroffenen Bereichs (Unternehmen, Kostenbereich, Kostenstelle etc) ansehen. Es ist offensichtlich, dass Sie nur bei jenen Kostenpositionen Erfolg haben werden, bei welchen Sie etwas bewegen können. Mit größter Wahrscheinlichkeit finden Sie diese „disponible Masse" bei den großvolumigen Kostenpositionen. Selbst wenn Sie 5 % einer Kostenposition einsparen können, die allerdings nur 3 % der gesamten Kosten ausmacht, haben Sie trotzdem nur eine Kosteneinsparung von 0,15 % erreicht. Nun könnte man den Spruch entgegnen: „Auch Kleinvieh macht Mist". Dies stimmt grundsätzlich, aber Sie dürfen nicht vergessen, dass Ihre Zeit als Manager immer einen Engpass darstellt. Sie müssen daher mit der begrenzten Zeit ein Maximum an Wirkung erzielen. Und die Wirkung wird bei großvolumigen Kostenpositionen zumeist größer sein als bei sehr kleinen Positionen.

Die folgende Grafik zeigt beispielhaft die Kostenstruktur einer Kostenstelle „Physiotherapie":

Kostenartengruppe		Kostenart	Kosten	Kostenanteil
	1	11/2 Ärzte	271.800	8,41 %
		122 Apotheker	4.800	0,15 %
		124 KPFD	6.400	0,20 %
		125 MTA	1.416.600	43,84 %
		126 SHD	614.200	19,01 %
		127 Verwaltung	25.900	0,80 %
		128 Betriebspersonal	0	0,00 %
		139 sonstiges Personal	0	0,00 %
		Summe Personalkosten	**2.339.700**	**72,40 %**
	2	Medizinische Ge- und Verbrauchsgüter	14.200	0,44 %
	3	Nichtmedizinische Ge- und Verbrauchsgüter	47.200	1,46 %
	4	Medizinische Fremdleistungen	0	0,00 %
	5	Nichtmedizinische Fremdleistungen	8.200	0,25 %
	6	Energie	27.200	0,84 %
	7	Abgaben	19.900	0,62 %
	8	Abschreibung medizinische Anlagen	91.300	2,83 %
		Abschreibung nichtmedizinische Anlagen	54.700	1,69 %
		Abschreibung Gebäude	53.700	1,66 %
	11	13 Küche	22.900	0,71 %
		1x sonstige medizinische Umlagen	6.400	0,20 %

12	11 Energiezentrale	147.700	4,57 %
	13 Werkstätten	117.700	3,64 %
	1x sonstige nichtmedizinische Umlagen	96.865	3,00 %
13	11 Anstaltsleitung	39.700	1,23 %
	16 sonstige Verwaltungsumlagen	144.100	4,46 %
14	Umlage sonstiger medizinischer Leistungen	0	0,00 %
	Summe	**3.231.465**	**100,00 %**

Abbildung 437: Kostenstruktur einer Kostenstelle

Wie aus der Kostenstruktur erkennbar ist, beträgt der Anteil der Personalkosten in der Kostenstelle Physiotherapie über 72 %, während beispielsweise der Anteil der Energiekosten bei 0,84 % liegt. Gegen den leicht nachvollziehbaren Grundsatz, dort anzusetzen, wo am meisten „disponible Masse" (beeinflussbare Kosten) ist, wird in der Praxis jedoch häufig verstoßen. Aus einem Anlassfall (zB ein Mitarbeiter telefoniert am Dienstelefon privat) wird eine Sparmaßnahme gesetzt. Es wird beispielsweise die Höhe der Telefonkosten genau kontrolliert. Wenn die Telefonkosten aber nur einen sehr geringen Prozentsatz der Aufwendungen ausmachen, ist deren genaue Kontrolle zwar eine disziplinierende Maßnahme, wird jedoch mit einem geringen Einsparungseffekt verbunden sein. Zudem kann es sein, dass jene Mitarbeiter, die einen intensiven Kundenkontakt pflegen, dadurch sanktioniert werden.

Das zugrunde liegende Problem stellt zumeist nicht die Höhe der Telefonkosten dar. Aus der Perspektive des Kostenmanagements ist nicht so sehr entscheidend, dass jemand auf Firmenkosten telefoniert, sondern vielmehr, dass jemand in seiner Arbeitszeit nicht produktiv arbeitet (insbesondere bei häufigen privaten Telefonaten). Aufgrund dessen, dass die Personalkosten viel höher sind als die Telefonkosten, stellt vielmehr das Leistungsvermögen des Mitarbeiters als die Höhe seiner Telefonkosten einen Ansatzpunkt für das Management dar.

Konzentrieren Sie sich auf die beeinflussbaren Kostenpositionen

Ein effektives Management weiß um die Beeinflussbarkeit von Kostenpositionen. Nicht alle Kostenpositionen sind unmittelbar vom Management beeinflussbar. Per Definition sind die fixen Kosten von der jeweiligen Beschäftigungslage unabhängig. Diese Kosten sind daher meist nur mittel- bis langfristig beeinflussbar. Dabei ist zu berücksichtigen, dass

- fixe Kosten meist nur sprunghaft zu verändern sind, indem Kapazitäten (Personal, Maschinen etc) auf- bzw abgebaut werden.
- fixe Kosten nur in bestimmten zeitlichen Intervallen oder nur zu bestimmten Zeitpunkten (zB nach Ablauf einer Nutzungsdauer, eines Versicherungsvertrages, eines Kreditvertrages) veränderbar sind.

Wenn man sich nun auf die großvolumigen Kostenpositionen konzentriert, so stellt sich die Frage nach der Beeinflussbarkeit der Personalkosten. Ein Ansatzpunkt ist der Ersatz von personeller Arbeitskraft durch maschinelle Kapazitäten dar. Die zunehmende Automatisierung hat in den vergangenen Jahrzehnten ganze Betriebshallen quasi „menschenleer" gemacht. Ein weiterer Ansatzpunkt stellt die Anwesenheitsrate im Unternehmen dar. Die folgende Grafik gibt einen Überblick über die Struktur der Fehlzeiten in österreichischen Unternehmen (Datenbasis Ende der 90er Jahre des letzten Jahrhunderts). Dabei werden die einzelnen Kriterien nach ihrer Beeinflussbarkeit kategorisiert.

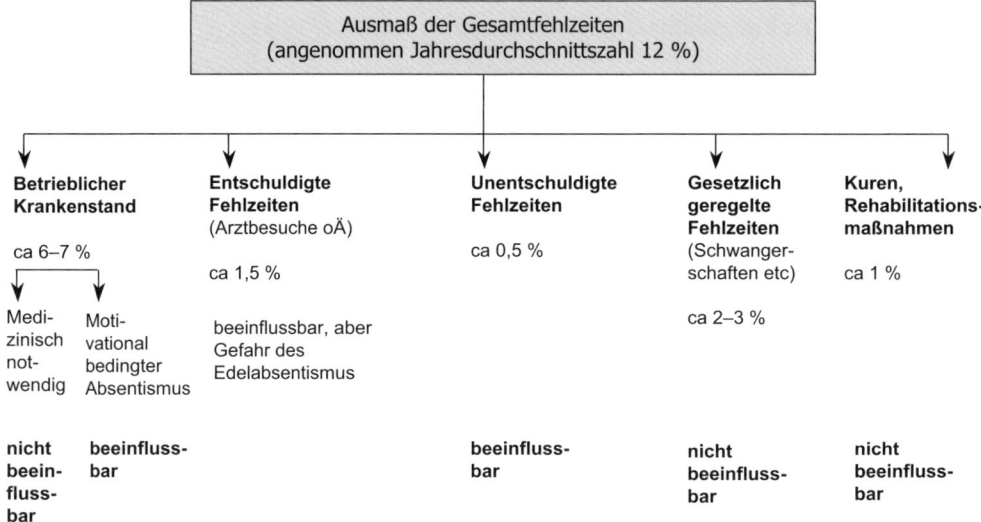

Abbildung 438: Struktur der Fehlzeiten

Wie aus der Grafik ersichtlich wird, ist es von Seiten des Managements nicht ratsam, an allen möglichen Ansatzpunkten zu intervenieren, um die Anwesenheitszeit im Unternehmen zu erhöhen.

Ein weiterer Ansatzpunkt stellt die Möglichkeit dar, die Anwesenheitszeit der Mitarbeiter für erbrachte Leistungen zu nutzen. Dabei setzen alle Überlegungen an, die so genannte Hilfszeit zu Lasten der Leistungszeit zu reduzieren. Während im Produktionsbereich durch viele Konzepte (REFA, Produktionsplanung und -steuerung, Prozessoptimierung, Vorgabezeiten etc) die diesbezüglichen Rationalisierungspotenziale häufig ausgereizt erscheinen, gibt es im Verwaltungsbereich in dieser Hinsicht in vielen Betrieben noch erhebliche Potenziale.

Erkennen Sie Investitionszeitpunkte als wesentliche Ansatzpunkte des Kostenmanagements

Die operative Unternehmensplanung setzt meist an den erwarteten Absatzzahlen an. Die erwartete Nachfrage der Kunden ist maßgeblich dafür, welche Kapazitäten (Produktions-, Verkaufs- und Vertriebskapazitäten) benötigt werden. Die Konsequenzen aus dem Kapazitätsbedarf sind zumeist notwendige Investitionen, um die benötigten Kapazitäten zur Verfügung zu stellen. Diese Investitionen beeinflussen in weiterer Folge erheblich die daraus resultierenden Kosten. Aus einer Investition in eine Produktionsmaschine resultieren beispielsweise die Abschreibungen, die Zinsen, Instandhaltungen, der Energiebedarf, die Versicherungskosten. Dabei legt die Höhe der Investition auf viele Jahre hinaus die Höhe der Kosten fest.

Eine Kapazitätsentscheidung beeinflusst auf viele Jahre die Höhe des Kostenniveaus wesentlich. Wird beispielsweise der Kapazitätsbedarf zu hoch eingeschätzt, so hat das Management in den folgenden Jahren dementsprechend mit einem zu hohen Kostenniveau zu kämpfen. Dies führt meist zu Preissenkungen, um die vorhandenen Kapazitäten auszulasten. Dadurch kommen die Mitbewerber unter Auslastungsdruck, so dass diese ebenfalls den Preis senken müssen. Der Kreislauf des ruinösen Wettbewerbs hat somit begonnen.

Für das Kostenmanagement bedeutet dies, dass das Ende der Nutzungsdauer einer Anlage (einer in der Vergangenheit getroffenen Investitionsentscheidung) als ein wesentlicher Entscheidungszeitpunkt verstanden werden muss. Wenn in Unternehmen Ersatzinvestitionen in beträchtlichem Ausmaß „anstehen", sollte überlegt werden, ob diese tatsächlich durchgeführt werden sollen. Unter Umständen kann durch eine strategische Entscheidung eine Neuausrichtung des Unternehmens erfolgen. Wird die (Ersatz)investition getätigt, schreiben solche Entscheidungen die Entwicklungslinie eines Unternehmens im Wesentlichen für viele Jahre fest.

Diese Ausführungen sollen nicht als ein Plädoyer gegen die Durchführung von Ersatzinvestitionen verstanden werden. Solche Entscheidungssituationen sollen lediglich bewusst als jene Zeitpunkte identifiziert werden, zu denen man die Kosten in einem höheren Maße beeinflussen kann als zu jedem anderen Zeitpunkt.

Achten Sie auf die Nachhaltigkeit des Kostenmanagements

Betriebliche Organisationen können durchaus in vielen Punkten mit dem menschlichen Organismus verglichen werden. Regelmäßiges Training und bewusste Ernährung sind wesentliche Säulen eines gesunden Organismus. Wenn Sie beispielsweise eine radikale Diät durchführen, kommt es im Körper zu Mangelerscheinungen (zB zu niedriger Glukosewert im Blut – Unterzucker) und der Körper reagiert mit Signalen der notwendigen Kalorienaufnahme („Heißhungerattacken"). Selbst mit hoher Disziplin kann man gegen diese Gesetzmäßigkeiten des menschlichen Körpers nicht auf Dauer ankämpfen, außer man nimmt die Gefahr psychischer und in weiterer Folge körperlicher Schädigung auf sich. Der allgemein bekannte Jo-Jo-Effekt ist die logische Folge. Unter Umständen hat man nach der Diät und der anschließenden Kompensationsphase ein höheres Körpergewicht als vor der Diät. Ähnlich verhält es sich in Unternehmen.

Werden massive Rationalisierungsmaßnahmen angekündigt, versuchen die einzelnen Unternehmensbereich (sofern noch möglich), sich entsprechende Reserven (zB an Personal, Büromaterial) zuzulegen. Nach massiven Rationalisierungsaktionen werden die zwischenzeitlich entstandenen Defizite sehr schnell wieder gefüllt. Zudem wird man versuchen, für etwaige zukünftige Kürzungen vorzusorgen, indem man wiederum Reserven aufbaut und vorhält. In der Fachsprache heißen diese „Polster" organizational slack. Unternehmen haben insbesondere dann, wenn Kosten kurzfristig massiv gesenkt werden sollen, damit zu kämpfen, dass diese zeitversetzt wieder auftauchen.

Ein weiterer Effekt liegt darin, dass es zu so genannten „**Kostenumwandlungen**" kommt. Das bedeutet, dass Kostenarten durch andere Kostenarten ersetzt werden. Dies ist immer dann der Fall, wenn das Management sich besonders auf die Reduktion einer Kostenart konzentriert. Beispielsweise kann das Management die Order geben, dass es zu einer Investitionssperre kommt. Dadurch müsste auch die Höhe der Abschreibungen zumindest stagnieren. Wenn zugleich die Höhe der Leasingraten nicht beachtet wird, können Mitarbeiter anstatt etwaiger Investitionen in das Sachanlagevermögen diese Anlagen leasen. Verhängt das Management einen Einstellungsstopp, da die Anzahl der Mitarbeiter im Zentrum der Rationalisierungsüberlegungen steht, könnte es sein, dass die Mitarbeiter vermehrt Fremdleistungen zukaufen.

Ein weiterer Effekt im Rahmen des Kostenmanagements kann als „**Kostenumlastung**" bezeichnet werden. Auch bei diesem Effekt kann eine Analogie zum menschlichen Körper hergestellt werden. Wird beispielsweise ein Körperteil in Mitleidenschaft gezogen, so hat der menschliche Körper teilweise die Möglichkeit, diese eingeschränkte Funktionsfähigkeit über andere Körperteile zu kompensieren (zB bei einem Sehnenriss durch Aufbau einer verstärkten Muskulatur, bei Gehirnschäden durch die Kompensation durch andere Gehirnzellen oder die Kompensationsfunktion der Milz bei Beeinträchtigung der Leber). Unternehmen funktionieren teilweise auf sehr ähnliche Art und Weise. Werden in einer Kostenstelle massiv Kosten eingespart, so leidet zumeist auch die Leistungsfähigkeit dieses Bereichs darunter. Dadurch übernehmen in einem funktionierenden Unternehmen andere Bereiche die Aufgaben. Wird beispielsweise der Kundeninnendienst stark dezimiert, werden telefonische Anfragen von Kunden an andere Abteilungen weitergeleitet. In jenen Kostenstellen, die die Leistungsfunktion übernehmen, steigen dann aber notwendigerweise die Kosten wiederum an.

Ein effektives Kostenmanagement kann daher niemals ohne ein entsprechendes Verständnis der Leistungszusammenhänge erfolgen. Es ist offensichtlich, dass erst die Existenz von Kosten die Bereitstellung von Leistungen ermöglicht. Greift man massiv und kurzfristig in die Kostenstruktur ein, so beeinflusst man auch massiv das Leistungsvermögen dieses Bereichs. Umgekehrt definiert das Leistungsniveau eines Bereichs wesentlich die Höhe des Kostenniveaus. Wird ein zur Verfügung gestelltes Leistungsniveau nicht benötigt, kann dieses und in weiterer Folge das damit verbundene Kostenniveau in Frage gestellt werden. Ein hohes Kostenniveau bedeutet daher nicht automatisch ein hohes Rationalisierungspotenzial, sondern zunächst nur ein hohes Leistungspotenzial (das aber nicht erbracht werden muss).

Nur eine entsprechende Kostenwahrheit zeigt Ansatzpunkte für ein effektives Kostenmanagement auf

Kosteninterventionen sind komplex, da sie sowohl in die Leistungs- als auch in die Kostenstruktur eingreifen. Ohne entsprechende Informationen werden solche Rationalisierungsprogramme schnell zu einem blinden Aktionismus. Ein effektives Kostenmanagement setzt daher ein differenziertes Informationssystem voraus, um möglichst präzise sagen zu können, wo entsprechende Maßnahmen ansetzen müssen.

In Unternehmen werden immer wieder Kostensenkungsprogramme definiert, deren zentrale Vorgabe „minus 10 % für alle Bereiche" lautet. Solche Programme sind in keinem Fall gerecht, sondern lediglich ein Eingeständnis von Managementinkompetenz. Mangels Wissen, wo angesetzt werden soll, werden alle Bereiche „gleich" behandelt. Die Illusion besteht jedoch darin, dass diese Maßnahmen gerecht seien. Solche Maßnahmen treffen insbesondere jene Bereiche, die bereits bisher kostenbewusst gearbeitet haben. Während andere Abteilungen durchaus Reserven vorhalten, stellen solche Maßnahmen die kostenbewussten Bereiche vor existenzielle Probleme. Zudem treffen solche Aktionen insbesondere auch jene Bereiche, die sich in einer Wachstumsphase befinden. Wird zu diesem Zeitpunkt versucht, in einen neuen Markt einzudringen, so wird eine Kostenreduktion von 10 % diese Strategie (die stattdessen mehr Finanzmittel als bisher benötigt) zu Fall bringen.

Viele kleine und mittelständische Unternehmen wissen darüber hinaus häufig nicht, mit welchen Sortimentsteilen Gewinne und mit welchen Sortimentsteilen Verluste erzielt werden. Viele Unternehmen haben sehr einfache Kalkulationsmodelle, welchen de facto eine Durchschnittskalkulation zugrunde liegt. Wenn man nun nicht weiß, mit welchen Produkten oder Dienstleistungen man schlussendlich Gewinne macht, so ergibt sich daraus folgende Konsequenz: So lange das gesamte Unternehmensergebnis positiv ist, sollte man die Produktion erhöhen, um mehr Gewinne zu machen.

Problematisch wird diese Denkweise dann, wenn trotz jährlichen Wachstums die Gewinne stagnieren. Diese Entwicklung deutet auf konstant sinkende Margen hin. Das Wachstum lässt sich in weiterer Folge nicht auf Dauer aufrechterhalten. Kommt das Wachstum zum Stillstand und sinken die Margen weiter, so finden sich solche Unternehmen relativ rasch in der Verlustzone wieder. Erschwerend kommt dann hinzu, dass die Ansatzpunkte der Verbesserung mangels entsprechender Informationssysteme nicht wirklich transparent sind.

Ein Kostenrechnungssystem, das die zugrunde liegenden Prozesse und Strukturen möglichst realitätsnahe abbildet, ist daher eine grundsätzliche Voraussetzung für ein effektives Kostenmanagement.

Effektives Kostenmanagement setzt zunehmend an Schnittstellen an

Das klassische Kostenmanagement fokussiert ausschließlich auf die Kostenstellen. Für diese Bereiche werden meist monatliche Kosten geplant und anschließend kontrolliert. Die Abweichungen werden sodann mit den Kostenstellenleitern „durchgesprochen". In den vergangenen Jahren hat sich jedoch gezeigt, dass durch die zunehmenden Leistungsverstrickungen einzelne Kostenstellenleiter nur mehr sehr bedingt Einfluss auf Kosten haben. Dies soll anhand eines Beispiels erklärt werden:

Beispiel

Es soll davon ausgegangen werden, dass im Rahmen eines Abweichungsgespräches festgestellt wurde, dass die Personalkosten in einer Produktionskostenstelle zu hoch sind. Der mit der Abweichung konfrontierte Kostenstellenleiter argumentiert, dass die Überstunden dadurch zustande gekommen sind, dass die von der vorgelagerten Kostenstelle gelieferte Qualität der Halbfertigfabrikate nicht dem notwendigen Standard entsprochen hätte. Dadurch mussten sehr viele Fabrikate in der Kostenstelle „nachbearbeitet" werden. Aus diesem Grund kam es zu massiven Abweichungen bei den Personalkosten.

Der Kostenstellenleiter der vorgelagerten Kostenstelle argumentiert, dass es aufgrund einer konstruktiven Veränderung zu den Qualitätsproblemen gekommen ist. Seiner Einschätzung nach sind die neuen Vorgaben von Seiten der Arbeitsvorbereitung nicht produktionsgerecht. Mit den bestehenden Anlagen können diese Vorgaben nur unzureichend mit einem entsprechenden Anteil fehlerhafter Teile produziert werden.

In der Arbeitsvorbereitung wird darauf hingewiesen, dass eine Änderung der Konstruktionspläne deswegen notwendig geworden ist, da der Einkauf seit letztem Monat ein anderes Material einkauft als das bisher verwendete. Das neue Material weist Eigenschaften auf, die eine konstruktive Änderung notwendig gemacht haben. Ansonsten wäre die stabile Funktionsweise (zum Beispiel schwingungsfreier Betrieb) nicht sichergestellt gewesen.

Das Beispiel könnte an dieser Stelle noch weitergeführt werden. Es sollte aber ersichtlich geworden sein, dass die Ursachen von Abweichungen in einzelnen Kostenstellen durch Entscheidungen in vorgelagerten Kostenstellen verursacht werden können. Entscheidend ist es dabei, nicht auf ein Optimum in einer einzelnen Kostenstelle abzustellen, sondern den gesamten Prozess zu optimieren.

Das Gebot der Stunde lautet daher, zunehmend in Prozessen und weniger in klar abgegrenzten Bereichen zu denken. Daher spielt die Prozessorientierung im Kostenmanagement mittlerweile eine entscheidende Rolle. Oft werden an den Schnittstellen zwischen den Kostenstellen weit mehr Ressourcen verschwendet als in den Kostenstellen selbst. Ein typisches Beispiel dafür sind die oft langen Liegezeiten zwischen den Kostenstellen, während die Durchlaufzeiten in den Kostenstellen optimiert werden.

Im Rahmen eines modernen Kostenmanagements geht man darüber hinaus davon aus, dass die Perspektive des Kostenmanagements die Unternehmensgrenze überschreiten sollte. Es wird zunehmend die Gestaltung unternehmensexterner Elemente gefordert, die durch die Optimierung der gesamten Wertschöpfungskette zu Objekten des Kostenmanagements werden. In der folgenden Grafik wird offensichtlich, dass die unternehmensinternen Prozesse lediglich in der gesamten Wertschöpfungskette eingegliedert sind und daher ein ausschließlich unternehmensinternes Kostenmanagement zu kurz greift. Kostenprobleme der Lieferanten oder der Vertriebspartner schwächen die gesamte Wertschöpfungskette.

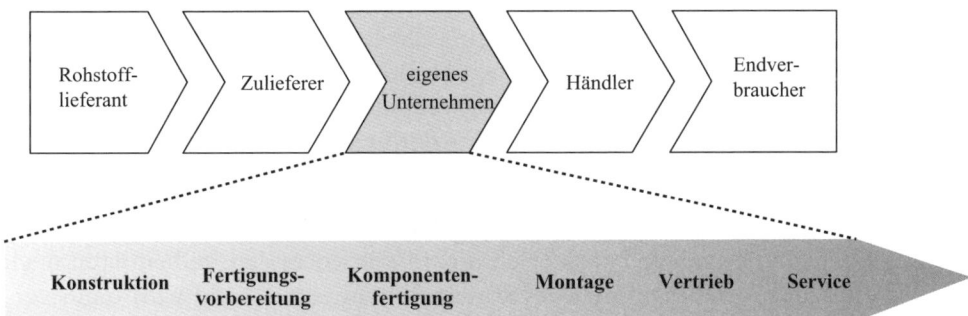

Abbildung 439: Ansatzpunkte des Kostenmanagements in der Wertschöpfungskette

Kostenmanagement beeinflusst das Entscheidungsverhalten des Managements

Kostenüberschreitungen sind selten die Folge von „klassischen" Flops, Verschwendungssucht oder Schlamperei, sondern vom Nichtberücksichtigen von Folgekosten einer Entscheidung. Entscheidungen werden ohne genau Kenntnis (im Sinne von Abschätzung) möglicher kostenmäßiger Konsequenzen getroffen. Dies soll wiederum an einem Beispiel erklärt werden.

Beispiel

Eine Investition in eine Anlage bewirkt nicht nur eine Erhöhung des Anlagevermögens (Sachanlagevermögen), sondern stets auch Erhöhungen im Umlaufvermögen. So erhöht sich notwendigerweise bei erhöhtem Leistungsvermögen und steigenden Umsätzen der Forderungsbestand. Außerdem muss mehr Material vorgehalten werden und es werden meist mehr Fertigerzeugnisse auf Lager produziert. Dadurch erhöhen sich zudem die Lagerbestände. Aus dieser Erhöhung des Vermögens resultieren wiederum Kostenerhöhungen (Abschreibungen, Zinsen, kalkulatorische Wagnisse, Versicherungskosten etc). Wird die neue Anlage ferner nicht ganz ausgelastet, steigen die Kosten durch die Fixkostenprogression. Darüber hinaus können noch entsprechende Anlaufkosten anfallen, die ebenfalls das Kostenniveau erhöhen.

Derartige Folgekosten werden von Entscheidungen verursacht, die „unreflektiert" getroffen werden. Man glaubt, dass man so und nicht anders entscheiden musste. In weiterer Folge manifestieren sich zusätzliche Folgekosten, die dadurch entstehen, dass die „Dinge" einfach so weiterlaufen wie bisher, Beschäftigung bieten und zur vermeintlich notwendigen Routine gezählt werden. Eines Tages findet sich das Management dann in einem Sumpf von Sachzwängen wieder, die tatsächlich kaum noch steuerbar sind.

Das Unternehmen kann seine Situation dann faktisch kaum mehr gestalten und ist dazu verurteilt, nur mehr auf Störungen zu reagieren. Von einem permanenten (Krisen-)Interventionsmanagement (trouble shooting) geschüttelt, versinken solche Organisationen in einem Problemschlamm nicht mehr integrierbarer Einzelmaßnahmen, die weder strategisch Sinn machen noch nachhaltig zum operativen Erfolg führen. Die notwendigen permanenten Interventionen füllen mühelos jeden Kalender. Ein durch Schlichtungsversuche gekennzeichnetes Tagesprogramm führt das Management schnell in die Nähe seiner Kapazitätsgrenzen.

Wichtige Entscheidungen werden in solchen Phase noch weniger durchdacht. Neue Entscheidungen, die etwaige Folgekosten nicht berücksichtigen, zementieren noch mehr die ungünstigen Strukturen des Unternehmens ein. Häufig wird dann versucht, eine Fehlinvestition durch eine weitere Investition zu „retten". Wie die Erfahrung zeigt, funktionieren solche Planungsannahmen jedoch meist nicht. Dies stellt eher ein Prinzip dar, das unter dem Motto „Die Flucht nach vorne antreten" bekannt ist.

Die getroffenen Interventionen lösen die Probleme des Unternehmens nur sehr kurzfristig, verändern aber nicht die Situation an sich. Die Tragik liegt dann aber in der Erfolglosigkeit trotz großer Anstrengung. Die Ursache der Kostenüberschreitungen sind ja nicht das Fehlen von Anstrengung und Einsatz, sondern zumeist die mangelnde strategische Ausrichtung des Unternehmens. Jedes Mitglied des Managements entscheidet so, wie er bzw sie es für richtig hält. Ein strategisch ausgerichtetes Kostenmanagement nimmt hingegen Einfluss auf das Entscheidungsverhalten des Managements.

Ein effektives Kostenmanagement setzt in einer frühen Phase von Entscheidungen an

Eine grundsätzliche Erkenntnis des Kostenmanagements bezieht sich auf den Umstand, dass am Beginn eines Entscheidungs- und Umsetzungsprozesses die folgenden Kosten in hohem Maße beeinflusst werden können. Im Laufe des Prozesses nimmt die Möglichkeit, die Folgekosten zu beeinflussen, laufend ab. Demgegenüber sind am Beginn des Prozesses erst geringe Kosten angefallen, während im Laufe des Prozesses zunehmend Kosten anfallen. Dies soll wiederum anhand eines Beispiels erklärt werden:

2. Kostenmanagement

> **Beispiel**
>
> Geht man von der Entwicklung eines neuen Produktes aus, so hat man in der Entwicklungsphase sehr viele Möglichkeiten, die Kosten dieses Produktes zu beeinflussen. Solange nur ein Konzeptpapier vorhanden ist, sind Änderungen noch relativ leicht durchführbar und die bisher angefallenen Kosten halten sich in Grenzen. Sie beschränken sich auf die Kosten der Entwicklung dieses Konzeptpapiers. Je weiter die Entwicklung des Produktes voranschreitet, desto mehr wendet sich die Planung detaillierten Ausführungsaspekten des Produktes zu (Eigenschaften, Funktionen, Design etc). Die Möglichkeiten von etwaigen Änderungen nehmen aufgrund bereits getroffener Grundsatzentscheidungen ab. Zugleich steigen die bisher angefallenen Kosten an.
>
> Wenn nun das Produkt in die Produktion übergeleitet wird (Produktionslinien werden dafür aufgebaut), sind etwaige Änderungen nur mehr schwer möglich. Zugleich fallen hohe Investitionen und damit verbunden die entsprechenden Kosten an. Wird das Produkt in den Markt eingeführt, können zwar noch immer Änderungen vorgenommen werden, allerdings können diese nicht mehr grundsätzlicher Art sein, da ansonsten die Änderungskosten zu hoch wären. Zudem verursachen die Aktivitäten für die Vermarktung und den Vertrieb des Produktes zusätzlich hohe Kosten.

Wie aus den Ausführungen ersichtlich wird, nehmen während des dargestellten Prozesses die Möglichkeiten der Beeinflussung der Kosten ab, während die Höhe der angefallenen Kosten laufend zunimmt. Die Möglichkeiten der Kostenbeeinflussung verhalten sich demnach diametral zu der Höhe der angefallenen Kosten. Diesen Zusammenhang soll die folgende Grafik veranschaulichen:

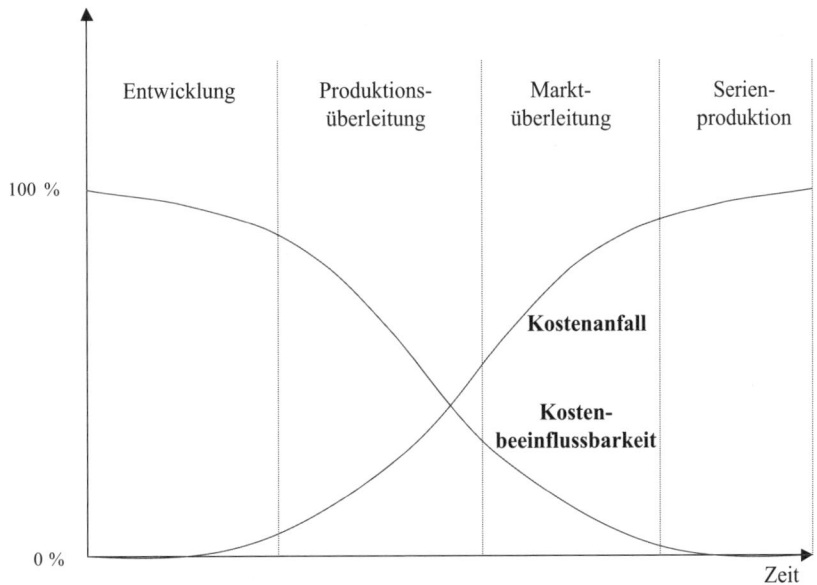

Abbildung 440: Kostenanfall versus Kostenbeeinflussbarkeit

Auf Basis dieser Erkenntnis wurde in den vergangenen Jahren eine Reihe an empirischen Studien durchgeführt, um diese dargelegte These zu überprüfen. Die Ergebnisse dieser empirischen Studien weisen darauf hin, dass der Schwerpunkt der Kostenverantwortung im Konstruktionsbereich liegt. So zeigen die Studien, dass die Kosten eines Erzeugnisses bis zu 70 % durch die in der Entwicklung und Konstruktion festgelegten Vorgaben beeinflusst werden, während von diesem Bereich im Durchschnitt nur 6 % der Selbstkosten verursacht werden. Die Fertigung dagegen kann nur mehr 20 % der Kosten beeinflussen, womit traditionelle Kostenrechnungsverfahren sozusagen „den falschen Bereich" überwachen. Diesen Zusammenhang zeigt die folgende Grafik auf.

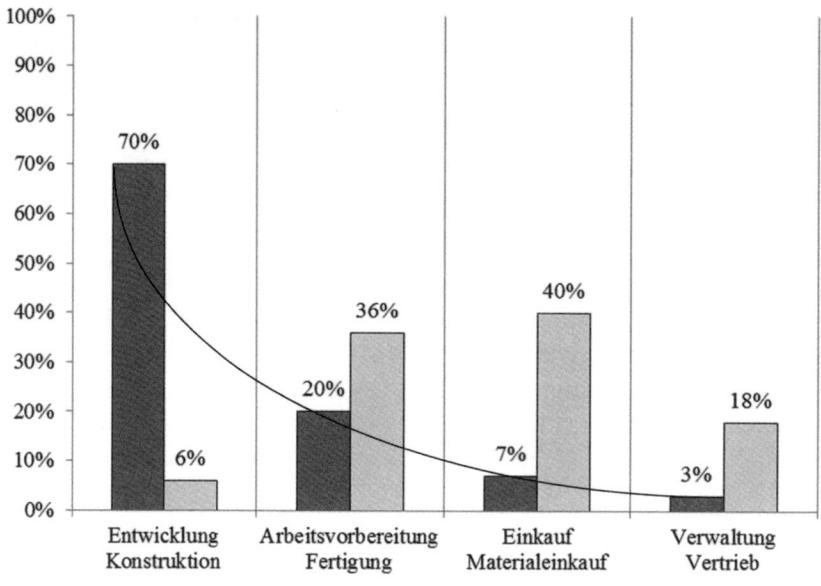

Abbildung 441: Kostenfestlegung versus Kostenverursachung

Wenn primär die Herstellkosten in einem hohen Maße durch die Konstrukteure im Voraus festgelegt werden (zB Maße, Funktionen, Material, Fertigungsschritte etc), dann ergeben sich auch neue Aufgabengebiete für das Kostenmanagement. Differenzierte Abweichungsanalysen im Nachhinein verlieren zugunsten einer konstruktionsbegleitenden Kostenbeeinflussung an Bedeutung. Mit anderen Worten: Der Kostenrechner wird zukünftig gefordert sein, einen wesentlichen Beitrag zu einem proaktiven Kostenmanagement in der Designphase eines Produktes zu leisten.

In diesem Sinne ist es ein immer dringlicheres Anliegen, die Entwickler und Konstrukteure nicht zu einer technisch perfekten, sondern auch zu einer unter Kostenaspekten wirtschaftlichen Gestaltung der Erzeugnisse zu bewegen. Es gilt, marktgerechte Produkte nur so gut wie nötig und nicht immer so gut wie technisch möglich zu gestalten. Dies gilt insbesondere dann, wenn der Kunde nicht bereit ist, für ein „Zuviel an Funktionen" (over engineering) einen höheren Preis zu akzeptieren.

Die Philosophie eines proaktiven Kostenmanagements in der Design- und Konstruktionsphase wird damit klar: Eigenschaften und Funktionen, die vom Kunden nicht nachgefragt werden, verursachen Prozesse, die aus der Sicht des Kunden den Wert eines Produktes nicht erhöhen und für die er deshalb auch nicht bereit ist zu zahlen.

Zukünftig wird daher das Management gefordert sein, diese Prozesse zu identifizieren und zu eliminieren, um weitere Kostensenkungspotenziale realisieren zu können. Wer zukünftig wettbewerbsfähig bleiben will, muss jede Art von Verschwendung in der eigenen Wertschöpfungskette eliminieren, um seine Strukturen schlank zu halten.

Wirtschaftliches Entwickeln und Konstruieren wird bei den derzeitigen Wettbewerbsstrukturen daher zu einer Prämisse im Überlebenskampf. Wirtschaftliches Entwickeln und Konstruieren heißt, dass man beim Konstruieren eines Objekts Gesichtspunkte berücksichtigt, die dessen möglichst wirtschaftliche Herstellung ermöglichen.

Zusammenfassend kann festgehalten werden, dass die Kosteninterventionen möglichst frühzeitig im Lebenszyklus und möglichst umfassend in der gesamten Wertschöpfungskette ansetzen sollen. Diese Zusammenhänge stellt die folgende Abbildung zusammenfassend dar.

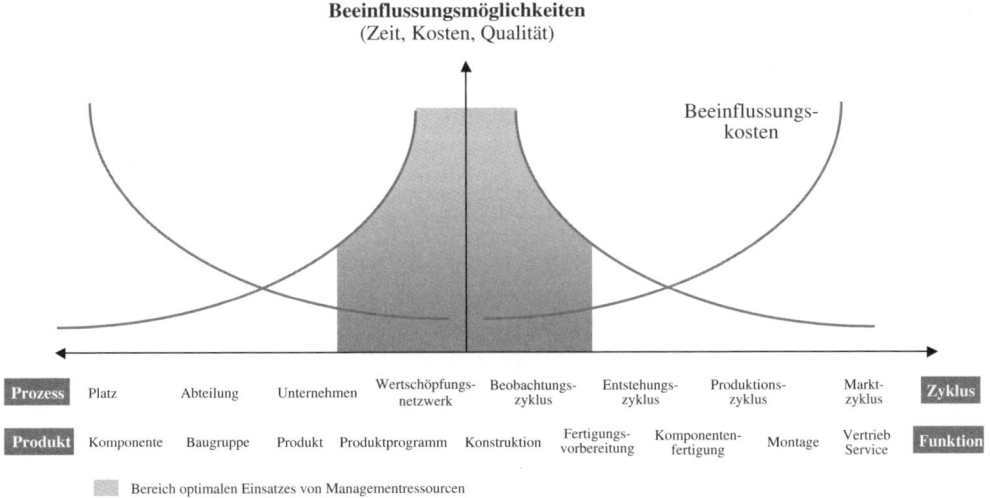

Abbildung 442: Ansatzpunkte des Kostenmanagements in der Wertschöpfungskette und im Produktlebenszyklus

Der färbige Bereich zeigt die zeitliche und inhaltliche Zone an, in der es zu einem effektiven Managementeinsatz kommt. Die dort investierte Zeit ist im Sinne der Zielerreichung das bessere Investment als in späteren Phasen oder auf zu tiefen und daher falschen Problemebenen. Das Management sollte üben, auf hoher Ebene und in frühen Lebenszyklusphasen zu entscheiden. Das bedeutet, dass bei Veränderungen (zB auf der Ebene der Komponenten) stets die Belange der höheren Ebene zumindest mitgedacht werden und eventuell auf die jeweilige Problemstellung rückgekoppelt werden.

Praktische Relevanz

Hinsichtlich des Kostenverlaufs kommt es bei Interventionen in der Unternehmenspraxis häufig zu unvermuteten Kostenreaktionen. Ein solcher Effekt ist die **Kostenremanenz**, die sowohl die variablen als auch die sprungfixen Kosten betrifft. Laut Definition müssten die variablen Kosten bei einer Beschäftigungszunahme steigen und bei einem Beschäftigungsrückgang sinken. Während sie bei einer Beschäftigungszunahme auch tatsächlich steigen, kann es durchaus sein, dass sie bei einem Beschäftigungsrückgang nicht oder stark verzögert sinken.

> **Beispiel**
>
> Ein Unternehmen produziert seit längerer Zeit mit voller Auslastung. Die Auftragslage ist nur aufgrund der Überstunden der Mitarbeiter zu schaffen. Die Mitarbeiter beziehen nun seit einigen Jahren die Überstunden und sehen diese als üblichen Lohnbestandteil an. Kommt es zu einem Beschäftigungsrückgang, so werden häufig die Überstunden nicht zurückgehen. Die Mitarbeiter haben Interesse, ihr gewohntes Lohnniveau zu halten, und werden daher mit etwas geringerer Leistung pro Stunde arbeiten, um das Stundenniveau halten zu können. Dieser Effekt wird als Arbeitsstreckung bezeichnet.

Der Effekt der Kostenremanenz lässt sich auch bei sprungfixen Kosten feststellen. Bei einem Beschäftigungsrückgang wird Personal, das ein Gehalt bezieht, nicht sofort gekündigt oder eine nicht ausgelastete Maschine nicht unmittelbar verkauft. Grafisch lässt sich die Kostenremanenz für die variablen und sprungfixen Kosten folgendermaßen darstellen:

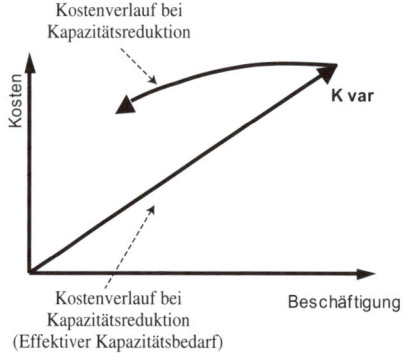 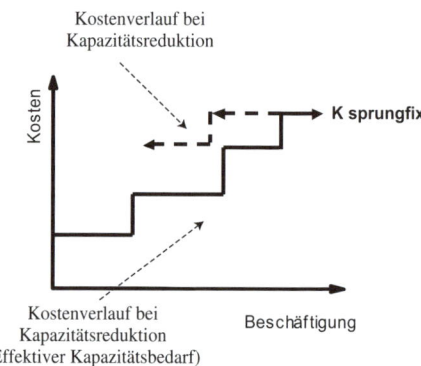

Abbildung 443: Kostenremanenz bei variablen und sprungfixen Kosten

Wissen kompakt

Kostenmanagement ist sowohl die operative Steuerung von Kosteneinflussgrößen (Gestaltungsparametern) zur möglichst zeitnahen und nachhaltigen Reduktion aktueller Kosten als auch die optimale, dh zielorientierte „strategische" Gestaltung von Kostenparametern zur möglichst umfangreichen und nachhaltigen Reduktion zukünftiger Kosten

Kostenniveaus geben die Höhe der Kosten im Vergleich zu anderen Zeitperioden oder Wettbewerbern an.

Kostenremanenz bedeutet, dass die variablen bzw sprungfixen Kosten auf einem bestimmten Kostenniveau verbleiben, obwohl die Beschäftigung reduziert wird.

Kostenstrukturen geben die Zusammensetzung der Kosten aus unterschiedlichen Kostenblöcken, -kategorien und -arten an.

Kostenverläufe zeigen die Veränderbarkeit (Reagibilität) der Kosten gegenüber bestimmten Kosteneinflussgrößen im Zeitverlauf.

Kontrollfragen

- Was ist der Unterschied zwischen der Kostenrechnung und dem Kostenmanagement?
- Welche Rolle spielt das Outsourcing im Rahmen des Kostenmanagements?
- Was versteht man unter dem Lernkurveneffekt?
- Welchen Zusammenhang gibt es zwischen der Investitions- und der Kostenpolitik?
- Was versteht man unter Kostenremanenz?
- Warum sollte das Kostenmanagement vor allem an den innerbetrieblichen und zwischenbetrieblichen Schnittstellen ansetzen?
- Warum sollte sich das Kostenmanagement vor allem auf die frühen Phasen von Produktinnovationen konzentrieren?

Verwendete und weiterführende Literatur

- *Elben, H./Handschuh, M.:* Handbuch Kostensenkung – Methoden, Fallstudien, Konzepte und Erfolgsfaktoren, Weinheim 2004.
- *Freidank, C.-C./Götze, U./Huch, B./Weber, J.* (Hrsg): Kostenmanagement – Aktuelle Konzepte und Anwendungen, 1. Auflage, Berlin 1997.
- *Dellmann, K./Franz, K.-P.:* Neuere Entwicklungen im Kostenmanagement, Bern 1994.
- *Franz, K.-P./Kajüter, P.:* Kostenmanagement – Wettbewerbsvorteile durch systematische Kostensteuerung, 2. Auflage, Stuttgart 2002.
- *Monden, Y.:* Wege zur Kostensenkung, München 1999.
- *Mussnig, W.:* Dynamisches Target Costing – Von der statischen Betrachtung zum strategischen Management der Kosten, Wiesbaden 2001.

- *Pfeiffer, W./Weiß, E.:* Lean Management – Grundlagen der Führung und Organisation lernender Unternehmen, 2. Auflage, Berlin 1994.
- *Sakurai, M.:* Integratives Kostenmanagement, 2. Auflage, München 2002.
- *Seicht, G.:* Moderne Kosten- und Leistungsrechnung, 11. Auflage, Wien 2001.

3. Konzepte im Rahmen der Kostenplanung und des Kostenmanagements

3.1. Operative Abweichungsanalysen

3.1.1. Konzeptionelle Grundlagen

Lernziel

In diesem Kapitel lernen Sie
- welche Führungsstile in Zusammenhang mit Planabweichungen zur Anwendung kommen
- welche Abweichungsarten zum Vergleich herangezogen werden können
- wie die einzelnen Abweichungen berechnet werden können
- an welchen Interventionspunkten man ansetzen kann, falls es zu erheblichen Abweichungen gekommen ist

Die Ermittlung von Abweichungen stellt einen wesentlichen Kern der Aufgaben und einen wesentlichen Nutzen im gesamten Planungs-, Steuerungs- und Kontrollzyklus dar. Die Planung und die darauf aufbauenden Kontrollen sollen sicherstellen, dass bedrohliche Entwicklungen rechtzeitig erkannt werden und somit nicht zu existenziellen Krisen des Unternehmens führen.

Aufgrund der bisherigen Ausführungen wird offensichtlich, dass Planung ohne Kontrolle nur einem Selbstzweck dienen kann. Erst die Kontrolle gibt der Planung den entsprechenden Wert. Dies ist angesichts des hohen Planungsaufwandes auch notwendig. Eine zeitnahe Kontrolle der erbrachten Leistungen mit anschließendem Feedback stellt (immer noch) eine sehr effektive Form der Führung dar.

In der Kontrollphase werden in einem ersten Schritt im Zuge einer laufenden Tätigkeit (zB vierteljährlich, monatlich, wöchentlich oder sogar täglich) die tatsächlichen Ist-Werte erhoben. Anschließend erfolgt ein Vergleich mit den Ist-Werten der Vorperioden oder mit Plan-Werten für die aktuelle Periode. Durch einen ständigen Vergleich der erbrachten Leistung mit den Vorgabewerten (Objectives) und eine darauf aufbauende Abweichungsanalyse ist es möglich, das Betriebsgeschehen durch entsprechende steuernde Maßnahmen auf dem gewünschten Kurs zu halten.

In einem zeitgemäßen Führungskonzept sollte der jeweilige Verantwortliche bei Abweichungen innerhalb einer bestimmten Toleranzgrenze selbst korrigierend intervenieren können. Die nächsthöhere Stelle greift in diesem Fall nicht ein. Erst wenn die Abweichungen über die Toleranzgrenze, dh den Handlungsspielraum des Verantwortlichen, hinausgehen, muss die vorgesetzte Stelle aktiv eingreifen. Zum Management by Objectives (Führung durch Zielvorgaben) kommt dann das Management by Exceptions (Führung im Ausnahmefall). Management by Objectives (MbO) und Management by Exceptions (MbE) sind damit die Säulen eines aktuellen Führungsverständnisses.

In der folgenden Grafik sind die oberen und unteren Toleranzgrenzen eingezeichnet. Erst wenn der Ist-Wert den Toleranzbereich verlässt (wie in der Grafik in der dritten Periode) greift der Vorgesetzte korrigierend ein.

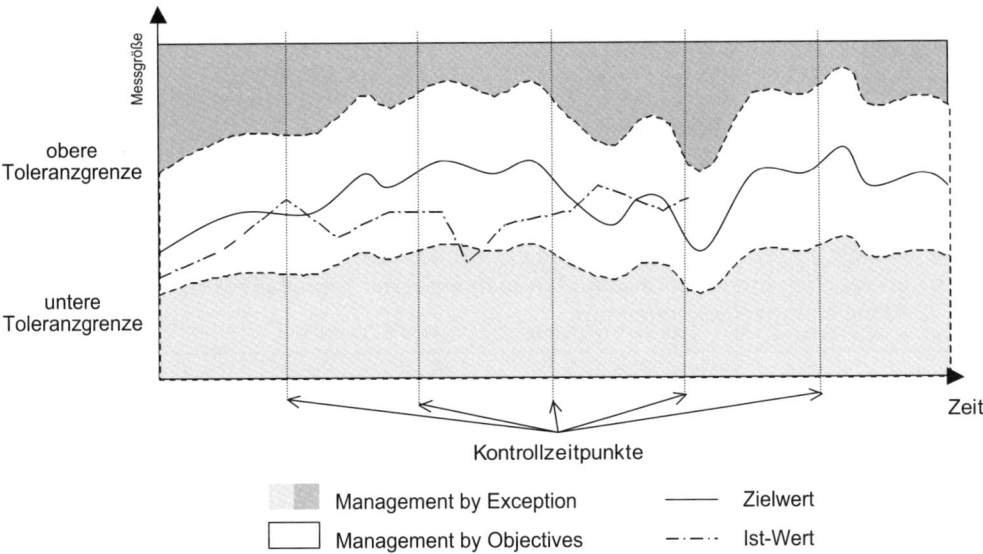

Abbildung 444: Zusammenhang zwischen MbO und MbE

Hinsichtlich der Abweichungsanalysen unterscheidet man konzeptionell zwischen so genannten **Feedback-Analysen** und **Feedforward-Analysen**. Erstere haben ihren Fokus auf die vergangene Entwicklung gerichtet, während die feedforward-Analysen zukunftsbezogen eingesetzt werden. Die Feedforward-Analysen werden in der Unternehmenspraxis auch als Forecast-Rechnungen bezeichnet. Zu den Feedback-Analysen zählen der so genannten Ist-Ist-Vergleich und der Soll-Ist-Vergleich. Zu den Feedforward-Analysen zählt man den so genannten Soll-Wird-Vergleich.

In der folgenden Abbildung wird die Wirkungsweise der einzelnen Abweichungsarten ersichtlich. Der Ist-Ist-Vergleich und der Soll-Ist-Vergleich richten ihren Analysefokus auf die vergangene Entwicklung. Während der Ist-Ist-Vergleich für die Abweichungsanalyse zudem noch einen vergangenen Wert als Vergleichsmaßstab heranzieht, dient im Rahmen des Soll-Ist-Vergleichs ein zuvor geplanter Wert für die zu analysierenden Abweichungen.

Der Soll-Wird-Vergleich konzentriert sich hingegen auf potenzielle zukünftige Abweichungen. Es handelt sich um eine Prognoserechnung, mit deren Hilfe man versucht, zukünftige drohende Abweichungen zu ermitteln. Grafisch lassen sich die Abweichungsanalysen aus zeitlicher Perspektive folgendermaßen abbilden:

3. Konzepte der Kostenplanung und des Kostenmanagements

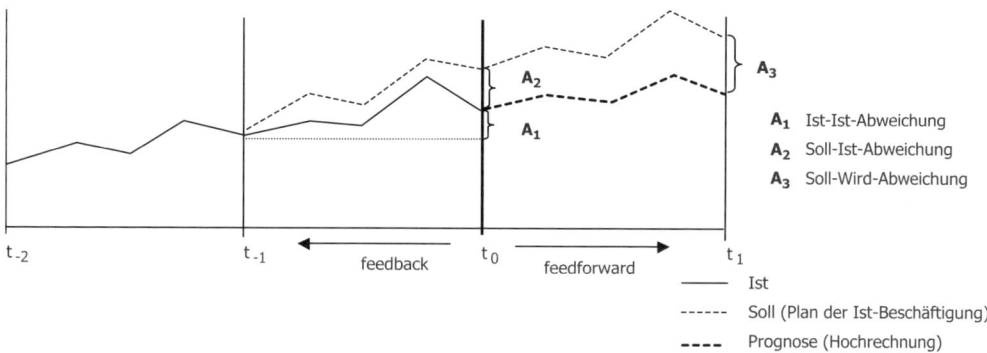

Abbildung 445: Vergleich zwischen Feedback- und Feedforward-Analysen

Um die verschiedenen Abweichungsarten systematisch darzustellen, werden in der folgenden Tabelle die unterschiedlichen Ziele und Aufgaben, der jeweilige Zeithorizont und die daraus resultierenden Managementoptionen gegenübergestellt.

Analysetyp	Ist-Ist-Vergleich	Soll-Ist-Vergleich	Soll-Wird-Vergleich
Ziel	Ergebnisfeststellung	Ergebnissteuerung	Ergebnissicherung
Aufgaben	bisherige Abweichungen dokumentieren	aktuellen Abweichungen gegensteuern	potenziellen zukünftigen Abweichungen gegensteuern
Managementoptionen	Abweichungen passiv akzeptieren	Abweichungen minimieren	Abweichungen verhindern
Zeithorizont	Vergangenheit	Gegenwart	Zukunft

Tabelle 17: Vergleich zwischen den Analysearten

Im Rahmen des **Ist-Ist-Vergleichs** werden die tatsächlich erzielten Ist-Werte einer Periode mit Ist-Werten anderer Perioden oder anderer Unternehmen verglichen. Mögliche Formen des Ist-Ist-Vergleichs sind:

- der Zeitvergleich, zB aktuelles Jahr im Vergleich zum Vorjahr, Oktober im Vergleich zum September, die ersten sieben Monate des Jahres kumuliert zu den ersten sieben Monaten des Vorjahres kumuliert;
- der Bereichsvergleich, zB Kosten der Abteilung A mit Kosten der Abteilung B, Ertrag des Inlandsgeschäftes im Vergleich zum Ertrag des Auslandsgeschäftes;
- der Mitarbeitervergleich, zB Umsatz des Außendienstmitarbeiters X mit dem Umsatz des Außendienstmitarbeiters Y, Produktivität des Facharbeiters A mit der Produktivität des Facharbeiters B;
- der Filialenvergleich, zB Umsatz je Mitarbeiter der Filiale X mit Umsatz je Mitarbeiter der Filiale Y mit Umsatz je Mitarbeiter der Filiale Z;
- der Betriebsvergleich, zB Vergleich von Kennzahlen von Mitbewerbern, Vergleich von branchenneutralen Kennzahlen. Häufig vergleicht man im Rahmen des Betriebsvergleichs nicht absolute Werte, sondern Kennzahlen in Form von

Verhältniszahlen, um Größenunterschiede auszuschalten (zB Gewinn in % des Umsatzes).

Die Vorteile des Ist-Ist-Vergleichs liegen darin, dass der Vergleich zweier Werte wesentlich mehr aussagt als ein isolierter Wert. Im Rahmen von Zeitvergleichen kann man dadurch Entwicklungen feststellen. Bei Betriebsvergleichen kann man beispielsweise die eigenen Ergebnisse im Vergleich mit Ergebnissen anderer Unternehmen wesentlich kritischer beurteilen. Der Ist-Ist-Vergleich ist zudem auch relativ einfach durchzuführen, da man kein Planungssystem benötigt.

Die Aussagekraft des Ist-Ist-Vergleichs ist allerdings beschränkt. Zunächst stellen die unterschiedlichen Berechnungsarten der Kennzahlen ein Problem dar. Wird die jeweilige Kennzahl im Rahmen des Betriebsvergleichs unterschiedlich berechnet, kann ein Vergleich zu falschen Schlüssen führen. Zudem weisen viele Unternehmen eine gemischte Geschäftstätigkeit (zB Produktion und Handel) auf, wodurch die Zuordnung zu einer Branche problematisch sein kann. Den größten Nachteil des Ist-Ist-Vergleichs stellt jedoch der starke Vergangenheitsbezug dar. Werden aktuelle Werte mit jenen aus einer Vorperiode verglichen, so werden strukturelle Unwirtschaftlichkeiten nicht aufgedeckt. Es wäre ja möglich, dass man in beiden Vergleichsperioden ein grundsätzliches, bisher nicht hinterfragtes Effizienzproblem hat. Der Ist-Ist-Vergleich deckt solche Problem nicht auf, sondern vergleicht sozusagen die Unwirtschaftlichkeit der Vergangenheit mit der aktuellen Unwirtschaftlichkeit.

Im Rahmen des **Soll-Ist-Vergleichs** werden Vorgabewerte aus Budgets (Soll-Werte) mit den tatsächlich erreichten Werten verglichen. Kommt es zu einer entsprechenden Planabweichung zwischen den Soll-Werten (Objectives) und den Ist-Werten (tatsächliche Werte), dann sollte das Management entsprechende Korrekturmaßnahmen einleiten. Der Soll-Ist-Vergleich ist wesentlich besser für die Steuerung des Unternehmens geeignet als der Ist-Ist-Vergleich, weil hier strukturelle Unwirtschaftlichkeiten im Rahmen der Planung von vornherein aufgedeckt werden können. Dementsprechend sollte im Rahmen des Soll-Ist-Vergleichs nicht ausschließlich die Frage im Mittelpunkt stehen, wie die Abweichungen entstanden sind. Ein wesentlicher Nutzen des Soll-Ist-Vergleichs resultiert auch aus der Diskussion, welches Potenzial (Absatzsteigerung, Kostenreduktion etc) möglich wäre.

Da der Soll-Ist-Vergleich einen geplanten Wert zum Vergleich heranzieht, ist der Fokus im Rahmen dieser Analyse nicht mehr ausschließlich auf die Vergangenheit gerichtet. Dementsprechend ist der Aussagewert dieser Analyse gegenüber dem Ist-Ist-Vergleich höher einzuschätzen. Der Soll-Ist-Vergleich setzt aber dafür ein entsprechendes Planungs- und Budgetsystem voraus.

Der mit der Planungsarbeit verbundene Aufwand ist dabei zu berücksichtigen. Dem höheren Aufwand für die Planung der Sollwerte muss auch ein entsprechender Nutzen gegenüberstehen. Um den Aufwand einzuschränken, planen einige Unternehmen lediglich die Jahreswerte und die Quartalswerte. Bei den Monatswerten wird von Seiten der Unternehmen aufgrund des damit verbundenen hohen Aufwandes, aufgrund kurzfristiger saisonaler Schwankungen und der daraus resultierenden Prognose- und Abgrenzungsprobleme üblicherweise der Ist-Ist-Vergleich durchgeführt. Der Soll-Ist-Vergleich wird sodann nur quartalsmäßig und jährlich erstellt.

Der **Soll-Wird-Vergleich** stellt im Gegensatz zu den beiden zuvor beschriebenen Analysen eine Prognoserechnung dar. Das Problem vergangenheitsorientierter Analysen besteht darin, dass die Ist-Werte in Form von Ergebnissen bereits eingetreten sind und daher nicht mehr verändert werden können. Das Management kann daher nur mehr im Nachhinein Lehren daraus ziehen und versuchen, vergleichbare Abweichungen in der Zukunft zu verhindern. Die aktuellen Werte sind jedoch hinzunehmen. Drastische Abweichungen könnten aber bereits eine existenzbedrohende Krise des Unternehmens auslösen. Im Worst Case kann eine Abweichungsanalyse im Nachhinein die notwendigen Informationen zu spät liefern.

Im Rahmen des Soll-Wird-Vergleichs versucht man hingegen, während der Periode bereits drohende zukünftige Abweichungen auszuweisen. Man will noch während der Durchführung prognostizieren (hochrechnen), welches Ergebnis sich am Ende der Periode ergeben wird. Man stellt sich die Frage, wie sich das Ergebnis entwickeln wird, wenn sich die bisherigen Abweichungen so weiterentwickeln. Dazu führt man zunächst während der aktuellen Periode einen Soll- Ist-Vergleich durch und ermittelt so die Soll-Ist-Abweichung. Diese Soll-Ist-Abweichung (in %) wird sodann auf den Planwert am Ende der Periode projiziert, um das voraussichtliche Endergebnis prognostizieren zu können. Die so ermittelten Prognosewerte (Wird-Wert) für das Ende der Periode vergleicht man mit den Planwerten (Soll-Wert) am Ende der Periode und erhält die so genannte Soll-Wird-Abweichung. Man spricht in diesem Zusammenhang von einem Soll-Wird-Vergleich, da Soll-Werte in der Zukunft mit Wird-Werten (Prognosen, Hochrechnungen) in der Zukunft verglichen werden.

In der folgenden Grafik soll das Prinzip des Soll-Wird-Vergleichs dargestellt werden. Dazu werden beispielsweise die Deckungsbeiträge den fixen Kosten während eines Jahres gegenübergestellt. Die fixen Kosten sind in der Grafik kumulativ dargestellt. In diesem Sinne stellen sie zeitlich gesehen sprungfixe Kosten dar, da am Anfang eines jeden Monats entsprechende fixe Kosten anfallen (Gehälter, Miete, Versicherungskosten, Zinsen etc).

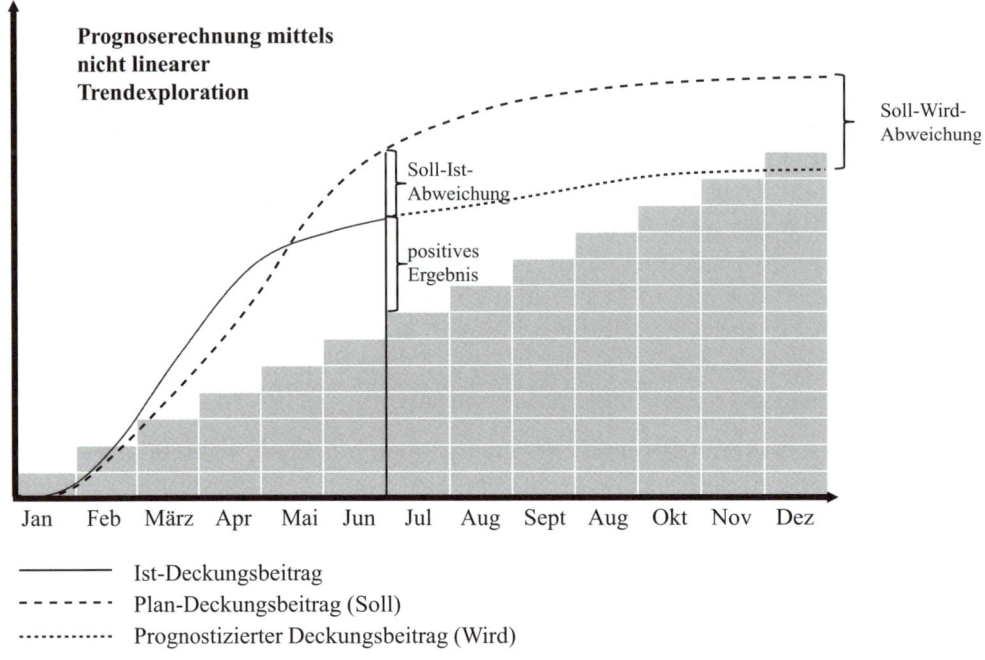

Abbildung 446: Prinzip des Soll-Ist-Vergleichs und des Soll-Wird-Vergleichs

Wie aus der Grafik ersichtlich wird, erfolgt zur Mitte der Periode (in diesem Fall eines Jahres) im Juni eine Soll-Ist-Analyse. Dabei wird die aktuelle Soll-Ist-Abweichung ermittelt. Diese Soll-Ist-Abweichung wird in weiterer Folge auf den geplanten Jahresendwert angewandt. Damit erhält man einen Prognosewert für das Jahresende.

Bei der Soll-Wird-Analyse handelt es sich um eine so genannte *nichtlineare Trendexploration*. Die Analyse ist deshalb nicht linear, weil bei der Berechnung des Prognosewertes nicht nur die aktuelle Soll-Ist-Abweichung, sondern auch der Planungsverlauf der weiteren Periode berücksichtigt wird. Dies hat den Vorteil, dass der saisonale Zyklus eines Geschäftes in die Analyse einbezogen werden kann. Stellt beispielsweise die erste Hälfte des Jahres die stärkere Saison dar, so kann der Effekt auftreten, dass sich laut Prognose der Soll-Wird-Analyse trotz eines positiven Ergebnisses in der ersten Jahreshälfte ein negatives Ergebnis für das gesamte Jahr abzeichnet. Dieser Fall wird in der obigen Grafik dargestellt. Der Effekt kommt dadurch zustande, dass die Deckungsbeiträge in der zweiten Jahreshälfte nicht mehr so stark ansteigen wie die kumulierten fixen Kosten.

Die Soll-Wird-Analyse erlaubt es dem Management, frühzeitig, und zwar nicht aufgrund von Ergebnissen der Vergangenheit, sondern aufgrund von Erwartungen in der Zukunft korrigierend einzugreifen. Zudem kann mit der Analyse trotz positiver Zwischenergebnisse eine Sensibilität für das prognostizierte Jahresergebnis beim Management erreicht werden. Dies gilt insbesondere für Unternehmen mit einem stark saisonal geprägten Absatzzyklus.

Der Vorteil der Soll-Wird-Analyse ist aber zugleich ein Nachteil. Es ist selbstverständlich möglich, zu verschiedenen Zeitpunkten während der Umsetzung eine Soll-Wird-Analyse durchzuführen. Je früher eine Soll-Wird-Analyse durchgeführt wird, desto mehr Optionen stehen einem Management offen, negativen Entwicklungen gegenzusteuern. Allerdings wird eine Soll-Wird-Analyse im Jänner für das gesamte Jahr noch keine große Aussagekraft haben (außer im Jänner ist die absolute Hochsaison der Geschäftstätigkeit). Je später man die Soll-Wird-Analyse durchführt, desto genauer wird die Prognose für das Gesamtjahr, da immer mehr aktuelle Informationen in der Analyse verarbeitet werden können. Dies soll die folgende Grafik für quartalsmäßig durchgeführte Soll-Wird-Analysen veranschaulichen:

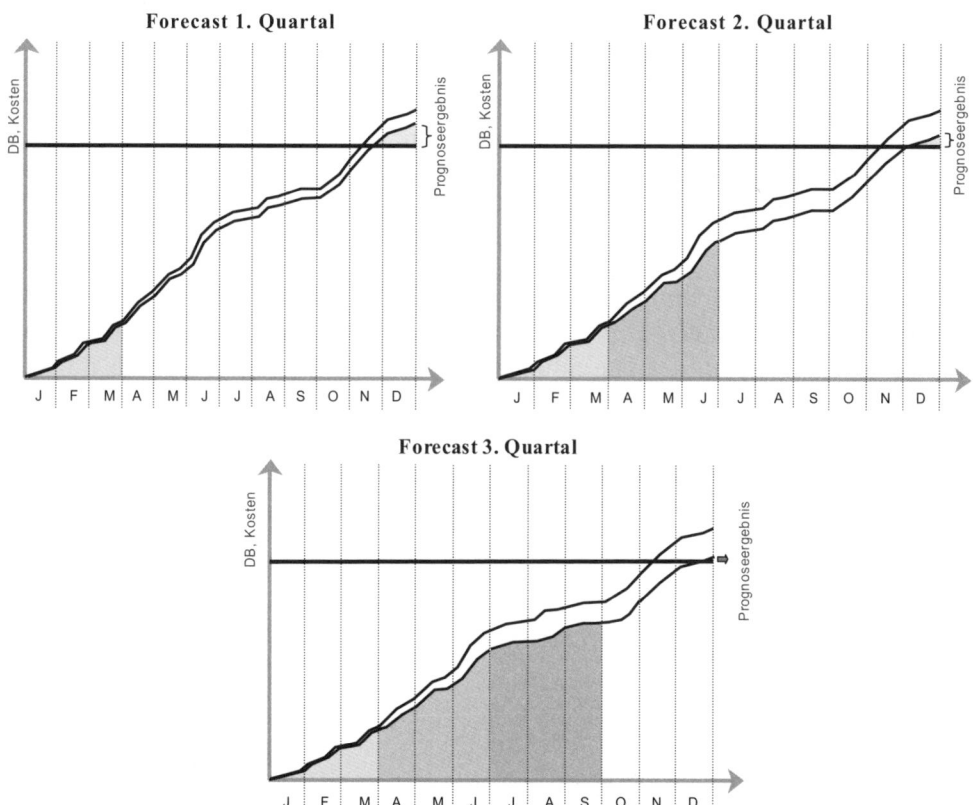

Abbildung 447: Informationswert quartalsmäßig durchgeführter Soll-Wird-Analysen

Der zunehmenden Prognosetreue steht das sinkende Spektrum an Gegensteuerungsmöglichkeiten gegenüber. Dennoch stellt die Soll-Wird-Analyse ein wichtiges Steuerungsinstrument eines aktuellen Führungsverständnisses dar. Es obliegt dem Geschick des Managements zu bestimmen, wann während einer Periode der geeignete Zeitpunkt zur Durchführung einer Soll-Wird-Analyse ist.

Die Soll-Wird-Analyse als Prognoserechnung ergänzt somit, soweit es um die Erreichung und Einhaltung von Vorgaben geht, das Budget und bildet ein wesentliches

Instrument zur Steuerung des Unternehmens. Die Analyse kann aber das beschlossene Budget nicht ersetzen! Das Budget als Willenserklärung bleibt bis zum Ende der Budgetperiode bestehen und bildet weiterhin die Grundlage für die Feststellungen aller Leistungsabweichungen.

3.1.2. Voraussetzungen und Aussagekraft

Die Qualität einer Planung ist entscheidend durch ihre Umsetzung bestimmt. Jede Planung ist daher nur so gut wie die anschließende Kontrolle und die daraus resultierenden Maßnahmen. Daher ist es eine wesentliche Managementaufgabe, aus den zyklischen Berichten Abweichungen zu erkennen, daraus die notwendigen Konsequenzen zu ziehen und durch gezielte Korrekturmaßnahmen das Ergebnis zum Ziel zu steuern.

Für die Wirksamkeit von Abweichungsanalysen ist es entscheidend, dass Abweichungen zeitnahe rückgemeldet werden. Es sollte also nur eine relativ kurze Zeitspanne zwischen dem Ereignis, das zu der Abweichung geführt hat, und dem Zeitpunkt der Berichterstattung vergehen. Nur dann ist sichergestellt, dass die tatsächlichen Ursachen einer Abweichung noch identifiziert und korrigiert werden können.

Im Rahmen von Abweichungsanalysen sollte man die jeweiligen Ursachen nicht nur in einer zu korrigierenden Umsetzung suchen. Selbstverständlich ist es möglich, dass Fehler im Rahmen der Durchführung passiert sind. Dies ist jedoch nur eine Ebene, auf der Korrekturen möglich sind. Ebenso ist es möglich, dass Fehler in der Planung, bei der Zielsetzung oder gar schon zuvor im Rahmen der Analysen passiert sind. Dementsprechend sollte man im Rahmen von Abweichungsanalysen folgende Vorgehensweise einhalten:

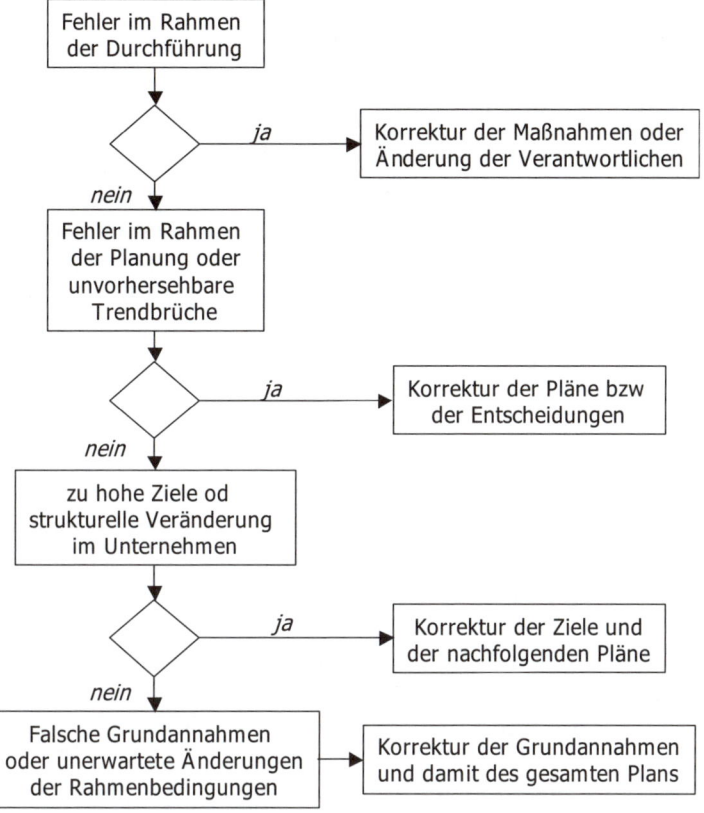

Abbildung 448: Fragestellungen im Rahmen einer Abweichungsanalyse

Im Rahmen der skizzierten Vorgehensweise ist davon auszugehen, dass zuerst versucht werden muss, durch eine Korrektur der Durchführung wieder die geplanten Ergebnisse zu erreichen. Erst wenn geänderte Gegenmaßnahmen keinen Erfolg zeigen (bzw erwarten lassen), sind die Pläne zu korrigieren. In diesem Fall spricht man von einer Planrevision. Planrevisionen sollten jedoch nicht zu häufig durchgeführt werden. Sind auch mit geänderten Plänen die Ziele nicht erreichbar, dann erst sind die Ziele anzupassen und neue Pläne auszuarbeiten.

3.1.3. Methodische Vorgehensweise

Die Abweichung im Rahmen des Ist-Ist-Vergleichs wird ermittelt, indem der aktuelle Ist-Wert durch einen Vergleichs-Ist-Wert dividiert wird. Den Vergleichs-Ist-Wert stellt bei einem Zeitvergleich der Ist-Wert einer Vorperiode dar. Es wird also immer der aktuelle Wert durch den historischen Wert geteilt. Damit erhält man wie im folgenden Beispiel einen Verhältniswert, der den aktuellen Wert in Prozent des Vergleichswertes ausdrückt. Daraus wiederum kann als Differenz zu 100 % eine prozentuelle Abweichung berechnet werden. Es sei angenommen, dass der aktuelle Ist-Wert € 985,– beträgt und der historische Ist-Wert des Vorjahres € 1.000,–. In diesem

Fall beträgt somit der aktuelle Wert 98,5 % des Vergleichswertes. Dies entspricht einer Abweichung von 1,5 % (= 100 % − 98,5 %).

$$\text{Abweichung in \%} = 100\,\% - \frac{\text{Aktueller Ist-Wert}}{\text{Vorjahres-Ist-Wert}} \times 100 \quad \Big| \quad 100\,\% - \frac{985}{1.000} \times 100 = 1,5\,\%$$

Der Soll-Ist-Vergleich basiert auf demselben Prinzip, wobei der jeweilige Ist-Wert durch den Soll-Wert geteilt wird. Der Soll-Wert stellt somit die Vergleichsbasis dar. Nehmen wir nun weiter an, dass der Soll-Wert € 1.015,– beträgt und der aktuelle Ist-Wert nach wie vor € 985,–. Daraus ergibt sich, dass der der aktuelle Wert 97 % des Soll-Wertes beträgt. Das ergibt eine Abweichung des Ist-Wertes vom Soll-Wert in Höhe von 3 %.

$$\text{Abweichung in \%} = 100\,\% - \frac{\text{Aktueller Ist-Wert}}{\text{Soll-Wert}} \times 100 \quad \Big| \quad 100\,\% - \frac{985}{1.015} \times 100 = 3\,\%$$

Für die Berechnung des Soll-Wird-Vergleichs muss man zunächst einen Soll-Ist-Vergleich erstellen. Die Relation von Ist-Wert zu Soll-Wert aus dem Soll-Ist-Vergleich wendet man sodann auf den Plan-Wert am Ende der Periode an. Daraus ergibt sich der prognostizierte Wird-Wert. Im folgenden Beispiel, das die Fortführung des oben skizzierten Soll-Ist-Vergleichs ist, beträgt der Ist-Wert 97 % des Soll-Wertes. Nun wird der Plan-Wert am Ende der Durchführungsperiode, der mit € 3.000,– angenommen wird, mit den 97 % multipliziert und man erhält so den Wird-Wert.

$$\text{Wird-Wert (Prognose)} = \text{Plan-Wert} \times \frac{\text{Aktueller Ist-Wert}}{\text{Soll-Wert}} \quad \Big| \quad 3.000 \times \frac{985}{1.015} = 2.910$$

Man geht also davon aus, dass die Abweichung zum Zeitpunkt des Soll-Ist-Vergleichs zum Zeitpunkt des Endes der Durchführungsperiode prozentuell gleich hoch sein wird. Absolut ergibt sich hingegen in dem skizzierten Beispiel eine drei Mal so hohe Abweichung, nämlich statt der € 30,– zwischen dem Soll-Wert und dem Ist-Wert (€ 1.015,– abzgl € 985,–) eine absolute Abweichung von € 90,– zwischen dem Soll-Wert und dem Wird-Wert (€ 3.000,– abzgl € 2.910,–).

Im Rahmen der Soll-Wird-Abweichung muss noch bei der Ermittlung des prognostizierten Ergebnisses auf einen Aspekt in der Berechnung hingewiesen werden. Ausgangspunkt für diese Erklärung soll folgende beispielhafte Ergebnisrechnung sein:

Preis Absatzmenge	
Umsatz Rabatt	
Nettoumsatz Summe variabler Kosten	
Deckungsbeitrag Summe fixer Kosten	
Betriebsergebnis	

Abbildung 449: Struktur der Ergebnisermittlung

3. Konzepte der Kostenplanung und des Kostenmanagements

Führt man mit der dargestellten Ergebnisstruktur eine Soll-Wird-Analyse durch, so ergibt sich folgendes Problem: Wendet man die Soll-Ist-Abweichungen auf die oben dargestellten Größen an, so würde man ein falsches Ergebnis berechnen. Dies soll beispielhaft an den variablen Kosten erklärt werden. Wird die prozentuelle Abweichung aus der Soll-Ist-Abweichung auf die Summe der variablen Kosten angewandt, so kommt es zu einer zweifachen Berücksichtigung von Abweichungen. Zum einen ist in dieser Abweichung bereits die Abweichung der Absatzmenge enthalten, da die Summe der variablen Kosten mengenabhängig ist. Zum anderen ist in dieser Abweichung auch die Veränderung der variablen Kosten pro Stück enthalten. Da die Mengenabweichung schon im Rahmen der Umsatzermittlung ausgewiesen wird, darf im Rahmen der Abweichung der variablen Kosten nur mehr die Veränderung der variablen Kosten pro Stück ausgewiesen werden. Aus diesem Grund müssen alle mengenabhängigen Größen (zB Rabatte, variable Kosten) zusätzlich je Stück ausgewiesen werden.

Grundsätzlich kann man davon ausgehen, dass auf alle zu erfassenden Werte (Eingabewerte) die prozentuelle Soll-Ist-Abweichung angewandt wird. Dies sind beispielsweise die Preise, die Absatzmengen, die Rabatte je Stück, die variablen Kosten je Stück und die Summe der fixen Kosten. Diese Werte nennt man, da sie unmittelbar aus den Vorsystemen erfasst werden, originäre Wert. Alle Werte, die aus den erfassten Werten berechnet werden können (zB Umsatz, Deckungsbeitrag, Summe der Rabatte sowie die Summe der variablen Kosten und letztendlich das Betriebsergebnis) nennt man derivative Werte.

Die Soll-Ist-Abweichungen werden nun, um korrekte Ergebnisse zu erzielen, nur für die originären Werte verwendet. Dazu werden die Abweichungen auf die Plan-Werte für die gesamte Periode angewandt und, wie in der folgenden Grafik sichtbar wird, horizontal auf die Wird-Werte übertragen. Die derivativen Werte werden hingegen vertikal ermittelt. Der prognostizierte Umsatz wird durch Multiplikation der Preise und der Absatzmengen ermittelt oder das Betriebsergebnis durch die Subtraktion der Summe der fixen Kosten von der Summe des Deckungsbeitrages. Die folgende Grafik gibt Aufschluss über das Berechnungsprinzip der korrekten Prognosewerte:

	Plan-Wert	Abweichung in %	Wird-Wert – Prognose	Ergebnisprognose
Preis	XXX	originärer Wert	XXX	XXX
Absatzmenge	XXX	originärer Wert	XXX	XXX
Umsatz	XXX	X		XX
Rabatt je Stück	XXX	originärer Wert	XXX	XXX
Summe Rabatt	XXX	X		XX
Nettoumsatz	XXX	X		XX
variable Kosten je Stück	XXX	originärer Wert	XXX	XXX
Summe variabler Kosten	XXX	X		XX
Deckungsbeitrag	XXX	X		XX
Summe fixer Kosten	XXX	originärer Wert	XXX	XXX
Betriebsergebnis	XXX	X		XX

Abbildung 450: Berechnungsprinzip im Rahmen des Soll-Wird-Vergleichs

Abschnitt G – Kostenplanung und Kostenmanagement

Fallbeispiel

Ausgangsdaten

Ein Unternehmen stellt drei Produktgruppen her und vertreibt diese direkt an die Endverbraucher. Für die drei Produktgruppen werden sowohl ein Jahresplan als auch Quartalspläne erstellt. Diesen Quartalswerten werden die jeweiligen Ist-Werte gegenübergestellt und eine Hochrechnung auf das voraussichtliche Jahresergebnis wird durchgeführt.

Für das Produkt A wurde mit einem durchschnittlichen Preis für das Jahr 2014 von € 100,– geplant. Die abgesetzte Menge wurde mit 20.000 Stück für diesen Zeitraum prognostiziert. Der Plan-DBU wurde mit 44 % angesetzt. An fixen Kosten wurden € 792.000,– für das Jahr 2014 geplant. Der durchschnittliche Preis sollte während des Planungszeitraums nicht schwanken. Nach dem 2. Quartal sollten laut Plan bereits 5.000 Stück abgesetzt sein. Der Plan-DBU sollte während der gesamten Planperiode (Jahr 2014) ebenfalls konstant bleiben. An fixen Kosten wurde geplant, dass am Ende des 2. Quartals € 202.400,– eingesetzt werden. Die Ist-Abrechnung zeigt am Ende des 2. Quartals, dass durchschnittlich ein Preis von € 99,– erreicht werden konnte. Dafür konnte eine Menge von 6.500 Stück abgesetzt werden. Der tatsächlich erreichte DBU betrug 43 % und an fixen Kosten wurden tatsächlich € 254.568,– eingesetzt.

Für das Produkt B wurde mit einem durchschnittlichen Preis für das Jahr 2014 von € 150,– geplant. Die abgesetzte Menge wurde mit 18.000 Stück für diesen Zeitraum prognostiziert. Der Plan-DBU wurde mit 38 % angesetzt. An fixen Kosten wurden € 998.000,– für das Jahr 2014 geplant. Der durchschnittliche Preis sollte während des Planungszeitraums nicht schwanken. Nach dem 2. Quartal sollten laut Plan bereits 8.000 Stück abgesetzt sein. Der Plan-DBU sollte während der gesamten Planperiode (Jahr 2014) ebenfalls konstant bleiben. An fixen Kosten wurde geplant, dass am Ende des 2. Quartals € 450.000,– eingesetzt werden. Die Ist-Abrechnung zeigt am Ende des 2. Quartals, dass durchschnittlich ein Preis von € 155,– erreicht werden konnte. Dafür konnte nur eine Menge von 7.500 Stück abgesetzt werden. Der tatsächlich erreichte DBU betrug 39 % und an fixen Kosten wurden tatsächlich € 445.000,– eingesetzt.

Für das Produkt C wurde mit einem durchschnittlichen Preis für das Jahr 2014 von € 200,– geplant. Die abgesetzte Menge wurde mit 17.500 Stück für diesen Zeitraum prognostiziert. Der Plan-DBU wurde mit 47 % angesetzt. An fixen Kosten wurden € 1.497.500,– für das Jahr 2014 geplant. Der durchschnittliche Preis sollte während des Planungszeitraums nicht schwanken. Nach dem 2. Quartal sollten laut Plan bereits 6.000 Stück abgesetzt sein. Der Plan-DBU sollte während der gesamten Planperiode (Jahr 2014) ebenfalls konstant bleiben. An fixen Kosten wurde geplant, dass am Ende des 2. Quartals € 450.000,– eingesetzt werden. Die Ist-Abrechnung zeigt am Ende des 2. Quartals, dass durchschnittlich ein Preis von € 175,– erreicht werden konnte. Dafür konnte eine Menge von 7.000 Stück abgesetzt werden. Der tatsächlich erreichte DBU betrug 42 % und an fixen Kosten wurden tatsächlich € 488.000,– eingesetzt.

3. Konzepte der Kostenplanung und des Kostenmanagements

Führen Sie einen Forecast (Soll-Wird-Analyse mit nichtlinearer Trendexploration) durch. Ermitteln Sie das voraussichtliche Jahresergebnis des Unternehmens.

Aufgabenlösung

Zunächst müssen die Ausgangsdaten für das erste Halbjahr (Ende 2. Quartal) ermittelt werden. Dazu ist es notwendig, die entsprechenden Daten sowohl für die Ist- als auch für die Plan-Werte zu erfassen und in der folgenden Struktur auszuweisen.

	Ist-Halbjahr			
Produkt	A	B	C	**Summe**
Preis	99	155	175	
Menge	6.500	7.500	7.000	
Umsatz	643.500	1.162.500	1.225.000	3.031.000
K var/St	56,43	94,55	101,5	
Sum K var	366.795	709.125	710.500	1.786.420
Sum DB	276.705	453.375	514.500	1.244.580
DB/St	42,57	60,45	73,5	
fixe Kosten	254.568	445.000	488.000	1.187.568
Ergebnis	22.137	8.375	26.500	57.012
DBU	0,43	0,39	0,42	

Abbildung 451: Berechnung der Ausgangsdaten für das erste Halbjahr

	Plan-Halbjahr			
Produkt	A	B	C	**Summe**
Preis	100	150	200	
Menge	5.000	8.000	6.000	
Umsatz	500.000	1.200.000	1.200.000	2.900.000
K var/St	56	93	106	
Sum K var	280.000	744.000	636.000	1.660.000
Sum DB	220.000	456.000	564.000	1.240.000
DB/St	44	57	94	
fixe Kosten	202.400	450.000	450.000	1.102.400
Ergebnis	17.600	6.000	114.000	137.600
DBU	0,44	0,38	0,47	

Abbildung 452: Berechnung der Plandaten für das erste Halbjahr

In weiterer Folge gilt es eine Soll-Ist-Abweichung zwischen dem Plan-Werten des Halbjahres und den Ist-Werten derselben Periode zu berechnen. Die folgende Abbildung weist die prozentuellen Abweichungen für alle originären Planparameter aus:

Produkt	Soll/Ist-Abweichung			prozentuale Abweichung		
	A	**B**	**C**			
Preis	99,00 %	103,33 %	87,50 %	−1,00 %	3,33 %	−12,50 %
Menge	130,00 %	93,75 %	116,67 %	30,00 %	−6,25 %	16,67 %
Umsatz K var/St Sum K var	100,77 %	101,67	95,75 %	0,77 %	1,67 %	−4,25 %
Sum DB DB/St fixe Kosten	125,77 %	98,89 %	108,44 %	25,77 %	−1,11 %	8,44 %

Abbildung 453: Berechnung der Soll-Ist-Abweichungen

Als nächsten Schritt müssen die Plan-Werte für das gesamte Planjahr erfasst und ausgewiesen werden. Diese Werte veranschaulicht die folgende Abbildung:

	Plan gesamtes Jahr 2014 SOLL			
Produkt	**A**	**B**	**C**	**Summe**
Preis	100	150	200	
Menge	20.000	18.000	17.500	
Umsatz	2.000.000	2.700.000	3.500.000	8.200.000
K var/St	56	93	106	
Sum K var	1.120.000	1.674.000	1.855.000	4.649.000
Sum DB	880.000	1.026.000	1.645.000	3.551.000
DB/St	44	57	94	
fixe Kosten	792.000	998.000	1.497.500	3.287.500
Ergebnis	88.000	28.000	147.500	263.500
DBU	0,44	0,38	0,47	

Abbildung 454: Berechnung der Plan-Werte für das gesamte Jahr

Letztlich werden die Soll-Ist-Abweichungen auf die originären Plan-Werte des gesamten Planjahres angewandt und anschließend werden die derivativen Werte in der Ergebnisrechnung ermittelt. Dadurch erhält man das prognostizierte Ergebnis für das gesamte Planjahr.

3. Konzepte der Kostenplanung und des Kostenmanagements

	Forecast 2014 WIRD			
Produkt	A	B	C	**Summe**
Preis	99	155	175	
Menge	26.000	16.875	20.417	
Umsatz	2.574.000	2.615.625	3.572.917	8.762.542
K var/St	56,43	94,55	101,5	
Sum K var	1.467.180	1.595.531	2.072.292	5.135.003
Sum DB	1.106.820	1.020.094	1.500.625	3.627.539
DB/St	42,57	60,45	73,5	
fixe Kosten	996.136	986.911	1.623.956	3.607.002
Ergebnis	110.684	33.183	−123.331	20.536
DBU	0,43	0,39	0,42	

Abbildung 455: Berechnung der Soll-Wird-Abweichung

Interpretation der Ergebnisse

Das Unternehmen weist zur Jahreshälfte ein Ergebnis von € 57.012,– auf. Zu diesem Zeitpunkt ergibt sich gegenüber dem geplanten Halbjahresergebnis bereits eine erhebliche Abweichung von € 80.588,–. In der zweiten Jahreshälfte zeichnet sich nicht nur eine Steigerung der Abweichung ab, sondern das Ergebnis wird sich zudem noch verschlechtern.

Diese Situation ist vor allem auf die Entwicklung des Produktes C zurückzuführen. Das Produkt weist schon zur Jahreshälfte eine erhebliche Abweichung aus. Zudem sollte das Produkt als ein wesentlicher Hauptumsatzträger in der zweiten Jahreshälfte laut Plan im noch höheren Ausmaß verkauft werden als im Vergleich zur ersten Jahreshälfte. Daher schlägt sich die bisherige Abweichung noch stärker im Ergebnis durch, wodurch das Produkt C am Ende des Jahres sogar einen erheblichen Verlust aufweisen dürfte.

Praktische Relevanz

Eine Abweichung kann zu sehr unterschiedlichen Interventionen führen. Handelt es sich beispielsweise um eine Abweichung, die sowohl prozentuell als auch absolut gering ist, so genügt es, wenn der dafür verantwortliche Bereichsleiter davon Kenntnis hat. Eine Intervention ist aber nicht erforderlich, da solche Abweichungen im Bereich der gewöhnlichen Geschäftsentwicklung liegen.

Kommt es zu einer Abweichung, die zwar relativ gesehen hoch ist, jedoch absolut aufgrund der geringen Höhe und damit geringen Bedeutung beispielsweise der Kostenart niedrig ausfällt, so sollte hier der Linienverantwortliche durchaus intervenieren. Eventuell sind die Planvorgaben zu hinterfragen. Eine Information an den Vorgesetzten ist aufgrund der geringen Bedeutung aber nicht notwendig.

Abschnitt G – Kostenplanung und Kostenmanagement

Sollte sich eine Abweichung so gestalten, dass sie relativ gesehen niedrig ausfällt, aber absolut betrachtet einen hohen Betrag ausmacht, so ist es die Aufgabe des Linienverantwortlichen in diesem Bereich, mit hoher Priorität zu intervenieren. In diesem Fall ist eine Information an den Vorgesetzten aufgrund der hohen Bedeutung dieses Bereichs notwendig.

Bei einer Abweichung, die sowohl relativ als auch absolut hoch ausfällt, reicht eine Intervention des Linienmanagers nicht mehr aus. In diesem Fall wird die Information an den Vorgesetzten weitergeleitet werden, dessen Aufgabe es dann ist, entsprechende Interventionen zu setzen. Die folgende Abbildung gibt einen Überblick über die beschriebenen Abweichungskategorien:

Ist-Werte	Plan-Werte	Abweichung relativ	Abweichung absolut	Linienverantwortlicher	Vorgesetzter
2.422	2.342	–3,42 %	–80	Information	–
1.846	1.423	–29,73 %	–423	Intervention	–
12.556.320	12.298.590	–2,10 %	–257.730	Intervention	Information
4.325.680	3.826.420	–13,05 %	–499.260	Information	Information

Abbildung 456: Informationen und Interventionen aufgrund von Planabweichungen

Wissen kompakt

Feedback-Analysen richten ihren Analysefokus auf die Entwicklungen vergangener Perioden.

Feedforward-Analysen sind so genannte Forecast-Rechnungen oder Prognoserechnungen und versuchen dementsprechend zukünftige Entwicklungen zu prognostizieren.

Ist-Ist-Vergleiche stellen die tatsächlich erzielten Ist-Werte einer Periode den Ist-Werten anderer Perioden oder anderer Unternehmen gegenüber.

Soll-Ist-Vergleiche stellen Vorgabewerte aus Budgets (Soll-Werte) den tatsächlich erreichten Werten gegenüber.

Soll-Wird-Vergleiche sind darauf ausgerichtet, während der Periode bereits drohende zukünftige Abweichungen auszuweisen. Man versucht noch während der Durchführung zu prognostizieren, welches Ergebnis sich am Ende der Periode ergeben wird. Man stellt sich die Frage, wie sich das Ergebnis entwickeln wird, wenn sich die Abweichungen so weiterentwickeln wie bisher.

Kontrollfragen

- Was versteht man unter Management by Exceptions im Zusammenhang mit Planabweichungen?
- Auf welche Analyseobjekte kann ein Ist-Ist-Vergleich bezogen werden?
- Warum ist die Aussagekraft eines Ist-Ist-Vergleichs eingeschränkt?

- Welche Vorteile und Nachteile hinsichtlich der Aussagekraft sind mit dem Soll-Wird-Vergleich verbunden?
- Welche zusätzlichen Fragen müssten Sie stellen, wenn Sie im Rahmen einer Abweichungsanalyse feststellen, dass trotz einer erheblichen Abweichung im Rahmen der Durchführung kein Fehler gemacht wurde?

Verwendete und weiterführende Literatur

- *Coenenberg, A. G./Fischer, T./Günther, T.*: Kostenrechnung und Kostenanalyse, 8. Auflage, Stuttgart 2012.
- *Haberstock, L.*: Kostenrechnung 2 – (Grenz-)Plankostenrechnung, 10. Auflage, Berlin 2008.
- *Kilger, W./Pampel, J./Vikas, K.*: Flexible Plankostenrechnung und Deckungsbeitragsrechnung, 13. Auflage, Wiesbaden 2012.
- *Kralicek, P.*: Planbilanzen, Wien 2002.
- *Kralicek, P./Kralicek, G./Böhmdorfer, F.*: Kennzahlen für Geschäftsführer, 5., vollständig aktualisierte und erweiterte Auflage, München 2008.
- *Kropfberger, D./Winterheller, M.*: Controlling, 4., korrigierte Auflage, Wien 2007.
- *Schweitzer, M./Küpper, H.-U.*: Systeme der Kosten- und Leistungsrechnung, 10. Auflage, München 2011.
- *Zimmermann, G.*: Grundzüge der Kostenrechnung, 8. Auflage, München 2001.

3.2. Strategische Abweichungsanalysen

Lernziel

In diesem Kapitel lernen Sie
- was eine GAP-Analyse ist und welcher Zusammenhang zur Lebenszyklusanalyse besteht
- welcher Unterschied zwischen einer strategischen und einer operativen Lücke (Leistungslücke) besteht
- warum strategische Lücken in Unternehmen selten rechtzeitig erkannt werden
- was eine Altersstrukturanalyse ist und warum eine überalterte Produktstruktur Unternehmenskrisen mit strategischer Dimension auslösen kann

3.2.1. Konzeptionelle Grundlagen

„Die Gewinne von heute sind die Verluste von morgen." Diese Aussage, mit der man im Wirtschaftsleben immer häufiger konfrontiert wird, beruht wohl auf der Erkenntnis, dass der stete Wandel der wirtschaftlichen Rahmenbedingungen Erfolge zu etwas Kurzlebigem, schnell Vergänglichem macht. Diese dynamische Entwicklung zeigt sich beispielsweise in der Verkürzung der Produktlebenszyklen, wodurch die Produkt- und Leistungsprogramme keine Beständigkeit mehr aufweisen.

Die **GAP-Analyse** dient dem Management als ein Instrument zur Steuerung der Programm- und Leistungspolitik. Ziel der Programmpolitik ist die marktgerechte Gestaltung des Leistungsangebotes einer Unternehmung. Die langfristige Gestaltung der Programmpolitik gehört zu den wesentlichen Aufgaben des Managements. Bei Produktprogrammentscheidungen (wie Produktinnovationen, Programmbreite und -tiefe bis hin zur Produktelimination) handelt es sich um Entscheidungen von strategischer Reichweite. Daher sollte man die aktuelle, aber insbesondere auch die zukünftige Struktur des Leistungsprogramms nicht nur dem Marketing überlassen.

Für Produktprogrammentscheidungen benötigt man als Informationsgrundlage so genannte Programmstruktur-Analysen. Eine solche **Programmstruktur-Analyse** stellt die GAP-Analyse dar. Es handelt sich wie bei der Soll-Wird-Analyse um eine Prognoserechnung. Ziel der GAP-Analyse ist es, eine etwaige zukünftige Zielabweichung als so genannte strategische Lücke (GAP) zu identifizieren.

Die GAP-Analyse beruht auf den Überlegungen zur Lebenszyklusanalyse. Ausgehend von einem mehr oder weniger typischen Verlauf eines Produktlebenszyklus ist anzunehmen, dass dieser nach einer bestimmten Zeitspanne in eine Sättigungs- und Degenerationsphase geraten wird. Steuert man nun diesem meist zwangsläufigen Verlauf nicht gegen, so werden sich die Umsätze eines Unternehmens im Zeitverlauf notwendigerweise reduzieren. Insbesondere wenn mehrere Produkte im Produktprogramm zB nicht durch einen Relaunch oder ein Nachfolgemodell gepflegt werden, wird sich mit der Zeit zwangsläufig eine strategische Lücke zu den Zielsetzungen des Unternehmens ergeben. Es entsteht somit ein GAP zwischen den Zielen des Unternehmens und den Prognosewerten aufgrund aktueller Markteinschätzungen. Diese Zusammenhänge soll die folgende Grafik veranschaulichen.

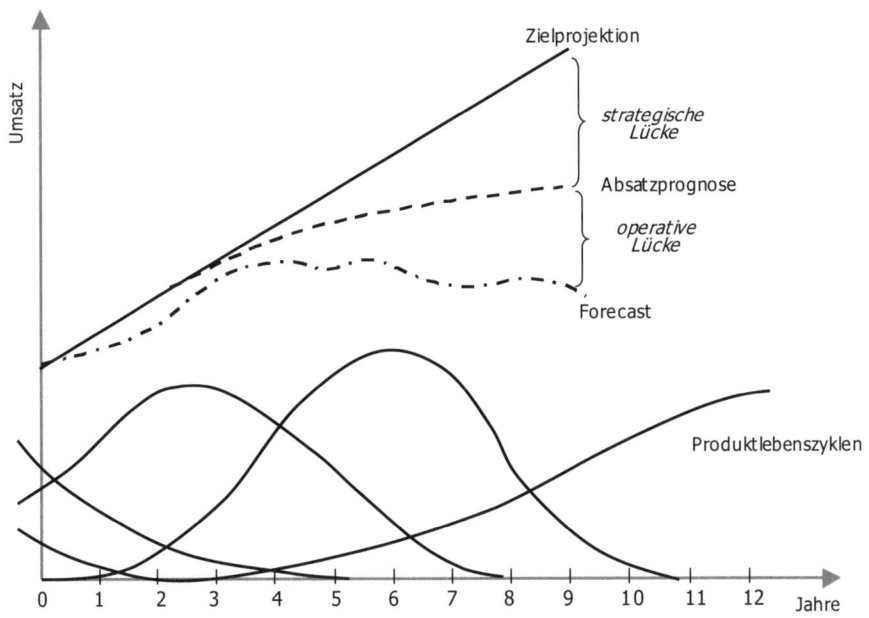

Abbildung 457: Darstellung des operativen und des strategischen GAP

Die Zielwerte ergeben sich dabei aus den Vorgaben des Managements. Die Prognosewerte erhält man, indem man die jeweiligen Produktverantwortlichen den aufgrund ihrer Marktkenntnisse erwarteten Verlauf der Produktumsätze schätzen lässt. Diese Umsatzprognosen der einzelnen Produktmanager werden sodann addiert und dem Umsatzziel gegenübergestellt.

Die strategische Lücke kann neben dem Umsatz auch mit dem Ergebnis oder der Leistung gemessen werden, so dass man eine Umsatzlücke, eine Ergebnislücke oder eine Leistungslücke erhält. Im Rahmen der Analyse der Ziellücke sollte überprüft werden, mit welchen Mitteln und Maßnahmen die Lücke geschlossen werden kann. In diesem Zusammenhang muss zwischen der operativen Leistungslücke und der strategischen Lücke unterschieden werden. Die operative Lücke lässt sich mit den Umsätzen des aktuellen Basisgeschäftes (alte Produkte auf alten Märkten) schließen. Ein Gegensteuern der strategischen Lücke wird nur mit neuen Produkten bzw neuen Märkten möglich sein.

Da Unternehmen meist eine Palette an Produkten und/oder Dienstleistungen anbieten, überlagern sich verschiedene Lebenszyklen. Ein Teil der Produkte befindet sich in der Sättigungs- und Degenerationsphase. In diesem Fall befindet sich das Unternehmen strategisch in einem Rückzugsbereich. Produkte, die in der Wachstums- und Reifephase sind, stellen das Kerngeschäft des Unternehmens dar, während Produkte in der Entwicklungs- oder Einführungsphase neue Geschäftsfelder sind. Für Unternehmen ist es dabei wichtig stets die Balance zwischen den verschiedenen Geschäften zu halten.

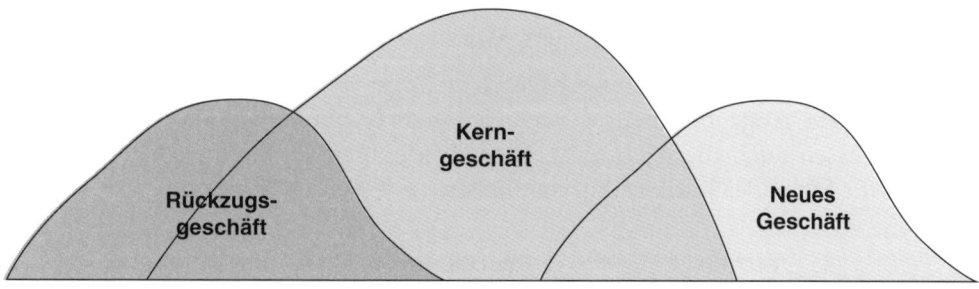

Abbildung 458: Der Zusammenhang zwischen Rückzugs-, Kern- und neuem Geschäft

Werden von Seiten eines Unternehmens zu wenige Ressourcen für neue Geschäfte bereitgestellt, so kommt es zu einer zunehmenden Überalterung des Produktsortiments und mit der Zeit zu einer Erosion der Umsätze. Die Umsatzrückgänge schlagen sich dann in weiterer Folge durch höhere fixe Kosten je Stück (Fixkostenprogression) auf die Ergebnisse des Unternehmens durch. Dies soll die folgende Grafik veranschaulichen:

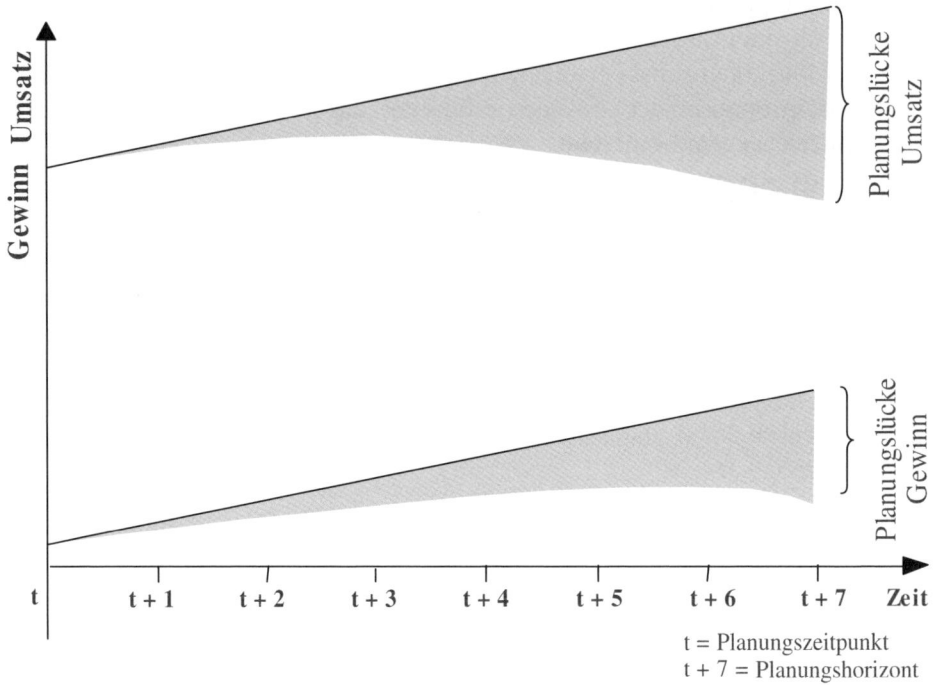

Abbildung 459: Konsequenzen der Umsatzerosion durch den Produktlebenszyklus auf das Ergebnis

Um strategische Lücken zu vermeiden, müssen von Seiten des Managements im Rahmen des aktuellen Wettbewerbsgeschehens meist drei Produktgenerationen gleichzeitig im Auge behalten werden. Zusätzlich zum aktuellen Leistungsprogramm müssen auch die nächsten beiden Produktgenerationen gestaltet werden. Dies soll die folgende Grafik veranschaulichen:

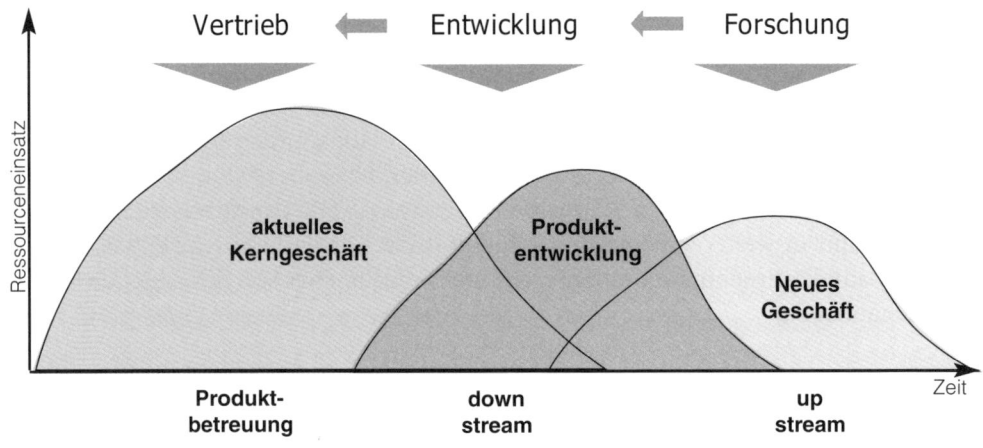

Abbildung 460: Notwendigkeit der Forschung und Entwicklung für zukünftige Umsätze

3. Konzepte der Kostenplanung und des Kostenmanagements

Für die Forschung und Entwicklung (F&E) müssen daher genügend Ressourcen bereitgestellt werden, um die Entwicklung zukünftiger Produktgenerationen sicherstellen zu können. Insofern helfen also kontinuierliche Aufwendungen für Forschung und Entwicklung, zukünftige strategische Lücken zu schließen. Es ist durchaus auch denkbar, dass einzelne F&E-Projekte zu keinen zukünftigen Umsätzen führen, da zB die zukünftigen Kundenbedürfnisse nicht erkannt wurden. Grundsätzlich sichern aber laufende Anstrengungen in die Entwicklung zukünftiger Produktgenerationen die langfristige Existenz eines Unternehmens. Diese Philosophie soll die folgende Grafik veranschaulichen:

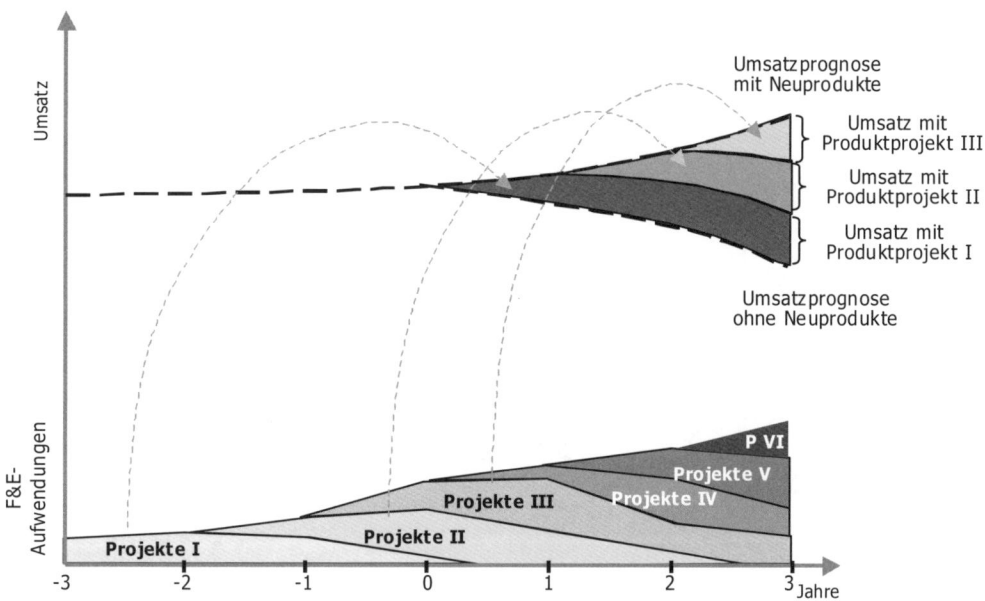

Abbildung 461: F&E-Aufwendungen als Vorsteuergröße zukünftiger Umsätze

Ordnet man sämtlicher Produkte eines Unternehmens einer Phase des Produktlebenszyklus zu (Einführung, Wachstum, Reife, Stagnation und Degeneration) und verteilt dementsprechend die Umsätze, so erhält man eine so genannte **Altersstrukturanalyse** für das gesamte Produktsortiment eines Unternehmens. Die Altersstrukturanalyse zeigt an, wie viel Prozent des Umsatzes eines Unternehmens mit Produkten in der Einführungsphase, wie viel Prozent des Umsatzes eines Unternehmens mit Produkten in der Wachstumsphase, etc erreicht werden. Die Altersstrukturanalyse stellt somit quasi einen durchschnittlichen Lebenszyklus über das gesamte Produktsortiment an.

Die Altersstrukturanalyse baut auf der Lebenszyklusanalyse auf und dient ebenfalls als Grundlage der GAP-Analyse. Idealerweise gleicht die Altersstruktur eines Produktsortiments eines Unternehmens einer Normalverteilung. Ein solch ausgeglichenes Sortiment liegt der Altersstruktur in der folgenden Grafik zugrunde. Zudem wird in der Grafik auf den Zusammenhang zwischen der Altersstrukturanalyse und der Lebenszyklusanalyse hingewiesen.

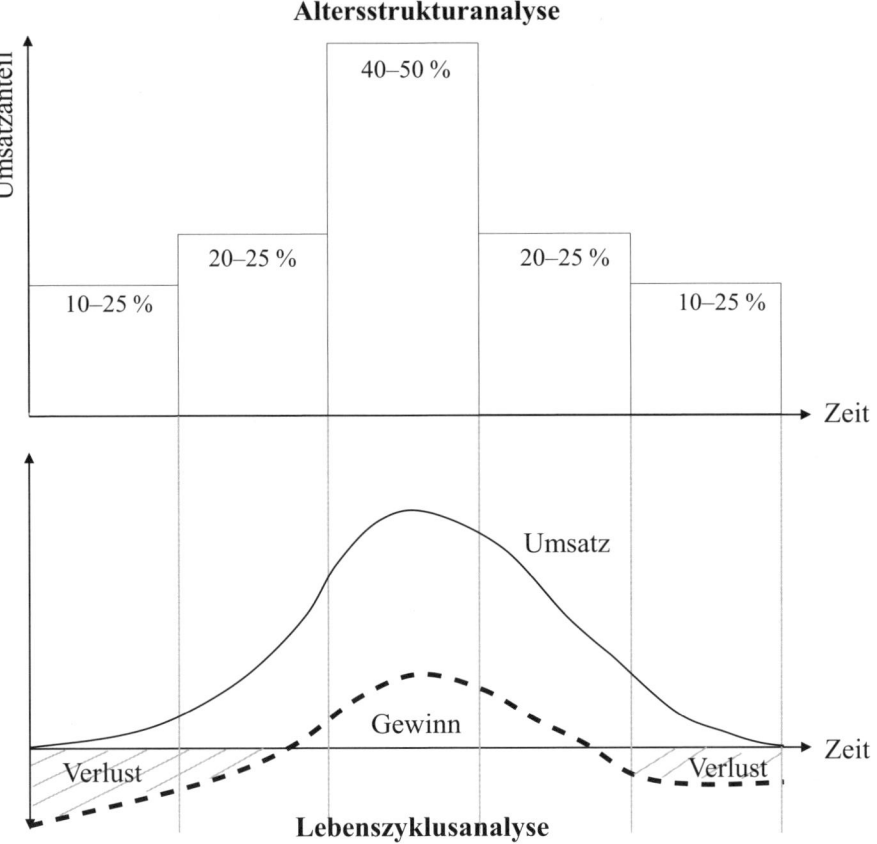

Abbildung 462: Zusammenhang zwischen der Altersstruktur- und der Lebenszyklusanalyse

Die oben dargestellte Altersstruktur muss als eine idealtypische Struktur gewertet werden. In der Praxis wird sich diese Verteilung in der Entwicklung eines Unternehmens selten ergeben. Insofern ist auch nicht eine idealtypische Altersstruktur anzustreben, sondern es sollte vielmehr verhindert werden, starke Störmuster in der Balance der Altersstruktur des Leistungsprogramms aufzubauen. In der folgenden Grafik sind neben der idealtypischen Altersstruktur häufig beobachtbare Störmuster dargestellt:

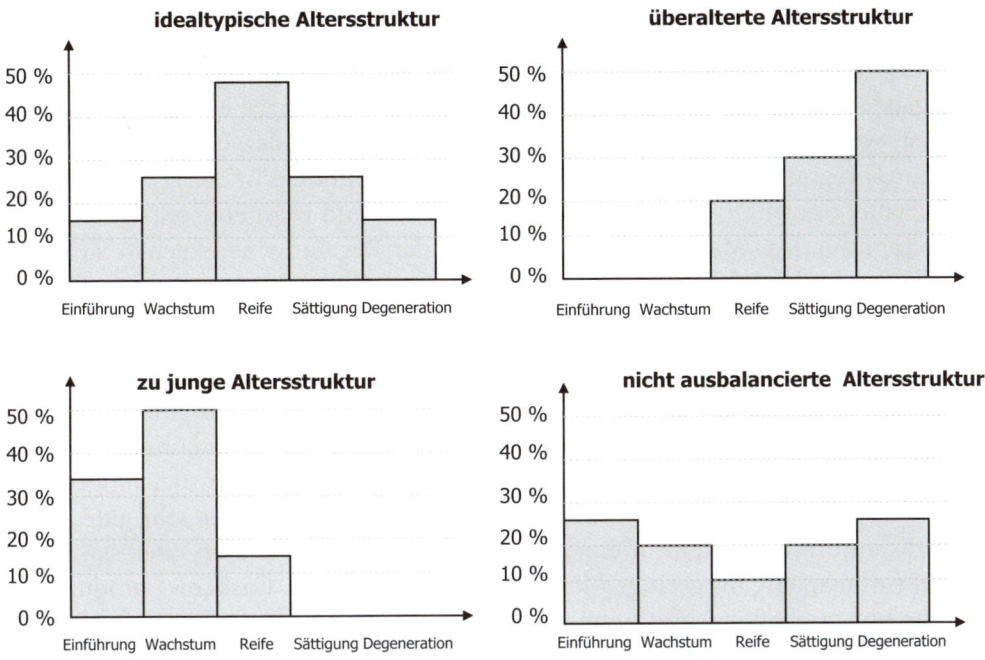

Abbildung 463: Mögliche Muster im Rahmen der Altersstrukturanalyse

Die praktische Relevanz ist zum einen für Betriebe mit Produkten, die einem Lebenszyklus unterworfen sind, als hoch einzuschätzen. Zum anderen besitzt das Konzept insbesondere auch für jene Unternehmen eine hohe Relevanz, die eine Sortimentsbreite von drei bis zehn Produkten bzw Dienstleistungen aufweisen. Der Grund liegt in der zufälligen, aber möglichen Synchronisation des Verlaufs der Produktlebenszyklen.

Aufgrund der Breite des Leistungsprogramms, der Fülle an Verlaufsereignissen während der Lebenszyklen der Produkte und der Überlagerung der Zyklen ist es sehr schwierig, die Entwicklung des Gesamtumsatzes auch nur annähernd einzuschätzen. Um die gegenläufigen und potenzierenden Entwicklungen bestimmen zu können, müssen diese erfasst und konsolidiert werden (kumulierte Umsatzentwicklung). Es ist also Aufgabe der GAP-Analyse, Transparenz in den Verlauf der Lebenszyklen der aktuellen und zukünftigen Produkte bzw Leistungen zu bringen. Wesentlich für die Durchführung der Analyse ist es, dass keine Scheingenauigkeit angewandt wird. Es geht lediglich und ausschließlich darum, erhebliche und nachhaltige Lücken festzustellen.

Die GAP-Analyse ist insofern als ein Frühwarninstrument zu verstehen, als dass frühzeitig erkannt werden soll, wann zufällige Überlagerungen von Lebenszyklen auftreten können bzw ob zu wenige Ressourcen für zu entwickelnde Produkte bereitgestellt werden. Die GAP-Analyse stellt im strategischen Bereich eine der wenigen quantitativen Analysen dar.

3.2.2. Voraussetzungen und Aussagekraft

Die Aussagekraft der GAP-Analyse bezieht sich vor allem auf einen strategisch langfristigen Horizont. Die Analyse weist auf ein Gefahrenpotenzial hin, das dann gegeben ist, wenn sich mehrere substanzielle Leistungsträger des Produkt- und/oder Leistungsprogramms am Zenit ihres Lebenszyklus befinden. In dieser Situation erwirtschaftet das Unternehmen meist hohe Renditen und weist eine sehr gute finanzielle Lage auf. Das Management sieht sich in der Regel in einer solchen Situation mit keinem Problem konfrontiert und erkennt auch keinen Handlungsbedarf.

In diesem Fall kann aber bereits eine Überalterung der Altersstruktur der Produkte bzw Dienstleistungen gegeben sein. Überträgt man diese Werte in ein **Portfolio**, so weist das Unternehmen vor allem Cashcows auf, was durch ein sehr gutes Bilanzbild und eine solide Liquiditätslage zum Ausdruck kommt. **Cashcows** könnten frei mit „Melkkühe" übersetzt werden. Cashcows sind Produkte oder Dienstleistungen, mit denen das Unternehmen einen relativ hohen Marktanteil (gute bis sehr gute Wettbewerbsposition) in einem in einem nur geringfügig wachsenden oder statischen Markt (mittelmäßig bis geringe Marktattraktivität) erreicht. Cashcows produzieren stabile, hohe Cashflows und können ohne weitere Investitionen „gemolken" werden. Sowohl der Gewinn, der Cashflow (Gewinn + Abschreibungen) als auch der Netto-Cashflow (Gewinn + Abschreibung – Investitionen) sind bei Cashcows hoch positiv, da in dieser Phase kaum mehr investiert wird, während die Anlagen noch abgeschrieben werden. Cashcows sollten daher mit überschaubarem Aufwand gehalten werden. Der Vollständigkeit halber sei noch kurz auf die anderen drei Positionen im Portfolio eingegangen.

Die **Stars** sind die Erfolgsbringer und damit die vielversprechendsten Produkte oder Dienstleistungen eines Unternehmens. Die Wettbewerbsposition ist sehr gut (dh hoher relativer Marktanteil) und der relevante Markt wächst. Durch das Marktwachstum ergibt sich zwar ein hoher Investitionsbedarf, der aber durch die bereits hohen Cashflows der Stars gedeckt werden kann. In Star-Produkte sollte ein Unternehmen investieren.

Die **Babys** sind die Nachwuchsprodukte/-dienstleistungen eines Unternehmens. Der relevante Markt hat ein hohes Wachstumspotenzial, die eigenen Produkte bzw Dienstleistungen haben aber noch keine besondere Wettbewerbsposition erreicht. Die Cashflows lassen somit noch auf sich warten, während das Management entscheiden muss, ob in das Produkt/die Dienstleistung investiert werden soll oder ob man sich zurückzieht. Entscheidet sich das Unternehmen für Ersteres, sind meist hohe Investitionen notwendig, wofür sehr viele liquide Mittel von anderen Produkten/Dienstleistungen lukriert werden müssen.

Die **Poor Dogs** befinden sich in der Regel am Ende ihres Lebenszyklus. Das Marktwachstum ist gering bis negativ und der Marktanteil dieser Auslaufprodukte ist kaum nennenswert. Spätestens bei einem negativen Deckungsbeitrag sind diese Produkte/Dienstleistungen zu eliminieren oder das Unternehmen versucht einen Relaunch.

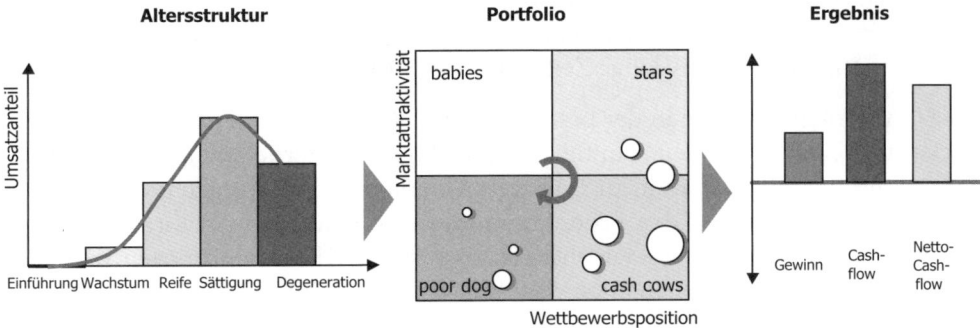

Abbildung 464: Strategische Unternehmenskrise durch ein überaltertes Produktsortiment

Aus strategischer Perspektive befindet sich das in obiger Abbildung dargestellte Unternehmen aber bereits in einer Krise. Der Grund liegt darin, dass der Lebenszyklus der Produkte zukünftig absehbar degenerieren wird und zugleich die Entwicklung von Nachfolgeprodukten meist mehrere Jahre in Anspruch nimmt. Wird dieser Situation nicht unmittelbar gegengesteuert, ist eine Unternehmenskrise nicht mehr zu verhindern.

Reagiert das Management in dieser Situation nicht, so werden sich die zukünftig zu erwartenden Entwicklungen auf eine noch stärkere Rechtsverteilung der Altersstruktur durchschlagen und das Portfolio wird einen Überhang im Feld der Poor Dogs ausweisen. In dieser Situation ist es oft symptomatisch, dass sich die Ergebnisse innerhalb einer relativ kurzen Zeitspanne verschlechtern. Demgegenüber handelt es sich um eine nachhaltige und daher zumeist auch um eine existenzielle Krise. Nachhaltig ist die Krise deshalb, weil die Entwicklung neuer Produktserien meist einige Jahre in Anspruch nimmt. Existenziell ist die Krise deshalb, weil die nächsten Jahre keine Verbesserung der Ergebnisse erwarten lassen. Zudem wird die Liquiditätssituation durch die Verluste einerseits und durch die notwendigen Investitionen in die Entwicklung neuer Produkte andererseits erheblich und längerfristig belastet.

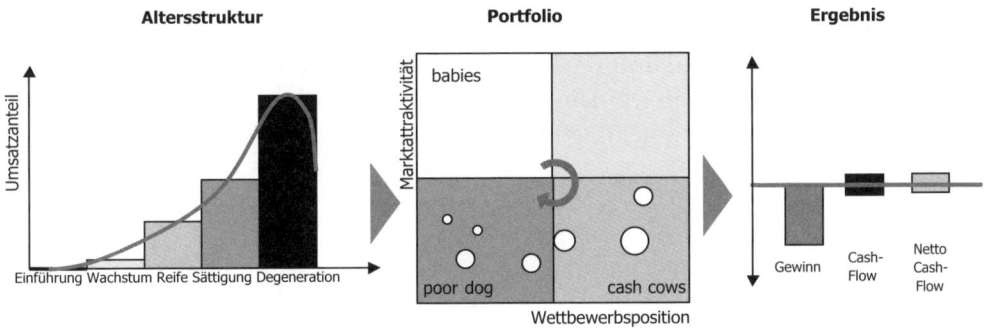

Abbildung 465: Existenzielle Unternehmenskrise durch ein überaltertes Produktsortiment

Da die Ergebnisse sich relativ schnell verschlechtern, ist das Management bei fehlendem Verständnis oft geneigt daran zu glauben, ebenso rasch wieder die Ergebnisse verbessern zu können. Dies stellt sich aber meist als fataler Irrtum heraus. Während die Ertrags- und Liquiditätssituation rasch kippt, nimmt die Sanierung einer solchen Krisensituation eine relativ lange Zeitspanne in Anspruch.

Eine GAP-Analyse würde in der beschriebenen Situation sehr wohl die strategische Lücke aufdecken. Es besteht somit die Chance für ein Unternehmen, früher und adäquater auf diese Information zu reagieren. Überlässt man hingegen die Gestaltung des Leistungsprogramms den Produktmanagern, so läuft man Gefahr, die Gesamtentwicklung aus den Augen zu verlieren. Bei ersten Umsatzeinbrüchen wird, anstatt die strategische Krise zu erkennen, Druck auf die Verkaufsleiter ausgeübt, die Umsätze zu halten. Diese geben den Druck an die Außendienstmitarbeiter bzw Filialen weiter. Durch besondere Anstrengungen wird versucht eine Krise aufzuhalten, die mit zusätzlicher Werbung oder Merchandising nicht zu bewältigen ist. Stattdessen wird dadurch nur die strategische Krise überdeckt und die notwendigen Maßnahmen werden verzögert.

3.2.3. Methodische Vorgehensweise

Den Ausgangspunkt für die Durchführung einer GAP-Analyse stellen die Zielwerte für die Umsätze und die Ergebnisse des Unternehmens für die kommenden Jahre dar. Diese Umsatz- und Ergebnisziele setzen sich wiederum aus den entsprechenden Zielwerten der einzelnen Produkte bzw Produktgruppen zusammen.

Anschließend werden unabhängig von den jeweiligen Zielwerten Umsatzprognosen für die einzelnen Produkte erstellt. Für diese Umsatzprognosen werden die bisherigen Umsatzentwicklungen, Einschätzungen und Informationen des Verkaufs, Diskussionen zur Lebenszyklusentwicklung und Informationen von Seiten der Kunden herangezogen. Wichtig bei der Prognose ist, dass man sich nicht im Detail verliert, sondern sich stets bewusst ist, dass lediglich grundsätzliche Entwicklungen aufgezeigt werden sollen.

Die Umsatzprognosen der einzelnen Produkte werden sodann addiert und der Summe der Zielwerte gegenübergestellt. Daraus ergibt sich sowohl eine jährliche absolute als auch eine relative Abweichung (in Prozenten), die dem GAP entspricht. Je weiter die Prognose in die Zukunft reicht, desto eher kann dem GAP eine strategische Komponente zugesprochen werden. Zusätzlich kann noch über die Prognosejahre eine durchschnittliche Abweichung in Prozent berechnet werden.

3. Konzepte der Kostenplanung und des Kostenmanagements

Die Vorgehensweise wird in der folgenden Grafik zusammenfassend dargestellt:

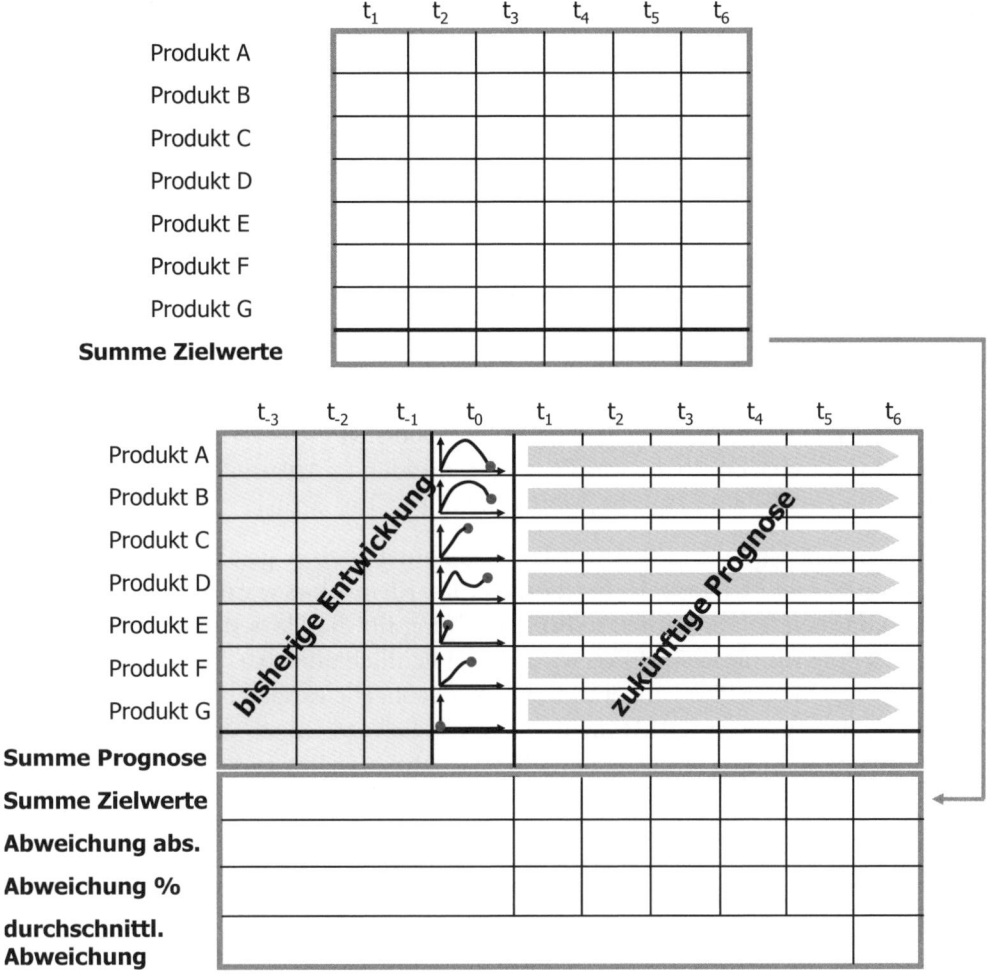

Abbildung 466: Vorgehensweise im Rahmen der GAP-Analyse

Fallbeispiel

Ausgangsdaten

Das Unternehmen „Express" ist in der Vermietung von gewerblichen und privaten Fahrzeugen tätig. Es werden Lastkraftwagen mit drei und mehr Achsen, Klein-Lkws mit zwei Achsen (Inhaber des Führerscheins B dürfen diese Fahrzeuge fahren) und Pkws vermietet.

Die Fahrzeuge werden zu einem Fixum (einmalig je Auftrag) zuzüglich eines variablen Kilometergelds vermietet. Die entsprechenden Preise und die dazugehörigen Kosten entnehmen Sie aus der folgenden Abbildung:

	Fixpreis je Auftrag	Preis je gefahrenen km	Var. Kosten je gefahrenen km
Lkw	570,–	0,87	0,58
Klein-Lkw	550,–	0,73	0,44
Pkw	285,–	0,44	0,29

Abbildung 467: Ausgangsdaten der Fallstudie zur GAP-Analyse

Im aktuellen Jahr (2014) wurden 750 Aufträge für die Verleihung von Lkws abgeschlossen. Durchschnittlich war ein Lkw vier Tage lang ausgeliehen und legte im Durchschnitt 800 km pro Auftrag (dh während dieser vier Tage) zurück. Im selben Jahr wurden 1.250 Aufträge für die Verleihung von Klein-Lkws vergeben, wobei die Klein-Lkws im Durchschnitt dieselbe Ausleihdauer wie die mehrachsigen Lkws aufweisen. Allerdings legt ein Klein-Lkw durchschnittlich 900 km pro Auftrag (dh während dieser vier Tage) zurück. 2014 konnten 8.000-mal Pkws verliehen werden, wobei ein Pkw durchschnittlich zwei Tage vom Kunden in Anspruch genommen wurde. Die Kunden legen im Durchschnitt 175 km pro Tag zurück.

Gegenüber dem Vorjahr (2013) wurde lediglich der Preis je gefahrenen km bei den Pkws um 10 % erhöht. Die Preise für die Lkws bzw Klein-Lkws wurden nicht verändert. Für das kommende Jahr wird eine Preiserhöhung für die Lkws von € 0,15 je km geplant. Der Preis für die Klein-Lkws wird voraussichtlich um € 0,07 je km erhöht, während der Preis für die Pkws unverändert bleiben soll. Die variablen Kosten haben sich gegenüber dem Vorjahr (2013) nicht verändert. Es wird jedoch davon ausgegangen, dass die variablen Kosten für die Lkws für das Jahr 2015 um 15 % und für die Klein-Lkws um 20 % erhöhen werden. Für die Pkws wird mit einer prozentualen Erhöhung der variablen Kosten von 5 % gerechnet. Der Fixpreis je Auftrag wurde gegenüber dem Vorjahr nicht verändert. Derselbe Fixpreis soll auch für das kommende Jahr gelten.

Im vergangenen Jahr (2013) wurden 720 Lkws verliehen (durchschnittliche Auftragsdauer 4,5 Tage, durchschnittliche km-Leistung während des Auftrages 900 km). Des Weiteren wurden 1.200 Klein-Lkw-Aufträge registriert (durchschnittliche Auftragsdauer vier Tage, durchschnittlich gefahrene Kilometer während der Auftragsdauer 1.000 km). 2013 wurden 7.500 Pkws verliehen (durchschnittliche Auftragsdauer 1,5 Tage, durchschnittlich gefahrene Kilometer pro Auftrag 400). Für das kommende Jahr (2015) wird mit folgenden auftragsrelevanten Daten gerechnet:

	Anzahl Aufträge	Auftragsdauer in Tagen	Durchschnittliche km-Leistung während der Auftragsdauer
Lkw	770	3,6	700
Klein-Lkw	1.280	3,9	950
Pkw	8.200	2,2	320

Abbildung 468: Leistungsdaten der Geschäftsfelder zur Berechnung des GAP

3. Konzepte der Kostenplanung und des Kostenmanagements

Im Rahmen einer Strategiesitzung am Beginn des Jahres 2013 wurde ein jährliches Umsatzwachstum von 7 % für die folgenden fünf Jahre vereinbart.

Führen Sie aufgrund der vorliegenden Zahlen eine Gap-Analyse bezüglich der Zielgröße Umsatz durch. Welches Gap ergibt sich zwischen den Planwerten 2015 und den Zielvereinbarungen des Jahres 2013?

Aufgabenlösung

Zur Ermittlung der zukünftigen Umsätze müssen im zugrunde liegenden Fall zunächst die variablen und fixen Umsatzteile für die einzelnen Leistungsarten ermittelt werden. Für die fixen Umsatzanteile müssen die Fixpreise pro Auftrag mit der Anzahl der Aufträge kombiniert werden. Für die variablen Umsatzanteile müssen der Preis pro gefahrenen Kilometer, die durchschnittlichen Kilometer pro Auftrag und die Anzahl der Aufträge berücksichtigt werden. Diese Berechnungen müssen für alle Prognosejahre durchgeführt werden. Das Ergebnis zeigt die folgende Abbildung:

2013	Fixpreis/ Auftrag	Preis/km	Anzahl Aufträge	km/Auftrag	variabler Umsatz	fixer Umsatz	Summe Umsatz
Lkw	570	0,87	720	900	563.760	410.400	974.160
Klein-Lkw	550	0,73	1.200	1.000	876.000	660.000	1.536.000
Pkw	285	0,4	7.500	400	1.200.000	2.137.500	3.337.500
Summe			9.420		2.639.760	3.207.900	5.847.660
2014	Fixpreis/ Auftrag	Preis/km	Anzahl Aufträge	km/Auftrag	variabler Umsatz	fixer Umsatz	Summe Umsatz
Lkw	570	0,87	750	800	522.000	427.500	949.500
Klein-Lkw	550	0,73	1.250	900	821.250	687.500	1.508.750
Pkw	285	0,44	8.000	350	1.232.000	2.280.000	3.512.000
Summe			10.000		2.575.250	3.395.000	5.970.250
2015	Fixpreis/ Auftrag	Preis/km	Anzahl Aufträge	km/Auftrag	variabler Umsatz	fixer Umsatz	Summe Umsatz
Lkw	570	1,02	770	700	549.780	438.900	988.680
Klein-Lkw	550	0,8	1.280	950	972.800	704.000	1.676.800
Pkw	285	0,44	8.200	320	1.154.560	2.337.000	3.491.560
Summe			10.250		2.677.140	3.479.900	6.157.040

Abbildung 469: Darstellung der Umsätze pro Jahr

Anschließend werden die Ergebnisse aggregiert und die Ergebnisse der einzelnen Jahre einander gegenübergesellt. Des Weiteren werden die Abweichungen der Prognosen gegenüber den Zielwerten absolut und relativ ausgewiesen.

	2013	2014	2015
Umsatzziel	5.847.660	6.256.996	6.694.986
Umsatzprognose	5.847.660	5.970.250	6.157.040
Abweichung absolut	0	−286.746	−537.946
Steigerung in % Ziel		7,00 %	7,00 %
Steigerung in % Prognose		2,10 %	3,13 %
Abweichung in %		−4,90 %	−3,87 %

Abbildung 470: Berechnung des GAP

Interpretation der Ergebnisse

Im zugrunde liegenden Fall zeigt sich, dass der geplante Zielwert (7 %) hinsichtlich der Umsatzsteigerung voraussichtlich nicht erreicht werden kann. Das Management wird in diesem Fall gefordert sein, entsprechende Interventionen zu setzen, um die Zielwerte noch erreichen zu können. Aufgrund des eher kurz- bis mittelfristigen Prognosehorizonts der dargestellten GAP-Analyse wird es für das Management relativ schwierig sein, die Zielwerte mittels neuer Angebote zu erreichen.

Zum einen wäre es möglich, operative Maßnahmen zu beschließen (zB aktive Kundenansprache, zielgruppengerechte Werbung etc), die innerhalb einer relativ kurzen Zeitspanne ergebniswirksam werden. Zum anderen sollte von Seiten des Managements überlegt werden, ob die Zielwerte eine Korrektur nach unten (zB 3,5 %) erfahren sollten. Längerfristig steht dem Management auch die Option neuer Leistungsangebote zur Verfügung.

Praktische Relevanz

Im folgenden Beispiel weist ein Unternehmen drei Produkte auf. Die Grafik stellt die Produktlebenszyklen der Produkte A, B und C im Zeitverlauf dar. Wie aus der Abbildung ersichtlich wird, ergibt sich im Zeitverlauf bei nur drei Produkten eine ziemlich komplexe dynamische Struktur.

3. Konzepte der Kostenplanung und des Kostenmanagements

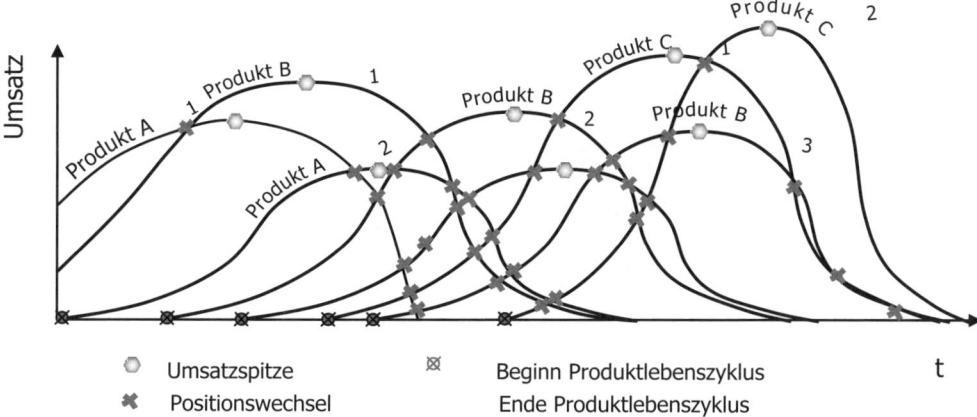

Abbildung 471: Lebenszyklen unterschiedlicher Produkte

Aufgrund der zeitlichen Überlagerung der Produktzyklen ist es wegen der unterschiedlichen Umsatzniveaus und der unterschiedlichen Lebensdauern sehr schwer abschätzbar, welche kumulierte Umsatzentwicklung sich ergibt. Zudem achtet jeder Produktverantwortliche nur auf seine Produktgruppe, eine Gesamtschau wird aus der Perspektive eines Produktmanagers nicht vorgenommen. Diese Aufgabe obliegt wohl dem Management des Unternehmens. In der folgenden Grafik wird die (aufgrund der zuvor dargestellten Lebenszyklen) kumulierte Umsatzentwicklung aller drei Produkte dargestellt:

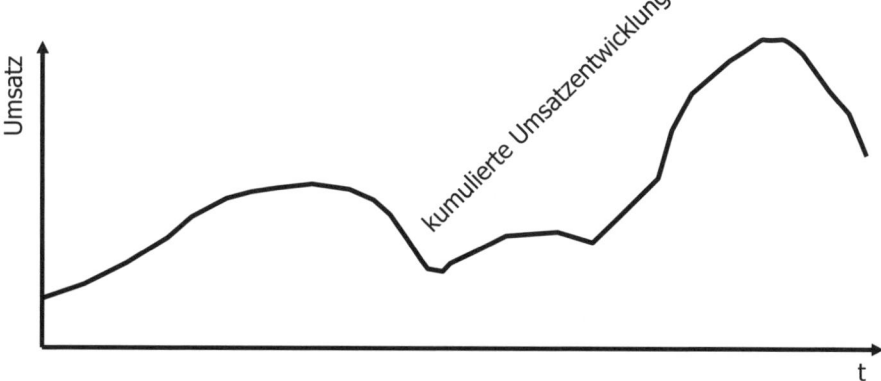

Abbildung 472: Kumulierte Umsatzentwicklung mehrerer Produkte

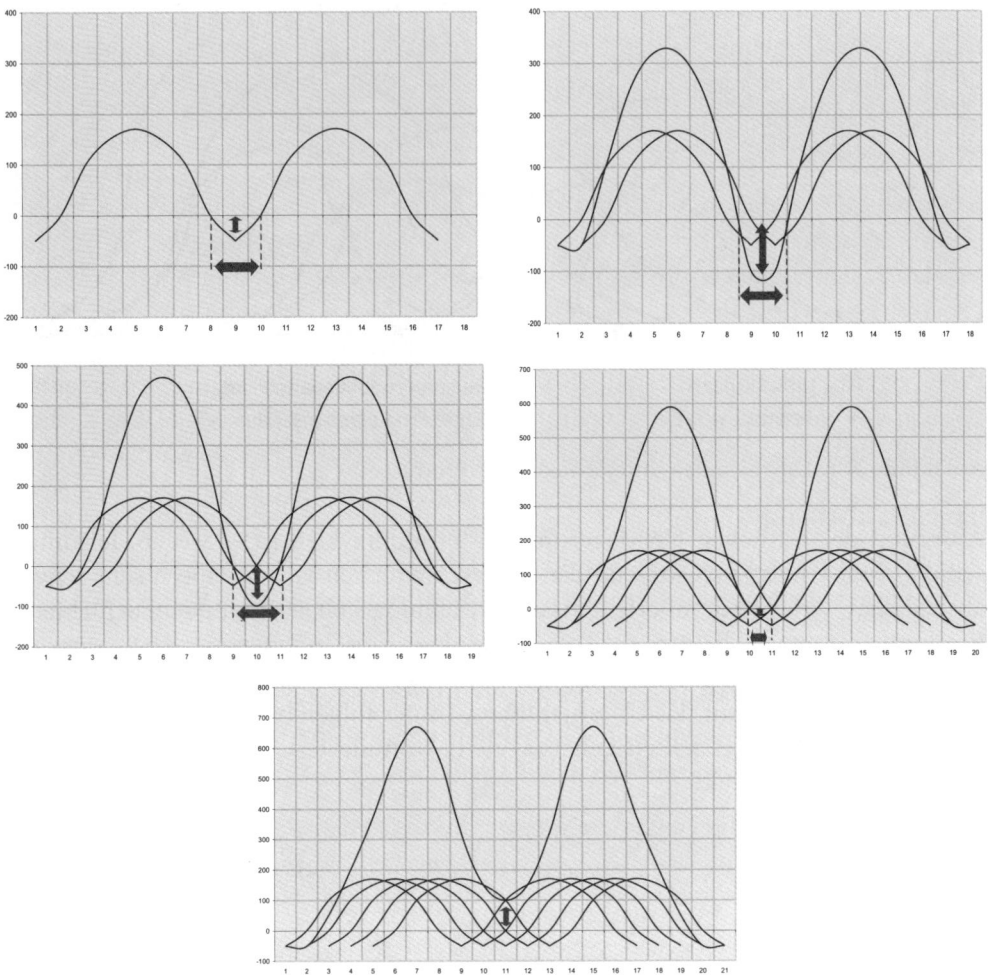

Abbildung 473: Synchronisation von Produktlebenszyklen

Wird diese produktüberspannende Perspektive vor allem in Bezug auf die zukünftige Entwicklung von Seiten des Managements nicht eingenommen, so besteht die Gefahr, dass Umsatz- und damit auch Ergebniseinbrüche aufgrund auslaufender Produktserien oder Dienstleistungspakete übersehen werden. Vor allem eine zufällige Überlagerung (Synchronisation) mehrerer Lebenszyklen stellt eine besondere Gefahr dar. Die Konsequenzen einer zufälligen Synchronisation soll die Abfolge an Grafiken (Abb 473) veranschaulichen.

Zunächst werden zwei Lebenszyklen eines einzigen Produktes anhand der Ergebnisse sequenziell angeordnet. Es ist offensichtlich, dass am Ende des Produktlebenszyklus des Vorgängermodells und am Beginn des Produktlebenszyklus des Nachfolgermodells ein negatives Ergebnis ausgewiesen wird. Überlagert man nun diese Entwicklung mit dem Produktlebenszyklus eines zweiten Produktes und versetzt den

3. Konzepte der Kostenplanung und des Kostenmanagements

Lebenszyklus des zweiten Produktes um eine Periode (zB ein Jahr), so zeigt sich, dass sich das Ergebnis in der Übergangsphase trotz des versetzten Lebenszyklus nicht verbessert, sondern im Gegenteil verschlechtert. Die Dauer der Verlustphase bleibt unverändert.

Ergänzt man diese Entwicklung durch einen zeitversetzten Lebenszyklus eines dritten Produktes, so dauert die Verlustzone noch immer gleich lang bei ebenso erheblichen Verlusten. Selbst bei vier Produkten mit synchronisiertem, aber zeitlich versetztem Lebenszyklus ergibt sich noch immer ein Verlust. Erst bei fünf versetzten Lebenszyklen würde das Unternehmen keine Verluste mehr verbuchen müssen. Bei der Analyse darf zudem nicht übersehen werden, dass die Produkte eine über den Lebenszyklus gesehen sehr gute Ertragslage aufweisen. Bei geringeren Renditen können sich auch bei deutlich mehr überlagerten Lebenszyklen erhebliche Verluste ergeben.

Wissen kompakt

Altersstrukturanalysen visualisieren die Struktur eines Produktsortiments gegliedert nach den Lebenszyklusphasen zu einem bestimmten Zeitpunkt.

GAP-Analysen prognostizieren auf Basis der Produktlebenszyklen die zukünftigen Umsätze bzw Ergebnisse eines Unternehmens.

Lebenszyklusanalysen strukturieren den Entwicklungsverlauf eines Produktes nach bestimmten Abschnitten und bringen diese in eine chronologische Reihenfolge.

Operative Leistungslücken entstehen durch kurzfristige Abweichungen und können durch Umsätze des aktuellen Basisgeschäftes geschlossen werden.

Strategische Lücken entstehen durch eine Überalterung der Produkt- bzw Leistungspalette und können nur mittels Produkt- oder Marktinnovationen kompensiert werden.

Kontrollfragen

- Was versteht man unter einer nicht ausbalancierten Altersstruktur des Produktsortiments eines Unternehmens?
- Warum führt ein überaltertes Produktsortiment unmittelbar in eine Krise und warum ist diese Krise nur langfristig wieder zu korrigieren?
- Warum wird in vielen Unternehmen das strategische GAP erst recht spät erkannt?
- Was versteht man unter der Synchronisation des Entwicklungsverlaufs von Produkten?

Verwendete und weiterführende Literatur

- *Eschenbach, R.:* Controlling, 2. Auflage, Stuttgart 1996.
- *Horváth, P.:* Controlling, 11. Auflage, München 2009.

- *Kropfberger, D./Winterheller, M.:* Controlling, 4., korrigierte Auflage, Wien 2007.
- *Reichmann, T.:* Controlling mit Kennzahlen und Management-Tools – Die systemgestützte Controlling-Konzeption, 8. Auflage, München 2011.
- *Weber, J.:* Das Advanced-Controlling-Handbuch – Alle entscheidenden Konzepte, Steuerungssysteme und Instrumente, 1. Auflage, Weinheim 2005.

3.3. Gewinnfaktorenanalyse

Lernziel

In diesem Kapitel lernen Sie
- was man unter einem Gewinnfaktor versteht und welche Rolle diese Faktoren für die Prognose von Unternehmensergebnissen spielen
- welche Vorteile die Gewinnfaktorenanalyse aufweist und für welche Unternehmenstypen die Analyse daher geeignet ist
- in welchen Entwicklungsphasen eines Unternehmens die Gewinnfaktorenanalyse eingesetzt werden kann
- wie mit Hilfe der Gewinnfaktorenanalyse verschiedenste Planvarianten entwickelt werden können

3.3.1. Konzeptionelle Grundlagen

Die Gewinnfaktorenanalyse ist ein Instrument zur Planung zukünftiger Ergebnisse. Mit Hilfe dieses Instrumentes ist das Management in der Lage, die erfolgsrelevanten Faktoren zu identifizieren und zu bewerten. Diese das Ergebnis beeinflussenden Faktoren werden im Konzept Gewinnfaktoren genannt.

Da die Gewinnfaktorenanalyse eine quantitative Analyse ist, werden auch nur quantifizierbare Faktoren berücksichtigt. Dementsprechend werden etwa Preisschwankungen oder erwartete Änderungen der Absatzmenge einbezogen, während etwa Qualitätsprobleme oder Imageveränderungen am Markt nicht explizit berücksichtigt werden können. Diese zuletzt genannten Faktoren (so genannte „weiche" Faktoren) können bei erwarteten Veränderungen nur in ihren Auswirkungen auf die quantifizierbaren Faktoren (so genannte „harte" Faktoren) abgebildet werden. Jene Faktoren die im Rahmen der Gewinnfaktorenanalyse beispielsweise abgebildet werden, sind in der folgenden Abbildung ersichtlich.

3. Konzepte der Kostenplanung und des Kostenmanagements

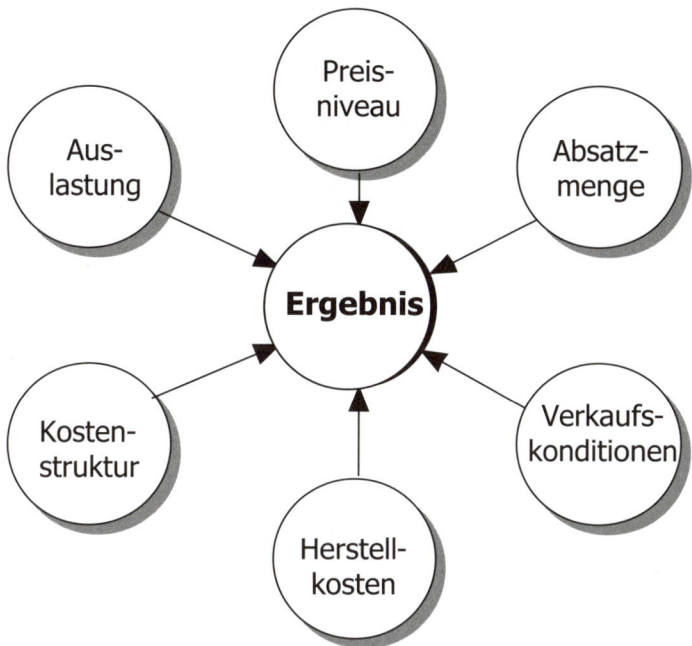

Abbildung 474: Beispiele für Gewinnfaktoren

Wie aus der Abbildung ersichtlich wird, wirkt eine Reihe von Faktoren unmittelbar auf das Unternehmensergebnis. Mittels der Gewinnfaktorenanalyse ist es nun möglich, das Ergebnis des nächsten Jahres unter Berücksichtigung der Abhängigkeit der einzelnen Faktoren untereinander zu planen. Da die Abhängigkeit der Faktoren untereinander berücksichtigt wird, können methodisch wesentliche Planungsfehler vermieden werden. Zudem erlaubt die Analyse die Planung des Ergebnisses, auch wenn sich mehrere erfolgsrelevante Faktoren gleichzeitig ändern.

Beispiel

Es wäre also beispielsweise möglich, dass eine Qualitätssteigerung in Form von höheren Herstellkosten (Material- und Fertigungskosten) abgebildet wird. Gleichzeitig könnte überlegt werden, aufgrund des gestiegenen Qualitätsniveaus die durchschnittlichen Preise anzuheben. In diesem Fall wird man aber mit einem Rückgang der Absatzmenge rechnen müssen. Um diesen Rückgang der Absatzmenge teilweise zu kompensieren, kann überlegt werden, vermehrt in den Aufbau der Marke (zB Werbekosten) zu investieren. In dem skizzierten Fall würde sich durch die geplanten Änderungen auch die Höhe der variablen Kosten verändern. Gleichzeitig würde sich aufgrund der sinkenden Stückzahl eine Fixkostenprogression ergeben.

In der Gewinnfaktorenanalyse ist nun vorgesehen, dass alle sich daraus ergebenden Änderungen konzeptionell mitberücksichtigt werden. Die Gewinnfaktorenanalyse erlaubt nicht nur die methodisch korrekte Planung von zukünftigen Ergebnissen, sondern es werden zudem die Gewinnfaktoren zueinander in Relation gestellt und somit wird deren Bedeutung für das Unternehmen(sergebnis) offen gelegt. Damit soll sichergestellt werden, dass sich das Management auf jene Erlös- und Kostenpositionen konzentriert, die tatsächlich erfolgsrelevant sind.

Ein wesentlicher Vorteil der Gewinnfaktorenanalyse liegt darin, dass das Unternehmen nicht unbedingt über eine Kostenrechnung verfügen muss, um die Analyse durchzuführen. Man ist dennoch in der Lage, eine flexible Planung aufzubauen. Voraussetzung ist lediglich eine möglichst aktuelle Gewinn- und Verlustrechnung. Zudem müssen in der Gewinn- und Verlustrechnung die variablen und fixen Anteile der Aufwandsarten geschätzt werden.

Wie die praktische Anwendung zeigt, sollte die Schätzung der variablen und fixen Anteile der einzelnen Aufwandsarten kein Problem darstellen. Mit etwas Erfahrung und Kenntnis des Unternehmens lassen sich für die wichtigsten Aufwandsarten ohne Probleme die variablen Anteile durchaus bestimmen. Zudem zeigt die Erfahrung, dass das Ergebnis auf Veränderungen der variablen Anteile von Aufwandsarten mit geringem Anteil an den gesamten Aufwendungen ohnedies kaum reagiert. Die Gewinnfaktorenanalyse stellt damit die Möglichkeit einer flexiblen und zugleich robusten Planung dar.

Die Gewinnfaktorenanalyse teilt sich von der Aufbaustruktur in eine so genannte Grundrechnung und in eine Auswertungsrechnung. In der Grundrechnung erfolgt die Berechnung der Gewinnfaktoren, in der Auswertungsrechnung werden die konkreten Auswirkungen auf das Unternehmensergebnis berechnet.

Während die Grundrechnung pro Planungsjahr nur einmal erstellt werden muss, ermöglicht die Auswertungsrechnung die Entwicklung vieler unterschiedlicher Planungsvarianten (Szenarien), ohne dass vom Grund auf wieder neu geplant werden muss. Die Berechnungen in der Grundrechnung bleiben also konstant, während in der Auswertungsrechnung die Ergebniswirkungen jeweils neuer Zielvarianten aufgrund der Zieldiskussion simuliert werden können.

3. Konzepte der Kostenplanung und des Kostenmanagements

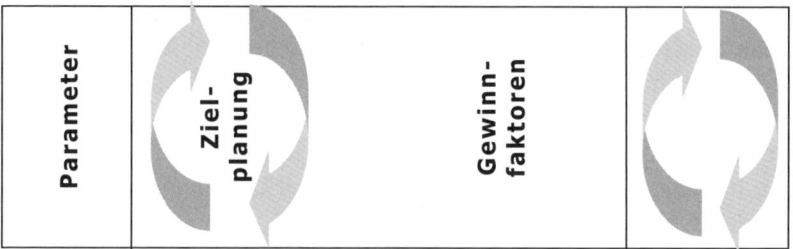

Abbildung 475: Struktur der Gewinnfaktorenanalyse

Ein wesentlicher Vorteil des Konzeptes ist darin zu sehen, dass eine neue Planungssimulation (Änderung des Marketingplans aufgrund eines nicht zufrieden stellenden Ergebnisses) nur mehr in der Auswertungsrechnung vorgenommen werden muss. Dadurch können Änderungen schnell vorgenommen werden, während die Grundrechnung unverändert bleibt.

Zudem werden in der Auswertungsrechnung pro Gewinnfaktor die jeweils resultierenden Ergebnisveränderungen dokumentiert. Man kann also beispielsweise die konkreten zusätzlichen Aufwendungen aufgrund der jährlichen Steigerung der Kollektivlöhne oder der Auswirkungen der Zunahme der Treibstoffpreise für den gesamten Betrieb erkennen.

3.3.2. Voraussetzungen und Aussagekraft

Die Gewinnfaktorenanalyse eignet sich für Unternehmen, die eine stabile Geschäftsentwicklung aufweisen. Die Analyse kann zumindest in der bisher dargestellten Form nicht für Unternehmen in starken Wachstums- oder Restrukturierungsphasen eingesetzt werden. Der Grund liegt darin, dass die Gewinnfaktorenanalyse unterstellt, dass sich die Aufwendungen lediglich aus variablen und fixen Bestandteilen zusammensetzen. Der Verlauf von sprungfixen Kosten bzw Aufwendungen lässt sich nicht abbilden. Während starker Wachstumsphasen kommt es jedoch zu massiven Investitionen und damit auch zu Sprüngen in der Aufwands- bzw Kostenstruktur.

Eine Möglichkeit, das Instrument bei strukturellen Veränderungen dennoch einzusetzen, besteht darin, dass man die Veränderungen der Aufwendungen bzw Kosten bereits in die Ausgangsdaten integriert. Dazu ist es notwendig, das zukünftige Investitionsvolumen zu prognostizieren und die daraus resultierenden Aufwendungen (zB Abschreibungen, Zinsen, Instandhaltungen, Energieverbrauch) zu berechnen. In weiterer Folge muss man diese erwarteten Veränderungen in die Struktur der Ausgangsdaten (Ist-GuV) integrieren. In diesem Fall wird die Struktur der Ist-GuV an die zukünftige GuV-Struktur angepasst und der Sprung in den fixen Kosten vorweggenommen. Für die Berechnung des neuen Ergebnisses muss man aber in der Auswertungsrechnung wiederum auf das ursprüngliche Ergebnis zurückgreifen.

Die Gewinnfaktorenanalyse eignet sich zudem für Unternehmen mit einem nicht zu breiten Produkt- bzw Leistungssortiment. Dies lässt sich damit begründen, dass es sich um eine Analyse mit einer Perspektive für das gesamte Unternehmen handelt. Bei Unternehmen mit einem sehr breiten Sortiment ließen sich die Auswirkungen aus den einzelnen Sortimentsbereichen kaum mehr separieren. Insofern eignet sich das Instrument beispielsweise für Dienstleistungsunternehmen (zB Taxiunternehmen) oder Produktionsunternehmen (zB Sägewerk) mit einem eingeschränkten oder zumindest homogenen Leistungsspektrum.

3.3.3. Methodische Vorgehensweise

Im Rahmen der Gewinnfaktorenanalyse wird zunächst die Grundrechnung und erst in einem zweiten Schritt die Auswertungsrechnung erstellt. Als Ausgangsdaten für die Grundrechnung können die Daten aus der aktuellen Gewinn- und Verlustrechnung herangezogen werden. Zudem sollten diese Daten um bestimmte Leistungsdaten ergänzt werden. In der folgenden Grafik werden beispielhaft die Basisinformationen für ein Restaurant abgebildet.

Anzahl der Gäste	*Leistungsdaten*
Umsatz pro Gast	
Wareneinsatz	
fixer Personalaufwand	
variabler Personalaufwand	
Energie	*Aufwandsdaten*
Abschreibung	
Zinsaufwand	
sonstiger Betriebsaufwand	

Abbildung 476: Basisinformationen einer Gewinnfaktorenanalyse für ein Restaurant

3. Konzepte der Kostenplanung und des Kostenmanagements

Im Rahmen der Aufbereitung der Ausgangsdaten sollten außerordentliche Aufwendungen und Erträge aus der Rechnung eliminiert werden, da davon auszugehen ist, dass diese zukünftig nicht mehr ergebnisrelevant sind. Zudem müssen die Aufwandsarten danach unterteilt werden, ob sie sich gegenüber Beschäftigungsänderungen variabel oder fix verhalten. Es ist auch möglich, einer Aufwandsart einen Mischcharakter zuzuerkennen. Beispielsweise könnte sich die Energie gegenüber Beschäftigungsänderungen teilweise fix und teilweise variabel verhalten. Für die Identifikation der variablen und fixen Anteile einer Aufwandsart kann man einer Aufwendung einen so genannten Variator zuweisen. Ein Variator von 0 bedeutet, dass sämtliche Aufwendungen fix sind, während ein Variator von 10 bedeutet, dass die Aufwendungen zur Gänze variabel sind. Dementsprechend bedeutet ein Variator von 5, dass die Aufwendungen zur Hälfte fix und zur Hälfte variabel sind, während ein Variator von 3 auf einen 30 %igen Anteil der variablen Kosten hindeutet.

In einem weiteren Schritt müssen nun jene Parameter identifiziert werden, die voraussichtlich im Planjahr Veränderungen unterworfen sein werden. Grundsätzlich können alle Ausgangsdaten so einen Planparameter darstellen. Man wird aber nur jene Werte als Planparameter ansetzen, die man in der Auswertungsrechnung auch tatsächlich verändern wird. Die folgende Grafik führt das Beispiel der Gewinnfaktorenanalyse für das Restaurant fort.

		Planparameter				
Ausgangsdaten	GuV-Daten	Umsatz/Gast	Wareneinsatz	Personal fix	Betriebsaufw
Anzahl der Gäste	XXX				
Umsatz pro Gast	XXX				
Gesamtumsatz	XXX				
Wareneinsatz	XXX				
Personalaufwand (fix)	XXX				
Personalaufwand (variabel)	XXX				
Energie (Variator 5)	XXX				
Abschreibung (fix)	XXX				
Zinsaufwand (fix)	XXX				
Betriebsaufwand (fix)	XXX				
Ergebnis	XXX				

Abbildung 477: Beispiel einer Grundrechnung der Gewinnfaktorenanalyse für ein Restaurant

Im zugrunde liegenden Beispiel wird davon ausgegangen, dass sich der Umsatz pro Gast, der Wareneinsatz, die fixen Personalkosten und der Betriebsaufwand verändern werden. Als nächster Schritt wird für jeden der genannten Planparameter eine 10 %ige Veränderung eingeplant. Es werden also die Auswirkungen einer 10 %igen Änderung der einzelnen Planparameter auf das Betriebsergebnis simuliert. Man geht beispielsweise davon aus, dass sich die Preise um 10 % erhöhen, ohne dass es zu sonstigen Änderungen kommt. Dies wird selbstverständlich das Ergebnis gegenüber der Ausgangssituation erhöhen.

Diese Simulation wird für alle Planparameter durchgeführt. Wesentlich dabei ist, dass die Ergebniswirkung hinsichtlich aller Planparameter mit derselben Steigerung von 10 % simuliert wird und zwar unabhängig davon, wie hoch die tatsächlich prognostizierte Änderung des Planparameters sein wird. Die tatsächlich prognostizierten Entwicklungen werden in der Auswertungsrechnung angewandt, während die Grundrechnung davon unverändert bleibt. Die Vorgehensweise ist in der folgenden Grafik abgebildet:

Ausgangsdaten	GuV-Daten	Veränderung der Planparameter um 10 %			
		Umsatz/Gast	Wareneinsatz	Personal fix	Betriebsaufw
Anzahl der Gäste	XXX				
Umsatz pro Gast	XXX	XXX			
Gesamtumsatz	XXX				
Wareneinsatz	XXX		XXX		
Personalaufwand (fix)	XXX			XXX	
Personalaufwand (var.)	XXX				
Energie (Variator 5)	XXX				
Abschreibung (fix)	XXX				
Zinsaufwand (fix)	XXX				
Betriebsaufwand (fix)	XXX				XXX
Ergebnis	XXX	XXX	XXX	XXX	XXX

Abbildung 478: Veränderung der Planparameter in der Grundrechnung der Gewinnfaktorenanalyse

Wie aus der Grafik ersichtlich wird, kommt es pro Spalte lediglich zu einer einzigen Veränderung. In der Grundrechnung werden somit nur separate Parameterveränderungen eingeplant und vorerst werden noch keine simultanen (dh gleichzeitigen) Parameterveränderungen berücksichtigt. Man wählt diese Vorgehensweise, um die jeweiligen Gewinnfaktoren relativ zueinander in ihrer Bedeutung für das Betriebsergebnis bestimmen zu können. Die simultane Veränderung aller Planparameter erfolgt später ausschließlich in der Auswertungsrechnung.

Zu einer Veränderung von mehreren Werten pro Parameterspalte kommt es nur bei einer Veränderung der Absatzmenge. In diesem Fall verändert sich nicht nur der Parameter „Anzahl der Gäste", sondern auch sämtliche variablen Aufwandspositionen. Daher wird sich daraus sowohl eine Steigerung des Umsatzes (mengenmäßige Steigerung) als auch eine Steigerung aller variablen Aufwandspositionen (höherer Wareneinsatz, höherer variabler Personalaufwand, höherer Energieverbrauch) ergeben. In Summe wird sich die Mengensteigerung allerdings (vorausgesetzt, der Stückdeckungsbeitrag ist nicht negativ) positiv auf das Ergebnis auswirken.

3. Konzepte der Kostenplanung und des Kostenmanagements

Die folgende Grafik zeigt die Veränderungen in der Grundrechnung, wenn sich auch die Anzahl der Gäste als Planparameter verändert.

Ausgangsdaten	GuV-Daten	Veränderung der Planparameter um 10 %				
		Anzahl Gäste	Umsatz/Gast	Wareneinsatz	Personal fix	Betriebsaufw
Anzahl der Gäste	XXX	XXX	-"-	-"-	-"-	-"-
Umsatz pro Gast	XXX	-"-	XXX	-"-	-"-	-"-
Gesamtumsatz	XXX	XXX	XXX	-"-	-"-	-"-
Wareneinsatz	XXX	XXX	-"-	XXX	-"-	-"-
Personalaufwand (fix)	XXX	-"-	-"-	-"-	XXX	-"-
Personalaufwand (var)	XXX	XXX	-"-	-"-	-"-	-"-
Energie (Variator 5)	XXX	XXX	-"-	-"-	-"-	-"-
Abschreibung (fix)	XXX	-"-	-"-	-"-	-"-	-"-
Zinsaufwand (fix)	XXX	-"-	-"-	-"-	-"-	-"-
Betriebsaufwand (fix)	XXX	-"-	-"-	-"-	-"-	XXX
Ergebnis	XXX	XXX	XXX	XXX	XXX	XXX

Abbildung 479: Ergebnisrelevante Veränderungen des Planparameters „Anzahl der Gäste"

In einem nächsten Arbeitsschritt werden die jeweils veränderten Ergebnisse ermittelt und dem ursprünglichen Ergebnis (GuV-Ergebnis in der Ausgangssituation) gegenübergestellt. Die absolute Ergebnisveränderung wird sodann durch das ursprüngliche Ergebnis geteilt, so dass man die prozentuelle Ergebnisveränderung erhält. Dieser Prozentsatz wird in weiterer Folge durch 10 dividiert, um den jeweiligen Gewinnfaktor pro Planungsparameter zu erhalten. Der Gewinnfaktor wird auch als Gewinnmultiplikator bezeichnet. Die Division ist damit zu begründen, dass jeder Planparameter um jeweils 10 % verändert wurde. Geht man von Anfang an von einer 1-%-Veränderung der Planparameter aus, so würde die prozentuelle Ergebnisveränderung exakt dem Gewinnfaktor entsprechen. Würde man hingegen von einer 100 %igen Veränderung der Planparameter ausgehen, so müsste die prozentuelle Ergebnisveränderung durch 100 dividiert werden.

Ausgangsdaten	GuV-Daten	Veränderung der Planparameter um 10 %			
		Umsatz/Gast	Wareneinsatz	Personal fix	Betriebsaufw
Ergebnis	XXX	XXX	XXX	XXX	XXX
Ergebnisveränderung absolut	XXX	XXX	XXX	XXX	XXX
Ergebnisveränderung prozentuell	%	%	%	%	%
Gewinnfaktor	XX	XX	XX	XX	XX

Abbildung 480: Berechnung der Gewinnfaktoren in der Grundrechnung der Gewinnfaktorenanalyse

Grundsätzlich könnten alle Simulationen mit einem anderen Prozentsatz als 10 % durchgeführt werden (zB 37,34 %). Wesentlich ist nur, dass die prozentuale Ergebnisveränderung dann auch wieder durch diesen Wert (37,34) dividiert wird. Der Gewinnfaktor bleibt dabei immer derselbe. Um die Veränderungen relativ einfach berechnen zu können, wird jedoch in der Grundrechnung meist eine Parameterveränderung um 10 % vorgenommen.

Sollte in den Ausgangsdaten ein negatives Ergebnis ausgewiesen werden, so muss die prozentuelle Veränderung von der jeweils negativen Zahl aus gerechnet werden. Beträgt beispielsweise das Ergebnis in der GuV – € 100 und das simulierte Ergebnis in der Grundrechnung + € 200, so beträgt die prozentuelle Ergebnisveränderung +300 %.

Nachfolgend wird die gesamte Grundrechnung für die Ermittlung der Gewinnfaktoren (wiederum für den Restaurantbetrieb) dargestellt:

	Auswirkungen einer 10%igen Änderung der einzelnen Einflussfaktoren							
	Basisinformation	Anzahl der Gäste	Umsatz pro Gast	Wareneinsatz	Personalaufwand (fix)	Personalaufwand (variabel)	Energie	Betriebsaufwand
Einflussfaktoren								
Anzahl der Gäste								
Umsatz pro Gast								
Gesamtumsatz								
Wareneinsatz								
Personalaufwand (fix)								
Personalaufwand (variabel)								
Energie (Variator: 5)								
Abschreibung (fix)								
Zinsaufwand (fix)								
Betriebsaufwand (fix)								
Gewinn								
Veränderung des Gewinns in Prozent								
Gewinnmultiplikator								

Abbildung 481: Grundrechnung, beispielhaft dargestellt für einen Restaurantbetrieb

Nach Erstellung der Grundrechnung erfolgt von Seiten des Managements die Zielplanung zur Erstellung der Ausgangsdaten für die Auswertungsrechnung. Es werden also die erwarteten oder angestrebten Änderungen der Planparameter in Abstimmung mit dem Management und dem Verkauf eingeplant. Nunmehr geht man in der Zielplanung nicht mehr von einer konstanten 10 %igen Veränderung der Planparameter aus, sondern jeder Planparameter kann mit dem jeweils tatsächlich erwarteten Wert eingeplant werden.

Die Zielwerte werden somit in die Auswertungsrechnung eingetragen und mit dem aus der Grundrechnung übertragenen Gewinnfaktor multipliziert. Durch die Multiplikation erhält man die prozentuelle Veränderung des ursprünglichen Ergebnisses aufgrund der jeweiligen Parameterveränderung. Wendet man nun diese prozentuelle Veränderung auf das ursprüngliche Ergebnis an, so erhält man die absolute Ergebniswirkung der jeweiligen Parameterveränderung. Summiert man die einzelnen Ergebniswirkungen, so erhält man die gesamte erwartete Ergebnisveränderung für das Planjahr. Addiert man das ursprüngliche Ergebnis mit der Summe der erwarteten Ergebnisveränderungen, so ergibt sich daraus die aktuelle Ergebnisprognose. Das Berechnungsprinzip wird in der folgenden Grafik nochmals zusammengefasst.

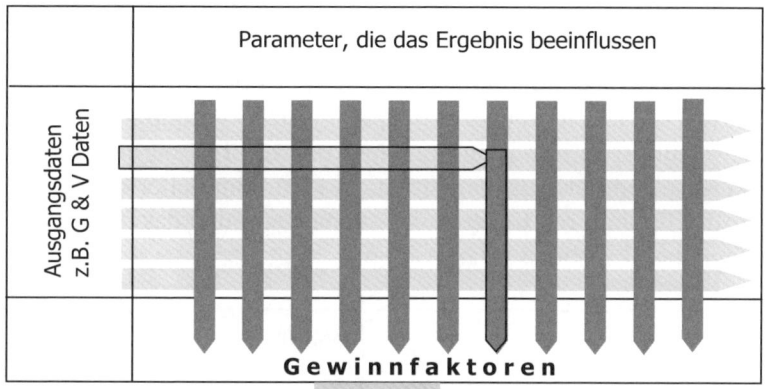

Abbildung 482: Vorgehensweise im Rahmen der Gewinnfaktorenanalyse

Hinsichtlich der jeweiligen Vorzeichen (positive oder negative Veränderungen des Ergebnisses) weist die Gewinnfaktorenanalyse jeweils die korrekten Ergebnisse aus. Weist beispielsweise ein Gewinnfaktor ein positives Vorzeichen auf (zB Gewinnfaktor bei einer 10 %igen Preissteigerung) und es wird in der Zielplanung eine Preissteigerung geplant (positives Vorzeichen), so ergibt sich wiederum ein positives Vorzeichen. Sind hingegen Preisreduktionen in der Zielplanung vorgesehen, so er-

Abschnitt G – Kostenplanung und Kostenmanagement

geben ein positives Vorzeichen des Gewinnmultiplikators und ein negatives Vorzeichen aus der Zielplanung ein negatives Vorzeichen für die Ergebniswirkung.

Dieses Prinzip gilt selbstverständlich auch für Gewinnmultiplikatoren mit einem negativen Vorzeichen. Alle Aufwandsarten weisen ein negatives Vorzeichen hinsichtlich des Gewinnmultiplikators auf, da sich bei einer 10 %igen Aufwandssteigerung das Ergebnis verschlechtert. Wird nun eine Steigerung einer Aufwandsart eingeplant (positives Vorzeichen), so ergibt dies in Kombination mit einem negativen Vorzeichen des Gewinnmultiplikators eine negative Ergebnisveränderung. Wird hingegen eine Reduktion einer Aufwandsart eingeplant, so wird dabei das negative Vorzeichen mit dem negativen Vorzeichen des Gewinnmultiplikators gekreuzt, wodurch sich wiederum eine positive Ergebnisveränderung ergibt.

Wesentlich ist in diesem Zusammenhang, dass, wenn in der Ausgangssituation (in der GuV) ein Verlust erwirtschaftet wird, die prozentuelle Veränderung des Ergebnisses in der Auswertungsrechnung stets auf ein positives Ergebnis angewandt wird. Im Falle eines Verlustes in der Ausgangssituation wird man daher bei der Anwendung der Gewinnmultiplikatoren in der Auswertungsrechnung das negative Vorzeichen des ursprünglichen Ergebnisses ignorieren.

	Gewinn-multiplikator	Änderungen laut Plan	tatsächliche prozentuelle Änderung	Basis-ergebnis	Auswirkungen auf den Gewinn
Umsatz pro Gast				stets positiv	
Wareneinsatz					
Personalaufwand					
Betriebsaufwand					
gesamte Gewinnänderung (absolut)					
Basisgewinn					
Gewinnprognose					

Abbildung 483: Positives Ausweisen des Basisergebnisses

3. Konzepte der Kostenplanung und des Kostenmanagements

Fallbeispiel
Ausgangsdaten

Ein Sägewerk weist für das vergangene Jahr die Ergebnisse der folgenden Abbildung auf:

Erlöse	100.712,4

Waren/Materialeinsatz (Variator 10)	79.861,0
Fremdleistungen (Variator 10)	1.045,0
Personalaufwand (Variator 5)	10.324,4
Abschreibungen (Variator 0)	1.939,6
Miete/Pacht/Leasing (Variator 0)	1.458,4
Instandhaltungen (Variator 0)	1.247,6
Energie und Treibstoff (Variator 5)	1.173,4
Werbung (Variator 0)	3.493,0

Zinserträge (Variator 0)	292,4
Skontoerträge (Variator 10)	2.846,4
Zinsaufwand (Variator 0)	3.938,3

ao Aufwendungen (Variator 0)	266,0
ao Erträge (Variator 0)	309,2

Jahresüberschuss/-fehlbetrag	– 586,3

Abbildung 484: GuV-Daten der Fallstudie als Ausgangsbasis der Gewinnfaktorenanalyse

In dieser Situation gibt es mehrere Strategien, das Ergebnis für das folgende Jahr zu verbessern. Im Management werden unterschiedliche Vorgehensweisen diskutiert. Im Folgenden sind die erwarteten Konsequenzen der verschiedenen Zielplanungen aufgeführt:

Zielplanung A

1) Preissteigerung 5 %
2) Mengenreduktion 8 %
3) Steigerung der Werbeausgaben durch Änderung der Strategie 10 %
4) Steigerung des Personalaufwandes 3,5 %

Zielplanung B

1) Preissenkung 10 %
2) Mengensteigerung 22 %
3) Steigerung der Werbeausgaben 25 %
4) Steigerung des Personalaufwandes 3,5 %

Zielplanung C

1) Senkung des WES 4 %
2) Preissenkung 3 %
3) Mengensteigerung 5 %
4) Steigerung der Abschreibungen (neue Maschinen) 10 %

Welche der zuvor genannten Strategien führen zu welcher Veränderung des Ergebnisses und welche Strategie würden Sie daher vorschlagen?

Aufgabenlösung

Ausgehend von den aktuellen Daten der GuV werden, wie bereits erwähnt, zunächst die außerordentlichen Positionen eliminiert. Die verbleibenden GuV-Daten werden sodann in die Grundrechnung integriert. In der Grundrechnung werden zusätzlich jene Planparameter ausgewiesen, die in den jeweiligen Zielplanungen eine Änderung erfahren.

Diese Planparameter werden nun einer 10%igen Veränderung unterworfen und die jeweiligen Konsequenzen für das Ergebnis werden ermittelt. Die Ergebnisveränderungen werden prozentual ausgewiesen und durch die Korrektur um den Faktor des Gewinnmultiplikators (10) ermittelt. Die Ergebnisse der Grundrechnung können der folgenden Abbildung entnommen werden.

	Ausgangsdaten	Änderung Preise	Änderung Menge	Änderung Werbung	Änderung Personal	Änderung WES	Änderung Abschreibung
Erlöse	100.712,4	110.783,6	110.783,6	100.712,4	100.712,4	100.712,4	100.712,4
WES	79.861,0	79.861,0	87.847,1	79.861,0	79.861,0	87.847,1	79.861,0
Fremdleistung	1.045,0	1.045,0	1.149,5	1.045,0	1.045,0	1.045,0	1.045,0
Personalaufwand	10.324,4	10.324,4	10.840,6	10.324,4	11.356,8	10.324,4	10.324,4
Abschreibung	1.939,6	1.939,6	1.939,6	1.939,6	1.939,6	1.939,6	2.133,6
Miete/Pacht	1.458,4	1.458,4	1.458,4	1.458,4	1.458,4	1.458,4	1.458,4
Instandhaltung	1.247,6	1.247,6	1.247,6	1.247,6	1.247,6	1.247,6	1.247,6
Energie	1.173,4	1.173,4	1.232,1	1.173,4	1.173,4	1.173,4	1.173,4
Werbung	3.493,0	3.493,0	3.493,0	3.842,3	3.493,0	3.493,0	3.493,0
Zinsertrag	292,4	292,4	292,4	292,4	292,4	292,4	292,4
Skontoertrag	2.846,4	2.846,4	3.131,0	2.846,4	2.846,4	2.846,4	2.846,4
Zinsaufw.	3.938,3	3.938,3	3.938,3	3.938,3	3.938,3	3.938,3	3.938,3
Ergebnis	−629,5	9.441,7	1.060,9	−978,8	−1.661,9	−8.615,6	−823,5
Änderung		1600 %	269 %	−55 %	−164 %	−1269 %	−31 %
Gewinnfaktor		159,99	26,85	−5,55	−16,40	−126,86	−3,08

Abbildung 485: Grundrechnung des Fallbeispiels

3. Konzepte der Kostenplanung und des Kostenmanagements

Anschließend wird pro Zielplanung eine Auswertungsrechnung erstellt. Dazu werden die Werte der Zielplanung mit den Gewinnfaktoren multipliziert, um die prozentuelle Ergebnisveränderung zu erhalten. Dieser Prozentsatz wird sodann auf das Ergebnis (stets mit positiven Vorzeichen) angewandt, um die absoluten Ergebnisveränderungen zu berechnen. Werden diese addiert und das Ergebnis der Vorperiode hinzugezählt, so erhält man das geplante Ergebnis. Für die einzelnen Zielplanungen sind die Ergebnisse in den folgenden Abbildungen ausgewiesen:

Zielplanung A

Planparameter	Zielplanung	Gewinnfaktor	prozentuale Ergebnisveränderung	positives Ergebnis Ausgangssituation	absolute Ergebnisveränderung	
Preis	5,0 %	159,99	8,00	629,5	5.035,62	
Menge	−8,0 %	26,85	−2,15	629,5	−1.352,31	
Werbung	10,0 %	−5,55	−0,55	629,5	−349,30	
Personal	3,5 %	−16,40	−0,574	629,5	−361,34	
					2.972,68	Summe Ergebnisveränderung
					−629,50	Ergebnis Ausgangssituation
					2.343,18	geplantes Ergebnis

Abbildung 486: Auswertungsrechnung A des Fallbeispiels

Zielplanung B

Planparameter	Zielplanung	Gewinnfaktor	prozentuale Ergebnisveränderung	positives Ergebnis Ausgangssituation	absolute Ergebnisveränderung	
Preis	−10,0 %	159,99	−16,00	629,5	−10.071,24	
Menge	22,0 %	26,85	5,91	629,5	3.718,86	
Werbung	25,0 %	−5,55	−1,39	629,5	−873,25	
Personal	3,5 %	−16,40	−0,574	629,5	−361,34	
					−7.586,97	Summe Ergebnisveränderung
					−629,50	Ergebnis Ausgangssituation
					−8.216,47	geplantes Ergebnis

Abbildung 487: Auswertungsrechnung B des Fallbeispiels

Zielplanung C

Planpara-meter	Zielplanung	Gewinn-faktor	prozentuale Ergebnisver-änderung	positives Ergebnis Ausgangssi-tuation	absolute Ergebnis-veränderung	
WES	–4,0 %	–126,86	5,075	629,5	3.194,44	
Preis	–3,0 %	159,99	–4,80	629,5	–3.021,37	
Menge	5,0 %	26,85	1,34	629,5	845,20	
AfA	10,0 %	–3,08	–0,308	629,5	–194,0	
					824,27	Summe Ergebnis-veränderung
					–629,50	Ergebnis Ausgangs-situation
					194,77	geplantes Ergebnis

Abbildung 488: Auswertungsrechnung C des Fallbeispiels

Interpretation der Ergebnisse

Aus der Grundrechnung wird zunächst ersichtlich, dass der Preis den effektivsten Gewinnfaktor darstellt. Aufgrund des hohen Anteils des Wareneinsatzes stellt der Wareneinsatz den zweitwichtigsten Gewinnfaktor dar. Die Werbung oder die Abschreibung weisen hingegen einen vergleichsweise sehr geringen Gewinnfaktor aus und sind daher in einem sehr geringeren Ausmaß für den Erfolg relevant.

Die Auswertungsrechnung zeigt, dass die Zielplanung A die besten Prognoseergebnisse verspricht. Vor allem die Anhebung der Preise ist für die Ergebnisverbesserung verantwortlich. In der Unternehmenspraxis müsste in diesem Fall eine Diskussion geführt werden, inwieweit es realistisch ist, diese Zielplanung auch tatsächlich umsetzen zu können.

Die Zielplanung B ist jedenfalls zu verwerfen, da sie zu einer massiven Verschlechterung der Ertragslage führt. Diese Verschlechterung ist zum größten Teil auf die geplante Preissenkung von 10 % zurückzuführen. Die Zielplanung C verbessert das Ergebnis, führt jedoch insgesamt nur zu einem leicht positiven Ergebnis. Sollte sich die Zielplanung A in der Diskussion als nicht umsetzbar herausstellen, wäre es sinnvoll, die Zielplanung C zu diskutieren, wobei noch punktuelle Veränderungen (Verbesserungen) zu einem positiveren Ergebnis führen könnten.

Praktische Relevanz

Die Gewinnfaktorenanalyse besitzt vor allem für kleine und unter Umständen für mittelständische Unternehmen Relevanz. Für Unternehmen, die über ein entsprechendes Kostenrechnungssystem verfügen, wird die Planung mit Hilfe dieses Systems kaum durchgeführt werden. Aber gerade kleinere Unternehmen verfügen nicht über solche komplexen Planungssysteme. In diesem Fall erlaubt die Gewinnfaktorenanalyse eine flexible Planung bei gleichzeitiger Berücksichtigung mehrerer Parameterveränderungen.

Zudem eignet sich die Analyse vor allem für Unternehmen, die für das folgende Geschäftsjahr „business as usual" erwarten. Für sehr turbulente Entwicklungsverläufe eignet sich die Analyse nur beschränkt.

Der Nutzen der Gewinnfaktorenanalyse liegt vor allem auch darin, dass man die Bedeutung der einzelnen erfolgsrelevanten Faktoren aufgrund der eigenen Unternehmensstruktur, die sich in der GuV-Struktur widerspiegelt, kennen und einschätzen lernt. So kann man beispielsweise ermitteln, um wie viel Prozent der Umsatz steigen muss, um die jährlichen Lohn- und Gehaltssteigerung kompensieren zu können. Es wäre aber auch möglich, die notwendige Senkung der Aufwendungen zu ermitteln, um den jährlichen Preisverfall in den Märkten wettmachen zu können. Selbstverständlich ist es auch möglich, beide Überlegungen zu kombinieren, indem man die notwendige Senkung aller Aufwendungen außer den Lohn- und Gehaltsaufwendungen ermittelt, um die Preiserosion hinsichtlich der Ergebniswirkung zu neutralisieren.

Wissen kompakt

Gewinnfaktoren geben die Stärke an, in der ein Planparameter das Unternehmensergebnis beeinflusst.

Gewinnfaktorenanalysen dienen der Prognose des Unternehmensergebnisses.

Planparameter stellen einen zu planenden Wert dar, der als Ausgangsgröße für die Ermittlung des Unternehmensergebnisses dient.

Kontrollfragen

- Welche quantitativen Faktoren (so genannte „harte" Faktoren) beeinflussen das Unternehmensergebnis unmittelbar?
- Welche Aufgabe erfüllt die Grundrechnung und welche die Auswertungsrechnung im Rahmen der Gewinnfaktorenanalyse?
- Für welche Unternehmenstypen (Größe, Sortimentsbreite und -tiefe, Entwicklungsphase) eignet sich die Gewinnfaktorenanalyse besonders?

Verwendete und weiterführende Literatur

- *Schätzing, E.*: Management in Hotellerie und Gastronomie, 10. Auflage, Frankfurt 2013.

3.4. Sortimentsprofilanalyse

Lernziel

In diesem Kapitel lernen Sie
- was eine Sortimentsprofilanalyse ist und welchen Informationsnutzen dieses Instrument bietet
- welche Positionierungsmöglichkeiten es in der Sortimentsprofilanalyse gibt
- welche Handlungsoptionen mit den einzelnen Positionierungsfeldern verbunden sind
- welcher Zusammenhang zwischen der Sortimentsprofilanalyse und der ABC-Analyse (Lorenzkurve) besteht
- warum die Sortimentsprofilanalyse Transparenz in das Produktsortiment bringt, selbst wenn ein Unternehmen tausende verschiedene Produkte anbietet

3.4.1. Konzeptionelle Grundlagen

Die Sortimentsprofilanalyse zählt zu den operativen Steuerungsinstrumenten. Sie dient insbesondere zur Planung und Steuerung von Produkt- und Leistungssortimenten. Die Analyse ist allerdings auch für die Bewertung und Steuerung von Kunden, Außendienstmitarbeitern, Unternehmensbereichen etc einsetzbar.

Dem Instrument liegt die Grundidee zugrunde, dass die zu steuernden Objekte (zB Produkte) mittels zwei Messgrößen bewertet werden. Insofern ist sie vergleichbar mit der Portfolio-Analyse, die strategische Geschäftsfelder mit den Messgrößen Marktanteil und Marktwachstum bewertet. Allerdings bezieht sich die Portfolio-Analyse immer auf strategische Geschäftseinheiten, während die Sortimentsprofilanalyse auf verschiedene Objekte angewandt werden kann. Zudem hat die Portfolio-Analyse stets eine strategische Perspektive, während die Sortimentsprofilanalyse auch operativ-taktisch eingesetzt werden kann.

Die Sortimentsprofilanalyse verbindet zwei Messgrößen und zwar eine für die Bedeutung bzw die Frequenz eines Objektes (zB eines Produktes) und eine zweite Messgröße für die Ertragskraft dieses Objektes. Die Bedeutung des Produktes für das Unternehmen kann beispielsweise durch den Umsatzanteil des Produktes am Gesamtumsatz gemessen werden oder mit der Lagerumschlagshäufigkeit als Frequenzzahl. Die Ertragskraft des Produktes kann durch den DBU (Deckungsbeitrag in Prozent des Umsatzes) oder den ROS (Return on Sales – Umsatzrentabilität) des Produktes gemessen werden.

Kombiniert man die Bewertung aus den zwei unterschiedlichen Kennzahlen, so ergibt sich eine Analyse mit vier unterschiedlichen Feldern. In der folgenden Grafik wird eine Sortimentsprofilanalyse beispielhaft dargestellt.

3. Konzepte der Kostenplanung und des Kostenmanagements

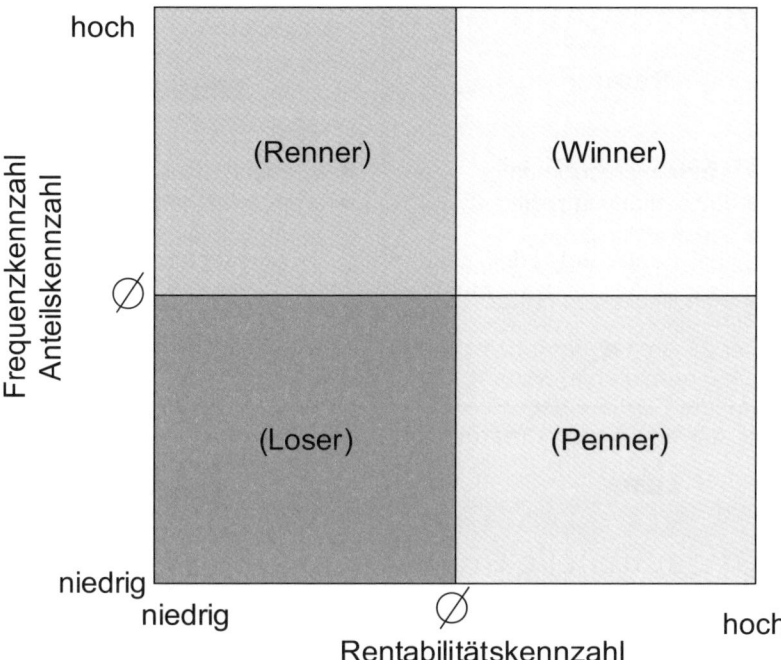

Abbildung 489: Beispielhafte Darstellung einer Sortimentsprofilanalyse

Der Grafik entsprechend ergeben sich vier Felder, die als Renner, Penner, Winner und Loser bezeichnet werden. Die Grenzen zwischen den Feldern werden jeweils durch die betriebsspezifischen Durchschnittswerte definiert. Den einzelnen Feldern werden nun unterschiedliche Handlungsoptionen zugewiesen. Hinsichtlich der verschiedenen Handlungsoptionen gibt die folgende Grafik Aufschluss.

Abschnitt G – Kostenplanung und Kostenmanagement

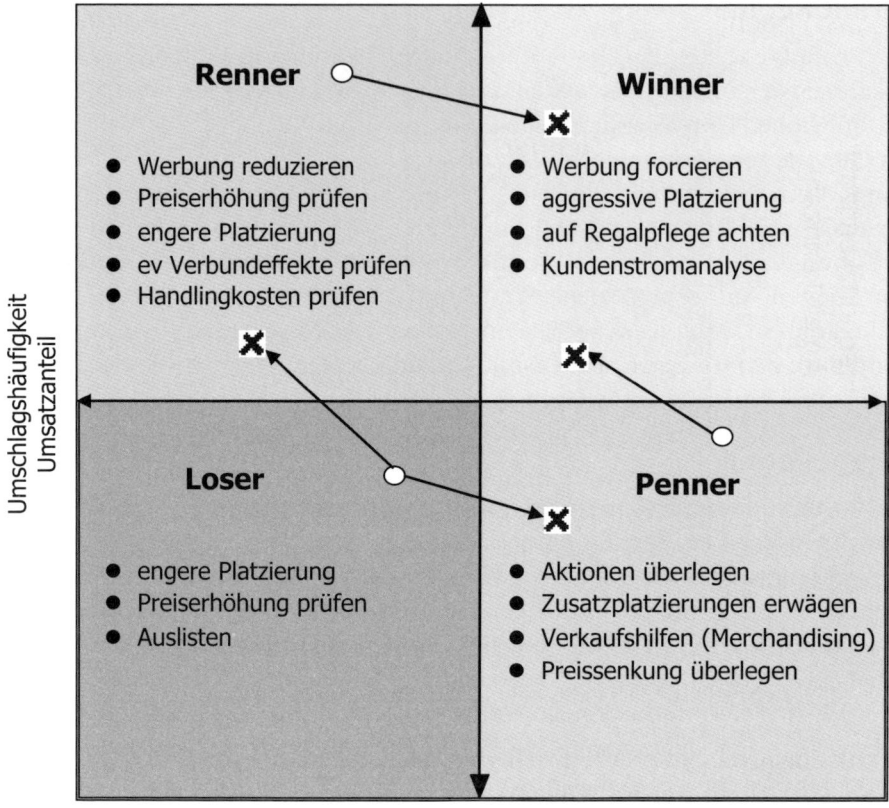

Abbildung 490: Handlungsoptionen im Rahmen der Sortimentsprofilanalyse

Die Analyse wird daher in der Unternehmenspraxis auch als **Renner-Penner-Analyse** bezeichnet. Bei der Verwendung der Begriffe sollte man jedoch bedenken, um welche Analyseobjekte es sich handelt. Sind dies Kunden oder Außendienstmitarbeiter, so sollte man bei der Kommunikation der Ergebnisse keine Irritationen auslösen!

Quadrant Winner

Winner sind Produkte/Kunden/Außendienstmitarbeiter, die ein hoch positives und ausgeglichenes Verhältnis zwischen den beiden Achsenwerten aufweisen. Produkte bzw Sortimentsbereiche in diesem Quadranten sind in diesem Zustand zu halten bzw zu stärken. Für diese Produkte/Kunden/Außendienstmitarbeiter ist es daher besonders wichtig, zeitnahe Informationen über deren aktuelle Entwicklungen zu bekommen (zB Kundenstromanalysen). Ein möglichst schnelles Gegensteuern gegen ein „Abdriften" in einen anderen Quadranten ist von besonderer Bedeutung.

Quadrant Renner

Renner-Produkte weisen eine hohe Absatzmenge bei relativ niedrigen Spannen auf. Dabei kann es sich um eine bewusste Positionierung handeln, wie etwa bei Lockprodukten mit hoher Umschlagshäufigkeit. Sollten Produkte jedoch nicht bewusst in diesem Quadranten positioniert sein, dann kann versucht werden, diese Produkte in Richtung Winner zu entwickeln. Dies könnte einerseits durch Kostensenkungen (Rationalisierung, Outsourcing etc) oder durch eine Preiserhöhung gelingen. Da Preiserhöhungen für bestehende Produkte beim Kunden nur schwer argumentiert werden können, müssen spezielle Strategien der Preiserhöhung gewählt werden (Produktvariation, After Sales Service mit hohem Deckungsbeitrag, Systemlieferant, Markenpolitik etc). In einem Lebensmittelhandel wären beispielsweise die Grundnahrungsmittel typischerweise Renner.

Quadrant Penner

Penner-Produkte weisen zwar eine relativ große Spanne auf, jedoch sind diese Produkte nicht in der Lage, große Absatzmengen zu erreichen. Für diese „Langsam-Dreher" gilt es ebenfalls ein adäquates Preis-Leistungs-Verhältnis herzustellen. Dies kann einerseits durch entsprechende Preissenkungen erfolgen (Achtung: Der Kunde verbindet oft Preissenkungen mit Qualitätsmängel, daher sollten Preissenkungen als Aktionen aktiv verkauft werden). Andererseits können verkaufsfördernde Maßnahmen (Neupositionierung im Regal, Werbung, Forcierung beim Außendienst) den Absatz steigern. Für Pennerprodukte ist eine exakte Kostenerfassung notwendig. Aufgrund der langen Verweildauer im Lager können „versteckte" Kosten in den kalkulatorischen Zinsen die tatsächliche Spanne uU geringer ausfallen lassen als angenommen.

Quadrant Loser

Produkte in diesem Quadranten benötigen besondere Aufmerksamkeit. Diese Produkte sind nicht nur „Ladenhüter", sondern kosten oft auch mehr, als sie an Spanne bringen. In diesem Bereich ist eine völlige Neupositionierung des Produktes zu erwägen. Gelingt der „Relaunch" nicht, so gilt es, derartige Sortimentsteile aufzulösen, sofern kein zwingender Sortimentsverbund zu anderen gewinnbringenden Sortimentsteilen besteht. Weitere Gründe für das Halten von Loser-Produkten könnten darin liegen, dass mit ihnen eine Sortimentsabrundung erreicht wird. Es könnte sich allerdings auch um Neuprodukte handeln, die zwar als Hoffnungsträger gelten, derzeit aber weder bedeutende Umsatzanteile noch Renditen erwirtschaften.

Als Messwerte können unterschiedliche Kennzahlen eingesetzt werden. Jedenfalls sollte die jeweilige Kennzahl idealerweise auf den aktuellen erfolgsrelevanten Engpass abstellen. Wird die Analyse beispielsweise für einen Handelsbetrieb durchgeführt, der in einem Stadtzentrum angesiedelt ist und aufgrund der hohen Mieten eine beschränkte Verkaufsfläche zur Verfügung hat, so ist beispielsweise der Deckungsbeitrag pro m^2 Verkaufsfläche relevant. Stellen hingegen die Fachverkaufskräfte einen Engpass dar, so bietet sich der Deckungsbeitrag pro Verkaufsmitarbeiter an. Als mögliche Bedeutungs- und Rentabilitätskennzahlen können folgende herangezogen werden.

Umschlags-, Anteilskennzahlen	Ertragskennzahlen
• Umschlagshäufigkeit • Umsatz je m² Verkaufsfläche • Umsatzanteil • Umsatz je Kunde • Umsatz je Außendienstmitarbeiter • Ausbeuterrate • etc	• Deckungsbeitrag in % des Umsatzes • Rohertrag in % des Umsatzes • Gewinn in % des Umsatzes • Wertschöpfung in % des Umsatzes • Deckungsbeitrag II in % des Umsatzes • Deckungsbeitrag je m² • Deckungsbeitrag je Verkaufsmitarbeiter • etc

Tabelle 18: Umschlags- und Ertragskennzahlen für die Renner-Penner-Analyse

Bei der Wahl der Messgrößen ist darauf zu achten, dass keine Abhängigkeiten zwischen den beiden gewählten Messgrößen bestehen bzw dass man keine Messgröße auswählt, die nicht messend ist. Sollte dies der Fall sein, so lassen sich solche methodischen Fehler am Muster der Objekte in der Analyse erkennen. Die folgende Grafik zeigt zwei typische Fehlmuster:

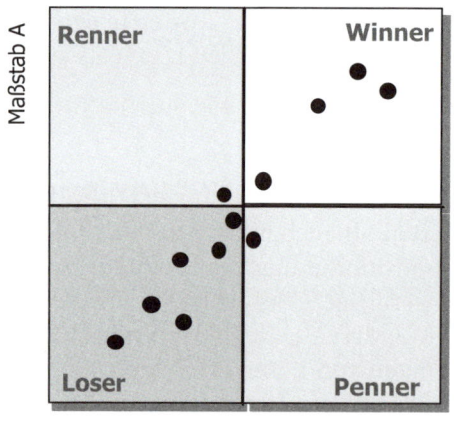
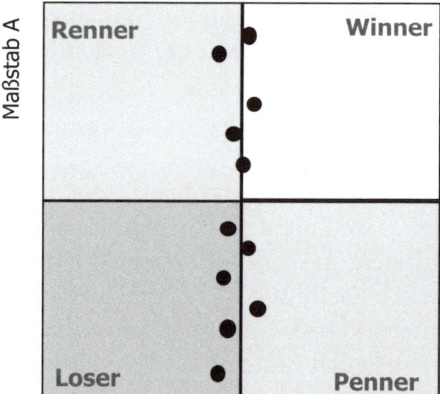

Abbildung 491: Fehler im Rahmen der Auswahl der Messwerte

In der links dargestellten Sortimentsprofilanalyse besteht offensichtlich eine Korrelation zwischen dem Maßstab A und dem Maßstab B. Dies wird beispielsweise dann der Fall sein, wenn man als Bedeutungskennzahl den Anteil eines Produktes am Gesamtumsatz und als Ertragskennzahl den Anteil eines Produktes am Gesamtdeckungsbeitrag wählt. Es ist nachvollziehbar, dass ein Produkt mit einem hohen Umsatzanteil zumeist auch einen hohen Anteil am gesamten Deckungsbeitrag eines Unternehmens hat. Daraus ergibt sich eine diagonale Anordnung der Punkte und ausschließlich eine Positionierung der bewerteten Objekte als Loser oder als Winner.

In der rechts dargestellten Sortimentsprofilanalyse ist der Maßstab B nicht messend. Dies bedeutet, dass es keine Differenzen zwischen den Messwerten der Objekte gibt. Dies ist dann der Fall, wenn beispielsweise der Rohertrag als Ertragskennzahl gewählt wird und alle Produkte denselben Handelsspannenaufschlag aufweisen. Damit kommt es zu einer Positionierung aller Punkte entweder auf der vertikalen (wie in diesem Fall) oder auf der horizontalen Achse.

3.4.2. Voraussetzungen und Aussagekraft

Die Sortimentsprofilanalyse ist für die unterschiedlichsten Analyseobjekte anwendbar. Der klassische Einsatzbereich bezieht sich auf die Analyse von Produkten bzw Produktgruppen. Die Analyse ist aber auch für Kunden, Kundentypen, Außendienstmitarbeiter, Verkaufsgebiete, Vertriebskanäle, Unternehmensbereiche etc anwendbar. Voraussetzung ist dabei jeweils das Vorhandensein der entsprechenden Informationen in Form der Messgrößen.

Im Rahmen der Sortimentsprofilanalyse werden die zu beurteilenden Objekte immer relativ zueinander in Beziehung gesetzt. Ein Produkt, das im Quadranten des Winners positioniert ist, erreicht diese Position nicht im Vergleich zu konkurrenzierenden Betrieben, sondern immer im Vergleich zu den anderen Produkten des eigenen Unternehmens. Es ist also denkbar, dass ein Winner in der Sortimentsprofilanalyse eines Unternehmens in einem Vergleichsunternehmen einen Penner bzw Renner oder gar einen Loser darstellt. Der Fokus der Sortimentsprofilanalyse ist daher sehr stark auf die eigenen Strukturen gerichtet.

Zudem stellt die Sortimentsprofilanalyse ein klassisches Optimierungsinstrument dar. Werden zB Produkte, die im Loser-Quadranten positioniert sind, aus dem Sortiment genommen, verschieben sich die Durchschnittswerte für die verbleibenden Produkte sowohl auf der Bedeutungs- als auch auf der Ertragsachse nach oben. Dadurch ergeben sich für die verbleibenden Produkte uU neue Positionierungen in den Quadranten, wobei die Anforderungen für diese Produkte notwendigerweise ansteigen. Insofern legt das Instrument seinen Fokus auf die stetige Optimierung der Unternehmensstrukturen.

Die Aussagekraft muss aber auch insofern relativiert werden, als dass qualitative Informationen in der Analyse nicht berücksichtigt werden können. Dies sind etwa bestehende Sortimentsverbünde, marktstrategische Überlegungen wie zB Imagebildung oder die aktuelle Position des Produktes im Lebenszyklus (zB Einführungsphase) etc.

Ein Vorteil der Sortimentsprofilanalyse für die betriebliche Praxis besteht darin, dass das Instrument sehr stark an die jeweiligen Informationsbedürfnisse angepasst werden kann. Es ist beispielsweise möglich, anstatt der Bedeutungs- und Ertragskennzahlen andere Messgrößen zu verwenden, wodurch sich die Bedeutung der Felder verändert.

Man kann beispielsweise anhand einer einzigen Kennzahl die Analyse durchführen, wobei man auf den Achsen folgende Werte einträgt:

- Horizontale Achse: Trennlinie beim Durchschnitt aller bewerteten Objekte
- Vertikale Achse: Trennlinie bei positiver bzw negativer Veränderung gegenüber dem Vorjahr

In der folgenden Grafik werden der Durchschnittswert einer Kennzahl zum einen und die Veränderung dieser Kennzahl gegenüber dem Vorjahr zum anderen für die Analyse herangezogen. In diesem Fall ist dies eine Sortimentsprofilanalyse von Fallkosten in einem Krankenhaus. Die Fallkosten stellen die Kosten für einen Krankheitsfall dar. Eine Analysemöglichkeit ist etwa, Abteilungen verschiedener Krankenhäuser miteinander zu vergleichen.

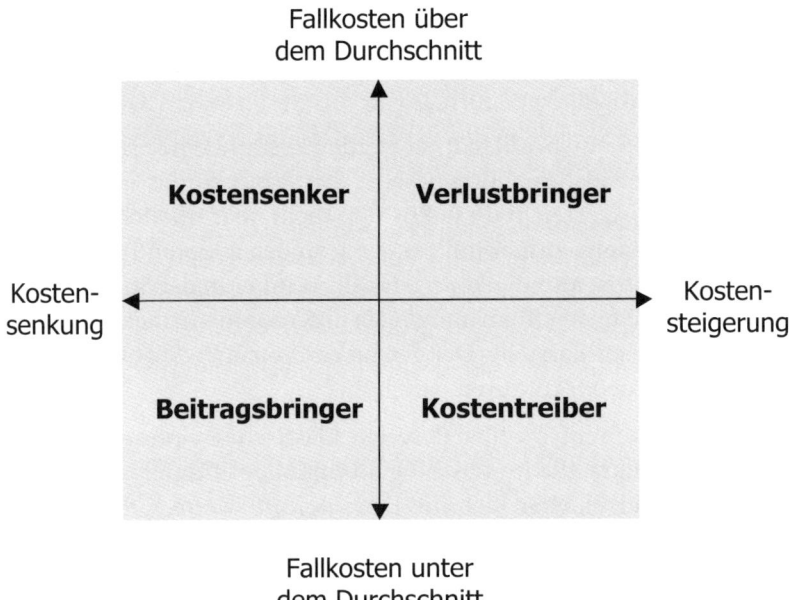

Abbildung 492: Variante einer Sortimentsprofilanalyse

In dem skizzierten Fall ergeben sich für die vier Quadranten unterschiedliche Bedeutungen zur klassischen Sortimentsprofilanalyse. Gelingt es beispielsweise einer Abteilung oder Station, die Kosten zu senken, liegen diese aber immer noch über den Durchschnitt (zB im Vergleich zu anderen Krankenhäusern), so handelt es sich um einen so genannten Kostensenker. In der folgenden Grafik wird die Analyse anhand von praktischen Daten dargestellt, wobei in diesem Fall nicht die Fallkosten, sondern die LKF-Punkte (LKF = Leistungsorientierte Krankenanstaltenfinanzierung) pro Fall als Analysegegenstand herangezogen werden. Die Punkte entsprechen den vom Krankenhausträger bezahlten Erlösen an das Krankenhaus.

3. Konzepte der Kostenplanung und des Kostenmanagements

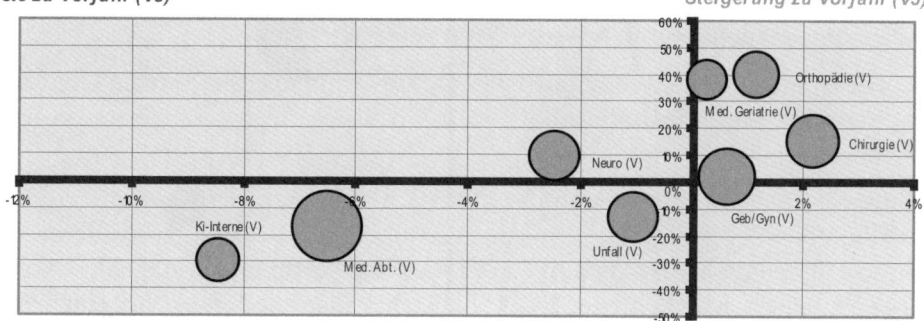

Abbildung 493: Eine Sortimentsprofilanalyse für die Abteilungen eines Krankenhauses

Die Größe der Kreise kann dabei die Anzahl der erreichten Punkte insgesamt und somit die Größe der Abteilung widerspiegeln. Insofern ist man in der Lage, Informationen dreidimensional der Analyse zu verarbeiten. Es ist auch denkbar eine weitere Informationsdimension in die Analyse zu integrieren.

Die folgende Analyse bezieht sich auf den Lagerumschlag, der einmal im Vergleich zum Durchschnittswert und einmal im Vergleich zum Vorperiodenwert pro Kunde abgebildet wird. Die Größe der Kreise gibt den aktuellen Umsatz in absoluten Geldeinheiten wieder. Der Anteil des produktspezifischen Forderungsbestandes in Prozent des aktuellen Umsatzes wird als dunkle Fläche innerhalb des Kreises abgebildet.

Abschnitt G – Kostenplanung und Kostenmanagement

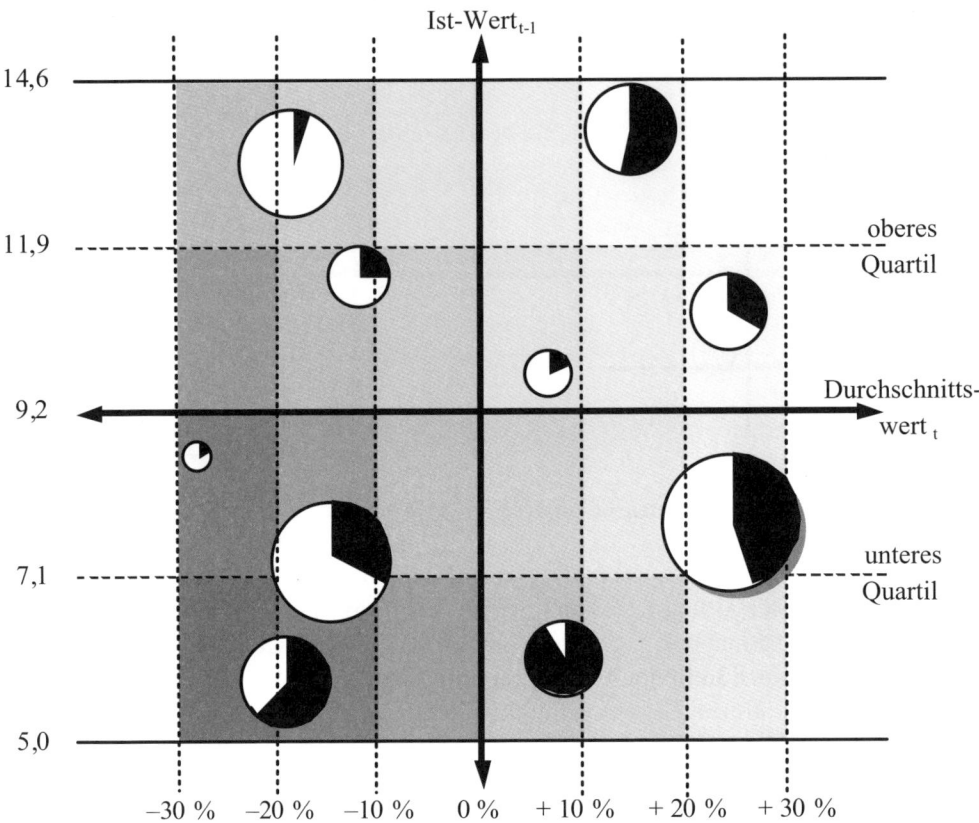

Abbildung 494: Eine Sortimentsprofilanalyse mit vier Informationsdimensionen

Solche mehrdimensionalen Darstellungen zeigen somit Zusammenhänge auf und erlauben aus dem verknüpften Kontext heraus, gezielt weiterführende Analysen zu initiieren. Allerdings stellen solche Analysen auch entsprechende Anforderungen an das Interpretationsvermögen des Managements.

3.4.3. Methodische Vorgehensweise

Voraussetzung für die Durchführung der Sortimentsprofilanalyse ist die Auswahl und die Bereitstellung der entsprechenden Messgrößen. Sind diese Messgrößen für die jeweiligen Fragestellungen passend ausgewählt und können diese aus dem betrieblichen Informationssystem entnommen werden, stellt die Durchführung der Analyse keine große methodische Herausforderung dar.

Beim Übertragen der einzelnen Messgrößen in die Koordinaten muss man jedoch einige Aspekte beachten. Die betrieblichen Kennzahlen unterliegen keiner Gleichverteilung. Vielmehr kann es durchaus je nach Kennzahl statistische Ausreißer geben. Diese offenbaren sich dann, wenn man die Durchschnittswerte zunächst in die Mitte der Analysefläche einträgt. In diesem Fall kann es durchaus vorkommen, dass bestimmte Analyseobjekte (zB Produkte) außerhalb der Analysefläche zu liegen kommen. Dieser Fall wird im linken Teil der folgenden Abbildung dargestellt:

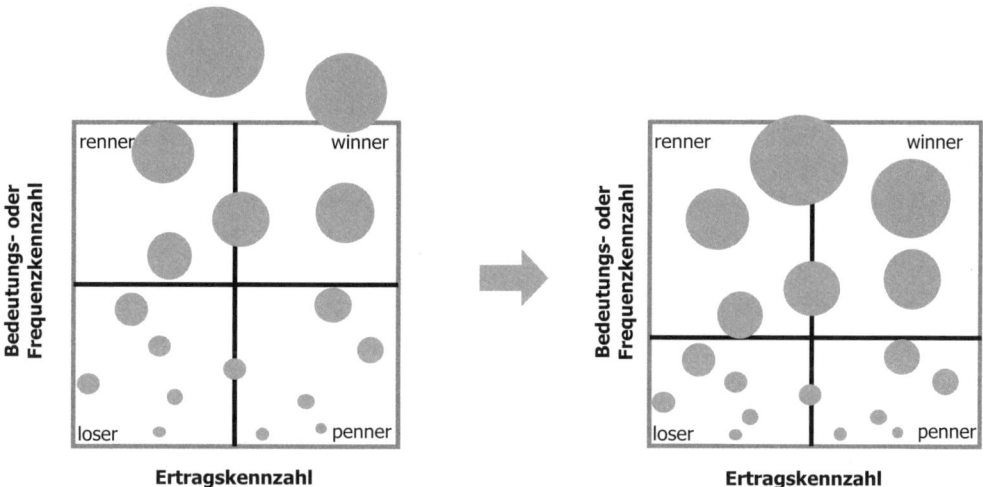

Abbildung 495: Berücksichtigung von statistischen Ausreißern in der Sortimentsprofilanalyse

In einem solchen Fall sollte man als Erstes nicht die Durchschnittswerte in die Mitte der Analysefläche eintragen, sondern zunächst das Analyseobjekt mit der maximalen Ausprägung hinsichtlich der Messgröße identifizieren. Dementsprechend sollte man die Achsen skalieren, wodurch sich die Durchschnittslinie grafisch nach unten verschieben wird. Als Folge werden sich die Positionen der Analyseobjekte kontrahieren und innerhalb der Analysefläche ihren Platz finden, ohne dass sich der Aussagewert verändert.

Im Rahmen der Vorgehensweise muss noch auf einen weiteren Aspekt hingewiesen werden. Der Ausgangspunkt der Überlegungen bezieht sich dabei auf die ABC-Analyse. Die **ABC-Analyse** beruht auf den Erkenntnissen der Lorenzkurve, die besagt, dass beispielsweise die Kundenstruktur in einem Unternehmen meist insofern durch eine Asymmetrie gekennzeichnet ist, als mit einer geringen Anzahl an Kunden in der Regel ein Großteil des Umsatzes erzielt wird (so genannte A-Kunden), während mit einer relativ großen Anzahl an Kunden nur ein geringer Umsatzanteil erreicht wird (so genannte C-Kunden). A-Kunden sind somit statistische Ausreißer, die demzufolge den entsprechenden Durchschnittswert hinsichtlich des Umsatzanteils nach oben verschieben. Damit ergibt sich aus der typischen Lorenzkurve abgeleitet folgendes Bild in der Sortimentsprofilanalyse:

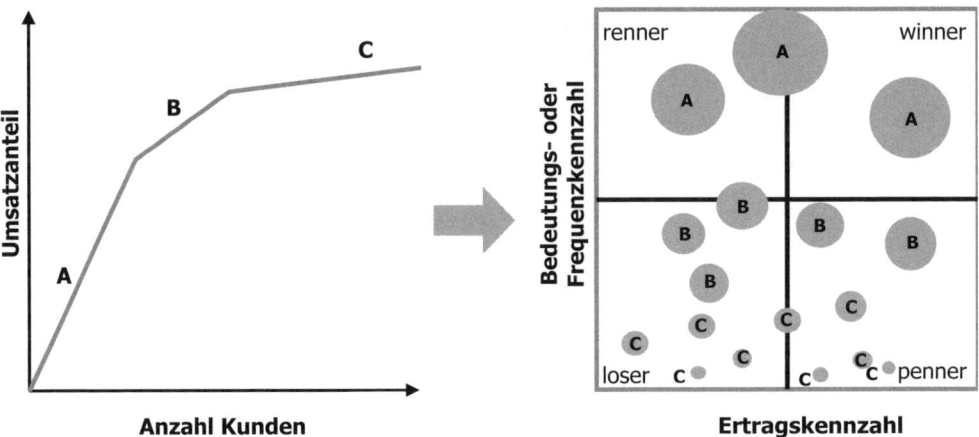

Abbildung 496: Zusammenhang zwischen der Lorenzkurve und der Sortimentsprofilanalyse

Dementsprechend würden die A-Kunden die Position des Renners oder Winners einnehmen, während aufgrund des hohen Durchschnittswertes die C-, aber auch die B-Kunden lediglich Penner oder Loser-Positionen einnehmen können.

Eine wesentliche Erkenntnis im Zusammenhang mit der Lorenzkurve ist aber jene, dass vor allem auch B-Kunden forciert werden sollten. Der Grund liegt darin, dass A-Kunden zum einen meist einen sehr großen Druck auf den Einkaufspreis ausüben und zum anderen ein erhebliches Risikopotenzial mitbringen. Wechselt ein A-Kunde seinen Lieferanten, kommt es unmittelbar zu einem drastischen Umsatzeinbruch mit den entsprechenden Folgen für die Auslastung und die Verteilung der fixen Kosten. Fällt der A-Kunde aufgrund einer Insolvenz aus, so kommen noch die dramatischen Folgen der Forderungsausfälle hinzu.

C-Kunden bringen wiederum den Nachteil der kleinen Auftragsmengen bei gleichzeitig relativ hohen Prozesskosten mit sich. Da deren Aufträge unabhängig von der Auftragsgröße ebenfalls produziert, verwaltet und vertrieben werden müssen, stören sie nicht nur den Produktionsfluss, sondern verlangsamen quasi alle Prozessabläufe im Unternehmen. Aus den genannten Gründen sollte daher der B-Kunde durchaus forciert werden, wie in der folgenden ABC-Analyse dargestellt wird.

Dann ist aber auch sicherzustellen, dass der B-Kunde nicht a priori zu einem Penner oder Loser abgestempelt wird. Daher ist es notwendig, bei der Kennzahl „Umsatzanteil" den betriebsspezifischen Durchschnittswert mit 0,7 zu multiplizieren. Dieser Wert wurde empirisch ermittelt und stellt sicher, dass zumindest ein Teil der B-Kunden auch Winner- oder Renner-Positionen einnehmen können.

3. Konzepte der Kostenplanung und des Kostenmanagements

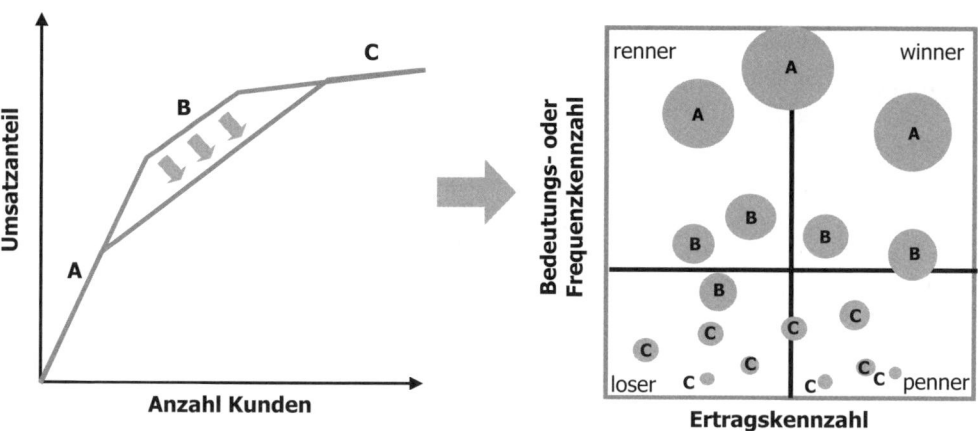

Abbildung 497: Korrektur der Durchschnittswerte in der Sortimentsprofilanalyse aufgrund der Erkenntnisse der Lorenzkurve

Fallbeispiel

Der Fallstudie liegt eine Sortimentsprofilanalyse einer Handelskette für Baumärkte und Baustoffe zugrunde. Solche Unternehmen zeichnen sich durch ein extrem breites Produktsortiment aus, wodurch der Sortimentssteuerung ein besonders hoher praktischer Stellenwert zukommt. Solche Unternehmen führen oft zehntausende Produkte im Sortiment, wodurch ein pyramidaler Aufbau der Sortimentsprofilanalyse notwendig wird. Im zugrunde liegende Fall wurde die Analyse auf fünf Ebenen durchgeführt.

1. Ebene:	Standortanalyse nach den Profit-Centern Baumarkt und Baustoffhandel
2. Ebene:	Profit-Center-Analyse nach Sortimentsbereichen
3. Ebene:	Sortimentsbereichsanalyse nach Warenhauptgruppen
4. Ebene:	Warenhauptgruppenanalyse nach Warengruppen
5. Ebene:	Warengruppenanalyse nach Lieferanten

Tabelle 19: Ebenen der Sortimentsprofilanalyse

Im Folgenden werden die ersten vier Ebenen dargestellt, wobei aus Gründen der Vertraulichkeit die 5. Ebene nicht mehr dargestellt werden kann und zudem die in den Tabellen angeführten Zahlen in ihrer Höhe und Struktur verändert wurden.

Die erste Abbildung zeigt die Analyseergebnisse für den gesamten Standort. Wie aus der Abbildung ersichtlich wird, werden im Baumarkt wesentlich bessere Roherträge erzielt als im Baustoffhandel. Dafür ist der Umsatzanteil im Baustoffhandel wesentlich höher als im Baumarktbereich. Aus der Abbildung wird zudem ersichtlich, dass es im Vergleich zum Vorjahr gelungen ist, die Umsatzverteilung zugunsten des besser kalkulierten Baumarktes zu verändern (33,3 % im Jahr t gegenüber 22,3 % im Jahr t-1). Außerdem konnte sowohl im Baumarkt als auch im Baustoffbereich die Spanne wesentlich verbessert werden. Beide Effekte haben kumulativ dazu geführt, dass die durchschnittliche Spanne über die beiden Analysebereiche von 16,2 % im Vorjahr auf 20,3 % im aktuellen Jahr gestiegen ist.

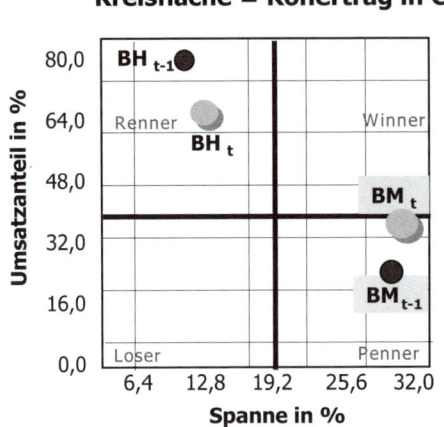
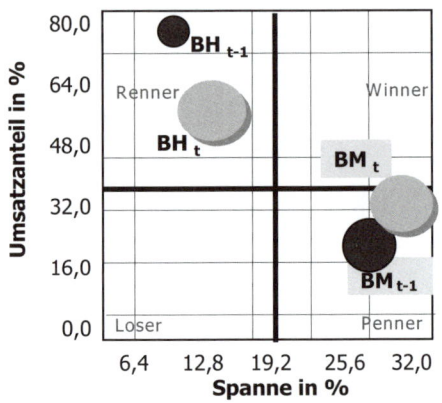

Standort gesamt	Spanne in %		Anteil am Umsatz in %	
	Jahr t	Jahr $t-1$	Jahr t	Jahr $t-1$
Baumarkt (BM)	31,4	29,8	33,3	22,3
Baustoffhandel (BH)	14,8	12,3	66,6	77,7
Summe/Durchschn.	20,3	16,2	100	100

Abbildung 498: Darstellung der Analyseebene 1 in der Sortimentsprofilanalyse

Auf der nächsttieferen Analyseebene ist in der folgenden Abbildung nun zu sehen, wie sich die Sortimentsbereiche im Profit-Center Baumarkt gestalten. Aus Gründen der Transparenz wurde dabei nur das laufende Jahr in die Abbildung aufgenommen. Die Analyse zeigt beispielsweise, dass der Bereich Elektro und Elektrogeräte im Übergangsbereich vom Renner zum Loserbereich positioniert ist, während der Bereich Farben und Ausstattung eindeutig einen Winner repräsentiert.

3. Konzepte der Kostenplanung und des Kostenmanagements

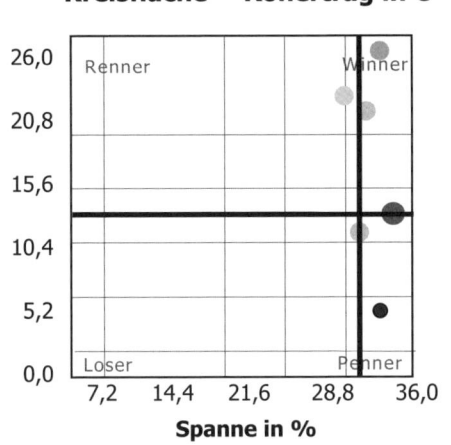
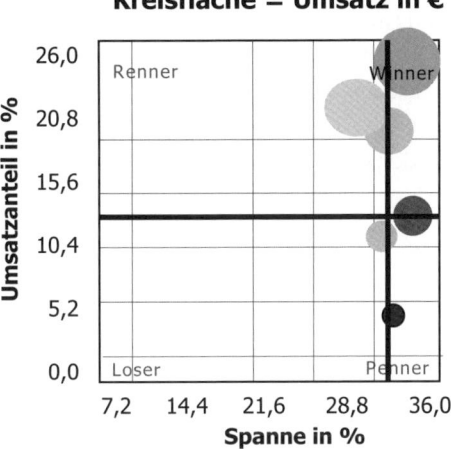

Baumarkt		Spanne in %		Anteil am Umsatz in %	
		Jahr$_t$	Jahr$_{t-1}$	Jahr$_t$	Jahr$_{t-1}$
Eisen Werkzeuge	●	35,6	35,9	13,2	16,6
Elektro, Elektrogeräte	○	30,3	32,5	10,1	7,7
Sanitär, Fliesen	○	30,5	29,0	22,6	21,5
Farben/Raumausstattung	●	32,4	28,8	25,8	29,2
Garten	○	28,5	28,0	23,5	19,9
Sonst Baumarkt	●	34,7	22,6	4,8	5,1
Summe/Durchschn		31,4	29,9	100	100

Abbildung 499: Darstellung der Analyseebene 2 in der Sortimentsprofilanalyse

Ein erweiterter Jahresvergleich für den Bereich Elektro/Elektrogeräte zeigt, dass es zwar gelungen ist, den Umsatzanteil etwas zu erhöhen (von 7,7 % auf 10,1 %), dass aber sozusagen als Preis dafür die vorjährige Spanne von 32,5 % auf 30,3 % in diesem Jahr gesunken ist. Aus diesem Grund soll daher dieser Bereich in weiterer Folge näher analysiert werden.

Die entsprechende Analyse des Sortimentsbereichs nach Warenhauptgruppen in der nachstehenden Abbildung zeigt in der folgenden Abbildung zunächst einmal, dass es in diesem Sortimentsbereich einen klaren Winner gibt. Dies ist der Bereich Elektro, während sich die Bereiche Küchengeräte und Elektrogeräte als Loser darstellen. Das gilt insbesondere für die Elektrogeräte, die einen geringen Umsatzanteil erzielen und zudem trotz einer Spannenverbesserung noch immer eine unterdurchschnittliche Rohertragsspanne erwirtschaften.

In diesem Zusammenhang ist zu überlegen, ob diese Geräte aus Gründen des Sortimentsverbundes oder aus marktstrategischen Gründen im Sortiment belassen werden oder ob nicht eine Sortimentsstraffung eine Verbesserung der Ergebnisse mit sich bringen kann. Auch der Bereich der Küchengeräte, bei dem es sich in dem zugrunde liegenden Fall um einen neu aufgenommenen Sortimentsbereich handelt, ist diskussionswürdig. Es ist zwar gelungen, den Umsatzanteil von 16,6 % im Vorjahr auf 20,9 % im aktuellen Jahr zu heben, der Preis dafür war allerdings, dass sich die Rohertragsspanne von 35,9 % auf 18,4 % erheblich reduziert hat. Für diesen Sortimentsbereich wurde offensichtlich ein höherer Umsatz durch eine Aktionenpolitik und dementsprechend niedrige Preise und Margen erkauft.

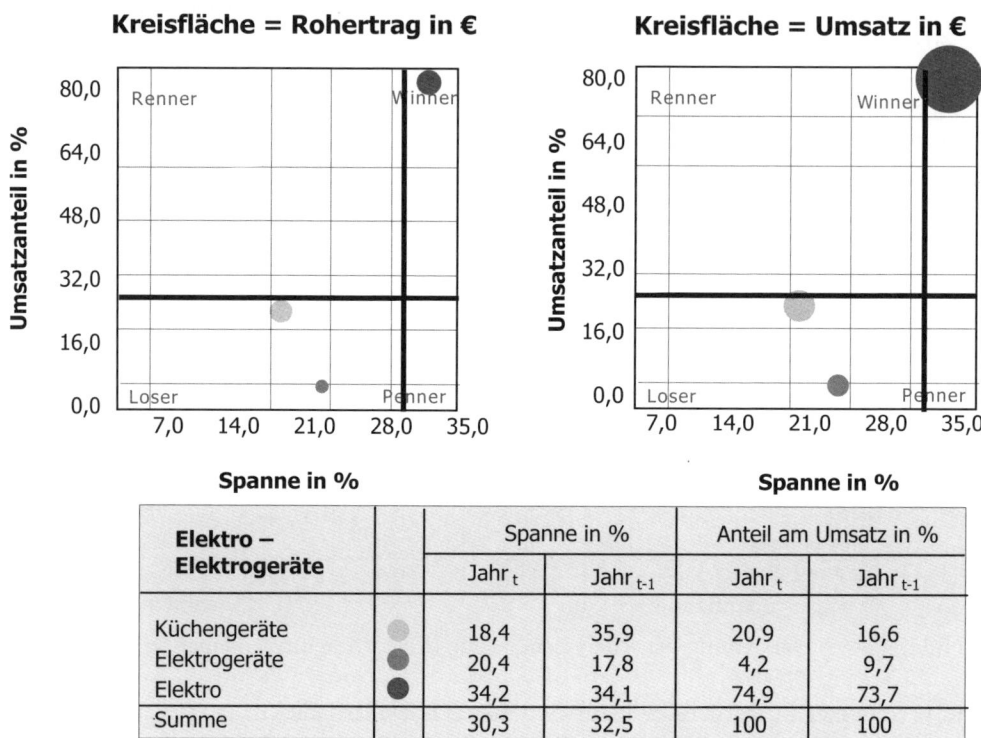

Abbildung 500: Darstellung der Analyseebene 3 in der Sortimentsprofilanalyse

Analysiert man in weiterer Folge den Sortimentsbereich Elektro, der einen Winner in der obigen Analyse darstellt, so zeigt die Analyse auf der nächsten Ebene nach Warengruppen, dass auch für diesen Bereich durchaus sortimentspolitische Überlegungen angestellt werden können. Wie nachstehende Abbildung zeigt, ist beispielsweise die Warengruppe Zweckbeleuchtung als ein Loser positioniert. Ihr Umsatzanteil ist relativ niedrig, wenngleich durch eine offensichtlich aggressive Preis- und Aktionenpolitik gegenüber dem Vorjahr der Umsatzanteil gesteigert werden konnte.

Die Warengruppe Beleuchtung dagegen stellt sich als echter Renner heraus. Der Umsatzanteil am Sortiment konnte von einem relativ hohen Niveau von 20,7 % auf 26,7 % gesteigert werden. Die Rohertragsspanne entspricht dem Durchschnitt anderer Warenbereiche, weshalb man den Bereich Beleuchtung als einen Sortimentsbe-

3. Konzepte der Kostenplanung und des Kostenmanagements

reich betrachten kann, der eine hohe Kundenfrequenz für den gesamten Standort ermöglicht.

Gänzlich anders ist die Situation in den Bereichen Schwachstrom und diverses Zubehör zu bewerten. Die beiden Bereiche sind als Penner mit entsprechend hohen Margen kalkuliert. Zudem konnte im Zeitvergleich auch noch eine Spannenerhöhung erreicht werden. Als kompensatorischer Effekt musste jedoch ein erheblicher Rückgang des Umsatzes in Kauf genommen werden. In diesem Zusammenhang gilt es zu überprüfen, ob diese Entwicklung auf eine bewusste unternehmenspolitische Entscheidung zurückführen oder durch sortiments- und preispolitische Entscheidungen ungewollt „geschehen" ist.

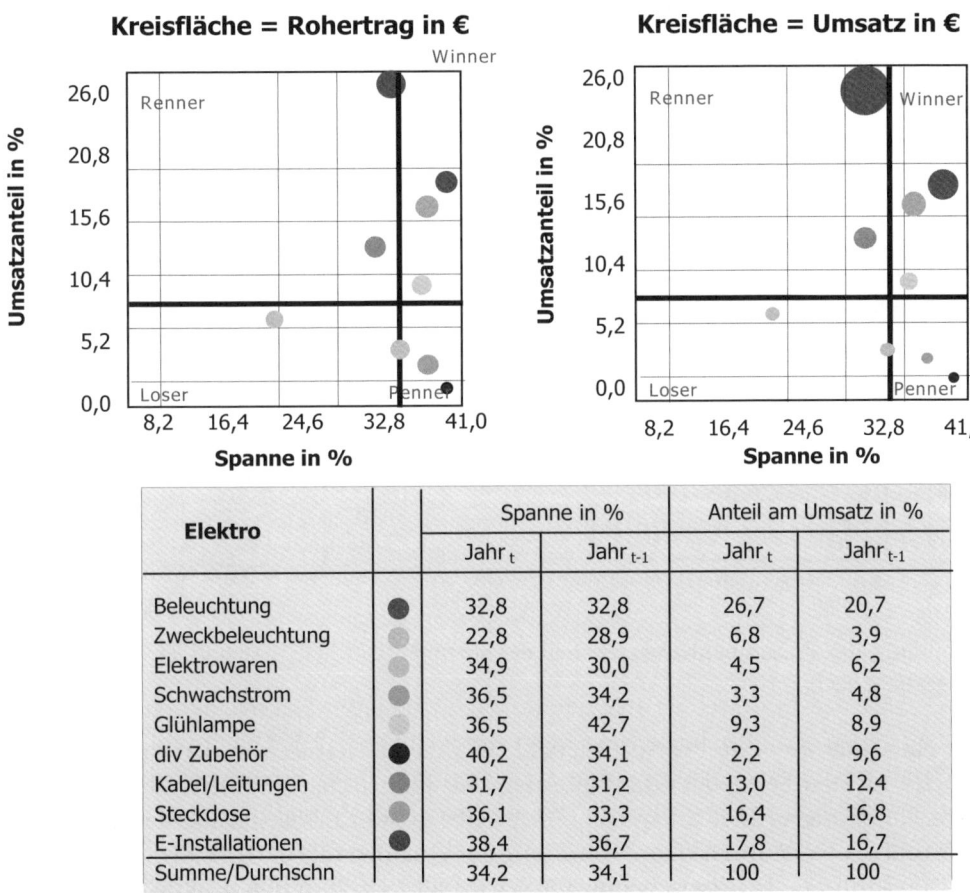

Elektro		Spanne in %		Anteil am Umsatz in %	
		Jahr $_t$	Jahr $_{t-1}$	Jahr $_t$	Jahr $_{t-1}$
Beleuchtung	●	32,8	32,8	26,7	20,7
Zweckbeleuchtung	○	22,8	28,9	6,8	3,9
Elektrowaren	○	34,9	30,0	4,5	6,2
Schwachstrom	●	36,5	34,2	3,3	4,8
Glühlampe	○	36,5	42,7	9,3	8,9
div Zubehör	●	40,2	34,1	2,2	9,6
Kabel/Leitungen	●	31,7	31,2	13,0	12,4
Steckdose	●	36,1	33,3	16,4	16,8
E-Installationen	●	38,4	36,7	17,8	16,7
Summe/Durchschn		34,2	34,1	100	100

Abbildung 501: Darstellung der Analyseebene 4 in der Sortimentsprofilanalyse

Praktische Relevanz

Die Sortimentsprofilanalyse ist in der Unternehmenspraxis relativ einfach einsetzbar und erfordert dementsprechend kein außerordentliches Methodenwissen. Zudem sind die Ergebnisse relativ einfach zu interpretieren und regen zu Strukturdiskussionen an. Je nach Analyseobjekt und gewählter Kennzahl erhält das Management sowohl für Diskussionen mit strategischem als auch für Diskussionen mit operativem Fokus Anregungen.

Im folgenden Beispiel soll eine solche Diskussion mit einem klaren strategischen Fokus geführt werden. Im Rahmen einer Benchmarking-Studie wurde die Entwicklung von Unternehmen einer bestimmten Branche eines größeren europäischen Wirtschaftsraumes verglichen. Dazu wurden als Ertragskennzahl der Rohertrag in % der Betriebsleistung (= Umsatz inkl sonstiger Erlöse und Bestandsveränderungen) und die Betriebsleistung herangezogen. Wesentlich für die folgende Grafik ist, dass dabei (aus einem bestimmten Grund, der noch erläutert wird), die beiden Achsen vertauscht wurden. Dadurch kommt die Penner-Position links oben und die Renner-Position rechts unten zu liegen. Die Winner und Loser-Positionen bleiben dadurch unverändert. Die Kreisfläche zeigt wiederum den Rohertrag des Unternehmens und damit iwS seine Größe an. In der Analyse ergab sich nun folgendes Bild:

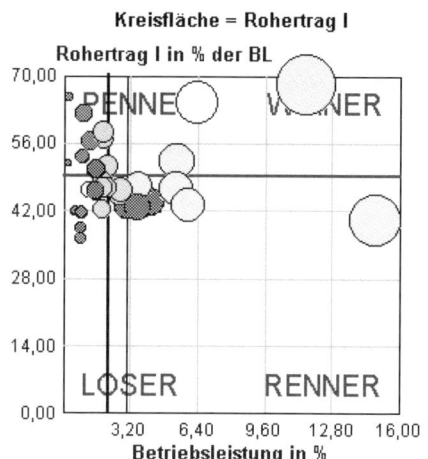 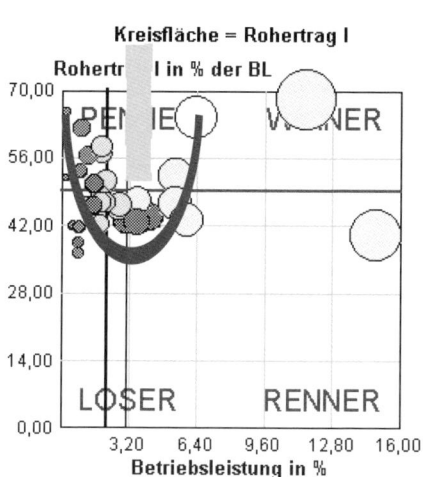

Abbildung 502: Zusammenhang zwischen der Sortimentsprofilanalyse und der Positionierungskurve nach *Porter*

Für eine Interpretation der Sortimentsprofilanalyse zeigt sich in der obigen Grafik auf der rechten Seite, dass die Unternehmen klar nach der Positionierungskurve nach *Porter* angeordnet sind. Nach *Porter* gibt es zwei Erfolgspositionen in der Nische und am Gesamtmarkt, und zwar jene des Qualitätsführers und jene des Kosten- und Preisführers. Die Zwischenposition wird als „stuck in den middle" bezeichnet und stellt eine Position dar, die stets mit Misserfolg verbunden ist.

Offensichtlich entspricht die analysierte Branche genau der so genannten U-Kurve nach *Porter*, da es kein einziges Unternehmen in der mittleren Position (zwischen Penner und Winner) gegeben hat, dem es gelungen ist, Gewinne zu schreiben. Jene Unternehmen, die eine Penner-Position eingenommen haben, waren kleine oder kleinere mittelständische Unternehmen, die durchaus in der Lage waren, Gewinne

3. Konzepte der Kostenplanung und des Kostenmanagements

zu realisieren. Die Betriebe in der Winner-Position waren die Marktführer, die ebenfalls Gewinne erwirtschafteten.

Alle Unternehmen, die aus der Penner-Position eine Wachstumsphase angestrebt haben, sind vorübergehend in eine kritische Rentabilitätszone abgeglitten. Erst wenn es diesen Unternehmen gelungen ist, eine bestimmte Größe zu überschreiten, waren sie wieder in der Lage, eine zufrieden stellende Rentabilität zu erzielen. Insofern gibt es in der Branche, die zum Zeitpunkt der Durchführung der Analyse eine enorme Dynamik aufwies, eine Wachstumsbarriere, die von keinem Unternehmen ohne Rentabilitätsverluste („stuck in den middle") überschritten werden konnte. Die Wachstumsphase wird in der zuvor dargestellten Grafik anhand des schraffierten Balkens dargestellt.

In der Branche ergaben sich somit drei typische Wachstums- und Entwicklungspfade, die in der folgenden Abbildung dargestellt sind.

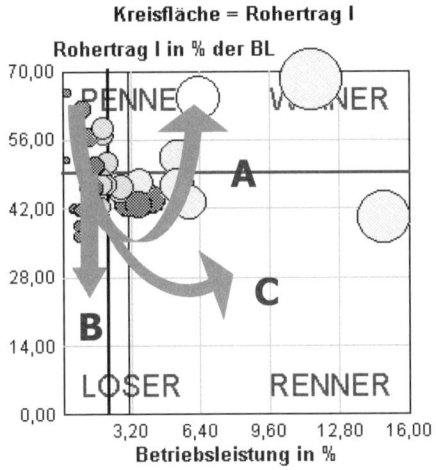

Abbildung 503: Alternative Entwicklungspfade in der dargestellten Branche

Pfad A folgt exakt der U-Kurve von Porter und stellt einen erfolgreichen Wachstumsverlauf dar. Kleinere Unternehmen, die am Markt nicht Fuß fassen konnten, folgten typischerweise dem Pfad B. Ohne Wachstumsambitionen, aber zugleich ohne Akzeptanz in der Nische erreichten sie keine entsprechende Rentabilität und wurden zum Marktaustritt gezwungen. Pfad C stellt einen wenig erfolgreichen Wachstumsversuch dar. Zwar konnten diese Unternehmen ein Wachstum erzielen, erreichten aber dennoch nicht die Rentabilitätsziele. Dies sind meist Unternehmen, die den Wachstumsprozess nicht beherrschen und durch ein fehlendes Kostenmanagement unrentabel agieren.

Wissen kompakt

ABC-Analysen reihen bestimmte Analyseobjekte (zB Produkte, Kunden) nach ihrer Bedeutung (zB Größe, Umsatzanteil) und systematisieren diese nach bestimmten Kategorien (A, B und C).

Loser weisen sowohl eine niedrige Umsatzbedeutung bzw Umschlagsfrequenz als auch eine niedrige Rentabilität auf.

Penner repräsentieren Analyseobjekte, die zwar eine relativ geringe Umsatzbedeutung bzw Umschlagsfrequenz aufweisen, dafür aber über hohe Rentabilitätswerte verfügen.

Renner sind Analyseobjekte, die zwar eine hohe Umsatzbedeutung bzw Umschlagsfrequenz aufweisen, jedoch eine relativ geringe Rentabilität verzeichnen.

Winner sind Analyseobjekte, die sowohl eine hohe Umsatzbedeutung bzw Umschlagsfrequenz als auch eine hohe Rentabilität aufweisen.

Kontrollfragen

- Wodurch unterscheidet sich die Sortimentsprofilanalyse von einer Portfolio-Analyse?
- Welche Messgrößen kann man im Rahmen einer Sortimentsprofilanalyse heranziehen?
- Welche Positionierungen ergeben sich im Rahmen der Sortimentsprofilanalyse und welche strategischen Optionen sind damit verbunden?
- Was wurde im Rahmen der Erstellung einer Sortimentsprofilanalyse falsch gemacht, wenn alle Analyseobjekte auf einer Achsen liegen?
- Warum kann die Sortimentsprofilanalyse als klassisches Optimierungsinstrument interpretiert werden?
- Warum sollte man den Durchschnittswert der Messgröße Umsatzanteil mit einem bestimmten Prozentsatz korrigieren?

Verwendete und weiterführende Literatur

- *Mayr, A./Stiegler, H.:* Controlling-Instrumente für Klein- und Mittelbetriebe in Theorie und Praxis, Linz 1997.
- *Möhlenbruch, D.:* Sortimentspolitik im Einzelhandel – Planung und Steuerung (Reprint), Wiesbaden 2013.
- *Witt, F.-J.:* Deckungsbeitrags-Management, München 2001.

Stichwortverzeichnis

ABC-Analyse 663
Abschöpfungspreis 501
Abschreibung 92
–, kalkulatorische 377
Abschreibungsmethoden 97
Abschreibungsquote 212
Absetzung für Abnutzung (AfA) 93
Absolutzahlen 207
Abweichungen 605
Abweichungsanalysen 612
Abzugskapital 382
Acid Test 189
Aktive Rechnungsabgrenzungsposten (ARA) 161
Aktivierungsverbote 140
Aktivierungswahlrechte 140
Aktivseitige Bilanzpositionen 193
Aktivtausch 121
Altersstrukturanalyse 625
Anderskosten, kalkulatorische 376
Anlagenintensität 211
Anlagevermögen 68, 155
–, abnutzbares 92
Anlass der Finanzierung 172
Anschaffungskosten 145
Äquivalenzziffernkalkulation 419
Aufwand 39, 87
–, neutraler 358
Aufwandskonten 109
Aufwendungen
–, außerordentliche 45
–, betriebsfremde 44
–, periodenfremde 45
Ausgaben 38, 91
Ausgleich
–, produktbezogener kalkulatorischer 512
–, zeitlicher kalkulatorischer 511
Außenfinanzierung 176
Außerordentliches Ergebnis 87
Auszahlungen 90

Banker's Rule 189
Benchmarking 587
Bereitschaftskosten 369
Beständedifferenzbilanz 199
Bestandskonten 106
Bestandsveränderung 155
Beteiligungs- (oder Einlagen-)Finanzierung 177
Betriebsabrechnungsbogen (BAB) 394
Betriebsergebnis 87
Betriebsgrößeneffekt 588
Betriebsnotwendiges Kapital 382
Betriebsüberleitungsbogen 359
Betriebsvermögensvergleich 125
Bewegungsbilanz
–, einfache 200
–, verbesserte 306, 320
Bewertung 144
Bezugsgrößen 404
Bilanz 65
Bilanzkennzahlen
–, horizontale 212
–, vertikale 208
Bilanzpositionen
–, aktivseitige 193
–, passivseitige 194
Bilanzverkürzung 120
Bilanzverlängerung 120
Black-box-Syndrom 446
Bottom-up 297
Break-even-Analyse 466
Break-even-Point 469
Break-even-Umsatz 472
Buchführungspflicht 58
Buchungsfälle, erfolgsneutrale 119
Buchungskreislauf 107
Budgetierungsprozess 295
Budgets, funktionale 301

Cash Point 485
Cash-Conversion-Cycle 334
Cashflow 235
–, aus dem Ergebnis 241
–, aus dem operativen Bereich 243
–, aus Finanzierungstätigkeit 245
–, aus Investitionstätigkeit 244
–, indirekte Ermittlung 236

Stichwortverzeichnis

Cashflow-Kennzahlen 250
Cashflow-Management 327
Cashflow-Umsatz-Rate 250, 260
Current Ratio 189

Debitorenlaufzeit 217
Debitorenumschlag 217
Deckungsbeitragsrate 474
Deckungsbeitragsrechnung 439, 449
Deckungsgrad A 213
Deckungsgrad B 213
Deckungsgrad C 213
Deckungsgrade
–, kurzfristige 213
–, langfristige 213
Deficit Point 486
Differenzierte Zuschlagskalkulation 419
Direkte Finanzplanung 280
Divisionskalkulation 419
Doppelte Buchführung 55, 105, 118
Du-Pont-Kennzahlsystem 224
Durchschnittsprinzip 414
Dynamischer Verschuldungsgrad 250

Effektivverschuldung 251
Eigenfinanzierung 179
Eigenkapital 77, 162
–, negatives 80
Eigenkapitalquote 259
Eigenkapitalzinsen, kalkulatorische 46
Einfache Bewegungsbilanz 200
Einheitskontenrahmen 110
Einnahmen 38, 91
Einzahlungen 90
Einzelkosten 353, 366
Erfahrung 18
Erfolg 5
Erfolgs- bzw. Ergebnisvergleich 523
Erfolgsneutrale Buchungsfälle 119
Erfolgspotenziale 3
Ergebnis
–, außerordentliches 87
–, gewöhnlichen Geschäftstätigkeit 87
Ertrag 39, 89
Ertragskonten 109
Exploration 574
Externes Rechnungswesen 53

Feedback-Analysen 606
Feedforward-Analysen 606
FGK-Zuschlagssatz 406
Finanzbuchhaltung 35
Finanzbudget 303
Finanzierung
–, Anlass 172
–, aus Abschreibungen 175
–, aus Rückstellungsgegenwerten 174
Finanzierungsanalyse 208
Finanzierungslücke 381
Finanzierungsregeln 184
Finanzmittel 6
Finanzplanung
–, direkte 280
–, kurzfristige 34
Finanzrechnung, kurzfristige 32
Finanzstatus 230, 282
Fixkostendeckungsrechnung, stufenweise 446
Fixkostendegression 548
Fixkostenprogression 548
Flussrechnung 89
Fonds
–, der liquiden Mittel 91
–, des Geldvermögens 91
Forderungen 72
Forecast 606
Fremdfinanzierung 178
Fremdkapital 75
–, kurzfristiges 214
Fremdkapitalfinanzierung 177
Funktionale Budgets 301
Funktionen der Planung 576
Funktionen des externen Rechnungswesens 55

GAP-Analyse 622
Gegenstromverfahren 297
Gemeinkosten 353, 367
–, primäre 399
–, sekundäre 399
–, unechte 367
Gesamtkapitalrentabilität 259
Gesamtkostenverfahren 167
Gewichteter DBU 472
Gewinn 2

Gewinn- und Verlustrechnung 82
Gewinnfaktorenanalyse 638
Gewinnmultiplikator 645
Gewinnschwellenanalyse 466
Gewinnthesaurierung 174
Globalbudget 325
Going-concern-Prinzip 138
Goldene Bankregel 187
Goldene Bilanzregel 187
Grenzkosten 368
Grundsatz
–, der Abgrenzung 137
–, der Bilanzklarheit 137
–, der Bilanzkontinuität 137
–, der Bilanzwahrheit 137
–, der Fristenkongruenz 185
–, der laufenden Finanzierung 190
–, der Maximalbelastung 190
–, der Risikofinanzierung 190
–, der Unternehmensfortführung 137
–, der Vollständigkeit 136
–, des positiven Working Capitals 190
–, des Vorsichtsprinzips 136
Grundsätze ordnungsgemäßer Buchführung und Bilanzierung 136

Halbjahresabschreibung 95
Hauptkostenstellen 398
Herstellungskosten 147
Hilfskostenstellen 398
Hockey-Stick-Prognose 582
Horizontale Bilanzkennzahlen 212

Improvisation 18
Informationen 17, 457
Informationssysteme 31
Innenfinanzierung 173
Innenfinanzierungskraft 235
Insolvenz 266
Intuition 18
Inventur 150
Investitionsquote 211
Investitionsrechnung 32
Ist-Ist-Vergleich 607
Ist-Kosten 459
Ist-Kostenrechnung 429

Jahresabschluss 64
Jahresfehlbetrag 87
Jahresüberschuss 87

Kalkulation 416
Kalkulatorische Abschreibung 377
Kalkulatorische Anderskosten 376
Kalkulatorische Eigenkapitalzinsen 46
Kalkulatorische Miete 46, 386
Kalkulatorische Rechnung 347
Kalkulatorische Wagnisse 384
Kalkulatorische Zinsen 382
Kalkulatorische Zusatzkosten 376
Kalkulatorischer Unternehmerlohn 46, 385
Kapital, betriebsnotwendiges 382
Kapitalflussrechnung 242
Kapitalstrukturkennzahlen 208
Kapitalumschlag 225
Kennzahlensystem 224
Konkursverfahren 267
Kontenklasse 111
Kontierung 113
Kontoblatt 128
Kontrolle 14, 605
Kontrollfunktion 577
Koordinationsfunktion 577
Kosten 40
Kosten- und Leistungsrechnung 36
Kosten
–, degressive (unterproportionale) 368
–, fixe 369
–, kalkulatorische 376
–, progressive (überproportionale) 368
–, proportionale 368
–, sprungfixe 370
–, variable 368
Kostenabweichung 459
Kostenanfall 599
Kostenarten 364
Kostenartenrechnung 357
Kostenbeeinflussbarkeit 599
Kostenbeeinflussung 585
–, konstruktionsbegleitende 600
Kostenfestlegung 600
Kostenmanagement 585

Stichwortverzeichnis

Kostenniveau 587
Kostenpolitik 585
Kostenrechnung, Zweck 345
Kostenrechnungssysteme 351
Kostenremanenz 602
Kostenstellen, Bildung 401
Kostenstellenrechnung 391
Kostensteuerung 585
Kostenstruktur 463, 587
Kostenträgerrechnung 412
Kostenträgerstückrechnung 416
Kostenträgerzeitrechnung 416
Kostenüberschreitungen 460
Kostenumlastung 594
Kostenumwandlung 594
Kostenvergleichsrechnungen 523
Kostenverlauf 588
Kostenverursachung 600
Kostenwahrheit 595
Kreditorenlaufzeit 217
Kreditorenumschlag 217
Krise 7
–, beherrschbare 7
–, latente 7
–, strategische 7
Kuppelproduktkalkulation 419
Kurzfristige Deckungsgrade 213
Kurzfristige Finanzplanung 34
Kurzfristige Finanzrechnung 32
Kurzfristige Preisuntergrenze 504
Kurzfristiges Fremdkapital 214

Lagerdauer 216
Lageroptimierung 336
Lagerumschlag 216
Langfristige Deckungsgrade 213
Langfristige Preisuntergrenze 503
Laufende Liquidität 188
–, Sicherung 229
Lebenszyklusanalyse 625
Leistungen 40
Leistungsbudget 299
Leistungserstellungsprozess 171
Lernkurveneffekt 588
Leverage-Effekt 273
Liquide Mittel 75

Liquidität 5
–, 1. Grades 188, 214
–, 2. Grades 189, 214
–, 3. Grades 189, 215
–, strukturelle 185
Liquiditätsanalyse 212
Liquiditätsgrade 213
Liquiditätsprobleme 269
Liquiditätsreserven 3
Liquiditätsstatus 230
Lorenzkurve 663
Lücke
–, operative 623
–, strategische 622

Make-or-Buy 529
Make-or-Buy-Entscheidung
–, kurzfristige 531 f
–, langfristige 533
–, strategische 531
Management by Exceptions 605
Management by Objectives 605
Managementaufgaben 13
Managemententscheidungen 17
Maschinenstundensatz 407
Maßnahmen bei Zahlungsengpässen 274
Mehr-Weniger-Rechnung 61
MGK-Zuschlagssatz 406
Miete, kalkulatorische 46, 386
Monetäres Umlaufvermögen 214
Motivationsfunktion 577

Nachkalkulation 418
Nachteile
–, der stufenweisen Fixkostendeckungsrechnung 452
–, der Teilkostenrechnung 441
–, der Vollkostenrechnung 436
Negatives Eigenkapital 80
Neutraler Aufwand 358

One-to-five-Rule 188, 214
Opportunitätskosten 382, 506
Organizational slack 594
Outsourcing-Entscheidung 538
Overhead 449
ÖVFA-Cashflow-Statement 242

Passive Rechnungsabgrenzungsposten (PRA) 161
Passivseitige Bilanzpositionen 194
Passivtausch 122
Penetrationspreispolitik 501
Planbilanz 306
Plankalkulation 418
Plan-Kosten 459
Plan-Kostenrechnung 429
Planung 14, 573
–, rollierende 579
Portfolio 628
Positionierungskurve nach Porter 670
Prämienpreispolitik 501
Preisgrenzen 499
Preisobergrenze, absolute 503
Preispolitik
–, dynamische 510
–, strategische 510
–, taktische 510
Preispositionierung 500
Preisuntergrenze
–, kurzfristige 504
–, langfristige 503
Produktlebenszyklus 622
Produktzyklen 635
Profit Center 451
Prognose 574
Prognosefunktion 577
Programmstruktur-Analyse 622
Promotionspreispolitik 501
Proportionalisierung 434
Prozent-Bilanz 195
Prozent-Gewinn- und Verlustrechnung 195
Prozess
–, finanzwirtschaftlicher 21
–, realwirtschaftlicher 21
Prozessorientierung 596

Quick-Test 257

Rechnung, kalkulatorische 347
Rechnungsabgrenzungsposten 160
–, aktive (ARA) 161
–, passive (PRA) 161

Rechnungswesen 21
–, externes 23, 53
–, internes 23
Rechtsgrundlagen 55
Relative Ziele 322
Relativzahlen 207
Renner-Penner-Analyse 656
Rollierende Planung 579
Rücklagen 163
Rückstellungen 76, 164

Saldenliste 129
Sanierungsverfahren
–, mit Eigenverwaltung 267
–, ohne Eigenverwaltung 267
Schuldentilgungsdauer 250, 259
Sich-aus-dem-Markt-hinaus-Kalkulieren 550
Sicherheitsabstand 483
Sicherung der laufenden Liquidität 229
Soll-Ist-Vergleich 608
Soll-Kosten 460
Soll-Wird-Vergleich 609
Sondereinzelkosten 424
Sortimentsprofilanalyse 654
Steuerrecht 60
Steuerung 14
Stille Reserven 169
Strukturelle Liquidität 185
Stufenweise Fixkostendeckungsrechnung 446
Stundensatz 407
Substanzanalyse 192
Sunk costs 370

Target Costing 587
Target Point 483
Teilkosten 368
Teilkostenrechnung 429, 439
T-Kontenform 83
Top-down 297
Trade-off 522
Tragfähigkeitsprinzip 414
Trendexploration 610
Trouble shooting 598
Two-one-Rule 189

Stichwortverzeichnis

Überschuldung 266
Umlageschlüssel 399
Umlaufvermögen 71, 159
–, monetäres 214
Umsatzplanung 300
Umsatzrentabilität 225
Umschlagsdauer 216
Umschlagshäufigkeit 216
Unechte Gemeinkosten 367
Unterbeschäftigung 532
Unternehmensrecht 58
Unternehmensziele 1
Unternehmerlohn, kalkulatorischer 46, 385

Variator 442, 643
Verbesserte Bewegungsbilanz 306, 320
Verbindlichkeiten 73, 77, 166
Vermögensstrukturkennzahlen 210
Verrechnungssatz 405, 423
Verschuldungsgrad, dynamischer 250
Vertikale Bilanzkennzahlen 208
Vertriebsgemeinkosten 407
Verursachungsprinzip 413
Verwaltungsgemeinkosten 407
Vollbeschäftigung 532
Vollkostenrechnung (VKR) 429, 433
Vorkalkulation 418
Vorräte 72

Vorteile
–, der stufenweisen Fixkostendeckungsrechnung 452
–, der Teilkostenrechnung 440
–, der Vollkostenrechnung 436

Wagnisse, kalkulatorische 384
Wertanalytische Ansätze 587
Wertpapiere 74
Wiederbeschaffungswert 381
Working Capital 329
–, negatives 330
–, positives 330

Zahlungsfähigkeit 265
Zahlungskonditionen 335
Zahlungsmittelbestand 214
Zahlungsunfähigkeit 265
Zero Base Budgeting 587
Ziele, relative 322
Zielebenen 2
Zielplanung 575
Zinsen, kalkulatorische 382
Zuliefersystem 359
Zusatzauftrag 507, 549
Zusatzkosten, kalkulatorische 376
Zuschlagskalkulation, differenzierte 419
Zuschlagssatz 405, 422
Zwischenkalkulation 419

Linde empfiehlt

Professionelles Reportdesign mit Excel

Mit Schritt-für-Schritt-Anleitung und zahlreichen Beispielen

Berichte gestalten mit Excel
Waniczek/Übl
2011, 200 Seiten, geb.+CD
ISBN 978-3-7143-0191-5
EUR 58,–

AUCH ALS  E-BOOK ERHÄLTLICH

Preisänderungen und Irrtum vorbehalten. Preise Bücher inkl. MwSt.

www.lindeverlag.at I www.lindeverlag.de

Linde *international*

Linde empfiehlt

Aktuelle Entwicklungen in der Finanzberichterstattung

Aktualität – Praxisnähe – Themenvielfalt

Eine „Lesebuch" für alle, die in der Finanzberichterstattung nach vorne denken.

Financial Reporting 2.0
Engelbrechtsmüller/Kerschbaumer (Hrsg)
2014, 232 Seiten, geb.
ISBN 978-3-7143-0257-8
EUR 58,–

AUCH online
www.lindeonline.at

AUCH ALS E-BOOK ERHÄLTLICH

Preisänderungen und Irrtum vorbehalten. Preise Bücher inkl. MwSt.

www.lindeverlag.at I www.lindeverlag.de

Linde international